AF749794

COSMOS,

ó

ENSAYO DE UNA DESCRIPCION FISICA DEL MUNDO

COSMOS,

Ó

ENSAYO DE UNA DESCRIPCION FISICA DEL MUNDO,

POR

ALEJANDRO DE HUMBOLDT,

VERTIDO AL CASTELLANO

por Francisco Diaz Quintero.

«Naturæ rerum vis atque majestas in omnibus momentis fide caret, si quis modo partes ejus ac non totam complectatur animo.».

PLINIO, *Hist. Nat.*, lib. VII, c. 1.

TOMO I.

PRIMERA PARTE.

MADRID.

ESTABLECIMIENTO TIPOGRAFICO DE D. RAMON RODRIGUEZ DE RIVERA, Editor,
CALLE DE SAN CIPRIANO, NUM. 1.

1851.

© de la presente edición
del 2019:

Editorial MAXTOR
Fray Luis de León, 20
47002 Valladolid (España)
+34 983 090 110
pedidos@maxtor.es
www.maxtor.es

I.S.B.N. 978-84-9001-620-6
depósito legal: VA-795-2019

ADVERTENCIA DEL TRADUCTOR.

PARA facilitar la inteligencia de esta obra, tan digna de ocupar un lugar preferente en la biblioteca de todo hombre ilustrado y aun de aquellos que leen por mero pasatiempo, hemos creido conveniente sustituir á la milla geográfica de 15 al grado que emplea el autor para las distancias itinerarias y otras grandes medidas lineales, la legua usual española de 20,000 pies.

Las distancias menores las hemos reducido á pies castellanos, y todas las demas unidades de medida ó peso á las mas usuales y corrientes entre nosotros. Las longitudes se refieren al meridiano de Madrid, y las indicaciones termométricas á la escala centigrada.

Cuando se publicaron en Alemania los dos primeros tomos del *Cosmos* (1845 y 1847) bajo el título de Kosmos, Entwurf einer physischen Weltbeschreibung, todos los sabios consideraron esta obra como la mas fiel espresion del estado de las ciencias físicas. En el corto período transcurrido desde entonces, nuestro sistema planetario se ha enriquecido con un nuevo astro, descubierto por el señor Hencke, célebre astrónomo de Driessen; de modo que en lugar de 11 planetas debemos contar ya 12. Mas no por ello hay que hacer alteracion ninguna en los juicios y deducciones de Humboldt, antes al contrario han adquirido nueva fuerza y una comprobacion mas con este brillante descubrimiento.

Debemos advertir, por último (y sirva esto de un ligero apunte biográfico y bibliográfico), que no se confunda al autor de esta obra, Alejandro de Humboldt, con su hermano Guillermo. Este nació en Berlin el año de 1767 y murió en 1835, despues de haber ilustrado á su patria con la publicacion de varios escritos notables sobre filosofía de la historia, filosofía del lenguaje, estética y ciencias políticas, que pueden verse en la edicion completa de sus obras publicada en Berlin (1841—1848, 6 tomos en 8.°) bajo el título de W. von Humboldts gesammelte Werke. Nuestro autor nació tambien en Berlin dos años despues, y aunque por otro camino, ha logrado conquistarse una celebridad no menos justa y merecida que la de su hermano. Su *Cosmos*, no es simplemente, como podria deducirse del título, una cosmologia descriptiva, sino una cosmologia sometida, segun la frase del autor, al imperio de la inteligencia die denkende Betrachtung der Naturgegenstände; de suerte que, entre la simple cosmografía, y la cosmologia de Humboldt, puede decirse que hay la misma distancia que entre una indigesta crónica ó una historia llena de reflexiones vulgares, y la historia universal tal como hoy la comprendemos, despues de los trabajos de Vico, Bossuet, Herder, Hegel, Schlegel y otros pensadores. Son muy dignas de notarse las observaciones del autor sobre la clasificacion de las ciencias, y sobre la tan debatida cuestion de la unidad de las razas humanas. Humboldt señala un lugar aparte entre las ciencias, á lo que llama Cosmografia ó *descripcion del mundo físico* (physische Weltbeschreibung); es decir, á la ciencia de las cosas físicas consideradas como un todo animado; ciencia que se divide en dos partes: *uranologia* ó tratado del Cielo, y *geografia física* ó tratado de la Tierra. Respecto de la cuestion de las razas, se pronuncia, como Kant, en favor de la unidad de la especie humana, fundándose principalmente en las degradaciones ó matices intermedios que unen á los tipos estremos, tipos considerados por los partidarios de la diversidad como razas completamente distintas. La invariabilidad de alguno de ellos, aun en medio de las influencias mas contrarias, milita al parecer en favor de esta última opinion; pero los trabajos comparativos de Tiedemann entre el cerebro de los negros y el de los europeos, las investigaciones anatómicas de Vrolik, los numerosos grados intermedios observados recientemente en el color de la piel y en la forma del cráneo, y, sobre todo, las profundas observaciones del mayor fisiólogo de los tiempos modernos, Juan de Müller, han reducido en gran parte los fuertes contrastes que antes habian creido otros sábios observar, y dejan ya casi fuera de toda duda que las diferentes razas humanas son formas distintas de una sola especie, y no diversas especies de un mismo género.

No renunciaremos al placer de citar aquí compendiosamente y por conclusion, algunas de las deducciones que de estos hechos saca el ilustre naturalista aleman. De la unidad de la especie, dice, resulta la igualdad de derechos y de capacidad. No hay, pues, razas inferiores condenadas perpétuamente á la esclavitud ó á la abyeccion, y razas superiores, destinadas al mando y á los goces. Circunstancias particulares podrán hacer que un pueblo sea mas susceptible de cultura y mas civilizado que otro pueblo; pero todos son igualmente nobles; todas las tribus humanas han nacido igualmente para la libertad. Y cita aquí el autor con entusiasmo y cariño las palabras de su hermano, cuando celebraba el triunfo progresivo de la idea de la humanidad, segun la cual todas las tribus humanas, sin distincion de religiones, nacionalidades ni colores, tienden á unirse en una sola é idéntica familia, para constituir una sola é idéntica ciudad moral.

PREFACIO DEL AUTOR.

ENTRADO ya en el último período de mi vida, ofrezco á mis compatriotas una obra que hace medio siglo comenzó por primera vez á ocupar mi pensamiento; obra que he abandonado diferentes veces, dudando de la posibilidad de dar cima á empresa tan temeraria, pero que he vuelto á proseguir otras tantas, tal vez con harta imprudencia, persistiendo siempre en mi primer propósito. Ofrézcoles, pues, el Cosmos, ó sea una DESCRIPCION FÍSICA DEL MUNDO, con la timidez propia del que no sin razon desconfia de sus fuerzas, y procurando olvidar que las obras por mucho tiempo esperadas son comunmente las que el público acoge con menos benevolencia.

Las vicisitudes de mi vida y mi pasion por instruirme en materias muy variadas me han llevado durante muchos años, y casi esclusivamente al parecer, á ocuparme en el estudio de ciencias especiales, como la botánica, la geologia, la química, la astronomía y el magnetismo terrestre; pero estos estudios, hechos como por via de preparacion para emprender con fruto largos viajes, tenian sin embargo mas elevado objeto, porque mi deseo era comprender el mundo de los fenómenos y de las fuerzas físicas en su conexion y mutua influencia. Y como desde mis mas tiernos años tuve la dicha de tratar á hombres de sobresaliente mérito que me favorecian con su benevolencia y sus consejos, adquirí muy luego la íntima conviccion de que toda contemplacion en grande de la naturaleza, así como todo ensayo dirigido á comprender las leyes que componen la física del mundo, serían siempre empresa quimérica y vana sin una pasion vehementísima por el estudio sólido y profundo de las ciencias naturales en todos sus diferentes ramos.

Los conocimientos especiales se asimilan y fecundan entre sí por el encadenamiento mismo de las cosas. Así, por ejemplo, cuando la botánica descriptiva no se encierra en los estrechos límites del estudio de las formas y de su reunion en géneros y especies, conduce al observador que bajo diferentes climas recorre vastas estensiones continentales, montañas y mesetas, á las nociones fundamentales de la Geografia de las plantas, á un sistema de clasificacion y distribucion de los vegetales fundado en su distancia al Ecuador y en su elevacion sobre el nivel de los mares. Mas para comprender las complicadas causas de las leyes á que está sujeta aquella distribucion, es indispensable el estudio profundo de los cambios de temperatura del radioso suelo y del Océano aereo que rodea á nuestro globo; y hé aquí cómo el naturalista ávido de instruccion se vé conducido de una esfera dada de fenómenos á otra muy distinta, que limita los efectos de la primera. La Geografia de las plantas, casi desconocida, hasta de nombre, á fines del pasado siglo, nos ofrecería meramente una nomenclatura árida y desprovista de interés, si no la iluminasen con sus resplandores los estudios meteorológicos.

Pocos viajeros han disfrutado hasta el grado que yo en sus espediciones científicas, la ventaja de no haber visto solamente costas, com osucede por lo comun en los viajes de circunvolucion del globo, sino de haber recorrido el interior de dos grandes continentes en estensiones muy considerables y por los parages en que presentan mas fuertes contrastes, como son el paisage tropical y alpino de Mégico ó de la América del Sud, y el de las áridas llanuras del Asia septentrional. Empresas de este género, y con la tendencia á generalizar que predominaba en mi ánimo, debian vivificar mi ardimiento, y escitarme á parangonar los fenómenos terrestres con los que abarcan los celestes inmensos espacios. La DESCRIPCION FISICA DE LA TIERRA, mal determinada hasta entonces como ciencia, convirtióse con arreglo á este plan, que se estendia á todas las cosas creadas, en una DESCRIPCION FISICA DEL MUNDO.

Grandes dificultades ofrece la composicion de una obra de este género, si al mérito intrínseco científico ha de reunir el de la forma literaria; porque se trata de llevar el órden y la luz á la inmensa y rica copia de materiales que se ofrecen al pensamiento, sin despojar no obstante á los cuadros de la Naturaleza del soplo vivificador que los anima; que si hubiésemos de limitarnos á presentar tan solamente los resultados generales, correríamos el riesgo de incurrir en una aridez y monotonía semejantes á las que por diferente estilo resultarían de esponer un crecidísimo número de hechos particulares. No me atrevo, por tanto, á lisongearme de haber reunido condiciones tan difíciles de llenar, ni evitado escollos, cuya existencia es cuanto sobre ellos se me alcanza.

Con todo, el interés que hace tiempo manifestó el público por una obra dada á luz poco despues de mi vuelta de Mégico y de los Estados Unidos, bajo el título de Cuadros de la Naturaleza, hace que aun me reste alguna esperanza de obtener su indulgencia. En aquel librillo, que escribí primitivamente en aleman y fué luego traducido al francés con admirable conocimiento de ambos idiomas por mi antiguo amigo el señor Eyriès, tocaba bajo puntos de vista generales algunos ramos de la geografía física, tales como la fisonomía de los vegetales, de las sabanas y de los desiertos, y el aspecto de las cataratas. Si ha sido de alguna utilidad, no tanto se debe á lo que el libro en sí podia ofrecer, cuanto á la influencia que ha ejercido en el ánimo y en la imaginacion de una juventud ávida de ciencia, dispuesta siempre á lanzarse en lejanas empresas. En el Cosmos, lo mismo que en los Cuadros de la Naturaleza, he procurado patentizar que no es absolutamente inconciliable la descripcion ajustada y exacta de los fenómenos, con la pintura viva y animada de las imponentes escenas de la creacion.

Como siempre he creido que el mejor medio de dar á las ideas nuevas toda la claridad posible es esponerlas ante el público en cursos orales, intenté este medio en dos lenguas diferentes, explicando en París y en Berlin. No he visto ninguno de los cuadernos ó apuntes que oyentes entendidos sacaron entonces de mis lecciones, y he preferido no consultarlos, porque la redaccion de un libro impone al autor obligaciones muy diferentes de las que lleva consigo la esposicion oral en un curso público. Todo el Cosmos, salvo algunos fragmentos de la Introduccion, ha sido escrito en los años de 1843 y 1844; y conviene advertir que el curso de sesenta lecciones explicado en Berlin ante dos auditorios diferentes, fué anterior á mi espedicion al norte del Asia.

La primera parte de esta obra, y la mas importante en mi juicio, contiene un cuadro de la Naturaleza, que abarca el conjunto de los fenómenos del universo desde las estrellas nebulosas hasta la geografía de las plantas y de los animales, terminando por las razas humanas. Este cuadro va precedido de una Introduccion con consideraciones sobre los diferentes grados de goce que ofrecen el estudio de la Naturaleza y el conocimiento de sus leyes, y con una discusion razonada acerca de lós límites de la ciencia del Cosmos y del método con que he intentado esponerla. Todo lo relativo á las observaciones circunstanciadas de hechos particulares, y á los recuerdos de la antigüedad clásica, fuente eterna de instruccion y de vida, lo he concentrado en notas colocadas al final de cada tomo (1).

Observacion es muy repetida y al parecer poco consoladora, la de que envejece pronto todo aquello que no tiene sus raices en las profundidades del pensamiento, del sentimiento y de la imaginacion; todo lo que depende de los progresos de la esperiencia, y de las revoluciones que la creciente perfeccion de los instrumentos y la esfera, mas vasta cada dia, de la observacion, hacen esperimentar casi de contínuo á todas las teorías físicas. Las obras de ciencias naturales llevan de este modo en sí mismas un gérmen de destruccion, de tal manera que en menos de un cuarto de siglo se ven condenadas al olvido por la marcha rápida de los descubrimientos, y son ilegibles para cuantos se encuentran á la altura de los adelantos científicos. Sin dejar yo de convenir en la exactitud de estas reflexiones, pienso no obstante que los hombres penetrados por un largo é íntimo comercio con la Naturaleza del sentimiento de su magnificencia, y que en este saludable comercio hayan fortificado su carácter á la par que su espíritu, no pueden affigirse porque cada dia vaya siendo mas y mas conocida, estendiéndose incesantemente así el horizonte de las ideas como el de los hechos. Cuanto mas que en el estado actual de nuestros conocimientos hay ya partes importantísimas de la Física del Mundo asentadas so-

(1) A fin de no privar á nuestros lectores hasta la conclusion de los tomos de lo contenido en las notas, hemos preferido irlas colocando en el propio lugar de su referencia, separándonos en esto solo del órden seguido por el autor en la edicion alemana. *(Nota del traductor).*

bre sólidos cimientos; y el intento de reunir todo lo que en una época dada se ha descubierto en los espacios celestes y en la superficie del globo, á la distancia que nos es dado leer en sus misteriosas profundidades, puede, si no me engaño, ofrecer aún algun interés, por grandes que sean los futuros progresos de la ciencia, con tal que se logre retratar vivamente una parte siquiera de lo que á la inteligencia humana se le presenta como general, constante y eterno entre las aparentes fluctuaciones de los fenómenos del Universo.

Postdam, noviembre de 1844.

INTRODUCCION.

CONSIDERACIONES

SOBRE LOS DIFERENTES GRADOS DE GOCES QUE OFRECEN EL ASPECTO DE LA NATURALEZA Y EL ESTUDIO DE SUS LEYES.

Dos temores diferentes asaltan mi ánimo al tratar de desenvolver, despues de una larguísima ausencia de mi patria, el conjunto de los fenómenos físicos del globo y la accion simultánea de las fuerzas que animan los espacios celestes. De una parte, es de suyo tan vasta y variada la materia de este libro, que temo tratarla de una manera enciclopédica y superficial, de otra, no debo fatigar el ánimo de los lectores con aforismos que solo ofrecerían vagas generalidades bajo formas áridas y dogmáticas. La aridez nace por lo comun de la concision, al paso que el intento de abrazar de una vez gran multiplicidad de objetos produce oscuridad y falta de exactitud en el encadenamiento de las ideas. La naturaleza es el reino de la libertad, y para pintar vivamente las concepciones y los goces que de su profunda contemplacion emanan, sería por lo tanto preciso que el pensamiento humano pudiese revestir, tambien libremente, las formas y la elevacion de lenguaje dignas de la grandeza y magestad de la creacion.

Cuando no consideramos el estudio de los fenómenos físicos en sus relaciones con las necesidades materiales de la vida, sino atendiendo á su influencia general sobre los progresos intelectuales del linage humano, el resultado de mas elevacion é importancia á que esta via nos conduce es el conocimiento de la conexion que existe entre todas las fuerzas de la naturaleza, y el sentimiento íntimo de su mútua dependencia. La intuicion de estas relaciones engrandece nuestras miras y ennoblece nuestros goces; pero este engrandecimiento es obra de la observacion, de la meditacion y del espíritu del tiempo en el cual se concentran todas las direcciones de la inteligencia humana. La historia revela á cuantos saben penetrar por entre las capas de los siglos anteriores, hasta tocar en las profundas raices de nuestros conocimientos, cómo ha trabajado el género humano, de muchos miles de años á esta parte, para comprender en mutaciones contínuas é incesantes la invariabilidad de las leyes de la naturaleza, y para conquistar progresivamente una gran parte del mundo físico por la sola fuerza de su inteligencia. Interrogar los anales históricos vale tanto como seguir aquella misteriosa huella por la cual la misma imágen del *Cosmos*, primitivamente revelada al sentido interno como un vago presentimiento de la armonía y del órden del Universo, se presenta hoy á nuestra mente como el resultado de largas y profundas observaciones.

A las dos épocas de la contemplacion del mundo esterior, es decir, á la época de los primeros albores de la reflexion y á la de una civilizacion ya adelantada, corresponden dos distintos géneros de goces: el uno, propio de la primitiva simplicidad de las antiguas edades, nace de la adivinacion del órden anunciado por la pacífica y no interrumpida sucesion de los cuerpos celestes y por el progresivo desarrollo de la organizacion; el otro resulta del conocimiento seguro y exacto de los fenómenos. Desde el punto en que el hombre interroga á la naturaleza, no ya en calidad de mero y pasivo observador, sino creando él mismo fenómenos bajo condiciones determinadas; y desde que compila y anota los hechos para estender la investigacion mas allá del corto período de duracion de su existencia individual, la *Filosofía de la Naturaleza* se despoja de las formas vagas y poéticas propias de su origen, adopta un carácter mas severo, compulsa el valor de las observaciones, y ya no se entrega á la adivinacion como antes, sino á la combinacion y al raciocinio. Entonces las afirmaciones dogmáticas de los siglos anteriores, no se conservan sino en las preocupaciones del vulgo y de las clases á él semejantes por su falta de ilustracion, perpetuándose muy especialmente en algunas sectas que para encubrir la debilidad de sus doctrinas las revisten de buen grado con el velo del misticismo. Las lenguas, sobrecargadas de frases y locuciones metafóricas ó de sentido figurado, conservan por muy largo tiempo la huella de estas primeras intuiciones. Un corto número de símbolos, producto de alguna feliz inspiracion de los tiempos primitivos, toma poco á poco formas menos vagas, y, mejor interpretados, se conservan hasta en el lenguaje científico.

Racionalmente considerada la Naturaleza, es decir, sometida á la elaboracion de la inteligencia, no es mas que la unidad en la diversidad de los fenómenos, la armonía entre todas las cosas creadas, desemejantes en su forma, en su constitucion propia y en las fuerzas que las animan; el Todo (τὸ πᾶν) penetrado por un soplo de vida. El resultado mas importante del estudio racional de la naturaleza es la comprension de la unidad y de la armonía en medio del inmenso agregado de cosas y de fuerzas; comprension que nos lleva á abrazar con igual ardor los descubrimientos de anteriores épocas y los del tiempo en que vivimos, permitiéndonos la análisis minuciosa de los fenómenos sin que estos nos sepulten bajo su masa. Por tal camino le es dado al hombre comprender la naturaleza, descubrir algunos de sus secretos, someter á los esfuerzos del pensamiento y á las conquistas de la inteligencia los datos recogidos por la observacion, mostrándose asi digno de su elevado destino.

Meditando sobre los diferentes grados de goce que produce la contemplacion de la Naturaleza, hallamos que el primero debe de ser una impresion enteramente independiente del conocimiento íntimo de los fenómenos físicos, así como del carácter individual del paisage ó de la fisonomía particular de la comarca en que vivimos. Donde quiera que en una monotona llanura, tan solo limitada por el horizonte, cubren el suelo plantas de una misma especie, como brezos, cistos ó jaras, ó la familia de las gramíneas;

donde quiera que las olas del mar bañan una playa, dejando como huella de su paso verdosas estrías de algas y ovas flotantes, el sentimiento de la naturaleza, grande y libre, se apodera de nuestra alma y nos revela como por una inspiracion misteriosa que existen leyes reguladoras de las fuerzas del Universo. El simple contacto del hombre con la Naturaleza, la influencia del gran ambiente, ó como dicen otras lenguas valiéndose de una espresion mas bella, del *aire libre*, producen un efecto calmante, mitigando el dolor y aquietando las mas profundas y agitadoras pasiones del alma. Estos beneficios los recibe el hombre por todas partes, cualquiera que sea la zona que habite y el grado de cultura intelectual á que se haya elevado; porque si las impresiones de que hablamos son graves y solemnes, débenlo al presentimiento del órden y de las leyes que brota en nosotros sin que lo sepamos con el simple contacto de la Naturaleza; al contraste que ofrecen los estrechos límites de nuestro sér con la imágen de lo infinito que se revela por do quiera, en la estrellada bóveda del cielo, en una llanura que se estiende hasta perderse de vista, en el brumoso horizonte del Océano.

El segundo goce es el producido por el carácter individual del paisage, por la configuracion de la superficie del globo en una comarca determinada. Las impresiones de este género son mas vivas, se definen mejor y guardan mas conformidad con ciertos estados del ánimo. Unas veces es la magnitud de las masas, la lucha de los elementos desencadenados ó la triste desnudez de áridas llanuras, como en el Asia septentrional, lo que escita nuestras emociones; otras veces, bajo la inspiracion de sentimientos mas tranquilos, es el aspecto de los campos cubiertos de rica mies, la habitacion del hombre al borde de un torrente, ó la silvestre feracidad del suelo vencido por el arado. No tanto insistimos aquí sobre los grados de fuerza que distinguen á estas emociones, como sobre la diferencia de sensaciones que escita el carácter del paisage, y á las cuales presta encanto y duracion este mismo carácter.

Si me fuese permitido abandonarme á los recuerdos de lejanas correrías, designaría entre los goces que ofrecen las grandes escenas de la Naturaleza, la magestuosa calma de aquellas noches tropicales en que las estrellas, privadas de todo centelleo, esparcen una apacibilísima luz planetaria sobre la superficie blandamente agitada del Océano; recordaría aquellos profundos valles de las Cordilleras, donde palmeras de altísimo tronco agitan sus amazorcadas guias atravesando bóvedas vegetales, y formando en largas columnatas «un bosque sobre el bosque (1);» describiria la cima del pico de Tenerife, cuando una capa horizontal de nubes, deslumbradora por su blancura, separa al cono de las cenizas de la llanura inferior, hasta que impelida de súbito por una corriente de aire, deja que la vista, desde el mismo borde del cráter, pueda perderse en los viñedos de la Orotava, en los jardines de naranjos y en los espesos grupos de bananos que pueblan el litoral. Lo que en estas eseenas nos conmueve no es ya, lo repito, el apacible encanto uniformemente esparcido en la Naturaleza, sino la fisonomía del terreno, su configuracion propia, la incierta mezcla del contorno de las nubes, de la forma de las vecinas islas, del horizonte del mar, terso como un espejo, ó envuelto entre los vapores del matinal rocío. Todo aquello que se presenta vagamente á los sentidos, cuantas vistas espantables ofrecen los sitios románticos, otro tanto puede convertirse para el hombre en manantial fecundísimo de goces, porque en ello encuentra la imaginacion creadora pábulo y libre ejercicio á su poder. Cuando las sensaciones son vagas, las impresiones varían al compás de los movimientos del alma, y por una ilusion tan fácil como dulce creemos recibir del mundo esterior lo que idealmente hemos depositado en él sin saberlo.

Al desembarcar por la primera vez, despues de una larga navegacion y muy lejos de la patria, en las tierras tropicales, nos sorprende agradablemente reconocer en las rocas que nos rodean las mismas eschitas (2) inclinadas, los mismos basaltos formando columnas y cubiertos de amigdaloides (3) celulares, que poco antes habíamos dejado en el suelo europeo; cuya identidad en tan diversas zonas, nos indica que la solidificacion de la corteza de la tierra se ha efectuado con independencia del influjo de los climas. Pero estas masas pétreas de eschita y de basalto se hallan cubiertas por vegetales de sorprendente traza y fisonomía desconocida. Rodeados nosotros allí de formas colosales y de

(1) Espresion tomada de la bellísima descripcion de un bosque que hace Bernardino de Saint-Pierre en su *Pablo* y *Virginia*.

(2) Dáse este nombre en Historia natural á toda piedra que se divide en hojas ó lonchas, como la pizarra y otras. (*N. del T.*)

(3) Piedras en forma de almendras (*Idem.*)

la magestad de una flora exótica, es cuando esperimentamos cómo se abre fácilmente el alma, por la maravillosa flexibilidad de nuestra naturaleza, á impresiones que tienen entre si misteriosos lazos y secretas analogías. Tan estrechamente unido nos representamos todo lo perteneciente á la vida orgánica, que si á primera vista parece que debería encantarnos una vegetacion semejante á la de nuestro pais natal, como sucede respecto del oido con el idioma dulcemente familiar de la patria, eso no obstante, nos sentimos poco á poco connaturalizados en aquellos nuevos climas; que el hombre, ciudadano del mundo, se familiariza al cabo en cualquiera region ó paraje con todos los objetos que le rodean. A algunas plantas de lejanas tierras aplica el colono nombres tomados de la madre patria, cual un recuerdo cuya pérdida le fuese en estremo sensible; y como existen misteriosas relaciones entre los diferente tipos de la organizacion, las formas vegetales exóticas se presentan á su mente embellecidas por la imágen de las que rodearon su cuna. Por donde se vé, cómo la afinidad de las sensaciones conduce al mismo resultado que mas tarde se alcanza por la comparacion laboriosa de los hechos, esto es, á la íntima persuasion de que todo se halla encadenado en la naturaleza por un solo nudo indestructible.

Temeraria asaz es la tentativa de descomponer en sus diversos elementos la mágia del mundo físico; porque el gran carácter de un paisage, como de toda escena imponente de la Naturaleza, depende de la simultaneidad de las ideas y de los sentimientos escitados en el observador. Pudiéramos decir que el poder de la Naturaleza se revela en la conexion de las impresiones, en la unidad de emociones y de efectos producidos en cierto modo de una sola vez; y así, cuando se quieren indicar sus fuentes parciales, es preciso descender por medio de la análisis á la individualidad de las formas y á la diversidad de las fuerzas. Los elementos mas ricos y variados de esta especie de análisis se ofrecen á la vista de los viajeros en el paisaje del Asia meridional, en el gran archipiélago de la India, y especialísimamente en el Nuevo Mundo, donde las cimas de las elevadas Cordilleras forman los bajíos del Océano aereo, y donde aquellas mismas fuerzas subterráneas que en otro tiempo elevaron las cadenas de montañas, las conmueven aun en nuestros dias, y amenazan sepultarlas en el abismo.

Los cuadros de la naturaleza, trazados con un fin racional, no sirven únicamente para recreo de la imaginacion, sino que, comparados entre sí, pueden determinar la gradacion de las impresiones que hemos indicado, desde la uniformidad de las costas ó de las áridas llanuras de la Siberia, hasta la inagotable fecundidad de la zona tórrida. Si nos figuramos al monte Pilato colocado sobre el Schrekhorn (1), ó á la montaña Schneekoppe de Silesia sobre el monte Blanco, no habremos alcanzado aun la altura de

(1) Estas comparaciones solo son aproximativas: hé aquí las medidas exactas, es decir, la altura sobre el nivel del mar.

El Schneekoppe ó Riesenkoppe de Silesia 5764 pies, segun Hallaschka; el Righi 6456, admitiendo que sea de 1561 la altura de la superficie del lago de los Cuatro Cantones (Eschmann, *Compte rendu des mesures trigonométriques en Suisse*, 1840, pág. 230); el monte Athos, 7411 segun el capitan Gauttier; el Pilato 8254; el Etna, 11894 segun el capitan Smyth, si bien resulta de 11898 con arreglo á una medida barométrica de Sir Jhon Herschell, que este sábio tuvo á bien comunicarme por escrito en 1825, y de 11926 segun los ángulos de altura medidos por Cacciatore en Palermo, calculando sobre la base de 0,266 por el valor de la refraccion terrestre; el Schreckhorn, 14639; el Jungfrau, 15005 segun Tralles; el monte Blanco 17256 segun diversas medidas discutidas por Roger (*Bibl. univ.*, mayo de 1828, páginas 24—53), 17209 segun las medidas tomadas del monte Colombier en 1821 por Carlini, y 17227 segun los ingenieros austriacos que le midieron desde Trelod y desde el ventisquero de Ambin. La altura real de las montañas de Suiza varia cerca de 25 p. segun Eschmann, por causa del espesor variable de las capas de nieve que coronan sus alturas. El Chimborazo 23432, segun mis medidas trigonométricas, (Humboldt, *Recueil d'obs. astr.*, t. I, p. LXXIII); el Dhawalagiri 30707. Habiendo una diferencia de 488 p. entre las determinaciones de Blake y las de Webb, conviene advertir que no debe mirarse con igual confianza la medida del Dhawalagiri (montaña blanca, del sanscrito *dhawala*, blanco, y *giri*, montaña) que la del Jawahir 28166, porque la medida de esta última descansa sobre una operacion trigonométrica completa. (Véase á Herbert y Hogdson en los *Asiat. Res.*, t. XIV, p. 189, y el *Suppl. to Encycl. Brit.*, t. IV, p. 643). En otro lugar he demostrado (*Ann. des scien. nat.*, marzo de 1825) que la altura del Dhawalagiri (30714 p.) depende á la par de varios elementos algun tanto inseguros (azimuths y latitudes astronómicas): Humboldt, *Asia central*, t. III, p. 282. Hase creido, aunque sin fundamento, que existian en la cadena tartárica, al norte del Thibet y enfrente de la cadena de Kuen-lun, varios picos nevados de 30,000 pies ingleses de elevacion (32817 pies castellanos, que es casi el doble de la altura del monte Blanco), ó al menos de 29,000 pies ingleses (31722 castellanos) (*Capt. Alexander Gerard's and John Gerard's Journey to Boorendo Pass*, 1840, t. I, páginas 143 y 311). El Chimborazo no se ha indicado en el texto sino como uno de los picos mas elevados de la cadena de los Andes, porque el sábio y hábil viajero Pentland, en su memorable espedicion de 1827 al Peru superior (Bolivia), midió dos montañas situadas al Este del lago de Titicaca, el Sorata (27620 p.) y el Illimani (26253) que tienen bastante mas altura que el Chimborazo (23435) y que son casi iguales al Jawahir, la mayor montaña medida hasta ahora del Himalaya. Así, el monte Blanco (17256) tiene 6176 p. menos que el Chimborazo; el Chimborazo 4181 menos que el Sorata; el Sorata 552 menos que el Jawahir, y probablemente 3097 menos que el Dhawalagiri. Hase referido en esta nota la altura de las montañas con minuciosa exactitud, porque á consecuencia de falsas reducciones se han introducido resultados de todo punto erróneos en un gran número de mapas y láminas modernas. Segun la nueva medida del Illimani hecha por Pentland en 1838, la altura de esta montaña es de 26108 p.; resultado que apenas se diferencia en 147 p. de la medida hecha en 1827.

uno de los grandes colosos de los Andes, del Chimborazo, que es como dos veces el Etna; y si sobre el Chimborazo imaginamos colocado al Righi ó al monte Athos, entonces es cuando podemos formar idea de la mas alta cima del Himalaya, del Dhawalagiri. Aunque las montañas de la India sean muy superiores en elevacion á las Cordilleras de la América meridional, cosa sobre la cual se ha disputado mucho, pero que multitud de medidas exactas han dejado ya fuera de toda duda, no pueden aquellas, sin embargo, por causa de su posicion geográfica, ofrecer la inagotable variedad de fenómenos que caracteriza á estas últimas. La impresion de los grandes aspectos de la Naturaleza no depende tan solo de la altura. La cadena del Himalaya se halla situada bastante mas acá de la zona tórrida, y apenas se encuentra tal cual palmera (1) estraviada en los magníficos valles del Kumaun y del Garhwal. Entre los 28° y 34° de latitud, sobre la falda meridional del antiguo Paropamiso, no desplega ya la Naturaleza aquella abundancia de helechos arbóreos, de gramíneas arborescentes, de helicónias y orchideas, que en las regiones tropicales suben hasta las mas elevadas mesetas. En la falda del Himalaya, á la sombra del pino *deodvara* y de los robles de prolongadas hojas propios de aquellos Alpes de la India, las rocas graníticas y micaschistas revisten formas casi semejantes á las características de Europa y del Asia boreal. Las especies de plantas no son idénticas, pero sí bastante análogas en traza y fisonomía: enebros, abedules, gencianas, parnasias de los pantanos y ribes espinosas (2). Tambien le fal-

(1) La falta de palmeras y de helechos arborescentes en las templadas vertientes del Himalaya está probada por la *Flora Nepalensis* de Don. (1825) así como por las notables láminas litografiadas de la *Flora Indica* de Wallich, catálogo que contiene el asombroso número de 7683 especies de plantas del Himalaya, casi todas ellas phanerógamas, pero cuyo estudio y clasificacion distan mucho aun de ser completos. En el Nepaul (lat. de 26° 1/2 á 27° 1/4) no conocemos aun mas que una sola especie de palmera, el *Chamærops Martiana Wall.* (Plantæ Asiat., t. III, p. 5, t. 211) la cual crece á una altura de 5142 p. sobre el nivel del mar en el umbroso valle de Bunipa. El magnífico helecho arborescente *Alsophila Brunoniana Wall.*, del cual posee el Museo británico desde 1831 un tronco de 54 pies de longitud, no crece en el Nepaul sino en las montañas de Stilhet al N. O. de Calcuta, por los 24°, 50' de latitud. El helecho del Nepaul, *Paranema cyatoides* Don., antiguamente *Sphæroptera barbata Wall. (Pl. Asiat.*, t. I, p. 42, t. 48) es en verdad bastante parecido á la *Cyathea*, de la cual he visto en las misiones de Caripe de la América del Sud una especie de 36 pies de altura; mas, propiamente hablando, esto no merece todavía el nombre de árbol.

(2) *Ribes nubicola*, R. *glacial*, R. *grossularia*. Las especies características de la vegetacion del Himalaya son cuatro pinos, no obstante la asercion de los antiguos sobre el «Asia oriental» (Strabon, lib. XI, pag. 510, Cas.)

ta á la cadena del Himalaya el fenómeno imponente de los volcanes, que en los Andes y en el Archipiélago índico revelan tan á menudo y de una manera tan formidable á los indígenas la existencia de las fuerzas que residen en lo interior de nuestro planeta. Asimismo la region de las nieves perpétuas en la pendiente meridional del Himalaya, á donde suben las corrientes de aire húmedo y con ellas la vigorosa vegetacion del Indostan, comienza ya á los 12920 y 13996 pies de altura sobre el nivel del Océano, fijando por consiguiente al desarrollo de la organizacion un límite que en la region equinoccial de las Cordilleras se halla 3050 p. mas arriba (1).

veinticinco robles, cuatro abedules, dos *œsculos* (en los castaños silvestres que crecen hasta 108 pies de altura desde el reino de Cachemira hasta el grado 33 de latitud, se cria una especie de mono blanco, grande y de cara negra) (Carl von Hugel, *Kaschmir*, 1840, 2.ª parte, p. 249, alem.), siete arces, doce sauces, catorce rosales, tres fresales, siete especies de rosas de los Alpes (*Rhododendra*) una de las cuales crece hasta 21 pies, y otras muchas especies septentrionales. Entre las coníferas, se encuentra allí el *Pinus Deodwara* ó *Deodara* (en sanscrito *déwa-ddru*, madera de construccion de los Dioses) que es muy semejante al *Pinus cedrus*. Cerca de las nieves perpétuas brillan las grandes flores de la *Gentiana venusta*, *G. Moorcroftiana*, *Swertia purpurascens*, *S. especiosa*, *Parnassia armata*, *P. nubicola*, *Pæonia Emodi*, *Tulipa stellata*; y aun al lado de estas variedades de géneros europeos, propias y peculiares de las montañas de la India, encontramos verdaderas especies europeas, tales como el *Leontodon Taraxacon*, la *Prunella vulgaris*, el *Galium aparine* y el *Thlaspi arvense*. El brezo, ya mencionado por Saunders en el viaje de Turner, y que se confundió entonces con la *Calluna vulgaris*, es en realidad una andrómeda, hecho de grandísima importancia para la geografía de las plantas asiáticas. Si me he servido en esta nota de espresiones poco filosóficas, *tales como géneros europeos*, *especies europeas*, *se encuentran en Asia en estado silvestre*, es una consecuencia del lenguaje usado por la antigua botánica, que á la idea de una vasta diseminacion, ó mas bien, de la coexistencia de las producciones orgánicas, ha sustituido asaz dogmáticamente la fabulosa hipótesis de una inmigracion, que, para colmo de error y obedeciendo á la prediléccion por Europa, se ha supuesto haber procedido desde el Occidente hácia el Oriente.

(1) El límite de las nieves perpetuas en la vertiente meridional del Himalaya se encuentra á los 14201 pies sobre el nivel del mar; y en la vertiente septentrional, ó por mejor decir, en los picos que se elevan por encima de la meseta tibetana ó tartárica, el límite asciende á 18185 pies, desde el grado 30 y 1[2 de latitud hasta el 32; al paso que sobre la cadena de los Andes de Quito en el Ecuador, no pasa de 17273 pies. Tal es el resultado que he deducido combinando una multitud de datos de Webb, Gerard, Herbert y Moorcroft (Véanse mis dos Memorias de 1816 y 1820 acerca de las montañas de la India, en los *Anales de química y de física*, t. III, p. 303; t. XIV, p. 6, 22, 50). Esta mayor altura á que en la vertiente tibetana se halla relegado el límite de las nieves perpetuas, es debida á la irradiacion de las altas llanuras vecinas, á la serenidad y pureza del cielo, y á la rara formacion de la nieve en una atmósfera á la par muy fria y muy seca. (Humboldt, *Asia central*, t. III, p. 281-326). Mi opinion sobre la diferencia de altura de la nieve en las dos vertientes del Himalaya, tenia en su favor la grande y respetable autoridad de Colebrooke, el cual me escribia en junio de 1824 lo siguiente:

Los paises cercanos al Ecuador tienen otra ventaja sobre la cual no se ha llamado bastante la atencion hasta ahora. Esta parte de la superficie de nuestro planeta es la que, en menor estension, ofrece la mayor variedad posible

«De los documentos que poseo resulta tambien que la altura de las nieves es »de 13,000 pies ingleses (14219 de Burgos). En la vertiente meridional y hácia »los 31° de latitud, las medidas de Webb me dan 13,500 pies ingleses (14765 »cast.), y por consiguiente 500 pies mas (546) que las observaciones del capi»tan Hogdson. Las medidas de Gerard confirman plenamente vuestra opinion, »y prueban que la línea de las nieves está mas elevada por el lado del Nor»te que por el del Sud.» El diario completo de los dos hermanos Gerard no ha sido impreso hasta este año (1840) por la diligencia y cuidado del señor Llody (*Narrative of a Journey from Caunpoor to the Boorendo pas in the Himalaya, by capt. Alexander Gerard and Jhon Gerard, edited by George Llody*, t. I, p. 291, 311, 320, 327 y 341). En la *Visit to the Shatool, for the purpose of determining the line of perpetual snow on the southern face of the Himalaya*, in *Aug.* 1822, se encuentran muchos pormenores sobre algunas localidades; mas por desgracia estos viajeros confunden constantemente la altura á que cae la nieve esporádica con el maximum de la que alcanza la línea de las nieves en la meseta tibetana. El capitan Gerard distingue las cimas que se elevan en medio de la meseta (en cuyo punto coloca el límite de las nieves perpetuas entre 18,000 y 19,000 pies ingleses ó 19688 y 20783 castellanos) de las vertientes septentrionales de la cadena del Himalaya que coronan el desfiladero atravesado por el Sutledge, y cuyos flancos, profundamente escavados, no pueden irradiar mucho el calor. La altura de la aldea de Tanguo es de 9,300 pies ingleses (10174 cast.) solamente, mientras que la meseta que rodea al mar sagrado de Manasa no bajará de 18594 cast. Hácia el punto en que la cadena se encuentra interrumpida, el capitan Gerard ha hallado la nieve 546 pies mas baja en la vertiente septentrional que en la meridional, frente por frente del Indostan; y valua en 16408 pies la altura de las nieves perpétuas. La vegetacion de la meseta tibetana ofrece diferencias muy notables comparada con la de los terrenos meridionales adyacentes á la cadena del Himalaya. En estos últimos la mies se detiene á los 10910 pies, y aun las mas veces hay que segarla con los tallos todavía verdes; el límite superior de los bosques donde crecen aun corpulentos robles y pinos *Déodaru* está á una altura de 13082 pies, y el de los abedules enanos á 14200. En los llanos elevados vió pastos el capitan Gerard hasta la altura de 18605 pies, cereales hasta la de 15432 y aun 20277, abedules corpulentos á 15432, y monte tallar, que sirve de combustible, á 18662, es decir, 1400 mas alto que el límite inferior de las nieves perpétuas en Quito, bajo el ecuador. Mucho convendria, por otra parte, que viajeros habituados á juzgar de la configuracion general del suelo, determinasen nuevamente la altura media de la meseta tibetana, fijada por mí en 8972 pies solo entre el Himalaya y el Kuenlun, así como la diferencia entre la altura de las nieves de la vertiente Sud y la vertiente Norte; porque hasta ahora se han confundido muy frecuentemente meras valuaciones con medidas efectivas, y la altura de los picos aislados con la de las mesetas circumvecinas. (Véanse las ingeniosas observaciones de Carlos Zimmermann sobre la hypsometría, en su *Análisis del mapa geográfico del Asia central*, impresion alemana de 1841, p. 98) Lord nota la diferencia que presentan las dos vertientes del Himalaya y las de la cadena alpina del Hindoukouch, relativamente á los límites de las nieves perpétuas. «En esta última cadena, dice, la meseta está situada al Sud, y por »lo tanto la altura de las nieves es mayor en la vertiente meridional, al con»trario que en el Himalaya, el cual se encuentra limitado al Sud por ter»renos cálidos, como el Hindoukouch lo está hácia el Norte.» Los datos hipsométricos de que aquí se trata tienen, es cierto, necesidad de una revision crítica respecto á los pormenores; pero bastan sin embargo para establecer el hecho culminante de que la admirable configuracion del terreno del en las impresiones producidas por el aspecto de la Naturaleza. En las colosales montañas de Cundinamarca, de Quito y del Perú, surcadas por valles profundísimos, le es dado al hombre contemplar á un mismo tiempo todas las familias de las plantas y todos los astros del firmamento. Allí, de una sola ojeada, puede abarcar magestuosas palmeras, húmedos bosques de bambúes, la familia de las musáceas, y por encima de estas formas del mundo tropical, robles, nísperos, agavanzos y plantas umbelíferas, como en nuestra patria europea; allí tambien, de una sola ojeada, se vé la constelacion de la Cruz del Sud, los Nublados de Magallanes, y las estrellas conductoras de la Osa que giran en derredor del polo ártico: allí, por último, los climas y las zonas vegetales cuya sucesion aquellos determinan, se encuentran superpuestos á manera de pisos, y las leyes de disminucion de la temperatura, fáciles de comprender por un observador inteligente, están escritas

Asia central ofrece á la especie humana todo lo necesario para su desarrollo: habitacion, alimentos, combustibles, y todo ello á una altura tal sobre el nivel del mar, que en ella no encontramos en cualquiera otra parte mas que yelos eternos, si esceptuamos á la árida Bolivia, donde tan raras son las nieves, y cuyo límite fijó Pentland en el año de 1838 á una altura media de 17137 p. entre los 16° y 17° 3/4 de latitud austral. Las medidas barométricas de Victor Jacquemont, víctima prematura de su noble é infatigable arrojo, han confirmado plenamente la opinion emitida por *mí acerca de la diferencia de las dos vertientes del Himalaya con relacion á la altura de las nieves.* (Véase su *Correspondencia* durante su viaje por la India, 1828—1832, lib. XXIII, p. 290, 296, 299). «Las »nieves perpetuas, dice Jacquemont, bajan mas en la vertiente meridional »que en las septentrionales, y su límite se eleva constantemente, segun nos »vamos alejando hácia el Norte, de la cadena que costea á la India. En la »garganta de Kiubrong, hallándome á 20030 pies de altura, segun el capitan »Gerard, estaba aun muy por debajo del límite de las nieves perpetuas, que »estoy tentado á creer se encuentra en esta parte del Himalaya á unos 21534 »pies.» (Cálculo exageradísimo). «A cualquiera altura á que uno se eleve por »la pendiente meridional del Himalaya, dice el mismo viajero, el clima con»serva siempre idéntico carácter, iguales estaciones que en las llanuras de »la India; el solsticio de verano trae siempre lluvias, que caen sin inter»rupcion hasta el equinoccio de otoño. Mas desde Cachemira, cuya altura »calculo en 5850 pies (altura casi igual á la de las ciudades de Mégico y »Popayan) comienza un nuevo clima completamente diverso.» (*Correspond. de Jacquemont*, t. II, p. 58 y 74). El aire cálido y húmedo del mar, llevado por los monzones (a) hácia las llanuras de la India, se detiene en las avanzadas faldas del Himalaya, como ha observado ingeniosamente Leopoldo de Buch, y no pasa á las regiones tibetanas de Ladak y de Lassa. Carlos de Hügel calcula la altura del valle de Cachemira sobre el nivel del mar en 6370 pies, con arreglo al punto de ebullicion del agua (II part., p. 155, y *Journal of Geog. Soc.*, t. VI, p. 215). Hácia los 34° 7' de latitud, se encuentran desde diciembre hasta marzo algunos pies de nieve, en este valle cuya atmósfera no se vé jamás agitada por los vientos.

(a) Nombre que se dá á las brisas largas y periódicas que reinan en los mares de la India. (*Nota del Traductor*) con caractéres indelebles en las rocas que forman el rápido declivio de las Cordilleras.

A fin de no cansar al lector con circunstanciados pormenores que intenté representar gráficamente (1) hace ya mucho tiempo, voy tan solo á reproducir en este lugar algunos de aquellos resultados generales, cuyo conjunto constituye el *cuadro físico de la zona tórrida*. Escudriñando el pensamiento las causas de los fenómenos, descubre y resuelve en sus diversos elementos lo que antes se presentaba como confuso y sin contornos á las vagas sensaciones, y cuanto aparece envuelto en la vaporosa bruma que oculta á la vista en el paisage las empinadas crestas de las altas montañas; y como el pensamiento asigna ademas un carácter propio á cada uno de los elementos de la impresion total, resulta de aquí, que en la esfera de los estudios de la naturaleza, lo mismo que en la esfera de la poesía y de la pintura de paises, las descripciones de los sitios y los cuadros que hablan á la imaginacion tienen tanta mayor verdad y vida, cuanto mas pronunciados son sus rasgos característicos.

Si por su riqueza orgánica y abundante fecundidad son las regiones de la zona tórrida las que nos causan emociones mas profundas, ofrécennos tambien la inapreciable ventaja de hacernos ver en la uniformidad de las variaciones de la atmósfera y del desarrollo de las fuerzas vitales, en los contrastes de climas y de vegetacion producidos por la diferencia de alturas, cómo la invariabilidad de las leyes que rigen los movimientos celestes se refleja asimismo en todos los fenómenos terrestres. Séame lícito detenerme aquí un momento presentando las pruebas de esta regularidad, que hasta puede sujetarse á escalas y á cálculos numéricos.

(1) Véase en general mi *Ensayo acerca de la Geografía de las plantas*, y el *Cuadro físico de las Regiones equinocciales*, edicion de 1807, p. 80—88; para las variaciones de temperatura del dia y de la noche, véase la lamina IX de mi *Atlas geográfico y físico del Nuevo continente*, y los cuadros de mi obra *De distributione geographica plantarum secundum cœli temperiem et altitudinem montium*, 1817, p. 90—116; la parte meteorológica de mi *Asia central*, t. III, p. 212—224; y por último, la esposicion mas reciente y exacta de las variaciones que esperimenta la temperatura á proporcion que se sube por la cadena de los Andes, en la Memoria de Boussingault *Sur la profondeur à laquelle on trouve sous les tropiques la couche de température invariable* (*Ann. de chimie et de physique*, 1833, t. LIII, p. 225—247). Este tratado contiene las alturas de ciento veintiocho puntos comprendidos entre el nivel del mar y la vertiente de Antisana (19,585 pies), y asimismo la determinacion de su temperatura media atmosférica, la cual varía, segun la altura, de 27°, 5 á 1°, 7.

En las abrasadas llanuras que se elevan poco sobre el nivel de los mares, reina la familia de los bananos, de los cycas y de las palmeras, habiéndose aumentado considerablemente en nuestros dias, por el celo de los viajeros botánicos, el número de las especies inscritas en las floras de las regiones tropicales. A estos grupos suceden en los altos valles ó en las quiebras húmedas y sombrías de la pendiente de las Cordilleras, los helechos arbóreos, cuyos robustos troncos cilíndricos proyectan hasta el cerúleo firmamento el lozano verdor de sus copiosas hojas primorosamente dentadas, y el quino que produce la corteza antifebril, tanto mas eficaz y saludable, cuanto mas á menudo ha sido bañada y refrescada la copa del árbol por la niebla sutil que forma la capa superior de las nubes, materialmente asentadas en el suelo de aquellas llanuras. Dó quiera que termina la region de los bosques, florecen en anchas franjas las plantas que viven por grupos, como la menuda aralia, los thibaudes y la andrómeda de hojas mirtiformes. La rosa alpina de los Andes, esto es, la magnífica befaria, forma una cintura purpurina alrededor de los enhiestos picos. En la fria region de los *Páramos*, continuamente espuesta al perpétuo torbellino de los vientos y de las tempestades, desaparecen ya los arbustos ramosos, así como las vellosas yerbas perennemente cargadas de grandes corolas de vistosos y variados colores, y se encuentra el suelo uniformemente cubierto por plantas monocotiledones de menuda espiga, que desde aquella zona de las gramíneas, especie de sabana estendida sobre inmensas mesetas, reflejan hácia la pendiente de las Cordilleras una luz amarillenta, casi dorada en lontananza, y sirven de pasto á los llamas y al ganado introducido por los colonos europeos. Allí donde las peladas rocas de trachyto se abren paso por el césped, elevándose en aquella region del aire cuyas capas nos parecen ser las menos cargadas de ácido carbónico, se desarrollan en manchones orbiculares tan solo plantas de organizacion inferior, como líquenes, lecídeas, y el colorado polvillo de la lepraria. Isletas de nieve esporádica recien caida, de varia forma y estension, detienen los últimos débiles desarrollos de la vida vegetal; y á continuacion de estas isletas esporádicas siguen las nieves perpétuas, cuya altura es constante y fácil de determinar, porque la oscilacion que esperimenta su límite inferior es casi imperceptible. Las fuerzas elásticas que residen en lo interior de nuestro globo, pugnan, las mas veces en vano, por romper aquellas enormes campanas ó cúpulas redondeadas, que, resplandecientes con la blancura de las nieves perpétuas, sirven de radiosa corona á las Cordilleras; y donde quiera que las fuerzas subterráneas han logrado al cabo abrirse comunicaciones permanentes con la atmósfera, bien sea por medio de cráteres circulares ó de prolongadas grietas, vomitan muy rara vez corrientes de lava, y por lo comun escorias inflamadas, vapores acuosos y sulfúreos y vahos de ácido carbónico.

Tan grandioso é imponente espectáculo no pudo sin embargo inspirar á los habitantes de los trópicos, en la primera edad de una civilizacion naciente, mas que un sentimiento vago de admiracion y asombro. Acaso pudiera suponerse, como he indicado mas arriba, que la vuelta periódica de los mismos fenómenos, y el modo uniforme con que se agrupan por zonas superpuestas, hubieran debido facilitar al hombre el conocimiento de las leyes de la Naturaleza; pero por mas que nos remontemos hasta donde lo permiten la tradicion y la historia, no encontramos vestigios de que se hayan aprovechado tales ventajas en aquellos afortunados climas. Descubrimientos recientes han venido á hacer muy problemática la comun opinion de que la civilizacion de los indios, una de las fases mas maravillosas de los progresos de la humanidad, haya tenido primitivamente su asiento en las mismas regiones tropicales. Airyana Vaedjo, antigua cuna del Zend, se hallaba situada al N. O. del Indo superior; y despues del gran cisma religioso, es decir, despues que los Iranios se separaron del instituto bracmánico, la lengua, comun hasta entonces á Iranios é Indios, tomó entre estos últimos, al mismo tiempo que la literatura, las costumbres y el estado social, una forma individual en el Magadha ó Madhya Deza (1), region limitada por la gran Cordillera del Himalaya y por la pequeña cadena Vindhya. Muy posteriormente fué cuando la lengua y la civilizacion sanscritas avanzaron hácia el S. E. y penetraron mas en la zona tórrida, como lo ha demostrado mi her-

(1) Acerca del Madhjadéza propiamente dicho, véase la escelente *Arqueologia índica* de Lassen, t. I, p. 92 de la edicion alemana. Los chinos llaman *Mo-kie-thi* al Bahar meridional situado al Sud del Ganges; véase *Foe-Koue-Ki*, por Chy-Fa-Hian, 1836, p. 256. *Djambu-dwipa* es el nombre de toda la India; pero á veces significa tambien esta voz uno solo de los cuatro continentes búdhicos.

mano Guillermo de Humboldt (1) en su grande obra acerca de la lengua kawi y de las que con ella guardan analogía de estructura.

A pesar de todos los obstáculos que la escesiva complicacion de los fenómenos, no menos que las perpetuas variaciones locales de los movimientos atmosféricos y de la distribucion de las formas orgánicas, oponian en las latitudes boreales al descubrimiento de las leyes de la Naturaleza, estaba precisamente reservado á un corto número de pueblos habitadores de la zona templada llegar los primeros al conocimiento íntimo y racional de las fuerzas que obran en el mundo físico. De esta zona boreal, al parecer mas favorable á los progresos de la razon, á la suavidad de costumbres y á las libertades públicas, han sido llevados á la zona tropical los gérmenes de la civilizacion, así por aquellos grandes movimientos de razas que apellidamos emigracion de los pueblos, como por el establecimiento de colonias, harto diferentes en verdad, por lo tocante á sus instituciones, si comparamos las de los tiempos fenicios ó helénicos con las de nuestras épocas modernas.

Al indicar la influencia que la sucesion de los fenómenos ha podido ejercer en el descubrimiento mas ó menos fácil de la causa que los produce, hablé ya ligeramente de este momento importantísimo, en que al encanto producido por la sencilla contemplacion de la Naturaleza en el contacto del hombre con el mundo esterior, viene á unirse el goce que emana del conocimiento de las leyes y del encadenamiento mútuo de aquellos fenómenos. Lo que por largo tiempo habia sido mero objeto de vaga inspiracion, llega por fin, poco á poco, á alcanzar la evidencia de una verdad positiva; y el hombre pugna por encontrar, como ha dicho en nuestra lengua un inmortal poeta «el polo inmutable en medio de la eterna fluctuacion de las cosas creadas (2).»

Para remontarnos á la fuente de este goce producido por el ejercicio de la inteligencia, basta echar una rápida ojeada sobre los primeros bosquejos de la filosofía de la Naturaleza ó de la antigua doctrina del *Cosmos*. Que aun en-

(1) *De la lengua kawi en la isla de Java, con una Introduccion acerca de las diversas construcciones de las lenguas y de la influencia que ejercen en el desarrollo del espíritu humano*, por Guillermo de Humboldt, 1836, t. I, p. 5—310 de la edicion alemana.

(2) Este pensamiento se encuentra en una elegía de Schiller que vió por primera vez la luz pública en el periódico Die Horen (Las Horas) de 1795.

tre los pueblos mas salvages existe un sentimiento secreto mezclado de terror acerca de la poderosa unidad de las fuerzas de la Naturaleza, de una esencia invisible, espiritual, que se manifiesta en ellas cuando desarrollan las flores y los frutos de los árboles, cuando conmueven el suelo del bosque, ó bien cuando producen el trueno en las nubes, cosa es que no admite duda y que he tenido ocasion de comprobar en mis largas correrías. Así es como desde luego se revela el lazo que existe entre el mundo visible y otro mundo superior no sujeto á las impresiones de los sentidos; mundosque el hombre confunde involuntariamente, sin que por ello deje de desarrollarse en su seno el gérmen de una *filosofía de la Naturaleza*, bien que destituido del apoyo de la observacion y como simple producto de una concepcion meramente ideal.

La imaginacion de los pueblos mas atrasados en cultura se complace forjando extrañas y fantásticas creaciones; y su predileccion por el símbolo influye simultáneamente así en las ideas como en las lenguas. En semejante estado, lejos de examinar, se adivina, se dogmatiza, se interpreta lo que nunca ha sido observado, resultando de aquí que el mundo de las ideas y de los sentimientos no refleja al mundo esterior en su primitiva pureza. Lo que en ciertas regiones de la tierra no se ha manifestado como rudimento de la filosofía natural, sino en un cortísimo número de individuos dotados de elevada inteligencia, aparece en otras regiones siendo patrimonio comun de familias enteras de pueblos, y como un resultado de tendencias místicas y de intuiciones instintivas. En el comercio íntimo con la Naturaleza, en la energía y profundidad de las emociones que de él emanan, es donde se encuentran tambien las primeras aspiraciones al culto, á una santificacion de las fuerzas destructoras ó conservadoras del Universo; mas á proporcion que el hombre llega á entrar en el pleno y libre goce del poder regulador de la reflexion, recorriendo los diferentes grados de su desarrollo intelectual; á proporcion que va separando el mundo de las ideas del mundo de los hechos por un acto de emancipacion progresivo, no se contenta ya con el vago presentimiento de la unidad de las fuerzas de la Naturaleza, antes bien, comenzando á realizar el elevado destino de su inteligencia, la pone en ejercicio, fecunda la observacion con el raciocinio, y se remonta con infatigable ardor á las causas de los fenómenos.

La historia de las ciencias nos enseña cuán difícil ha sido satisfacer las necesidades de tan ardiente curiosidad. Observaciones no nada exactas ni completas dieron origen, por medio de falsas inducciones, á ese cúmulo de errores físicos que se han perpetuado como otras tantas preocupaciones populares en todas las clases de la sociedad, conservándose de esta manera, al lado de un conocimiento sólido y científico de los fenómenos, un sistema de falsos resultados de observacion, que es muy difícil desarraigar, porque no se toman en cuenta para nada los hechos que le son contrarios. Este empirismo, legado funesto de los siglos anteriores, se obstina en mantener invariablemente sus axiomas con la arrogancia propia de todo lo que es limitado; al paso que la física fundada en la ciencia duda, por lo mismo que trata de profundizar, distingue y separa de lo cierto lo que es meramente probable, y perfecciona sin cesar las teorías ensanchando el círculo de las observaciones.

Y no solamente produce ese conjunto de dogmas incompletos que un siglo trasmite á otro, esa física compuesta de preocupaciones populares, el grave mal de perpetuar el error con la obstinacion que lleva siempre consigo el testimonio de hechos mal observados; sino que causa otro no menos grave impidiendo que el espíritu se eleve á las grandes miras de la Naturaleza. Porque en lugar de buscar el estado *medio*, alrededor del cual oscilan, no obstante la aparente independencia de las fuerzas, todos los fenómenos del mundo esterior, sin escepcion de ninguna especie, se complace por el contrario en multiplicar las escepciones; porque inquiere en los fenómenos y en las formas orgánicas otras maravillas que no las de una sucesion regular, ó las de un desarrollo interno y progresivo; porque se inclina constantemente á creer interrumpido el órden de la Naturaleza, á desconocer las analogías de lo presente con lo pasado, y á continuar, en fin, entregada al azar de sus delirios, buscando en lo interior de nuestro globo y en los espacios celestes, las causas de lo que se obstina en llamar perturbaciones.

El fin particular de esta obra es precisamente el de combatir los errores que nacen del empirismo y de las inducciones imperfectas; pues los mas nobles goces dependen de la exactitud y profundidad de las concepciones, y de la mayor estension de horizonte que puede abarcarse de.

una vez. Con la cultura de la inteligencia, se ha aumentado en todas las clases sociales la necesidad de embellecer la vida aumentando la masa de las ideas y los medios de generalizarlas; y el sentimiento de esta necesidad, sirviendo de elocuente refutacion á vagas acusaciones dirigidas contra nuestro siglo, demuestra tambien que no son los intereses materiales de la vida los únicos que ocupan nuestros ánimos.

Voy á refutar, y de ello casi me pesa, cierto temor que tiene al parecer su orígen en una mira limitada, ó en no sé qué muelle y débil sentimentalismo del alma: hablo del temor que algunos manifiestan de que la Naturaleza pierda su encanto y el prestigio de su mágico poder, á proporcion que vayamos penetrando sus secretos, comprendiendo el mecanismo de los movimientos celestes, y calculando numéricamente la intensidad de las fuerzas. Cierto que estas no ejercen sobre nosotros lo que propiamente puede llamarse un poder mágico, sino en tanto que su accion, envuelta entre misterios y tinieblas, se halla colocada fuera de todas las condiciones que ha podido alcanzar la esperiencia; y por lo mismo, el efecto de semejante poder es conmover nuestra imaginacion; pero cabalmente no debe evocarse con preferencia esta facultad del alma, cuando se trata de las laboriosas y prolijas observaciones que tienen por objeto el conocimiento de las leyes mas grandes y admirables del Universo. El astrónomo que por medio de un heliómetro ó de un prisma de doble refraccion (1) determina el diámetro de los cuerpos planetarios; el que con incansable paciencia mide durante años y años la altura meridiana ó las relaciones de distancia de las estrellas; el que busca un cometa telescópico en medio de un grupo de pequeñas nebulosas, no siente de seguro mas conmovida su imaginacion, y en ello estriba precisamente la exactitud de su trabajo, que el botánico que cuenta las divisiones del cáliz, el número de los estambres, y los dientes, ya libres, ya soldados, del anillo que rodea la cápsula de un musgo; y sin embargo, las multiplicadas medidas de ángulos por una parte, y por otra las

(1) El micrómetro ocular de Arago, que felizmente ha perfeccionado el micrómetro prismático ó de doble refraccion de Rochon. Véase la *Nota* de Mathieu en la *Historia de la Astronomía del siglo décimo octavo*, por Delambre, 1827, p. 651.

relaciones minuciosas de la organizacion, preparan la via á importantes concepciones de física general.

Debemos distinguir, entre la disposicion de ánimo, el estado en que se halla la inteligencia del observador mientras observa, y el engrandecimiento ulterior de miras que es el fruto de la investigacion y del trabajo del pensamiento. Los físicos miden con admirable sagacidad las ondas luminosas de desigual longitud que se refuerzan ó destruyen por *interferencia*, hasta en sus acciones químicas. El astrónomo penetra en los espacios celestes con el auxilio de poderosos telescopios, contempla las lunas de Urano en los últimos límites de nuestro sistema solar, y descompone débiles puntos luminosos en estrellas dobles de diferente brillo y vario color. Los botánicos ven reproducida la constancia del movimiento giratorio del chara en la mayor parte de las celdillas vegetales, y reconocen cómo se encadenan íntimamente las formas orgánicas por géneros y por familias naturales. Pues ahora bien: la bóveda celeste sembrada de nebulosas y tachonada de estrellas, y las riquísimas alfombras de vegetales que engalanan el suelo en el clima de las palmeras, deben necesariamente dejar en el ánimo de aquellos laboriosos observadores una impresion mas imponente y mas digna de la magestad de la creacion, que en el de cualquiera otro hombre no habituado á comprender las grandes relaciones y estrechos lazos de todos los fenómenos. No puedo, por lo tanto, convenir con Burke, cuando sostiene en una de sus ingeniosas obras «que nuestra ignorancia respecto de »las cosas de la Naturaleza es la principal causa de la ad»miracion que nos inspiran, y la fuente de donde emana »el sentimiento de lo sublime.»

Mientras que la ilusion de los sentidos fija los astros en la bóveda celeste, la astronomía engrandece indefinidamente el espacio con sus atrevidas investigaciones; y si bien circunscribe la gran nebulosa á que pertenece nuestro sistema solar, es solo para mostrarnos mas allá, en regiones que huyen y se alejan á proporcion que las potencias ópticas se aumentan, otros y otros islotes de nebulosas esporádicas. Cuando el sentimiento de lo sublime nace de la contemplacion de las distancias de los astros, de su magnitud, de la estension física, se refleja en el sentimiento de lo infinito, el cual pertenece ya á otra esfera de ideas, al mundo intelectual; y cuanto tiene de imponente y solemne el primero, lo debe á este lazo que acabamos de indicar, á esta analogía de goces y de emociones que esperimentamos, ora en medio de los mares, ora en el océano aéreo cuando nos vemos envueltos sobre la cima de un pico aislado en nubes cuasi-diáfanas; ora, en fin, delante de uno de esos instrumentos de poderoso alcance, que descomponen en estrellas fajas nebulosas situadas á inconmensurables distancias.

La simple acumulacion de observaciones minuciosas sin trabazon ni enlace, sin generalizacion de ideas, ha podido sin duda dar orígen á una preocupacion harto inveterada, cual lo es la persuasion de que el estudio de las ciencias exactas debe entibiar necesariamente el sentimiento, y disminuir los nobles placeres que produce la contemplacion de la Naturaleza. Los que tal error alimenten aún en los tiempos que alcanzamos, con el progreso obtenido en todos los ramos de nuestros conocimientos, y hasta en la misma razon pública, de seguro no conocen el valor que tiene cualquiera estension de la esfera intelectual, ni comprenden el arte de encubrir el pormenor de los hechos aislados para elevarse á resultados generales.

Otro temor se une por lo comun al de sacrificar el libre goce de la Naturaleza bajo la influencia del razonamiento científico; el de que no á todos es dado comprender las verdades de la física del mundo. Cierto que en medio de esta universal fluctuacion de fuerzas y de vida, en este enrejado inextricable de organismos que alternativamente se desarrollan y perecen, cada paso que se adelanta en el conocimiento mas íntimo de la Naturaleza, conduce á la entrada de nuevos laberintos; pero cabalmente esta escitacion del sentimiento adivinatorio, esta vaga intuicion de tantos misterios como hay que descubrir, la multiplicidad de caminos que recorrer, son otros tantos estímulos para el ejercicio de la inteligencia, cualquiera que sea el grado de saber en que se encuentre. Cada nueva ley que se descubre en la Naturaleza conduce al observador inteligente á otra ley mas general, ó al presentimiento de ella cuando menos. La Naturaleza, segun la definicion de un célebre fisiólogo (1) y segun lo indicaba la misma voz entre los griegos y los romanos, es «lo que crece y se des-

(1) Carus, Von den Ur-Theilen des Knochen und Schalengerüstes (*De las partes rudimentarias de los huesos y de las conchas*). Leipzick, 1818, §. 6, en fol.

»arrolla perpétuamente, lo que solo vive por el cambio con»tínuo de forma y de movimiento interno.»

La série de los tipos orgánicos se estiende ó se completa para nosotros á proporcion que por medio de viajes marítimos ó terrestres penetramos en regiones desconocidas; que comparamos los organismos vivientes con los que han desaparecido en las grandes revoluciones de nuestro planeta; que se perfeccionan los microscopios y se generaliza su uso entre los que saben servirse de ellos con discernimiento.

En el seno de esta inmensa variedad de producciones animales y vegetales, sujetas á transformaciones periódicas, se renueva incesantemente el misterio primordial de todo desarrollo orgánico, el problema de la *metamórfosis*, con tan superior sagacidad tratado por Göthe, y cuyo orígen se debe á la necesidad que esperimentamos de reducir las formas de la vida á un corto número de tipos fundamentales. En medio de la rica mina de la Naturaleza y de la incesante acumulacion de observaciones, el hombre se penetra íntimamente de que aun pasados muchos miles de años, ni en la superficie ni en las entrañas de la tierra, ni en las profundidades del mar ni de los cielos «faltará jamás »espacio á los conquistadores científicos.» Este pesar de Alejandro (1) no puede aplicarse á los progresos de la observacion y de la inteligencia.

Las consideraciones generales, bien sea que se refieran a la materia aglomerada en cuerpos celestes, ó bien á la distribucion geográfica de los organismos terrestres, sobre ofrecer de suyo mas atractivo que los estudios especiales, tienen ademas grandes ventajas para los que no puedan consagrar mucho tiempo á este género de ocupaciones. Los diferentes ramos de la Historia natural no son accesibles sino á las personas de cierta suposicion en el mundo, ni presentan tampoco el mismo encanto en todas las estaciones y bajo todos los climas. En las zonas inhospitalarias del Norte nos vemos privados durante mucho tiempo del espectáculo que ofrecen á nuestras miradas las fuerzas productivas de la naturaleza orgánica; y si nuestro interés se ha fijado en una sola clase de objetos, ningun atractivo tendrán para nosotros las mas animadas relaciones de los viajeros que hayan recorrido lejanos paises, á menos que no se refieran á los objetos mismos de nuestra predileccion.

(1) Plut. *in vita Alex. Magni*, cap. VII.

De la misma manera que la historia de los pueblos (suponiendo que pudiese siempre remontarse con éxito á las verdaderas causas de los acontecimientos) llegaría á descifrar el eterno enigma de las oscilaciones que esperimenta el *movimiento alternativamente progresivo y retrógrado* de la sociedad humana; así tambien la descripcion física del mundo, ó la ciencia del *Cosmos,* caso de ser concebida por una inteligencia privilegiada y fundarse en el conocimiento de cuanto se hubiese descubierto hasta entonces, resolvería una parte de las contradicciones que á primera vista presenta la complicacion de los fenómenos, por efecto de una multitud de perturbaciones simultáneas. El conocimiento de las leyes, bien sea que estas se revelen en los movimientos del Océano, en la marcha calculada de los cometas ó en la mútua atraccion de las estrellas múltiples, aumenta en el hombre el sentimiento tranquilo y sereno de la Naturaleza, cual si la discordia de los elementos, constante espantajo del espíritu humano en sus primeras intuiciones, se fuese apaciguando cada vez mas, segun que las ciencias estienden su imperio. Las miras elevadas y generales nos habituan á considerar cada organismo como una parte de la creacion entera, y á reconocer en tal planta, ó en tal animal, no la especie aislada, sino una forma eslabonada en la cadena de los séres á otras formas vivientes ó estinguidas; ayudándonos tambien á comprender las relaciones que existen entre los descubrimientos mas recientes y los que les han servido de preparacion. Aunque relegados nosotros en un punto del espacio, no por ello dejamos de recoger cuanto se ha observado en los diferentes climas, ni de seguir gustosos á osados viajeros por medio de los hielos polares, y por junto al pico de aquel volcan del polo antártico cuyos fuegos son visibles durante el dia á largas distancias; y hasta llegamos á comprender algunos prodigios del magnetismo terrestre, y la importancia de los numerosos apostaderos diseminados hoy por uno y otro hemisferio para espiar la simultaneidad de las perturbaciones, la frecuencia y duracion de las *tempestades magnéticas.*

Permítaseme dar algunos pasos mas por el campo de aquellos descubrimientos cuya importancia no pueden apreciar bien sino los que hayan hecho estudios de física general. Ejemplos escogidos entre los fenómenos que mas han llamado la atencion en estos últimos tiempos, aclararán mas y mas las precedentes consideraciones. Sin un conocimiento preliminar de las órbitas de los cometas, no puede comprenderse la importancia que tiene el descubrimiento de uno de ellos, cuya órbita elíptica se halla inclusa en los estrechos límites de nuestro sistema planetario, y que ha revelado la existencia de un fluido etéreo que tiende á disminuir la fuerza centrífuga y la duracion de las revoluciones. En una época en que todos quieren parecer sábios mezclando hasta en las conversaciones ordinarias ciertas vaguedades científicas, se renuevan bajo otra forma los temores de un choque peligroso con tal ó cual cuerpo celeste, ó de un supuesto trastorno de los climas: delirios de la imaginacion, tanto mas perjudiciales, cuanto que tienen su origen en pretensiones dogmáticas. La historia de la atmósfera y de las variaciones anuales que esperimenta su temperatura, tiene ya la suficiente antigüedad para habernos manifestado la reproduccion de lijeras oscilaciones en torno del grado medio de calor de un lugar cualquiera, y para curarnos por consiguiente del exajerado temor de una deterioracion general y progresiva de los climas europeos. El cometa de Encke, uno de los tres *interiores*, completa su revolucion en mil doscientos dias; y no es por la forma, ni por la posicion de su órbita, mas peligroso para la Tierra que el gran cometa de Halley, que tarda sesenta y seis años, y no apareció tan bello en 1835 como en 1759, ni que el cometa interior de Biela, el cual, si bien es cierto que corta la órbita de la tierra, no puede sin embargo acercarse mucho á nosotros, sino cuando su mayor proximidad al sol coincide con el solsticio de invierno.

La cantidad de calórico que recibe un planeta, cuya desigual distribucion determina las variaciones meteorológicas de su atmósfera, depende á un tiempo mismo de la fuerza fotogénica del sol, es decir, del estado de sus cubiertas gaseosas, y de la posicion relativa del planeta y del cuerpo central. La forma de la órbita terrestre, y la inclinacion de la eclíptica (nombre que se dá al ángulo que forma el eje de la tierra con el plano de su órbita), esperimentan á la verdad ciertos cambios con arreglo á las leyes de la gravitacion universal; mas estos cambios periódicos son tan lentos, y están reducidos á tan estrechos límites, que sus efectos térmicos no llegarian á ser apreciables con los instrumentos de que hoy disponemos, sino al cabo de algunos miles de años. Las causas astronómicas de un enfriamiento de nuestro globo, de una disminucion de humedad en su superficie, de la naturaleza y de la frecuencia de ciertas epidemias (fenómenos que se han discutido frecuentemente en nuestros dias siguiendo tenebrosas aprehensiones de la edad media) deben mirarse como cosas que están fuera del alcance de los actuales procedimientos físicos y químicos.

La astronomía física nos ofrece otros fenómenos que tampoco pueden ser comprendidos en toda su magnitud, á menos de hallarnos preparados con estudios generales acerca de las fuerzas que animan al Universo. Tales son, el inmenso número de estrellas ó, por mejor decir, de soles dobles, que girando alrededor de un centro comun de gravedad, nos revelan la existencia de la atraccion neutoniana en los mas apartados mundos; el número variable de las manchas del sol, es decir, de las aberturas que se forman en las atmósferas luminosa y opaca de que está rodeado el núcleo sólido de este astro; y por último, la caida regular, el 13 de noviembre y el dia de San Lorenzo, de estrellas vagas ó exalaciones, especie de anillo formado de asteroides que cortan probablemente la órbita de la tierra, y se mueven con tanta velocidad como los planetas.

Y si de las regiones celestes bajamos á la tierra, deseamos concebir las relaciones que existen entre las oscilaciones del péndulo en un espacio lleno de aire (oscilaciones cuya teoría ha sido perfeccionada por Bessel), y la densidad de nuestro planeta; y preguntamos por qué razon el péndulo, haciendo para nosotros las veces de una sonda, nos ilumina hasta cierto punto acerca de la constitucion geológica de capas situadas á grandes profundidades. Obsérvase una sorprendente analogía entre la formacion de las rocas granuladas que componen corrientes de lava en la falda de los volcanes activos, y las masas endógenas de granito, de pórfido y de serpentina, que saliendo del seno de la tierra cual rocas de erupcion, rompen los bancos secundarios y los modifican por contacto, ya tornándolos mas duros por medio de la silice que en ellos se introduce, ya reduciéndolos al estado de dolamia, ya en fin haciéndoles producir cristales de composicion muy varia. El solevantamiento de islotes esporádicos, cúpulas de trachyto y conos de basalto por las fuerzas elásticas que emanan del interior fluido del globo, han conducido á Leopoldo de Buch, primer geólogo de nuestro siglo, á la teoría general del solevantamiento de los continentes y de las cadenas montañosas. Esta accion de las fuerzas subterráneas, la rotura y la elevacion de los bancos de rocas sedimentarias (de lo cual ha ofrecido recientes ejemplos el litoral de Chile á consecuencia de un gran temblor de tierra), nos dejan entrever la posibilidad de que las conchas pelágicas que el señor Bonpland y yo encontramos en los Andes á mas de 16510 pies de elevacion, hayan llegado á posicion tan estraordinaria, no por la intumescencia del Océano, sino por el impulso de agentes volcánicos bastante poderosos para haber arrollado la costra reblandecida de la tierra.

Doy el nombre de *vulcanismo*, en el sentido mas general de la palabra, á cualquiera accion que las fuerzas interiores de un planeta ejercen en su corteza exterior. Nuestro globo y el de la luna manifiestan en su superficie vestigios de esta accion, que en nuestro planeta, á lo menos, ha sido varia en la série de los siglos. Los que ignoran que el calor interior de la tierra aumenta rápidamente segun se profundiza en ella, y que á ocho ó nueve leguas de distancia (1) *se halla el granito en estado de fusion*, *no pueden* formarse ideas exactas de las causas y de la simultaneidad de erupciones volcánicas muy apartadas las unas de las otras, ni de la estension y cruzamiento de los *círculos de conmocion* que ofrecen los temblores de tierra, asi como tampoco de la constancia de temperatura y de la igualdad de composicion química observadas en las aguas termales durante una larga série de años. Tal es, sin embargo, la importancia de la cantidad de calórico propia de cada planeta, resultado de su condensacion primitiva, y variable segun la naturaleza y duracion de su fuerza irradiante, que el estudio de dicha cantidad nos ilumina en cierto modo acerca de la historia de la atmósfera, y de la distribucion de los cuerpos organizados que se encuentran en la corteza sólida de la tierra. Este estudio nos hace concebir cómo una temperatura tropical, independiente de la latitud, ó sea de la distancia á los polos, ha podido ser efecto de profundas quiebras, largo tiempo abiertas despues del replegamiento y del hendimiento de la corteza no bien consolidada, que dejaba paso al calor del interior; y nos da tambien idea de un estado antiguo de cosas, en el cual la

(1) Hay mucha exageracion en los cálculos generales aceptados acerca del punto de fusion de las sustancias refractarias. Segun las investigaciones, siempre exactísimas, de Mitscherlisch, el punto de fusion del granito casi no pasa de 1300° centígrados.

temperatura de la atmósfera, y, en general, los climas, eran mas bien debidos al desprendimiento del calórico y de diferentes emanaciones gaseosas, esto es, de la enérgica reaccion del interior hácia el exterior, que no de la posicion de la tierra con relacion al cuerpo central (el sol).

Las regiones frias ocultan en sus capas sedimentarias productos de los trópicos: en el terreno *ulloso*, por ejemplo, troncos de palmeras que quedaron en pie, revueltos y confundidos con plantas coniferas, helechos arborescentes, goniatites, y peces con escamas romboidales óseas (1); en el *calcáreo del Jura*, enormes esqueletos de cocodrilos y de plesiosauros, planulitas y troncos de cycadeas; en el *gredoso*, pequeños polythálamos y bryozoarios, cuyas especies viven aun en el seno de los mares; en el *tripóleo* ó de lonchas de pulir, el semi-ópalo y el ópalo farinaceo, inmensas aglomeraciones de animalillos infusorios siliceos, que nos ha revelado Ehrenberg con el poder de su vivificante microscopio; y por último, en los *terrenos de transporte* y en ciertas cavernas, osamentas de elefantes, hienas y leones. Familiarizados como estamos con las grandes miras de la física del globo, el hecho de hallar en estado fósil en las regiones septentrionales estas producciones de los climas cálidos, no escita ya en nosotros una estéril curiosidad, antes bien sirve de digno objeto á meditaciones y combinaciones nuevas.

La multitud y variedad de estos problemas que he indicado, suscitan la cuestion de saber si las consideraciones generales pueden alcanzar el grado de claridad suficiente, cuando falte el estudio circunstanciado y especial de la historia natural descriptiva, de la geologia y de la astronomia matemática. Por mi parte, creo que debemos distinguir ante todo, entre el sabio que debe recoger las observaciones esparcidas y meditarlas profundamente para esponer su trabazon y enlace, y aquel á quien debe trasmitirse este en-

(1) Véase la obra clásica de Luis Agassiz sobre los peces del mundo antidiluviano: *Investigaciones sobre los peces fósiles*, 1834, t. I, p. 38, t. II, p. 3, 28, 34, y *Apend.*, p. 6. Toda la especie de los *Amblypteros Ag.*, algo semejante á la de los *Palæoniscos* (llamados tambien *Palæotrisos*), se encuentra escondida bajo las formaciones del monte Jura en el antiguo terreno ulloso. Las escamas de los peces pertenecientes á la familia de los Lepidóides (órden de los Ganóides), forman en ciertos lugares una como manera de dientes, y se hallan cubiertas de esmalte, perteneciendo á las mas antiguas especies de peces fósiles despues de los Placóides. Aun se encuentran representantes vivientes de aquellas especies en el *Bichir* del Nilo y del Senegal, y en el Lepidósteo del Ohio.

cadenamiento bajo la forma de resultados generales. El primero se impone la obligacion de conocer la especialidad de los fenómenos; y antes de llegar á la generalizacion de las ideas, es preciso que haya recorrido, en parte á lo menos, el dominio de las ciencias, observando, esperimentando y midiendo por sí mismo. No niego que cuando faltan conocimientos positivos, los resultados generales, que tanto encanto prestan con sus relaciones continuadas á la contemplacion de la Naturaleza, no pueden todos igualmente ser desenvueltos con el mismo grado de claridad; pero me complazco, no obstante, en creer que presentaré con toda evidencia la mayor parte de las verdades en la obra que preparo acerca de la física del mundo, sin necesidad de remontarme siempre para conseguirlo á los principios y nociones fundamentales. Aun cuando este cuadro de la Naturaleza debiese presentar en algunos puntos contornos poco determinados, no por ello será menos propio para fecundar la inteligencia, ensanchar la esfera de las ideas, y nutrir y vivificar la imaginacion.

Quizás no falte razon á los que achacan á varias obras científicas alemanas, el defecto de haber disminuido, por la acumulacion de minuciosos pormenores, la impresion y el valor de los resultados generales; el de no separar bastantemente estos grandes resultados que forman, digámoslo así, los puntos culminantes de las ciencias, de la larga y enojosa enumeracion de los medios que han servido para obtenerlos. Y aun por eso ha dicho con enfado nuestro mas ilustre poeta (1), teniendo en cuenta este reproche: «Los alemanes tienen el don de hacer inaccesibles las ciencias. Para que produzca efecto un edificio, es necesario despojarle, luego que esté terminado, de las andamiadas que sirvieron á su construccion. Así, pues, podemos comprender con toda claridad la uniformidad de figura que se observa en la distribucion de las masas continentales, terminadas todas hácia el Sud en forma de pirámide, y ensanchadas hácia el Norte (ley que determina la naturaleza de los climas, la direccion de las corrientes en el Océano y en la atmósfera, y el paso de ciertos tipos de vegetacion tropical á la zona templada austral), podemos, repito, comprenderla con toda claridad, sin que sea necesario conocer preliminarmente las operaciones geodésicas y astronó-

(1) Göthe, en sus *Aforismos sobre las ciencias naturales.* (Véase la edicion pequeña de sus obras, 1833, t. L, p. 155).

micas que han servido para determinar esa forma piramidal de los continentes. Asi tambien, la geografia física nos enseña cuántas leguas mas tiene el eje ecuatorial que el eje polar del globo, y la igualdad media del aplanamiento de ambos hemisferios, sin necesidad de exponer antes cómo se ha logrado reconocer por la medida de los grados del meridiano ó por observaciones sobre el péndulo, que la verdadera figura de la tierra no es exactamente la de un elipsoide de revolucion regular, y que esta misma figura se refleja en las desigualdades de los movimientos de la Luna. Las grandes miras de la geografía comparada han carecido de solidez, y juntamente de brillo, hasta la aparicion de la admirable obra titulada (*Estudios de la Tierra en sus relaciones con la Naturaleza y con la historia del hombre*), en la cual ha caracterizado tan profundamente Cárlos Ritter la fisonomía de nuestro globo, y mostrado la influencia de su configuracion exterior, asi sobre los fenómenos físicos que se operan en su superficie, como sobre las emigraciones de los pueblos, sus leyes, sus costumbres y todos los principales fenómenos históricos á que sirve de teatro.

Francia posee una obra inmortal, la *Exposition du système du monde*, en la cual ha reunido el autor los resultados mas sublimes de los trabajos matemáticos y astronómicos, despojándolos del aparato de las demostraciones científicas. La estructura de los cielos se reduce en este libro á la simple resolucion de un gran problema de mecánica; y nadie, sin embargo, ha pensado hasta ahora en tildar la *Exposition du système du monde* de obra incompleta y superficial. Distinguir los materiales desemejantes y los trabajos que no conspiran á un mismo fin, y separar de las observaciones aisladas los resultados generales, tal es el único medio de dar unidad de composicion á la física del mundo, de esparcir claridad sobre los objetos, y de imprimir un carácter de grandeza y magestad al estudio de la Naturaleza. Suprimiendo todo lo que distrae por la pesadez de los pormenores, se acostumbra uno á no considerar sino las grandes masas, y solo entonces es cuando la inteligencia comprende racionalmente lo que se escapa á la debilidad de los sentidos.

Agréguese á estas consideraciones la de que se halla singularmente favorecida en nuestros dias la esposicion de los resultados, merced á la feliz revolucion que desde fines del último siglo han esperimentado los estudios especiales, y muy particularmente los de la *geología*, la *química* y la historia natural descriptiva. A proporcion que las leyes se generalizan, que las ciencias se fecundan mútuamente, y que estendiéndose se unen entre sí con lazos mas numerosos y mas íntimos, el desarrollo de las verdades generales puede ser conciso sin degenerar por ello en superficial. En el principio de la humana civilizacion, todos los fenómenos se presentan aislados, hasta que la multiplicidad de las observaciones y la reflexion los reunen y nos hacen ver su mútua dependencia. Si acontece, empero, que en un siglo caracterizado como el nuestro por los progresos mas brillantes, comience á dejarse sentir en ciertas ciencias falta de enlace entre los fenómenos, desde luego podemos esperar algunos descubrimientos, los cuales serán tanto mas importantes, cuanto se hayan cultivado aquellas mismas ciencias con mas especial predileccion y mas sagacidad de observaciones. Así sucede hoy con la meteorología, con varios ramos de la óptica, y, desde los preciosísimos trabajos de Melloni y de Faraday, con el estudio del calórico radiante y del electro-magnetismo; todos los cuales estudios nos prometen abundante y riquísima cosecha, si bien la pila de Volta nos ha mostrado ya el íntimo enlace que reina entre los fenómenos eléctricos, magnéticos y químicos. ¿Quién se atreverá hoy á afirmar que conocemos exactamente la parte de la atmósfera que no es oxígeno? ¿quién, que no estén mezcladas con el azoe y obren sobre nuestros órganos una infinidad de sustancias gaseosas? ¿quién en fin, que se haya descubierto tan siquiera el número total de las fuerzas que existen en el universo?

No se trata, por cierto, en este ensayo sobre la física del mundo, de reducir el conjunto de los fenómenos sensibles á un corto número de principios abstractos, sin mas base que la razon pura. No: la física del mundo, tal como yo intento esponerla, no pretende elevarse á las peligrosas abstracciones de una ciencia puramente racional de la Naturaleza, antes bien será simplemente una *geografía física* reunida á la *descripcion de los espacios celestes* y de los cuerpos que los llenan. Extraño yo á las profundidades de la filosofía puramente especulativa, mi ensayo sobre el Cosmos es la contemplacion del Universo, fundada sobre un empirismo racional; es decir, sobre el conjunto de los hechos recogidos por la ciencia y sometidos á las operaciones del entendimiento que compara y combina. Ni podria la obra que me he atrevido á emprender, si traspasase aquellos límites, entrar en la esfera de los trabajos á que he consagrado la larga carrera de mi vida científica; que yo no me aventuro á penetrar en una esfera donde no me sería dado moverme con libertad, bien que algunos otros puedan intentarlo con buen éxito. La unidad que procuro yo alcanzar en el desarrollo de los grandes fenómenos del Universo, es la que ofrecen las composiciones históricas. Todo cuanto se refiere á individualidades accidentales, á la esencia variable de la realidad, bien sea en la forma de los séres y en el agrupamiento de los cuerpos, bien en la lucha del hombre contra los elementos y de pueblos contra pueblos, no puede ser *construido racionalmente*, esto es, deducido de solo las ideas.

Creo que la descripcion del Universo y la historia civil se encuentran colocadas en el mismo grado de empirismo; mas sometiendo los fenómenos físicos y los acontecimientos históricos al trabajo de la inteligencia, y remontándose por el raciocinio á sus causas, se afirma cada vez mas la antigua creencia de que tanto las fuerzas inherentes á la materia, como las que rigen el mundo moral, ejercen su accion bajo el imperio de una necesidad primordial, y con arreglo á movimientos que se renuevan periódicamente con intervalos mas ó menos duraderos. Esta necesidad de las cosas, este encadenamiento oculto, pero permanente, esta renovacion periódica en el desarrollo progresivo de las formas, es lo que constituye la *Naturaleza*, que obedece á un primer impulso recibido. La física se limita á explicar por las propiedades de la materia, como su mismo nombre lo indica, los fenómenos del mundo material. El objeto final de las ciencias esperimentales es, por lo tanto, remontarse á la existencia de las leyes y generalizarlas progresivamente: todo lo que sea traspasar este límite, es salirse del dominio de la física del mundo, y penetrar en otro género de especulaciones mas elevadas. Manuel Kant, uno de los pocos filósofos que no ha sido hasta ahora acusado de impiedad, señaló con rara sagacidad los límites de las explicaciones físicas en su célebre obra titulada Allgemeine Naturgeschichte und Theorie des Himmels (Historia natural y teoría general del Cielo), publicada en Könisberg en 1755.

El estudio de una ciencia que promete guiarnos por los vastos espacios de la creacion, tiene muchos puntos de semejanza con un viaje á pais lejano, para el cual, antes de emprenderlo, y por lo comun con desconfianza, mide el viajero sus propias fuerzas y las del guia que ha elegido. El temor producido por la abundancia y la dificultad de las materias disminuye mucho, si se tiene en cuenta, segun anteriormente hemos indicado, que con la riqueza de las observaciones se ha aumentado tambien en nuestros dias el conocimiento cada vez mas íntimo de la conexion de los fenómenos. Lo que en el círculo mas estrecho de nuestro horizonte habia parecido inesplicable por largo espacio de tiempo, ha solido quedar perfectamente claro de improviso, por medio de investigaciones hechas á grandes distancias. Formas orgánicas, asi del reino animal como del reino vegetal, que habian quedado aisladas, las hemos visto enlazarse por medio de eslabones intermedios, por formas ó tipos de transicion. La geografía de los seres vivientes se completa, mostrándonos especies, géneros, familias enteras propias de un Continente, como reflejadas en formas análogas de animales y plantas del continente opuesto, cual si fuesen *equivalentes* que se suplen y reemplazan en la gran série de los organismos. La transicion y el encadenamiento se fundan, ya sobre un decrecimiento ó un desarrollo escesivo de ciertas partes; ya sobre soldaduras de órganos distintos; ora sobre la preponderancia que resulta de la falta de equilibrio en el contraste de las fuerzas, ya en fin, sobre relaciones con formas intermedias, que lejos de ser permanentes, caracterizan solo ciertas fases de un desarrollo normal. Si de los cuerpos dotados de vida pasamos á los séres del mundo inorgánico, encontraremos en ellos ejemplos que caracterizan hasta un alto grado los progresos de la geologia moderna. Ya reconoceremos, siguiendo las grandes miras de Elias de Beaumont, de qué modo las cadenas de montañas que dividen los climas, las zonas vegetales y las razas de los pueblos, nos revelan su *edad primitiva*, tanto por la naturaleza de los bancos sedimentarios que han solevantado, como por las direcciones que ellas siguen sobre las largas quiebras en que se efectuó el replegamiento de la superficie del globo. Relaciones de positura entre el trachyto y el pórfido sienítico, el diorito y la serpentina, que no aparecian muy claras en los terrenos auríferos de la Hungria, en el Ural, rico en platina, y en la pendiente Sudoeste del Altai de la Siberia, se comprenden ahora perfectamente por observaciones hechas en las mesetas de Mégico y de Antioquía, y en las insalubres torrenteras del Choco. Los materiales mas importantes que han servido de base en los tiempos modernos á la física del mundo, no han sido acumulados por acaso y sin discernimiento. Hase reconocido, en fin (y esta conviccion presta un carácter particular á las investigaciones de nuestra época), que lejanas correrías, por largo tiempo consagradas á la *narracion* de azarosas aventuras, no pueden ser instructivas sino en tanto que el viajero conozca el estado de la ciencia cuyo dominio se propone estender, y que sus ideas presidan á sus investigaciones y le inicien en el estudio de la Naturaleza.

A esta tendencia hácia las concepciones generales, peligrosa tan solo en sus abusos, se debe que una parte de los conocimientos físicos ya adquiridos pueda llegar á ser comun patrimonio de todas las clases de la sociedad; mas esta propiedad no tiene valor sino en tanto que la instruccion esparcida contrasta por la importancia de los objetos sobre que verse, y por la dignidad de sus formas, con aquellas compilaciones poco sustanciales, designadas hasta fines del siglo XVIII con el impropio nombre de *saber popular*. Yo me complazco en creer que las ciencias, espuestas en un estilo digno de su elevacion, á la par grave y animado, deben ofrecer un goce vivísimo á los que encerrados en el estrecho círculo de los deberes ordinarios de la vida, se avergüenzan de haber permanecido largo tiempo estraños al comercio íntimo con la Naturaleza: el goce de ver enriquecido su espíritu con ideas nuevas. Podria decirse que este comercio despierta en nosotros, por las emociones que produce, órganos que durante mucho tiempo habian estado dormidos. Así conseguimos comprender, de una sola estensa ojeada, lo que en el órden de los descubrimientos físicos engrandece la inteligencia, y lo que por felices aplicaciones á las artes mecánicas y químicas acrecienta la riqueza nacional.

Un conocimiento mas exacto del enlace de los fenómenos nos liberta tambien de un error, harto general aún, cual es el de que bajo la relacion del progreso de las sociedades humanas y de su prosperidad industrial, no tienen igual valor intrínseco todos los ramos del conocimiento de la Naturaleza. De aquí el que se establezcan arbitrariamente grados de importancia entre las ciencias matemáticas, el estudio de los cuerpos organizados, el conocimiento del electro-magnetismo, y la investigacion de las propiedades generales de la materia en sus diversos estados de agregacion molecular; de aqui tambien el que se desprecie presuntuosamente lo que se califica, con cierto desden, de «investigaciones puramente teóricas.» Pero los que de tal modo proceden, olvidan una cosa que se sabe ya desde muy antiguo, y es, que la observacion de un fenómeno que al principio aparece completamente aislado, encierra por lo comun el gérmen de un gran descubrimiento. Cuando Aloysio Galvani escitó por primera vez la fibra nerviosa mediante el contacto accidental de dos metales heterogéneos, sus contemporáneos se hallaban muy distantes de esperar que la pila de Volta nos haría ver, en los álcalis, metales relucientes como la plata, nadando en el agua y eminentemente inflamables; que la misma pila llegaría á ser un poderosísimo instrumento de análisis química, un termoscópio y un iman. Cuando en 1678 observó Huyghens por primera vez un fenómeno de polarizacion, ó sea la diferencia que existe entre los dos rayos en que se divide un haz luminoso al atrevesar por un lente de doble refraccion, nadie podia prever que el gran descubrimiento de la *polarizacion cromática* hecho por el señor Arago casi un siglo y medio despues, conduciría á este astrónomo-físico, por medio de un pequeño fragmento de espato de Islandia, á resolver las importantes cuestiones (1) de saber si la luz solar emana de un cuerpo sólido ó de una envoltura gaseosa, y si la que nos envian los cometas es propia ó refleja.

Apreciar igualmente todos los ramos de las ciencias matemáticas, físicas y naturales, es una necesidad en épocas como la presente, en que la riqueza material de los Estados y su creciente prosperidad se fundan principalmente en un empleo mas ingenioso y racional de las producciones y fuerzas de la Naturaleza. Una rápida ojeada sobre el estado actual de Europa basta para comprender, en medio de esta lucha desigual de pueblos rivales en la carrera de la industria, que el aislamiento y la indolente pereza traen indudablemente consigo la disminucion ó el completo aniquilamiento de la riqueza nacional; porque sucede con la vida de los pueblos lo que con la Naturaleza, que, segun la feliz espresion de Göthe (2) «no conoce detencion ni reposo en

(1) Descubrimientos del señor Arago en 1811. (Delambre, *Hist. de la Astron.*, pasage ya citado, p. 652.

(2) Göthe, *Aforismos sobre la Naturaleza*, tomo I de sus Obras, página 4.

su impulso eternamente recibido y transmitido, en el desarrollo orgánico de los séres, y ha puesto el sello de su maldicion á todo lo que retarda ó suspende el movimiento. La propagacion del estudio sólido y grave de las ciencias es lo que puede contribuir á alejar los peligros mencionados. El hombre no tiene accion sobre la Naturaleza ni puede apropiarse ninguna de sus fuerzas, sino en tanto que aprende á valuarlas exactamente, á conocer las leyes que rigen el mundo físico. El poder de las sociedades humanas es, como decia Bacon, la inteligencia; y al compas de la inteligencia crece ó mengua aquel poder. Ni es tan solo un goce del hombre la sabiduría que resulta del trabajo libre del pensamiento, sino que es asimismo el antiguo é indestructible derecho de la humanidad, lo que forma parte de sus riquezas y sirve no pocas veces de compensacion á la parsimonia con que la Naturaleza ha repartido ciertos bienes sobre la tierra. Los pueblos que no toman una parte activa en el movimiento industrial, en la eleccion y preparacion de las primeras materias, en las felices aplicaciones de la mecánica y de la química; aquellos en quienes esta actividad no penetra en todas las clases sociales, ven decaer infaliblemente su adquirida prosperidad, y se empobrecen con tanta mayor rapidez cuanto mas se vigoricen los Estados limítrofes por la benéfica influencia de las ciencias sobre las artes.

Del mismo modo que en las elevadas esferas del pensamiento y del sentimiento, en la filosofía, la poesia y las bellas artes, el fin principal de todo estudio es un fin interno, conviene á saber, el de agrandar y fecundar la inteligencia; así tambien el término á que directamente deben encaminarse las ciencias es el descubrimiento de las leyes, el principio de unidad que se revela en la vida universal de la Naturaleza. Prosiguiendo la ruta que acabamos de indicar, los estudios físicos serán mas útiles aún á los progresos de la industria, la cual no es otra cosa mas que una conquista de la inteligencia del hombre sobre la materia. Por una feliz conexion de causas y de efectos, la verdad, la belleza y el bien se encuentran asociados á la utilidad, puesto que no siempre le sea dado al hombre preverlo. El mejoramiento del cultivo, entregado á manos libres y en heredades de menor estension; el floreciente estado de las artes mecánicas, libres ya de las trabas que les oponia el espíritu de corporacion; el comercio estendido y vivificado *por la multiplicidad de los medios de comunicacion entre* los pueblos, tales son los gloriosos resultados del progreso intelectual, y de la mayor perfeccion de las instituciones políticas, en que este progreso se refleja. El cuadro de la historia moderna deberia convencer de esta verdad aun á aquellos cuyo despertar es mas tardío.

Ni temamos que la direccion característica de nuestro siglo, y su especial predileccion por las ciencias naturales y los progresos de la industria, hayan de producir necesariamente la remision de los nobles esfuerzos que se hacen en el dominio de la filosofía, de la historia y del conocimiento de la antigüedad; ó que conspiren á privar del soplo vivificante de la imaginacion á las producciones de las artes que forman el encanto de nuestra existencia. No. donde quiera que los gérmenes de una civilizacion pueden desarrollarse por completo bajo la égida de instituciones liberales y de una legislacion prudente, no hay que temer que una rivalidad pacífica perjudique á ninguna de las creaciones del espíritu. Todos estos diferentes desarrollos ofrecen al Estado preciosísimos frutos, así los que procuran alimento al hombre y constituyen su riqueza, como los mas duraderos que trasmiten la gloria de los pueblos hasta la posteridad mas remota. No obstante su dórica austeridad, los esparciatas pedian en sus oraciones á los dioses que les concediesen la belleza juntamente con el bien (1).

No entraré aquí á desenvolver mas ámpliamente estas consideraciones, ya con tanta frecuencia repetidas, acerca de la influencia que las ciencias matemáticas y físicas ejercen en todo lo relativo á las necesidades materiales de la sociedad; que sobrado vasto es de suyo el campo que me propongo recorrer, para permitirme insistir ahora en la utilidad de las aplicaciones. Acaso mi costumbre de viajar por lejanas tierras me haga incurrir en el defecto de pintar el camino como mas trillado y agradable de lo que es en realidad, á la manera que acontece á los hombres que se deleitan en guiar á los demas hasta la cúspide de altísimas montañas; los cuales ponderan la escelencia de las vistas, siquiera queden veladas por las nubes estensas llanuras, porque saben muy bien que un velo vaporoso tiene cierto secreto encanto, y que la imágen de lo infinito une con misteriosos lazos el mundo de los sentidos al mundo de

(1) Pseudo-Plato, *Alcib.* II, p. 148, ed. Steph.; Plut., *Instituta laconica*, p. 253, ed. Hutten.

las ideas y de las emociones. Desde la altura á que se eleva la física del mundo, sucede asímismo que el horizonte no se muestra igualmente claro y bien definido en todas sus partes; pero si alguna cosa se nos presenta vaga y velada, no tanto será por la falta de comercio que resulta del estado imperfecto de algunas ciencias, cuanto por culpa del guia que haya acometido imprudentemente la empresa de elevarse á tan altísimas cúspides.

Por lo demás, el fin de esta introduccion al Cosmos no es demostrar la grandeza é importancia de la física del mundo, que nadie pone hoy en duda; pues solo he querido hacer patente que se pueden generalizar las ideas sin que por ello padezca la solidez de los estudios especiales, concentrarlas en un foco comun, y mostrar las fuerzas y los organismos de la Naturaleza como animados y movidos por un impulso idéntico. «La Naturaleza, dice Schelling »en su poético discurso sobre las artes, no es una masa »inerte, antes bien personifica, para el que llega á pene»trarse de su sublime grandeza, la fuerza creadora del Uni»verso, fuerza primitiva, eterna, que obra incesantemen»te, y da nacimiento en su propio seno á cuanto existe y »alternativamente perece y renace.»

Ensanchando los límites de la física del globo, y reuniendo bajo un solo punto de mira los fenómenos que presenta la tierra y los que abarcan los espacios celestes, es como nos elevamos á la ciencia del Cosmos y conseguimos convertir la física del globo en una física del mundo. La segunda de estas denominaciones se ha formado á imitacion de la primera; mas no por ello se crea que la ciencia del Cosmos es la aglomeracion enciclopédica de los mas generales é importantes resultados que los estudios especiales suministran. Estos resultados no nos dan otra cosa mas que los materiales de un vasto edificio, los cuales reunidos no constituyen aun la física del mundo, la ciencia que aspira á hacernos conocer la accion simultánea y el vasto encadenamiento de las fuerzas que animan al Universo. La distribucion de los tipos orgánicos, segun las relaciones de latitud, de elevacion sobre el nivel del mar, y de climas (Geografía de las plantas y de los animales) difiere tanto de la botánica y de la zoologia descriptiva, como la geologia de la mineralogia propiamente dicha. No debemos, por lo tanto, confundir la física del mundo con esas *Enciclopèdias de ciencias naturales* publicadas hasta ahora, de tan vago título como mal trazados límites. En la obra que nos ocupa no consideraremos los hechos parciales sino en sus relaciones con el todo; pues cuanto mas elevado es este punto de mira, mas reclama la exposicion de nuestra ciencia un *método propio, peculiar, y un estilo pintoresco y animado.*

Existe, en efecto, entre el pensamiento y el lenguage una alianza tan antigua como íntima. Cuando por la originalidad de su estructura y por su riqueza nativa, la lengua llega á prestar encanto y claridad á los cuadros de la Naturaleza; y cuando por la flexibilidad de su organizacion es apta para pintar los objetos del mundo esterior, esparce asimismo sobre el pensamiento cierto soplo de vida, llegando la palabra por este mútuo reflejo á ser algo mas que un signo ó una forma del pensamiento. Su benéfica influencia se manifiesta especialmente á la vista del suelo natal, por la accion espontánea del pueblo á quien sirve de espresion viviente. Orgulloso yo de pertenecer á una patria que procura concentrar su fuerza en la unidad intelectual, me complazco en recordar, volviendo sobre mi mismo, las ventajas que proporciona al escritor el escribir en su propio idioma, único que puede manejar con cierta flexibilidad y desenvoltura. ¡Dichoso él, si al esponer los grandes fenómenos del universo, le es dado beber en las profundas fuentes de una lengua que por el libre vuelo del pensamiento, así como por las obras de la imaginacion creadora, ha influido tan poderosamente de algunos siglos á esta parte en la suerte del linage humano!

LIMITES Y METODO DE ESPOSICION

DE LA

DESCRIPCION FISICA DEL MUNDO.

En las precedentes consideraciones he procurado esponer, y aclarar con algunos ejemplos, de qué manera los goces de tan diverso origen que el aspecto de la Naturaleza ofrece, se han aumentado y ennoblecido por el conocimiento de la conexion de los fenómenos y de las leyes que los rigen. Réstame ahora examinar el espíritu del método que debe presidir á la esposicion de la *descripcion física del mundo,* é indicar los límites en que pienso circunscribir la ciencia, segun las ideas que se me han presentado en el curso de mis estudios y bajo la influencia de los diversos climas que en mis largos viajes he recorrido. ¡Séame dado lisongearme con la esperanza de que una discusion de este género justificará el título imprudentemente dado á mi obra, y me librará de que se me achaque una presuncion siempre vituperable, mucho mas tratándose de trabajos científicos!

Antes de presentar el cuadro de los fenómenos parciales, distribuidos en los diferentes grupos que forman, trataré de las cuestiones generales que por su mútua conexion interesan al carácter particular de nuestros conocimientos acerca del mundo esterior, y á las relaciones que en todas las épocas históricas presentan estos conocimientos con las diferentes fases de la cultura intelectual de los pueblos.

Las indicadas cuestiones generales tienen por objeto:

1.° Los límites exactos de la descripcion física del mundo, como ciencia separada y distinta.

2.° La rápida enumeracion de la totalidad de los fenómenos naturales, bajo la forma de un *cuadro general de la naturaleza*.

3.° La influencia del mundo esterior sobre la imaginacion y el sentimiento; influencia que en los tiempos modernos ha dado un impulso vigorosísimo al estudio de las ciencias naturales, por la animada descripcion de las lejanas regiones, por la pintura de paises en tanto que sirve para caracterizar la fisonomía de los vegetales, y por los plantíos ó disposicion de las formas vegetales exóticas en grupos que formen entre sí contrastes.

4.° La historia de la contemplacion de la Naturaleza, ó el desarrollo progresivo de la idea del *Cosmos*, siguiendo el órden de los hechos históricos y geográficos que nos han conducido al descubrimiento del enlace y conexion de los fenómenos.

Mientras mas elevado es el punto desde el cual considera los fenómenos la física del mundo, mayor necesidad hay de circunscribir la ciencia á sus verdaderos límites, separándola de todos los conocimientos análogos ó auxiliares. La descripcion física del mundo está fundada sobre la contemplacion de la universalidad de las cosas creadas; de cuantas sustancias y fuerzas coexisten en el espacio; de la simultaneidad de los seres materiales que constituyen el Universo.

La ciencia, pues, que trato de definir, tiene para nosotros, habitantes de la tierra, dos partes distintas: una que se refiere á la tierra misma, y otra á los espacios celestes. Voy á detenerme primeramente en la parte de la ciencia del Cosmos que concierne á la tierra, á fin de que resalte mejor el carácter propio, el carácter independiente de la descripcion física del mundo, y de indicar al mismo tiempo la naturaleza de sus relaciones con la *física general*, con la *historia natural descriptiva*, con la *geología* y con la *geografía comparada*.

Así como la historia de la filosofía no consiste en la

enumeracion, material hasta cierto punto, de las opiniones filosóficas que han reinado en las diferentes épocas, así tampoco la descripcion física del mundo puede limitarse á la simple aglomeracion de las ciencias que acabamos de indicar. Es tanto mayor la confusion que resulta de la mezcla de conocimientos estrechamente ligados entre sí, cuanto que data ya de siglos el hábito de designar grupos de nociones empíricas por denominaciones á las cuales se daba, tan pronto un sentido lato, como un sentido estricto, con relacion á las ideas que por ellas debian espresarse. Demas de que, estas denominaciones ofrecen el grandísimo inconveniente de haber tenido en las lenguas de la antigüedad clásica, de donde se han tomado, una acepcion completamente diversa de la que hoy les damos. Los nombres de fisiología, de física, de historia natural, de geología y de geografía, nacieron y comenzaron á usarse habitualmente mucho antes que se tuviesen ideas claras acerca de la diversidad de objetos que esas ciencias debian abrazar, esto es, de su limitacion y deslinde recíprocos. Es tal la influencia que ejercen sobre las lenguas los hábitos inveterados, que en una de las naciones europeas mas adelantada y culta se aplica el nombre de *física* á la medicina, al paso que á la química técnica, la geología y la astronomía se las cuenta en el número de los *trabajos filosóficos* de una Academia que goza merecidamente de universal celebridad.

Háse intentado varias veces, puesto que casi siempre en vano, sustituir las antiguas denominaciones, vagas á la verdad, pero ya hoy generalmente bien comprendidas, con nombres nuevos y mejor formados. Estas sustituciones han sido propuestas con especialidad por los que se han ocupado en la clasificacion general de los conocimientos humanos, desde la grande Enciclopedia (*Margarita philosophica*) de Gregorio Reisch (1), prior de la Cartuja de Fri-

(1) La *Margarita philosophica* del prior de la Cartuja de Friburgo, Gregorio Reisch, salió primero a luz con este título: *Epitome omnis philosophiæ, alias Margarita philosophica, tractans de omni genere scibili.* La edicion de Heidelberga (1486) y la de Estrasburgo (1504) llevan tambien este título; pero ya en la de Friburgo del mismo año se le suprimió la primera parte, como en las doce ediciones posteriores que aparecieron sucesivamente con cortos intervalos hasta 1535. Esta obra ejerció gran influencia en la difusion de los conocimientos matemáticos y físicos á principios del siglo XVI; y Chasles, el sabio autor de las *Consideraciones históricas acerca de los métodos en Geometría* (1837), ha demostrado cuán importante es la enciclopedia de Reisch para la historia de las matemáticas en la edad media. Yo he sacado partido de un pasage de la *Margarita philosophica*, que tan solo se encuèntra en la edición de 1513, para esclarecer la importante cuestion de

burgo á fines del siglo XV, hasta el canciller Bacon, desde Bacon hasta d'Alembert, y en estos últimos tiempos hasta el sagacísimo físico Andrés María Ampere (1). Acaso ha perjudicado mas á esta tentativa la eleccion de una nomenclatura griega impropia, que no el abuso de las divisiones binarias y la escesiva multiplicidad de los grupos.

Considerando el universo como objeto de los sentidos esteriores, la descripcion física del mundo ha menester indudablemente del auxilio de la física general y de la historia natural descriptiva; pero la contemplacion de las cosas creadas, como unidas entre sí y formando un *todo* animado por fuerzas interiores, da un carácter particular á la ciencia que tratamos en esta obra. La física se detiene en las propiedades generales de los cuerpos, y podemos decir que es el producto de la abstraccion, la generalizacion de los fenómenos sensibles. En la obra que echó los primeros cimientos de la física general, conviene á saber, en los ocho libros físicos de Aristóteles (2), fueron considerados ya todos los fenómenos de la Naturaleza, como dependientes de la accion primitiva y vital de una sola fuerza, causa de todo movimiento en el Universo. La parte terrestre de la física del mundo, á la cual conservaría yo de buen grado la antigua espresiva denominacion de *Geografía física*, trata en primer lugar de la distribucion del magnetismo en nuestro planeta segun las relaciones de intensidad y de direccion, pero sin investigar las leyes á que están sujetas las atracciones ó repulsiones polares, ni los medios de producir corrientes electro-magnéticas permanentes ó pasajeras. En segundo lugar traza ó describe á grandes rasgos la configuracion compacta ó articulada de los Continentes, la estension de su litoral con relacion á su superficie, y la reparticion de las masas continentales en uno y otro hemisferio, reparticion que influye poderosamente en la diversidad de los climas y en las modi-

las relaciones del geógrafo de Saint-Dié, Hilacomilo (Martin Waldseemüller, el primero que dió el nombre de América al Nuevo Continente), con Américo Vespuccio, con el rey Renato de Jerusalem, duque de Lorena, y las célebres ediciones de Ptolomeo de 1513 y 1522. Véase mi *Exámen crítico de la geografía del Nuevo Continente, y de los progresos de la astronomía náutica en los siglos XV y XVI*, t. IV, p. 99-125.

(1) Ampere, *Essai sur la phil. des sciences*, 1834, p. 26. Whewell, *Induct. phil.*, t. II, p. 277. Park, *Pantology*, p. 87.

(2) Todos los cambios en el mundo físico pueden referirse al movimiento. Aristot., *Phys. ausc.*, III, 1 y 4, p. 200 y 201. Bekker, VIII, 1, 8 y 9, p. 250, 262 y 265. *De genere et corr.*, II, 10, p. 336. Pseudo-Aristot. *de Mundo*, cap. VI, p. 398.

ficaciones meteorológicas de la atmósfera; determina el carácter de las cadenas de montañas, las cuales, solevantadas en diferentes épocas, forman diversos sistemas particulares, ya paralelos entre sí, ya divergentes ó cruzados; examina la altura media de los Continentes sobre el nivel de los mares y la posicion del centro de gravedad de su volúmen, la relacion entre el punto culminante de una cadena de montañas y la altura media de su cresta ó su proximidad á un litoral vecino. En tercer lugar, represéntanos las rocas de erupcion como principios de movimiento, pues obran sobre las rocas sedimentarias, atravesándolas, solevantándolas ó inclinándolas; contempla los volcanes con relacion á su aislamiento ó colocacion por séries simples ó dobles, y á la estension de su esfera de actividad á varias distancias, bien sea por las corrientes largas y estrechas de rocas que producen, ó bien removiendo el suelo en círculos que aumentan ó disminuyen de diámetro en la série de los siglos. La parte terrestre de la ciencia del *Cosmos* describe, en último lugar, la lucha del elemento liquido con la tierra firme; espone lo que tienen de comun todos los grandes rios en su curso superior ó inferior, ó en su bifurcacion cuando aun no ha llegado á confundirse de todo punto el lecho de sus diferentes brazos; nos muestra á los rios rompiendo por entre las mas elevadas cadenas de montañas, ó siguiendo durante largo tiempo un curso paralelo á ellas, ya á su pié, ya á grande distancia, cuando el solevantamiento de las capas de un sistema de montañas y la direccion del repliegue son conformes á la que siguen los bancos mas ó menos inclinados de la llanura. De la *Orografía* y de la *Hidrografía* comparadas, no pertenecen á la ciencia cuyos verdaderos límites trato de determinar, mas que los resultados generales, pues nada tiene esta que ver con la enumeracion de las mayores alturas del globo, con el cuadro de los volcanes no apagados aun, ni con el lecho de los grandes rios ó de los tributarios: pormenores que pertenecen á la geografía propiamente dicha. Aquí no consideramos los fenómenos sino en su mútua dependencia y en las relaciones que presentan con las diferentes zonas de nuestro planeta y su constitucion física en general. Las especialidades de la materia bruta ú orgánica, clasificadas segun la analogía de formas y de composicion, son indudablemente un estudio interesantísimo; pero corresponden á una esfera de ideas muy distintas de las que forman el asunto de esta obra.

Por mas que las descripciones de paises diversos ofrezcan importantísimos materiales para la composicion de una geografía física, su reunion no alcanza, sin embargo, aun ordenada por séries, á darnos idea exacta de la conformacion general de la superficie poliédrica de nuestro planeta, á la manera que tampoco bastan las flores de las diferentes regiones, colocadas unas tras otras, para formar la ciencia que designo con el nombre de *Geografía de las plantas*. La aplicacion del pensamiento á las observaciones aisladas, las miras del espíritu que compara y combina, es lo que nos lleva á descubrir en la individualidad de las formas orgánicas (en la *Morfologia* ó historia natural descriptiva de las plantas y de los animales), lo que tienen de comun con relacion á la distribucion climatérica de los séres; así como la induccion es la que nos revela las leyes numéricas en la proporcion de las familias naturales á la suma total de las especies, y la latitud ó situacion geográfica de las zonas en que cada forma orgánica alcanza en las llanuras el máximum de su desarrollo. Estas consideraciones asignan un carácter elevado á la descripcion física del globo, por la generalizacion de sus miras, y nos hacen concebir cómo el aspecto físico del paisaje, ó sea la impresion que nos causa la fisonomía de la vegetacion, depende de aquella reparticion local de las formas, del número y del mas vigoroso crecimiento de las que predominan en la masa total.

Los catálogos de seres organizados, á que se daba antiguamente el fastuoso título de *Sistemas de la Naturaleza*, nos muestran un admirable encadenamiento de analogías de estructura, ora en el desarrollo ya completo de los séres, ora en las diversas fases de la *evolucion* en forma espiral que de una parte recorren las hojas, las brácteas, el cáliz, la corola y los órganos sexuales, y de otra, con mas ó menos simetría, los tejidos celulares y fibrosos de los animales, y sus partes articuladas ó vagamente bosquejadas; pero todos estos pretensos sistemas de la Naturaleza juntos, bien que ingeniosos en sus clasificaciones, no nos presentan los séres distribuidos por grupos en el espacio segun sus diversas relaciones de latitud y de elevacion sobre el nivel del Océano, segun las influencias climatéricas que esperimentan en virtud de causas generales y, por lo comun, remotísimas. El objeto final de la geografía física, sin embargo, como antes hemos indicado, es reconocer la unidad en la inmensa variedad de los fenómenos, y descubrir, por el libre ejercicio de la inteligencia y por la combinacion de las observaciones, la constancia de los fenómenos, en medio de sus aparentes cambios y transformaciones. Si á las veces conviene descender á hechos especialisimos en la parte terrestre del Cosmos, es solo para poner de manifiesto la conexion que tienen las leyes de la distribucion *real* de los séres en el espacio, con las leyes de la clasificacion *ideal* por familias naturales, por analogía de organizacion interna y de evolucion progresiva.

De estas discusiones sobre los límites de las ciencias, y particularmente sobre la necesaria distincion entre la botánica descriptiva (morfologia de los vegetales) y la geografía de las plantas, resulta que la innumerable multitud de cuerpos organizados que embellecen la creacion, es considerada en la física del globo mas bien por *zonas de habitacion* ó de *estaciones*, por *bandas isotérmicas* de inflexiones diversas, que no con arreglo á los principios de gradacion en el desarrollo del organismo interno; lo cual, empero, no quita que la botánica y la zoologia, ramos de la historia natural descriptiva de los cuerpos organizados, sean fecundas fuentes de materiales indispensables para que el estudio de las relaciones y del encadenamiento de los fenómenos se asiente sobre bases sólidas.

Para acabar de poner en su punto este encadenamiento añadiremos aquí una observacion de grande importancia. Al abarcar de una sola ojeada la vegetacion de un vasto espacio de Continente, encontramos desde luego relaciones de localidad entre las formas mas desemejantes, como gramíneas y orchídeas, árboles coníferos y robles, al paso que las familias naturales y los géneros, lejos de formar agregaciones locales, se hallan dispersas y diseminadas como al acaso. Esta diseminacion, sin embargo, es mas aparente que real; porque la descripcion física del globo nos demuestra que el conjunto de la vegetacion presenta relaciones numéricas constantes en el desarrollo de sus formas y de sus tipos; que, bajo los mismos climas, las especies de que carece un pais son reemplazadas en el inmediato por otras de la misma familia; y que esta *ley de las sustituciones*, ligada al parecer á los misterios del organismo considerado en su origen, mantiene en regiones limítrofes la relacion numérica de las especies de tal ó cual gran familia á la masa total de las fanerógamas que componen las dos floras. Y he aquí cómo en la multiplicidad de organizaciones distintas que en ellas aparecen, se revela un principio de unidad, un plan primitivo de distribucion, como se revela tambien en cada zona, diversificada segun las familias de las plantas, una accion lenta pero continua sobre el Océano aéreo, la cual depende de la influencia de la luz, condicion primaria de toda vitalidad orgánica en la superficie sólida y líquida de nuestro planeta. Nadie diria sino que se renueva incesantemente á nuestra vista, segun una bellísima expresion de Lavoisier, el antiguo prodigio del mito de Prometeo.

Si aplicamos la marcha que pensamos seguir en la esposicion de la descripcion física del globo, á la parte sideral de la ciencia del Cosmos, es decir, á la descripcion de los espacios celestes y á los cuerpos que los pueblan, habremos simplificado en gran manera nuestra tarea. Por mas que siguiendo inveterados hábitos de nomenclatura poco conformes á las miras filosóficas, quiera hacerse distincion entre la *física*, es decir, entre las consideraciones generales sobre la esencia de la materia y las fuerzas que le imprimen el movimiento, y la *química*, que trata de la heterogeneidad de las sustancias, de su composicion elemental, y de sus atracciones, no únicamente determinadas por la relacion de las masas, ello es fuerza convenir en que la descripcion de la tierra presenta á un mismo tiempo acciones *físicas* y *químicas*. Al lado de la gravitacion, que debe considerarse como la fuerza primitiva de la Naturaleza, obran en derredor de nosotros, así en lo interior de nuestro planeta como en su superficie, atracciones de otro distinto género. Tales son las que se ejercen entre moléculas en contacto, ó separadas por distancias infinitamente pequeñas (1); las fuerzas de *afinidad química* que modificadas diversamente por la electricidad, el calórico, la condensacion en cuerpos porosos, ó el contacto de una sustancia intermedia, animan igualmente el mundo inorgánico y los tejidos de animales y plantas. Si esceptuamos los pequeños asteroides que aparecen á nuestra

(1) Sobre la diferencia que existe entre la atraccion de las masas y la atraccion molecular, cuestion suscitada ya por Newton, véase á Laplace, *Exposition du système du Monde*, p. 384, y el *Supplément au livre X de la Mécanique cél.*, p. 3 y 4. (Véase tambien á Kant, Metaphisische Anfangsgründe der Naturwissenschaft *(Elementos metafísicos de la ciencia de la Naturaleza)*, Obras completas, 1839, t. V, p. 309; y la *Física* de Péclet, 1838, t. I, p. 59-63).

vista bajo la forma de aerolitos, bólides y estrellas vagas ó exhalaciones, los espacios celestes no han presentado hasta ahora á nuestra observacion directa mas que fenómenos físicos, y entre ellos, con certidumbre, solo efectos dependientes de la cantidad de materia ó de la distribucion de las masas. Así que, podemos considerar los espacios celestes como sometidos á simples leyes dinámicas, á las leyes del movimiento; pues los efectos que pudieran nacer de *la diferencia* específica, de la heterogeneidad de la materia, no han sido hasta ahora objeto de cálculo para la mecánica celeste.

El habitante de la tierra no entra en relacion con la materia que contienen los espacios etéreos, ya diseminada, ya reunida en grandes esferoides, sino por dos vias tan solamente: por los fenómenos lumínicos (propagacion de las ondas luminosas), ó por la influencia que ejerce la gravitacion universal (atraccion de las masas). La existencia de acciones periódicas del Sol y de la Luna sobre el magnetismo terrestre, es cosa que hasta hoy se nos presenta como muy problemática. Ninguna esperiencia directa puede ilustrarnos acerca de las propiedades ó cualidades específicas de las masas que circulan en los espacios celestes, ni de las materias que acaso los llenan por entero, si ya no es, como poco antes indicamos, la caida de los aerolitos ó piedras meteóricas que vienen á mezclarse con las sustancias terrestres. Basta notar aquí, como parece mas que probable atendidas su direccion y su enorme velocidad de proyeccion (velocidad completamente planetaria), que estas masas incandescentes, envueltas entre vapores, son cuerpecillos celestes desviados de su primitiva ruta por la atraccion de nuestro planeta. El aspecto de estos asteroides, tan familiar á nuestra vista, deberia no obstante causarnos alguna sorpresa por la analogía que tienen con los minerales de que se compone la corteza de nuestro globo; pero todo lo que de aquí puede deducirse legítimamente, en mi concepto, es que siendo en general los planetas y las otras masas aglomeradas bajo la influencia de un cuerpo central en anillos de vapores y luego en esferoides, partes integrantes de un mismo sistema y de orígen comun, pueden ofrecer tambien combinaciones de sustancias químicamente idénticas. Es mas: los esperimentos del péndulo, especialmente los hechos por Bessel con admirable exactitud, confirman el axioma neutoniano de que los cuerpos mas heterogéneos en su composicion (el agua, el oro, el cuarzo, la piedra caliza granulada y diferentes masas de aerolitos) esperimentan por medio de la atraccion de la tierra una aceleracion de todo punto semejante. A las observaciones del péndulo vienen á unirse otras pruebas, suministradas por observaciones puramente astronómicas. La identidad casi completa de la masa de Júpiter, deducida de la accion que este gran planeta ejerce sobre sus satélites, sobre el cometa de Encke de corto período, y sobre los pequeños planetas Vesta, Juno, Ceres y Palas, nos da igualmente la certidumbre de que en los límites de nuestras observaciones actuales, la atraccion es determinada solo por la cantidad de la materia (1).

Esta carencia absoluta de percepciones acerca de la heterogeneidad de la materia obtenidas por la observacion directa ó por consideraciones teóricas, da á la mecánica celeste un alto grado de simplicidad. Sujeta la inconmensurable estension de los cielos solo á la ciencia del movimiento, la parte sideral del Cosmos bebe en las fecundas y purísimas fuentes de la astronomía matemática, como la parte terrestre en las de la física, la química y la morfología orgánica; pero el dominio de estas tres últimas ciencias abraza fenómenos tan complicados y hasta hoy tan poco susceptibles de métodos rigurosos, que la física del globo no puede gloriarse de alcanzar en este punto la certidumbre, la simplicidad en la esposicion de los hechos y de su encadenamiento mútuo, que caracteriza á la parte celeste del Cosmos. Acaso pueda explicarse por esta diferencia que acabamos de indicar, cómo fué que en los primeros tiempos de la cultura intelectual de los griegos, la filosofía de la Naturaleza de los pitagóricos se dirigió con mas ardor hácia los astros y los espacios celestes, que no hácia la tierra y sus producciones; y cómo, merced á Philolao y despues á las miras análogas de Aristarco de Samos y de Seleuco de Erytrea, llegó esta misma filosofía á ser mas provechosa para el conocimiento del verdadero sistema del mundo, que jamás pudo serlo la jónica para el de la física de la tierra. La gran escuela itálica, curándose muy poco en su dórica gravedad de las propiedades y diferencias de la materia que

(1) Poisson, *Connaissance des temps pour l'année* 1836, p. 64-66. Bessel, *Anales de física de Poggendorf*, t. XXV, p. 417. Encke, *Memorias de la Academia de Berlin*, 1826, p. 257. Mitscherlich, *Lecciones de Química*, 1837, t. I, p. 352.

llena los espacios, dirigia con preferencia su atencion á todo lo relativo á las medidas, á la configuracion de los cuerpos, á las distancias de los planetas, y á los números (1); mientras que los físicos de Jonia se detenian en las cualidades de la materia, en sus verdaderas ó supuestas transformaciones y en sus relaciones de orígen. Estaba reservado al poderoso talento de Aristóteles, tan profundamente especulativo y práctico á la par, penetrar con el mismo éxito en el mundo de las abstracciones y en este de las realidades materiales, que encierra inagotables fuentes de movimiento y de vida.

Varios tratados de geografía física, los mas notables por cierto, ofrecen en sus introducciones una parte esclusivamente astronómica destinada á considerar ante todo á la Tierra en su dependencia planetaria, y como formando parte del gran sistema que anima el cuerpo central del Sol. Yo me propongo seguir una marcha de ideas diametralmente opuesta. Para comprender bien la grandeza del Cosmos, no debe subordinarse la parte sideral, apellidada por Kant *Historia natural del cielo* (Naturgeschichte des Himmels), á la parte terrestre.

En el Cosmos, segun la antigua espresion de Aristarco de Samos, que presentia el sistema de Copérnico, el Sol con sus satélites no es sino una de las innumerables estrellas que pueblan los espacios. La descripcion de estos espacios, la física del mundo, tiene precisamente que comenzar por los cuerpos celestes, por el cuadro gráfico del Universo, ó si me es lícito decirlo así, por un verdadero *mapa mundi*, tal como intentó trazarlo Herschell el padre con atrevida mano; que si, no obstante la pequeñez de nuestro planeta, la parte que esclusivamente le concierne ocupa en esta obra mas estenso lugar y se encuentra mas circunstanciadamente desarrollada, esto depende únicamente de la desproporcion en que están nuestros conocimientos entre lo accesible á la observacion y lo que no lo es. Igual subordinacion de la parte celeste á la parte terrestre encontramos ya á mediados del siglo décimo séptimo en la grande obra de Bernardo Varenio (2), el

(1) Cf. Otfried Müller, *los Dorios*, t. I, p. 365, ed. alem.

(2) *Geographia generalis in qua affectiones generales telluris explicantur*. La edicion mas antigua publicada en Elzevir es de 1650; la segunda (1672) y la tercera (1681) fueron dadas á luz por Newton en Cambridge. Esta obra capital de Varenio es una descripcion física de la tierra en el verdadero sentido de la palabra. Desde la descripcion del Nuevo Continente, bosquejada con no escaso talento por el jesuita José de Acosta (*Historia na-*

cual fué el primero que distinguió la geografía en *general* y *especial*, subdividiendo aquella en parte *absoluta*, es decir, propiamente terrestre, y en parte *relativa* ó *planetaria*, segun que considere la superficie de la tierra en sus diferentes zonas, ó bien las relaciones de nuestro planeta con el sol y la luna. Es un título de gloria para Varenio el haber fijado hasta tal punto con su *geografía general y com-*

tural de las Indias, 1590) jamás habian sido consideradas de una manera tan general las cuestiones relativas á la física del globo. En Acosta abundan mas las observaciones; pero Varenio abarca un círculo mas estenso de ideas, porque su residencia en Holanda, centro á la sazon de las mas vastas relaciones comerciales, le habia puesto en contacto con un gran número de viajeros instruidos. *Generalis sive universalis geographia dicitur, quæ tellurem in genere considerat atque affectiones explicat, non habita particularium regionum ratione*. La descripcion general de la tierra por Varenio (*Pars absoluta*, cap. I—XXII) es en su conjunto un tratado de geografía comparada, por valerme del término que emplea el mismo autor (*Geographia comparativa*, cap. XXXIII—XL), puesto que en acepcion mucho mas restricta. Entre los pasages mas notables de este libro pueden citarse los siguientes: la enumeracion de los sistemas de montañas y el exámen de las relaciones que existen entre sus direcciones y la forma general de los Continentes (p. 66-76, ed. Cantabr, 1681); una lista de los volcanes apagados y de los activos; la discusion de los hechos relativos á la reparticion de las islas y de los archipiélagos (220), á la profundidad del Océano con relacion á la altura de las costas vecinas (p. 103), á la igualdad del nivel de todos los mares abiertos (p. 97), y á la dependencia de las corrientes respecto de los vientos reinantes; la desigual salumbre de los mares; la configuracion de las costas (p. 139); la direccion de los vientos como resultado de las diferencias de temperatura, etc. Citaremos aun, como muy notables, las consideraciones de Varenio acerca de la corriente equinoccial de Oriente á Occidente, á la cual atribuye el orígen del Gulf-Stream que comienza desde el Cabo de S. Agustin y desaparece entre Cuba y la Florida (p. 140). No puede darse cosa mas exacta que su descripcion de la corriente que pasa a lo largo de la costa occidental de Africa, entre el Cabo Verde y la isla de Fernando Po en el golfo de Guinea. Varenio explica por el «solevantamiento del fondo del mar» la formacion de las islas esporádicas: *magna spirituum inclusorum vi, sicut aliquando montes e terra profusos esse quidam scribunt* (p. 225. La edicion publicada por Newton en 1681 (*auctior et emendatior*) no contiene por desgracia adicion ninguna de este grande hombre, ni aun se hace mencion en esta edicion de Cambridge del aplanamiento del globo terrestre, por mas que á la sazon llevasen ya nueve años de fecha los esperimentos de Richer sobre el péndulo. Verdad es que los *Principia mathematica Philosophiæ naturalis* de Newton tampoco fueron comunicados á la sociedad real de Lóndres hasta abril de 1686, y eso en copia manuscrita. Reina gran incertidumbre acerca de la patria de Varenio: segun Jœcher es Inglaterra; la *Biografía universal* le supone nacido en Amsterdan; pero de la dedicatoria que hizo de su *Geografía general* al burgo-maestre de esta ciudad, resulta que ambas suposiciones son igualmente falsas; pues Varenio dice espresamente que se habia refugiado á Amsterdam «porque su ciudad natal fué quemada y completamente destruida durante una larga guerra», con cuyas palabras parece que se refiere al Norte de Alemania y á las devastaciones de la guerra de los treinta años. En la dedicatoria de otra obra (*Descriptio regni Japoniæ*) (Amsterd. 1649) al senado de Hamburgo, dice Varenio que cursó sus primeros estudios matemáticos en el gimnasio de esta ciudad. Pódemos, pues, creer con sobrado fundamento que tan ingenioso geógrafo nació en Alemania y probablemente en Luneburgo (Witen, *Mem. Theol.*, 1685, p. 2142. Zedler, *Universal Lexikon*, t. XLVI, 1745, p. 187.

parada la atencion del gran Newton, por mas que el estado imperfecto en que á la sazon se encontraban las ciencias auxiliares no correspondiese á la magnitud de la empresa. Estaba reservado á nuestra época y á mi patria, ver á Carlos Ritter trazar el cuadro de la geografía comparada en toda su estension, y en sus íntimas relaciones con la historia del hombre (1).

La enumeracion de los resultados mas importantes de las ciencias astronómicas y físicas, los cuales convergen en el Cosmos hácia un foco comun, legitima hasta cierto punto el título que he puesto á mi obra; título que es quizás mas temerario que la empresa misma, como acabo de circunscribirla. La introduccion de nombres nuevos, especialmente tratándose de las miras generales de una ciencia que debe ser accesible á todos, ha repugnado siempre á mis hábitos; por lo cual nada he añadido á la nomenclatura, sino cuando objetos descritos por primera vez, tocantes á las especialidades de la botánica y de la zoologia descriptivas, han hecho indispensable el empleo de nuevas voces. Las denominaciones de *Descripcion física del mundo* ó *Física del mundo*, que uso indiferentemente, están calcadas sobre las de *Descripcion física de la tierra* ó *Física del globo*, es decir, *Geografía física*, todas las cuales son, largo tiempo ha, de uso general y corriente. Uno de los hombres de mas talento que han existido, Descartes, dejó escritos algunos fragmentos de la grande obra que pensaba dar á luz bajo el título de *Mundo*, y para la cual se habia consagrado mucho tiempo á estudios especiales, incluso el de la anatomia del hombre. Yo he creido que la espresion poco usada pero exacta de *Ciencia del Cosmos*, es mas propia para hacer comprender al habitante de la tierra que se trata aquí de un horizonte mas vasto, de la reunion de todo cuanto puebla los espacios, desde las nebulosas mas lejanas hasta la distribucion climatérica de los diversos tejidos de materia vegetal que sirven de variada alfombra á las rocas.

Bajo la influencia de las miras limitadas propias de la infancia de los pueblos, se han confundido desde luego las ideas de *tierra* y de *mundo* en el uso de todas las lenguas, y aun hoy mismo suministran ejemplos de esta confusion las espresiones vulgares de *Viajes alrededor del mundo*,

(1) *Ciencia geográfica universal comparada, ó Estudio de la tierra en sus relaciones con la Naturaleza y con la Historia del hombre*, por Carlos Ritter.

mapa-mundi, *Nuevo-Mundo*, ect. Mas nobles y mas exactas son estas otras, *Sistema del mundo, mundo planetario, creacion y edad del mundo,* que se refieren á la totalidad de las materias que llenan los espacios celestes, las unas, y las otras al origen del Universo entero.

Parece natural que en medio de la variabilidad estremada de fenómenos que presentan la superficie de nuestro globo y el Océano aéreo que la circunda, el hombre haya quedado sorprendido del aspecto del cielo, de los movimientos acompasados y uniformes del sol y de los planetas. De aquí el que la palabra *Cosmos*, que despues ha pasado al lenguaje científico, indicase primitivamente en los tiempos homéricos las ideas de *ornamento* y de *órden* á la par, hasta que progresivamente fué sirviendo para disignar el concierto que se observa en los movimientos de los cuerpos celestes, el órden que reina en el Universo entero, y el mundo mismo en que este órden se refleja. Segun afirma Philolao, cuyos fragmentos ha comentado Bæckh con admirable sagacidad, y segun el testimonio de la antigüedad toda, Pitágoras fué el primero que se valió de la palabra *Cosmos* para designar «el órden que reina en el Universo, y el Universo mismo ó el mundo (1). De la escuela

(1) Κοσμος, en la acepcion mas antigua y en el sentido propio de la palabra, significa ornamento (adorno, atavío ó arreo del hombre, de la mujer ó del caballo); tomada en sentido figurado en lugar de εὐταξία, significa órden y ornamento del discurso. Por confesion de todos los antiguos, Pitágoras fué el primero que se valió de esta voz para designar el órden en el Universo y el Universo mismo. Aunque Pitágoras nunca escribió, se encuentran no obstante pruebas antiquísimas de esta asercion en varios pasajes de los fragmentos de Philolao. (Stob., *Eclog.*, p. 360 y 460, Heeren, el *Philolaus* de Bæckh, p. 62 y 90, ed. alem.) Siguiendo el ejemplo de Næke, no citamos á Timeo de Locres, porque su autencidad es dudosa. Plutarco (de *Plac. phil.*, II, 1) dice de la manera mas terminante, que Pitágoras dió el nombre de Cosmos al Universo por el órden que en él reina; lo mismo dice Galen. (*Hist. phil.*, p. 429). De las escuelas filosóficas pasó esta palabra, ya en su nueva acepcion, á los escritos de los poetas y de los prosistas. Platon designa los cuerpos celestes con el nombre de *Uranos*; pero el órden de los cielos es tambien para él el *Cosmos*; y en su *Timeo* (p. 30 β) dice que *el mundo es un animal dotado de una alma.* (κόσμον ζῶον ἐμψύχον) Acerca del espíritu separado de la materia, ordenador del mundo, V. Anaxag. Claz., ed. Schaubach, p. 111, y Plut., de *Plac. phil.*, II, 3. En Aristóteles (de *Cœlo*, I, 9), el *Cosmos* es el Universo y el órden del Universo; pero le considera tambien como dividiéndose en el espacio en dos partes: el mundo sub-lunar y el mundo supra-lunar (Meteor., I, 2, 1, y I, 3, 13, p. 339, a, y 340, b, ed. de Bekk). La definicion del *Cosmos* que he citado mas arriba en el testo, está sacada del Pseudo-Aristóteles, de *Mundo* (cap. II, p. 391) y se halla concebida en estos términos: Κόσμος ἐστὶ σύστημα ἐξ οὐρανοῦ καὶ γῆς καὶ τῶν ἐν τούτοις περιεχομένων φυσέων. Λέγεται δὲ καὶ ἑτέρως κόσμος ἡ τῶν ὅλων τάξις τε

de la filosofía itálica, pasó la espresion en su nuevo sentido á la lengua de los poetas de la Naturaleza, Parmenides y Empedocles, y de estos á los prosistas. No discutiré en

καὶ διακόσμησις, ὑπὸ θεῶν τε καὶ διὰ θεῶν φυλαττομένη. Cuasi todos los pasages de autores griegos que se refieren al *Cosmos* se encuentran recopilados, primero, en la controversia de Ricardo Bentley contra Carlos Boyle (*Opuscula philologica*, 1781, p. 347, 445; *Dissertation upon the Epistles of Phalaris*, 1817, p. 254) sobre la existencia histórica de Zaleuco, legislador de Locres; despues, en la escelente obra de Næke, *Sched. crit.*, 1812, p. 9—15; y por último, en Teófilo Schmidt, *ad Cleom. cycl. theor. met.* I, 1 (p. IX y 99). Tomada en acepcion mas restricta, la palabra *Cosmos* se ha usado tambien en plural (Plut., I, 5) para designar las estrellas (Stob., página 514. Plut., II, 13) ó los innumerables sistemas diseminados como otras tantas islas en la inmensidad de los Cielos, y formados cada uno de un sol y de una luna (Anax. Claz., *Fragm.*, p. 89, 93, 120; Brandis, *Hist. de la Phil. greco-rom*, t. I, p. 252). Formando así un *Cosmos* cada uno de estos grupos, el Universo, τὸ πᾶν, debia tener mas ámplia significacion (Plut. II, 1). Hasta mucho tiempo despues del siglo de los Tolomeos no se aplicó esta voz á la Tierra. Bœckh ha dado á conocer inscripciones laudatorias de Trajano y Adriano (*Corpus Insc. Græc.*, t. I, números 334 y 1306), donde κόσμος se toma por οἰκουμένη, á la manera que por mundo se entiende muchas veces la tierra sola. Ya hemos indicado esta division singular de los espacios celestes en tres partes, el *Olimpo*, el *Cosmos* y el *Uranos* (Stob., I, p. 488; Filolao, p. 64—102); la cual se aplica á las diversas regiones que rodean este foco misterioso del universo, esta Ἑστία τοῦ παντός de los pitagóricos. En el fragmento que nos ha conservado esta division, el nombre de *Uranos* designa la region mas interior situada entre la luna y la tierra; este es el dominio de las cosas variables. La region media, donde los planetas circulan con un órden invariable y armonioso, es llamada esclusivamente *Cosmos*, por efecto de concepciones singularísimas sobre el universo. El *Olimpo* es la region esterior, la region ígnea. Bopp, profundo investigador de las afinidades de las lenguas, observa que la palabra κόσμος puede deducirse como lo ha hecho Pott (*Investigaciones etimológicas*, parte I, p. 39 y 252, alem.) de la raiz sanscrita *s'udh*, *purificari*, apoyándose en dos consideraciones: en primer lugar, la Κ griega, en Κόσμος, viene de la *s* que Bopp representa por *s'* y Pott por ç; asimismo δέκα, *decem*, en lengua gótica *taihun*, viene de la palabra índica *das'an*; en segundo lugar, la *d'* india corresponde por regla general, al θ griego (*Gram. comparada*, § 22, alem.) lo que demuestra la relacion de Κόσμος (por Κόθμος) con la raiz sanscrita *sudh*, de donde viene tambien Καθαρός. Otra espresion india para designar el mundo es *g'agat*, (se pronuncia *dschagat*), justamente el participio de presente del verbo *gagámi* (*yo voy*), cuya raiz es *ga*.» Sin salir del círculo de las etimologías de la lengua griega, se encuentra (*Etimol. M.*, p. 532, 12) que Κόσμος se une inmediatamente á κάζω, ó mas bien á κάινυμαι (de donde κεκασμενος ó κεκαδμενος). Welcker (*Una colonia cretense en Tebas*, p. 23, alem.) junta ademas el nombre de Καδμος, así como en Hesychio, κάδμος significa un levantamiento entre los Cretenses. Cuando se introdujo entre los Romanos el lenguaje científico de los griegos, la voz *mundus* que en su orígen tenia la significacion primera de la palabra κόσμος (adorno de mujer), sirvió para designar el mundo y el universo. Parece que Ennio fué el primero que se atrevió á hacer esta novedad. En un fragmento de este poeta, que Macrobio nos ha conservado, se encuentra esta palabra empleada en su nueva acepcion con motivo de su querella contra Virgilio: «*Mundus cœli vastus constitit silen-*

este lugar cómo Philolao, siguiendo las indicadas miras pitagóricas, hace distincion entre el Olimpo, Urano ó el cielo y el Cosmos; ni cómo esta misma palabra, pluralizada, se aplicó á ciertos cuerpos celestes (los planetas) que circulaban en torno del *foco central del mundo*, ó á ciertos grupos de estrellas. La palabra *Cosmos* está empleada en mi obra conforme á las prescripciones del uso helénico posterior á Pitágoras, y á la exactísima definicion dada en el *Tratado del mundo,* falsamente atribuido á Aristóteles; es decir, significando el conjunto del cielo y de la tierra, la universalidad de las cosas que componen el mundo sensible. Si desde muy antiguo no estuviesen los nombres de las ciencias desviados de su verdadera significacion lengüística, la obra que publico deberia llevar el título de *Cosmografía,* dividida en *Uranografía y Geografía.* Tambien los romanos, imitadores de los griegos, llegaron al cabo en sus mezquinos ensayos de filosofía, á trasportar al Universo la significacion de su *mundus,* el cual primitivamente no indicaba mas que el *atavío*, el *adorno*, sin comprender ni aun el órden ó la regularidad en la disposicion de las partes. La introduccion de este término técnico en la lengua del Lacio, ó la importacion de un equivalente de *Cosmos* en sus dos acepciones, se debe probablemente á Ennio (1), sectario de la escuela itálica y traductor de los filosofemas pitagóricos de Epicarmo ó de alguno de sus adeptos.

Distingamos ante todo la *historia física del mundo* de la *descripcion física del mundo.* A existir materiales para escribir la primera, tomada en el sentido mas general de la pala-

tio.» (Sat., VI, 2). Ciceron ha dicho tambien: *Quem nos liscentem mundum vocamus* (Timæus, 1. *de univ.*, cap. X). Por lo demas, la raiz sanscrita *mand*, de donde Pott hace derivar la palabra latina *mundus* (*Rech. etym.*, part. I, p. 340), reune la doble significacion de brillar y adornar. Lôka designa en sanscrito el mundo y los hombres, como la palabra francesa *monde* (Grimm, *Gramática alemana*, vol. III, p. 394, alem.) Con respecto á la voz de que se sirven hoy los alemanes (*welt*, en aleman antiguo *weralt*, en antiguo sajon *worold*, y *vëruld* en anglo-sajon), su primitiva significacion, segun Jacobo Grimm, fué la de un espacio de tiempo, la edad de un hombre (*sæculum*), y no la de *mundus*, en el espacio. Los Etruscos se figuraban el mundo como una bóveda al revés, simetricamente opuesta á la bóveda celeste (Otfried Müller. *Los Etruscos*, part. II, p. 96, 98 y 143, alem.) Tomado en una acepcion menos lata, el mundo parece haber sido para los godos, la superficie terrestre rodeada de mares (*marei*, *meri*); llamábanla *merigard*, literalmente *jardin de los mares*.

(1) Véanse sobre Ennio las ingeniosas investigaciones de Leopoldo Krahner, en su Bosquejo histórico de la decadencia de la religion del Estado entre los romanos, 1837, p. 41—45. Todas las probabilidades estan porque Ennio no se aprovechó de los fragmentos de Epicarmo, sino de poemas publicados bajo su nombre, y concebidos en el sentido de su sistema.

bra, deberia trazar las variaciones que ha esperimentado el universo en el curso de las edades, comprendiendo desde las estrellas nuevas que súbitamente han aparecido ó desaparecido de la bóveda del firmamento, desde las nebulosas que se disuelven ó se condensan, hasta la primera capa de vegetacion criptógama de que se haya cubierto la tierra, no bien comenzó á enfriarse su superficie, ó un banco de corales solevantado del seno de los mares. La *descripcion física del mundo* nos presenta tan solo el cuadro de lo que coexiste en el espacio, de la accion simultánea de las fuerzas naturales, y de los fenómenos que estas fuerzas producen. Bien es verdad que para comprender bien la Naturaleza no puede separarse del todo absolutamente la consideracion del estado actual de las cosas, del exámen de las fases sucesivas porque han pasado; ni se puede concebir su esencia sin reflexionar sobre su modo de formacion. No es solo la materia orgánica la que perpétuamente se compone y se disuelve para formar nuevas combinaciones; que tambien el globo, en cada nueva fase de su vida, nos revela el misterio de sus estados anteriores.

Siempre que nuestra vista se dirige á la corteza de nuestro planeta, encuentra vestigios de un mundo orgánico destruido. Las rocas sedimentarias nos presentan una sucesion de séres que se han asociado por grupos, escluido y reemplazado mútuamente; y en esos bancos sobrepuestos los unos á los otros, encontramos los faunos y las floras de diferentes épocas. Tal es el sentido en que puede decirse que la descripcion de la Naturaleza está íntimamente enlazada á su historia. El geólogo no puede concebir el tiempo presente sin remontarse, guiado como se halla por el encadenamiento de las observaciones, á millares de siglos transcurridos. Al trazar el cuadro físico del globo, vemos lo presente y lo pasado penetrándose, por decirlo así, recíprocamente; porque sucede en el dominio de la Naturaleza lo que en el de las lenguas, en las cuales nos hacen ver tambien un desarrollo progresivo las investigaciones etimológicas, mostrándonos todo el estado anterior de un idioma, reflejado en las formas del que usamos en *nuestra* época. Este reflejo de lo pasado es tanto mas patente en el estudio del mundo material, cuanto que nacen á nuestra vista rocas de erupcion y capas sedimentarias semejantes á las de edades anteriores. Por valernos de un ejemplo decisivo sacado de las relaciones geológicas que determinan la fisonomía de un pais, recordaré aquí que las cúpulas de trachyto, los conos de basalto, las corrientes de amigdaloides de poros prolongados y paralelos, y los blancos depósitos de piedra pómez entremezclados de negra escoria, prestan encanto y animacion al paisaje por los recuerdos de lo pasado, obrando estas masas sobre la imaginacion del observador instruido, cual pudieran las tradiciones de un mundo anterior; que aquí la historia está en la forma de las rocas.

El sentido en que los griegos y los romanos usaban primitivamente la palabra *historia*, prueba que tambien ellos estaban intimamente convencidos de que para formarse completa idea del estado actual de las cosas, era preciso considerarlas en la série sucesiva de sus transformaciones. No es, sin embargo, en la definicion dada por Verrio Flaco (1), sino en los escritos zoológicos de Aristóteles, donde la palabra *historia* se presenta como una esposicion de los resultados de la observacion y de la esperiencia. La descripcion física del mundo de Plinio el mayor lleva el título de *Historia natural*; mas noblemente la caracterizaba su sobrino, cuando la llamaba en sus cartas «*Historia de la Naturaleza.*» Los primeros historiadores griegos no separaban aun la descripcion de los paises, de la narracion de los sucesos que en ellos habian acaecido. La geografía física y la historia formaron en Grecia estrecha alianza, permaneciendo sencilla y graciosamente confundidas, hasta la época en que el gran desarrollo del interés político y la perpetua agitacion de la vida de los ciudadanos, hicieron desaparecer de la historia de los pueblos el elemento geográfico, para constituir con él una ciencia separada y distinta.

Réstanos examinar si será posible reducir por obra del pensamiento la inmensidad de variados fenómenos que comprende el Cosmos, á la unidad de un principio, á la evidencia de las verdades racionales. En el estado actual de nuestros conocimientos empíricos, no nos atrevemos á concebir tan lisonjera esperanza. Las ciencias esperimentales, fundadas sobre la observacion del mundo esterior, no pueden aspirar á una perfeccion completa, porque á ello se opone la naturaleza de las cosas igualmente que la imperfeccion de nuestros órganos. Jamás conseguiremos apurar la inagotable mina de la Naturaleza, ni generacion ninguna

(1) Aul. Gel., Noct. att., V, 18.

podrá vanagloriarse nunca de haber abarcado la totalidad de los fenómenos. Solo distribuyéndolos por grupos es como se ha logrado descubrir en algunos el imperio de ciertas leyes de la Naturaleza, como ella simples y grandes. La estension de este imperio crecerá, sin duda, á proporcion que las ciencias físicas vayan progresivamente ensanchándose y perfeccionándose. Ejemplos notabilísimos de este progreso tenemos hoy en los fenómenos electro-magnéticos, en los que nos ofrecen la propagacion de las ondas luminosas y el calórico radiante. Así tambien, la fecunda doctrina de la evolucion nos hace ver cómo en los desarrollos orgánicos no llega nada á formarse sin haber sido bosquejado de antemano, á la manera que los tegidos de las materias vegetales y animales nacen uniformemente de la multiplicacion y transformacion de las células.

La generalizacion de las leyes, no aplicada primero sino en estrecho círculo á algunos grupos aislados de fenómenos, ofrece con el tiempo grados de progresion cada vez mas notables, ganando en estension y en evidencia mientras el razonamiento no sale de una esfera de fenómenos realmente análogos por su naturaleza; mas cuando ya no bastan las concepciones dinámicas; cuando entran en juego las propiedades específicas y la heterogeneidad de la materia, es de temer que luego al punto, si nos obstinamos en proseguir la investigacion de las leyes, encontremos á cada paso abismos insalvables. El hilo se rompe, y el principio de unidad desaparece, en el momento que entre las fuerzas de la Naturaleza se manifiesta alguna accion de particular especie. La ley de las equivalencias y de las proporciones numéricas de composicion, tan felizmente reconocida por los químicos modernos, y ya antes proclamada bajo la antigua forma de símbolos atomísticos, permanece aun aislada, é independiente de las leyes matemáticas del movimiento y de la gravitacion.

Los productos naturales que caen bajo la observacion directa, pueden ser lógicamente distribuidos por clases, órdenes ó familias; y los cuadros de estas distribuciones arrojan sin duda alguna mucha luz sobre la historia natural descriptiva. Empero el estudio de los cuerpos organizados y su encadenamiento lineal, si bien prestan mas unidad y sencillez á la distribucion de los grupos, no pueden elevarse á una clasificacion fundada sobre un solo principio de composicion y de organizacion interior. A la manera que las leyes de la Naturaleza presentan diferentes gradaciones segun la estension de los círculos fenoménicos que abrazan, así tambien la esploracion del mundo esterior tiene fases diferentemente graduadas. El empirismo comienza por percepciones aisladas que se agrupan despues segun su analogía ó desemejanza. Al acto de la observacion directa sigue, aunque tarde, el deseo de esperimentar, es decir, de producir fenómenos bajo diferentes condiciones determinadas. El esperimentador racional no obra al acaso, sino que le sirven de guia las hipótesis que se haya formado, y un presentimiento semi-instintivo, mas ó menos exacto, del enlace de las cosas ó de las fuerzas de la Naturaleza. Los resultados que se conquistan por la observacion ó por la via de los esperimentos, conducen, mediante el análisis y la induccion, al descubrimiento de leyes empíricas. Tales son las fases que la inteligencia humana ha recorrido, y que han caracterizado diferentes épocas en la vida de los pueblos. Siguiendo este camino es como se ha conseguido reunir la gran masa de hechos que forman hoy el sólido cimiento de las ciencias naturales.

Dos formas de abstraccion dominan el conjunto de nuestros conocimientos: relaciones de *cantidad* que se refieren á las ideas de número ó de magnitud, y relaciones de *cualidad* que comprenden las propiedades específicas, la heterogeneidad de la materia. La primera de estas formas, mas accesible al ejercicio del pensamiento, pertenece á la ciencia matemática; la segunda, de mas difícil comprension y al parecer mas misteriosa, es del dominio de las ciencias químicas. Para someter los fenómenos al cálculo, se ha recurrido á una construccion hipotética de la materia por combinaciones de moléculas y de átomos, cuyo número, forma, posicion y polaridad deben determinar, modificar y variar los fenómenos. Los mitos de materias imponderables y de ciertas fuerzas vitales propias de cada organismo, han complicado las valuaciones y esparcido muy débiles resplandores por el camino que era preciso recorrer.

Bajo tan diversas condiciones y formas de intuicion se ha acumulado, de siglo en siglo, la prodigiosa masa de nuestros conocimientos empíricos, y continúa aumentándose en nuestros dias con rapidez siempre creciente. El espíritu escudriñador del hombre se ensaya de tiempo en tiempo y con varia fortuna, en romper envejecidas formas y en destruir los símbolos inventados para someter la materia rebelde á las construcciones mecánicas.

Mucho distamos aún de la época en que llegará á ser posible por medio de las operaciones de la inteligencia, reducir á la unidad de un principio racional todo cuanto percibimos por los sentidos; y aun puede dudarse que se obtenga jamás tal resultado en el campo de la filosofía de la Naturaleza. A ello se oponen al parecer la complicacion de los fenómenos y la inmensa estension del Cosmos; mas aun suponiendo que el problema fuese irresoluble en su conjunto, no por ello una resolucion parcial, la simple tendencia hacia la comprension del mundo, dejaría de ser el fin eterno y sublime de toda observacion de la Naturaleza. Fiel yo siempre al carácter de las obras que hasta ahora he publicado, no menos que á los trabajos de medidas, esperimentos é investigacion de hechos en que me he ocupado constantemente en mi larga carrera, me limito al círculo de las concepciones empíricas.

La esposicion de un conjunto de hechos observados y *combinados entre sí, no escluye, empero, el deseo de agrupar* los fenómenos segun su encadenamiento racional; de generalizar lo que de ello sea susceptible en la masa de las observaciones particulares, y de llegar por esta via al descubrimiento de las leyes. Concepciones del universo fundadas únicamente sobre la razon ó sobre los principios de la filosofía especulativa, asignarian sin duda á la ciencia del Cosmos fin mas noble y elevado. Lejos de mí la idea de vituperar esfuerzos que yo no he intentado, y de vituperarlos por el solo motivo de que su éxito haya sido hasta ahora muy problemático. Contra la voluntad y los consejos de los profundos y poderosos pensadores que han dado nueva vida á especulaciones ya familiares en la antigüedad, los sistemas de filosofía de la Naturaleza han alejado los ánimos por cierto tiempo en nuestra patria de los graves estudios matemáticos y físicos. La embriaguez de supuestas conquistas ya alcanzadas; un lenguaje nuevo caprichosamente simbólico; la prediléccion por fórmulas de racionalismo escolástico tan severas como jamás se conocieron ni aun en la edad media, han caracterizado, por el abuso que ha hecho de sus fuerzas una juventud generosa, las efímeras saturnales de una ciencia puramente ideal de la Naturaleza. Abuso de las fuerzas, repito, porque talentos superiores consagrados de consuno á los estudios filosóficos y á las ciencias de observacion, han permanecido estraños a aquellas saturnales. Los resultados obtenidos por investigaciones profundas en la via de la esperiencia no pueden ser contradictorios con la verdadera filosofía de la Naturaleza; y si contradiccion aparece alguna vez, culpa será de lo vano de la especulacion ó de las exageradas aspiraciones del empirismo, que crée haber probado por la esperiencia mucho mas de lo que de ella realmente se deriva.

Ya se oponga la Naturaleza al mundo intelectual, como si este último no se hallase tambien comprendido en el vasto seno de la primera; ya se oponga el mismo mundo de la inteligencia al arte, considerado como una manifestacion del poderío intelectual de la humanidad, nunca deben conducir estos contrastes, reflejados en las lenguas mas cultivadas, á un divorcio entre la Naturaleza y la inteligencia, del cual resultaría quedar reducida la física del mundo á un mero conjunto de especialidades empíricas. La ciencia no comienza para el hombre sino desde el momento en que el espíritu se apodera de la materia para someter la masa de los esperimentos á combinaciones racionales: el espíritu aplicado á la Naturaleza, hé ahí la ciencia. Pero el mundo exterior no existe para nosotros sino en tanto que por medio de la intuicion le reflejamos en nuestro interior; de donde resulta, que así como la inteligencia y las formas del lenguaje, el pensamiento y el signo, se hallan unidos por secretos é indisolubles lazos, así tambien el mundo exterior se confunde, casi sin que lo echemos de ver, con nuestras ideas y nuestros sentimientos. Los fenómenos exteriores, dice Hegel en su *Filosofía de la Historia* (1), se hallan como traducidos en nuestras representaciones internas. El mundo *objetivo* pensado por nosotros, reflejado en nosotros, está sometido á las formas eternas y necesarias de nuestro sér intelectual. La actividad del espíritu recae sobre los elementos que le suministra la observacion sensible, y por eso desde los primeros tiempos de la humanidad se descubre en la mas simple intuicion de los hechos naturales, en los primeros esfuerzos intentados para comprenderlos, el gérmen de la filosofía de la Naturaleza. Estas tendencias ideales son diversas y mas ó menos fuertes, segun el carácter individual de las razas, sus disposiciones morales y el grado de cultura que alcan-

(1) Vorlesungen über Philosophie der Geschichte (*Lecciones de Filosofía de la Historia*). Hegel, t. IX de sus Obras.

(*N. del T.*)

zan los pueblos en el seno de regiones que ora escitan la imaginacion, ora la apagan con sombria tristeza.

La historia nos ha conservado el recuerdo del gran número de formas, bajo las cuales se ha intentado concebir racionalmente el conjunto total de los fenómenos, y reconocer en el Universo la accion de una sola fuerza motriz que penetra la materia, la trasforma y vivifica. Estos ensayos datan en la antigüedad clásica, desde los tratados sobre los principios de las cosas, propios de la escuela jónica, en los cuales se intentó someter á especulaciones temerarias el conjunto de la Naturaleza, sin mas apoyo que el de un cortísimo número de observaciones. Despues, y á proporcion que por la influencia de grandes sucesos históricos se fueron desarrollando todas las ciencias con el apoyo de la observacion, se resfrió tambien aquel ardor que impulsaba á deducir la esencia y conexion de las cosas, de construcciones puramente ideales y de principios absolutamente racionales. Ya en tiempos mas cercanos á nosotros, la parte matemática de la filosofía natural es la que principalmente ha recibido portentosos desarrollos, perfeccionándose á la par el método y el instrumento (la análisis). Nosotros pensamos que estas conquistas, alcanzadas por tan diversos medios, por la ingeniosa aplicacion de suposiciones atomísticas, por un estudio mas general y mas íntimo de los fenómenos, y por la perfeccion de nuevos aparatos, son bienes comunes de la humanidad, y no deben sustraerse, hoy mas que entre los antiguos, á la libre accion del pensamiento especulativo.

Con todo, no puede negarse que en el trabajo del pensamiento han corrido graves riesgos los resultados de la esperiencia. En la perpetua vicisitud de las miras teóricas, no debemos maravillarnos, como dice ingeniosamente el autor de *Giordano Bruno* (1), «si la mayor parte de los hombres no ven en la filosofía sino una sucesion de meteóros fugaces, y si sucede con las grandes formas que ella ha revestido lo que con los cometas, que no son considerados por el pueblo como obras eternas y permanentes de la Naturaleza, sino como fugitivas apariciones de vapores ígneos.» Apresurémonos á añadir que ni el abuso del pensamiento ni las falsas vias en que suele perderse bastan para autorizar una opinion que tiende á rebajar la inteli-

(1) Bruno oder über das natürliche und gœtliche Princip der Dinge (*Bruno, ó Del principio divino y natural de las cosas*), por J. Schelling.

gencia humana, cual es la de que el mundo ideal no es por su misma naturaleza mas que un mundo de fantasmas y delirios, y que las riquezas acumuladas por laboriosas observaciones encuentran en la filosofía un poder enemigo que amenaza destruirlas. No sienta bien al espíritu característico de nuestra época eso de rechazar con desconfianza toda generalizacion de miras, todo intento de profundizar las cosas por la via del raciocinio y de la induccion. Tanto valdria desconocer la dignidad de la naturaleza humana, y la importancia relativa de las facultades de que hemos sido dotados, ya condenando la austera razon que se consagra á investigar las causas y su encadenamiento, ya el vuelo de la imaginacion que prepara los descubrimientos y los suscita con su poderosa fuerza de creacion.

CUADRO DE LA NATURALEZA.

I.

EL CIELO.

VISTA GENERAL DE LOS FENOMENOS.

Cuando orgulloso el espíritu humano intenta enseñorearse del mundo material, es decir, del conjunto de los fenómenos físicos; cuando procura reducir al dominio de su pensamiento la Naturaleza toda con la rica plenitud de su vida, y la accion de las fuerzas patentes ú ocultas que la animan, desvanécense en lontananza los límites de su horizonte, y desde la altura á que se eleva no se le presentan las individualidades sino agrupadas por masas y como cubiertas con un velo de ligera bruma. Tal es el punto de vista en que queremos colocarnos para contemplar el Universo, y describir en su conjunto la esfera de los cielos y este mundo terrestre en que vivimos. No se me oculta cuánta audacia hay en semejante tentativa, pues sé muy bien que entre todas las formas de esposicion á que consagro estas páginas, el ensayo de un cuadro general de la Naturaleza es la mas difícil, mayormente cuando en lugar de limitarnos á describir en pormenor las riquezas de sus variadísimas fórmas, nos proponemos pintar las grandes masas, ya sea que sus contornos tengan una existencia real, ó que las divisiones del cuadro resulten de la naturaleza misma de nuestras concepciones. Para que esta obra sea digna de la bellísima espresion de *Comos*, que significa órden en el Universo y magnificencia en el órden, debe abrazar y describir el gran Todo (τὸ πᾶν), clasificar y coordinar los fenómenos, penetrar el mecanismo y el juego de las fuerzas que los producen, y pintar en fin, con animado estilo, una imágen viviente de la realidad. ¡Plegue á Dios que la infinita variedad de los elementos que entran en la composicion del cuadro de la Naturaleza no perjudique á la armoniosa y tranquila impresion de unidad, supremo fin de toda obra literaria ó meramente artística!

Desde las profundidades del espacio ocupadas por las nebulosas mas remotas, descenderémos por grados á la zona de estrellas de que forma parte nuestro sistema solar, y al esferoide terrestre con sus envolturas gaseosa y líquida, con su forma, temperatura y tension magnética, hasta llegar á los séres vivientes que la accion fecundante de la luz desarrolla en su superficie. En este cuadro del mundo tendremos que pintar á grandes rasgos los infinitos espacios de los cielos, y bosquejar las existencias microscópicas del reino orgánico que se desarrollan en las aguas estancadas ó sobre las ásperas cimas de las rocas. Las riquezas que el espíritu de observacion y el estudio severo de la Naturaleza han acumulado hasta nuestros dias, forman los materiales de esta vastísima representacion, cuyo principal carácter debe ser el de llevar en sí misma el testimonio de su fidelidad. Empero supuestas las condiciones que hemos asentado en los prolegómenos, el cuadro descriptivo de la Naturaleza no puede comprender los pormenores y las individualidades de otro modo que considerados en conjunto, porque perjudicaria mucho al efecto general de la obra el intento de enumerar particularmente todas las formas en que la vida se revela, todos los hechos, todas las leyes de la Naturaleza. La tendencia á fraccionar indefinidamente nuestros conocimientos es un escollo que el filósofo debe saber evitar, so pena de estraviarse en el enmarañado laberinto de los pormenores acumulados por un empirismo de ordinario irreflexivo. Demas de que, desconocemos aún una parte muy considerable de las propiedades de la materia, ó para decirlo en lenguaje mas conforme á la filosofía natural, fáltannos por descubrir séries enteras de fenómenos, dependientes de fuerzas de que no tenemos actualmente ninguna idea; laguna que por sí sola bastaría para hacer que fuese incompleta toda representacion unitaria de la totalidad de los hechos naturales. Por eso el espíritu, inquieto en el seno mismo del placer que le inspira el cuadro de sus conquistas, y poco satisfecho de lo presente, esperimenta cierto malestar y cede al enérgico deseo que le arrastra incesantemente hácia las regiones todavía no esploradas de la ciencia. Pero estas mismas aspiraciones de nuestra alma anudan mas fuertemente el lazo que une al mundo sensible con el mundo ideal en virtud de las supremas leyes de la inteligencia, y vivifican la misteriosa relacion que existe entre «la impresion que nuestra alma recibe del mundo esterior, y el acto que la refleja desde el seno de sus misteriosas profundidades.»

Siendo ademas ilimitada la Naturaleza, como lo es, en cuanto á sus contornos y á su contenido (entendemos aquí por Naturaleza el conjunto de los seres y de los fenómenos), nos presenta desde luego un problema que toda la capacidad humana no basta á comprender, problema irresoluble, porque exige el conocimiento general de todas las fuerzas que obran en el Universo. Bien podemos hacer semejante confesion, nosotros que escogemos, como único asunto de nuestras inmediatas investigaciones, las leyes de los séres ó de sus desarrollos, y nos limitamos á seguir una sola vía, la de la esperiencia guiada por un método de induccion riguroso. Renunciamos así, cierto, á satisfacer la tendencia que nos lleva á comprender la Naturaleza en su universalidad, y á penetrar la esencia misma de las cosas; pero la historia de las teorías generales sobre el mundo, que reservamos para otra parte de esta obra, prueba que la humanidad puede aspirar únicamente á un conocimiento parcial, puesto que mas y mas profundo cada dia, de las leyes generales del Universo.

Tratamos aquí, por lo tanto, de pintar el conjunto de los resultados ya obtenidos, sin salir del punto de vista de la actualidad, así por lo tocante á la estension, como á la medida y á los límites de nuestro cuadro.

Ahora bien: cuando se trata de los movimientos y de las transformaciones que se efectuan en el espacio, el fin principal de nuestras investigaciones es *la determinacion numérica de los valores medios* que constituyen la espresion de las leyes físicas, y nos representan lo que es constante en los fenómenos variables, lo que es fijo y permanente en la perpétua fluctuacion de las apariencias. De aquí el que los progresos de la física moderna se representen casi esclusivamente por pesos y medidas, á fin de obtener ó de corregir los valores numéricos medios de ciertas magnitudes. En este sentido podria decirse que los números, últimos geroglíficos que aun subsisten en nuestra escritura, constituyen de nuevo para nosotros, dado que en acepcion mas estensa, lo que antiguamente fueron para la escuela itálica: las fuerzas mismas del Cosmos.

El hombre sábio mira con predileccion la sencillez de estas relaciones numéricas que espresan las dimensiones del cielo visible, la magnitud de los cuerpos celestes, sus periódicas perturbaciones, los tres elementos del magnetismo terrestre, la presion atmosférica y la cantidad de calórico que el sol irradia en cada una de las estaciones del año sobre todos los puntos de nuestros continentes ó de nuestros mares; pero esto no basta para el poeta de la Naturaleza, y mucho menos para la curiosa muchedumbre, que creen á la ciencia contemporánea estraviada en falsos senderos porque no responde ya sino con la duda á una multitud de cuestiones que en otro tiempo se imaginó llegarían á entrar en su dominio, ó si responde, es para declararlas de todo punto irresolubles.

Preciso es confesarlo: la ciencia actual, con su forma mas severa, encerrada en mas estrechos límites, no tiene aquel engañoso atractivo de la antigua física, tan propia con sus dogmas y símbolos para estraviar la razon, dando libre curso á los delirios de las imaginaciones mas acaloradas. Mucho tiempo antes del descubrimiento del Nuevo Mundo, no faltó quien desde las costas de las islas Canarias ó de las Azores creyese divisar tierra hácia la parte de Occidente: ilusion producida, no por efecto de una refraccion extraordinaria, sino por el ferviente anhelo que nos arrastra á penetrar mas allá de nuestro alcance. La filosofía natural de los griegos, la física de la edad media y aun la de los últimos siglos, nos ofrecen mas de un ejemplo análogo de aquella ilusion del ánimo que crea y forja, por decirlo asi, fantasmas aéreos. No parece sino que desde el límite de nuestros conocimientos, como desde las elevadas playas de las últimas islas, pugna la vista turbada por hallar reposo en apartadísimas regiones; y que luego nuestra propension á lo maravilloso y sobrenatural presta formas determinadas á cada una de las manifestaciones de ese poder de creacion ideal de que el hombre está dotado, ensanchando así constantemente los dominios de la imaginacion, donde reinan y campean los sueños cosmológicos, geognósticos y magnéticos, á espensas del terreno de la realidad.

Bajo cualquier aspecto que consideremos la Naturaleza, ya sea como el conjunto de los séres y de sus desarrollos sucesivos, ya como la fuerza motriz interior, ya en fin, como el misterioso tipo al cual se ordenan todas las apariencias, siempre la impresion que produce en nosotros tiene algo de terrestre; y mas digo: solo donde comienza el reino de la vida orgánica dejamos de ser peregrinos y nos creemos en nuestra patria, cual si la imágen de la Naturaleza se asociase necesariamente en nuestra alma á la imágen de la Tierra adornada con sus flores y sus frutos, y animada por las innumerables razas animales que pueblan su superficie. El aspecto del firmamento y la inmensidad de los espacios celestes forman, á la verdad, un cuadro en el que la magnitud de las masas, el número de soles diversamente agrupados, y hasta las pálidas nebulosas, pueden muy bien causarnos asombro ó admiracion; mas no por ello dejamos de considerarnos como extraños á esos mundos solitarios que nos parecen desiertos y no escitan en nosotros, como la vida organica, la impresion inmediata que nos liga á la tierra.

Así vemos, pues, que todas las concepciones físicas del hombre, aun las mas modernas, han separado siempre el Cielo de la Tierra como dos distintas regiones, superior la una é inferior la otra.

Luego si escogiésemos para pintar el cuadro de la Naturaleza el punto de vista en que nuestros sentidos nos colocan, sería preciso comenzar por el suelo mismo que nos sustenta; describir el globo terrestre, su forma y sus dimensiones, su densidad y su temperatura creciente hácia el centro; separar sus capas sobrepuestas, así fluidas como sólidas; distinguir los mares de los continentes y presentar la vida orgánica tejiendo por todas partes su tela é invadiendo y poblando, no solo la superficie del globo, sino tambien las profundidades de los abismos; pintar, por último, el Océano aéreo perpétuamente agitado por encontradas corrientes, y en su fondo, como otros tantos bajíós ó escollos, las elevadas cadenas de montañas coronadas de espesísimos bosques.

Concluido este cuadro, cuyos rasgos estarian tomados esclusivamente de nuestro globo, habria que dirigir la vista á los espacios celestes y considerar como planeta á la Tierra (ya bien conocida como dilatado campo por donde la vida orgánica estiende sus dominios) asignándola su puesto entre los otros globos, satélites como ella de uno de esos innumerables astros que brillan con luz propia.

Tal es la série de ideas que ha trazado el camino á las primeras teorías generales fundadas sobre la sensacion como punto de partida; série que casi nos representa aquella antiquísima concepcion de una Tierra rodeada de agua por todas partes, centro y sosten de la bóveda celeste; série que comenzando desde el mismo lugar en que se encuentra el observador, parte de lo conocido para remontarse á lo desconocido, de lo próximo á lo remoto; série, en fin, que procede con arreglo al método matemáticamente fundadísimo seguido en la esposicion de las teorías astronómicas, cuando se pasa del movimiento aparente de los cuerpos celestes á sus movimientos reales.

Empero si de lo que se trata es de esponer el conjunto de nuestros conocimientos en lo que tienen de fijo, determinado y positivo, y aun de probable en mayor ó menor grado, sin empeñarse, no obstante, en áridas demostraciones, entonces hay que recurrir á un órden de ideas enteramente distinto, y renunciar sobre todo al punto de partida terrestre, que no tiene importancia en la generalidad sino esclusivamente con relacion al hombre. La Tierra, en tal caso, no debe aparecer primero sino como un pormenor subordinado al conjunto de que forma parte, debiendo guardarnos de rebajar el carácter de grandeza de semejante concepcion por motivos fundados en la proximidad de ciertos fenómenos particulares, en su influencia mas íntima, ó en su utilidad mas directa.

Dedúcese de lo espuesto, que la descripcion física del mundo, ó el cuadro general de la Naturaleza, debe comenzar por el cielo y no por la tierra, si bien veremos que cuanto mas se vaya estrechando la esfera abarcada por nuestra vista, mas se aumentará la riqueza de pormenores, completándose las apariencias físicas, y multiplicándose las propiedades específicas de la materia. Desde aquellas regiones en que solo nos es dado comprobar la existencia de una sola fuerza, la atraccion, descenderemos gradualmente hasta nuestro planeta, y penetraremos al fin en el complicado mecanismo de las fuerzas que obran en su superficie.

Este método descriptivo, que acabo de bosquejar, es inverso de aquel otro, al cual debemos la reunion de los materiales: el primero enumera y clasifica lo que este último ha demostrado.

Por medio de sus órganos se pone el hombre en relacion con la Naturaleza. Así, por ejemplo, los fenómenos lumínicos son los que nos revelan la existencia de la materia en las profundidades del cielo; por donde con razon podria decirse que la vista es el órgano de la contemplacion de la Naturaleza, y órgano cuyo alcance y poderío no tiene hoy límites asignables desde que, hace apenas dos siglos y medio, se inventó la vision telescópica.

De las consideraciones que constituyen la ciencia del Cosmos, las primeras y las mas generales se refieren á la distribucion de la materia en el espacio, ó de la creacion, por valernos de la palabra con que ordinariamente se designa el conjunto actual de los séres y los desarrollos sucesivos que ellos contienen como en gérmen.

Y ante todo, presentaremos la materia, ora condensada en globos de magnitudes y densidades muy diversas, animados de dos distintos movimientos, el de rotacion y el de traslacion; ora diseminada en el espacio bajo la forma de nebulosidades fosforescentes.

Consideremos en primer lugar la materia cósmica esparcida por el cielo bajo formas mas ó menos determinadas, y en todos los estados posibles de agregacion. Cuando las nebulosas tienen en la apariencia muy cortas dimensiones, presentan el aspecto de pequeños discos circulares ó elípticos, ya aislados, ya pareados, y unidos á las veces en este último caso por un leve filete luminoso. Cuando es mayor su diámetro, la materia nebulosa toma formas sumamente varias: unas veces envia á largas distancias por el espacio innumerables ramificaciones; otras se estiende en figura de abanico; otras, en fin, presenta la forma anular con bien dibujados contornos, dejando en medio un espacio central oscuro. Créese que estas nebulosas esperimentan gradualmente diversos cambios de forma, segun se condense la materia en derredor de uno ó de varios centros, obedeciendo á las leyes de la gravitacion universal. Cerca de 2500 nebulosas que los mas graduados telescopios no han podido descomponer en estrellas, se hallan actualmente clasificadas y determinadas con relacion á los lugares que respectivamente ocupan en el cielo.

A la vista de este desarrollo genesiaco, de estas formaciones perpétuamente progresivas que se efectuan en los espacios celestes, el observador reflexivo no puede menos de establecer cierta analogía entre estos grandes fenómenos y los de la vida orgánica; porque á la manera que en nuestros bosques vemos árboles de una misma especie pasando por todos los grados posibles de crecimiento, asi tambien podemos reconocer fácilmente en los celestes campos las diversas fases de la formacion gradual de las estrellas.

Parece, por lo tanto, que aquella condensacion progresiva de que nos habla Anaximenes, y con él toda la escuela jónica, se desarrolla simultáneamente á nuestra vista. Fuerza es reconocer que la tendencia adivinadora de estas investigaciones y de estos esfuerzos del espíritu humano ha ofrecido siempre á la imaginacion (1) poderosísimos incentivos; mas lo que en el estudio de la vida y de las fuerzas del Universo debe particularmente cautivarnos, no tanto es el conocimiento de los séres en su esencia, como el de la ley de su desarrollo, esto es, la sucesion de las varias formas que revisten; pues por lo tocante al acto mismo de la creacion, al orígen de las cosas considerado como la transicion de la nada al sér, ni la esperiencia ni el raciocinio pueden suministrarnos ninguna idea.

No se han limitado los astrónomos á comprobar en las nebulosas diversas fases de formacion, segun es mas ó menos graduada su fuerza de condensacion hácia el centro; sino que han creido tambien poder deducir inmediatamente de observaciones hechas en diferentes épocas, que

(1) Las consideraciones relativas á la diferencia que en cuanto á la claridad existe entre un punto luminoso y un disco de diámetro angular apreciable, han sido desenvueltas por Arago en el *Analyse des travaux de sir William Herschell* (*Annuaire du Bureau des Longitudes*, 1842, p. 410, 412 y 441).

se han operado cambios reales y efectivos en la nebulosa de Andrómeda, en la de la nave Argo y en los filamentos aislados pertenecientes á la nebulosa de Orion; mas la desigual graduacion de los instrumentos empleados en aquellas diferentes épocas, las variaciones de nuestra atmósfera y otras influencias de carácter óptico, nos autorizan para poner en duda una parte de aquellos resultados, cuando se les considera como términos de comparacion legados por la historia de los Cielos.

No deben confundirse las *manchas nebulosas* propiamente dichas, de varia forma y diferente brillo, cuya materia sin cesar concentrada acaso termine al cabo por condensarse en estrellas, ni tampoco las *nebulosas planetarias*, que desde todos los puntos de sus discos algun tanto ovalados esparcen suave y uniforme claridad, con las que los astrónomos designan bajo el nombre de *estrellas nebulosas*. Aquí no se trata de un efecto de proyeccion puramente fortuito, antes al contrario la materia fosforescente, ó digamos la nebulosidad, forma un todo con la estrella á la cual rodea. A juzgar por su diámetro aparente, las mas veces muy considerable, y por la distancia á que brillan las nebulosas planetarias y las estrellas nebulosas, estas dos variedades deben de tener dimensiones enormes. Recientes consideraciones sumamente ingeniosas acerca de los diversos efectos que la lejanía debe producir en el brillo de un disco luminoso de diámetro apreciable y en el de un punto aislado y solo, nos inducen á creer que las nebulosas planetarias son probablemente estrellas nebulosas, en las cuales ha desaparecido toda diferencia de brillo entre la estrella central y la atmósfera circunvecina, aun para la vista auxiliada por los mas poderosos telescopios.

Las magníficas zonas del cielo austral comprendidas entre los paralelos de los grados 50 y 80, son las mas ricas en estrellas nebulosas y en agregaciones de nebulosidades irreductibles. De las dos nubecillas magallánicas que giran en derredor del polo austral, polo tan pobre de estrellas que parece una comarca asolada y yerma, la mayor parece ser, segun investigaciones muy recientes (1) «una

(1) «Las dos nubecillas de Magallanes, *Nubecula major et minor*, son objetos muy notables. La mayor se compone de grupos irregulares de estrellas, de grupos esféricos y de estrellas nebulosas mas ó menos considerables, entremezcladas con nebulosidades irreductibles, las cuales, verosímilmente, no son otra cosa mas que un polvillo luminoso (star-dust); pues hasta el mismo telescopio de 20 pies es impotente para resolverlas en estrellas. Cuando se las

»asombrosa aglomeracion de grupos esféricos de estrellas »mayores ó menores y de nebulosas irreductibles, cuyo »resplandor general ilumina el campo de la vision y for»ma como el fondo del cuadro.» El aspecto de estas nubecillas, la brillante constelacion de la nave Argo, la via láctea que se estiende entre el Escorpion, el Centauro y la Cruz, y para decirlo de una vez, el pintoresco aspecto de todo el cielo austral, han producido en mi alma una impresion indeleble.

La luz zodiacal que sube por encima del horizonte en forma de resplandeciente pirámide, sirviendo con su suavísima claridad de perpétuo ornamento á las noches intertropicales, no es probablemente mas que una gran nebulosa anular que gira entre la órbita de Marte y la de la Tierra; pues no es admisible la opinion de los que han creido ver en ella la capa exterior de la misma atmósfera solar.

Ademas de estas nebulosidades, de estas nubes luminosas de formas determinadas, observaciones exactas y conformes han comprobado la existencia de una materia infinitamente ténue, desprovista probablemente de luz propia, pero cuya existencia se revela por la resistencia que opone al movimiento del cometa de Encke y aun quizá á los de Biela y Faye, y por la disminucion que hace esperimentar á su escentricidad y á la duracion de sus revoluciones.

Esta materia etérea ó cósmica, flotante en el espacio, se halla sin duda animada de movimiento; y no osbtante su tenuidad originaria, podemos suponerla sometida á las leyes de la gravitacion, y mas condensada, por lo tanto, cerca de la enorme masa del Sol; pudiendo admitirse, por último, que se renueva y se aumenta, ha muchos miles de siglos, con las materias gaseiformes que las colas de los cometas abandonan en el espacio.

Despues de haber así considerado la variedad de formas que la materia diseminada reviste en los celestes infinitos espacios (οὐρανου χόρτος) (1), sea que se estienda sin límites

mira con él producen una claridad general que ilumina el campo de la vision y hace que los demas objetos aparezcan diseminados en aquel fondo brillante. Ninguna otra region del cielo encierra tantas nebulosas ni tantos grupos de estrellas en el mismo espacio. La *Nubecula minor* no es tan bella; presenta mas nebulosidades irreductibles, y los grupos son á la par menos numerosos y menos brillantes.» (Pasage sacado de una carta de sir John Herschell, escrita en Feldhuysen, Cabo de Buena Esperanza, el 13 de junio de 1836).

(1) Esta bellísima espresion *χόρτος οὐρανου*, tomada por Hesychio de un poeta desconocido, hubiéramos podido citarla antes de ahora con ocasion de

ni contornos como una especie de éter cósmico, ó sea que primitivamente haya estado condensada formando nebulosas, debemos ahora fijar nuestra atencion en la parte sólida del Universo, es decir, en la materia aglomerada formando esos globos que designamos esclusivamente con el nombre de astros ó de mundos estrellados.

Tambien aquí encontramos diversos grados de agregacion y de densidad, y vemos reproducidos en nuestro propio sistema solar todos los términos de la série de pesos específicos (relacion del volúmen á la masa) que las sustancias terrestres nos han hecho tan familiares. Cuando se comparan los planetas desde Mercurio hasta Marte al Sol y á Júpiter, y estos dos últimos astros á Saturno, que es menos denso aún, nos vemos conducidos por una progresion decreciente desde el peso especifico del antimonio metálico hasta el de la miel, el del agua y el del pinabete. Mucho menor es aun la densidad de los cometas, hasta tal punto que la luz de las estrellas los atraviesa sin esperimentar *refraccion*, *aun por aquella parte mas compacta* á que vulgarmente damos el nombre de *cabeza* ó núcleo; y quizás no hay ningun cometa cuya masa equivalga á 0,005 de la de nuestro globo.

Indiquemos en este lugar lo que aparece como mas notable en la diversidad de los efectos producidos por las fuerzas que originariamente vienen presidiendo con su accion progresiva á todas las aglomeraciones de la materia; pues si bien desde el punto de vista general en que nos hemos colocado, hubiéramos podido designar *á priori* esta variedad indefinida como un resultado posible de la accion combinada de las fuerzas generadoras, nos ha parecido mejor mostrarla como un hecho real que se desarrolla efectivamente á nuestra vista en las regiones celestes.

Las concepciones puramente especulativas de Wright,

los *Campos celestes* (Himmels-Garten, literalmente *jardines del cielo*) á no haberse usado mas ordinariamente la voz χόρτος para designar de una manera general cualquier espacio cercado. Por lo demas, es bien patente la afinidad de esta voz con el Garten de los alemanes (en lengua gótica *gards*, que se deriva, segun Jacobo Grimm, de *gairdan*, ceñir), con el *grad*, *gorod* en eslavo, con el *khart* de los Osetas, y segun Pott (*Investigaciones etimológicas*, part. I, p. 144, ed. alem.) con el *chors* de los latinos (de donde *cors*, *cortis*, patio ó corral). Citemos tambien el *gard*, *gœrd* de las lenguas del Norte (clausura, cerrado, residencia) y las voces persas *gerd*, *gird*, (recinto, circo, y despues una residencia régia, un castillo ó una ciudad, como lo prueban los antiguos nombres de pueblos que se encuentran en el Schanameh de Firdusé: *Siyawakchgird*, *Darabgird*, etc.)

de Kant y de Lambert acerca de la construccion general de los cielos, han sido establecidas por Guillermo Herschell sobre fundamentos mas sólidos, sobre observaciones y medidas exactísimas. Este grande hombre, osado como pocos y prudente á la par en sus investigaciones, fue el primero que se atrevió á sondear las profundidades de los cielos, para determinar los límites y la forma de la capa aislada de estrellas de que la Tierra hace parte, y el primero tambien que intentó aplicar á esta zona estrellada las relaciones de magnitud, de forma y de posicion que le habian sido reveladas por el estudio de las mas remotas nebulosas, justificando así el magnífico epitafio grabado sobre su sepulcro en Upton: *Cœlorum perrupit claustra*. Nuevo Colon, lanzado en ignotos mares, descubrió costas y archipiélagos, dejando á las generaciones siguientes la tarea de determinar su situacion exacta.

Para valuar el espesor de las capas ó zonas que forman las estrellas, ha sido preciso recurrir á hipótesis mas ó menos verosímiles acerca de sus diferentes magnitudes y de su número relativo, ó sea de su acumulacion mas ó menos notable en los espacios iguales circunscritos por un mismo telescopio graduado siempre de la misma manera. No debe, por lo tanto, atribuirse á estas consideraciones relativas á las particularidades de la estructura de los cielos, el mismo grado de certidumbre á que se ha llegado en el estudio de los fenómenos propios de nuestro sistema solar, ó en la teoría general de los movimientos aparentes y reales de los cuerpos celestes, ó tan siquiera en la determinacion de las revoluciones esperimentadas por las estrellas componentes de un sistema binario en derredor de su centro comun de gravedad.

Sucede con esta parte de la ciencia del Cosmos lo que con las épocas fabulosas ó mitológicas de la historia: tanto la una como las otras se remontan en efecto al incierto crepúsculo en que llegan á perderse los orígenes de los tiempos históricos y los límites del espacio, mas allá de los cuales no alcanzan nuestras medidas. A tal altura, la evidencia comienza luego al punto á desaparecer de nuestras concepciones, y todo convida á la imaginacion á buscar en sí misma una forma y contornos determinados para esas confusas apariencias que á cada momento parece como que se nos escapan.

Mas volviendo á la comparacion arriba indicada entre

la boveda celeste y un mar sembrado de islas y archipiélagos, ella nos ayudará á comprender mejor las diversas maneras de distribucion de los grupos aislados que forma la materia cósmica; de las nebulosas irresolubles condensadas en torno de uno ó de varios centros, las cuales llevan en sí mismas patentes indicios de su antigüedad; y de las agregaciones de estrellas ó de los grupos esporádicos distintos que presentan vestigios de formacion mas reciente.

El grupo ó conjunto de estrellas de que nosotros formamos parte, y al cual podriamos llamar en este sentido una isla del Universo, forma una capa aplanada, lenticular, aislada por todas partes; y se calcula que su eje mayor es igual á setecientas ú ochocientas veces la distancia que hay de Sirio á la Tierra, y el menor á unas ciento cincuenta. Para formarse ahora idea de la magnitud absoluta de la unidad de que se trata, puede suponerse que la paralaje de Sirio no escede á la de la estrella brillante del Centauro que es de 0,'' 9128, en cuya suposicion tardaria la luz tres años en recorrer la distancia que nos separa de Sirio; pues segun los admirables trabajos de Bessel sobre la paralaje de la estrella 61.ª del Cisne (0,'' 3483) (1), estrella que por su considerable movimiento propio hace presumir su proximidad, no puede llegar hasta nosotros un rayo de luz partido de este astro sino á los nueve años y tres meses.

Nuestro grupo de estrellas, cuyo espesor es relativamente poco considerable, se divide en dos porciones á un tercio poco mas ó menos de su estension; y se cree que el sistema solar está situado en él escéntricamente, no lejos del punto de division, mas cerca de la region en que brilla Sirio que de la constelacion del Aguila, y casi en medio de la capa en el sentido de su espesor.

Ya antes hemos dicho que midiendo sistemáticamente el

(1) El error probable de la paralaje de α del Centauro, calculada por Maclear, es de 0,'' 064 (Resultados de 1839 y 1840). V. *Transact. of the Astron. Soc.*, t. XII, p. 370. Tocante á la paralaje de la estrella 61.ª del Cisne, véase Bessel, en el *Annuario* de Schumacher, 1839, p. 47—49: error por término medio 0,'' 014. En cuanto á la idea que debemos formarnos de la verdadera figura de la via láctea, encuentro en Keplero (*Epitome Astronomiæ Copernicanæ*, 1618, t. I, lib. I, p. 34—39) el siguiente notable pasaje: «*Sol hic noster nihil aliud est quam una ex fixis, nobis major et clarior visa, quia propior quam fixa. Pone Terram stare ad latus, uno semidiametro viæ lacteæ, tunc hæc via lactea apparebit circulus parvus, vel ellipsis parva tota declinans ad latus alterum; eritque simul uno intuitu conspicua, quæ nunc non potest nisi dimidia conspici quovis momento. Itaque fixarum sphæra non tantum orbe stellarum, sed etiam circulo lactis versus nos deorsum est terminata.*»

Cielo y contando las estrellas contenidas en la estension invariable que abarca un mismo telescopio dirigido sucesivamente hácia todas las regiones del espacio, es como se ha logrado fijar la situacion de nuestro sistema solar, y determinar la forma y dimensiones del conjunto lenticular de estrellas de que forma parte.

Y en efecto, si el número mas ó menos considerable de estrellas contenidas en los espacios iguales del telescopio, varia á cada nueva direccion en razon del espesor de la capa, este número debe darnos en todos los casos la longitud del rayo visual, sonda atrevidamente echada en las profundidades del cielo, cuando el mismo rayo llega al fondo de la capa estelífera, ó, mas propiamente hablando, á su límite esterior, pues aquí no tienen cabida ni aplicacion las ideas de alto ni de bajo. En el sentido del eje mayor de la capa, debe el rayo visual encontrar mucho mayor número de estrellas escalonadas que en cualquier otro sentido, por hallarse estrechamente condensadas en aquellas regiones, y como reunidas en una tinta general comparable á un polvillo luminoso, dibujando su conjunto en la bóveda celeste una zona que al parecer la rodea en toda su estension.

Esta zona estrecha, de brillo desigual, y como horadada á trechos por espacios oscuros, sigue con pocos grados de diferencia la direccion de un círculo máximo de la esfera, porque cabalmente venimos nosotros á estar colocados casi en el medio de la capa de estrellas y en el mismo plano de la via láctea, que es su perspectiva. Si nuestro sistema planetario estuviese situado á gran distancia de ese cúmulo de estrellas, la via láctea nos ofrecería la apariencia de un anillo; y á distancia mas remota aún, aparecería en el telescopio como una nebulosa irreductible terminada por un contorno circular.

Entre todos los astros que brillan con luz propia, sin razon tenidos por fijos, pues cambian continuamente de posicion; entre todos esos astros que forman nuestra isla en el Océano de los mundos, el sol es el único que hasta ahora podemos reconocer, por observaciones reales y positivas, como centro de los movimientos de un sistema secundario compuesto de planetas, de cometas y de asteroides que tienen cierta analogía con nuestros aerolitos. Las estrellas dobles ó múltiples no pueden ser completamente equiparadas á nuestro sistema planetario, ni en la dependencia de los movimientos relativos, ni tampoco en las apariencias luminosas. A la verdad, los astros luminosos de por sí, que forman estas agrupaciones binarias ó en mayor grado complejas, giran tambien en torno de su centro comun de gravedad, y acaso arrastren consigo cortejos de planetas y de lunas cuya existencia no alcanzan á revelarnos nuestros telescopios; mas el centro de sus movimientos se encuentra en un espacio vacío, ó lleno solamente de materia cósmica, mientras que ese mismo centro en el sistema solar se halla situado en lo interior de un cuerpo visible. Si, esto no obstante, queremos considerar como estrellas dobles el Sol y la Tierra, ó la Tierra y la Luna, y si tratamos de equiparar el conjunto de los planetas á un sistema múltiple, debemos restringir la analogía que estas denominaciones indican, tan solo á los movimientos; porque si bien puede admitirse la universalidad de las leyes de la gravitacion, es preciso escluir de estas comparaciones ó aproximaciones todo cuanto se refiere á las apariencias luminosas.

Colocados ya en el punto de vista general que de suyo exigia la naturaleza misma de nuestra obra, podemos ahora examinar bajo dos aspectos diferentes nuestro sistema planetario: 1.° en sí mismo, estudiando en las diversas clases de cuerpos que hasta ahora se han descubierto en él los caractéres generales de magnitud, figura, densidad y situacion relativa; 2.° en las relaciones que al parecer le ligan á las demas partes de nuestra zona estrellada, con lo cual queda bastantemente indicado que nos referimos al movimiento propio del Sol mismo.

En el estado actual de la ciencia, nuestro sistema solar se compone primeramente de once (1) planetas princi-

(1) En el corto período transcurrido desde la publicacion de esta obra en Alemania, se han descubierto siete nuevos planetas, acerca de los cuales he podido adquirir los siguientes datos y noticias de que carecia cuando escribí la advertencia que va al frente de este libro:

1.° *Astrea*, descubierto el 8 de diciembre de 1845 por el señor Hencke, astrónomo de Driessen, pequeña ciudad de Prusia. Completa su revolucion en 4 años y dos meses próximamente, y se halla situado, por lo tocante á su distancia al Sol, entre Vesta, el mas cercano de los cuatro planetas telescópicos conocidos anteriormente, y Juno. La escentricidad de su órbita es tambien la intermedia entre la de aquellos dos planetas; pero su inclinacion al plano de la ecliptica es menor que la de cada uno de los otros cuatro. Su luz es tambien mas debil, sin que de aquí pueda deducirse que es el mas pequeño; porque parece ya cosa averiguada, que Vesta, el mas brillante de todos ellos, es tambien el de menor tamaño.

2.° *Neptuno*, descubierto el 23 de setiembre de 1846 por el señor Galle, astrónomo adjunto al observatorio de Berlin. La gloria de este descubri-

pales, diez y ocho lunas ó satélites, y una multitud de cometas, entre los cuales hay algunos que no salen nunca de los estrechos límites del mundo planetario, y llevan por lo mismo el nombre de cometas planetarios. Segun todas las probabilidades podemos tambien añadir al cortejo de nuestro Sol y colocar dentro de la esfera inmediata de su accion central, un anillo de materia nebulosa, animado de movimiento de rotacion, probablemente situado entre la

miento pertenece, no obstante, al señor Le Verrier, el cual habia probado (a), en primer lugar, que era imposible explicar el movimiento de Urano atendiendo solo á la atraccion del Sol y á la accion perturbadora de Saturno y de Júpiter, y en segundo lugar, que todas las observaciones relativas a Urano, hechas desde fines del siglo XVII por Flamsteed hasta nuestros dias, quedaban perfectamente esplicadas suponiendo mas alla de aquel planeta la existencia de otro, cuya masa fuese $\frac{1}{9300}$ de la del Sol, y que describiese una órbita determinada por estos elementos:

Semi-eje mayor (siendo 1 el de la tierra). .	36,154
Escentricidad.	0,10761
Revolucion sideral.	217,387
Longitud del perihelio.	284° 47'

Habiendo comunicado el señor Le Verrier todos estos calculos á los señores Encke y Galle, astrónomos de Berlin, este ultimo descubrió el planeta seis horas despues de recibida la carta, y casi en el mismo sitio indicado por el astrónomo francés.

3.° *Hebe*, descubierto el 1.° de julio de 1847 por el ya citado señor Hencke de Driesien.

Háse despues calculado que su año es de 1375 dias; su órbita se halla, como la de Astrea, entre las de Vesta y Juno, aunque mas cercana á la primera, pero con una inclinacion y escentricidad mucho mayores.

4.° *Iris*, descubierto el 13 de agosto de 1847, por el senor Hind, astrónomo del observatorio particular del señor Bishop, fabricante de licores en Lóndres. De los cálculos y observaciones de los señores Faye y Goujon, astrónomos de Paris, resulta que la revolucion de este pequeño planeta dura cuatro años y un mes; el semi-eje mayor de su orbita es de 2, 59; su escentricidad 0, 33, y su inclinacion 5° 2'. De ser exactos estos calculos, la órbita de Iris escede en escentricidad á todas las conocidas hasta ahora.

5.° *Flora* (b), descubierto tambien por el señor Hind el 18 de octubre de 1847. Pertenece, como el anterior, a los pequeños planetas ó asteroides cuyas órbitas se encuentran entre las de Marte y Júpiter.

6.° *Tétis ó Métis*, descubierto el 25 de abril de 1848 por el señor Graham, astrónomo del observatorio particular del señor Eduardo Cooper, en Markree Castle, condado de Sligo en Irlanda. La inclinacion y escentricidad de su órbita, situada entre las de Hebe é Iris, son muy poco notables. La escesiva pequeñez de este astro no ha permitido que se obtengan respecto de él datos exactos. Gasparis, que le descubrió en Nápoles al mismo tiempo que Graham, le llamó *Igéa*.

7.° *Parthenope*, descubierto el 11 de mayo de 1850 por el señor Gasparis, astrónomo napolitano. Es tambien muy pequeño y pertenece al grupo de los citados asteroides.

(*Nota del traductor*).

(a) V. *Comptes rendus de l'Academie des Sciences*, sesiones del 1.° de junio y 31 de agosto de 1846

(b) Sir John Herschell, que invitado por Hind eligió para este planeta el nombre de la diosa de las flores, decia con este motivo en una carta que escribió á Schumacher: «Palas, Juno, Ceres y Vesta, como prudentes y magestuosas dueñas, bastan para hacer respetable el grupo situado entre Marte y Júpiter; mientras que Astrea, Iris, Hebe y Flora, atraerán todas las miradas y llenarán los ánimos de dulces y graciosas imágenes.»

órbita de Marte y la de Venus (por lo menos sabemos ciertamente que se estiende mas allá de la terrestre) (1), y al cual se debe esa apariencia luminosa en forma de pirámide que se conoce con el nombre de luz zodiacal. Por último, forman parte asimismo del sistema solar un número incalculable de asteroides, sumamente pequeños, cuyas órbitas cortan la de la Tierra ó se separan muy poco de ella, y por los cuales se explica la aparicion de las estrellas vagas ó exhalaciones y la caida de los aerolitos.

Cuando se para la consideracion en estas formaciones tan complejas, en los innumerables astros de esta clase que circulan en derredor del Sol describiendo elipses mas ó menos escéntricas, y eso sin tratar de explicar el orígen de la mayor parte de los cometas, como lo hizo el inmortal autor de la *Mecánica celeste*, por medio de porciones de materia desprendidas de las nebulosas, y errantes de un mundo á otro (2), fuerza es reconocer que los planetas con sus satélites no forman sino una pequeñísima parte del sistema solar, en cuanto al número, que no en cuanto á la masa ó cantidad de materia.

Háse supuesto que los planetas telescópicos, Vesta, Juno, Ceres y Palas, forman una especie de grupo intermedio, y que sus órbitas, tan estrechamente entrelazadas, tan inclinadas, tan escéntricas, determinan en el espacio una zona de separacion entre los planetas que caen á la parte de adentro, Mercurio, Venus, la Tierra, Marte, y la region de los planetas esteriores, Júpiter, Saturno y Urano (3).

Y, en efecto, estas dos regiones presentan notabilísimos contrastes. Los planetas interiores mas próximos al Sol son de mediana magnitud, muy densos, giran lentamente sobre si mismos en tiempos casi iguales (veinticuatro horas poco mas ó menos), son poco aplanados, y, escepto la Tierra, se hallan totalmente desprovistos de satélites; al paso que los planetas esteriores son de magnitud mucho mas considerable, cinco veces menos densos, giran sobre sí mismos con

(1) «Si, dans les zones abandonées par l' atmosphère du soleil, il s' est trouvé des molécules trop volatiles pour s' unir entre elles ou aux planètes, elles doivent, en continuant de circuler autour de cet astre, offrir toutes les apparences de la lumière zodiacale, sans opposer de résistance sensible aux divers corps du système planetaire, soit à cause de leur extrême rareté, soit parce que leur mouvement est a fort peu près le même que celui des planètes qu' elles rencontrent.» Laplace, *Exp. du Syst. du Monde* (5.ª edic., p. 415).

(2) Laplace, obra cit., p. 396 y 414.

(3) Litrow, Astronomie, 1825, t. II, p 107, Mädler, Astr., 1841 página 212; Laplace, ob. cit., p. 210.

doble velocidad por lo menos, son mas aplanados, y el número de sus satélites comparado con el de los planetas interiores está en razon de diez y siete á uno, si es que efectivamente tiene Urano las seis lunas que se le atribuyen.

Con todo, las consideraciones de donde hemos deducido los caractéres generales de estos dos grupos no pueden estenderse con igual grado de exactitud á cada uno de los planetas en particular, y no es posible por lo tanto comparar así, una á una, las distancias al centro comun de los movimientos con las magnitudes absolutas, las densidades con los tiempos de rotacion, ni las escentricidades y mútua inclinacion de las órbitas con los ejes máximos. No conocemos relacion necesaria entre los seis elementos que acabamos de enumerar y las distancias medias, é ignoramos si entre aquellas diversas magnitudes existe alguna ley de la Mecánica celeste, análoga, por ejemplo, á la que relaciona los cuadrados de los tiempos periódicos á los cubos de los ejes máximos. Marte dista mas del Sol que Venus y la Tierra, y es sin embargo mas pequeño, pues cabalmente del que menos difiere por lo tocante al diámetro, entre todos los planetas de antiguo conocidos, es del mas cercano al Sol, de Mercurio. Saturno es mas pequeño que Júpiter; pero, en cambio, mucho mayor que Urano.

Aun mas: á la zona de los planetas telescópicos sigue inmediatamente Júpiter, el mayor de todos los astros secundarios de nuestro sistema; y sin embargo, la superficie de aquellos asteroides, cuyo pequeñísimo diámetro casi se escapa á nuestros instrumentos, apenas escede en el dúplo á la de Francia, Madagascar ó Borneo.

Por muy poco densos que sean, como en efecto lo son, esos colosos planetarios que gravitan hácia el Sol en los confines de nuestro sistema, todavía, sin embargo, se echa aquí tambien de menos la regularidad en la série decreciente (1); pues Urano es mas denso que Saturno, aun admitiendo para su masa el cálculo de Lamont, $\frac{1}{24605}$, que es el mas pequeño; y no obstante la escasa diferen-

(1) Keplero, sobre la densidad decreciente y el volúmen creciente de los planetas á proporcion que se aumenta su distancia al Sol, considera este astro central como el mas denso de todos. V. su *Epitome Astron. Copern. in VII lib. digesta*, 1618-1622, p. 420. Leibnitz pensaba tambien, como Keplero y Otto de Guericke, que el volúmen de los planetas crece en razon de sus distancias al Sol. V. su carta al burgo-maestre de Magdeburgo (Maguncia, 1671) en la coleccion de los *Escritos alemanes de Leibnitz*, dada á luz por Gubraner, 1.ª parte, p. 264.

cia que se observa en las densidades de los planetas mas cercanos al Sol (1), encontramos por uno y otro lado de la Tierra á Venus y á Marte, ambos á dos menos densos que ella.

Pues si á la duracion de la rotacion atendemos, no hay duda que disminuye á proporcion que es mayor la distancia al Sol; y sin embargo, Marte invierte mas tiempo en su rotacion que la Tierra, y Saturno mas que Júpiter.

Por lo tocante á las escentricidades de las órbitas, las mayores pertenecen á las elipses que describen Juno, Palas y Mercurio, y las menores á las de Venus y la Tierra, no obstante que estos dos planetas van inmediatamente uno despues de otro en el órden de las distancias. Mercurio y Venus presentan exactamente el mismo contraste que los cuatro planetas menores, porque las escentricidades poco diferentes de Juno y de Palas son tres veces mayores que las de Ceres y de Vesta.

Iguales anomalías se nos presentan cuando consideramos la inclinacion de las órbitas sobre el plano de la ecliptica, y la posicion relativa de los ejes de rotacion; elementos que influyen, de muy diferente manera que la escentricidad, en los climas, en la estension del año y en la duracion variable de los dias. Las elipses mas prolongadas, conviene á saber, las de Juno, Palas y Mercurio, són tambien las mas inclinadas sobre la ecliptica, aunque en proporciones muy diferentes: la inclinacion de la órbita de Palas, á la cual no se encuentran otras análogas sino entre los cometas, es con corta diferencia veintiseis veces mayor que la de Júpiter; al paso que la del planeta menor Vesta, no obstante su proximidad á Palas, apenas escede del séstuplo del mismo ángulo.

Ni se ha logrado tampoco formar una série regular con las posiciones de los ejes de rotacion de los cuatro ó cinco planetas, respecto de los cuales se ha podido determinar con exactitud este elemento. En cuanto á Urano, si hemos de juzgar por la posicion de los planos de los dos únicos satélites que recientemente han vuelto á ser observados, la inclinacion de su eje de rotacion sobre el plano de su órbita apenas llegará á 11°; de suerte que Saturno viene á estar colocado bajo este respecto entre Júpiter, cuyo eje de rotacion es casi perpendicular á su órbita, y Urano.

(1) Para las comparaciones de las masas V. á Encke, *Noticias astronómicas* de Schumacher, 1843, núm 488, p. 114, ed. alem.

De la enumeracion de estas irregularidades resulta que el mundo de las formaciones celestes debe ser aceptado como un hecho, como un dato natural que no cae bajo las especulaciones del espíritu, por faltarnos absolutamente toda especie de encadenamiento visible de causa á efecto. En otros términos: las relaciones de magnitud absoluta y de posicion relativa de los ejes, las razones en que están las densidades de los diferentes planetas, las duraciones de rotacion y las escentricidades, son cosas cuya necesidad no es mas concebible para nuestro entendimiento que la distribucion de las aguas y de las tierras en la superficie de nuestro globo, los contornos de sus continentes ó la altura de sus cadenas de montañas. Ninguna ley general podemos establecer á estos diversos respectos, ni en los cielos ni en las desigualdades de las capas terrestres: esos son otros tantos hechos naturales producidos por el conflicto de fuerzas múltiples, que han obrado en otro tiempo bajo condiciones completamente desconocidas hoy para nosotros.

Ahora bien: en materia de cosmogonía el hombre atribuye al capricho de la casualidad lo que no puede explicar por la accion generadora de las fuerzas que le son familiares. Con todo, si los planetas se han formado por la condensacion progresiva de anillos de materias gaseosas, concéntricas al Sol, las densidades, las temperaturas, las tensiones magnéticas desiguales de estos anillos, explican las diferencias actuales de forma y de tamaño, á la manera que las primitivas velocidades de rotacion, y pequeñas variaciones en la direccion de los movimientos, pueden darnos cuenta de las inclinaciones y de las escentricidades, Cuanto mas que las atracciones de las masas y las leyes de la gravedad, debieron de desempeñar aquí su papel como en los solevantamientos que produjeron las irregularidades de la superficie terrestre; bien que, sin embargo, es imposible deducir del estado actual de las cosas la série completa de las mutaciones que han debido recorrer antes de llegar á él.

Respecto de la ley bien conocida con que se intentó relacionar las distancias de los planetas al Sol, se halla comprobada numéricamente su inexactitud por lo tocante á los intervalos que separan de aquel astro á Mercurio, Venus y la Tierra, dado que por otra parte no estuviese, como lo está, en contradiccion manifiesta con la nocion misma de série, á causa del primer término que en ella se supone.

Los once (1) planetas principales que actualmente componen el sistema solar, van acompañados en sus movimientos por catorce planetas secundarios (*lunas ó satélites*) cuya existencia es incontestable, ó por diez y ocho si contamos los cuatro que no la tienen tan bien establecida. Asi, pues, los planetas principales son á su turno centros de los movimientos de sistemas subalternos; por donde claramente se vé que la Naturaleza ha procedido en las formaciones celestes como en el reino de la vida orgánica, donde tan frecuente es que las clases secundarias reproduzcan los tipos primitivos en torno de los cuales vienen á agruparse los animales y los vegetales.

Los satélites son mas numerosos hácia las regiones estremas del mundo planetario, mas allá de las órbitas, tan estrechamente enlazadas, de los planetas que se designan con el nombre de menores; mas los planetas de la parte opuesta carecen de lunas, si esceptuamos la Tierra, cuyo satélite es proporcionalmente desmesurado, como que su diámetro equivale á la cuarta parte del de la Tierra, siendo así que el mayor satélite conocido, la sesta luna de Saturno, es linealmente diez y siete veces mas pequeño que este último astro. Los planetas mas apartados del Sol, los mayores, los menos densos y los mas aplanados, son cabalmente los que poseen mayor número de satélites, sin que ni el mismo Urano sirva de escepcion á esta regla bajo ningun concepto, pues su aplanamiento es superior en 0, 1 al de todos los demas planetas, segun resulta fijamente de las recientes investigaciones de Mædler. Mas en aquellos lejanos sistemas, la diferencia de diámetros y de masas entre los satélites y el astro central, es mucho mas pronunciada que en el sistema análogo formado por la Tierra y la Luna (2), las cuales distan entre si 1.378,170 pies castella-

(1) Véase la nota de la pág. 93. (*N. del T.*)

(2) Admitiendo con Burckhardt que el diámetro de la Luna sea 0, 2725, y $\frac{1}{49,09}$ su volúmen, su densidad será 0, 5596 ó $\frac{5}{9}$ próximamente. V. asímismo á G. Beer y H. Mädler, *La Luna*, p. 2 y 10, ed. alem., y la *Astronomie* de Mädler, p. 157, alem. El volúmen de nuestro satélite, segun Hansen, es de $\frac{1}{54}$ poco mas ó menos $\left(\frac{1}{49,6}\right.$ segun Mädler$\left.\right)$, y su masa $\frac{1}{87,73}$, tomando respectivamente por unidades el volúmen y la masa de la Tierra. Las relaciones

nos (poco menos de 69,000 leguas). Tambien las relaciones de densidad son de todo punto diferentes: la densidad de la Luna es como $\frac{5}{9}$ de la de la Tierra; al paso que el segundo satélite de Júpiter parece mas denso que su planeta central, si es lícito prestar entera fé á cálculos y avalúos tan delicados como lo son los de las masas y el volúmen de aquellos satélites.

De todos estos sistemas secundarios, ó á lo menos de todos aquellos cuya teoría ofrece cierto grado de exactitud. el mas singular indisputablemente es el de Saturno, en el cual se encuentran reunidos los casos estremos por lo tocante á las magnitudes absolutas y á las distancias entre los satélites y el planeta central. Así, pues, el sexto y el séptimo satélite de Saturno son enormes, de volúmen muy superior á cualquiera de los cuatro de Júpiter, principalmente el sexto que quizás se diferencie muy poco de Marte, cuyo diámetro es cabalmente doble que el de nuestra Luna; mientras que por el contrario, los dos satélites mas cercanos á Saturno descubiertos en 1787 por Guillermo Herschell con el auxilio de su telescopio de 40 pies, y despues con gran trabajo nuevamente observados por Juan Herschell en el Cabo de Buena Esperanza, por Vico en Roma y por Lamont en Munich, son, juntamente con los satélites de Urano, los astros mas pequeños y los menos visibles de todo nuestro sistema solar, hasta el punto de que no basta el auxilio de los telescopios mas graduados, si no se saben escoger las circunstancias mas favorables para observarlos.

Por lo demas, son tan estremadamente pequeños los discos aparentes de todos estos satélites, que para determinar sus dimensiones reales hay que recurrir á medidas micrométricas, las mas difíciles é inseguras de todas; bien que por fortuna la astronomía calculadora, la que representa por números los movimientos de los astros, tales como aparecen al observador terrestre, no tanto ha menester del conocimiento exacto de los volúmenes, cuanto del de las masas y las distancias.

El que entre todos estos astros secundarios se aparta

entre Júpiter y su tercer satélite, que es el mayor, son las siguientes: volúmen, $\frac{1}{15370}$; masa, $\frac{1}{11300}$. Para el aplanamiento de Urano, V. las *Notic. astronómicas* de Schum. 1844, núm 493.

mas de su planeta central es el séptimo satélite de Saturno, que dista de él mas de 600,000 leguas, casi el décuplo que la Luna de la Tierra. El último satélite de Júpiter está á mas de 346,000 leguas de su planeta central; bien es verdad que el sexto de Urano, á hallarse bien comprobada su existencia, no distaria menos de 452,214 leguas.

Comparemos ahora, á fin de que resalten mas estos singularísimos contrastes, el volúmen de cada planeta central con las dimensiones de la órbita que recorre su último satélite.

Las distancias de los últimos satélites de Júpiter, Saturno y Urano, espresadas en radios de sus planetas respectivos, son entre sí como 91, 64 y 27; en cuyo caso el séptimo satélite de Saturno casi no dista mas del centro de este planeta que la Luna del centro de la Tierra, pues la diferencia vendrá á ser de $\frac{1}{15}$. El satélite mas cercano á su planeta central es indudablemente el primero de Saturno, que nos ofrece ademas el ejemplo único de una revolucion completa efectuada en menos de 24 horas. Su distancia, espresada en semidiámetros de Saturno, es de 2, 47, segun Mädler, que equivalen á 26,660 leguas, ó á 15,806 si se cuentan desde la superficie de Saturno, ó bien á 1636 contando desde el borde esterior del anillo: distancia harto pequeña, de la cual se comprende que pueda un viajero formarse idea cierta, si recordamos la ascrcion del capitan Beechey, osado navegante que dice haber recorrido en 3 años 18,200 millas geográficas, ó sean 24,226 de nuestras leguas comunes.

Ultimamente, si en vez de comparar entre sí las distancias absolutas, continuamos calculándolas en radios de los respectivos planetas centrales, encontraremos que la distancia del cuarto satélite de Júpiter al centro de este planeta (distancia superior en 8618 leguas á la que hay de la Luna á la Tierra) se reduce á 6 semidiámetros de Júpiter, al paso que la Luna dista de nosotros $60\frac{1}{3}$ radios terrestres.

Por lo demas, las relaciones mútuas de los satélites entre sí, y con sus respectivos planetas centrales, prueban que estos mundos secundarios están sometidos á las leyes de la gravitacion que rigen los movimientos de los planetas en torno del Sol. Así que, los doce satélites de Saturno, de

Júpiter y de la Tierra se mueven de Occidente á Oriente, lo mismo que los planetas, en elipses que se diferencian poco del círculo. Los únicos satélites de órbita mas elíptica que Júpiter son la Luna y el primero de Saturno, cuya escentricidad es de 0, 068. La órbita del sexto satélite de Saturno, calculada con bastante exactitud por Bessel, ofrece una escentricidad de 0, 029, mayor por consiguiente que la de la Tierra.

Hácia los confines del mundo planetario, en aquellas regiones distantes de nosotros 19 radios de la órbita terrestre, y en donde la fuerza central del Sol se encuentra notablemente debilitada, el sistema de los satélites de Urano presenta anomalías verdaderamente raras. Mientras que los demas satélites recorren, como los planetas, órbitas poco inclinadas sobre el plano de la eclíptica y se mueven de Occidente á Oriente, incluso el anillo de Saturno que parece una agregacion de satélites confundidos ó, por lo menos, invariablemente ligados entre si, los satélites de Urano se mueven al contrario, de Oriente á Occidente, y en planos situados casi perpendicularmente á la eclíptica, como se halla plenamente comprobado por las observaciones de Sir John Herschell proseguidas constantemente en varios años. Si los planetas y sus satélites se han formado por la condensacion de las primitivas atmósferas del Sol y de los planetas principales; y si estas atmósferas se han dividido sucesivamente en anillos fluidos animados por un movimiento de rotacion, forzoso es que se hayan operado efectos no conocidos de retardacion ó de reaccion muy enérgicos, para que los movimientos del segundo y del cuarto satélite se efectuen en sentido inverso á la rotacion del planeta central.

Puede decirse, casi con visos de certeza, que cada satélite da una vuelta completa sobre su eje en el mismo tiempo que efectúa su revolucion sideral en torno del planeta á quien acompaña; de donde se deduce que siempre debe presentar á este la misma faz. En realidad, no pueden ser exactamente iguales estos dos períodos, á causa de las desigualdades periódicas que esperimenta la revolucion sideral, debiéndose á esto principalmente la libracion aparente, es decir, una especie de balanceo que en nuestra luna se estiende á varios grados de longitud y latitud. Por eso descubrimos sucesivamente algo mas de la mitad de la superficie de nuestro satélite, hallándose la parte nuevamente visible, ya al Este, ya al Oeste del disco aparente. Estos pequeños movimientos libratorios, y otros del mismo género que se manifiestan hácia los polos, dejan ver mejor en ciertas épocas partes muy interesantes, tales como el circo de Malapert que oculta á las veces el polo austral de la Luna, las regiones árticas que rodean el cráter de Gioja, y la gran llanura parduscа, situada cerca de Endimion, mas estensa que el *Mare vaporum* (1). Sin embargo, los $\frac{3}{7}$ de la superficie total de la luna se escapan a nuestras miradas y permanecerán eternamente ocultos para nosotros, á menos que no intervenga nuevamente, lo cual es poco probable, la accion de otras fuerzas perturbadoras. La contemplacion de estas grandiosas leyes del mundo material nos invita á buscar alguna analogía en el mundo de la inteligencia, y pensamos entonces en aquellas regiones inaccesibles donde la Naturaleza ha ocultado el misterio de sus creaciones, y cuyo destino parece ser asimismo el de permanecer ignoradas para siempre, bien que de siglo en siglo la Naturaleza nos las haya dejado ver en muy pequeña parte, y que el hombre haya por lo tanto comprendido una verdad mas, si ya no una ilusion, como á las veces sucede.

Hasta ahora hemos considerado como productos de una velocidad originaria, y como unidos entre sí por el estrecho lazo de una atraccion recíproca, primeramente á los planetas, y luego á los satélites y á los anillos concéntricos en forma de arcada no interrumpida, de que nos presenta ejemplo uno de los planetas mas lejanos. Réstanos aún hablar de otros cuerpos que tambien giran en torno del sol, cuya luz reflejan, y sea en primer lugar del innumerable enjambre de los cometas.

Cuando inquirimos segun las reglas del cálculo de las probabilidades la reparticion uniforme de las órbitas de estos astros, los límites de sus mas cortas distancias al sol y la posibilidad de que ellos mismos se escapen á nuestras miradas, nos vemos conducidos á asignarles un número tan enorme que espanta á la imaginacion. Ya Keplero, con aquella vivacidad de espresion que tan en alto grado poseia, dijo: «Mas cometas hay en el Cielo que peces en el Océano.» Con todo, el número de las órbitas calculadas

(1) Beer y Mädler, obra citada, §. 185, pág. 208, y §. 347, pág. 332: y los mismos autores en la *Descripcion física de los astros*, pág. 4 y 69, tabla I, ed alem.

hasta ahora apenas llega á 150, si bien es cierto que se calcula en 600 ó 700 el de los cometas cuya aparicion y carrera por entre las constelaciones conocidas se hallan comprobadas por documentos mas ó menos auténticos. Mientras que los pueblos clásicos del Occidente, es decir, los Griegos y los Romanos, se limitaban á indicar de tiempo en tiempo el lugar del cielo en que un cometa efectuaba su aparicion, sin fijar nunca cosa alguna acerca de su direccion aparente, los Chinos, por el contrario, observaban y anotaban con esquisita diligencia todos estos fenómenos, de suerte que en sus preciosos anales encontramos pormenores circunstanciados sobre el camino seguido por cada cometa. Estos documentos se remontan á veces á mas de cinco siglos antes de la era cristiana, y de ellos sacan aún los astrónomos resultados de grande utilidad (1).

Entre todos los astros de nuestro sistema solar, los cometas, con sus largas colas que á las veces ocupan algunos millones de leguas, son los que con menor cantidad de materia llenan mayores espacios. Es imposible, en efecto, atribuir á los cometas una masa equivalente á $\frac{1}{5000}$ de la masa terrestre, á lo menos ateniéndose á los datos que hasta hoy poseemos sobre este punto; y sin embargo, el cono de materias gaseiformes que los cometas proyectan á lo lejos, ha sido algunas veces (en 1680 y en 1811) igual en longitud á una línea que se tirase desde la tierra al sol: línea inmensa que atraviesa la órbita de Mercurio y la de Venus. Parece tambien que aquellas emanaciones gaseosas han tocado á nuestra atmósfera y han podido mezclarse con ella, principalmente en los años de 1819 y 1823.

Los cometas se presentan bajo aspectos tan diversos

(1) Los cuatro cometas mas antiguos cuyas órbitas se han podido calcular, y que han sido observados por los chinos, son: el del año 240 (en el reinado de Gordiano III), el de 539 (en el de Justiniano), el de 565 y el de 837. Segun Dusejour, este último cometa estuvo, durante 24 horas, á menos de 717,800 leguas de la tierra. Su aparicion espantó de tal manera á Luis el Piadoso, que para conjurar el peligro hizo voto de fundar varios conventos. Por este tiempo, los astrónomos chinos observaban de una manera verdaderamente científica el curso aparente del nuevo astro; midieron su cola, á la que dieron una longitud de 60°, y describieron sus variaciones; porque este cometa fué tan pronto simple como múltiple. El primer cometa, cuya órbita ha sido calculada por observaciones europeas solamente, es el de 1456, una de las apariciones del cometa de Halley, la cual pasó largo tiempo, aunque equivocadamente, por la primera aparicion bien segura de este famoso cometa. Arago, en el *Annuaire* de 1836, pág. 204. Vease tambien la pág. 114 del texto, al final, y la nota de la 115.]

con relacion á los individuos mismos mas bien que á la especie, que seria imprudente generalizar los hechos observados y aplicarlos indistintamente á todas las apariciones de estas *nubes errantes*; nombre que les daban ya Xenophanes y Theon de Alejandría, el contemporáneo de Pappo. Los cometas telescópicos carecen casi siempre de colas, y se parecen á las estrellas nebulosas de Herschell, pues presentan el aspecto de nebulosidades redondeadas, de luz pálida y concentrada hácia el medio. Tal es, á lo menos, el tipo mas simple de la especie; pero no lo presentamos como tipo de un astro naciente, porque puede referirse de la misma manera á astros caducos, cuya materia se haya volatilizado y diseminado poco á poco en el espacio.

Cuando se trata de cometas mayores y mas visibles, ya entonces se distingue en ellos la *cabeza*, el *núcleo* y la *cola* simple ó múltiple, designada por los astrónomos Chinos con el pintoresco nombre de escoba (*sui*). El núcleo no tiene por lo general contornos bien delineados, puesto que se han visto algunos tan brillantes como las estrellas de primera ó de segunda magnitud, y aun se distinguieron en mitad del dia hasta en la parte del cielo mas iluminada por el sol, los núcleos de los grandes cometas que aparecieron en los años de 1402, 1532, 1577, 1744 y 1843 (1); hechos notabilísimos de los cuales podria deducirse que la materia de los cometas se torna algunas veces mas densa y mas apta para reflejar la luz del sol. Los únicos cometas que han presentado un disco completo en los grandes telescopios de Herschell (2) son el de 1807, descubierto en Sicilia, y el bellísimo de 1811, cuyos discos tenian respectivamente 1'' y 0'',77 de diámetro aparente, lo cual dá 180 y 142 leguas para los diámetros reales. Los núcleos, de contornos menos determinados, de los come-

(1) Arago, en el *Annuaire* de 1832, pág. 209 y 211. El cometa de 1402 fué visible en medio del dia como el de 1843. Este último fué observado en los Estados-Unidos, el 28 de febrero entre la una y las tres de la tarde, por J. G. Clarke (en Portland, Estado del Maine). La distancia que media desde el núcleo de este cometa á los bordes del sol, se ha podido medir con gran exactitud: este núcleo debia ser muy denso; el cometa presentaba la apariencia de una nube blanca de contornos bien determinados, teniendo solamente un espacio oscuro entre el núcleo y la cola. (*Amer. Journ. of Science*. t. XLV, núm 1, pág. 229; *Not. astron.* de Schumacher, 1843, num. 491, pág. 175).

(2) *Philos. Transact. for* 1808, P. II, pág. 155; *for* 1812, P. I, página 118. Los diámetros de los núcleos medidos por Herschel, son de 538 y de 428 millas inglesas. Para las dimensiones de los cometas de 1798 y de 1805, véase Arago, en el *Annuaire* de 1832, pág. 203.

tas de 1798 y 1815 no tenian mas que 8 ó 9 leguas de diámetro.

Los cometas cuya constitucion física fué mejor estudiada, y especialmente el ya citado de 1811 que permaneció visible largo tiempo, presentaron la notable particularidad de que el núcleo no parecia formar cuerpo con la nebulosidad luminosa que le rodeaba, antes se veia por todas partes un espacio oscuro que aislaba al uno de la otra; ni la intensidad de la luz crecia tampoco regularmente desde los bordes al centro de la cabeza, pues se veian varias zonas brillantes concéntricas alternando con capas de materia nebulosa menos compacta ó no tan resplandecientes, y por lo tanto mas oscuras.

La cola de los cometas es simple á veces, y á veces doble, en cuyo caso son por lo comun las dos hebras muy desiguales en longitud (1807 y 1843); y aun se han visto cometas de cola sextupla (el de 1744) cuyos radios extremos formaban un ángulo de 60°.

La cola es, ademas, recta, ó curva; en este último caso puede ser cóncava por sus dos bordes exteriores (cometa de 1811), ó tan solo por uno de ellos, que es siempre el que mira á la region que el cometa abandona: tal como se nos presenta quebrada la llama cuando encuentra algun obstáculo.

Por último, las colas aparecen siempre en oposicion al Sol, y dirigidas en el sentido de una linea que partiendo de su origen fuese á parar derechamente en el centro de aquel astro: observacion capital que, segun Eduardo Biot, habian hechó ya los astrónomos chinos desde el año de 837, y que no fué notada en Europa hasta el siglo XVI por Fracastor y Pedro Apiano, si bien con mayor claridad y exactitud. Varias de estas apariencias ópticas tan complicadas se explican facilísimamente, sin mas que considerar las emanaciones gaseosas que los cometas proyectan á lo lejos, como atmósferas de forma conoidal con capas múltiples.

Para hallar diferencias bien marcadas en la forma de estos astros, no es indispensable pasar de un cometa á otro y comparar los cometas desprovistos de apéndices visibles con el 3.° de 1618, por ejemplo, cuya cola tenia 104°. de longitud; pues no cabe duda en que un mismo cometa esperimenta cambios continuos que se suceden con asombrosa rapidez. Heinsio lo comprobó en San Petersburgo con el cometa de 1744; pero las observaciones mas exactas y decisivas acerca de estas variaciones de forma, las hizo Bessel en Könisberg á la última reaparicion del cometa de Halley en 1835. Hácia la parte del núcleo que miraba directamente al Sol se descubrió un apéndice luminoso en forma de borla, cuyos rayos se encorvaban hácia atras y llegaban á confundirse con la cola; «el núcleo del cometa de Halley parecia con sus efluvios un cohete volador algun tanto quebrado y encorvado de cola á impulsos de una brisa suave.» Arago y yo hemos notado desde el Observatorio de Paris cambios muy notables, de una noche á otra, en estos rayos emitidos por la cabeza del cometa (1).

El gran astrónomo de Könisberg ha deducido de sus numerosas medidas y de consideraciones puramente teóricas, «que el cono luminoso se alejaba poco á poco de la direccion del radio vector hasta una cantidad bastante considerable, pero que volvia siempre á la misma direccion para separarse otra vez de ella por la parte opuesta; de suerte que, el cono luminoso y el cuerpo del cometa de donde partia, debian hallarse animados de un movimiento de rotacion ó mas bien de oscilacion en el plano de la órbita. Estas oscilaciones no pueden explicarse por la atraccion que el Sol ejerce sobre todos los cuerpos graves, antes bien parece que denotan la existencia de una fuerza polar, es decir, de una accion que pugnase por llevar hácia el Sol la estremidad de uno de los diámetros del cometa, y por alejar del mismo astro la otra extremidad; fenómeno en cierto modo análogo al que nos ofrece la polaridad magnética de la Tierra; y suponiendo que el Sol se hallase dotado de la polaridad inversa, el efecto *podria* muy bien ser sensible en la retrogradacion de los puntos equinocciales.» No debemos entrar aqui en mas ámplios desarrollos acerca de este punto; pero hemos creido que observaciones tan memorables (2), y miras tan grandiosas respecto de los astros

(1) Arago, *Cambios físicos del cometa de Halley, desde el* 15 *al* 23 *de octubre de* 1835, en el *Annuaire* de 1836, pág. 218 y 221. La direccion que afectan ordinariamente las colas de los cometas es bien conocida desde el tiempo de Neron: *Comæ radios solis effugiunt*, dice Séneca, *Nat. Quæstion.* VII, 20.

(2) Bessel, en las *Notic. astron.*, de Schum., 1836, núms. 300 á 302 y págs 188, 192, 197, 200, 202 y 230. El mismo autor en el *Annuaire* de Schum., 1837, pág. 149 y 168.—W. Herschell ha creido encontrar en el hermoso cometa de 1811, indicios de haber estado animados con un movimiento de rotacion el núcleo y la cola (*Phil. Transact. for* 1812, parte I, pág. 140); la misma observacion hizo Dunlop, en Paramatta, con el tercer cometa de 1825

mas extraordinarios del sistema solar, bien merecian encontrar puesto y sitio propios en el bosquejo de un cuadro general de la Naturaleza.

Contra la regla general que siguen las colas de los cometas de hacerse mayores y mas brillantes cerca del perihelio, bien que permaneciendo siempre en direccion opuesta al Sol, el cometa de 1823 ha ofrecido el curiosísimo y singular espectáculo de una cola doble, uno de cuyos ramales seguia la direccion contrapuesta al Sol, mientras que el otro se estendia casi rectamente hácia este astro formando con el primero un ángulo de 160°. ¿No podriamos recurrir para darnos razon de este fenómeno escepcional, á ciertas modificaciones de la polaridad obrando sucesivamente y provocando esas dos corrientes de materia nebulosa que luego pudieron continuarse libremente (1)? En la filosofía natural de Aristóteles se encuentra una aproximacion asaz estrambótica entre la via láctea y los fenómenos que acabamos de describir. Supone el Estagirita que las innumerables estrellas de que la via láctea se compone, forman en el firmamento una zona incandescente (luminosa), una especie de cometa inmenso cuya materia se renueva sin cesar (2).

Las ocultaciones de estrellas causadas por el núcleo de

(1) Bessel, en las *Notic. astron.*, de Schum., 1836, núm. 303, pág. 231. (*Annuaire* de Schum., 1837, pág. 175). Véase asimismo á Lehmann, sobre las colas de los cometás, en el *Ann. astron.* de Bode, para 1826, página 168.

(2) Aristot. *Meteor.*, I, 8, 11-14 y 19-21 (ed. Ideler, t. I, págs. 32-34). Biese, Philosophie von Aristot., tomo II, pág. 86, ed. alem. Al considerar la influencia que ejerció Aristóteles durante todo el período de la edad-media, no podemos nunca deplorar bastantemente la hostilidad manifestada por este grande hombre contra las magníficas ideas de los pitagóricos acerca de la estructura del Universo. En el mismo libro en que Aristóteles refiere que la escuela de Pitágoras consideraba á los cometas como otros tantos planetas de largo período, declara por su parte que los cometas son simples meteoros pasageros que nacen y se disipan en nuestra atmósfera. Estas ideas de Pitágoras, cuyo orígen hace subir Apolonio de Mynda hasta los Caldeos, llegaron de la escuela de aquel filósofo hasta los romanos, los cuales se limitaron meramente á reproducirlas como hicieron con todo lo demás. Al describir las órbitas de los planetas el filósofo de Mynda, dice de ellas que penetran profundamente en las regiones superiores del cielo. Séneca (*Nat. Quæst.*, VII, 17) se espresa sobre el mismo asunto en estos términos: *Cometes non est species falsa, sed proprium sidus sicut Solis et Lunæ: altiora mundi secat et tunc demum apparet quum in imum cursum sui venit*; y añade (VII, 27): *Cometas æternos esse et sortis ejusdem cujus cætera (sidera), etiamsi faciem illis non habent similem.* Plinio (II, 25) alude tambien á las ideas de Apolonio de Mynda, cuando dice: *Sunt qui et hæc sidera perpetua esse credant suoque ambitu ire, sed non nisi relicta a Sole cerni.*

un cometa ó por la capa atmosférica que inmediatamente le rodea, nos daria mucha luz sobre la constitucion física de estos notables astros, si existiesen observaciones en que pudiésemos estar seguros de que la ocultacion habia sido realmente bien central (1). Empero semejante condicion se obtiene muy dificilmente, merced á las capas concéntricas de vapores, ya densos, ya raros que rodean el núcleo y de que antes hemos hablado. Hé aquí, sin embargo, un hecho de esta especie que las medidas practicadas por Bessel el 29 de setiembre de 1835, han puesto fuera de toda dupa. Hallábase á la sazon á 7'' 78 del centro de la cabeza del cometa de Halley una estrella de décima magnitud, y su luz debia atrevesar una parte bastante densa de la nebulosidad; el rayo luminoso, sin embargo, no se separó ni un ápice de su direccion rectilínea (2). En vista de una carencia tan completa de poder refringente, casi no es lícito admitir que la materia de los cometas sea un fluido gaseiforme. ¿Deberemos, pues, recurrir á la hipótesis de un gas casi infinitamente rarefacto, ó bien habremos de suponer que los cometas se componen de moléculas independientes, cuya reunion forma nubes cósmicas desprovistas de la facultad de obrar sobre los rayos luminosos, á la manera que las nubes de nuestra atmósfera, las cuales no alteran

(1) Olbers, *Notic. astron.*, 1828, págs. 157 y 184. Arago, *De la constitution physique des comètes* (*Annuaire* de 1832, pags. 203—208). Ya los antiguos habian notado que nuestra vista penetra por entre los cometas como por entre una llama. La observacion mas antigua de haber continuado visibles algunas estrellas, no obstante la interposicion de un cometa, se remonta hasta Demócrito (Aristot. *Meteor.*, I, 6, 11). Con este motivo refiere Aristóteles que él mismo habia observado la ocultacion de una estrella de Géminis, causada por la interposicion de Júpiter. Séneca (*Nat. Quæstion.* VII, 18) dice, que se ven las estrellas por entre un cometa como por entre una nube; y aunque es verdad que estas palabras no deben entenderse del cuerpo mismo del cometa sino tan solo de la cola, por lo que despues añade (VII, 26): «*non in ea parte qua sidus ipsum est spissi et solidi ignis, sed qua rarus splendor occurrit et in crines dispergitur. Per intercalla ignium non per ipsos vides,*» era sin embargo superflua esta última restriccion, atento que tambien puede verse por entre una llama cuyo espesor no sea muy considerable. Galileo tampoco lo ignoraba, é hizo sobre este punto algunas investigaciones, de las cuales habla en el *Sággiatore* (*Lettera a Monsignor Cesarini*, 619).

(2) Bessel, *Notic. astronom.*, 1836, núm. 301, págs. 204—206. Struve, *Colec. de las Memor. de la Academ. de S. Petersburgo*, 1836, páginas 140—143, y *Notic. astronom.*, 1836, núm. 303, pág. 238. «En Dorpat, la estrella que se hallaba en conjuncion con el cometa no distaba mas que 2'',2 del punto mas brillante del núcleo, y á pesar de eso no dejó de ser visible, ni tan siquiera se debilitó su luz, antes al contrario el núcleo del cometa fué el que quedó como eclipsado por el resplandor mas vivo de la estrella, no obstante que esta última pertenecia á las de 9.ª ó 10.ª magnitud.»

las distancias zenitales de los astros que observamos? Por lo que toca al amortiguamiento de luz que esperimentan al parecer las estrellas por la interposicion de la sustancia cometaria, hásele con razon atribuido al fondo iluminado sobre el cual se proyectan en tal caso sus imágenes.

Debemos á las investigaciones de Arago sobre la polarizacion los datos mas importantes y decisivos acerca de la naturaleza de la luz de los cometas. Su polariscopio le ha servido para resolver los mas difíciles problemas, así sobre la constitucion física del Sol como de los cometas. Este instrumento permite en muchas circunstancias decidir si un rayo de luz, que llega hasta nosotros despues de haber recorrido un espacio cualquiera, es un rayo directo, un rayo reflejo, ó un rayo refracto, y si el cuerpo luminoso de donde procede es sólido, líquido ó gaseiforme. Con el auxilio de este aparato se analizó simultáneamente en el Observatorio de París la luz del signo Bootes y la del gran cometa de 1819: con la luz de la estrella fija sucedió lo que era de esperar, es decir, lo que debe suceder con rayos emitidos bajo todas las inclinaciones y azimuts posibles por un sol que brilla con luz propia; mas la luz del cometa apareció polarizada, y por lo tanto contenia luz refleja (1). La existencia de rayos polarizados en la luz procedente de los cometas no ha sido tan solo comprobada por la desigual brillantez de las dos imágenes, pues de ello nos ha dado una nueva prueba el contraste mas notable aun de los colores complementarios, fundado sobre las le-

(1) Las primeras investigaciones en que se valió Arago de los fenómenos de la polarizacion para analizar la luz de los cometas, datan desde el 3 de julio de 1819, la noche misma de la súbita aparicion del gran cometa. Hallábame yo á la sazon en el Observatorio, y tuve ocasion de convencerme, como Mathieu y Bouvard, ya difunto este último, de que las dos imágenes luminosas producidas por el anteojo prismático resplandecian con desigual brillo cuando el *instrumento recibia la luz del cometa, al paso que* cuando mirábamos al signo Bootes, no lejos del cual se hallaba aquella noche el cometa, las dos imágenes brillaban con igual intensidad. Cuando en 1835 reapareció nuevamente el cometa de Halley, el aparato modificado indicaba la presencia de la luz polarizada, por el contraste de dos imágenes de colores complementarios (rojo y verde, por ejemplo); nueva aplicacion de la *polarizacion cromática,* cuyo descubrimiento se debe á Arago. *Annales de chimie*, t. XIII, pág. 108. *Annuaire* 1832, pág. 216. «On doit conclure, dice Arago, de l'ensemble de ces observations, que la lumière de la comète n'était pas en totalité composée de rayons doués des propriétés de la lumière directe, propre ou assimilée: il s'y trouvait de la lumière réfléchie spéculairement et polarisée, c'est-à-dire de la lumière venant du soleil. On ne peut décider par cette méthode, d'une manière absolue, que les comètes brillent seulement d'un éclat d'emprunt. En effet, en devenant lumineux par eux-mêmes, les corps ne perdent pas, pour cela, la faculté de réfléchir des lumières étrangères.»

yes de la polarizacion cromática que Arago descubrió en 1811. Iguales observaciones se hicieron nuevamente con idéntico resultado en 1835, época de la última aparicion del cometa de Halley. Estos brillantes trabajos no son, sin embargo, bastantes para decidir si á la luz solar que los cometas reflejan no se mezcla nada de su luz propia; combinacion de que ofrecen un ejemplo bastante probable ciertos planetas, y entre ellos Venus.

Tampoco es posible atribuir todas las variaciones que se han observado en el brillo de los cometas á sus cambios de posicion respecto al Sol, pues es probable que nazcan tambien de la condensacion progresiva y de las modificaciones que debe esperimentar el poder reflector de las materias que los constituyen. Evelio descubrió que el núcleo del cometa de 1618 se disminuyó á su paso por el perihelio y se fué nuevamente dilatando á proporcion que el astro se alejaba del Sol. Estos hechos notables permanecieron largo tiempo olvidados, hasta que Valz renovó las mismas observaciones sobre los cometas de corto período. El hábil astrónomo de Marsella hizo ver con cuánta regularidad decrece el volúmen de los cometas al mismo tiempo que su radio vector; pero no parece fácil encontrar la explicacion de este fenómeno en la accion de un éter cósmico mas denso hácia la parte del Sol, pues sería preciso en tal caso representarnos la atmósfera de los cometas como una masa gaseosa impenetable al éter (1).

Merced á las variadísimas formas de las órbitas cometarias, la astronomía solar se ha enriquecido en esta última época con un descubrimiento brillantísimo. Encke, astrónomo de Berlin, demostró en 1819 la existencia de un cometa de corto período que nunca se aparta de la region en que se mueven los planetas, y tiene situado el punto de su órbita mas lejano del Sol, entre la region de los planetas menores y la de Júpiter. Su escentricidad es de 0,845, siendo así que la de Juno, la mayor entre todas las escentricidades planetarias (2), no pasa de 0,255. El cometa de Encke se ha presentado en varias ocasiones á la simple vista, especialmente el año de 1819 en Europa y el

(1) Arago, en el *Ann.* de 1832, pág. 217—220. Sir John Herschell, *Astronomie*, §. 488.

(2) La órbita del planeta Iris, descubierto en 1847, escede bastante en escentricidad á la de Juno. (Véase la nota de la página 93-94). (*Nota del Traductor*).

de 1822 en la Nueva Holanda, donde le vió Rümker, pero siempre con dificultad. En su revolucion emplea cerca de tres años y medio. Resulta de una comparacion bastante minuciosa entre los pasos sucesivos de este cometa por el perihelio, que los períodos comprendidos entre 1786 y 1838 han disminuido con regularidad de revolucion en revolucion, dando una variacion total en los 52 años de un dia y $\frac{8}{10}$.

Para que los cálculos concuerden con las observaciones, no ha bastado tomar exactamente en cuenta las perturbaciones planetarias, y ha sido preciso recurrir á una hipótesis, harto verosímil por lo demas, cual es la de suponer que los espacios celestes estan llenos de una materia fluida escesivamente ténue que opone cierta resistencia á los movimientos, disminuye la fuerza tanjencial y asimismo, por consiguiente, los grandes ejes de las órbitas cometarias. El valor de la *constante* de esta resistencia parece muy poco diferente antes y despues del paso del cometa por su perihelio, quizás á causa de las variaciones de forma que esperimenta entonces esta pequeña nebulosidad, ó de la densidad variable de las capas formadas por el éter cósmico (1). Estos hechos, asi como las teorías á que han dado lugar, son indudablemente una de las partes mas interesantes de la astronomía moderna. Añadamos que los cálculos de las perturbaciones del cometa de Encke han suministrado ocasion de someter á una comprobacion muy delicada la masa de Júpiter, que tan gran papel desempeña en astronomía, y producido una disminucion sensible en los cálculos hechos sobre la de Mercurio.

A este primer cometa de corto período hay que agregar otro (el de 1826), planetario tambien, cuyo afelio está situado mas allá de la órbita de Júpiter, pero sin llegar, ni con mucho, á la de Saturno. Este cometa, llamado de Biela, efectua su revolucion alrededor del Sol en 6 $\frac{3}{4}$ años; es aun mas pequeño que el de Encke, y se mueve, como este último, en el mismo sentido que los planetas, á diferencia del cometa de Halley, cuyo movimiento es retrógrado.

El cometa de Biela es el único, entre los conocidos hasta ahora, que corta la órbita de la Tierra, y que podria

(1) Encke, en las *Not. astronom.*, 1843, núm. 489, pág. 130-132.

ocasionar por su encuentro con nuestro planeta una catástrofe, si es lícito emplear esta voz hablando de un fenómeno inaudito en la historia, cuyas consecuencias no se hallan tampoco á nuestro alcance. Cierto que pequeñas masas pueden producir efectos muy considerables, si se hallan animadas de enorme velocidad; pero despues de haber probado Laplace que es imposible atribuir al cometa de 1770 ni aun los $\frac{5}{1000}$ de la masa de la Tierra, ha calculado con bastantes visos de probabilidad que la masa de los cometas es, por término medio, muy inferior á $\frac{1}{100000}$ de la masa terrestre, ó á $\frac{1}{1200}$ proximamente de la masa de nuestra Luna (1). Sea de esto lo que se quiera, debemos guardarnos de confundir el encuentro de la Tierra y del cometa de Biela con el paso de éste por un punto de nuestra órbita; paso que se efectuó el 29 de octubre de 1832, hallándose á la sazon la Tierra á una distancia tal de este punto de su órbita, que no llegó á él sino al cabo de un mes completo.

Las órbitas de estos dos cometas de corto período se cortan tambien entre sí, no siendo por lo tanto improbable, atendidas las grandes perturbaciones á que están sometidos estos pequeños astros, que puedan algun dia encontrarse y chocar (2). Si tal acaeciese en efecto, á mediados de un mes de octubre, los habitantes de la Tierra presenciarian el maravilloso espectáculo del choque de dos cuerpos celestes, ó mas bien de su mutua penetracion, si ya no es que se reunian formando un solo cuerpo ó que se disipaban, por el contrario, en el espacio. Estas ú otras consecuencias análogas, producidas por la accion perturbadora de las masas preponderantes ó por la situacion relativa de órbitas que siempre se han cruzado, pueden muy bien haberse realizado frecuentemente en la inmensidad de los cielos, ha muchos miles de siglos, sin que tales acontecimientos fuesen otra cosa mas que meros accidentes

(1) Laplace, *Exp. du système du Monde*, pág. 216 y 237.

(2) Littrow, *Beschreibend Astronomie*, 1835, p. 274, ed. alem. Acerca del cometa de corto período recientemente descubierto por Faye en el Observatorio de París, y cuya escentricidad es de 0,551, la distancia perihélica de 1,690, y la afélica de 5,832, véase *Notic. astronom.* de Schumacher, 1844 núm. 495. (Sobre la presunta identidad del cometa de 1666 con el tercer cometa de 1819, véase *Notic. astronom.*, 1833, núm. 239; y sobre la identidad del cometa de 1743 y del cuarto cometa de 1819, véase la misma coleccion, núm. 237).

aislados, no mas influyentes sobre la generalidad de los fenómenos celestes, que puede serlo en nuestra pobre morada la erupcion ó la obliteracion de un volcan.

Hay otro tercer cometa de corto período, descubierto por Faye el 22 de noviembre de 1843 en el Observatorio de París. Su órbita elíptica se aproxima mas á la forma circular que la de todos los demas cometas conocidos, y está comprendida entre la órbita de Marte y la de Saturno. Este cometa de Faye, que segun los cálculos de Goldschmidt rebasa en su afelio la region de Júpiter, pertenece al corto número de cometas cuyo perihelio se encuentra situado mas allá de Marte. Su período es de de $7 \frac{29}{100}$ años, y acaso la forma actual de su órbita sea debida á la accion perturbadora de Júpiter, por junto al cual pasó este cometa á fines de 1839.

Si consideramos á todos los cometas de órbitas elípticas como partes integrantes del mundo solar, y les colocamos por el órden de sus grandes ejes y de sus escentricidades, encontraremos varios que pueden ponerse á continuacion de los tres cometas planetarios de Encke, Biela y Faye. En primer lugar, el cometa descubierto por Messier en 1766, que en sentir de Clausen es idéntico al 3.° de 1819. En segundo lugar, el cuarto cometa del mismo año de 1819, descubierto por Blanpain, y análogo, segun Clausen, al cometa directo de 1743 (es probable que tanto este cometa, como el de Lexell, hayan esperimentado grandes perturbaciones por parte de Júpiter). Sus períodos son de cinco á seis años, á lo que parece, y sus afelios caen en la region de Júpiter. Vienen, en tercer lugar, los cometas cuyo período está comprendido entre setenta y setenta y seis años, y son los siguientes: el de Halley, que tan importante papel ha desempeñado para la teoría y la física del cielo, y cuya última aparicion (1835) fué ya algo menos brillante que las anteriores; el de Olbers (6 de marzo de 1815); y finalmente, el descubierto por Pons en 1812, cuya órbita elíptica ha sido calculada por Encke. Los dos últimos no han sido jamás visibles sino con el auxilio de los telescopios; y por lo tocante al de Halley, conocemos actualmente nueve apariciones ciertas de este gran cometa, pues los recientes cálculos de Laugier, fundados en la nueva tabla de los cometas que Eduardo Biot ha copiado de los Anales Chinos, dejan fuera de toda duda la identidad del cometa de 1378 con el de Halley (1). Desde 1378 hasta 1835, el periodo de la revolucion de este cometa ha variado de 74,91 á 77,58 años, siendo el período intermedio de 76,1.

Esta clase de cometas forma contraste con otro grupo de astros del mismo género, cuyo período, incierto siempre y muy difícil de determinar, abraza miles de años. Tales son, entre otros, el hermoso cometa de 1811, que efectua su revolucion en 3000 años, segun los cálculos de Argelander, y el espantable de 1680, cuyo período pasa, segun Encke, de 88 siglos. El primero de estos astros se aleja del Sol 21 radios de la órbita de Urano, y el segundo 44, ó sean respectivamente 11126 y 23328 millones de leguas.

Alcanza, pues, la fuerza atractiva del Sol á tan enormes distancias; mas debe tenerse en cuenta que el cometa de 1680 recorre mas de setenta leguas por segundo en su perihelio (velocidad trece veces mayor que la de la Tierra), al paso que en su afelio se mueve apenas á razon de 10 varas por segundo (velocidad tres veces mayor, poco mas ó menos, que la de nuestros rios en Europa, é igual á la mitad tan solo de la que tuve ocasion de comprobar en un brazo del Orinoco, el Casiquiare).

Entre los cometas no calculados hasta ahora, y en el inmenso número de los que han pasado sin ser vistos, debe ciertamente haber algunos que se aparten del Sol mucho mas aún que el de 1680; pero limitándonos á este último, citaremos algunos números por donde pueda formarse idea, no de la estension que abarca la esfera de accion de los otros soles, sino únicamente de la distancia á que estos se hallan todavía del afelio, remotísimo ya por sí solo, del mencionado cometa. Las estrellas mas cercanas, segun determinaciones recientes de su paralaje, distan del Sol 250 veces mas que el afelio del cometa de 1680; pues esta última distancia equivale á 44 radios de la órbita de Urano, al paso que la estrella a del Centauro está á 11,000 radios de la misma órbita, y á 31,000 la estrella 61ª del Cisne.

Despues de haber hablado de las mayores distancias a que se alejan del astro central los cometas, réstanos tratar

(1) Laugier, *Comptes rendus des séances de l'Academ.*, 1843, t. XVI, pag. 1006.

de las mas pequeñas que hasta ahora han sido medidas. El cometa de Lexell y de Burckhardt (1770), célebre por las grandes perturbaciones que ha esperimentado de parte de Júpiter, es de todos los conocidos el que mas se ha acercado á la Tierra, pues el 28 de junio se hallaba á una distancia tan solo seis veces mayor que la de la Luna. A lo que parece, este mismo cometa atravesó dos veces (en 1767 y 1779) el sistema de los cuatro satélites de Júpiter, sin causar el menor trastorno en los movimientos, tan bien conocidos, de estos pequeños astros. La distancia del cometa de 1680 al Sol, fué ocho ó nueve veces menor que la del cometa de Lexell á la Tierra, pues el 17 de diciembre, dia de su paso por el perihelio, esta distancia no escedia de la sesta parte del diámetro solar, que equivale á $\frac{7}{10}$ de la distancia de la Luna.

Por lo que respecta á los cometas cuyo perihelio se encuentra mas allá de la órbita de Marte, son muy rara vez visibles para los habitantes de la Tierra, á causa de su lejanía; sin embargo, el cometa de 1729 tocó á su perihelio en la region situada entre las órbitas de Palas y Júpiter, y aun pudo ser observado mas allá de este último planeta.

Desde que los conocimientos científicos, mezclados con algunas nociones imperfectas y confusas, han penetrado mas hondamente en la sociedad, los hombres se han preocupado mas que en otro tiempo de las catástrofes con que parece amenazarnos el mundo de los cometas, si bien sus temores han tomado una direccion menos vaga. La certidumbre que existe, sin salir del seno mismo de nuestro mundo planetario, de que hay cometas que recorren tras cortos intervalos la region en que la Tierra ejecuta sus movimientos; las considerables perturbaciones que Júpiter y Saturno producen en sus órbitas, de donde puede resultar que un astro indiferente se convierta en un astro temible; el cometa de Biela que corta la órbita de la Tierra; el éter cósmico, cuya resistencia tiende á estrechar todas las órbitas; las diferencias individuales de los cometas, que nos hacen sospechar muy diversos grados en la cantidad de materia de que sus núcleos se componen: tales son actualmente los motivos de nuestras aprehensiones, que reemplazan por su número los vagos terrores que inspiraban á los pasados remotos siglos aquellas *espadas in-*

flamadas, aquellas *estrellas crinitas* que amenazaban abrasar al mundo en universal incendio.

Los motivos de seguridad, basados en el cálculo de las probabilidades, obran sobre el entendimiento ilustrado por un estudio reflexivo del asunto, pero no pueden producir aquella conviccion profunda que resulta del asentimiento de todas las fuerzas de nuestra alma; para la imaginacion son de todo punto impotentes, y no carece por lo tanto de fundamento el cargo que se dirige á la ciencia moderna, de querer ahogar preocupaciones que ella misma ha despertado. Lo imprevisto, lo estraordinario, darán siempre nacimiento al temor, jamás á la alegría ni á la esperanza (1); secreta ley de la naturaleza humana que no debe despreciar un investigador grave y reflexivo.

En todo pais y en toda época, el estraño aspecto de un cometa, el siniestro resplandor de su cabellera, su repentina aparicion en el firmamento, han producido en el ánimo de los pueblos el efecto de un poder temible, amenazador del órden antiquísimo de la creacion; y como el fenómeno dura muy poco tiempo, afírmase la creencia de que su accion debe ser inmediata, ó á lo menos muy próxima; cuanto mas que los acontecimientos de este mundo ofrecen siempre en su encadenamiento un hecho que puede mirarse como la realizacion de un presagio funesto. Parece, no obstante, que las tendencias populares han tomado hoy dia otra direccion, revistiendo formas menos sombrías y lúgubres, pues vemos que en los risueños valles del Rhin y del Mosela se atribuye actualmente á estos astros, por tan largo tiempo calumniados, un influjo favorable á la fertilidad de los viñedos. Aunque los cometas abundan en nuestra época y no han faltado ejemplos contrarios á este mito meteorológico, no por ello ha padecido alteracion la nueva creencia popular de que estos astros producen un calor fecundante.

Dejemos ya este asunto para pasar á otra série de fenómenos mas misteriosos todavía: hablo de los pequeños asteroides cuyos fragmentos toman, al penetrar en nuestra atmósfera, el nombre de *piedras meteóricas*, ó sea el de *aerólitos*. Si entro aquí, como al hablar de los cometas, en

(1) Fries Vorlesungen über astronomie 1833, pág. 262-267, ed. alemana. En Séneca encontramos una prueba asaz mal escogida de lo nada temibles que deben ser los cometas. *Nat. Quæst.*, VII, 17 y 21, habla el filósofo del cometa «*Quem nos Neronis principatu lætissimo vidimus et qui cometis detraxit infamiam.*»

pormenores que á primera vista pueden parecer estraños al plan de esta obra, no es sino despues de haberlo reflexionado muy maduramente. He indicado todo lo que es variable é individual en los caractéres distintivos de los cometas, y cuán atrasada parece hoy la ciencia cuando se trata de la constitucion física de estos últimos astros, por mucho que haya adelantado, como es verdad, en materia de medidas y de cálculos. Ni podia ser de otra manera; porque actualmente es casi imposible discernir en la gran copia de observaciones mas ó menos exactas que poseemos, qué hechos son generales y esenciales, y qué otros particulares ó accidentales. En vista de tal estado de cosas, hemos debido limitarnos á describir los principales caractéres físicos, lo que podríamos llamar las diferencias fisionómicas; á comparar la diversa duracion de las revoluciones; y á notar, en fin, las variaciones estremas, ya en las dimensiones de las órbitas, ya en las distancias á los astros mas importantes. Lo mismo en estos fenómenos que en los que inmediatamente vamos á esponer, los tipos individuales dominan forzosamente el conjunto del cuadro; y para llegar á la realidad es preciso hacer que resalten enérgicamente los contornos.

Todo nos induce á creer que las estrellas vagas, los bólides y las piedras meteóricas son corpúsculos que se mueven en torno del Sol describiendo secciones cónicas, y obedeciendo de todo punto, como los planetas, á las leyes generales de la gravitacion. Cuando estos cuerpos vienen á tocar á la *Tierra, se tornan luminosos* en los límites de nuestra atmósfera, se dividen por lo comun en fragmentos cubiertos de una capa negruzca y reluciente y caen en un estado de calefaccion mas ó menos considerable. La minuciosa análisis de las observaciones recogidas en ciertas épocas de aparicion periódica que tienen estos cuerpos (en Cunamá en 1799 y en la América del Norte en 1833 y 1834) no permite que se consideren los bólides y las estrellas vagas como fenómenos de distinto órden; pues aparte de que las últimas se hallan por lo comun mezcladas con los primeros, sus rastros luminosos y sus velocidades reales no ofrecen diferencias que puedan llamarse esenciales. Vénse enormes bólides, acompañados de humo y de detonaciones, que iluminan el Cielo con luz bastante intensa para ser sensible aun en mitad del dia (1)

(1) En Popayán (lat. sep. 2° 26', altura sobre el nivel del mar 6433 pies).

bajo el ardiente sol de los trópicos; mas tambien hay estrellas vagas tan diminutas, que se nos presentan como otros tantos puntos trazando en la bóveda celeste innumerables líneas fosfóricas (1). ¿Son, empero, de una sola é idéntica naturaleza todos estos cuerpos brillantes que surcan el firmamento de chispas estelares? Cuestion es esta que no nos es dado resolver por ahora. Cuando yo volví de las zonas equinocciales, creia, por las impresiones recibidas, que en las ardientes llanuras de los trópicos y á una altura sobre el nivel del mar como de 18 á 20 mil pies, las estrellas vagas son mas frecuentes y de mas primorosos colores que en las zonas frias ó templadas; pero no es asi, y la causa de este fenómeno debe buscarse en la admirable transparencia de la atmósfera de aquellas regiones (2), que

Un amigo mio, hombre bastante instruido, vió en 1788 un bólide tan brillante en medio del dia, que su habitacion quedó completamente iluminada á pesar de no hallarse la luz del sol ofuscada por ninguna nube. En el momento de la aparicion, el observador se hallaba de espaldas á la ventana, y cuando se volvió, todavía brillaba con vivísima luz una gran parte de la línea recorrida por el bólide. En lugar del vocablo repugnante de *Sternschnuppe* (literalmente *pavesa de estrellas*) preferiría yo otras espresiones de aleman no menos castizo, tales como *Sternschuss* ó *Sternfall* (en sueco *Stjernfall*, en inglés *Star-shoot*, en italiano *Stella cadente*), si no me hubiese impuesto la obligacion de evitar cuidadosamente en todos mis escritos las palabras inusitadas, tratándose de cosas generalmente conocidas y bien determinadas en el lenguaje usual. El pueblo se imagina en su grosera física que las luces celestes tienen necesidad de ser despabiladas como las bugías. Empero he encontrado otras denominaciones mas repugnantes aún en los bosques del Orinoco y en las solitarias márgenes del Casiquiare: los indígenas de la mision de Vasiva (Rel. hist. del viaje á las regiones equinocciales, t. II, página 513) llaman á las exhalaciones *orina de las estrellas*, y al rocío que forma perlas en las bellas hojas de la heliconia, *saliva de estrellas*. El mito popular de los lituanos sobre el orígen y significacion de las exhalaciones, indica mas gracia y nobleza en aquella facultad del espíritu que presta á todas las cosas una forma simbólica: «Cuando nace un niño, Werpeja hila para él los hilos de su destino, cada uno de los cuales termina por una estrella: en el momento de la muerte el hilo se rompe, la estrella cae, marchítase y se apaga.» Jacobo Grimm, *Mitología alemana*, 1843, página 685.

(1) Segun la relacion de Denison Olmsted, profesor del colegio de Yale en New-Haven (Connecticut). V. los *Anales de física* de Poggendorff, tomo XXX, pág. 194. «Dícese que Keplero ha desterrado de la astronomía los bólides y las estrellas vagas, que segun él son meteoros engendrados por las exhalaciones terrestres, y van á perderse despues en las altas regiones etéreas.» Sin embargo, aquel célebre astrónomo se ha explicado con gran reserva sobre este punto. «*Stellæ cadentes*, dice, *sunt materia viscida inflammata. Earum aliquæ inter cadendum absumuntur, aliquæ vere in terram cadunt, pondere suo tractæ. Nec est dissimile vero quasdam conglobatas esse ex materia fæculenta, in ipsam auram ætheream immixta: exque ætheris regione, tractu rectilineo, per aerem trajicere, seu minutos cometas, occulta causa motus utrorumque.*» Kepler, *Epit. Astron. Copernicanæ*, t. I, pág. 80.

(2) *Relat. Histor.*, t. I, pág. 80, 213 y 527. Si en las estrellas vagas distinguimos como en los cometas la cabeza ó el núcleo y la cola, podemos

permite á nuestra vista penetrar mas fácilmente las capas de aire que nos rodean. Alejandro Burnes atribuye tambien á la pureza del cielo de Bokhara «el magnífico espectáculo, sin cesar renaciente, de estrellas vagas vistosísimas por sus colores» que tuvo ocasion de admirar en aquel pais.

Al brillante fenómeno de los bólides debe referirse el de la caida de piedras meteóricas que á las veces se hunden hasta 10 y aun 18 piés debajo de tierra. La mútua dependencia de estos dos fenómenos se halla establecida por una multitud de hechos, y principalmente por las exactísimas observaciones que poseemos acerca de los aerólitos que cayeron en Barbatan (departamento de las Landas) el 24 de julio de 1790, en Siena el 16 de junio de 1794, en Weston (Estado de Connecticut) el 14 de diciembre

juzgar por la longitud y el brillo de esta última ó de la línea luminosa, del grado de transparencia de la atmósfera, y convencernos de la superioridad que á este respecto tienen las regiones tropicales. En ellas es efectivamente mas viva la impresion producida por el espectáculo de las estrellas vagas, aun sin necesidad de que el fenómeno sea para ello mas frecuente, pues se ve mejor y dura mas tiempo. Por lo demás, la influencia de la atmósfera sobre la visibilidad de estas apariciones se deja sentir aun en las zonas templadas, por las grandes diferencias que se observan en apostaderos poco distantes. Así Wartmann anuncia que el número de los metéoros que pudieron contarse durante una aparicion de noviembre en dos parajes cercanos, Génova y las Planchetas, se hallaba en razon de 1 á 17. Wartmann, *Mem. sur les etoiles filantes*, pág. 17). Brandes ha hecho una série crecidísima de observaciones bastante exactas sobre las colas de las exhalaciones. Este fenómeno no puede explicarse por la persistencia de la impresion producida en la retina, pues dura á veces un minuto despues de haber desaparecido el núcleo de la estrella. Por lo comun, el rastro luminoso parece inmóvil (*Annales* de Gilbert, t. XIV, pág. 251). Todos estos hechos establecen una grande analogía entre las estrellas vagas y los bólides. El almirante Krusenstern ha visto uno en su viaje alrededor del mundo, que dejó tras sí un rastro luminoso por espacio de una hora entera, sin variar sensiblemente de lugar (*Viaje*, part. I, pág. 58). Alejandro Burnes describe en términos animados la transparencia de la atmósfera de Bokara (lat. 39° 43'; altura sobre el nivel del mar 1400 pies): «There is also a constant serenity in its atmosphere, and an admirable clearness in the sky. At night, the stars have uncommon lustre, and the milky way shines gloriously in the firmament. There is also a neverceasing display of the most brilliant meteors, which dart like rockets in the sky: ten or twelve of them are sometimes seen in an hour, assuming every colour: fiery, red, blue, pale and faint. It is a noble country for astronomical science, and great must have been the advantage enjoyed by the famed observatory of Samarkand.» Burnes, *Travels into Bokara*, t. II (1834), pág. 158. El haber tenido Burnes por numerosas á las estrellas vagas cuando pueden contarse 10 ó 12 por hora, no es error que deba echarse en cara á un viajero aislado, pues en Europa ha sido preciso recurrir á un sistema regular y seguido de observaciones, antes de poder afirmar con Quételet (*Corresp. mathém. et phys.*, nov. de 1837, p. 447), que por término medio aparecen ocho exhalaciones por hora en el círculo abarcado por una sola persona; cuanto mas que otro escelente observador, Olbers, reduce este número á cinco ó seis. *Annuaire* de Schumacher, 1836, p. 325).

de 1807, y en Juvenas (departamento de la Ardecha) el 15 de junio de 1821.

Estos fenómenos suelen presentarse tambien bajo otro aspecto muy diferente: estando el cielo sereno aparece súbitamente en él una nubecilla muy oscura, de la cual se precipitan á la tierra las masas meteóricas en medio de estruendosas detonaciones que parecen cañonazos. Algunas veces se han visto nubecillas de esta especie que han recorrido comarcas enteras, dejando cubierto el suelo de millares de fragmentos muy desiguales en forma y tamaño, pero siempre de idéntica naturaleza.

Aunque con menos frecuencia, háse visto tambien caer aerólitos estando el cielo perfectamente sereno, y sin prévia aparicion de nubecillas precursoras. Pocos meses ha (el 16 de setiembre de 1843) ocurrió un caso de esta especie al caer con un fragor semejante al del trueno el gran aerólito recogido en Kleinwenden, no lejos de Mulhouse. Varios hechos, en fin, establecen íntima analogía entre las *estrellas vagas y los bólides que despiden sobre la tierra* piedras meteóricas, porque con frecuencia acontece que el tamaño de estos bólides apenas llega al de las estrellitas que usamos en nuestros fuegos artificiales.

¿Cuál es la fuerza productora de estos fenómenos? ¿A qué acciones físicas ó químicas dan lugar? ¿Hallaríanse originariamente en estado gaseoso las moléculas de que se componen estas piedras tan compactas; ó estarian simplemente diseminadas como en los cometas, no condensándose en lo interior del metéoro sino en el momento mismo de comenzar á brillar á nuestra vista? ¿Qué pasa en aquellas nubecillas negras donde truena por espacio de minutos enteros antes de precipitarse los aerólitos? ¿Caerá tambien de las estrellas vagas alguna materia compacta, ó tan solo una especie de niebla, de polvo meteórico, compuesto de hierro y de níquel (1)? Cuestiones son estas rodeadas

(1) Sobre los polvos meteóricos, V. Arago, en el *Annuaire pour* 1832, p. 254. En otra obra (*Asia central*, t. I, pág. 408) he procurado demostrar cómo pudo nacer del confuso recuerdo de la caida de un aerólito el mito escita del *oro sagrado*, que cayó ardiendo del cielo y fué luego una propiedad de la *dorada Horda* de los Paralatas (Herod., IV, 5-7). Los antiguos han hablado tambien de masas de plata caidas del cielo en tiempo del emperador Severo, con las cuales se intentó platear algunas medallas de bronce (Dio Cassius, LXXV, 1259); el hierro metálico, sin embargo, habia sido ya reconocido como uno de los elementos de las piedras meteóricas (Plin. II, 56). Por lo tocante á la tan manoseada espresion *lapidibus pluit*, sabemos ya harto bien que no siempre se refiere á la caida de aerólitos. Así, en el libro XXV, 7, aquella espresion designa *rapilli*, esto es, fragmentos de pie-

todavía de profunda oscuridad; porque si bien se ha calculado la asombrosa rapidez, la velocidad completamente planetaria de las estrellas vagas, de los bólides y de los aerólitos; si es cierto que conocemos el fenómeno en sus generalidades y hemos podido comprobar cierta uniformidad en sus apariencias, en cambio ignoramos de todo punto cuanto se refiere á los antecedentes cósmicos y á las primitivas trasmutaciones de la sustancia.

Suponiendo que las piedras meteóricas circulen en el espacio formadas ya en masas compactas, menos densas, sin embargo, que la tierra en su término medio (1), es forzo-

dra pómez lanzados por un volcan no completamente estinguido, por el Monte-Albano, hoy Monte-Cavo; V. Heyne, *Opuscula academ.*, t. III, página 261, y mi *Ecl. histor.*, t. I, pág. 394. El combate que Hércules sostuvo contra los Ligios en su marcha desde el Cáucaso al huerto de las Hespérides, pertenece á otra esfera de ideas. Este mito tenia por objeto explicar el orígen de los trozos de cuarzo que tanto abundan en los *Campos Ligios* junto á la embocadura del Ródano. Aristóteles creia que los habia lanzado una grieta eruptiva durante un temblor de tierra; y Posidonio los atribuye á la accion de las olas de un antiguo mar interior. En un fragmento del *Prometeo libertado* de Esquilo, se lee una descripcion cuyos pormenores todos son perfectamente aplicables á una lluvia de aerólitos: Júpiter *reune las nubes* y hace caer «una lluvia de guijarros que cubren el suelo de la comarca.» Posidonio se burlaba ya del mito geognóstico de los *tejos* y de los *pedruscos*. Por lo demas, es de todo punto conforme á la realidad la descripcion que los antiguos nos dejaron hecha de los *Campos Ligios* (comarca que hoy designamos con el nombre de *La Crau*). V. Guerin, *Mesures barometriques dans les Alpes, et Météorologie d'Avignon*, 1829, cap. XII, pág. 115.

(1) El peso específico de los aerólitos varía entre 1,9 (Alesia) y 4,3 (Tabor); su densidad es por lo comun tres veces mayor que la del agua. Para determinar los diámetros *reales* de los bólides, he tenido que recurrir á las medidas mas dignas de confianza, que por desgracia son muy pocas. Hé aquí algunas: el bólide de Weston (Conecticut, 14 de diciembre de 1807), 581 pies; el observado por Le Roi (10 de julio de 1771) cerca de 1166; el de 18 de enero de 1783, segun sir Carlos Blagden, 3033. Brandes en sus *Conferencias*, t. I, p. 42, ed. alem., asigna á las estrellas vagas un diámetro de 90 á 144 pies, y valúa la longitud de sus colas ó rastros luminosos en 7178 á 10766; pero hay sobrados motivos para creer que se han exagerado mucho los diámetros *aparentes* de los bólides y de las estrellas vagas, bajo la influencia de ciertas causas de carácter óptico. Su volúmen no puede en manera ninguna compararse con el de Céres, aun admitiendo que el diámetro de este pequeño planeta sea de 123 leguas. V. la escelente obra: *On the Connexion of the Physical Sciences*, 1835, p. 411.—Como documento justificativo en apoyo de la asercion de la pág. (123) acerca del gran aerólito que cayó en el rio de Narni y cuyo paradero no ha podido descubrirse aún, voy á transcribir el pasage que copió Pertz del *Chronicon Benedicti monachi Sancti Andreæ, in Monte Soracte* (Biblioteca Chigi, en Roma), escrito en el estilo bárbaro del siglo X, á cuya época pertenece este documento. Dice así: «Anno 921, temporibus domini Johannis decimi papæ, in anno pontificatus illius 7, visa sunt signa. Nam justa urbem Roman lapides plurimi de cœlo cadere visi sunt. In civitate quæ vocatur Narnia, tam diri ac tetri, ut nihil aliud credatur, quam de infernalibus locis deducti essent. Nam ita ex illis lapidibus unus ex omnibus maximus est, ut decidens in flumen Narnus, ad mensuram unius cubiti super aquas fluminis usque hodie videretur. Nam et ignitæ faculæ de cœlo plurimæ omnibus in hac civitate Romani populi visæ sunt, ita ut pene

so admitir que solo forman un pequeño núcleo, rodeado de gases ó vapores inflamables, en aquellos enormes bólides cuyos diámetros reales, deducidos de sus alturas y diámetros aparentes, ascienden á 574 y aun á 3050 pies. Las mayores masas meteóricas que conocemos son las de Bahia en el Brasil, y las de Otumpa en el Choco, descritas por Rubin de Celis, cuya lóngitud no escede de 7 á 9 pies. La piedra de Ægos-Potamos, tan célebre en la antigüedad y ya mencionada en la crónica de los mármoles de Paros, cayó hácia la época del nacimiento de Sócrates; y segun la descripcion que de ella se ha conservado, era tan grande como dos piedras juntas de molino, teniendo peso mas que suficiente para cargar un carro. A pesar de haber sido inútiles cuantas tentativas hizo el viajero Brown para descubrir su paradero, no renuncio á la esperanza de que pueda encontrarse algun dia, mas de 2300 años despues de su caida, aquella enorme masa meteórica cuya completa destruccion me parece casi inadmisible; esperanza tanto mas fundada, cuanto que nunca ha sido la Tracia tan accesible como ahora á los europeos. A principios del siglo X cayó en el rio de Narni un aerólito tan colosal, que, segun aparece de un documento descubierto por Pertz, sobresalia mas de una vara por encima del nivel de las aguas.

Y nótese que todas estas masas meteóricas, antíguas ó modernas, deben ser consideradas como los fragmentos principales del núcleo que estalla con estruendo, ya sea en el bólide inflamado, ya en la nube oscura; porque cuando considero la enorme velocidad, matemáticamente demostrada, con que las piedras meteóricas se precipitan desde las capas estremas de la atmósfera hasta el suelo, y la corta duracion de su trayecto, no puedo resolverme á creer que baste tan corto espacio de tiempo para condensar una materia gaseiforme, convirtiéndola en un núcleo sólido, metálico, con incrustaciones perfectamente formadas de cristales de olivina, de labrador y de pirógeno.

terra contingeret. Aliæ cadentes, etc.» Pertz, *Monum. Germ. hist. scriptores*, t. III, pág. 715). Sobre el aerólito de Ægos-Potamos, que segun refiere la crónica de los mármoles de Paros (Bœckh, *Corp. Inscr. græ.*, t II, pág. 302, 320 y 340) cayó en el primer año de la 78ª Olimpiada, cf. Aristot. *Meteor.*, I, 7 (Ideler, *Comm.*, t. I, pag. 404-407); Stob., *Ecl. phys.*, I, 25, pag. 508, Heeren; Plut. *Lys*, cap. 12; Diog. Laerc., II, 10. (V. tambien las notas 3.ª de la pág. 127, 2.ª de la pág. 140, y 1.ª y 2.ª de la pág. 141). *Segun una tradicion* mogólica hubo de caer del cielo una roca negra de 64 pies de altura, en el llano contiguo al nacimiento del rio Amarillo de la China occidental. (Abel Remusat, *Journ. de Phys.*, 1819, mayo, página 264)

:

Por lo demas, todas estas masas meteóricas tienen un carácter comun, cualesquiera que sean las diferencias de su constitucion química interna; y es, un aspecto bien pronunciado de fragmentos, y por lo comun una forma prismática ó piramidal de vértice truncado, lados anchos y algun tanto curvos, y ángulos redondeados.

Ahora bien: ¿de qué puede provenir esa forma fragmentaria, notada primero por Schreibers, en cuerpos que circulan como los planetas en el espacio? Forzoso es confesar que en este punto, como en la esfera de la vida orgánica, todo lo que se refiere á los períodos de formacion se halla aún envuelto en la oscuridad mas profunda.

Las masas meteóricas comienzan á brillar ó á inflamarse en alturas donde reina ya un vacío casi absoluto. A la verdad, las investigaciones recientes de Biot acerca del importante fenómeno de los crepúsculos (1), rebajan considerablemente la línea designada por lo comun con el atrevido nombre de límite de nuestra atmósfera; demas de que, los fenómenos luminosos pueden producirse sin necesidad del gas oxígeno, y Poisson se inclinaba á creer que los aerólitos se inflaman mucho mas allá de las últimas capas de nuestra envoltura gaseosa. Mas, sin embargo, ni esta parte de la ciencia, ni la que trata de los otros cuerpos mayores del sistema solar, ofrecen sólido cimiento á nuestros raciocinios é investigaciones, sino en tanto que puede aplicárseles el cálculo y las medidas geométricas.

Ya en 1686 consideraba Halley como un fenómeno cósmico el gran meteoro que apareció por aquel entonces, moviéndose en sentido inverso que la Tierra (2); pero la

(1) Biot, *Traité d'Astronomie physique*, tercera ed., 1841, t. I. páginas 149, 177, 238 y 312. Poisson ha explicado de una manera completamente original la ignicion espontánea de las piedras meteóricas á una altura en que la densidad de la atmósfera es casi nula. «A une distance de la Terre—dice—où la densité de l'atmosphère est tout à fait insensible, il serait difficile d'attribuer, comme on le fait, l'incandescence des aérolithes à un frottement contre les molécules de l'air. Ne pourrait-on pas supposer que le fluide électrique, à l'état neutre, forme une sorte d'atmosphère qui s'étend beaucoup au delà de la masse d'air qui est soumise à l'attraction de la Terre, quoique physiquement impondérable, et qui suit, en conséquence, notre globe dans ses mouvements? Dans cette hypothèse, les corps dont il s'agit, en entrant dans cette atmosphère impondérable, décomposeraient le fluide neutre, par leur action inégale sur les deux électricités, et ce serait en s'électrisant qu'ils s'échaufferaient et deviendraient incandescents.» (Poison, *Rech. sur la Probabilité des jugements*, 1837, pág. 4.

(2) *Philos, Transact.*, t, XXIX, pags. 161-163.

gloria de haber reconocido antes que nadie, en toda su generalidad, la naturaleza del movimiento de los bólides y sus relaciones con las piedras que caen, al parecer, de la atmósfera (1), pertenece indudablemente á Chladni. Despues, los trabajos de Dionisio Olmsted en Newhaven (Estado de Massachusets), confirmaron de la manera mas brillante la hipótesis que asigna á estos fenómenos un origen cósmico. Cuando aparecieron las estrellas vagas en la noche del 12 al 13 de noviembre de 1833, época despues tan célebre, Olmsted demostró, segun el testimonio de todos los observadores, que tanto los bólides como las estrellas vagas partian al parecer, en direcciones divergentes, de un mismo y solo punto de la bóveda celeste, situado cerca de la estrella *γ* de la constelacion de Leo; punto constantemente comun de divergencia de los meteoros, por mas que durante el largo tiempo empleado en las observaciones hubiesen variado notablemente el ázimut y la altura aparente de la estrella. Tan completa independencia del movimiento de rotacion de la Tierra prueba que estos meteoros provenian de regiones situadas fuera de nuestra atmósfera, y que antes de llegar á ella recorrian los espacios celestes. Segun los cálculos de Encke (2), fundados

(1) La primera edicion del importante escrito de Chladni *sobre el origen de las masas de hierro halladas por Pallas y por otros viajeros*, vió la luz pública dos meses antes de la lluvia de piedras de Siena, y dos años antes de la época en que Lichtenberg escribia en una coleccion de Gotinga «que en nuestra atmósfera penetran piedras provenientes de los espacios celestes.» Véase tambien la carta de Olbers á Benzenberg, fecha 18 de noviembre de 1837, en la obra de este último sobre las *Estrellas vagas*, página, 186.

(2) Encke, en los *Ann.* de Poggendorf, t. XXXIII (1834) pág. 213. Arago, en el *Annuaire pour* 1836, pág. 291. Mis dos cartas á Benzenberg (19 de mayo y 22 de octubre de 1837) sobre la presunta precesion de los nodos de la órbita recorrida por el flujo periódico de las estrellas vagas (Benzenberg, obra citada, pág. 207 y 209, ed. alem.) El mismo Olbers adoptó despues esta idea de un retardo progresivo en la aparicion de noviembre (*Notic. astron.*, 1838, núm. 372, pág. 180). Voy á exponer los elementos que en mi opinion deben servir para fijar el movimiento de los nodos, y añadiré dos observaciones arábigas á la época descubierta por Boguslawski para el siglo XIV.

En el mes de octubre de 902, la misma noche en que murió el califa Ibrahim-ben Ahmed, hubo una grande aparicion de estrellas vagas, «semejante á una lluvia de fuego;» y por eso aquel año fué llamado el *año de las estrellas* (Conde, *Hist. de la domin. de los Arabes*, p. 346).

El 19 de octubre de 1202 «les étoiles furent en mouvement pendant toute la nuit. Elles tombaient comme des sauterelles.» (*Comptes rendus*, 1837, t. I, p. 294; y Fræhn, en el *Bol. de la Acad. de S. Petersburgo*, t. III, p. 308).

El 21 de octubre (est. ant.) de 1366: *die sequente* post festum millia Virginum, ab hora matutina usque ad horam primam, visæ sunt quasi stellæ de cœlo cadere continuo, et *in tanta multitudine* quod nemo narrare *sufficit*. Esta curiosa noticia, de la cual vuelvo á hablar mas adelante en el testo en el conjunto de las observaciones hechas en los Estados Unidos de América entre los grados 35 y 40 de latitud, el punto del espacio de donde al parecer partian en direcciones divergentes todos estos metéoros, era cabalmente el mismo hácia el cual iba á la sazon dirigido el movimiento de la Tierra.

Las apariciones de noviembre se reprodujeron en 1834 y 1837, y tanto las unas como las otras fueron observadas en América. Estas observaciones, así como las de 1838 hechas en Brema, comprobaron nuevamente el paralelismo general de las trayectorias, y su comun direccion hácia el punto del cielo opuesto á la constelacion de Leo. Como las estrellas vagas periódicas afectan mas generalmente que las esporádicas una direccion paralela, creyóse notar en la aparicion del mes de agosto de 1839 (las lágrimas de San Lorenzo), que los metéoros provenian por la mayor parte de un punto situado entre Perseo y Taurus, hácia el cual se dirigia por entonces la Tierra. Fenómeno tan notable como la direccion retrógrada de todas estas órbitas en noviembre y agosto, bien merece por cierto que se recojan para lo futuro con la mayor exactitud todas las observaciones posibles, á fin de comprobarle ó invalidarle.

Es tan variable la altura de las estrellas vagas, ó de

ha sido descubierta por Boguslawski, hijo, en el *Chronicon Ecclesiæ Pragensis*, p. 389, que se halla tambien en la segunda parte de los *Scriptores rerum Bohemicarum* de Pelzel y Dobrowsky, 1784 (*Notic. astron.* de Schumacher, diciembre de 1839).

Del 9 al 10 de noviembre de 1787, observó Hemmer una multitud de estrellas vagas en el mediodia de Alemania, especialmente en Manheim (Kämtz, *Meteorol.*, P. III, p. 237).

El 12 de noviembre de 1799, despues de la media noche, tuvo efecto la lluvia de estrellas vagas, que hemos descrito Bonpland y yo, y fué observada en gran parte de la tierra (*Relat. hist.*, t. I. pág. 519-527).

Del 12 al 13 de noviembre de 1822, vió Kloden en Potsdam un gran numero de estrellas vagas mezcladas con bólides (*Ann.* de Gilberto, t. LXXII, p. 219).

El 13 de noviembre de 1831, como á las cuatro de la madrugada, vió el capitan Bérard una gran lluvia de estrellas vagas en la costa de España, á la altura de Cartagena (*Annuaire* de 1836, p. 297).

En la noche del 12 al 13 de noviembre de 1833, ocurrió en la América del Norte la memorable aparicion de estrellas, tan admirablemente descrita por Dionisio Olmsted.

En la del 13 al 14 de noviembre de 1834, igual fenómeno en la América del Norte, puesto que no tan señalado (*Annales* de Poggendorf, t. XXXIV, p. 129).

El 13 de noviembre de 1835, cayó un bólide esporádico cerca de Belley, departamento del Ain, y prendió fuego á una pila de madera (*Annuaire* de 1836, p. 296).

En 1838, el flujo de estrellas vagas se manifestó mas claramente del 13 al 14 de noviembre (*Not. astron.*, 1838, núm. 372).

la porcion visible de su trayectoria, que oscila en un espacio de 5 á 47 leguas: importante resultado que debemos, juntamente con un conocimiento mas exacto de la enorme velocidad de estos problemáticos asteróides, á las observaciones simultáneas de Brandes y de Benzenberg, y á las medidas de paralaje que los mismos efectuaron tomando por base una longitud de 53933 pies (poco menos de 3 leguas) (1). Su velocidad relativa es de 5 á 13 leguas por segundo, y, por lo tanto, equivalente á la de los planetas.

En esta velocidad verdaderamente planetaria de los bólides y de las estrellas vagas (2), y juntamente en la direccion bien comprobada de sus movimientos, inversos á los de la Tierra, se fundan los principales argumentos con que de ordinario se combate la hipótesis que atribuye el orígen de los aerólitos á la existencia de soñados volcanes activos en la Luna. A la verdad, tratándose de un astro pequeño que carece de atmósfera, tiene que ser arbitraria de suyo toda suposicion numérica sobre la energia de las fuerzas volcánicas, y nada impide, por lo tanto, que se admita en él una reaccion interna contra la capa esterior, cien veces, por ejemplo, mas enérgica que en nuestros actuales volcanes: así podria explicarse aún, cómo masas lanzadas por un satélite cuyo movimiento se efectua en direccion de Occidente á Oriente, pueden presentársenos animadas de un movimiento retrógrado, pues basta para ello que la Tierra llegue despues de aquellos proyectiles á la parte de la órbita que hubieren atravesado; pero si se reflexiona sobre el conjunto de los hechos que he creido conveniente enumerar para huir de la falta atribuida á las teorías aventuradas, se verá que la hipótesis del origen selenítico de estos metéoros supone tal y tan numeroso concurso de circunstancias, que solo por una maravillosa casualidad podria llegar á realizarse (3). Vale mas, por lo

(1) Bien sé, que entre sesenta y dos estrellas vagas observadas en Silesia (1823), por invitacion de Brandes, viéronse varias á una altura de 61, de 81 y aun de 133 leguas (Brandes, *Conferencias sobre la astronomía y la física*, entrega 1.ª, p. 48); pero á causa de la pequeñez de su paralaje, Olbers cree dudosas todas las determinaciones de altura que escedan de 40 leguas.

(2) La velocidad planetaria, es decir, la celeridad de traslacion de los planetas en sus órbitas, es en Mercurio, de 8,8; en Venus, de 6,5; en la Tierra, de 5,4 leguas por segundo.

(3) Segun Chladni, Pablo María Terzago, físico italiano, fué el primero que consideró los aérolitos como piedras lanzadas por la Luna. En efecto, emitio esta idea en 1660, con motivo de la muerte de un fraile franciscano de Milan, ocasionada por la caída de un aerólito. «Labant Philosophorum mentes,» dice

tanto, admitir la existencia de pequeñas masas planetarias que desde un principio estén circulando en los espacios celestes, pues esta hipótesis se adapta mucho mejor que la otra á las ideas ya aceptadas sobre la formacion de nuestro sistema solar.

en su escrito (*Musæum Septalianum, Manfredi Septalæ, Patricii Mediolanensis, industrioso labore constructum*, Tortona, 1664, p. 44), «sub horum lapidum ponderibus; ni dicere velimus, lunam terram alteram, sive mundum esse, ex cujus montibus divisa frusta in inferiorem nostrum hunc orbem delabantur.» Olbers, que ignoraba estas hipótesis, trabajaba desde 1795, despues de la célebre caida de aerólitos en Siena (16 de junio de 1794), en calcular la velocidad que sería necesaria para que una masa lanzada de la Luna llegase hasta la Tierra. Este problema de balística ha ocupado diez o doce años á los geómetras Laplace, Biot, Brandes y Poisson. La opinion entonces admitida, y hoy abandonada, de que existen volcanes muy activos en la Luna, daba márgen á que se confundiesen comunmente dos cosas muy distintas, á saber; la posibilidad bajo el punto de vista matemático, y la verosimilitud bajo el punto de vista físico. Olbers, Brandes y Chladni creyeron encontrar, «en la velocidad relativa de 5 á 10 leguas por segundo de que están animados los bólides y las estrellas vagas cuando penetran en nuestra atmósfera,» un argumento decisivo contra el orígen selenítico de estos meteóros. Para que las piedras lanzadas por la Luna puedan llegar á la Tierra, es preciso, segun Olbers, que hayan tenido una celeridad inicial de 9070 pies por segundo (Laplace calculaba 8697; Biot 9058, y Poisson 8305). Laplace considera esta celeridad inicial como cinco ó seis veces mayor que la de una bala de cañon al salir de la pieza; pero Olbers ha demostrado, «que si las piedras meteóricas fueran lanzadas por la Luna con una celeridad inicial de 8972 á 9331 pies, al llegar á la superficie de la Tierra traerían una velocidad de algo mas de dos leguás por segundo. Ahora bien, como la velocidad observada es en realidad de 6,6 leguas por término medio, la velocidad de proyeccion inicial en la superficie de la Luna, debería ser próximamente de 6,1 leguas, y por consiguiente 15 veces mayor que la ha supuesto Laplace.» (Olbers en el *Ann.* de Schum., 1837, pág. 52-58, y en el *Nuevo diccionario de física* de Gehler, t. VI, P. III, páginas 21, 29, 31, 36, ed. alemana). Debemos convenir, no obstante, en que á ser admisible hoy dia la hipótesis de los volcanes lunares, tendrian estos señalada ventaja sobre los terrestres en cuanto á la fuerza de proyeccion, por la falta de atmósfera de la Luna; pero sobre este punto carecemos de datos ciertos aun por lo relativo á los volcanes terrestres, y todo induce á creer que se ha exagerado en gran manera su fuerza de proyeccion. Segun el doctor Peters, que ha observado y calculado con escrupulosa exactitud todos los fenómenos del Etna, la mayor velocidad de las piedras lanzadas por el cráter no pasa de 1458 pies por segundo. Otras observaciones, hechas en el Pico de Tenerife el año de 1798, dan por resultado 3500 pies próximamente. Aunque hácia el fin de la *Expos. du système du Monde* (ed. de 1824, pág. 233), dice Laplace con prudente reserva, que «las piedras meteóricas provienen verosimilmente de las profundidades del espacio celeste,» con todo, en otros pasajes (cap. VI, pág. 233) vuelve con cierta predileccion á la hipótesis selenítica (sin duda no conocia la enorme velocidad planetaria de las piedras meteóricas), y supone que las piedras lanzadas por la Luna «se convierten en satélites de la Tierra, á cuya atmósfera no llegan sino despues de haber recorrido en órbitas mas ó menos prolongadas un número crecidísimo de revoluciones.» A la manera que un italiano de Tortona tuvo un dia la idea de hacer provenir de la Luna los aerólitos, no habian faltado físicos griegos que las supusiesen emanadas del Sol. Diógenes Laercio (II, 9) cita esta opinion al hablar del gran aerólito de Ægos-Potamos (Véase la nota de la página 122), y Plinio, que de todo ha hecho mérito, habla tambien de ella (II, 58) en estos términos: «Celebrant Græci Anaxagoram Clazomenium Olym-

Es muy probable que muchas de estas masas cósmicas pasen por las cercanias de nuestra atmósfera y continúen su curso en torno del Sol, sin esperimentar mas efecto, por parte de la atraccion del globo terrestre, que una modificacion en la escentricidad de su órbita; y que luego no volvamos á verlas sino al cabo de muchos años, despues que hayan efectuado cierto número de revoluciones.

Por lo que respecta á los metéoros ascendentes que Chladni explicaba, no tan bien inspirado á la verdad, por la reaccion de las capas de aire violentamente comprimidas durante un descenso muy rápido, pudo verse al principio en tales fenómenos el efecto de una fuerza misteriosa que pugnase por lanzar estos cuerpos lejos de la Tierra; empero Bessel demostró que semejantes hechos serian teóricamente inadmisibles; y fundándose luego en los cálcu-

piadis septuagesimæ octavæ secundo anno prædixisse cœlestium litterarum scientia, quibus diebus saxum casurum esse e Sole, idque factum interdiu Thraciæ parte ad Ægos flumen.—Quod si quis prædictum credat simul fateatur necesse est majoris miraculi divinitatem Anaxagoræ fuisse, solvique rerum naturæ intelectum, et confundi omnia, si aut ipse Sol lapis esse aut unquam lapidem in eo fuisse credatur; decidere tamen crebro non erit dubium.» Atribuíase asímismo á Anaxágoras el haber profetizado la caida de una piedra de mediana magnitud, que se conservaba en el gimnasio de Abydos. La caida de aerólitos en medio del dia, no estando visible la Luna, fué probablemente lo que dió márgen á creer que proviniesen del Sol. Que este astro era «una masa incandescente en fusion (μύδρος διάπυρος), constituia otro de los dogmas físicos de Anaxágoras, dogma que atrajo sobre él el rigor de las persecuciones religiosas.» En el Phaëton de Eurípides, llámase al Sol, siguiendo las ideas del filósofo de Clazomeno, «masa de oro,» es decir, *materia* de color de fuego que brilla con vivísimo resplandor. Cf. Walckenaer, *Diatribe in Eurip. perd. dram. Reliquias*, 1767, pág. 30. Diog. Laert. II, 10.—Encontramos, pues, entre los físicos griegos cuatro hipótesis diferentes: unos atribuyen estos metéoros á las exhalaciones terrestres; otros á piedras arrancadas y levantadas por los huracanes; (Arist., *Meteor.*, libro I, cap. IV, 2-3 y cap. VII, 9). Estas dos primeras opiniones asignan un orígen terrestre á las estrellas vagas y á los bólides. La tercera hipótesis coloca este orígen en el Sol; y la cuarta, por último, en los espacios celestes, esplicando el fenómeno por la aparicion de astros que hubiesen permanecido largo tiempo invisibles á causa de su distancia. Sobre esta última opinion de Diógenes de Apolonia, que tantos puntos de contacto tiene con las actuales, nos remitimos al texto, pág. 141 y á la nota 1.ª de la misma pág. Sé por mi maestro de idioma persa, el señor Andrés de Nerciat (sábio orientalista, residente en la actualidad en Smyrna), la importancia que en Siria, por una antigua creencia popular, se dá á las piedras que caen del cielo cuando la Luna está visible. Por el contrario, los antiguos se curaban mas de la caida de los aerólitos durante sus eclipses; V. Plin. XXXII, 10, pág. 164. Solinus, c. 37, Salm. Exerc., pág. 531, y los pasajes reunidos por Ukert en la *Geog. de los Griegos y de los Romanos*, 2.ª parte, I, pág. 131, nota 14, ed. alem. Sobre la hipótesis inverosimil de Fusinieri, que atribuia la formacion de las piedras meteóricas á la súbita condensacion de vapores metálicos de que suponia cargadas las capas superiores de la atmósfera, y sobre la penetracion mútua y mezcla de los gases de diferentes especies, véase mi *Relac. histor.*, t. I, pág. 525.

los ejecutados por Feldt con la mayor escrupulosidad posible, ha probado que la realidad de tales supuestos hechos se desvanece enteramente aun en aquellas observaciones mas concluyentes, al parecer, en su favor, sin mas que tener en cuenta los errores inherentes al juicio que formen á un mismo tiempo dos observadores lejanos entre sí, acerca de la desaparicion de una misma estrella vaga. No debe, pues, considerarse todavia esta ascension de los metéoros, como un resultado de la observacion (1).

Olbers pensaba que los bólides inflamados podrian estallar y lanzar verticalmente sus fragmentos, á la manera de los cohetes, alterándose en ciertos casos con esta ruptura la direccion de sus trayectorias; mas todas estas hipótesis deben ser objeto de nuevas observaciones.

Las estrellas vagas caen á las veces muy desparramadas y aisladas (*esporádicas*), y á las veces en forma de enjambres y á millares: estas últimas apariciones, comparadas por los escritores árabes á nublados de langostas, son *periódicas*, y siguen por lo comun direcciones paralelas. Las mas célebres son las del 12 al 14 de noviembre y las del 10 de agosto, dia de San Lorenzo, cuyas lágrimas de fuego parece que fueron antiguamente en Inglaterra el símbolo tradicional de la vuelta periódica de estos metéoros (2). Ya Klöden habia notado en Postdam, en la noche del 12 al 13 de noviembre, la aparicion de una multitud de estrellas vagas y de bólides de diferentes tamaños. Idéntico fenómeno se vió en toda Europa el año de 1832, desde Portsmouth hasta Orenburgo, cerca del Ural, y hasta en la misma Isla de Francia en el hemisferio austral. Sin embargo, la idea de que hay ciertos dias del año destinados á estos grandes fenómenos no se le habia ocurrido á nadie hasta el año de 1833, cuando cayó, en guisa de copos de nieve, el

(1) Bessel, en la *Notic. astron.* de Schum., 1839, núm. 380 y 381, páginas 222 y 346. Termina la Memoria con una comparacion de las longitudes del Sol con las épocas de la aparicion del mes de noviembre, á contar desde 1799, fecha de la primera observacion practicada en Cumaná.

(2) El doctor Tomás Forster anuncia (*The pocket Encyclop. of Natural Phœnomena*, 1827, p. 17), que se conserva en Cambridge, en el colegio de Christ-Church, un manuscrito, titulado: *Ephemerides rerum naturalium*, cuyo autor parece ser un monge del siglo precedente. Para cada dia del año indica este manuscrito el *fenómeno* correspondiente, como la primera florescencia de ciertas plantas, la venida de las aves, etc... El 10 de agosto está en él designado bajo el nombre de *meteorodes*. Esta indicacion, unida á la tradicion referente a las lágrimas de fuego de San Lorenzo, determinaron al señor Forster á proseguir observando asíduamente la aparicion del mes de agosto (Quételet, *Corresp. mathem.*, série III, t, I, 1837, p. 433).

enorme enjambre de estrellas vagas que Olmsted y Palmer observaron en América la noche del 12 al 13 de noviembre: basta decir que en nueve horas de observacion se contaron mas de 240,000. Palmer se remontó hasta la aparicion de los meteoros de 1799 descrita por Ellicot y por mí (1), de la cual resultaba, en virtud de la comparacion que hice de todas las observaciones de aquel tiempo, que la aparicion habia sido simultanea para todos los lugares situados en el Nuevo Continente, desde el Ecuador hasta New-Herrnhut en la Groenlandia (64° 14' de latitud) entre 53° y 89° de longitud; y no pudo menos de reconocer con asombro la identidad de las dos épocas. Este flujo de meteoros que sulcaron todo el firmamento en la noche del 12 al 13 de noviembre de 1833, y fué visible desde la Jamaica hasta Boston (40° 21' de lat.) se reprodujo en los Estados Unidos de América la noche del 13 al 14 de noviembre de 1834, bien que con menos intensidad. Desde esta época se halla perfectamente confirmada la exacta periodicidad de este fenómeno en Europa.

La aparicion de San Lorenzo (del 9 al 14 de agosto), segunda lluvia de estrellas vagas, se verifica con tan rigorosa regularidad como la primera. A mediados del último siglo habia ya notado Musschenbroek la frecuencia de los meteoros del mes de agosto (2); pero Quételet, Olbers y Benzenberg han sido los que primero probaron la periodicidad de estas apariciones, fijando su época el dia de San Lorenzo. No dudo que el tiempo por venir nos reserva el descubrimiento de otras épocas análogas, destinadas igual-

(1) Humb., *Rel. hist.*, t. I, págs. 519-527. Ellicot, en las *Transact. of the American Soc.*, 1804, t. VI, p. 29. Arago, con motivo de la aparicion de noviembre, dice lo siguiente: «Ainsi se confirme de plus en plus l'existence d'une zone composée de millions de petits corps dont les orbites rencontrent le plan de l'écliptique, vers le point que la Terre va occuper tous les ans, du 11 au 13 novembre. C'est un nouveau monde planétaire qui commence à se révéler à nous.» (*Annuaire* de 1836, p. 296).

(2) Cf. Musschenbroek, *introd. ad Phil. Nat.*, t. II, pág. 1061. Howard, *Climate of London*, t. II, pág. 23, observaciones del año de 1806, y por lo tanto anteriores en siete años á las primeras observaciones de Brandes (Benzenberg, *Estrellas vagas*, págs. 240-244, ed. alem.); las observaciones de agosto, hechas por Tomás Forster, en la obra cit. de Quételet, págs. 438-453; las de Adolfo Erman, Boguslawski y Kreil en el *Ann.* de Schum., 1838, páginas 317-330. Sobre la posicion del punto de divergencia de los meteoros en la constelacion de Perseo, el 10 de agosto de 1839, véanse los escelentes cálculos de Bessel y de Erman (Schum. *Not. astron.*, números 385 y 428). Parece, sin embargo, que el movimiento en la órbita no fué retrógrado el 10 de agosto de 1837. Cf. Arago, *Comptes rendus*, 1837, t. II, pág. 183.

mente á la reproduccion periódica de estos fenómenos (1); y quizás se cuenten entre ellas la del 22 al 25 de abril, la del 6 al 12 de diciembre, y á consecuencia de las investigaciones de Capocci, la del 27 al 29 de noviembre ó la del 17 de julio.

Hasta ahora al parecer, se han realizado estos fenómenos con absoluta independencia de todas las circunstancias locales, como altura de polo, temperatura de la atmósfera, etc...; mas, sin embargo, su aparicion va acompañada por lo comun de otro fenómeno meteorológico, y puesto que semejante coincidencia pueda ser efecto de mera casualidad, no está quizás de mas el hacer aqui mencion de ella. La aparicion mas magnífica de estrellas vagas, entre todas las conocidas hasta ahora, quiero decir, la del 12 al 13 de noviembre de 1833, cuya descripcion debemos á Olmsted, vino acompañada de una aurora boreal muy intensa. El año de 1838 se reprodujo en Brema

(1) El 25 de abril de 1095 «innumerables personas vieron caer estrellas del cielo tan espesas como el granizo» (*ut grando, nisi lucerent, pro densitate putaretur*; Baldr. pág. 88); hasta llegó á creerse en el Concilio de Clermont, que semejante acontecimiento debia de ser el preságio de grandes revoluciones en la cristiandad; Wilken, *Hist. de las Cruzadas*, t. I, pág. 75. El 22 de abril de 1800 cayó en los Estados de Virginia y de Massachusetts tal lluvia de estrellas vagas, que «semejó durante dos horas la combustion de nuestros fuegos artificiales.» Arago fué el que primero notó la periodicidad de esta «*trainée d' asteroïdes*» (*Ann.* de 1836, pág. 297). Las lluvias de aerólitos á principios de diciembre son tambien muy notables; y podemos hallar indicios de su periodicidad en las antiguas observaciones de Brandes (el cual contó 2000 estrellas vagas en la noche del 6 al 7 de diciembre de 1798) y quizás tambien en la enorme lluvia de aerólitos que cayó en el Brasil el 11 de diciembre de 1836 cerca de la aldea de Macao, en el rio Assu (Brandes, *Conferencias* citadas, 1845, entrega 1.ª, pág. 65, y *Comptes rendus*, t. V, pág. 211). Capocci ha descubierto doce lluvias de aerólitos entre el 27 y el 29 de noviembre (de 1809 á 1839), y otros fenómenos del mismo género correspondientes al 13 de noviembre, al 10 de agosto y al 17 de julio. (*Comptes rendus*, t. XI, pág. 257). Es cosa verdaderamente notable, que no se haya presentado hasta ahora ningun flujo *periódico* de estrellas vagas en las partes de la órbita terrestre correspondientes á los meses de enero, febrero, y aun quizás marzo; mas, sin embargo, el 15 de marzo de 1803 observé yo en el mar del Sud una gran cantidad de estrellas vagas, y en Quito hubo una lluvia de meteóros del mismo género poco antes del horroroso temblor de tierra de Riobamba (4 de febrero de 1797). Hé aquí, en resúmen, las épocas en que parece que mas deben fijar su atencion los observadores:

22-25 de abril;
17 de julio (¿17-26 de julio?) (Quételet, *Corresp*, 1837, pág. 435);
10 de agosto;
12-14 de noviembre;
27-29 de noviembre;
6-12 de diciembre.

La multiplicidad de estos flujos periódicos no debe ser motivo de graves dificultades, como no lo es el gran número de cometas que pueblan los espacios celestes, sin que pueda decirse falsa esta paridad, no obstante la diferencia esencial que existe entre un cometa aislado y un anillo de asteróides.

esta concordancia de ambos fenómenos, si bien la caida periódica de las estrellas vagas fué allí menos notable que en Richmond, cerca de Lóndres. En otro lugar me he hecho cargo de una observacion del almirante Wrangel (1) que le he oido confirmar muchas veces de palabra. Viajando por las costas de la Siberia en el mar Glacial, vió el almirante en medio de los resplandores de una aurora boreal ciertas partes del cielo que habian permanecido oscuras, iluminarse súbitamente al ser atravesadas por una estrella vaga, y conservar despues su color rojizo.

Estas miriadas de asteróides constituyen, á no dudarlo, diversas corrientes que vienen á cortar la órbita terrestre lo mismo que el cometa de Biela; y podemos imaginar, siguiendo esta idea, que su conjunto forma un anillo contínuo, dentro del cual siguen todos una misma direccion. Relaciones enteramente análogas hemos hallado ya en las órbitas estrechísimamente entrelazadas de los planetas menores situados entre Marte y Júpiter, escepto Palas. Mas por lo tocante á la teoría de estos anillos, forzoso es confesar que aun estan por decidir muchos puntos; por ejemplo: ¿varían las épocas de estas apariciones? ¿provienen los retardos que esperimentan, mucho tiempo há notados por mí, de una retrogradacion regular, ó son meramente efecto de una simple dislocacion oscilatoria de la línea de los nodos, es decir, de la línea de interseccion del plano de la órbita terrestre con el plano del anillo? Es muy posible que estos pequeños astros estén agrupados de una manera muy irregular; que sus distancias mútuas sean harto desiguales; y que su zona sea de tan considerable anchura, que necesitase la Tierra dias enteros para atravesarla. Los satélites de Saturno nos presentan ya un grupo sumamente ancho, compuesto de astros íntimamente ligados entre sí. La órbita del último satélite, del sépti-

(1) Fernando Wrangel, Viaje por las costas septentrionales de la Siberia 1820 á 1824, II part., pág. 259.—Sobre la vuelta de la grande aparicion de noviembre en períodos de 34 años, véase á Olbers en el *Annuaire* de Schumacher, 1837, pág. 280.—En Cumaná oí yo decir, que poco antes del temblor de tierra de 1776 se habia visto un fuego artificial celeste parecido al de la noche del 11 al 12 de noviembre de 1799; lo cual nos da un intervalo de 33 años, si bien es verdad que el temblor de tierra no acaeció á principios de noviembre, sino el 21 de octubre de 1776. El volcan Cayamba apareció cierta noche, por espacio de una hora, como rodeado de una lluvia de estrellas vagas; fenómeno que asustó hasta tal punto á los habitantes de Quito, que hicieron procesiones para aplacar la cólera celeste. Los viajeros que lleguen á Quito podrán quizás averiguar exactamente la fecha de este fenómeno. (*Rel. hist.*, t. I, cap. IV, pag. 307; cap X, pág. 520 y 527).

mo, es tan considerable, que laTierra emplea tres dias en recorrer una parte de la suya igual al diámetro de aquella.

Supongamos ahora, que en vez de ser homogéneos estos anillos que hemos considerado como compuestos de corrientes periódicas de estrellas vagas, no contengan sino un pequeño número de partes en que los grupos sean bastante densos para dar lugar á una de aquellas grandes apariciones, y se comprenderá fácilmente por qué los brillantes fenómenos del mes de noviembre de 1799 y 1833 se reproducen tan de tarde en tarde. Meditando Olbers profundamente sobre materia tan difícil, creyó poder anunciar con algun fundamento para la época del 12 al 14 de noviembre de 1867 la primera reproduccion del gran fenómeno de las estrellas vagas mezcladas con bólides, cayendo del cielo como copos de nieve.

La aparicion del mes de noviembre no ha sido visible algunas veces, sino en partes muy pequeñas de la superficie terrestre. Así, por ejemplo, la de 1837 fué muy brillante en Inglaterra, donde se la comparó á un *aguacero* de estrellas (*meteoric shower*), mientras que en Braunsberga, ciudad de Prusia, un observador habilísimo y atento no vió aquella misma noche mas que un corto número de estrellas vagas aisladas, por mas que el cielo permaneció constantemente sereno, y duró la observacion desde las siete de la noche hasta la aurora. Bessel ha deducido de estos hechos, que un grupo poco estenso de los asteroides del anillo pudo tocar á la region terrestre por la parte de Inglaterra, al paso que los paises mas orientales atravesaban otra parte del anillo, comparativamente mucho menos rica (1).

Si la hipótesis de una retrogradacion regular ó de una simple oscilacion de la línea de los nodos llegase á adquirir consistencia, los documentos antiguos serian objeto de un estudio especial é interesante. Tales son los Anales chinos, donde entre las noticias cometográficas se mencionan varias apariciones de metéoros, anteriores á la época de Tirteo ó de la segunda guerra mesenia. Citaremos, entre otras, dos apariciones del mes de marzo, una de las

(1) Copia de una carta que recibí, fecha de 24 de enero de 1838. El enorme enjambre de estrellas vagas del mes de noviembre de 1799, casi no fué visible mas que en América; pero allí se le observó desde Neu-Herrnhut, en la Groenlandia, hasta el Ecuador. El enjambre de 1831 y el de 1832 no se vieron mas que en Europa; y los de 1833 y 1834, tan solo en los Estados de la Union americana.

cuales se remonta al año 687 antes de la Era cristiana. Entre las cincuenta y dos apariciones que ha sacado Eduardo Biot de los Anales chinos, ha notado él mismo que las mas frecuentes son las del 20 al 22 de julio (estilo antiguo), las cuales podrian muy bien corresponder á la actual aparicion del dia de San Lorenzo (1). Boguslawski, hijo, ha descubierto en los anales de la Iglesia de Praga *(Benessii de Horowic Chronicon Ecclesiæ Pragensis)* una aparicion de estrellas vagas ocurrida el 21 de octubre de 1366 (est. ant.) Si esta aparicion, que entonces fué visible de dia, corresponde al fenómeno actual del mes de noviembre, puede deducirse de la precesion en 477 años, que el sistema completo de los metéoros, ó por mejor decir, su centro de gravedad, describe una órbita en torno del Sol con movimiento retrógrado.

Por último, de las teorías arriba espuestas resulta, que si en algunos años faltan á la par las dos apariciones de agosto y de noviembre en toda la superficie de la Tierra, debe buscarse la causa de esta anomalía, ya en una interrupcion del anillo, ya en los intervalos que dejen entre sí los grupos de asteroides; ya, en fin, como quiere Poisson (2), en la accion de los planetas, que puede modificar la forma y la situacion del anillo.

Ya lo hemos dicho: las masas sólidas que caen del cielo provienen de los bólides inflamados que se ven durante la noche; de dia, y estando el cielo sereno, caen con estrépito del seno de una nubecilla oscura, pero no llegan en estado de incandescencia, aunque sí muy calientes.

Ahora bien: estas masas traen por lo general, cual-

(1) Carta de M. Edouard Biot à M. Quételet, *sur les anciennes apparitions d'ètoiles filantes en Chine*, inserta en los *Bull. de l' Acad. de Bruxelles*, 1843, t. X, núm. 7, pág. 8.—Sobre la noticia sacada del *Chronicon Ecclesiæ Pragensis*, V. Boguslawski, hijo, en los *Annales* de Poggend., t. XLVIII, pág. 612.

(2) «Il paraît qu' un nombre qui semble inépuisable de corps trop petits pour être observés, se meuvent dans le ciel, soit autour du Soleil, soit autour des planètes, soit peut-être même autour des satellites. On supose que, quand ces corps sont rencontrés par notre atmosphère, la différence entre leur vitesse et celle de notre planéte est assez grande pour que le frottement qu' ils éprouvent contre l'air les erchauffe au point de les rendre incandescents et quelquefos de les faire éclater. Si le groupe des étoiles filantes forme un anneau continu autour du soleil, sa vitesse de circulation pourra être très-différente de celle de la Terre; et ses déplacements dans le ciel, par suite des actions planétaires, pourront encore rendre possible ou imposible, à différentes époques, le phénoméne de la rencontre dans le plan de l' éclipt̃que.» Poisson, *Recherches sur la probabilité des jugements*, págs. 306-307.

quiera que sea su orígen, un carácter comun que es imposible desconocer: las formas esteriores, las propiedades físicas de la corteza, la manera de agregacion química de sus elementos son siempre las mismas, en cualquier tiempo y lugar que caigan. Tan notable paridad de aspecto y de constitucion no era posible que se ocultase á los observadores; mas cuando se la examina individualmente hállanse tambien muy notables escepciones. Compárense los aerólitos mencionados por Pallas, la masa de hierro maleable de Hradschina en el condado de Agram, y la de las orillas del Sisim en el gobierno de Ieniseisk, ó bien aún las que yo traje de Méjico (1), todas las cuales contienen $\frac{96}{100}$ de hierro; compárense, digo, con los aerólitos de Siena que apenas tienen $\frac{2}{100}$ del mismo metal, ó con los de Alesia, Jonzac y Juvenas, desprovistos enteramente de hierro metálico, y reducidos simplemente á una mezcla cuyos elementos, perfectamente separados ya en cristales, puede distinguir un mineralogista, y dígasenos si es posible concebir oposicion mas marcada, diferencias mas radicales. De aquí la necesidad de distinguir estas masas cósmicas en dos clases: una, la de los hierros meteóricos combinados con el niquel; y otra, la de las piedras de grano fino ó basto.

Otro carácter particular de los aerólitos es el aspecto de su corteza exterior, cuyo espesor no pasa nunca de pocas líneas de superficie, reluciente como la pez, y surcada algunas veces por vetas ó ramificaciones muy pronunciadas (2). Uno solo, que yo sepa, forma escepcion bajo este concepto, y es el aerólito de Chantonnay (Vendée), cuyos poros y abolladuras constituyen otra singularidad casi tan rara como la del mismo aerólito. En todos los demas, la capa ó corteza negra es distinta del resto de la masa de color grís bastante claro, con una línea de separacion tan marcada como la del pedazo de granito blanco con veta negra ó aplomada, que traje yo (3) de las cataratas del Orinoco, y suele encontrarse en muchas otras, como

(1) Humboldt, *Ensayo político sobre la Nueva-España* (2.ª ed.), t. III, pág. 310.

(2) Plinio habia ya observado el color particular de la capa esterior de los aerólitos «*colore adusto*» (II, 56 y 58); la espresion «*lateribus pluisse*» se refiere tambien al aspecto de los aerólitos cuya superficie revela la accion del fuego.

(3) Humboldt, *Rel. hist.*; t. II, cap. XX, pág. 299-302

las del Nilo y el Congo, por ejemplo. El fuego mas violento de nuestros hornos de porcelana, no produce nada comparable á esta corteza, tan perfectamente distinta del resto de la masa de los aerólitos, cuando no han padecido interiormente ninguna alteracion. Ciertos hechos indican á la verdad, que algunos de estos fragmentos meteóricos han esperimentado una especie de reblandecimiento; mas, por lo general, el modo de agregacion de sus partes, la falta de aplanamiento á consecuencia de la caida, y el poco calor que poseen en aquel instante no permiten suponer que su masa interna haya estado en fusion durante el corto trayecto que recorren desde los límites de la atmósfera hasta la superficie de la tierra.

Berzelius ha hecho escrupulosamente la análisis química de estos cuerpos, y ha encontrado en ellos los mismos elementos que vemos esparcidos por la redondez de nuestro planeta, á saber: ocho metales, hierro, niquel, cobalto, manganeso, cromo, cobre, arsénico y estaño; y cinco tierras, potasa, sosa, azufre, fósforo y carbon; es decir, la tercera parte del número de los cuerpos simples hasta ahora conocidos.

Aunque las masas meteóricas se componen de los mismos elementos químicos que las especies minerales de nuestras montañas y llanuras, no por ello dejan de presentar en la combinacion de sus elementos un carácter diferente, y un aspecto extraño á nuestro globo. El hierro vírgen que se encuentra en casi todos los aerólitos les imprime tambien un sello especial; mas no por ello debe atribuirse este tipo esclusivamente á la Luna, pues nada se opone á que pueda haber otros astros desprovistos como ella de agua, y privados por lo tanto de las reacciones químicas que producen la oxidacion.

Por lo tocante á las vesículas gelatinosas, á las masas orgánicas semejantes á la *tremella nostoc*, que desde la edad media se vienen considerando como un producto cósmico, resíduo de las estrellas vagas, así como tambien á las piritas de Sterlitamak (al Oeste del Ural) tenidas por núcleos de pedriscos (1), son cosas que deben colocarse entre los mitos de la meteorologia.

Los aerólitos de estructura fina y granulada, compuestos de olivina, verde-mar y labrador (2) son los únicos,

(1) Gustavo Rose, *viaje al Ural*, t. II, pág. 202, ed. alem.
(2) El mismo autor, en los *Annales* de Poggendorf, 1825, t. IV, pági-

segun ha observado Gustavo Rose, que se parecen á nuestros minerales (tal es el aerólito de Juvenas, muy semejante á la dolerita); pues contienen sustancias cristalinas como las que se encuentran en la corteza terrestre; y aun en el hierro meteórico de la Siberia, citado por Pallas, la olivina no se distingue de la ordinaria mas que por la falta del niquel, al cual reemplaza el óxido de estaño (1). Teniendo presente que la olivina meteórica contiene 47 ó 49 centésimas partes de magnesia, como nuestros basaltos, y que constituye, segun Berzelius, mas de la mitad de las porciones térreas de los aerólitos, no parecerá extraño que se encuentre en estas masas cósmicas tan gran cantidad de silicatos de magnesia. Y como el aerólito de Juvenas contiene cristales separables de verde-mar y de labrador, podemos deducir del análisis de las piedras meteóricas de Chateau-Renard, de Blansko y de Chantonnay, que la primera es probablemente una diorita compuesta de hornblende y de albita, y que las otras dos son combinaciones de hornblende y de labrador.

Empero estas analogías me parecen argumentos muy débiles en pro del origen terrestre ó atmosférico que se ha querido atribuir á los aerólitos. Porque no hay razon ninguna (y en esto pudiera referirme á la célebre conversacion de Newton y Conduit en Kensington) (2), para suponer que los elementos de un mismo grupo de astros, de un mismo sistema planetario, no sean en gran parte idénticos. ¿Ni cómo admitir el principio de la heterogeneidad de los planetas, despues del magnífico sistema que explica

nas 173-192. Rammelsberg, *Prim. suplem. al Diccion. de Quím. y de Mineral.*, 1843, pág. 102, ed. alem.

«Hay un hecho muy notable, dice Olbers, puesto que largo tiempo olvidado, y es que jamás se ha encontrado ningun *aerólito fósil* entre las conchas fósiles de los terrenos secundarios y terciarios. ¿Deberá deducirse de esto, que aunque en la actualidad caen probablemente, segun los cálculos de Schreibers, sobre setecientos aerólitos por año en la superficie de nuestro globo, no debió de caer ninguno absolutamente antes de la formacion de esta misma superficie?» (Olbers, *Annuaire de* Schum., 1838, pág. 329). En el Norte de Asia (lavaderos de oro de Petropawlowsk) se han encontrado á 12 varas debajo de tierra varios pedazos de hierro vírgen niquelífero, de carácter muy dudoso, y mas recientemente aún en los Carpatas occidentales (minas de Magura, cerca de Szlanicz). Cf. Erman, *Arch. des conn. scientif. en Russie*, t. I, p. 315; y Haidinger, *Rapport sur les mines de Szlanicz en Hongrie*.

(1) Berzelius, *Rapp. ann.*, t. XV, págs. 217 y 231, Rammelsberg, *Dicc.*, 2.ª parte, págs. 25-28, ed. alem.

(2) «Sir Isaac said, he took all the planets to be composed of the same matter with this earth, viz. earth, water and stones, but variously concocted.» Turner, *Collections for the hist. of Grantham cont. authentic Memoirs of Sir Isaac Newton*, p. 172.

su génesis por la condensacion gradual de anillos gaseosos, sucesivamente abandonados por la atmósfera solar? En mi concepto, no hay mas razon para atribuir esclusivamente la calificacion de sustancias terrestres al niquel, al hierro, á la olivina ó al pirógeno (vulgarmente verde-mar, especie de esmeralda) de los aerólitos, que la que podria yo tener, por ejemplo, para designar como especies europeas de la flora asiática, las plantas alemanas que encontré allende el Oby.

Y si los astros de un mismo sistema se componen de iguales elementos, ¿cómo no admitir que estos elementos idénticos, sometidos á las leyes de una atraccion mútua, puedan combinarse en proporciones determinadas y dar orígen, ya á las resplandecientes cúpulas de nieve ó de hielo que cubren las regiones polares de Marte, ya, en otros astros, á las pequeñas masas meteóricas que, como los minerales de nuestras montañas, contienen cristales de olivina, de verde-mar y de labrador? Jamás debemos abandonar cosa ninguna al capricho de lo arbitrario, y hasta en el campo de las conjeturas es preciso que el espíritu se deje guiar por la induccion.

El disco del Sol se oscurece momentáneamente en ciertas épocas, y su luz se debilita hasta tal punto que llegan á ser visibles las estrellas en medio del dia. En 1547, hácia la época de la funesta batalla de Mühlberg, se realizó por espacio de tres dias completos un fenómeno de esta naturaleza, que no puede explicarse ni por las nieblas ni por las cenizas volcánicas. Keplero trató de buscarle una causa, primeramente en la interposicion de una *materia cosmética,* y despues en una nube negra que suponia formada por emanaciones fuliginosas salidas del cuerpo mismo del Sol. Chladni y Schnurrer atribuian al paso de materias meteóricas por delante del disco de este astro, los fenómenos análogos ocurridos en los años de 1090 y 1203, de los cuales el primero duró tan solamente tres horas, y seis el segundo. Desde que á las estrellas vagas se las ha considerado, como formando un anillo continuo, situado en el sentido de su direccion comun, háse notado una coincidencia verdaderamente singular entre la vuelta periódica de las lluvias de metéoros y las manifestaciones de los misteriosos fenómenos de que hablamos; y á fuerza de ingeniosas investigaciones y de un exámen profundo de todos los hechos conocidos, ha llegado Adolfo Erman hasta señalar dos épocas del año, el 7 de febrero y el 12 de mayo, en las cuales se ha manifestado esta coincidencia de una manera notable.

Pues bien: la primera de estas dos épocas corresponde cabalmente á la conjuncion de las estrellas vagas que se hallan en agosto en oposicion con el Sol; y la segunda, á la conjuncion de los asteróides de noviembre y á los famosos *dias frios* de las creencias populares (dias de San Mamerto, San Pancracio y San Servasío) (1).

Los filósofos griegos, tan poco dados á la observacion como ardientes y fecundos en sistemas cuando se trataba de explicar fenómenos que apenas habian vislumbrado, nos dejaron sobre los aerólitos y las estrellas vagas, consideraciones muy semejantes á las ideas aceptadas hoy generalmente acerca del orígen cósmico de estos meteóros. «Piensan algunos filósofos, dice Plutarco en la vida de Lisandro (2), que las estrellas vagas no provienen de partículas desprendidas del éter que llegan á apagarse en el aire luego al punto de haberse inflamado; ni que tampoco

(1) Adolfo Erman, en los *Ann.* de Poggendorf, 1839, t. XLVIII, páginas 582-601.

Algunos años antes dudaba Biot que la corriente de asteroides de noviembre debiese reaparecer à principios de mayo. (*Comptes rendus*, 1836, tomo II, pág. 670). Mädler ha tratado de averiguar, valiéndose de ochenta y seis años de observaciones meteorológicas hechas en Berlin, lo que debe pensarse sobre la creencia popular de los tres famosos dias frios del mes de mayo (*Trabajos de la Union para el adelanto de la horticultura*, 1834, pág, 377), y ha encontrado, en efecto, que el 11, 12 y 13 de mayo retrograda la temperatura 1°, 22, precisamente en la época del año en que el movimiento ascendente debería ser mas señalado. Mucho convendria que este curioso fenómeno, atribuido hasta ahora al deshielo de las nieves del N. O. de Europa, pudiese ser observado simultáneamente en puntos muy distantes entre sí, como, por ejemplo, en América y en el hemisferio austral. Cf. el *Bolet. de la Acad. imp. de S. Petersburgo*, 1843, t. I, núm. 4.

(2) Plut., *Vitæ par. in Lysandro*, cap. 22. Si hemos de estar á la narracion de Damaco (Daimachos) vióse á una nube inflamada lanzar por espacio de sesenta dias consecutivos chispas semejantes á estrellas vagas, descender despues, y arrojar por último la piedra de Ægos-Potamos, que solo formaba una pequeña parte de la nube.» Esta narracion es inverosimil, pues de ella resultaría que el bólide debió moverse durante 60 dias en la misma direccion y con la misma velocidad que la Tierra, circunstancia que no se realizó sino durante muy pocos minutos en el bólide de 19 de julio de 1686, descrito por Halley (*Transact.*, t. XXIX, pág. 163). Por lo demás, este Daimachos, el escritor, podria ser muy bien el Daimachos de Platea enviado por Seleuco á las Indias al hijo de Andrócoto, y á quien Estrabon (pág. 70, Casaub.) presenta como un gran narrador de fabulas; lo cual tambien parece que lo da á entender un pasage de Plutarco (*Compar. Potonis, C. Pop., cap.* 4). Sea de ello lo que quiera, trátase aquí solamente de la narracion harto tardía de un autor que escribia en la Trácia, siglo y medio despues de la caida del célebre aerólito, y de cuya veracidad duda tambien Plutarco.

nacen de la combustion del aire que se disuelve en gran cantidad en las regiones superiores, sino que son mas bien *cuerpos celestes que caen*, es decir, que sustraidos de cierta manera al movimiento de rotacion general se precipitan al punto irregularmente, no tan solo en las regiones habitadas de la Tierra, sino tambien en el gran Océano, de donde resulta que no se les puede encontrar.» Diógenes de Apolonia se expresa en términos aun mas claros (1): «Entre las estrellas visibles, dice, se mueven tambien estrellas invisibles á las cuales por lo tanto no se ha podido dar nombre. Estas últimas caen frecuentemente sobre la Tierra, apagándose en seguida como *aquella estrella de piedra* que cayó hecha ascuas cerca de Ægos-Pótamos.» Sin duda se hallaba inspirado por una doctrina mas antigua el filósofo de Apolonia, el cual creia tambien que los astros eran semejantes á la piedra pómez. En efecto, Anaxágoras de Clazomeno se figuraba todos los cuerpos celestes «como fragmentos de rocas que el éter por la fuerza de su movimiento giratorio hubiese arrancado á la tierra, inflamándolas despues y transformándolas en estrellas.» Así, pues, la escuela jónica, lo mismo que Diógenes de Apolonia, colocaba los aerólitos y los astros en una sola é idéntica clase, asignándoles un mismo orígen terrestre, puesto que solo en el sentido de que la Tierra, como cuerpo central, suministra la materia á cuantos le rodean (2); á la manera que con nuestras ideas actuales derivamos el sistema planetario de la atmósfera primitivamente dilatada de otro cuerpo central, el Sol. Debemos guardarnos de confundir estas ideas con lo que comunmente se llama el orígen terrestre ó atmosférico de los aerólitos, ó con la

(1) Stob., ed. Heeren, I, 25, pág. 508. Plut., De *plac. Philos.*, II, 13

(2) El pasage notable de Plutarco (De plac. Philos., II, 13) se halla concebido en estos términos. «Anaxágoras enseña que el éter ambiente es de naturaleza ígnea, y que por la fuerza *de su movimiento giratorio* arranca pedruscos de la Tierra, los pone incandescentes y los transforma en estrellas.» Parece que el filósofo de Clazomeno explicaba tambien, por un efecto análogo del movimiento general de rotacion, la caida del leon de Nemea, que segun una antigua tradicion caia *de la Luna* en el Peloponeso (Eli., XII, 7; Plut., *De facie in orbe luna*, c. 24; *Schol ex Cod. Paris. in Apoll. Argon.*, lib. I, pág. 498; ed, Schæf., t. II, pág. 40; Meineke, *Annal. Alex.*, 1843, pág. 85). Poco há teníamos *piedras de la Luna*, y hé aquí que al presente nos encontramos ya con un animal caido tambien de la Luna. Segun la ingeniosa observacion de Bœckh, este antiguo mito del leon lunario de Nemea tiene un orígen astronómico, y cronológicamente se halla en relacion simbólica con el ciclo de intercalacion del año lunar, con el culto de la Luna en Nemea, y con los juegos de que iba acompañado.

singular opinion de Aristóteles, el cual no veia en la enorme másа de Ægos-Pótamos, sino una piedra arrebatada por un huracan:

Hay una disposicion de ánimo mas dañosa quizás que la credulidad destituida de toda crítica, y es la arrogante incredulidad que rechaza los hechos sin dignarse profundizarlos. Estás dos estravagancias del espíritu oponen grándes obstáculos al progreso de la ciencia. En vano los anales de los pueblos hablan, mas ha de 25 siglos, de piedras caidas del cielo; á pesar de tantos hechos apoyados en testímonios oculares, irrecusablès, tales como los *bœtilios* que tan gran papel desempeñaron en el culto de los metéoros entre los antiguos; el aerólito que los compañeros de Cortés vieron en Cholula y que habia caido en la pirámide inmediata; las masas de hierro meteórico de que se servian los califas y los príncipes mogoles para forjar hojas de sables; los varios hombres muertos por piedras caidas del cielo, como por ejemplo, un fraile de Cremona el 4 de setiembre de 1511, otro fraile de Milan en 1650 y dos marineros suecos heridos dentro de su buque en 1674; á pesar, digo, de tantas pruebas acumuladas, entregóse al olvido un fenómeno cósmico de tamaña importancia, é ignoráronse sus íntimas relaciones con el mundo planetario hasta la época de Chladni, sábio ilustre ya por su descubrimiento de las líneas nodales.

Hoy, empero, es imposible contemplar con mirada indiferente las magníficas apariciones de las noches de noviembre y agosto; diré mas, uno solo de esos rápidos metéoros bastará á las veces para dar orígen á graves y profundas meditaciones. Ver surgir de súbito el movimiento en medio de la apacible tranquilidad de la noche y turbarse por un momento el sereno brillo de la bóveda estrellada; seguir con la vista al metéoro que cae dibujando en el firmamento una línea luminosa ¿no nos trae luego al punto á la imaginacion esos espacios infinitos llenos por todas partes de materia y vivificados do quiera por el movimiento? ¿Qué importa la escesiva pequeñez de esos metéoros en un sistema que tiene, al lado del enorme volúmen del Sol, átomos tales como Céres ó como el primer satélite de Saturno? ¿Qué importa su repentina desaparicion cuando un fenómeno de otro órden, la estincion de las estrellas que brillaban poco há en Casiopea, en el Cisne y en el Serpentario, nos ha obligado ya á admitir que puede haber, y hay de hecho, en los espacios celestes, muchos más astros dé los que en ellos por lo comun vemos? Al presente ya lo sabemos: las estrellas vagas son agregaciones de materia, verdaderos asteroides que circulan en torno del Sol, que atraviesan como los cometas las órbitas de los grandes planetas y que brillan por último cerca de nuestra atmósfera, ó á lo menos en sus últimas capas.

Aislados en nuestro planeta de todas las partes de la creacion no comprendidas en los límites de nuestra atmósfera, no estamos en comunicacion con los cuerpos celestes sino por el intermedio de los rayos, tan intimamente unidos, de la luz y del calor (1) y por la misteriosa atraccion que los cuerpos lejanos ejercen en razon de su masa sobre nuestro globo, nuestros mares, y aun sobre las capas de aire que nos rodean.

Mas si los aerólitos y las estrellas vagas son realmente asteroides planetarios, su manera de comunicacion con nosotros cambia de naturaleza, se hace mas directa y se materializa en cierto modo. No se trata ya, en efecto, de aquellos cuerpos lejanos cuya accion sobre la Tierra se limita á ocasionar vibraciones luminosas y caloríficas, ó á producir movimientos con arreglo á las leyes de una gravitacion recíproca; sino de cuerpos materiales, tanjibles, que abandonando los espacios celestes atraviesan nuestra atmósfera y vienen á chocar con la Tierra, formando desde entonces parte de ella: único acontecimiento cósmico que puede poner á nuestro planeta en contacto con el resto del Universo. Acostumbrados como *estamos á no conocer los séres colocados fuera de nuestro* globo sino por la via de las medidas, del cálculo y del raciocinio, nos sorprende el poder ahora tocarlos, pesarlos y analizarlos. Así pone en juego la ciencia los secretos resortes de la imaginacion y las fuerzas vivas de nuestra alma, mientras que el vulgo no vé en estos fenómenos sino

(1) Hé aquí un pasaje memorable de Keplero sobre las irradiaciones caloríficas de las estrellas; una de esas inspiraciones que á cada paso se encuentran en los escritos de este grande ingenio: Lucis proprium est calor: sydera omnia calefaciunt. De syderum luce claritatis ratio testatur calorem universorum in minori esse proportione ad calorem unius solis quam ut ab homine, cujus est certa caloris mensura, uterque simul percipi et judicari possit. De cincindularum lucula tenuissima negare non potes, quin cum calore sit. Vivunt enim et moventur, hoc autem non sine calefactione perficitur. Sed neque putrescentium lignorum lux suo calore destituitur; nam ipsa putredo quidem lentus ignis est. Inest et stirpibus suus calor.» *Paralipomena in Vitell. Astron., pars. optica*, 1604, (Prop. XXXII. p. 25). Cf. Képler, *Epit. Astrom. Copernicanæ*, 1618, t. I, libro I, pág, 35.»

chispas que se encienden y se apagan, ni descubre en las piedras negruzcas que caen con estrépito del seno de las nubes, sino el grosero producto de una convulsion de la Naturaleza.

Aunque estos enjambres de asteroides, en cuyo estudio nos hemos detenido con especial prediLeccion, se asemejan á los cometas por la pequeñez de sus masas y por la multiplicidad de sus órbitas, difieren esencialmente de ellos, sin embargo, por el mero hecho de que no brillan ni son visibles para nosotros, sino en el momento mismo en que atraviesan la esfera de accion de nuestro globo.

El estudio de estos metéoros no completa aun el cuadro de nuestro sistema planetario, que tan complejo se ha hecho y tan rico en formas variadas, desde el descubrimiento de los planetas menores, de los cometas interiores de corto período y de los asteroides meteóricos; réstanos todavía hablar del anillo de materia cósmica á que se atribuye la luz zodiacal, ya citada diferentes veces en el discurso de esta obra.

Todo el que haya pasado años enteros en la zona de las palmeras, conservará indeleblemente el dulce recuerdo de aquella pirámide de luz que ilumina una parte de las noches, siempre iguales, de los trópicos. De mí sé decir, que la he visto tan brillante como la via láctea en Sagitario, no ya solo sobre la cima de los Andes, en aquellas alturas de 10000 á 15000 pies donde tan puro y raro es el aire, sino tambien en los inmensos llanos de Venezuela, y á orillas del mar bajo el sereno cielo de Cumaná. Con todo, algunas veces se proyecta una nubecilla sobre la luz zodiacal y contrasta de una manera muy pintoresca con el fondo luminoso del cielo, siendo entonces bellísimo sobre toda ponderacion el fenómeno.

Hé aquí como describia yo este juego de la atmósfera en mi diario de viaje, desde Lima á la costa occidental de Méjico:

«Hace tres ó cuatro noches (entre 10° y 11° de latitud sept.) que se me presenta la luz zodiacal con una magnificencia para mí de todo punto nueva. Por el brillo de las estrellas y de las nebulosas, podría creerse que la transparencia de la atmósfera es estraordinaria en esta parte del mar del Sud. Desde el 14 al 19 de marzo, por lo regular tres cuartos de hora despues de puesto el Sol, era imposible distinguir el menor rayo de luz zodiacal, no obstante que la oscuridad era completa. Una hora despues de puesto el Sol, aparecia súbitamente con gran brillo entre Aldebaran y las Pleyades; el 18 de marzo se hallaba á la altura de 39° 5'. Cerca del horizonte, se estendian acá y allá nubecillas prolongadas sobre un fondo amarillo; mas arriba, matizaban otras nubes el azul del cielo con sus mil variados y vistosos colores, ofreciendo un aspecto semejante al de una segunda puesta de Sol. La claridad de la noche se aumentaba entonces por aquella parte de la bóveda celeste, hasta igualarse casi con la del primer cuarto de Luna. A las 10, la luz zodiacal era ya muy débil, y á la media noche apenas se divisaba rastro de ella en aquella parte del mar del Sud. El 16 de marzo, cuando mas vivamente resplandecia, se vislumbraba una débil reverberacion hácia el Oriente.»

Muy al contrario sucede en nuestros climas del Norte, en estas regiones brumosas que se llaman templadas: la luz zodiacal no es distintamente visible en ellas sino al principio de la primavera, despues del crepúsculo vespertino, y sobre el horizonte occidental; y á fines de otoño en el oriental, antes del crepúsculo matutino.

Apenas se comprende que tan notable fenómeno no haya llamado la atencion de los físicos y los astrónomos hasta mediados del siglo XVII, y que se haya escapado tambien á los árabes, que tantas observaciones hicieron en la antigua Bractiana, en las márgenes del Eufrates y en el Mediodia de España.

No es menos sorprendente, por lo demas, el tardío descubrimiento de las dos nebulosas de Andrómeda y de Orion, que Simon Mario y Huyghens describièron los primeros.

La primera descripcion bien clara de la luz zodiacal, se encuentra en la *Britannia Baconica* de Childrey (1)

(1) «There is another thing. which I recommend to the observation of mathematical men: wich is, that in February, and for a little before, and a little after that month (as I have observed several years together) about six in the evening, when the Twilight hath almost deserted the horizon, you shall see a plainly discernable way of the Twilight striking up toward the Pleiades, and seeming almost to touch them. It is so observed any clear night, but it is best *illac nocte*. There is no such way to be observed at any other time of the year (that I can perceive), nor any other way at that time to be perceived darting up elsewhere. And I believe it hath been and will be constantly visible at that time of the year. But what the cause of it in nature should be, I cannot yet imagine, but leave it to further inquiry.» Childrey, *Britannia Baconica*, 1661, p. 183. Tal es la primera y la mas sencilla descripcion de este fenómeno (Cassini, *Découverte de la lumière celeste qui pa-*

de 1661, no habiéndose hecho la primera observacion sino dos ó tres años antes; pero indudablemente pertenece á Domingo Casini la gloria de haber sometido antes que nadie este fenómeno á un exámen detenido y profundo (en la primavera de 1683).

Por lo tocante á la luz que se vió en Bolonia el año de 1668, y que por el mismo tiempo veia tambien el célebre viajero Chardin, no era, como se ha supuesto (1), la luz zo-

rait dans le zodiaque, en las *Mém. de l'Acad.*, t. VIII, 1730, p. 276. Mairan, *Traité physique de l'aurore boréale*, 1754, p. 16). La notabilísima obra de Childrey, de donde hemos sacado el precedente pasaje, contiene tambien (pág. 91) pormenores muy bien fundados acerca de las épocas del *maximum* y el *minimum* en la distribucion anual del calórico y en las variaciones diurnas de la temperatura, y algunas consideraciones sobre el retardo que para la produccion del efecto máximo ó mínimo se manifiesta en todos los fenómenos meteorológicos. Por desgracia, el capellan del lord Enrique de Somerset enseña al mismo tiempo en su filosofía bacónica, que la Tierra es prolongada hacia los polos (idea que tambien tenia Bernardino de Saint-Pierre). «Al principio, dice, era la Tierra perfectamente esférica, mas el continuo aumento de capas de hielo por uno y otro polo ha modificado esta figura; y como el hielo se forma del agua, de aquí el que la masa de esta disminuya por todas partes.»

(1) Domingo Cassini (*Mém. de l'Acad.*, t. VIII, 1730, p. 188), y Mairan (*Aurore boréale*, p. 16), han creido encontrar la luz zodiacal en el fenómeno que se vió en Persia el año de 1668. Delambre (*Hist. de l'Astron. moderne*, t. II, p. 742) atribuye el descubrimiento de esta luz al célebre viajero Chardin; pero el mismo Chardin presenta este *nyazouk* (se pronuncia *nizek*, que significa lanza pequeña) en el *Couronnement de Soliman* y en otros lugares de la narracion de su viaje (ed. de Langlés, t. IV, p. 326; t. X, p. 97), como «la grande et fameuse comète qui parut presque par toute la terre, en 1668, et dont la tête était cachée dans l'occident, de sorte qu'on ne pouvait en rien apercevoir sur l'horizon d'Ispahan.» (*Atlas du voy*, de Chardin, tabl. IV). Despues de las observaciones hechas en Schiraz, se vió la cabeza de este cometa en el Brasil y en las Indias (Pingré, *Cométographie*, t. II, pág. 22). Sobre la presunta identidad del último cometa grande de 1843 con el que Cassini tomó por la luz zodiacal, V. las *Not. astron.* de Schum., 1843, número 476, 1480. Las voces persas *nizehi*, *dteschin* (dardos ó lanzas de fuego) se aplican tambien á los rayos del sol naciente y poniente; asimismo, la voz arábiga *naydzik* la traduce Freytag en su diccionario por *stellæ cadentes*. Por lo demas, estas singulares denominaciones aplicadas á los cometas por comparacion con las lanzas y las espadas, se encuentran en todas las lenguas, principalmente en el período de la edad media; y lo que es mas, el gran cometa que apareció el año de 1500, desde abril hasta junio, se halla siempre designado en los escritores italianos de aquella época con el nombre de *il signor Astone* (V. mi *Exám. crítico de la hist. de la geografía*, t. V, p. 80). No falta quien haya afirmado que Descartes (Cassini, pág. 230; Mairan, pág. 16) y aun Keplero (Delambre, t. I, p. 601) conocieron la luz zodiacal; pero semejante opinion me parece inadmisible. Descartes (*Principes*, III, arts. CXXXVI, CXXXVII) explica con mucha oscuridad la formacion de las colas de los cometas por «rayos oblícuos, que cayendo sobre diversas partes de los orbes planetarios, llegan á nuestra vista desde las partes laterales, merced á una refraccion extraordinaria;» y dice tambien que los cometas que se ven en el crepúsculo vespertino ó en el matutino pueden aparecernos «como una larga viga» cuando el Sol se encuentra entre el cometa y la Tierra. Estos pasages no se refieren á la luz zodiacal, como ni tampoco aquel otro en que Keplero habla de una atmósfera solar (*limbus circa solem, coma lucida*), la cual, dice, impide que la oscuridad sea completa durante los eclipses totales de

diacal, sino la enorme cola de un cometa cuya cabeza se ocultaba bajo el horizonte, y que debia de tener grande analogía de aspecto y de posicion con el largo cometa de 1843. Los astrólogos de la corte de Ispahan, segun Chardin, no habian observado nunca hasta entonces aquella luz, y la llamaron *nysek*, es decir, lancilla. Pero si en la luz de 1668 no, en la que se vió en 1509 por espacio de cuarenta noches consecutivas subir como una pirámide por encima del horizonte oriental de la meseta mejicana, es imposible dejar de reconocer la luz zodiacal. En un manuscrito de los antiguos Aztecas, perteneciente á la Biblioteca real de Paris (*Codex Telleriano-Remensis*), es donde he visto mencionado este curioso fenómeno (1).

Asi, pues, la luz zodiacal ha existido en todo tiempo, por mas que su descubrimiento en Europa no date sino desde Childrey y Domingo Casini. Algunos han querido atribuirla á cierta atmósfera del Sol; pero esta explicacion es inadmisible, porque, segun las leyes de la mecánica, el aplanamiento de la atmósfera solar no puede esceder del de un esferoide, cuyos ejes esten en la razon de 2 á 3, y por lo tanto sus capas estremas no pueden extenderse mas

Sol. Tampoco es exacto, como dicen Cassini (pág. 231, art. XXXI) y Mairan (pág. 15), que las palabras «*trabes quas δοκοὺς vocant*» (Plin. II, 26 y 27) se refieren á la luz zodiacal que sube por el horizonte en forma de lengua. La palabra *trabes* se halla siempre aplicada entre los antiguos á los bólides (*ardores et faces*) y á otros metéoros igneos, ó bien á los cometas de larga cabellera (Sobre las voces δοκός, δοκιας, δοκίτης, V. Schæfer. *Schol. Par. ad Apoll. Rhod.*, 1813, t. II, pág. 206; Pseudo-Aristot., *de Mundo*, 2, 9; *Comment. Alex.*, *Joh. Philop. et Olymp.*, *in Aristot. Meteor.*, lib. I, cap. VII, 3, pág. 195, ed. Ideler; Séneca, *Nat. Quæst.*, t. I.

(1) Humboldt, *Monumentos de los pueblos indigenas de América*, tomo II, pág. 301. Este rarísimo manuscrito proviene de la Biblioteca de Letellier, arzobispo de Reims, y contiene muchos pasajes sacados de un ritual azteca, de un calendario astrológico y de anales históricos que se estienden desde 1197 á 1549, los cuales refieren á la par los fenómenos naturales, la fecha de los temblores de tierra, la aparicion de los cometas (por ejemplo, los de 1490 y 1529) y varios eclipses de Sol muy importantes para la cronología mejicana. En el manuscrito de Camargo, *Historia de Tlascala*, la luz que subia del horizonte occidental casi hasta el zénit, se halla calificada de «resplandeciente y como salpicada de estrellas muy unidas.» Semejante descripcion de un fenómeno que duró cuarenta dias, no puede aplicarse en ninguna manera á las erupciones de Popocatepetl, volcan situado allí á muy corta distancia hacia la parte del S. E. (Prescott, *Hist of the Conquest of Mexico*, t. I, pág. 134). Comentaristas mas modernos han confundido aquella aparicion en que Motezuma creia ver el presagio de una gran desventura, con la «estrella que humeaba» (propiamente, que *centelleaba*; en mejicano, *choloa*, salpicar y centellear). Por lo que toca á la conexion de este *vapor* con la estrella *Citlal Choloha* (Venus) y con el *Monte de la Estrella* (Citlalsepetl ó el volcan de Orizaba) véase mi obra sobre los *Monumentos*, t. II, pág. 303.

allá de los $\frac{9}{20}$ del radio de la órbita de Mercurio. Las mismas leyes mecánicas fijan tambien los límites ecuatoriales de la atmósfera de un cuerpo que gira sobre sí mismo, en el punto donde la gravedad se equilibra con la fuerza centrífuga; único punto donde la revolucion de un satélite duraría tanto como la rotacion del astro central (1). Esta limitacion tan estrecha de la atmósfera *actual* de nuestro Sol se echa de ver mucho mas, cuando se la compara con la de las estrellas nebulosas. Herschell ha hallado algunas, cuyo diámetro aparente llega á 150''; y suponiendo que la paralaje de estos astros sea de menos de 1'', resulta que la distancia de la estrella central á las últimas capas de la nebulosidad, equivale á 150 radios de la órbita terrestre. Luego si una de estas estrellas nebulosas ocupase el lugar de nuestro sol, su atmósfera comprenderia no ya solo la órbita de Urano, sino una distancia ocho veces mayor (2).

La atmósfera solar está encerrada, por lo tanto, en límites mas estrechos que los comprendidos por la luz zodiacal. Este fenómeno se explica mejor suponiendo que entre la órbita de Venus y la de Marte existe un anillo muy aplanado, compuesto de materias nebulosas, y que gira libremente en los espacios celestes (3). Quizás se halle este anillo en relacion con la materia cósmica que creemos esté mas condensada en las regiones inmediatas al Sol; ó acasa se aumente sin cesar con las nebulosidades que abando-

(1) Laplace, *Exposit. du Syst. du Monde*, p. 270; *Mécanique celeste*, t. II, págs. 169 y 171. Schubert, *Astron.*, t. III, §. 206.

(2) Arago, *Annuaire* de 1842, pág. 408. Cf. las consideraciones de sir John Herschell acerca del poco volúmen y brillo de las nebulosas planetarias, en la obra de Mary Sommerville, *Connexjon of the Phys. Sciences*, 1835, página 108. La idea de que el Sol es una *estrella nebulosa*, cuya atmósfera produce el fenómeno de la luz zodiacal, no fué emitida por Domingo Cassini, sino por Mairan en 1731 (*Traité de l' aurore bor.*, págs. 47 y 263. Arago, en el *Annuaire* de 1842, pág. 412). Esta idea no es mas que una reproduccion del pensamiento de Keplero.

(3) Para explicar la forma de la luz zodiacal recurrió Domingo Cassini, como despues lo hicieron Laplace, Schubert y Poisson, á la *hipótesis* de un anillo aislado. Hé aquí sus palabras: «Si les orbites de Mercure et de Vénus étaient visibles (matériellement, dans toute l' étendue de leur surface), nous les verrions habituellement de la même figure et dans la même disposition à l'égard du soleil, et aux mêmes temps de l'année que la lumière zodiacale.» (*Mem. de l' Acad.*, t. VIII. 1730, pág. 218; y Biot, *Comptes rendus*, 1836, t. III, pág. 666). Cassini suponia formado el *anillo nebuloso de la luz zodiacal* por una infinidad de corpúsculos planetarios circulantes en *torno del Sol; y no se hallaba muy distante* de creer que la caida de los bólides tenia relacion con el paso de la Tierra por en medio de este anillo nebuloso. Olmsted y principalmente Biot (obra cit., pág. 673) han *tratado* de referir á este mismo paso la lluvia de estrellas vagas del mes de noviembre; *mas Olbers* ha suscitado sobre este punto varias dudas (*Annuario* de

nan en el espacio las colas de los cometas (1). Tan difícil es decidirse sobre este punto, como determinar las verdaderas dimensiones del anillo, las cuales, por otra parte, deben de ser variables, atento que el anillo se halla á las veces comprendido todo entero dentro de la órbita de la Tierra.

Las partículas de las nebulosidades de que este anillo se compone pueden ser luminosas por sí mismas, ó bien reflejar simplemente la luz del Sol. La primera suposicion no me parece inadmisible, pues podria citarse en su apoyo la célebre niebla de 1783, que en medio de la oscura noche de un novilunio producia una luz fosfórica bastante intensa, hasta el punto de iluminar los objetos y hacerlos visibles á distancia de cuarenta varas (2).

En las regiones tropicales de la América del Sud, han escitado frecuentemente mi admiracion las variaciones de intensidad que la luz zodiacal esperimenta. Como entonces pasaba yo durante meses enteros las noches al raso, ya á orillas de los rios, ó ya en los *Llanos*, tuve frecuentes y repetidas ocasiones de examinar atentamente este fenómeno. Cuando la luz zodiacal llegaba al maximun de su intensidad, se debilitaba considerablemente á los pocos minutos, y luego volvia otra vez de súbito á recobrar su pristino brillo. Nunca llegué à ver, como asegura Mairan, ni coloracion rojiza, ni arco inferior oscuro, ni aun centelleo; pero si observé algunas veces cierta rápida ondulacion que atravesaba la pirámide luminosa. ¿Será que realmente padezca cambios y alteraciones el anillo nebuloso? Por ventura, ¿no será mas probable que en el momento mismo en que mis instrumentos meteorológicos no me revelaban variacion ninguna de temperatura ó de humedad en las regiones inferiores de la atmósfera, se operasen no obstante en las capas superiores, sin yo advertirlo, condensaciones capaces de modificar la transparencia del aire, ó mas bien su poder reflector?

Schum., 1837, pág. 281). Houzeau, en las *Notic. astron.* de Schum. 1843, número 492, pág. 190, examina si el plano de la luz zodiacal coincide exactamente con el plano del ecuador solar.

(1) *Astronom.* de sir John Herschell, §. 487.

(2) Arago, en el *Annuaire* de 1842, pág. 246. Varios hechos indican, al parecer, que cuando una masa se ha ido dividiendo por medios mecánicos todo lo posible, llega un caso en que la tension eléctrica puede aumentarse lo bastante para desarrollar luz y calor. Las tentativas hechas hasta ahora con los mayores espejos cóncavos que se conocen, no han suministrado aun ninguna prueba concluyente en pró de la existencia de calórico radiante en

Observaciones de un género enteramente distinto podrian justificar, caso necesario, esta apelacion á causas meteorológicas que suponemos obrando allá en los límites de nuestra atmósfera. En efecto, Olbers ha notado «los cambios de brillantez que se propagan en pocos segundos del un cabo al otro de las colas cometarias, causando en su estension, ya un aumento, ya una disminucion de varios grados; y como las diversas partes de una cola de algunos millones de leguas deben de estar entre sí muy desigualmente distantes de la Tierra, resulta por consecuencia que la propagacion gradual de la luz no nos permitiría divisar, en tan corto intervalo de tiempo, los cambios que realmente pudiese esperimentar un astro de estension tan considerable (1).

la luz zodiacal (Carta de Matthiessen á Arago, inserta en los *Comptes rendus*, abril de 1843, t. XVI, pág. 687.

(1) «Lo que me dice V. acerca de las variaciones que la luz zodiacal esperimenta entre los trópicos, y de las causas que las producen, escita tanto mas vivamente mi interés, cuanto que yo mismo vengo examinando hace ya tiempo con particular atencion este fenómeno, siempre que se presenta por la primavera en nuestra zona septentrional, y constantemente he pensado, como V., que la luz zodiacal debe de hallarse animada de un movimiento de rotacion. Empero yo admito, contra la opinion de Poisson de que se ha servido V. darme conocimiento, que la tal luz se estiende hasta el Sol creciendo rápidamente en intensidad, y que su parte mas brillante forma aquella corona luminosa de que el Sol parece hallarse rodeado durante los eclipses totales. He observado de un año para otro variaciones muy considerables en la luz zodiacal: á las veces se presenta varios años seguidos muy brillante y estensa, mientras que en otros años, por el contrario, es casi imperceptible. Creo haber encontrado la primera indicacion acerca de esta luz en una carta de Rothmann á Tycho, donde le dice haber observado que en la primavera no concluia el crepúsculo vespertino hasta que no se hallaba el Sol 24° por debajo del horizonte; y es que, sin duda ninguna, Rothmann tomaba por fin real del crepúsculo, la desaparicion sucesiva de la luz zodiacal entre los vapores del ocaso. Jamás he notado en la luz zodiacal movimiento de efervescencia, lo cual provendrá seguramente de lo débil que es esta luz en nuestras regiones; pero no dudo que está V. en lo cierto cuando atribuye las rápidas variaciones de brillo que bajo los trópicos ha notado en los objetos celestes, á los cambios que sobrevienen en nuestra atmósfera, especialmente hácia las regiones elevadas. El efecto de que V. me habla se manifiesta de una manera patente en las colas de los cometas: es muy comun, principalmente *cuando nada turba ni empaña la pureza y serenidad del cielo*, ver salir de la cabeza y de la punta mas baja ondulaciones que recorren en uno ó dos segundos toda la cola, de tal suerte, que al parecer se alarga esta rápidamente varios grados, y con la misma rapidez vuelve luego á encojerse otros tantos. Mas estas ondulaciones, ya antiguamente notadas por Roberto Hooke y mas recientemente por Schöter y por Chladni, no se efectuan realmente en el cuerpo del cometa, sino que son meras ilusiones ópticas producidas por accidentes atmosféricos. Para convencerse de ello hasta la evidencia, basta considerar que las diferentes partes de un cometa de algunos millones de leguas de longitud deben hallarse necesariamente situadas á distancias muy desiguales con relacion á la Tierra, y que su luz emplea en llegar á nosotros intervalos de tiempo que pueden discrepar entre sí varios minutos.—Respecto á las otras variaciones que á orillas del Orinoco ha visto V. prolongarse en

Forzoso es convenir, sin embargo, en que estas observaciones no destruyen la realidad de los cámbios observados en las colas de los cometas; y si las he traido á cuento, no es porque me proponga negar la posibilidad de que las repentinas alteraciones del brillo de la luz zodiacal provengan, ya de un movimiento molecular en lo interior del anillo luminoso, ya de una súbita modificacion de su potencia reflectora, sino tan solo para que no se confunda en estos fenómenos lo que es propio de la sustancia cósmica en si misma, con lo que pertenece á la atmósfera terrestre, intermedio obligado de todas nuestras percepciones luminosas.

Por lo tocante á los fenómenos que pasan en el límite superior de la atmósfera, límite sobre el cual tanto se ha disputado por otros motivos, ciertos hechos bien observados demuestran cuán difícil es dar en este punto explicaciones satisfactorias. Por ejemplo: aquellas noches de 1831, tan prodigiosamente claras en Italia y en el norte de Alemania que aun á las 12 podian muy bien leerse los caractéres mas menudos, están en contradiccion manifiesta con todo lo que las investigaciones mas recientes y científicas han podido enseñarnos acerca de la teoría de los crepúsculos y de la altura de la atmósfera (1). Y es que los fenómenos lumínicos dependen de condiciones muy poco conocidas, y sus imprevistas variaciones nos sorprenden, ora se trate de la altura de los crepúsculos, ora de la luz zodiacal.

Hasta ahora hemos considerado cuanto pertenece á nuestro Sol, ó sea el mundo de las formaciones que dependen de su accion reguladora, es decir, los planetas, satélites, cometas de corto y largo periodo, asteróides meteóricos aislados ó reunidos en un anillo contínuo, y por último el anillo nebuloso que por su posicion en los espacios planetarios debe conservar el adecuado nombre de luz zodiacal, con que propiamente se le designa. Por todas partes hemos visto reinar la *ley de la periodicidad* en los movimientos, cualquiera que sea la velocidad ó la masa de los

la luz zodiacal por espacio de minutos enteros, no me atrevo á decidir si serán realmente coruscaciones ó, asimismo, meros accidentes atmosféricos. Tampoco puedo esplicarme la singular claridad de ciertas noches, ni la estension y anormal brillo de los crepúsculos de 1831, cuyo período mas luciente no correspondia, segun algunos observadores, con el lugar que el Sol debia ocupar debajo del horizonte.» (Copiado de una carta que me escribió desde Brema el doctor Olbers, el 26 de marzo de 1833).

(1) Biot, *Traité d'Astronomie physique* (3.ª edicion) 1811, t. I, páginas 171, 238 y 312.

cuerpos celestes. Solo los asteróides que atraviesan nuestra atmósfera pueden ser detenidos en medio de sus revoluciones planetarias, pasando á formar parte de un gran planeta. En este inmenso sistema, cuyos límites se hallan determinados por la fuerza de atraccion del cuerpo central, tienen los cometas que volver al punto de partida, aun desde una distancia igual á 44 radios de la órbita de Urano, y recorrer órbitas cerradas; no siendo menos maravilloso que aun en quellos cometas que por la escesiva tenuidad de su masa se nos presentan bajo el aspecto de una nube cósmica, retenga sin embargo el núcleo, en virtud de su atraccion, hasta las últimas partículas de colas que á las veces ocupan varios millones de leguas. Por donde se vé, que las fuerzas centrales son las que constituyen los sistemas y las que al mismo tiempo los mantienen.

Aunque podemos considerar al Sol como inmóvil relativamente á los astros mayores ó menores, densos ó nebulosos, que giran periódicamente en su derredor, en realidad el Sol mismo gira tambien en torno del centro de gravedad de todo el sistema, ya sea que este punto céntrico se halle situado dentro del cuerpo mismo del Sol, ya se encuentre fuera, como á las veces sucede en virtud de los cambios que sin cesar esperimentan las respectivas posiciones de los planetas. Emperó hay ademas en el Sol ó, mejor dicho, en el centro de gravedad del sistema solar, otro movimiento de diferente naturaleza, que es el de progresion ó traslacion en el espacio; movimiento de tal manera veloz, que el cambio de posicion relativa entre el Sol y la estrella 61.ª del Cisne, asciende, segun los cálculos de Bessel, á 1110772 leguas por dia (1). Nada sabríamos de este movimiento de traslacion del sistema solar, á no ser porque la admirable exactitud de los instrumentos métricos que actualmente posee la Astronomía, y los progresos de sus métodos de observacion, han logrado hacer sensibles los pequeños cambios de posicion que esperimentan al parecer las estrellas, semejantes en esto á los objetos situados en la orilla de un rio, que nos parecen movibles cuando por él navegamos. El movimiento propio de la estrella 61.ª del Cisne no es, sin embargo, tan pequeño, pues

(1) Bessel, en el *Annuario* de Schum. para 1839; esta velocidad llega quizás á 1381440 leguas por dia; la velocidad *relativa* es, por lo menos, de 1108976 leguas, superior en mas del duplo á la de la Tierra en sus revoluciones alrededor del Sol.

que produce al cabo de 700 años 1° entero de diferencia en su posicion relativa.

A pesar de las dificultades inherentes á la determinacion del movimiento propio de las estrellas (llámase así el cambio que esperimentan en sus posiciones relativas) es, sin embargo, mas fácil calcularle con exactitud que no descubrir su verdadera causa. Descartada la aberracion producida por la propagacion sucesiva de los rayos luminosos, y asimismo la pequeña paralaje que proviene del momovimiento de la Tierra alrededor del Sol, todavia los cambios observados no nos dan el movimiento real de las estrellas sino combinado con los movimientos aparentes que deben originarse de la traslacion general de todo el sistema solar. Mas los astrónomos han conseguido separar estos dos elementos, merced á la exactitud con que al presente se conoce la direccion del movimiento propio de ciertas estrellas, y á la ingeniosísima consideracion, sacada de las leyes de la perspectiva, de que aun cuando las estrellas fuesen absolutamente inmóviles, deberian no obstante moverse aparentemente, separándose del punto hácia el cual dirige el Sol su carrera; y en último análisis ha resultado de estos trabajos, en que desempeña un papel importante el cálculo de las probabilidades, que tanto las estrellas como el sistema solar se mueven realmente en el espacio.

Por investigaciones practicadas con arreglo á un plan mas vasto y mas perfecto que las de W. Herschell y Prevost, ha demostrado Argelander que el Sol se dirige actualmente hácia un punto situado en la constelacion de Hércules, á 257° 49',7 de ascension recta y á 28° 49',7 de declinacion boreal (equin. de 1792, 5); resultado importante que se funda en la combinacion del movimiento propio de 537 estrellas (1). Fácilmente se concibe qué cúmulo de dificultades no habrá sido preciso vencer para estas

(1) Sobre el movimiento del sistema solar segun Bradley, Tobías Máyer, Lambert, Lalande y Guillermo Herschell, véase Arago en el *Annuaire* de 1842, páginas 388-399; Argelander en las *Notic. astron.* de Schum., números 363, 364, 398; y sobre Persèo, considerado como cuerpo central, en cuyo derredor giran todas las estrellas, el mismo Argelander, en la *Memoria sobre el movimiento propio del sistema solar*, 1837, pág. 43. Véase tambien Oton Struve en el *Bol. de la Academia de San Petersburgo*, 1842, tomo X, núm. 9, páginas 137-139. Un nuevo cálculo de este último escritor da para la direccion del movimiento solar 261° 23' A R; + 37° 36' Declin.; y unido este resultado al de Agelander, hallamos por una combinacion definitiva de 797 estrellas 259° 9' A R; + 34° 36' Declin.

delicadas investigaciones, en que se trataba de distinguir los movimientos reales de los movimientos aparentes, y de descartar la parte relativa al sistema solar.

Considerando el movimiento propio de las estrellas, separado todo efecto de perspectiva, hállanse muchas que siguen direcciones opuestas por grupos; mas los datos actuales de la ciencia no bastan para obligarnos á admitir que todas las porciones de nuestra zona estrellada, y todas las pertenecientes á las demas zonas de que el Universo está lleno, giren en torno de un gran cuerpo desconocido, brillante ú opaco. Semejante hipótesis halaga, cierto, á la imaginacion y da pábulo á la incesante actividad del espíritu humano, ardiente siempre en la investigacion de las últimas causas: por ventura, ¿no habia dicho ya el Estagirita: «Todo lo que tiene movimiento supone un motor; el encadenamiento de las causas procederia en infinito á no existir un *primer motor inmóvil* (1)?»

Empero el estudio de estos movimientos estelares no paralájicos, independientes de los cambios de posicion del observador, ha abierto anchísimo campo á la actividad humana para que estienda libremente sus investigaciones, sin necesidad de perderse en concepciones vagas ni de lanzarse en el mundo ilimitado de las analogías. Hablo de las estrellas dobles, de esas estrellas, cuyos movimientos lentos ó rápidos, se efectuan en órbitas elípticas con arreglo á las leyes de la gravitacion, suministrándonos asi una prueba irrecusable de que estas leyes no son propias y peculiares de nuestro sistema solar, sino que reinan tambien hasta en las regiones mas remotas de la Creacion: magnífica y sólida conquista de la Astronomía, que asímismo debemos á los recientes progresos de los métodos de observacion y de cálculo.

Es verdaderamente pasmoso el número de estos sistemas binarios ó múltiples (en 1837 pasaban ya de 2800 los conocidos), compuestos de astros que circulan en torno de un centro comun de gravedad; pero lo que principalmente hace de este descubrimiento una de las mas brillantes conquistas científicas de nuestra época, es la extension que por él han alcanzado nuestros conocimientos acerca de las fuerzas esenciales del Universo; es la prueba que nos ha suministrado de la universalidad de la gravitacion.

(1) Aristot., de *Cœlo*, III, 2, pág. 301; Bekker, *Phys.*, VIII, 5, página 256.

El tiempo que estas estrellas emplean en completar una revolucion, varía desde 43 años, como en la estrella η de la Corona, hasta miles de años, como en la 66.ª de la Ballena, en la 38.ª de Géminis y en la 100.ª de Piscis. Desde los cálculos hechos por Herschell en 1782, el satélite mas cercano á la estrella principal en el sistema triple ζ de Cáncer, ha completado ya una revolucion y aun parte de otra. Combinando regularmente las distancias y los ángulos (1) que en diferentes épocas determinaban las posiciones relativas de las estrellas que componen los sistemas dobles ó múltiples, se llega á calcular los elementos de sus órbitas reales, y aun á fijar provisionalmente sus distancias á la Tierra y la relacion de sus masas con la del Sol. Estos resultados conservarán mucho tiempo, sin embargo, un carácter meramente hipotético, porque ignoramos si la fuerza de atraccion está invariablemente en aquellos sistemas, como en el nuestro, en razon directa de las masas ó de la cantidad de moléculas materiales, y por otra parte Bessel ha demostrado que aquella fuerza puede ser allí específica, y no proporcional á la cantidad de materia (2). Parece, por lo tanto, que la resolucion definitiva de estos problemas está reservada á época muy posterior á la que nosotros hemos alcanzado.

Comparando el Sol con los astros que componen nuestra capa lenticular de estrellas, se vé que es posible determinar, á lo menos respecto de algunos, ciertos límites extremos entre los cuales deben hallarse comprendidas sus distancias, sus masas, sus magnitudes y su velocidad de traslacion en el espacio.

Tomemos por unidad de medida el rádio de la órbita de Urano, que equivale á 19 rádios de la órbita terrestre, y hallaremos que la distancia de α del Centauro, al centro de nuestro sistema planetario, contiene 11900 de aquellas unidades; cerca de 31300 la de la estrella 61.ª del Cisne, y 41600 la de α de la Lira.

La comparacion del volúmen de las estrellas de prime-

(1) Savary, *Connaisance des temps* para 1830, páginas 56 y 163; Encke, *Efemer. de Berlin*, 1832, páginas 253 y sig.; Arago, *Annuaire* de 1834, páginas 260-295; J. Herschell, *Mem. of the Astron. Soc.*, t. V, pág. 171.

(2) Bessel, *Investigaciones sobre las perturbaciones planetarias que resultan del movimiento de traslacion del Sol*, en las *Mem. de la Acad. de Ciencias de Berlin*, 1824, (*Clase de las matem.*) páginas 1-6. Juan Tobías Mayer fué el que suscitó la cuestion, en los *Comment. Soc. Reg. Gotting.*, 1804-1808, t. XVI, páginas 31-68.

ra magnitud con el del Sol, depende de su diámetro aparente; elemento óptico cuya determinacion presentará siempre grande incertidumbre. Sin embargo, admitiendo con Herschell que el diámetro aparente de Arturo no excede de la décima parte de un segundo, resultará que su diámetro real es once veces mayor que el del Sol (1).

Siéndonos ya conocida, merced á los trabajos de Bessel, la distancia de la estrella 61.ª del Cisne, podemos determinar aproximadamente la masa de esta estrella doble. Bien es verdad, que no basta la porcion de la órbita recorrida por el satélite desde las observaciones de Bradley, para fijar con exactitud los elementos de su órbita real, y especialmente el eje máximo; pero aun así y todo, cree el célebre astrónomo de Kœnisberg (2) poder afirmar que «la masa de esta estrella doble no difiere mucho de la mitad de la masa del Sol.» Este es un resultado de medidas efectivas; que por lo tocante á analogías fundadas en la masa predominante de los planetas que tienen satélites, y en la observacion hecha por Struve de que hay entre las estrellas brillantes seis veces mas sistemas binarios que entre las telescópicas, han creido otros astrónomos poder atribuir por término medio á la mayor parte de las estrellas dobles, una masa superior á la del Sol (3). Mucho tiempo ha de pasar todavía antes que podamos obtener sobre este punto resultados generales. Añadiré, por último, que Argelander coloca al Sol en el número de las estrellas cuyo movimiento propio es considerable.

Diversas causas que obran incesantemente, produciendo variaciones en la posicion relativa de las estrellas y de las nebulosas, en el brillo de las diferentes regiones del cielo, y en la apariencia general de las constelaciones, pueden al cabo de millares de años imprimir un nuevo carácter al grandioso y pintoresco aspecto de la bóveda estrellada. Estas causas son: los movimientos propios de las estrellas; el movimiento de traslacion en el espacio de todo nuestro sistema solar; la súbita aparicion de estrellas nue-

(1) *Philos. transact. for* 1803, pág. 225, Arago, *Annuaire* de 1842, pág. 375. Para formarse fácilmente una idea aproximada de la distancia de las estrellas, tal como la he sentado en el texto poco antes, basta colocar dos puntos que disten un pié entre sí para representar el Sol y la Tierra, y en tal caso Urano vendría á estar situado á 19 pies del primer punto, y Vega de la Lira á 46 leguas (de 20,000 pies).

(2) Bessel, en el *Ann.* de Schum., 1839, pág. 53.

(3) Mædler, *Astron.*, pág. 476; el mismo, en el *Ann.* de Schum., 1839, página 95.

vas; la debilitacion y aun la extincion completa de algunas de las antiguas; y mas que todo, en fin, los cambios que experimenta la direccion del eje terrestre por efecto de la accion combinada del Sol y de la Luna. Llegará un dia en el cual serán visibles para nuestras latitudes boreales las brillantes constelaciones del Centauro y de la Cruz del Sud, al paso que otras estrellas (Sirio y el Cinto de Orion) dejarán de aparecer sobre el horizonte. Las estrellas β y α de Cefeo y la δ del Cisne servirán sucesivamente para indicarnos en el cielo la posicion del polo Norte; y al cabo de 12000 años, la estrella polar será Vega de la Lira, la mas magnífica entre todas cuantas pudieran desempeñar este papel.

Con semejantes consideraciones viene á hacerse sensible en cierto modo la magnitud de aquellos movimientos, lentos á la verdad pero jamás interrumpidos, cuyos vastísimos periodos forman una como manera de reloj eterno en el Universo.

Supongamos por un momento que se realizan los sueños de la imaginacion: que nuestra vista adquiere un poder sobrenatural, superior á los límites de la vision telescópica; que nuestras sensaciones de duracion nos permiten comprender los mayores intervalos de tiempo; y que nuestra vista percibe distintamente hasta las mas pequeñas partes de la extension; en tal supuesto, desaparece luego al punto la inmovilidad que reina en los Cielos: innumerables estrellas son arrebatadas cual torbellinos de polvo en direcciones opuestas; las nebulosas errantes se condensan ó se disuelven; la via láctea se divide en pedazos cual inmenso cinturon deshecho en girones; por todas partes reina el movimiento en los espacios celestes, lo mismo que reina sobre la tierra en cada punto del rico y vistosísimo tapiz de vejetales, cuyos tallos, hojas y flores presentan el espectáculo de un perpétuo desarrollo.

El primero que tuvo la idea de ver «crecer la yerba,» fué el célebre naturalista español Cabanilles, dirigiendo un anteojo muy graduado provisto de un hilo micrométrico horizontal, ya sobre el tallo de un áloe americano (*Agave americana*), que tan rápidamente crece, ya sobre la guia de un vástago de bambú, ni mas ni menos que hacen los astrónomos cuando miran una estrella culminante por la cuadrícula de sus telescopios. En la naturaleza física, lo mismo para los astros que para los séres orgánicos, el movimiento es una condicion esencial de la produccion, de la conservacion y del desarrollo.

El fraccionamiento de la via láctea, de que acabo de hablar, merece especial mencion. *Tanteando* el cielo con el auxilio de sus poderosos telescopios, Guillermo Herschell, á quien debe tomarse siempre por guia en esta parte de la historia celeste, halló que la latitud real de la via láctea escede en 6 ó 7 grados á su latitud aparente, á la que se distingue con la simple vista y se halla figurada en los mapas celestes (1). Los dos brillantes nodos en que se reunen sus dos ramales, situado el uno hácia Cefeo y Casiopea, y el otro hácia Escorpion y Sagitario, ejercen, al parecer, sobre las estrellas inmediatas, una atraccion poderosa.

Entre β é γ del Cisne, se distingue una region muy resplandeciente como de 5° de ancha. Este grupo luminoso contiene por lo menos 330000 estrellas, la mitad de las cuales parece atraida en una direccion completamente opuesta á la de la otra mitad; por donde Herschell ha sospechado que hay cierta tendencia á la ruptura en esta parte de la capa estrellada (2). Calcúlase en 18 millones el número de estrellas que puede distinguir el telescopio en la via láctea. Para formarse idea de la magnitud de este número, ó mas bien, para buscar un término de comparacion, basta recordar que en toda la superficie del cielo no distinguimos con la simple vista arriba de ocho mil estrellas; que tal es en efecto el número de las comprendidas entre la primera y la sexta magnitud.

Por lo demas, los dos estremos de la estension, es decir, los cuerpos celestes y los animalillos microscópicos, concurren de consuno á producir esa impresion de asombro que los grandes números escitan en nosotros, y que no pasa de ser un sentimiento estéril cuando se les presenta aislados, sin relacion con el plan general de la naturaleza ó con la inteligencia humana: una pulgada cúbica de tripol de Bilin contiene, en efecto, segun Ehrenberg, 40000 millones de conchitas silíceas de Galionelas.

Segun ha notado Argelander, las estrellas brillantes son mas numerosas en la region de la via láctea que en cualquiera otra parte del cielo; pero ademas de esta via láctea, compuesta de estrellas, hay otra via láctea de nebu-

(1) Sir W. Herschell, *Philos. transact. for* 1817, P. II, pág. 328.
(2) Arago, *Annuaire* de 1842, pág. 459.

losas, que se junta con la primera casi en ángulos rectos. Juan Herschell creia que esta primera formaba un anillo análogo al de Saturno, una especie de cinturon aislado por todas partes y situado á cierta distancia de nuestra capa lenticular de estrellas. Nuestro sistema planetario viene á estar dentro de este anillo, pero escéntricamente, mas cerca de la region donde se halla la Cruz del Sud que de la region opuesta hácia donde cae Casiopea (1). Una nebulosa descubierta por Mersier en 1774, pero que entonces no pudo ser observada sino muy imperfectamente, reproduce al parecer con prodigiosa exactitud todos los rasgos del cuadro que acabamos de bosquejar, pues se encuentra allí el grupo interior del anillo, formado tambien por las diversas partes de la via láctea (2).

Por lo tocante á la otra via láctea compuesta de nebulosas, créese que no pertenece á nuestra zona estrellada, sino que solo la rodea á enorme distancia bajo la forma de un gran círculo, casi perfecto, que atraviesa las nebulosas de Virgo (tan numerosas hácia el ala septentrional), la cabellera de Berenice, la Osa mayor, el cinturon de Andrómeda y los Piscis boreales. Hácia la region de Casiopea se cruza probablemente esta via láctea con la otra formada de estrellas, reuniendo así sus polos situados en la direccion en que es menos espesa nuestra capa estrellada; polos que se encuentran desvastados, sin duda por las fuerzas que han producido la condensacion de las estrellas en grupos (3).

Ateniéndonos á estas consideraciones deberíamos representarnos en el espacio: primero, nuestro grupo de estrellas, donde se encuentran indicios de un cambio progresivo de formas, y aun de una dislocacion, determinada, á no dudarlo, por la atraccion de los centros secundarios;

(1) Sir J. Herschell, en carta escrita desde el Cabo de Buena Esperanza el 13 de enero de 1836; Nicholl, *Archit. of the Heavens*, 1838, página 22. Véanse tambien varias indicaciones sueltas de sir W. Herschell acerca del espacio vacío de estrellas que nos separa de la via láctea, en las *Philos. transact. for*, 1817, P. II, pág. 328.

(2) *Astron.* de sir J. Herschell, §. 624. El mismo en las *Observations of Nebulæ and Clusters of Stars* (*Transact.*, 1833, P. II, pág. 479, figura 25) dice: «We have here a brother System bearing a real physical resemblance aud strong analogg of structure of our own.»

(3) Sir W. Herschell, en las *Transact. for*, 1785, P. I, pág. 257. Sir J. Herschell, *Astron.*, §. 616. Este último decia tambien en una carta que me dirigió en marzo de 1829, lo siguiente: The nebulous region of the heavens form a *nebulous milky way*, composed of distinct nebulæ as the other of stars.»

y luego dos anillos, colocado el uno á inmensa distancia y esclusivamente compuesto de nebulosas, y mas cercano el otro de la tierra, formado enteramente por estrellas desprovistas de nebulosidades (es el que conocemos con el nombre de via láctea). Estas estrellas parecen, por término medio, de décima ó undécima magnitud (1); pero separadamente consideradas, se diferencian mucho entre sí; mientras que, por el contrario, las que forman los grupos aislados ofrecen casi siempre una perfecta uniformidad de magnitud y de brillo.

Por cualquier punto que se haya estudiado la bóveda celeste con el auxilio de telescopios, bastante graduados para penetrar profundamente en el espacio, se han llegado á ver estrellas, siquiera no hayan sido mas que de vigésima ó vigésima-cuarta magnitud; ó cuando nó, cierto número de nebulosas, en las cuales, instrumentos de mas alcance nos harían divisar, sin duda, estrellas aun mas pequeñas. En efecto, los rayos luminosos que recibe la retina en estos diversos géneros de observacion, provienen, ora de puntos aislados, ora de puntos estremadamente cercanos; siendo en este último caso mayor la visibilidad que en el primero, como recientemente lo ha demostrado Arago (2).

La nebulosidad cósmica esparcida universalmente en el espacio, modifica verosímilmente su transparencia, y debería por lo tanto disminuir la intensidad de aquella luz homogénea que, segun Halley y Olbers, existiria en toda la bóveda celeste, si cada uno de sus puntos fuese la base de una série infinita de estrellas colocadas en el sentido de la profundidad (3).

Empero estas ideas no se hallan en armonia con lo que la observacion nos enseña; muéstranos esta, en efecto, regiones enteras desprovistas de estrellas, ó, como decia Herschell, aberturas en el cielo; en el Escorpion existe una de cuatro grados de latitud, y otra en el Serpentario, viéndose cerca de estas dos aberturas, y hácia sus bordes, multitud de nebulosas resolubles. La que se observa en el borde occidental de la abertura del Escorpion es uno de los mas ricos grupos de estrellas pequeñas que pueden encontrarse en el cielo.

(1) J. Herschell, *Astron.*, §. 585.
(2) Arago, *Annuaire* de 1842, páginas 282-285-409-411, y 439-442.
(3) Olbers, sobre la transparencia de los espacios celestes, en las *Efemer.* de Bode, 1826, páginas 110-121.

Herschell explica por la atraccion de estos grupos la falta de estrellas en las regiones vacías (1): «Hay, dice, en nuestra zona estrellada regiones que el tiempo ha devastado.»

Si nos representamos las estrellas telescópicas escalonadas en el espacio, y como formando un tapiz que cubre toda la bóveda aparente del cielo, las regiones vacías del Escorpion y del Serpentario serían, en tal caso, aberturas por donde penetra nuestra vista hasta las mas remotas profundidades del universo. Por ventura, allá donde se interrumpen las capas del tapiz habrá tambien otras estrellas que no alcanzan á divisar nuestros instrumentos. La aparicion de los metéoros igneos habia hecho que los antiguos supusiesen tambien la existencia de fisuras ó brechas (*chasmata*) en la bóveda celeste; pero las consideraban solo como pasajeras, creyendo ademas que debian ser brillantes y no oscuras, á causa del éter luminoso que habria de divisarse, segun ellos, por aberturas accidentales (2). Derham, y hasta el mismo Huyghens, no parecen haber estado muy distantes de explicar de este modo la luz tranquila de las nebulosas (3).

Cuando comparamos las estrellas de primera magnitud con las telescópicas, que se hallan ciertamente, por término medio, á mucha mayor distancia de nosotros; cuando comparamos los grupos nebulosos con las nebolusidades irreductibles, como, por ejemplo, la de Andrómeda, ó bien con las nebulosas planetarias, nuestras concepciones acerca de esos mundos situados á tan diferentes distancias y como perdidos en la inmensidad, esperimentan el influjo dominante de un hecho que modifica, con arreglo á ciertas leyes, todos los fenómenos y todas las apariencias celestes: hablo de la propagacion sucesiva de los rayos luminosos. Segun las últimas investigaciones de Struve, la velocidad de la luz es de 55284 leguas por segundo, cerca de un millon de veces mayor que la velocidad del sonido. Con arreglo á lo que nos han enseñado los trabajos de Maclear, de Bessel y de Struve acerca de las paralajes y de las distancias absolutas de tres estrellas harto desi-

(1) «An opening in the heavens,» W. Herschell, en las *Transact. for*, 1785, t. LXXV, P. I. pág. 256. Lalande, *Connaiss. des temps pour l'an* VIII, pág. 383. Arago, *Annuaire* de 1842, pág. 425.

(2) Aristot., *Meteor.*, II, 5, 1; Séneca, *Nat. Quæst.*, I, 14, 2. «Cœlum discessisse,» Cicer. de *Divin.*, I, 43.

(3) Arago, *Annuaire* de 1842, pág. 429.

guales en brillantez, α del Centauro 61.ª del Cisne y α de la Lira, un rayo luminoso partido de cada una de ellas emplearía respectivamente 3, 9¼ y 12 años para llegar hasta nosotros.

Ahora bien: en el corto pero memorable periodo transcurrido desde 1572 hasta 1604, es decir, desde Cornelio Gemma y Tycho hasta Keplero, aparecieron sucesivamente tres nuevas estrellas, una en Casiopea, otra en el Cisne y la tercera en el pié del Serpentario. En 1670 se reprodujo el mismo fenómeno en la constelacion de la Vulpeja, aunque con intermitencias; y en estos últimos tiempos Juan Herschell ha reconocido, durante su permanencia en el Cabo de Buena Esperanza, que la brillantez de la estrella η de la Nave se habia aumentado gradualmente pasando de segunda á primera magnitud (1). Todos estos hechos son realmente anteriores á la época en que los fenómenos de la luz los dieron á conocer á los habitantes de la tierra; son, por decirlo así, como ecos de lo pasado que llegan hasta nosotros.

No sin razon se ha dicho, que, merced á nuestros poderosos telescopios, nos es dado penetrar á la par en el espacio y en el tiempo. Nosotros medimos, en efecto, el uno por el otro; y una hora de camino equivale para la luz á cerca de 200 millones de leguas que recorrer.

Mientras que en la teogonía de Hesiodo se hallan espresadas las dimensiones del Universo por la caida de los cuerpos («el yunque de acero no cayó del cielo sobre la tierra mas que nueve dias y nueve noches»), Herschell calculaba que la luz emitida por las últimas nebulosas, visibles aún con su telescopio de cuarenta pies, debia emplear cerca de dos millones de años en llegar hasta nosotros (2).

Así, pues, ¡cuántos fenómenos no habrán desapareci-

(1) En diciembre de 1837 vió sir J. Herschell la estrella η de Argos, que hasta entonces habia sido siempre de segunda magnitud, pasar de pronto á ser de primera, adquiriendo rápidamente mayor brillo. En enero de 1848, lucia ya tanto como la estrella α del Centauro. Segun las noticias mas recientes, Maclear la ha visto en marzo de 1843 tan brillante como Canopea: y aun á su lado parece ya pálida la estrella α de la Cruz del Sud.

(2) «Hence it follows that the rays of ligth of the remotest nebulæ must have been almost two millions of years on their way, and that consequently so many of years ago, this object must already have had *an existence* in the sidereal heaven, in order to send out those rays by which we now perceive it.» W. Herschell, *Transact. for* 1802, pág. 498. J. Herschell, *Astron.*, §. 590. Arago, *Annuaire de* 1842, páginas 334—359 y 382—385.

do, ha largo tiempo, antes de ser percibidos por nuestros ojos! ¡y cuántos cambios no estarán ya de muy antiguo efectuados, que todavia no vemos!

Los fenómenos celestes no son simultáneos sino en la apariencia; y aunque se disminuya tanto como se quiera la distancia á que se hallan de nosotros las manchas casi imperceptibles de nebulosas, ó los grupos estrellados; aunque se reduzcan los millones de años que nos sirven para medir sus distancias, no por ello dejará de ser la luz que han emitido y que llega hoy á nosotros, en virtud de las leyes de su propagacion, el testimonio mas antiguo de la existencia de la materia.

Así es como la ciencia conduce al espíritu humano desde las mas sencillas premisas hasta las mas elevadas concepciones, abriéndole esos campos surcados por la luz, donde «germinan infinitos mundos cual la hierba de una noche (1).»

(1) Este verso está sacado de un bellísimo soneto de mi hermano Guillermo de Humboldt, *Gesammelte Werke*, t. IV, pág. 358, núm. 25, edicion alemana.

FIN DE LA PRIMERA PARTE.

II.

LA TIERRA.

CUADRO GENERAL DE LOS FENOMENOS TERRESTRES.

Abandonemos ya las altísimas regiones que hemos recorrido, y descendamos á nuestra estrecha morada: despues de la naturaleza celeste, vengamos á la terrestre. Ambas á dos se hallan unidas con misteriosos lazos; y no era otro el sentido oculto de aquel antiguo mito de los Titanes (1), sino que el órden en el mundo depende de la union del cielo con la tierra.

Aunque por su orígen pertenece la Tierra al Sol ó cuando menos á su atmósfera, antiquísimamente subdividida en anillos, en la actualidad se halla en relacion, mediante las emisiones de luz y de calórico, no tan solo con el astro central de nuestro sistema, sino con todos los demas soles que brillan en el firmamento; pues si bien hay

(1) Otfried Müller, *Prolegomena*, §. 373.

gran desproporcion entre sus respectivos influjos, no por ello debe el físico dejar de reconocer su conexion y semejanza. Parte, aunque débil, del calórico terrestre, proviene del espacio en que se mueve nuestro planeta; y esta temperatura del espacio, resultante de las irradiaciones *caloríficas de todos los astros del Universo*, es igual, segun Fourier, á la temperatura media de nuestras regiones polares. La accion mas preponderante es sin duda la del *Sol: sus* rayos penetran la atmósfera; iluminan y calientan la superficie de nuestro globo; producen las corrientes eléctricas y magnéticas; y por último, vivifican y desarrollan los gérmenes de la vida en los séres organizados. Mas adelante trataremos especialmente de este benéfico influjo.

Circunscritos ya á la esfera de la naturaleza terrestre, habremos de considerar, ante todo, la distribucion de los elementos sólidos y líquidos, la figura de la Tierra, su densidad media juntamente con las variaciones que esperimenta á cierta profundidad, y, por último, el calor y la tension electro-magnética del globo.

Esto nos conducirá naturalmente á estudiar la reaccion de lo interior contra la superficie; y la intervencion de una fuerza universalmente esparcida, el calor subterráneo, nos explicará el fenómeno de los terremotos, cuyo efecto se siente por círculos de conmocion mas ó menos estensos, el origen de las fuentes termales, y los poderosos esfuerzos de los agentes volcánicos.

Las sacudidas interiores, ya violentas y repetidas, ya contínuas y por lo tanto casi imperceptibles, modifican poco á poco en el transcurso de los siglos las alturas relativas de las partes sólidas y líquidas de la corteza terrestre, y la configuracion del fondo de los mares. Al mismo tiempo fórmanse aberturas temporales ó permanentes que ponen en comunicacion el interior de la tierra con la atmósfera, surgiendo en tales casos de ignotas profundidades, masas en estado de fusion que se prolóngan en estrechas corrientes por las laderas de las montañas, ya con la impetuosidad de un torrente, ya con movimiento lento y progresivo, hasta que se agota la fuente ígnea de donde parten, y la hirviente lava se solidifica bajo la corteza que la cubre. Entonces aparecen á nuestra vista nuevas rocas, en tanto que las fuerzas plutónicas modifican las antiguas por medio del contacto inmediato con las formaciones recientes, ó por la accion de un manantial cercano de calórico, como mas frecuentemente acontece; sin que aun faltando la penetracion dejen por ello de perder su puesto las partículas cristalinas, y de unirse constituyendo un tejido mas denso.

Las aguas nos presentan formaciones de muy diferente índole: tales son, las concreciones de restos de animales ó de vegetales; los sedimentos térreos, arcillosos ó calcáreos; y los conglomerados, compuestos de los detritos de las rocas y recubiertos de capas formadas por las conchitas silíceas de los animalillos infusorios, y por los terrenos de transporte en donde yacen las especies animales del mundo antiguo.

El estudio de estas formaciones que revelan tan diversos orígenes; de estas capas dislocadas, repuestas, doblegadas en todas direcciones por presiones contrarias ó por los esfuerzos de los agentes volcánicos, conduce al observador á la comparacion de la época actual con las anteriores; á la combinacion de los hechos segun las reglas mas simples de la analogía; á la generalizacion, en fin, de las relaciones de estension, y de las que existen entre las fuerzas que obran todavía á su vista. Así ha salido de la confusion y vaga oscuridad en que yacia, la bellísima ciencia de la geognosia, totalmente desconocida hace cincuenta años.

Háse dicho que los grandes telescopios nos habian dado á conocer mas bien el interior de los otros planetas, que no su superficie: observacion exactísima, si esceptuamos empero la Luna. Los admirables progresos de las observaciones y de los cálculos astronómicos nos permiten, en efecto, pesar los planetas, medir sus volúmenes y determinar sus masas y densidades con una exactitud siempre creciente; mientras que sus propiedades físicas, por el contrario, nos son completamente desconocidas. Solo en la tierra, merced al contacto inmediato, estamos en relacion con los elementos constitutivos de la naturaleza orgánica y de la inorgánica; los cuales, combinados en inmensas séries y transformados de mil maneras por fuerzas que obran sin cesar, ofrecen á nuestra actividad el alimento que le conviene, asignan un fin á nuestras investigaciones, y hacen que el espíritu humano, fortificado en esta lucha continua, se eleve y engrandezca con sus conquistas; que así se refleja el mundo real en el mundo ideal, y cada gran clase de fenómenos se convierte á su turno en objeto de una nueva ciencia.

La de la tierra devuelve al hombre aquella superioridad de accion de que ya varias veces he hablado, y que dimana de su situacion misma sobre la superficie del globo. Hemos visto que la física celeste, desde las nebulosas mas remotas hasta el cuerpo central de nuestro sistema, se limita esclusivamente á las nociones generales de volúmen y de masa; porque allí no pueden nuestros sentidos distinguir señal ninguna de vida, y si se han aventurado algunas conjeturas sobre la naturaleza de los elementos constitutivos de tal ó cual cuerpo celeste, ha sido deduciéndolas de simples analogías, y las mas veces guiados tan solo por la imaginacion. Mas las propiedades de la materia; sus afinidades químicas; la agregacion regular de sus partículas, ya bajo la forma de cristales, ó bien bajo la de tejidos granulados; sus relaciones con la luz que la atraviesa separándose ó dividiéndose, con el calórico radiante, ora trasmitido en el estado neutro, ora en el de polarizacion, y con las fuerzas electro-magnéticas, tan enérgicas siempre por mas que á las veces no se manifieste su accion bajo formas brillantes; y, para decirlo de una vez, todo ese tesoro de conocimientos que imprimen á nuestras ciencias físicas cierto sello de grandeza y de poder, lo debemos únicamente á la superficie del planeta que habitamos, y mas aún á su parte sólida que á su parte líquida.

Sería, empero, supérfluo el insistir mas sobre este punto; y por lo tanto concluiremos diciendo, que la superioridad intelectual del hombre en ciertos ramos de la ciencia del Universo, depende de un encadenamiento de causas semejantes á las que dan á ciertos pueblos una superioridad material sobre parte de los elementos.

Despues de haber indicado la diferencia esencial que á este respecto existe entre la ciencia de la tierra y la ciencia de los cuerpos celestes, es indispensable reconocer tambien hasta donde pueden estenderse nuestras investigaciones acerca de las propiedades de la materia. Aquí el campo se halla circunscrito por la superficie terrestre, ó mas bien por la profundidad á que nos permiten llegar las escavaciones naturales y las que son obra del trabajo del hombre. Estas últimas no han penetrado en direccion vertical arriba de 778 varas por debajo del nivel del mar, las cuales equivalen á $\frac{1}{9800}$ del radio de la Tierra (1); y respecto á las primeras, sabemos solamente que las ma-

(1) Al hablar de la mayor profundidad á que ha llegado el hombre con su trabajo, conviene distinguir la profundidad *absoluta*, que se cuenta desde la superficie misma del terreno, de la profundidad *relativa*, ó sea la que se refiere al nivel del mar. La mayor profundidad relativa de que yo tengo noticia, es la del pozo artesiano de Neu-Salzwerk, cerca de Minden, en Prusia, que en junio de 1844 era de 2180 pies (cerca de 727 varas), y de 2440 pies (mas de 813 varas) su profundidad absoluta. La temperatura del agua en el fondo del pozo ascendia á 32°,7 centigr.; de suerte que, admitiendo 9°,6 como temperatura media de la atmósfera, resulta un aumento de 1° por cada 106 pies ó 35 varas proximamente. El pozo de Grenelle (en París) tiene 1963 pies de profundidad absoluta. Si hemos de dar crédito al misionero Imbert, la profundidad de nuestros pozos artesianos no llega, ni con mucho, á la que tienen las fuentes de fuego (*Ho-tsing*) en la China; manera de pozos que abren en aquel país para sacar el gas hidrógeno que queman en las salinas, á fin de obtener la evaporacion del agua. En la provincia china de Szu-Tchuan tienen por lo comun las *fuentes de fuego* de 718 á 778 varas de profundidad; en Tseu-Liu-Tsing (*lugar de la emanacion perenne*) se abrió en 1812 un Ho-tsing de 3500 pies (1166 varas). (Humboldt, *Asia central*, t. II, págs. 521 y 525; *Annales de l'association pour la Propagation de la Foi*, 1829, núm. 16, pág. 369). Segun Matteucci, la profundidad relativa alcanzada en Monte-Massi al sud de Voltera, en Toscana, no pasa de 457 varas. Es probable que la mina de carbon de piedra de Apendale en Newcastle del Tyne (Staffordshire) ocupa el segundo lugar en materia de profundidad relativa, inmediatamente despues del pozo artesiano de Neu-Salzwerk. El laboreo de esta mina se ejecuta á 1120 varas debajo de la superficie (Tomás Smith, *Miner's Guide*, 1836, pág. 160); pero desgraciadamente ignoro la altura exacta del terreno sobre el nivel del mar. La profundidad de la mina de Monk-Wearmouth en Newcastle es tan solo de 545 varas (Phillips, en el *Philos-Magaz.*, t. V. 1834, pág. 446); la de la mina Esperanza, en Seraing, de 495 varas, segun de Dechen; la de la antigua mina Marihaya, cerca de Val-Saint-Lambert, en el valle del Mosa, de 450 varas, segun el Ingeniero de minas Gernaert. Las escavaciones mas profundas (contando ahora desde la superficie del terreno) se han practicado por lo comun en mesetas ó valles de tal altura, que apenas se ha pasado del nivel del mar, y á las veces ni aun eso. En Kutenberga (Bohemia) se abrió un pozo de mina, actualmente abandonado, hasta la enorme profundidad absoluta de 1377 varas (F. A. Schmidt, *Leyes relativas á las minas en el Imp. austriaco*, 1.ª divis., t. 1, página XXXIII, ed. alem.) En S. Daniel y en Geist, á orillas del Rærerbühel (distrito de Kitzbühl), habian llegado los trabajos en el siglo XVI á 1133 varas de profundidad; aún se conservan los planos de los trabajos ejecutados junto al Rærerbühel en 1539. (José de Sperges, *Historia de las minas del Tirol*, pág. 121, ed. alem.) (Cf. tambien Humboldt, *Consejos sobre la terminacion de la galería de Meissner en las minas de Freiberga*, impreso en Herder, y *sobre la galería de desagüe que actualmente se está abriendo*, 1838, p. CXXIV, en alem.) Parece que la extraordinaria profundidad de estos trabajos era conocida de muy antiguo en Inglaterra; porque Gilberto asegura que el hombre habia penetrado en la corteza terrestre hasta 933 y aun hasta 1166 varas de profundidad. («Exigua videtur terræ portio, quæ unquam hominibus spectanda emerget aut eruitur: cum profundius in ejus viscera, ultra efflorescentis extremitatis corruptelam, aut propter aquas in magnis fodinis tanquam per venas scaturientes, aut propter aeris salubrioris ad vitam operarium sustinendam necesarii defectum, aut propter ingentes sumptus ad tantos labores exantlandos, multasque difficultates, ad profundiores terræ partes penetrare non possumus; adeo ut quadringentas aut (quod rarissime) quingentas orgyas in quibusdam metallis descendisse, stupendus omibus videatur conatus.» Guillielmi Gilberti, Colcestrensis, de

sas cristalinas lanzadas por los volcanes encendidos aún, parecidas en su mayor parte à las rocas de la superficie, provienen de profundidades indeterminadas, aunque 60 veces mayores, por lo menos, que las alcanzadas por el trabajo del hombre.

Allí donde un depósito de carbon de piedra penetra hácia abajo y se encorva para volver á aparecer mas léjos á distancia bien conocida, es posible valuar en números la profundidad de la capa; y se ha desmostrado que estos depósitos de carbon, mezclados con restos orgánicos del mundo antiguo, llegan hasta 7178 pies por debajo del nivel del mar (en Bélgica, por ejemplo). Los terrenos calcáreos, y las capas devonianas cóncavas en forma de valles, alcanzan doble profundidad (1).

Magnete Physiologia nova, Londr., 1600, pág. 40). Las profundidades absolutas de las minas de Freiberga en Sajonia, son de 708 y 666 varas; y las relativas no esceden de 213 y 100 varas, suponiendo con Reich que la altura de Freiberga sobre el nivel del mar sea de 463 varas. La profundidad absoluta de las minas de Joachimsthal (Bohemia), no menos célebres por su riqueza que las de Freiberga, es de 773 varas, sin que no obstante hayan llegado los trabajos al nivel del mar, pues la superficie del terreno se halla á 874 varas sobre este nivel, segun las medidas de H. de Dechen. El pozo Samson de Andreasberga, en el Hartz, tiene 802 varas de profundidad absoluta. En la antigua América española no conozco minas mas profundas que las de Valenciana en Guanajuato (Méjico), donde midiendo los *planes de San Bernardo* he hallado que la profundidad absoluta de estos *planes* es de 615 varas, y que por lo tanto les faltan aun 2172 varas para llegar al nivel del mar. Los trabajos de Kutenberga esceden en profundidad á la altura del monte Brocken y no son inferiores á la del Vesubio mas que en 78 varas; si se compara esta profundidad á la altura de los mayores edificios construidos por la mano del hombre (la pirámide de Cheops y la aguja de la catedral de Estrasburgo) se encuentra la relacion de 8 á 1. Son tantos y tan de bulto los errores de nuestros libros de geología en materia de datos numéricos, de ordinario alterados por falsas reducciones, que me ha parecido útil presentar aquí todos los datos ciertos que he podido reunir acerca de la profundidad absoluta y relativa de las minas y de los pozos artesianos.—Como se baja de Jerusalen hácia el Mar Muerto en direccion al E., se presenta á la vista un espectáculo sin par en el mundo; digo sin par, en el estado actual de nuestros conocimientos sobre la hipsometría de la superficie terrestre; y es, que al acercarse á la quebrada que sirve de lecho al Jordan, se camina á cielo descubierto pisando capas de rocas que, segun la nivelacion barométrica de Bertou y de Russegger, se hallan á una profundidad de 505 varas por debajo del nivel del Mediterráneo. (Humboldt, *Asia central*, t. II, página 323).

(1) A falta del trabajo de los mineros, las capas que se encorvan en forma de bóvedas inversas y que se hunden para reaparecer mas lejos á distancias determinadas, pueden suministrarnos preciosas indicaciones acerca de la constitucion de partes bastante profundas de la corteza terrestre. Los datos de este género son interesantísimos, especialmente para la geognosia. He aquí algunas observaciones que ha tenido á bien comunicarme el escelente geólogo señor de Dechen: «La profundidad de la depresion formada por las capas carboníferas de Lüttich en el monte de San Giles, es de cerca de 4256 pies por debajo de la superficie, segun las medidas que en union con mi amigo el señor de OEynhausen he practicado yo mismo; y como el monte de

Comparando estas depresiones subterráneas con las cimas de las montañas que hasta ahora se consideran como las partes mas altas de la corteza solevantada de nuestro globo, se halla una distancia de 45067 pies, ó sea $\frac{1}{524}$ del radio terrestre.

Tal es el único espacio á que en sentido vertical podrian estenderse las investigaciones de la geognosia, aun cuando la superficie toda de la tierra estuviese á la misma altura que las cumbres del Dhawalagiri ó del Sorata.

Todo cuanto se halla á profundidades mas remotas que las depresiones de que he hablado, que el trabajo del hombre y que el fondo del mar (James Ross dejó correr cerca de 30000 pies de sonda sin alcanzarle), nos es tan completamente desconocido como el interior de los demas planetas que componen nuestro sistema solar.

De la misma manera, tampoco conocemos mas que el total de la masa de la Tierra y su densidad media, comparada con la de las capas superficiales, que son las únicas accesibles para nosotros. La absoluta falta de datos positivos acerca de las propiedades químicas ó físicas del interior del globo, nos obliga nuevamente á recurrir á simples conjeturas, ni mas ni menos que si se tratase de cualquiera de los demas planetas que giran como la Tierra en torno del Sol.

Así, pues, no poseemos datos ningunos ciertos acerca de la profundidad en que las rocas pasan al estado de reblandecimiento ó de fusion completa; ni de las cavidades que llenan los vapores elásticos; ni del estado de los gases interiores sometidos á una presion enorme y á elevadisi-

San Giles no pasa ciertamente de 466 pies de altura absoluta, resulta que el fondo del seno viene á estar á unos 3790 pies por debajo del nivel del mar. El seno de los lechos de carbon de piedra de Mons tiene 2038 pies mas de profundidad; pero así esta como la anterior son poco considerables comparadas con la que puede deducirse de los lechos de carbon de piedra de Saar-Bevier (Saarbrücken). Diferentes ensayos me han hecho ver, en efecto, que la capa de carbon situada en las cercanías de Duttweiler, cerca de Saarluis, llega hasta 24082 pies por debajo del nivel del mar.» Este resultado escede en mas de 9330 pies á la profundidad atribuida por mí en el testo á un seno formado por el repliegue de las capas devonianas. Los lechos de carbon de piedra de que habla de Dechen se hallan, pues, á la misma distancia del nivel del mar por debajo, que el Chimborazo por encima. A tal profundidad, el calor terrestre debe ser de 224°. Contando verticalmente la distancia que hay desde las mas altas cumbres del Himalaya, hasta estas capas donde han ido á parar los restos de la vegetacion del mundo primitivo, hallamos algo mas de $2\frac{1}{2}$ leguas, ó sea $\frac{1}{435}$ del radio de la Tierra.

ma temperatura; ni acerca, en fin, de la ley que siguen las densidades crecientes de las capas comprendidas entre el centro y la superficie de la tierra.

La elevacion de la temperatura á proporcion que se va profundizando en el terreno, y la reaccion del interior del globo contra la superficie, nos conducirán á la larga série de los fenómenos volcánicos: tales son, los terremotos, las emisiones gaseosas, las fuentes termales ó de agua caliente, los volcanes de lodo y las corrientes de lava que vomitan los cráteres eruptivos. Las fuerzas elásticas obran tambien alterando el nivel de la superficie. Grandes playas, continentes enteros, se alzan ó se hunden; las partes sólidas se separan de las fluidas; el Océano, atravesado por corrientes cálidas ó frias, cual por otros tantos rios aislados en su masa líquida, cubre los polos de hielo y baña con sus aguas las rocas, ya densas y resistentes, ya disgregadas y formando bancos movibles. Los límites que separan las aguas de los continentes ó de las tierras, esperimentan frecuentes cambios. Las llanuras han oscilado de arriba abajo y de abajo arriba. Despues del solevantamiento de los continentes, aparecieron grandes fisuras casi todas paralelas; y hácia la misma época, probablemente, surgieron las cadenas de montañas, Lagos salados y grandes masas de aguas interiores, durante largo tiempo habitadas por las mismas especies animales, se separaron violentamente ocasionando estos y otros trastornos, harto bien atestiguados por los restos fósiles de conchas y de zoófitos, idénticos en todas partes. Asi se descubre, prosiguiendo el exámen de los fenómenos en sus relaciones de mútua dependencia, que las poderosas fuerzas cuya accion se ejerce en lo interior del globo, son tambien las que conmueven la costra terrestre, y abren salidas á los torrentes de lava lanzados por la enorme presion de los vapores elásticos.

Estas fuerzas que en otro tiempo solevantaron las cumbres de los Andes y del Himalaya hasta la region de las nieves perpétuas, han producido tambien en las rocas combinaciones y agregaciones nuevas, y transformado las capas, anteriormente depositadas por las aguas, en donde bajo mil formas pululaba ya la vida orgánica. Aqui reconocemos toda la série de las formaciones sobrepuestas por órden de antigüedad, y volvemos á encontrar en estas capas todas las variaciones de forma que ha esperimentado la superficie, los efectos dinámicos de las fuerzas espansivas, y hasta las acciones químicas de los vapores emitidos por las fisuras.

Las partes sólidas y secas de la superficie terrestre donde la vegetacion ha podido desarrollarse en toda su vigorosa lozanía, es decir, los continentes, se hallan en relaciones continuas de accion y de reaccion con los mares circunvecinos, en donde reina casi esclusivamente la organizacion animal. A su turno, el elemento líquido se encuentra cubierto por las capas atmosféricas, especie de Océano aéreo cuyos bajíos son las mesetas y las cadenas de montañas, y que tiene tambien sus corrientes y sus variaciones de temperatura; la humedad acumulada en la region de las nubes se condensa en derredor de las cimas elevadas, corre por las laderas de las montañas, esparciendo desde allí por do quiera en las llanuras la fecundidad y el movimiento.

Mas si la distribucion de los mares y de los continentes, la forma general de la superficie y la direccion de las *líneas isotermas* (zonas en que las temperaturas medias del año son iguales), arreglan y dominan la geografía de las plantas: no sucede lo mismo cuando se trata de la especie humana, último y mas noble objeto de una descripcion física del mundo. Los progresos de la civilizacion, el desarrollo de las facultades y la cultura general de la inteligencia que establece en las naciones la supremacía política, concurren con los accidentes locales, puesto que mucho mas eficazmente, á determinar los caracteres diferenciales de las razas y su distribucion numérica sobre la superficie del globo. Ciertas razas, tenazmente apegadas al suelo que ocupan, pueden ser arrojadas de él y aun aniquiladas por razas vecinas mas desarrolladas, sin que apenas quede vestigio de ellas en la historia: otras razas, inferiores solo en cuanto al número, atraviesan entonces los mares, y asi es como han adquirido casi siempre los pueblos navegantes sus conocimientos geográficos, bien que la superficie total del globo, especialmente la de los paises ultramarinos, no se haya conocido del uno al otro polo sino mucho tiempo despues.

Antes de entrar en los pormenores del vasto cuadro de la naturaleza terrestre, me ha parecido conveniente indicar aquí en globo de qué manera pueden reunirse en una sola obra la descripcion de la superficie de la tierra;

las manifestaciones de las fuerzas que obran incesantemente en su seno, como el electro-magnetismo y el calórico subterráneo; las relaciones de estension y de configuracion, tanto horizontal como verticalmente consideradas; las formaciones típicas de la geognosia; los grandes fenómenos del mar y de la atmósfera; la distribucion geográfica de las plantas y de los animales; y en fin, la gradacion física de las razas humanas, únicas susceptibles de cultura intelectual, siempre y por do quiera.

Esta unidad de esposicion supone que los fenómenos han sido considerados en su mútua dependencia y en el órden natural de su encadenamiento. La simple yuxtaposicion de los hechos no llenaría el fin que me propongo, ni podria satisfacer la necesidad de una esposicion cósmica á que ha dado nacimiento en mi alma el aspecto de la naturaleza durante mis largos viajes marítimos y terrestres por las zonas mas diversas; necesidad que se ha ido formulando mas enérgicamente cada dia, á proporcion que el estudio reflexivo de la naturaleza desarrollaba en mí el sentimiento de su unidad.

No dudo que esta tentativa será imperfecta bajo mas de un concepto; pero el magnífico espectáculo que ofrecen los rápidos progresos de todos los ramos de las ciencias físicas, me infunde la esperanza de que muy en breve será posible corregir y completar las partes defectuosas de mi obra. En el órden mismo de los progresos científicos está, que hechos por largo tiempo aislados y sin enlace vengan sucesivamente á ligarse al conjunto, sometiéndose á las leyes generales. Por mi parte no hago aqui mas que indicar la via de la observacion y la esperiencia, por donde camino como otros muchos, hasta tanto que llegue el dia en que realizándose los votos de Sócrates (1), sea la razon el único intérprete de la Naturaleza.

Pasando ahora á pintar la terrestre bajo todos sus aspectos, debemos comenzar por la figura y dimensiones de la Tierra, atento que la figura geométrica de este nuestro planeta nos revela su orígen y su historia tan bien ó mejor que el estudio de sus rocas y de sus minerales. Su forma elíptica indica la primitiva fluidez, ó á lo menos el reblandecimiento de su masa; así como su aplanamiento es, para cuantos saben leer en el libro de la Naturaleza, uno

(1) Platon, *Phedo*, pág. 97. (Aristot., *Metaph.*, pág. 985. Cf. Hegel, *Filosofía de la Historia*, 1840, pág. 16, ed. alem.)

de los datos mas antiguos de la geognosia. De la misma manera, la forma elíptica del esferóide lunar, y la direccion constante de su eje máximo hácia nuestro planeta, son hechos que se remontan al orígen de aquel satélite.

«La figura matemática de la Tierra es aquella que tomaría su superficie si la cubriese completamente un líquido en estado de reposo;» y á esta superficie ideal, que no reproduce las desigualdades ni los accidentes de la parte sólida de la superficie real (1), es á la que se refieren todas las medidas geodésicas, cuando se las reduce al nivel del mar. Para determinar exactamente esta superficie ideal, basta conocer el valor del aplanamiento y la longitud del diámetro ecuatorial; pero el estudio completo de la superficie exigiría que se practicase en dos direcciones rectangulares una medida que podriamos llamar doble.

Con las once *medidas de grados* (determinaciones de la curvatura de la Tierra en diferentes puntos de su superficie) practicadas hasta ahora, nueve de ellas en nuestro siglo, conocemos ya bien la figura del globo, al cual llamaba Plinio «un punto en el Universo (2).» Estas medidas no nos dan en diferentes meridianos la misma curvatura bajo iguales latitudes; lo cual prueba indudablemente la exactitud de los instrumentos empleados y la fidelidad de los resultados parciales. La disminucion de la pesadez cuando se camina del ecuador hácia el polo, depende de la ley que siguen las variaciones de la densidad en lo interior del globo; y lo mismo sucederá con cuantas deducciones saquemos de este hecho respecto á la figura de la Tierra. Así, por ejemplo, cuando inspirado por consideraciones teóricas no menos que por el descubrimiento

(1) Bessel, *Consideraciones generales sobre los trabajos de astronomía geodésica*, al fin de la obra del mismo Bessel y de Bäyer, titulada, *Medida de un arco de meridiano en la Prusia oriental*, pág. 427. Para el pasage relativo á la Luna, véase Laplace, *Exposit. du syst. du Monde*, página 308.

(2) Plin., II, 68. Séneca, *Nat., Quæst., Præf.*, c. II. «El mundo es poco» decia Cristobal Colon en una carta que escribió desde la Jamaica á la reina Isabel el 7 de julio de 1503, á fin de hacerle comprender que el camino de España no podia ser largo cuando se buscaba «el Oriente partiendo del Occidente.» Cf. mi *Examen crítico de la historia de la Geografía* en el siglo XV, t. I, pág. 83; y t. II, pág. 327. Delisle, Fréret y Gosselin han sostenido que las contradicciones de los griegos acerca de las dimensiones de nuestro globo eran solo aparentes, y podian quedar desvanecidas sin mas que tomar en cuenta la diferencia de los estadios que les servian de unidades de medida; ya he manifestado en los dos pasajes citados anteriormente, que esta opinion habia sido emitida en 1495 por Jaime Ferrer en la proposicion que hizo para fijar la línea de demarcacion papal.

del aplanamiento de Júpiter, hecho por Cassini antes de 1666 (1), anunció Newton en sus inmortales *Philosophiæ Naturalis Principia* el aplanamiento de la Tierra, fijó su valor en $\frac{1}{230}$, bajo la hipótesis de una masa *homogénea*, mientras que las medidas efectivas, sometidas á los poderosos métodos de la análisis recientemente perfeccionada, han venido á demostrar que el aplanamiento del esferoide terrestre es próximamente igual á $\frac{1}{300}$, por considerarse que la densidad de las capas es cada vez mayor hácia el centro.

Tres métodos se han empleado para determinar la curvatura de la Tierra; á saber: las medidas efectivas de grados de meridiano; las observaciones del péndulo; y ciertas desigualdades lunares: todos tres dan idéntico resultado. El primer método es geométrico y astronómico á la par; en los otros dos, se pasa de los movimientos observados con exactitud á las fuerzas que los han producido, y luego de estas mismas fuerzas á su causa comun, que está en relacion con el aplanamiento de la Tierra.

Aunque en este cuadro general de la Naturaleza no debiera tratar de los métodos, me ha parecido conveniente, sin embargo, hacer una escepcion en favor de los que acabo de citar, por cuanto son muy propios para que resalte claramente la estrecha conexion de la forma y de las fuerzas con los fenómenos generales; fuera de que, estos métodos han desempeñado en la ciencia un papel capital, suministrando la ocasion de someter á una prueba delicadísima todos los instrumentos métricos, de perfeccionar en Astronomía la teoría de los movimientos de la Luna, y en Mecánica la del péndulo que oscila en un medio resistente, y abriendo, en fin, al análisis nuevas y fecundas vias.

Desde la investigacion de la paralaje de las estrellas, á la cual debemos el descubrimiento de la aberracion y de la nutacion, no se encuentra en la historia de las ciencias

(1) Brewster, *Life of sir Isaac Newton*, 1831, pág. 162: «The discovery of the spheroidal form of Jupiter by Cassini had probably directed the attention of Newton to the determination of its cause, and consequently to the true figure of the eart.» La primera publicacion de Cassini sobre el aplanamiento de Júpiter (fijado por él en $\frac{1}{15}$) data de 1691 (*Anciens Mémoires de l'Académie des sciences*, t. II, pág. 108); pero Lalande asegura (*Astron.*, tercera ed., t. III, pág. 335) que Maraldi poseia algunas hojas impresas de una obra latina de Cassini, las cuales probaban que este conocia el aplanamiento de Júpiter, antes de 1666, es decir, 21 años antes de la publicacion de los *Principia* de Newton.

ningun otro problema, sino el de la figura de la Tierra, cuya resolucion pueda equipararse en importancia á los progresos generales que indirectamente resultan de los esfuerzos hechos para alcanzar el fin. Bessel ha comparado y calculado, sujetándose á los métodos mas rigurosos, once medidas diferentes de grados, tres de ellas efectuadas fuera de Europa; la una en el Perú (la antigua medida francesa), y las otras dos en las Indias Orientales; resultando de todas ellas un aplanamiento equivalente á $\frac{1}{299}$ (1).

Así, pues, el semi-diámetro polar de este nuestro elipsóide de revolucion, tiene de longitud 10,938 toesas (cerca de cuatro leguas) menos que el semi-diámetro ecuatorial; de donde resulta que el ensanche del ecuador es como cinco veces la altura del Monte Blanco, ó como dos y media veces la altura probable del Dhawalagiri, que es la mas elevada cumbre de la cadena del Himalaya.

Las desigualdades lunares (perturbaciones del movimiento de la Luna en longitud y latitud) han dado á Laplace un aplanamiento de $\frac{1}{299}$; resultado idéntico al obtenido por el método precedente. Empero las observaciones del

(1) Segun las investigaciones hechas por Bessel sobre diez medidas de meridiano, teniendo en cuenta el error que descubrió Puissant en el cálculo del grado medido por los franceses (Schumacher's Astronomisch. Nachrichten, 1841, número 438, pág. 116), el semi-eje mayor del elipsoide de revolucion que mas se acerca á la figura irregular del esferoide terrestre, tiene 3272077',14 (1144,4 leguas); el semi-eje menor 3261139',33 (1140,57 leguas; el aplanamiento es de $\frac{1}{299,15}$. La longitud del grado medio de un meridiano asciende á *57013',109 (19,94 leguas)*, con un error de ± 2',8403 (19,86 pies); de consiguiente, una milla geográfica equivale á 3807' 23 (1,33 leguas próximamente). Los resultados anteriormente obtenidos por otros autores, combinando las mismas medidas de grado, dan para el aplanamiento cantidades contenidas entre $\frac{1}{302}$ y $\frac{1}{297}$: Walbeck, por ejemplo, (*De forma et magnitudine Telluris in demensis arcubus meridianis definiendis*, 1819) halló $\frac{1}{302,78}$; y Ed. Schmidt, en 1829, ha deducido $\frac{1}{297,48}$, de siete medidas de grado (*Curso de matem. y de Geograf. física*, p. V. Acerca de la influencia que sobre el aplanamiento polar ejercen grandes diferencias de longitud, véase la *Bibliot. univers.*, t. XXXIII, pág. 181, y t. XXXV, pág. 56; véase tambien *Connaissance des temps*, 1829, pág. 290.—Laplace sacó el valor del aplanamiento tan solo de las desigualdades lunares, fijándole en $\frac{1}{304,5}$, con arreglo á las antiguas tablas de Bürg; y despues en $\frac{1}{299,1}$ segun las observaciones de la Luna discutidas por Burckhardt y Bouvard (*Mécanique céleste*, t. V, páginas 13 y 143).

péndulo (1) dan por término medio un aplanamiento mucho mayor $\left(\frac{1}{228}\right)$.

Cuéntase que Galileo en su niñez, hallándose un dia en los divinos oficios, que de seguro no debian de llamarle mucho la atencion, reconoció la posibilidad de medir la

(1) Hé aquí los valores del aplanamiento deducidos de las oscilaciones del péndulo: resultado general de la gran espedicion de Sabine (1822 y 1823, desde el Ecuador hasta los 80° de lat. sept.), $\frac{1}{288,7}$; segun Freycinet, escluyendo las séries de la Isla de Francia, de Guam y de Mowi $\frac{1}{286,2}$; segun Forster, $\frac{1}{289,5}$; segun Duperrey, $\frac{1}{266,4}$; segun Lütke (*Part. naut.*, 1836, página 232), $\frac{1}{269}$ en once paradas ó apostaderos. Las observaciones hechas entre Formentera y Dunkerque (*Connaiss. des temps*, 1816, pág. 330) dieron por resultado $\frac{1}{308,2}$, segun Mathieu; y entre Formentera y la isla de Unst, $\frac{1}{301}$, segun Biot. Cf. Baily, *Report on Pendulum experiments*, en las *Memoirs of the royal Astron. Society*, t. VII, pág. 96; y Borenio, en el *Bolet. de la Acad. de San Petersburgo*, 1843, t. I, pág. 25.—Huyghens, en su *Horologium oscillatorium*, 1673, propos. 25, fué el primero que propuso emplear la longitud del péndulo de segundos, como base de un sistema de medidas, y tomar la tercera parte de esta longitud, que se supone constante en toda la tierra, por *pes horarius*; unidad de medida cuyo valor podrian en cualquier tiempo hallar fácilmente todos los pueblos. Este mismo deseo se encuentra reproducido en un monumento erigido solemnemente en el Ecuador, por Bouguer, La Condamine y Godin. En la magnífica mesa de mármol que encontré intacta en el antiguo colegio de jesuitas de Quito, se lee la siguiente inscripcion: «Penduli simplicis æquinoxialis unius minuti secundi archetypus, mesuræ naturalis exemplar, utinam universalis!» Segun lo que dice La Condamine en su *Journal de voyage à l'Equateur*, 1751, pág. 153, acerca de ciertas lagunas de la inscripcion, y de sus disputas con Bouguer respecto de algunos números, esperaba yo hallar notables discordancias entre la mesa de mármol y la inscripcion publicada en París; peró todo bien comparado, no pude descubrir mas que dos diferencias de poquísima importancia, á saber: *ex arcu graduum*, 3 $\frac{1}{2}$, en lugar de *ex arcu graduum plus quam trium*; y la fecha de 1745, en vez de la de 1742: fecha por cierto bien estraña la primera, porque La Condamine y Bouguer volvieron á Europa en 1744, el uno en noviembre, y el otro en junio; y aun el mismo Godin habia ya partido de América en julio de 1744. La correccion mas útil é importante que hubiera podido hacerse à los números citados en la inscripcion, habria sido la de la longitud astronómica de la ciudad de Quito. (Humboldt, *Colecc. de observac. astronómicas*, t. II, páginas 319—354). Las latitudes grabadas por Nouet sobre los monumentos egipcios nos suministran otro ejemplo de lo arriesgado que es otorgar ligeramente cierta especie de solemne perpetuidad á resultados falsos ó mal calculados.

altura de la cúpula del templo por la duracion de las oscilaciones de las lámparas colgadas de la bóveda á desiguales alturas. ¡Cuán lejos estaba entonces de imaginar que su péndulo sería llevado del uno al otro polo para determinar la figura de la Tierra, ó, mas bien, para comprobar que la diferente densidad de las capas terrestres influye sobre la longitud del péndulo de segundos! Verdaderamente son hasta lo sumo maravillosas las propiedades geognósticas de este instrumento, destinado al principio á medir el tiempo, pero que puede asimismo servir para sondear en cierto modo grandes profundidades; para indicar, por ejemplo, si en ciertas islas volcánicas (1), ó sobre las vertientes de las cadenas de montañas (2), existen cavidades subterráneas ó pesadas moles

1) Sobre el aumento de la pesadez, observado en las islas volcánicas (Santa Elena, Ualan, Fernando de Noroña, isla de Francia, Guagam, Mowi é islas Galápagos), menos en la de Rawack, única que forma escepcion de esta regla, acaso por su cercanía á las elevadas tierras de la Nueva Guinea (Lütke, pág. 240), V. Mathieu, en la *Hist. de l'Astron. au XVIIIe siècle*, por Delambre, pág. 701.

2) Está probado por multitud de esperimentos, que en medio de los mismos continentes existen atracciones locales, reveladas por grandes irregularidades en la longitud del péndulo (Delambre, *Mésure de la méridienne*, t. III, pág. 548; Biot, en las *Mém. de l'Acad. des sciences*, tom. VIII, 1829, p. 18 y 23). Atravesando de Occidente á Oriente el mediodia de la Francia y la Lombardía, Burdeos es el punto donde la pesadez aparece menos intensa; despues va creciendo rápidamente en Figeac, Clermont-Ferrand y Milan, hasta llegar á Padua, donde alcanza su máximum. La influencia de la vertiente meridional de los Alpes sobre tales variaciones, no proviene tan solo de la gran masa de esta cadena, sino muy principalmente de las rocas de melaphyro y de serpentina que han producido la elevacion del terreno: tal es la opinion emitida por Elías de Beaumont en sus *Recherches sur les Révolutions de la surface du globe*, 1830, p. 723. Otro tanto puede decirse de las vertientes del monte Ararat, situado, como el Cáucaso, casi en el centro de gravedad del antiguo continente (Europa, Asia y Africa): las notables observaciones sobre el péndulo hechas en este punto por Fedorow, lejos de comprobar la existencia de cavidades subterráneas, nos autorizan por el contrario para deducir la de masas volcánicas sumamente densas (Parrot, *Voyage au Mont Ararat*, t. II, pág. 143). En las operaciones geodésicas practicadas por Carlini y Plana en Lombardía, se hallan diferencias de 20'' á 47'', 8 entre las latitudes astronómicas y las deducidas de las mismas operaciones (Véanse, por ejemplo, las latitudes de Andrate y Mondovi, Milan y Padua en las *Oper. geodes. y astronom. para la medida de un arco de paralel. med.*, t. II, p. 347; *Efemeridi astron. di Milano*, 1842, pág. 57). Calculando la latitud de Milan por la de Berna con el auxilio de la triangulacion francesa, resultan 45° 27' 52'', mientras que las observaciones astronómicas han dado 45° 27' 35'. Como las perturbaciones se estienden en las llanuras de Lombardía hasta Parma, muy al S. del Po (Plana, *Oper. geodes.*, t. II, p. 847), parece probable que la desviacion que esperimenta la plomada depende de la naturaleza del terreno mismo de la llanura. Iguales efectos ha notado Struve en los llanos mas unidos de la Europa oriental (Astron. Nachr. de Schum., 1830, núm. 164, p. 399). Sobre la influencia de las masas pesadas que existen, segun se supone, á una profundidad igual á la altura media de la cadena de los Alpes, véanse las

de basalto y de melafiro. Empero todas estas magníficas propiedades se convierten, por desgracia, en otros tantos gravísimos inconvenientes, luego que tratamos de aplicar el método de las oscilaciones del péndulo al estudio de la forma general de la Tierra. Las cadenas de montañas y la variable densidad de las capas terrestres influyen tambien, puesto que no de una manera tan perjudicial, en la parte astronómica de las medidas de arcos de meridiano.

Conocida la figura de la Tierra, es fácil deducir de ella el influjo que ejerce en los movimientos de la Luna; y recíprocamente, conociendo bien estos movimientos es fácil remontarse á la forma de nuestro planeta. Por esto decia Laplace (1): «Es cosa verdaderamente notabilísima, que sin salir de su observatorio, y sin hacer mas que comparar sus observaciones con la Análisis, hubiera podido un astrónomo determinar exactamente la magnitud y el aplanamiento de la Tierra, y su distancia al Sol y á la Luna; elementos que no se han obtenido sino á fuerza de largos y penosos viajes por uno y otro hemisferio.»

El aplanamiento así deducido de las desigualdades lunares, tiene sobre las medidas aisladas de grados, y sobre las observaciones del péndulo, la ventaja de ser independiente de los accidentes locales, y puede considerarse como el aplanamiento *medio* de nuestro planeta. Comparándole con la velocidad de rotacion de la Tierra, demuestra que la densidad de las capas terrestres va aumentándose desde la superficie hácia el centro; resultado idéntico al que se obtiene cuando se comparan los aplanamientos de Júpiter y de Saturno con la duracion de sus respectivas rotaciones. Por donde se vé, que el conocimiento de la figura esterior de los astros conduce al de las propiedades de su masa interior.

En iguales latitudes, los dos hemisferios presentan, á poco mas ó menos, la misma curvatura (2); pero las

espresiones analíticas de Horsart y Roset, insertas en los *Comptes rendus*, t. XVIII, 1844, p. 392; y Cf. con Poisson, *Traité de mécanique* (2.ª edic.), t. I, pág. 482. Tomás Young, en las *Philos. Transact. for*, 1819, p. 70-96, fué el primero que indicó la influencia que rocas de diferente naturaleza pueden ejercer en las oscilaciones del péndulo. No debe, empero, perderse de vista, cuando se intenta sacar de las observaciones del péndulo alguna conclusion relativa á la curvatura de la tierra, que la consolidacion de la costra terrestre puede haber sido anterior á la erupcion de las masas basálticas y metalíferas.

(1) Laplace, *Exposition du système du Monde*, p. 231.

(2) Las observaciones del péndulo hechas por La Caille en el Cabo de Buena Esperanza, y calculadas con esquisita minuciosidad por Mathieu

medidas de grados y las observaciones del péndulo dan tan diversos resultados en localidades diferentes, que á los datos así obtenidos es imposible adaptarles ninguna figura regular. La figura real de la Tierra es á una figura geométrica regular, «lo que la revuelta superficie de un mar tempestuoso, á la superficie tersa y apacible de un sosegado estanque.»

No le bastaba al hombre haber medido así la Tierra, sino que le era preciso tambien pesarla; y para ello se han imaginado varios métodos ó procedimientos. El primero consiste en determinar, por medio de una combinacion de medidas astronómicas y geodésicas, cuánto se desvia la plomada de la direccion vertical á las inmediaciones de las montañas. El segundo se funda en la comparacion de las longitudes de un péndulo que se hace oscilar primero al pié, y luego en la cumbre de una montaña. El tercero es la balanza de torsion, que puede considerarse tambien como un péndulo oscilante en sentido horizontal.

De estos tres procedimientos, el mas seguro es el último (1), porque no exige, como los otros dos, la de-

(Delambre, *Hist. de l'Astron. au XVIIIe siècle*, p. 479), dan un aplanamiento de $\frac{1}{284,4}$; mas de cualquier manera que se combinen las observaciones hechas bajo las mismas latitudes en uno y otro hemisferio, no hay razon ninguna para creer que el aplanamiento del austral sea mas considerable que el del boreal (Biot, en las *Mémoires de l'Académie des sciences*, t. VIII, 1829, págs. 39-41).

(1) Los tres métodos de observacion dan los siguientes resultados: 1.° Por la desviacion de la plomada cerca del monte Shehallien (en galo *Thichallin*) en el Perthshire, método propuesto antiguamente por Newton, y practicado en 1774-1776 y en 1810 por Maskelyne, Hutton y Playfair: 4,713; 2.° Por las oscilaciones del péndulo, observado sobre la cima de una montaña y en la llanura: 4,837 (Observaciones de Carlini sobre el monte Cenis, comparadas con las de Biot en Burdeos, *Efemer. astron. di Milano*, 1824, pàg 184); 3.° Por la balanza de torsion, con el auxilio de un aparato primitivamente imaginado por Mitchell: 5,48, segun Cavendish; 5,32, segun la revision que hizo Hutton de los cálculos; y 5,52 segun nueva revision de Eduardo Schmidt (*Curso de Geografía matemática*, t. I, p. 487, ed. alem.) Reich halló por la balanza de torsion, 5,44; siendo de notar que en el cálculo de estas últimas investigaciones, verdadera obra maestra de exactitud, el profesor Reich obtuvo primero, por término medio, 5,43, con un error probable de 0,0233 solamente; pero teniendo en cuenta lo que disminuye la pesadez en la latitud de Freiberga (50° 55') por la accion de la fuerza centrífuga, salen definitivamente los 5,44. La sustitucion del hiero fundido al plomo no ha producido diferencias que no puedan fundadamente atribuirse á levísimos errores de observacion; no se ha manifestado indicio ninguno de accion magnética (Reich, *Investigaciones sobre la densidad media de la tierra*, 1838, págs. 60, 62 y 66, edic. alemana).

La densidad media de la tierra que primeramente se dedujo de las observaciones hechas en la cima y al pié de las montañas, tiene de menos cuasi $\frac{1}{6}$:

terminacion de la densidad de los minerales de que se compone una montaña, cosa que es siempre difícil en estremo. Las recientes investigaciones de Reich, hechas con la balanza de torsion, han fijado en 5,44 la densidad media de toda la Tierra, tomando como unidad la del agua pura.

Ahora bien: segun la naturaleza de las rocas que componen las capas superiores de la parte sólida del globo, la densidad de los continentes es apenas de 2,7; y por lo tanto la densidad media de los continentes y de los mares no llega á 1,6. Véase, pues, cuánto deberá ir creciendo hácia el centro la densidad de las capas interiores, bien sea por la enorme presion que experimentan, ó bien pór la naturaleza misma de su materia componente; y véase tambien otra razon mas en apoyo del nombre de instrumento geognóstico que lleva el péndulo, sea vertical ú horizontal.

Colocándose en puntos de vista diferentes, varios físicos célebres han deducido de este resultado conclusiones diametralmente opuestas acerca de lo interior de nuestro globo. Háse calculado á cuanta profundidad deben adquirir los líquidos, y aun los gases, mayor densidad que la del platino ó el iridio; y luego, para conciliar la hipótesis de la indefinida compresibilidad de la materia con el valor fijo del aplanamiento, reducido ya hoy á límites entre sí poco distantes, el ingenioso Leslie se ha visto en la necesidad de presentarnos el interior del globo terrestre como una caverna esférica «llena por un fluido imponderable, pero dotado de una fuerza de espansion enorme.» Tan aventuradas concepciones dieron pronto nacimiento a ideas aun mas fantásticas, en la mente de hombres estraños enteramente á las ciencias: supúsose que crecian plantas en aquella esfera hueca; poblósela de anima-

4,761 (Laplace, *Mécan. céleste*, t. V, pág. 46) ó 4,784 (Eduardo Schmidt, *Curso de Geografía matemática*, t. I, §§. 387 y 418). Esta diferencia se esplica por haber asignado al aplanamiénto en los cálculos menos valor del que tiene, y por lo difícil que es determinar con exactitud la densidad de las rocas de la superficie. — Sobre la hipótesis de Halley, citada en el testo (pág. 183), el cual consideraba la tierra como una esfera hueca (hipótesis que dió orígen á las ideas de Franklin acerca de los temblores de tierra), véanse las *Philos. Transac.* for the year 1693, t. XVII, pág. 563 (On the structure of the internal parts of the Earth, and the concave habitated arch of the shell). Halley creia mas digno del Criador «que el globo esté habitado interior y esteriormente, á la manera que una casa de diferentes pisos, sin que sea obstáculo la falta de luz interior, pues se habrá previsto a esta necesidad de alguna manera (pág. 576).»

les; y para disipar las tinieblas, dijose que circulaban en ella dos astros, Pluton y Proserpina. Dotóse á estas regiones subterráneas de una temperatura casi igual, y de un aire siempre luminoso á causa de la presion que esperimenta (sin duda se habian dado al olvido los dos soles colocados ya allí para iluminarlas); y, por último, imaginóse que á los 82° de latitud, cerca del polo norte, se encontraba una inmensa abertura para dar salida á la luz de las auroras boreales, y por la cual podria bajarse hasta penetrar en la esfera hueca. Sir Humphry Davy y yo hemos sido públicamente invitados por el capitan Symmes, con reiteradas instancias, para que emprendiésemos esta espedicion subterránea. ¡Tan enérgica es en ciertas imaginaciones enfermas la inclinacion á poblar de maravillas los espacios desconocidos, sin curarse de los hechos científicos ni de las leyes universalmente reconocidas en la Naturaleza!

Ya el célebre Halley, á fines del siglo XVII, habia tambien escavado así el interior de la Tierra en sus especulaciones magnéticas, suponiendo que un núcleo, girando libremente en aquella cavidad subterránea, producia las variaciones de declinacion anuales y diurnas de la aguja imanada. Estas ideas, que no fueron nunca para el ingenioso Holberg sino meras ficciones, se han puesto de moda en nuestros dias, y no ha faltado quien haya querido darles, con increible seriedad, cierto viso científico.

La figura, densidad y consistencia actuales del globo están en íntima relacion con las fuerzas que obran en su seno independientemente de todo influjo esterior. Así, la fuerza centrífuga, consecuencia del movimiento de rotacion de que se halla animado el esferoide terrestre, es la causa determinante del aplanamiento del globo; y á su turno este aplanamiento denota la fluidez primitiva de nuestro planeta. Una cantidad enorme de calórico latente ha pasado á ser libre por la solidificacion de esta masa fluida; y si, segun la opinion de Fourier, las capas superficiales son las primeras que se han enfriado y solidificado al emitir sus rayos hácia los espacios celestes, las partes mas inmediatas al centro deben de haber conservado su fluidez é incandescencia primitiva. Este calórico interno ha atravesado durante largo tiempo la costra esterior así formada, perdiéndose al cabo en el espacio; y despues vino otro período de equilibrio estable en la temperatura del globo, de suerte que el calórico, partiendo desde la superficie, debe de ir creciendo gradualmente hácia el centro. Semejante aumento de calórico se halla en realidad comprobado de una manera irrecusable, á lo menos hasta muy grandes profundidades, por la temperatura de las aguas que manan de los pozos artesianos, por la de las rocas que se laborean en las minas profundas, y muy principalmente por la actividad volcánica de la Tierra, es decir, por la erupcion de las masas liquefactas que arroja de su seno. Por inducciones fundadas á la verdad sobre simples analogías, es muy probable que este aumento de calórico continúe propagándose hasta el centro.

En la completa ignorancia en que nos hallamos acerca de la naturaleza de los materiales de que el interior de la Tierra está compuesto; de los diversos grados de capacidad para el calórico y de conductibilidad de las capas sobrepuestas; y por último, de las transformaciones químicas que las materias sólidas ó líquidas deben esperimentar bajo la influencia de una presion enorme, no nos es lícito aplicar sin gran reserva á nuestro planeta las leyes de la propagacion del calórico descubiertas por un profundo geómetra para un esferoide homogéneo de metal, con el auxilio de un análisis que él mismo habia creado (1).

(1) Esta cuestion ha sido objeto de los magníficos trabajos analíticos de Fourier, Biot, Laplace, Duhamel y Lamé. En la *Théorie mathématique de la Chaleur*, 1835, págs. 3, 428 430. 436, y 521-524 (Véase tambien el estracto que de ella hizo De la Ribe en la *Biblioteca universal de Ginebra*, t. LX. p. 415) ha desenvuelto Poisson una hipótesis enteramente opuesta á las miras de Fourier (*Théorie analitique de la Chaleur*). Poisson niega que el núcleo de la tierra se halle actualmente en estado líquido, pues segun dice, «lors que la Terre s'est refroidie en rayonnant vers le milieu ambiant, les parties de la surface qui se sont solidifiées les premiéres se sont aussitôt précipitées vers le centre, et un double courant ascendant et descendant à ainsi diminué la grande inégalité qui aurait eu lieu dans un corps solide dont le refroidissement s'opère à partir de la surface.» El gran geómetra admite que la solidificacion ha comenzado por las partes mas próximas al centro; «que le phénomène de la chaleur croissant avec la profondeur, ne s'étend point à la masse entière du globe, et qu'elle est une simple conséquence du mouvement de notre systême planétaire dans l'espace céleste, dont les diverses parties possèdent, en vertu de la chaleur stellaire, des temperatures très-différentes.» El calor de las aguas de nuestros pozos artesianos no es otra cosa, pues, segun Poisson, sino un calor estraño que ha penetrado de lo esterior á lo interior del globo terrestre: «on pourrait comparer celui-ci, dice, à un bloc de rocher que l'on transporterait de l'équateur jusque sous les pôles, assez rapidement pour qu'il n'eût pas le temps de se refroidir entièrement; l'accroissement de température ne s'étendrait pas, dans un tel bloc, jusqu'aux couches voisines du centre.» En los *Anales de Física y de Cirugía* de Poggendorf, t. XXXIX,

Apenas si nuestra mente consigue representarse el límite que separa la masa líquida interior, de las capas sólidas de que se compone la corteza terrestre, ó sea la insensible gradacion por medio de la cual pasan las capas del estado de solidificacion completa á la semi-fluidez de las sustancias terrestres reblandecidas, pero que no han llegado aun al estado de fusion.

Las leyes conocidas de la hidráulica no pueden tampoco aplicarse sin grandes restricciones á este estado intermedio. La atraccion del sol y de la luna, que eleva las aguas del Océano y produce las mareas, debe dejarse sentir tambien bajo la bóveda que forman las capas ya solidificadas, produciendo *sin duda en la masa fundida un flujo y un* reflujo, una variacion periódica de la presion que la bóveda esperimenta. Con todo, estas oscilaciones deben de ser muy poco considerables, y no podemos atribuir á ellas, sino á fuerzas interiores mas enérgicas, los temblores de tierra. Por donde se vé, que existen séries enteras de fenómenos cuya débil influencia apenas podríamos determinar numéricamente, pero que es útil sin embargo ir indicando, á fin de establecer las grandes leyes de la Naturaleza en toda su generalidad y hasta en sus mas minuciosos pormenores.

Segun esperimentos, asaz conformes entre si, á que se ha sometido el agua de diversos pozos artesianos, parece que la temperatura de la costra terrestre se aumenta por término medio á medida que se va profundizando en direccion vertical, á razon de 1° del termómetro centígrado por cada 36 varas. Si esta ley pudiese aplicarse á toda especie de profundidad, una capa de granito no llegaría al estado de completa fusion, sino á mas de siete leguas debajo de tierra (cuatro ó cinco veces la altura de la mas elevada cima del Himalaya) (1).

págs. 93-100, pueden leerse las fundadas objeciones hechas á esta singular teoría cosmogónica, que atribuye á los espacios celestes un fenómeno harto mejor explicable por el paso de la materia primitivamente gaseosa á su estado actual de solidificacion.

(1) El pozo de Grenelle en París indica un aumento de 1° de calor por cada 115 pies; el pozo artesiano de New-Salzwerk, cerca de Minden, en Prusia, 1° por cada 106 pies, exactamente lo mismo, segun Augusto de la Riva y Marcet, que el pozo artesiano de Perigny junto á Ginebra, no obstante que su orificio se halla situado á 1758 pies sobre el nivel del mar. El primero que propuso este método fué Arago en 1821 (*Annuaire du Bureau des longitudes*, 1835, pág. 234); y ahora acabamos de ver cuán admirablemente concuerdan entre sí los resultados obtenidos en tres pozos artesianos, cuyas profundidades son 1963, 2440 y 793 pies respectiva-

El calórico se propaga en el globo terrestre de tres maneras distintas. El primer movimiento es periódico y hace variar la temperatura de las capas terrestres, segun que el calórico, con arreglo á las estaciones y á la posicion del sol, penetra de alto á bajo, ó se escapa de abajo á arriba siguiendo el mismo camino, puesto que en sentido inverso. El segundo movimiento, que tambien resulta de la accion solar, es de una lentitud estremada: una parte del calórico que penetra por las capas ecuatoriales, se mueve en lo interior de la costra terrestre hasta llegar casi á los polos; allí se desvía de su direccion, sale á la atmósfera y va á perderse en las apartadas regiones del espacio. La tercer manera de propagacion es la mas lenta de todas, y consiste en el enfriamiento secular del globo, es decir, en la pérdida de aquella débil porcion de calórico primitivo que actualmente se trasmite á la superficie. Esta pérdida de calórico central debió ser muy considerable en la época de las mas antiguas revoluciones de la Tierra; pero ha ido tan á menos desde los tiempos históricos, que es casi inapreciable para nuestros mejores instrumentos termométricos. La superficie de la Tierra se halla por lo tanto colocada entre la incandescencia de las capas interiores, y la baja temperatura de los espacios celestes, que verosimilmente es inferior al punto de congelacion del mercurio.

Las variaciones periódicas que la situacion del sol y los fenómenos meteorológicos producen en la temperatura de

mente. Si hay en la tierra dos puntos, situados á corta distancia uno debajo de otro, cuyas temperaturas medias anuales sean bien conocidas, estos dos puntos se hallan indudablemente en el Observatorio de París, donde la temperatura media del aire esterior es de 10°, 822, y de 11°, 834 la de los sótanos, resultando una diferencia de 1°, 12 por cada 100 pies de profundidad. (Poisson, *Théorie mathém de la Chaleur*, págs. 415 y 462). Parece que en el decurso de estos últimos diez y siete años, sin que hasta ahora se haya podido descubrir la verdadera naturaleza de la causa, ha subido 0°, 220, no la temperatura de los sótanos del Observatorio, sino antes bien las indicaciones del termómetro que allí existe. Si los pozos artesianos presentan algunas probabilidades de perturbacion en su temperatura propia á poco que penetren en ellos aguas estrañas por las fisuras laterales, las observaciones hechas en las minas están espuestas á otros muchos errores, merced á las incesantes corrientes de aire frio que allí circulan. La multitud de investigaciones de Reich sobre la temperatura de los pozos mineros de Sajonia, dan por resultado un aumento algun tanto menor de calórico, pues es solo de 1.° por cada 150 pies. (*Observac. sobre la temperat. de las capas á diversas profundidades*, 1834, pág. 134). Sin embargo, Phillips ha hallado en un pozo de la mina carbonífera de Monk-Wearmouth en Newcastle, cuya profundidad es de 1637 pies bajo el nivel del mar, el aumento de 1° por cada 116 pies. (*Anales* de Poggendorf, t. XXXIV, pág. 191); resultado casi idéntico al que Arago y Walferdin han obtenido en el ya citado pozo de Grenelle.

la superficie, no se propagan á lo interior de la Tierra sino hasta muy cortas profundidades. Esta lenta trasmision del calórico disminuye la pérdida que el suelo esperimenta durante el invierno, y es altamente favorable á los árboles de profundas raices. Los puntos situados en una misma línea vertical á profundidades diversas, alcanzan así, en épocas muy diferentes, el màximum y el mínimum de la temperatura que les toca; y mientras mas lejanos esten de la superficie, menor es en ellos la diferencia de estos dos estremos. En la region templada que nosotros habitamos (lat. 48°-52°), la capa de temperatura invariable se encuentra de 28 á 32 varas de profundidad; y hácia la mitad de ella las oscilaciones que el termómetro esperimenta en virtud de las alternativas estacionales, apenas llegan á medio grado. En los trópicos, la capa invariable se encuentra ya á poco mas de un pie por debajo de la superficie; circunstancia de que Boussingault ha sacado partido para determinar de una manera muy sencilla y en su concepto muy segura, la temperatura media de la atmósfera local (1). Esta temperatura media de la atmósfera en un punto dado de la superficie, ó mas bien en un grupo de puntos cercanos, puede considerarse como el elemento fundamental que determina en cada pais la naturaleza de la vegetacion y del clima.

La temperatura media de toda la superficie difiere mucho de la de todo el globo terrestre. Trátase con frecuencia de averiguar si el curso de los siglos ha modificado sensiblemente esta temperatura media del globo; si el clima de una region se ha deteriorado; si el invierno se ha hecho en ella mas templado y menos cálido el estío. El termómetro es el único medio de resolver semejantes cuestiones, y su descubrimiento apenas data de dos siglos y medio; pudiendo asegurarse que casi no se le ha empleado de una manera racional sino de 120 años á esta parte. La naturaleza y la novedad del medio restringen así considerablemente el campo de nuestras investigaciones acerca de las temperaturas atmosféricas. No sucede lo mismo cuando se trata del calor central de la Tierra. A la manera que de la igualdad en la duracion de las oscilaciones de un péndulo puede deducirse la invariabilidad

(1) Boussingault, *Sur la profondeur à laquelle se trouve la couche de température invariable, entre les tropiques*, en los *Annales de Chimie et de Phisique*, t. LIII, 1833, págs. 225-247.

de su temperatura, asi tambien la constancia de la velocidad de rotacion que anima al globo terrestre, nos da la medida de la estabilidad de su temperatura media. El descubrimiento de esta relacion entre la *duracion del dia y el calor del globo*, es sin disputa una de las mas brillantes aplicaciones que se han podido hacer de un prolongado conocimiento de los movimientos celestes, al estudio del estado térmico de nuestro planeta. Sábese que la velocidad de rotacion de la Tierra depende de su volúmen; enfriándose la masa de la Tierra por via de irradiacion, debe disminuir su volúmen; luego toda disminucion de temperatura corresponde á un aumento de la velocidad de rotacion, es decir, á una diminucion en la duracion del dia.

Ahora bien, computando las desigualdades seculares del movimiento de la luna, en el cálculo de los eclipses observados en las épocas mas remotas, se halla que desde el tiempo de Hiparco, es decir, dos mil años ha, la duracion del dia no ha disminuido ciertamente ni aun la centésima parte de un segundo. Se puede por lo tanto afirmar sin salir de estos mismos límites, que la temperatura media del globo terrestre no ha variado de dos mil años á esta parte ni $\frac{1}{170}$ de grado (1).

Semejante invariabilidad en las dimensiones, supone igual invariabilidad en la reparticion de la densidad por lo interior de la Tierra; de donde resulta, que la formacion de los volcanes actuales, la erupcion de lavas ferruginosas, y el transporte de las pesadas moles de piedra que han rellenado las hendiduras y las quiebras, no han producido, en realidad, sino modificaciones insignificantes, meros accidentes superficiales, cuyas dimensiones se desvanecen cuando se las compara á las del globo.

Los precedentes consideraciones acerca del calórico interno de nuestro planeta se fundan casi esclusivamente

(1) Laplace, *Exposit. du Système du Monde*, págs. 229 y 263; *Mécanique céleste*, t. V, págs. 18 y 72. Nótese que la fraccion $\frac{1}{170}$ de grado centesimal del termómetro de mercurio, con la cual se designa en el texto el límite de la estabilidad de la temperatura terrestre desde el tiempo de Hiparco, supone que la dilatacion de las materias constitutivas del globo terrestre es igual á la del vidrio, ó á $\frac{1}{100,000}$ por cada grado del termómetro. V. las observaciones de Arago sobre esta hipótesis, en el *Annuaire* para 1834, págs. 177-190.

en los resultados de las magnificas investigaciones de Fourier. Poisson ha suscitado ciertas dudas sobre la realidad de este aumento contínuo del calórico terrestre desde la superficie del globo hasta su centro; segun él, no hay calórico que no haya penetrado de lo esterior á lo interior; y el que no proviene del Sol depende de la temperatura, ó muy alta ó muy baja, de los espacios celestes que atraviesa el sistema solar en su movimiento de traslacion. Por mas que esta hipótesis haya sido emitida por uno de los mas profundos geómetras de nuestra época, no ha satisfecho ni á los físicos ni á los geólogos. Mas cualquiera que sea el origen del calor interno de nuestro planeta; cualquiera que sea la causa de su aumento limitado ó ilimitado hácia el centro, siempre resulta que la íntima conexion de todos los fenómenos primordiales de la materia, y el escondidò lazo que une entre sí á las fuerzas moleculares, nos inducen á referir al calórico central del globo los misteriosos fenómenos del *magnetismo terrestre*.

En efecto, el magnetismo terrestre, cuyo principal carácter es presentar una continuidad de variaciones periódicas en su triple manera de obrar, debe atribuirse á la desigualdad de la temperatura del globo (1), ó á las corrientes galvánicas que nosotros consideramos como electricidad movida en un recinto cerrado (2). La misteriosa direccion de la aguja imanada depende á la par del tiempo y del espacio, del curso del Sol y de la posicion geográfica. Por la aguja imanada puede saberse la hora que es del dia, lo mismo que en las regiones intertropicales por las oscilaciones del barómetro. Las auroras boreales que coloran el cielo de nuestras regiones árticas con rojizos resplandores, ejercen tambien sobre la aguja una accion pasajera, pero inmediata. Cuando una *tempestad magnética* per-

(1) Guillermo Gilberto, de Colchester, calificado por Galileo de «grande hasta el punto de escitar envidia», habia ya dicho: «*Magnus magnes* ipse est globus terrestris;» Burlándose de las montañas de iman que Fracastor, el ilustre contemporáneo de Cristobal Colon, colocaba en los polos, trae estas otras palabras: «Rejicienda est vulgaris opinio de montibus magneticis, aut rupe aliqua magnetica, aut polo phantastico a polo mundi distante.» Gilberto admite que la declinacion de la aguja imanada es invariable en toda la tierra *variatio uniuscujusque loci constans est*), y explica las curvaturas de las líneas isogónicas por la configuracion de los continentes y por la situacion *del fondo de los mares*, *cuya accion magnética es menor que la de las masas* sólidas elevadas sobre el nivel del Océano. (Gilberto, *de Magnete*, edic. de 1633, págs. 42, 98, 152 y 155).

(2) Gauss. *Teoría general del Magnetismo terrestre*, en los *Resultados de las observaciones de la Union magnética*, 1838. §. 41, pág. 56.

turba el movimiento horario de la aguja, acaece con frecuencia que la perturbacion se manifiesta simultáneamente, así como suena, en la tierra y en el mar, á distancia de centenares y aun de millares de leguas, ó bien se propaga en todas direcciones por la superficie del globo, sucesivamente y con cortos intervalos de tiempo (1). En el primer caso, la simultaneidad de los fenómenos podria servir para determinar las longitudes geográficas, lo mismo que los eclipses de los satélites de Júpiter, las señales de fuego y las estrellas vagas oportunamente observadas. Es cosa verdaderamente admirable, que las sacudidas de las dos agujitas imanadas pueden revelarnos la distancia que las separa aunque se las suspenda debajo de tierra á grandes profundidades, é indicarnos por ejemplo, á que distancia se encuentra Casan al oriente de Gœtinga ó de Paris. Hay en el globo regiones en que los navegantes, rodeados de espesas nieblas por espacio de muchos dias, se ven con frecuencia privados de los medios astronómicos que sirven para determinar la hora y la posicion del buque: la inclinacion de la aguja, en tales casos, puede indicarles si se hallan al Norte ó al Sur del puerto á donde deben hacer escala (2).

(1) Hay otras causas perturbadoras mas locales aun, que tienen quizás su asiento á menos profundidad, y cuyos efectos no se estienden á muy largas distancias. Mucho tiempo ha, dí á conocer un ejemplo rarísimo de estas perturbaciones escepcionales, sentidas en las minas de Sajonia y no en Berlin (V. mi *carta á S. A. R. el duque de Sussex sobre los medios de perfeccionar el conocimiento del magnetismo terrestre*, inserta en el *Tratado esperimental de la electricidad*, t. VII, pág. 442). Algunas tempestades magnéticas se han manifestado simultáneamente desde la Sicilia hasta Upsala, sin propagarse de Upsala á Alten (Gaus y Weber, *Resultados de la Union magnética*, 1839, pág. 128; Lloyd. *Comptes rendus de l' Acad. des sciences*, t. XIII, 1843, págs. 725 y 827). Entre los numerosos y recientes ejemplos de estas perturbaciones, reunidos por Sabine en su importante obra (*Observ. on days of unusual magnetic disturbance*, 1843), uno de los mas notables es el del dia 25 de setiembre de 1841: la perturbacion se dejó sentir en Toronto, en el Canadá, en el Cabo de Buena Esperanza, en Praga y en parte á lo menos de la tierra de Van-Diémen. Los ingleses dan tanta importancia á la solemnidad del domingo, que creerían cometer un pecado si consintiesen en leer una escala gradual despues de las doce de la noche del sábado, siquiera se tratase de uno de los fenómenos mas maravillosos de la Creacion; y como la tempestad magnética de que hablamos cayó justamente en domingo en la tierra de Van-Diémen, á causa de la diferencia de longitud, la observacion no fué completa (*Observ.*, págs. XIV, 78, 85 y 87).

(2) En el *Diario de Física* de Lamétherie, 1804, t. LIX, pág. 449, he mostrado la manera de determinar la latitud por medio de la inclinacion de la aguja imanada, en una costa dirigida de N. á S., que como las de Chile y el Perú estén constantemente envueltas por la niebla (*garua*) una parte del año. Esta aplicacion de la aguja es sumamente útil en aquella localidad, por la violenta corriente que va del Sur al Norte hasta Cabo-Parina, la cual haría que los navegantes perdiesen mucho tiempo si por no conocer bien su

Mas cuando la súbita perturbacion del movimiento horario de la aguja anuncia y prueba la existencia de una tempestad magnética, forzoso es confesar que ignoramos aún en qué lugar tiene su asiento la causa perturbadora: ¿será en la corteza terrestre, ó en las regiones superiores de la atmósfera? Hasta ahora, por desgracia, la cuestion no es resoluble.

Si se considera la Tierra como un verdadero iman, es preciso en tal caso atribuirle, segun la espresion de Federico Gauss, célebre fundador de una teoria general del magnetismo terrestre, la fuerza magnética de un barrote imanado, de una libra de peso, por cada cinco pulgadas cúbicas (1). Si es cierto, por una parte, que el hierro, el níquel y probablemente el cobalto (mas no el cromo (2) como por espacio de mucho tiempo se ha creido), son las únicas sustancias que en virtud de cierta fuerza coercitiva pueden retener de una manera durable las propieda-

latitud se dirigiesen por la parte del Norte á la costa del puerto de su destino. Desde el Callao de Lima hasta Trujillo en el Mar del Sur, ó sea en una diferencia de 3° 57' de latitud, he hallado 9° (division centesimal) de variacion en la inclinacion de la aguja; desde el mismo Callao á Guayaquil, por 9° 50' de diferencia latitudinal, 23°,05 en la inclinacion magnética (Véase mi *Relacion histórica*, t. III, pág. 622). En Guarmey (10° 4' Lat. merid.); en Huaura (11° 3'); y en Chancay (11° 22'), las inclinaciones son respectivamente, 6°,80; 9°,00; y 10°,35 de la division centesimal. Este método para determinar la latitud por medio de la brújula de inclinacion, es, por lo tanto, perfectamente aplicable cuando el buque corta en su rumbo las líneas isoclínicas en ángulo recto, poco mas ó menos; y tiene sobre todos los demas métodos la incomparable ventaja de que no exige la determinacion de la hora, ni por consiguiente la observacion del Sol ó de los demas astros. Recientísimamente he descubierto que á fines del siglo XVI, veinte años despues de la invencion del *Inclinatorium* por Roberto Norman, Guillermo Gilberto propuso en su grande obra *de Magnete*, determinar la latitud por medio de la brújula cuando hay niebla «aere caliginoso» (*Physiologia nova de Magnete*, lib. V, cap. 8, pág. 200). Eduardo Wright dice en el prefacio colocado al frente de la obra de su ilustre maestro, que aquella proposicion «vale un Perú;» mas como él creia con Gilberto que las líneas isoclínicas coincidian con los paralelos de la esfera, lo mismo que el ecuador magnético con el ecuador geográfico, no advirtió que semejante método puede ser aplicable tan solo á ciertas localidades, y de ninguna manera á todas.

(1) Gauss y Weber, *Resultados de la Union magnética*, 1838, §. 31, página 46.

(2) Segun Faraday (*London and Edinburgh Philosophical Magazine*, 1836, t. VIII, pág. 178), el cobalto puro carece absolutamente de toda propiedad magnética; mas otros célebres químicos (Enrique Rose y Wœhler) no consideran los experimentos de Faraday como completamente decisivos. Yo creo, sin embargo, que si de dos pedazos de cobalto purificados cuidadosamente, y al parecer privados de níquel, el uno se manifestase indiferente al magnetismo (hablo del magnetismo *en reposo*), al paso que el otro presentase algunas propiedades magnéticas, seria señal de no estar este último bien purificado; y me inclino por lo tanto á la opinion de Faraday.

des magnéticas, no es menos cierto, por otra parte, que todas las sustancias terrestres pueden hacerse magnéticas, siquiera sea por breve tiempo, como lo prueban el magnetismo de rotacion de Arago y las corrientes de induccion de Faraday. El primero de estos dos ilustres físicos ha demostrado que el agua, el hielo (1), el vidrio, el carbon y el mercurio, influyen en las oscilaciones de la aguja imanada; y apenas hay sustancia que no presente cierto grado de imanacion cuando sirve de conductor, es decir, cuando por ella atraviesa una corriente de electricidad.

Parece cosa averiguada, que los pueblos occidentales conocian de muy antiguo la fuerza de atraccion del iman natural; y es por lo mismo un hecho muy sorprendente, que solo los pueblos de la estremidad oriental del Asia, quiero decir, los chinos, conociesen la accion reguladora que el globo terrestre ejerce sobre la aguja imanada. Mil y mas años antes de nuestra Era, allá por la oscurísima época de Codro y de la vuelta de los Heraclides al Peloponeso, tenian ya los chinos *balanzas magnéticas*, con una figura humana en uno de sus brazos que indicaba constantemente el Sur; y se servian de esta brújula para caminar por las áridas inmensas llanuras de la Tartaria. En el siglo tercero de nuestra Era, es decir, setecientos años por lo menos antes de la introduccion de la brújula en los mares europeos, navegaban ya los chinos en sus juncos por el Océano Indico (2) siguiendo la indicacion magnética del Sur. En otra obra he demostrado (3) cuánta superioridad daba el conocimiento y el empleo de la brújula en tan remotas épocas a los geógrafos chinos sobre los geógrafos griegos ó romanos, que ignoraron siempre, por ejemplo, la verdadera direccion de los Apeninos y de los Pirineos.

(1) Arago, en los *Annales de Chimie*, t. XXXII, pág. 214; Brewster *Treatise of Magnetism.*, 1837, pág. 111; Baumgartner, en el *Diario de Física y de Matemáticas*, aleman, t. II, pág. 419.

(2) Humboldt, *Exámen crítico de la historia de la Geografía*, t. III, página 36.

(3) *Asia central*, t. I, Introduccion, páginas XXXVII-XLII. Los pueblos occidentales, es decir, los griegos y los romanos, sabian que el hierro es susceptible de adquirir propiedades magnéticas permanentes («Sola hæc materia ferri vires a magnete lapide accipit *retinetque longo tempore.*» Plinio, XXXIV, 14). Tambien hubiera podido descubrirse en el *Occidente* la fuerza reguladora del globo, si á alguien se le hubiese ocurrido colgar de un hilo ó hacer nadar en el agua sobre un pedazo de madera un buen fragmento de iman ó una barra de hierro imanado, y observar sus movimientos libres.

La fuerza magnética de nuestro planeta se manifiesta en la superficie por tres clases de fenómenos, uno de los cuales corresponde á la *intensidad* variable de la fuerza misma, mientras que los otros dos comprenden los hechos relativos á su direccion variable, es decir, la *inclinacion* y la *declinacion*; este último ángulo se cuenta en todo lugar en sentido horizontal, partiendo del meridiano terrestre. El efecto completo que el magnetismo produce en lo exterior, puede representarse gráficamente por medio de tres sistemas de líneas, á saber: las líneas *isodinámicas*, las líneas *isoclínicas*, y las líneas *isogónicas*; ó en otros términos: las líneas de igual intensidad, de igual inclinacion y de igual declinacion. La distancia y la posicion relativa de estas líneas no permanecen siempre las mismas, sino que estan sujetas á contínuas desviaciones oscilatorias; mas hay, no obstante, ciertos puntos en la superficie del globo (1), tales como la parte occidental de las Antillas y el Spitzberg, en los cuales la declinacion de la aguja imanada no varía absolutamente, ó si varía es solo cantidades apenas sensibles en el curso de todo un siglo. Del mismo modo, si por consecuencia de su movimiento secular llegan algunas líneas isogónicas á pasar de la superficie del mar, sobre un continente ó sobre una isla algun tanto considerable, detiénense allí largo tiempo y se van encorvando á proporcion que avanzan hácia otra parte.

Estas desviaciones sucesivas y desiguales modificaciones de las declinaciones orientales y occidentales, complican los cuadros gráficos que corresponden á siglos diferentes, é impiden que se reconozcan fácilmente en ellos las relaciones y las analogías de las formas. Ramal hay de ciertas curvas, que tiene una historia particular completa; pero entre los pueblos occidentales esta historia no se remonta mas allá de la memorable época (13 de setiembre

(1) Los lugares en que la declinacion magnética es invariable ó en que padece, á lo mas, lentas *variaciones seculares, son los únicos en que pueden* fijarse las líneas de demarcacion por medio de la brújula, sin tener en cuenta las correcciones de la declinacion de la aguja, y sin esponerse al riesgo de ver *cambiada á la larga, por la accion magnética del globo, la superficie* legalmente comprobada de las propiedades. «The whole mass of West-India property,—dice sir John Herschell—had been saved from the bottomless pit of endless litigation, by the *invariability of the magnetic declination* in Jamaica and the surrounding archipelago, during the whole of the last century, all surveys of property theve having been conducted solely by the compass.» V. Robertson, en las *Philos. Transact.* for 1806, Part. II, pag. 348, *On the permanency of the compass in Jamaica since* 1660. En la madre patria (Inglaterra), la declinacion ha variado 14° en el mismo lapso de tiempo.

de 1492) en que el grande hombre que hizo el segundo descubrimiento del Nuevo-Mundo, reconoció una línea sin declinacion como á los 3° al Oeste del meridiano de una de las Azores, la isla de Flores (1). Esceptuando una pequeña parte de la Rusia, todo el resto de Europa tiene actualmente una declinacion occidental, siendo así que á fines del siglo XVII (1656 en Lóndres, y despues 1669 en Paris), la aguja se dirigia exactamente hácia el polo: donde es de notar que no obstante la poca distancia á que se hallan entre sí estas dos capitales, la diferencia en las dos épocas fué de doce años.

Dos escelentes observadores, Hansteen y Adolfo Erman, han notado el admirable fenómeno que las líneas de igual declinacion presentan en las vastas regiones del Asia Septentrional: cóncavas hácia el polo entre Obdorff del Obi y Turuchansk, se tornan convexas entre el lago Baikal y el mar de Ochotsk. En estas regiones del Norte del Asia Oriental, entre la cadena de Werchojansk, Jakoutsk y la Coréa Septentrional, las líneas isogónicas forman un sistema particular asaz notable, cuya forma ovalada (2) se

(1) Los documentos que han llegado hasta nosotros, acerca de los viajes de Cristobal Colon, pueden servir, como he demostrado en mi *Exámen crítico de la historia de la Geografía*, t. III, págs. 44-48, para fijar la posicion exacta de tres puntos de la *línea atlántica sin declinacion*, en los dias 13 de setiembre de 1492, 21 de mayo de 1496, y 16 de agosto de 1498. La línea atlántica sin declinacion se dirigia por aquel tiempo del N-O. al S-O. y tocaba al continente meridional de América un poco al E. del Cabo Codera, mientras que hoy le toca al N. del Brasil. Por la *Physiologia nova de Magnete* de Gilberto (lib. IV, cap. I), se vé claramente que en 1660 era nula la declinacion junto á las Islas Azores, como en tiempo de Cristobal Colon. Creo haber probado con documentos fehacientes en mi *Exámen crítico*, t. III, pág. 54, que si la famosa línea de demarcacion establecida por el papa Alejandro VI para dividir el hemisferio occidental entre Portugal y España, no se tiró por la mas occidental de las Azores, fué porque Colon deseaba hacer de una division *natural* una division *política*. Por eso tambien dió siempre Colon tanta importancia á la zona (*raya*) «en que la brújula no padece alteracion; en que el aire y el mar, cubierto de plantas acuáticas, principian á ofrecer una constitucion nueva; y en que se dejan ya sentir las frescas brisas, y comienza á cambiar la curvatura de la tierra.» Sería superfluo detenerse hoy á demostrar la falsedad de este último punto, que por ciertas observaciones de la estrella polar le parecia á Colon incontestable.

(2) Una de las cuestiones cuya resolucion interesa mas á la teoría física del magnetismo terrestre, es saber si los dos sistemas ovalados de líneas isogónicas deben conservar su estraña forma durante todo este siglo, ó si se disolverán al cabo desarrollándose. En el óvalo del Asia oriental la declinacion aumenta de fuera hácia dentro; lo contrario sucede en el óvalo del mar del Sur, donde ni aun conocemos actualmente al E. del meridiano de Kamschatka ninguna línea de declinacion que baje de 2° (Erman, en los *Anales* de Poggendorf, t. XXI, pág. 129). Con todo, parece que el dia de Páscua de 1616 halló Cornelio Schonten que la declinacion era nula á los 15° de latitud meridional y 125° de longitud occidental, es decir, un poco al S. O. de Noukabiva (Hansteen, *Magnetismo de la Tierra*, 1819, pág. 28, ed. ale-

reproduce en escala mas estensa en el mar del Sur, casi bajo el meridiano de Pitcairn y del Archipiélago de las Marquesas, entre los 20° de latitud boreal y 45° de latitud austral. Podrian atribuirse estos sistemas aislados, cerrados por todas partes y formados de curvas casi concéntricas, á propiedades locales del globo terrestre; pero si tales sistemas, al parecer aislados, deben experimentar tambien desviaciones en el transcurso de los siglos, sacaremos en conclusion que estos fenómenos, como todos los grandes hechos de la Naturaleza, se refieren á causas mucho mas generales.

Las variaciones horarias de la declinacion dependen del tiempo verdadero; rigelas el Sol mientras luce sobre el horizonte, y decrecen en valor angular con la latitud magnética. Cerca del ecuador, en la Isla de Rawak, por ejemplo, son apenas de tres á cuatro minutos, mientras que en la Europa central suben hasta trece ó catorce. Ahora bien; como desde las ocho y media de la mañana hasta la una y media de la tarde, término medio, la extremidad boreal de la aguja se dirige de E á O en el hemisferio septentrional y de O á E en el hemisferio austral, no sin razon se ha supuesto (1) *que debe haber en la tierra* una region situada probablemente entre el ecuador terrestre y el ecuador magnético, en la cual sea completamente nula la variacion horaria de la declinacion. Esta última curva, no hallada todavía, podria llamarse *linea sin variacion horaria de la declinacion*.

A la manera que se ha dado el nombre de *polos magnéticos* á los puntos de la superficie terrestre en que desaparece la fuerza horizontal, puntos cuya importancia se ha exagerado mucho, por otra parte (2), así tambien se llama *equador magnético*, la curva formada por los puntos en que la inclinacion de la aguja es nula. La posicion de esta línea y sus cambios seculares de forma han sido en estos últimos tiempos objeto de profundas observaciones. Segun los excelentes trabajos de Duperrey (3) que ha atravesa-

mana). Conviene no perder de vista que las dislocaciones de las líneas magnéticas no pueden seguirse sino en proyeccion sobre la superficie misma del globo.

(1) Arago, en el *Annuaire*, 1836, pág. 284; y 1840, págs. 330-338.

(2) Gauss, *Teoría general del Magnetismo terrestre*, §. 31, edicion alemana.

(3) Duperrey, *De la configuration de l'équateur magnétique*, en los *Annales de Chimie*, t. XLV, páginas 371 y 379. (Véase tambien M rlet

do el ecuador magnético en seis ocasiones distintas desde 1822 á 1825, los nodos de los dos ecuadores, es decir, los dos puntos en que la *línea sin inclinacion* corta el ecuador terrestre, pasando de uno á otro hemisferio, estan colocados de una manera muy irregular: en 1825, el nodo que se hallaba cerca de la isla de Santo Tomás hácia la costa occidental de Africa, estaba á 188°½ del nodo situado en el mar del Sur junto á las isletas de Gilberto, poco mas ó menos bajo el meridiano del archipiélago de Vití. A principios de este siglo hé determinado yo astronómicamente á 12920 pies sobre el nivel del mar, el punto (7° 1' de latitud austral y 41° 46' de longitud occidental) en que el *ecuador magnético* corta á la cadena de los Andes entre Quito y Lima. Al Oeste de este punto, el ecuador magnético atraviesa casi todo el mar del Sur en el hemisferio austral y se aproxima lentamente al ecuador terrestre. Poco antes de llegar al archipiélago índico, pasa al emisferio septentrional, toca solamente las estremidades meridionales del Asía, y penetra en seguida en el continente africano al O. de Socotora, hácia el estrecho de Bab-el-Mandeb, siendo entonces cuando mas se separa del ecuador terrestre. Despues de haber atravesado las ignotas interiores regiones del continente africano en direccion al S. O., el ecuador magnético vuelve á la zona austral de los trópicos hácia el golfo de Guinea, apartándose tanto entonces del ecuador terrestre, que corta la costa del Brasil hácia Os Ilheos, al Norte de Porto-Seguro, á los 15° de latitud austral. Desde allí hasta las elevadas mesetas de las Cordilleras, en donde pude observar la inclinacion de la aguja entre las minas de plata de Micuipampa y la antigua residencia de los incas (Caxamarca) recorre toda la América del Sud; vastísima region que por aquellas latitudes es aun para nosotros una *terra incognita* magnética, lo mismo que el Africa central.

Por observaciones recientes, hechas y comparadas por Sabine (1), sabemos que el nodo de la isla de Santo Tomás se ha adelantado 4° de Oriente á Occidente en los años de 1825 á 1837. Sería muy importante averiguar si el otro nodo, situado en el mar del Sur hácia las islas de

en las *Mémoires présentés par divers savants á l'Acad. royale des sciences*, t. III, pág. 132.

(1) Véase en la obra de Sabine (*Contributions to terrestrial magnetism*, 1840, pág. 139), el notable mapa de las líneas isoclínicas en el Océano Atlántico, relativo á los años de 1825 y 1837.

Gilberto, ha retrocedido otro tanto en direccion al Oeste, acercándose al meridiano de las Carolinas.

Bastan estas consideraciones generales para hacernos ver cómo se ligan los diferentes sistemas de líneas isoclínicas á la gran línea sin inclinacion, cuyos cambios de forma y de posicion alteran las latitudes magnéticas, influyendo así sobre la inclinacion de la aguja, hasta en las mas apartadas regiones (1); y cómo tambien, merced á la ventajosa distribucion de los continentes y de los mares, los $\frac{4}{5}$ del Ecuador magnético vienen á hallarse situados sobre el Océano; circunstancia favorabilísima para el estudio del magnetismo terrestre, atento que poseemos ya medios de medir exactísimamente en el mar la inclinacion y la declinacion de la aguja imanada.

Espuesta ya la distribucion del magnetismo por la superficie del globo, bajo el doble aspecto de aquella inclinacion y declinacion, réstanos aún considerarla con relacion á la intensidad de la fuerza misma; intensidad que las líneas isodinámicas están destinadas á representar gráficamente.

El vivo y universal interés que inspira hoy el estudio y la valuacion de esta fuerza por el método de las oscilaciones de una aguja vertical ú horizontal, apenas data desde principios de este siglo; pero merced á los adelantos de la óptica y de la cronometría, puede alcanzar este género de medidas mayor exactitud que todas las demas determinaciones magnéticas; y si bien es cierto que para el navegante y para el piloto tienen mas importancia las líneas isogónicas, no lo es menos que las isodinámicas ó de igual intensidad, son las que mas fecundos resultados prometen en la actualidad á la teoría del magnetismo terrestre (2).

El primer hecho comprobado por medidas directas es que la intensidad total decrece del ecuador hácia el polo (3); y si actualmente conocemos la ley que sigue esta

(1) Humboldt, *Sobre las variaciones seculares de la inclinacion magnética*, en los *Anales* de Poggendorf, t. XV, pág. 322.

(2) Gauss, *Resultados de las observaciones de la Union magnética*, 1838, §. 21; Sabine, *Report on the variations of the magnetic Intensity*, pág. 63.

(3) Hé aquí la exposicion histórica de los hechos relativos al descubrimiento de una ley importante para el magnetismo terrestre: la del crecimiento en general de las intensidades, con las latitudes magnéticas. Cuando en 1798 traté de unirme á la expedicion del capitan Baudin para em-

diminucion de intensidad, y la distribucion geográfica de todos los términos de su série decreciente, debémoslo, sobre todo de 1819 acá, á la infatigable actividad de Eduardo Sabine: el cual, no contento con haber observado las oscilaciones de la aguja en el polo Norte americano, en la Groenlandia, en Espitzberga, y en las costas de Guinea y del Brasil, siempre valiéndose de los mismos aparatos, se ha ocupado tambien en reunir y coordinar cuantos datos y documentos pueden contribuir á esclarecer la gran cuestion de las líneas isodinámicas.

prender un viaje de circumnavegacion. Borda, que miró con vivo interés mi proyecto, me pidió que en uno y otro hemisferio y bajo diferentes latitudes hiciese oscilar una aguja vertical en el meridiano magnético, á fin de averiguar si la intensidad magnética varía, ó si es la misma en todas partes. Estas investigaciones fueron efectivamente una de mis principales miras en el viaje que emprendí á las regiones equinocciales de América. En ellas llegué á comprobar por mis propias observaciones, que la misma aguja que en 10 minutos hace en Paris 245 oscilaciones, hace en la Habana 246; 242 en Méjico; 216 en San Carlos del Rio Negro (1° 53' lat. sept., 73° 46' long. occid.); 211 solamente en el Perú sobre el ecuador magnético, es decir, sobre la línea en que la inclinacion es nula ó = 0 (7° 1' lat. mer., 73° 46' long. occid.); y que la misma aguja transportada á Lima (12° 2' lat. mer.) ejecuta 219 oscilaciones en igual espacio de tiempo. En los años de 1799 á 1803 he hallado, pues, que representando por 1,000 la fuerza total sobre el ecuador magnético (en la cadena de los Andes peruvianos, entre Micuipampa y Caxamarca), la fuerza total en París es de 1,3482; de 1,3155 en Méjico; de 1,0480 en San Carlos del Rio Negro; y de 1,0773 en Lima. Cuando en una Memoria cuya parte matemática pertenece á Biot, desarrollé en el Instituto el 26 de frimario del año XIII, la ley de las variaciones de intensidad de la fuerza magnética del globo, mostrando que se hallaba comprobada por los valores numéricos deducidos de las observaciones hechas por mí en 104 parajes diferentes, tanto la ley como los hechos parecieron cosas completamente nuevas; pues solo despues de haber leido la Memoria fué cuando de Rossel comunicó á Biot seis observaciones anteriores, hechas desde 1791 á 1794 en la tierra de Van-Diemen, en Java y en Amboino; circunstancia que Biot consignó expresamente en la citada Memoria (Lamétherie, *Journal de Physique*, t. LIX, pág. 446, nota 2), y yo tambien en la *Relacion histórica*, t. I, pág. 262, nota 1. Las observaciones del señor de Rossel comprueban asimismo el decrecimiento de la intensidad en el archipiélago índico. Es de presumir que antes de la lectura de mi Memoria no habia reconocido el excelente señor de Rossel en sus propios trabajos la regularidad con que la intensidad crece ó decrece, pues jamás habia hablado de tan importante ley á nuestros comunes amigos Laplace, Delambre, Prony y Biot. Hasta 1808, es decir, cuatro años despues de mi regreso de América, no vieron la luz pública las observaciones del señor de Rossel, en el *Voyage d'Entrecasteaux*, t. II, páginas 287, 291, 321, 480 y 644. En todas las *Tablas de intensidad magnética* que han aparecido, ya en Alemania (Hansteen, *Magnetismo de la Tierra*, 1816, pág. 71; Gauss, *Observaciones de la Union magnética*, 1838, páginas 36 y 39; Erman, *Observaciones físicas*, 1841, páginas 529, 579), ya en Inglaterra, (Sabine, *Report on magnet. Intensity*, 1838, páginas 43, 62; *Contributions to terrestrial Magnetism*, 1843), ya en Francia (Becquerel, *Traité d'Electric. et de Magnétisme*, t. VII, páginas 354, 367) se ha conservado la costumbre de reducir las oscilaciones observadas en cualquier lu-

Por lo que á mí toca, he hecho para una pequeña parte de la América del Sur, el primer ensayo de un sistema isodinámico dividido por zonas.

Las líneas isodinámicas no son paralelas á las isoclínicas ó de igual inclinacion, pues dista mucho de ser cierto que el mínimum de intensidad de la fuerza magnética se halle en el ecuador, como se habia creido al principio, ni es tampoco uniforme esta fuerza en parte ninguna.

gar de la superficie del globo á la medida de la fuerza hallada por mí sobre el ecuador magnético en el Perú septentrional; y tomando por unidad convencional esta fuerza, es como la intensidad magnética de Paris se halla bien expresada por 1,348. Hay, empero, otras observaciones, anteriores aun á las del almirante de Rossel, hechas por Lamanon durante la malhadada expedicion de Laperouse, y dirigidas á la Academia de Ciencias. Sábese positivamente (Becquerel, t. VII, pág. 320) que estas observaciones, comenzadas en la isla de Tenerife (1785) y continuadas hasta la llegada de la expedicion á Macao (1787) se hallaban ya en manos de Condorcet por julio del mismo año; pero hasta ahora han sido inútiles cuantas diligencias se han hecho para encontrarlas. El capitan Duperrey posee copia de una carta importantísima dirigida por Lamanon al secretario perpétuo de la Academia, y olvidada al imprimir el *Viaje de Laperouse*, en la cual se dice expresamente «que la force atractive de l'aimant est moindre dans les tropiques qu'en avançant vers les póles, et que l'intensité magnétique deduite du nombre des oscillations de l'aiguille de la boussole d'inclination, change et augmente avec la latitude.» Si la Academia de Ciencias se hubiese creido autorizada para anticipar el regreso, esperado entonces, del infortunado Laperouse, y para publicar en 1787 una verdad que han tenido despues que descubrir dos viajeros completamente extraños el uno al otro, la teoria del magnetismo terrestre no hubiera tenido que esperar por espacio de 18 años el progreso que debia imprimirle el descubrimiento de una nueva clase de fenómenos. Esta sencilla exposicion de los hechos justificará sin duda el siguiente pasaje de mi *Relacion histórica*, t. III, pág. 615: «*Las observaciones á que me he entregado* por espacio de treinta años acerca de las variaciones del magnetismo terrestre en América, Europa y Asia, valiéndome de instrumentos comparables entre sí, abrazan en ambos hemisferios, desde las fronteras de la Dzungaria china, siguiendo hácia el Oeste, hasta el mar del Sur que baña las costas de Méjico y del Perú, un espacio de 188° de longitud, comprendido entre los 60° de latitud septentrional y los 12° de latitud austral. Yo he considerado la ley del decrecimiento de las fuerzas magnéticas, del polo al ecuador, como el resultado mas *importante de mi viaje á América*.» Si cierto no, es por lo menos muy probable que Condorcet leyera la carta de Lamanon del mes de julio de 1787 en una sesion de la Academia de Ciencias; y considero esta símple lectura como una *publicacion* perfectamente válida (*Annuaire du Bureau des Longitudes*, 1842, página 463). Por lo tanto, el compañero de Laperouse es incontestablemente el primero que reconoció la existencia de esta ley; pero creo poder asegurar, sin vanagloria, que la verdadera existencia científica de la misma ley, por largo tiempo desconocida ó relegada al mas profundo olvidó, solo data desde la época en que dí á luz mis observaciones de 1798 á 1804. Las personas que conozcan la historia reciente del magnetismo, y la incertidumbre que ha podido dejar en algunos ánimos, no estrañarán ciertamente el objeto y la minuciosa proligidad de esta nota, y me dispensarán que haya *dado alguna importancia al fruto de* trabajosas y por lo comun arriesgadas investigaciones, emprendidas con un fin noble, y continuadas enérgicamente por espacio de cinco años, no obstante el peso del clima de los trópicos.

Comparando las observaciones hechas por Erman en la parte meridional del Océano Atlántico, donde se encuentra una zona de débil intensidad (0,706) que va desde Angola por la isla de Santa Elena hasta las costas del Brasil, con las últimas observaciones del gran navegante James Clark Ross junto al Cabo de Crozier, resulta que la fuerza magnética se aumenta casi en razon de 1 á 3 hácia el polo magnético austral (polo situado en la tierra de Victoria al O. del volcan Erébo, cuya nevada cima se eleva 13638 pies sobre el nivel del mar) (1). En efecto, la mayor intensidad magnética valuada hasta ahora, es de 2,071 á los 6° 19' de latitud meridional y 135° 54' de longitud oriental (la unidad adoptada para esta clase de evaluaciones es la intensidad determinada por mí en el Perú sobre el ecuador magnético); Sabine ha hallado que en el polo magnético septentrional, cerca de las islas de Melville, á los 74° 27' de latitud, es solo de 1,624, al paso que en Nueva-York, es decir, bajo la misma latitud que Nápoles, asciende á 1,803.

Los brillantes descubrimientos de Oersted, Arago y Faraday demuestran que existe íntima relacion entre la tension eléctrica de la atmósfera y la tension magnética del globo terrestre. Segun Oersted, queda imanado el conductor por donde atraviesa una corriente eléctrica; y segun Faraday, del magnetismo nacen por induccion corrientes eléctricas.

El magnetismo, pues, no es otra cosa mas que una de las muchas formas bajo las cuales puede manifestarse la electricidad; y estaba reservado á nuestra época dejar fuera de duda esta identidad de las fuerzas eléctricas y magnéticas, presentida ya confusamente desde los mas remotos siglos. «Cuando el ambar (*electrum*), dice Plinio (2) siguiendo á Tales y á la escuela jónica, se halla

(1) Las observaciones reunidas hásta ahora dan 2,071 como máximum de intensidad en la superficie total del globo terrestre (Sabine, *Contributions to terrestrial Magnetism*, 1843, núm. 5, pág. 331) y 0,706 como mínimum. El mínimum ha sido observado por Erman á los 19° 59' de latitud austral y 30° 30' de longitud occidental, 80 millas al Este de la costa brasileña de la provincia de Espíritu Santo (Erman, *Observac. físicas*, 1841, pág. 570); en este punto la inclinacion no es mas que de 7° 53'. La relacion exacta de las intensidades es, por lo tanto, de 1 á 2,933. Antes se habia creido que la mayor intensidad no escedia dos veces y media á la menor que pudiese encontrarse en la superficie de nuestro planeta (Sabine, *Report on magn. Intensity*, pág. 82).

(2) Plinio dice, hablando del ambar (*Succinum, glassum*), XXXVII, 3, lo siguiente: «Genera ejus plura. Atritu digitorum accepta caloris anima

animado por el ludimiento y por el calórico, atrae los fragmentos de corcho y de hojas secas, lo mismo que la piedra iman al hierro.» Este mismo pensamiento se encuentra en los anales científicos de un pueblo que ocupa la estremidad oriental del Asia, y el físico chino Kuopho le ha reproducido con las mismas palabras en su elogio del iman (1). *No he podido menos de reconocer, con harta sorpresa mia*, que los salvajes de las orillas del Orinoco, una de las razas mas degradadas del orbe, saben producir la electricidad por medio del ludimiento; pues hé visto á los niños de aquellas tribus salvajes entretenerse en frotar los granos aplanados, secos y brillantes de una planta enredadera silicuosa (probablemente una *negretia*) hasta que conseguian atraer con ellos hebras de algodon ó briznas de caña. Para aquellos salvajes desnudos, de cobriza tez, aquello era simplemente un juego de niños; pero para nosotros ¡qué asunto de graves meditaciones! Entre aquellos juegos eléctricos de los salvajes, y nuestros para-rayos, nuestras pilas voltáicas y nuestros chispeantes aparatos magnéticos, hay un abismo insondable que han escavado millares de años de progreso y de cultura intelectual.

Cuando paramos la consideracion en la perpétua movilidad de los fenómenos del magnetismo terrestre; cuando vemos que la intensidad, la inclinacion y la declinacion varian á la par con las horas del dia y de la noche, con las estaciones, y aun con el número de años transcurridos, no podemos menos de creer que las corrientes eléctricas de que dependen estos fenómenos, forman sistemas parciales muy complejos en lo interior de la costra de nuestro planeta. Pero ¿cuál es el origen de estas corrientes? ¿Serán, como en los experimentos de Seebeck, simples

trahunt in se paleas ac folia arida quæ levia sunt, ac ut magnes lapis ferri ramenta quoque.» (Véase Plato, *in Timæo*, pág. 80; Martin, *Etudes sur le Timée*, t. II, páginas 343, 346; Estrabon, XV, pág. 703, Casaub.; San Clemente de Alejandría, *Strom.*, II, pág. 370, donde se halla una distincion singular entre τὸ σούχιον y τὸ ἤλεκτρον). Cuando Tales (Aristot., *de Anima*, I, 2) y Hippias (Diog. Laerc., I, 24) atribuyen un alma al iman y al ambar, es evidente que con la voz *alma* solo quieren designar en este caso una fuerza ó causa de movimiento.

(1) «El iman atrae al hierro, lo mismo que el ambar á los granillos mas menudos de mostaza. No parece sino que un soplo misterioso anima á estas dos materias y se comunica con la velocidad de la flecha.» Así se expresaba Kuopho, filósofo chino, que escribió el elogio de la piedra iman á principios del siglo IV (Klaproth, *Carta al señor A. de Humboldt, sobre la invencion de la Brújula*, 1834, pág. 125).

corrientes termo-eléctricas producidas por la desigual distribucion del calórico; ó, por ventura, corrientes de induccion, nacidas de la accion calorífica del Sol (1)? ¿Influirán hasta cierto punto en la distribucion de las fuerzas magnéticas el movimiento de rotacion de la Tierra, y la diferente velocidad de las zonas segun su mayor ó menor distancia al ecuador? ¿Existirá quizás algun centro de accion magnética en los espacios interplanetarios, ó en cierta polaridad del Sol y de la Luna? Estas últimas hipótesis nos traen á la memoria que Galileo, en su célebre *Diálogo*, explica la direccion constante del eje de la Tierra por medio de un centro de accion magnética situado en los espacios celestes.

Si nos representamos el interior del globo terrestre como una masa mantenida en estado de liquefaccion por un calor enorme, tenemos que renunciar á la hipótesis del núcleo magnético que algunos físicos han supuesto en la Tierra para explicar estos fenómenos. Sin embargo, el magnetismo no desaparece completamente sino á la temperatura del blanco (2), y el hierro conserva aún algunos vestigios, mientras su temperatura no pasa del rojo oscuro; de donde resulta, que sean cuales fueren, por otra parte, las modificaciones del estado molecular de los cuerpos en estos esperimentos, y por consiguiente de su fuerza de cohesion, siempre quedará una buena parte del espesor de la corteza terrestre, en donde podremos buscar el asiento de las corrientes magnéticas.

Antiguamente se atribuian las variaciones horarias de la declinacion al calentamiento progresivo de la Tierra bajo el influjo del movimiento diurno aparente del Sol; pero esta accion interesa solamente la capa mas superficial, pues se halla demostrado por observaciones hechas con sumo cuidado en varios parages del globo, valiéndo-

(1) The phenomena of periodical variations depend manifestly on the action of solar heat, operating probably through the medium of thermo-electric currents induced on the earth's surface. Beyond this rude guess however, nothing is as yet known of the physical cause. It is even still a matter of speculation, whether the solar influence be a principal, or only a subordinate cause in the phenomena of terrestrial magnetism.» (*Observ. to be made in the Antarctic exped.*, 1840, pág. 35).

(2) Barlow, en las *Philos. Transact. for*, 1822, P. I, pág. 117; sir David Drewster, *Treatise on magnetisme*, pàg. 129. En la obra china *U-thsa-tsu* se habla de la disminucion que produce el calor en la fuerza directriz de la aguja imanada, mucho tiempo antes de Gilberto y de Hooke (Klaproth, *Carta al señor A. de Humboldt sobre la invencion de la Brújula*, pág. 96.

se de termómetros colocados debajo de Tierra á diversas profundidades, que el calor solar penetra tan solo á muy pocos pies, y eso con estremada lentitud. Demas de que, el estado térmico de la superficie del mar, que forma los $\frac{2}{3}$ de la de todo el globo, no puede conciliarse con esta teoría mientras se trate de una accion inmediata, y no de una accion de induccion ejercida por las capas de aire ó de vapores acuosos de la atmósfera.

En el estado actual de nuestros conocimientos tenemos, pues, que resolvernos á ignorar las últimas causas físicas de estos complicados fenómenos; que si en estos últimos tiempos ha hecho la ciencia brillantes progresos, es en otra via muy diferente, ya determinando numéricamente los valores medios de cuanto puede ser sometido á nuestras medidas de tiempo y de espacio, ya dirigiendo todos sus esfuerzos á distinguir lo que en medio de las variables apariencias fenoménicas se presenta como regular y constante.

De Toronto, en el Canadá superior, hasta el Cabo de Buena Esperanza y la tierra de Van-Diemen, y de París á Pekin se halla cubierto el globo de *Observatorios magnéticos* (1), en los cuales se espía incesantemente desde 1828, por medio de observaciones simultáneas, toda manifestacion regular ó irregular del magnetismo terrestre, y se calculan hasta las variaciones de $\frac{1}{40,000}$ en la intensidad total. En ciertas épocas del año duran las observaciones 24 horas consecutivas, con intervalos de dos minutos y medio. Un célebre astrónomo inglés (2) ha calculado que

(1) V. la Memoria *On terrestrial magnetism*, en la *Quart. Review*, 1840, t. LXVI, págs. 271-312.

(2) Cuando propuse por primera vez fundar un enrejado de Observatorios, provistos todos de instrumentos semejantes, casi no tenia esperanza de vivir bastante tiempo para ver realizados mis votos, como en efecto lo han sido, merced á los esfuerzos aunados de varios astrónomos y físicos eminentes, y muy principalmente á la generosa y constante intervencion de dos grandes potencias, Rusia é Inglaterra. Gracias al concurso de tanto poder y de tantas luces, ambos hemisferios estan ya poblados de *Observatorios magnéticos*. Yo habia formado el proyecto de observar sin interrupcion la marcha de la aguja imanada por espacio de cinco ó seis dias y otras tantas noches, principalmente en la época de los solsticios y de los equinoccios, y efectivamente lo llevé á cabo en Berlin por dos años de 1806 y 1807 con mi amigo y colaborador el señor Oltmann, persuadido, como siempre lo estuve, de que una série de observaciones continuadas sin interrupcion (*observatio perpetua*) durante varios dias y varias noches, sería mucho mas fructífera que observaciones aisladas hechas por espacio de algunos meses. El aparato empleado (un *anteojo magnético* de Prony, suspendido por medio de un hilo sin torsion en una caja de cristales) permitia medir ángulos de

en el espacio de tres años ascenderán á 1958000 las observaciones que habrán de discutirse. Jamás se han intentado esfuerzos mas grandiosos y admirables con el fin de arrancar á la Naturaleza el secreto de una de sus grandes leyes. Todo induce á creer que comparando estas leyes con las que reinan en nuestra atmósfera ó en regiones

siete ú ocho segundos en una mira lejana con divisiones muy menudas, que iluminábamos de noche con una lámpara. Ya desde aquella época las *perturbaciones* (tempestades magnéticas) que á las veces se reproducian en idénticas horas durante varias noches consecutivas, me habian inspirado el vivísimo deseo de que semejantes aparatos fuesen observados simultáneamente al O. y al E. de Berlin, á fin de poder distinguir al cabo los fenómenos generales del magnetismo terrestre, de las perturbaciones locales que se efectuan, ora en la costra desigualmente recalentada de nuestro globo, ora en la atmósfera donde se forman las nubes. Empero, mi viaje á París y las revueltas políticas de aquella época, se opusieron por entonces á la realizacion de mis deseos. El gran descubrimiento de Œrsted vino en 1820 á esparcir vivísima luz sobre la íntima conexion de la electricidad y del magnetismo, y á llamar por fin la atencion general sobre las variaciones periódicas de la tension magnética del globo. Aragó, que habia comenzado algunos años antes en el Observatorio de París por medio de la admirable brújula de declinacion de Gambey, la mas larga série contínua de observaciones horarias que poseemos en Europa; Arago, digo, mostró, comparando sus observaciones con las de Hasan, hechas á las mismas horas y que habian dado por resultado idénticas perturbaciones, toda la ventaja que podia sacarse de medidas de declinacion entre sí correspondientes. Cuando volví á Berlin despues de haber permanecido diez y ocho años en París, mandé construir, durante el otoño de 1828, un pequeño Observatorio magnético, á fin de continuar el trabajo comenzado en 1806, y llevando principalmente puesta la mira en establecer un sistema de observaciones simultáneas hechas á horas determinadas en Berlin, en París y en las minas de Freiberga (á 237 pies de profundidad). La simultaneidad de las perturbaciones y el paralelismo de los movimientos de la aguja durante los meses de octubre y diciembre de 1829, fueron ya representados gráficamente (*Anales* de Poggendorf, tomo XIX, pág. 357, tabla I-III). La expedicion al Asia Septentrional, emprendida en 1819 por órden del emperador de Rusia, vino muy luego á proporcionarme ocasion de ejecutar mi plan en mas vasta escala. Desarrollado este plan en el seno de una comision especialmente constituida al efecto por la academia imperial de San Petersburgo, se establecieron apostaderos magnéticos en toda el Asia Septentrional, desde Nicolajeff, Catarinemburgo, Barnaul y Nertchinsk hasta Pekin, bajo la proteccion del conde de Cancrin, jefe de la direccion de minas, y bajo la ilustrada direccion del profesor Hupffer. El año de 1832 figura en los anales de la ciencia como la época en que Federico Gauss, ilustre fundador de una teoría general del magnetismo terrestre, comenzó á establecer en el Observatorio de Gotinga aparatos construidos con arreglo á nuevos principios. El Observatorio magnético se concluyó en 1834, y en el mismo año (*Resultados de las observaciones de la Union magnética*, 1838, página 135, y *Anales* de Poggendorf, tomo XXXIII, pág. 426) auxiliado Gauss activamente por el ingenioso físico G. Weber, dió á conocer sus instrumentos y sus métodos de observacion, difundiéndolos por Suecia, Italia y gran parte de Alemania. Tal es el orígen de la Union magnética, cuyo centro se halla establecido en Gotinga. Desde 1836, la Union magnética ha fijado cuatro épocas del año para las observaciones que deben continuarse por espacio de veinte y cuatro horas; pero estas épocas no coinciden exactamente con las adoptadas por mí (los equinoccios y los solsticios) y propuestas en 1830. Hasta entonces, la Gran Bretaña, poseedora de las mas vastas relaciones comerciales del mundo entero, y de la navegacion mas estensa, habia aun mas apartadas, podremos remontarnos hasta la misma fuente de las manifestaciones magnéticas. Desde luego podemos ya glorificarnos, á lo menos por el número y la importancia de los medios que se han puesto en juego para conseguir el fin; mas creer por ello que nada deja ya que desear la teoría magnética, sería una pretension tan descabellada como la de aquellos que solo toman en cuenta los hechos favorables á sus especulaciones sistemáticas.

Existen íntimas relaciones entre el magnetismo del globo y las fuerzas electro-dinámicas valuadas por Ampere (1), de una parte, y la produccion de la luz polar y del calórico de nuestro planeta, de otra, advirtiendo que los polos magnéticos de la Tierra se consideran como polos de frio (2). Mas de 128 años há, sospechaba Halley que las

permanecido estraña á este gran movimiento científico, cuyos resultados hacian esperar desde 1828 tantos progresos en el estudio del magnetismo terrestre. La invitacion pública que dirigí desde Berlin en abril de 1836 al presidente de la sociedad real de Lóndres el duque de Sussex (*Carta del señor de Humboldt á S. A. R. el duque de Sussex, sobre los medios mas propios para perfeccionar el conocimiento del magnetismo terrestre por el establecimiento de apostaderos magnéticos y de observaciones correspondientes*), alcanzó el mas completo éxito, y tuve la fortuna de atraer la atencion de un hombre benévolo hácia una empresa cuya extension era, hacia muchos años, el objeto de mis mas fervientes votos. En esta carta insistia yo sobre el establecimiento de apostaderos permanentes en el Canadá, en Santa Elena, en el Cabo de Buena-Esperanza, en la Isla de Francia, en Ceylan y en la Nueva Holanda, puntos cuya importancia habia yo notado cinco años antes. Un comité nombrado en el seno mismo de la sociedad real, cuyas atribuciones debian estenderse á la física y á la meteorología, propuso al gobierno: 1.° La fundacion de Observatorios magnéticos permanentes en uno y otro hemisferio; 2.° una espedicion naval destinada á reunir observaciones magnéticas en los mares antárticos. Sabido es cuánto debe la ciencia á la grande y noble actividad que con este motivo han desplegado Sir John Herschell, Sabine, Airy, y Lloyd, asi como al poderoso apoyo de la *Asociacion Británica para el adelanto de las ciencias*, reunida en Newcastle en 1838. En junio de 1839 se resolvió llevar á cabo la expedicion magnética hácia el polo austral, bajo las órdenes del capitan James Clark Ross. La expedicion tuvo el éxito mas feliz y glorioso, pues ha dotado á la ciencia con importantísimos descubrimientos geográficos en el polo austral, y con observaciones simultáneas hechas en ocho ó diez apostaderos magnéticos.

(1) En lugar de atribuir el calórico interno de la tierra al paso de la materia del estado de nebulosidad gaseosa al estado sólido, Ampere lo explica, harto inverosimilmente en mi concepto, por la prolongada accion química de un núcleo compuesto de metales alcalinos, sobre la corteza ya oxidada del globo. Hé aquí como se expresa en su obra maestra titulada *Théorie des phénomènes électro-dinamiques* (1826, pág. 199): «On ne peut douter qu'il existe dans l'interieur du globe des courants électro-magnetiques, et que ces courants sont la cause de la chaleur qui lui est propre. Ils naissent d'un noyau métalique central composé des métaux que sir Humphry Davy nous a fait connaître, agissant sur la couche oxydée qui entoure le noyau.»

(2) La señalada conexion que existe entre la curvatura de las líneas magnéticas y la de mis líneas isotermas ha sido descubierta por sir David Brewster; V. *Transactions of the Royal society of Edinburgh*, t. IX, 1821, pá-

auroras boreales podrian ser muy bien simples fenómenos magnéticos (1): hoy esta vaga sospecha ha adquirido el valor de la certidumbre esperimental, despues que el brillante descubrimiento de Faraday nos ha hecho ver que puede producirse la luz por la sola accion de las fuerzas magnéticas.

Hay ciertos fenómenos precursores de la aurora boreal. Ya durante el dia que precede á la aparicion nocturna, la marcha irregular de la aguja imanada anuncia una perturbacion en el equilibrio de las fuerzas magnéticas terrestres. Luego que esta perturbacion alcanza su mas enérgico grado de desarrollo, el equilibrio roto se restablece por medio de una descarga acompañada de luz. «La aurora boreal no debe ser considerada como causa exterior de la perturbacion, sino como resultado de una actividad terrestre, cuyo poder alcanza á producir fenómenos luminosos, y que se manifiesta así, de una parte, por esta produccion de luz, y de otra, por las oscilaciones de la aguja imanada (2).» La aparicion de la aurora boreal es el acto que pone término á una *tempestad magnética*, á la manera que en las tempestades eléctricas otro fenómeno luminoso, el *relámpago*, anuncia que el equilibrio momentáneamente turbado en la distribucion de la electricidad, llega al cabo á restablecerse. La tempestad eléctrica se halla por lo comun circunscrita á un pequeño espacio, fue-

gina 318, y *Treatise of Magnetism*, 1837, págs. 42, 44, 47 y 268. Este célebre físico admite la existencia de dos *polos de frio* (poles of maximum cold) en el hemisferio septentrional, uno en América á los 73° de latitud y 95° 6' de longitud occidental (cerca del cabo de Walker), y otro en Asia á los 73° de latitud y 84° 54' de longitud oriental; y habrá por lo tanto dos meridianos donde reine el máximum del calor, y otros dos para el máximum de frio. Acosta enseñaba ya en el siglo XVI, que habia *cuatro lineas* sin declinacion, fundándose en las observaciones de un hábil y experimentado piloto portugués (*Historia natural de las Indias*, 1589, lib, I, cap. 17). Parece que esta opinion no fué estraña á la teoría de los cuatro polos magnéticos de Halley, á lo menos si hemos de juzgar por la discusion de Enrique Bond (el autor de la *Longitude found*, 1676) con Beckborrow. Cf. mi *Exámen critico de la historia de la Geografía*, t. III, pág. 60.

(1) Halley, en las *Philosophical Transactions*, t. XXXIX (for 1714-1716), núm. 341.

(2) Dove, en los *Anales* de Poggendorf, t. XX, pág. 341; y t. XIX, página 388: «*La aguja de declinacion obra á poco mas ó menos como un electrómetro atmosférico, cuya divergencia indica asimismo la tension creciente de la electricidad antes que esta tension haya llegado á ser bastante fuerte para producir una chispa (relámpago).*» Cf. tambien las ingeniosas consideraciones del profesor Kæmtz, en su *Curso de Meteorología*, t. III, páginas 511-519; y sir David Brewster, *Treatise on Magnetism*, pág. 389. Sobre las propiedades magnéticas de una llama ó de un arco luminoso galvánico producido por una batería de Bunsen, zinc y carbon, V. las *Observac.* de Casselmann (Marburgo 1841) págs. 56 62.

ra del cual no se turba el estado eléctrico general atmosférico. La tempestad magnética, por el contrario, estiende su influjo á una gran parte de los continentes, y deja sentir su accion (*descubrimiento que tambien debemos á* Arago) mucho mas allá de los lugares en que ha sido visible el fenómeno luminoso.

No siempre que el cielo se cubre de nubes tempestuosas, ó que la atmósfera pasa con frecuencia de un estado eléctrico al opuesto, sucede que las descargas se manifiesten por medio de relámpagos. Pues á este mismo tenor, pueden las tempestades magnéticas causar grandes perturbaciones en la marcha horaria de la aguja imanada, sin que el equilibrio haya de restablecerse desde el polo al ecuador, ó aun del uno al otro polo, *necesariamente* por medio de la produccion de efluvios luminosos.

A fin de reunir en un solo cuadro todos los rasgos característicos de este fenómeno, conviene ante todo describir el nacimiento, y luego las diversas fases de una aurora boreal completamente desarrollada.

Hácia el meridiano magnético del lugar en que se ha de realizar el fenómeno, el cielo, antes puro y sereno, comienza á encapotarse por el horizonte, formándose en él una especie de velo nebuloso que sube lentamente hasta llegar por último á 8 ó 10 grados de altura; por entre este segmento oscuro, cuyo color pasa del negruzco al violado, se divisan las estrellas, cual por entre una espesa niebla. Otro arco mas ancho, pero de luz resplandeciente, al principio blanco y despues amarillo, orla el segmento oscuro; pero como este arco luminoso aparece despues que el segmento, es imposible atribuir la presencia de este último, segun ha notado Argelander, á un mero efecto de *contraste con el arco brillante* (1). Por medidas exactas, se ha visto que el punto mas alto del arco luminoso no se halla situado en el meridiano magnético, sino que antes bien se aparta de él por lo comun de 5° á 18°, por el mismo lado hácia el cual se dirige en aquel paraje la declinacion magnética (2). Bajo las mas altas latitudes, en las re-

(1) Argelander, en una importante Memoria sobre las *Auroras boreales* adjunta á los *Informes leidos á la sociedad física de Kœnisberg*, t. I, 1834, págs. 257-264.

(2) Los resultados de las observaciones hechas por Lottin, Bravais y Siljerstrœm en las costas de la Sajonia (en Bosekop, 70° de latitud) donde en 210 noches vieron 160 auroras boreales, se encuentran en los *Comptes rendus de l'Acad. des sciences*, t. X, pág. 289, y en la *Meteorologia* de Martins, 1843, pág. 453. Cf. Argelander, coleccion citada en la nota precedente.

giones inmediatas al polo magnético, el segmento inferior aparece menos oscuro, y el medio del arco brillante se aleja mas del meridiano magnético que en otra region cualquiera.

A las veces, el arco luminoso parece como agitado durante horas enteras, por una especie de efervescencia y por un cambio contínuo de forma, antes de comenzar á despedir los rayos y columnas de luz que suben hasta el zenit. *Mientras mas intensa es la emision de la luz polar, mas vivos* son sus colores, que pasan del violado y el blanco azulado al verde y al rojo purpúreo, por todos los matices intermedios. Lo mismo sucede con las chispas eléctricas, que no se coloran sino cuando la tension es fuerte y la explosion violenta. Las columnas de luz salen, al parecer, del arco brillante, mezcladas con rayos negruzcos que semejan una espesa humareda; ó bien se elevan á la par desde diferentes puntos del horizonte, confundiéndose en un mar de fuego cuya magnificencia no le es dado representar á ningun pincel humano, porque rapidísimas ondulaciones hacen variar á cada instante su forma y su resplandor. Es tal en ciertos momentos la intensidad de esta luz, que Lowenœrn pudo distinguir en mitad del dia, el 29 de enero de 1786, los cambios luminosos y ondulaciones de la aurora boreal. En efecto, parece que el movimiento acrecienta la visibilidad del fenómeno. En derredor del punto del cielo que corresponde á la direccion de la aguja libremente suspendida por su centro de gravedad, los rayos producen, reuniéndose, lo que se ha llamado la *corona* de la aurora boreal, y es una especie de dosel celeste formado por una luz suave y apacible. Raras veces llega á ser la aparicion tan completa que se prolongue hasta la formacion de la corona; pero cuando esta se presenta, anuncia siempre el fin del fenómeno. Los rayos se tornan entonces mas raros, mas cortos y de color menos vivo, hasta que la corona y los arcos luminosos se disuelven, no viéndose ya en la bóveda celeste sino algunas estensas manchas nebulosas inmóviles, pálidas ó de cinéreo color, que al cabo desaparecen, si bien persisten aun durante algun tiempo en el horizonte los vestigios del segmento oscuro por donde la aparicion tuvo principio. Por último, de todo este magnífico espectáculo nada mas queda por lo comun que una nubecilla blanquecina, de acuchillados bordes, ó dividida en pequeñas porciones como los *cirro-cumuli.*

La relacion que al parecer existe entre la luz polar y la aparicion de cierta especie de nubes, nos demuestra que la produccion de la luz electro-magnética es una simple fase de un fenómeno *meteorológico*, cual si el magnetismo terrestre obrase sobre la atmósfera condensando los vapores que en ella se encuentran disueltos. Thieneman llegó hasta creer, que estas nubes aborregadas eran el *substratum* de la luz polar, y sus observaciones de Islandia han sido plenamente confirmadas por las mas recientes de Franklin y Richardson en el polo Norte americano, y por las del almirante Wrangel en las costas siběricas del mar Glacial. Todos han afirmado que «la luz polar emitia sus rayos mas vivos, cuando las altas regiones del aire contenian grupos de *cirro-strati* bastante ténues y ligeros para dar nacimiento á un cerco en derredor de la Luna.» A las veces se agrupan y se colocan las nubes, en medio del dia, como los rayos de una aurora boreal con corta diferancia, y entonces producen alteracion en el movimiento de la aguja imanada. Despues de una brillante aurora boreal, se han reconocido á la mañana siguiente grupos de nubes que durante la noche semejaban otros tantos rayos luminosos (1). Durante mi viaje á Méjico y al Asia Septentrional, han llamado no pocas veces mi atencion algunas fajas polares convergentes, es decir, grupos de nubes dispuestas en el sentido del meridiano magnético; apariciones que sin duda deben ser clasificadas entre los fenómenos diurnos que acabo de citar (2).

(1) John Franklin, *Narrative of a Journey tó the shores óf the Polar Sea, in the years*, 1819-1822, págs. 552 y 597; Thieneman en el *Diario Filosofico de Edimburgo*, t. XX, pág. 366; Farquharson, en la misma coleccion, t. VI, pág. 392; Wrangel, *Observac. Físicas*, pág. 59. Parry vió aun en mitad del dia el arco de la aurora boreal sin agitacion ninguna: *Journal of a second Voyage, performed in* 1821-1823, pág. 156. El 9 de setiembre de 1827 se hizo en Inglaterra una observacion casi igual, viéndose á las 12 del dia en una parte del cielo recien iluminada á consecuencia de la lluvia, un arco luminoso de 20° de altura, del cual partian brillantes columnas. *Journal of the royal Institution of Great Britain*, 1828, enero, pág. 429.

(2) A mi regreso de América describí, bajo el nombre de *fajas polares*, cierta disposicion que á las veces afectan copitos de nubes separados con mucha regularidad cual si obedeciesen á la accion de fuerzas repulsivas. Díles este nombre, porque el punto en que convergian aquellas fajas en perspectiva sobre el cielo, coincidia por lo comun al principio con el polo magnético, de suerte que las líneas paralelas formadas por los copitos seguian la direccion del meridiano magnético local. No era esta sola la particularidad de este fenómeno enigmático: el punto de convergencia se elevaba al parecer y se bajaba alternativamente, y otras veces se movia regularmente en una misma direccion. De ordinario no se forman enteramente estas fajas sino en una parte del cielo; al principio siguen la direccion de N. á S., y luego, conforme van adelantando, la cambian poco á poco hasta tomar definitivamen-

En nuestros climas suelen verse con bastante frecuencia *auroras australes* (Dalton ha observado varias en Inglaterra), así como se ven *auroras boreales* entre los trópicos, en Méjico, por ejemplo, en el Perú y aun hasta los 45° de latitud austral (el 14 de enero de 1831); y no es raro que el equilibrio magnético se turbe simultáneamente hácia uno y otro polo. Como quiera que sea, el aspecto del fenómeno depende siempre de la posicion del observador, y cada cual vé su aurora boreal, á la manera que cada cual ve tambien diferentemente su arco iris. Hay que distinguir la zona terrestre en que la aparicion luminosa es visible simultáneamente en todas partes desde que se presenta, y las regiones mucho menos estensas en que se reproduce casi todas las noches. Una misma aurora boreal ha sido frecuentemente observada al propio tiempo en Inglaterra y en Pensilvania, en Roma y en Pekin; salvo que la frecuencia de estas apariciones disminuye con la latitud magnética, es decir, á proporcion que el observador se aleja, no del polo terrestre, sino del magnético. Al paso que en Italia es un fenómeno muy raro una aurora boreal, obsérvase por el contrario con mucha frecuencia en América, en el paralelo de Filadelfia (39° 57' lat. sept.), porque estas regiones se hallan menos distantes del polo magnético. En Irlanda, Greenlandia, Terra-Nova, á orillas del lago del Esclavo y en Fort-Entreprise en el Canadá superior, el cielo se ilumina todas las noches en ciertas épocas del año con resplandores movibles, que como dicen los habitantes de las islas de Shetland, forman una «alegre danza» (1). En estas regiones en que el fenómeno

te la de E. á O. No creo posible esplicar los movimientos de estas fajas suponiendo que se deben á variaciones sobrevenidas en las corrientes de las regiones superiores de la atmósfera. Las fajas aparecen hallándose el cielo completamente puro y sereno, y son mas frecuentes entre los trópicos que en las zonas frias y templadas. He observado este fenómeno en la cadena de los Andes, casi bajo el ecuador, á 16330 pies de elevacion, así como en Asia, en las llanuras de Krasnojarski, al S. de Buchtarminsk; y siempre se ha desarrollado de una manera tan sorprendente que era imposible dejar de reconocer en él la accion de fuerzas naturales muy generales y esparcidas. V. las importantes observaciones de Kæmtz (*Lecciones de Meteorologia*, 1840, página 146) y las reflexiones mas recientes de Martins y de Bravais (*Meteorologia*, 1843, pág. 117). Arago ha observado en París, el 23 de junio de 1844, fajas polares australes, formadas por nubes estremadamente leves, y rayos *sombríos* que salian al parecer de un arco dirigido del E. al O. Ya antes hemos hablado (pág. 208) de los rayos *oscuros*, semejantes á una espesa humareda, que se ven en las auroras boreales nocturnas.

(1) En las islas de Shetland dan á la aurora boreal el nombre de *the merry dancers*. Kendal, en el *Quarterly Journal of Science*, new series, t. IV, pág. 395.

se reproduce con extraordinaria frecuencia, existen ciertas zonas que mas bien podian llamarse velas, en las cuales son mas brillantes que en cualquiera otro punto las auroras, merced sin duda á ciertas influencias locales (1). Wrangel veia disminuir su brillo á proporcion que se alejaba del litoral del mar Glacial hácia Nijne-Kolymsk. Por último, las auroras boreales no son ni mas vivas ni mas frecuentes en el mismo polo magnético, sino á cierta distancia de este punto; así á lo menos parece que lo indican los datos recojidos en las espediciones polares.

Por lo tocante á la altura absoluta de las auroras boreales, cuanto sobre este punto sabemos se funda en medidas angulares que no pueden inspirar gran confianza á causa de la incertidumbre en que dejan al observador las continuas oscilaciones de la luz acerca de sus verdaderos límites; y por lo tanto, los resultados de estas medidas, aun desechando las antiguas (2), varian entre algunas leguas y 3600 á 4300 pies; siendo muy probable que efectivamente varien estas alturas de una á otra época. Los últimos observadores colocan el asiento de estas apariciones, no ya en el límite de nuestra atmósfera, sino en la region donde se forman las nubes y la reunion de los vapores vesiculares; tambien creen que los vientos y las corrientes aéreas pueden producir desviacion en los rayos de las auroras boreales, cosa que se realizaria en efecto si la produccion de la corriente electro-magnética, cuya existencia nos revelan, se hallase en relacion con la de las nubes y vapores, ó mas bien si aquella corriente los atravesase en realidad pasando de una vesícula á otra. El capitan Franklin vió á orillas del lago del Oso Grande una aurora boreal cuya luz iluminaba al parecer la superficie inferior de una capa de nubes, mientras que á 6 ú 8 leguas mas allá, Kendal, que estuvo en vela toda la noche sin perder de vista el cielo ni un solo momento, no divisó rastro ninguno de luz. Háse creido en estos últimos tiempos, que los rayos de la aurora boreal se acercan á veces á la tierra, y aun que vienen á interponerse entre el observador y alguna altura inmediata; pero estas apariencias pueden esplicarse, sin duda, por las mismas ilu-

(1) V. el escelente trabajo de Munck, en la nueva edicion del *Diccionario de Física* de Gehler, t. VII, I, pág. 113-268, y especialmente pág. 158.

(2) Farquharson, en el *Edinb. Philos. Journal*, t. XVI, pág. 304; *Philos. Transact. for*, 1829, pág. 113.

siones ópticas de que tantos ejemplos nos han dado ya los relámpagos y la caida de los bólides.

Ahora que recientes espediciones nos permiten apreciar en su justo valor las narraciones de los pescadores de Groenlandia y de los cazadores de zorras de la Siberia, se duda que las tempestades magnéticas, semejantes á las eléctricas por lo tocante á la produccion de la luz, lo sean tambien por lo que respecta á la produccion del ruido. No parece sino que las auroras boreales se han vuelto silenciosas desde que se las observa con mas cuidado. Parry, Franklin y Richardson en el polo norte; Thieneman en Islandia; Gieseke en la Groenlandia; Lottin y Bravais en el Cabo del Norte, y Wrangel y Anjou á orillas del mar Glacial, han visto millares de auroras boreales sin oir jamas ni el mas leve ruido. ¿Se querrá que todas estas pruebas negativas cedan ante dos afirmaciones positivas, cuales son la de Hearne en la embocadura del rio de la Mina de Cobre, y la de Henderson en Islandia? Pero entonces seria preciso olvidar que si Hood oyó, durante la aparicion de una aurora boreal, cierta especie de estruendo semejante al que produce una descarga bien nutrida de fusilería, el mismo estruendo se repitió á la verdad el dia siguiente sin ir acompañado de luz polar; sería preciso desechar la plausible explicacion de Wrangel y de Gieseke, los cuales atribuian aquellos estallidos á la súbita contraccion de la nieve endurecida ó del hielo, causada por un enfriamiento repentino de la atmósfera. Fácil es explicar, por otra parte, cómo ha podido tomar cuerpo, no ya entre el pueblo sino aun entre los viajeros intruidos, la creencia en esas supuestas detonaciones de la aurora boreal; como las auroras boreales eran comparadas en otro tiempo y asemejadas á los fenómenos eléctricos que se producen en un aire muy enrarecido, cual debe estarlo el de las elevadas regiones de la atmósfera, de aquí el que hasta el mas leve rumor se trocase para observadores ya preocupados de esta idea, en el peterréo de los chispazos eléctricos. Nuevas investigaciones practicadas con el auxilio de electroscopios sumamente finos, no han dado hasta ahora, contra lo que se esperaba, mas que resultados negativos, pues el estado eléctrico de la atmósfera ha permanecido invariable aun en las mas brillantes auroras boreales.

Estas, por el contrario, modifican el magnetismo

terrestre, alterando á la par su intensidad, la inclinacion y la declinacion. En una misma noche, segun las fases sucesivas de su desarrollo, la aurora boreal atrae ó repele la estremidad de la aguja imanada. Parry se creia autorizado para deducir del conjunto de las observaciones hechas por él mismo en las islas de Melville, cerca del polo magnético, que lejos de turbar las auroras boreales la aguja, ejercian, antes bien, sobre ella, una «accion sedativa;» mas esta opinion se halla en contradiccion con el viaje del mismo Parry mas atentamente examinado (1), con las preciosas observaciones de Richardson, Hood y Franklin en el Canadá superior, y recientemente tambien con las de Bravais y Lottin en la Laponia.

Ya antes lo hemos dicho: la produccion de la luz polar es un acto por cuyo medio se restablece el equilibrio momentáneamente perturbado; su efecto sobre la brújula guarda proporcion con la intensidad de la descarga reparadora; y cuando la aurora boreal es muy débil, no elevándose apenas sobre el horizonte, este efecto tampoco será perceptible, como de ello tuvieron ocasion de asegurarse varias veces los observadores de Bosekop durante su largo apostadero invernal. Hánse comparado los haces cilíndricos de los rayos auro-boreales á la luz que se produce en un circuito voltáico entre dos puntas de carbon (ó entre una punta de carbon y un glóbulo de plata, segun Fizeau y Foucault), y que es atraida ó rechazada por el iman. Esta analogía hace que sea supérflua la hipótesis de los vapores metálicos suspensos en la atmósfera, considerados por algunos físicos como el *substratum* de la aurora boreal.

Al dar á tan magníficas apariciones el nombre de *auroras boreales*, ó el mas inexacto aún de luces polares, se ha querido indicar tan solamente la direccion por donde las mas veces comienzan á producirse. La gran importancia de este fenómeno consiste en habernos demostrado que la Tierra se halla dotada de la propiedad de emitir una luz propia, distinta de la que recibe del Sol. La intensidad de la *luz terrestre*, ó, mejor dicho, la claridad que en todo su esplendor puede esparcir esta luz por la superficie de la Tierra, es algo mas viva que la del primer cuarto de Luna, y tan fuerte á veces (el 7 de enero

(1) Kæmtz, *Meteorología*, t. III, págs. 498 y 501.

de 1831), que sin gran trabajo ha sido posible leer con ella caracteres impresos. Esta luz de la Tierra, cuya emision no se interrumpe casi nunca hácia los polos, nos trae á la memoria el débil resplandor fosforescente que se observa por lo comun en la parte de Venus no iluminada por el Sol; y no será extraño que otros planetas (Júpiter), la Luna y aun los cometas posean tambien una luz emanada de su propia sustancia, independiente de la que el Sol les envia, y cuyo origen compruebe el polariscopio. Aun prescindiendo de la apariencia problemática, pero asaz comun, de las nubes poco elevadas, cuya superficie toda brilla por espacio de algunos minutos con trémulo resplandor, hay en nuestra atmósfera otros ejemplos que citar de esta produccion de luz terrestre, cuales son las famosas nieblas secas de 1783 y 1831, que resplandecian de una manera harto sensible durante la noche; aquellas grandes nubes, tan frecuentemente observadas por Rocier y por Beccaria, que brillaban con luz apacible y tranquila; y por último (observacion ingeniosa de Arago), la difusa luz que en las noches de otoño ó de primavera guia nuestros pasos, cuando las nubes interceptan toda luz celeste, y no se halla la Tierra cubierta de nieve (1).

Si los paises de crecida latitud tienen sus auroras, cuyos coloreados resplandores atraviesan é iluminan la atmósfera, tambien las cálidas regiones de los trópicos tienen su luz, que brilla en la superficie del Océano sobre una estension de varios miles de leguas cuadradas. Mas aquí la luz es un producto de las fuerzas orgánicas de la Naturaleza; las olas, coronadas de fosforescente espuma, se alzan, ruedan y se estrellan cual en un mar de fuego; cada punto de su inmensa superficie es una chispa, y en cada chispa se manifiesta la vida animal de un mundo invisible.

Tales son los numerosos manantiales de la luz terrestre. ¿Habremos de admitir que esta luz se halla tambien en estado latente, y contenida virtualmente en ciertos vapores, á fin de explicar la *formacion á cierta distancia de las imágenes* de Moser, descubrimiento en que la rea-

(1) Arago, sobre las nieblas secas de 1783 y 1831, que parecian luminosas durante la noche, en el *Annuaire du Bureau des Longitudes*, 1831, págs. 246 y 250; y sobre la estraña luz emitida por ciertas nubes no tempestuosas. V. *Notice sur le Tonnerre*, en el *Annuaire pour l'an*, 1838, páginas 279-285.

lidad se nos presenta aun á la manera de esas formas misteriosas que solo en sueños vislumbramos?

REACCION DE LO INTERIOR DEL GLOBO CONTRA LAS CAPAS ESTERIORES.

Si el calor central de nuestro planeta se liga, por una parte, á la produccion de las corrientes electro-magnéticas y de la luz terrestre que de ellas emanan, preséntase, bajo otro punto de vista, como fuente principal de los fenómenos geognósticos. Ahora nos proponemos considerar estos fenómenos en su encadenamiento y en sus diversas fases, desde la conmocion puramente dinámica y el solevantamiento de los continentes ó de las cadenas de montañas, hasta la erupcion de los gases y de los vapores, de los torrentes de lodo hirviendo, y de las rocas igneas ó de las lavas en fusion, que se transforman por el enfriamiento en rocas cristalizadas. No fué corto progreso para la moderna geognosia (dáse este nombre á la parte mineralógica de la física terrestre), el haber comprobado y hecho constar este *encadenamiento de los fenómenos*. Desde entonces nos ha sido dado renunciar á las vanas hipótesis imaginadas en otro tiempo para explicar una por una las revoluciones del antiguo mundo terrestre; desde entonces hemos podido referir la produccion de materias diversas á los simples cambios de forma y de estension (*conmociones y solevantamientos*); desde entonces nos ha sido lícito reunir y agrupar fenómenos completamente desemejantes *á primera vista*, como las fuentes termales, las emisiones de gas ácido carbónico y de vapores sulfurosos, las llamadas *salsas* (erupciones fangosas), y por último, las erupciones de las montañas ignívomas. En un cuadro general de la Naturaleza, todos estos pormenores se confunden en una sola é idéntica concepcion; es, á saber, en la de *reaccion que el interior de un planeta ejerce contra sus capas exteriores*. Una sola causa, el aumento gradual del calórico terrestre desde la superficie del globo hasta el centro, nos explicará á la par los temblores de tierra, el solevantamiento sucesivo de los continentes y de las cadenas de montañas. las erupciones volcánicas y la formacion de las rocas ó de los minerales.

Empero esta reaccion de lo interior contra lo exterior no ha limitado su influjo á la naturaleza inorgánica tan solamente: todo nos induce á creer que en el mundo antiguo se mezclaron á la atmósfera fuertes emisiones de gas ácido carbónico, que favorecieron el acto por el cual se asimilan los vegetales el carbono, y formaron asi los bosques primitivos, origen del inagotable acervo de materias combustibles (lignitas y carbon de piedra), que las revoluciones del globo han sepultado en las capas superficiales; y aun puede decirse que la forma de la corteza terrestre, la direccion general de las grandes cadenas de montañas y de las mesetas, así como la configuracion articulada de los continentes, han ejercido notabilísimo influjo sobre la suerte del linage humano.

En semejante encadenamiento de fenómenos, el filósofo puede remontarse de término en término de la série, hasta la época en que aglomerada la materia en forma de esfera, pasó del estado fluido al estado líquido ó sólido, época en que se desarrolló tambien el calor central de la Tierra independientemente de la accion calorífica de los rayos solares.

A fin de seguir en el cuadro de los fenómenos geognósticos el órden mismo de su filiacion y de su originaria dependencia, comenzaremos por aquellos cuyo carácter es esencialmente dinámico. Los *temblores de tierra* se manifiestan por oscilaciones verticales, horizontales ó circulares, que se suceden y se repiten con cortos intervalos. Las dos primeras especies de sacudidas son por lo comun simultáneas: tal es, á lo menos, el resultado de las numerosas observaciones de esta clase que me ha sido dado hacer por mar y por tierra en una y otra parte del mundo. La accion vertical de abajo arriba produjo en Riobamba, el año de 1797, el efecto de la explosion de una mina, hasta el punto de que los cadáveres de un gran número de sus habitantes fueron lanzados allende el arroyo de Lican hasta la cima de la *Culca*, colina cuya altura asciende á algunos centenares de pies. La sacudida se propaga ordinariamente en línea recta ú ondeada á razon de mas de 7 á 8 leguas por minuto; á las veces se estiende á la manera de las olas, y forma circulos de conmocion en los cuales se propagan los sacudimientos desde el centro á la circunferencia, pero disminuyendo de intensidad. No obstante la asercion del padre de la historia (1) y de Teofilacto Simocata (2), los cuales creian que no eran conocidos en la Escitia los temblores de tierra, he comprobado (3) durante mi viaje por el Asia septentrional, que la parte meridional del Altai se encuentra sometida al doble influjo del centro de conmocion del lago Baikal y de los volcanes de las montañas Celestes (Thian-chan). Cuando los círculos de conmocion se cortan; cuando una meseta se halla, por ejemplo, situada entre dos volcanes activos, pueden resultar de aqui varios sistemas de ondas que se sobreponen unas á otras, como en los líquidos, sin turbarse mútuamente; y aun pudiera haber *interferencia* entre ellas, como sucede cuando se cruzan las ondas sonoras. Segun una ley general de la Mecánica, todo movimiento de vibracion que se trasmite por un cuerpo elástico, tiende á separar de él sus capas superficiales; y en virtud de esta misma ley, la onda de conmocion debe ser tanto mayor, al propagarse por la corteza terrestre, cuanto mas se acerque á la superficie.

Los medios que se han imaginado para estudiar las ondas de conmocion (el péndulo y la cubeta sismométrica), indican con bastante exactitud su direccion y su intensidad total, pero no su alternanecia ó su intumescencia periódica. La ciudad de Quito está situada al pié de un volcan activo todavía (el Rucu Pichincha) á 10444 pies sobre el nivel del mar; tiene magníficas cúpulas, iglesias elevadas, casas sólidas de varios pisos, y son en ella muy frecuentes los temblores de tierra; pero con gran sorpresa mia he visto que estas sacudidas cuartean raras veces las paredes, al paso que en los llanos del Perú, oscilaciones mucho menos fuertes maltratan y echan por tierra cabañas de bambú muy poco elevadas. Los indígenas, que han co-

(1) Herod., IV, 28. Los antiguos aseguraban que en Egipto no se conocian los temblores de tierra (Plinio II, 88); pero contra esta asercion milita la necesidad que hubo de restaurar el coloso de Memnon (Letronne, *la Statue vocale de Memnon*, 1833, págs. 25-26); sin embargo, puede asegurarse, por lo menos, que el valle del Nilo se halla situado fuera del círculo de conmocion de Bizancio, del Archipiélago y de la Siria. (Ideler, *ad Aristot. Meteor*, pág. 584).

(2) Saint-Martin, en sus eruditas notas á la *Historia del Bajo Imperio* de Lebeau, t. IV, pág. 401.

(3) Humboldt, *Asia central*, t. II, pág. 118. Sobre la diferencia entre la conmocion de la superficie y la de las capas inferiores, V. Gay-Lussac, en los *Annales de Chimie et de Physique*, t. XXII, pág. 429.

nocido millares de temblores de tierra, creen que semejante diferencia depende menos de la poca ó mucha duracion de las sacudidas y de la lentitud ó rapidez (1) de la oscilacion horizontal, que de la regularidad de los movimientos producidos en contrarias direcciones. Las sacudidas circulares ó giratorias son las menos frecuentes, pero tambien las mas peligrosas. En el gran terremoto de Riobamba, provincia de Quito, ocurrido el 4 de febrero de 1797, ladeáronse muchas paredes sin llegar á caer del todo; calles de árboles que antes eran rectilíneas se hicieron curvas; y campiñas cubiertas de diferentes cultivos se confundieron entre sí: efectos singularísimos que habian ocurrido ya en Calabria el 5 de febrero y el 28 de marzo de 1783. Esta confusion de terrenos cultivados que se sobreponen los unos á los otros, prueban que existe un movimiento general de traslacion, una especie de penetracion de las capas superficiales; evidentemente el suelo movible se pone en movimiento como un líquido, y las corrientes se dirigen primero de arriba á abajo, luego horizontalmente, y por último de abajo arriba. Cuando levanté yo el plano de las ruinas de Riobamba, me enseñaron entre los escombros de una casa el lugar en que se habian encontrado todos los muebles de otra distinta; y fué preciso que la Audiencia fallase algunos litigios que se suscitaron sobre la propiedad de objetos que de tal modo habian sido trasportados á distancia de muchos centenares de pies.

En los paises en que son relativamente mas raros los temblores de tierra (por ejemplo, en la Europa meridional), se cree generalmente, á consecuencia de una induccion incompleta, que la serenidad de la atmósfera, un calor sofocante y el horizonte cargado de vapores, son los fenómenos precursores de los terremotos (2); pero esto

(1) «Tutissimum est cum vibrat crispante ædificiorum crepitu; et cum intumescit assurgens alternoque motu residet, innoxium et cum concurrentia tecta contrario ictu arietant; quoniam alter motus alteri renititur. Undantis inclinatio et fluctus more quædam volutio infesta est, aut cum in unam partem totus se motus impellit.» Plin., II, 82.

(2) Ya comienza á reconocerse, aun en Italia, cuán poco dependen los temblores de tierra de los fenómenos meteorológicos, y del aspecto del cielo antes de las sacudidas. Los datos numéricos de Federico Hoffmann convienen exactamente con los esperimentos del abate Scina de Palermo. V. las *Obras póstumas* del primero, t. II, págs. 366-375. Yo mismo he observado diferentes veces, que poco antes de las sacudidas aparece una niebla rojiza; y el 4 de noviembre de 1799 sentí dos violentas sacudidas al mismo tiempo que se oia un gran trueno. (*Relacion histórica*, lib. IV, cap. X). Vasalli Candi, físico de Turin, ha visto el electrómetro de Volta fuertemente agitado durante los largos temblores de tierra de Pignerol, desde el 2 de abril

es un error, no solo contradicho por mi propia esperiencia, sino tambien por la de todos los observadores que han pasado algunos años en comarcas tales como Cumaná, Quito, el Perú y Chile, cuyo suelo se ve frecuentemente agitado por violéntas sacudidas. Yo he visto temblores de tierra en tiempo sereno ó lluvioso, y lo mismo con la fresca brisa del Este que con un huracan tempestuoso. Demas de que, estos fenómenos no ejercian á mi parecer influencia ninguna en el movimiento de la aguja imanada, pues no he observado ninguna anomalía en las variaciones horarias de la declinacion, ni en la altura del barómetro (1), los dias en que ha habido terremotos en las regiones intertropicales. Igual observacion ha hecho Adolfo Erman en la zona templada con motivo del terremoto sentido en Irkutsk cerca del lago Baikal el 8 de marzo de 1829.

al 17 de mayo de 1808 (*Journal de Physique*, t. LXVII, pág. 291). Mas no siempre acompañan necesariamente á los temblores de tierra las nieblas, las variaciones repentinas de la electricidad y la calma del aire; é incurriríamos en gravísimo error si les atribuyésemos una significacion general, pues se ha observado por do quiera, en Quito, en el Perú, en Chile, y lo mismo en el Canadá que en Italia, que tambien acaecen terremotos con el cielo sereno y completamente despejado, ó reinando frescas brisas de mar ó de tierra. Con todo, sin dejar de reconocer que los temblores de tierra no van precedidos, ni son anunciados por ninguna señal meteorológica, conviene no desechar desdeñosamente ciertas creencias populares que atribuyen algun influjo sobre ellos á las estaciones (*equinoccios autumnal y primaveral*), al comienzo de la estacion de las lluvias en los trópicos despues de una larga sequía, y por último, á la vuelta de los monzones; *conviene, digo, no* desdeñar estas creencias, fundadas tan solo en nuestra actual ignorancia acerca de las relaciones que puedan existir entre los fenómenos meteorológicos y los fenómenos subterráneos. Investigaciones numéricas practicadas con esquisita diligencia por los señores de Hoff, Pedro Merian y Federico Hoffmann, con el fin de establecer cómo se distribuyen los temblores de tierra en las diferentes estaciones del año, están contestes en fijar el máximum hácia la época de los equinoccios. Es cosa verdaderamente singular que Plinio llamase á los temblores de tierra *tempestades subterráneas*, y mas aún la razon que dá para ello al fin de su fantástica teoría. En su concepto, no está la semejanza únicamente en el estruendo que acompaña á tan terrible fenómeno; lo que mas le llama la atencion es que las fuerzas elásticas, cuya creciente tension llega al cabo á conmover el suelo, se reunan y escondan en las entrañas de la tierra cuando se las echa de menos en la atmósfera. «Ventos in causa esse non dubium reor. Neque enim unquam intremiscunt terræ, nisi sopito mari cœloque adeo tranquillo, ut volatus avium non pendeant, subtracto omni spiritu qui vehit; nec umquam nisi post ventos conditos, scilicet in venas et cavernas ejus occulto afflatu. Neque aliud est in terra tremor, quam in nube tonitruum; nec hiatus aliud quam cum fulmen erumpit, incluso spiritu luctante et ad libertatem exire nitente.» (Plin., II, 79). Por lo demas, en Séneca (*Nat. Quæst*, II, 4-31) se encuentra bastante desarrollado el gérmen de cuanto se ha dicho é imaginado hasta nuestros dias acerca de las causas de los temblores de tierra.

(1) En la *Relacion histórica*, t. I págs. 311 y 513, hago ver que no padece alteracion ninguna la marcha de las variaciones horarias del barómetro, antes ni despues de un terremoto.

Cuando ocurrió en Cumaná la violenta sacudida de 4 de noviembre de 1799, encontré que la declinacion y la intensidad de la fuerza magnética habian permanecido en su estado normal; pero con grande asombro mio ví que la inclinacion de la aguja imanada habia disminuido 48' (1). Yo no tenia motivo para sospechar que hubiese algun error en esta observacion; mas durante las otras sacudidas que he esperimentado en la meseta de Quito y de Lima, la inclinacion permaneció siempre invariable, de la misma manera que todos los demas elementos del magnetismo terrestre. Si es cierto, generalmente hablando, que no hay nada en el aspecto del cielo ó en el estado de la atmósfera que anuncie en la superficie del globo lo que va á ocurrir en sus profundidades, pronto veremos, sin embargo, que las capas aéreas pueden esperimentar modificaciones á consecuencia de sacudidas muy fuertes, cuyo efecto no es siempre meramente dinámico. Así es que el estado eléctrico de la atmósfera ha esperimentado notables variaciones durante las sacudidas que por espacio de mucho tiempo han removido el suelo de los valles de Pelis y de Cluson en el Piamonte.

La intensidad del sordo ruido que acompaña casi siempre á los temblores de tierra, no crece en la misma proporcion que la violencia de las sacudidas. Estudiando atentamente las diversas fases del temblor de tierra de Riobamba (4 de febrero de 1797), acontecimiento de los mas terribles que ha mencionado la historia física de nuestro globo, me convencí plenamente de que ni el mas leve rumor acompañó á aquella sacudida. La formidable detonacion (*el gran ruido)* que se oyó debajo de tierra en Quito y en Ibarra, pero no en Tacunga ni en Hambato, ciudades que se hallaban, sin embargo, mas próximas al centro de conmocion, no se produjo sino 18 ó 20 minutos despues de la catástrofe. Un cuarto de hora despues del célebre terremoto que arruinó á Lima el 28 de octubre de 1746, se oyó en Trujillo un trueno subterráneo, pero sin sentir ninguna sacudida. Asimismo, mucho tiempo despues del gran terremoto de Nueva Granada (16 de noviembre de 1827), descrito por Boussingault, se oyeron en el valle de Cauca detonaciones subterráneas que se repetian de 30 en 30 segundos, pero siempre sin sacudidas.

La naturaleza del ruido es sumamente variable: ya

(1) Humboldt, *Rel. hist.*, t. I, pág. 515-517.

rueda, ya muge, ya semeja el choque repetido de cadenas; á las veces es vibrante como los estallidos de los truenos cercanos, y á las veces tambien resuena con estrépito, cual si en las cavernas subterráneas se quebrasen masas de obsidiana ó de rocas vitrificadas. Sabido es que los cuerpos sólidos son escelentes conductores del sonido, y que las ondas sonoras se propagan en la arcilla cocida diez ó doce veces mas rápidamente que en el aire; y por lo tanto los ruidos subterráneos pueden oirse á distancias enormes del sitio donde se producen. En los llanos de Calabozo y en las márgenes del rio Apure de Caracas, uno de los tributarios del Orinoco, es decir, en una estension de 2332 leguas cuadradas, se oyó una detonacion espantosa no acompañada de sacudida, en el momento mismo en que salia un torrente de lava del volcan de San Vicente, situado en las Antillas á 215 leguas de distancia, que es como si dijéramos, que una erupcion del Vesubio se habia oido en el norte de Francia. Cuando ocurrió la grande erupcion del Cotopaxi en 1744, se oyeron detonaciones subterráneas en Honda á orillas del Magdalena, siendo así que la distancia entre estos dos puntos es de 145 leguas, su diferencia de nivel de casi una legua, y se hallan ademas separados por las colosales moles de las montañas de Quito, de Pasto y de Popayan, y por innumerables valles y torrenteras. Es evidente que el sonido no fué trasmitido por el aire, sino que se propagó por debajo de tierra á grande profundidad. El dia del violento terremoto de Nueva-Granada (febrero de 1835), se reprodujeron los mismos fenómenos en Popayan, Bogotá, Santa Marta y Caracas, donde el ruido duró siete horas completas, sin sentirse sacudidas en Haiti, la Jamaica y orillas del lago de Nicaragua.

Aun cuando estos ruidos subterráneos no vayan acompañados de sacudidas, producen siempre honda impresion aun sobre aquellos que han habitado por largo tiempo en parages sometidos á frecuentes sacudimientos, pues todos esperan con ansiedad lo que debe seguir á aquellos sordos ruidos interiores. Tales fueron los bramidos y truenos subterráneos de Guanaxuato, célebre y opulenta ciudad mejicana, situada muy lejos de todo volcan activo (1), los cuales comenzaron á las doce de la noche

(1) Sobre los *Bramidos* de Guanaxuato, V. mi *Ensayo politico sobre Nueva-España*, t. I, pág. 303. A este estruendo subterráneo no acompañó

del 9 de enero de 1784, y duraron mas de un mes. Yo he publicado una relacion muy circunstanciada de este notable fenómeno, valiéndome de los documentos que el ayuntamiento de la ciudad puso á mi disposicion, y de las narraciones de multitud de testigos. Del 13 al 16 de enero nadie hubiera dicho sino que habia una tempestad subterránea, pues se oian estallidos semejantes á los del rayo, alternando con el prolongado redoble de los truenos lejanos. El ruido concluyó de la misma manera que habia comenzado, es decir, gradualmente; y se hallaba circunscrito á muy corto espacio, pues á pocas leguas de distancia y sobre un terreno basáltico, ya no se oia absolutamente nada. Casi todos los habitantes estaban espantados, y abandonaron la ciudad dejando en ella grandes cantidades de plata en barras, habiendo sido preciso que los mas animosos volviesen en seguida para disputar aquellos tesoros á los bandidos que de ellos se habian apoderado. En todo el tiempo que duró este fenómeno no se sintió sacudida ninguna en la superficie de la tierra, ni aun en las minas inmediatas situadas a 1794 pies de profundidad. Jamás se habia oido en Méjico ruido semejante antes de aquella época, ni se ha vuelto tampoco á repetir despues. ¿No podria deducirse de aqui que hay en las entrañas de la Tierra cavernas que se abren ó se cierran súbitamente, y dan ó niegan el paso á las ondas sonoras que cualesquiera accidentes hayan producido á larga distancia?

sacudida ninguna en las minas profundas ni en la superficie (la ciudad de Guanaxuato está situada á 7016 pies sobre el mar); no se le oyó en la meseta inmediata, escepto solo en la parte montuosa de la Sierra, desde Cuesta de los Aguilares, no lejos de Marfil, hasta el N. de Santa Rosa; y aun en la misma Sierra no llegaron las ondas sonoras á ciertas regiones aisladas, situadas 8 ó 9 leguas al N.-O. de Guanaxuato, cerca de la fuente de agua hirviendo de San José de Comangillas. No es fácil formarse idea de los escesos de autoridad á que recurrieron los magistrados de aquel gran centro de industria metalúrgica, cuando estaba en su punto el terror causado por el trueno subterráneo. «Toda familia que huya será castigada con 1000 duros de multa, si es rica, y con dos meses de prision, si es pobre. La tropa tiene órden de perseguir y traer á la ciudad á los fugitivos.» Lo mas curioso de esta singular historia es la confianza que aparentaba la autoridad (el *Cabildo)*; véase lo que leí en una de las proclamas: «La autoridad no dejará de reconocer en su sabiduría el momento en que el peligro llegue á ser inminente, y entonces será tiempo de pensar en la fuga; por ahora basta que continúen las rogativas.» Pronto sobrevino el hambre, porque el temor á los truenos hacia que no se atreviesen los habitantes de las tierras altas á llevar sus granos á la ciudad.—Los antiguos conocian tambien estos ruidos subterráneos sin sacudidas (Aristot. *Meteor.*, II, pag. 802, y Plin., II, 80.)—El estraño ruido que se oyó en la isla dálmata de Medela, á 5 leguas de Ragusa, desde marzo de 1822 hasta setiembre de 1824, ruido que Partsch ha explicado satisfactoriamente, iba á las veces acompañado de sacudidas.

Por muy formidable que sea para el espectador la erupcion de un volcan, se halla siempre circunscrita á muy estrechos límites; mas no sucede lo mismo con los temblores de tierra, pues si bien la vista distingue apenas las oscilaciones del suelo, el asolamiento que estas producen puede estenderse á millares de leguas. Las sacudidas del terremoto que asoló á Lisboa el 1.º de noviembre de 1755, se sintieron en los Alpes, en las costas de Suecia, en las Antillas, en el Canadá, en Turinga y hasta en los pantanos del litoral del Báltico. Rios muy lejanos fueron apartados de su curso (fenómeno ya notado en la antigüedad por Demetrio Calateo); secáronse al principio las fuentes termales de Tœplitz, y luego aparecieron otra vez sus aguas teñidas de ocre ferruginoso é inundaron la ciudad; en Cádiz subieron las aguas del mar 72 pies sobre su nivel ordinario; y en las Antillas menores, donde la marea no sube casi nunca de 2 á 3 pies, eleváronse las olas, negras como la tinta, á mas de 25 pies de altura. *Hase calculado que las sacudidas se dejaron sentir* en aquel funesto dia, sobre una estension de territorio cuatro veces mayor que la de Europa.—Ninguna fuerza destructora, sin esceptuar ni aun las mas mortíferas invenciones del hombre, es capaz de hacer perecer á un mismo tiempo y en tan corto espacio tan crecido número de personas; en pocos minutos y aun en pocos segundos dejaron de existir 60000 hombres en Sicilia el año de 1693; 30 ó 40000 en el temblor de tierra de Riobamba de 1797, y quizás cinco veces mas en el Asia menor y en Siria en tiempo de Tiberio y de Justino el mayor, por los años 19 y 526.

En la cadena de los Andes de la América del Sur sucede con frecuencia que los temblores de tierra duran sin interrupcion por espacio de algunos dias. Por lo tocante á aquellos terremotos que se sienten casi de hora en hora durante meses enteros, no conozco ejemplar que no haya ocurrido en lugares apartados de todo volcan activo; conviene á saber: en la vertiente oriental del Monte Cenis, en Fenestrella y Pigneroles, desde el mes de abril de 1808; en los Estados-Unidos de la América del Norte, entre New-Madrid y Little-Prairie (1) al N. de Cincinato en diciem-

(1) Drake, *Nat. and Statist. View of Cincinnati*, págs. 232-238; Mitchell, en las *Transactions of the Lit. and Philos. soc. of New-York*, t. I, págs. 281-308. En el condado piamontés de Pignerol, permanecieron

bre de 1811 y durante todo el invierno de 1812; y últimamente, en el bajalato de Alepo por los meses de agosto y setiembre de 1822.

El pueblo no tiene, por lo general, sino nociones muy imperfectas acerca de los grandes fenómenos de la Naturaleza, que siempre atribuye á causas locales; y así es que cuando las sacudidas se prolongan, luego al punto comienza á temer la formacion de un volcan. Es muy raro que los acontecimientos justifiquen este temor; mas tal acaeció, sin embargo, con el volcan de Jorullo, que despues de setenta dias de sacudidas y truenos subterráneos, surgió repentinamente de en medio del llano (el 29 de setiembre de 1759) elevándose á 1830 pies de altura.

Si pudiésemos reunir noticias sobre el estado diario de toda la superficie terrestre, probablemente nos convenceríamos muy luego de que se halla siempre agitada por sacudidas en algunos de sus puntos, é incesantemente sometida á la reaccion de la masa interior. Basta considerar la frecuencia y universalidad de este fenómeno, provocado sin duda por la elevacion de temperatura y el estado de fusion en que se encuentran las capas interiores, para comprender que es independiente de la naturaleza del suelo en que se manifiesta. Ha habido temblores de tierra aun en los terrenos de aluvion tan movibles de Holanda, hácia Middelburgo y Flesinga. Lo mismo se producen en el granito que en el micaschisto, en el calcáreo como en la piedra arenisca, en el trachito como en el amigdaloide. Lo que verdaderamente influye sobre la propagacion de la sacudida ó de las ondas de conmocion, no es la constitucion química de las rocas, sino su estructura mecánica. Cuando estas ondas se propagan á lo largo de una costa, ó al pie y en la misma direccion de las cadenas de montañas, se ha notado, hace muchos siglos, que á las veces parece como que se interrumpen; pero no hay tal cosa: la conmocion continúa, salvo que entonces se propaga por debajo de tierra sin dejarse sentir en estos puntos de la superficie; y aun por eso dicen los peruvianos, que estas capas superiores donde jamás se siente conmocion «forman como un puente (1).» Como parece que las cade-

en movimiento, por espacio de horas enteras, jarras llenas de agua hasta los bordes.

(1) En español se dice: *rocas que hacen puente.* Estas interrupciones puramente locales de las conmociones trasmitidas por las capas *superiores*,

nas de montañas han sido solevantadas sobre largas fallas, es probable que las paredes de estas fisuras favorezcan la propagacion de las ondas que se mueven en su misma direccion, si bien es verdad que las ondas de conmocion se propagan algunas veces en direccion perpendicular á la de varias cadenas paralelas. De esta manera las vemos atravesar á un mismo tiempo la cordillera del litoral de Venezuela, y la sierra de Parime. Los temblores de tierra se han propagado en Asia (el 22 de enero de 1832) desde Lahora y el pié del Himalaya, por entre la cadena del Indo-Kho, hasta Badakschan y el Oxus superior y aun hasta Bokhara (1). Tambien sucede que los circulos de conmocion adelanten terreno, para lo cual basta un solo temblor de tierra mas violento que los otros. Desde la destruccion de Cumaná (el 14 de setiembre de 1797), y solo desde esta época, la peninsula de Maniquarez, situada enfrente de las colinas calcáreas del continente, esperimenta en sus capas de micaschisto todas las sacudidas de la costa meridional. Las que agitaron casi sin interrupcion desde 1811 hasta 1813 el suelo de los valles del Misisipí, del Arkansas y del Ohio iban adelantando hácia el Norte de una manera sorprendente. No parece sino que destruidos sucesivamente los obstáculos y desembarazado el camino, se propaga mas y mas el movimiento ondulatorio cada vez que se efectua.

Si puede creerse á primera vista que los temblores de tierra producen efectos puramente dinámicos, examinando los hechos mejor comprobados se reconoce muy luego que no se limitan á solevantar de su antiguo nivel paises enteros, como por ejemplo, la costa de Chile en noviembre de 1822, y Ulla-Bund en junio de 1819, despues del temblor de tierra de Cuth, sino que dan nacimiento tambien á erupciones de agua caliente (en Catania 1818), de vapores acuosos (en el valle del Misisipi, cerca

tienen quizás cierta analogía con un fenómeno muy notable que ocurrió á principios de este siglo en las minas de Sajonia: tan violentas fueron las sacudidas que hubo en las minas de plata de Mariemberga, que asustados los trabajadores se dieron prisa á subir; y sin embargo, nada se habia sentido en la superficie. Hé aquí ahora un fenómeno inverso: en noviembre de 1823 no experimentaron sacudida ninguna los mineros de Falun y de Persberga, en el momento mismo en que por encima de sus cabezas un violento temblor de tierra ponia espanto en el ánimo de los que moraban en la superficie.

(1) Sir Alex. Burnes, *Travels into Bokhara*, t. I, pág. 18; y Wathen, *Mem. on the Usbek State*, en el *Journal of the Asiatic Soc. of Bengal.*, t. III, pág. 337.

de New-Madrid, 1812), de vahos (tan perjudiciales á los rebaños que pacen en los Andes), de lodo, de negra humareda, y aun de llamas (en Mesina 1783 y en Cumaná 1797). Durante el gran temblor de tierra que destruyó á Lisboa el 1.º de noviembre de 1755, se vieron salir llamas de una grieta nuevamente abierta en la roca de Alvidrás cerca de la ciudad, y una columna de humo, tanto mas, espesa, cuanto mas intensas eran las detonaciones subterráneas (1). No hubo erupcion alguna durante la catastrofe de Riobamba á pesar de su cercanía á muchas montañas volcánicas; pero del seno de la tierra salieron innumerables eminencias cónicas, formadas de una materia á que los indígenas dan el nombre de *moya*; compuesto singular de carbon, de cristales de augita y de conchitas silíceas de animalillos infusorios. Una cantidad considerable de gas ácido carbónico que salió de las grietas durante el temblor de tierra de Nueva-Granada (el 16 de noviembre de 1827), en el valle del Magdalena, asfixió á una multitud de serpientes, de ratones y otros animales que se albergaban en las cavernas. Por último, sacudidas violentas han producido en el Perú y en la provincia de Quito cambios repentinos de temperatura, y anticipado la extacion de las lluvias á su época ordinaria bajo los trópicos. No se sabe si atribuir estos fenómenos á los vapores que salieron de las entrañas de la tierra y se mezclaron con la atmósfera, ó á una perturbacion del estado eléctrico de las capas aéreas, ocasionada por las sacudidas. En las regiones intertropicales de América, transcurren alguna que otra vez diez meses completos sin llover una sola gota, y los indígenas miran los temblores de tierra repetidos que no causan daño á sus chozas de bambú, como feliz presagio de fecundas lluvias.

El comun origen de los fenómenos que acabo de describir, se halla como envuelto en la mas completa oscuridad. La reaccion de los vapores sometidos á una presion enorme en lo interior de la tierra, es causa, sin duda, de todas las sacudidas que agitan su superficie, desde las explosiones mas formidables hasta las débiles y no peligrosas conmociones que por espacio de varios dias se sintieron en Scaccia (Sicilia), antes del solevantamiento volcánico de la nueva Isla de Julia. Es evidente que el foco donde nacen y se desenvuelven estas fuerzas destructoras está

(1) *Philos. Transact.*, t. XLIX, pág. 414.

situado debajo de la costra terrestre ; pero ¿á qué profundidad? Esto se ignora, así como la naturaleza química de dichos vapores tan violentamente comprimidos. En mis observaciones al borde del Vesubio, ó sobre la roca que cual una torre se levanta por cima del cráter de Pichincha, sentia constantemente las sacudidas con veinte ó treinta segundos de anterioridad á la erupcion de los vapores ó de las escorias incandescentes, siendo tanto mas fuertes las sacudidas cuanto mas tardías eran las explosiones, á causa de que se habian acumulado los vapores en mayor cantidad. En esta observacion tan sencilla y tantas veces confirmada por la esperiencia de todos los viajeros, está la explicacion general del fenómeno. Los volcanes activos son como válvulas de seguridad para las comarcas vecinas; y por el contrario, si la boca del volcan se cierra y se interrumpe la comunicacion del interior con la atmósfera, el peligro aumenta, y el pais cercano está amenazado de próximas sacudidas. Los mas fuertes temblores de tierra, sin embargo, no se efectuan generalmente en las inmediaciones de los volcanes activos, como lo comprueban los terremotos que han destruido á Lisboa, Caracas, Lima, Cachemira (1) y un considerable número de ciudades situadas en la Calabria, la Siria y el Asia menor.

Si la actividad de los volcanes, cuando no halla salida, dirige su ímpetu contra el suelo y provoca los temblores de tierra, estos, á su turno, obran por reaccion sobre los fenómenos volcánicos. Las fisuras ayudan á formar los cráteres de erupcion y favorecen las reacciones químicas que en ellos engendra el contacto del aire. Una columna de humo que salia del volcan de Pasto en la América del Sur, desapareció de pronto el 4 de febrero de 1797, durante el gran temblor de tierra que destruyó á Riobamba, situada á 65 leguas de distancia hácia el Sur. Los temblores de tierra que se sentian en toda la Siria, en las Cyclades y en Eubéa, cesaron de súbito en el mismo instante en que brotaba con ímpetu un torrente de materias ígneas en las llanuras de Chalcis (2). El célebre geógrafo

(1) Sobre la frecuencia de los temblores de tierra en Cachemira, véase la traduccion del antiguo *Radjatarangini*, por Troyer, t. II, pág. 297, y los *Viajes* de Carlos de Hügel, t. II, pág. 184, edic. alem.

(2) Estrabon, lib. I, pág. 100, Casaub. La prueba de que la expresion πηλοῦ διαπύρου ποταμόν no significa lodo (erupcion de lodo), sino lava.

D' Amaséa, despues de referir este hecho, añade: «que desde que las bocas del Etna se han abierto y vomitan fuego; desde que pueden ser lanzadas al esterior masas de agua y de lavas en fusion, padece el litoral menos temblores de tierra que cuando todos los cráteres estaban cerrados antes de la separacion de la Sicilia y de la Italia.»

Es, pues, indudable, que el poder volcánico interviene en los temblores de tierra; mas esparcido universalmente como el calor central del planeta, raras veces, y solo en algunos puntos aislados, llega á tal grado que produzca los fenómenos de erupcion. Las masas liquefactas de basalto, de melaphyro y grunstein que surgen del interior, llenan poco á poco las fisuras y acaban por cerrar toda salida á los vapores. Acumúlanse estos entonces, acrece su tension, y su ímpetu contra la corteza terrestre puede ejercerse de tres maneras diversas: ó conmueven el suelo, ó lo solevantan repentinamente, ó varían con lentitud la diferen a de nivel entre los continentes y los mares. Esta última accion nó es sensible hasta pasados muchos años, y fué observada por primera vez en una considerable parte de la Suecia.

No terminaremos nuestras consideraciones acerca de este gran fenómeno que hemos examinado mucho menos en sus pormenores que en sus relaciones generales con la física del globo, sin indicar el origen de la impresion profunda y del efecto singularísimo que produce en nosotros el primer temblor de tierra que sentimos, aun cuando no venga acompañado de ruido subterráneo. Esta impresion no proviene, en mi concepto, de que nuestra imaginacion nos representa en tropel las imágenes de las catástrofes cuyo recuerdo ha conservado la historia. Lo que nos sobrecoge y asusta es que perdemos de pronto nuestra innata confianza en la estabilidad del suelo. Habituados como nos hallamos desde la infancia al contraste de la movilidad del agua con la inmovilidad de la tierra, hábitos fortificados con el testimonio constante de nuestros sentidos, basta que tiemble el suelo para que se destruya la esperiencia de toda la vida. Revélase luego al punto un poder desconocido; se ve que la tranquilidad de la naturaleza era una ilusion, y nos sentimos violentamento

resulta claramente de otro pasaje del mismo autor (Estrabon, lib. VI, página 412. Cf. Walter, *Sobre la disminucion de la actividad de los volcanes desde los tiempos históricos*, 1844, pág. 25, ed. alem.)

lanzados á un caos de fuerzas destructoras. El menor ruido, un soplo de aire escita la atencion, y desconfiamos, sobre todo, del suelo que huellan nuestros pies. Los animales, principalmente los cerdos y los perros, esperimentan esta angustia; y los cocodrilos del Orinoco, de ordinario tan mudos como nuestros lagartos, abandonan el removido lecho del rio y huyen rugiendo hácia los bosques.

El temblor de tierra es para el hombre un peligro indefinible, pero siempre amenazador. Se puede huir de un volcan, librarse de un torrente de lava; pero cuando tiembla la tierra ¿dónde huir, ni cómo librarse del peligro, si por do quiera nos parece que caminamos sobre un foco de destruccion? Afortunadamente los resortes de nuestra alma no pueden estar tan tirantes mucho tiempo, y al cabo casi no esperimentan sentimiento ninguno de temor los que viven en paises donde las sacudidas son muy poco considerables y se repiten con cortos intervalos. En las costas del Perú está siempre sereno el cielo; no se conoce el granizo, ni las tempestades, ni las terribles esplosiones del rayo: el trueno subterráneo que acompaña á las sacudidas del suelo, reemplaza al trueno de las nubes. Gracias á la antigua costumbre y á la general opinion que existe en el pais de que solamente hay que temer dos ó tres sacudidas desastrosas en cada siglo, el mismo efecto causan los temblores de tierra en Lima que la caida del granizo en la zona templada.

Despues de haber considerado á la tierra como fuente y orígen de calórico, de corrientes electro-magnéticas, de la luz de las auroras polares, y de los movimientos irregulares que agitan su superficie, réstanos describir los productos materiales de las fuerzas que animan nuestro planeta, y las modificaciones químicas que se efectuan en sus capas superiores y aun en la misma atmósfera. Del suelo vemos salir vapores acuosos; efluvios de gas ácido carbónico, casi siempre sin mezcla de ázoe (1); gas hidrógeno sulfurado, vapores sulfurosos; con mas rareza, vapores de ácido sulfúrico ó de ácido hidroclórico (2); en fin, gas hidrógeno carbonado, del cual se sirven para

(1) Véase la excelente obra de Bischof titulada: *Teoría del calórico interno del Globo*.

(2) Boussingault (*Annales de Chimie*, t. LII, pág. 181), no ha encontrado ácido hidroclórico en las emisiones gaseosas de los volcanes de Nueva Granada, al paso que Monticelli lo ha descubierto en grandes cantidades en los productos de la erupcion del Vesubio de 1813.

alumbrarse y calentarse, hace millares de años, en la provincia china de Ssc-Tchuan (1), y que recientemente se acaba de aplicar á los mismos usos en Fredonia, pequeña ciudad del Estado de New-York (Estados-Unidos de América). Las fisuras de donde salen estos gases y vapores no se presentan solamente en las cercanías de los volcanes, sino que se las encuentra tambien en los parages donde falta el trachyto y las otras rocas volcánicas. En la cordillera de Quindiu, á 7465 pies sobre el nivel del mar, he hallado azufre depositado en el micaschisto por vapores sulfurosos calientes (2); y al S. de Quito, cerca de Ticsan, en el Cerro-Cuello, esta misma roca, tenida antes por primitiva, contiene un enorme lecho de azufre en medio del cuarzo puro. De todas estas emanaciones gaseiformes, las mas numerosas y abundantes son las de ácido carbónico que se llaman tambien *mofetas* (vahos). En las comarcas volcánicas, cuales son, en Alemania, el valle profundamente quebrado de Eifel, las cercanías del lago Lach, el circo de Wehr y la Bohemia occidental, las emisiones de ácido carbónico aparecen como el postrimer esfuerzo de la actividad volcánica. En anteriores épocas, el calor mas intenso del globo terrestre y el considerable número de grietas que las rocas ignéas no habian cerrado aun, favorecian poderosamente estas emisiones; grandes cantidades de vapores de agua caliente y de gas ácido carbónico se mezclaron con la atmósfera, y produjeron en casi todas las latitudes esa vejetacion exhuberante, esa plenitud de desarrollo orgánico cuyo cuadro nos ha trazado Adolfo Brongniart (3). En las regiones cálidas y húmedas, donde la atmósfera se halla siempre sobrecargada de gas ácido carbónico, encontraron los vejetales condiciones tan fovorables á su desarrollo y tal abundancia de sustancias propias para su nutricion, que pudieron formar los materiales de las vetas de carbon de piedra y de lignitas, manantiales casi inagotables de fuerza física y de bienestar para las naciones.

(1) Sobre los pozos de fuego artesianos (*Ho-tsing*) de la China, y sobre el uso del gas conducido por tubos de bambú á la ciudad de Khiung-Tcheu, véase Klaproth, en mi *Asia central*, t. II, páginas 519, 530.

(2) Humboldt, *Coleccion de observaciones astronómicas*, t. I, página 311. (*Nivelacion barométrica de la Cordillera de los Andes*, número 206).

(3) Adolfo Brongniart, en los *Annales des Sciences naturelles*, t. XV, página 225.

Estos lechos de combustibles estan principalmente repartidos en depósitos que la Naturaleza parece haber concedido con especialidad á ciertos lugares de Europa, tales como las Islas Británicas, la Bélgica, Francia, las provincias Rinianas interiores y la Siberia superior. La enorme cantidad de ácido carbónico cuya combinacion con la cal ha producido las rocas calcáreas, formando esas grandes capas (1) en que solo entra próximamente como una octava parte de carbono, salió entonces del seno de la tierra, bajo la influencia predominante de las fuerzas volcánicas. Lo que las tierras alcalinas no pudieron absorber, se esparció en la atmósfera, de donde los vegetales del antiguo mundo se nutrieron incesantemente; el aire, purificado así por el desarrollo de la vida vegetal, no contiene ya hoy dia mas que una proporcion de gas ácido carbónico sumamente escasa y sin influencia deletérea en las organizaciones animales del mundo actual. Por entonces tambien, abundantes emisiones vaporosas de ácido sulfúrico ocasionaron la destruccion de las innumerables especies de moluscos y de peces que poblaban las aguas del antiguo mundo, y formaron las capas de yeso contorneadas en todas direcciones y sometidas por aquel tiempo, sin duda ninguna, á frecuentes sacudidas.

Causas físicas análogas hacen salir del seno de la tierra, aun en nuestros dias, gases, líquidos, fango é hirviente lava; pudiendo ser considerados los cráteres de erupcion de esta última como una especie de manantiales intermitentes (2). Todas estas materias deben su temperatura y su constitucion química á los mismos parages de donde surgen. El calor medio de las fuentes es inferior al de la atmósfera cuando sus aguas descienden de las alturas; y ya hemos indicado la ley numérica de la progresion con que aumenta el calor cuanto mas profundas son las capas que las aguas atraviesan. Las que provienen de lo alto de las montañas pueden mezclarse con las del interior de la tierra, de donde resulta que la temperatura de las fuentes no siempre indica con exactitud la situacion de las líneas *isogeotermas* (líneas de igual temperatura interna de la tierra) (3), como notamos mas de una vez mis compa-

(1) Bischof, obra citada, pág. 324, not. 2.
(2) Humboldt, *Asia central*, t. I, pág. 43.
(3) Sobre la teoría de las líneas isogeotermas (*chthonisothermes*), véanse los ingeniosos trabajos de Kupffer, en los *Anales* de Poggendorf, t. XV, pág. 184, y t. XXXII, pág. 270; en el *Viaje al Ural*, páginas 382, 398;

ñeros de viaje y yo en el Asia septentrional. La temperatura de las fuentes, cuestion tan debatida de medio siglo á esta parte por los físicos, depende, como el límite de las nieves perpétuas, de causas sumamente complejas y numerosas, y se halla en relacion con la temperatura de la capa terrestre de donde brota el manantial, con el calor específico del suelo, y, últimamente, con la cantidad y la temperatura de las aguas lluvias (1); temperatura que difiere esencialmente de la que tienen las capas inferiores de la atmósfera (2).

Para que los manantiales frios puedan darnos exactamente la temperatura media, es preciso que se hallen puros de toda mezcla con las aguas que bajan de las alturas ó con las que suben de capas muy profundas, y que recorran asimismo un largo trayecto subterráneo á la profundidad constante de 46 á 68 pies en nuestros climas, y

y en el *Diario de Ciencias de Edinburgo*, nueva série, t. IV, pág. 355. Cf. Kæmtz, *Lecciones de Meteorologia*, t. II, pág. 217; y sobre la elevacion de las líneas *chthonisothermas* en los paises montañosos, Bischof, páginas 174, 198.

(1) Leopoldo de Buch, en los *Anal.* de Poggend., t. XII, pág. 405.

(2) La temperatura de las gotas de lluvia habia bajado á 22°, 3, siendo así que la del aire era de 30° á 31° pocos momentos antes, y que aun durante la lluvia no bajó de 23°, 4; véase mi *Rel. Hist.*, t. II, pág. 22. La temperatura *inicial* de las gotas de lluvia depende de la altura de la capa nublosa y del grado de calor que los rayos solares comunican á la haz superior de dicha capa; mas esta temperatura cambia durante la caida. Cuando las gotas de lluvia comienzan á formarse, su temperatura es superior á la del medio que las rodea, á causa del calórico latente que pasa á ser libre; despues, al caer, atraviesan capas de aire mas bajas y mas calientes, donde crece su temperatura, y un poco tambien su volumen, por la condensacion del vapor acuoso contenido en las capas (Bischof, *Teoría del calórico interno del Globo*, pág. 73); pero este aumento de temperatura queda compensado con la pérdida de calórico que acarrea la evaporacion de las mismas gotas. Prescindiendo de la electricidad atmosférica, cuyos efectos deben de sentirse probablemente durante las lluvias tempestuosas, podemos atribuir el enfriamiento de la atmósfera cuando llueve, 1.° á la baja temperatura inicial que han adquirido las gotas en las regiones elevadas; 2.° al aire frio de las capas superiores que las mismas gotas arrastran consigo; 3.° en fin, á la evaporacion del suelo humedecido. Tal es, en efecto, la marcha ordinaria del fenómeno. Con todo, en ciertas ocasiones muy raras, las gotas de lluvia tienen mas elevada temperatura que el aire inmediato al suelo (Humboldt, *Relac. hist.*, t. III, pág. 513), lo cual quizás dimana de las corrientes de aire cálido que hay en las regiones elevadas, ó de la alta temperatura que la *insolacion* puede desarrollar en capas de nubes muy estensas y de poco espesor. Añadiré, por último, que Arago ha hecho ver en el *Annuaire* para 1836, pág. 300, cómo se ligan la magnitud y el aumento de volúmen de las gotas de lluvia al fenómeno de los *arcos suplementarios* del Iris, que se han esplicado por la interferencia de los rayos luminosos; erudita discusion que demuestra cuánto partido puede sacarse de un fenómeno óptico convenientemente observado, para esclarecer las mas árduas cuestiones meteorológicas.

de poco mas de un pie en las regiones equinocciales, segun ha observado Boussingault (1).

En efecto, la temperatura no comienza á ser constante en aquellos diversos climas y regiones, sino cuando se llega á capas que se encuentran á las profundidades indicadas; ó en otros términos; á las capas en que dejan de ser perceptibles las variaciones horarias, diurnas y aun mensuales de la atmósfera.

Hállanse fuentes termales en terrenos de toda especie; y aun puede asegurarse que los manantiales permanentes de mayor calor se han encontrado lejos de los volcanes. Voy á citar dos ejemplos que contienen mis diarios de viaje, y son, las *Aguas calientes de las Trincheras* en la América del Sur, entre Porto Cabello y Nueva Valencia, y las *Aguas de Comangillas*, cerca de Guanaxuato, en el imperio de Méjico. Las primeras salian del granito y tenian 90°, 3; las segundas salian del basalto y marcaban 96°, 4. Por lo que ya sabemos del aumento del calórico en el interior de la tierra, las capas en donde estas aguas adquieren una temperatura tan elevada de-

(1) Despues de las decisivas observaciones de Boussingault, no es ya lícito poner en duda que la temperatura del suelo á corta profundidad es igual bajo los trópicos á la temperatura media de la atmósfera. Citaré para mayor comprobacion los siguientes ejemplos:

PARAGES de la ZONA TROPICAL.	TEMPERATURAS á 1, 15 pies debajo de tierra.	TEMPERATURA media de la atmósfera.	ALTURAS sobre el nivel del mar.
Guayaquil	26°, 0	25°, 6	0
Anserma nuevo.	23°, 7	23°, 8	3768 pies.
Zupia	21°, 5	21°, 5	4396
Popayan	18°, 2	18°, 7	6485
Quito	15°, 5	15°, 5	10462

La duda que mis propias observaciones en la caverna de Caripe (*Cueva del Guacharo*) hayan podido suscitar acerca de este punto (*Relac. hist.* tomo III, págs. 191-196), queda desvanecida con la siguiente observacion: yo he comparado la temperatura media presunta del aire del convento de Caripe (18°, 5) no á la temperatura del aire en la caverna (18°, 7), sino á la del arroyo subterráneo (16°, 8); demas de que, ya habia yo reconocido como muy posible (*Relac. hist.*, t. III, págs. 146 y 194) que aguas provenientes de las altas montañas viniesen á mezclarse con las de la caverna

ben estar situadas á una profundidad de 7896 pies.

Si el calor interno de la tierra es la causa general que produce los manantiales calientes, las rocas que estos atraviesan no pueden modificar su temperatura sino en virtud de su permeabilidad ó de su capacidad para el calórico. Los mas calientes de todos los manantiales permanentes, aquellos cuya temperatura es de 95° ó de 97°, son tambien los mas puros y los menos cargados de materias minerales en disolucion; pero su calor es menos constante que el de los manantiales comprendidos entre 50° ó 74°. La invariabilidad de estos, bajo el punto de vista de la temperatura y de la composicion química, se ha conservado de una manera muy notable, al menos en Europa, cincuenta ó sesenta años ha, precisamente el tiempo que hace que nuestras medidas termométricas y nuestros análisis permiten probarlo. Boussingault ha encontrado en las termas de las Trincheras, una variacion de cerca de 7° en veinte y tres años; su temperatura ha subido de 90°, 3 á 97° desde mi viaje, que fué en 1800, hasta el de Boussingault en 1823 (1). Este manantial, cuyas aguas corren con la mayor regularidad, tiene, pues, actualmente cerca de 7° mas de calor que los manantiales intermitentes de Geyser y de Strokr recientemente observados con cuidado estremo por Krug de Nidda. La súbita aparicion del Jorullo, nuevo volcan cuya existencia era desconocida antes de mi viaje á América, ha demostrado cómo pueden provenir los manantiales de agua caliente de las aguas pluviales que descienden al interior de la tierra para reaparecer mas lejos, despues de haber estado en contacto con un foco volcánico. Cuando en setiembre de 1759, se elevó de repente el Jorullo á 1841 pies sobre el nivel de las llanuras que le rodean, dos pequeños rios, llamados de Cuitimba y de San Pedro, desaparecieron á la par: algun tiempo despues violentas sacudidas les abrieron salida, y reaparecieron bajo la forma de fuentes termales. En 1803 medí su temperatura, y era de 65°, 8.

(1) Boussingault, en los *Annales de Chimie*, t. LII, pàg. 181. La temperatura del manantial de *Aguas-Calientes* de Aubernia no sube de 80°. Debe notarse tambien, que todos los manantiales situados en las vertientes de ciertos volcanes activos todavia (el Pasto, el Cotopaxi y el Tunguragua) no pasan de 36° á 54°, al paso que las *Aguas calientes de las Trincheras* (al S. de Porto-Cabello) salen de una mole de granito dividida en hiladas regulares, con una temperatura de 97°.

Es cierto que las fuentes de la Grecia corren actualmente en los mismos lugares en que corrian en los tiempos helénicos. El manantial de Erasinos, situado á dos horas al Sur de Argos, en la vertiente del Chaon, ha sido citado por Herodoto. En Delfos se ve todavía la Cassotis (ahora la fuente de San Nicolás), que sale de la tierra al Sur de Lesché, y cruza el templo de Apolo: la Castalia sigue corriendo al pié del Parnaso, y la del Pyrene cerca de la Acrocorintia; las termas de Ædepso, á donde Sila se bañó durante la guerra de Mitridates, existen todavia en la Eubéa (1). Cito con gusto estos detalles, porque muestran que á pesar de los violentos temblores de tierra que agitan con tanta frecuencia aquel pais, las capas interiores de la tierra han conservado, lo menos desde hace dos mil años, su forma primitiva, y hasta las pequeñas fisuras por donde vierten sus aguas estos manantiales. La *Fuente saltadora* de Lillers, departamento del Paso de Calais, fué barrenada hácia el año de 1126; desde esa época ha corrido sin interrupcion á la misma altura y con la misma abundancia. Por último, el hábil geógrafo de las costas de Caramania, el capitan Beaufort, ha visto brillar, cerca del antiguo Phaselis, las llamas volcánicas que Plinio habia descrito como llamas vomitadas por la *Quimera* de Lycia (2).

Al hacer notar Arago, desde 1821, que cuanto mas profundos eran los pozos artesianos, mas elevada temperatura tenian sus aguas, ha esclarecido singularmente la teoría de las fuentes termales; porque esta observacion abre una nueva via á las investigaciones que tienen por objeto fijar la ley del decrecimiento del calor interno del globo (3). En estos últimos tiempos se ha reconocido que San Patricio (4), obispo de Pertusa, se habia formado

(1) La descripcion de la Cassotis (Fuente de S. Nicolás), y de la fuente Castalia (al pié de las Phedriadas) se halla en Pausanias, X, 24, 5, y X, 8, 9; la del Pirene (Acrocorinto), en Estrabon, pág. 379; la de la fuente de Erasinos (en el Chaon, al S. de Argos), en Herodoto, VI, 67, y en Pausanias, II, 24, 7; la de las termas de Ædepso (en Eubéa) cuya temperatura es en unas de 31°, y en otras de 62° á 75°, en Estrabon, pág. 60, 447 y en Ateneo, II, 3, 73; la de las fuentes de las Termópilas, situadas al pie del monte Eta, y cuya temperatura es de 65°, en Pausanias, X, 21, 2. (Copia de las notas manuscritas del profesor Curtius, erudito compañero de viaje de Otfried Müller).

(2) Plin., II, 106; Séneca, *Epist.* 79. §. 3, (edic. de Ruhkopf); Beaufort, *Survey of the Coast of Karamania*, 1820, art. Yanar, p. 24. Cf. tambien Ctenias, *Fragm.* cap. 10, pág. 250, (edic. de Bæhr); y Estrabon, lib. XIV, pág. 665, Casaub.

(3) Arago, en el *Annuaire* para 1835, pág. 234.

(4) *Acta S. Patricii*, pág. 555 (edic. de Ruinart), y t. II, pág. 835 de

una idea muy exacta de estos fenómenos hácia el fin del siglo III, al examinar los manantiales de agua caliente de Cartago. Le preguntaron que cuál podia ser la causa de que aquellas aguas saliesen hirviendo de la tierra, á lo cual contestó: «Que no solamente las nubes contenian fuego, pues que tambien se le encontraba en las entrañas de la tierra, como lo demostraban el Etna y otra montaña de las cercanías de Nápoles. Las aguas subterráneas suben por una especie de sifones; las que corren lejos del fuego interior aparecen frias; las que manan cerca de este fuego son calientes, y aparecen en la superficie de la tierra que habitamos con un calor insoportable.»

Supuesto que los temblores de tierra vienen por lo comun acompañados de emision de agua y de vapores, podemos considerar las *salsas*, ó pequeños volcanes de lodo, como el punto de transicion de las emisiones gaseosas y fuentes termales á las temibles erupciones de los montes ignívomos. En efecto, si esos manantiales de materias fundidas, que comprendemos bajo el nombre de *volcanes*, dan nacimiento á las rocas volcánicas, por su parte las fuentes termales, cuyas aguas están cargadas de ácido carbónico y de gas sulfuroso, producen, por via de depósito, de una manera lenta pero contínua, capas de travertino horizontalmente sobrepuestas, ó bien forman montículos cónicos, como en la Argelia, por ejemplo, y en los baños de Caxamarca sobre la vertiente occidental de las Cordilleras peruvianas. Cárlos Darwin ha hallado restos de una vegetacion primitiva en el travertino de la tierra de Van-Diemen cerca de Hobart-Town; y ya hemos citado, con el objeto de indicar los dos estremos de las formaciones geológicas, dos especies de rocas, la lava y el travertino, cuya produccion se continúa aún á nuestra vista.

Las *salsas* ó volcanes de lodo merecen, en mi concepto, mayor atencion que la que hasta ahora han solido prestarles los geólogos. El haber desconocido la importancia y magnitud de este fenómeno, depende de que hasta ahora no se ha considerado mas que la última de las dos fases que presenta, es decir, el periodo de calma en que las salsas persisten durante siglos enteros. La aparicion de las

Mazochi. Dureau de la Malle fué el primero que llamó la atencion sobre este pasaje notable, en sus *Recherches sur la Topographie de Carthage*, 1835, pág. 276. (Cf. Séneca, *Nat. Quæst.*, III, 24).

salsas va acompañada de temblores de tierra, de truenos subterráneos, del solevantimiento de estensas comarcas y de emisiones de llamas que se elevan á grande altura, si bien son de corta duracion. Cuando en 27 de noviembre de 1827 se formó la salsa de Jokmali, en la peninsula de Abscheron, al Oriente de Bakou (mar Caspio), las llamas subieron á una altura desmesurada, y duró el fenómeno tres horas. En las veinte siguientes, apenas subieron las llamas cuatro pies por encima del cráter de erupcion del lodo. La columna de llamas se elevó tanto cerca del pueblecillo de Baklichi, al O. de Bakou, que se la distinguia á distancia de 10 á 12 leguas. Enormes moles de piedra, arrancadas sin duda á grandes profundidades, fueron lanzadas á distancias muy considerables. En las cercanias de la salsa del monte Xibio, ya hoy apagada, cerca de Sassuolo en la Italia septentrional, se ven todavia enormes moles de aquella especie. La salsa siciliana de Girgento (Macalubi), cuya descripcion nos dejaron los antiguos, se mantiene, de quince siglos á esta parte, en el segundo período de su actividad, y la componen diferentes montículos cónicos dispuestos por hileras de tan varia forma como altura, siendo esta última de 7, 11, y á las veces hasta de 108 pies. De la cuenca superior, muy pequeña y llena de agua, manan torrentes de fango arcilloso acompañados de evaporaciones periódicas de gas. Lo mas comun es que el lodo salga frio; pero hay parajes en que sale caliente, como en Damak, por ejemplo, provincia de Samarang en la isla de Java. Las erupciones gaseiformes acompañadas de explosion son tambien de naturaleza muy variable, y se ha encontrado en ellas el hidrógeno mezclado con vapores de nafta, de gas ácido carbónico y aun de ázoe casi puro (1). La existencia de este último gas ha sido comprobada por Parrot en la peninsula de Taman, y por mí mismo en los volcancitos de Turbaco (América del Sur).

La aparicion de los volcanes fangosos ofrece siempre cierto carácter de violencia, si bien no pueden quizás ci-

(1) Humbold, *Relac. hist.*, t. III, págs. 562-567; *Asia central*, t. I, pág. 43, y t. II, págs. 505-515; *Vistas de las Cordilleras*, lám. XLI. Sobre el Macalubi (del árabe *makhlub*, trastornado, raiz *khaluba*), y sobre «la tierra fluida vomitada por la Tierra,» V. Solino, cap. 5: «Idem ager Agrigentinus eructat limosas scaturigines; et ut venæ fontium sufficiunt rivis subministrandis, ita in hac Siciliæ parte, solo nunquam deficiente, æterna rejectatione terram terra evomit.»

larse dos fenómenos de este género que la presenten en igual grado; tras esta primera erupcion acompañada de llamas, ofrecen al observador la imágen de una actividad interior del globo terrestre, débil á la verdad, pero contínua, y que va siempre ganando terreno. Pronto llega à cortarse la comunicacion con las capas profundas en donde reina una temperatura elevadísima, y vienen las erupciones de lodo frio á demostrarnos que en esta segunda fase no tiene quizás el fenómeno su asiento á mucha distancia de la superficie.

La reaccion de lo interior del globo contra su corteza esterior se manifiesta con muy diverso poder en los volcanes propiamente dichos, esto es, en aquellos puntos donde existe comunicacion, ya sea permanente, ya periódica, con un foco situado à gran profundidad. Conviene sobremanera no confundir todos los efectos volcánicos mas ó menos pronunciados, tales como los temblores de tierra; los manantiales de agua caliente ó de vapores; los volcanes de lodo; la ereccion de montañas de trachito en forma de cúpula ó campana, pero sin escavacion; la formacion de una abertura en la cima de estas montañas, ó la de un cráter de solevantamiento en los terrenos basálticos; y la aparicion final de un volcan permanente en estos mismos cráteres, ó en medio de las ruinas de su armazon primitiva. En épocas diferentes, y segun sus diversos grados de actividad ó de fuerza, los volcanes permanentes emiten vapores acuosos ó ácidos, escorias inflamadas, y cuando vencen toda resistencia, estrechas corrientes de lava fundida bajo la forma de prolongados arroyos de fuego.

Con no menor energia, si bien de una manera mas local, se ha mostrado tambien la reaccion de lo interior de nuestro planeta en el solevantamiento de porciones aisladas de la corteza terrestre causado por los vapores elásticos, y qué aparece bajo la forma de contorneadas cúpulas de trachito feldespático y de dolerita, como en Puy de Dôme y el Chimborazo; ó en el rompimiento de las capas á consecuencia de la presion de abajo arriba, y en la sucesiva elevacion de las mismas, de tal suerte que producen una escarpadura interior, dando así lugar á que se forme el recinto de un cráter de solevantamiento. Este cráter presenta el aspecto de una isla volcánica, cuando el fenómeno de que hablamos se efectúa en el fondo del mar, cosa que no suele ser muy comun. Asi se ha formado el circo de Nisyros en el mar Egéo (1), y el de Palma, descrito con notable erudicion por Leopoldo de Buch. A las veces sucede que se destruye la mitad del recinto, y el mar produce en él escavaciones donde establece sus celdillas la familia de los corales. Los cráteres de solevantamiento están por lo comun llenos de agua aunque se hallen situados en lo interior de los continentes, en cuyo caso presentan los paisages un carácter particular y un aspecto sumamente pintoresco. Su formacion es independiente de la naturaleza de los terrenos: lo mismo aparecen en el basalto que en el trachyto, en el pórfido leucítico (Somma), ó en las mezclas de augita y de labrador semejantes á la dolerita; y de aqui el que ofrezcan los bordes de los cráteres tan grande variedad de aspectos. Estos recintos no presentan señales ningunas de erupcion; en ellos no hay abierta comunicacion permanente con un foco subterráneo, y es muy raro hallar vestigios, ni en lo interior ni en las cercanías de estos cráteres, de una actividad volcánica todavía existente. Las fuerzas que producen tan considerables efectos, han debido permanecer acumuladas por largo espacio en lo interior del globo, antes de poder vencer la resistencia opuesta por la presion de la masa superior, y de haber, por ejemplo, elevado nuevas islas sobre el nivel del mar, rompiendo rocas de testura granulada y *conglomerados* (capas de toba que contienen plantas marinas). Los vapores fuertemente comprimidos se escapan por estos cráteres; pero la enorme masa asi solevantada vuelve á caer, y cierra luego al instante la abertura momentáneamente abierta por aquel violento esfuerzo, de suerte que no llega á formarse un volcan (2).

Los volcanes propiamente dichos no existen sino en

(1) V. el escelente mapita de la isla de Nisyros, en Ross, *Viaje á las islas de Grecia*, t. II, 1843, pág. 69, edic. alem.

(2) Leopoldo de Buch, *Descripcion física de las islas Canarias*, página 326: y el mismo autor, *Sobre los cráteres de solevantamiento y los volcanes*, en los *Anales* de Poggend., t. XXXVI, pág. 169. Ya Estrabon distinguia muy bien dos maneras de formacion de las islas, en el pasaje en que habla de la separacion de la Sicilia y de la Calabria: «Algunas islas, dice (libro IV, p. 258, ed. Casaub.). *son fragmentos desprendidos de la tierra firme*; otras han surgido del fondo de los mares, como suele verse aun en nuestros dias. Las islas de alta mar (las situadas lejos de los continentes) han sido formadas *probablemente así, por el levantamiento de una parte del suelo* sub-marino; mientras que las islas colocadas delante de los promontorios parece que han sido separadas de la tierra firme.»

aquellos parages donde hay comunicacion permanente de lo interior del globo con la atmósfera. En tal caso, la reaccion de lo interior contra la superficie procede por largos periodos, pudiendo estar interrumpida siglos enteros y reproducirse luego con nueva energía, como antiguamente acaeció con el Vesubio (Fisove) (1). Por los tiempos de Neron se inclinaban ya en Roma á colocar al Etna entre los volcanes que poco á poco se apagaban (2); y mas adelante afirmó Eliano que su cima se iba aplanando, porque los navegantes no la divisaban ya desde tan lejos como en otro tiempo (3).

Cuando subsisten los vestigios de la primera erupcion, y se conserva intacta la armazon primitiva, entonces el volcan se eleva desde el centro de un cráter de solevantamiento, y el cono de erupcion se halla rodeado de una muralla circular de rocas cuyo asiento ha sido fuertemente empujado hácia arriba. A las veces casi no se encuentra vestigio ninguno del recinto que formaba primitivamente esta especie de circo, y en tales casos se eleva inmediatamente por encima de la meseta, á la manera de prolongada cumbre, un volcan que no siempre conserva la forma circular: de ello nos ofrece ejemplo el Pichincha, á cuyo pié se alza la ciudad de Quito.

A la manera que la naturaleza de las rocas, es decir, la mezcla ó reunion de las especies minerales simples que

(1) *Ocre Fisove* (Mons Vesuvius) en la antigua lengua Ombrica (Lassen, *Explicacion de las Tablas Eugubinicas*, en el Rhein. Museum, 1832, página 387); la voz ocre significa montaña, segun el testimonio de Festo mismo. En concepto de Voss, *Etna* quiere tanto decir como *montaña ardiente* ó *montaña brillante*; pero Voss cree que la palabra Αἴτνη es griega de origen, y la refiere á αἴθω ó á αἴθινος, al paso que el erudito Parthey rechaza este orígen helénico, primero por razones meramente etimológicas, y luego porque el Etna no ha sido jamás un faro luminoso para los navegantes griegos, como aquel infatigable Stromboli que Homero designa, al parecer, en la *Odisea* (XII, 68, 202 y 219), puesto que sin fijar clara y determinadamente su situacion. Yo creo que el orígen de la palabra Etna debería buscarse en la lengua de los antiguos Sículos, si por ventura llegan á reunirse alguna vez restos importantes de esta lengua. Segun Diodoro (V, 6), los *Sicani*, es decir, los aborígenes que habitaban la Sicilia antes que los *Siculi*, tuvieron que confinarse en la parte occidental de la isla, huyendo de las erupciones del Etna que duraron varios años. La mas antigua erupcion histórica de este volcan es la mencionada por Píndaro y Esquilo, que ocurrió en tiempo de Herion, en el 2.º año de la 75.ª Olimpiada. Es muy verosímil que Hesiodo tuviese noticia de las erupciones devastadoras del Etna, ocurridas antes del establecimiento de las colonías griegas; si bien ofrece todavía algunas dudas la voz Αἴτνη que se lee en el texto de Hesiodo (Humboldt, *Exámen crítico de la geografía*, t. I, pág. 168).

(2) Seneca, *Epist.*, 79.

(3) Eliano, *Var. hist.*, VIII, 11.

forman el granito, el gneiss y el micaschisto, ó el trachyto, el basalto y la dolerita, no depende en manera ninguna de nuestros climas actuales, y permanece idéntica en todas las latitudes, así tambien vemos que por do quiera presiden las mismas leyes al órden de superposicion de las capas que componen la corteza terrestre, á sus mútuas penetraciones y á los efectos de su solevantamiento. Cabalmente en el aspecto de los volcanes es donde mas nos sorprende esta identidad general de forma y de estructura. Cuando alejándose de su patria llega el navegante bajo otro cielo, en donde estrellas desconocidas reemplazan á las constelaciones que ver solia, encuentra en las islas de apartados mares, palmeras, arbustos nuevos para él, y las estrañas formas de una flora exótica; empero la naturaleza inorgánica le ofrece siempre sitios que le traen á la memoria las redondeadas cúpulas de las montañas de Aubernia, los cráteres de solevantamiento de las Canarias ó de las Azores, el Vesubio y las fisuras eruptivas de Islandia.

Basta dirigír una mirada al satélite de nuestro planeta, para comprender que nos es lícito generalizar esta analogía de que hablamos. Los mapas de la Luna, dibujados con el auxilio de medianos telescopios, nos muestran la superficie de este astro sembrada de vastos cráteres de solevantamiento rodeados de eminencias cónicas ó encerrados en los recintos circulares que las mismas forman. Y ¿quién no ve aqui los efectos de una reaccion de lo interior del globo lunar contra las capas esteriores, reaccion eminentemente favorecida por la escasa pesadez que reina en la superficie de nuestro satélite?

Aunque con sobrada razon se da á los volcanes en muchas lenguas el nombre de montañas ignívomas, no por ello deberemos deducir que estas montaños se hayan formado siempre por la incesante acumulacion de corrientes de lava; antes bien, generalmente hablando, su formacion parece resultado de un solevantamiento repentino de las reblandecidas masas de trachyto, ó de augita mezclada con labrador. Por la altura del volcan podemos valuar la fuerza que le ha producido. Hay tanta variedad en esta altura, que ciertos cráteres tienen apenas las dimensiones de una simple colina (el volcan de Cosima, por ejemplo, que es una de las Kuriles japonesas), al paso que en otros parages se ven conos hasta de 21534 pies de elevacion (mas de una legua). En mi concepto, la frecuencia de las erupciones depende en gran parte de la mayor ó menor altura de los volcanes, y aun me ha parecido que su actividad se halla en razon inversa de la misma altura. En prueba de ello, fijemos por un momento la consideracion en la siguiente série: el Stromboli (2537 pies): en la provincia de Quirós, truena casi todos los dias el Guacamayo, y yo le he oido no pocas veces desde las inmediaciones de Quito, á distancia de mas de 28 leguas; el Vesubio (4258 pies); el Etna (11890 pies); el pico de Tenerife (13518 pies); el Cotopaxi (20859 pies). De hallarse situados á la misma profundidad los focos de todos estos volcanes, es evidente que la fuerza necesaria para elevar hasta sus respectivas cumbres los torrentes de lava fundida, tiene que crecer en proporcion á sus alturas; y no debe, pues, sorprendernos que el mas bajo de todos, el Stromboli *(Strongyle)*, se halle en plena actividad desde el tiempo de Homero, y sirva aun de faro á nuestros navegantes, al paso que volcanes seis ú ocho veces mas altos parecen condenados á largos intervalos de inaccion. Tales son, en su mayor parte, los colosos que coronan las Cordilleras, cuyas erupciones no se repiten apenas mas que una vez en cada siglo.

Esta ley de que hablo, notada por mí hace mucho tiempo, padece á la verdad algunas escepciones; pero creo que pueden resolverse todas las dificultades admitiendo que no en todos los volcanes es siempre igualmente libre y contínua la comunicacion del cráter con el foco volcánico interno; cuanto mas que pudiendo obliterarse por cierto espacio de tiempo el canal de comunicacion de un volcan poco elevado, se concibe fácilmente que se aminoren en tal caso sus erupciones, sin que de aquí se deduzca su próxima extincion.

Las precedentes consideraciones acerca de la relacion que existe entre las alturas absolutas de los volcanes y la frecuencia de sus erupciones, nos conducen naturalmente al exámen de las causas que determinan el derrame de la lava en tal ó cual punto de una montaña volcánica. Raras veces se efectúa la erupcion por el cráter mismo, antes bien sale casi siempre la lava por aberturas laterales situadas hácia aquellos puntos en que menos resistencia ofrecen las paredes de la montaña: observacion ya hecha en el Etna, desde el siglo XVI, por un jóven que andando el tiempo llegó á ser el célebre historiador Bembo (1). No es raro que en estas fisuras laterales se formen conos de erupcion, que han sido, cuando grandes, considerados como nuevos volcanes, por mas que su direccion comun con la de la fisura que se cierra demuestra precisamente lo contrario. Los conos menos elevados toman una forma redondeada semejante á la de las campanas ó las colmenas, y se hallan reunidos por grupos en grandes estensiones de terreno. Tales son los *hornitos* de Jorullo (2), los conos que surgieron de los costados del Vesubio durante la erupcion de octubre de 1822, los del volcan de Awatcha, segun el testimonio de Postels, y los del Lavenfeld junto á los montes Baidares en el Kamtschatka, segun Ermann.

En vez de estar libres y aislados en medio de las llanuras, los volcanes pueden hallarse rodeados de una meseta elevada hasta unos 10000 ó 15000 pies, como sucede á los de la doble cadena de los Andes de Quito. Acaso baste esta circunstancia para explicar los fenómenos particulares de aquellos volcanes que nunca vomitan lava, aun en medio de formidables erupciones de escorias incandescentes, y de explosiones que se oyen á mas de cien leguas (3). Tales son los volcanes de Popayan, los de la meseta de Los Pastos, y los de los Andes de Quito, salvo el volcan de Antisana, única escepcion quizás que hay que hacer entre estos últimos.

La fisonomía particular de cada volcan la constituyen: en primer lugar, la altura del cono de la ceniza; y en segundo lugar, la forma y la magnitud de su cráter. Empero estos dos elementos principales de la configuracion general de las montañas ignivomas, el cono y el cráter, no

(1) Petri Bembi *Opuscula (Ætna Dialogus)*, Basil., 1536, pág. 63. «Quidquid in Ætnæ matris utero coalescit, numquam exire ex cratere superiore, quod vel eo inscendere gravis materia non queat, vel, quia inferius alia spiramenta sunt, non fit opus. Despumant flammis urgentibus ignei rivi pigro fluxu totas delambentes plagas, et in lapidem indurescunt.»

(2) Véase mi dibujo del volcan de Jorullo, de sus *Hornitos* y del Malpais solevantado, en las *Vistas de las Cordilleras* lámina XLIII, pág. 239.

(3) Humboldt, *Ensayo sobre la Geografía de las Plantas, y Cuadro físico de las Regiones equinocciales*, 1807, pág 130, y *Ensayo geognost. sobre la situacion de Roches*, pág. 321. Basta considerar el mayor número de los volcanes de la isla de Java, para convencerse de que la forma, la situacion y la altura absoluta de los volcanes no explican suficientemente la carencia total de corrientes de lava durante un período de actividad no interrumpida (Leopoldo de Buch, *Descripcion física de las islas Canarias*, pág. 419; Reinwardt y Hoffmann, en los *Anales* de Poggendorf, t. XII, página 607).

dependen en manera ninguna de las dimensiones de la misma montaña. Así, por ejemplo, la altura del cono del Vesubio es como $\frac{1}{3}$ de la de toda la montaña, al paso que en el Pico de Tenerife aquella altura es solo como $\frac{1}{20}$ de la total, no obstante que la elevacion del Pico supera en tres tantos á la del Vesubio. Bajo este punto de vista, el Rucu-Pichincha, volcan mucho mayor que el de Tenerife, se asemeja al Vesubio. Entre todos los volcanes que he visto en uno y otro hemisferio, ninguno tiene el cono mas regular y mas pintoresco que el Cotopaxi. El súbito deshielo de las nieves que le coronan anuncia la proximidad de la erupcion; y antes de subir el humo al aire enrarecido que se respira en la cima y en la abertura del cráter, las paredes del cono se tornan incandescentes y brillan con rojizo resplandor, en tanto que la montaña aparece como una inmensa mole negra de siniestro aspecto.

El cráter de los volcanes, situado casi siempre en la cima de la montaña, forma un profundo valle semejante á un cono truncado, cuyo fondo es, por lo comun, accesible á pesar de sus contínuas variaciones; y aun puede decirse que la mayor ó menor profundidad del cráter es un indicio que permite juzgar si es ó no reciente la última erupcion. En aquel valle se abren y se cierran alternativamente prolongadas grietas por las cuales se escapa el humo á torrentes, ó bien pequeñas escavaciones circulares llenas de materias fundidas. El fondo se hincha ó se hunde, y se elevan en él montecillos de escoria y conos de erupcion que surgen á las veces por encima de los bordes del cráter, cambiando así el aspecto de la montaña por espacio de años enteros; mas á la erupcion siguiente se hunden estos conos y desaparecen de todo punto.

No deben por lo tanto confundirse, como ha acontecido con harta frecuencia, las aberturas de estos conos de erupcion con el cráter mismo que las contiene. Cuando este último es inaccesible por ser muy profundo y escarpado, cual sucede al Rucu-Pichincha (17424 pies), podemos por lo menos colocarnos sobre el borde, y considerar la cúspide del cono que se eleva desde el fondo del valle interior, rodeada de vapores sulfurosos. ¡Magnífico espectáculo! De mí sé decir que nunca jamás se me ha presentado la Naturaleza bajo mas grandioso aspecto que en los bordes del cráter de Pichincha.

En el intervalo de una á otra erupcion puede acontecer que el volcan no produzca fenómeno ninguno luminoso, y si solo vapores de agua caliente que se escapan por las grietas; no siendo estraño encontrar en el área recalentada del cráter, montecillos de escoria á los cuales podemos acercarnos sin peligro. En este último caso le es dado al viajero geólogo entregarse sin temor al placer de contemplar el espectáculo de una erupcion en miniatura: masas de inflamada escoria, lanzadas sin cesar por estos volcancitos, vuelven á caer sobre las laderas de los montecillos, y cada explosion viene regularmente anunciada por un temblor de tierra local. Algunas veces sale la lava de las grietas ó de los pozos que se forman en el mismo cráter; *pero nunca llega á romper sus paredes ni á salir* por encima de los bordes. Si, no obstante, se efectúa una ruptura en las laderas de la montaña, la lava sale entonces por ella, y la corriente ígnea sigue en este caso una direccion tal, que el fondo del cráter propiamente dicho no deja de ser accesible en la época de estas erupciones parciales.

Para dar una idea exacta de semejantes fenómenos, tan desfigurados de ordinario por narraciones fantásticas, hemos tenido que insistir en la descripcion de la forma y de la estructura normal de las montañas ignívomas, cuidando sobre todo de fijar el sentido de las palabras *cráteres*, *volcanes*, *conos de erupcion*, cuya vaguedad y diversas acepciones han introducido tanta confusion en esta parte de la ciencia.

Los bordes del cráter se hallan menos espuestos á variar de lo que á primera vista pudiera creerse, pues está demostrado, por la comparacion de las medidas de Saussure con las mias, que en el espacio de cuarenta y nueve años (de 1773 á 1822), el borde del Vesubio situado hácia el N. O. (Rocca del Palo), ha conservado la misma altura sobre el nivel del mar, á lo menos en el límite de los errores de la observacion (1).

Los volcanes que se elevan por encima del limite de las nieves perpétuas, como sucede á los de la cadena de los Andes, presentan fenómenos especiales. Las moles de nieve que los cubren se derriten de súbito durante las erup-

(1) Véase la comparacion de mis medidas con las de Saussure y las del conde de Minto, en las *Memorias de la Acad. de Ciencias de Berlin*, 1822 y 1823, pág. 30.

ciones, y producen inundaciones temibles, torrentes que arrastran tras sí revueltas moles de hielo y de humeante escoria. En el periodo de reposo del volcan, las nieves ejercen tambien una accion contínua por sus incesantes infiltraciones en las rocas de trachyto. Las cavernas que hay en las laderas ó en la base de la montaña, se transforman poco á poco en charcas ó depósitos subterráneos que se comunican por estrechos canales con los riachuelos alpestres de la meseta de Quito. Los peces de estos riachuelos van á desovar con preferencia en las tenebrosas cavernas; y por eso cuando las sacudidas que preceden siempre á las erupciones de las Cordilleras conmueven la masa total del volcan, entreabiertas súbitamente las bóvedas subterráneas, vomitan á la par agua, peces y fango atobado. A este singularísimo fenómeno deben los habitantes de los llanos de Quito el conocimiento del pececillo *Pimelodes Cyclopum*, á que ellos llaman *Preñadilla* (1). En la noche del 19 al 20 de junio de 1698, se hundió de improviso la cima del monte Carguairazo (21534 pies de altura) á escepcion de dos enormes pilares, últimos restos del antiguo cráter, dejando estéril una estension de seis leguas cuadradas, y toda ella cubierta de toba desleida y de limo arcilloso (*lodazales*) cuajado de peces muertos. Las calenturas perniciosas que se declararon siete años despues en la ciudad de Ibarra, al N. de Quito, fueron atribuidas á la putrefaccion de una infinidad de peces muertos que habia lanzado el volcan de Imbabaru.

Como el fango y las aguas no salen del mismo cráter, sino de las cavernas que existen en la masa trachytica de la montaña, su aparicion no es un fenómeno volcánico en el sentido estricto de la palabra, y solo se liga de una manera indirecta á la erupcion del volcan.

Otro tanto podria decirse del singularísimo fenómeno volcánico que en otro lugar he descrito bajo el nombre de *tempestad volcánica*. Durante la erupcion salen del cráter vapores acuosos en estremo calientes, se elevan en la atmósfera á no pocos miles de pies, y forman al enfriarse una espesa nube en derredor de la columna de humo y de ceniza. Su repentina condensacion, y, segun Gay-Lussac, la formacion de una nube de ancha superficie, aumentan la tension eléctrica: del seno de la columna de ceniza

(1) Pimelodes Cyclopum. V. Humboldt, *Coleccion de Observaciones de Zoología y de Anatomia comparada*, t. I, págs. 21-25.

salen relámpagos serpenteando, y se distingue perfectámente el retumbar del trueno y el estallido del rayo en medio del estruendo que se arma en lo interior del volcan. Tales fueron efectivamente, en los últimos dias de octubre de 1822, los fenómenos que pusieron término á la erupcion del Vesubio. Olafsen asegura que el 17 de octubre de 1755, durante la erupcion del Katlagia (Islandia) estalló un rayo en el seno de estas nubes volcánicas, y mató dos hombres y once caballos.

Quedaría incompleto este cuadro general de los fenómenos volcánicos, si nos limitásemos, como hasta ahora, á describir la actividad dinámica y la estructura de los volcanes; y por lo tanto réstanos dirigir una ojeada sobre la inmensa variedad de sus productos materiales.

Las fuerzas subterráneas destruyen las antiguas combinaciones de los elementos para formar con ellos otras nuevas, ejerciendo su accion sobre la materia liquefacta por el calor, tan largo tiempo como lo permite el estado de fluidez ó de disgregacion de la misma materia. Las materias liquidas ó simplemente reblandecidas se solidifican en virtud de una presion mas ó menos considerable; y esta diferencia de presion parece ser la causa principal de la diferencia que existe entre las rocas *plutónicas* y las rocas *volcánicas*. El nombre de *lava* se aplica á las materias fundidas que en prolongadas corrientes salen de un orificio volcánico. Cuando varias de estas corrientes se encuentran y son detenidas por algun obstáculo, se ensanchan, llenan grandes depósitos y se solidifican en ellos formando capas sobrepuestas. Hé ahi todo lo que en general puede decirse de la especie de actividad volcánica de que se trata.

Comunmente son lanzados al exterior con una cubierta de origen igneo varios fragmentos de rocas pertenecientes á los terrenos que los volcanes atraviesan. Así es que yo he visto fragmentos angulares de sienita feldespática contenidos en la lava negra del volcan megicano de Jorullo, la cual se compone principalmente de augita. En el Vesubio se encuentran masas de dolomia y de piedra calcárea granulada que contienen magníficos grupos de minerales cristalizados (vesubianas y granates cubiertos de meionita, de nefalina y de sodalita); pero estas masas no han sido lanzadas por el Vesubio, «antes bien «pertenecen á varias capas de toba, formacion muy es-

«tendida y mas antigua que el solevantamiento del Somma «ó del Vesubio, producida probablemente por la accion «de un volcan submarino, cuyo foco debió hallarse situa«do á muy grande profundidad (1).»

Entre los productos de los volcanes que actualmente existen, se hallan cinco metales, conviene á saber: hierro, cobre, plomo, arsénico y selenio, descubierto este último por Stromeyer en el cráter de Volcano. Los vapores de las humerolas contienen sublimaciones de cloruros de hierro, de cobre, de plomo y de amoniaco. Grandes cantidades de hierro especular (2), y principalmente de sal marina, llenan las cavidades de los regueros de lava reciente y entapizan las fisuras que se forman en las paredes del cráter.

La composicion mineralógica de la lava varía segun la naturaleza de las rocas cristalinas que componen el volcan; segun la altura del punto en que se efectúa la erupcion (ya sea al pie de la montaña, ya mas cerca del cráter); y por último, segun el calor mas ó menos fuerte que reine en lo interior. En algunos volcanes faltan completamente varios productos vitrificados, como la obsidiana, la perlita y la piedra pomez; en otros, estas rocas provienen del cráter, ó de puntos situados interiormente á corta profundidad. El estudio de estas relaciones, importantes pero complejas, exige la mas escrupulosa exactitud en las análisis químicas ó cristalográficas. Gustavo Rose, compañero mio de viaje en Siberia, y posteriormente Hermann Habich, han obtenido ya felices resultados en sus investigaciones acerca de la estructura de estas tan variadas rocas volcánicas.

Las emisiones gaseosas deben en gran parte su formacion á vapores de agua pura; y condensándose dan nacimiento á fuentes ó manantiales como las que sirven á los cabreros de la isla de Pantelaria. En la mañana del 26 de octubre de 1822 se vió salir de una de las fisuras laterales del cráter del Vesubio una corriente que por algun tiempo se creyó fuese de agua hirviendo; pero examinándola mas de cerca Monticelli, halló que era solo una

(1) Leopoldo de Buch, en los *Anales* de Poggendorf, t. XXXVII, página 179.

(2) Sobre la formacion del hierro especular en las masas volcánicas, V. Mitscherlich, en los *Anales* de Poggendorf, t. XV, pág. 630. Sobre el desprendimiento del gas ácido hidroclórico en los cráteres, V. Gay-Lusac, en los *Anales de Chimie et de Physique*, t. XXII, pág. 423.

corriente de ceniza seca, de lava reducida por el frote á menudo polvo, que corria como finísima arena.

La aparicion de la ceniza que se eleva en el aire, lanzada por los vapores, á la manera de una columna inmensa que oscurece la atmósfera por espacio de algunas horas y aun de dias enteros, viene de ordinario á poner término a las grandes erupciones, bañando, por decirlo así, de ceniza las hojas de los árboles, y dañando particularmente á las viñas y á los olivares. Esta columna ascendente de ceniza es la que describe Plinio el Menor en su célebre carta á Tácito, comparándola á un pino que no tenga mas ramos que los de la copa.

El resplandor que se divisa mientras duran las erupciones de escoria, y el brillo rojizo de las nubes situadas por encima del cráter, no son verdaderas llamas, ni pueden atribuirse á la combustion de gas hidrogeno; son, sí, reflejos de la luz de las masas incandescentes lanzadas por el volcan á grande altura, y provienen tambien del mismo cráter, que ilumina los vapores ascendentes.

Por lo tocante á las llamas que se han visto salir del seno del mar, como en tiempo de Estrabon, durante las erupciones de volcanes situados cerca de la costa, ó poco antes del solevantamiento de una isla nueva, no tenemos explicacion ninguna satisfactoria que proponer a los lectores.

Preguntar qué cosa quema en los volcanes; investigar lo que engendra el calor, funde los metales y las rocas, y produce las corrientes de lava de gran espesor (1) que conservan una temperatura muy alta aun al cabo de algunos años de su salida del cráter, vale tanto como tener ya prejuzgada la cuestion; pues á lo menos se admite implícitamente que todo volcan supone la existencia de un monton de materias combustibles, propias para alimentar su actividad, del mismo modo que los lechos de carbon de piedra alimentan incendios subterráneos. Siguiendo las diversas fases recorridas por las ciencias químicas, vemos que los fenómenos volcánicos se han atribuido sucesivamente al betun, luego á las piritas ó á una mezcla húmeda de azufre y de hierro pulverizados, y despues, ya á piróforos naturales, ya á los metales alcalinos y térreos. Apresurémonos á decir que el célebre químico sir Humphry David, á

(1) V. las preciosas investigaciones de Bischof sobre el enfriamiento de las masas pétreas, en la *Teoría del Calor*, págs. 384, 443, 500-512.

quien debemos el descubrimiento de los metales alcalinos, ha renunciado espontáneamente á su hipótesis química en su última obra titulada: *Consolations in travel and last days of a Philosopher*, que no puede leerse sin experimentar un profundo sentimiento de tristeza. La comparacion de la densidad media de la tierra (5,44) con los pesos específicos mucho menores del potasio (0,865), del sodio (0,972), y de los metales térreos (1,2): la falta de hidrógeno en las emanaciones gaseiformes de las fisuras volcánicas ó de la lava todavía caliente, juntamente con otras muchas consideraciones químicas (1), se hallan en manifiesta contradiccion con las antiguas ideas de Davy y de Ampere. Si la erupcion de la lava originase desprendimiento de hidrógeno ¡cuán enorme no deberia de ser la masa de gas desprendido, cuando la lava que sale de un cráter de erupcion cubre comarcas enteras y adquiere un espesor de muchos centenares de pies donde quiera que la detiene algun obstáculo! Tales fueron, no obstante, segun Mackenzie y Soemund Magnussen, las consecuencias de una erupcion ocurrida en Islandia al pie del Skaptar-Jœkul, desde el 11 de junio al 5 de agosto de 1783. Por ventura, ¿querrá recurrirse para apuntalar la ruinosa hipótesis de una combustion subterránea, á la introduccion del aire en el interior de los volcanes, ó á una inspiracion de nuestro planeta, como metafóricamente han dicho algunos? Pues en este caso nos encontramos con dificultades análogas á las anteriores; porque si en aquella suposicion era el hidrógeno el que faltaba entre las producciones de los volcanes, en esta otra es el azoe, del cual apenas se encuentran vestigios en sus exhalaciones.

Desengañémonos: actividad tan prodigiosa y tan generalmente esparcida por las entrañas de la tierra no puede tener su origen en las reacciones químicas que se operan al contacto de determinadas sustancias, propias tan solo de ciertas localidades. La nueva geognosia prefiere buscar la causa de semejante actividad en el calor central de nuestro globo, cuya existencia se revela en la superficie por el rápido crecimiento de la temperatura en todas las latitudes, á proporcion que se profundiza en la corteza

(1) V. Berzelius y Woehler en los *Anales* de Poggendorf, t. I, página 221, y t. XI, pág. 146; Gay-Lusac en los *Annales de Chimie*, t. XXII, página 422; Bischof, *Reasons against the Chemical Theory of Volcanoes*, en su edicion inglesa de la *Teoría del Calor*, págs. 297-309.

terrestre, y cuyo origen se remonta á las épocas cosmogónicas en que nuestro mismo planeta vino á quedar formado por la condensacion progresiva de una parte de la atmósfera nebulosa del Sol. Ya lo hemos insinuado varias veces: la ciencia de la Naturaleza no es una árida acumulacion de hechos aislados, ni puede ser limitada por los estrechos términos de la certidumbre matemática, antes bien debe elevarse á miras generales y concepciones sintéticas. ¿Por qué no ha de poder el espíritu humano subir hácia los tiempos pasados arrancando del presente, adivinar por conjeturas lo que no le es dado demostrar, y proseguir en fin la resolucion del problema en todo tiempo planteado á su actividad, aun bajo las variadas formas de los *mitos* de la geognosía? Si los volcanes son para nosotros *manantiales intermitentes*, puesto que irregulares, de donde brota una mezcla fluida de óxidos metálicos, de álcalis y de tierra, á virtud de la enérgica presion de los vapores elásticos; y si estos manantiales igneos corren tambien, sosegados y apacibles, do quiera que las masas liquefactas han hallado una salida permanente, ¿podemos olvidar cuán próximo estuvo Platon á estas ideas, cuando este gran filósofo asignaba á las erupciones volcánicas y al calor de las fuentes termales, una sola causa, universalmente esparcida por las entrañas de la tierra y simbolizada por un rio de fuego subterráneo, por el *Pyriphlegethon* (1)?

(1) Segun las ideas geognósticas de Platon, tales como aparecen en su *Phœdo*, el Pyriphlegethon venia á desempeñar, con relacion á la actividad volcánica, casi el mismo papel que el calórico interno de la tierra y el estado de fusion de las capas profundas en nuestras ideas actuales (*Phœdon*, edic. de Ast., págs. 603 y 607; Annot., págs. 808 y 817). «En lo interior de la tierra y en todo su alrededor existen conductos subterráneos de diferentes magnitudes, por donde corre agua copiosamente, y asimismo fuego y corrientes de légamo más ó menos impuro, muy semejantes á los torrentes de fango que preceden en los volcanes de Sicilia á las erupciones ígneas, y cubren, como estas últimas, todo el terreno situado á su paso. El Pyriphlegethon se derrama en un espacio inmenso lleno de intenso y vivísimo fuego; forma allí un lago mayor que nuestro mar, en cuyo lago se hallan constantemente el agua y el fango en estado de ebullicion; y sale en seguida de aquel espacio, describiendo con sus turbias y fangosas aguas un círculo completo en derredor de la tierra.» Tan persuadido estaba Platon de que el mencionado rio de légamo y tierra fundida era la fuente *general* de los fenómenos volcánicos, que añade terminantemente estas palabras: «Tal es el Pyriphlegethon de donde se escapan hácia arriba algunas cortas porciones y forman los torrentes de fuego (οἱ ῥύακες) que aparecen en diferentes lugares sobre la tierra (ὅπῃ ἂν τυχῶσι τῆς γῆς).» Por dónde se vé, que tanto las escorias volcánicas como las corrientes de lava eran tenidas por porciones del mismo Pyriphlegethon, ó de la masa fundida que se suponia agitada

Los volcanes, independientes del influjo de los climas en su manera de reparticion geográfica, se han dividido en dos clases esencialmente distintas: *volcanes centrales*, y *cadenas volcánicas*. «Los primeros forman siempre el centro de un grupo de volcanes secundarios asaz numerosos y regularmente dispuestos en todas direcciones; al paso que los de las cadenas volcánicas están escalonados á cortas distancias en una misma direccion, á la manera de chimeneas formadas en una gran falla ó quiebra.

Esta segunda clase se subdivide á su turno en otras dos: ó bien los volcanes de una misma cadena se elevan del fondo del mar en forma de islotes cónicos, y en este caso se hallan por lo comun distribuidos al pié de una cadena de montañas primitivas que sigue la misma direccion; ó bien están situados en la línea culminante de esta cadena primitiva, cuyas cimas forman (1).» El Pico de Tenerife,

incesantemente en las entrañas de la tierra. Que la expresion οἱ ῥύακες significa *corrientes de lava*, y no *montañas ignivomas*, como sostienen Schneider, Pasow y Schleiermacher, resulta evidentemente de una multitud de pasajes recopilados por Uker en su *Geografia de los Griegos y de los Romanos*, lám. II, 1, pág. 200. La voz ῥύαξ indica el fenómeno volcánico por su lado mas notable, la corriente de lava; y de aquí viene la espresion las ῥύακες del Etna. Cf. Aristot., *Mirab. Ausc.*, t. II pág. 833, sect. XXXVIII Bekker; Tucídides, III, 116, Teofrasto, de *Lap.*, 22, pág. 427 Schneider; Diod., V 6, y XIV 59, donde se lee la siguiente notable frase: «Varias ciudades situadas junto al mar, no lejos del Etna, han sido sepultadas (ὑπο του καλουμένου ῥύακος);» Estrabon, VI, pág. 269, XIII, pág. 628, y sobre el célebre légamo hirviente de los llanos de Lelanto en Eubé , I, pág. 58, Casaub.; y últimamente, Apiano de *Bello civili*, 114. La crítica que hace Aristóteles (*Meteor.*, II, 2, 19) de las fantasías geognósticas del Phœdon no recae, propiamente hablando, sino sobre el origen de los rios que corren por la superficie de la tierra. Ya el lector habrá notado en el pasaje de Platon citado poco há, la asercion verdaderamente singular, pero exactísima, de que en Sicilia preceden erupciones fangósas á las corrientes ígneas. ¿Habremos de admitir, para explicar este pasaje, que se toman en él por fango espelido antes de la erupcion, *rapillis* y cenizas lanzadas por el cráter durante una tempestad vulcano-eléctrica, y apagadas por la lluvia ó por la nieve derretida? O por ventura ¿serían para Platon aquellas corrientes de fango húmedo (ὕγρου πηλου ποταμοὶ) meras reminiscencias de las *salsas* de Agrigento (volcanes de lodo) que vomitan fango estrepitosamente, y de las cuales queda hecha mencion en la nota de la pagina 237? De lamentar es, en vista de esta incertidumbre, que un escrito de Teofrasto citado por Diógenes Laercio, V, 39, «sobre la corriente volcánica en Sicilia» (περί του ῥύακος ἐν Σικελία), haya corrido la suerte de la mayor parte de los libros del mismo autor, que no han llegado hasta nosotros.

(1) Leopoldo de Buch, *Descripcion física de las Islas Canarias*, páginas 326-407. Dudo mucho que los volcanes centrales formen en general, como cree C. Darwin (*Geolog. Observ. on the Volcanic Islands*, 1844, página 127), cadenas volcanicas de corta extension asentadas sobre grietas paralelas. Estudiando Federico Hoffmann el grupo de las islas de Lipari, en donde reconoció vestigios de dos fisuras de erupcion que se cruzan en Pana-

por ejemplo, es un *vólcan central*; porque es el centro de un grupo al cual pertenecen las islas volcánicas de Palma y de Lancerote. El inmenso baluarte natural que se estiende desde la parte meridional de Chile hasta la costa norte-occidental de América, á las veces simple, y á las veces dividido en dos ó tres ramales paralelos reanudados de trecho en trecho por angostas articulaciones transversales; la cadena de los Andes, para decirlo de una vez, pues de ella hablamos, nos ofrece en grande escala el ejemplo de una cadena volcánica situada sobre la tierra firme. La proximidad de los volcanes activos se anuncia constantemente en esta cadena por la repentina nivelacion de ciertas rocas (dolerita, melafiro, trachyto, anderita, porfido diorítico) que han atravesado las primitivas, los terrenos de transicion formados de arcilla ó de piedra arenisca, y las estratas ó capas recientes. De esta observacion deduje yo, mucho tiempo ha, que las susodichas rocas esporádicas han debido ser asiento de antiguos fenómenos volcánicos y causa determinante de las erupciones. Al piè del gigantesco Tunguragua, cerca de Penipe (á orillas del Rio-Puela) vi clara y distintamente por primera vez una roca volcánica que atravesó una capa de micaschisto asentada sobre el granito.

Cuando los volcanes de las *cadenas volcánicas* del Nuevo Continente se hallan muy próximos, existe entre ellos cierta conexion. Parece que la actividad volcánica se propaga lentamente en el Perú, de muchos siglos á esta parte, en direccion de S. á N. El foco general se estiende por debajo de toda la meseta que forma la provincia de Quito (1), abriéndose de trecho en trecho respiraderos que establecen comunicacion entre este foco y la atmósfera: tales son los volcanes del Pichincha, del Cotopaxi y del Tunguragua; sus elevadas cumbres y su pintoresca distribucion forman el cuadro mas grandioso que puede hallarse en una region volcánica tan cerrada.

Es, por lo tanto, indudable, que las estremidades de estas cadenas volcánicas se hallan relacionadas entre si por comunicaciones subterráneas; y las numerosas pruebas que

ria, había ya creido encontrar en aquel grupo una especie de intermedio entre los volcanes centrales y las cadenas volcánicas de Leopoldo de Buch (*Anales de Física* de Poggendorf, tomo XXVI, págs. 80-81).

(1) Humboldt, (*Observ. geogn. sobre los volcanes de la meseta de Quito*, *Anales* de Pogg., tomo XLIV, pág. 194).

justifican este aserto nos traen á la memoria una frase muy notable de Séneca, que dice: «Un cráter no es otra cosa mas que la salida de las fuerzas volcánicas que obran á grande profundidad (1).»

Igual dependencia mútua existe entre los volcanes de la meseta megicana, el Orizaba, el Popocatepetl, el Jorullo y el Colima, situados todos en la misma direccion sobre una gran falla que se ha estendido transversalmente de uno a otro mar, entre 18° 59' y 19° 12' de latitud septentrional. Precisamente fué en esa misma direccion, reconocida y señalada por mí (2), y sobre la misma falla, donde surgió el volcan de Jorullo el 29 de setiembre de 1759 á 1841 pies sobre las llanuras circunvecinas. Este volcan no ha vomitado lava mas que una sola vez, así como el monte Epoméo en la isla de Ischia, que tampoco ha tenido mas que una erupcion por los años de 1302

Empero si el Jorullo, situado á 27 leguas de todo volcan activo, puede en verdad pasar por una *montaña nueva*, en el sentido propio de esta palabra, no debemos, sin embargo, asemejar su aparicion á la del Monte-Nuovo (19 de setiembre de 1538), que no es mas que un simple *cráter de solevantamiento*. Mas exacta y mas natural me parece la comparacion, que ya antes habia yo hecho, de la súbita ereccion del volcan megicano, con el solevantamiento volcánico del pico de Metonia (hoy Metana) en la península de Trezena. Este último fenómeno, descrito por Estrabon y por Pausanias, dió orígen en la brillante imaginacion de un poeta romano á consideraciones que sorprenden por su grande afinidad con las ideas actuales: «Cerca de Trezena se alza hoy un pico árido y escarpado que en otro tiempo era una llanura y al presente se halla convertido en colina. Los vapores encerrados en sombrías cavernas pugnaban en

(1) Despues de haber tratado de una manera bastante notable del aplanamiento problemático del Etna, dice Séneca en su epístola 79.ª: «Potest hoc accidere, non quia montis altitudo desedit, sed quia ignis evanuit et minus vehemens ac largus effertur: ob eamdem causam, fumo quoque per diem segniore. Neutrum autem incredibile est, nec montem qui devoretur quotidie minui, nec ignem non manere eumdem; quia non ipse ex se est, sed in aliqua inferna valle conceptus exæstuat et alibi pascitur: in ipso monte non alimentum habet, sed viam.» (Edic. Ruhkopfiana, t. III, página 32). Estrabon reconoce perfectamente que deben existir comunicaciones subterráneas entre los volcanes de Sicilia, los de Lípari, de Pitecusa (Ischia) y el Vesubio (lib. I, págs. 247 y 248); y añade que toda la comarca se halla colocada sobre un foco subterráneo.

(2) Humboldt, *Ensayo político sobre Nueva España*, t. II, páginas 173-175.

vano por hallar salida; mas á su poderoso esfuerzo inflóse el suelo como una vegiga que se llena de aire, ó como un odre hecho con piel de cabra. Solevantado asi el terreno, ha conservado la forma de una alta colina que el tiempo ha trocado en dura roca.» El pico de Metonia se elevó entre Trezena y Epidaura en un paraje donde Russegger ha encontrado vetas de trachito; y su formacion se remonta á 282 años antes de nuestra Era, es decir, á 45 años antes de la separacion volcánica de Tera (Santorin) y de Terasia. Bueno será añadir, que cuantos hechos análogos forman ya parte del dominio científico justifican la poética descripcion que nos ha dejado Ovidio de aquel gran acontecimiento natural (1).

De todas las islas de erupcion que forman parte de cadenas volcánicas, la mas importante es Santorin. «Santorin es el tipo completo de las islas de solevantamiento.

(1) Hé aquí los versos de Ovidio (*Metamorph.* XV, 296-306).

Est prope Pittheam tumulus Træzena sine ullis
Arduus arboribus, quondam planissima campi
Area, nunc tumulus: nam (res horrenda relatu!)
Vis fera ventorum, cæcis inclusa cavernis,
Expirare aliqua cupiens, luctataque frustra
Liberiore frui cœlo, cum carcere rima
Nulla foret, toto nec pervia flatibus esset
Extentam tumefecit humum; ceu spiritus oris
Tendere vesicam solet, aut direpta bicorni
Terga capro. Tumor ille loci permansit, et alti
Collis habet speciem, longoque induruit ævo.

Esta descripcion de un solevantamiento en forma de campana tiene grande interés bajo el punto de vista geognóstico, y conviene perfectamente, por otra parte, con un pasaje de Aristóteles relativo al solevantamiento de una isla de erupcion (*Meteor*. II, 8, 17-19): «La tierra no deja de temblar mientras no halla salida el viento (ἀνεμος) que causa la conmocion del suelo. Así acaeció últimamente en Heraclea, ciudad del Ponto, y mucho antes en una de las islas eólicas llamada Hiera, donde se hinchó y elevó con estrépito en forma de montículo una parte del suelo, hasta tanto que el impetuoso viento (πνευμα) pudo encontrar salida, y lanzó al exterior chispas y cenizas que cubrieron la vecina ciudad de Lípari, y aun alcanzaron á algunas otras de Italia.» En esta descripcion se halla perfectamente distinguido el período de solevantamiento, de la erupcion propiamente dicha. Tambien Estrabon ha descrito el fenómeno de Metonia (lib. I, pág. 59, Casaub.): «Cerca de Trezena ocurrió una erupcion de llamas, y surgió un volcan hasta la altura de siete estadios (?), inaccesible de dia, á causa de su excesivo calor y de su olor á azufre, si bien de noche exhalaba buen olor (?). Era tan excesivo el calor del volcan, que el mar hervia hasta cinco estadios de distancia, y á los veinte estaba todavía turbio y cuajado de pedruscos rocáceos lanzados por el volcan.» Sobre la actual constitucion mineralógica de la península de Metana (V. Fiedler, *Viaje á Grecia*, lám. I, pág. 257, edicion alemana).

De 2000 años á esta parte, tan lejos como pueden remontarse la historia y la tradicion, se está viendo á la Naturaleza trabajar incesantemente por formar un volcan en medio del cráter de solevantamiento (1).» En la isla de San Miguel (una de las Azores) pasan tambien fenómenos semejantes, que se reproducen en periodos de 80 ó 90 años (2); mas no siempre el solevantamiento del fondo del mar ha ocurrido en los mismos parajes. La isla Sabrina, así llamada por el capitan Tillard, apareció el 30 de enero de 1811, si bien los acontecimientos políticos de aquella época no permitieron por desgracia á las potencias marítimas de la Europa occidental prestar á este gran fenómeno toda la atencion de que despues fué objeto (3) la efímera aparicion de la isla Ferdinandea, ocurrida el 2 de julio de 1831 en el mar de Sicilia, entre las costas calcáreas de Sciacca y la isla volcánica de Pantelaria.

El gran número de volcanes activos situados en las islas ó en las costas, y las erupciones submarinas que se reproducen aún de tiempo en tiempo, han dado origen á la idea de que la actividad volcánica se halla subordinada a la proximidad del mar, y á la creencia de que la una no puede desarrollarse ni subsistir sin la otra. «El Etna y las islas Eólicas, dice Justino (4), ó mas bien Trogue-Pom-

(1) Leopoldo de Buch, *Descripcion física de las islas Canarias*, páginas 356-358, y especialmente la traduccion francesa de esta obra notabilísima, pág. 402; V. tambien el mismo autor en los *Anales* de Poggendorf, tomo XXXVII, pág. 183 En estos últimos tiempos se ha formado de nuevo una isla submarina en el cráter de Santorin, la cual se alzaba en el año de 1810 á 15 brazas sobre el nivel del mar, y tan solo á 3 ó 4 brazas en el de 1830, pudiendo compararse, por lo muy escarpada, á un enorme cilindro que surgiese del fondo del mar. La actividad continua del cráter submarino se revela aún por el desprendimiento de vapores ácidos de azufre que se mezclan con las aguas del mar en la bahía oriental del Neo-Kammeni, como asimismo en Uromolimni, cerca de Metana, á la cual bahía suelen ir con el fin de aprovecharse de sus propiedades naturales los buques forrados en cobre, cuando se quiere que quede limpio y reluciente este metal. (Viret, en el *Bulletin de la Societé géologique de France*, t. III, pág. 109, y Fiedler, *Viaje á Grecia*, lám. II, págs. 469 y 584).

(2) Apariciones de la nueva isla, junto á la de San Miguel de las Azores: 11 de junio de 1638, 31 de diciembre de 1719, y 13 de junio de 1811.

(3) Prevost, en el *Bulletin de la Societé géologique*, t. II, pág. 34, y Federico Hoffman, *Obras póstumas*, t. II, págs. 451 456.

(4) «Accedunt vicini et perpetui Ætnæ montis ignes et insularum Eolidum, veluti *ipsis undis alatur incendium*; neque enim *aliter durare tot seculis* tantus ignis potuisset, nisi humoris nutrimentis aleretur.» (Justin., *Hist. Philipp.*, IV, 1). Justino comienza la descripcion física de Sicilia por una teoría volcánica asaz complicada. Lechos de azufre y de pez situados á *grande profundidad*; un terreno de poquísimo espesor lleno de cavidades y ocasionado á resquebrajarse; una agitacion extremada producida por las olas del mar, que azotando la costa arrastran consigo el aire y hacen que pene-

peyo á quien aquel ha estractado, están ardiendo muchos siglos ha; ¿pues cómo podria durar tanto tiempo este fuego si el mar no le suministrase alimento?» Aceptando estas rancias ideas como punto de partida, se ha procurado en estos últimos tiempos fundar toda la teoría de los volcanes sobre la hipótesis de la introduccion del agua del mar en sus focos, es decir, en las capas mas profundas de la costra terrestre. Semejante teoría ha dado lugar á una discusion asaz complicada; mas, no obstante, despues de bien considerados los datos que actualmente posee la ciencia, paréceme que puede reasumirse el debate reduciéndole á l s siguientes cuestiones:

¿De dónde provienen los vapores acuosos que incontestablemente exhalan en gran cantidad los volcanes, aun en sus períodos de reposo: de las aguas saladas del mar, ó de las aguas dulces meteóricas?

¿Puede equilibrarse la fuerza de espansion del vapor

tre hasta el foco que en el seno de aquel territorio se alimenta: tales son los datos que desenvuelve Justino en su teoría, copiada por Trogue-Pompeyo. Por lo demás, el creer los antiguos que el aire podia ser impelido hasta penetrar en las entrañas de la tierra para alimentar allí los focos volcánicos, tenia por objeto explicar el infl ijo que atribuian á ciertos vientos sobre la actividad volcánica del Etna, Hiera y Stromboli. (V. un pasaje notable de Estrabon, lib. VI, págs. 275 y 276). La isla de Stromboli (Strongyle) era la morada de Eolo, «el regulador de los vientos,» porque los navegantes preveian los cambios del tiempo segun la mayor ó menor violencia de las erupciones del volcan de Stromboli. En nuestros dias siguen reproduciéndose los mismos fenómenos (Leopoldo de Buch, *Descrip. fis. de las islas Canarias*, pág. 334; Hoffmann, en los *Anales* de Poggendorf, t. XXVI, pág. 8); háse reconocido que las erupciones de este pequeño volcan dependen juntamente de la altura del barómetro y de la direccion de los vientos; pero fuerza es confesar que nos hallamos aún muy distantes de poder dar sobre este punto una explicacion satisfactoria, en el estado actual de nuestros conocimientos acerca de los fenómenos volcánicos y de las débiles variaciones que los vientos producen en la presion atmosférica.—Bembo, que fué educado por los griegos refugiados en Sicilia, refiere sus escursiones por el Etna, en un libro escrito con todo el encanto y con todo el fuego de la juventud (*Ætna Dialogus*), á mediados del siglo XVI: en él desarrolla la teoría de la introduccion de las aguas del mar en los focos de los volcanes, y se empeña en probar que la proximidad del mar es una condicion necesaria para la produccion de los fenómenos volcánicos. Véanse aquí las cuestiones que promueve al subir por el Etna. «Explana potius nobis quæ petimus, ea incendia unde oriantur et orta quomodo perdurent?—In omni tellure nuspiam majores fistulæ aut meatus ampliores sunt quam in locis, quæ vel mari vicina sunt vel a mari protinus alluuntur: mare erodit illa facillime pergitque in viscera terræ. Itaque cum in aliena regna sibi viam faciat, ventis etiam facit; ex quo fit ut loca quæque maritima maxime terræ motibus subjecta sint, parum mediterranea. Habes quum in sulfuris venas venti furentes inciderint, unde incend a oriantur Ætnæ tuæ. Vides, quæ mare in radicibus habeat, quæ sulfurea sit, quæ cavernosa, quæ a mari aliquando perforata ventos admiserit æstuantes, per quos idonea flammæ materies incenderetur.»

acuoso que se desarrolla á diversas profundidades en los focos de los volcanes (á poco mas de 5 leguas de profundidad esta fuerza equivaldria á 2800 veces la de la atmósfera), con la presion hidrostática de las aguas del mar, y permitirles en ciertos casos libre acceso á los focos volcánicos (1)?

La produccion de una gran cantidad de cloruros metálicos; la presencia de la cal marina en las grietas de los cráteres, y la del ácido hidroclórico libre en el vapor acuoso que de ellos se desprende, ¿suponen necesariamente la intervencion de las aguas del mar?

¿Se halla determinada la inactividad de los volcanes, ya sea temporal, ya permanente y definitiva, por la obliteracion de los canales que hayan conducido primitivamente hácia sus focos las aguas del mar ó las aguas meteóricas?

Por último, y principalmente, ¿cómo conciliar la carencia de llamas y de gas hidrógeno durante el período de actividad (no debe perderse de vista que el desprendimiento de hidrógeno sulfurado es propio de los solfatares mas bien que de los volcanes activos), con la hipótesis que atribuye esta misma actividad á la descomposicion de una masa enorme de agua?

La discusion de estas importantes cuestiones no puede entrar en el plan de esta obra, y he debido, pues, limitarme á plantearlas. Mas ya que aquí se trata de la distribucion geográfica de los volcanes, séame lícito á lo menos restablecer en toda su integridad los hechos que no se han tenido bien en cuenta, al suponer que la proximidad al mar es una condicion necesaria de la actividad volcánica.

En el Nuevo Mundo encontramos tres volcanes, el Jorullo, el Popocatepetl y el Volcan de la Fragua, situados respectivamente á 27, 45 y 52 leguas de las costas oceánicas.

En el Asia central, casi á igual distancia del Mar Gla-

(1) Cf. Gay-Lussac *Sur les Volcans*, en los *Annales de Chimie*. t. XXII, pág. 421; y Bischof, *Teoría del calor*, pág. 272. Las erupciones de humo y de vapores acuosos que en diferentes épocas han aparecido alrededor de Lancerote, de la Islandia y de los Kuriles, durante la erupcion de los volcanes inmediatos, nos autorizan para creer en la reaccion de los focos volcánicos contra la presion hidrostática de las aguas cercanas, y aun esas mismas erupciones gaseosas prueban que la elasticidad de los vapores desarrollados en los focos puede llegar á ser muy superior á la presion susodicha.

cial y del Océano Indico (á 490 leguas del uno y 504 del otro), se estiende una gran cadena de montañas volcánicas, (el Thian-chan ó *Montañas celestes*, designadas por Abel Remusat (1) á la atencion de los geólogos), de las cuales forma parte el Pe-chan, que vomita lava, el solfatare de Urum-tsi, y el volcan, activo aún, del Turfan (Ho-tseu). El Pe-chan dista 448 leguas del Mar Caspio, y 57 y 70 leguas respectivamente de los grandes lagos de Issikul y de Balkasch (2); los escritores chinos han descrito sus erupciones, que en el siglo I y en el VII de nuestra Era asolaron las vecinas comarcas; y es imposible dejar de reconocer las *corrientes de lava* cuando dicen: «Las masas de piedra liquefacta, no menos fluida que la manteca derretida, corrian hasta 10 *li* de distancia.»

Y últimamente, entre las cuatro grandes cadenas paralelas, el Altai, el Thian-chan, el Kuen-lun y el Himalaya, que atraviesan de E. á O. el continente asiático, las dos interiores, situadas á 533 y 240 leguas de los mares mas inmediatos, son cabalmente las que poseen volcanes que vomitan fuego como el Etna y el Vesubio, y exhalan vapores amoniacales como los volcanes de Guatemala, al paso que no existe ninguno en la cadena mas inmediata al mar, en el Himalaya.

Los fenómenos volcánicos no dependen, pues, de la proximidad del mar en el sentido de que deban su orígen á la introduccion del agua en las regiones subterráneas; que si las costas ofrecen al parecer favorable asiento á las erupciones, débese esto á que forman los bordes de profundas llanuras ocupadas por el mar, y á que estos bordes, cubiertos solamente por capas de agua, y á mayor abundamiento situados á algunos miles de pies por debajo del interior de los continentes, deben presentar en general mucha menos resistencia que la tierra firme, á la accion de las fuerzas subterráneas.

La formacion de los volcanes actuales cuyos cráteres establecen una comunicacion permanente entre la atmósfera y el interior del globo, no debe ser de época muy remota, pues las capas mas elevadas de greda blanca, así

(1) Abel Remusat, *Lettre á M. Cordier*, en los *Annales des Mines*, t. V, pág. 137.

(2) Humboldt, *Asia central*, t. II, págs. 30-33, 38-52, 70-80 y 426-428. Rüppel ha negado recientemente (*Viaje á la Nubia*, 1829, pág. 151, edic. alem.) que existan volcanes activos en el Kordofan á 180 leguas del Mar Rojo.

como todas las formaciones terciarias, existian antes que estos volcanes, como lo demuestran las erupciones de trachyto y los basaltos que forman por lo comun las paredes de los cráteres de solevantamiento. Los melafiros se estienden hasta las capas medias terciarias, pero comienzan ya á mostrarse debajo de la formacion jurásica, atento que atraviesan la piedra arenisca abigarrada (1). Conviene no confundir los cráteres actualmente activos, con los derrames anteriores de granito, de pórfido cuarzoso y de eufotida, que se efectuaron por las fallas del antiguo terreno de transicion.

La actividad volcánica puede desaparecer del todo, como ha sucedido en Aubernia; y á las veces cambia de lugar y busca otra salida en la misma cadena de montañas, en cuyo caso la estincion no es mas que *parcial*. Sin necesidad de remontarnos mas allá de los tiempos históricos, encontramos ejemplos de estincion *total* mucho mas recientes que los de Aubernia. En efecto, el Mosychlos (2), volcan situado en la isla consagrada á Vulcano, y cuyos «torbellinos de llamas» cita Sófocles, está actualmente apagado; y otro tanto puede decirse del volcan de Medina, que, segun el testimonio de Burckhardt, vomitó el último torrente de lava el 2 de noviembre de 1276.

Cada fase de la actividad de los volcanes desde su nacimiento hasta su estincion, se halla caracterizada por productos diferentes. El volcan vomita en primer lugar escoria incandescente, corrientes de lava compuesta de trachyto, de pirógeno y de obsidiana, fragmentos de piedra pomez y toba reducida á ceniza, acompañados de un desprendimiento considerable de vapores de agua casi siempre pura.

(1) Duffrénoy y Elias de Beaumont, *Explication de la Carte géologique de la France*, t. I, pág. 89.

(2) Sófocles, *Philoct.* vs 971 y 972. Sobre la presunta época de la estincion de los *fuegos de Lemnos*, en tiempo de Alejandro, Cf. Buttmann, en el *Museo Arqueológico*, t. I, 1807, pág. 295, *Dureau de la Malle*, en los *Annales des Voyages* de Malte-Brun, t. IX, 1809, pág. 5; Ukert, en las *Ephem.* geógr. de Bertuch, t. XXXIX, 1812, pág. 361; Rhode, *Res Lemnicæ*, 1829, pág. 8; y Walter, *Sobre el decrecimiento de la actividad volcánica desde los tiempos históricos*, 1844, pág. 24. Hay quien suponga que el cráter apagado del Mosychlos fué sumergido por el mar en época muy remota, lo mismo que la desierta isla de Chrysa, mansion en otro tiempo de Filoctetes (Otfried Muller, *los Minios*, pág. 300, edic. alem.); el mapa hidrográfico de la isla de Lemnos, levantado por Choiseul, da mucha verosimilitud á esta opinion, y los arrecifes y escollos situados al N. E. de Lemnos, indican aun el lugar que ocupaba antiguamente en el mar Egeo un volcan activo semejante al Etna, al Vesubio, al Stromboli y al Volcano de las islas de Lípari.)

Despues el volcan se convierte en solfatara; y los vapores acuosos que emite van mezclados con hidrógeno sulfurado y ácido carbónico. Por último, el cráter mismo llega á enfriarse completamente, y solo exala gas ácido carbónico. Hay, sin embargo, una clase especial de volcanes, tales como el Galunggungo de Java, que no vomitan lava, sino torrentes devastadores de agua hirviendo cargados de azufre en combustion y de rocas reducidas á polvo (1). Antes de decidir si su estado actual es un estado normal ó una simple modificacion pasajera de la actividad volcánica, es preciso esperar que los examinen geólogos iniciados en las doctrinas de la química moderna.

Hemos llegado al fin de la descripcion general de los volcanes, que son una de las mas importantes manifestaciones de la actividad interior de nuestro planeta; descripcion fundada, parte en mis propias observaciones, parte en los trabajos de mi amigo Leopoldo de Buch, el mayor geólogo de nuestra época, y el primero que ha reconocido la íntima conexion y mútua dependencia de los fenómenos volcánicos. Estos trabajos me han servido especialmente de guia en todo lo què se refiere á los contornos generales.

DESCRIPCION GEOLOGICA DE LA CORTEZA DEL GLOBO.

Durante mucho tiempo se ha considerado la *vulcanicidad* (reaccion del interior de un planeta contra su corteza) como un fenómeno aislado, como una fuerza local, notable solamente por su poder destructor. Estaba reservado á la nueva geognosia colocarse en un punto de vista mas elevado y considerar las fuerzas volcánicas como *formando nuevas rocas* ó como *modificando las preexistentes*. En este punto de vista que ya antes hemos indicado, dos ciencias diferentes, la parte mineralógica de la geognosia (estructura y sucesion de las capas terrestres), y el estudio geográfico de la forma de los continentes y de los archipiélagos alzados sobre el nivel del mar, vienen á confundirse en una sola é idéntica doctrina: la de la vulcanici-

(1) Cf. Reinwardt y Hoffmann, en los *Anales* de Poggendorf, t. XII, pág. 607; Leopoldo de Buch, *Descripc. de las Islas Canarias*, págs. 424 y 426. La erupcion de fango arcilloso del Carguairazo en 1698, cuando ocurrió la demolicion del volcan; los *Lodazales* de Igualata, y la *Moya* de Pelileo, son fenómenos volcánicos de la misma especie en la meseta de *Quito*.

dad. Si la ciencia ha conseguido reducir de este modo á una sola concepcion dos grandes clases de fenómenos, débelo á la direccion verdaderamente filosófica que siguen en la actualidad todos los geologos. Las ciencias proceden en su marcha como los grandes intereses políticos de la humanidad; es decir, que tienden incesantemente á reducir á la unidad las partes que durante largo tiempo han permanecido aisladas.

Las rocas pueden clasificarse, atendiendo á sus diferencias de estructura ó de superposicion, en *estratificadas* y *no estratificadas*, en *laminosas* y *compactas*, en *normales* y *anormales*; mas cuando se trata de descubrir por el estudio de los fenómenos que se operan aún á nuestra vista, cómo han sido formadas y despues modificadas las rocas, hallamos que pueden distribuirse en cuatro clases fundamentales, conviene á saber:

1.ª *Rocas de erupcion*, salidas del interior de la tierra, ya *volcánicamente* en estado de *fusion*, ya *plutónicamente* en estado de *reblandecimiento* mas ó menos notable.

2.ª *Rocas de sedimento*, precipitadas ó depuestas del seno de un medio líquido, en el cual se hallaban primitivamente disueltas ó suspensas (tales son en su mayor parte las de los grupos secundario y terciario).

3.ª *Rocas transformadas* (metamórficas) cuya textura y manera de estratificacion han padecido alteraciones, ora debidas al contacto ó á la proximidad de una roca de erupcion plutónica ó volcánica (rocas *endógenas*) (1), ora á

(1) En un plano de las cercanías de Tezcuco, de Totonilco y de Moran (*Atlas geográfico y físico*, lám. VII), que delineé primitivamente (1803) para que formase parte de la obra inédita titulada *Pasigrafía geognóstica destinada al uso de los jóvenes del Colegio de Minería de Méjico*, designé despues (1832) las rocas de erupcion plutónicas y volcánicas bajo el nombre de *endógenas* (engendradas en lo interior), y las de sedimento, bajo el de *exógenas* (engendradas exteriormente sobre la corteza terrestre). En el sistema gráfico que yo habia adoptado, las primeras se hallaban indicadas por una flecha dirigida hácia arriba, y las segundas por una flecha vuelta hácia abajo: método que tiene por lo menos la ventaja de no desfigurar los planos, en los cuales hay que representar por lo comun séries de capas sedimentarias colocadas horizontalmente unas sobre otras; mas en la mayor parte de los planos modernos, las erupciones y las penetraciones de basalto, de pórfido ó de syenita se hallan figurados por venas ascendentes de una manera arbitraria y poco conforme á lo natural. Las denominaciones propuestas por mí en el plano pasigráfico-geognóstico fueron formadas á imitacion de las que De Candolle aplicó á las plantas, llamando *endógenas* á las monocotíleas, y *exógenas* á las dicotíleas. Empero Mohl ha probado, analizando el reino vegetal con mayor exactitud, que el crecimiento de los monocotiledones, en tésis general y rigurosa, no se efectúa de dentro á fuera, ni el de

la accion de los vapores y de las sublimaciones (1) que acompañan la salida de ciertas masas en estado de fluidez ígnea, que es la manera de alteracion mas frecuente.

4.ª Rocas conglomeradas, ó simplemente *conglomerados* (asperones ó piedras areniscas de grano fino ó basto, y algunos mármoles) los cuales se componen de restos de las tres clases precedentes, mecánicamente divididos.

Estas cuatro clases de rocas se producen aún á nuestra vista por el derrame de masas volcánicas en regueros estrechos, por la accion de estas masas sobre las rocas antiguas, por la separacion mecánica ó química de materias suspendidas ó disueltas en aguas cargadas de ácido carbónico, y últimamente por la cimentacion de los detritos de todo linaje de rocas.

Todo esto, empero, no es mas que un pálido reflejo de lo que se ha efectuado durante el período cahótico del mundo primitivo; siendo entonces muy diferentes las condiciones de calor y de presion, la actividad de nuestro globo se desarrollaba con mas energía en un suelo menos resistente y en una atmósfera mas extensa y mas cargada de vapores. En la actualidad han desaparecido las enormes fracturas de la costra terrestre; los anchos huecos de las capas superficiales ya consolidadas, los han rellenado las cadenas de montañas solevantadas y empujadas al exterior por las fuerzas subterráneas ó las rocas de erupcion (el granito, el pórfido, el basalto y el melafiro); y apenas han quedado cuatro aberturas en una extension tal como la de Europa, cuatro volcanes por donde puedan hacer irrupcion las materias ígneas.

En lo antiguo, la corteza naciente fracturada en todos sentidos, muy delgada á la sazon y sometida á continuas fluctuaciones que ora la elevaban, ora la deprimian, dejaba comunicar casi por todas partes con la atmósfera á la

los dicotiledones de fuera á dentro (Link, *Elementa philosophiæ Botanicæ*, t. I, 1837, pág. 287; Endlicher y Unger, *Elementos de Botanica*, 1843, pág. 89, edic. alemana; y Jussieu, *Traité de Botanique*, t. I, pág. 85). Lyell designa lo que yo llamo *endógeno* con la característica espresion de *netherformed* ó *hypogene rocks*. (*Principles of Geology*, 1833, t. III, pág. 374).

(1) Cf. Leopoldo de Buch, *Sobre la dolomia considerada como roca*, 1823, pág. 36; y el mismo autor, sobre el grado de fluidez que debe atribuirse á las rocas plutónicas en la época de su erupcion, y sobre la trasformacion del esquisto en gneiss por la accion del granito y de las materias que han acompañado al solevantamiento de esta roca, *Memorias de la Academia de Berlin*, 1842, págs. 58 y 63; y *Anuario de la Crítica científica*, 1840, pág. 195, edic. alemana.

masa interior en fusion; y los efluvios gaseosos, cuya naturaleza química debia ser tan varia como las profundidades de donde se escapaban, venian á prestar nueva animacion y vida á los desarrollos sucesivos de las formaciones plutónicas y metamórficas.

Cuanto acabamos de decir acerca del período ígneo, puede aplicarse tambien á la época en que se formaron los terrenos de sedimento. Las capas de travertino que se forman diariamente en Roma, lo mismo que en Hobart-Town (Australia), nos representan, puesto que debilitada, una imágen de la formacion de los terrenos fosilíferos. Obedeciendo á un influjo poco conocido aún, nuestros mares actuales producen incesantemente por via de precipitacion, de acarreo y de cimentacion, en las costas de la Sicilia, en las de la isla de la Ascension y en la laguna del Rey Jorge (Australia), bancos calcáreos que han adquirido una dureza comparable á la del mármol de Carrara (1). Estas formaciones del Océano actual han sepultado en las costas de las Antillas productos de la industria humana, y hasta esqueletos del tronco caribeo (en la Guadalupe). Los negros de las colonias francesas llaman á esta formacion *maconne-bon-Dieu* (2). En una de las islas Canarias, la de Lancerote, se ha encontrado una capa sutil de oolita, que á pesar de su novedad nos recuerda el calcáreo del Jura, y es producto del mar y de las tempestades (3).

Las rocas compuestas son agregaciones determinadas de ciertos minerales simples, tales como el feldespato, el mica, el pedernal, la augita y la nefelina. Los volcanes producen todavía á nuestra vista rocas semejantes á las del mundo primitivo, si bien sus elementos están diferentemente combinados en las unas y las otras, aunque en esencia son los mismos. Ya antes hemos dicho (4) que no hay relacion ninguna entre los caractéres mineralógicos y la distribucion geográfica de las rocas; y en efecto, los geólogos no pueden menos de admirarse de ver en las zonas entre sí mas distantes, lo mismo al Norte que al Sur del Ecuador, repetirse hasta los mas menudos por-

(1) Darwin, *Volcanic Islands*, 1844, págs. 49 y 154.
(2) Moreau de Jonnés, *Hist. phys. des Antilles*, t. I, págs. 136, 138 y 543; Humboldt, *Relacion histórica*, t. III, pág. 367.
(3) Cerca de Teguiza; Leopoldo de Buch, *Islas Canarias*, pág. 301.
(4) V. la pág. 21 de este tomo.

menores en la disposicion alternada de las capas silúricas, y reproducirse los mismos efectos al contacto de las masas augíticas eruptivas.

Consideremos ahora mas inmediatamente las cuatro clases fundamentales de rocas (clases correspondientes á cuatro fases de formacion) que nos presentan las capas estratificadas ó macizas de la corteza terrestre. Y ante todo, entre las rocas endógenas ó eruptivas que la geognosia moderna ha designado bajo los nombres de rocas *macizas* y *anormales*, encontramos varios productos de la accion inmediata de las fuerzas subterráneas, cuyos principales grupos pasamos á enumerar, y son los siguientes:

El *granito* y la *syenita*, pertenecientes á dos épocas muy diversas, no obstante lo cual, el primero atraviesa por lo comun á la segunda (1), en cuyo caso su orígen es mas reciente que la fuerza que ha producido el solevantamiento de la syenita. Cuando el granito aparece en grandes masas aisladas bajo la forma de elipsóides ligeramente abovedados, ya sea en el Hartz, en el Misora ó en el Bajo Perú, tiene siempre encima una costra dividida en trozos. Esta especie de mar formado de rocas debe probablemente su orígen á la contraccion de la superficie primitiva del granito (2). En el Asia septentrional (3), sobre las pintorescas riberas del lago Kolivan (Altai), como sobre las vertientes de la cordillera marítima de Caracas, en las Trincheras (4), he visto tambien hiladas de granito cuyas divisiones provienen sin duda de una contraccion analoga; pero me ha parecido que esta estructura se estendia profundamente por debajo de tierra. El aspecto de las rocas de erupcion sin vestigio de gneiss, que he encontrado en las fronteras de la provincia china de Ili (al Sur del lago Kolivan, entre Bachtarminsk y el rio Narym) me sorprendio en estremo; nunca habia visto nada semejante en las demas partes del mundo. El granito, siempre descencbado en la superficie, siempre caracterizado por divisiones prismaticas, se eleva en la llanura, ya en pequeños montículos hemisfericos de 7 á 10 pies de altura á lo mas, ya, como el basalto, en forma de copa con dos regueros estrechos opuestos diametralmente en la base (5). Tanto en

(1) Bernardo Cotta, *Geognosia*, 1839, pág. 273.

(2) Leopoldo de Buch, *sobre el granito y el gneiss*, en las *Memorias de la Academia de Berlin*, 1842, pag. 60.

(3) El granito que se eleva cerca del lago de Kolivan en forma de paredes divididas en estrechos sillares paralelos, contiene muy pocos cristales de titanita, siendo predominantes el feldespato y la albita. Humboldt, *Asia central*, t. I, pág. 295; Gustavo Rose, *Voyage dans l'Oural*, t. I, pág. 524.

(4) Humboldt, *Relacion histórica*, t. II, pág. 99.

(5) Véase en la citada obra de G. Rose, t. I, pág. 584, el plano del Biri-Tau, dibujado por mí desde la parte del Sur donde se hallaban las tiendas de

las cataratas del Orinocó cómo en el Fichtelgebirge (Seissen), y lo mismo en Galicia que sobre el Papagallo (entre el mar del Sur y la meseta de Méjico), he visto el granito en grandes globos aplanados que presentaban divisiones concéntricas, semejantes a las de ciertos basaltos. En el valle de Irtysch, entre Buchtarminsk y Ustkamenogorsk, el granito cubre al esquisto arcilloso de transicion en una longitud de cerca de dos leguas (1), y envia de arriba abajo á esta capa angostas vetas que se ramifican hasta terminar en afiladas puntas.

Mi objeto al citar estos detalles no es otro que el de hacer resaltar por medio de algunos ejemplos el caracter fundamental de las rocas eruptivas, tomandolos de una de las que mas generalmente esparcidas se hallan en la Naturaleza. De la misma manera que el granito cubre a la arcilla en la Siberia y en el departamento del Finistère (isla de Mihau) cubre tambien al calcáreo jurasico en las montañas de Oisans (Fermonts), à la syenita, y en medio de está roca a la tiza ó greda blanca en Weinbœhla (Sajonia) (2). En el Ural, junto à Mursinsk, es poroso el granito, y sus celulas están llenas, como las células y fisuras de las rocas volcánicas recientes, de cristales magníficos, y con especialidad de berilos y de topacios.

El *pòrfido cuarzoso*, que se une frecuentemente en forma de *ganga* á las demas rocas. De ordinario, la pasta es una mezcla en menudos granos de los mismos elementos que se encuentran diseminados en gruesos cristales. En el *pòrfido granitico*, muy escaso de cuarzo, la pasta feldespatica es casi *granular* y forma como una especie de hojas (3).

Los *grunsteins*, las dioritas, mezcla granular de albita blanca y de hornablenda verde-negruzca, que forma los *pòrfidos dioríticos* cuando los cristales de albita se hallan diseminados en una pasta compacta. Estos grunsteins, ya puros, ya mezclados con hojas intercaladas de diálage (Fichtelgebirge) en cuyo caso se convierten en serpentina, se inyectan algunas veces entre las antiguas estratas del esquisto arcilloso verde, en donde forman lechos, y mas comunmente atraviesan el suelo en forma de filones, o se ele-

campaña de los Kirghisos.—Acerca del granito esferoidal que se divide en lonchas concéntricas. Cf. Humboldt, *Relac. hist.*, t. II, pág. 597, y *Ensayo geognóstico sobre el asiento de las rocas*, pág. 78.

(1) Humboldt, *Asia central*, t. I, págs. 290-311, y los dibujos del *Viaje* de Rose, t. I, pág. 611; estos últimos reproducen la curvatura de las conchas de granito, indicada por Leopoldo de Buch como rasgo característico.

(2) En los *Archivos de las minas* de Karsten, t. XVI, 1827, pág. 5, ha descrito Weis por la primera vez este notable asiento.

(3) Duffrénoy y Elias de Beaumont, *Géologie de la France*, t. I, pág. 130.

van á manera de cúpulas, de todo punto análogas á las del basalto y del pórfido (1).

El *hiperstenfels*, que es una mezcla granular de labrador y de hiperstene.

La *eufótida* y la serpentina, en las cuales es reemplazado á las veces el dialage por cristales de augita y de uralita, presentando en tal caso el aspecto de una roca mas comun, y casi me atreveria á decir de una roca de erupcion mas activa, del pórfido augítico (2).

El *meláfiro* y los *pórfidos de cristales de augita*, de uralita y de oligoklas, á cuya última especie de pórfido corresponde el puro *verde-antiguo*, tan celebrado por el uso que de él se hacia en las artes.

El *basalto* con la olivina y sus elementos, que, sometidos á los ácidos, dan precipitados gelatinosos, la *fonolita* (pórfido arcilloso) el *trachyto* y la *dolerita*: la primera de estas rocas se halla parcialmente dividida en delgadas chapas; y la segunda presenta siempre la estructura que da a estas dos rocas, aun en grandes estensiones, el aspecto de una especie de estratificacion. Segun Girard, la mesotipa y la nefelina entran por mucho en la composicion y textura interna de las masas basálticas. La nefelina del basalto recuerda al geólogo la *miascita* de las montañas del Ilmen en el Ural (3), mineral que se ha confundido con el granito, y que contiene á las veces zirconia; tambien se parece á la nefelina pirogénica descubierta por Gumprecht cerca de Lœbau y de Chemnitz.

La segunda clase de rocas, ó sean las de sedimento, comprende casi todas aquellas formaciones que en otro tiempo se designaban con los nombres sistemáticos, aunque incorrectos, de *formaciones de flœtz*, *formaciones de transicion*, *formaciones secundarias y terciarias*. Si las rocas eruptivas no hubiesen solevantado la corteza terrestre, ni los terremotos, producidos por ellas, trastornado las formaciones sedimentarias, la superficie de nuestro planeta

(1) Estos lechos intercalados de diorita desempeñan un papel importante en el distrito de las minas de Naile, cerca de Estebea, comarca donde tengo los mas dulces recuerdos de mi juventud por haber estudiado en ella á fines del último siglo el modo de dirigir los trabajos de las minas. Cf. F. Hoffmann, *Anales de* Poggendorf, t. XVI, pág. 558.

(2) En el Ural meridional y en Baschkirien; Rose, *Voyage*, t. II, pág. 171.

(3) G. Rose, *Voyage dans l'Oural*, t. II, págs. 47-52, sobre la identidad de la eleolita y de la nefelina. En este último mineral es algo mas crecida la proporcion de las cales. Cf. Scheerer, en los *Anales* de Poggendorf, t. XLIX, pags. 359-381,

se compondria de capas horizontales, simétricamente colocadas las unas sobre las otras. Desprovista en tal suposicion de las cadenas de montañas, cuyas vertientes reflejan, por decirlo así, desde la base hasta la cúspide y merced á la pintoresca gradacion de las especies vegetales, la escala de las temperaturas decrecientes de la atmósfera, apenas la superficie de los continentes ofreceria mas desigualdades que tal cual torrentera ó montecillo formado por la acumulacion de algunos detritos, producto insignificante de la fuerza de erosion y traslacion de mansas corrientes de agua dulce; del uno al otro polo, la superficie monótona de la tierra presentaría el triste espectáculo de los llanos de la América del Sur, ó de las estepas del Asia septentrional, y por do quiera veríamos la bóveda celeste descansando inmediatamente sobre las llanuras, y á los astros, saliendo de un horizonte uniforme, como del seno de un mar sin orillas. Empero ni aun el mundo primitivo ha presentado por todas partes semejante aspecto, ó por lo menos no ha podido ser duradero tal estado de cosas como el que acabamos de describir, pues en todo tiempo han obrado para modificarle las fuerzas subterráneas.

Los terrenos de sedimento han sido *precipitados* del seno de las aguas, ó simplemente *depositados*, segun que su materia constitutiva, el calcareo ó el esquisto arcilloso, se hallaba quimicamente disuelta en el medio liquido, ó en estado de mezcla ó de suspension. Cuando llegan á precipitarse tierras disueltas en el agua, merced á un exceso de ácido carbónico, su caida y su acumulacion en capas se rigen esclusivamente por las leyes ordinarias de la Mecánica; observacion que no carece de importancia para el estudio del hundimiento de los cuerpos organicos en las capas calcáreas donde se efectúa la petrificacion. Es muy probable que los mas antiguos sedimentos de los terrenos de transicion, ó de los terrenos secundarios, se hayan formado en aguas mantenidas á una elevadisima temperatura por el intenso calor que á la sazon reinaba en la superficie de la tierra; y solo en este supuesto es lícito decir que las fuerzas plutónicas han obrado sobre las capas sedimentarias, especialmente sobre las mas antiguas, si bien parece que estas capas se han endurecido y han adquirido su estructura esquistosa á impulso de una presion fuertisima, al paso que las rocas salidas de lo interior (el granito, el pórfido ó el basalto) se han *solidificado* por via de enfriamiento. Las aguas primitivas, al ir perdiendo lentamente su elevada temperatura, absorbieron en mayor cantidad el gas ácido carbónico de que la atmósfera estaba sobrecargada, y pudieron desde entonces mantener en disolucion mayores masas de calcáreo.

La enumeracion de las capas de sedimento, escluyendo de ella todas las capas exógenas que provienen de la acumulacion mecánica de las arenas ó de los guijarros, es como sigue:

El *esquisto arcilloso* de los terrenos de transicion inferiores y superiores, que comprende las formaciones silúrica y devoniana, desde las capas inferiores del sistema silúrico, antes llamadas formaciones cámbricas, hasta la capa mas elevada del antiguo asperon rojo ó de la formacion devoniana, capa inmediata al calcareo de montaña.

Los *lechos de carbon de piedra*.

Los *calcareos* intercalados en las formaciones de transicion y en las capas de carbon; el zechstein, e calcareo conchífero, la formacion jurásica, la greda y todos los terrenos del grupo terciario que no pueden clasificarse ni entre las piedras areniscas ni entre los conglomerados.

El *travertino*, el calcareo de agua dulce, las concreciones silíceas de las fuentes termales, las formaciones producidas, no en virtud de la presion de grandes masas de aguas marinas, sino casi al aire libre en los bajos de los pantanos y de los rios.

Los *bancos de infusorios*, dato geológico de la mayor importancia, por cuanto nos revela la influencia que ha ejercido la actividad orgánica de la Naturaleza en la formacion de los terrenos; descubrimiento recientísimo que debe la ciencia á los trabajos de mi ingenioso amigo Ehrenberg, uno de mis compañeros de viaje.

Parece que en este completo aunque rápido exámen de los elementos mineralógicos de la corteza terrestre, hubiéramos debido colocar, inmediatamente despues de las rocas simples de sedimento, los *conglomerados* y los *asperones*, que en parte, á lo menos, son tambien sedimentos separados de un medio líquido, y alternan en los terrenos de transicion y en las capas fosilíferas con el esquisto arcilloso y con la greda; pero los conglomerados y los asperones no se componen únicamente de restos de rocas eruptivas y sedimentarias, antes contienen tambien detritos de gneiss, de micasquisto y de otras masas *metamórficas*; y por lo tanto estas últimas rocas deben componer la tercera clase de las formas fundamentales.

La roca endógena ó de erupcion (el granito, el pórfido y el melafiro) no es un agente esclusivamente dinámico; pues no tan solo solevanta ó conmueve las capas superyacentes elevandolas ó rechazándolas hácia los lados, sino que tambien modifica profundamente las combinaciones químicas de sus elementos y la naturaleza de su tejido interno, dando así orígen á rocas nuevas, cuales son el gneiss, el micasquisto y el calcáreo sacaróides (mármol de Carrara y de Paros). Los antiguos esquistos de transicion, de formacion silúrica ó devoniana, el cálcareo belemnítico de la Tarentesia, el *macigno* (asperon calcáreo) pardo y blando salpicado de algas marinas, que se encuentra en el Apenino septentrional, toman por lo comun, luego que se transforman, una estructura nueva y un brillo que los desfigura hasta el punto de ser muy difícil reconocerlos. La teoría del metamorfismo se halla bien asentada desde luego que se ha logrado seguir paso á paso todas las fases de la transformacion, y dar por guia á las inducciones de los geólogos las investigaciones directas de los químicos acerca del influjo de los diversos grados de fusibilidad, de presion y de enfriamiento. Por donde se vé, que cuando al estudio de las combinaciones de la materia preside una idea fecunda (1), la química puede esparcir vivísima luz desde el estrecho recinto del laboratorio en el campo de la geognosia, vasto taller de la Naturaleza, en el cual las fuerzas subterráneas han formado y metamorfoseado las capas terrestres.

Empero si conocemos ya hoy bien el elemento material, no puede decirse otro tanto de la medida de las fuerzas que tan enérgicamente han obrado sobre el mundo primitivo; y por lo mismo, el observador filósofo debe tener constantemente fijas en su entendimiento, só pena de incurrir en falaces analogías ó de no remontarse nunca á estensas miras acerca de los grandes fenómenos naturales, las condiciones en estremo complejas que han debido mo-

(1) V. las preciosas investigaciones de Mitscherlich, en las *Memorias de la Academia de Berlin*, 1822 y 1823, págs. 25-41; en los *Anales* de Poggendorff, tomo X, págs. 137-152; tomo XI, págs. 323-332; tomo XLI, págs. 213-216 (Gustavo Rose, *Sobre la formacion del espato calcáreo y de la aragonita*, *Anales* de Pogg., tomo XLII, págs. 353-366; Haidinger, en las *Transact. of the R. Society of Edinburgh*, 1827, pág. 148).

dificar en otro tiempo las reacciones químicas. Que los cuerpos simples han obedecido en todo tiempo á las mismas afinidades, es cosa sobre la cual no puede caber duda; luego si se encuentran aún algunas contradicciones, el químico conseguirá las mas veces resolverlas, estoy seguro de ello, remontándose á las condiciones primitivas de la Naturaleza que *no* se hayan *reproducido* idénticamente en sus trabajos.

Observaciones exactísimas, hechas sobre una muy considerable estension de terreno, demuestran que las rocas de erupcion no han sido producidas con carácter de violencia ni de trastorno. Con harta frecuencia se vé, aun en las mas opuestas regiones, que el granito, el basalto ó la diorita ejercen regularmente su accion transformadora, hasta en las mas pequeñas particularidades, sobre las estratas ó capas del esquisto arcilloso, sobre las del calcareo compacto, y sobre los granos de cuarzo de que se compone el asperon ó piedra arenisca. Mientras que una roca endógena cualquiera ejerce siempre su accion del mismo modo, las diversas rocas de esta clase presentan, por el contrario, caractéres muy diferentes. Verdad es que todos los fenómenos nos revelan los efectos de un calor intensísimo; pero el grado de fluidez ó de reblandecimiento ha variado singularisimamente del granito al basalto, y por otra parte las erupciones de granito, de basalto, de pórfido agrunsteinado y de serpentina han coincidido con sublimaciones cuya naturaleza ha variado al compás de las épocas geológicas.

Aquí viene bien el recordar que los hechos de *metamorfismo* no se limitan meramente á los fenómenos de simple *contacto*, antes bien comprenden asimismo todos los fenómenos que han *coincidido* con la salida de una masa de erupcion determinada; que donde no hay contacto inmediato, basta ya de por sí la proximidad de la tal masa, para modificar la cohesion, testura, cantidad mayor ó menor de sílice y forma cristalina de las rocas preexistentes.

Toda roca de erupcion penetra, al ramificarse, en otras masas igualmente endógenas ó en las estratas sedimentarias, si bien existe una diferencia capital á este respecto entre las rocas plutónicas (1) (el granito, el pórfido, la serpentina) y las rocas *volcánicas*, *en el sentido* mas estricto de la palabra (el trachyto, el basalto, la lava). Las

(1) Lyell, *Principles of Geology*, tomo III, págs. 353, y 359.

rocas cuya produccion volcánica actual parece ser el último esfuerzo de la actividad de nuestro globo, se presentan en regueros estrechos y no forman capas de alguna estension sino en los parajes donde llegan á reunirse varias corrientes. Donde quiera que ha sido posible seguir el exámen de las erupciones basálticas hasta una gran profundidad, se las ha visto terminadas siempre por sutiles filamentos. Cerca de Marksuhl (á dos leguas de Eisenach), en Eschevega (á orillas del Verra), y junto á la piedra druídica del camino de Hollert (Siegen), por no citar sino tres ejemplos, y todos tres sin salir de nuestra patria, el basalto, inyectado por estrechas aberturas, ha atravesado la piedra arenisca abigarrada y la grauwacka, y semejante á una columna con su chapitel, se ha ensanchado en forma de copa, dividida su masa en delgadas laminas, ó bien en columnas agrupadas.

No sucede asi con el granito, la sienita, el cuarzo aporfidado, la serpentina y toda la série de las rocas no estratificadas, de textura maciza, á las cuales se ha dado el nombre de rocas *plutónicas*, por predileccion hácia una nomenclatura sacada de la mitologia. Con excepcion de muy raros filones, todas estas rocas han surgido en estado pastoso, y no en el de fusion completa; no por angostas fisuras, sino por fallas anchas como valles y por gargantas de grande extension; empujadas de abajo arriba, y no por inyeccion como los líquidos; no formando corrientes estrechas, como la lava, sino moles inmensas (1). Parece que algunos grupos de dolerita y de trachyto han tenido el mismo grado de fluidez que el basalto, al paso que otros grupos que se alzan en moles considerables, bajo la forma de campanas ó de cúpulas sin

(1) Esta descripcion de las relaciones de asiento del granito, hace resaltar el carácter fundamental y general de toda la formacion Con todo, el aspecto que el granito presenta en algunas localidades nos autoriza para creer que esta roca no ha carecido siempre de cierta fluidez en el momente de la erupcion (véase mas atrás la pàg 265; véase tambien la descripcion de una parte de la cadena de Narym, cercana á las fronteras del imperio chino: Rose, *Viaje al Ural*, t. I, pág. 599); y lo mismo puede decirse del trachyto (Dufrenoy y Elías de Beaumont, *Description géologique de la France*, t. I, p 70). Habiendo hablado poco antes en el testo, de las angostas fisuras por las cuales se efectuan algunas veces los ensanchamientos basálticos, haré aquí mencion de las anchas fallas que han dado paso á los melafiros, especie de roca que no debe confundirse con los basaltos: véase en Murchison *Silurian system*, p. 126, la *interesante descripcion de una* falla de 5 4 pies de anchura, por la cual se ha inyectado el melafiro en la mina de ulla de Cornbrook, Hoar-Edge.

cráteres, han surgido en estado de mero reblandecimiento. Ciertos trachytos se hallan dispuestos por lechos, como el granito y el pórfido cuarzoso: tales son los trachytos de la cadena de los Andes, cuya sorprendente analogía con los pórfidos de pasta de grunstein y de sienita (argentíferos, y por lo tanto sin mezcla de cuarzo), he tenido ocasion de notar diferentes veces.

Estudiando directamente las modificaciones que el calórico imprime al tejido y á las propiedades químicas de las rocas (1), se ha visto que las masas volcánicas (la diorita, el pórfido augítico, el basalto y la lava del Etna) fundidas y despues enfriadas, forman un vidrio negro que se quiebra de una manera homogénea cuando el enfriamiento ha sido rápido, y una masa pétrea de extructura granular ó cristalina cuando se ha efectuado poco á poco; en cuyo último caso, los cristales se forman en células y dentro de la misma masa que los embadurna. El hecho, ya bien comprobado, de que unas mismas materias pueden producir compuestos sumamente diversos entre sí, es de grandísima importancia para el estudio de las rocas de erupcion y de las transformaciones á que estas mismas rocas pueden dar orígen. Por ejemplo, la cal carbonizada, fundida bajo una fuerte presion, no pierde su ácido carbónico; pero la masa se convierte, despues de enfriarse, en calcáreo granular, en *mármol sacaróide*. Tales son los resultados obtenidos por la via seca. Por la via húmeda se obtiene el espato calcáreo ó la aragonita, segun haya sido mas ó menos elevado el grado de calor (2), pues las diferencias de temperatura determinan la manera de agregacion de las moléculas que se unen en el acto de la cristalizacion, é influyen hasta en la forma del mismo cristal (3). Demás de que, hay circunstancias en que las moléculas de un cuerpo pueden adquirir una disposicion nueva que se manifiesta por propiedades ópticas diferentes, sin necesidad de que haya pasado el cuerpo por el estado de fluidez (4). Por donde se ve, que

(1) Sir James Hall, *Edinb. Transact.*, t. V, p. 43; t. VI, p. 71; Gregorio Watt, en las *Philos. Transact. of the Royal Society of London* for 1804, parte II, pág. 279; Dartigues y Fleuriau de Bellevue, en el *Journal de Phys.*, t. LX, p. 458; Bischof, *Théorie de la Chaleur*, págs. 313 y 443.

(2) Gustavo Rose, en los *Anales* de Poggendorf, t. XLII, p. 364.

(3) Sobre el dimorfismo del azufre, V. Mitscherlich, *Curso de química*, §§. 55-63, en aleman.

(4) Sobre el yeso considerado como cristal de un solo eje, sobre el sulfato de magnesia y los óxidos de zinc y de nickel, V. Mitscherlich, en los *Anales* de Poggendorf, t. XI, p. 328.

los fenómenos de la devitrificacion, de la produccion del acero por fundicion ó por cimentacion, del paso del hierro fibroso al estado de hierro granular por la accion del calórico (1), y quizás á impulso de imperceptibles choques regulares por largo tiempo repetidos, contribuyen á esclarecer el estudio geológico del metamorfismo. En los cuerpos cristalizados puede el calórico llegar hasta el punto de producir efectos diametralmente opuestos, pues los magníficos trabajos de Mitscherlich (2) han puesto fuera de toda duda que el espato calcáreo se dilata por el uno de sus ejes, al paso que se concentra por el otro.

Si de estas consideraciones generales descendemos á algunos ejemplos particulares, veremos en primer lugar que la cercanía de las rocas plutónicas transforma al esquisto en reluciente pizarra de color negro azulado. Los planos de estratificacion se hallan en tal caso interrumpidos por otros planos de division (junturas) casi perpendiculares a los primeros; indicio seguro de una accion posterior á la metamórfosis de la roca primitiva (3). Cuando el ácido silícico penetra por el esquisto arcilloso, produce en él vetas de cuarzo y le transforma parcialmente en piedra de amolar y en esquisto silíceo; á las veces es carbonífera esta última roca, y puede en tal caso producir fenómenos galvánicos. En el mas alto grado de *silicificacion* (4), el esquisto se convierte en una materia preciosísima para las artes, cual es el jaspe alistonado producido en el Ural por la erupcion y el contacto del pórfido augítico (Orsk), del pórfido diorítico (Auschkal), ó de una masa redonda de hyperstene (Bogoslowsk). Este mismo jaspe alistonado se ha formado en la isla de Elba, segun afirma Fe-

(1) V. las investigaciones hechas por Coste en Creusot acerca de la transformacion del hierro laminado en hierro quebradizo al frio, en las *Mém. Géolog.* de Elias de Beaumont, t. II. p. 411.

(2) Mitscherlich, *Sobre la dilatacion de los cristales*, en los *Anales* de Poggendorf, t X, p. 151.

(3) Acerca de las dobles junturas de estratificacion. Cf. Elias de Beaumont, *Géologie de la France* pág 41; Credner, *Geognosia de la Turingia y del Hartz*, pág. 40, en aleman; Rœmer, *Terrenos de transicion de las provincias Rinianas*, 1844, págs 5 y 9, en aleman.

(4) No es solo el óxido de hierro el que da color al pedernal, pues que va acompañado tambien de arcilla, cales y potasa; Rose, *Viaje*, t II, página 187. Sobre la formacion del jaspe en virtud de la accion del pórfido diorítico, de la augita y del hiperstenfels, V. tambien Rose, t II, ps. 169, 187 y 192; y t. I, pag. 427, donde entre los globos de pórfido que contiene la grauwacka calcárea de Bogoslowsk allí *dibujados*, se presenta tambien el jaspe, como un producto de la accion plutónica de la augita, t. II, página 545, y Humboldt, *Asia Central*, t. I, p. 486.

derico Hoffmann, y en Toscana, segun Alejandro Brongniart, por el contacto del esquisto con la eufótida y con la serpentina.

El contacto y la accion plutónica del granito dan al esquisto arcilloso una textura granulada, y le transforman en una masa granitóide, es decir, en una mezcla de feldespato y de mica, cuajada de grandes partículas de este último mineral (1); género de metamórfosis observado por Gustavo Rose y por mí en lo interior de la fortaleza de Buchtarminsk (Altai) (2). «Si hay en la geognosia, dice Leopoldo de Buch, alguna hipótesis universalmente admitida, es sin disputa la que atribuye á la accion transformadora del granito sobre las capas silúricas de los terrenos de transicion todo el gneiss comprendido entre el mar Báltico y el golfo de Finlandia; y aun puede asegurarse, que para la mayor parte de los geólogos tiene esta hipótesis el valor de una verdad demostrada. Tambien en los Alpes, en el monte de San Gotardo, ha sido igualmente transformada por el granito la marga calcárea, primero en micasquisto y luego en gneiss (3).» La produccion del gneiss y del micasquisto, á virtud del granito, se observa asimismo en el grupo oolítico de la Tarantesia (4), donde se han encontrado belemnitas en

(1) A propósito del origen volcánico del mica, no debe perderse de vista que los cristales de este mineral se encuentran: en el basalto del Mittelgebirge bohemio: en la lava arrojada por el Vesubio en 1822 (Monticelli, *Storia del Vesuvio, negli anni* 1821 e 1822, §. 99); en los fragmentos de esquisto arcilloso cubiertos de basalto escoriáceo, que se encuentran en el Hohenfels, no lejos de Gerolstein en el Eifel (v. Mitscherlich, en las *Formaciones basálticas* de Leonhard, p. 244) Sobre el feldespato producido en el esquisto arcilloso por el contacto del pórfido, entre Urval y Poiet (Forez), V. Dufrénoy, *Géol. de la France*, t. I, p. 137. A un contacto de esta especie debe atribuirse tambien la singular estructura amigdalóide y celular de los esquistos encontrados por mí en Paimpol (Bretaña) (tom. I, p. 234), en una escursion geológica emprendida de consuno con el señor profesor Kunth.

(2) Rose, *Viaje al Ural*, t. I, págs. 586-588.

(3) Leopoldo de Buch, en las *Memorias de la Academia de Berlin*, 1842, p. 63, y en el *Annuario para la crítica científica*, 1840, p. 196, en aleman.

(4) Elías de Beaumont, en los *Annales des Sciences naturelles*, t. XV, p. 362-372: «En se rapprochant des masses primitives du mont Rose et des montagnes situées à l'ouest de Coni, on voit les couches secondaires perdre de plus en plus les caractéres inhérents à leur mode de dépôt. Souvent alors elles en prennent qui semblent provenir d'une tout autre cause, sans perdre pour cela leur stratification, rappelant par cette disposition la structure phisique d'un tison à moitié charbonné, dans lequel on peut suivre les traces des fibres ligneuses, bien au delà des points qui présentent encore les caractéres naturels du bois.» (Cf les *Annales des Sciences naturelles*, t. XIV, págs. 118-122, y la *Geognosia* de Dechen, p. 553). Entre

rocas que podian ya pasar por micasquisto; en el grupo esquistoso de la parte occidental de la isla de Elba, no lejos del Cabo Calamita; y en el Fichtelgebirge de Baireuth, entre el Lomitz y Markleiten (1).

Ya hemos dicho que el jaspe, de cuyas considerables masas no tuvieron conocimiento los antiguos (2), fué producido por la accion volcánica del pórfido augítico; pues aun hay otra materia empleada por el arte antiguo en grandes y nobles usos (el mármol granular ó sacaroide), la cual debe tambien ser considerada como una capa de sedimento modificada por el calórico terrestre y por la cercania de una roca de erupcion. Este último aserto se halla justificado por la exacta análisis de los fenómenos que nacen al contacto de las rocas igneas, y por las investigaciones directas de sir James Hall acerca de la fusion de las sustancias minerales: investigaciones interesantísimas que datan de mas de medio siglo á esta parte, y que unidas al estudio profundo de las vetas graníticas han contribuido muy especialmente á acelerar los progresos de la geognosia moderna.

las pruebas mas notables de la metamórfosis de las rocas á impulso de las fuerzas plutónicas, deben mencionarse las belemnitas del esquisto de Nuffenen (valle alpestre de Egino y ventisquero de Gries), y las que Charpentier ha encontrado en el pretenso calcáreo primitivo, por el lado occidental de la Garganta de Seigne (entre el cercado de Montjovet y la barraca alpina de la Lancheta), y que me enseñó en Bex en el otoño de 1822 (*Annales de Chimie*, t. XXIII, p. 262).

(1) Hoffmann, *Anales* de Poggendorf, t. XVI, pág. 552. «Las estratas de esquisto arcilloso de transicion que pueden observarse en el Fichtelgebirge sobre una estension de mas de cinco leguas, se han transformado en gneiss tan solo por los dos estremos en que aquellas se hallan en contacto con el granito. Allí se ve de qué manera se ha ido formando poco á poco el gneiss, y cómo se han desarrollado el mica y los amigdalóides feldespáticos en la masa interior del esquisto, el cual contiene ya en sí mismo casi todos los elementos de estos minerales.»

(2) Entre los objetos artísticos que nos ha legado la antigüedad griega y romana, no se hallan columnas ni grandes vasijas de jaspe; aun hoy mismo, solo los montes Urales suministran pedazos de jaspe de grandes dimensiones. La materia que se beneficia en el Altai (*Revennaja Sopka*) bajo el nombre de jaspe proviene de un magnífico pórfido *alistonado*. La palabra misma se encuentra en las lenguas semíticas, y ha sido tambien aplicada á los fragmentos de *jaspachat*, y á una especie de ópalo jaspóide conocida por los antiguos con el nombre de *jasponyx*; así á lo menos parece que resulta de la descripcion asaz confusa que se lee en Teofrasto (*de Lap.*, 23 y 27), y en Plinio (XXXVII, 8 y 9): este último coloca al jaspe en el número de las gemas opacas. Cuán poco comun fuese el jaspe entre los antiguos, deducirse ha del hecho de haber creido el mismo Plinio que debia afirmar, hablando de un pedazo de jaspe de once pulgadas de largo, haber visto él mismo tal rareza. «Magnitudinem jaspidis undecim unciarum vidimus, formatamque indé effigiem Neronis thoracatam.» La piedra llamada *smaragd* ó esmeralda, de la cual se tallaban grandes obeliscos, no era sino una especie de jaspe sin listas, al decir de Teofrasto.

A las veces cesa la accion de la roca eruptiva á corta distancia de la superficie de contacto, operándose en tal caso una transformacion parcial que se estiende por la capa como una especie de penumbra tal es la greda de Belfart (Irlanda) atravesada por vetas de basalto; y tales son tambien las capas fosilíferas de calcareo compacto, parcialmente doblegadas por una especie de granito sienítico, hácia el puente de Boscampo, y en la cascada de Canzocoli (Tirol), á que el conde Marzari Pencati ha dado tanta celebridad (1). Hay ademas otro modo de transformacion, y es aquel en que todas las capas del calcáreo compacto se han convertido completamente en calcáreo granular, por la accion del granito, de la sienita ó del pórfido diorítico (2).

Séame lícito hacer aquí especial mencion de los mármoles de Paros y de Carrara, que tanta importancia tienen por haber servido de materia á las obras maestras de la escultura, y que por tan largo tiempo han figurado en nuestras colecciones geológicas como tipos de los calcáreos primitivos. Unas veces, la accion del granito se ha ejercido por la via del contacto inmediato, como por ejemplo en los Pirineos (3); y otras, se ha propagado por entre las capas intermediarias de gneiss ó de micasquisto, como en el continente griego y en las islas del mar Egéo; mas en uno y otro caso, si bien han sido sincrónicas las transformaciones de las capas calcáreas, no han procedido empero del mismo modo. Háse observado en la Atica, en la isla de Eu-

(1) Humboldt, *Lettre à M. Brochant de Villiers*, en los *Annales de Chimie et de Physique*, t. XXIII, pág. 261; Leopoldo de Buch, *Carta geogn. sobre el Tirol meridional*, págs. 101, 105 y 273.

(2) Sobre la transformacion del calcáreo compacto en calcáreo granular causada por el granito en los Pirineos (Montaña de Rancia), V. Dufrénoy, *Mémoires géologiques*, t. II, pág. 440; y en las montañas de l'Oisans, Elias de Beaumont, *Mém. géolog.*, t. II, págs. 379-415; por el pórfido diorítico y pirogénico (*ofita* de Elias de Beaumont *Géolog. de la France*, t. I, pág. 72), entre Tolosa y San Sebastian, V. Dufrénoy, en las *Mém. géol.*, t. II, página 130; en la isla de Skye, donde el calcáreo metamorfoseado por la sienita presenta aun vestigios visibles de petrificaciones, V. de Dechen, *Geognosia*, pág. 573. En la metamórfosis de la greda en contacto con el basalto, las moléculas han debido esperimentar un trastorno muy considerable, para dar lugar á la estructura cristalina ó granosa de la roca actual; pues dichas moléculas formaban antes de la metamórfosis una infinidad de anillitos separados, segun lo han comprobado las investigaciones microscópicas de Ehrenberg sobre la roca primitiva. V. los *Anales de Física* de Poggendorf, t. XXXIX, pág. 105; y sobre los anillos que forman los precipitados de aragonita, V. Gustavo Rose, en la misma coleccion, t. XLII, pág. 354.

(3) Lechos de calcáreo granular en el granito, en el puerto de Oo y en Mont de Labourd. Charpentier, *Constitution géologique des Pyrénnées*, págs. 144-146.

béa y en el Peloponeso, que «el calcáreo sobrepuesto al micasquisto es tanto mas bello y tanto mas cristalino, cuanto mas puro ó menos arcilloso es el mismo micasquisto.» Esta última roca brota con igualdad, como las estratas de gneiss, en muchos parages profundos de Paros y de Antiparos (1). Segun Jenofanes de Colofon, fundador de la escuela de Elea (2), el cual pensaba que la tierra habia sido cubierta en otro tiempo por el mar, hubieron de encontrarse fósiles marinos en las canteras de Siracusa, y el vestigio «de un pececillo» (de una sardina) en el fondo de la de Paros. A ser exacto este aserto citado por Orígenes, podria creerse que ciertas capas fosilíferas no han esperimentado sino una metamórfosis incompleta.

Por lo que respecta al mármol de Carrara (Luna), cuyo uso se remonta á una época anterior al siglo de Augusto, y que conservará el privilegio de proveer casi esclusivamente á las necesidades de la Estatuaria mientras continúe descuidado el laboreo de las canteras de Paros, no es mas que una capa, transformada por las acciones plutónicas, del mismo asperon calcáreo *(macigno)* que aparece en los Alpes Apuanos entre el micasquisto y el esquisto talcoso (3).

Muy diferente orígen se ha asignado á los mármoles de ciertas localidades: afírmase, por ejemplo, que el calcáreo granular se formó primero en lo interior de la tierra, y que rechazado despues hácia la superficie por el gneiss y la sienita, rellenó ciertas fisuras, cual sucede en Auerbach sobre el Bergstrasse (4); empero sin haber estudiado

(1) Leopoldo de Buch, *Descripcion de las Canarias*, pág. 394, Fiedler, *Viaje á Grecia*. P. II, págs. 181, 190 y 516

(2) Ya he aludido en otro lugar á este notable pasage de Orígenes: *Philosophumena*, cap. 14 (*Opera*, ed. Delarue, t. I, pág. 893). Todo induce á creer que Jenofanes no ha querido hablar de una impresion de *laurel* (τυπον δάφνης), sino antes bien de una impresion de *pescado* (τυπον ἀφύης). Delarue increpa sin razon á Jacobo Gronovio por haber dado la preferencia á la segunda version, y sustituido la voz *sardina* á la voz *laurel*. En todo caso mas verosimil es el descubrimiento de un pescado fósil, que no el de una imágen de Sileno (Plinio, XXXVI, 5) encontrada, segun dicen, por unos obreros en las canteras de Paros (mármoles del monte Marpessos, Servio, ad Virg. Æneid. VI, 471).

(3) Sobre la constitucion geológica de las cercanias de Carrara (*ciudad de la Luna*. Estrabon, lib. V, pág. 222) Cf Savi, *Osservazioni sui terreni antichi Toscani*, en el *Nuovo Giornale de' Letterati di Pisa*, núm. 63; y Hóffmann, en los *Archivos de mineralogia* de Karsten, t. VI, págs. 258-263; y en el *Viaje geogn. á Italia*, del mismo autor, págs. 244-265, en aleman.

(4) Esta hipótesis la ha emitido por primera vez un observador muy distinguido, Carlos de Leonhard; V. su *Annuario mineralógico*, 1834, página 329, y Bernardo Cotta, *Geognosia*, pág. 310.

la cuestion sobre el terreno no debo permitirme decidir acerca de este punto.

Entre todas las metamórfosis producidas por las rocas de erupcion en las estratas de calcáreo compacto, la mas notable es la que Leopoldo de Buch ha observado en las *masas dolomíticas*, especialmente en las del Tirol meridional y en las de la vertiente italiana de la cadena de los Alpes. Esta manera de transformacion del calcáreo procede de las fisuras que le atraviesan en todas direcciones; pues por do quiera se hallan las grietas tapizadas de cristales romboideos de magnesia, y la formacion toda no es mas que una aglomeracion granular de cristales de dolomia, en los cuales no se descubren ya vestigios de la estratificacion originaria, ni de los fósiles que en ellos se hallaban primitivamente contenidos, viéndose esparcidos acá y acullá en la roca nueva hojas de talco y masas de serpentina. En el Fassathal, la dolomia se eleva verticalmente á muchos miles de pies, formando paredes bruñidas de deslumbradora blancura que terminan en multitud de cimas agudas y muy próximas entre sí, bien que nunca llegan á tocarse. Su aspecto trae á la memoria el gracioso paisaje de montañas fantásticas con que Leopardo de Vinci exornó el fondo del retrato de Monna Lisa.

Los grandes fenómenos que acabamos de describir hablan á nuestra imaginacion tanto quizás como á nuestra inteligencia, y son efecto de un pórfido augítico que ha solevantado, hecho pedazos y metamorfoseado las capas superyacentes (1). El ilustre observador que ha notado la conversion del calcáreo en dolomia, no atribuye semejante fenómeno á la introduccion de cierta cantidad de talco proveniente del pórfido negro; antes bien la considera únicamente como una modificacion contemporánea de la proyeccion de esta última roca por entre anchas fisuras llenas de vapores; pero forzoso es decir que en ciertos parajes se encuentran tambien lechos de dolomia intercalados entre los del calcáreo, y resta que explicar cómo ha podido operarse esta transformacion sin que intervenga una roca endógena. Efectivamente: ¿cuáles pueden ser en estos casos escepcionales las vias seguidas por la accion plutó-

(1) Leopoldo de Buch, *Cartas geogn. á A. de Humboldt*, 1824, páginas 36 y 82; el mismo, *Anales de química*, t. XXIII, pág. 276, y en las *Memórias de la Acad. de Berlin*, 1822 y 1823, págs. 83-136; H. de Dechen, *Geognosia*, págs. 574-576.

nica? ¿Será preciso abandonar ya teorías tan á menudo esperimentadas y limitarse á repetir el antiguo adagio romano de que «la Naturaleza sigue á las veces vias diferentes para llegar á los mismos fines?» ¡Cómo! Despues de haber comprobado paso á paso en toda una region, en zonas enteras, la concordancia de dos fenómenos; despues de haber visto por do quiera que la proyeccion del melafiro acompaña á la metamórfosis del calcáreo compacto en una masa cristalina dotada de nuevas propiedades químicas, ¿bastará que encontremos un solo paraje en que el primer fenómeno no acompañe al segundo para que ya no nos sea lícito esperar que ulteriores observaciones resuelvan esta contradiccion aparente, que quizás no depende, en última análisis, sino de una anomalía oculta en las condiciones bajo las cuales ejerce de ordinario su accion la causa principal? Tanto valdria poner en duda la naturaleza volcánica y la fluidez ignea del basalto, por el mero hecho de haber aparecido acá y acullá ejemplos aislados en que vetas de basalto han penetrado por un lecho de carbon de piedra sin sustraerle una parte notable de su carbono; por capas de piedra arenisca, sin darle el aspecto de frita ó de escoria; y por capas de calcáreo, sin que la greda se haya convertido en mármol granular. Es decir, en resúmen, que seria imprudente abandonar el hilo conductor ó, si se quiere, la débil claridad que nos guia en la oscura region de las formaciones minerales, tan solo porque quedan aun algunos *desiderata* en la historia de la transformacion de las rocas y en la de las intercalaciones de ciertas capas alteradas en medio de estratas que no han esperimentado ninguna metamórfosis.

Despues de haber descrito la transformacion de la cal carbonizada compacta en calcáreo granular y en dolomia, réstanos hablar de otra manera de alteracion que los vapores de ácido sulfúrico volcánicamente emitidos en las épocas primitivas han producido en la misma roca. El yeso, producto de esta reaccion, tiene cierta analogía con los depósitos de sal gema y de azufre (depositado este último por vapores acuosos cargados de vapores sulfúreos). En las elevadas cordilleras de Quindiu, muy lejos de todo volcan, he encontrado depósitos de azufre que se habian formado de una manera análoga en las fisuras del gneiss, al paso que en Cattolica (Sicilia), cerca de Girgento, el azufre, el yeso y la cal gema pertenecen á las capas mas recientes de los terrenos secundarios, esto es, á los terrenos gredosos (1). En los bordes del cráter del Vesubio he visto tambien fisuras llenas de sal gema en tanta abundancia, que en ocasiones han dado lugar á un comercio ilícito. Respecto á la aparicion de la dolomia, del yeso y de la sal gema en los Pirineos, nó puede dudarse que va unida a la de las masas dioríticas (ó pirogénicas?) (2). Todo concurre en estos fenómenos á anunciarnos la accion de las fuerzas subterráneas sobre las capas sedimentarias depositadas por el Océano primitivo.

Es sumamente difícil determinar el orígen de las enormes hiladas de cuarzo puro que forman uno de los rasgos característicos de las riquezas minerales de la cadena de los Andes (3) en la América del Sur. Bajando hácia el mar del Sur desde Caxamarca á Guangamarca, he hallado lechos de cuarzo de 2400 á 3600 varas de potencia, asentados sobre el pórfido sin cuarzo ó sobre una diorita, y que quizás provengan de la transformacion de la greda, cómo los lechos de cuarzo de la garganta de la Pescadera (al E. de Briançon), á los cuales atribuye Elias de Beaumont el mismo orígen (4). En los distritos de diamante de las provincias brasileñas de Minas-Geraes y de San Pablo, que Clausen acaba de estudiar con mucho detenimiento, las fuerzas plutónicas de los filones de diorita han producido el mica comun y el hierro especular en el itacolumito cuarzoso. Los diamantes de Grammagoa se encuentran encerrados en capas de ácido silícico sólido, y envueltos á las veces en panes de mica, ni mas ni menos que los granates del micasquisto. Los diamantes mas septentrionales, descubiertos de 1829 hasta ahora (á los 58° de latitud N. en la vertiente europea del Ural), se hallan en relacion geológica con la dolomia negra carbonífera de Adolfskoi (5), y con el pórfido angítico; mas semejante relacion no ha sido aun suficientemente esclarecida por buenas observaciones.

Debemos colocar, por último, entre los fenómenos de

(1) Hoffmann, *Viaje geogn.* revisado por H. de Dechen, págs. 113-119, 380-385; *Anales de Física* de Poggendorf, t. XXVI pág. 41.

(2) Dufrénoy, en las *Mém. géol.*, t. II, págs. 145 y 179.

(3) Humboldt, *Ensayo geogn. sobre el asiento de las rocas*, pág. 93; *Asia central*, t. III, pág 532.

(4) Elias de Beaumont, *Annales des Sciences naturelles*, t. XV, página 362; Murchison, *Silurian System*, pág. 286.

(5) Gustavo Rose, *Viaje al Ural*, t. I. págs. 364 y 367.

contacto mas notables, la formacion de los granates en el esquisto arcilloso cuando se halla en contacto con el basalto ó con la dolerita (en el Northumberland, isla de Anglesey), y la produccion de una gran cantidad de cristales bellisimos y muy variados (el granate, la vesubiana, la augita y la ceylanita) que se han desarrollado en la superficie de contacto de rocas eruptivas y de capas sedimentarias, ó en la juntura de la sienita de Monzon con la dolomia y el calcáreo compacto (1). Las masas de serpentina de la isla de Elba, que quizás no presentan tan claramente en ninguna otra parte el carácter de rocas de erupcion, han producido sublimaciones de hierro especular y de óxido rojo de hierro en las fisuras del asperon calcáreo (2). Diariamente vemos depositarse del mismo modo este hierro especular en los bordes del cráter y en los regueros de reciente lava del Estromboli, del Vesubio y del Etna (3). Estas vetas y filones que las fuerzas volcánicas producen á nuestra vista en rocas llegadas ya á cierto grado de solidificacion, nos muestran de qué manera se han formado en las primeras edades geológicas los filones metálicos y pétreos, donde quiera que la corteza sólida de nuestro planeta, de poco espesor á la sazon, frecuentemente conmovida por los terremotos, y agrietada y fracturada en todas direcciones á virtud del enfriamiento y del cambio de volúmen, presentaba comunicaciones numerosas con el interior, y multiplicadas salidas á los vapores ascendentes y á toda suerte de sublimaciones. La disposicion de las partículas en capas paralelas á las salbandas, la repeticion regular de las capas homólogas en las partes opuestas de la veta *(el techo y la pared)*, y la cavidad celular prolongada de la parte media, nos hacen reconocer luego al punto en un gran número de filones metalíferos el acto plutónico de la sublimacion. Como las vetas *penetrantes*

(1) Leopoldo de Buch, *Cartas*, págs. 109-129. Cf. Elias de Beaumont, sobre el contacto del granito con las capas del Jura, en las *Mémoir. Géologiques*, t. II, pág. 408.

(2) Hoffmann, *Viaje*, págs. 30 y 37.

(3) Sobre la formacion del hierro especular, y sobre las reacciones químicas que la determinan, V. Gay-Lussac, en los *Annales de Chimie*, t. XXII, pág. 415; y Mitscherlich, en los *Anales* de Poggendorf, t. XV, pág. 630. Las cavidades de la obsidiana de Cerro del Jacal, que yo traje de Méjico, contienen tambien cristales de olivina, formados sin duda por via de sublimacion, (Gustavo Rose, *Anales* de Poggendorf, t. X, pág. 323. Asi, pues, la olivina se presenta en el basalto, la lava, la obsidiana, las escorias artificiales, las piedras meteóricas, la sienita de Elfdalen, y, bajo el nombre de hyalosiderita, en la wacka de Kaiserstuhle.

son de origen mas reciente que las capas *penetradas*, los asientos relativos del pórfido y de las formaciones argentíferas de las minas de Sajonia, las mas ricas de toda la Alemania, prueban que estas formaciones son mas recientes por lo menos que los troncos de árboles del terreno ulloso y del nuevo asperon rojo inferior (Rothliegendes) (1).

Fecunda inspiracion ha sido en verdad para la teoría de la formacion de la corteza terrestre, y para la del metamorfismo, la feliz idea de comparar los minerales naturales á las escorias de nuestros hornos de fundicion, y de procurar reproducirlos en todas sus partes (2). En efecto, todas estas operaciones nos ofrecen la accion de las mismas afinidades que determinan las combinaciones químicas, asi en nuestros laboratorios como en el seno de la tierra. *Entre los minerales formados artificialmente*, se han encontrado los minerales simples mas importantes de que se componen las rocas de erupcion plutónicas ó volcánicas y las metamórficas, no ya groseramente imitados, sino reproducidos en el estado cristalino con la mas perfecta identidad. Con todo, conviene distinguir los minerales que se forman accidentalmente en las escorias, de los que el químico se propone reproducir. Cuéntanse entre los primeros el feldespato, el mica, la augita, la olivina, la blenda, el óxido de hierro cristalizado (hierro especular), el óxido de *hierro magnético octaédrico* y el titanio metálico (3); y entre los segundos, el granate, el idocrasio, el rubí (tan duro como el rubí oriental), la olivina y la augita (4). Estos minerales forman

(1) Constantino de Beust, *Sobre las formaciones porfídeas*, 1835, páginas 86-96, en aleman. C. de Veissenbach, *Dessins de plusieurs genres remarquables de penetration*, 1836, fig. 12. Mas la estructura en forma de cintas estrechas no es general, ni tampoco el órden con que los diversos miembros de estas masas se suceden indica necesariamente su edad relativa; V. Freiesleben, *Sobre los filones metalíferos de Sajonia*, 1843, páginas 10-12, en aleman.

(2) Mitscherlich, *Sobre la Reproduccion artificial de los Minerales*, en las *Memorias de la Acad. de Berlin*, 1822 y 1823, págs. 25-41.

(3) Las escorias han dado lo siguiente: cristales de feldespato, descubiertos por Heine en un horno de fundicion para el cobre, cerca de Sangerhausen, y analizados por Kersten (*Anales de Poggendorf*, t. XXXIII, pág. 337): cristales de augita, en las escorias de Sahle (Mitscherlich, *Memoria de la Acad. de Berlin*, 1822 y 1823, pág. 40); cristales de olivina (Sefstrœm, en la obra de Leonhard, *Formaciones basálticas*, t. II, pág. 495); mica, en las antiguas escorias de Garpenberg (Mitscherlich, en la citada obra de Leonhard, pág. 506); cristales de óxido magnético de hierro, en las escorias de Chatillon del Sena (Leonhard, pág. 441); hierro especular producido en la arcilla de los alfahareros (Mitscherlich, en Leonhard, pág. 234).

(4) Los minerales cuya reproduccion se ha conseguido en todas sus par-

las partes constituyentes del granito, del gneiss y del micasquisto, del basalto, de la dolerita y de un gran número de pórfidos. La reproduccion artificial del feldespato y del mica es en extremo importante en geología para la teoría de la conversion del esquisto arcilloso en gneiss. El primero contiene los elementos del granito, sin exceptuar ni aun la potasa (1). No habria por qué maravillarse, como ha dicho el ingenioso geólogo de Dechen, si sobre las paredes de un horno de fundicion construido con esquisto arcilloso y grauwacka se formase un fragmento de gneiss.

Despues de haber examinado en estas consideraciones generales sobre la parte sólida de la corteza terrestre las tres clases fundamentales de rocas (las rocas de erupcion, las de sedimento y las metamórficas), réstanos todavia hacer mencion de la cuarta y última clase que comprende los *conglomerados* ó las rocas *detriticas*. Estos mismos nombres recuerdan las revoluciones de la superficie de la tierra, y asimismo el acto de la *cimentacion* que ha consolidado, por medio del óxido de hierro ó de materias arcillosas y calcáreas, acervos de fragmentos redondeados ó de agudas aristas. Los conglomerados y las brechas (especie de mármol), en su mas lata acepcion, presentan los caractéres de un doble orígen. Los materiales que les componen mecánicamente no se han acumulado solo por las olas del mar ó por las aguas dulces en movimiento: porque rocas detriticas existen, cuya formacion no puede ser atribuida á la accion de las aguas.

«Cuando se solevantan islas de basalto ó montes de trachyto por entre grandes fracturas, dèl frotamiento de las masas ascendentes contra las paredes de las grietas ha

tes, son: el idocrasio y el granate (Mitscherlich, *Anales* de Poggendorf, tomo XXXIII, pág. 340); el rubí (Gaudin, *Comptes rendus de l'Acad. des Sciences*, t. IV, P. 1, pág. 999; la olivina y la augita (Mitscherlich y Berthier, en los *Annales de Chimie et de Physique*, t. XXIV, pág. 376). Por mas que la augita y la hornablenda presenten, segun G. Rose, la mas perfecta semejanza en la forma de sus cristales, y tengan casi la misma composicion química, jamás se ha encontrado hornablenda en las escorias al lado de la augita, ni han podido hasta ahora los químicos reproducir la hornablenda ni el feldespato (Mitscherlich, *Anales* de Poggendorf, t. XXXIII, pág. 340, y G. Rose, *Viaje al Ural*, t. II, págs. 358 y 363). Cf. tambien Beudant, *Mémoires de l'Acad. des Sciences*, t. VIII, pág. 221, y las ingeniosas investigaciones de Becquerel, en su *Traité de l'Electricité*, tomo I, pág. 334; t. III, pág. 218; t. V, págs. 148 y 185.

(1) D'Aubuisson, *Journal de Physique*, t. XLVIII, pág. 128.

resultado en el basalto ó el trachyto una capa de conglomerados, formada á expensas de su propia materia. Los granos que componen la piedra arenisca de un gran número de formaciones se han desprendido mas bien por el ludimiento de las rocas de erupcion plutónicas ó volcánicas, que no por la fuerza de erosion de un mar cercano. La existencia de esta especie de conglomerado que se encuentra en enormes masas en los dos hemisferios, da á conocer la intensidad de la fuerza con que las rocas de erupcion se han abierto paso por entre las capas sólidas de la corteza terrestre, hasta que apoderándose luego las aguas de estos restos, los han diseminado por capas sobre el mismo suelo que hoy vuelven á cubrir (1).»

Encuéntranse formaciones de piedra arenisca ingeridas entre todas las capas, desde los mas bajos terrenos *silúricos* de transicion, hasta las formaciones terciarias, por encima de la greda. A orilla de las llanuras inmensas del Nuevo Continente, hácia dentro y hácia fuera de los trópicos, véose estos sillares ó hiladas de asperones formando estensos baluartes, como para indicar la antigua orilla donde han venido á estrellarse las olas del mar.

Reconócese á la primera ojeada que se estiende sobre la distribucion geográfica de las rocas y sobre la estension que cada una de ellas ocupa en las partes accesibles de la corteza del globo, que la sustancia mas esparcida es el *ácido silicico*, por lo comun opaco y colorado; sigue al ácido silicico sólido la cal carbonizada, y vienen despues las combinaciones del ácido silicico con la alúmina, la potasa y la sosa, con la cal, la magnesia y el óxido de hierro. Las sustancias que comprendemos bajo el nombre genérico de *rocas*, son aglomeraciones determinadas de un reducidisimo número de minerales simples, á los cuales se unen algunos otros minerales parásitos, pero siempre con arreglo á ciertas leyes fijas. No son estos elementos peculiares á tal ó tal roca; y asi el cuarzo (ácido silicico), el feldespato y el mica, cuya reunion constituye esencialmente el granito se encuentran aislados ó combinados dos á dos, en un gran número de formaciones diferentes. Una cita bastará para mostrar cuántas variaciones pueden ocur-

(1) Leopoldo de Buch, *Cartas geognósticas*, pág. 75-83, en este mismo pasaje se ve tambien por qué el asperon rojo (el *todtliegende* de las capas de *flœtz* de la Turingia) y el terreno ulloso deben considerarse como producidos por la erupcion de las rocas porfídeas.

rir en las proporciones de estos elementos de una á otra roca, de una roca feldespática, por ejemplo, á una micácea: Mistcherlich ha hecho ver que si á una cantidad de feldespato se añaden tres tantos de alúmina y el tercio de la proporcion de sílice que ya encierra, se obtiene la composicion química del mica. Estos dos minerales contienen potasa, cuya existencia en un gran número de rocas es un hecho anterior, á no dudarlo, á la aparicion de los vegetales sobre la tierra.

El órden de superposicion de las estratas sedimentarias, de las capas metamórficas y de los conglomerados; la naturaleza de los terrenos que las rocas de erupcion han tocado ó atravesado; la presencia de los restos orgánicos y sus diferencias de estructura: tales son los indicios que permiten reconocer la edad relativa de las formaciones sucesivas; los monumentos de la historia del globo, y los puntos culminantes de su cronologia, que el génio de Hooke presintió ya en otro tiempo.

La aplicacion de los medios de prueba botánicos y zoológicos á la determinacion de la edad de las rocas, ha sido el principio de la era mas brillante de la geognosía moderna. Bajo la influencia vivificante de los estudios paleontológicos, la teoría de las formaciones sólidas de la costra del globo se ha visto al fin libre de sus dificultades y tropiezos originales, al menos en lo relativo al Continente, y aparece ya revestida de un carácter de profundidad y variedad enteramente nuevo.

PALEONTOLOGIA, RESTOS ORGANICOS FOSILIFICADOS.

Las capas fosilíferas son las catacumbas donde yacen los *faunos* y las *floras* de las anteriores épocas. Cuando descendemos de capa en capa á estudiar sus relaciones de superposicion, ofrécense á nuestros ojos mundos sepultados de animales y vegetales, y retrocedemos realmente en la série de los siglos.

Cada cataclismo del globo, cada solevantamiento de esas cadenas de montañas cuya antigüedad relativa podemos determinar, ha sido señalado por la destruccion de especies antiguas y por la aparicion de organizaciones nuevas, quedando durante algun tiempo, para indicar la transicion, algunas especies antiguas entre las mas recientes creaciones. Esta última espresion, digámoslo de pasada, revela la necesaria limitacion de nuestros conocimientos sobre el sér; y en el figurado lenguaje de que nos servimos para enmascararla, llamamos *nuevas creaciones* al fenómeno histórico de las variaciones que sobrevienen por intervalos, ora en las formas orgánicas, ora en las cuencas de los mares primitivos, ora en los contornos de los continentes solevantados. Estos séres organizados se han conservado frecuentemente intactos hasta en los mas minuciosos pormenores de su tejido, y de sus células y divisiones. En la oolita inferior (lias de Lyme-Regis) se ha encontrado una jibia tan admirablemente conservada, que el color destinado á pintarla pudo sacarse de la materia negruzca de que este animal se servia, ha muchos miles de años, para enturbiar el agua y escaparse de sus enemigos (1). En otros parajes no se encuentran mas que vestigios, tales, por ejemplo, como las huellas dejadas por un animal al correr por una arcilla blanda, ó los resíduos de su digestion (*coprolitos*). Cuáles otras capas nos ofrecen tan solo la impresion de una concha; concha que si pertenece á un *género caracteristico* (2), es muy bastante para darnos á conocer luego al punto la formacion en que ha sido cogida, y la naturaleza de los demas restos orgánicos con ella sepultados. La conchita que el viajero recoje en sus escursiones, nos revela la historia del pais en que fué hallada.

El estudio analítico de los reinos animal y vegetal del mundo primitivo ha seguido dos direcciones, de las cuales han resultado dos ciencias distintas. La una, meramente morfológica, describe los organismos y estudia principalmente su fisiologia, procurando colmar, por medio de las formaciones estinguidas, las lagunas que se presentan en la série de los séres que actualmente viven. La otra, mas

(1) Descubrimiento hecho por miss María Anning, que ha encontrado tambien los coprolitos de los peces. Estos coprolitos y los de los ictiosauros abundan tanto en Inglaterra (por ejemplo, en Lyme Regis), que Buckland los compara á patatas sembradas en gran abundancia por el terreno. C. Buckland, *Geology considered with reference to Natural Theology*, t. I, págs. 188-202 y 305. Acerca de la esperanza manifestada por Hooke, «to raise a chronology,» sobre el estudio de las conchas fósiles, «and to state the intervals of the time wherein such or such catastrophes and mutations have happened,» véase *Posth. Works*, *Lecture Feb.* 29, 1688.

(2) Leopoldo de Buch., *Mem. de la Acad. de Berlin*, 1837, pág. 64.

especialmente geológica, considera los restos fósiles en sus relaciones con las capas sedimentarias que los contienen, y cuya antigüedad relativa pueden ellos determinar. La primera de estas dos ciencias es la que ha predominado durante largo tiempo. Comparando de una manera harto superficial las especies fósiles con las especies actuales, se habia incurrido en un error cuyas huellas se descubren aún en las singulares denominaciones que se dieron á ciertos cuerpos de la Naturaleza. Este error consistia en el empeño de reconocer las especies vivientes entre las organizaciones estinguidas, ni mas ni menos que como en el siglo XVI se confundian, en virtud de falsas analogías, los animales del mundo antiguo con los del nuevo Continente. Pedro Camper, Sœmmering y Blumembach, fueron los primeros que entraron en una via mas racional; y suya es la gloria de haber aplicado de una manera verdaderamente científica los recursos de la anatomía comparada á la parte de la paleontologia (especie de arqueologia de la organizacion) que trata de los esqueletos de los grandes animales vertebrados. Empero los admirables trabajos de Jorge Cuvier y de Alejandro Brongniart, son los que realmente han fundado la geologia de los fósiles, por la feliz combinacion de los tipos zoológicos con el órden de sucesion y la edad relativa de los terrenos.

Las mas antiguas capas sedimentarias, y los terrenos de transicion, presentan en los restos orgánicos que encierran, una mezcla de formas diversisimamente colocadas en la série progresiva de los séres. En materia de plantas, estas capas no contienen mas que rarísimos fucos, licopodiáceas quizás arborescentes, equisetáceas y helechos tropicales; pero en materia de organizaciones animales, encontramos una mezcla singular de crustaceos (trilóbitos con ojos reticulares), de braquiópodos (espiriferos, orthis), de elegantes esferónitos, muy semejantes á los crinóides (1), de ortocerálitos de la familia de los cefalópodos, y de polípeos petrosos; despues, en medio de estas organizaciones inferiores, se encuentran ya peces de estraña figura en las capas superiores del sistema silúrico. La familia de los cefaláspides de pesadas defensas, de la cual han pasado durante mucho tiempo como trilóbitos, ciertos fragmentos del género pterichtys, caracterizan esclusivamente la

(1) Leopoldo de Buch, *Rocas y terrenos de Rusia*, 1840, págs. 24-40.

formacion devoniana (*Old red*); familia que, segun Agassiz, constituye un tipo tan marcadamente pronunciado en la série de los peces, como los ictiosauros y los plesiosauros entre los reptiles (1). Las goniatitas, de la tribu de las ammonitas (2), comienzan asimismo á mostrarse en el calcáreo de transicion, en la grauwacka de las capas devonianas, y aun en las últimas capas del sistema silúrico.

Hasta ahora no se ha logrado descubrir una relacion *segura entre la edad de los terrenos y la gradacion fisiológica* de las especies que contienen, por lo tocante á los animales no vertebrados (3); por el contrario, esta dependencia se manifiesta de la manera mas regular tratándose de los animales vertebrados. Entre estos últimos, los mas antiguos son los peces, como acabamos de ver; despues, recorriendo de abajo arriba la série de las formaciones, se encuentran sucesivamente los reptiles y los mamíferos. El primer reptil (un sauro del género monitor, segun Cuvier) se encuentra en el esquisto cobrizo del zecstein, en Turingia, y habia llamado ya la atencion de Leibnitz (4); de la *misma época son*, segun *Murchison*, el palæosauro y el tecodontosauro de Bristol. El número de los sauros va aumentándose en el calcáreo conchífero (5), en el keuper, y en la formacion jurásica, que es donde llega al máximum. En la época de esta formacion vivian plesiosauros de largo cuello de cisne formado de treinta vértebras; el megalosauro, especie de cocodrilo gigantesco de 18 varas de largo, con los huesos de los pies muy semejantes á los de nuestros mas pesados mamíferos terrestres; ocho especies de ictiosauros; el geosauro, ó la *Lacerta gigantea* de Sœmmering; y últimamente, siete especies de espantables pterodáctilos ó sauros provistos de alas membranosas (6). En la

(1) Agassiz, *Monographie des Poissons fossiles du vieux grès rouge*, págs. VI y 4.

(2) Leopoldo de Buch, *Memorias de la Acad. de Berlin*, 1838, páginas 149-168; Beyrich, *Documentos relativos al terreno de transicion de las Provincias Rinianas*, 1837, pág. 45, en aleman.

(3) Agassiz, *Recherches sur les Poissons fossiles*, t. I, Introd., pág. 18 (Davy, *Consolations in Travel*, diál. III).

(4) Hermann de Mayer cree que sería un *Protosauro*. La costilla de sauro, que se supone hallada en el calcáreo de montaña (calcáreo carbonífero) del Northumberland (Herm. de Mayer, *Palæologica*, pág. 299), es sumamente dudosa, segun Lyell (*Geology*, 1832, t. I, pág. 148). El mismo autor del descubrimiento fija su lugar en las capas de aluvion que cubren el calcáreo de montaña.

(5) F. d'Alberti, *Monographie du Bunter Sandstein, du Muschelkalk et du keuper*, 1834, págs. 119 y 314.

(6) V. las ingeniosas consideraciones de H. de Mayer sobre la organiza-

greda disminuye ya el número de los sauros parecidos á los cocodrilos, y sin embargo, se encuentran en esta formacion el *cocodrilo de Maestricht* (el mososauro de Conybeare), y el colosal iguanodonte, que quizas sería herbívoro. Los animales pertenecientes á la especie actual de los cocodrilos se remontan, segun Cuvier, casi hasta la formacion terciaria; y aun el *hombre testigo del diluvio* de Scheuchzer (*homo diluvii testes*), enorme salamandra del género del axolotl que traje á Europa de los grandes lagos situados en derredor de Méjico, pertenece á las mas recientes formaciones de agua dulce de Œninga.

Procurando leer en el órden de superposicion de los terrenos la edad relativa de los fósiles que contienen, hánse descubierto importantes relaciones entre las familias y las especies (poco numerosas siempre estas últimas) que han desaparecido, y las familias ó las especies vivientes en la actualidad. Todas las observaciones concuerdan en un punto, y es, que los faunos y las floras fósiles difieren tanto mas de las formas animales ó vegetales existentes, cuanto mas inferiores, es decir, cuanto mas antiguas son las formaciones sedimentarias en que aquellos yacen. Hánse, pues, efectuado sucesivamente grandes variaciones en los tipos generales de la vida orgánica: fenómenos grandiosos, indicados por Cuvier (1) el *primero*, que ofrecen relaciones numéricas, las cuales han sido despues objeto de las investigaciones de Deshayes y de Lyell, y han conducido ya á estos dos sabios á resultados decisivos, especialmente en cuanto á los numerosísimos y bien conocidos fósiles de las formaciones terciarias. Agassiz, que ha examinado 1700 especies de pescados fósiles, y calcula en 8000 el número de las especies actuales descritas, ó conservadas en nuestras colecciones, afirma en su grande obra, que «salvo un solo pececillo fósil, propio de las geodas arcillosas de la Groenlandia, no ha encontrado jamas en los terrenos de transicion, ni en los secundarios y terciarios,

cion de los sauros voladores, en las *Palæologica*, págs. 228-252. El *Pterodactylus crassirostris*, lo mismo que el primer *Pterodactylus longirostris* conocido (*Ornithocephalus* de Sœmmering), fueron descubiertos en Solenhofen, en esquisto litografico de la formacion jurásica superior. El profesor Goldfuss ha encontrado, en un ejemplar fósil de la primera especie, vestigios del ala membranosa, y la impresion de algunos mechones de pelos rizados de varias líneas de longitud por ciertas partes.

(1) Cuvier, *Recherches sur les Ossements fossiles*, t. I, págs. LII-LVII. (Cf. la *Escala de las épocas geológicas*, en la *Geologia* de Phillips, 1837, págs. 166-185).

ningun animal de esta clase idéntico á alguno de los peces vivientes en la actualidad;» y hace en seguida esta importante observacion: «La tercera parte de los fósiles del calcáreo basto y de la arcilla de Londres pertenece á familias estinguidas; debajo de la greda no se encuentra ya ni un solo género de pez de la época actual; y la singular familia de los *sauroides* (peces con esmalte en las escamas, muy semejantes á los reptiles, y que se remontan de la *formacion carbonífera, donde yacen sus especies mas numerosas*, hasta la greda, que contiene aun algunos individuos) asi como dos especies que viven hoy en el Nilo y en ciertos rios de América (la de los lepidosteos y la de los polípteros) presentan entre sí las mismas relaciones que existen entre nuestros elefantes ó nuestros tapires, y los mastodontes ó los anaploteriones del mundo primitivo (1).

Sea de esto lo que se quiera, las preciosas investigaciones de Ehrenberg han puesto fuera de duda que las capas de greda, donde yacen aun dos especies de estos peces sauroides, reptiles gigantescos y un mundo entero destruido de corales y de conchas, se componen en su totalidad de politálamos microscópicos, un gran número de los cuales vive aún en nuestros mares, y hasta en el mar del Norte y en el Báltico hácia las latitudes medias. Hablando, pues, rigurosamente, el grupo terciario que descansa sobre la greda, conocido comunmente con el nombre de capas del período *eoceno*, no merece en realidad ser asi llamado, «pues la aurora del mundo en que vivimos se estiende por la série de las edades anteriores (2)», mucho mas atrás de lo que hasta ahora se ha creido.

Acabamos de ver que los mas antiguos animales vertebrados, es decir, los peces, aparecen en todas las formaciones, desde las estratas silúricas de transicion hasta las capas de la época terciaria. De la misma manera, los sauros comienzan en el zechstein; y si añadimos que la formacion jurásica (esquisto de Stonesfield) nos presenta los primeros mamíferos (el tilacoterion de Prevost y de Buckland, análogo, segun Valenciennes (3), á los marsupia-

(1) Agassiz, *Poissons fossiles*, t. I, pág. XXX, y t. III, págs. 1-52; Buckland, *Geology*, t. I, págs. 273-277.

(2) Ehrenberg, sobre las especies animales vivientes aún que se han encontrado en estado fósil en la formacion cretácea, *Memorias de la Acad. de Berlin*, 1839, pág. 164.

(3) Valenciennes, *Comptes rendus de l'Acad. des Sciences*, t. VII, 1838, P. II, pág. 580.

les), y que la primera ave se ha encontrado en el mas antiguo depósito de la formacion cretácea (1), habremos indicado los límites inferiores de las cuatro grandes divisiones de la série de los vertebrados. Tal es, acerca de este punto, el estado actual de la paleontología.

Por lo tocante á los animales no vertebrados, los corales pétreos y las serpulitas se encuentran confundidos en las mas antiguas formaciones con cefalópodos y crustáceos de una organizacion muy elevada, de suerte que en esta parte de la série animal se hallan mezclados los órdenes mas diferentes; pero aun así y todo, se han descubierto leyes fijas respecto de muchos grupos aislados pertenecientes á un mismo órden. Encuéntranse, en efecto, montañas enteras formadas por conchas fósiles de una misma especie, por goniatitas, trilobitas y nummulitas; y allí, donde géneros diferentes aparecen mezclados, existe por lo comun cierta relacion regular entre la série de los organismos y la série de las formaciones, habiéndose ademas observado que la reunion de ciertas familias y de ciertas especies, sigue una ley regular en las estratas sobrepuestas que constituyen en conjunto una misma formacion. Así es cómo Leopoldo de Buch, despues de clasificar las ammonitas en familias bien determinadas por medio de su ingeniosa ley acerca de la disposicion de los lóbulos ha demostrado que las cerafitas pertenecen al *muschelkalk* (calcáreo conchífero), los arietes al lias, y las goniatitas al calcáreo de transicion y á la grauwacka (2). Las belemnitas tienen su límite inferior (3) en el keuper situado por debajo del calcáreo jurásico, y el superior en la greda. Sábese ya que en las mismas épocas, y en zonas apartadísimas entre sí, han poblado las aguas testáceos idénticos, en parte por lo menos, á los fósiles de Europa. Por ejemplo: Leopoldo de Buch ha hallado exógiros y trigónios en el hemisferio austral (volcan de Maypo en Chile); y d'Orbigny ha descrito ciertas ammonitas y gryfeas del Himalaya y de los llanos de Cutch en la India, las cuales pertenecen exactamente á la misma especie que las del antiguo mar jurásico en Francia y Alemania.

(1) En el Weal-Clay, Beudant, *Geologie*, pág. 173. El número de los ornitólitos se aumenta en el yeso de la formacion terciaria (Cuvier, *Ossements fossiles*, t. III, págs. 302-328).

(2) Leopoldo de Buch, en las *Memorias de la Acad. de Berlin*, 1830, págs. 135-187.

(3) Quenstedt, *Terrains de flæz du Wurtemberg*, 1843, pág. 135.

Las capas cuya naturaleza se encuentra determinada por los fósiles, ó por las piedras que las mismas capas contienen, constituyen un *horizonte geológico*, en virtud del cual le es dado orientarse al observador indeciso, y reconocer la *identidad* ó la *antigüedad* relativa de las formaciones, la *repeticion* periódica de ciertas capas, su *paralelismo* ó su *supresion* completa. Cuando nos proponemos abrazar de este modo en toda su simplicidad el tipo general de la formacion sedimentaria, encontramos sucesivamente procediendó de abajo arriba:

1.° El *terreno de transicion*, dividido en grauwacka inferior y superior, ó en sistemas silúrico y devoniano: este último era conocido en otro tiempo con el nombre de antiguo asperon rojo;

2.° El *trias inferior* (1), que comprende el calcáreo carbonífero ó de montaña, los terrenos ullosos ó de hornaguera, el nuevo asperon rojo inferior (todtliegendes), y el calcáreo magnésico (zechstein);

3.° El *trias superior*, compuesto de los asperones abigarrados (2), del calcáreo conchífero y del keuper;

4.° El *calcáreo jurásico* (lias y oolita);

5.° El *asperon macizo* (quadersandstein), la greda inferior y superior, y asimismo las últimas capas que comienzan en el calcáreo de montaña;

6.° Las *formaciones terciarias*, que comprenden tres subdivisiones caracterizadas por el calcáreo basto, el carbon moreno ó lignita, y los casquijos sub-apeninos.

Siguen despues los *terrenos de transporte*, ó digamos de acarreo ó de aluvion (*alluvium*), que contienen las colosales osamentas de los mamíferos del mundo antiguo, ta-

(1) El mismo autor citado en la nota antecedente, pág. 13.

(2) Murchison divide en dos clases el *bunter sandstein*: la primera es el *trias superior* de Aberti, y la segunda el *trias inferior*, al cual pertenece el asperon vosgo de Elias de Beaumont; el zechstein (calcáreo magnésico) y el todliegende (nuevo asperon rojo inferior) forman el *sistema permiano*. Las *formaciones secundarias* comienzan para Murchison en el trias superior, es decir, en la division superior del *bunter sandstein* aleman; y el sistema permiano, el calcáreo carbonífero ó de montaña, y las estratas devonianas y silúricas constituyen los *terrenos paleozóicos* del mismo autor. En este sistema se da el nombre de *formaciones secundarias superiores* á la greda y al calcáreo del Jura, y el de *formaciones secundarias inferiores* al keuper, al calcáreo conchífero y al asperon abigarrado: el sistema permiano y el calcáreo carbonífero componen la *formacion paleozóica superior*, al paso que las capas devonianas y silúricas son designadas juntamente bajo el nombre de *formacion paleozóica inferior*. Las bases de esta clasificacion general se hallan desarrolladas en la grande obra donde el infatigable sábio inglés debe exponer la geología de una gran parte de la Europa oriental.

les como los mastodontes, el dinotérion, el misúrion y los megaterios, contándose entre estos últimos el mylodon de Owen, especie de *pigritia* de mas de cuatro varas de largo. A estas especies ya estinguidas, vienen á unirse los restos fosilificados de animales cuyas especies viven aun, como elefantes, rinocerontes, bueyes, caballos y ciervos. Cerca de Bogotá, á 9546 pies sobre el nivel del mar, hay un campo lleno de esqueletos de mastodontes (Campo de Gigantes), en el cual mandé yo hacer escavaciones con esquisito cuidado (1); y por lo tocante á los esqueletos de la meseta mejicana, no hay duda que pertenecen á ciertas razas estinguidas de verdaderos elefantes. En los estribos del Himalaya (colinas de Sewalik, estudiadas con gran celo por el capitan Cautley y el doctor Falconer), se encuentran tambien muchos huesos de mastodontes; el sivatérion y la colosal tortuga terrestre (colossochelys) de 14 pies de largo y 7 de ancho; y por último, restos pertenecientes á especies que actualmente viven, como elefantes, rinocerontes, y girafas; siendo verdaderamente notable que estos fósiles pertenecen á una zona en que aun hoy mismo domina el clima tropical que reinaba, segun se cree, en la época de los mastodontes (2)

Comparada ya la série de las formaciones inorgánicas de que se compone la corteza terrestre, con los restos orgánicos que las mismas contienen, réstanos bosquejar el reino vegetal de los mundos primitivos, y mostrar de qué manera el ensanchamiento de la tierra firme y las modificaciones atmosféricas han ocasionado el desarrollo sucesivo de las diferentes floras.

Ya hemos visto que las mas antiguas capas de transicion no contienen sino plantas marinas de hojas celulares, y que las estratas devonianas (3) son las primeras en que aparecen algunas formas criptógamas de plantas vasculares (calamitas, licopodiáceas). Por mas que se haya creido posible deducir de ciertas miras teóricas acerca de la *simplicidad de las formas primitivas de los seres orgánicos*, que la vida vegetal ha precedido á la vida animal, y que la primera era una condicion necesaria para el desarrollo

(1) Cuvier, *Ossements fossiles*, 1831, t. I, págs. 157, 261 y 264. (Cf. Humboldt, *Sobre la meseta de Bogotá*, en la *Revista trimestral alemana*, 1839, t. I, pág. 117.

(2) *Journal of the Asiatic Society*, 1844, núm. 15, pág. 117.

(3) Beyrich, en los *Archivos de Mineralogia*, de Karsten, 1844, tomo XVIII, pág. 218.

de la *segunda*, ello es lo cierto, que semejante hipótesis no se funda en ningun hecho, antes por el contrario, las razas humanas que en lo antiguo fueron rechazadas hácia las regiones glaciales del polo ártico, y se alimentan esclusivamente de peces y de cetáceos, prueban por el mero hecho de su existencia, que, rigurosamente hablando, no son indispensables á la vida animal las sustancias vegetales.

Despues de las capas devonianas y del calcáreo de montaña, sigue una formacion cuya análisis botánica ha hecho progresos brillantísimos en estos últimos *tiempos* (1). El *terreno ulloso* comprende no tan solo plantas criptógamas análogas á los helechos, y monocotilédones fanerógamas (céspedes, liliáceas semejantes á las yucas y palmeras), sino tambien dicotilédones gimnospermas (coníferas y cicádeas). De las cuatrocientas especies, ó poco menos, que actualmente se conocen, pertenecientes á la flora del terreno ulloso, nos limitaremos á citar las calamitas y las licopodiáceas arborescentes; los lepidodendros escamosos; las sigilarias de 24 varas de longitud, que á las veces suelen encontrarse de pié y arraigadas, y se distinguen por su doble sistema de hacecillos vasculares; las estigmarias parecidas á los cactos ó alcachofas; una infinidad de ramajes de helechos acompañados por lo comun de sus troncos, y cuya abundancia prueba que la tierra firme de las épocas primitivas era puramente insular (2); las cicádeas (3), y especialmente las palmeras (4), en menor número que los helechos; las asterofilitas de verticilares hojas, semejantes á las náyades; y las coníferas parecidas á ciertos pinos del género araucaria (5) con escasos vestigios de anillos an-

(1) Por los excelentes trabajos del conde de Sternberg, de Adolfo Brongniart, de Gœppert y de Lindley.

(2) V. Roberto Brown, *Botany of Congo*, pág. 42, y de Urbille, en la Memoria intitulada: *De la distribution des fougères sur la surface du globe terrestre*.

(3) Tales son las cycádeas descubiertas por el conde de Sternberg en el antiguo terreno ulloso de Nadnitz, en Bohemia, y descritas por Corda (dos especies de cycaditas y el *zamites Cordai*; V. Gœppert, *Cycadeas fosiles*, en los *Trabajos de la Sociedad silesiana*, 1843, págs. 33, 37, 40 y 50). Tambien se ha encontrado una cycádea, el *Pterophyllum gonorrachis Gœppert*, en el terreno ulloso de la Silesia superior.

(4) Lindley, *Fossil Flora*, núm. 15, pág. 163.

(5) *Fossil conife æ*, en Buckland, *Geology*, págs. 483-490. Witham tiene la gloria de haber reconocido el primero la existencia de las plantas coníferas en la vegetacion primitiva de la antigua formacion carbonífera. Antiguamente se consideraron como palmeras casi todos los troncos de árboles encontrados en esta formacion. Por lo demás, las especies del género *Arau-*

nuos. Todo este reino vegetal se ha desarrollado ámpliamente en las partes solevantadas y quedadas en seco del antiguo asperon rojo, manteniéndose invariables los caractéres que le distinguen del mundo vegetal actual, por enmedio de los periodos siguientes, hasta las últimas capas de la greda. Empero la flora de formas tan estraordinarias en los terrenos ullosos, presenta en todos los puntos de la tierra primitiva (en la Nueva-Holanda, en el Canadá, y lo mismo en la Groenlandia que en las islas de Melville) una sorprendente uniformidad en los géneros, si no en las especies (1).

Uno de los principales caractéres de la flora primitiva es el de presentarnos formas vegetales cuya analogía con no pocas familias del mundo actual prueba que con aquellas formas han perecido muchos miembros de la série orgánica. Asi, por no citar sino dos ejemplos, las especies de lepidodéndron vienen á colocarse, segun Lindley, entre las coníferas y las licopoditas (2); y por el contrario, las araucaritas y las pinitas presentan alguna cosa estraña en la reunion de sus haccecillos vasculares. Aun limitándonos al mundo actual, no podremos menos de conceder muy elevada significacion al descubrimiento de cicádeas y de árboles de raices anabadas (coníferas) en la flora del terreno ulloso, al lado de sagenarias y lepidodendros. En efecto, las coníferas no tienen solamente analogía con las cupulíferas y las betulíneas que se encuentran con ellas en la formacion lignítica, sino tambien con las licopoditas. La familia de las cicádeas se acerca mucho por su porte y aspecto esterior á las palmeras, mientras qùe por lo tocante á la estructura de las flores y de la semilla se asemeja esencialmente á las coníferas (3).

Donde quiera que existen varios lechos sobrepuestos de carbon de piedra, no se hallan los vegetales confusamente repartidos sin distincion de género ni especies, antes bien estan de ordinario dispuestos por géneros, de tal

caritas no pertenecen exclusivamente á los terrenos ullosos de las Islas Británicas, pues las hay tambien en la Silesia superior.

(1) Adolfo Brongniart, *Pródromo de una historia de los vegetales fósiles*, pag. 179; Endlicher y Unger, *Elementos de Botánica*, 1843, p. 455, en aleman.

(2) «By means of Lepidodendron a better passage is established from Flowering to Flowerless plants than by either Equisetum or Cycas, or any other known genus.» Lindley y Hutton, *Fossil Flora*. t. II, pág. 53.

(3) Kunth, *Clasificacion de las Familias de las Plantas*, en su *Manual de Botánica*, págs. 307 y 314, en aleman.

manera, que las licopoditas y ciertos helechos ocupan una capa, y otra distinta las estigmarias y las sigilarias. Para formarse idea del grado de desarrollo que habia alcanzado la vida vegetal en el mundo primitivo, y de la masa de vegetales acumulados en ciertos parajes por las corrientes y convertidos luego en carbon por la via húmeda (1), conviene recordar que en las minas de hornaguera de Saarbruck se ven ciento veinte lechos de carbon sobrepuestos, sin incluir en este número otras varias capas de menos espesor, cuya potencia no escede de un pie; y asimismo, que hay lechos de carbon de piedra de 12 y aun de 19 varas de potencia, como por ejemplo, en Johnstone (Escocia) y en el Creuzot (Borgoña), al paso que los árboles que cubren una superficie dada en los bosques de nuestras zonas templadas formarian apenas en cien años sobre esta superficie una capa de carbon de 9 líneas de espesor (2).

Cerca de la embocadura del Misisipi, y á orillas del Mar Glacial donde el almirante Wrangel ha visto y descrito las *montañas de madera*, se encuentran aun considerables montones de troncos de árboles acarreados por los *rios* y por las *corrientes del mar*; por donde puede formarse una idea de lo que ha debido suceder en las aguas interiores y en las bahias insulares del mundo primitivo. A lo que se allega, que las capas carboníferas deben una parte considerable de la materia de que están formadas, no

(1) El carbon de piedra no proviene de vegetales carbonizados por el fuego, sino de vegetales compuestos por la via húmeda mediante la accion del ácido sulfúrico: Gœppert, en los *Archivos de Mineralogía*, de Karsten, t. XVIII, pág. 530, ha suministrado la prueba mas concluyente de cuantas militan en favor de esta opinion. El mismo Gœppert ha examinado un fragmento del árbol ambarino, que se transformó en carbon negro, sin que el ámbar experimentase alteracion alguna, quedando yuxtapuestos el ámbar y el carbon. Respecto á la parte correspondiente á los vegetales pequeños en la formacion de las capas carboníferas, V. Link, en las *Memorias de la Academia de Berlin*, 1838, pág. 38.

(2) V. los excelentes trabajos de Chevandier, en los *Comptes rendus de l'Academie des Sciences*, 1844, t. XVIII, P. I, pág. 285. Comparando esta *capa de carbono, de ocho líneas de espesor, con las capas de carbon de piedra*, debe tenerse en cuenta la enorme presion á que estas últimas se hallan sometidas, y que se manifiesta por la forma aplastada de casi todos los troncos de árboles subterráneos. «Las *montañas de madera* que se han visto en la costa meridional de la Nueva Siberia, isla descubierta por Sirowatskoi en 1806, consisten, segun afirma Hedenstrœm, en una série de capas horizontales de piedra arenisca que alternan á una altura de cerca de 72 varas con troncos de árboles bituminosos. En la cima de la montaña se hallan estos troncos situados verticalmente, y la capa, llena de madera almadiada, se distingue en una extension de 9 leguas.» V. Wrangel, *Viaje por la costa septentrional de la Siberia en los años de 1820 á 1824*, P. I, pág. 102.

á grandes árboles, sino á masas de césped mezcladas de arbustos ramosos y de pequeñas plantas criptógamas.

Acabamos de decir que en el terreno ulloso ó de hornaguera se encuentran reunidas las palmeras con ciertas coniferas, y ahora añadiremos que su reunion se reproduce en todas las formaciones y se continúa buen trecho en el periodo terciario. En la actualidad no parece sino que huyen las unas de las otras. Nos hallamos de tal manera habituados, puesto que sin razon, á considerar las coniferas como esencialmente propias de las regiones septentrionales, que yo mismo no pude menos de sorprenderme al encontrar un espeso pinar (*Pinus occidentalis*, semejante al pino del lord Weimouth) entre la Venta y el Alto que se hallan como subimos por las costas del Mar del Sur, hácia Chilpansingo y los elevados valles de Méjico, á 4300 pies sobre el nivel del mar; pinar que tardé un dia entero en atravesar, y en el cual se hallan los árboles coniferos entremezclados con palmeras de abanico (corypha dulcis). (1), llenas de papagayos de variados y vistosisimos colores. La América del Sur produce encinas, pero no cria ni una sola especie de pinos; y cuando se presentó por primera vez á mi vista un pinabete como un recuerdo de la patria, se hallaba situado cerca de una palmera de abanico. Tambien Cristobal Colon en su primer viaje de descubierta divisó coniferas y palmeras entremezcladas en la punta oriental del Norte de Cuba (2), y por lo tanto entre los trópicos, aunque apenas sobre el nivel del mar. Este observador profundo, á quien nada se le escapaba, habla de semejante hecho en su diario de viaje como de una

(1) Esta *coripha* es la soyate en azteca *Zoyatl* ó la *Palma dulce* de los indígenas; V. Humboldt y Bonpland, *Synopsis Plant æquinoct Orbis novi*, t. I, pág. 302. El profesor Buschmann, hombre profundamente versado en las lenguas de América, hace notar que la *Palma soyate* se halla designada con este nombre en el *Vocabulario de la lengua Othomi* de Yepes, y que la voz azteca *Zoyatl* (Molina, *Vocabulario en lengua mejicana y castellana*) se encuentra en varios nombres de lugar, tales como Zoyatitlan y Zoyapasico, en el Estado de Chiapa.

(2) En Baracoa y en Cayos de Moa: V el *Diario del Almirante*, fechas 25 y 27 de noviembre de 1492, y mi *Exámen crítico de la Hist. de la Geografía del Nuevo Continente*, t. II, pág. 252, y t. III, pág. 23. Tan sostenida atencion prestaba Colon á todos los hechos naturales, que él fué quien primero reconoció la diferencia del *Podocarpo al Pino*. «He hallado, dice, en la tierra áspera del Cibao pinos que non llevan piñas, pero por tal órden compuestos por naturaleza, que (los frutos) parecen azeytunas del Axarafe de Sevilla.» El gran botánico Richard no podia sospechar siquiera, al dar á luz su excelente *Tratado sobre las Cicádeas y las Coniferas*, que mucho antes de L'Héritier habia ya distinguido el Podocarpo de las Abelinadas un navegante del siglo décimo quinto.

rareza; y su amigo Anguiera, secretario de Fernando el Católico, refiere lleno de admiracion «que en el pais nuevamente descubierto se encuentran juntos pinos y palmeras.»

Es en estremo interesante para la geologia comparar la distribucion actual de las plantas sobre la superficie de la tierra, con la geografia de las floras extinguidas. La zona templada del hemisferio austral, cuyas innumerables islas, abundantes aguas y portentosa vegetacion que participa á un mismo tiempo de las floras de los trópicos y de los paises frios, ha descrito Darwin con admirable arte (1), es la que ofrece ejemplares mas instructivos para la geografía de las plantas modernas y para la de las plantas primitivas, ramo muy importante sin disputa de la *historia del reino vegetal*.

Las cicádeas, que atendiendo al número de las especies fósiles pertenecientes á esta familia debieron desempeñar en el mundo primitivo un papel mucho mas importante que en el mundo actual, acompañan á sus análogas las coniferas desde la época en que se formaron los lechos de carbon, y desaparecen casi enteramente en el período de los asperones abigarrados; pero en este mismo período se desarrollaron poderosamente ciertas coníferas (*Voltzia, Haidingera, Albertia*). Las cicádeas llegan á su maximum en el keuper y en el lias, donde se han encontrado hasta veinte especies distintas. En la greda predominan las plantas marinas y las náyades. Asi es que los bosques de cicádeas de la formacion jurásica han desaparecido hace mucho tiempo, y aun en los mas antiguos grupos de la formacion terciaria se las encuentra relegadas muy por debajo de las coniferas y de las palmeras (2).

Las *lignitas* ó las capas de *carbon moreno* que se encuentran en cada division del período terciario, contienen en medio de las mas antiguas plantas criptógamas terrestres algunas palmeras, gran número de coniferas con anillos annuos bien señalados, y arbustos ramosos de carácter mas ó menos tropical. El período terciario medio se halla caracterizado por la vuelta de las palmeras y de las cicá-

(1) Carlos Darwin, *Journal of the Voyages of the Adventure and Beagle*, 1839, pág. 271.

(2) Gœppert describe otras tres Cycádeas (especies del género *Cycadites* y *Pterophyllum*) provenientes del esquisto arcilloso carbonífero de Altsattel y de Commotau en Bohemia, y que acaso pertenezcan al período eoceno (Gœppert, obra citada en la nota 3 de la página 295).

deas. Finalmente, la vegetacion del último período presenta grandes analogías con la flora actual. Nuestros pinos y pinabetes, nuestras cupulíferas, nuestros arces y álamos aparecen allí sin transicion en toda la plenitud de sus formas. Los troncos de dicotiledóneas, sepultados en las lignitas, se distinguen á las veces por sus enormes dimensiones y por su mucha edad. En uno de estos troncos, hallado cerca de Bona, contó Nœggerath 792 anillos annuos (1); y en Iseux, pueblo de la Francia septentrional cerca de Abevilla, se ha descubierto un pino en los hornagueros del Soma, de 16 pies de diámetro; grosor estraordinario para las regiones estratropicales del antiguo continente. Segun las preciosas investigaciones de Gœpper, que esperamos se den pronto á la estampa con láminas esplicativas, «todo el ambar del Báltico proviene de un conífero que, á juzgar por los fragmentos de madera y de corteza de diversas épocas, debia de formar una *especie particular*, muy semejante á nuestros pinabetes blancos y rojos. El *árbol de ambar* del mundo primitivo (pinites succifer) era mas resinoso que cualquiera de los coníferos del mundo actual; la resina se hallaba colocada en él no solo por dentro y fuera de la corteza, como en estos últimos, sino tambien en la misma madera, cuyas células y ramificaciones medulares llenas de succino se distinguen perfectamente con el microscopio; y asimismo en grandes masas blancas y amarillas entre los anillos concéntricos de la parte leñosa. En medio de las materias vegetales engastadas en el ambar se han encontrado flores machos y hembras de cupulíferas y de árboles indígenas de hojas aciculares; empero varios fragmentos bien determinados de *thuja*, de *cupressus*, de *ephedera* y de *castania vesca*, mezclados con otros fragmentos de nuestros pinabetes y énebros, revelan una vegetacion distinta de la que actualmente reina en el litoral del Mar Báltico y del Mar del Norte.»

Acabamos de recorrer en la parte geológica del cuadro de la Naturaleza toda la série de las formaciones, desde las rocas de erupcion y las capas sedimentarias mas antiguas, hasta el terreno de transporte en que yacen los pedruscos errantes. Supúsose que estos pedruscos fueron transportados por ventisqueros ó por montañas de yelo flotantes; pero en mi concepto lo fueron mas bien por la

(1) Buckland, *Geology*, pág. 509.

caida impetuosa de las aguas, retenidas primero en depósitos naturales, y luego desencadenadas á consecuencia del solevantamiento de las montañas (1). Por lo demas, el origen de estas masas aisladas, de que no hablo aquí sino incidentalmente, será todavía materia de discusion durante mucho tiempo. Los mas antiguos miembros de la formacion de transicion son el esquisto y la grauwacka, en los cuales se encuentran algunas plantas marinas provenientes del mar silúrico, llamado antiguamente mar cámbrico. Estos *terrenos primarios* (que con tal nombre se les designa) descansan sobre el gneiss y el micasquisto; mas si aun estas dos rocas deben considerarse como capas sedimentarias transformadas, ¿sobre qué bases se han asentado, pues, los mas antiguos sedimentos? En este punto se nos escapa nuestro medio de investigacion, que es la observacion directa, y tenemos que entregarnos á meras conjeturas. Segun un mito de la cosmogonia india, la tierra está sostenida por un elefante, el cual, para no caer, se encuentra á su turno sostenido por una enorme tortuga; no les es lícito, empero, á los crédulos bracminas preguntar quién sostiene á la tortuga Muy semejante es el problema que aquí tratamos de resolver, y no será estraño por lo tanto que nuestra resolucion se vea sometida á los ataques de la crítica.

En la parte astronómica de esta obra hemos visto cómo se ha formado nuestro planeta á espensas de la primitiva atmósfera del Sol; es verosimil que la materia nebulosa de los anillos separados de esta atmósfera se haya aglomerado en esferóides, circulando en torno del Sol, y que luego se fuese operando sucesivamente la condensacion, procediendo de las capas esteriores hácia el centro, hasta quedar al cabo formada la primera corteza sólida. Las capas superiores de esta corteza constituyen las mas antiguas capas silúricas, como hoy las llamamos; capas que han sido atravesadas y solevantadas por rocas de erupcion salidas de profundidades inaccesibles. Es indudable, pues, que estas rocas existian ya completamente formadas debajo del sistema silúrico, ni mas ni menos que como esas otras rocas que aparecen acá y acullá sobre la superficie de la tierra, y nos son ya conocidas con los nombres de

(1) Leopoldo de Buch, en las *Mem de la Acad. de Berlin*, 1815, página 161, y en los *Anales* de Poggendorf, t. IX, pág. 575; Elías de Beaumont, en los *Annales des Sciences Natur.*, t. XIX, pág. 60.

granito, roca augítica ó pórfido cuarzoso. Guiados por la analogía, podemos admitir que las materias que han penetrado por las estratas sedimentarias, y rellenado sus fisuras, son meras ramificaciones de un asiento inferior. Los focos de los volcanes activos se hallan situados á enormes profundidades; y si he de juzgar por los fragmentos incrustados en la lava de los volcanes que he estudiado en muy diversas zonas, debo creer que una roca granítica primitiva forma el sustentáculo (1) de todo el edificio de las capas sobrepuestas que componen la corteza terrestre. Si es cierto que el basalto compuesto de olivina no aparece antes del período cretáceo, y si los trachytos se presentan aun mas tarde, no es menos cierto que las erupciones graníticas pertenecen á la época de las mas antiguas capas sedimentarias, como se halla palpablemente demostrado hasta en la metamórfosis de estas últimas capas. Hemos comparado todos estos hechos con esquisita diligencia; mas atento que el objeto de nuestras investigaciones se escapa á la comprobacion de los sentidos, nos hemos visto en la necesidad de recurrir á la analogía y de raciocinar por induccion; y así hemos intentado restituir al antiguo granito una parte de sus disputados derechos al título de *roca primordial*.

Los recientes progresos de la geognosia nos permiten concebir cómo la determinacion de las *épocas geológicas*, por medio de los caractéres que suministran ya la composicion mineralógica de los terrenos, ya la série de los organismos cuyos restos aquellos contienen, ya el modo de estratificacion de las capas enderezadas, contorneadas ú horizontales, puede conducirnos por el encadenamiento íntimo de los fenómenos al estudio de la *reparticion de las masas sólidas y líquidas* de los continentes y de los mares que forman la corteza de nuestro planeta. Y es porque, en efecto, existe un punto de contacto entre la historia de las revoluciones del globo y la descripcion de su superficie actual, entre la geología y la geografía física, ciencias ambas que concurren á fundar la doctrina general de la forma y distribucion de los continentes. Los contornos que separan la tierra firme del elemento líquido, y las relaciones de estension de sus respectivas superficies, han variado estraordinariamente en la larga série de las épocas geo-

(1) Cf. Elías de Beaumont, *Descrip. géol. de la France*, t. I, pág. 65; Beudant, *Géologie*, 1844, pág. 209.

lógicas. Han variado cuando el carbon de piedra formaba sus lechos horizontales sobre las levantadas capas del calcáreo de montaña y del antiguo asperon rojo. Han variado tambien cuando el lias y la oolita se depositaban sobre las hiladas del keuper y del calcáreo conchífero, ó cuando la creta se precipitaba por las pendientes de la arena verde y del calcáreo jurásico. Si damos con Elías de Beaumont los nombres de *mar jurásico* y de *mar cretáceo* á las aguas de donde se han separado la oolita y la creta formando depósitos cenagosos, es para reconocer luego al punto, que los límites de estas dos formaciones indican, respecto de las épocas geológicas correspondientes, la línea de demarcacion entre la tierra firme y las aguas de un Océano que á la sazon iba á engendrar una parte sólida de la corteza terrestre. Verdaderamente fué ingeniosa la idea de levantar el mapa de esta parte de la geografía primitiva, mapa mas seguro quizas que el de los viajes de Io ó el de la Odysea de Homero; porque en estos últimos se trata de opiniones ó de mitos, al paso que en los primeros son hechos geológicos positivos lo que se intenta representar gráficamente.

Hé aquí el resultado de las investigaciones hechas con el objeto de determinar la estension de la tierra firme en diferentes épocas. En los tiempos mas antiguos, durante los periodos de transicion silúrica y devoniana, y hácia las primeras formaciones secundarias incluso el trias, el suelo continental consistia esclusivamente en islas separadas, cubiertas de vegetales. En los periodos siguientes se unieron entre sí estas islas, pero de tal suerte, que formaban innumerables lagos y golfos profundamente escavados. Por último, cuando se alzaron las cadenas de los Pirineos, de los Apeninos y de los montes Karpatos, y por lo tanto hácia la época de los terrenos terciarios, aparecieron los grandes continentes cuasi con la misma forma que actualmente tienen. En el mundo silúrico, y en la época en que reinaban las cicádeas y los sauros ó lagartos colosales, fué ciertamente menor del uno al otro polo la estension de los terrenos salidos de las aguas, que la que tienen actualmente los del mar del Sur y del Océano Indico. Mas adelante veremos de qué manera ha podido concurrir con otras causas esta preponderancia del elemento líquido, á regularizar los climas y á mantener una temperatura elevada.

Añadamos aqui, para terminar la descripcion del engrandecimiento sucesivo (aglutinacion) de los terrenos salidos de las aguas, que poco tiempo antes de los cataclismos que han producido en intervalos mas ó menos largos la súbita destruccion de tan gran número de colosales animales vertebrados, una parte de las masas continentales presentaba ya las mismas divisiones que hoy vemos; y aun se estenderá mucho mas esta semejanza, si atendemos á la grande analogía que reina en la América del Sur y en las tierras australes entre los animales indígenas de nuestra época y las especies estinguidas. En la Nueva Holanda, por ejemplo, se han encontrado restos fósiles de kangarones; y en la Nueva Zelandia, el esqueleto semifosilificado de un enorme pájaro semejante al avestruz (el *dinornis* de Owen), de la especie de nuestros apterijios, pero algo diferente del dodo (dronte), de la isla Rodriguez, cuya especie desapareció harto tarde.

GEOGRAFIA FISICA EN GENERAL.

La altura de nuestros continentes sobre el nivel general de las aguas que los cercan, se debe quizás á la erupcion del pórfido cuarzoso, que tan violentamente trastornó la primera grande flora terrestre y las capas del terreno ulloso. Las partes unidas de los continentes, que designamos con el nombre de llanuras, no son realmente otra cosa mas que las anchísimas cimas de colinas y montañas, cuyas bases están al nivel del fondo del mar; ó en otros términos: toda llanura es una meseta con relacion al suelo submarino. Las capas sedimentarias han nivelado las primitivas desigualdades de estas mesetas, cubiertas luego nuevamente por los terrenos de aluvion.

Esta parte del cuadro de la Naturaleza se compone de una série de consideraciones generales, cuyo órden no es en manera ninguna arbitrario. En primera linea debe figurar el avalúo de la cantidad de tierras levantadas sobre el nivel del mar. Viene en seguida el exámen de la *configuracion* particular de las grandes masas, en *sentido horizontal* (forma articulada de los continentes), y en *sentido vertical* (hypsometria de las cadenas de montañas). Por último, el cuadro se completa con la descripcion de las dos cubiertas ó envolturas que tiene nuestro planeta; general la una, es á saber, la atmósfera, compuesta de fluidos elásticos; y particular la otra, es decir, circunscrita tan solo á ciertas regiones: el mar, que limita la tierra firme y determina su figura.

Estas dos envolturas de nuestro globo, el aire y el agua, constituyen un conjunto natural, y á ellas debe la superficie de la tierra la variedad de climas, con arreglo á las relaciones de estension superficial del mar y de la tierra, á la forma articulada y orientacion de los Continentes, y á la altura y direccion de las cadenas de montañas. De esta accion recíproca del aire, el mar y la tierra firme, resulta que los grandes fenómenos meteorològicos no podrian comprenderse sin el auxilio de la geognosia. Por eso la meteorologia, la geografía de las plantas y la de los animales, no han hecho verdaderos progresos hasta la época en que semejante dependencia mútua fué clara y distintamente reconocida. Verdad es que la voz *clima* designa una constitucion particular de la atmósfera; mas esta misma constitucion se halla sometida por una parte al *influjo del mar*, surcado en su superficie y en sus profundos senos por corrientes dotadas de muy diversas temperaturas; y por otra al de la *tierra firme*, cuya superficie articulada, quebrada, con mil maneras de colorido, ya desnuda, ya cubierta de bosques ó de céspedes, irradia el calórico con una intensidad sumamente variable.

En el estado actual de la superficie de nuestro planeta, la de la tierra firme es á la del elemento líquido como es á $2\frac{4}{5}$, ó, segun Rigaud (1), como 100 es á 280. Reunidas todas las islas, apenas compondrian la vigésima tercera parte de las masas continentales; y su distribucion es tan irregular, que en el hemisferio boreal ocupan tres veces mas superficie que en el austral. Desde el grado 40 de latitud meridional hasta el polo antártico, la corteza terrestre está casi enteramente cubierta por las aguas, de suerte que el hemisferio austral es esencialmente oceánico. El elemento líquido predomina asimismo en el espacio comprendido entre las costas orientales del Antiguo Continente y las costas occidentales del Nuevo Mundo, donde no se halla interrumpido sino por muy raros archipiélagos, reinando bajo los trópicos en un espacio de 145 grados de longitud; por lo cual el sábio hidrógrafo Fleurieu ha dado

(1) *Transactions of the Cambridge Philos. Society*, t. VI, P. II, 1837, pág. 297. Segun otros autores, la relacion es de 100 á 284.

con justa razon á este ancho espacio el nombre de *Grande Océano*, para distinguirle de todos los otros mares. El hemisferio austral y el hemisferio occidental (occidental, decimos, tomando ahora como primer meridiano el de Tenerife) son por lo tanto las regiones del globo mas abundantemente provistas de agua.

Tales son los principales datos á que debe atenderse cuando se trata de comparar las respectivas superficies del mar y de la tierra firme, y de estudiar la influencia que estas relaciones ejercen sobre la distribucion de las temperaturas, las presiones variables de la atmósfera, la direccion de los vientos, el estado higrométrico del aire, y consiguientemente sobre el desarrollo de la vegetacion. Basta considerar que el agua cubre cuasi los $\frac{3}{4}$ de la superficie total del globo (1), para que nos sorprenda menos la imperfeccion en que habia permanecido la meteorología hasta principios de este siglo; pues solo entonces fué cuando se comenzó á recoger y examinar detenidamente una gran copia de observaciones exactas sobre la temperatura del mar en diferentes latitudes y en diversas estaciones del año.

Ya en la antigüedad se ocupaban los filósofos griegos en determinar la configuracion horizontal de la tierra firme. Para ello tratábase entonces de averiguar cuál era el máximum de su estension de Occidente á Oriente; y, segun el testimonio de Agatemero, Dicearco habia hallado este máximum en la latitud de Rodas, siguiendo la direccion de las columnas de Hércules á Tinea. A esta línea es á la que se ha dado el nombre de «paralelo del diafragma de Dicearco»; y por cierto que la exactitud de su posicion astronómica, sobre la cual he discurrido en otra de mis obras, puede escitar muy justamente nuestra admiracion (2). Tan firmemente persuadido se hallaba Estrabon,

(1) En la Edad media se creia que los mares cubrian tan solamente la sétima parte de la superficie terrestre. El Cardenal de Ailly fundaba esta creencia en un pasaje del 4.º libro apócrifo de Esdras; y como Colon tomaba todas sus noticias cosmológicas de la obra del cardenal, de aquí el gran interés con que defendia la opinion de la pequeñez relativa de los mares, reforzada á mayor abundamiento por la expresion mal comprendida de «Rio del Océano.» Cf. Humboldt, *Exámen crítico de la hist. de la Geografía*, t. I, pág. 186.

(2) Agatemero, en Hudson, *Geographi minores*, t. II, pág. 4. Cf. Humboldt, *Asia Central*, t. I, págs. 120 y 125.

guiado sin duda por las ideas de Eratóstenes, de que el grado 36 *debia tener estrecha relacion con la figura de la tierra* por ser el máximum de estension lineal del mundo entonces conocido, que en este grado cabalmente, entre la Iberia y las costas de Tinea, fué donde colocó la tierra firme cuya existencia proféticamente anunciaba (1).

Si como antes indicamos es mucho mayor la estension de las tierras en uno de los hemisferios que en el otro, ya se haga la division por el Ecuador ó por el meridiano de Tenerife, tambien es fácil reconocer que existen otros muchos contrastes entre el Antiguo y el Nuevo Continente, verdaderas islas rodeadas por todas partes del Océano. En efecto, su respectiva configuracion general y la direccion de sus ejes máximos son de todo punto diferentes: el continente oriental se dirige *en masa* del O. al E., ó mas exactamente del S. O. al N. E.; mientras que el continente occidental cuasi sigue la direccion de un meridiano, corriendo del S. al N. ó mas bien del S. S. O. al N. N. O.

A pesar de estas notables diferencias, se observan tambien ciertas analogías entre ambos continentes, con especialidad en la configuracion de las costas opuestas: por el lado del N., *uno y otro continente se hallan cortados en la direccion de un paralelo* (el de 70°); y por el del S., ambos á dos terminan en punta ó en pirámide, con prolongaciones submarinas indicadas por islas y bancos salientes, que no otra cosa son el archipiélago de la tierra del fuego, el banco de Lagullas, al Sur del cabo de Buena Esperanza, y la tierra de Van-Diemen separada de la Nueva Holanda (Australia) por el Estrecho de Bas. La playa septentrional del Asia rebasa el paralelo de que acabamos de hablar, pues hácia el cabo de Taimura se estiende, segun Krusenstern, hasta 78° 16' de latitud; mas desde la embocadura del gran rio de Tschukotschja hasta el Estrecho de Bering, el promontorio oriental del Asia no pasa, segun Beechey (2), de los 63° 3'. La orilla septentrional del Nuevo Continente sigue con bastante exactitud la direccion del paralelo de 70°; porque cuantas tierras se encuentran

(1) Estrabon, lib. I, pág. 65, ed. de Casaub. Cf. Humboldt, *Exám. crít.*, t. I, pág. 152.

(2) Acerca de la latitud media del litoral del Asia septentrional, y de la verdadera denominacion del Cabo Taimura (Cabo Siewero-Wostotschnoi) y del Cabo del Nordeste (*Schalagskoi Mys*), V. Humboldt, *Asia Central*, t. III, págs. 35 y 37.

al S. y al N. del Estrecho de Barrow, de Boothia-Felix y de la Tierra de Victoria no son sino islas disgregadas.

La forma piramidal de las estremidades meridionales de todos los continentes entra en la categoría de aquellas *similitudines physicæ in configuratione mundi* sobre las cuales tanto insistió Bacon en el *Novum Organon*, y que han servido de testo á las ingeniosas consideraciones de Reinhold Forster, uno de los compañeros de Cook. Partiendo del meridiano de Tenerife en direccion al E. se ve que se van aproximando gradualmente al polo antártico las puntas de tres continentes: la de Africa (estremidad de todo el Antiguo Mundo), y las de la Australia y la América meridional. La Nueva Zelandia, cuyo largo ocupa un espacio de doce grados de latitud, forma un miembro intermedio entre la Australia y la América del Sur, terminando igualmente hácia el Mediodia por una isla (la de New Leinster).

Es tambien muy notable que las salidas de los continentes hácia el N. y sus prolongaciones hácia el S. se hallen situadas casi en los mismos meridianos; asi es que el cabo de Buena Esperanza y el Banco de Lagullas están en el mismo meridiano que el cabo del Norte; y la península de Malacca en el mismo que el cabo de Taimura en la Siberia (1). Por lo tocante á los polos, se ignora si están situados en la tierra firme ó en medio de un Océano cubierto de yelo, pues por el lado del Norte no se ha podido pasar mas allá del paralelo de 80° 55', ni por el del Sur, del 78° 10'.

La forma piramidal que los grandes continentes afectan en sus estremidades suele reproducirse en menor escala, no tan solo en el Océano Indico (penínsulas Arábiga é Indica, y península de Malacca), sino tambien en el Mediterráneo, donde ya Eratóstenes y Polibio habian comparado á este respecto las penínsulas Ibérica, Itálica y Helénica (2). La misma Europa, cuya superficie es cinco veces menor que la del Asia, puede considerarse como una península occidental de la masa casi enteramente compacta del Continente asiático, mucho mas si se atiende á que bajo la relacion del clima la Europa es al Asia lo que la penin-

(1) Humboldt, *Asia Central*, t. I, pá s 198-200. La punta meridional de América, y el archipiélago denominado Tierra de Fuego, se encuentran asimismo en el meridiano de la parte mas septentrional de la bahía de Baffin y de la gran tierra polar, cuyos límites no han llegado aún á fijarse, y que pertenece probablemente á la Groenlandia occidental.

(2) Estrabon, lib. II, pág. 92 y 108, ed. Casaub.

sula de Bretaña al resto de la Francia (1). Las numerosas articulaciones y la forma profusamente quebrada de los continentes ejercen grande influencia en las artes y en la civilizacion de los pueblos que los ocupan: asi lo conocia ya Estrabon, que preconizaba como una ventaja capital la variada forma de nuestra reducida Europa (2). Entre todos los continentes, el Africa (3) y la América del Sur, que tantas analogias presentan en su configuracion bajo otros muchos aspectos, son los que guardan mas uniformidad en sus costas. Por el contrario, la costa oriental del Asia, quebrada, digamoslo así, por las corrientes del mar (*fractas ex æquore terras*) (4), forma una línea sumamente desigual y cortada, sucediéndose en ella casi sin interrupcion las peninsulas y las islas cercanas á la orilla, desde el Ecuador hasta el grado sexagésimo de latitud.

Nuestro Océano Atlántico presenta todos los indicios y vestigios que caracterizan la formacion de un valle. No parece sino que el choque de las aguas se ha dirigido primero hácia el Nordeste, despues hácia el Noroeste, y lue-

(1) Humboldt, *Asia Central*, t. III, pág. 25. Desde 1817 habia yo ya indicado en mi obra *De distributione geographica plantarum secundum cœli temperiem et altitudinem montium*, cuán importante era para la climatología y el estudio de la civilizacion distinguir los continentes *articulados* de los continentes *compactos*: «Regiones vel per sinus lunatos in longa cornua porrectæ, angulosis littorum recessibus quasi membratim discerptæ, vel spatia patentia in inmensum, quorum littora nullis incisa angulis ambit sine anfractu Oceanus» (págs. 81 y 182). Por lo tocante á la relacion de la extension de las costas con la superficie de los continentes, relacion que permite juzgar hasta qué punto es accesible el interior de los mismos, V. los *Anales de Geografia* de Berghaus, t. XII, 1835, pag. 490, y el *Atlas físico*, 1839, número III, pág. 69

(2) Estrabon, libro II, pág. 126, ed. Casaub.

(3) Plinio ha dicho, hablando del Africa (V, 1): «Nec alia pars terrarum pauciores recipit sinus.» La pequeña peninsula Transgangética nos ofrece en su figura triangular una tercera forma sumamente análoga á las del Africa y la *América del Sur*. En la antigüedad griega reinaba la idea de que la tierra firme guardaba cierta *regularidad* en su configuracion. Creíase entonces que habia cuatro grandes golfos, entre los cuales debian ser mútuamente opuestos el golfo Pérsico y el mar de Hircania (Mar Caspio) (Arriano, VII, 16; Plut., *In vita Alexandri*, cap. 44; Dionys., *Perieg.*, vs., 48 y 630, págs. 11 y 38, edic. de Bernh). Aun mas: contábanse cuatro golfos en la superficie de la luna, como un reflejo de las grandes formas de la superficie terrestre (V. esta fantástica concepcion de Agesianax, en Plut. *de Facie in Orbe Lunæ*, pág. 921, 19). Debe leerse en Macrobio, *Comm. in Somnium Scipionis*, II 9, la descripcion de la *terra quadrifida*, ó de los cuatro continentes dispuestos de dos en dos al N y al S. del ecuador. Yo he sometido esta parte de la antigua geografía á una discusion nueva y profunda, á fin de disipar la inextricable confusion en que permanecia envuelta; V. mi *Exámen crit. de la Hist. de la Geografía*, t. I, págs. 119, 145, 180-185, y mi *Asia Central*, t. II, págs. 171-178.

(4) Fleurieu, en el *Voyage de Marchand autour du Monde*, t. IV, páginas 38-42.

go otra vez hácia el N. E. El paralelismo de las costas situadas al Norte del décimo grado de latitud austral: los ángulos entrantes y salientes de las tierras opuestas; la convexidad del Brasil, que mira hácia el golfo de Guinea; la del Africa, opuesta al golfo de las Antillas; todo, todo, para decirlo de una vez, confirma estas consideraciones que al principio podian parecer temerarias y aventuradas (1). En el valle Atlantico, y aun en casi todas las partes del mundo, las orillas profundamente quebradas y abundantes en islas se oponen á orillas seguidas y compactas. Largo tiempo ha que hice yo notar de cuánto interés era para la geognosia la comparacion de las costas occidentales del Africa y de la América del Sur dentro de los trópicos. La costa africana forma una gran curva á manera de golfo en Fernando Pó, á los 40°½ de latitud meridional; pues de la misma manera, la costa del mar del Sur, que sigue la direccion de S. á N. hasta el grado décimo octavo de latitud austral, cambia repentinamente de direccion entre el valle de Arica y el Morro de Juan Diaz, y sigue corriendo hácia el Noroeste De igual cambio de direccion participa hasta la misma cadena de los Andes, que en este lugar se divide en dos ramales paralelos; y no solo padece este cambio el ramal maritimo (2), sino tambien la Cordillera oriental, asiento de la mas antigua civilizacion indigena de América, verificándose cabalmente la inflexion en el paraje en que el reducido mar alpestre de Titicaca baña el pie de dos montañas colosales (el Illimani y el Sorata). Mas lejos hácia el S., desde Valdivia y Chiloe (á 40 ó 42° de latitud meridional) hasta el archipiélago de los Chonos, y desde este hasta la Tierra del Fuego, nos encontramos la configuracion propia de las costas occidentales de la Noruega y de Escocia, es decir, un laberinto de estrechos golfos con ramificaciones muy penetrantes tierra adentro.

Tales son las consideraciones mas generales que puede sugerir el exámen de la superficie de nuestro planeta, re-

(1) Humboldt, en el *Journal de Physique*, t. LIII, 1799, pág. 33; *Relacion histórica*, t. II, pág 19, y t. III, págs. 189 y 198.

(2) Humboldt, en los *Anales de Fisica* de Poggendorf, t. XL, pág. 171. El dédalo de Fiords, que se extiende al S. E. de América, ha sido descrito por Darwin en su *Journal (Narrative of the Voyages of the Adventure and Beagle)*, t. III, 1839, pág. 266. El paralelismo de las dos cadenas se mantiene desde el quinto grado de latitud boreal hasta el quinto de latitud austral. El cambio de direccion que presenta la costa por el lado de Africa, depende probablemente de un cambio análogo en la inmensa fisura sobre la cual se ha levantado la *Cordillera de los Andes*.

lativamente á la forma y á la estension actual de los continentes, considerados en sentido horizontal. Hemos reunido los hechos y presentado de bulto algunas analogías de forma entre regiones entre sí muy distantes, sin que tengamos por ello la presuncion de creer que hemos establecido las leyes de la forma general de la tierra firme. Cuando un viajero examina las eminencias parciales que con bastante frecuencia se forman al pié de ciertos volcanes activos, como el Vesuvio, por ejemplo; cuando vé variar algunos pies el nivel del terreno antes ó despues de las erupciones, y formar un vuelo semejante á un techo ó una eminencia aplanada, no tarda en reconocer que la mas pequeña variacion en la intensidad de las fuerzas subterráneas, ó en la resistencia que el suelo les opone, basta para que las partes solevantadas tomen tal ó cual forma, tal ó cual direccion enteramente distinta. Pues de la misma manera, cualquier débil perturbacion sobrevenida en el equilibrio de las fuerzas interiores de nuestro planeta, habrá determinado una reaccion mas enérgica de las fuerzas solevantantes contra una parte de la costra terrestre que contra la parte opuesta, y no habrá sido menester mas para que estas fuerzas hayan solevantado en el hemisferio occidental un continente compacto con su eje casi paralelo al ecuador, y hecho salir de las aguas en un mismo meridiano del hemisferio oriental una estrecha faja de tierras que abandonan á las aguas mas de la mitad de esta parte del globo.

A pesar de tales contrastes y analogías, no es dado á la ciencia escrutar muy profundamente los grandes fenómenos que han debido presidir al nacimiento de los Continentes. Cuanto sobre este punto sabemos, se reduce a lo siguiente: la causa ó el agente es una fuerza subterránea; los continentes no se han formado de una vez tales como hoy los vemos, antes bien remóntase su origen, segun indicamos mas arriba, á la época silúrica (separacion neptuniana), y su formacion ocupa los periodos siguientes hasta la de los terrenos terciarios, habiéndose efectuado lentamente en medio de una larga série de elevaciones y depresiones sucesivas, y cumplidose al cabo por la aglutinacion de pequeños continentes antes aislados.

La figura actual de los continentes se debe á dos causas que han obrado una despues de otra, y son: la primera, una reaccion subterránea cuya fuerza y direccion nos es imposible determinar, porque salen para nosotros del círculo de los hechos necesarios; y la segunda, todas aquellas potencias que obran en la superficie, entre las cuales han desempeñado el principal papel las erupciones volcánicas, los temblores de tierra, los solevantamientos de las cadenas de montañas y las corrientes del mar ¡Cuán diferente de como es hoy no habria sido la temperatura de la tierra, la vegetacion, la agricultura y hasta la civilizacion misma si hubiesen recibido igual direccion los ejes del Antiguo y del Nuevo Continente; si la cadena de los Andes, en vez de seguir como sigue la direccion de un meridiano, corriese de Oriente á Occidente; si no hubiese ninguna tierra tropical (el Africa) que irradiase fuertemente el calórico á la parte meridional de Europa; si el Mediterráneo, en fin, que primitivamente se comunicaba con el Mar Caspio y con el Mar Rojo, y que ha favorecido poderosamente el establecimiento de las razas humanas, hubiese sido reemplazado por un terreno de tanta altura como las llanuras de la Lombardia ó de la antigua Cyrene!

Los cambios que han sobrevenido en los niveles relativos de las partes sólidas y líquidas de la costra terrestre, y que han determinado la emersion ó la inmersion de las tierras bajas y los actuales contornos de los Continentes, deben atribuirse á un conjunto de muchas causas que han ido obrando sucesivamente, y entre las cuales son sin disputa las mas eficaces, la fuerza elástica de los vapores encerrados en lo interior de la tierra; las repentinas variaciones de temperatura de ciertas capas de mucho espesor (1), el enfriamento secular y regular de la corteza y del núcleo del globo, de donde provienen las arrugas y los pliegues de la superficie sólida; las modificaciones locales de la gravitacion (2), y de sus resultas, los cambios de

(1) De la Bèche, *Sections and Views illustrative of Geological Phenomena*, 1830, Tab. 40; Carlos Babbage, *Observations on the temple of Serapis at Pozzuoli near Naples, and on certain causes which may produce Geological Cycles of great extent*, 1834. «Si la temperatura de una capa de piedra arenisca de 28711 pies de espesor sube 55° la superficie de esta capa dilatada se elevará unos 25 pies. En las capas arcillosas sucede cabalmente lo contrario: su recalentamiento produce una contraccion, y por lo tanto, una depresion del suelo.» Cf. los cálculos hechos por Bischof sobre la elevacion secular de la Suecia, suponiendo que la temperatura de una capa de 163296 pies de espesor suba 3° de Reaumur. Bischof, *Thèorie de la Chaleur interne du Globe terrestre*, pág. 303.

(2) «Habíase supuesto hasta ahora que la pesadez permanecia invariable en cada uno de los puntos de la superficie terrestre; mas luego que se ha comprobado la existencia de un solevantamiento gradual en grandes extensiones de dicha superficie, aquella hipótesis, tan sólidamente asentada al pa-

curvatura en ciertas partes de la superficie de equilibrio del elemento líquido. Hoy es ya un hecho reconocido por todos los geólogos, que la emersion de los continentes se debe á un solevantamiento real y efectivo, y no á un solevantamiento aparente ocasionado por la depresion real del nivel general de los mares. El primero que enunció esta concepcion capital, que concuerda con el conjunto de las observaciones y con los fenómenos análogos de la vulcanicidad, fué Leopoldo de Buch, en su memorable *Viaje á Noruega y Suecia* por los años de 1806 y 1807 (1). Toda la costa de Suecia y de Finlandia, desde el límite de la Escania septentrional (Sœlvitsburgo) hasta Torneo, y desde Torneo hasta Abo, se eleva progresivamente á razon de $1\frac{2}{3}$ pies en cada siglo, al paso que la Suecia meridional se va deprimiendo, segun Nilson (2). Parece que la fuerza de solevantamiento llega al máximum en la Laponia septentrional, y va disminuyendo lentamente hácia el Sur hasta Calmar y Sœlvitsburgo. Las líneas del antiguo nivel que alcanzaba el mar antes de los tiempos históricos, se hallan

recer, carece ya hasta cierto punto de base segura.» Bessel, *Sobre los pesos y medidas*, en el *Anuario* de Schumacher para 1840, pág. 134.

(1) P II (1810), pág. 389. Cf. Hal strœm, en los *Kongl. Vetenskaps-Academiens Handlingar* (Estokolmo), 1823, pág. 30; Lyell, en las *Philos. Transact.*, *for*, 1835, pág. 1; Blom, *Descripc. estadística de la Noruega*, 1843, págs. 89-116, en aleman. Ya desde 1802, antes de la publicacion del viaje de Leopoldo de Bu h á la Escandinavia, aunque con posterioridad á la época del viaje mismo, presumia Playfair que no era el nivel del mar el que se deprimia, sino el suelo de la Suecia el que se elevaba (*Illustrations of the Huttonian Theory*, §. 393); segun Keilhau (*Om Landjordens Stigning in Norge*, en el *Nyt Magazin for Naturvidenskaberne*), precedió á Playfair en este órden de ideas el danés Jessen. Debemos, empero, añadir, que estas opiniones no han ejercido influencia ninguna sobre los progresos de la Física del globo, ni sobre los trabajos del gran geólogo aleman, para quien fueron de todo punto desconocidas. En una obra intitulada: *Kongeriget Norge fremstillet efter dets naturlige of borgerlige Tilstand*, Kjœbeth., 1763, ha tratado Jessen de profundizar las causas de las variaciones que esperimenta la diferencia de nivel del mar y de la tierra firme, tomando por base los antiguos cálculos de Celsio, de Kalm y de Dalin. Despues de asentar en el principio proposiciones erróneas sobre la facultad que atribuye á las piedras y á las rocas de crecer por intususcepcion, pronúnciase al cabo en favor de una hipótesis mas racional, y considera la elevacion gradual del suelo como una consecuencia de los temblores de tierra. «Aunque el terremoto de Egersund, dice Jessen, no produjo ningun solevantamiento de este género, es muy posible que las sacudidas hayan preparado las vias á la accion de algunas otras causas.»

(2) Berzelius, *Rapport annuel sur les progrès des Sciences physiques*, núm. 18, p. 686. La isla de Saltholm, situada en frente de Copenhague, y la de Bornholm, se elevan muy lentamente, tanto que la elevacion de esta última apenas llega á un pié por siglo. V. Forchhammer, en el *Philos. Magasine*, série III, t. II, p. 309.

señaladas en toda la Noruega (1), desde el Cabo de Lindesnæs hasta la estremidad del Cabo del Norte, por bancos compuestos de conchitas idénticas á las del mar actual; Bravais ha medido estas líneas con esquisita escrupulosidad, durante la larga invernada que pasó en Bosekop. La altura sobre el nivel medio del mar es de 700 pies, y segun Keilhau y Eugenio Robert, vuelven á aparecer en las costas de Espitzberga frente por frente del Cabo del Norte (al N.-N.-O.). Empero Leopoldo de Buch, el primero que notó el banco de conchitas de Tromsoe (latitud, 69° 40'), ha demostrado que ninguna relacion tienen los mas antiguos solevantamientos de las tierras bañadas por el mar del Norte, con la emersion lenta, gradual y regular del litoral sueco en el golfo de Bothnia. Tampoco debe confundirse este último fenómeno, comprobado por testimonios históricos irrecusables, con los cambios que sobrevienen al nivel del suelo por consecuencia de los temblores de tierra, como en las costas de Chile y del Cutch. A ejemplo de Leopoldo de Buch, varios geólogos han hecho investigaciones análogas en otros paises, resultando de ellas que á las veces una depresion sensible, ocasionada por el replegamiento de las estratas, corresponde á un solevantamiento general; observacion hecha en la Groenlandia occidental (por Pingel y Graah), en Dalmacia y en Escania.

Siendo muy probable que los movimientos oscilatorios del suelo, así como las elevaciones y depresiones de la superficie durante las primeras edades de nuestro planeta, tuviesen mas intensidad que hoy, no debe causarnos sorpresa que se encuentren depresiones locales y playas enteras aun en el interior de los continentes, situadas muy por debajo del nivel, igual por todas partes, de los mares actuales. Tales son los lagos de anatron descritos por el general Andreossy, los pequeños lagos amargos del istmo de Suez, el Mar Caspio, el lago de Tiberiada y especialmente el Mar Muerto (2). Los niveles de estos dos últimos mares

(1) Keilhau, en el *Nyt Mag. for Naturvid.*, 1832, t. I, págs. 105-254; t. II, p. 57; Bravais, *Sur les lignes d'ancien niveau de la mer*, 1843, páginas 15-40. Cf. tambien Darwin *On the Parallel roads of Glen-Roy and Lochaber*, en las *Philos. Transact. for*, 1839, p. 60.

(2) Humboldt, *Asia Central*, t. II, págs. 319-324; t. III, págs 549-551. La depresion del Mar Rojo ha sido calculada sucesivamente por las medidas barométricas del conde Bertou, por las mas exactas de Russegger y por las operaciones trigonométricas del teniente de navío Symond. Esta última medida, segun una carta dirigida por Alderson á la sociedad geográfica de Londres, que tuvo la bondad de comunicarme mi amigo el capitan Washing-

se hallan respectivamente situados á 729 y 1436 piés por debajo del nivel del Mediterráneo. Si fuése posible quitar de repente todo el terreno de aluvion que cubre las capas pétreas en un gran número de partes llanas de la superficie del globo, se veria que la corteza terrestre, así desnuda, ofrece una multitud de depresiones profundas por debajo del nivel actual de los mares. El suelo parece que se halla sometido todavia en ciertos parajes á lentas oscilaciones independientes de los temblores de tierra propiamente dichos, y muy semejantes á las que han debido producirse casi por do quiera en la costra ya solidificada, puesto que poco consistente, de las épocas primitivas. A oscilaciones de esta especie deben probablemente atribuirse los periodos irregulares de elevacion y depresion del nivel del Mar Caspio, fenómeno del cual he visto yo mismo señales bien marcadas en la cuenca septentrional de este mar (1); y de la misma manera pueden explicarse tambien las observaciones hechas por Darwin en el Mar de Coral (2).

Estos fenómenos, sobre los cuales nos ha parecido conveniente llamar por un momento la atencion, manifiestan cuán distante se halla aún de haber alcanzado una perfecta estabilidad el actual órden de cosas, mostrándonos al mismo tiempo, que los contornos y la configuracion de los Continentes pueden ser modificados á la larga por los cambios y variaciones que incesantemente se efectuan, y que

ton, dió 1755 piés para la diferencia de altura entre el nivel del Mar Muerto y la casa mas elevada de Jaffa. Alderson creia en aquella época (28 de noviembre de 1841), que el Mar Muerto estaba 1532 pies mas bajo que el Mediterráneo. En una comunicacion posterior del teniente Symond (Jameson's *Edinb. New Philos Journal*, t. XXXIV, 1843, pág. 178) se fija en 1436 piés el resultado definitivo de dos medidas trigonométricas perfectamente concordes.

(1) *Sobre la movilidad del fondo del Mar Caspio*, en mi *Asia Central*, t. II, págs. 283-294. La academia imperial de Ciencias de San Petersburgo comisionó en 1810, á peticion mia, al sabio físico Lenz para que colocase señales fijas en la peninsula de Abscheron, cerca de Bakou, á fin de indicar el nivel medio de las aguas en un tiempo determinado. En 1839 insistí asimismo, por apéndice á las instrucciones dadas al capitan Ross para la espedicion antártica, en la necesidad de establecer á orillas del Mar Austral ciertas señales en las rocas, semejantes á las que existen en Suecia y en las playas del Mar Caspio. A haberse adoptado esta medida cuando Cook y Bougainville emprendieron sus primeros viajes, sabríamos ya hoy si la variacion secular del nivel relativo de las aguas y de las tierras es un fenómeno general ó un hecho meramente local, y si se halla sujeta á alguna ley fija la direccion de los puntos que se elevan ó deprimen á un mismo tiempo.

(2) Sobre la depresion y elevacion del fondo del Mar del Sur, y sobre las diversas «areas of alternate movements,» V. el Darwin's *Journal*, págs. 557 y 561-566.

si bien son casi imperceptibles de una á otra generacion, se van poco á poco acumulando por períodos cuya duracion rivaliza con la de los grandes períodos astronómicos. La orilla oriental de la península escandinava se ha elevado de 8000 años á esta parte quizás mas de 120 varas; y si este movimiento es uniforme, puede asegurarse que á los 12,000 años comenzarán á surgir de las aguas y á convertirse en tierra firme ciertas partes del fondo del mar, próximas al litoral escandinavo, y cubiertas actualmente por 50 brazas de agua. Tan largo espacio de tiempo nos asombra por de pronto; y sin embargo, apenas es comparable á los inmensos períodos geológicos que abrazan séries completas de formaciones sobrepuestas, y mundos de organismos extinguidos.

Hasta ahora no hemos considerado mas que los hechos de solevantamiento; pero si seguimos las mismas analogías al tratar de los fenómenos que parecen indicar una depresion progresiva, reconoceremos luego al punto, que este último efecto puede asimismo producirse en grande escala. Así es que en Francia no llega á 560 piés la altura media de la region de las llanuras, y bastaría por lo tanto el menor de los cambios interiores de que nos ofrecen notables vestigios las épocas geológicas, para que se sumergiese en muy poco tiempo gran parte de la Europa occidental, ó, por lo menos, para que se modificase profundamente la forma que hoy tiene nuestro litoral.

El solevantamiento y la depresion de la tierra firme ó de la masa de las aguas, fenómenos recíprocos, por cuanto la elevacion real de uno de estos elementos hace que aparezca luego al instante una depresion en el otro, son las únicas causas de todas las variaciones que esperimenta la forma de los Continentes. Tócale al escritor de una obra libre é imparcial, como lo es la presente, considerar así esta gran cuestion bajo todas sus fases, y hacer mencion por lo menos de la *posibilidad* de que llegue á efectuarse una depresion *real* en el nivel de los mares, es decir, de que se disminuya la masa de las aguas. Que hayan ocurrido grandes variaciones en la cantidad del elemento líquido, y por consiguiente en el nivel de los mares, cuando era mas elevada la temperatura de la superficie, cuando las aguas se precipitaban por mas anchas quiebras y cuando la atmósfera tenia propiedades muy diferentes de las actuales, cosa es que ya hoy para nadie ofrece duda. Mas no sucede asi en el estado actual de nuestro planeta, pues no hay hecho ninguno que anuncie una disminucion semejante, ni pruebas directas de que la masa de las aguas se aumente ó disminuya de una manera progresiva, como ni tampoco de que la altura media del barómetro al nivel del mar varie lentamente en un mismo apostadero. De las investigaciones de Daussy y de Antonio Nobile resulta que la depresion del nivel del mar se conoceria muy luego por un aumento correspondiente en la altura de la columna barométrica; pero como esta altura no es idéntica en todas las latitudes, y depende por otra parte de varias causas meteorológicas, tales como la direccion general de los vientos y el estado higrométrico del aire, síguese de ello que el barómetro solo no es indicio seguro de las variaciones del nivel del mar. Que á principios de este siglo hayan sido abandonados por las aguas y quedado en seco durante varias horas ciertos *puertos del Mediterráneo*, *no quiere decir que se* haya disminuido realmente la masa de las aguas del mar, ó que haya bajado el nivel general del Océano; pues lo único que de tales hechos se deduce es, que las corrientes del mar, mediante un cambio de fuerza y direccion, *pueden* ocasionar la retirada *local* de las aguas y aun la emersion permanente de una pequeña parte del litoral. Al interpretar los datos que actualmente posee la ciencia acerca de esta cuestion delicadísima, toda circunspeccion es poca; de lo contrario, nos espondriamos á atribuir á uno de los «antiguos elementos,» al agua, lo que en realidad pertenece á otros dos, es decir, al aire y á la tierra.

A la manera que la forma exteriormente articulada de los continentes y los innumerables cortes de sus orillas ejercen un influjo saludable en los climas, en el comercio y hasta en los progresos generales de la civilizacion, así tambien la configuracion del suelo en el sentido de la altura, ó digamos la articulacion interior de las grandes masas continentales, puede desempeñar un papel no menos importante en los dominios del hombre. Todo lo que produce variedad de forma (polimorfia) en un punto cualquiera de la superficie terrestre, ya sea una cadena de montañas, una meseta, un gran lago, una verde llanura, ya tambien hasta un desierto con bosques por orillas; cualquier accidente del terreno, por decirlo de una vez, imprime un sello especial y caractéristico al estado social del pueblo que alli habite. Si el suelo está como encajonado entre nevadas y altísimas cumbres, habrá interrupcion y dificultad en las comunicaciones, y será imposible el comercio. Si, por el contrario, le forman bajas llanuras con algunas *cadenas discontinuas* y poco elevadas (1), como en el Oeste y en el Sur de Europa donde tan felizmente se desarrolla este género de articulacion, multiplícanse entonces las influencias meteorológicas, y con ellas las producciones del reino vegetal; y como en tal caso exije un cultivo diferente cada region aun en igualdad de latitudes, resulta que esta configuracion especial crea y desarrolla necesidades que estimulan la actividad de las poblaciones.

Las reacciones interiores son, pues, las que solevantando las cadenas de montañas por entre las capas violentamente erectas han dado su forma actual á la superficie del globo, y preparado el terreno en que las fuerzas de la vida orgánica debian obrar nuevamente, despues de restablecida la calma, para desarrollar en toda su profusion las formas individuales. Sin estas formidables revoluciones, la grosera uniformidad que ellas han hecho desaparecer casi del todo en uno y otro hemisferio habiera enervado la energía física é intelectual del linaje humano.

Las grandes concepciones de Elias de Beaumont nos permiten asignar la edad relativa de cada uno de los sistemas de montañas, partiendo del principio de que la época del solevantamiento de una cadena se halla necesariamente comprendido entre la época de la formacion de las capas levantadas y la del depósito de las estratas que se estienden horizontalmente hasta el pié de la montaña (2). Los pliegues de la corteza terrestre (retorcimiento de las capas) parece que siguen una direccion comun, cuando datan de una misma época geológica. La línea culminante de las capas levantadas no es siempre paralela al eje de la cadena de montañas (3), sino que á las veces le corta, de donde, á mi parecer, resulta que el fenómeno del endereza-

(1) Humboldt, *Rel. hist.*, t. III, págs. 232-234. Cf. tambien las ingeniosas observaciones de Alberto de Roon sobre la configuracion de la tierra y la disposicion de las líneas culminantes, en su obra intitulada *Principios de Geografía, de Ethnología y de Estadística*, 1.ª division, 1837, págs. 158, 270 y 276.

(2) Leopoldo de Buch, *Sobre los Sistemas geognósticos de Alemania en sus Cartas geognósticas á Alejandro de Humboldt*, 1824, págs. 265 271; Elias de Beaumont, *Recherches sur les revolutions de la surface du globe*, 1829, p. 297-307.

(3) Humboldt, *Asia Central*, t. I, págs. 277-283. V. tambien mi *Ensayo sobre el asiento de las rocas*, 1823, pág. 57, y la *Rel. hist.*, t. III, páginas 244-250

miento de las capas, cuya huella puede seguirse buen trecho por las vecinas llanuras, es en tal caso mas antiguo que el solevantamiento de la cadena. La direccion principal del Continente europeo (del S. O. al N. E.) es opuesta á la de las grandes fallas (del N. O. al S. E), las cuales parten de las bocas del Elba y del Rin, atraviesan el Mar Adriático, el Mar Rojo, el sistema de montañas del Louchti-koh en el Luristan, y van á parar al golfo Pérsico y al Océano Indico. Este sistema de grandes líneas geodésicas casi rectangulares ha sido altamente favorable á las relaciones comerciales de Europa con Asia y con el norte del África occidental, lo mismo que á la marcha de la civilizacion en las costas del Mediterráneo, antes mas afortunadas (1).

Mientras mas se asombra la imaginacion al representarse la altura y la masa de las cadenas de montañas, mas se sorprende el ánimo reconociendo en ellas los testigos de las revoluciones del globo, los límites de los climas, el punto de division de las aguas, el asiento de una vegetacion particular; y mas necesidad hay de mostrar por medio de la exacta evaluacion numérica de su volúmen, cuán pequeño es este en realidad comparado con el de los continentes, ó tan siquiera con la estension de las regiones comarcanas. Supongamos, por ejemplo, que se haya de distribuir uniformemente por la superficie de la Francia toda la masa de los Pirineos, cuya base y altura media están medidas con gran exactitud; hecho, pues, el cálculo, nos encontramos con que apenas llegaría á 11 piés la elevacion del suelo. Si diseminásemos del mismo modo por la superficie de Europa los materiales que forman la cadena de los Alpes, el aumento de altura sería á lo mas de unos 23 piés. Despues de un trabajo largo y pesado, que de suyo no podia conducir sino á un límite superior, es decir, á un número escesivamente bajo quizás, pero nunca á un número alto en demasía, he descubierto que el *centro de gravedad* de la tierra firme se halla situado respecto de Europa y de la América del Norte á 736 y 818 piés sobre el nivel actual de los mares, y á 1274 y 1260 piés respecto del Asia y de la América del Sur (2). Las regiones septentrionales son por lo

(1) *Asia Central*, t. I, págs. 284-288. El Mar Adriático sigue la la direccion del S. E. al N. O.

(2) *De la altura media de los Continentes*, en mi *Asia Central*, t. I, págs. 82-90 y 165-189. Los resultados obtenidos por mí deben considerarse como *números-límites*. Laplace valua en 3589 piés la altura media de los Continentes; pero este número es exagerado lo menos en un triplo, atento

tanto relativamente bajas, si bien en Asia se halla compensada la poca altura de las estepas de la Siberia por el enorme ensanchamiento del suelo comprendido entre los paralelos de 28° ½ y de 40°, entre el Himalaya, el Kuen-lun del Tibet septentrional y las Montañas Celestes. Los números hallados por mí revelan hasta cierto punto en qué parajes de la superficie del globo han obrado con mas energía las fuerzas plutónicas, para solevantar las grandes masas de los Continentes.

¿Añadirán estas fuerzas plutónicas, en el curso de los siglos venideros, nuevos sistemas de montañas á los ya existentes, cuyas edades relativas ha determinado con gran exactitud Elias de Beaumont? Ninguna razon hay para sostener lo contrario, pues no se concibe qué causa puede haber hecho que la corteza terrestre pierda la facultad de *rugarse* á impulso de las acciones subterráneas. En vista de que los Alpes y los Andes, sistemas clasificados entre los mas recientes, nos presentan colosos tales como el Monte Blanco y el Monte Rosa, ó como el Sorata, el Illimani y el Chimborazo, ni tan siquiera es lícito suponer que sigan un período decreciente y hayan agotado ya su último esfuerzo las potencias subterráneas que solevantaron aquellos colosos. Todos los fenómenos geognósticos revelan alternativas periódicas de actividad y de reposo (1): el de que hoy gozamos no es, pues, mas que un reposo aparente. Los temblores de tierra que conmueven sin distincion toda clase de terrenos en todas las zonas; la incesante elevacion de la Suecia, y la súbita aparicion de nuevas islas eruptivas, demuestran harto bien que no ha alcanzado aun el interior de nuestro planeta un estado de reposo definitivo.

Las dos cubiertas, líquida y gaseosa, que rodean á nuestro planeta, presentan á la par contrastes y analogías,

que el inmortal geómetra llegó á semejante resultado partiendo de consideraciones hipotéticas sobre la profundidad media de los mares (*Mécanique céleste*, t. V, pág. 14). Yo he demostrado en mi *Asia Central*, t. I, pág. 93, que los matemáticos de la escuela de Alejandría creian ya posible la determinacion de la profundidad de los mares por la altura de las montañas (Plut. *in Æmilio Paulo*, cap. 15). Son muy débiles verosímilmente las variaciones que en el curso de los siglos esperimenta la altura del centro de gravedad de las masas continentales.

(1) Segunda Carta geológica de Elias de Beaumont á Alejandro de Humboldt, en los *Anales* de Poggendorf, t. XXV, págs. 1-58.

producidos los primeros por la diferencia que en cuanto á la elasticidad y al modo de agregacion de las moléculas existe entre los gases y los líquidos, y causadas las segundas por la movilidad comun á todas las partes de los fluidos y de los líquidos, de donde resulta que se manifiestan con especialidad en las corrientes y en la propagacion del calórico. Así la profundidad del mar como la del Océano aéreo nos son igualmente desconocidas. En los mares de los trópicos se ha sondeado hasta 29500 piés (cerca de legua y media) sin llegar al fondo; y si la atmósfera termina, segun creia Vollaston, en un límite fijo semejante á la superficie ondulada del mar, la teoría de los fenómenos crepusculares indicaría para el Océano aéreo una profundidad nueve veces mayor por lo menos. Parte de este último Océano descansa sobre la tierra firme, cuyas montañas y mesetas coronadas de bosques vienen á ser respecto de él otros tantos bajíos y escollos; y parte sobre el mar, que sustenta las capas aéreas mas bajas y húmedas.

En uno y otro Océano, partiendo desde su límite comun, decrece la temperatura con arreglo á leyes determinadas, ya sea que subamos por las capas aéreas ó que descendamos por las acuosas; si bien este decrecimiento se efectua con mas lentitud en la atmósfera que en el mar. Como toda molécula de agua que se enfria adquiere mayor densidad y desciende luego al punto, nos hallamos con que la temperatura de la superficie del mar tiende por dó quiera á ponerse en equilibrio con la de las capas de aire circunvecinas. Por una larga série de observaciones termometricas exactísimas se ha demostrado, que desde el ecuador hasta los paralelos de 48° de latitud austral y boreal, la temperatura *media* de la superficie de los mares es un poco mas elevada que la de la atmósfera (1). Mas como partiendo de la superficie decrece la temperatura á proporcion que se aumenta la profundidad, resulta de aquí que los peces y demas habitantes del mar que buscan las aguas profundas (á causa quizás de su respiracion branquial y cutánea), pueden hallar hasta en los mares tropicales las bajas temperaturas y los frescos climas de las zonas templadas, y aun de las regiones frias; circunstancia que influye poderosisimamente sobre las emigraciones y sobre la distribucion geográfica de un gran número de animales marinos.

(1) Humboldt, *Relacion histórica*, t. III, cap. XXIX, págs. 514-530.

Allégue se á esto, que la profundidad á que habitan los peces modifica su respiracion cutánea en razon del aumento de presion, á la par que determina la relacion entre los gases oxígeno y azoe que llenan su vejiga natatoria.

Como el agua dulce y el agua salada no alcanzan su máximum de densidad á la misma temperatura, y como la salumbre de los mares hace que baje el grado termométrico correspondiente á aquel máximum, es fácil comprender por qué el agua sacada del mar á grandes profundidades, durante los viajes de Kotzebue y de Dupetit-Thouars, no hacia bajar al termómetro mas que á 2°,8 y 2°,5. Esta temperatura cuasi glacial reina hasta en los abismos de los mares intertropicales, y ha dado á conocer las corrientes inferiores que se dirigen de los dos polos hácia el ecuador; porque si realmente no existiese esta doble corriente submarina, jamás bajaría el calor de las capas profundas mas allá del mínimum de temperatura de las capas aéreas que descansan inmediatamente sobre el mar. El Mediterráneo, á la verdad, no presenta gran disminucion de calórico en sus capas mas hondas; empero Arago ha desvanecido cuantas dificultades pudieran suscitarse sobre este punto, demostrando que en el Estrecho de Gibraltar, donde las aguas del Océano Atlántico producen una corriente dirigida de Oeste á Este, hay una contra-corriente inferior que vacia en el grande Océano las aguas del Mediterráneo, y se opone á la introduccion de la corriente polar inferior.

En la zona tórrida, principalmente en los paralelos comprendidos entre el grado décimo al Norte y al Sur del ecuador, la cubierta líquida de nuestro planeta tiene lejos de las costas y de las corrientes una temperatura que permanece uniforme y constante en miles de leguas cuadradas (1). De semejante singularidad se ha deducido fundadamente, que la manera mas sencilla de acometer la resolucion del gran problema tantas veces agitado, relativo á la invariabilidad de los climas y del calórico terrestre, sería someter la temperatura de los mares intertropicales á una larga y continuada série de observaciones (2). A espe-

(1) V. en mi *Asia Central*, t. III, pág. 354, la série de observaciones que yo hice en el Mar del Sur, desde 0° 5' hasta 13° 16' de latitud septentrional.

(2) Por la temperatura del Océano entre los trópicos se puede ya acometer con éxito una cuestion capital no decidida hasta ahora, cual es la de la constancia de las temperaturas terrestres, sin tener que echar cuenta en las influencias locales, de suyo muy circunscritas, que provienen del desmonte

rimentar el disco del Sol alguna gran revolucion bastante duradera, sus efectos se reflejarían de seguro mucho mejor en las variaciones del calor medio del mar, que no en *las de las temperaturas medias de la tierra firme.*

La zona en que alcanzan las aguas del mar su máximum de densidad ó de salumbre, no coincide con la del máximum de temperatura, ni tampoco con el ecuador geográfico; antes bien parece como que forman dos fajas no paralelas, al Norte y Sur de esta línea. Lenz ha descubierto, en su viaje alrededor del mundo, que las aguas mas densas, estando el mar en calma, se hallan á los 22° de latitud septentrional y á los 18° de latitud meridional; y la zona de las aguas menos saladas á pocos grados al Sur del ecuador. En la region donde reinan calmas casi perennes no produce el calor solar mas que una lijera evaporacion, por el mero hecho de ser muy rara vez renovadas por los vientos las capas saturadas de humedad que reposan sobre la superficie de las aguas.

Por regla general, todos los mares que se comunican entre sí deben considerarse, con relacion á su altura media, como perfectamente nivelados. Lo cual no obsta para que ciertas causas locales (probablamente las corrientes y los vientos reinantes) produzcan en algunos golfos profundos diferencias permanentes de nivel, puesto que siempre poco notables. En el istmo de Suez, por ejemplo, suele estar el Mar Rojo 28 ó 32 piés mas alto que el Mediterráneo, segun las diversas horas del dia; diferencia algun tanto considerable, notada ya por los antiguos, y que al parecer depende de la forma particular del Estrecho de Bab-el-Mandeb, por el cual penetran facilmente en el Mar Rojo las aguas del Océano Indico, siendo mas difícil la salida (1). Las excelentes operaciones geodésicas de Coraboeuf y de Delcros demuestran que del un cabo al otro de la cadena de los Pirineos, así como desde Marsella á la Holanda septentrional, no existe diferencia ninguna apre-

y corta de árboles de las llanuras y montañas, y del desecamiento de lagunas y pantanos. Legando cada siglo á los subsiguientes algunas cifras que pueden obtenerse con gran facilidad, les suministrará el medio mas exacto, el mas directo, y por ventura tambien el mas sencillo de averiguar si el Sol, hoy primera y casi esclusiva fuente del calor de nuestro globo, cambia, como la mayor parte de las estrellas, de constitucion física y de brillo, ó si por el contrario ha alcanzado ya un estado permanente. V. Arago, en los *Comptes rendus des séances de l'Acad. des Sciences*, t. XI, págs. 321 y 327.

(1) Humboldt, *Asia Central*, t. II, págs. 321 y 327.

ciable entre el nivel del Océano y el del Mediterráneo (1).

Las perturbaciones en el equilibrio de las aguas, y los movimientos que de ellas resultan, son de tres especies. Los unos, irregulares y accidentales como los vientos que les dan orígen, producen en alta mar, durante la tempestad, olas cuya altura puede llegar hasta 40 piés. Los otros, regulares y periódicos, dependen de la posicion y de la atraccion del Sol y de la Luna (flujo y reflujo). Las *corrientes pelágicas* constituyen, por último, la tercera especie de perturbaciones, y aunque variables por lo que respecta á la intensidad, son sin embargo permanentes. El flujo y reflujo es propiedad que tienen todos los mares, salvo los pequeños mediterráneos, en los cuales son casi ó del todo imperceptibles las oleadas producidas por el flujo. Este gran fenómeno se explica completamente en el sistema neutoniano, el cual «le ha encerrado en el círculo de los hechos necesarios.» Cada una de estas oscilaciones periódicas de las aguas del Océano dura poco mas de medio dia; su elevacion es de muy pocos piés en alta mar, si bien por causa de la configuracion de las costas, que se oponen al movimiento de las ondas, puede aquella llegar hasta 57 piés en Saint-Malo, hasta 75 y aun hasta 82 en las costas de la Acadia. «Despreciando la profundidad del Océano, como imperceptible con relacion al diámetro de la tierra, ha demostrado analíticamente el ilustre Laplace, que la *estabilidad* del

(1) V. los resultados númericos, en la misma obra, t. II, págs. 328-333. De la nivelacion geodésica que accediendo á mis ruegos mandó ejecutar á Lloyd y á Falmarc en 1828 y 1829 mi antiguo amigo el general Bolivar, resulta claramente que el nivel del Mar del Sur se halla, todo lo mas, á 3 1/2 piés por debajo del nivel del mar de las Antillas, y que uno de estos dos mares está alternativamente mas bajo ó mas alto que el otro, segun las horas de sus mareas respectivas. Como la nivelacion se hizo sobre una línea de mas de 21 lenguas, empleando el nivel 923 veces en otros tantos apostaderos, es fácil comprender que el error, si le hay en el resultado final, no puede pasar de 3 1/2 piés, debiendo por lo tanto considerarse este resultado como una nueva prueba del equilibrio de las aguas que se comunican hácia el Cabo de Hornos (Arago, *Annuaire de Bureau des Longitudes pour* 1831, pág. 319). Por mis observaciones barométricas habia yo creido ya reconocer en 1799 y 1804, que caso de existir diferencia entre el nivel del Mar del Sur y el del Mar de las Antillas, no podria esta esceder de 10 piés. V. mi *Rel. hist.*, tomo III, págs. 555-557, y los *Anales de Química*, t. I, págs. 55-64. Las medidas que dan un esceso de altura á las aguas del golfo Mejicano y á las de la parte septentrional del Mar Adriático (combinando las operaciones trigonométricas de Delcros y de Choppin con las de los ingenieros suizos y austriacos), no merecen gran confianza sobre este punto. No obstante la forma del Mar Adriático, es harto inverosímil que el nivel de la parte septentrional esté 30 piés mas elevado que el nivel del Mediterráneo junto á Marsella, y 27 piés mas que el nivel del Océano Atlántico. V. mi *Asia Central*, t. II, página 332.

equilibrio de los mares exije para la masa líquida una densidad inferior á la densidad media de la tierra; y en efecto, ya hemos visto que esta última densidad es realmente cinco veces mayor que la del agua, por lo cual no pueden jamás las tierras altas ser inundadas por el mar, ni es sostenible la opinion de que los restos de animales marinos que se encuentran en lo alto de las montañas, hayan sido llevados allí en otro tiempo por *mareas* de mas elevacion que las actuales (1).» Uno de los mas brillantes triunfos de la Análisis, ciencia que ciertos hombres de talento contrahecho suelen mirar con afectado desden, es haber sometido á la prevision humana el fenómeno de las mareas: gracias á la teoría completa de Laplace, se anuncia ya en las efemérides astronómicas la altura de las mareas que deben ocurrir en cada sicigia, advirtiendo así á los habitantes de las costas los riesgos que pueden correr en aquellas épocas.

Las *corrientes oceánicas*, cuya influencia sobre las relaciones de los pueblos y sobre el clima de las regiones situadas junto á las costas no es posible desconocer, dependen del concurso casi simultáneo de un gran número de causas mas ó menos importantes, entre las cuales pueden contarse las siguientes: la propagacion sucesiva de la marea en su movimiento alrededor del globo; la fuerza y duracion de los vientos reinantes; las variaciones que esperimenta el peso específico de las aguas del mar, segun la latitud, profundidad, temperatura y grado de salumbre (2); y por último, las variaciones *horarias* de la presion atmosférica que se propagan sucesivamente del Este al Oeste, y se manifiestan con suma regularidad en las regiones intertropicales. Verdaderamente es muy singular el espectáculo que en medio de los mares presentan las corrientes: ma-

(1) Bessel, *Sobre las Mareas*, en el Schumacher's Jahrbuch para 1838, pág. 225.

(2) La densidad del agua del mar depende simultáneamente de la temperatura y del grado de salumbre; elemento en que no se ha fijado mucho la atencion al investigar las causas que producen las corrientes. Si no obrase otra cosa mas que las diferencias de salumbre, la corriente submarina que lleva hácia el ecuador las frígidas aguas de las regiones circumpolares seguiría una direccion diametralmente opuesta, es decir, del ecuador hácia los polos. Bajo este punto de vista es de gran importancia la *distribucion geográfica* de la temperatura y de la densidad de las aguas del mar; siendo principalmente dignas de atencion las numerosas observaciones de Lenz (*Anales* de Poggendorf, t. XX, 1830, pág. 129), y las recogidas durante los viajes del capitan Beechey (*Voyage to the Pacific*, t. II, pág 727. Cf. Humboldt, *Rel. hist.*, t. I, pág. 74, y *Asia Central*, t. III, pág. 356.

sas de agua de determinada anchura atraviesan el Océano, á la manera de otros tantos rios con sus correspondientes márgenes, formadas por las aguas mansas, las cuales presentan por su inmovilidad un contraste sorprendente con el movimiento de las otras, especialmente cuando largas capas de ovas arrastradas por la corriente permiten calcular su velocidad. Durante las tempestades se observan á las veces en la atmósfera corrientes análogas, aisladas en medio de las capas inferiores; y si por ventura hallan un bosque á su paso, solo se ven árboles arrancados en la estrecha zona recorrida por las mismas corrientes.

Los vientos alisios y la marcha progresiva de la mareas producen entre los trópicos el movimiento general qué arrastra de Oriente á Occidente las aguas de los mares, y al cual se ha dado el nombre de corriente *ecuatorial* ó corriente de rotacion: su direccion es variable, merced á la resistencia que le oponen las costas orientales de los Continentes. Comparando los trayectos corridos por botellas arrojadas adrede al mar por los viajeros y recogidas al cabo de cierto tiempo, ha determinado Daussy la velocidad de aquella corriente, hallando un resultado que tan solo se diferencia en $\frac{1}{18}$ del que yo deduje de esperimentos mas antiguos (10 millas marinas de 6660 piés cada 24 horas, ó sea cerca de $3\frac{1}{2}$ leguas de á 20000 piés) (1). Cristobal Colon reconoció la existencia de ésta corriente en su tercer viaje, (el primero en que intentó llegar á las regiones tropicales por el meridiano de las Canarias), pues en su libro se lee lo siguiente (2): «Tengo por seguro que *las aguas van con los cielos*» es decir, que se mueven de Oriente á Occidente en conformidad al movimiento diurno aparente del Sol, de la Luna y de todos los astros.

Las corrientes, verdaderos rios que surcan los mares, son de dos especies: las unas llevan las aguas calientes hácia las latitudes elevadas, y las otras devuelven las aguas frias hácia el ecuador. La famosa corriente del Océano At-

(1) Humboldt. *Relacion histórica*, t. I, pàg. 64; *Nouvelles Annales des Voyages*. 1839, pág. 255.

(2) Humboldt, *Exám. crít. de la Hist. de la Geografía*, t. III, página 100. Colon añade que «en ninguna parte es mas fuerte este movimiento que en el mar de las Antillas» (Navarrete, *Coleccion de los viajes y descubrimientos de los españoles*, t. I, pág. 260). Y en efecto, Rennel llama á esta region «not a current, but a sea in motion.» (*Investigations of Currents*, página 23.

lántico, el Gulf-Stream (1), ya reconocida en el siglo XVI por Anglería (2) y principalmente por sir Humfrey Gilbert, pertenece á la primera clase. El origen y las primeras señales de esta corriente deben buscarse al Sur del Cabo de Buena Esperanza; de allí penetra en el mar de las Antillas, recorre el Golfo de Méjico, desemboca por el Estrecho de Bahama, y dirigiéndose despues del S. S. O. al N. N. E. se aleja mas del litoral de los Estados Unidos, se ladea hácia el Este en el Banco de Terranova, y va á azotar las costas de Irlanda, de las Hébridas y de la Noruega, á donde arrastra consigo semillas tropicales (*Mimosa scandens*, *Guilandina bonduc*, *Dolichos urens*). Su prolongacion del N. E. recalienta las aguas del mar y ejerce su benéfico influjo hasta en el clima del promontorio septentrional de la Escandinavia. Al E. del Banco de Terranova se bifurca el Gulf Stream y envia, no lejos de las Azores, un segundo brazo hácia el Sur (3), en el cual se halla el *mar de las Sargasas*, banco inmenso formado de plantas marinas (*fucus natans*, una de las mas abundantes entre las plantas sociales del Océano), que hirieron vivamente la imaginacion de Cristobal Colon y que Oviedo llama *praderías de yerba*. Las tibias brisas que soplan en estos parajes transportan acá y acullá aquellas masas de perenne verdor, en cuyo centro se agitan infinidad de animalilios marinos.

Casi toda esta corriente pertenece, como se vé, á la parte septentrional del fondo del Atlántico, y costea tres Continentes: África, América y Europa. Otra corriente, cuya baja temperatura reconocí en el otoño de 1802, reina en el Mar del Sur é influye de una manera bien perceptible en el clima del litoral. Esta segunda corriente lleva hácia las costas de Chile las aguas frias de las elevadas latitudes australes, y se prolonga por dichas costas y por las del Perú, dirigiéndose primero del Sur al Norte, y luego del S. S. E. al N. N. O., desde que llega á la bahía de Arica. La temperatura de esta corriente fria no pasa entre los trópicos de 15°, 6 en ciertas estaciones del año, al paso que la de las aguas mansas inmediatas sube hasta 27°, 5 y aún hasta 28°, 7. Por último, al Sur de Payta, hácia aquella

(1) Humboldt, *Exám. crit.*, tomo II, pág. 250; *Rel. hist.*, t. II, páginas 66-74.

(2) Petrus Martyr de Angleria, *De Rebus Oceanicis et Orbe Novo*, Bas., 1523. Dec. III, lib. VI, pág. 57. Cf. Humboldt, *Exám. crítico*, t. II, págs. 254-257, y t. III, pág. 108.

(3) Humboldt, *Exám. crit.*, t. III, páginas 64-109.

parte de la América meridional que forma salida al Oeste, la corriente toma la misma curvatura que la costa y se aleja de ella en direccion del E. al O.; de suerte que continuando el rumbo al Norte sale de la corriente el navegante y pasa de súbito del agua fria á la caliente.

Ignoramos á qué profundidad se detiene el movimiento de las aguas calientes ó frias que en tal manera son arrastradas por las corrientes oceánicas; pero es probable que semejante movimiento se propague hasta las capas mas hondas, atento que la corriente de la costa meridional de África se deja sentir en el Banco de Lagullas, cuya profundidad no baja de 70 á 80 brazas.

El termómetro ha llegado á convertirse en una verdadera sonda, merced á un descubrimiento del venerable Franklin. En efecto, cuasi siempre es posible reconocer la presencia de un bajío ó de un banco de arena situado fuera de las corrientes, por el decrecimiento de temperatura del agua que le cubre. Semejante fenómeno, del cual puede sacarse mucho partido para hacer la navegacion mas segura, proviene, en mi concepto, de que las aguas profundas, arrastradas por el movimiento general de los mares, suben las pendientes que rodean á los bajíos, y van á mezclarse con las capas de agua mas superficiales. Sir Humphry Davy ha propuesto esta otra explicacion: las moléculas de agua, que se enfrian por irradiacion durante la noche, descienden hácia el fondo del mar; pero como encima de un bajío se quedan estas moléculas mas cerca de la superficie, de aquí el que la temperatura se mantenga en él mas baja que en cualquiera otra parte. Tambien es muy frecuente que encima de los bajíos se formen nieblas, lo cual dimana de que el agua fria que los cubre determina una precipitacion local de los vapores contenidos en la atmósfera. Yo he visto muchas veces estas nieblas al Sur de la Jamaica y en el Mar del Sur, con sus contornos perfectamente definidos, y reproduciendo exactamente, vistos de lejos, la forma de los bajíos, cual otras tantas imágenes aéreas en que se reflejasen los accidentes del suelo submarino. El agua fria que cubre por lo comun los bajíos, produce efectos todavia mas sorprendentes en las elevadas regiones de la atmósfera, donde obra, poco mas ó menos, como las islas aplanadas de coral ó de arena; siendo muy frecuente ver en alta mar, lejos de las costas y en un dia claro y sereno, nubes suspendidas sobre los puntos donde se hallan situados los bajíos, en cuyo caso se puede determinar por medio de la brújula la direccion de aquellos puntos, ni mas ni menos que si de una cadena de montañas ó de un pico aislado se tratase.

Teniendo una superficie menos variada que los Continentes, contiene sin embargo el mar en su seno tal exuberancia de vida, que no basta á darnos idea de ella ninguna otra region del globo. Con razon observa Carlos Darwin en su interesante *Diario de Viaje*, que nuestros bosques terrestres no abrigan, ni con mucho, tantos animales como los bosques del Océano; que tambien el mar tiene sus bosques, formados por las largas yerbas marinas que crecen en los bajíos, ó por los flotantes bancos de fuco arrancados por las corrientes y las olas, cuyas desunidas ramas suben hasta la superficie, por causa del aire que hinche sus células. El asombro que causa la profusion de las formas orgánicas en el Océano, sube de punto cuando se hace uso del microscopio, porque entonces se reconoce con admiracion que el movimiento y la vida lo han invadido todo. A profundidades mayores que la altura de las mas formidables cadenas de montañas, cada capa de agua se halla animada por poligástricos, cilicidias y ofridinas: pululan allí los animalillos fosforescentes, los mammarios del órden de los acalefos, los crustáceos, los peridinios y las nereidas, cuyos innumerables enjambres son atraidos á la superficie por ciertas circunstancias meteorológicas, y transforman en tal caso cada ola en luminosa espuma. La abundancia de estos diminutos séres vivientes es tal, y tal la cantidad de materia animalizada que de su rápida descomposicion resulta, que el agua del mar se convierte en un verdadero liquido alimenticio para animales mucho mayores.

El mar no ofrece, cierto, fenómeno ninguno mas digno de ocupar la imaginacion, que ese lujo de formas animadas, esa infinidad de séres microscópicos, cuya organizacion, no por pertenecer á un órden inferior, deja de ser delicada y variadísima; pero no es menos cierto que da orígen tambien á otra clase de emociones mas profundas, y casi me atreveria á decir mas solemnes, por la inmensidad del cuadro que despliega á la vista de los navegantes. Todo aquel que se deleita creando dentro de sí mismo un mundo aparte donde pueda ejercerse libremente la actividad espontánea de su alma, se siente lleno de la sublime idea de lo infinito al aspecto de un mar sin orillas, donde su mirada busca principalmente los remotos horizontes, creyendo ver unidos allá á lo lejos cielo y agua en vaporoso contorno, por el cual salen y se ponen alternativamente los astros. Bien es verdad que esta eterna vicisitud de la Naturaleza despierta muy luego en nosotros el vago sentimiento de melancolia que existe oculto en el fondo de todos los goces humanos.

La singular predileccion que el mar me inspira, unida al grato recuerdo de las impresiones que me ha hecho esperimentar en la region de los trópicos el elemento líquido, ya sereno y reposado en medio de la calma de la noche, ya agitado y en lucha contra las fuerzas de la Naturaleza, es lo que me ha decidido á mencionar los goces individuales de la contemplacion, antes de las consideraciones generales que por conclusion voy a enumerar.

El contacto del mar ejerce indudablemente un influjo benéfico y saludable en la moralidad y en los progresos intelectuales de gran número de pueblos, siquiera no sea mas que porque multiplica y estrecha los vínculos que deben unir algun dia en un solo haz á todos los miembros de la humanidad dispersa. Si es posible, por otra parte, llegar al conocimiento completo de la superficie de nuestro planeta, al mar lo debemos, como le debemos ya, asimismo, los mas brillantes progresos de la Astromía y de las ciencias físicas y matemáticas. Al principio, parte de este benéfico influjo se ejercia tan solo en el litoral del Mediterráneo y en las costas occidentales del Mediodia del Asia; mas desde el siglo XVI se ha generalizado, estendiéndose aun á pueblos que moran lejos del mar en el interior de los continentes. Desde la época en que Cristobal Colon fué enviado á libertar al Océano de sus cadenas (asi lo oyó él decir á una voz desconocida en una vision que tuvo hallándose enfermo á orillas del rio de Belem) (1), el hombre ha podido lanzarse á regiones desconocidas, libre ya su espíritu de todo linaje de ataduras.

La segunda cubierta de nuestro planeta, la envoltura esterior, universal, es el Océano aéreo, en cuyos bajios

(1) Hé aquí lo que esta voz misteriosa le decia:
«Maravillosamente Dios hizo sonar tu nombre en la tierra; de los atamientos de la mar Océana, que estaban cerrados con cadenas tan fuertes, te dió las llaves.» Colon refiere este sueño en su carta al rey de España, fecha el 7 de julio de 1503 (Humboldt, *Exám. crítico*, t. III, pág. 234).

(mesetas y montañas) habitamos; y nos presenta seis clases de fenómenos, ligados todos estrechamente entre sí con mútua dependencia. Derívanse estos fenómenos de la constitucion química del aire, de las variaciones que esperimenta su diafanidad, su coloracion y el modo con que polariza la luz; y nacen de los cambios de densidad ó de presion, de temperatura, de humedad y de tension eléctrica. El aire, ademas de contener el oxígeno que es el primer elemento de la vida animal, posee otro atributo importantísimo y no menos noble, cual es el de servir de vehículo al sonido, y serlo por consiguiente, para los pueblos, del lenguaje, de las ideas y de las relaciones sociales. A carecer de atmósfera, como nuestra luna, el globo terrestre no sería mas que un silencioso desierto.

La proporcion de los elementos que forman las capas accesibles del aire está siendo desde principios de este siglo objeto de continuas investigaciones, en las cuales hemos tomado Gay-Lussac y yo una parte muy activa. La análisis química de la atmósfera ha llegado en estos últimos tiempos casi á la suma perfeccion, merced á los escelentes trabajos ejecutados por Dumas y Boussingault con arreglo á nuevos métodos y procedimientos mas exactos que los antiguos. De este análisis resulta, que el aire seco contiene en volúmen 20, 8 de oxígeno y 79, 2 de ázoe; y ademas, de 2 á 5 diezmilésimas de ácido carbónico, menor cantidad aún de gas hidrógeno (1), y, segun las importantes investigaciones de Saussure y de Liebig, algunos vestigios de vapores ammoniacales (2), que suministran á las plantas el ázoe en ellas contenido. Algunas observaciones de Lewy nos inducen á creer que la proporcion de oxígeno varía un poco segun las estaciones, y segun se recoja el aire del interior de los continentes ó de la atmósfera del mar; pues si la inmensa cantidad de organizaciones animales que el mar alimenta puede hacer que varíe la pro-

(1) Boussingault. *Recherches sur la composition de l'Atmosphère*, en los *Annales de Chimie et de Physique*, t. LVII, 1834, págs. 171-173. Segun Boussingault y Léwy, la proporcion de ácido carbónico contenido en la atmósfera de Andilly, esto es, en un punto lejano de las emanaciones de las ciudades, oscila solo entre 0,00028 y 0,00031 de volúmen.

(2) Liebig, en su importante obra titulada: *Química orgánica aplicada á la Agricultura y á la Fisiologia*, 1840, páginas 64-72. Acerca del papel que desempeña la electricidad atmosférica en la produccion del nitrato de ammoniaco, el cual se transforma en ácido carbónico al contacto de la cal, V. Boussingault, *Economie rurale considerée dans ses rapports avec la Chimie et la Météorologie*, 1844, t. II, págs. 247 y 697. (Cf. tambien, t. I, pág. 84).

porcion del oxígeno en el agua, concíbese, en efecto, que debe resultar de aquí una variacion correspondiente en las capas de aire inmediatas á la superficie (1). El aire recogido por Martius en el Faulhorn, á una altura de 9912 piés, no contenia menos cantidad de oxígeno que el aire de París (2).

La introduccion del carbonato de ammoniaco en la atmósfera es anterior, segun todas las probabilidades, á la aparicion de la vida orgánica sobre la superficie del globo. Muchas son las fuentes de donde procede el ácido carbónico que se encuentra en la atmósfera (3). Mencionaremos en primer lugar la respiracion de los animales: estos estraen el carbono de las sustancias vegetales de que se nutren, y á su turno los vegetales lo absorben de la atmósfera. Es tambien un manantial abundante de ácido carbónico el interior de la tierra, en los parajes donde hay volcanes apagados ó fuentes termales. Prodúcese asimismo el carbono á espensas del hidrógeno carbonado que existe en la atmósfera y cuya descomposicion se opera por las descargas eléctricas de las nubes, que tan frecuentes son en las regiones intertropicales. A los elementos que acabamos de indicar como partes constitutivas de la composicion normal del aire en todas las alturas accesibles, se mezclan accidentalmente otras sustancias, como miasmas y emanaciones pestíferas, principalmente en la region mas cercana al suelo. Verdad es que estos gases no han podido hasta ahora sujetarse á la análisis química; mas su existencia en ciertas regiones de la atmósfera es un hecho que no admite duda, antes bien se halla superabundantemente comprobado por los datos mas seguros de la Patología y por los fenómenos de que va acompañada la incesante descomposicion de materias vegetales y animales en toda la superficie del globo. Prescindiendo de las regiones pantanosas y de las playas cubiertas de moluscos podridos ó de copetes de *rhizophora mangle* y de *avicenias*, hay multitud de circunstancias en las cuales pueden mezclase con el aire ciertos va-

(1) Lewy, *Comptes rendus de l'Acad. des Sciences*, t. XVII, B. 2. páginas 235-248.

(2) J. Dumas, *Annales de Chimie*, 3ª série, t. III, 1841, pág. 257.

(3) He omitido en esta enumeracion el ácido carbónico que las plantas exhalan durante la noche al mismo tiempo que absorben el oxígeno, porque esta emision de ácido carbónico queda ampliamente compensada por el acto de la respiracion de los vegetales durante el dia. Cf. Boussingault, *Economie rurale*, t. I, págs. 53-68; Liebig, *Química orgánica*, págs. 16 y 21.

pores ammoniacales y nitrosos, el hidrógeno sulfurado y aun compuestos análogos á las combinaciones de bases múltiples (ternarias y cuaternarias) del reino vegetal (1), y producir el tifo ó las calenturas intermitentes. Ciertas nieblas que exhalan un olor particular nos ofrecen ejemplos de las mezclas que accidentalmente pueden efectuarse en las regiones inferiores de la atmósfera. Ademas, los vientos y las corrientes producidas por el recalentamiento del suelo elevan á las veces á grande altura sustancias sólidas reducidas á finísimo polvo: tal es el que cae hácia las islas de Cabo Verde oscureciendo la atmósfera á grandes distancias, sobre cuyo fenómeno llamó Darwin la atencion de los sabios, hasta que Ehrenberg ha descubierto que aquel polvo contiene innumerables animalillos infusorios de conchitas silíceas.

Enumerando ahora los principales fenómenos característicos de la atmósfera, tendremos que distinguir los siguientes:

1.° Las *variaciones de la presion atmosférica*; las cuales comprenden las oscilaciones horarias del barómetro, especie de marea atmosférica que no puede atribuirse á la atraccion lunar (2) y que varía considerablemente con la latitud geográfica, con las estaciones y con la altura del lugar de observacion.

2.° La *distribucion de los climas y del calórico;* la cual depende de la situacion relativa de las masas diáfanas y de las masas opacas, y de la configuracion hypsométrica de los Continentes. Estas relaciones determinan la situacion geográfica y la curvatura de las líneas isotermas en el sentido

(1) Gay-Lussac, en los *Annales de chimie*, t. LIII, pág. 120; Payen. *Mémoire sur la composition chimique des végétaux*, págs. 36 y 42; Liebig, *Química orgánica*, págs. 299-345; Boussingault, *Economie rurale*, t. I, páginas 142-153.

(2) Aplicando las fórmulas que poco antes de morir comunicó Laplace á la Comision de Longitudes, halló Bouvard, en 1827, que la parte de las variaciones horarias de la presion atmosférica dependiente de la atraccion de la Luna no puede aumentar en París la altura del mercurio en el barómetro, arriba de 0,01 de línea, cuando resulta, por otra parte, de las observaciones hechas en París por espacio de once años consecutivos, que la oscilacion media del barómetro desde las 9 de la mañana hasta las 3 de la tarde era de 0,4 de línea; y de cerca de 0,2 de línea desde las 3 de la tarde hasta las 9 de la mañana. V. *Mémoires de l'Acad. des Sciences*, t. VII, 1827, página 267.

horizontal y vertical, es decir, sobre una misma superficie de nivel y en la série de las capas sobrepuestas.

3.° La *distribucion de la humedad*, dependiente de la proporcion que existe entre la superficie de las tierras y la del Océano, de la distancia al ecuador y de la altura sobre el nivel del mar; conviene distinguir entre sí las diversas formas que revisten los vapores acuosos al precipitarse, pues varian con la temperatura, la direccion y el órden de sucesion de los vientos.

4.° El *estado eléctrico de la atmósfera*, cuyo origen es todavía asunto muy controvertido cuando se trata de la electricidad desarrollada estando sereno el cielo. Bajo este epígrafe habremos de examinar qué relaciones ligan la ascension de los vapores á la tension eléctrica y á la forma de las nubes, dando la influencia que les corresponde á las horas del dia, á las estaciones, á los climas y á la configuracion de las regiones formadas por bajas llanuras ó por elevadas mesetas; investigando las causas de la frecuencia ó rareza de las tempestades, de su periodicidad y de su formacion en el Estío ó en el Invierno; é indicando, por último, las relaciones de la electricidad con las granizadas nocturnas, fenómeno rarísimo, y con las trombas (torbellinos de agua ó de arena) sobre las cuales ha hecho Peltier ingeniosas investigaciones.

Las variaciones horarias del barómetro presentan en las regiones intertropicales dos *maxima* (á las 9 ó 9¹/₄ de la mañana y á las $10\frac{1}{2}$ ó 10³/₄ de la noche), y dos *minima* (á las 4 ó 4¹/₄ de la tarde, y á las 4 de la madrugada, es decir cuasi en las horas de mas calor y de mas frio del dia). El estudio de estas variaciones ha sido para mi, durante mucho tiempo, objeto de asiduas observaciones de dia y de noche (1). Su regularidad es tal, que por la simple inspeccion del barómetro se puede determinar la hora que es, principalmente de dia, sin temor de equivocarse en mas de 15 á 17 minutos por término medio; y tal su permanencia, que ni las tormentas, ni las tempestades, ni las llu-

(1) *Observaciones hechas para comprobar la marcha de las variaciones horarias del barómetro en los Trópicos*, en mi *Relacion histórica del Viaje á las Regiones Equinocciales*, t. III, págs. 270-313.

vias, ni los temblores de tierra son parte á perturbarla, y así persiste en las cálidas regiones del litoral del Nuevo-Mundo como en las mesetas situadas á 14356 piés de altura, donde la temperatura media baja á 7°. Desde el ecuador hasta el paralelo septuagésimo de latitud septentrional, en el cual ha hecho Bravais una série de observaciones exactísimas (1), la amplitud de las oscilaciones diurnas decrece de 1,54 líneas á 0,21 de línea. Algunos han creido que en parajes mucho mas próximos al polo era menor la altura media del barómetro á las 10 de la mañana que á las 4 de la tarde, de suerte que en estos climas se hallarían realmente invertidas las horas del máximum y del mínimum; empero las observaciones de Parry en el puerto de Bowen (73° 14') no justifican, en manera ninguna, semejante creencia.

Merced á las corrientes ascendentes de la atmósfera, la altura media del barómetro es algo menor en el ecuador y en las regiones intertropicales en general, que en las regiones de las zonas templadas (2); y parece que llega á su máximum en la Europa occidental entre los paralelos de 40° y de 45°. Con el objeto de que pueda estudiarse la distribucion de estos fenómenos por la superficie del globo, ha propuesto Kæmtz una manera de representacion gráfica, que consiste en unir por medio de curvas los lugares en que son iguales las diferencias medias entre las extremas alturas *mensuales* del barómetro; tales son las líneas *isobarométricas*, cuyas curvaturas y situacion geográfica conducen á resultados importantísimos para el estudio de la influencia que sobre las oscilaciones de la atmósfera ejercen la configuracion de las tierras y la estension de los mares. El Indostan, con sus elevadas cadenas de montañas y su península triangular, y las costas orientales del Nuevo Continente hácia el punto en que las aguas calientes del Gulf-Stream se dirigen al Este (Terra-Nova), presentan os-

(1) Bravais, en la *Meteorologia* de Kæmtz y Martins, pág. 263. En Halle (lat. 51° 29'), la amplitud de la oscilacion es tambien de mas de 0,3 de línea. En las montañas de la zona templada, parece que la determinacion exacta de las horas del máximum y del mínimum exije una larga série de observaciones; Cf. las observaciones de las variaciones horarias hechas en 1832, 1841 y 1842, en la cima del monte Faulhorn; Martins, *Meteorologia*, página 254.

(2) Humboldt, *Ensayo sobre la Geografia de las Plantas*, 1807, pág. 90; *Rel. hist.*, t. III, pág. 313; y sobre la disminucion de la presion atmosférica en las regiones intertropicales del Océano Atlántico, V. los *Anales de Física* de Poggendorf, t. XXXVII, págs. 245-258 y 468-486.

cilaciones isobarométricas mas considerables que las Antillas y la Europa Occidental. Los vientos reinantes son la principal causa que determina la disminucion de la presion atmosférica; y donde quiera que esta presion disminuye, crece en la misma proporcion la altura media del mar, segun resulta de las observaciones de Daussy (1).

Las variaciones que se reproducen regularmente en la presion atmosférica por períodos horarios ó anuales; los cambios repentinos, dañosos por lo comun (2), que sobrevienen accidentalmente á la misma presion; y, en general, todos los fenómenos cuyo conjunto constituye el estado del cielo, deben atribuirse en gran parte al poder calorífico de los rayos del Sol; de donde resulta, que la direccion de los vientos, la altura del barómetro, los cambios de temperatura y el estado higrométrico del aire son fenómenos conexos. Los resultados de una larga série de observaciones, que se comenzaron mucho tiempo ha á propuesta de Lambert, se hallan reducidos á tablas que indican la presion atmosférica correspondiente al área de cada viento; cuyas tablas, conocidas con los nombres de *rosas náuticas borométricas*, ó *rosas barométricas de los vientos*, han permitido escudriñar mas profundamente el enlace de los fenómenos meteorológicos (3). Dove ha reconocido por medio de consideraciones admirablemente delicadas, que la ley de rotacion de los vientos, por él mismo establecida para uno y otro hemisferio, es la causa principal de muchos de los grandes fenómenos que ocurren en el Océano aéreo (4).

La diferencia de temperatura entre las regiones equinocciales y las polares engendra dos corrientes opuestas,

(1) Daussy, en los *Comptes rendus*, t. III, pág. 156.

(2) Dove, *Sobre las Tormentas*, en los *Anales* de Poggendorf, t. LII, pág. 1.

(3) Leopoldo de Buch, *Rosa barométrica de los vientos*, en las *Memorias de la Acad. de Berlin*, 1818-1819, pág. 187.

(4) Dove, *Recherches météorologiques*, 1837, págs. 99-343; V. tambien las ingeniosas observaciones de Kæmtz sobre la corriente de Oeste superior que desciende hácia las latitudes mas distantes del ecuador, y sobre los fenómenos generales de la direccion de los vientos, en sus *Lecciones de Meteorologia*, págs. 58-66, 196-200, 327-336, 353-364; Kæmtz, en el *Annuario de Schumacher*, para 1838, págs. 291-302. Dove ha publicado una esposicion interesantísima de los principales fenómenos meteorológicos, en un opúsculo impreso en 1842, que lleva por título, *Clima de Berlin* La rotacion de los vientos era conocida de los antiguos navegantes (Churruca, *Viaje al Magallanes*, 1793, pág. 15); acerca de una espresion notable de Cristobal Colon que nos ha conservado su hijo D. Fernando Colon en la *Vida del Almirante*, cap. 55, V. Humboldt, *Exámen crítico de la hist. de la Geografía*, t. IV, pág. 253.

la una en las elevadas regiones de la atmósfera, y la otra en la superficie del globo. Como los puntos situados hácia el ecuador y los situados hácia los polos están animados de rotaciones muy diferentes, resulta que se inclina hácia el Este la corriente que viene del polo, al paso que la equinoccial se ladea hácia el Oeste. De la lucha de estas dos corrientes; del lugar en que la superior desciende hasta tocar en la superficie, y de su recíproca penetracion, dependen no solamente las variaciones mas importantes de la presion atmosférica, los cambios de temperatura en las capas aéreas y la precipitacion de los vapores acuosos condensados, sino tambien la formacion y la variedad de figura de las nubes, como lo ha demostrado Dove. La forma de los nublados, que tanto movimiento y encanto presta á los paisajes, nos revela lo que pasa en las elevadas regiones de la atmósfera; cuando el aire está en calma, las nubes dibujan en el cielo de un caluroso dia de verano, «la imágen proyectada» del suelo, el cual irradia abundantemente calórico hácia el espacio.

Cuando la irradiacion obra sobre grandes superficies *continentales* y *oceánicas* cuya situacion relativa satisface ciertas condiciones, como, por ejemplo, entre la costa oriental del África y la costa occidental de la península índica, se hacen patentes sus efectos, produciendo los monzones de los mares de la India (1), ó el Hippalos (favonio) de los navegantes griegos, cuya direccion, periódicamente variable con la declinacion del Sol, fué fácilmente reconocida y aprovechada desde la mas remota antigüedad. Así comenzó la Meteorológia: el conocimiento de los monzones, esparcido en el Indostan, en China, en el oriente del Golgo Arábigo, al O. del Mar Malayo; la nocion todavia mas antigua y mas general de las brisas de mar y tierra, tales fueron los primeros, los débiles rudimentos de una ciencia que hace actualmente rapidísimos progresos. Los *apostaderos magnéticos*, cuya larga série atraviesa hoy dia

(1) *Monsum* (en lengua malaya *musim*, entre los griegos *hippalus*, favonio, céfiro ó viento de la parte de Poniente) viene de la voz arábiga *mausim*, época determinada y estable, estacion, época en que se reunen los que emprenden la peregrinacion á la Meca. Aplicóse esta voz á la estacion de los vientos regulares, los cuales toman su nombre específico de las regiones de donde soplan; y así se dice, el *mausim* de Aden, el *mausim* de Guzerate, del Malabar, etc. (Lassen, *Arqueologia índica*, t. I, 1843, página 211, en aleman). Acerca de la contraria influencia de la *base sólida* y de la *base líquida* sobre que descansa la atmósfera, V. Dove, en las *Memorias de la Academia de Berlin*, 1842, pág. 239.

desde Moskow a Pekin toda el Asia septentrional, y cuyos trabajos deben comprender el magnetismo terrestre y los demas fenómenos meteorológicos, están llamados á esclarecer con importantes resultados la teoria de los vientos. Comparando las observaciones recogidas en diversos puntos de esta inmensa línea, se podrá decidir, por ejemplo, si los vientos del Este soplan sin interrupcion desde la meseta desierta de Gobi hasta el interior del imperio ruso, o si la corriente producida por la precipitacion del aire en las regiones elevadas no comienza hasta la mitad de la cadena de los apostaderos. Entonces se sabra, literalmente hablando, *de donde viene el viento*. Si no se tienen presente para el resultado que se busca mas que los lugares donde se han estado haciendo por espacio de mas de 20 años observaciones sobre la direccion de los vientos, se echa de ver, segun los recientes y esmerados cálculos de G. Mahlmann, que el viento O.-S.-O. es el viento reinante en las latitudes medias de las zonas templadas de ambos continentes.

Bajo ciertos puntos de vista, nuestras ideas sobre la *distribucion del calor* atmosférico han ganado en claridad, desde que se ha tratado de someter los fenómenos á una manera uniforme de representacion gráfica, enlazando unos con otros, por medio de un sistema de líneas, todos los puntos en que han sido determinadas con exactitud las temperaturas medias del año, del verano y del invierno. El sistema de las líneas *isotermas*, *isoteras* é *isoquimenas* que yo propuse en 1817, podrá tal vez suministrar una base segura á la climatologia comparada, si los físicos consienten en reunir sus esfuerzos para perfeccionarle. Así es como el estudio del magnetismo terrestre ha llegado á ser una verdadera ciencia, desde el dia en que los resultados parciales fueron reunidos y representados gráficamente por líneas de igual declinacion, de igual inclinacion y de igual intensidad.

La voz *clima*, tomada en su acepcion mas general, sirve para designar el conjunto de variaciones atmosféricas que afectan nuestros órganos de una manera sensible; á saber: la temperatura, la humedad, los cambios de la presion barométrica, la calma de la atmosfera, los vientos, la tension mas ó menos fuerte de la electricidad atmosferica, la pureza del aire ó la presencia de miasmas mas o menos deletéreos, en fin, el grado ordinario de transparencia y de serenidad del cielo. Esta última circunstancia influye no solamente sobre los efectos de la irradiacion calorífica del suelo, sobre el desarrollo orgánico de los vegetales y la madurez de los frutos, sino tambien sobre la moral del hombre y la armonía de sus facultades.

Si la superficie de la tierra estuviese formada de un solo fluido homogéneo, ó de capas que tuviesen el mismo color, la misma densidad, el mismo resplandor, la misma facultad de absolver los rayos solares, el mismo poder de irradiar el calórico hácia los espacios celestes, todas las líneas isotermas, isoteras é isoquimenas se dirigirian paralelamente al ecuador. Segun esta hipótesis, las propiedades absorvente y emisiva del calor y de la luz, serian por todas partes las mismas en la superficie del globo, á igual latitud. De este estado medio, que no esclure ni las corrientes de calórico en el interior del globo ni en su cubierta gaseosa, ni la propagacion del calor por las corrientes de aire, es de donde debe partir, como de un estado primitivo, la teoría matemática de los climas. Todo lo que hace variar las propiedades absorvente y emisiva en algunos puntos situados en paralelos iguales, produce una inflexion en las líneas isotermas. La naturaleza de estas inflexiones; los ángulos en que las líneas isotermas, isoteras é isoquimenas cortan los círculos de latitud; la posicion del punto mas entrante ó mas saliente de su concavidad ó de su convexidad con relacion al polo del hemisferio correspondiente, son efectos de causas que modifican, con mas ó menos energía, la temperatura, bajo las diversas latitudes geográficas.

Es una feliz circunstancia para el progreso de la climatologia, el que la civilizacion europea se haya establecido sobre dos continentes opuestos, ó mas bien que haya irradiado de nuestra costa occidental hasta una costa oriental atravesando el Atlántico. Luego que, despues de muchas tentativas efímeras en Islandia y en la Groenlandia, fundaron en fin los habitantes de la Gran Bretaña sobre el litoral de los Estados Unidos de América sus primeras colonias duraderas, cuya poblacion se aumentó rápidamente, merced á las persecuciones religiosas, al fanatismo y al amor de la libertad, los colonos que habian ido á establecerse entre la Carolina del Norte y la embocadura del S. Lorenzo, se sorprendieron de esperimentar inviernos mucho mas frios que los de Italia, Francia y Escocia, bajo las mismas latitudes de estos paises. Semejante diferencia de climas debia tener despierta la atencion; sin embargo, esta observacion no llegó á ser realmente fecunda en resultados para la Meteorologia, sino cuando pudo basarse en datos numéricos, espresivos de las temperaturas medias anuales. Comparando de esta manera á Nain en la Costa del Labrador, con Gotemburgo, Alifax con Burdeos, Nueva York con Nápoles, S. Agustin en la Florida con el Cairo, se observa, que en unas mismas latitudes, las diferencias entre las temperaturas medias del año en la América oriental y las de la Europa occidental, son, yendo del Norte al Sur, 11°, 5; 7°, 7; 3°, 3; y casi 0°. El decrecimiento progresivo de estas diferencias en una série que comprende 28° de latitud, salta claramente á la vista. Mas lejos, hácia el Sur, bajo los mismos trópicos, las líneas isotermas son siempre paralelas al ecuador. Se vé, pues, por los ejemplos precedentes, que estas preguntas que tan frecuentemente se hacen en los círculos de la sociedad: «¿Cuántos grados la América (sin distinguir entre las costas del Oeste y del Este) es mas fria que la Europa? ¿qué diferencia hay entre las temperaturas medias del año en el Canadá ó en los Estados Unidos y en Europa?» se vé, decimos, que bajo una forma tan absoluta y tan general, tales preguntas carecen de todo sentido. La diferencia, en efecto, no es constante, pues varia de un paralelo á otro; y sin una comparacion especial de las temperaturas de invierno y de verano en las costas opuestas, es imposible formarse una idea exacta de las verdaderas relaciones que existen entre los climas, así como apreciar su influencia sobre la agricultura, la industria y el bienestar de las poblaciones.

Al indicar las causas que pueden modificar la forma de las líneas isotermas, distinguiré las que elevan la temperatura de las que tienden á hacerla bajar. La primera clase comprende:

La proximidad de una costa occidental en la zona templada;

La configuracion peculiar á los Continentes que están divididos en islas numerosas;

Los mediterráneos ó los golfos que penetran muy adentro en las tierras;

La orientacion, es decir, la posicion de una tierra respecto á un mar sin hielos, que se estiende mas allá del círculo polar, ó con relacion á un continente de considerable estension, situado bajo el mismo meridiano hácia el ecuador, ó por lo menos en el interior de la zona tropical;

La direccion Sur y Oeste de los vientos reinantes, tratándose del borde occidental de un Continente situado en la zona templada, y sirviendo las cadenas de montañas de baluarte y de abrigo contra los vientos que vienen de regiones mas frias;

La falta de pantanos cuya superficie permanezca cubierta de hielo en la primavera y hasta principios del estio;

La falta de bosques, en un suelo seco y arenoso; la serenidad constante del cielo durante los meses del estio; en fin, la vecindad de una corriente pelágica, si sus aguas son mas calientes que las del mar ambiente.

Entre las causas que hacen bajar la temperatura debo colocar:

La altura sobre el nivel del mar de una region que no ofrezca mesetas considerables;

La vecindad de una costa oriental para las latitudes altas y medias;

La configuracion compacta de un continente cuyas costas estén desprovistas de golfos;

Una grande estension de tierras hácia el polo y hasta la region de las nieves perpetuas, á menos que no haya entre la tierra y esta region un mar constantemente libre de hielo en el invierno;

Una posicion geográfica tal, que las regiones tropicales de la misma longitud esten ocupadas por el mar, ó en otros términos, la ausencia de toda tierra tropical bajo el meridiano del pais cuyo clima se trata de estudiar;

Una cadena de montañas que por su forma ó direccion estorbe el acceso de los vientos calientes, ó bien aún la proximidad de picos aislados, por causa de las corrientes de aire frio que descienden á lo largo de sus vertientes;

Los bosques de grande estension; porque impiden á los rayos solares obrar sobre el suelo; porque sus órganos apendiculares (las hojas) provocan la evaporacion de una gran cantidad de agua en virtud de su actividad orgánica; y porque aumentan la superficie susceptible de enfriarse por via de irradiacion: es decir, que los bosques obran de tres maneras: por su sombra, por su evaporacion y por su irradiacion;

Los numerosos pantanos que en el Norte forman, hácia la mitad del estío, verdaderos ventisqueros en medio de las llanuras;

Un cielo nebuloso de estío, porque intercepta una parte de los rayos del Sol;

Un cielo de invierno muy puro, porque favorece la irradiacion del calórico (1).

La accion simultánea de todas estas causas reunidas, principalmente de aquellas que dependen de las relaciones de estension y de configuracion de las masas opacas (los Continentes) y de las masas diáfanas (los mares), determinan las inflexiones de las líneas isotermas proyectadas sobre la superficie del globo. Las perturbaciones locales producen los puntos entrantes y salientes convexos y cóncavos de estas líneas. Como estas causas se clasifican en diferentes órdenes, debemos empezar considerándolos aisladamente. Mas tarde, para obtener su efecto total sobre el movimiento de las líneas isotermas, es decir, sobre la direccion y las curvaturas locales de estas líneas, examinaremos cómo estas causas reunidas se modifican, se anulan ó se refuerzan mútuamente, lo mismo que si se tratase de pequeños movimientos ondulatorios que se reencuentran y se cruzan. Tal es el espíritu del método por el cual me lisonjeo en creer que será posible algun dia someter inmensas séries de hechos, aislados en la apariencia, á leyes empíricas espresadas numéricamente, y poner de manifiesto su dependencia recíproca.

Los alisios (vientos del Este de la zona tropical), producen remolinos ó contra-corrientes que imprimen la direccion Oeste ú Oeste-Sudoeste á los vientos reinantes de las dos zonas templadas; por cuya razon, estos últimos son vientos terrales con relacion á una costa oriental, y vientos marítimos con relacion á una costa occidental. Ahora bien; no siendo la superficie del mar tan susceptible de enfriarse como la de los continentes á causa de la enorme masa de las aguas y de la precipitacion inmediata de las partículas enfriadas, resulta de aquí que las costas occidentales deben ser mas calientes que las costas orientales, contando siempre con que alguna corriente oceánica no venga á modificar su temperatura. Esta diferencia fué notada la primera vez por un jóven compañero de Cook, el

(1) Humboldt, *Investigaciones sobre las causas de las inflexiones de las líneas isotermas*, en el *Asia Central*, t. III, págs. 103-114, 118, 122 y 188.

ingenioso Jorge Forster, que de una manera tan eficaz ha contribuido á alimentar en mí la aficion á las empresas lejanas. Lo mismo sucede con la analogía que existe, en cuanto á la temperatura, entre la costa occidental de la América del Norte, bajo las latitudes medias, y la costa occidental de Europa (1).

Aun en las regiones del Norte existe una diferencia muy notable entre las temperaturas medias anuales de las costas orientales y de las costas occidentales de América. En Nain, en el Labrador (latitud 57° 10'), la temperatura es de 3°, 10 bajo cero; mientras que es todavía de 6°, 9 sobre cero en Nuevo-Arcángel, en la costa Noroeste de la América rusa. La temperatura media del estío es apenas de 6°, 2 en el primer punto, y de 13°, 8 en el segundo. Pekin (lat. 39° 54'), en la costa oriental del Asia, posee una temperatura media anual (11°, 3) menor que la de Nápoles, el cual se halla sin embargo situado algo mas al Norte: la diferencia pasa de 5°. La temperatura media del invierno en Pekin es, cuando menos, de 3° bajo cero; y en la Europa occidental, en Paris mismo (lat. 48° 50'), de 3°, 3 sobre cero. Los inviernos de Pekin son tambien, por término medio, dos grados y medio mas frios que los de Copenhague, á pesar de la situacion mucho mas septentrional de esta última ciudad (17° de latitud mas al Norte que Pekin).

Ya hemos hablado de la lentitud con que la enorme masa de aguas del Océano sigue las variaciones de temperatura de la atmósfera, deduciendo la consecuencia de que el mar sirve para igualar las temperaturas, y mitigar los rigores del invierno á la par que los calores del estío. De aquí una oposicion importante entre el clima de las islas ó de las costas, propio de todos los continentes articulados, ricos en peninsulas y en golfos, y el clima de lo interior de una gran masa compacta de tierras firmes; contraste ú oposicion que Leopoldo de Buch ha desarrollado completamente por primera vez, sin que al gran geólogo se le haya escapado ninguno de sus rasgos caracteristicos, ninguno de sus efectos sobre la fuerza de la vejetacion, el desarrollo de la agricultura, la transparencia del cielo, la

(1) *Opúsculos* de Jorge Forster, P. III, 1794, pág. 87 en aleman; Dove, en el *Anuario* de Schumacher para 1841, pág. 289; Kæmtz, *Meteorologia*, t. II, págs. 41, 43, 67 y 96; Arago, en los *Comptes rendus*, t. I, página 268.

irradiacion calorífica del suelo y la altura de las nieves perpétuas. En el interior del Asia, Tobolsko, Barnol del Obi é Irkustk tienen estíos iguales á los de Berlin, Münster y Cherburgo, si bien á tales estíos suceden inviernos cuya espantable temperatura media es de —18° á —20°, cuando por el contrario es muy frecuente que en los meses del estío se mantenga el termómetro por espacio de semanas enteras á 30° y 31°. El célebre Buffon llamó con bastante propiedad *escesivos* á estos climas continentales; y no parece sino que los habitantes de los paises en que tales climas escesivos reinan, se hallan condenados, como las almas en pena del purgatorio del Dante (1),

A sofferir tormenti caldi e geli.

Jamás he encontrado en ninguna parte del mundo, ni aun en el Mediodia de Francia, en España ó en las islas Canarias, frutos tan buenos, y, sobre todo, racimos de uva tan hermosos, como los de las cercanías de Astrakan, á orillas del mar Caspio (lat. 46° 21'). La temperatura media del año es allí de cerca de 9°; la del estío sube á 21°, 2 como en Burdeos; pero en cambio baja el termómetro en el invierno hasta—25° y—30°. Lo mismo sucede en Kislar, á la embocadura del Terek, no obstante que esta última ciudad es mas meridional aun que Astrakan (poco mas ó menos como las latitudes de Aviñon y de Rímini).

El clima de Irlanda, de las islas de Jersey y de Guernesey, de la península de Bretaña, de las costas de Normandía y de la Inglaterra meridional, paises de inviernos benignos y de estíos frescos y nebulosos, forma un gran contraste con el clima *continental* del interior del oriente de Europa. Al N. E. de Irlanda (lat. 54° 56'), en puntos situados á igual latitud que Kœnisberga en Prusia, crece el mirto al aire libre lo mismo que en Portugal.

La temperatura llega en Hungría por el mes de agosto á 21°, mientras que en Dublin (igual línea isoterma de 9° ½) no pasa de 16°. En Buda, desciende la temperatura media del invierno á 2°, 4; y en Dublin, donde la temperatura anual no pasa de 9°, 5, la del invierno llega hasta 4°, 3 por debajo de cero, que vienen á ser 2° mas que en Milan, Pavía, Padua y casi toda la Lombardía, en donde el calor medio del año asciende á 12°, 7. En las Orcadas (Stromness),

(1) Dante, *Divina Commedia, Purgatorio*, canto III.

un poco mas hácia el Sur que Estokolmo, si bien la diferencia de latitud no llega á medio grado, la temperatura media del invierno es de 4°, y por lo tanto mas elevada que en Paris y cuasi tanto como la de Londres. Mas todavia: en las islas de Feroe, situadas á los 62° de latitud bajo la benigna influencia del mar y del viento de Poniente, no se hielan jamás las aguas interiores. En las risueñas costas del Devonshire, que tienen un puerto (Salcombe apellidado el Monpeller del Norte á causa de la benignidad de su clima, se ha visto florecer al aire libre el *agave* ó pita mejicana, y dar fruto naranjos cultivados en espaldera abrigados apenas por algunas esteras. Allí, como en Penzancio, en Gosport y en Cherburgo (costas de la Normandia), la temperatura media del invierno es de 5°, 5, inferior por lo tanto en 1°, 3 solamente á las de Mompeller y de Florencia (1). Por estas comparaciones se echa de ver manifiestamente de cuántas maneras puede repartirse una sola é idéntica temperatura entre las diferentes estaciones, y cuánta influencia ejercen estos diversos modos de distribuirse el calórico durante el curso del año, en la vejetacion, la agricultura, la madurez de los frutos y el bienestar material del hombre.

Las líneas que he llamado *isoquimenas é isoteras* (líneas de iguales temperaturas de estío y de invierno) no son paralelas bajo ningun concepto á las líneas isotermas (líneas de iguales temperaturas anuales). Si allí donde los mirtos crecen al aire libre, y donde no se cubre jamás el suelo de nieve permanente en el invierno, apenas bastan las temperaturas del estío y del otoño para hacer que maduren las manzanas; y si para producir vino potable huyen los viñedos de las islas y de casi todas las costas, aun de las occidentales, no debe esto atribuirse tan solo á la baja temperatura que por el estío reina en el litoral; pues la razon de tales fenómenos, antes que en las indicaciones de los termómetros colgados á la sombra, hay que buscarla en la influencia de la luz directa, circunstancia de que se ha hecho poco caso hasta ahora, por mas que se manifiesta

(1) Humboldt, *Sobre las líneas isotermas*, en las *Mém. de phys. et de chimie de la Societé d'Arcueil*, t. III, París, 1817, págs. 143-165; Knight, en las *Transact. of the horticultural Society of London*, t. I, pág. 32; Watson, *Remarks on the geographical distribution of British plants*, 1835, pág. 60; Trevelyan, en el *New. Edinb. Philos. Journal* de Jameson, número 18, pág. 154; Mahlmann, en su escelente traduccion alemana de mi *Asia Central*, P. II, pág. 60.

en una multitud de fenómenos, como, por ejemplo, en la combustion de una mezcla de hidrógeno y de cloro. A este respecto existe una diferencia capital entre la luz difusa y la luz directa, entre la luz que atraviesa un cielo sereno, y la que un cielo nebuloso debilita y dispersa en todas direcciones; diferencia sobre la cual hace ya mucho tiempo que procuré llamar la atencion de los físicos y de los fitólogos (1), como asimismo sobre la cantidad de calórico, desconocida aún, que la accion de la luz directa desarrolla en las células de los vegetales vivientes.

Si recorremos la escala térmica de los diversos géneros de cultivo (2) comenzando por los que exijen climas mas cálidos, encontraremos sucesivamente la vainilla, el cacao, el pisang y el coco; y despues el ananas, la caña dulce, el árbol del café, la palmera, el limonero, el olivo, el castaño fino y la vid de cuya uva se saca vino potable. Estudiando la distribucion de estos diversos cultivos en las llanuras y en las vertientes de las montañas, reconócese luego al punto, que sus límites geográficos no se hallan esclusivamente regidos por las temperaturas medias anuales. Así, pues, para que la viña produzca vino potable (3) no basta que la tempera-

(1) «Hæc de temperie aeris, qui terram late circumfundit, ac in quo, longe a solo, instrumenta nostra meteorologica suspensa habemus. Sed alia est caloris vis, quem radii solis nullis nubibus velati, in foliis ipsis et fructibus maturescentibus, magis minusve coloratis, gignunt, quemque, ut egregia demonstrant experimenta amicissimorum Gay-Lussacii et Thenardi de combustione chlori et hydrogenis, ope thermometri metiri nequis. Etenim locis planis et montanis, vento libere spirante, circumfusi aeris temperies eadem esse potest cælo sudo vel nebuloso; ideoque ex observationibus solis thermometricis, nullo adhibito Photometro, haud cognosces, quam ob causam Galliæ septentrionalis tractus Armoricanus et Nervicus, versus littora, cælo temperato sed sole raro utentia, vitem fere non tolerant. Egent enim stirpes non solum caloris stimulo, sed et lucis, quæ magis intensa locis excelsis quam planis duplici modo plantas movet, vi sua tum propria, tum calorem in superficie earum excitante.» (Humboldt, *de Distributione geographica plantarum*, 1817, págs. 163-164).

(2) Humboldt, obra citada en la nota anterior, págs. 156-161; Meyen, en su *Ensayo sobre la Geografía de las Plantas*, 1836, págs. 379-467, en aleman; Boussingault, *Economie rurale*, t. II, pág. 675.

(3) A continuacion presento un cuadro cuya escala decreciente manifiesta las diversas situaciones de la industria vinícola en Europa, y la degeneracion de sus productos en razon de los climas. V. mi *Asia Central*, t. III, pág. 159. A los ejemplos citados en el texto del *Cosmos* acerca de la produccion del vino en Burdeos y en Postdam añado aquí los datos relativos á las márgenes del Rin y del Mein (lat. 48° 35'—50° 7'). Por Cherburgo y Dublin, cuyos climas se diferencian al parecer muy poco de los del interior de la Europa continental, á juzgar de ellos por las indicaciones de un termómetro colgado á la sombra, se vé que el estado habitualmente sereno ó nebuloso del cielo puede influir sobre las producciones vejetales, hasta el punto de apresurar ó detener la maduracion de los frutos.

tura media del año esceda de 9° ½, sino que ademas es preciso que á una temperatura de invierno superior á +0°,5 subsiga una temperatura media de 18° por lo menos durante el estío. En el valle del Garona ó sea en Burdeos (la-

LUGARES.	LATITUD.	ALTURA en piés.	TEMPERATURAS MEDIAS DEL: Año.	Invierno.	Primavera.	Estío.	Otoño.	NUMERO DE AÑOS de observacion.
BURDEOS.	44° 50'	29	13°,0	6°,1	13°,4	21°,7	14°,4	10
ESTRASBURGO.	48 35	524	9,8	1,2	10,0	18,1	10,0	35
HEIDELBERGA.	49 24	362	9,7	1,1	10,0	17,9	9,9	20
MANHEIM.	49 20	330	10,3	1,5	10,4	19,5	9,8	12
WURTZBURGO.	49 48	517	10,1	1,6	10,2	18,7	9,7	27
FRANCFORT DEL MEIN.	50 7	420	9,6	0,8	10,0	18,0	9,7	19
BERLIN.	52 31	111	8,6	−0,6	8,1	17,5	8,6	22
CHERBURGO. Falta el vino.	49 39	0	11,2	5,2	10,4	16,5	12,5	3
DUBLIN.	53 23	0	9,5	4,6	8,4	15,3	9,8	13

La perfecta conformidad que los datos meteorológicos de los valles del Rin y del Mein presentan entre sí, y en la manera de distribuirse el calor del año entre las diversas estaciones, prueba la exactitud de las observaciones sobre que estos datos descansan. En el cuadro precedente, el invierno comprende los meses de diciembre, enero y febrero, segun el uso con razon adoptado para todos los cuadros meteorológicos. Al comparar la calidad de

titud 40° 50'), las temperaturas medias del año, del invierno, del estío y del otoño son respectivamente: 13°, 8; 6°, 2; 21°, 7; 14°, 4. En las llanuras del litoral del Mar Báltico (lat. 52° ½), donde ya el vino no es potable por mas que allí se consuma, corresponden á aquellos números estos otros: 8°, 6;—0°, 7; 17°, 6; 8°, 6. Indudablemente debe haber una oposicion muy marcada entre estos dos climas, de los cuales el uno es eminentemente favorable al cultivo de la vid, al paso que el otro toca al límite en que este género de labor deja de ser productivo; y por lo tanto parece que debería sorprendernos á primera vista el no hallar bien determinada esta diferencia en las indicaciones termométricas; la sorpresa, empero, bajará mucho de punto con solo considerar que un termómetro colocado á la sombra, del todo ó casi del todo al abrigo de los efectos de la insolacion directa y de la irradiacion nocturna, no puede indicar la temperatura del suelo, libremente espuesto á aquellas influencias, ni las variaciones periódicas que de una á otra estacion esperimenta la misma temperatura.

Las relaciones de climas que se observan entre la península de Bretaña y el resto de la Francia, de masa mas compacta, de estios mas cálidos y de mas crudos inviernos, esas mismas se reproducen hasta cierto punto entre la Europa y el Continente asiático, del cual viene á ser Europa como una especie de península occidental. Europa debe la benignidad de su clima, á su configuracion profusamente articulada; al Océano que baña las costas occidentales del Antiguo Mundo; al mar libre de hielos que la separa de las regiones polares; y principalmente, en fin, á la existencia y situacion geográfica del Continente africano, cuyas regiones intertropicales irradian en abundancia y provocan la ascension de una inmensa corriente de aire cálido, mientras que, por el contrario, las regiones situadas al Sur del

los vinos de la Franconia ó de los paises situados á orillas del Báltico, con la temperatura media de los meses de estío y de otoño en Wurtzburgo y en Berlin, sorprende casi el no hallar *mas diferencias* que de 1° á 1°, 2, si bien las de la primavera son de 2°; la época de florescencia de las viñas durante las tardías heladas de mayo y despues de un invierno 2° tambien mas frio, es un elemento tan importante como puede serlo la época de la maduracion tardía de la uva, y el influjo de la luz solar directa y no difusa. La diferencia de que se trata en el *texto*, entre la *verdadera temperatura superficial* del suelo y los datos de un termómetro colocado á la sombra, ha sido estudiada por Dove con el auxilio de observaciones recojidas por espacio de quince años en un jardin de Chiswick, cerca de Londres (*Rapport sur les Actes de l' Academie de Berlin*, agosto de 1844, pág. 285).

Asía son en gran parte oceánicas. Si el Africa se sumergiese; si saliendo del seno del Océano la fabulosa Atlantide viniese á unir la Europa con la América; si las aguas calientes del Gulf-Stream no se vaciasen en los mares del Norte; ó si, solevantada por las fuerzas volcánicas, se intercalase una nueva tierra entre la península Escandinava y Espitzberga, la Europa se haria indudablemente mas fria (1). Al mismo compás que avanzamos del Este al Oeste, recorriendo, sin salir de un mismo paralelo de latítud, la Francia, la Alemania, la Polonia, la Rusia, hasta la cadena de los montes Urales, vemos á las temperaturas medias del año seguir una série decreciente; pero tambien al mismo tiempo y compás que de este modo penetramos en lo interior de las tierras, la forma del Continente se va haciendo cada vez mas compacta, auméntase su anchura, disminuye la influencia del mar, y déjase sentir menos la de los vientos del Poniente: circunstancias en las cuales estriba la principal razon del abajamiento progresivo de la temperatura. En las regiones situadas allende del Ural, los vientos del Oeste llegan ya á convertirse en verdaderos terrales, y cuando penetran hasta aquellos paises despues de haber soplado sobre una grande estension de tierras heladas y cubiertas de nieve, *lejos de calentarlos los enfrian*. El rigor del clima de la Siberia occidental es un efecto de estas causa generales, debido á la configuracion de la tierra firme y á la naturaleza de las corrientes atmosféricas, y no á la grande elevacion del suelo sobre el nivel del mar (2), con perdon de Hipócrates, Trogue-Pompeyo y mas de un viajero célebre del siglo XVIII, que asi lo han sostenido.

Dejemos ya las llanuras para tratar de las desigualdades de que está sembrada la superficie poliédrica de nuestro globo, y consideremos las montañas con relacion á su influjo sobre el clima de los paises circunvecinos y al que ejercen por causa de su elevacion sobre la temperatura de sus propias cimas, ó aun de sus mesetas. Las cadenas de montañas dividen la superficie terrestre en grandes cuencas, en valles angostos y profundos y en valles circulares,

(1) Cf. mi tratado *Sobre las principales causas de la diversidad de temperaturas en la superficie del Globo*, en las *Mem. de la Acad. de Berlin*, 1827, pág. 311.

(2) El suelo de la Siberia comprendido entre Tobolsk. Tomsk y Barnaul, desde el Altai basta el mar Glacial, no es tan elevado como el de Manheim y el de Dresde, y aun el mismo Irkutsk, cuya elevacion es de 1454 piés, está 1/3 mas bajo que Munich.

que encajonados por lo comun como entre baluartes, *individualizan* los climas locales (en Grecia, por ejemplo, y en una parte del Asia Menor) colocándoles en condiciones especialísimas relativamente al calor, á la humedad, á la transparencia del aire y á la frecuencia de los vientos y de las tempestades. Esta configuracion ha influido poderosamente en todo tiempo sobre las producciones del suelo, la eleccion de los cultivos, las costumbres, las formas de gobierno, y aun sobre las enemistades de las razas vecinas. El carácter de la *individualidad geográfica* alcanza su máximum, por decirlo así, cuando la configuracion del suelo, así en el sentido horizontal como en el vertical, es todo lo mas variada posible; y por el contrario, el carácter opuesto se halla profundamente grabado en las estepas del Asia septentrional, en las grandes llanuras herbáceas del Nuevo-Mundo (sabanas, llanos, pampas), en los eriales de monte bajo de Europa (ericeta) y en los desiertos arenales ó pedregales de Africa.

La ley que sigue el decrecimiento del calor, en diferentes latitudes, á proporcion que se aumenta la altura, es de gran importancia en meteorológia, y no interesa menos á la geografía de las plantas, á la teoría de la refraccion terrestre y á las diversas hipótesis en que se funda la evaluacion de la altura de la atmósfera. Por eso el estudio de esta ley ha sido siempre uno de los principales objetos de mis investigaciones, en la multitud de ascensiones de montañas que he efectuado, así en las regiones intertropicales como en las extratropicales (1).

Desde que se sabe con alguna exactitud cómo se distribuye el calor en la superficie del globo, es decir, desde que se estudian las inflexiones y las distancias de las líneas isotermas é isoteras en los diversos sistemas de temperatura al Este y al Oeste del Asia, de la Europa central y de la América del Norte, no es ya lícito hacer de una manera absoluta la siguiente pregunta: ¿á qué fraccion del calor termométrico medio del año ó del estio corresponde una variacion de 1° de latitud sin salir de un mismo meridiano? En cada sistema de líneas isotermas de iguales curvaturas existe un enlace intimo y necesario entre los tres elementos siguientes: la disminucion del calor en sentido vertical

(1) Humboldt, *Coleccion de observaciones astronómicas*, t. I, páginas 126-140; *Rel. hist.*, t. I, págs. 119, 141 y 227; Biot, *Connaissance des temps* para el año de 1841, págs. 90-109.

de abajo arriba; la variacion de temperatura por cada cambio de 1° en latitud geográfica; la relacion, en fin, que existe entre la temperatura media de un punto situado sobre una montaña, y la distancia al polo de otro punto situado al nivel del mar.

En el sistema de la *América oriental*, varia la temperatura media anual, desde la costa del Labrador hasta Boston, 0°, 88 por cada grado de latitud; de Boston á Charleston, 0°, 95; y de Charleston al trópico de Cáncer (isla de Cuba) la variacion disminuye y no es mas que de 0°, 66. Ya en la zona tropical es tan lenta la variacion de la temperatura media, que desde la Habana á Cumaná no pasa de 0°, 20 por cada grado de latitud.

Muy de otra manera sucede en el sistema formado por las líneas isótermas de la *Europa central*. Entre los paralelos de 38° y 71° hallamos que la temperatura decrece uniformemente á razon de medio grado termométrico por cada grado de latitud; mas como, por otra parte, el calor disminuye un grado en esta region, por cada 560 ó 610 piés de aumento en altura, resulta de aquí que 280 ó 305 piés de elevacion sobre el nivel del mar producen sobre la temperatura anual el mismo efecto que un cambio de 1° de latitud hácia el Norte. Asi vemos que la temperatura media anual del convento del Monte de S. Bernardo, situado á 8940 piés de elevacion, hácia los 45° 50' de latitud, vuelve á encontrarse en llanuras situadas á 75° 50'.

Las observaciones hechas por mí hasta una altura de 21533 piés en la parte de la cadena de los Andes comprendida entre los trópicos, me dieron 1° de disminucion de temperatura por cada 670 piés de aumento de elevacion. Treinta años despues, mi amigo Boussingault halló que el término medio era de 628 piés. Comparando los lugares situados en la vertiente misma de las Cordilleras, con otros parajes de igual altura sobre el nivel del mar aunque situados en mesetas de gran estension, he observado que en estos últimos es de 1°, 5 á 2°, 3 mas elevada la temperatura media del año; y aun seria mayor la diferencia sin la pérdida de calórico que ocasiona la irradiacion durante la noche. Como en esta region se encuentran los climas sobrepuestos los unos á los otros, desde los bosques de cacao de las bajas llanuras hasta la region de las nieves perpetuas; y como la temperatura varía allí muy poco de un cabo al otro del año, puede formarse cualquiera una idea bastante exacta de las temperaturas peculiares á las grandes ciudades situadas en la cadena de los Andes, comparándolas á las de Francia é Italia en ciertas épocas del año. Mientras que en las frondosas márgenes del Orinoco reina diariamente una temperatura 4° mas alta que la del mes de agosto en Palermo, á proporcion que subimos los Andes encontramos en Popayan (6370 piés) la de los tres meses de estío de Marsella; en Quito (10436 piés) la de fines de mayo de París; y, por último, en los Páramos, donde crecen plantas alpestres que aunque mezquinas se cubren de flores, reina la misma temperatura que á principios de abril en París.

Mientras mas nos aproximamos al ecuador, mas elevado se halla en las montañas el *límite de las nieves perpétuas*, como ya lo observó por primera vez uno de los amigos de Cristóbal Colon, el ingenioso Pedro Martir de Angleria, despues de la espedicion emprendida en octubre de 1510 por Rodrigo Enrique Colmenares. He aquí lo que dice á este propósito el citado Pedro Martir en su preciosa obra intitulada *De rebus oceanicis* (1): «El rio Gaira desciende de una montaña (en la Sierra-Nevada de Santa Marta) superior en altura á todas las conocidas, segun afirman los compañeros de Colmenares; y así debe de ser, en efecto, porque la tal montaña, situada todo lo mas á 10° del ecuador, conserva en todo tiempo su cima cubierta de nieve.» El límite de las nieves perpétuas, en cualquier latitud dada, le forma la línea de las nieves que resisten al estío, ó, en otros términos, la mayor altura á que puede llegar esta línea en todo el curso del año. Debemos distinguir cuidadosamente este dato de los tres fenómenos siguientes: de la oscilacion anual del límite inferior de las nieves; de la caida de la nieve esporádica; y de la formacion de los ventisqueros, los cuales parece que no pueden existir sino en las zonas frias y en las templadas. Desde los inmortales trabajos de Saussure, han estudiado en los Alpes Venetz y Charpentier el fenómeno de los ventisqueros, y principalmente Agassiz, cuya intrepidez y perseverancia son superiores á toda ponderacion.

(1) Anglerius, *de Rebus Oceanicis*, dec. II, lib. II, pág. 140 (edicion Col. 1574). En la Sierra de Santa Marta, cuyas mas altas cimas esceden de 20800 piés (V. mi *Rel. hist.*, t. III, pág. 214), una de ellas conserva todavía el nombre de Pico de Gaira.

Conocemos ya bien el límite inferior de las nieves perpétuas; mas por lo que respecta al superior, nada podemos decir, porque aun las mas altas cimas de las montañas no llegan, ni con mucho, á las capas de aire enrarecido que, segun la probable y verosímil opinion de Bouguer, no contienen ya vapor vesicular susceptible de producir por via de enfriamiento cristales de hielo, ni de adquirir de este modo una forma visible. El límite inferior de las nieves no es tan solo una funcion de la latitud geográfica y de la temperatura media anual del paraje en que aquellas se encuentran, pues ni en el ecuador ni aun en la estension de la zona tropical es donde llega este límite á su mayor altura sobre el nivel del mar, como por largo espacio de tiempo se ha creido; antes bien, el fenómeno de que se trata es, en general, un efecto asaz complejo de la temperatura, del estado higrométrico y de la forma de las montañas; y si le sometemos á una análisis todavia mas circunstanciada, como es posible hacerlo hoy dia despues de algunas observaciones recientes (1), reconoceremos que depende del concurso de un gran número de causas, tales como la diferencia de las temperaturas propias de cada estacion; la direccion de los vientos reinantes y su contacto con el mar ó con la tierra; el grado habitual de sequedad ó de humedad de las capas superiores de la atmósfera; el espesor absoluto de la masa de nieve, caida ó acumulada; la relacion entre la altura del límite inferior de las nieves y la altura total de la montaña; la situacion relativa de esta última en la cadena de que forme parte; el ser muy escarpadas las vertientes; la proximidad de otras cimas cubiertas tambien de nieve perpétua; la estension de la altura absoluta de los llanos en cuyo seno se eleva la nevada cumbre como un pico aislado, ó sobre el flanco de una cadena de montañas; y por último, la situacion de estos llanos á orillas del mar ó en el interior de los continentes, y el estar formados de bosques ó de praderas, de pantanos ó de áridos arenales y de grandes moles rocáceas.

En América, el límite inferior de las nieves llega bajo el ecuador á la altura del Monte Blanco de la cadena de los Alpes, y baja en seguida a proporcion que avanzamos hácia

(1) Cf. mi tabla de las alturas de las nieves perpétuas en ambos hemisferios, desde los 71° 12' de latitud boreal hasta los 53° 54' de latitud austral, en el *Asia Central*, t. III, pág. 360.

el trópico boreal; las últimas medidas le colocan cerca de 1120 pies mas bajo en la meseta mejicana, á los 19° de latitud septentrional. Por el contrario, vase elevando hácia el trópico austral, pues Pentland ha hallado que en la Cordillera marítima de Chile (de 14° á 18° de latitud meridional) está dicho límite 2870 pies mas elevado que bajo el ecuador, cerca de Quito, en el Chimborazo, el Cotopaxi y el Antisana. El doctor Gillies avanza hasta decir que á los 33° de latitud austral se halla comprendido el límite de las nieves perpétuas en las vertientes del volcan de Penquenas entre 15863 y 16437 pies de altura. En los dias claros y serenos del estio, la estremada sequedad de la atmósfera favorece hasta tal punto la evaporacion de la nieve, que el volcan de Aconcagua (al N. O. de Valparaiso, lat. 32° ½) ha quedado á las veces enteramente libre de ella, sin embargo de que tiene 1615 pies mas de altura que el Chimborazo, segun las medidas de la espedicion del Beagle (1).

Casi en el mismo círculo de latitud boreal (de 30° ¾ á 31°), sobre la vertiente meridional del Himalaya, el límite de las nieves perpétuas se halla situado á 14197 pies de altura. Combinando y comparando varias medidas practicadas en otras cadenas de montañas, se habia llegado á prever este resultado, que medidas directas han puesto ya fuera de toda duda. Empero en la vertiente septentrional, sometida al influjo de la meseta tibetana, cuya altura media es de 12560 pies próximamente, el límite de las nieves perpétuas se halla a mayor elevacion, pues llega á cerca de 14600 pies. Semejante diferencia ha sido objeto de largas controversias en Europa y en la India, y yo mismo he consagrado desde 1820 varios escritos á esponer mi sentir sobre este punto (2). Tratabase, en efecto, de uno de aque-

(1) Darwin, *Journal of the voyages of the Adventure and Beagle*, página 297. Como el volcan de Aconcagua no se hallaba por entonces en la época de la erupcion, la falta de las nieves (fenómeno que á las veces se observa en el Cotopaxi) no puede atribuirse á un recalentamiento rápido de lo interior del cráter, ni á la emision de gases muy calientes por entre las fisuras. (Gillies, en el *Journal of Nat. Sciences*, 1830, pág. 316).

(2) V. mi *Segunda Memoria sobre las Montañas de la India*, en los *Anales de Química y de Física*, t. XIV, págs. 5- 5, y mi *Asia Central*, t III, págs. 281-327. Los mas hábiles y esperimentados viajeros que han visitado el Himalaya, quiero decir, Colebrooke, Webb y Hogdson, Victor Jaquemont, Forbes Novle, Carlos de Hügel y Vigne, han confirmado todos el esceso de altura de las nieves en la vertiente tibetana, no obstante lo cual han puesto en duda el hecho Juan Gerard, el geólogo Mac Clelland, editor del *Calcutta Journal*, y el teniente Tomas Hulton (*Assistant Surveyor*

llos grandes hechos naturales que no interesan tan solo á los físicos; porque la altura de las nieves perpétuas ha debido influir poderosamente en las condiciones de existencia de los pueblos primitivos, y casi siempre han determinado meras circunstancias meteorológicas en grandes porciones de un mismo continente, aquí la vida agrícola y en cual otra parte la vida nómada.

Aumentándose con la temperatura la cantidad de vapor contenido en la atmósfera, resulta de aquí que este elemen-

of the Agra division). La aparicion de mi obra sobre el *Asia Central* ha reanimado mucho este debate. En un número reciente del periódico publicado en las Indias por Mac Clelland y Griffith (*the Calcutta Journal of natural history*, t. IV, enero de 1844), se halla una noticia muy notable y de todo punto decisiva acerca de los límites de las nieves del Himalaya. El señor Batten (Bengal service) escribia lo siguiente desde el campamento de Semulka á orillas del Cosillah en la provincia de Kumaon: «Acabo de leer con gran sorpresa los asertos del señor Tomas Hutton acerca del límite de las nieves perpétuas, y faltaría á mi deber si no me apresurase á contradecirlos, principalmente al ver que el señor Mac Clelland lleva sus encomios hasta el punto de hablar del servicio que el señor Hutton acaba de prestar á las ciencias destruyendo un error generalmente acreditado (*Journal of the Asiatic Society of Bengal*, t. IX, Calcutta, 1840, pags. 575, 578 y 580) No es cierto que cuantos viajeros han recorrido el Himalaya participen de las dudas de Hutton. Cabalmente soy yo uno de los que con mas frecuencia han visitado la parte occidental de nuestra formidable cadena: yo he ido por el Borendo Pass al valle de Buspa y al bajo Kanawer, y he vuelto á las montañas del Gurwal atravesando la elevada garganta de Rupin; yo he llegado hasta las fuentes del Jumma, cerca de Jumnotri, y desde allí me he dirigido hácia los rios tributarios del Ganges de Mundakni y de Wischnu-Aluknunda, hácia Kadarnah y el famoso pico nevado de Nundidevi; o he atravesado diferentes veces el Niti Pass para llegar á la meseta tibetana, y fundacion mia es el establecimiento de Bhote-Mehals; la situacion de mi morada en medio de las montañas me ha puesto de seis años á esta parte en comunicacion habitual con los viajeros europeos é indígenas, de los cuales he obtenido los datos é informes mas fidedignos acerca del aspecto del país. Pues bien, todos los documentos que he podido reunir de este modo, ya en mis viajes, ya por medio de mis relaciones personales, me han convencido de una cosa que estoy dispuesto á sostener, y es, que *el límite de las nieves perpetuas en el Himalaya está mas alto en la vertiente septentrional* (*tibetana*), *que en la meridional* (*índica*). El señor Hutton se sale de la cuestion creyendo que rebate las conclusiones de Humboldt acerca de este fenómeno considerado en toda su generalidad, y lo que realmente impugna es un fantasma que él mismo se ha forjado; empéñase en probar, y no tenemos ninguna dificultad en concedérselo, que en *ciertas montañas* del Himalaya ha podido durar mas largo tiempo la nieve en la vertiente del Norte que en la del Sur.» (Cf. tambien la nota 1.ª de la pág 25. Si la altura media de la meseta tibetana es de 12560 pies, podemos compararla á la fértil meseta de Caxamarca en el Perú; pero aun admitiendo como segura esta evaluacion, resulta que aquella meseta está 144 pies mas baja que la de Bolivia, en la cual se halla el lago de Titicaca, y que el piso de las calles de la ciudad de Potosí. Segun el cálculo deducido por Vigne del punto de ebullicion del agua, la altura de Ladak es de 11932 pies. La misma altura tiene probablemente H'Lassa (Yul-Sung), ciudad enteramente monástica, rodeada de viñas y llamada por los escritores chinos *Reino de la alegría*; es de creer que estas viñas se hallen situadas en valles muy hondos.

to debe variar segun las horas del dia, las estaciones, latitudes y alturas. Nuestros conocimientos sobre el elemento higrométrico, que tan considerable papel desempeña en la creacion orgánica, han progresado notablemente desde que se introdujo un nuevo procedimiento en las medidas haciendo una aplicacion bastante ingeniosa de las ideas de Dalton y de Daniell. Este procedimiento, cuyo uso se generalizó en seguida, no es otro que la aplicacion del psychrómetro de Augusto, por medio del cual se determina la diferencia entre el punto de rocío y la temperatura del aire ambiente, y por lo tanto la cantidad de vapor que contiene la atmósfera. La temperatura, la presion atmosférica y la direccion del viento se hallan estrechamente enlazadas con la humedad, cuyo poder vivificante no depende tan solo de la cantidad absoluta de vapor disuelto en las capas aéreas, sino tambien de la frecuencia y del modo de precipitacion del mismo vapor, ya sea que humedezca el suelo bajo la forma de rocío ó de niebla, ó que caiga condensado en gotas de agua lluvia y en copos de nieve. Segun Dove (1), «la fuerza elástica del vapor acuoso contenido en la atmósfera de nuestra zona templada llega al máximum con el viento de S. O., y al minimum con el N. E., disminuyendo al Oeste de la rosa naútica y aumentando, por el contrario, en la region oriental; y es que, por el lado del Oeste, una corriente de aire frio, denso y seco rechaza á la de aire caliente, sutil y húmedo, mientras que por el lado opuesto es esta última corriente la que rechaza á la primera. La corriente del S. O. no és mas que una desviacion de la corriente ecuatorial, y la del N. E. es la única corriente polar reinante.»

Si algunas regiones intertropicales donde jamás se vé caer lluvia ni rocio y el cielo permanece completamente despejado por espacio de cinco y aun de siete meses, nos ofrecen sin embargo multitud de árboles cubiertos de fresco y lozano verdor, débese sin duda á que las partes apendiculares (las hojas) tienen la propiedad de absorber el agua de la atmósfera por un acto peculiar de la vida orgánica, independiente de la disminucion de temperatura que la irradiacion produce. Las áridas llanuras de Cumaná, de Coro y de Ceara (Brasil septentrional) que la lluvia no humede-

(1) Cf. Dove, *Comparacion meteorológica de la América del Norte y de la Europa*, en el *Anuario* de Schumacher para 1841, pág. 311, y las *Investigaciones meteorològicas* del mismo autor, pág. 140.

ce jamás, contrastan con otras comarcas intertropicales en donde llueve abundantemente. En la Habana, por ejemplo, ha deducido Ramon de la Sagra de seis años de observaciones, que caen al año por término medio muy cerca de 10 pies de agua lluvia, es decir, cuatro ó cinco veces mas que en París y en Ginebra (1). En la vertiente de la cadena de los Andes decrece como la temperatura la cantidad de lluvia anual, á proporcion que se aumenta la altura (2). Caldas, uno de mis compañeros de viaje en la América del Sur, halló que en Santa Fé de Bogotá (9500 pies de altura) la cantidad anual de agua lluvia no pasa de 3,59 pies, siendo allí por lo tanto menos abundante que en ciertos puntos de las costas occidentales de Europa. Boussingault ha visto varias veces en Quito retrogradar el higrómetro de Saussure hasta 26°, señalando el termómetro una temperatura de 12° á 13°. En su célebre ascension aerostática vió Gay-Lussac al mismo higrómetro señalar 25°,3 en capas de aire situadas á 7336 pies de altura. Empero la mayor sequedad observada hasta ahora en las bajas llanuras es indudablemente la que Gustavo Rose, Ehrenberg y yo tuvimos ocasion de medir en Asia entre las cuencas del Irtysch y del Obi en la estepa de Platowskaia: habia soplado mucho tiempo de lo interior del Continente el viento S. O., y siendo la temperatura atmosférica de 23°, 7, encontramos que el punto de rocio habia descendido á 4°, 3 bajo cero, de suerte que el aire no contenia mas que 0,16 de vapor acuoso (3). Algunos observadores han suscitado dudas en estos últimos tiempos acerca de la gran sequedad que las

(1) El agua lluvia que anualmente ha caido en París desde 1805 á 1822 es, por término medio, de 507 milímetros (1,82 pies), segun Arago; en Londres, desde 1812 á 1827, de 2,27 pies, y en Ginebra, por término medio de 23 años de observacion, de 2,78 pies. En las costas del Indostan, la cantidad anual de agua lluvia varía entre 10,49 y 11,66 pies; y el año de 1821 no cayeron en Cuba menos de 13 pies. Sobre la distribucion de la cantidad de lluvia segun las estaciones en la Europa central, V. las escelentes observaciones de Gasparin, de Schouw y de Bravais, en la *Bibliotèque universelle*, t. XXXVIII, págs. 54 y 264; *Tableau du climat de l'Italie*, pág. 76, y las notas con que ha enriquecido Martins su preciosa traduccion francesa de las *Lecciones de Meteorologia* de Kœmtz, pág. 142.

(2) Segun Boussingault (*Economie rurale*, t. II, pág. 693) la cantidad de lluvia en Marmato (lat. 5° 27', altura 5114 pies, temperatura media 20°4) fué en 1833 y 1834, por término medio de ambos años, de 5,84 pies, al paso que en Santa Fé de Bogotá (lat. 4° 36', altura 9500 pies, y temper. med. 14°,5) no llegó mas que á 3,60 p.

(3) Para los pormenores de esta observacion, V. mi *Asia Central*, t. III, págs. 85-89 y 567; acerca del estado higrométrico de la atmósfera en las bajas llanuras de la América del Sur, V. mi *Rel. hist.*, t. I, págs. 242-248; tomo II, págs. 45 y 164.

medidas de Saussure y las mias dan al aire en las elevadas regiones de los Alpes y de los Andes; pero se han limitado á comparar la atmósfera de Zurich con la de Faulhorn, cuya altura solo en Europa puede pasar por considerable (1). Bajo los trópicos, cerca de la region en que comienza á caer la nieve, es decir, entre 12920 y 13996 pies de altura, las plantas alpestres de hojas mirtiformes y de grandes flores, propias de los Páramos, se hallan bañadas por una humedad cuasi perpétua; mas semejante humedad no prueba que á tal altura exista una considerable cantidad de vapores, sino tan solo que su precipitacion se reitera con mucha frecuencia. Otro tanto puede decirse de las nieblas, tan comunes en la magnífica meseta de Bogotá. Los nublados se forman en capas y se disuelven varias veces en el espacio de una hora: rápidos juegos atmosféricos que caracterizan en general las mesetas y los Páramos de la cadena de los Andes.

La *electricidad de la atmósfera* se liga de mil maneras á todos los fenómenos de la distribucion del calórico, á la presion, á los meteoros acuosos, y muy verosímilmente al magnetismo de que parece hallarse dotada la corteza superficial del globo. Esta íntima conexion se nos revela, ora consideremos la electricidad de las bajas regiones del aire donde su marcha silenciosa varía por periodos que son aún problemáticos, ora la estudiemos en las capas elevadas, en el seno de las nubes donde brilla el relámpago y fulgura atronador el rayo. Grande es el influjo que ejerce sobre los dos reinos vegetal y animal, no solo por los fenómenos meteorológicos á que dá orígen, tales como la precipitacion de los vapores acuosos y la formacion de compuestos ácidos ó amoniacales, sino tambien como agente especial que escita directamente el aparato nervioso y los movimientos circulatorios de los líquidos orgánicos.

No es esta la ocasion de renovar las antiguas controversias acerca del orígen de la electricidad que se desarrolla en la atmósfera estando sereno el cielo: ni investigaremos si debe atribuirse aquella electricidad á la evaporacion de las aguas cenagosas cargadas de sales y de sustancias térreas (2), á la vegetacion (3), á las innumerables reac-

(1) Kæmtz, *Lecciones de Meteorologia*, pág. 117.

(2) Sobre la electricidad proveniente de la evaporacion á una temperatura elevada. V. Peltier, en los *Annales de Chimie*, t. LXXV, pág. 330.

(3) Pouillet, *Annales de Chimie*, t. XXXV, pág. 405.

ciones químicas que se efectuan en el suelo, á la desigual distribucion del calor en las capas aéreas (1); ó si habrá de recurrirse á la ingeniosa hipótesis de que se ha valido Peltier para explicar la electricidad positiva de la atmósfera, suponiendo al globo constantemente cargado de la negativa (2). Lejos de entrar en este vastísimo campo de discusiones, la descripcion física del mundo debe partir de las observaciones electrométricas, tales como las suministra, por ejemplo, el aparato electromagnético propuesto por Colledon, para investigar cómo crece la tension de la electricidad positiva con la altura del paraje y la falta de arbolado de las comarcas inmediatas (3); qué períodos siguen en sus variaciones el flujo y reflujo diurnos de la electricidad atmosférica (segun el sistema de investigaciones establecido en Dublin por Clarke, no parece que son tan simples estos períodos como los conocidos por Saussure y por mí); y cómo, por último, varía la tension segun las estaciones, la distancia al ecuador, y la proporcion local entre la superficie de las tierras y la del Océano.

Si en tésis general es cierto que el equilibrio de las fuerzas eléctricas se halla sujeto á perturbaciones menos frecuentes en los parajes en que el Océano aéreo insiste sobre un fondo líquido, que no en las atmósferas continentales, no por ello sorprende menos ver cómo obran, en el seno de los mas vastos mares, grupos pequeñisimos de islas, provocando la formacion de las tormentas. En mis largas séries de investigaciones hechas en tiempo nebuloso, he visto frecuentemente á la electricidad atmosferica, al principio vítrea de una manera permanente, pasar de súbito á la electricidad resinosa, reproduciéndose diferentes veces estas alternativas, lo mismo en las llanuras de las zonas frias que en los Páramos de las Cordilleras, entre 11484 y 16150 pies de altura, y siendo el fenómeno de todo punto semejante á los que indican los electrómetros durante una tempestad y en los momentos que la preceden (4).

(1) De la Rive, en su escelente *Essai historique sur l'Électricité*, página 110.

(2) Peltier, *Comptes rendus de l'Acad. des Sciences*, t. XII pág. 307; Becquerel, *Traité de l'Électricite et du Magnetisme*, t. IV, pág. 107.

(3) Duprez, *Sur l'Électricité de l'air*, (Bruxelles, 1844), págs. 56-61.

(4) Humboldt, *Relat. hist.*, t. III, pág. 318. No hablo aquí sino de las investigaciones que he hecho con un electrómetro de Saussure provisto de un conductor metálico de 3 pies y 7 pulgadas de largo, en las cuales no recibia el electrómetro movimiento ninguno de arriba abajo ni de abajo arriba, ni tenia tampoco el conductor una esponja empapada en alcohol inflamado. Ya

Cada vesícula de vapor se halla rodeada de una pequeña atmósfera eléctrica; y cuando estas vesículas se agrupan y condensan formando nubes de contornos determinados, pasa la electricidad de todas ellas á la superficie y contribuye al aumento de la tension general en la cubierta esterior (1). Las nubes de color pardo apizarrado se hallan cargadas de electricidad resinosa, segun las investigaciones hechas por Peltier en Paris; y las de color blanco, rosado ó anaranjado poseen la electricidad vítrea. Las nubes tormentosas pueden formarse á cualquier altura: yo las he visto coronar las mas altas cimas de los Andes; y aun he hallado vestigios de vitrificacion causados por el rayo en una de las rocas en forma de torre que cubren el cráter del volcan de Toluca, á 16509 pies de altura. En las bajas llanuras de las zonas templadas, se ha visto tambien que la altura de ciertas nubes tormentosas, medida en sentido vertical, pasaba de 27800 pies (2). Pero en cámbio puede abajarse la capa de nubes que encierra el rayo, descendiendo algunas veces á distancia de 558 y aun de 359 pies del suelo de las llanuras.

En el trabajo mas completo que hasta ahora poseemos acerca de uno de los mas delicados ramos de la Meteorología, distingue Arago tres especies de manifestaciones luminosas (*relámpagos*), que son: 1.° los relámpagos que culebrean y tienen sus bordes perfectamente terminados; 2.° los que sin forma determinada iluminan el cielo, no pareciendo cuando brillan sino que se abre la nube para dejarles paso; y 3.° los que semejan globos de fuego (3). Los primeros duran apenas $\frac{1}{1000}$ de segundo; pero los globulares son mucho menos rápidos y pueden durar varios segundos.

comprenderán el objeto de esta restriccion los lectores que se hallen al corriente de los puntos controvertidos en la actualidad acerca de la teoría de la electricidad atmosférica. Por lo tocante á la formacion de las tormentas en las regiones intertropicales, véase mi *Rel. hist.*, t. II, págs. 45 y 202-209.

(1) Gay-Lussac, en los *Annales de Chimie et de Physique*, t. VIII, página 167. La falta de conformidad que hay entre las opiniones de Lamé, de Becquerel y de Peltier cuasi no permite decidir aun sobre la causa de la distribucion específica de la electricidad en las nubes, cargadas las unas de electricidad positiva, y de electricidad negativa las otras. Es un fenómeno sumamente curioso, descubierto primero por Tralles y comprobado por mí muchas veces en muy diversas latitudes, la electricidad negativa que se desarrolla en el aire junto á las cascadas en que el agua se reduce incesantemente á menudísimo polvo; sus efectos son perceptibles con un buen electrómetro hasta 359 y aun 466 pies de distancia.

(2) Arago, *Annuaire du Bureau des Longitudes pour* 1838, pág. 246.

(3) Ibid., págs. 249-266 (Cf. las págs. 268-279).

A las veces se tornan luminosas ciertas nubes solitarias situadas á grande altura sobre el horizonte, sin que se oigan truenos ni se vean señales ningunas de tempestad; fenómeno estraño que suele persistir bastante tiempo, y fué notado la primera vez por Nicholson y por Beccaria, cuyas descripciones concuerdan de todo punto con las observaciones mas recientes. No faltan tampoco ejemplos de haber brillado con resplandores eléctricos sin síntomas ningunos de tempestad, pedriscos ó granizos gruesos, gotas de lluvia y copos de nieve. Mencionemos, por último, como uno de los rasgos mas sorprendentes de la *distribucion geográfica de las tormentas*, el singular contraste que ofrece la costa peruviana, donde jamás se ha oido el trueno, comparada con el resto de la zona intertropical, donde se forman casi diariamente tempestades en ciertas épocas del año, á las cuatro ó cinco horas de haber tocado el Sol en el zenit. Acerca de tan interesante cuestion ha recogido Arago los testimonios de un gran número de navegantes (Scoresby, Parry, Ross, Franklin) que dejan fuera de duda la estremada rareza de las esplosiones eléctricas en las altas latitudes boreales de 70° y de 75° (1).

No terminaremos la parte meteorológica del Cuadro de la Naturaleza, sin insistir nuevamente sobre la estrecha conexion que tienen entre sí todos los fenómenos atmosféricos. Ni la luz, ni el calor, ni la elasticidad de los vapores, ni la electricidad, ni agente ninguno, en suma, de los que tan considerable papel desempeñan en la atmósfera, pueden dejar sentir su influjo, sin que el fenómeno producido sea modificado luego al punto por la intervencion simultánea de todos los demas agentes. Tal complicacion de causas perturbadoras nos trae involuntariamente á la memoria las que sin cesar alteran los movimientos de los cuerpos celestes, con especialidad de los pequeños que se aproximan mucho á los centros principales de accion (cometas, satélites y estrellas vagas). Empero la confusion de las apariencias es por lo comun inextricable en el órden de fenómenos de que tratamos, y nos quita toda esperanza de llegar nunca á prever, fuera de ciertos estrechos lí-

(1) Arago, págs. 388-391. El académico de Bœr, á quien tantos progresos debe la meteorologia del Asia septentrional, no tuvo en cuenta lo rarísimas que son las tempestades en Irlanda y en la Groenlandia; solo sí dice que se ha oido tronar algunas veces en la Nueva Zembla y en Espitzberga (*Boletin de la Academia* de S. Petersburgo, mayo de 1839).

mites, los cambios de la atmósfera, cuyo anticipado conocimiento nos importaría en sumo grado para el cultivo de los verjeles y de los campos, para la navegacion, y para la comodidad y los placeres del hombre. Los que en la meteorologia buscan, ante todo, esta problemática prevision de los fenómenos se persuaden que en vano se han emprendido tantas espediciones y recogido y comparado tantas observaciones: para ellos la meteorologia no ha hecho ningun progreso, y niegan su confianza á una ciencia, tan estéril en su concepto, para concederla á las fases de la luna ó á ciertos dias señalados en el calendario por antiguas supersticiones.

«Es muy raro que sobrevengan grandes aberraciones locales en la distribucion de las temperaturas medias; por lo comun, las anomalías se reparten uniformemente sobre grandes estensiones de terreno. La aberracion accidental llega á su máximum en un lugar determinado, y decrece en seguida á uno y otro lado de este punto mientras no se sale de ciertos límites; pero pasados estos pueden hallarse grandes aberraciones en *direcciones opuestas*, salvo que suelen ser mas frecuentes del Sur hácia el Norte que del Poniente al Levante. A fines del año de 1829, en cuya época terminaba yo mi viaje por la Siberia, cayó en Berlin el máximum de frio, mientras que en la América del Norte se esperimentaba un calor insólito. Es una suposicion enteramente gratuita esperar un estío abrasador tras un invierno crudo, ó un invierno benigno tras un estío fresco.» La variedad y aun la oposicion de las condiciones accidentales de la temperatura en dos comarcas vecinas, ó en dos continentes que producen granos, no deja en realidad de ser un beneficio, pues de ello resulta cierta igualdad en los precios de un gran número de mercancías.

Hase observado, y no sin razon, que las indicaciones del barómetro se refieren á todas las capas aéreas situadas por encima del punto de observacion (1) hasta los últimos límites de la atmósfera, al paso que las del termómetro y las del sicrómetro son puramente locales y no se aplican mas que á la capa de aire cercana al suelo; de suerte que, para estudiar las modificaciones termométricas ó

(1) Kæmtz, en el *Anuario* de Schumacher para 1838, pág. 285. Sobre la comparacion de las leyes de la distribucion del calórico al Este y al Oeste, en Europa y en la América del Norte, V. Dove, *Repertorio de Física*, t. III, págs. 392-395, en aleman.

higrométricas de las capas superiores, hay que proceder á observaciones directas sobre las montañas ó á ascensiones aerostáticas; y si faltan estos medios directos, es preciso entonces recurrir á hipótesis que permitan valerse del barómetro como de un instrumento propio para la medida del calor y de la humedad. Los mas importantes fenómenos meteorológicos no se elaboran, por lo general, en el mismo paraje en que se observan, sino que por el contrario tienen en otra parte su origen. De ordinario comienzan por una perturbacion lejana allá en las corrientes de las regiones elevadas; despues, el aire frio ó caliente, seco ó húmedo, de aquellas corrientes desquilibradas, invade poco á poco la atmósfera, perturba ó restablece su transparencia, amontona las nubes dándoles una forma maciza y redondeada (*cumulus*), ó las divide y disemina en leves copos semejantes á la fina y menuda pluma de las aves (*cirrus*). Asi, pues, la multiplicidad de las perturbaciones viene á complicarse aún con la lejanía de ciertas causas por lo comun inaccesibles; y acaso no voy yo descaminado al creer que la Meteorologia debe buscar su punto de partida y plantar sus raices en la zona tropical, privilegiada region donde los vientos soplan constantemente en una misma direccion, y donde las mareas atmosféricas, la marcha de los meteoros acuosos y las esplosiones del rayo se hallan sujetas á reproducciones periódicas.

FIN DE LA SEGUNDA PARTE.

III.

LA VIDA ORGÁNICA.

CUADRO GENERAL DE LA VIDA ORGANICA.

Recorrido ya en toda su estension el círculo de la vida inorgánica del globo terrestre, y bosquejados á grandes rasgos la forma esterior de nuestro planeta, su calor interno, su tension electro-magnética, los efluvios luminosos de sus polos, su vulcanismo ó sea la reaccion de lo interior contra la corteza sólida, y sus dos cubiertas, es decir, el mar y el Océano aéreo, parece que nada falta al cuadro para darle por acabado. Así seria, en efecto, bajo el punto de vista de la descripcion física del mundo, tal como los antiguos la concebian; empero hoy llevamos puesta la mira en mas alto objeto, porque el cuadro de la Naturaleza careceria para nosotros de su mayor encanto y atractivo, si escluyésemos de él la organizacion con las innumerables fases de su desarrollo típico. La nocion de la vida se halla de tal suerte ligada en todas nuestras concepciones á las de las fuerzas incesantemente activas de la Naturaleza, ya creadoras, ya destructoras, que los mitos de los pueblos primitivos han atribuido por do quiera á estas fuerzas la creacion de las plantas y de los animales, y presentado la época en que la tierra se hallaba inanimada y desierta, como la época del caos primitivo y de la lucha de los elementos. Sin embargo, en el dominio de los hechos, de la esperiencia, de la observacion, y en el estudio descriptivo del estado actual de nuestro planeta, no hay puesto ni lugar para la investigacion de las causas primeras, ni para las inaccesibles cuestiones de orígen.

Encadenada á la realidad por el espíritu de moderacion de la ciencia moderna, la descripcion física del mundo permanece estraña, no por timidez, sino por la naturaleza misma de su objeto y de sus límites, á los oscuros comienzos de la historia de la organizacion (1) (tomando aquí la voz historia en su acepcion mas usual y corriente). Hechas es-

(1) Medio siglo antes de que Endlicher y Unger bosquejasen con tanto talento la *Historia de las Plantas* (*Elementos de Botánica*, 1843, páginas 449-468), la habia yo ya distinguido de la *Geografía de las plantas*, en los aforismos de mi *Flora subterránea*: «Geognosia naturam animantem et inaniman vel, ut vocabulo minus apto, ex antiquitate saltem aud petito, utar, corpora organica æque ac inorganica considerat. Sunt enim tria quibus absolvitur capita: Geographia oryctologica quam simpliciter geognosiam vel geologiam dicunt, virque acutissimus Wernerus egregiè digessit; Geographia zoologica, cujus doctrinæ fundamenta Zimmermannus et Treviranus jecerunt; et Geogrophia plantarum quam æquales nostri diu intactam reliquerunt. Geographia plantarum vincula et cognationem tradit, quibus omnia vegetabilia inter se conexa sint, terre tractus quos teneant, in aerem atmosphæricum quæ si eorum vis ostendit, saxa atque rupes quibus potissimum algarum primordiis radicibusque destruantur docet, et quo pacto in telluris superficie humus nascatur, commemorat. Est itaque quod differat inter geographiam et physiographiam, *historia naturalis* perperam nuncupatam, quum Zoognosia, Phitognosia et Oryctognosia, quæ quidem omnes in naturæ investigationem versantur, non nisi singulorum animalium, plantarum, rerum metallicarum vel (venia sit verbo) fossilium formas, anatomem, vires scrutantur. Historia telluris, geognosiæ magis quam phisiographiæ affinis, nemini adhuc tentata, plantarum animaliumque genera orbem inhabitantia primævum, migrationes eorum compluriumque interitum, ortum quen montes, valles, saxorum strata et venæ metalliferæ ducunt, aerem, mutatis temporum vicibus, modo purum, modo vitiatum, terræ superficiem humo plantisque paulatim obtectam, flluminum inundantium impetu denuo nudatam, iterumque siccatam et gramine vestitam commemorat. Igitur Historia zoologica, Historia plantarum et Historia oryctologica, quæ non nisi pristinum orbis terræ statum indicant, a geognosia probe distinguendæ.» Humboldt, *Flora Fribergensis subterranea, cui accedunt aphorisme ex Physiologia chemica plantarum*, 1793, P. IX-X). Acerca de los movimientos espontáneos de que se trata mas adelante en el testo, cf. un notable pasaje de Aristóteles (*de Cælo*, II, 2, pág. 284, edic. de Bekker), en el cual funda este filósofo la distincion entre los cuerpos animados y los inanimados en su manera de determinacion al movimiento, ya sea interior, ya exterior. «El alma nutritiva de los vegetales no produce movimiento ninguno,» dice en otro lugar el Estagirita (Aristóteles *de Generation. animal.* V, I, pág. 778, ed. cit.) «porque se halla sumida en un letargo de que nada puede sacarla;» y en otra parte (Aristóteles, *de Somno et Vigil.*, cap. I, p. 455, ed. cit): «Los vegetales no tienen propiamente ningun deseo que los incite á producir movimientos por sí mismos.»

tas salvedades, la descripcion física del mundo debe mostrar que todos los materiales de que se compone la armazon de los seres vivientes, se hallan tambien en la corteza inorgánica de la tierra; que los vegetales y los animales están sometidos á las mismas fuerzas que la materia bruta, y que esta esperimenta en sus combinaciones ó descomposiciones la accion de los mismos agentes que prestan á los tegidos orgánicos sus formas y sus propiedades: salvo que en este último caso obran dichas fuerzas bajo condiciones poco conocidas á que se ha dado el nombre de *fenómenos vitales*, y que se han agrupado sistemáticamente con arreglo á analogías mas ó menos acertadas. Esto legitima la tendencia que tiene nuestro espíritu á buscar la accion de las fuerzas físicas hasta en la evolucion de las formas vegetales y en la de los organismos que llevan en sí propios el principio de sus movimientos; y esto tambien constituye el enlace que tienen entre sí el cuadro de la naturaleza inorgánica y el de la distribucion de los seres vivientes en la superficie del globo, ó sea la *Geografía de las plantas y de los animales*.

Sin que sea mi ánimo suscitar aquí nuevas controversias acerca de las diferencias que hay entre la vida vegetativa y la vida animal, haré notar ante todo, que si la Naturaleza hubiese dado á nuestra vista el poder del microscopio, y una perfecta transparencia á los tegumentos de las plantas, el reino vegetal distaría mucho de ofrecernos el aspecto de inmovilidad que forma en la apariencia uno de sus atributos. En el interior de los vegetales recorren y vivifican incesantemente el tejido celular de los órganos muy diversas corrientes: tales son las de rotacion, que suben y bajan, ramificándose y cambiando de direccion contínuamente, segun se observa en las plantas acuáticas (náyades, charáceas é hidrocarideas) y en las plantas terrestres fanerógamas: tal es tambien el hormigueo molecular, descubierto por el gran botánico Roberto Brown, y del cual debe ciertamente toda materia presentar algunos vestigios, con tal que se la reduzca á un estado de estremada division: tal es, por último, la corriente giratoria de los glóbulos del *cambium* (ciclosis) en un sistema de vasos particulares. Mencionaré ademas los filetes celulares que se articulan y se enroscan formando espiral en las anteridies del chara y en los órganos reproductores de las hepáticas y de las algas; filamentos singulares en que creia encontrar Mayen, cuya prematura muerte lloran las ciencias, una cosa análoga á los espermatozoarios de los animales. Alléguense á las citadas corrientes y á esta agitacion molecular los fenómenos de la endosmosis, de la nutricion y crecimiento de los vegetales, así como las corrientes formadas por los gases interiores, y se tendrá una idea de las fuerzas que casi sin saberlo nosotros obran en la vida tan quieta y sosegada, al parecer, de los vegetales.

Desde que describí en mis *Cuadros de la Naturaleza* la difusion universal de la vida sobre la superficie del globo, y la distribucion de las formas orgánicas, ya en altura, ya en profundidad, ha progresado admirablemente la ciencia en esta via, merced á los magníficos descubrimientos de Ehrenberg «sobre la vida microscópica que reina en el Océano y en los hielos de las regiones polares;» descubrimientos fundados, no en acertadas inducciones, sino en la observacion directa y en el atento estudio de los hechos. Desde esta época, la esfera, ó mejor dicho, el horizonte de la vida se ha dilatado ante nosotros: «Cerca de los dos polos, donde no podrian ya existir grandes organismos, reina en cambio una vida infinitamente pequeña, cuasi invisible, pero incesante. Las formas microscópicas recogidas en los mares del polo austral durante el viaje del capitan James Ross, ofrecen una riqueza especialísima de organizaciones hasta hoy desconocidas y por lo comun muy elegantes. En los resíduos del deshielo que flotan en pedazos redondeados allá por los 78° 10' de latitud, se han encontrado mas de cincuenta especies de poligástricos silíceos y de coscinodiscos, por cuyos ovarios, verdes aun, se conoce que han vivido y luchado felizmente contra los rigores de un frio llevado hasta el extremo. En el golfo del Erebo, desde 1446 hasta 1888 pies de profundidad, ha sacado la sonda sesenta y ocho especies de poligástricos silíceos y de *phytolitharia*, acompañados de una sola especie de *polythalamia* de conchita calcárea.»

De todas las formas microscópicas observadas hasta ahora en el Océano, las mas abundantes, y con mucho exceso, son los infusorios silíceos, por mas que la análisis química no haya encontrado sílice en el agua del mar, cosa que por otra parte no tiene nada de estraño, atento que la sílice no podria existir en el agua sino en el estado de simple mezcla ó de suspension. Y no se crea que es solo en algunos puntos aislados, en los mares interiores ó cerca de las costas, donde pueblan en tal manera al Océano corpúsculos dotados de vida, imperceptibles á la simple vista; que este fenómeno es general y se observa en todas partes. Desde las investigaciones que hizo Schayer, al volver de la tierra de Van-Diemen, en agua sacada del mar al Sur del Cabo de Buena-Esperanza (á los 57° de latitud), y en medio de la zona tropical en el Océano Atlántico, puede considerarse como cosa demostrada, que el mar contiene en su estado normal, y estando el agua limpia y cristalina, innumerable cuento de organismos microscópicos enteramente distintos de los filamentos silíceos del género *chœtoceros* que flotan en estado fragmentario, á la manera que los oscilatorios de nuestras aguas dulces. Algunos poligástricos que se han encontrado en las islas de Cockburn mezclados con arena y con escremento de pájaros-niños, se hallan esparcidos, á lo que parece, por toda la tierra; otras especies son propias exclusivamente de las dos regiones polares (1).

La vida animal, por lo tanto, domina en la eterna noche de las profundidades oceánicas; al paso que la vida vegetal, estimulada por la accion periódica de los rayos solares, se halla mas esparcida por los Continentes. La masa de los vegetales es incomparablemente mayor que la de los animales. Los grandes cetáceos y los pesados paquidermos formarían reunidos una masa casi imperceptible al lado de los gigantescos troncos de 3 á 5 varas de diámetro que pueblan uno solo de los bosques de la América del Sur, como, por ejemplo, el que se estiende entre el Orinoco, el rio de las Amazonas y el rio de Madeira. Si es cierto que el carácter de cada region depende del conjunto de todas las particularidades exteriores; si los contornos de las montañas, la fisonomía de las plantas y de los animales, el puro azul del cielo, la figura de las nubes, y la transparencia de la atmósfera, concurren á producir lo que puede llamarse la impresion total, forzoso es reconocer tambien que la principal causa determinante de esta impresion es la vegetacion con que el suelo se engalana. Las formas animales no son las mas á propósito para producir los grandes efectos de conjunto, tanto mas, cuanto que los individuos mismos, por razon de su movilidad propia, se ocultan las mas veces á nuestras miradas. La creacion vegetal, por el contrario,

(1) Memoria de Ehrenberg *sobre la vida microscópica en el Océano*, leida en la *Academia de Ciencas de Berlin* el 9 de mayo de 1844.

hiere vivamente la imaginacion por la magnificencia de sus formas siempre presentes, en cuya masa, por privilegio singularísimo, se une y alia á la idea de la ancianidad la espresion de una fuerza perennemente renovada (1). Precisamente en el reino animal son los animalillos microscópicos los que con su prodigiosa fecundidad (2) ocupan y llenan mayor extension, como lo demuestran los descubrimientos de Ehrenberg, á quien somos tambien deudores de esta consideracion última. Los mas pequeños infusorios, las monadinas, cuyo diámetro no escede de 0,00000024 de línea, forman capas vivientes de muchos pies de espesor debajo del suelo de las regiones húmedas.

Cada zona posee el don de presentarnos bajo una faz particular la difusion de la vida por la superficie del globo; pero en ninguna parte es mas profunda la impresion que de ello recibimos que en el ecuador, ó sea en la patria de las palmeras, de los bambúes, de los helechos arborescentes, en donde se eleva el suelo desde las orillas de un mar poblado de moluscos y de corales hasta la region de las nieves perpetuas. Ni la profundidad ni la altura son parte á detener á los séres vivientes en su distribucion general. Así es que descienden hasta lo interior de la tierra, á favor de las grandes escavaciones y registros de los mineros, introduciéndose aun en aquellas cavernas naturales cerradas por todas partes, é inaccesibles al parecer á cualquiera otra cosa que no sean las aguas meteóricas. En una de estas cavernas, abierta con el auxilio de la pólvora, encontré las paredes cubiertas de estaláctitas blancas como la nieve, sobre las cuales habia tejido una *usnea* sus delicadas redes. Las saltoncillos se introducen en los pozos de nieve del monte Rosa, del Grindelwald y del Aar superior; la *chionea araneoides*, descrita por Dalmau, y la *discerea nivalis*

(1) Humboldt, *Cuadros de la Naturaleza*.

(2) Acerca de la multiplicacion por la division espontánea del cuerpo generador y por la intercalacion de una nueva sustancia, V. Ehrenberg, *De las especies animales actualmente vivientes de la formacion cretácea*, en las *Memor. de la Acad. de Berlin*, 1839, pág. 94. La mayor facultad generadora en la naturaleza es la de las vorticellas. En la grande obra de Ehrenberg, *Los infusorios considerados como organismos completos*, 1838, páginas XIII, XIX y 244, se halla calculado el máximum de rapidez á que puede llegar el desarrollo de la masa. «La via lactea de estos organismos se halla formada por varias especies de *Monas*, *Vibrio*, *Bacterium y Bodo*.» Es tal la profusion con que se halla esparcida la vida en la Naturaleza, que en los infusorios mayores viven como parásitos otros infusorios mas pequeños, los cuales sirven á su turno de morada á infusorios mas pequeños todavía. (V. págs. 194, 211 y 512).

microscópica, conocida antes con el nombre de *protococcus*, viven en las nieves polares lo mismo que en las de nuestras altas montañas. El color rojo que toma la nieve antigua (1) habia sido ya observado por Aristóteles, sin duda sobre los montes de Macedonia. En las altas cimas de los Alpes suizos coloran apenas las rocas libres de nieve algunos que otros *lecidea*, *parmelia* y *umbilicaria*; al paso que en los Andes tropicales se ven aún florecer aisladamente, á 16350 y hasta á 16796 pies sobre el nivel del mar, bellísimos fanerógamos, el *culcitium rufescens* lanoso, la *sida pichinchensis* y la *saxifraga Boussingaulti*. Las fuentes termales contienen insectos menudísimos (*hydroporus thermalis*), galionelas, oscilarios y confervas; y sus aguas dan alimento á las raicillas de los vegetales fanerógamos. Empero la vida no se desarrolla tan solo sobre la tierra, en el agua y en el aire, sino que invade tambien hasta las partes internas mas variadas de los animales. Así es que hay animalillos hasta en la sangre de la rana y del salmon; y, segun Nordmann, los humores del ojo de los peces están llenos por lo comun de una especie de gusanillos provistos de trompetillas (*diplostomum*). El mismo naturalista ha descubierto en los oidos de la breca un animalillo doble sumamente raro (*displozoon paradoxon*), provisto de dos cabezas y dos colas ó estremidades, de suerte que su desarrollo completo se opera en dos direcciones cruzadas.

Aun cuando nadie cree ya en la existencia de los supuestos animalillos meteóricos, no por ello debemos dejar de admitir la posibilidad de que los infusorios ordinarios sean pasivamente arrebatados por los vapores ascendentes hasta las elevadas regiones del aire, y sostenidos allí por algun tiempo fluctuantes en la atmósfera, para caer despues sobre la tierra como el polen anual de los pinos (2). Esta consideracion es capital para la decision de la antigua disputa sobre la *generacion espontánea* (3), y merece por cier-

(1) Arístóteles, *Hist. animal.* V, 19, pág. 552, edic. de Bekker.

(2) Ehrenberg, obra citada, pág. XIV, 122 y 493. Algunos animalillos microscópicos (anguilas del trigo, infusorios circulares, tardígrados), ademas de la rapidez de su multiplicacion poseen una vitalidad tan asombrosa que se les ha visto salir de su letargo y volver á la vida despues de haberles desecado por espacio de 28 dias en el vacio valiéndose del cloruro de calcio y del ácido sulfúrico, y de tenerles espuestos á una temperatura de 120°. V. sobre este punto las preciosas investigaciones de Doyere en su *Memoria sobre los Tardígrados y sobre la propiedad que poseen de volver á la vida*, 1842, páginas 119, 129, 131 y 133; y sobre la resurreccion, en general, de los infusorios desecados durante años enteros, cf. Ehrenberg, págs. 492, 496.

(3) Acerca de la presunta «transformacion primitiva» de la materia or-

to ser tenida muy en cuenta, mayormente desde que vino en su apoyo un descubrimiento de Ehrenberg que ya antes he mencionado. Los navegantes suelen encontrar á la altura de las islas del Cabo Verde, y aun á 380 millas marinas de la costa de África, una lluvia de finísimo polvo que quita al aire su trasparencia como podria hacerlo la mas espesa niebla; pues ahora bien, este polvo contiene los restos de diez y ocho especie de infusorios poligástricos silíceos.

Podemos considerar la geografía de las plantas y de los animales bajo el punto de vista de la variedad y del número relativo de las formas típicas, en cuyo caso investiga el modo de distribuirse en el espacio los géneros y las especies. Podemos asimismo estudiarla con relacion al número de individuos de que cada especie se compone en una superficie dada, y bajo este último punto de vista es muy esencial establecer una diferencia, tanto para las plantas como para los animales, entre la vida aislada y la vida so-

gánica ó inorgánica en plantas y animales, cf. Ehrenberg, en los *Anales* de Poggendorf, t. XXIV, págs. 1, 48; el mismo autor, *Animalillos infusorios*, págs. 121 y 525; y Juan de Müller, *Fisiologia del hombre*, cuarta edicion alemana, 1844, t. I, págs. 8 y 17. Paréceme una cosa estremadamente notable que al tratar S. Agustin la cuestion de *cómo* han podido recibir las islas despues del diluvio nuevas plantas y nuevos animales, no se manifieste muy distante de admitir la idea de una generacion espontánea (*Generatio æquivoca, spontanea aut primaria*). «Si los ángeles ó los cazadores de los Continentes, dice este Padre de la Iglesia, no han llevado animales á las islas remotas, forzoso es admitir que la tierra los ha engendrado; pero ¿á qué venia entonces, preguntarémos, eso de encerrar en el Arca animales de toda especie?» Si e terra exortæ sunt (bestiæ) secundum originem primam, quando dixit: *Producat terra animam vivam!* multo clarius apparet, non tam reparandorum animalium causa, quam figurandarum variarum gentium (?) propter Ecclesiæ sacramentum in Arca fuisse omnia genera, si in insulis, quo transire non possent, multa animalia terra produxit. Augustinus *de Civitate Dei*, lib. XVI, cap. 7 (*Opera ed. Monarch, ordinis S. Benedicti*, t. VII, Venet., 1732, p, 422).—Dos siglos antes de la época del obispo de Hipona, encontramos ya establecida en Trogue Pompeyo entre el desecamiento primitivo del antiguo Mundo, de la meseta asiática, y la generacion espontánea, una conexion *semejante* á la que se observa en la *teoría del gran Linneo* sobre el Paraiso terrenal, y en los delirios del siglo XVIII sobre la fabulosa Atlantida: «Quod si omnes quondam terræ submersæ profundo fuerunt, profecto editissimam quamque partem decurrentibus aquis primum detectam; humillimo autem solo eamdem aquam diutissime immoratam, et quanto prior quæque pars terrarum siccata sit, tanto prius animalia generare cœpisse. Porro Scythiam adeo editiorem omnibus terris esse, ut cuncta flumina ibi nata in Mœotim, tum d inde in Ponticum et Ægyptium mare decurrant.» La errónea opinion de considerar la Escitia como una meseta elevada es tan antigua, que la encontramos ya claramente indicada en Hipócrates (*De aere, locis et aquis*, cap. 6, §. 96, ed. de Coray). «La Escitia, dice, forma una llanura alta y seca, que *sin estar coronada de montañas* va elevándose sin cesar hácia el Norte.»

cial. Las especies á que he dado yo el nombre de *plantas sociales* (1) cubren uniformemente grandes extensiones de terreno: á ellas pertenecen un gran número de plantas marinas; las cladonias y los musgos que crecen en las estepas del Asia septentrional; los céspedes y las cactéas que crecen reunidos como los cañones de un órgano; las avicenias y las manglas en las regiones tropicales, y los bosques de coníferas y de abedules en el litoral del Báltico y en las llanuras de la Siberia. Este modo especial de distribucion geográfica, unido al aspecto de los vegetales, á su magnitud, á la forma de las hojas y de las flores, constituye el principal rasgo del carácter de cualquiera region (2); porque, lo repetimos, la vida animal, no obstante su variedad y su aptitud para despertar en nosotros sentimientos de simpatía ó de repulsion, presenta un aspecto sobrado móvil y fugaz para influir de una manera algun tanto eficaz sobre la fisonomía de un pais, siéndole por lo tanto casi extraño. Los pueblos agricultores aumentan artificialmente los dominios de las plantas sociales, dando de este modo el aspecto de una naturaleza uniforme á regiones enteras de las zonas templadas y de la zona boreal; con sus labores hacen desaparecer las plantas silvestres, pero propagan otras sin saberlo, pues hay ciertas plantas que siguen al hombre hasta en sus mas remotas emigraciones. La zona tropical es la que con mas energia resiste á estos esfuerzos que tienden imperiosamente á modificar el órden establecido en la creacion.

La idea de una distribucion regular y metódica de las formas vegetales, debió presentarse naturalmente á los primeros viajeros que pudieron recorrer en poco tiempo vastísimas regiones y subir á las montañas, donde se encuentran los climas sobrepuestos como por pisos. Tales fueron, en efecto, los primeros ensayos de una cienca que ni aun de nombre se conocia. Las zonas ó regiones vegetales que habia distinguido en su juventud el cardenal Bembo en las laderas del Etna (3), volvió á hallarlas Tournefort en el monte Ararat. El mismo Tournefort comparó despues

(1) Humboldt, *Aphorismi ex Physiologia chemica plantarum*, en la *Flora Fribergensis subterránea*, 1793, pág. 178.

(2) Acerca de la fisonomía de los vegetales, V. Humboldt, *Cuadros de la Naturaleza*, t. II, págs. 1, 125.

(3) *Ætna Dialogus. opuscula*, Basil., 1556, págs. 53-54. Philippi ha publicado en estos últimos tiempos una preciosa geografía de las plantas del Etna. V. *Linnea*, 1832, p. 783.

la flora de los Alpes con la de llanuras situadas bajo muy diferentes latitudes; y mostró de qué manera depende la distribucion de los vegetales en los llanos, de la altura del suelo sobre el nivel del mar, ó de la distancia al polo. En una flora inédita del Japon, emitió casualmente Menzel el nombre de *Geografía de las plantas*, que volvemos á hallar otra vez en los *Etudes de la Nature* de Bernardino de Saint-Pierre, que aunque obra de imaginacion, eslo de una imaginacion viva y brillante. Poco era esto á la verdad; mas para que la geografía de las plantas ocupase su puesto entre las ciencias, era preciso que la doctrina de la distribucion geográfica del calor estuviese fundada y pudiera compararse á la de los vegetales; era preciso, ademas, que una clasificacion de estos por *familias naturales* permitiese distinguir las formas que se multiplican, de las que van siendo cada vez mas raras á proporcion que se camina del ecuador hácia los polos, y fijar las relaciones numéricas que cada familia presenta en cada pais, con la masa entera de los fanerógamos de la misma region: asi es que considero como una de las circunstancias mas felices de mi vida el que mis investigaciones durante una época en que mis estudios versaban especialmente sobre botánica, hayan podido abrazar al mismo tiempo los elementos esenciales de una nueva ciencia, poderosamente auxiliadas, como se hallaban, por el aspecto de una Naturaleza grandiosa en la cual se encontraban reunidos todos los contrastes climatológicos.

La distribucion geográfica de los animales, sobre la cual habia emitido Buffon antes que otro alguno consideraciones generales casi siempre exactas, se ha estudiado de una manera mas completa en estos últimos tiempos, merced á los recientes progresos de la geografía de las plantas. Las curvaturas de las líneas isotermas, y especialmente de las isoquímenas, se manifiestan junto á los límites que muy raras veces traspasan ciertas especies vegetales y ciertos animales de asiento fijo, ni hácia los polos ni hácia la cima de las montañas cubiertas de nieve. Así vemos que las dantas viven en la península escandinava bajo una latitud 10° mas boreal que la en que moran en lo interior de la Siberia, donde tan notable es la forma cóncava que afectan lás líneas de igual temperatura media del invierno. Las plantas emigran en gérmen: las semillas de una multitud de especies se hallan provistas de órganos particulares que les permiten viajar atravesando la atmósfera, y en el momento en que se fijan ya no dependen mas que del suelo y del aire ambiente. Los animales, por el contrario, estienden á su placer desde el ecuador hasta los polos el círculo de sus emigraciones, pero especialmente por el lado en que las *líneas isotermas* forman arco, y en donde á inviernos crudos suceden estíos calurosos. El tigre real, por ejemplo, idéntico de todo punto al de la India oriental, hace todos los veranos incursiones al norte del Asia, llegando hasta latitudes iguales á las de Berlin y Hamburgo. Este hecho se halla desarrollado en otra obra por el señor Ehrenberg y por mí con todos sus pormenores (1).

Por lo que tengo visto de la tierra en mis viajes, no me parece que el agrupamiento de las especies vegetales, designado ordinariamente con el nombre de *Flora*, manifieste de tal manera la predominancia de ciertas familias, que permita asignar geográficamente la region de las umbeláceas, de las solidagíneas, de las labiadas ó de las escitaminadas. En este punto difieren mis opiniones personales de las de varios amigos mios, distinguidos botánicos de Alemania. Lo que en mi concepto caracteriza las floras de la meseta mejicana, de la Nueva Granada y de Quito, así como las de la Rusia europea y del Asia septentrional, no es la superioridad numérica de las especies cuya reunion constituye una ó dos familias, sino las relaciones mucho mas complejas que nacen de la coexistencia de un gran número de familias y de la cantidad relativa de sus especies. Las gramíneas y las ciperáceas predominan indudablemente en las praderas y en las estepas, á la manera que los árboles de raices arqueadas, las cupulíferas y las betulíneas, reinan en nuestros bosques del Norte; mas esta predominancia de ciertas formas es tan solo aparente, hija de una decepcion producida por el aspecto particular de las plantas sociales. El norte de Europa y la zona siberica situada al norte del Altai, no merecen con mas razon el título de regiones de las gramíneas y de las coníferas, que los inmensos llanos situados entre el Orinoco y la cadena de Caracas, ó que los pinares de Méjico. La reunion de las formas vegetales, que en parte pueden muy bien reemplazarse mútuamente; su importancia numérica relativa y su

(1) Ehrenberg, en los *Anales de ciencias naturales*, tomo XXI, páginas 387-412; Humboldt, *Asia central*, t. I, págs. 339-342; t. III, páginas 90-102.

modo de agruparse, es lo que decide de que la naturaleza vegetal presente á nuestra vista el carácter de la variedad y de la riqueza, ó el de la pobreza y la uniformidad.

Despues de haber tomado á la simple célula (1), primera manifestacion de la vida, por punto de partida de estas rápidas consideraciones sobre los fenómenos de la organizacion, he debido remontarme á formas cada vez mas elevadas en la série ascendente de los séres. «Algunas granulaciones mucilaginosas producen al yuxtaponerse un *cytoblasto* de figura determinada, alrededor del cual viene despues á formarse un saco membranoso, y á constituir definitivamente la célula cerrada y aislada.» Este primer trabajo de la organizacion puede haber sido provocado por la produccion anterior de otra célula ya formada (2), ó tal vez la evolucion original de la célula se halla envuelta en la oscuridad de una reaccion química análoga á la fermentacion que engendra los filamentos bisoideos de la espuma de la cerveza. Limitémonos, empero, á esta ligera indicacion acerca del misterio por el cual aparece la vida sobre la tierra; que la geografía de los séres orgánicos no trata sino de gérmenes ya desarrollados, determinando la patria que adoptan y las regiones á donde les llevan influencias exteriores; investigando sus relaciones numéricas, y limitándose, en suma, á describir su distribucion general por la superficie del globo.

Quedaría incompleto el cuadro general de la Naturaleza que trato de bosquejar, si no intentase describir asimismo con algunas pinceladas características la *especie humana* considerada en sus matices físicos, en la distribucion geográfica de sus tipos contemporáneos, en la influencia que ha experimentado de parte de las fuerzas terrestres y en la que, á su turno, si bien débilmente, ha ejercido sobre ellas. Sometida nuestra especie, puesto que en menor grado que las plantas y los animales, á las circunstancias

(1) Schleiden, *sobre la evolucion de las células vegetales*, en los *Archivos de Analomía y fisiología* de Müller, 1838, págs. 137-176, en aleman; el mismo autor, *Principios fundamentales de la Botánica*, P. I, pág. 191; P II, pág. 11; Schwann, *Investigaciones microscópicas sobre las semejanzas de estructura y desarrollo entre animales y plantas*, 1839, págs. 45 y 220. Cf. J. Müller, *Fisiología del Hombre*, 1840, P. II, página 614.

(2) Schleiden, *Principios de Botánica*, 1842, P. I, págs. 192-197, en aleman.

del suelo y á las condiciones meteorológicas de la atmósfera, elude mas fácilmente el influjo de las potencias naturales por la actividad del espíritu, por el progreso de la inteligencia que poco á poco se eleva, así como tambien por la maravillosa flexibilidad de su organizacion que se plega á todos los climas, sin que deje por ello de participar esencialmente de la vida que anima á todo el globo. Por estas secretas relaciones entra en la esfera de ideas que abraza la descripcion física del mundo, el oscuro y controvertido problema de la posibilidad de un orígen comun para las diferentes razas humanas. El exámen de este problema imprimirá al objeto final de mi obra el sello de un interés mas noble, si me es lícito decirlo así, de ese interés supremo que se refiere á la humanidad. Los inmensos dominios de las lenguas, en cuya variadísima estructura se reflejan misteriosamente las aptitudes de los pueblos, confinan muy de cerca con los del parentesco de las razas; y cuánto sea capaz de producir la menor diversidad entre ellas, nos lo enseña un gran ejemplo, el de la cultura intelectual, diversificada hasta lo sumo, de la nacion griega. Así, pues, las cuestiones mas importantes que suscita la historia de la civilizacion de la especie humana se ligan á las nociones capitales del orígen de los pueblos, de la afinidad de las lenguas, y de la inmutabilidad de una direccion primordial, así del alma como del espíritu.

Mientras que solo se consideraron los estremos en las variaciones del color y de la figura, dejándose preocupar por la vivacidad de las primeras impresiones, inclináronse los sábios á mirar las razas, no como simples variedades, sino como troncos humanos originariamente distintos. La permanencia de ciertos tipos (1), á despecho de las mas encontradas influencias de las causas exteriores, especial-

(1) Tácito distingue perfectamente en sus consideraciones sobre la poblacion de la Bretaña (*Agricola*, cap. II), lo que puede provenir del influjo del clima y lo que en las tribus llegadas de fuera pertenece por el contrario al antiguo é inmutable poder del tipo hereditario. «Britanniam qui mortales initio coluerunt, indigenæ an advecti, ut inter barbaros, parum compertum. Habitus corporis varii, atque ex eo argumenta; namque rutilæ Caledoniam habitantium comæ, magni artus Germanicam originem adseverant. Silurum colorati vultus et torti plerumque crines, et posita contra Hispania, Iberos veteres trajecisse, easque sedes occupasse fidem faciunt: proximi Gallis, et similes sunt: seu durante originis vi; seu, procurrentibus in diversa terris, positio cœli corporibus habitum dedit.» Acerca de la permanencia de los tipos de configuracion en las regiones cálidas y frígidas de la tierra y de las montañas del Nuevo Continente, Cf. mi *Relacion histórica*, t. I, págs. 498, 503; t. II, págs. 572, 574.

mente del clima, venia al parecer en apoyo de esta manera de ver, por muy cortos que sean los periodos de tiempo cuyo conocimiento histórico ha llegado hasta nosotros. Pero en mi opinion militan razones mucho mas poderosas en favor de la unidad de la especie humana, y son las siguientes: las numerosas gradaciones (1) del color de la piel y de la estructura del cráneo, que los rápidos progresos de la ciencia géográfica nos han revelado en los tiempos modernos; la analogía que siguen al alterarse en otras clases de animales, así fieros como domesticados; y las observaciones positivas que se han reunido acerca de los límites prescritos á la fecundidad de los mestizos (2). La mayor parte de los contrastes que tanto llamaban la atencion antiguamente, se ha desvanecido ante el profundo trabajo de Tiedemann acerca del cerebro de los negros y de los europeos, y ante las investigaciones anatómicas de Vrolik y Weber sobre la configuracion de la parte posterior de la cabeza.

Si abrazamos en su generalidad las naciones africanas de color oscuro subido, sobre las cuales nos ha dado tanta luz la obra capital de Prichard, y las comparamos con las tribus del archipiélago meridional de la India y de las islas de la Australia occidental, con los papúes y los alfurúes (Haraforos, Endamenos), echaremos de ver claramente que el tinte negro de la piel, los cabellos ensortijados y los rasgos de la fisonomía negra, distan mucho de hallarse siempre asociados (3). En tanto que solo estuvo abierta á los pueblos de Occidente una pequeña parte de la tierra, dominaron entre ellos miras esclusivas; y por eso les parecian inseparables el calor abrasador de los trópicos y el color negro de la tez. «Los etiopes, cantaba el antiguo poeta trágico Teodectes de Phaselis (4), deben al Dios del sol que

(1) Sobre la raza americana en general, Cf. la magnífica obra de Samuel Jorge Morton, titulada, *Crania americana*, 1839, págs. 62, 86; y sobre los cráneos traidos por Pentland del elevado pais de Titicaca, *Dublin, Journal of medical and Chemical Sciences*, t. V, 1834, pág. 475; Alcides de Orbigny, *El hombre americano, considerado bajo sus relaciones fisiológicas y morales*, 1839, pág. 221. Véanse tambien los *Viajes al interior de la América del Norte*, por el príncipe Maximiliano de Wied, obra alemana publicada en 1839 y llena de delicadas observaciones etnográficas.

(2) Rudolfo Wagner, *Sobre la generacion de los mestizos y de los bastardos* en sus notas á la traduccion alemana de la obra de Prichard, titulada *Historia natural de la especie humana*, t. I, págs. 174, 188.

(3) Prichard, t. I, pág. 431; t. II, págs. 363, 369.

(4) Onesícrito, en Estrabon, XV, págs. 690 y 695 de la edic. de Casaub. —Welcker cree (*Sobre las tragedias griegas*, t. III, pág. 1078, edic. ale-

se aproxima á ellos en su curso, el negro brillo del hollin con que colora sus cuerpos.» Fueron precisas las conquistas de Alejandro, que tantas ideas de geografía física despertaron, para entablar la controversia relativa á este problemático influjo de los climas sobre las razas humanas. «Las familias de los animales y de las plantas,» dice en su Fisiologia del hombre Juan de Müller, uno de los mayores anatómicos de nuestro tiempo, «se modifican durante su propagacion sobre la haz de la tierra entre los límites que determinan las especies y los géneros; y se perpetuan orgánicamente como tipos de la variacion de las especies. Las razas existentes de los animales han nacido del concurso de diferentes causas y condiciones, tanto internas como externas, que no es posible indicar con todos sus pormenores; y sus variedades mas notables se encuentran entre aquellos animales á quienes cupo en suerte la mas considerable facultad de estension sobre la tierra. Las razas humanas son formas de una especie única y sola, que se ayuntan sin perder su fecundidad y se perpetuan por medio de la generacion; y no especies diversas de un mismo género, porque en tal caso se tornarían estériles al cruzarse. Ahora, por lo que respecta á saber si las razas humanas actuales descienden de uno ó de muchos hombres primitivos, es cosa que no puede descubrirse por la experiencia (1).»

Las investigaciones geográficas sobre el asiento primordial, ó como mas comunmente se dice, sobre la cuna de la especie humana, tienen en el terreno de los hechos un carácter puramente mítico. «Nosotros no conocemos,» dice Guillermo de Humboldt, en un trabajo inédito sobre la diversidad de las lenguas y de los pueblos, «ni históricamente, ni por ninguna tradicion cierta, momento alguno en que la especie humana no haya estado dividida en grupos de pueblos. Que semejante estado de cosas haya existido originariamente ó haya nacido con posterioridad, eso es lo que no puede decidirse por medio de la historia. Leyendas aisladas que se encuentran en muy diversos puntos del globo, sin comunicacion aparente entre sí, están en contradiccion con la primera hipótesis, y hacen descender á

mana) que los versos de Teodectes citados por Estrabon pertenecian á una tragedia perdida que acaso llevaría el título de *Memnon*.

(1) Joh Müller, *Fisiologia del hombre*, en aleman, tomo II, páginas 768, 772, 774.

todo el género humano de una sola pareja: tradicion tan generalmente esparcida, que se la ha mirado algunas veces como un antiguo recuerdo de los hombres. Empero esta misma circunstancia probaría antes bien que no existe aquí ninguna transmision real de un hecho, ningun fundamento verdaderamente histórico, y sí solo la identidad de la concepcion humana que por todas partes ha conducido á los hombres á una explicacion semejante de un fenómeno idéntico. Así sucede tambien con un gran número de mitos que no tienen entre sí ningun enlace histórico y que deben igualmente su semejanza y su orígen á la paridad de las imaginaciones ó de las reflexiones del espíritu humano. Lo que manifiesta asimismo en la tradicion de que se trata el carácter patente de la ficcion, es que por ella se pretende explicar un fenómeno que no cae absolutamente bajo el dominio de la esperiencia, cual es el del primer orígen de la especie humana, de una manera conforme á la esperiencia de nuestros dias: de la misma manera, por ejemplo, con que en una época en que todo el género humano contaba ya miles de años de existencia puede haberse poblado una isla desierta ó un valle aislado en las montañas. Tan estrechamente ligado se halla el hombre á su especie y al tiempo, que por mas que el pensamiento se sumerja en la meditacion de este problema del primer orígen, no le es dado concebir la aparicion en el mundo de un sér humano sin una familia ya existente y sin una época pasada. No siendo, pues, posible resolver esta cuestion, ni por la via del raciocinio, ni por la de la esperiencia ¿deberemos creer que el estado primitivo, tal como nos le pinta esa supuesta tradicion, es realmente histórico; ó bien que la especie humana cubrió desde su principio la tierra en forma de tribus? Cuestion es esta que no puede resolver por sí misma la ciencia de las lenguas, y cuya resolucion no debe buscar tampoco en otra parte pretendiendo sacar de ella alguna luz sobre los problemas que la ocupan.»

La humanidad se distribuye en simples variedades que suelen designarse con la voz algun tanto indeterminada de *razas*. Así como en el reino vegetal y en la historia natural de las aves y de los peces es mas seguro agrupar los individuos en un gran número de familias, que no reunirlos en un pequeño número de secciones compuestas de masas considerables; así tambien en la determinacion de las razas me parece preferible el método de establecer pequeñas familias de pueblos. Ya sea que adoptemos la clasificacion de mi maestro Blumenbach en cinco razas (Caucásica, Mogólica, Americana, Etiópica y Malaya), ya reconozcamos siete con Prichard (1) (Iranea, Turanea, Americana, de los Hotentotes y Buschmanes, de los Negros, de los Papúes y de los Alfurúes), siempre resultará que ninguna diferencia radical y típica, ningun principio rigúroso de division natural rige á semejantes grupos, en los cuales no se ha hecho mas que separar lo que al parecer forma los estremos en punto á figura y color, sin curarse de la multitud de familias, de pueblos que no tienen cabida en esas grandes clases, y á las cuales se ha dado unas veces el nombre de razas escíticas, y otras el de razas alofílicas. A la verdad, la denominacion de *Iranios* sienta mejor á los pueblos de Europa que no la de *Caucasianos*; y sin embargo, preciso es confesar que los nombres geográficos aplicados á la designacion de las razas son sumamente vagos, con especialidad cuando nos encontramos con que el pais que debe dar su nombre á tal ó cual raza ha sido habitado en diferentes épocas, como el Turan ó Mawerannahr (2), verbigracia, por troncos diversísimos de pueblos, de origen indo-germánico y finlándico, aunque no mogólico.

(1) Prichard, t. I, pág. 295; t. III, pág. 11.

(2) La tardía llegada de las tribus turcas y mogólicas, ya sea al Oxo, ya á la estepa de los kirguisos, está en oposicion con el sentir de Niebuhr, que tiene por mogoles á los escitas de Herodoto y de Hipócrates. Mucho mas verosimil es la opinion de que los escitas (escolotos) pertenecian á los mesagetas indo-germanos (alanos); porque los mogoles, los verdaderos tártaros (denominacion que impropiamente se aplicó mucho despues en Rusia y en la Siberia á tribus puramente turcas) habitaban á la sazon muy lejos en el Asia oriental. Cf. mi *Asia central*, t. I, págs. 239 y 400; y mi *Exámen crítico de la historia de la Geografía*, t. II, pág. 320. El profesor Buschmann, filólogo distinguido, recuerda que en el Schabnameh, libro que comienza por una historia semi-mítica, hace Firdusi mencion de una «fortaleza de los alanos,» situada á orillas del mar, en donde quería refugiarse Selm, hijo primogénito del rey Feridun (dos siglos ciertamente antes de Ciro). Los kirguisos de la estepa llamada escítica eran oriundos de la Finlandia, y vivian ya hácia el siglo VI en la misma estepa en que yo los he visto, siendo hoy verosimilmente, con sus tres hordas, los mas numerosos entre todos los pueblos nómadas. El bizantino Menandro (págs. 380, 382, edic. de Niebuhr), refiere positivamente que el chakan de los turcos (Thu-khiu) regaló una esclava kirguisa (una χερχίς) á Zemarco, embajador de Justino II; y Abulgasi (*Historia Mongolorum et Tatarorum*) llama asimismo *Kirkis* á los kirguisos. La semejanza de costumbres, en los paises donde la naturaleza del terreno les imprime un carácter dominante, no es muy segura prueba de la identidad de las razas. La vida de las estepas produce entre los turcos (Ti, Tukiu), entre los Baschkires (Finlandeses), los Kirguisos, los Torgodos y los Dsungares (Mogoles) los usos y costumbres comunes á los pueblos nómadas, como por ejemplo, el de las tiendas de pieles que transportan en carros y plantan junto á los rebaños.

Las lenguas, creaciones intelectuales de la humanidad, tan intimamente ligadas á los primeros desarrollos del espíritu, son de gran importancia, por el sello nacional que llevan en si mismas, para ayudarnos á reconocer la semejanza ó la diferencia de las razas; importancia que deben principalmente á que la comunidad de su origen es un hilo conductor que nos permite penetrar en el misterioso laberinto en que la union de las disposiciones físicas del cuerpo con las facultades de la inteligencia se manifiesta bajo mil diversas formas. Los notables progresos que de menos de medio siglo á esta parte ha hecho en Alemania el estudio filosófico de las lenguas, facilitan las investigaciones sobre su carácter nacional (1) y sobre lo que en ellas parece debido al parentesco de los pueblos que las hablan. Sin embargo, lo mismo en este punto que en todas las esferas de la especulacion ideal, suele hallarse al lado de la esperanza de un botin rico y seguro, el peligro de las ilusiones, que tan frecuentes son en semejantes materias.

Estudios etnográficos positivos, fundados en un conocimiento profundo de la historia, nos enseñan que debe procederse con suma cautela en la comparacion de los pueblos y de las lenguas que los mismos han hablado en una época determinada. La conquista; el hábito prolongado de vivir juntos; la influencia de una religion estraña y la mezcla de las razas, siquiera no se haya efectuado sino con un corto número de invasores mas fuertes y mas civilizados, han producido un fenómeno que se observa á la par en ambos continentes, y es, que pueden encontrarse en una sola é idéntica raza dos familias de lenguas enteramente diversas, y que por el contrario se hallan idiomas pertenecientes á un mismo tronco lengüístico en pueblos de muy diverso orígen: fenómeno singularísimo debido principalmente á los grandes conquistadores asiáticos, que por el poder de sus armas y por la dispersion y trastorno de las poblaciones, han contribuido á crearle en la historia.

El lenguaje es una parte integrante de la historia natural del espíritu; y por mas que este con su feliz independencia se imponga á si mismo leyes que sigue bajo las influencias mas diversas; por mas que con su libertad pugne constantemente por sustraerse á esas mismas influencias,

(1) Guillermo de Humboldt, *Sobre la diversidad de estructura de las lenguas humanas*, en su grande obra *Sobre la lengua kawi en la isla de Java*, t. I, pág. XXI, XLVIII, y CCXIV.

ello es que aun así y todo no puede emanciparse completamente de los lazos que le ligan á la tierra, y que siempre subsisté algo de lo que las disposiciones naturales toman del suelo, del clima, de la serenidad de un cielo puro y cerúleo, ó del sombrío aspecto de una atmósfera cargada de vapores. No admite duda que la riqueza y la gracia en la estructura de las lenguas son obra del pensamiento, del cual nacen como de la flor mas delicada del espíritu; mas no por ello dejan de subsistir mutua y estrechamente enlazadas las dos esferas de la naturaleza física y de la inteligencia ó del sentimiento, razon por la cual no hemos querido privar á nuestro cuadro del mundo, de la luz y del colorido que pueden comunicarle estas consideraciones, siquiera sean rapidísimas, sobre las relaciones de las razas y de las lenguas.

Como consecuencia necesaria de nuestra opinion sobre la unidad de la especie humana, tenemos que rechazar y rechazamos la desoladora distincion que se hace de las razas en superiores é inferiores (1). Hay indudablemente familias de pueblos mas susceptibles de cultura, mas civilizadas, mas ilustradas que otras: pero no mas nobles, porque todas han sido igualmente creadas para la libertad, para esa libertad, que si bien en un estado social poco adelantado no pertenece mas que al individuo, es en las naciones llamadas al goce de verdaderas instituciones políticas el derecho de la comunidad toda entera. «Hay una idea que se revela atravesando la historia y extendiendo mas y mas cada dia su saludable imperio; una idea que mejor que ninguna otra prueba el hecho, tan á menudo puesto en duda, pero mas frecuentemente aún mal comprendido, de la perfectibilidad general de la especie; y esa idea es la idea de la humanidad. Ella es la que tiende á echar por tierra las barreras que preocupaciones y miras interesadas de toda especie han alzado entre los hombres, y á que se considere la humanidad en su conjunto sin distincion de religiones, de naciones ni de colores, como una gran familia de hermanos, como un cuerpo único que marcha hácia un solo é idéntico objeto, hácia el libre desarrollo de las fuerzas morales. Tal es el objeto y fin supremo de la sociabili-

(1) La desoladora doctrina de la desigualdad del derecho á la libertad entre los hombres, tantas veces reproducida despues, y de la esclavitud considerada como una institucion que se funda en la naturaleza, ha sido (¡mal pécado!) desarrollada por Aristóteles con perfecto rigor sistemático, en su *Política*, I, 3, 5, 6.

dad, y tal al propio tiempo la direccion impuesta al hombre por su misma naturaleza para el engrandecimiento indefinido de su existencia. La tierra que abarca con sus miradas, y cuanto alcanza á descubrir en el estrellado firmamento, es para el hombre una especie de propiedad íntima, como un doble campo abierto á su actividad física é intelectual. De niño aspira ya á traspasar las montañas y los mares que circunscriben su estrecha morada; y replegándose despues sobre sí mismo como la planta, suspira por su regreso. Esta doble aspiracion hácia lo que desea y hácia lo que ha perdido es, sin duda, lo mas bello, lo mas sublime que hay en el hombre, lo que le preserva del riesgo de apegarse al momento presente de una manera esclusiva. Arraigada así en las profundidades de la naturaleza humana la íntima y fraternal union de toda la especie, exigida al propio tiempo por sus mas sublimes instintos, preséntasenos como una de las grandes ideas que presiden á la historia de la humanidad (1).»

Séale permitido á un hermano terminar con estas palabras que deben su encanto á la profundidad de los sentimientos, la descripcion general de los fenómenos de la naturaleza en el seno del Universo. Desde las mas remotas nebulosidades y desde las estrellas dobles que circulan por los cielos, hemos descendido hasta los mas pequeños cuerpos organizados del reino animal, así en el mar como en la tierra; hasta los delicados gérmenes de las plantas que tapizan

(1) Guillermo de Humboldt, *Sobre la lengua kaui*, tomo III, pág. 426. De la misma obra tomo las siguientes reflexiones: Las impetuosas conquistas de Alejandro; las que los romanos levaron á cabo con perfecta habilidad política; las de los megicanos, tan salvajes y crueles; y las despóticas reuniones *de territorio de los incas*, han contribuido en ambos mundos á la cesacion del aislamiento de los pueblos y a la formacion de mas vastas sociedades. Almas grandes y enérgicas, naciones enteras, obraban entonces bajo el imperio de una idea que en su pureza moral les era completamente extraña. El cristianismo, con su verdad y su caridad profunda, fué el primero que la proclamó, si bien ha necesitado mucho tiempo para hacerla aceptar. En los tiempos anteriores no se encuentra mas que tal cual acento suelto y fugitivo, como preludio de esta gran voz. Los tiempos modernos han dado nuevo vuelo á la idea de la civilizacion, y despertado la necesidad de estender mas y mas las mutuas relaciones de los pueblos y los beneficios de la cultura moral é intelectual. Hasta la codicia misma comienza ya á comprender que ganará mucho mas siguiendo esta via de progreso, que obstinándose en mantener por la fuerza un aislamiento retrógrado. El lenguaje, mejor que no otra facultad cualquiera del hombre, forma un solo haz de toda la especie humana, por mas que á primera vista parece que con los diferentes idiomas separa tambien á los pueblos; pues cabalmente la necesidad de entenderse recíprocamente en una lengua extranjera es la que aproxima á las individualidades, dejando empero á cada una su originalidad propia. (*Ibid*, página 427).

las peladas rocas en las vertientes de los montes coronados de nieve. Leyes parcialmente conocidas nos han servido para clasificar y coordinar todos estos fenómenos; otras leyes de mas misteriosa naturaleza ejercen su imperio en las altísimas regiones del mundo orgánico, en la esfera de la especie humana con sus diversas conformaciones, con la creadora energia del espíritu de que se halla dotada y con las varias lenguas que son su producto. Un cuadro físico de la Naturaleza no debe pasar del límite en que comienza la esfera de la inteligencia, y donde la mirada se pierde ya en otro mundo diferente: marca ese límite, le señala, pero no le traspasa.

FIN DEL TOMO PRIMERO.

TABLA DE LAS MATERIAS

CONTENIDAS EN ESTE PRIMER TOMO.

Págs.

Advertencia del traductor. v
Prefacio del autor. ix

INTRODUCCION.

Consideraciones sobre los diversos grados de goce que ofrecen el aspecto de la Naturaleza y el estudio de sus leyes. 17

Límites y método de exposicion de la descripcion física del mundo. . 55

CUADRO DE LA NATURALEZA.

PARTE I.

EL CIELO.

Vista general de los fenómenos celestes. 79
Nebulosidades. 85
Estrellas nebulosas.. 87
Sistemas estelares. 89
Nuestro sistema estelar. 91
Sistema solar. 93
Planetas. . . . . id.
Satélites. 99
Cometas. 103
Estrellas vagas, bólides, aerólitos. 117
Luz zodiacal.. 144
El Sol.. 151
Su movimiento de traslacion en el espacio. 152
Movimientos propios de las estrellas. 153
Estrellas dobles. 154
Distancias, masas, diámetros aparentes de las estrellas 155
Aspecto variable del cielo estrellado. 156
Centros de atraccion entre los grupos de estrellas. 158
Via lactea formada de nebulosas. 159
Propagacion sucesiva de la luz.. 161

PARTE II.

LA TIERRA.

Cuadro general de los fenómenos terrestres. 165
Figura de la tierra. 174
Densidad de la tierra. 181
Calor interno de la tierra. 183
Temperatura media de la tierra. 187
Magnetismo terrestre. 189
Luces polares ó auroras boreales. 205

Reaccion de lo interior del globo contra las capas exteriores. . . . 215
Temblores de tierra. 216
Emisiones gaseosas. 229
Fuentes termales y fuentes frias. 231
Volcanes de lodo. 236
Volcanes. 238

Descripcion geológica de la corteza del globo. 261
Formas fundamentales de las rocas. 262
Rocas endógenas ó de erupcion. 265
Rocas exógenas ó de sedimento. 267
Rocas metamórficas. 269
Produccion artificial de los minerales simples. 283
Conglomerados. 284
Constitucion química de las rocas en general. 285
Edad relativa de las rocas. 289

Paleontologia, restos orgánicos fosilificados. . . . . id.
Paleozologia, animales fósiles. 288
Paleofitologia, vegetales fósiles. 294
Poleogeografía; *estado de la superficie del globo en las diferentes épocas geológicas.* 300

Geografía física en general. 304
La tierra firme. 306
El Océano. 320
La atmósfera, meteorologia. 330
Presion atmosférica. 334
Climas, distribucion geográfica del calor, líneas isotermas, isoteras é isoquímenas. 338
Límite de las nieves perpétuas. 352
Higrometria. 355
Electricidad atmosférica. 358
Mútua dependencia de los fenómenos meteorológicos. 361

PARTE III.

LA VIDA ORGANICA.

Cuadro general de la vida orgánica. 364
Consideraciones sobre la geografía de las plantas y de los animales. 371
El hombre. 375

COSMOS,

ENSAYO DE UNA

DESCRIPCION FÍSICA DEL MUNDO,

POR

ALEJANDRO DE HUMBOLDT,

VERTIDO AL CASTELLANO

por Francisco Diaz Quintero.

TOMO II

EDITOR
DON RAMON RODRIGUEZ DE RIVERA.

MADRID: 1852.

DESPACHO.
Calle de la Flor baja, núm. 24.

IMPRENTA.
Calle de San Cipriano, núm. 3.

REFLEJO

DEL MUNDO EXTERIOR

EN LA IMAGINACION DEL HOMBRE.

INTRODUCCION.

MEDIOS PROPIOS PARA DIFUNDIR EL ESTUDIO DE LA NATURALEZA.

De la esfera de los objetos exteriores vamos á pasar á la esfera del sentimiento. Ya dejamos expuesto en el primer tomo de esta obra, bajo la forma de un vasto cuadro de la Naturaleza, cuanto acerca de los fenómenos y de las leyes del Universo nos ha dado á conocer la ciencia fundada en rigurosas observaciones y purificada de toda falaz apariencia. Semejante espectáculo de la Naturaleza quedaría empero incompleto, si no considerásemos de qué manera se refleja en el pensamiento y en la imaginacion, predispuesta de suyo á las impresiones poéticas. Va á revelársenos un mundo interno, el cual exploraremos no con el fin de distinguir en nuestras emociones lo que pertenece á la accion de los objetos exteriores sobre los sentidos, de lo que emana de las facultades del alma ó se refiere á las nativas predisposiciones de los diferentes pueblos; que esto es del dominio de la filosofía del arte, y para nuestro propósito basta indicar el orígen de esta contemplacion inteligente que nos eleva al sentimiento puro de la Naturaleza, é investigar las causas que despertando nuestra imaginacion han contribuido tan poderosamente, con especialidad en los tiempos modernos, á propagar el estudio de las ciencias naturales y la aficion á lejanos viajes

Segun hemos ya indicado (1), los medios propios para difundir el estudio de la Naturaleza, consisten en tres formas particulares bajo las cuales se manifiestan el pensamiento y la imaginacion creadora del hombre, y son á saber: la descripcion animada de las escenas y de las producciones naturales; la pintura de paises, desde el momento que comenzó á comprender y expresar la fisonomía de los vegetales, su feraz abundancia y el carácter particular del suelo que los produce; el cultivo mas generalizado de las plantas tropicales y las colecciones de especies exóticas en los jardines é invernáculos. Cada uno de estos *procedimientos en particular podria ser objeto de largos* desarrollos, si nos propusiésemos trazar su historia; pero es mas conforme al plan y al pensamiento dominante de esta obra, que nos ciñamos á algunas ideas esenciales y que estudiemos, en general, de cuán diversas maneras ha obrado la Naturaleza sobre el pensamiento y la imaginacion del hombre, segun las épocas y las razas, hasta que por el progreso de la inteligencia han llegado á unirse la ciencia y la poesía penetrándose entre sí cada vez mas íntimamente. Limitarse, empero, al estudio y descripcion de los fenómenos exteriores, sería no abarcar la Naturaleza en su conjunto; y de aquí la necesidad de que hagamos entrever á lo menos algunas de las misteriosas analogías y morales armonías que enlazan al hombre con el mundo exterior, y de que manifestemos cómo al reflejarse la Naturaleza en el hombre ha quedado á las veces cubierta de un velo simbólico por entre el cual se divisaban graciosas imágenes, y á las veces ha hecho que se desarrolle en la imaginacion el noble gérmen de las artes.

Al enumerar las causas que pueden dirigirnos hácia el estudio científico de la Naturaleza, debemos recordar tambien que

(1) *Cosmos*, t. I, pág. 56.

impresiones fortuitas y pasageras al parecer, recibidas en la juventud, han bastado por lo comun para decidir de las inclinaciones de toda la vida. El sencillo placer que experimentamos al contemplar en los mapas geográficos la forma articulada de ciertos continentes ó de los mares interiores (1); la esperanza de contemplar las magníficas constelaciones australes, que jamás se presentan á nuestra vista en la bóveda del hemisferio que habitamos (2); y por último, las imágenes de las palmeras de la Palestina ó de los cedros del Líbano que contienen las sagradas escrituras, pueden ser parte á que germine en el fondo del alma de un niño la aficion á expediciones lejanas. Si se me permite recurrir á los mas antiguos recuerdos de mi juventud, é indicar lo que sirvió de cebo para inspirarme el incontrastable deseo de visitar las regiones tropicales, citaré principalmente las descripciones pintorescas de las islas del Mar del Sur, por Jorge Forster; los cuadros de Hodges que representan las orillas del Ganges, en la casa de Warren Hastings de Londres; y un drago colosal que ví en un antiguo invernáculo del jardin botánico de Berlin. Estos ejemplos se refieren á las tres clases antes indicadas, es decir, al género descriptivo inspirado por la contemplacion inteligente de la Naturaleza; á la pintura de paises, y á la observacion directa de las grandes formas del reino vegetal. Conviene no olvidar que la eficacia de estos medios depende en gran parte del estado de la civilizacion entre los modernos y de las predisposiciones del alma, que segun las razas y los tiempos es mas ó menos sensible á las impresiones de la Naturaleza.

(1) Especialmente de las costas de Italia y de Grecia y de las orillas de los mares Caspio y Rojo. V. A. de Humboldt, *Relation historique du voyage aux régions équinoxiales*, t. I, pág. 208.

(2) Dante, *Purgatorio*, canto I, vs. 25—28.

Goder pareva il ciel di lor fiammelle:
O settentrional vedovo sito,
Poi che privato se' di mirar quelle!

CAPITULO I.

LITERATURA DESCRIPTIVA.

DEL SENTIMIENTO DE LA NATURALEZA SEGUN LA DIFERENCIA DE RAZAS Y DE TIEMPOS.

CRÉESE de ordinario, y así se ha repetido no pocas veces, que el sentimiento de la Naturaleza, sin ser extraño á los pueblos antiguos, se ha expresado no obstante con menos frecuencia y energía en la antigüedad que en los tiempos modernos. «Si paramos la consideracion,» dice Schiller en sus reflexiones *sobre la poesía sencilla y sentimental* (1), «en la bellísima Naturaleza que rodeaba á los griegos; si atendemos á la libre intimidad en que con ella vivian bajo su purísimo cielo, y á que el arte, los sentimientos y las costumbres se le acercaban mas en aquel pueblo, así como su poesía la representaba mas fielmente, debemos quedar sorprendidos al ver cuán débil aparece entre ellos el cordial interés con que nosotros los modernos contemplamos absortos las escenas de la Naturaleza. Los griegos llevaron á su mas alto punto la fidelidad y la exactitud en la pintura de paises, descendiendo hasta los mas minuciosos pormenores, pero sin que su alma tomase en ello mas parte

(1) Schiller, *Sæmmtliche Werke*, 1826, t. XVIII, págs. 231, 473, 480 y 486; Gervinus, *Neuere Geschichte der poetischen National-Litteratur der Deutschen*, 1840, t. I, pág. 135; Adolfo Becker, *Chariclès*, 1.ª parte, página 219. Cf. Ed. Müller *Ueber Sophokleische Naturanschauung und die tiefe Naturempfindung der Griechen*, 1842, págs. 10 y 26.

que en la descripcion de un trage, de un arma ó de un escudo; pues á lo que parece, la Naturaleza habia interesado mas la inteligencia que no el sentimiento moral de aquel pueblo, el cual no se apegaba á ella con la simpática y dulce melancolía de los modernos.»

Por exacto que en cierto modo sea este juicio, no debemos sin embargo hacerlo extensivo á toda la antigüedad. Nos formaríamos, por otra parte, una idea muy incompleta de las cosas, si bajo el nombre de antigüedad y por oposicion á los tiempos modernos, comprendiésemos tan solamente el mundo griego y el mundo romano; que tambien se revela un sentimiento profundo de la Naturaleza en la antiquísima poesía de los hebreos y de los indios, es decir, de razas muy diferentes, como lo son las semíticas y las indogermánicas.

De la sensibilidad de los antiguos pueblos respecto á la Naturaleza, solo podemos formar juicio por los pasajes de su literatura en que se halla expresado aquel sentimiento; por lo cual debemos ser tanto mas escrupulosos al reunir y valuar estos testimonios, cuanto mas raramente se desprenden de su historia bajo las grandes formas de la poesía épica y lírica. En la antigüedad griega, cuando la humanidad se hallaba en la flor de su edad, se descubre indudablemente un sentimiento tierno y profundo de la Naturaleza, unido á la pintura de las pasiones y á las leyendas fabulosas; pero el género descriptivo propiamente dicho no pasa nunca entre los griegos de ser un mero accesorio, apareciendo siempre el paisaje nada mas que como el fondo de un cuadro en cuyo primer término se mueven formas humanas. Y la razon es, porque en el arte griego todo se agita en el círculo de la humanidad. El desarrollo de las pasiones absorbia casi todo el interés, y las agitaciones de la vida pública perturbaban muy pronto las silenciosas meditaciones en que nos sumerge la contemplacion de la Naturaleza; buscábanse siempre, hasta en los fenómenos físicos, algunas relaciones con la naturaleza del hombre (1); y todos ellos debian suminis-

(1) Schnaase, *Geschichte der bildenden Künste bei den Alten*, 1843, tomo III, págs. 128—138.

trar rasgos de semejanza con su forma exterior, ó con su actividad moral. Merced á estas relaciones, y bajo la forma de comparacion, fué como pudo penetrar las mas veces el género descriptivo en los dominios de la poesía, é introducir en ellos algunos cuadros limitados, pero llenos de animacion y de vida.

En Delfos se cantaban himnos á la Primavera (1), sin duda con el objeto de expresar la alegria del hombre al verse libre de los rigores del Invierno. Las *Obras y Dias* de Hesiodo (2) contienen tambien una descripcion del invierno, introducida quizás mas tarde por algun rapsoda jónico. En este poema se dan preceptos acerca de la agricultura y de las demás profesiones ó ejercicios, y se indican las condiciones de una vida ejemplar, todo ello en estilo noble y sencillo, pero con la sequedad didáctica. Si alguna vez se remonta Hesiodo á mas elevada inspiracion, es solo para encubrir bajo el velo del antropomorfismo las miserias de la humanidad en el bello mito alegórico de Epimeteo y de Pandora. En la *Teogonia* del mismo autor, compuesta de elementos tan diversos como antiquísimos, encontramos asimismo personificados las mas veces los fenómenos del mar bajo nombres característicos, como por ejemplo, en la enumeracion de las Nereidas (3). Esta tendencia á presentar revestidos de la forma humana los fenómenos de la Naturaleza fué comun á los *aedas* de Beocia y á toda la poesía antigua.

Los variadísimos recursos del género descriptivo, la poesía de la Naturaleza, para decirlo de una vez, no ha formado un

(1) Plutarco, *de EI apud Delphos*, c. 9. Cf. lo que sobre un pasaje de Apolonio Díscolo (*Mirab., hist.*, c. 40) dice Otfried Müller en su obra titulada *Geschichte der griechischen Litteratur*, 1845, t. I, pág. 31.

(2) Hesiodo, *Obras y Dias*, vs. 502—561. V. Gættling, *In Hesiodi carmina*, 1843, pág. XXXVI; Ulrici, *Geschichte der hellenischen Dichtkunst*, 1.ª parte, 1835, pág. 337; Bernhardy, *Grundriss der griech. Litteratur*, 2.ª parte, pág. 176. Sin embargo, Gottf. Hermann opina (*Opuscula*, t. VI, pág. 239), que la descripcion pintoresca del invierno de Hesiodo tiene todas las señales de pertenecer á la mas remota antigüedad.

(3) Hesiodo, *Teogonia*, vs. 233—264.—Quizás la nereida Mæra (*Odisea*, l. XI, v. 326. *Iliada*, XVIII, 48) designaría los resplandores fosfóricos que brillan en la superficie del mar, como ya este mismo nombre μαῖρα servia para expresar la centelleante constelacion de Sirio.

género distinto de literatura sino en época muy cercana á la nuestra, ya sea que se concrete á la pintura de la lujosa vegetacion tropical, ya represente bajo una forma animada las costumbres de los animales. No es decir por esto que allí donde todo respiraba sensualidad haya faltado completamente la sensibilidad para las bellezas naturales (1), ni que teniendo tantas obras maestras inimitables que admirar, creadas por la imaginacion de los griegos, no podamos hallar entre ellos algunos vestigios de poesía contemplativa. El que estos vestigios sean muy raros para nosotros los modernos, no tanto depende de la falta de sensibilidad de los antiguos como de que no experimentaban la necesidad de expresar con palabras el sentimiento de la Naturaleza. Menos inclinados á la naturaleza inanimada que á la vida activa y al trabajo interno mental, adoptaron desde luego y conservaron la epopeya y la oda como las formas mas elevadas del númen poético. Las descripciones de la Naturaleza no podian, pues, tener cabida en aquellos poemas sino accidentalmente, y no parece que la imaginacion se haya detenido nunca en ellas como en un objeto aparte. Posteriormente, y al mismo compás que se fué borrando la tradicion del mundo antiguo y que se marchitaron sus flores, la retórica invadió todo el campo de la poesía didáctica: poesía severa, noble y sin adornos bajo la antigua forma filosófica y casi sacerdotal, que fué la del libro de Empedocles sobre la Naturaleza, pero que por la mezcla de la retórica perdió poco á poco su pristina sencillez y dignidad.

Séanos permitido citar algunos ejemplos á fin de esclarecer las precedentes consideraciones generales. Segun lo requiere la epopeya, las escenas de la Naturaleza son siempre meros accesorios en los poemas homéricos: «El pastor se deleita con la tranquilidad de la callada noche, con la pureza del aire, con el brillo de las estrellas que resplandecen en la bóveda celeste; y oye á lo lejos el ruido del hinchado torrente que entre sus turbias aguas arrastra, al precipitarse, las descuajadas robus-

(1) V. Jacobs, *Leben und Kunst der Alten*, t. I, 1.ª parte, pág. 7.

tas encinas (1).» Los solitarios bosques del Parnaso y sus sombrios y frondosos valles forman contraste con las alamedas regadas por un arroyuelo, en la graciosa pintura que hace Homero en la isla de los Feacios (Scheria), y principalmente con el pais de los Cícoples, «en el cual rodean á las lomas cubiertas de silvestres pámpanos, verdes praderas agitadas por el viento (2).» En un himno á la primavera, compuesto para las grandes Dionisiacas, canta Píndaro «la tierra cubierta de nuevas flores, mientras que, entreabriendo la palmera sus primeros botones en la ciudad argiva de Nemea, anuncia al adivino la proximidad de la embalsamada primavera.» En otro lugar canta el Etna, «la columna del cielo que sustenta nieves perennes.» Empero bien pronto aparta la vista de la naturaleza inanimada y de sus sombrios aspectos, para celebrar á Hieron de Siracusa y las victorias de los griegos sobre los persas.

Menester es no olvidar que el paisage griego ofrece el atractivo particular de una armonía íntima entre la tierra firme y el elemento líquido, entre las orillas doradas por el sol, tapizadas de plantas y de vegetales pintorescos, y el estruendoso agitado mar, resplandeciente con multitud de reflejos. Si otros pueblos han podido considerar la tierra y el mar, la vida terrestre y la vida marítima, como dos mundos separados, los griegos, no digamos ya solo los insulares, sino tambien las tribus del continente meridional, podian casi desde cada punto de vista abrazar todos los fenómenos producidos por el contacto ó la accion recíproca de los elementos, que prestan á las escenas de la Naturaleza tanta variedad y magnificencia. ¿Cómo unos pue-

(1) *Iliada*, l. VIII, vs. 555—559; IV, 452—455; XI, 115—119. Véanse tambien las animadísimas pinturas, si bien algun tanto acumuladas, que hace Homero de diferentes especies de animales, al comenzar el catálogo de las naves, II, 458—475.

(2) *Odisea*, l. XIX, vs. 431—445; VI, 290; IX, 115—119.—Léase tambien la descripcion de las verdes umbrias que rodeaban la gruta de Calipso «ante las cuales se detendrian admirados los mismos Dioses henchido el corazon de regocijo» (V, 55—73); la pintura de los escollos de que está cercada la isla de los Feacios (V, 400—442); y los jardines de Alcinóo (VII, 113—130.—Sobre el ditirambo de la *primavera* de Píndaro, V. Bæckh, *Pindari Opera*, t. II, 2.ª parte, págs. 575—579.

blos tan favorecidos por el cielo habrian podido permanecer indiferentes ante el espectáculo de aquellas cadenas de rocas coronadas de florestas, que seguian á lo largo los profundos repliegues del mar Mediterráneo? Al observar los cambios regulares que segun las estaciones del año y las horas del dia se efectuaban entre la superficie del suelo y las capas inferiores de la atmósfera; al ver la distribucion de las formas vegetales, ¿cómo en una edad en que el genio poético era la mas elevada de todas las vocaciones, habria podido semejante emocion de los sentidos dejar de trocarse en una contemplacion ideal? Los griegos creian en relaciones secretas entre el mundo de las plantas y los héroes ó los Dioses: tanto, que los mismos Dioses eran los que vengaban los ultrajes hechos á los árboles ó á las plantas consagradas. La imaginacion animaba, por decirlo así, los vegetales; pero las formas poéticas á que debió limitarse la antigüedad griega por la índole misma de su carácter, no consentian dar sino un desarrollo incompleto á la descripcion de la Naturaleza.

Algunas veces, sin embargo, aun entre los poetas trágicos, la expresion del dolor ó el desarrollo de las pasiones están interrumpidos por descripciones en que respira el entusiasmo, y que revelan un profundo sentimiento de la Naturaleza. Cuando Edipo se acerca al bosque de las Euménides, el coro canta «la tranquila y deliciosa morada de Colona, los verdes zarzales que el ruiseñor prefiere soltando desde ellos al viento su voz clara y melodiosa, la oscuridad que esparce la fronda entrelazada de la yedra, los narcisos humedecidos por el rocío celeste, el dorado azafran, y el olivo imperecedero que sin cesar renace de sí mismo (1).» A la par que inmortaliza aquella aldea de Co-

(1) *Edipo en Colona*, vs. 668—719. Debo citar aquí tambien, entre las descripciones de paisajes que respiran un sentimiento profundo de la Naturaleza, la pintura hecha por Eurípides en sus *Bacantes*, v. 1045, del monte Citeron que traspasa el mensajero al salir del valle del Alopo. (V. Leake, *North. Greece*, t. II, pág. 370); un cuadro de la puesta del Sol en el valle de Delfos por el mismo poeta, en su Ion, v. 82; y una vista de la sagrada isla de Delos «combatida por tempestuosas olas y alrededor de la cual revolotean las gaviotas,» en el *Himno á Delos* de Calimaco, verso 11.

lona que fué su cuna, Sófocles coloca á drede la gran figura del rey errante y perseguido por la suerte junto á las aguas rápidas del Cefiso, y le rodea de serenas imágenes, cual si quisiese aumentar aun, con el reposo de la Naturaleza, el dolor que causa el aspecto augusto de aquel anciano ciego. Eurípides se complace tambien en describir de una manera pintoresca «las praderas de la Mesenia y de la Laconia que bajo un cielo eternamente puro son atravesadas por las hermosas aguas del Pamiso, y cuya fertilidad alimentan mil manantiales (1). La poesía bucólica, especie de drama popular y campestre, que tuvo su orígen en las llanuras de la Sicilia, es reputada con razon como una forma intermediaria; siendo mas bien el hombre de la Naturaleza que no el paisage, lo que se representa en esa pequeña epopeya pastoril. Tal es á lo menos su carácter en Teócrito, el poeta que le ha dado una forma mas acabada. El elemento elegiaco ocupa tambien un lugar en el idilio, y parece que debe su orígen al recuerdo de un bello ideal desvanecido, y á que en el corazon del hombre se mezcla siempre un fondo de melancolía al sentimiento íntimo de la Naturaleza.

Cuando la verdadera poesía se extinguió en Grecia con la vida pública, la poesía didáctica descriptiva se consagró á la trasmision de las ciencias. La Astronomía, la Geografía, la caza y la pesca se convirtieron en asuntos favoritos de versificadores que desplegaron con frecuencia maravillosa facilidad. Las formas y las costumbres de los animales estan pintadas con gracia, y con tal exactitud, que la ciencia moderna puede encontrar allí sus clasificaciones en géneros y hasta en especies. Pero falta á todos aquellos poemas la vida interior, el arte de dar animacion á la Naturaleza y aquella emocion con cuyo auxilio el mundo físico se impone á la imaginacion del poeta,

(1) V. á Estrabon, el cual acusa á Eurípides de haber cometido un error geográfico al hablar de las fronteras de Elide (l. VIII, pág. 366, edic. de Casaub.) Este pasaje le hemos tomado del *Cresfonte*. El elogio de la Mesenia se ligaba naturalmente á la exposicion de las circunstancias políticas, es decir, de la reparticion del Peloponeso entre los Heráclidas. Por donde se vé, segun la ingeniosa observacion de Bæckh, que aun en este pasaje se halla la reproduccion de la Naturaleza íntimamente enlazada á la accion humana.

aun sin que éste lo eche de ver claramente. Encuéntrase esta superabundancia del elemento descriptivo, junta con un grande artificio poético, en los cuarenta y ocho cantos de las *Dionisiacas* del egipcio Nonno. El autor se complace en reseñar las grandes catástrofes de la Naturaleza; en una parte, describe el incendio producido por el fuego del cielo en la selva que costean las orillas del Idaspes, y cuenta que se cocieron los peces en el fondo del rio: en otra, trata de explicar meteorológicamente cómo de los vapores que se levantan en la atmósfera se forman las tempestades y los torrentes de lluvia. Nada mas desigual que la obra de Nonno: á un rapto de inspiracion sucede una estéril abundancia de palabras que causa bien pronto hastío.

Un sentimiento mas vivo y mas delicado de la Naturaleza se advierte en algunas composiciones de la *Antologia*, restos preciosos de épocas diversas. Fr. Jacobos ha reunido en su preciosa edicion, bajo un título aparte, todos los epígramas relativos á los animales y á las plantas: pequeños cuadros que por lo comun no se refieren sino á objetos individuales. El plátano «que presta alimento con sus verdes hojas á los crecidos racimos de la vid,» es una imágen demasiado repetida en aquellas composiciones. Sabido es que el plátano, originario del Asia Menor, penetró primero en la isla de Diomedes, y no fué trasplantado á las orillas del Anapo en Sicilia sino en tiempo de Dionisio el Mayor. Parece, sin embargo, que los poetas de la Antologia preferían por lo general los animales á las plantas. El idilio de Meleagro de Gádara á la Primavera es una composicion muy bella y de mayores proporciones que las otras (1).

(1) Meleagris *Reliquiæ*, ed. de Manso, pág. 5, Cf. Jacobs, *Leben und Kunst der Alten*, t. I, 1.ª parte, pág 15; 2.ª parte, págs. 150—190. Zenobetti (Meleagri Gadareni *in Ver Idyllion*, pág. 5) creia haber descubierto antes que nadie en 1759 el *Himno á la Primavera* de Meleagro. V. Brunck, *Analecta*, tomo III, *Lect. et. Emend.* pág. 104.—En la Antologia griega, lib. II, 511 y 512, hay dos bellísimas composiciones de Mariano sobre los bosques; y en las *Eclogæ* del sofista Himerio, maestro de retórica en Atenas en el reinado de Juliano, se encuentra un elogio de la primavera que contrasta con el poema de Meleagro: su estilo es frio y afectado por lo general, si bien en algunos pasajes descriptivos se aproxima mucho el autor al sentimiento con que los modernos observan la Naturaleza (Himerii So-

La antigua celebridad del valle de Tempe exige que hagamos aquí mencion del cuadro de este valle trazado por Eliano, siguiendo sin duda á Dicearco (1), y que es por otra parte la mas completa de cuantas descripciones nos han transmitido los prosistas griegos. Sin perder de vista la exactitud topográfica, el autor no ha echado en olvido los pormenores pintorescos, animando el fresco valle con la presencia de una *teoría* que coje los ramos del laurel sagrado. Posteriormente, desde fines del siglo IV, se multiplican los cuadros campestres en las novelas de los prosistas bizantinos; y á tales cuadros debe sus principales atractivos la novela pastoril de Longo (2), si bien las pinturas del amor naciente dejan todavia poco lugar al sentimiento de la Naturaleza.

Mi propósito al escribir estas páginas no es otro que el de esclarecer con algunos ejemplos sacados de la literatura descriptiva las consideraciones generales sobre la contemplacion poética del mundo. Habria ya, por lo tanto, abandonado el florido campo de la antigüedad griega, si en un libro que me he atrevido á intitular *Cosmos* me fuese lícito pasar en silencio el principio del tratado *sobre el Mundo* que falsamente se ha atri-

phist. *Eclogæ et Declamationes*, ed. de Wernsdorf, 1790, orat. III, 3—6, y XXI, 5). Es verdaderamente extraño que la maravillosa situacion de Constantinopla no haya entusiasmado á Himerio. V. Orat. VII, 5—7; XVI, 3—8.—Los pasajes de Nonno citados en el texto se hallan en la edicion de Pedro Cunæo (1610), lib. II, pág. 70; VI, 199; XXIII, 16 y 619; XXVI, 694. V. tambien Ouvaroff, *Nonnos von Panopolis, der Dichten*, 1817, págs. 3, 16 y 21. Disertacion reimpresa en sus *Opúsculos de filosofía y de crítica*, San Petersburgo, 1843).

(1) Eliano, *Var. Hist. et fragm.*, lib. III, cap. 1, pág. 139 ed. de Kühn. V. tambien A. Buttmann, *Quæst. de Dicæarcho*, Naumb., 1832, pág. 32, y *Geogr. gr. min.* ed. de Gail., t. II, págs. 140—145.—Es muy digno de notarse el gusto que el poeta trágico Chœremon tenia por la Naturaleza, y sobre todo su predileccion por las flores, comparada ya por Guillermo Jones al mismo sentimiento entre los poetas indios. V. Welcker, *Grieschische Tragædien*, 3.ª parte, pág. 1088.

(2) Longi *Pastoralia* (*Daphnis et Chloe*), lib. I, 9; III, 12; IV, 2 y 3, págs. 92, 125 y 137, ed. de Seiler, 1843. V. Villemain, *Essai sur les romans grecs*, en sus *Mélanges de littérature*, 1827, t. II; y particularmente el pasaje en que compara á Longo con Bernardino de Saint-Pierre (páginas 431—448).

buido á Aristóteles. El autor representa al globo «adornado con una lujosísima vegetacion, fertilizado por innumerables corrientes de agua, y (cosa en su concepto la mas maravillosa de todas) poblado de séres inteligentes (1).» Semejante abuso de la retórica, extraño por demás al estilo conciso y puramente científico del filósofo de Estagira, es una de las muchas razones que militan en contra de la autenticidad de aquella obra, la cual puede atribuirse á Crisipo (2), á Apuleyo (3) ú otro cualquiera que mejor parezca. Empero si no podemos considerar esta descripcion como propia de Aristóteles, en cambio nos ha conservado Ciceron un fragmento auténtico literalmente traducido de un escrito perdido de aquel filósofo (4): «Si en medio de las profundidades de la tierra morasen séres vivientes en habitaciones adornadas de cuadros, estátuas y todo lo demás que abunda en los palacios de los poderosos; si los tales séres hubiesen oido hablar de un modo vago de la existencia de Dioses omnipotentes, y entreabriéndose de pronto la tierra pudiesen elevarse desde el fondo de sus moradas subterráneas hasta los parages en que nosotros habitamos, de seguro al ver la tierra, el mar y la bóveda del cielo, al reconocer la extension de las nubes y la fuerza de los vientos, al contemplar la maravillosa belleza del Sol, su grandeza y sus torrentes de luz, y al considerar en fin, luego que la noche tendiese su negro manto, el estrellado cielo, las variaciones de la luna, el nacimiento y el

(1) Pseudo-Aristóteles, *De Mundo*, c. 3, §§. 14—20, pág. 392, edic. de Bekker.

(2) V. Osann, *Beitræge zur griechischen und ræmischen Litteraturgeschichte*, 1835, t. I, págs. 194—266.

(3) V. Stahr, *Aristoteles bei den Ræmern*, 1834, págs. 173—177; Osann, *Beitræge*, etc., págs. 165—192. Stahr opina (pág. 172) como Henmann, que el texto griego que hoy poseemos es una traduccion del texto latino de Apuleyo. Sin embargo, el mismo Apuleyo (*De Mundo*, pág. 250, edic. de Deux-Ponts) dice expresamente «que le han servido de guias para la composicion de su libro Aristóteles y Teofrasto.»

(4) *De Natura Deorum*, l. II, c. 37. Es tanto mas digno de atencion un pasaje de Sexto Empírico en el cual cita un desarrollo análogo de Aristóteles (*Adversus Phycisos* IX, 22; pág. 554 de la edic. de Fabricio), cuanto que poco mas arriba alude el escritor á otra obra de Aristóteles perdida tambien, sobre la Adivinacion y los sueños.

ocaso de los astros que desde toda la eternidad siguen su inmutable carrera, de seguro, decimos, exclamarían admirados: ¡Sí, ciertamente hay Dioses, y obra suya son estas grandes cosas!» Con razon se ha dicho que en las precedentes frases brilla el inspirado númen de Platon; y ellas solas bastarían á confirmar el juicio de Ciceron sobre «los torrentes de oro del lenguage aristotélico (1).» Semejante argumento en favor de la existencia de los poderes celestes, sacado de la belleza y de la grandeza infinita de las obras de la Creacion, es un hecho rarísimo entre los antiguos.

Esta impresion que las bellezas naturales producian en lo mas íntimo del corazon de los griegos, por mas que nunca tratasen de expresarla bajo una forma literaria cualquiera, es mas raro aun encontrarla entre los romanos. No parece que debia esperarse así de una nacion que fiel á las antiguas tradiciones de los Sículos se consagró especialmente á la agricultura y á la vida campestre; mas esta actividad de los romanos se hallaba contrabalanceada por su austera gravedad, y por su sobria y mesurada razon que los predisponia poco á las impresiones de los sentidos, inclinándoles mas bien hácia la realidad ordinaria, que no hácia la contemplacion poética é ideal de la Naturaleza. Semejante oposicion entre la vida interior de los romanos y la de las tribus griegas se refleja en la literatura, espresion inteligente y fiel del carácter de los pueblos. A pesar de su comunidad de orígen, la estructura íntima de uno y otro idioma constituia otra nueva diferencia entre griegos y romanos. Todos convienen en reconocer que la lengua del antiguo Lacio no tiene la riqueza de imágenes ni la multitud de variados giros que la lengua de los helenos, siendo por lo tanto mas propia para comprender y significar la realidad de las cosas que para amoldarse á las fantasías de la imaginacion. Verdad es que en el siglo de Augusto puso trabas al libre desarrollo del ingenio y le desnacionalizó en cierto modo la servil imitacion de los mode-

(1) «Aristoteles flumen oriationis aureum fundens.» Ciceron, *Acad. Quæst.* l. II, c. 38. V. Stahr, *Aristotelia*, 2.ª parte, pág. 161; y en la misma obra el capítulo intitulado *Aristoteles bei den Rœmern*, pág 53.

los griegos; mas algunos hombres de superior talento rompieron al cabo aquellas trabas apoyándose en el amor de la patria, merced á su fecunda originalidad y á la elevacion de sus ideas expresadas en un lenguage admirable.

La poesía desplegó todas sus galas en el poema de Lucrecio *sobre la Naturaleza*. El autor, discípulo de Empedocles y de Parmenides, abarca en su obra el mundo entero y añade nuevo realce á la magestad de su exposicion con los arcaismos de su estilo. En el libro de Lucrecio campean en toda su fuerza la poesía y la filosofía confundidas, sin que de su mezcla resulte nunca aquella frialdad que criticaba severamente el retórico Menandro, comparándola al brillante aspecto bajo el cuál se representaba Platon la Naturaleza (1). Mi hermano ha analizado con admirable sagacidad los efectos análogos ó desemejantes producidos por la union de la poesía y de las abstracciones filosóficas en los antiguos poemas didácticos de la Grecia, en el poema de Lucrecio y en el episodio del *Bagavad-Gita* (2). Al considerar el gran cuadro de la naturaleza trazado

(1) Menandri Rhetoris *Comment. de Encomiis*, ex rec. Heeren, 1785, sect. I, c. 5, págs. 38 y 39. Segun este severo crítico, la poesía didáctica aplicada a la Naturaleza es un género frio (ψυχρότερον), en el cual quedan desnaturalizadas las fuerzas físicas, representando Apolo la luz, Juno los fenómenos atmosféricos, Júpiter el calor, etc. Plutarco (*De audiendis poetis*, pag. 27, edic. de H. Estienne), ridiculiza tambien los tales supuestos poemas de la Naturaleza, que no tienen de poesía sino la forma. Aristóteles habia ya dicho (*Poetica*, c. 1) que Empédocles es mas bien un físico que no un poeta, y que nada tiene de comun con Homero, salvo la medida de los versos.

(2) «Curándose la poesía ante todo de la forma, del color y de la variedad, podrá parecer extraño el intento de unirla con las ideas mas simples y mas abstractas; pero no por ello es menos legítima semejante asociacion, pues consideradas en sí mismas y segun su naturaleza la poesía, la ciencia, la filosofía y la historia, no cabe separacion entre ellas. Así las vemos formar un todo indivisible en aquella época de la civilizacion en que todas las facultades humanas aparecen confundidas, y cuando, por efecto de una predisposicion verdaderamente poética, se inclina el hombre á aquella unidad primera.» Guillermo de Humboldt, *Gesammelte Werke*, t. I, págs. 98—102. Cf. Bernhardy, *Ræmische Litteratur*, págs. 215—218, y Federico Schlegel, *Sæmmtliche Werke*, t. I, págs. 108—110. En una carta dirigida á Quinto, I. II, 11, trata Ciceron con harta severidad, por no decir injusticia, á Lucrecio, cuando á pesar de haberle puesto por las

por el poeta romano, salta á la vista el contraste que forman la aridez del sistema atomístico, y sus extrañas visiones acerca de la formacion de la tierra, con la animada descripcion de la raza humana saliendó del fondo de los bosques para labrar los campos, vencer las fuerzas naturales, cultivar su inteligencia, perfeccionar su lenguaje y fundar la vida civil (1).

Si un estadista entregado á la agitacion de la vida pública y de las pasiones políticas, conserva nó obstante en su corazon un vivo apego á la Naturaleza y el amor de la soledad, la fuente de estos sentimientos existe sin duda en las profundidades de un carácter noble y grande. Los escritos de Ciceron prueban la verdad de la observacion precedente. Sabido es que en su tratado de las *Leyes* y en el del *Orador* tomó aquel escritor muchas cosas de la *Phedra* de Platon (2); mas á pesar de esta imitacion no ha perdido nada de su individualidad propia la descripcion del suelo itálico. Platon pinta en algunos rasgos generales «la espesa sombra del alto plátano, los perfumes que exhala la flor del sauzgatillo, y la brisa del estío, cuyo susurro sirve de acompañamiento á los coros de cigarras.» Por lo tocante á la descripcion de Ciceron, sus rasgos son tan fieles y exactos, que todos ellos pueden comprobarse hoy dia én los mismos lugares, como recientemente lo ha notado un observador ingenioso (3). El Garellano se halla todavía rodeado de al-

nubes Virgilio, Ovidio y Quintiliano, reconoce en él mas arte que ingenio. «Non multis luminibus ingenii, multæ tamen artis.»

Teodoro Bergk ha intentado demostrar en un programa publicado recientemente (1846) en Marburgo, que este pasaje de Ciceron ha sido alterado, y que su verdadera lectura es: *Multis luminibus ingenii, non multæ tamen artis*. M. C. F. Hermann de Gotinga opina por suprimir de todo punto la negacion que Bergk se contenta con trasladar de una á otra frase. (*N. del T.*)

(1) Lucrecio, lib. V, vs. 930—1455.

(2) Platon, *Phedra*, pág. 230; Ciceron, *De legibus*, lib. I, cap. 5; II, 1. Cf. Wagner, *Comment. perp. in Ciceronis de Legibus*, 1804, pág. 6. Ciceron, *De oratore*, l. I, c. 7.

(3) V. el excelente escrito de Rodolfo Abeken, rector del gimnasio de Osnabruck, publicado en 1835 con el título de *Cicero in seinen Briefen*, págs. 431—434. Sobre el lugar en que nació Ciceron debemos noticias muy interesantes á H. Abeken, sobrino del precitado, durante mucho tiempo

tos álamos; y si bajamos hácia la izquierda desde la altura á cuyos pies se ven las ruinas de Arpino (Abruzo), reconoceremos el soto de encinas á orillas del Fibrena, y asimismo la isla dicha hoy Isola di Carnello, formada por la division del arroyo, y á la cual se retiraba Ciceron para meditar, leer y escribir, como él mismo refiere. Ciceron nació en Arpino, al pié de las montañas de los Volscos, y el admirable paisaje que le rodeaba debió influir desde su mas tierna edad en los gustos é inclinaciones que conservó toda su vida; que el reflejo de la naturaleza circunvecina obra por lo comun sobre el hombre, aun sin que este lo conozca, y penetrando hasta lo mas profundo de su ser se asocia á sus nativas predisposiciones y al libre desarrollo de sus facultades intelectuales y morales.

En medio de las terribles borrascas del año de 708 encontró Ciceron algun consuelo en sus casas de recreo (*Villas*), trasladándose alternativamente de Tusculano á Arpino, y de los alrededores de Ancio á los de Cumas. «Nada hay mas grato, escribia á Atico (1), que esta soledad; nada mas encantador que esta casa de campo, la inmediata costa y la vista del mar.» Desde la isla de Astura, á la embocadura del rio del mismo nombre en la costa del mar Tirreno, escribia tambien lo siguiente: «Aquí nadie me incomoda, y cuando me voy desde por la mañana á ocultarme en la espesura del frondoso bosque, no hay pensar en sacarme de allí hasta el anochecer. Fuera de mi queridísimo Atico, nada amo tanto como la soledad; en ella no tengo trato ni comunicacion mas que con las letras, y sin embargo, las lágrimas vienen con frecuencia á interrumpir mis estudios. Combato cuanto puedo contra el dolor; empero la lucha es todavía superior á mis fuerzas.» No faltan críticos que creen hallar en estas cartas, así como en las de Plinio, una especie de anticipacion del acento sentimental mo-

agregado como predicador á la embajada de Prusia en Roma, y actualmente asociado á la importante expedicion del profesor Lepsius a Egipto. V. tambien sobre el mismo particular á Valery, *Voyage historique en Italie*, t. III, pag. 421.

(1) Ciceron, *Epist. ad Atticum*, l. XII, 9 y 15.

derno: de mí sé decir que veo en ellas aquella profunda sensibilidad que en todas épocas y sin distincion de pueblos exhalan los corazones dolorosamente conmovidos.

Hállase tan generalmente esparcido, entre las personas algun tanto iniciadas en la literatura latina, el conocimiento de las obras de Virgilio y de Horacio, que sería supérfluo citar aquí pasajes en comprobacion del tierno y vivaz sentimiento de la Naturaleza que anima á algunas de sus composiciones. En la epopeya nacional de Virgilio, segun la naturaleza misma de este género de poesía, la descripcion del paisaje debia ser un mero accesorio, y ocupar por lo tanto un lugar muy reducido. Por eso se nota que el autor no se empeña nunca en describir parajes determinados (1); mas los armoniosos colores de sus cuadros revelan un profundo conocimiento de la Naturaleza. ¿Quién ha pintado mejor que él la serenidad del mar y el reposo de la noche? ¡Qué contraste entre estas apacibles imágenes y las enérgicas descripciones de la tormenta, en el libro primero de las Geórgicas, de la tempestad que asalta á los troyanos en medio de las Estrofadas, del derrumbamiento de las rocas y de la erupcion del Etna, en la Eneida (2)!

Como fruto de su larga morada en Tomes, llanuras de la Mesia inferior, parece que hubiéramos podido esperar de Ovidio una descripcion poética de aquellos desiertos, sobre los cuales nada nos ha dicho la antigüedad; mas prescindiendo de que el desterrado no vió aquella parte de las estepas que se cubre en el verano de lozanas plantas de cuatro á seis pies de altura, y ofrece á cada ráfaga de viento la graciosa imágen de un mar de flores revuelto, debemos tener en cuenta que

(1) Los pasajes de Virgilio citados por Malte-Brun (*Annales des Voyages*, 1808, t. III, págs. 235—266) como descripciones de localidades distintas, prueban únicamente que el poeta conocia los productos de diferentes regiones, el azafran del monte *Tmolo*, el incienso de los Sabeos, los nombres de multitud de riachuelos, y los vapores mefíticos que exhala una garganta de los Apeninos, cerca de Fricenti.

(2) Virgilio, *Geórgicas*, lib. I, vs. 356—392; III. 349—380; *Eneida*, III, 192—211—570—583; IV, 522—528; XII, 684—689.

Ovidio fué relegado á un páramo pantanoso, y que, abrumado por una desgracia superior á sus fuerzas, se hallaba mas predispuesto al recuerdo de los goces del mundo y de los acontecimientos políticos de Roma que á la contemplacion de los vastos desiertos que le rodeaban. En cambio, y aun sin contar las descripciones, harto frecuentes quizás, de grutas, manantiales y noches serenas, este poeta, que tanto sobresalia en el género descriptivo, nos ha dejado una narracion sumamente exacta é interesante, hasta para la geologia, de la erupcion volcánica ocurrida cerca de Metona, entre Epidauro y Trezena. En este cuadro, ya citado en otro lugar (1), nos muestra Ovidio al suelo alzándose en forma de colina por la fuerza de los vapores interiormente comprimidos, bien así como una vejiga inflada ó como un odre hecho de piel de cabrito.

Sensible es por demás que Tíbulo no nos haya dejado ninguna gran composicion descriptiva tomada del natural, ya que entre los poetas que ilustraron el reinado de Augusto es de los pocos que, extraños felizmente á la erudicion alexandrina, aficionados á la vida campestre, y por lo tanto sensibles y sencillos, bebieron en sí mismos sus inspiraciones. Sus elegías deben considerarse á la verdad como cuadros de costumbres en los cuales no entra el paisaje sino en último término; mas la *consagracion de los campos* y la sexta composicion del libro primero revelan harto bien lo que hubiera podido esperarse en este género del amigo de Horacio y de Messala (2).

(1) *Cosmos*, t. I, pág. 255. V. en Ovidio la descripcion de algunos fenómenos naturales: *Metamorph.*, lib. I, 568—576; III, 155—164 y 407—412; VII, 180—188; XV, 296—306. *Tristium*, l. I., eleg. III, v. 60; III, eleg. 4, v. 49; eleg. 12, v. 15. *Pont.*, lib. III, ep. 7—9. A estos raros ejemplos de descripciones individuales, que parecen copiadas del natural, hay que añadir, segun ha demostrado Ross, la graciosa pintura de un manantial del monte Himeto, que comienza con este verso: «Est prope purpureos colles florentis Hymetti,» etc. (*De arte amandi*, III, 687). En ella describe el poeta el manantial que corre por la ladera occidental de la montaña, á la que baña bien poco en realidad; manantial tenido en gran veneracion por los antiguos, los cuales le apellidaban Kallia y le habian consagrado á Venus. V. Ross, *Brief an Prof. Vuros in der griech. medis. Zeitschrift*, junio de 1837.

(2) Tíbulo, edic. de Voss., 1811, lib. I, eleg. 6, vs. 21—34 (eleg. 5

Lucano, nieto del retórico M. Anneo Séneca, se parece mucho á su abuelo en las galas oratorias del estilo; mas, sin embargo, ha descrito con rasgos admirables y exactísimos la destruccion del bosque de los Druidas en la ribera, actualmente asolada, de Marsella (1). Los robles al caer se apoyan entre sí y se sostienen mútuamente en equilibrio; desnudas de hojas sus ramas, dejan que penetre por primera vez un rayo de sol en aquella santa y sombría oscuridad. Todo el que haya vivido mucho tiempo en los bosques del Nuevo Mundo echará al punto de ver cuán feliz estuvo el poeta al pintar en pocas palabras el lujo de aquella vigorosa vegetacion cuyos colosales restos existen aún sepultados en algunos hornagueros de Francia (2). Lucilio Junior, amigo de Séneca el filósofo, ha descrito tambien con bastante exactitud una erupcion volcánica, en su poema didáctico de el *Etna*, si bien no entra en particularidades circunstanciadas y exactas, *únicas que pueden prestar originalidad* á este género de descripciones. Bajo tal respecto, su poema es muy inferior al diálogo sobre el Etna que Bembo escribió en su juventud y hemos elogiado ya en otra ocasion (3).

Desde mediados del siglo IV, cuando agotada al cabo la inspiracion no puede ya sostener las nobles y grandiosas formas de la poesía, el arte de los versos, desprovisto de los encantos de la imaginacion, se concreta solo á la minuciosa descripcion de las áridas realidades científicas, sin que la facticia elegancia del lenguaje pueda suplir el sentimiento de la Naturaleza ni el entusiasmo perdido. Como produccion de aquella época estéril, durante la cual no es la forma poética sino un

en las ediciones de Heyne y de Golbery); lib. II, eleg. 1, vs 37—66.

(1) Lucano, *Farsalia*, lib. III, vs. 400—452.

(2) *Cosmos*, t. I, pág. 300.

(3) *Cosmos*, t. I, pág. 257. Wernsdorf ha atribuido á Cornelio Severo el *Etna* de Lucilio, que verisímilmente formaba parte de un poema mas considerable sobre las curiosidades naturales de Sicilia. Los pasajes mas dignos de atencion son estos: un elogio general de las ciencias naturales, llamadas por el autor *frutos del espíritu* (*illæ sunt animi fruges*), vs. 270—280; el derrame de la lava, vs. 360—370—474—505; la formacion de la piedra pomez, vs. 415—425. V. págs. XVI—XX, 32—42—46—50 y 55 en la edicion de Jacob, 1826.

adorno prestado que cae así como por casualidad sobre el pensamiento, debemos citar el poema del *Mosela* de Ausonio. Este poeta, natural de Aquitania, acompañó á Valentiniano en su expedicion contra los alemanes; y su citado poema, compuesto en la antigua ciudad de Tréveris, celebra en varios lugares, no sin cierta gracia, los viñedos que se elevan formando laderas á orillas de uno de los mas bellos rios del suelo germánico (1). Mas, por desgracia, los principales objetos de este poema, harto exclusivamente didáctico, son la topografía de la comarca, los arroyos que van á desaguar en el Mosela, y las diversas especies de peces que le pueblan, con indicacion de sus formas, colores y costumbres.

No menos raras son las descripciones de la Naturaleza entre los prosistas romanos que entre los griegos. Ya antes hemos citado algunos pasajes notables de Ciceron. Por lo tocante á los grandes historiadores, tales como Julio César, Tito Livio y Tácito, apenas si hacen otra cosa mas que describir así como por incidencia un campo de batalla, el paso de un rio ó de desfiladeros impracticables en las montañas, cual si solo recurriesen á la Naturaleza al conocer la necesidad de representar al hombre luchando con los obstáculos que ella le opone. En los anales de Tácito

(1) Decii Magni Ausonii, *Mosella*, vs. 189—199, págs. 15 y 44 de la edicion de Bœcking. Consúltense tambien los pormenores, interesantes bajo el punto de vista de la historia natural, que da el poeta sobre los peces del Mosela (v. 85—150), y que Valenciennes ha sabido aprovechar hábilmente. Puede decirse que su poema es una continuacion del de Opiano. (V. Bernhardy, *Griech Litteratur*, segunda parte, pág. 1049). A este tan pálido género de la poesía didáctica pertenecen dos obras que no han llegado hasta nosotros, y son la *Ornithogonia* y los *Theriaca* del veronés Emilio Macer, el cual habia tomado por modelo á Nicandro de Colophon. La descripcion de las costas meridionales de la Galia que hacia Claudio Rutilio Namaciano en su poema *De reditu suo*, debia ser, sin disputa, mas interesante que el *Mosela* de Ausonio. Rutilio fué un estadista contemporáneo de Honorio, que obligado á salir de Roma cuando la invasion de los bárbaros, regresó á las haciendas que poseia en la Galia. Por desgracia no ha llegado hasta nosotros mas que un fragmento del segundo libro de su poema, que no nos lleva mas allá de las canteras de Carrara. V. Rutilii Claudii Namatiani, *de Reditu suo* (e Roma in Galliam Narbonensem), libri duo ex rec. A. W. Zumpt, 1840, págs. 15—31 y 219 (con un precioso mapa de Kiepert); Wernsdorf, *Poet. lat. min.*, t. V, pag. 125.

leo siempre con gran placer la travesía de Germánico por el rio Ems (Amisia) y la gran descripcion geográfica de las cadenas de montañas que se estienden á lo largo de Siria y Palestina (1). Tambien Quinto Curcio ha estado felicísimo en la descripcion de los solitarios bosques por donde atravesó el ejército macedon al Oeste de Hecatompylos, en la pantanosa provincia de Mazenderan (2). De buen grado insistiría yo mas sobre este punto, si se pudiese distinguir con seguridad la parte que la viva imaginacion de este escritor de época incierta ha tenido en sus descripciones, de la parte que le han suministrado las fuentes históricas.

Sin perjuicio de volver á tocar este punto en el Ensayo sobre el desarrollo de la idea del Universo, nos limitaremos á hacer aquí mencion de la grande obra enciclopédica de Plinio el Mayor, que escede con mucho á todas las de la antigüedad en riqueza de materiales, y es tan variada como la Naturaleza, segun ha dicho Plinio el Jóven, sobrino del autor. Revélase efectivamente en aquel libro un espíritu atormentado por el irresistible deseo de abarcar por completo la Naturaleza, y que de ordinario procede con demasiada precipitacion. Desigual en

(1) Tácito, *Anales*, lib. II, c. 23—24; *Historias*, V, 6. Un solo fragmento que nos ha conservado Séneca el retórico de la epopeya en que Pedo Albinovanus, amigo de Ovidio, celebraba las hazañas de los germanos, contiene tambien la descripcion de la desgraciada travesía de Germánico por el Ems. V. Séneca, *Suasoria*, I, pág. 11, edit de Deux-Ponts; Pedo Albinovanus, *Elegiæ*, Amsterdan, 1703, pág. 172. Séneca tiene por mas pintoresca esta descripcion del mar tempestuoso que todo cuanto hasta entonces habian escrito los poetas latinos. Bien es verdad que luego añade lo siguiente: Latini declamatores in oceani descriptione non nimis viguerunt; nam aut tumide scripserunt aut curiose.

(2) Quinto Curcio, lib. VI, c. 4. V. tambien Droysen, *Geschichte Alexanders des Grossen*, 1833, pág. 265. En las *Qüestiones naturales* de Séneca, cuyo único defecto consiste en el abuso que hace el autor de la retórica, se encuentra una descripcion bastante notable de uno de los diluvios enviados á la especie humana en castigo de haber perdido su pristina pureza. El trozo á que aludimos comienza así: Cum fatalis dies diluvii venerit....; y concluye: peracto exitio generis humani exstinctisque pariter feris in quarum homines ingenia transierant (lib. III, c. 27—30). V. tambien la descripcion de las revoluciones de la Tierra al determinarse el caos, en el Bagavata-Purana, lib. III, cap. 17 (Burnouf, t. I, pág. 441).

su estilo, á las veces se limita á simples narraciones, y á las veces abunda en pensamientos, se anima y no vacila en echar mano de las galas de la retórica. La Historia Natural de Plinio, segun el plan que el autor se habia trazado, no podia contener muchas descripciones individuales de objetos determinados; pero siempre que fija su atencion en el conjunto de las fuerzas naturales ó en el órden que preside al Universo (*naturæ majestas*), se nota en sus palabras un verdadero entusiasmo. El libro de Plinio ejerció indudablemente grande influencia en la edad media.

Citaríamos con gusto, como testimonio del sentimiento de la Naturaleza entre los romanos, las casas de recreo pintorescamente situadas sobre las alturas del Pincio en Frascati (*Tusculum*) y Tívoli (*Tibur*), y cerca del Cabo Miseno en Puzol y Bayas, á no estar todas ellas obstruidas por edificios suntuosísimos, cual las de Escauro y Mecenas, Lúculo y Adriano, en las que alternaban los templos, teatros é hipódromos con las pajareras y otras construcciones destinadas á la cria de limazas y lirones. La casa de campo de Escipion, situada en Torre de Patria (*Liternum*), y que era sin duda mucho mas sencilla que las otras, se hallaba no obstante guarnecida de torreones como una fortaleza. El nombre de Macio, amigo de Augusto, ha llegado cabalmente hasta nosotros, porque apasionado por todo lo artificial y contrario á la naturaleza, fué el primero que introdujo la costumbre de podar simétricamente los árboles imitando las formas de la arquitectura ó de las artes plásticas. Plinio el Menor, que poseia innumerables casas de recreo, ha descrito en términos encantadores las de Laurento y Toscana (1); y si bien es cierto que los edificios y los caprichosos

(1) Plinio el Menor, lib. II, ep. 17; V, 6; IX, 7; Plinio el Mayor, libro XII, cap. 6; Hirt, *Geschichte der Baukunst bei den Alten*, t. II, páginas 241, 291 y 376. La casa de campo que Plinio el Menor poseia en Laurento estaba situada cerca del pueblo llamado hoy Torre di Paterno, á orillas del mar, en el valle llamado la Palombara al Este de Ostia. V. Viaggio da Ostia a la villa di Plinio, 1802, pág. 9; y el *Laurentino* por Haudelcourt, 1838, pág. 62. En los pocos renglones que siguen, escritos por Plinio desde el Laurentino á Minucio Fundano, brilla un profundo sentimiento de la

adornos de boj recortado se hallaban esparcidos en ambas á dos con una profusion que repugnaría al gusto moderno, las descripciones que de ellas nos ha dejado Plinio, y el empeño con que Adriano procuró reproducir artificialmente la imágen del valle de Tempe en su casa de recreo de Tívoli, prueban que aun los romanos que habitaban en las ciudades eran sensibles á los encantos del paisaje, y que á pesar de su aficion algo esclusiva á las artes y á las comodidades de la vida, y de la esquisita diligencia con que procuraban situar bien sus casas de campo con relacion al Sol y á los vientos, no eran indiferentes al libre goce de la Naturaleza. Complácenos poder añadir que en las haciendas de Plinio no acibaraba aquel goce el aflictivo aspecto de la miseria de los esclavos; porque el rico propietario, á mas de ser uno de los hombres mas eruditos de su época, se hallaba dotado de sentimientos de humanidad cuya *espresion se encuentra muy rara vez entre los antiguos*, y miraba con la mas profunda compasion á las clases populares esclavizadas por la pobreza. Así es que no habia esclavitud, propiamente hablando, en las casas de campo de Plinio; pues el esclavo que labraba la tierra podia transmitir libremente todo cuanto hubiese adquirido (1).

Los antiguos no nos han dejado descripcion ninguna de las nieves perpétuas que coronan la cima de los Alpes, esparciendo dorados reflejos á la salida y puesta del sol, ni tampoco fijaron su atencion en los azulados ventisqueros é imponente naturaleza del paisaje suizo, por mas que continuamente atravesasen la Helvecia grandes capitanes y estadistas de paso para la Galia, acompañados por lo comun de hombres literatos;

Naturaleza. «Mecum tantum et cum libellis loquor. ¡Rectam sinceramque vitam! ¡Dulce otium honestumque! ¡O mare, o littus, verum secretumque μουσεῖον! ¡quam multa invenitis, quam multa dictatis! (lib. I, ep. 9). Si en los siglos XV y XVI se generalizó en Italia la aficion á los jardines simétricos, llamados jardines franceses por oposicion á los parques ingleses que se acercan mas á lo natural, no debe buscarse, segun Hirt, la razon de esta precoz preferencia por el género monótono y cansado, sino en el deseo de imitar las descripciones de Plinio el Menor. V. *Geschichte der Baukunst*, etc., 2.ª parte, pág. 366.

(1) Plinio el Menor, lib. III, ep. 19; VIII, 16.

pues todos estos viajeros se limitan á quejarse del mal estado de los caminos, sin parar jamás la consideracion en el romántico aspecto de las escenas de la Naturaleza. Sabido es que Julio César, de vuelta á la Galia en busca de sus legiones, se entretuvo durante el paso de los Alpes en componer un tratado de gramática, *de Analogia* (1). Silio Itálico, que murió en tiempo de Trajano cuando ya la Suiza alcanzaba un estado floreciente de cultura, nos pinta la region de los Alpes como un horrible desierto privado de vegetacion (2), al paso que celebra con pasion todas las torrenteras de Italia y las sombrías márgenes del Garellano (Liris) (3). Es asimismo muy estraño, que el maravilloso aspecto de las rocas de basalto cortadas en forma de columnas naturales, como suelen hallarse en el interior de Francia, á orillas del Rhin y en la Lombardía, no moviese á los romanos á describirlas ni tan siquiera á mencionarlas.

Mientras se agotaban los sentimientos inspirados por la antigüedad clásica, que apartando á los ánimos del estado pasivo del mundo inanimado los dirigia hácia la accion y la manifestacion de las fuerzas humanas, un nuevo espíritu, el cristianismo, se abria paso en el mundo, y estendiéndose poco á poco ejercía su benéfica influencia sobre todas las esferas de la vida. Ocupado en la emancipacion civil de la especie humana y en la rehabilitacion de las clases inferiores, aun en aquellos paisés en que prevalecia como religion de Estado, emancipaba asimismo á la Naturaleza ensanchando sus horizontes. Ya no se tenia constantemente fija la vista en las formas de los dioses del Olimpo; que no menos se manifiesta la grandeza del Criador en la naturaleza inanimada que en la naturaleza viviente, en la lu-

(1) Suetonio, *Vida de Julio César*, c. 56. En un poema intitulado *Iter*, que no ha llegado hasta nosotros, describia César su viaje á España cuando en veinte y cuatro dias, segun Suetonio, y en veinte y siete, segun Estrabon y Apiano, condujo á su ejército desde las cercanías de Roma á Córdoba, para destruir los restos del partido de Pompeyo, que se habian reunido en España.

(2) Silio Itálico, *Púnica*, lib. III, v. 477.

(3) Sil. Itál., lib. IV, v. 348; VIII, 399.

cha desordenada de los elementos que en el tranquilo curso de los desarrollos orgánicos, segun lo enseñaban los Padres en su limado lenguaje, lleno por lo comun de brillantes imágenes y de poesía. Desgraciadamente la sucesiva disolucion del imperio romano produjo tambien la corrupcion del lenguaje; la imaginacion perdió su poder creador, y pervirtiéronse la sencillez y la pureza de la diccion, primero en los paises latinos y despues en el imperio griego. El amor á la soledad, el hábito de entregarse á sombrías meditaciones, y el recogimiento interior, han dejado huellas manifiestas en todos los escritos de aquel tiempo, como asimismo en las lenguas y en el carácter general del estilo.

Casi siempre que vienen nuevos sentimientos á desarrollarse en el mundo, es fácil encontrar esparcidos algunos gérmenes precoces profundamente sepultados. Así, para explicar la muelle languidez que respiran los escritos de Mimnermo, suele recurrirse á una predisposicion sentimental del alma (1). El mundo nuevo no ha roto de súbito con el mundo antiguo; pero los cambios realizados en las aspiraciones religiosas de la humanidad, en sus mas tiernos sentimientos morales, y aun en la vida exterior de los hombres que influyen en el ánimo de la muchedumbre, han hecho aparecer de repente lo que hasta entonces no habia llamado la atencion de nadie. El cristianismo predispuso los ánimos para que buscasen en el órden del mundo y en las bellezas naturales el testimonio de la grandeza y escelencia del Criador; y esta tendencia á la glorificacion de la Divinidad en sus obras debió despertar el gusto por las descripciones. Las mas antiguas y completas que encontramos son de un abogado de Roma contemporáneo de Tertuliano y Filostrato; hablo de Minucio Felix, que vivia á principios del siglo III, y es el autor de un diálogo religioso intitulado *Octavius*. El lector se complace en seguir al escritor por las playas de Ostia en el momento de despuntar la aurora, si bien es cierto que atribuye á aquellas playas un aspecto pintoresco y efectos sa-

(1) Sobre la poesía elegiaca v. Nicolás Bach, *Allgemeine Schulzeitung*. 1829, núm. 134, pág. 1097.

lutíferos de que hoy carecen. En este diálogo defiende calorosamente Minucio Felix las nuevas creencias contra los ataques de uno de sus amigos, que habia permanecido fiel al paganismo (1).

Aquí viene bien citar en parte algunas de las descripciones de la Naturaleza tomadas de los Padres de la Iglesia griega, y qué de seguro son ménos conocidas de nuestros lectóres que los pasajes en que los antiguos habitantes de Italia manifestaron su aficion á la vida campestre. Comenzaré por una carta de San Basilio, el cual desde muy antiguó es objeto de mi especial predileccion. Oriundo de Cesárea en Capadocia, apenas tenia Basilio treinta años cuando habia ya renunciado á la vida tranquila que pasara en Atenas y visitado las tebaidas cristianas de la Siria y del Egipto meridional. A imitacion de los esenios y de los terapeutas, verdaderos precursores del cristianismo, se retiró él tambien á un desierto situado á orillas del Iris en Armenia. Su segundo hermano Naucracio se habia ahogado pescando en este mismo rio, despues de haber llevado por espacio de cinco años la dura vida de los anacoretas (2). Hé aquí ahora lo que escribia Basilio á Gregorio de Nacianzo: «Paréceme que al cabo he llegado al término de mis errantes peregrinaciones. Renunciando con dolor á la esperanza de vernos juntos (mas exacto sería decir á mis sueños, pues creo que tienen razon los que llaman á la esperanza sueño del hombre despierto), he salido pára el Ponto en busca de la vida que me conviene. Dios me ha hecho encontrar aquí un lugar adecuado á mis inclinaciones, en el cual puedo ver realmente todo lo que nos representaba la imaginacion en nuestros juegos y en

(1) Minucius Felix, *Octavius*, ex recens. Gronovii. Rotterdam, 1743, caps. 2, 3, 16, 17 y 18.

(2) Sobre la muerte de Naucracio, acaecida el año de 357, V. Basilii Magni, *Opera Omnia*, edic. de Paris, 1730, t. III, pág. XLV. Dos siglos antes de nuestra era vivian ya como anacoretas los judíos de la secta de los esenios en la orilla occidental del Mar Muerto. Hablando de ellos, decia Plinio esta expresion feliz (l. V, c. 15): «Mira gens, socia palmarum.» Los terapeutas, que vivian en comunidad aún mas estrecha, habitaron primitivamente en una comarca encantadora junto al lago Meris. V. Neander, *Allgem Geschichte der christl. Religion und Kirche*, 1842, t. I, sec. 1.ª, págs. 73—103.

nuestros momentos de descanso. Frescas y cristalinas aguas riegan por la parte del Norte á una altísima montaña rodeada de espesos bosques; y los húmedos vapores que exhalan sus alturas fertilizán la llanura inclinada que se extiende á su pié. El bosque que con su bravía feracidad rodea á la montaña, cubierto de apiñados árboles de formas y especies diversas, parece como destinado á servirle de muro de defensa.... Mi soledad está limitada por dos profundas torrenterras: de un lado, el rio que se precipita de lo alto opone una barrera contínua y difícil de salvar; del otro, cierra su entrada la extensa falda de la montaña. La habitacion está situada sobre la cúspide de otro pico, de manera que permite abarcar toda la extension de la llanura y contemplar desde lo alto la caida y el curso del Iris, mas agradable á mis ojos que el Strymon para los habitantes de Amphípolis. Este rio, el mas rápido de cuántos he visto, se estrella contra una roca, y, espumoso y chispeante, se precipita á torrentes en un abismo, ofreciéndome, como á todos los viajeros, un aspecto en extremo encantador, demás de ser un recurso utilísimo para los habitantes de la comarca por el infinito número de peces que alimenta en sus espumosas ondas. ¿Y qué podré decirte de los vapores que exhala la tierra y de las frescas brisas que surgen de la superficie de las aguas? Admiren otros la abundancia de las flores y el canto de los pájaros; que mi mente no tiene espacio ni vagar para detenerse en tales objetos. Lo que me encanta sobre todo es el sosiego y la tranquilidad de que aquí se goza, tan solo interrumpido por alguno que otro cazador, pues en mi desierto se crian ciervos y manadas de cabras monteses, mas no vuestros osos ni vuestros leones. ¿Cómo, pues, podria yo trocar este lugar por otro alguno? Cuando Alcmeon encontró las Echinades se detuvo y no quiso pasar mas adelante (1).» No obstante la in-

(1) Basilii Magni, *Epistolæ*, ep. XIV, pág. 93; CCXXIII, 339. Sobre la bellísima carta dirigida á Gregorio Nacianceno y sobre las dotes poéticas de San Basilio, V. Villemain, *de l'Eloquence chrétienne dans le IV• siecle*, en los *Melanges historiques et litteraires*, 1827, t. III, págs. 320—325. El rio Iris, a cuyas márgenes poseia desde muy antiguo la familia

diferencia que quiere oponer San Basilio á algunos de los encantos de su retiro, revélanse en esta sencilla descripcion del paisaje y de la vida de los bosques, sentimientos mucho mas conformes á los de nuestra época que todo cuanto sobre este punto nos han legado la antigüedad griega y latina. Desde lo alto de la cabaña solitaria donde Basilio se ha refugiado, puede dirigir la vista sobre la húmeda bóveda formada por el bosque; allí ha encontrado al cabo el lugar de descanso por el que tanto, y por tanto tiempo, él y su amigo Gregorio de Nacianzo habian suspirado (1). La alusion mitológica con que termina la carta, resuena como una voz que salida del antiguo mundo encuentra un eco en el mundo cristiano.

Las homilias de San Basilio sobre el Hexameron revelan asimismo el sentimiento de la Naturaleza que existia en su alma. En ellas nos describe las dulzuras de las noches perpetuamente serenas del Asia Menor, en donde, por valernos de sus mismas palabras, los astros, flores imperecederas del firmamento, elevan el espíritu humano de lo visible á lo invisible (2). Si narrando la Creacion del mundo quiere ponderar las bellezas del mar y describir los variados y cambiantes aspectos de esa llanura sin límites, muestra cómo agitada blandamente «por el soplo de la brisa, refleja una luz ya blanca, ya azulada, ya roja; y cómo jugueteando apaciblemente acaricia la orilla.» El mismo melancólico sentimiento de concordia

de San Basilio una heredad patrimonial, nace en la Armenia, riega las campiñas del Ponto y va á perderse *en el Mar Negro, confundidas sus* aguas con las del Lico.

(1) Gregorio de Nacianzo, sin embargo, no se dejó seducir por la descripcion que le hizo San Basilio de su eremitorio sobre el *Iris*, y prefirió á Arianzo en la *Tiberina regio*, no obstante que su amigo apellidaba desenfadadamente á aquel lugar un impuro βάραθρον. V. Basilii, *Epistolæ*, ep. II, pág. 70, y la *Vida de San Basilio*, págs. XLVI—XLIX, t. III, edicion de 1730.

(2) Basilii, *Homiliæ in Hexaemeron*, hom. VI, caps I—IV, 6 (t. I., páginas 54 y 70, edic. de las obras completas publicadas en 1839 por J. Garnier). Compárese con este pasaje una bellísima composicion en verso de Gregorio de Nacianzo, *De la naturaleza del hombre*, que respira profundísima melancolía (t. II, v. 13, pág. 86, edic. de Billy, París, 1630; pág. 469, edicion de Caillau, París, 1840).

con la Naturaleza encontramos en Gregorio de Niza, hermano de San Basilio. «Cuando veo, exclama, que se cubren de naciente yerba las crestas de todas las rocas, los valles y las llanuras; cuando contemplo los lujosos adornos de los árboles y á mis pies las lises dotadas por la Naturaleza de suavísimo perfume á la par que de brillantes colores; cuando diviso á lo lejos el mar hácia el cual la nube que pasa conduce mis miradas, apodérase de mi alma un sentimiento de tristeza que no carece de dulzura. Con el otoño desaparecen los frutos, caen las hojas, pierden su flexibilidad las ramas de los árboles, y nosotros mismos, abrumados de profunda melancolía al ver esas eternas y regulares transformaciones, nos ponemos al unísono de las misteriosas fuerzas de la Naturaleza. Cuando se contempla este espectáculo con los ojos del alma, échase de ver la pequeñez del hombre comparado con la grandeza del Universo (1).

Semejante glorificacion de la Divinidad por la fervorosa contemplacion del Universo, no produjo entre los cristianos tan solo la aficion á las descripciones poéticas; pues no será aventurado decir que en el primitivo fervor de la nueva fé esperimentaban, unido al sentimiento de la admiracion, el del desprecio hácia todas las obras humanas. Crisóstomo repite en mil pasages, pensamientos como estos: «Cuando veas un magnífico monumento; cuando te sientas encantado al contemplar la vista de una larga columnata, vuelve luego al punto tus miradas hácia la bóveda celeste, hácia las estensas llanuras cubiertas de rebaños que pacen junto á la orilla del mar. ¿Quién no despreciará todas las obras del arte, si con sereno corazon contempla admirado la salida del sol esparciendo sobre la tierra sus dorados reflejos; ó si á orillas de una fuente, recostado so-

(1) Los pasajes de Gregorio de Niza citados en el texto están fielmente traducidos de fragmentos entresacados de sus obras. V. Gregorii Nysseni, *Opera*, París, 1615, págs. 49 C, 589 D, 210 C, 780 C; t. II, págs. 860 B, 619 B y D, 324 D. «Sobrellevad con dulzura los movimientos de la melancolía,» dice Talasio en sus sentencias, muy admiradas por sus contemporáneos. *(Bibliotheca Patrum*, edic. de París, 1624, t. II, pág. 1180 C.

bre la blanda yerba, ó á la sombra de frondosos árboles, dilata á lo lejos sus miradas que se pierden vagamente en la oscuridad (1)?» La ciudad de Antioquía se hallaba en aquella época rodeada de eremitorios, y en uno de ellos vivia Crisóstomo. Nadie diría sino que la elocuencia, regenerada en la fuente de la Naturaleza, habia vuelto á encontrar su elemento, es decir, la libertad, en las feraces y montañosas comarcas de la Siria y del Asia menor.

Posteriormente, cuando en épocas enemigas de toda civilizacion se difundió el cristianismo entre las razas germánicas y célticas, que no habian conocido hasta entonces mas religion que la de la Naturaleza ni tributado culto sino bajo groseros símbolos á las fuerzas conservadoras ó destructoras del Universo, recayeron sospechas de sortilegio y hechicería sobre cuantos se dedicaban al comercio íntimo con la Naturaleza y al estudio de sus fuerzas misteriosas; y túvose entonces por tan peligroso el conocimiento del mundo exterior, como peligrosa habia sido, en sentir de Tertuliano, de Clemente de Alejandría y de casi todos los antiguos Padres, la cultura de las artes plásticas. En los siglos XII y XIII, los concilios de Tours (1169) y de París (1209) prohibieron á los monges la perniciosa lectura de las obras de Física (2). Alberto el Grande y Rogerio Bacon fueron los primeros que rompiendo valerosamente las trabas

(1) V. Joannis Chrysostomi *Opera omnia*, edic. de París, 1838, t. IX, pág. 687 A; t. II, págs. 821 A y 851 E; t. I, pág. 79. V. tambien Joannis Philiponi *in cap. I Geneseos de Creatione mundi libri septem*, Viena de Austria, 1630, págs. 192, 236 y 272; y asimismo Georgii Pisidæ *Mundi oficium*, edic. de 1596, vs. 367—375, 560, 933 y 1248.

(2) Por lo tocante al concilio de Tours en tiempo del papa Alejandro III, v. Ziegelbauer, *Hist. rei litter. ordinis S. Benedicti*, t. II, pág. 248, edicion de 1754. Sobre el concilio de París (1209) y sobre la bula de Gregorio IX, (1231), véase A. Jourdain, *Recherches critiques sur les traductions d'Aristote*, 2.ª edic. publicada por C. Jourdain en 1843, páginas 188—192. La lectura de las obras de Física de Aristóteles se prohibió bajo penas severísimas. El concilio Lateranense (1139) se contentó con prohibir á los monges el ejercicio de la Medicina. (*Sacrorum concil. nova collectio*, Venecia, 1779, t. XXI, pág. 528). V. tambien sobre este punto el agradable y erudito escrito del jóven Wolfgang de Gœthe, intitulado: *Der Mensch und die elementarische Natur*, 1844, pág. 10.

del espíritu humano absolvieron á la Naturaleza y la restablecieron en sus antiguos derechos.

Hemos indicado hasta aquí las oposiciones que segun la diferencia de los tiempos se manifestaron en las literaturas griega y latina, tan íntimamente enlazadas por otra parte entre sí. Empero los contrastes que se efectúan en la manera de sentir no dimanan solamente del tiempo ó de las revoluciones que transforman irresistiblemente el gobierno, las costumbres y las religiones; pues hay otros contrastes, mas sorprendentes aun, debidos á la variedad de las razas y á su carácter originario. ¿Puede darse mayor oposicion respecto del sentimiento de la Naturaleza y del color poético de las descripciones que la que se nota entre los griegos, los germanos del Norte, las razas semíticas, los persas y los indios? Opínase comunmente que el amor de los pueblos del Norte á la Naturaleza, y el poderoso encanto que los atrae hácia las deliciosas campiñas de Grecia ó de Italia y hácia la portentosa riqueza de la vegetacion tropical, deben atribuirse principalmente á la privacion que durante un larguísimo invierno esperimentan aquellos pueblos de todos los goces de la Naturaleza. No negamos que esta especie de codicia que les lleva hácia el clima de las palmeras, no se debilite en ellos á proporcion que se acercan al Mediodia de la Francia ó de la península Ibérica; mas la denominacion, tan comunmente empleada y ya confirmada por la ciencia, de raza indo-germánica, debe bastar por sí sola para que cuidemos de no atribuir efectos demasiado generales al influjo del invierno en las regiones del Septentrion. Las innumerables producciones de la poesía india nos demuestran que en el espacio comprendido entre los trópicos y en las comarcas inmediatas, al Sur de la cadena del Himalaya, bosques perpétuamente verdes y floridos, han escitado la imaginacion de los pueblos del Aria oriental, despertando en ellos mayor vocacion aun hácia la poesía descriptiva que la que tienen las razas puramente germánicas esparcidas por los inhospitalarios paises del Norte y aun por la Islandia. Adviértase, sin embargo, que aun en los climas mas afortunados del Asia meridional se interrumpen á las veces los goces de la Naturaleza; la oposicion de las estaciones es allí muy notable, pasándose repentinamente de las lluvias que fecundan la tierra á una sequedad devoradora. En Persia, sobre la meseta del Aria occidental, se encuentran con frecuencia desiertos de forma irregular sin vegetacion de ninguna especie, los cuales penetran á manera de golfos en las mas fértiles comarcas; y á menudo contienen los bosques estepas inmensas que semejan un mar interior rodeado de sus riberas. Merced á esta circunstancia, la superficie horizontal del suelo ofrece á los habitantes de aquellos cálidos climas las mismas alternativas de tierras fértiles y de llanuras áridas que presentan en direccion vertical las nevadas cadenas de montañas de la India y del Afghanistan. Pues ahora bien: las causas que mas contribuyen á enardecer la imaginacion poética son esos fuertes contrastes en las estaciones del año y en la fecundidad y elevacion del suelo, mayormente cuando se trata de pueblos ya inclinados de suyo á la contemplacion de la Naturaleza por el conjunto de su civilizacion y por sus creencias religiosas.

Los antiguos poemas de la edad media manifiestan desarrollado en gran manera el amor á la Naturaleza propio de las contemplativas razas de la Germania, como lo prueba superabundantemente la poesía caballeresca de los *minnesinger*, bajo el reinado de los Hohenstauffen. Cualesquiera que sean las relaciones históricas entre esta poesía y la poesía romana de los provenzales, no es posible desconocer en ella el elemento germánico puro. Los usos y costumbres de las naciones germánicas, sus hábitos de vida, su amor á la independencia, todo revela en ellas el sentimiento de la Naturaleza de que se hallaban íntimamente penetradas (1). Los minnesinger errantes, por mas que algunos naciesen sobre el trono, y todos ellos fuesen cortesanos, permanecian siempre en comercio asíduo

(1) Federico Schlegel, *ueber nordische Dichtkunst*, en la coleccion de sus obras completas, t. X, págs. 71 y 90. Sin salir de la época de Carlo Magno puede citarse tambien en la Vida de este príncipe por Angilberto, abad de San Riquier, la descripcion poética de un parque situado cerca de Aquisgran, en el cual habia bosques y praderas. V. Pertz, *Monumenta*, t. II, páginas 399—403.

con la Naturaleza, y mantenian en toda su pureza la predisposicion natural que los inclinaba al idilio y aun no pocas veces á la elegía. Para dar mejor á conocer los efectos de semejante predisposicion, voy á referirme á los dos sábios que mas profundamente han estudiado la edad media alemana, á mis nobles amigos Jacobo y Guillermo Grimm. «Los poetas alemanes de aquella época, dice el segundo, no se curaron jamás de describir la Naturaleza en abstracto, quiero decir, sin mas objeto que el de pintar con vivo colorido la impresion del paisaje. Y no ciertamente porque faltase á los antiguos *maestros* alemanes el sentimiento de la Naturaleza, sino porque siempre la referían á los sucesos que narraban ó á las mas vivas emociones que rebosaban en sus cantos líricos. Comenzando por la epopeya nacional, por los mas antiguos y preciosos monumentos de la musa alemana, no encontramos ni en los *Niebelungen* ni en el poema de *Gudrun* descripcion alguna de la Naturaleza, aun en aquellos pasajes en que naturalmente se les presentaba la ocasion (1). En la narracion de la caza en que fué muerto Sigfredo, puesto que muy circunstanciada, no se hace mencion mas que de un brezal florido y de un fresco manantial á la sombra de un tilo. En el poema de Gudrun, que revela costumbres algo mas cultas, se deja entrever mejor el sentimiento de la Naturaleza. Cuando la hija del rey y sus compañeras van como esclavas á llevar á la orilla del mar los vestidos de su señor, el poeta indica el momento preciso del año en que toca á su fin el invierno y comienzan los conciertos de los ruiseñores: alguna nieve cae todavía, y el viento de marzo azota la cabellera de las doncellas. Cuando Gudrun sale del campo esperando ver llegar á sus libertadores, las olas del mar brillan con los primeros resplandores de la aurora, y la jóven distingue los negros cascos y los escudos de sus amigos. Estas, como se vé, no son mas que cuatro palabras; pero palabras que bas-

(1) V. en Gervinus, *Geschichte der deutschen Litteratur*, t. I, páginas 354—381, la comparacion de las dos épocas germánicas, es decir, de los *Niebelungen*, donde se refiere la venganza de Criembilda, esposa de Sigifredo el de la córnea coraza, y del poema de *Gudrun*, hija del rey Hetel.

ta y para dar una idea clara y distinta de las cosas, aumentando así la espectativa del gran acontecimiento que se prepara. Homero no hace otra cosa cuando describe la isla de los Cíclopes y los primorosos jardines de Alcinoo; su intento es presentar á la vista la feracísima vegetacion de la soledad en que moran aquellos jigantes monstruosos, y la magnífica mansion de un rey poderoso. Ni el uno ni el otro poeta pensaron en describir la Naturaleza por la Naturaleza misma.»

«A esta epopeya sencilla pueden oponerse las largas y curiosas narraciones de los poetas del siglo XIII, en los cuales el arte tenia ya conciencia de sí misma. De tal suerte se distinguieron entre todos ellos Hartmann de Ane, Wolfram de Eschenbach y Godofredo de Estrasburgo (1), que con razon podemos apellidarlos maestros y autores clásicos de la poesía caballeresca. Nada sería mas fácil que entresacar del vasto conjunto de sus obras innumerables testimonios de la profunda emocion que les causaba la Naturaleza. Este sentimiento, sin embargo, no se revela en ellos sino por medio de comparaciones, pues aun no habian imaginado trazar cuadros de la Naturaleza con independencia de toda accion, ni suspenden nunca el curso de los sucesos para reposar en la contemplacion de la Naturaleza y de su apacible vida. ¡Cuán diferentes son las composiciones poéticas de los modernos! Bernardino de Saint-Pierre, por el contrario, solo se vale de los sucesos como de un lienzo para sus cuadros. Cuando los poetas líricos del siglo XIII cantan el amor (*die Minne*), cosa que no siempre hacen, hablan del dulce mes de mayo, del canto del ruiseñor, y del rocío que brilla en las flores del bosque; pero siempre con motivo de los sentimientos que al parecer reflejan estas imágenes. Si se trata de expresar impresiones melancólicas, entonces nos habla el poeta de hojas que se marchitan, del silencio de las aves, y de los sembrados cubiertos por la nieve. Recuerdos idénticos se reproducen contínuamente, si bien expresados con

(1) Sobre la romántica descripcion de la Cueva de los Enamorados en el *Tristan* de Godofredo de Estrasburgo, v. Gervinus, *Geschichte der deutschen Litteratur*, t. I, pág. 450.

cierto encanto y bajo formas variadísimas. Lo mismo Walther de Vogel-weide que Wolfram de Eschenbach, de quien por desgracia nos quedan muy pocas composiciones líricas, merecen ser citados, el uno por su mayor sensibilidad, el otro por su profundidad, como brillantes modelos de la poesía caballeresca.»

«Que el contacto con la Italia Meridional ó con el Asia Menor, la Siria y la Palestina por medio de las Cruzadas, haya ó no enriquecido á la musa alemana con nuevas pinturas, es cuestion que hablando en general debe resolverse negativamente, pues no se nota que el conocimiento del Oriente diese otra direccion á la poesía de los minnesinger. Los cruzados no se rozaron nunca mucho con los sarracenos, y cabalmente los guerreros alemanes se mantuvieron siempre aislados aun de los demás pueblos que peleaban en pró de su misma causa. Verdad es que en los cantos de Federico de Hausen, poeta lírico de los mas antiguos, que murió en el ejército de Barba-roja, se habla con frecuencia de las Cruzadas; mas es solo para expresar pensamientos religiosos y el pesar que experimentaba el poeta lejos de su amada. Así es que nunca encuentra ocasion de decir ni una sola palabra acerca de la Naturaleza que le rodeaba. Lo mismo puede decirse de los demás poetas que tomaron parte en la Cruzada, tales como Reinmar el mayor, Rubin, Reidhart y Ulrico de Lichtenstein. Parece que Reinmar acompañó á Leopoldo VI, duque de Austria, en su peregrinacion á Siria. Este poeta se queja de que el recuerdo de la patria le persiga sin cesar separando de Dios su pensamiento; y tan solo hace mencion alguna que otra vez de la *palma*; voz que sin duda debe entenderse no del árbol, sino de los ramos de palmera que llevaban al hombro los piadosos peregrinos. Tampoco recuerdo ejemplo ninguno por donde pueda inferirse que la admirable naturaleza de Italia haya excitado la fantasía de los minnesinger que atravesaban los Alpes. Walther de Vogelweide, que habia viajado mucho, no pasó en Italia mas allá de las márgenes del Pó; empero Freielank, que llegó hasta Roma, no notó otra cosa mas sino que la yerba crecia en los palacios de los antiguos señores de aquellos lugares (1).»

La epopeya esópica, con sus animales por héroes, no debe confundirse con el apólogo oriental: aquella nació de un comercio habitual con el mundo de los animales, pero sin que los fabulistas tuviesen el designio premeditado de pintar sus extrañas fisonomías. Este género de fábula, superiormente apreciado por Jacobo Grimm en el prefacio de su edicion de *Reinhart Fuchs*, revela el placer con que se contemplaba entonces la Naturaleza. Las bestias, no ya encadenadas al suelo, sino dotadas del don de la palabra y accesibles á todas nuestras pasiones, contrastan con la vida tranquila y silenciosa de las plantas, y forman un elemento siempre activo destinado á prestar animacion al paisaje.

«La antigua poesía, dice Jacobo Grimm, considera la vida de la Naturaleza bajo un punto de vista puramente humano; guiada por los caprichos de su sencilla imaginacion, presta á los animales, y aun á las plantas algunas veces, el sentimiento y las emociones de los hombres, dando un sentido ingenioso á todas las particularidades de su forma ó de su instinto. Las plantas y las flores tomaron sus nombres de los Dioses ó de los héroes que las cogian ó gustaban de ellas. Parece como que exhalan el perfume de los bosques los antiguos apólogos alemanes (2).»

Intenciones dan de unir á estos monumentos de la poesía

(1) *Vridankes Bescheidenheit*, por Guillermo Grimm, 1834, págs. L y CXXVIII. Todo el juicio sobre la epopeya popular de los alemanes y sobre las canciones eróticas expuesto en estas páginas, está sacado de una carta que me escribió Guillermo Grimm en octubre de 1845. De un poema anglosajon muy antiguo sobre los nombres de los runos, poema descubierto por Hickes y que no deja de tener cierta relacion con los cantos del Edda, tomo la siguiente característica descripcion del abedul ó álamo blanco (*Birke*): «Las ramas del *beorc* son muy bellas; sus hojosas extremidades se agitan dulcemente con amoroso extremecimiento al soplo de los céfiros.» En la salutacion que el poeta dirige al dia campean á la par la nobleza y la sencillez: «¡Oh dia, mensajero del Señor, amigo del hombre, brillante luz de Dios, alegria y confianza de ricos y pobres, beneficio para todos!» V. Guillermo Grimm, *ueber deutsche Runen*, 1821, págs. 94, 225 y 234.

(2) Jacobo Grimm en su *Reinhart Fuchs*, 1834, pag. CCXCIV. V. tambien Lassen, *indische Alterthumskunde*, t. I, 1843, pág. 296.

descriptiva entre los germanos los restos de la poesía céltica y ersa, que bajo el nombre de Ossian han pasado de un pueblo á otro durante medio siglo como nubes errantes en el cielo; mas el encanto ha desaparecido, desde que no cabe ya dudar del fraude de Macpherson, en vista de la publicacion del texto gaëlico, evidentemente apócrifo y contrahecho sobre la obra inglesa. Cierto que existen en antiguo ersa algunos cantos en honor de Fingal, conocidos con el nombre de cantos de *Finnian*, los cuales fueron recogidos y escritos despues de la introduccion del cristianismo y no son quizás anteriores al siglo VIII de nuestra era; mas estas poesías populares contienen muy pocas descripciones sentimentales de la Naturaleza por el estilo de las que prestan tan singular encanto á las composiciones de Macpherson (1).

Ya hemos hecho notar que si la predisposicion á la contemplacion y á las ilusiones no es extraña á las razas indo-germánicas de la Europa septentrional, sino que antes por el contrario forma uno de sus caractéres distintivos, no debemos sin embargo atribuirla al influjo del clima, es decir, al ardiente deseo de los goces de la Naturaleza aumentado por la privacion. Hemos recordado cómo las literaturas india y persa que se desarrollaron bajo los fuegos del Sol del Mediodía, ofrecen deliciosas descripciones de la naturaleza orgánica, no menos que de la inanimada. Tales son el paso de la sequedad á las lluvias tropicales y la aparicion de la primer nube que empaña el purísimo azul del cielo, cuando los anhelados vientos eterios comienzan al cabo á susurrar en las largas hojas de las copas de las palmeras.

Esta es la ocasion de penetrar algun tanto mas en la literatura descriptiva de la India. «Representémonos, dice Las-

(1) V. *Die Unæchtheit der Lieder Ossians und des Macpherson'schen Ossian's insbesondere*, publicado en 1840 bajo el nombre de Talvj, seudónimo de la ingeniosa traductora de las poesías populares de la Servia. La primera publicacion de Osian por Macpherson es de 1760. Los cantos de Finnian resuenan, cierto, entre los Higlanders de Escocia lo mismo que en Irlanda; pero, segun O' Reilly y Drummond, pasaron de este último punto al primero.

sen (1), á una parte de la raza ariana abandonando las regiones del Nordeste, su primitiva patria, y emigrando hácia la India; indudablemente debió quedar admirada á la vista de unas riquezas naturales para ella desconocidas. La benignidad del clima, la fertilidad del suelo y la liberalidad con que derramaba sus magníficos dones debieron prestar mas brillante colorido á la nueva vida de aquellos pueblos. A mas de las preciosas dotes que concurrian en los arianos y del portentoso desarrollo de su inteligencia que permite encontrar en ellos el gérmen de cuantas cosas elevadas realizaron mas adelante los indios, la vista del mundo exterior les condujo desde luego á reflexionar profundamente sobre las leyes de la Naturaleza, y sus meditaciones dieron orígen á la tendencia contemplativa que constituye el fondo de la antiquísima poesía de los indios. Esta impresion dominante que ejerce la Naturaleza en la conciencia de todo un pueblo, se manifiesta principalmente en los sentimientos religiosos y en el homenaje tributado al principio divino de la Naturaleza. La indiferencia respecto de todas las cosas de la vida contribuyó tambien á aumentar esta predisposicion á las ilusiones. ¿Quiénes se hallaban menos expuestos á todo género de distraccion, ni quiénes podian abstraerse mejor en profundas contemplaciones acerca de la vida del hombre en este mundo, de su condicion despues de la muerte, y de la esencia de la divinidad, que aquellos penitentes solitarios en medio de los bosques, aquellos bracmanes cuyas antiguas escuelas son uno de los fenómenos mas característicos de la vida india, y tan considerable influencia ejercieron en el desarrollo intelectual de toda la nacion (2)?»

(1) V. Lassen, *indische Alterthumskunde*, t. I, págs. 412—415.

(2) Sobre los anacoretas indios, los Vanaprasthes (sylvicolæ) y los Sramanes, llamados tambien por corrupcion Sarmanes y Garmanes, V. Lassen, *De nominibus quibus veteribus apellartur Indorum philosophi* en el *Rheinisches Museum für Philologie*, 1833, págs. 178—180. La descripcion de un bosque, hecha 1200 años ha por el monge Lambrecht en su poema sobre *Alejandro*, imitando exactamente un modelo francés, reproduce en cierto modo, segun Guillermo Grimm, el colorido de la poesía india. El héroe llega á una selva maravillosa, en la cual salen del cáliz de grandes flores, doncellas de tamaño natural dotadas de los mayores atractivos, y permanece en ella hasta

Si me es lícito valerme de algunos ejemplos para hacer comprender el vivo sentimiento de la Naturaleza que de ordinario resplandece en la poesía descriptiva de los indios, como lo intenté ya en mis lecciones públicas, guiado por los consejos de mi hermano y de otros indianistas, comenzaré por los *Vedas*, monumento el mas antiguo y sagrado de cuantos nos revela la civilizacion de los pueblos del Aria oriental. El objeto principal del libro de los *Vedas* es la glorificacion de la Naturaleza. Los himnos del *Rigveda* contienen magníficas descripciones de los primeros albores del dia, y del sol «con sus manos de oro.» Con todo, los autores de los *Vedas* se curan muy rara vez de describir el aspecto de los lugares en donde se extasiaban los sábios. En los poemas épicos del *Ramayana* y del *Mahabarata*, poemas posteriores á los *Vedas* y mas antiguos que los *Puranas*, los cuadros de la Naturaleza se hallan aún enlazados con la narracion, cual conviene á este género de composiciones; pero al menos tienen la ventaja de retratar parajes determinados, siendo al mismo tiempo fruto de impresiones personales; y de aquí el movimiento que las anima. El viaje de Rama desde Ayodhya á la residencia de Dschanaka, su vida en medio de bosques vírgenes, y la existencia solitaria de los Panduidas, son trozos del género descriptivo que brillan con vivísimos colores.

El nombre de Kalidasa adquirió desde luego gran celebridad entre los pueblos occidentales. Este gran poeta florecia en la brillante córte de Vikramaditya, y fué por lo tanto contemporáneo de Virgilio y de Horacio. Las traducciones francesas, inglesas y alemanas del *Sakuntala* han justificado la admiracion que se tributa á Kalidasa (1). La ternura de sus senti-

que flores y doncellas se marchitan. V. Gervinus, *Geschichte der deutschen Litteratur*, t. I, pág. 282, y Massmann, Denkmähler, t. I, pág. 16. Estas doncellas, que formaban un objeto de comercio, habitaban en la mas oriental de las encantadas islas de Edrissi, llamada Vacvac, y se hallan designadas con el nombre de *puellæ Vasvakienses* en la traduccion latina de Masudi-Cotb-eddin. V. Humboldt, *Examen critique de la géographie*, t. I, página 53.

(1) Kalidasa vivia en la corte de Vikramaditya cincuenta y seis años

mientos y la fuerza de su invencion le aseguran un puesto elevado entre los poetas de todos los paises. Para juzgar del atractivo de sus descripciones puede leerse el drama encantador de *Vikrama* y *Urvasi*, en el cual recorre el rey todos los recodos de la selva en busca de la ninfa Urbasi, ó el poema de las *Estaciones*, y la *Nube Mensajera* (Meghaduta). En esta composicion describe Kalidasa, con toda la verdad de la Naturaleza, los transportes de júbilo con que tras una larga sequía es saludada la primer nube que aparece en el cielo como mensajera de la estacion de las lluvias. He dicho «con toda la verdad de la Naturaleza;» y estas palabras serán mi justificacion, si me atrevo á recordar aquí, al lado de la *Nube Mensajera*, una descripcion que del mismo fenómeno hice yo en la América del Sur antes de conocer el *Meghaduta* de Kalidasa por la traduccion de Chezy (1). Los misteriosos síntomas que aparecen en la atmósfera, la exhalacion de los vapores, la forma de las nubes, los chispazos eléctricos que surcan el aire, todos estos presagios son idénticos en las zonas tropicales de ambos continentes. El arte, cuya funcion es fundir la realidad en una imágen armoniosa, no pierde ninguno de sus atractivos porque el espíritu observador y analítico de siglos posteriores haya podido, por fortuna, confirmar el testimonio de un antiguo poeta que

poco mas ó menos antes de nuestra era. El *Ramayana* y el *Mahabarata* son verosímilmente anteriores con mucho á la aparicion de Buda, es decir, á la mitad del siglo VI antes de Jesucristo. V. E. Burnouf, edic. y traduc. del *Bhagavata-Purana*, t. I, págs CXI y CXVIII; Lassen, *Indische Alterthumskunde*, t. I, págs. 356 y 492. Jorge Forster, con su traduccion del drama de *Sakuntala*, ó por mejor decir, con su delicada version al aleman (1791) de la traduccion inglesa de William Jones, contribuyó mucho á excitar el entusiasmo que por aquella época despertó en Alemania la poesía india. Pláceme recordar sobre este punto dos preciosos dísticos de Gœthe publicados en 1792: «¿Quieres comprender bajo un solo nombre las flores de la primavera y los frutos del otoño, cuanto encanta y penetra, cuanto satisface y alimenta, el cielo y la tierra? Pues te nombro el Sakuntala, y todo está dicho.» La ultima traduccion alemana del drama indio, hecha de los textos originales descubiertos por Brockaus, es la de Otto Bœhtlingk, Bona, 1842; Chezy la ha traducido al francés, París, 1830.

(1) V. en mis *Cuadros de la Naturaleza* las consideraciones sobre las estepas y los desiertos, t. I, págs. 40—44 de la traduccion francesa de 1828.

abandonándose á la contemplacion de la Naturaleza logró reproducirla en toda su verdad.

De los arianos orientales, es decir, de la familia indo-bramánica, maravillosamente predispuesta por su organizacion al goce de las pintorescas bellezas de la Naturaleza (1), pasemos

(1) Para completar lo poco que he podido decir acerca de la literatura india, ó para indicar al menos sus principales fuentes, como lo he hecho respecto de las literaturas griega y romana, citaré aquí algunas consideraciones generales sobre el sentimiento de la Naturaleza entre los indios, consideraciones sacadas de las noticias manuscritas que ha tenido la bondad de comunicarme el señor Teodoro Goldstucker, hombre eruditísimo y muy versado en el conocimiento filosófico de la poesía india. «De cuantas influencias han contribuido al desarrollo intelectual de los indios, la primera y la mas eficaz en mi concepto es la ejercida sobre aquellos pueblos por la rica naturaleza del pais que habitaban. El rasgo especial del carácter indio ha sido siempre un sentimiento profundísimo de la Naturaleza. Al tratar de reconocer las diversas formas bajo las cuales se ha manifestado este sentimiento, pueden señalarse tres épocas distintas, cada una de las cuales presenta un carácter propio y peculiar, fundado sobre la vida y las tendencias de aquellos pueblos. Algunos ejemplos bastarán para que se comprenda la actividad de la imaginacion india, no agotada por un trabajo de mas de tres mil años. La primera época está marcada por los *Vedas*, en los cuales podríamos citar las descripciones sencillas á la par que magestuosas de la aurora y del sol «con sus manos de oro.» V. *Rigveda-Sanhita*, edic. de Rosen, 1838, himno XXII, página 31; XXXV, pág. 65; XLVI, pág. 88; XLVIII, pág. 92; XCII, pág. 184; CXIII, pág. 233. V. tambien Hæfer, *Indische Gedichte*, 1841, primera parte, pág. 3. El homenaje tributado á la Naturaleza fué entre los indios, lo mismo que entre los demás pueblos, la primera forma del sentimiento religioso; mas semejante culto tiene en los *Vedas* un matiz particular, en cuanto se halla siempre íntimamente enlazado con el sentimiento de la vida exterior é interior del hombre.—La segunda época difiere mucho de la primera: ya aparece formada una mitología popular que tiene por objeto desarrollar los mitos de los *Vedas*, presentarlos de una manera mas comprensible á hombres que habian perdido su primitiva sencilla significacion, y combinarlos con sucesos históricos trasportados al dominio de la fábula. A esta segunda época pertenecen las dos grandes epopeyas indias. El *Mahabarata*, posterior al *Ramayana*, se propone tambien como fin secundario asegurar á la casta de los bracmanes una influencia dominante entre las cuatro castas establecidas por la antigua Constitucion de la India. Así el *Ramayana* es mas bello y resalta mas en él el sentimiento de la Naturaleza, porque no sale del verdadero terreno de la poesía, ni ha tenido que recibir elementos extraños ú opuestos á ella. En estas composiciones épicas no forma la Naturaleza mas que una parte del cuadro, sin llenarle por entero como en los *Vedas*. Dos puntos esenciales distinguen la concepcion de la Naturaleza en aquella época del poema heróico, y el sentimiento del mundo exterior tal co-

á los arianos del Occidente, á los persas, que reunidos en otro tiempo á los pueblos de la misma raza en la comarca situada mas arriba de la Persia y de la India, se separaron despues y conciliaron el culto espiritualista de la Naturaleza con la concepcion maniquéa de Ariman y Ormuzd. Lo que llamamos lite-

mo aparece en los *Vedas*, aun prescindiendo de las diferencias inevitables entre el estilo de los himnos y el de la narracion. El poeta sé aplica ante todo en las epopeyas á describir parajes determinados. Véase, por ejemplo, en la traduccion del *Ramayana* de G. de Schlegel, el primer libro intitulado *Balakanda*, y el segundo *Ayodhyakanda*. Sobre la diferencia de las dos grandes epopeyas indias, V. tambien Lassen, *Indische Alterthumskunde*, t. I, pág. 482. El segundo punto, íntimamente enlazado con el primero, consiste en los nuevos objetos á que se aplica el sentimiento de la Naturaleza. Introducir descripciones individuales de la Naturaleza en vez de cuadros vagos, era cosa muy propia del carácter de la leyenda y mas particularmente de la narracion histórica. Todos los creadores de las grandes formas épicas, así Valmiki el cantor de las hazañas de Rama, como los autores del *Mahabarata* que la tradicion ha confundido bajo el nombre colectivo de Vyasa, aparecen en sus narraciones como subyugados por un sentimiento poderosísimo de la Naturaleza. El viaje de Rama desde Ayodhya al Real sitio de Dschanaka, su vida en el bosque, su partida para Lanka (la isla de Ceylan), donde habita el salvaje Ravana, el raptor de su mujer Sita, ofrecen ocasion al poeta entusiasta, no menos que la solitaria vida de los Pandavas, de abandonarse á las primitivas inspiraciones del númen índico, entrelazando las hazañas de sus héroes con brillantísimas descripciones de la Naturaleza. Cf. *Ramayana*, edic. de Schlegel, libro I, c. 26, vs. 13—15; lib. II, c. 56, vs. 6—11; *Nalus*, edic. de Bopp, 1832, canto XII, vs. 1—10. Hay además otra diferencia, proveniente asimismo del sentimiento de la Naturaleza, entre esta segunda época y la de los *Vedas*; y es, que se ha ensanchado la esfera misma de la poesía. Su objeto, lejos de limitarse como antes á la aparicion de los Poderes celestiales, abarca ya toda la Naturaleza, los espacios del cielo y de la tierra, el mundo de los animales y de las plantas, con su feraz abundancia y su influencia sobre el alma humana.—Si pasamos á la tercera época de la literatura poética de los indios, prescindiendo de los *Puranas*, destinados a desarrollar el elemento religioso bajo la forma del espíritu de secta, la Naturaleza ejerce un imperio soberano; mas la poesía descriptiva se funda ya en observaciones mas sábias y mas exactas. Entre los grandes poemas de aquella época, citaremos el *Bhattikavya*, ó sea el poema de Bhatti, que, como el *Ramayana*, tiene tambien por objeto las hazañas de Rama, y contiene cuadros imponentes de la vida de los bosques durante el destierro del héroe, y magníficas descripciones del mar, de sus encantadoras riberas y de los primeros albores del dia en Lanka. V. *Bhattikavya*, edicion de Calcuta, primera parte, canto VII, pág. 432; canto X, pág. 715, canto XI, pág. 814; cf. tambien Schütz, profesor de Bielefeld, *Füng ge-*

ratura persa no sube mas allá de la época de los Sasanidas, por haber perecido los mas antiguos monumentos de la poesía de los persas. Solo despues de la conquista de los árabes, cuando se renovó la faz del pais, puede decirse que refloreció su literatura nacional bajo las dinastías de los Samanidas, de los Gaznevidas y de los Seldyucidas. El desarrollo de la poesía

sänge des Bhatti-Kâvya, 1837, págs. 1—18. Tambien citaremos el poema del *Sisupalabadha*, por Magha, con una agradable descripcion de las diferentes partes del dia; el del *Naischada-tscharita*, por Sri-Harscha, observando, no obstante, que en el episodio de Nalus y de Damayanti la expresion del sentimiento de la Naturaleza pasa de los justós límites. Estos excesos hacen resaltar mas la noble sencillez del *Ramayana* en el pasaje en que Visvamitra conduce á su alumno á orillas del Sona. V. *Sisupalabadha*, edic. de Calcuta, págs. 298 y 372, y cf. Schütz en su precitada obra, págs. 25—28; *Naischada-tscharita*, edic. de Calcuta, primera parte, vs. 77—129; *Ramayana*, edic. de Schlegel, lib. I, c. 35, vs. 15—18. Kalidasa, el célebre autor del *Sakuntala*, sobresale en el arte de pintar el influjo que ejerce la Naturaleza en las almas enamoradas. La escena del bosque que ha trazado en el drama de *Vikrama* y *Urbasi* es una de las producciones poéticas mas bellas que se conocen. V. *Vikramorvasi*, edicion de Calcuta, 1830, pág. 71, y la traduccion de este poema por Wilson, *Select specimens of the Theatre of the Hindus*, Calcuta, 1827, tomo II, pág. 63, y por Langlois, *Chefs-d'œuvre du theatre indien*, 1828, t. I, pág. 185. En el poema de las *Estaciones*, particularmente en la estacion de las lluvias y en la de la primavera, como tambien en la *Nube Mensajera*, creaciones todas de Kalidasa, forma asimismo el principal asunto la influencia de la Naturaleza sobre los sentimientos del hombre. (V. *Ritusanhara*, edic. de Bohlen, 1840, págs. 11—18 y 37—45, y la traduccion alemana del mismo orientalista, págs. 80—88 y 107—114). En la *Nube Mensajera* (Meghaduta), publicada por Wilson y Gildemeister, y traducida por Wilson y Chezy, se describe la tristeza de un desterrado en el monte Ramagiri. Apenado por la ausencia de su amante, ruega á una nube que acierta á pasar por encima de su cabeza que le lleve el testimonio de sus pesares; traza á la nube el camino que debe seguir, y pinta el paisaje tal como se refleja en un alma profundamente agitada. Entre los tesoros que la poesía india debe al sentimiento popular de la Naturaleza, en este tercer período, la mencion mas honorífica pertenece al *Gitagovinda* de Dchayadeva. V. Rückert, *Zeitschrift für die Kunde des Morgenlandes*, t. I, 1837, págs. 129—173; *Gitagovinda Jayadevæ poetæ indici drama lyricum*, edic. de Lassen, 1836. De este poema, uno de los mas graciosos, pero tambien de los mas difíciles de toda la literatura india, ha hecho Rückert una excelente traduccion en verso, que reproduce con admirable fidelidad el espíritu del original y la íntima concepcion de la Naturaleza que vivifica todas sus partes.»

desde Firdusi hasta Hafiz y Dschami duró apenas cuatrocientos ó quinientos años, y casi no se prolongó mas hasta la expedicion de Vasco de Gama. Al buscar la huella del sentimiento de la Naturaleza entre los indios y los persas, conviene no perder de vista que las respectivas civilizaciones de estos dos pueblos están doblemente separadas por el espacio y por el tiempo. La literatura persa pertenece á la edad media; y la gran literatura india, propiamente hablando, á la antigüedad. La Naturaleza no presenta en la meseta del Iran aquellos vigorosos árboles ni aquella variedad de formas y colores que ofrecen á la encantada vista las plantas del Indostan. La cadena del Vindhya, límite durante mucho tiempo del Aria oriental, se halla comprendida en la zona de los trópicos, al paso que toda la Persia está situada del otro lado del trópico de Cáncer, y aun parte de la poesía persa tuvo su cuna en la region septentrional de Balkh y de Fergana. Los cuatro Paraisos (1) celebrados por los poetas persas eran el valle de Sogd, junto á Samarcanda; el de Maschanrud, cerca de Hamadan; de Scha'abi-Bowan, no lejos de Kal'-eh-Sofid en la provincia de Fars, y la llanura de Damasco, llamada Gute. Careciendo, como carecen, de bosques los reinos de Iran y de Turan, no habia por lo tanto lugar para aquella vida solitaria de las selvas que tan poderosamente excitara la imaginacion de los poetas indios; y como por otra parte no podian reemplazar la naturaleza imponente y silvestre del Indostan, jardines regados por fuentes, cubiertos de rosales y de árboles frutales, de aquí la ninguna extrañeza que debe causarnos el ver que la poesía descriptiva no tiene en Persia la misma savia que en la India, y que es por lo comun artificial y fria. Basta saber que las cualidades mas preciosas, en concepto de los indígenas, son las que nosotros apellidamos ingenio y agudeza, para comprender que solo encontraremos digno de admiracion en los poetas persas el mérito de una invencion fácil y la excelencia con que saben reproducir el mismo pensamiento bajo una infi-

(1) *Journ. of the royal Geogr. Society of London*, t. X, 1841, páginas 2—3; Rückert, *Makamen Hariri's*, pág. 261.

nita variedad de formas (1); los sentimientos íntimos y profundos les son enteramente extraños.

La descripcion del paisaje no interrumpe sino muy rara vez la narracion en la epopeya nacional ó *Libro de los Héroes* de Firdusi. El elogio de las costas del Mazenderan, puesto en boca de un poeta viajero, está hecho en mi concepto con particular gracia, y representa con exactitud la benignidad del clima y la fuerza de la vegetacion. Este elogio mueve al rey Kei-Kawus á emprender una expedicion hácia el mar Caspio y una nueva conquista (2). Las poesías á la primavera, de Enweri, de Dscheleddin, que pasa por el mayor poeta místico del Oriente, de Adhad y de Feisi, semi-persa y semi-indio, tienen todas vivísima frescura, si bien el placer que causan lo desvirtúa el pueril rebusco de comparaciones escesivamente ingeniosas (3). Sadi en su novela de *Bostan y Gulistan* (el jardin de los Frutos y de las Rosas), y Hafiz, cuya filosofía práctica ha sido comparada á la de Horacio, marcan, por valerme de las espresiones de José de Hammer, el primero la época de la enseñanza moral, y el segundo la del vuelo mas elevado de la poesía lírica. Por desgracia la hinchazon y el refinamiento afean de ordinario en estos escritores las descripciones de la Naturaleza (4). El amor del ruiseñor y de la rosa, asunto favorito de la poesía per-

(1) Gœthe, *Commentar zum West-söttlichen Divan*, t. VI, págs. 73—78 y 111 de sus *Obras completas* (1828).

(2) V. El *Libro de los Reyes*, publicado por Julio Mohl, t. I, 1838, página 487.

(3) V. José de Hammer, *Geschichte der schönen Redekünste Persiens*, 1818, pág. 96, en el pasaje consagrado á Ewhad-eddin Enweri, poeta del siglo XII, que alude en sus composiciones de una manera muy notable á la atraccion recíproca de los cuerpos celestes. Tambien se hace mencion en dicha obra (pág. 183) del poeta místico Djelal-eddin Roumi; de Djelal-eddin Adhad (pág. 259); y de Feisi (pág. 403) que se presentó en la corte de Akbar como defensor de la religion de Brahma, y cuyos cantos intitulados *Gazal* respiran toda la ternura de los sentimientos indios.

(4) «La noche llega cuando se derrama el tintero del cielo.» Así se expresa en un poema insípido Chodschah Abdallah Wassaf, que tiene sin embargo el mérito de haber sido el primero que describió el gran Observatorio de Meragha con su elevado gnomon Hilali, de Asterabad, dice que «el calor abochorna al disco de la luna» y llama «sudor de la luna» al rocío. V. José de Hammer, *ibid.* pág. 247 y 371.

sa, se reproduce á cada momento de una manera cansada, y el sentimiento íntimo de la Naturaleza espira en Oriente entre los refinamientos convencionales del *lenguage de las flores*.

Si descendiendo de la meseta del Iran nos dirigimos hácia el Norte por el reino de Turan (en lengua Zend, *Tuirja*) (1) hasta la cadena del Ural que separa á la Europa del Asia, llegaremos á la comarca en que tuvo su cuna la raza finlandesa; porque los finlandeses salieron en otro tiempo de los montes Urales, como del Altai las hordas turcas. Entre estas razas finlandesas que se corrieron largo trecho hácia el Occidente y se establecieron en las bajas llanuras del continente europeo, existian cantos que el doctor Elias Lœnnrot ha recogido en gran número de boca de los carelianos y de los campesinos de Olonetz. «En estos cantos, dice Jacobo Grimm (2), reina un sentimiento puro de la Naturaleza que casi no se encuentra en los poemas indios.» Una antigua epopeya, compuesta de mas de doce mil versos, versa sobre la lucha de los finlandeses y los lapones, y sobre las aventuras de un héroe divino llamado Vaino; en ella se encuentran descripciones de la vida rústica en Finlandia hechas con inimitable gracia, principalmente en el pasaje en que la mujer del forjador ilmarineno manda á los bosques sus ganados y pronuncia sobre ellos ciertas palabras para protegerlos contra los ataques de las bestias feroces. Pocas razas hay cuyas subdivisiones, no obstante la comunidad de lenguage, ofrezcan oposiciones mas señaladas bajo el punto de vista de la cultura intelectual y de la direccion impresa á los

(1) *Tuirja* ó *Turan* son denominaciones cuya etimologia está aun por descubrir. Verdad es que Eugenio Burnouf (*Comment. sur le Yaçna*, t. I, págs. 427—430) ha llamado ingeniosamente la atencion sobre una satrapía de la Bactriana llamada por Estrabon (lib. XI, pág. 517, edic. de Casaubon) *Turiua* ó *Turiva*; mas Du-Theil y Groskurd proponen que se lea *Tapyria*.

(2) *Ueber ein finnisches Epos*, por Jacobo Grimm, 1845, pág. 5. (Sobre la poesía finlandesa puede verse tambien un excelente artículo de Marmier publicado en la *Revue des Deux-Mondes* (1.° de octubre de 1838), y el Kalewala, publicado por Leouzon Le Duc en un libro intitulado: *La Finlande, son histoire, sa poésie épique avec la traduction complète du Kalewala* 1845).

(*N. del T.*)

sentimientos. Parte de estas oposiciones emanan de los tristes efectos de la servidumbre feudal; parte de la barbarie de la vida guerrera; parte, en fin, de los perseverantes esfuerzos hechos para conquistar la libertad política. Tales han sido, en efecto, las diferentes maneras de existir de los campesinos, tan pacíficos en la actualidad, entre los cuales se ha recogido el *Kalewala*; de los hunos, que han trastornado el mundo, confundidos largo tiempo con los mogoles; y, por último, de un pueblo grande y noble, conviene á saber, de los magyares.

Para acabar de considerar lo que en el sentimiento de la Naturaleza y en su manifestacion puede provenir de la diversidad de las razas, de la configuracion del terreno, de la constitucion política y de las creencias religiosas, réstanos dirigir una ojeada á los pueblos del Asia que mas se diferencian de las razas arianas é indo-germánicas de los indios y persas. Las naciones semíticas ó arameas nos ofrecen en los mas antiguos y respetables monumentos de su poesía el testimonio de un profundo sentimiento de la Naturaleza, unido á una inspiracion poderosísima y á una imaginacion brillante; sentimiento expresado con explendor y grandeza en las leyendas pastoriles, en los himnos sagrados, y en aquellos cantos líricos que hacia resonar en tiempo de David la escuela de los videntes y de los profetas, cuya sublime inspiracion, casi de todo punto extraña al tiempo pasado, se tornaba llena de presentimientos hácia lo futuro.

La poesía hebrea, aun prescindiendo de su elevacion y profundidad, ofrece á las naciones de Occidente el singular atractivo de hallarse íntimamente enlazada con recuerdos consagrados por tres grandes religiones: la mosaica, la cristiana y la mahometana. Y no son los pueblos europeos los únicos que sienten cautivada su imaginacion por estos recuerdos de los Santos Lugares; pues las misiones, favorecidas por el espíritu comercial y conquistador de los pueblos navegantes, han llevado los nombres geográficos y las descripciones del Oriente, segun nos las ha conservado el Viejo Testamento, hasta el fondo de los bosques del Nuevo Mundo y hasta las islas del mar del Sur.

Uno de los caractéres distintivos de la poesía de la Naturaleza entre los hebreos, es que, cual reflejo del monoteismo, abarca siempre el mundo en imponente unidad, comprendiendo á un tiempo mismo el globo terrestre y los luminosos espacios del cielo. Así es que rara vez se detiene ante los fenómenos aislados, complaciéndose antes bien en contemplar las masas. Lejos de representar á la Naturaleza como existiendo de por sí y como digna de homenaje por su propia belleza, los poetas hebreos la consideran siempre en su relacion con el poder espiritual que la gobierna desde lo alto, mirándola como una obra creada y ordenada, como la expresion viviente de un Dios presente por dó quiera en las maravillas del mundo sensible. A juzgar tan solo por su objeto, la poesía lírica de los hebreos debia ser imponente y magestuosa; pero además es sombría y melancólica cuando toca á la condicion terrestre de la humanidad. Nótese tambien que esta poesía, puesto que grande y realzada por los encantos de la música, jamás cae en las desmesuradas proporciones de la poesía india. Consagrada á la contemplacion pura de la divinidad, figurada en su lenguage, pero clara y sencilla en sus pensamientos, complácese en tornar una y otra vez á las mismas comparaciones con regularidad casi rítmica.

Los libros del Viejo Testamento, considerados bajo el punto de vista de la literatura descriptiva, reflejan fielmente la naturaleza del pais que habitaban los hebreos, representando las alternativas de desiertos, fértiles llanuras y sombríos bosques que ofrece el suelo de la Palestina, é indicando todos los cambios de temperatura por el órden en que se efectuaban, como tambien las costumbres de los pueblos pastores y su hereditario apartamiento de la agricultura. Las narraciones épicas ó históricas son extremadamente sencillas, y acaso estan mas desnudas de todo adorno que las del mismo Herodoto. Merced á la uniformidad que se ha conservado en las costumbres y en los hábitos de la vida nómada, los viajeros modernos han podido confirmar la verdad de aquellos cuadros. La poesía lírica tiene mas adorno y desenvuelve la vida de la Naturaleza en toda su plenitud. El salmo 103 puede decirse que es por sí solo un bosquejo del mundo.

«El Señor, revestido de luz, ha extendido el cielo á manera de alfombra, y ha cimentado la tierra sobre su propia solidez de suerte que no vacile en toda la duracion de los siglos. Las aguas corren á los valles desde lo alto de las montañas hasta los lugares que les han sido designados, á fin de que sin traspasar nunca los límites prescritos apaguen la sed de todos los animales de los campos. Las aves del cielo cantan bajo el frondoso ramaje. Los árboles del Eterno, los cedros que el mismo Dios ha plantado se elevan llenos de sávia; en ellos construyen los pájaros sus nidos, y el azor labra su habitacion sobre los pinabetes.» En el mismo salmo se halla descrito el mar «donde se agita la vida de innumerables séres. Sobre él pasan las naves, y en él se mueven los mónstruos que tú, oh Dios, has creado para que se solacen libremente.» La siembra de los campos, el cultivo de la vid (que regocija el corazon del hombre) y el del olivo, ocupan tambien su lugar en este cuadro de la Naturaleza que vienen á completar los cuerpos celestes.

«El Señor ha creado la luna para que sirva de medida del tiempo; el sol conoce el término de su carrera. Llega la noche, los animales se desparraman sobre la tierra, y los cachorros del leon rugen por su presa y piden á Dios su alimento. A la salida del sol, los animales se reunen y se refugian en sus cavernas, mientras que el hombre se dirige á su trabajo y emprende sus faenas hasta la caida de la tarde.» Es cosa sorprendente en verdad, que en tan corto poema lírico se hallen pintados con tan pocas pinceladas el cielo, la tierra, el Universo todo. A la vida confusa de los elementos se opone la existencia apacible y laboriosa del hombre, desde el nacimiento del sol hasta el momento en que la noche llega á poner fin á sus faenas; bien es verdad que este contraste, estas miras generales sobre la accion recíproca de los fenómenos, esta vuelta al poder invisible y presente que puede rejuvenecer la tierra ó reducirla á polvo; todo lleva en sí un carácter de sublimidad mas propio para causar admiracion y pasmo, que para conmover dulcemente el corazon.

Aunque suelen hallarse con frecuencia en los salmos consideraciones de esta especie (1), en ninguna otra parte estan expresadas de una manera mas completa que en el capítulo trigésimo séptimo del libro de Job, libro ciertamente antiquísimo, pero no anterior á Moisés. Desde luego se advierte que los accidentes meteorológicos de la region de las nubes, los vapores que se condensan ó se disipan segun la direccion de los vientos, los caprichosos juegos de la luz, la formacion del granizo y del trueno, habian sido primero observados que descritos. Plantéanse tambien en aquel libro varias cuestiones que la física moderna puede, cierto, referir á fórmulas mas científicas, pero sin haber encontrado aun para ellas resolucion satisfactoria. El libro de Job es considerado generalmente como la obra mas perfecta y acabada de la poesía hebrea; en él campea el pintoresco encanto de las descripciones individuales de los fenómenos, á la par que el arte en la composicion didáctica del conjunto. Estos cuadros de la naturaleza oriental han causado profunda impresion en todos los pueblos que poseen una version del libro de Job. «El Señor camina sobre las crestas del mar, sobre las olas que la tempestad encrespa.—La aurora abarca los contornos de la tierra y da diversas formas á las nubes, como la mano del alfaharero al dócil barro.» El libro de Job describe tambien las costumbres de los animales, del asno montaráz y del caballo, del búfalo, del hipopótamo y del cocodrilo, del águila y del avestrúz. Parece que se vé allí,

(1) V. el salmo CIII en las Biblias católicas, y el CIV en las protestantes. V. tambien el salmo LXV, vs. 7—14, y el LXXIV, vs. 15—17. El autor y el traductor de este libro han tenido á la vista la excelente version de Moisés Mendelsohn. V. el tomo VI de sus obras, págs. 220, 238 y 280. En el siglo XI se hallan todavia algunos nobles reflejos de la antigua poesía hebrea en los himnos compuestos para las sinagogas por el poeta español Salomon ben Gabirol (Avicebron), que son una especie de paráfrasis poética del libro *De Mundo*, falsamente atribuido á Aristóteles. V. Miguel Sachs, *Die religiöse Poesie der Juden in Spanien*, 1845, págs. 7, 217 y 229. Tambien Mose ben Jakob ben Esra tiene rasgos fuertes y magníficos tomados de la vida de la Naturaleza. V. la precitada obra, págs. 69, 77 y 285.

«cuando soplan los vientos devoradores del Sur, el aire puro que se extiende como metal derretido por los áridos desiertos (1).» En las regiones en que la Naturaleza es mas avara de sus dones, aguza los sentidos del hombre á fin de que atento á todos los síntomas que se manifiestan en la atmósfera y en la region de las nubes, pueda prever en medio de la soledad de los desiertos, ó sobre la inmensidad de los mares, todas las revoluciones que se preparan. La parte árida y montañosa de la Palestina es la que principalmente sugiere este género de observaciones. Tampoco se echa de menos la variedad en la poesía de los hebreos. Al paso que desde Josué hasta Samuel respira ésta el ardor de los combates, en el librito de Ruth la espigadora tenemos un cuadro de la mas ingénua sencillez y de inefable encanto. En la época de su entusiasmo por el Oriente, llamaba Gœthe á este libro el poema mas delicioso que nos ha trasmitido la musa de la epopeya y del idilio (2).

Acercándonos mas á nuestra época, los primeros monumentos de la literatura de los áràbes conservaban todavía un pálido reflejo de aquella gran manera de contemplar la Naturaleza, que fué desde los tiempos mas remotos uno de los rasgos carcterísticos de la raza semítica. A este propósito recordaré la pintoresca descripcion de la vida de los beduinos en el desierto por el gramático Asmai, el cual ha enlazado este cuadro al célebre nombre de Antar y lo ha reunido en su grande obra con otras leyendas caballerescas anteriores al mahometis-

(1) Los pasajes del libro de Job los ha tomado el autor del *Cosmos* de la traduccion y del comentario de Umbreit, 1824, págs. XXIX—XLII, y 290—314. Cf. Gesenius, *Geschichte der hebræischen Sprache und Schrift*, página 33, é Ilgen, *de Jobi antiquissimi carminis hebraici natura atque virtutibus*, pág. 28. La descripcion mas extensa y mas característica que contiene el libro de Job es la del cocodrilo (V. cap. XL, v. 25 y cap. XLI, v. 26); y sin embargo este mismo pasaje suministra uno de los indicios de los cuales se ha inferido que el autor del libro de Job habia nacido en Palestina. (V. Umbreit, pág. XLI y 308). Como antiguamente habia hipopótamos y cocodrilos en todo el Delta del Nilo, no debe parecernos estraño que el conocimiento de estos raros animales se hubiese extendido hasta la misma Palestina.

(2) Gœthe *Commentar zum West-östhahen Divan*. pag. 8.

mo. El héroe de esta novela romántica es el mismo Antar, de la tribu de Abs, hijo del favorito Scheddad y de una esclava negra; sus versos pertenecen al número de los poemas laureados y puestos en la Kaaba (Moallakat). Ya el erudito traductor inglés Terrick Hamilton ha llamado la atencion sobre los acentos bíblicos que resuenan como un eco en los versos de Antar (1). Asmai hace viajar al hijo del desierto hasta Constantinopla, lo cual le suministra ocasion de presentar de una manera pintoresca el contraste de la civilizacion griega con la rudeza de la vida nómada. Que la descripcion del suelo ocupe, por lo demás, muy corto espacio en las mas antiguas poesias de los árabes, cosa es que no debe sorprendernos, atento que, segun ha observado Freitag, célebre orientalista de Bona muy versado en aquella literatura, el objeto principal de los poetas árabes es la narracion de los hechos de armas y el elogio de la hospitalidad y de la fidelidad en el amor; á lo que se allega por otra parte que ninguno de aquellos poetas era originario de la Arabia Feliz, y bien eran menester muy raras y particulares predisposiciones de ánimo para que aquella triste uniformidad de pastos y de arenosos desiertos pudiese inspirar el sentimiento de la Naturaleza.

En las regiones que carecen del ornamento de los bosques, los fenómenos atmosféricos, las tormentas, las tempestades, la lluvia despues de una larga sequía, se apoderan por lo mismo de la imaginacion con mayor fuerza. Buscando entre los poetas árabes descripciones animadas de estas escenas de la Naturaleza, debo mencionar principalmente las llanuras fecundadas por la lluvia é invadidas por nubes de insectos zumbadores, en el Moallakat de Antar (2), el fiel y magnífico cuadro de la tempestad, por Amru'l Kais, y otro cuadro análogo en el séptimo libro de la coleccion que se designa bajo el nombre de

(1) *Antar, a bedoueen Romance translated from the Arabic*, by Terrick Hamilton, t. I, pág. 26; Hammer en los *Wiener Jahrbüchern der litteratur*, t. VI, 1819, pág. 229: Rosenmuller, *Charakteren der vornehmsten. Dichter aller Nationem*, t. V, 1798, pág. 251.

(2) *Antara cum schol. Zuzenii*, edic. de Menil, 1816, v. 15.

Hamasa (1); y últimamente en el *Nabegha Dhobyani* (2), la riada del Eufrates arrastrando islotes de cañas y árboles descuajados. El libro octavo del *Hamasa*, intitulado *Viaje y Somnolencia* debia naturalmente escitar mi curiosidad de viajero. Bien pronto reconocí que la somnolencia no se prolonga mas allá del primer fragmento, siendo tanto mas escusable cuanto que el autor la explica por un viaje nocturno hecho sobre un camello (3).

Hé procurado hasta aquí exponer, aunque incompletamente, de qué manera el mundo esterior, ó sea el aspecto de la naturaleza animada é inanimada, ha podido en diferentes épocas, y entre razas distintas, influir diversamente sobre el pensamiento y la imaginacion. Para ello he entresacado de la historia de la literatura los ejemplos en que el sentimiento de la Naturaleza se manifiesta de la manera mas perceptible. Ni me era dado hacer otra cosa; pues ni en este lugar ni en toda mi obra sobre el *Cosmos* ha sido mi ánimo presentar una esposicion completa, sino tan solo las generalidades, escogiendo aquellos rasgos mas propios para pintar el carácter particular de los

(1) *Amrulkeisi Moallakat*, edic. de E. G. Hengstenberg, 1823; *Hamasa*, edic. de Freytag, 1828, 1.ª parte, lib. VII, pág. 785. Vide tambien la preciosa obra intitulada *Amrilkais, der Dichter und König, übersetzt von* Fr. Rückert, 1843, págs. 29 y 62, donde las grandes lluvias meridionales están descritas dos veces con pasmosa exactitud. Algunos años antes del nacimiento de Mahoma habia visitado el rey-poeta la corte del emperador Justiniano, en demanda de socorro contra sus enemigos. V. el *Divan de Amro'lkais*, con la traduccion de Mac Guckin de Slane, 1837, pág. 111.

(2) *Nabegha Dhobyani* en Silvestre de Sacy, *Chrestomathie Arabe*, 1826, t. 2.º, pág. 404. Sobre los orígenes de la literatura arábiga cf. Silvestre de Sacy en las *Mémoires de l'Academie des Inscriptions*, t. L; Weil, *Die poetische Litteratur der Araber* vor Mohammed, 1837, págs. 15 y 90, y Freytag, *Darstellung der arabischen Verskunst*, 1830, págs. 372-392, entre tanto que salga á luz la obra de Caussin de Perceval sobre el mismo asunto. El gran poeta Fr. Rückert acaba de publicar en Alemania una traduccion del *Hamasa*, en la que está reproducida con singular acierto la antigua poesía de los árabes.

(3) *Hamasœ Carmina*, edic. de Freytag, 1.ª parte, 1828, pág. 788: «Aquí termina, se dice expresamente en la pág. 796, el capítulo del Viaje y de la Somnolencia.»

pueblos y de los siglos. Hé seguido á los griegos y los romanos hasta el momento en que se agotan en ellos los sentimientos que han dado tan imperecedero lustre á las obras de que se compone la antigüedad clásica entre las naciones occidentales. He buscado en los escritos de los Padres de la Iglesia cristiana la tierna espresion de aquel amor á la Naturaleza que dió orígen á la vida contemplativa de los anacoretas en el reposo de la soledad. Al considerar á los pueblos indo-germánicos (y empleo aquí esta denominacion en su sentido menos general) me he remontado de las poesías alemanas de la edad media á las de los antiguos habitantes del Aria oriental, los indios, y á los menos afortunados del Aria occidental que poblaban en otro tiempo el Iran. Despues de echar una ojeada á los cantos célticos ó gaélicos y á una epopeya finlandesa nuevamente descubierta, he pasado á una rama de la raza semítica ó aramea, y he mostrado á la Naturaleza desplegando sus riquezas en los sublimes cantos de los hebreos y en las poesías de los árabes. De este modo hemos hecho ver el reflejo del mundo exterior sobre la imaginacion de los pueblos esparcidos por el Norte y por el Sudeste de Europa, por el Asia Menor, por las mesetas de la Persia y por las regiones tropicales de la India. Para abarcar toda la Naturaleza, he creido necesario contemplarla bajo dos aspectos, observando primero los fenómenos en su realidad objetiva, y mostrando luego sus reflejos en los sentimientos de la humanidad.

Cuando habian ya desaparecido las dominaciones aramea, griega y romana, ó, por decirlo así, cuando habia ya espirado el antiguo mundo, Dante Alighieri, sublime creador de un mundo nuevo, manifiesta de vez en cuando un conocimiento profundo de la vida de la tierra, prescindiendo en tales casos de sus pasiones y de los místicos resentimientos que poblaban de fantasmas el vasto círculo de sus ideas. La época de su vida subsigue inmediatamente á aquella en que deja de oirse la voz de los Minnesinger de la Suabia. En el libro primero del *Purgatorio* pinta Dante de una manera inimitable los vapores matinales y la trémula luz del mar que aparece á lo lejos blandamente agitada (il tremolar della marina) (1). En el canto quinto creemos ver rebentar las nubes y desbordarse los rios en el momento en que el Arno arrastra el cadáver de Buonconte de Montefeltro despues de la batalla de Campaldino (2). Al entrar en los espesos bosques del paraiso terrenal, el poeta se acuerda del pinar que está junto á Ravena (la pineta in sul lito di Chiassi) (3), en el cual resuena sobre la copa de los árboles el canto matinal de las aves. Esta imágen natural forma contraste con el rio de luz que corre por el paraiso terrenal, «rio del cual saltan chispas á las flores que tapizan las márgenes, y muy luego, cual si las embriagase el perfume, se sumerjen otra vez en el abismo, mientras que nuevas chispas saltan á reemplazarlas (4).» Acaso esta ficcion es un recuerdo del peregrino y singular espectáculo que ofrece la fosforescencia del Océano, cuando del choque de las nubes se desprenden puntos luminosos que se elevan por encima de la superficie de las aguas y dan á toda la llanura líquida el aspecto de un mar de estrellas movibles. La estremada concision del estilo aumenta aun la profundidad y gravedad de la impresion que causa la *Divina comedia*.

(1) Dante, *Purgatorio*, canto I, v. 115.

L'alba vinceva l'ora mattutina
Che fuggia innanzi, sì che di lontano
Conobbi il tremolar della marina.....

(2) *Purgatorio*, V, 109—127:

Ben sai come nell'aer si raccoglie
Quell'umido vapor, che in acqua riede,
Tosto che sale, dove'l freddo il coglie.....

(3) *Purgat.*, XXVIII, 1—24.

(4) *Parad.*, XXX, 61—69.

E vidi lume in forma di riviera
Fulvido di fulgore intra duo rive,
Dipinte di mirabil primavera.
Di tal fiumana uscian faville vive,
E d'ogni parte si mettean ne'fiori,
Quasi rubin, che oro circonscrive.
Poi, come inebriate dagli odori,
Riprofondavan se nel miro gurge,
E s'una entrava, un'altra n'uscia fuori.

No cito ningun pasaje de las canciones de la *Vita nuova*, porque las metáforas y las imágenes que contienen se apartan mucho de la Naturaleza y de la realidad.

Para no salir todavía del suelo de Italia, si bien dejando aparte el frio género pastoril, podemos pasar de los poemas del Dante á los sonetos elegiacos en que el Petrarca describe el efecto que produjo en él, despues de la muerte de Laura, el gracioso valle de Vaucluse; á las poesías, mas cortas, de Bojardo, amigo de Hércules de Este, y á las estancias que mas tarde compuso Vittoria Colonna (1).

En la época del renacimiento de la literatura clásica, cuando volvió á florecer ésta en todos los pueblos, merced á las nuevas relaciones que se establecieron con la Grecia no obstante su degradacion política, el cardenal Bembo, ilustrado protector de las artes, amigo y consejero de Rafael, es el primero de los prosistas que nos ha dejado descripciones encantadoras de la Naturaleza. Su diálogo del Etna nos presenta un cuadro animado de la distribucion geográfica de las plantas en la pendiente de aquella montaña, desde las fértiles llanuras de la Sicilia hasta las nieves que coronan los bordes del cráter; y en

(5) En estas líneas alude el autor al soneto de Bojardo: «Ombrosa selva, che il mio duolo ascolti....» y á las admirables estancias de Vittoria Colonna que comienzan de esta manera:

Quando miro la terra ornata e bella,
Di mille vabgi ed odorati fiori.....

Fracastor, no menos célebre como médico que como matemático y como poeta, nos ha dejado en su *Naugerius de poetica dialogus*, una bella y exactísima descripcion de su casa de campo, situada en la colina de Incassi, (mons Caphius), cerca de Verona. V. en las Obras de Fracastor, 1591, 1.ª parte, págs. 321—326. V. tambien, en la pág. 636, un pasaje encantador sobre el cultivo del limonero en Italia. Noto, por el contrario, con asombro, que no hay en las cartas del Petrarca rastro ninguno del sentimiento de la Naturaleza, ni aun en las que escribió en 1345, tres años antes de la muerte de Laura, cuando á su salida de Vaucluse intentó subir al monte Ventoux, esperando que sus ardientes miradas podrian divisar desde allí su patria, ó cuando visitó las orillas del Rhin hasta Colonia, ó el golfo de Baia. Petrarca vivia mas en los recuerdos clásicos de Ciceron ó en los entusiásticos arranques de su ascética melancolía, que no en el seno de la naturaleza que le rodeaba. V. Petrarchæ, *Epist. de rebus familiaribus*, lib. IV, epist. 1; V, 3 y 4, págs. 119, 156 y 161, edic. de Lyon, 1601; lo único verdaderamente pintoresco que hallamos en estas cartas, es la descripcion de una gran tempestad que observó el poeta en Nápoles el año de 1343. V. lib. V, epist. 5, pág. 165.

las *Historiæ Venetæ*, obra acabada que compuso en edad mas madura, se hallan caracterizados de una manera mas pintoresca aún el clima y la vegetacion del Nuevo Continente.

En el momento en que el mundo aparecia de súbito engrandecido, todo se reunia para llenar al espíritu de imágenes magníficas y darle un sentimiento mas elevado de las fuerzas humanas. Cuando la expedicion de Alejandro, los macedonios trajeron de los sombríos valles del Indostan y de los montes Paropamisos, impresiones que algunos siglos despues se encuentran todavía, sin haberse debilitado, en las obras de los grandes escritores. El descubrimiento de América renovó el efecto producido por la conquista macedónica, y ejerció sobre los pueblos occidentales mayor influjo aún que las Cruzadas. El mundo de los trópicos ostentó por primera vez ante los europeos sus fecundas llanuras, y todas las variedades de la vida orgánica escalonada en las vertientes de las Cordilleras, juntamente con el aspecto de los climas del Norte, que parece reflejado en las mesetas del imperio mejicano, de la Nueva Granada y de Quito. La imaginacion, sin cuyo prestigio no puede haber ninguna obra humana verdaderamente grande, presta singularísimo atractivo á las descripciones de Colon y de Vespucio. Este último se acredita, al describir las costas del Brasil, de hombre versadísimo en los poetas antiguos y modernos, pues de todos tenia conocimiento exacto. En las descripciones de Colon, principalmente cuando pinta el sereno cielo de Paria y el vastísimo rio del Orinoco, que en su concepto debia de tener su nacimiento en el Paraiso, sin que hubiese para ello necesidad de suponerle situado en otra parte, se echa de ver por do quiera el sello de un sentimiento grave y religioso; predisposicion que fué degenerando en melancolía y en quimérica exaltacion al mismo compás que el ilustre viajero avanzaba en años y se veia injustamente perseguido.

No fué solo la sed del oro, como falsamente se ha supuesto por no conocer el espíritu de aquella época, la que guió á portugueses y castellanos en la edad heróica de su historia. Todos se sentian entonces arrastrados hácia las aventuras de las expediciones lejanas. Los nombres de Haiti, de Cubagua y de Darien seducian la imaginacion á principios del siglo XVI, como sucedió posteriormente con los nombres de Tinian y de Otahiti despues de los viajes de Auson y de Cook. El deseo de visitar remotos paises bastó para arrastrar á la juventud de la Península ibérica, de Flandes, de Milan y de la Alemania del Sur hácia la cadena de los Andes y las abrasadoras llanuras de Uraba y de Coro, bajo el victorioso pendon de Carlos V. Posteriormente, cuando las costumbres se dulcificaron y todas las partes del mundo se abrieron á un tiempo, aquella inquieta curiosidad, mantenida por diferentes causas, tomó nuevas direcciones, y los ánimos se apasionaron ardientemente por la Naturaleza, imitando el ejemplo que ofrecian los pueblos del Norte. Las miras se fueron elevando al mismo compás que se ensanchaba el círculo de la observacion científica; y la tendencia sentimental y poética que existia ya en todos los corazones tomó una forma mas determinada despues del siglo XV, dando nacimiento á obras literarias desconocidas de los siglos anteriores.

Si volvemos otra vez nuestras miradas á la época de los grandes descubrimientos que abrieron el camino al nuevo trabajo del ingenio, lo que primero se nos presenta son las descripciones de la Naturaleza que el mismo Colon nos ha dejado. Hasta hace poco tiempo no conociamos su *Diario* marítimo, sus cartas al tesorero Sanchez, á Juana de la Torre, nodriza del infante D. Juan, y á la reina Isabel. Ya he procurado demostrar en la obra intitulada *Examen critique de l'histoire de la géographie au XVe et au XVIe siècle* (1), cuán profundo era el sentimiento de la Naturaleza que animaba al gran viajero, y con cuánta nobleza y

(1) Humboldt, *Examen critique de l'Histoire de la Géographie du Nouveau Continent*, t. III, págs. 227—248.

sencillez de expresion describió la vida de la tierra, y el nuevo cielo, desconocido hasta entonces, que se presentaba á su vista (viaje nuevo al nuevo cielo i mundo que fasta entonces estaba en ocullo); descripciones como estas solo pueden apreciarlas los que comprendan toda la energía de la antigua habla castellana.

La fisonomía característica de las plantas; la impenetrable espesura de las selvas, «en las cuales es punto menos que imposible distinguir qué flores y qué hojas pertenecen á cada tronco;» la feraz abundancia de las plantas que cubren las vegas pantanosas; los encarnados flamencos que, ocupados en pescar desde por la mañana, prestan animacion á la embocadura de los rios: tales son las cosas que alternativamente llamaban la atencion al viejo marino al costear la isla de Cuba, entre las pequeñas islas Lucayas y los Jardinillos, que yo mismo he visitado. Cada nuevo pais que descubre le parece mas bello que el que anteriormente ha descrito; y duélese de no hallar palabras con que expresar las dulces sensaciones que experimenta. Aunque extraño completamente á la Botánica, por mas que ya en aquella época se hubiese generalizado el conocimiento superficial de los vegetales, merced á la influencia de los médicos árabes y judios, el mero sentimiento de la Naturaleza le conduce á observar atentamente todo cuanto ofrece un aspecto raro. En Cuba distingue siete ú ocho especies de palmeras mas bellas y mas altas que la que produce los dátiles (variedades de palmas superiores á las nuestras en su belleza y altura). A su entendido amigo Anguiera le escribe maravillado de ver agrupados y entrelazados en una misma llanura pinos y palmeras (palmeta et pineta). Tan penetrante es su mirada al examinar los vegetales, que desde luego observa en las montañas de Cibao pinos que, en vez de los frutos ordinarios, producen bayas semejantes á las aceitunas del axarafe de Sevilla. Así Colon, segun he dicho antes (1), distinguió á la primera ojeada

(1) *Cosmos*, t. I, pág. 298.

el género *podocarpus* en la familia de las abetinadas.

«El atractivo de este nuevo pais, dice el gran navegante, es muy superior al de la campiña de Córdoba, con tanta diferencia como tiene el dia de la noche..... Estaban todos los árboles verdes y llenos de frutas, y las yerbas todas floridas y muy altas..... Los aires eran como en abril en Castilla; cantaba el ruiseñor y otros pajaritos como en el dicho mes en España, que dicen que era la mayor dulzura del mundo. Las noches cantaban algunos pajaritos suavemente: los grillos y ranas se oian muchas..... Un dia llegué á una bahía profunda y cerrada por todas partes, en la cual vi lo que jamás hasta entonces humanos ojos habian visto, y fué un singularísimo puerto y unas tierras hermosas á maravilla, así como una vega montuosa dentro en estas montañas..... donde hay pinos y palmas y otros árboles de diversas formas todos cubiertos de flores; y salen por ella muchas riberas de aguas que descienden de estas montañas. Andando por ella, fué cosa maravillosa de ver las arboledas y frescura, y el agua clarísima, y las aves y amenidad, que me parecia que no quisiera salir de allí; y que para hacer relacion á los reyes de las cosas que via no bastaran mil lenguas á referillo, ni la mano para lo escribir, que me parecia que estaba encantado (1).»

Aquí vemos, por el diario de un hombre completamente iliterato, cuánto poder ejercen sobre una alma sensible las bellezas características de la Naturaleza: la emocion presta encantos y nobleza al lenguaje. Los escritos del Almirante, especialmente los que compuso á la edad de sesenta y siete años al realizar su cuarto viaje y referir su maravillosa vision en la costa de Veragua (2), son, si no mas pulcros,

(1) *Diario* de Cristóbal Colon en su primer viaje, 29 de octubre, 25—29 de noviembre, 7—16 y 21 de diciembre de 1492. V. tambien su carta á Doña María de Guzman, ama del príncipe D. Juan, diciembre de 1500, en Navarrete: *Coleccion de los Viajes que hicieron por mar los Españoles*, t. I, págs. 43, 65—72, 82, 92, 100 y 266.

(2) V. en la misma *Coleccion*. págs. 303—304, *Carta del Almirante á*

mas arrebatadores por lo menos que la novela pastoral de Bocacio, las dos *Arcadias* de Sannasar y de Sydney, el *Salicio y Nemoroso* de Garcilaso, ó la *Diana* de Jorge de Montemayor. Por desgracia, el género elegiaco y bucólico predominó durante largo tiempo en las literaturas italiana y española. Sin el vivísimo interés que supo dar Cervantes á las aventuras del héroe manchego, no se hubiera dado al olvido la *Galatea* del mismo escritor. La novela pastoral, por mas que se la haya querido rehabilitar mediante la perfeccion del lenguaje y la delicadeza de los sentimientos, está condenada por su misma naturaleza á ser lánguida y fria, como las alegóricas sutilezas que tanto crédito alcanzaban entre los poetas de la edad media. Para que una descripcion respire verdad por todas partes, es indispensable que recaiga sobre objetos determinados. Por eso creen algunos reconocer en las mas bellas estancias descriptivas de la *Gierusaleme liberata*, vestigios de la impresion que causaba al poeta la naturaleza de que se hallaba rodeado, y un recuerdo del risueño valle de Sorrento (1). Este carácter de verdad que nace de la observacion inmediata y personal, brilla en su mas alto punto en la gran epopeya nacional de los portugueses. Parece como que se siente flotar el perfume de las flores de la India por entre aquel poema escrito bajo el cielo de los trópicos en la gruta de Macao y en las islas Moluscas. Sin detenerme á examinar una opinion aventurada de Fr. Schlegel que tiene á las *Lusiadas* de Camöens por muy superiores al poema del Ariosto en cuanto á brillo y riqueza de imaginacion (2), puedo afirmar á lo menos,

los Reyes, escrita en Jamaica á 7 de julio de 1503; y Humbold, *Examen crít.*, etc., t. III, págs. 231—236.

(1) *Tasso*, canto XVI, estrofas 9 y 16.

(2) V. Federico Schlegel, t. II, pág. 96 de sus *Obras completas*, y sobre el *Dualismo* «extraño á la verdad» que forma la mezcla de las antiguas fábulas con las creencias cristianas, t. X, pág. 54. Camöens intentó justificar este dualismo mítico en las estancias 82—84, en las cuales no se ha fijado bien hasta ahora la atencion. Tetis confiesa de una manera algun tanto sencilla, pero en medio del mas bello arranque poético, «que ella misma, Saturno, Júpiter, y todo el cortejo de los dioses no son mas que meras fábulas

como observador de la Naturaleza, que en las partes descriptivas de las *Lusiadas* jamás el entusiasmo del poeta ha alterado en nada, el encanto de sus versos y los dulces acentos de su melancolía, la verdad y exactitud de los fenómenos; antes bien el arte, al hacer mas vivas las impresiones, ha añadido grandeza y fidelidad á las imágenes, como sucede siempre que bebe en fuentes puras. Camöens es inimitable cuando pinta el perpetuo cambio que se efectúa entre el aire y el mar, las armonías que reinan en las formas de las nubes, sus transformaciones sucesivas y los diversos estados por que pasa la superficie del Océano. Muéstranos primero esta superficie ligeramente rizada por la leve brisa; las olas, solevantadas apenas, chispean jugueteando con el rayo de luz que en ellas se refleja; despues, en otra parte, los buques de Coelho y de Pablo de Gama, asaltados por una terrible tempestad, luchan contra todos los elementos desencadenados (1). Camöens es un gran pintor marítimo en el verdadero sentido de la palabra. Habia combatido como guerrero al pié del monte Atlas, en el imperio de Marruecos; habia peleado en el mar Rojo y en el golfo Pérsico; habia doblado dos veces el Cabo; y poseido de un profundo sentimiento de la Naturaleza, habia prestado atento oido, por espacio de diez y seis años, en las playas de la India y de la China, á todos los fenómenos del Océano. Describe el fuego eléctrico de San Telmo que los antiguos personificaban bajo los nombres de Cástor y Polux, y le llama «luz viviente sagrada para los navegantes (2);» pinta

nacidas de la ilusion de los mortales, y que solo sirven para prestar belleza á los cantos del poeta: «A Sancta Providentia que em Júpiter aquí se representa......»

(1) V. *Lusiadas* de Camöens, canto I, estr. 19; VI, 71—82. Véase tambien la comparacion de que se sirve el poeta en la descripcion de la tempestad que estalla en medio de un bosque, canto I, estr. 35.

(2) El fuego de San Telmo: «O lume vivo, que á marítima gente ten por santo, em tempo de tormenta. . . . .» canto V, estr. 18. Si brilla una llama sola es la *Elena* de los marineros griegos, y presagia desgracias. (Plinio, lib. II, cap. 37). Si aparecen con estrépito dos llamas, *Cástor* y *Polux* cual pájaros que revolotean, son, por el con-

la formacion sucesiva de las amenazadoras trombas, y muestra «cómo las leves nubes se condensan en espeso vapor que se enrolla en espiral, del cual desciende una columna que sorbe ávidamente las aguas del mar; cómo esta nube sombria atrae á sí el cañon del embudo luego que está saturado, y escapándose hácia el cielo, vuelve á verter en el mar, convertida en agua dulce, la que la mugiente tromba le habia arrebatado (1).» Respecto de la explicacion de estos maravillosos arcanos de la Naturaleza, es cosa, dice el poeta (cuyas palabras parecen todavía la crítica de la época presente) que atañe á los escritores de profesion, orgullosos de su talento y de su ciencia, y tan desdeñosos para con las narraciones recogidas de los lábios de navegantes sin otra guia que la experiencia.

No tan solo se muestra Camöens gran pintor en la descripcion de los fenómenos aislados, sino que sobresale tambien en abarcar las grandes masas de una sola ojeada. El tercer canto reproduce en pocos rasgos la configuracion de Europa desde las mas frias regiones del Norte hasta el reino lusitano y hasta el estrecho en que Hércules dió cima á su último trabajo (2). Por do quiera se encuentran

trario, presagios felices. V. Estobeo, *Eclogæ physicæ*, lib. I, pág. 514; Séneca, *Natur. quæst.*, lib. I, cap. I. Para formarse idea de la sorprendente verdad que brilla en las descripciones de la Naturaleza de Camöens, véase en la grande edicion de París de 1818, la *Vida de Camöens*, por Don José María de Souza, pág. CII.

(1) Canto V, estr. 19—22. La tromba marítima ó la terrestre en Camöens puede compararse á la descripcion igualmente poética y verdadera de Lucrecio, lib. VI, vs. 423—442. Respecto del agua dulce que hácia el fin de la aparicion cae visiblemente de la parte superior de la tromba, V. en *Amer. Journ. of Sciences* de Sillman, t. XXIX, págs. 254—260, una memoria de Ogden, *On Water Spouts*, resultado de observaciones hechas en *1820 durante* un viaje de la Habana á Norfolk.

(2) Canto III, estr. 7—21. Para Camöens me refiero siempre al texto de la edicion primitiva de 1572, magníficamente reproducida en la excelente edicion de Dom José María de Souza-Botelho, París 1818. Camöens se proponia ante todo en su poema la glorificacion de su patria. ¿No sería obra muy digna de tan gran gloria poética y de tal nacion la de hacer en el mismo Lisboa lo que se ha hecho en las salas de Schiller y de Gœthe del palacio del gran duque de Weimar, es decir, pintar al fresco en muros de vastas

alusiones á las costumbres y á la civilizacion de los pueblos que habitan èsta parte del mundo tan ricamente articulada. De la Prusia, la Moscovia y los paises bañados por las frias aguas del Rhin (que o Rheno frio lava) pasa rápidamente á las deliciosas llanuras de la Grecia que crea los corazones elocuentes (que creastes os peitos eloquentes, e os juizos de alta phatansía). En el canto décimo se ensancha mas aún el horizonte. Thetis conduce á Gama á una montaña altísima para descubrirle los secretos de la estructura del mundo (machina do mundo) y el curso de los planetas segun el sistema de Tolomeo (1). Es una vision narrada en el estilo de Dante; y como la tierra es el centro de cuanto se mueve con ella, toma de aquí pié el poeta para exponer lo que se sabia de los paises recientemente descubiertos y de sus diversas producciones (2). No se limita ya, como en el tercer canto, á representar la Europa, sino que pasa á todas las partes de la tierra, incluso el pais de la Santa Cruz (el Brasil) y las costas descubiertas por Magallanes, «hijo infiel de la Lusitania, que renegó de su madre.»

Al elogiar principalmente á Camöens como pintor marítimo, he querido indicar que le habian conmovido mucho menos vivamente las escenas de la naturaleza terrestre. Ya Sismondi ha observado que nada revela en el poema de Camöens que se detuviese jamás á contemplar la vegetacion de los trópicos y sus formas características: solo nombra los aromas y las producciones que servian para el comercio. El episodio de la isla encantada ofrece, á la verdad, el paisaje mas

dimensiones y á buena luz las doce composiciones de un hombre, con cuya amistad me hé honrado, de Gerardo, que ilustran la edicion de Souza? El sueño del rey D. Manuel en el cual se le aparecen los rios Indo y Ganjes; el gigante Adamasto, cerniéndose por encima del cabo de Buena Esperanza (Eu sou aquelle oculto e grande cabo, a quem chamais vós outros Tormentorio); la muerte de Inés de Castro y la graciosa isla de Venus producirían sin duda el mas brillante efecto.

(1) Canto X, estr. 79—90. Camöens dice, como Vespucio, que la region del cielo inmediata al polo austral no tiene estrellas, canto V, estr. 14; tambien conocia los hielos del mar antártico, canto V, estr. 27.

(2) Canto X, estr. 91—141.

gracioso que puede imaginarse (1); pero la decoracion se compone únicamente, cual conviene á una *isla de Venus*, de mirtos, cidra-limoneros, granados y limoneros de olor, arbustos propios del clima de la Europa meridional. Cristobal Colon, el mayor navegante de su época, sabe gozar mejor de los bosques inmediatos á las costas, y presta mas atencion á la fisonomía de las plantas; empero Colon escribe un diario de viaje y traza en él las vivas impresiones de cada dia, al paso que la epopeya de Camõens celebra las hazañas de los portugueses. Habituado el poeta á los sonidos armoniosos, no debia inclinarse mucho á tomar nombres bárbaros de la lengua de los indígenas para incluir plantas exóticas en la descripcion de un paisaje que, en último resultado, no era mas que el fondo del cuadro delante del cual habian de agitarse sus personajes.

Háse parangonado frecuentemente la figura caballeresca de Camõens, con la figura no menos romántica del guerrero español Alonso de Ercilla, que sirvió bajo el reinado de Carlos V en el Perú y en Chile, y cantó en aquellas remotas latitudes las acciones en que él mismo habia tenido una parte gloriosa; pero nada hay en toda la epopeya de la *Araucana* por donde pueda suponerse que el poeta habia observado de cerca la Naturaleza. Los volcanes cubiertos de perpetua nieve, los valles abrasadores á pesar de la sombra de los bosques, los brazos de mar que penetran á lo lejos en las tierras, no le han inspirado imágenes ningunas. El escesivo elogio que Cervantes tributa á Ercilla cuando hace el gracioso espurgo de la biblioteca de D. Quijote, casi no puede explicarse mas que por la ardiente rivalidad entre la poesía española y la italiana; y acaso este juicio es el que ha engañado á Voltaire como á varios otros críticos

(1) Canto IX, estr. 51—63. Cf. Luis Kriegk, *Schriften zur allgemeinen Erdkunde*, 1840, pág. 338. Toda la descripcion de la *isla de Venus* es un mito alegórico, como lo dice expresamente el poeta en la estrofa 89. Al principio del sueño de D. Manuel es donde solamente se halla descrita una comarca silvestre y montañosa de la India, canto IV, estr. 70.

modernos. La *Araucana* es un libro que indudablemente respira un noble sentimiento nacional; hállanse en él descritas con calor las costumbres de tribus salvajes que combaten por la libertad; mas la diccion de Ercilla se arrastra algun tanto, sobrecargada de nombres propios y completamente destituida de entusiasmo poético (1).

Este entusiasmo brilla en cambio en varias estrofas del *Romancero Caballeresco* (2), en las poesías religiosas y me-

(1) Por aficion á la antigua literatura española y por el cielo encantador bajo el cual compuso la *Araucana* Alonso de Ercilla y Zúñiga, he leido atentamente y por dos veces esta epopeya que no tiene menos de veinte y dos mil versos: la primera vez la leí en el Perú; y la segunda muy recientemente en París, donde merced á la amabilidad del sábio viajero Ternaux-Compans, he podido comparar con el poema de Ercilla un libro muy raro, impreso en Lima el año de 1596, que contiene los diez y nueve cantos del *Arauco domado compuesto por el licenciado Pedro de Oña, natural de los Infantes de Engol en Chile.* Los quince primeros libros de la epopeya de Ercilla en la cual ve Voltaire una *Iliada* y Sismondi una *Gaceta en verso,* fueron compuestos por los años de 1555 á 1563, y publicados en 1569; los últimos no se imprimieron hasta 1590, es decir, seis años escasos antes que el malaventurado poema de Oña, el cual lleva el mismo título que una de las obras maestras de Lope de Vega, desempeñando en él tambien el principal papel el cacique Caupolican. Ercilla es sencillo y sincero, principalmente en las partes de su poema que escribió en los campamentos por lo comun en cortezas de árboles y en pieles de animales á falta de papel. Cuando pinta su indigencia y la ingratitud que él tambien esperimentó en la corte de Felipe, se siente el lector vivamente conmovido, principalmente al fin del canto XXXVII, donde dice:

Climas pasé, mudé constelaciones,
Golfos inavegables navegando,
Extendiendo, Señor, vuestra corona
Hasta la austral frígida zona.....

«Acabóse la primavera de mi vida; instruido harto tarde quiero despedirme de las cosas de la tierra, llorar y no cantar mas.» Pero las descripciones, tales como el jardin del Encantador, la tempestad que hizo estallar Eponamon, y la pintura del mar (1.ª parte, págs. 80, 135 y 163; 2.ª parte págs. 130 y 161, edic. de 1733) estan destituidas de todo sentimiento de la naturaleza; las indicaciones geográficas (canto XXVII) se hallan tan acumuladas que en una octava se siguen sin interrupcion veinte y siete nombres propios. La 2.ª parte de la *Araucana* no es de Ercilla, sino una continuacion en 20 cantos compuesta por Diego de Santisteban Osorio, los cuales se unen á los 37 de Ercilla.

(2) V. *El Romancero de Romances caballerescos é históricos,* ordena-

lancólicas de Fray Luis de Leon, principalmente en la composicion intitulada *Noche serena* cuando canta los resplandores eternales del estrellado cielo (1), y por último en las grandes creaciones de Calderon. «En la época mas floreciente de la comedia española,» *dice mi noble amigo* Luis Tieck, crítico profundo muy versado en el conocimiento general de la literatura dramática, «es muy comun hallar en Calderon y en sus coetáneos deslumbradoras descripciones del mar, de las montañas, de jardines y de valles cubiertos de selvas, compuestas en el metro de los romances y de las canciones; pero estos cuadros estan salpicados casi siempre de rasgos alegóricos y cargados de colores artificiales que nos impiden respirar el aire libre, ver las montañas y sentir la frescura de los valles. Sus versos armoniosos y sonoros nos ponen siempre á la vista una descripcion ingeniosa que se reproduce uniformemente con tal cual matiz de diferencia, mas no la naturaleza misma. En la comedia de Calderon titulada *La vida es sueño*, el príncipe Sigismundo llora su cautiverio oponiéndole por medio de felices contrastes á la libertad de que goza toda la naturaleza orgánica: describe las costumbres de las aves «que dirigen su rápido vuelo por los vastos espacios celestes;» los peces, «que salidos apenas de la freza y desprendidos del limo buscan ya el mar cuya inmensidad no parece que baste á sus arriesgadas correrías. Has-

do por D. Agustin Duran, 1.ª parte, pág. 189, y 2.ª parte, pág. 237. Me refiero principalmente á las bellas estrofas:

Iba declinando el dia.....
Su curso y ligeras horas.....

y á la fuga del rey *Rodrigo que comienza de esta manera:*

Cuando las pintadas aves
mudas estan y la tierra
atenta escucha los rios.....

(1) Fray Luis de Leon, *Obras propias y traducciones*, dedicadas á don Pedro Portocarrero, 1681, pág. 120. *Noche serena*. A las veces se revela tambien un profundo sentimiento de la naturaleza en los antiguos poetas místicos españoles Fray Luis de Granada, Santa Teresa de Jesus y Malon de Chaide; pero estas imágenes de la naturaleza no son por lo comun mas que un velo simbólico bajo el cual se ocultan concepciones ideales y religiosas.

ta el miserable arroyuelo cuyas sinuosas revueltas serpentean por entre las flores, halla libre camino en las llanuras; y yo, exclama Sigismundo desolado, yo en quien la vida es mas activa y el espíritu mas libre, no puedo gozar de la misma libertad.» De esta misma manera y aun apelando con frecuencia á las antítesis, á las comparaciones sutiles y á todos los refinamientos de la escuela de Góngora, se dirige D. Fernando al rey de Fez en la comedia del *Príncipe constante* (1). Citamos estos ejemplos como prueba de que en la literatura drámatica que versa principalmente sobre los acontecimientos, las pasiones y los caractéres, las descripciones de la naturaleza, no son nunca mas que un reflejo exterior de los sentimientos y de la predisposicion de ánimo de los personajes. Shakspeare, arrebatado por el movimiento de la accion, no tiene nunca tiempo para detenerse á pintar el movimiento de la Naturaleza; pero la pinta tan bien por un incidente, por un signo entre las emociones de sus héroes, que creemos tenerla á la vista y vivir en medio de ella. Así es que nos parece que respiramos en medio de los bosques al leer el *Sueño de una noche de verano*. En las últimas escenas del *Mercader de Venecia*, vemos los claros del bosque iluminados por la tibia luz de la luna sin que el poeta haga mencion de luna ni bosque. En el *Rey Lear* hay sin embargo una verdadera descripcion de las montañas de Douvres, cuando fingiéndose loco Edgardo y conduciendo por el llano á su padre ciego Glocester, le hace creer que suben por la montaña. La ojeada por medio de la cual mide desde lo alto la profundidad del abismo, basta por sí sola para causar vértigos (2).»

Si la fuerza interior de los sentimientos y la noble sencillez del lenguaje prestan en Shakspeare tan vivo interés

(1) V. Calderon en el *Príncipe constante*, al aproximarse la flota española, acto 1.°, escena 1.ª; y sobre el reino de las fieras en las selvas, acto 3.°, escena 2.ª

(2) Todo lo que lleva virgulillas en el juicio sobre Calderon y Shaskpeare está tomado de una carta inédita dirigida al autor por Luis Tieck.

á los pocos rasgos con que representa la Naturaleza sin describirla, en Milton, por el contrario, tienen mas pompa que realidad las escenas descriptivas. Ni podia ser de otra manera en un poema como el *Paraiso perdido*, en el cual prodiga el autor todas las riquezas de la imaginacion y de la poesía para figurar la encantada naturaleza del paraiso terrenal. Lo mismo en el *Paraiso perdido*, que en el bellísimo poema de Thomson sobre las estaciones, la vegetacion no podia ser pintada sino en sus rasgos mas generales y con indeterminados contornos. Segun el parecer de los literatos mas versados en la poesía india, Kalidasa tiene una animadísima descripcion de la potente naturaleza de los trópicos en un poema sobre el mismo asunto, intitulado *Ritusanhara*, compuesto mas de quince siglos antes que el de Thomson; pero en cambio no hay que buscar en el poeta indio la gracia que en el inglés dimana de la variedad y del contraste de las estaciones, mas pronunciado siempre en las regiones septentrionales. Thomson, en efecto, ha sabido sacar gran partido del cambio del fecundo otoño al invierno, y del invierno á la primavera, regeneradora de la Naturaleza: y tambien ha descrito de una manera en extremo interesante las diversas ocupaciones del hombre, mas ó menos reposadas ó activas segun las diferentes épocas del año.

Acercándonos ya á nuestro tiempo, notamos que la prosa descriptiva principalmente ha adquirido nueva fuerza y exactitud desde la segunda mitad del siglo XVIII. Aunque es verdad que al agrandarse mas y mas cada dia en todas sus esferas el estudio de la Naturaleza, ha entrado en circulacion una masa enorme de conocimientos, con todo, el peso material de la ciencia no ha sofocado la contemplacion inteligente de los fenómenos en el corto número de hombres susceptibles de entusiasmo, antes bien se ha aumentado asimismo esa intuicion espiritual, fruto de la espontaneidad poética, á proporcion que mas se elevaba y extendia el objeto de la observacion; es decir, desde que la mirada del hombre ha penetrado mas profundamente en la estructura de las montañas, tumbas históricas de las organizaciones que fueron, y desde que ha abarcado la distribucion geográfica de los animales y de las plantas y el parentesco de las razas humanas. Los primeros que han dado un poderoso impulso al sentimiento de la Naturaleza por el incentivo ofrecido á la imaginacion, y los que poniendo al hombre en contacto con la misma Naturaleza le han impelido como consecuencia inevitable á viajar por remotas tierras, son: en Francia, J. J. Rouseau, Buffon, Bernardino de Saint-Pierre, y mi antiguo amigo el señor de Chateaubriand; en las islas Británicas, el ingenioso Playfair; y en Alemania, el compañero de Cook en su segundo viaje de circunnavegacion, y Forster, escritor elocuente dotado de cuantas facultades hacen á un hombre apto para popularizar la ciencia.

No vendria á cuento investigar ahora cuáles son los caractéres distintivos de estos grandes ingenios; qué es lo que en sus obras, de todos conocidas, presta tanta gracia y atractivo á la pintura del paisaje, ni lo que daña á la impresion que ellos hubieran deseado producir. Séale lícito, sin embargo, á un viajero que debe la mayor parte de su saber á la contemplacion inmediata del mundo, reunir aquí algunas consideraciones sueltas acerca de un ramo de literatura muy nuevo todavia, y por lo general muy poco cultivado.

Buffon, escritor grave y elevado, que abarcaba á la par el mundo planetario y el organismo animal, los fenómenos de la luz y los del magnetismo, ha profundizado las cosas en sus esperiencias físicas mucho mas de lo que pudieron imaginar sus contemporáneos. Pero cuando pasa de las costumbres de los animales á la descripcion del paisaje, sus períodos hábilmente contrabalanceados tienen mas pompa oratoria que verdad pintoresca, y mas parecen construidos para predisponer el ánimo al sentimiento de lo sublime, que no para conmoverle con la imágen de la Naturaleza viviente y con el fiel reflejo de la realidad. Por mucha admiracion que los esfuerzos del escritor nos causen, se echa de ver desde luego que no ha salido del centro de Europa, y que le faltó ver por sus propios ojos el mundo de los trópicos que él cree describir. Al leer las obras de Buffon, sentimos sobre todo no encontrar en ellas una armoniosa concordancia entre las escenas de la Naturaleza y el sentimiento que deben inspirar. Para él fué cosa enteramente perdida la misteriosa analogía que enlaza las emociones del alma á los fenómenos del mundo sensible.

Mayor profundidad de sentimientos, mayor frescura respiran las obras de J. J. Rousseau, de Bernardino de Saint-Pierre y de Chateaubriand. Si recuerdo aquí la arrebatadora elocuencia de Rousseau, las pintorescas descripciones de Clarens y de la Meillerie á orillas del lago de Ginebra, es porque en los principales escritos de este herborizador mas cuidadoso que instruido, escritos anteriores en veinte años á las *Èpoques de la nature* de Buffon (1), rebosa el entusiasmo cual en las inmortales poesías de Klopstock, Schiller, Gœthe y Byron, y se manifiesta especialmente por la exactitud y originalidad del lenguaje. Sin tener presentes los resultados directos de la ciencia, puede un escritor ins-

(1) Estas diferentes obras se sucedieron en el órden siguiente: Juan Jacobo Rousseau, *Nouvelle Héloïse*, 1759; Buffon, *Èpoques de la nature*, 1778 (la *Historire naturelle* habia visto la luz pública de 1749 á 1767); Bernardino de Saint-Pierre, *Études de la nature*, 1784; *Paul et Virginie*, 1788; la *Chaumière indienne*, 1791; Georges Forster, *Reise nach der Südsee*, 1777, *Kleine Schriften*, 1794. Mas de cincuenta anos antes de la publicacion de la *Nouvelle Héloïse*, Madama de Sevigné en sus cartas habia ya expresado el sentimiento de la Naturaleza con una vivacidad que rarísima vez se encuentra en las escritores del siglo de Luis XIV. Pueden verse algunas descripciones admirables especialmente en las cartas de 20 de abril, 31 de mayo, 15 de agosto, 16 de setiembre y 6 de noviembre de 1671; 23 de octubre y 28 de diciembre de 1689. V. tambien Aubenas, *Histoire de Madame de Sevigné*, 1842, págs. 201 y 247.—Hago mencion en la página siguiente del antiguo poeta aleman Pablo Flemming, que acompañó á Adam Oleario en su viaje por Moscovia y Persia de 1633 á 1639, porque segun el testimonio de mi amigo Varnhagen d' Euse (*biographische Denkmäler*, t. IV, págs. 4, 75 y 129) el caracter de las poesías de Flemming es la frescura de la salud, y sus imágenes de la Naturaleza son vivas y patéticas.

pirar vivísima aficion al estudio de la Naturaleza por el atractivo de sus descripciones poéticas, aunque se refieran á parajes muy circunscritos y bien conocidos.

Ya que hemos vuelto otra vez á los prosistas, nos detendremos con gusto en la creacion á que debe Bernardino de Saint-Pierre la mejor parte de su gloria. El libro de *Paul et Virginie*, al cual no es fácil hallar compañero en ninguna otra literatura, es simplemente el cuadro de una isla situada en el mar de los trópicos, de donde ya cubiertas bajo un cielo benigno, ya amenazadas por la lucha de los enfurecidos elementos, se destacan dos figuras graciosas en medio de las plantas que cubren el suelo del bosque como de un rico tapiz de flores. Lo mismo en este libro que en la *Chaumiére indienne* y aun en los *Études de la nature*, por mas que desgraciadamente los afeen teorías aventuradas y graves errores de física, se hallan descritos con inimitable verdad el aspecto del mar, las nubes que se amontonan, el viento que murmura entre las cañas de bambú, y las altas palmeras de inclinada copa. *Paul et Virginie* me ha acompañado á las regiones que inspiraron á Bernardino de Saint-Pierre, en donde le he leido y releido con mi amigo y compañero Bonpland. Disimule el lector este recuerdo de impresiones puramente personales. Allí, mientras que el cielo del Mediodía brillaba en toda la pureza de su esplendor, ó á orillas del Orinoco en tiempo de lluvia, cuando el atronador relámpago ilumina el bosque, nos penetrábamos mi amigo y yo de la admirable verdad con que en tan pocas páginas se encuentra representada la potente naturaleza de los trópicos, sin que falte ninguno de sus rasgos originales. El mismo cuidado respecto de todas las particularidades caracteriza al autor de *Atala*, dé *René*, de los *Mártires* y de los *Viajes por Grecia y Palestina*. En estas creaciones se hallan reunidos y reproducidos con admirables colores todos los contrastes que puede ofrecer el paisaje en las mas opuestas latitudes. Sin el grave interés que inspiran los recuerdos históricos, no se concebiria cómo ha podido el autor prestar tanta profundidad y al mismo tiempo tanta calma á las impresiones que le causaban sus rápidas correrías por todas aquellas comarcas.

En Alemania, como en España y en Italia, el sentimiento de la Naturaleza no se manifestó durante mucho tiempo sino bajo la forma artificial del idilio, de la novela pastoril y de la poesía didáctica, via explorada por Pablo Flemming en su viaje á Persia, por Brockes, el tierno Evaldo de Kleist, Hagedorn, Salomon Gessner, y uno de los mayores naturalistas de todas las épocas, Haller, cuyas descripciones de lugares tienen al menos contornos mas determinados y mas distintos colores. El falso gusto del idilio y de la elegia que á la sazon reinaba, esparcia sobre las composiciones poéticas cierta monótona melancolía. La feliz perfeccion del lenguaje no bastaba á disimular en todas aquellas producciones la insuficiencia del asunto, ni aun en el mismo Voss, dotado sin embargo de un sentimiento elevado y de un conocimiento exacto de la antigüedad. Solo despues de algun tiempo, cuando el estudio del globo adquirió mayor variedad y profundidad, y cuando las ciencias naturales no se limitaron ya como antes á ir tomando nota de las producciones curiosas, sino que se elevaron á mas altas miras y á comparaciones generales entre las diferentes regiones, pudieron aprovecharse los recursos de la lengua para reproducir en toda su frescura el aspecto animado de las apartadas zonas.

Retrocediendo hácia la edad media, los antiguos viajeros, tales como Juan Mandeville (1353), Hans Schiltbergen de Munich (1425) y Bernardo de Breytenbach (1846), nos encantan aún por su amable sencillez, por la libertad de su lenguaje y por la seguridad con que se presentan ante un público poco predispuesto á oir sus narraciones, pero que las escuchaba con tanta mayor curiosidad y confianza, cuanto que no se avergonzaba aún de su admiracion y asombro. Las relaciones de viajes inspiraban á la sazon un interés casi de todo punto dramático, y su colorido era casi épico, merced á la parte maravillosa que fácil y necesariamente entraba en ellas. Las costumbres de los pueblos no se hallan expuestas en estas narraciones bajo la forma descriptiva, sino presentadas como en relieve por el contacto de los viajeros con los indígenas. A los vegetales no les dan nombre aún ni reparan en ellos, si ya no es para indicar de vez en cuando un fruto de sabor agradable ó de forma extraña, ó algun árbol sorprendente á la vista por las extraordinarias dimensiones de su tronco y de sus hojas. Por lo que hace á los animales, describian con preferencia los que mas se acercaban á la forma humana, los mas bellos ó los mas temibles. Los contemporáneos daban aún entero crédito á los peligros con que se les asustaba, y que muy pocos de entre ellos se atrevian á arrostrar. El mucho tiempo que se empleaba en la travesía daba márgen á que se considerasen los paises de la India (nombre con que se designaba toda la zona intertropical) como retirados á una lejanía incalculable. Colon no se hallaba aún en el caso de escribir á la reina Isabel estas palabras: «El mundo es poco; digo que el mundo no es tan grande como dice el vulgo (1).»

Estas narraciones, en la actualidad olvidadas, llevaban bajo el punto de vista de la composicion diferentes ventajas á la mayor parte de los viajes modernos, porque tenian la unidad necesaria á toda obra artística, y todo lo referían á una accion y lo subordinaban á los acontecimientos del viaje, naciendo el interés de la narracion sencilla y animada de las dificultades vencidas, que de ordinario las aceptaba el lector sin desconfianza. Los viajeros cristianos, ignorantes de lo que habian hecho antes que ellos los árabes, los judíos españoles y los misioneros budistas, se lisongeaban de ser los primeros que todo lo habian visto y descrito. A mas del oscuro velo que ocultaba el Oriente y el Asia central, todas las formas tomaban, á

(1) Carta del almirante escrita en la Jamaica el 7 de julio de 1503. (Navarrete, *Coleccion de viajes españoles*, t. I, pág. 300).

causa de su lejanía, proporciones exageradas. La unidad de composicion se echa principalmente de menos en los viajes modernos emprendidos con alguna mira científica, pues el interés de los acontecimientos desaparece en ellos bajo la multiplicidad de las observaciones. Ascensiones en las montañas, bien que no siempre compensan el trabajo que cuestan; travesías peligrosas; viajes á la descubierta por mares poco explorados, y una temporada pasada en medio de los helados desiertos del polo, son las únicas cosas que pueden ofrecer todavía algunas emociones dramáticas y prestar materia á descripciones pintorescas. La absoluta soledad que rodea al navegante en medio del mar, lejos de todo socorro humano, aisla el cuadro y hace por lo mismo mas profunda la impresion que éste causa en la imaginacion.

No puede negarse, en vista de las precedentes consideraciones, que el elemento dramático se halla relegado al segundo término en las relaciones de los viajeros modernos, y que en la mayor parte de ellas solo sirve como de lazada para unir unas á otras, segun se van presentando, las observaciones sobre la naturaleza de los paises y sobre los usos y costumbres de los habitantes; pero justo es añadir que esta inferioridad se halla bien compensada por la abundancia de las mismas observaciones, por la grandeza de las ojeadas generales sobre el mundo y por los laudables esfuerzos hechos para realzar la verdad de las descripciones, valiéndose de las voces propias del pais explorado por el viajero. Al progreso del tiempo debemos el indefinido ensanchamiento del horizonte, la abundancia siempre creciente de las emociones y de las ideas, y la eficaz influencia que recíprocamente ejercen las unas sobre las otras. Ya hoy no se contentan los sábios, aunque no piensen abandonar jamás el suelo patrio, con saber cómo está conformada la corteza terrestre en las zonas mas remotas, y cuál es la figura de las plantas ó de los animales que las pueblan; sino que es preciso además crearles de todo una imágen viviente y hacerles sentir una parte al menos de las impresiones que en cada pais recibe el hombre del mundo exterior. En la época presente se trabaja mucho para satisfacer esta exigencia y proporcionar á nuestro espíritu un goce desconocido de la antigüedad; y el trabajo adelanta porque es obra comun de todas las naciones civilizadas, y porque la perfeccion de los medios de transporte, así marítimos como terrestres, hace el mundo mas accesible y facilita la comparacion de las diferentes partes que le componen, á despecho de la distancia que las separa á unas de otras.

He procurado dar á entender en estas páginas, cómo el talento del observador, la vida que comunica al mundo sensible y la diversidad de miras que han surgido sucesivamente en el inmenso teatro en que se despliegan las fuerzas creadoras y destructoras del universo, han podido contribuir á extender el gusto de la Naturaleza y á ensanchar las ciencias que la tienen por objeto. El escritor que con mas suerte y poderío ha trillado este camino en Alemania, es, en mi concepto, mi ilustre maestro y amigo Jorge Forster. De él data la nueva era de los viajes científicos, y él fué el primero que se propuso por objeto el estudio comparativo de los pueblos y de los paises. Dotado de un sentimiento delicadísimo hácia las bellezas naturales, conservaba siempre frescas las imágenes que se habian apoderado de su mente en Tahiti y en otras islas, entonces mas felices, del mar del Sur; imágenes que recientísimamente han cautivado á Carlos Darwin (1). Jorge Forster describió antes que nadie, en estilo encantador, la gradacion de los vegetales segun la latitud ó la elevacion del suelo que los produce, la variedad de los climas y los efectos de la alimentacion sobre las costumbres de los diferentes pueblos, teniendo en cuenta su patria originaria. En las obras de Forster se encuentra reunido todo cuanto puede hacer mas verdadero,

(1) Véase una bellisima descripcion de Tahiti por Carlos Darwin, *Journal and Remarks*, 1832—1836, en la obra intitulada *Narrative of the Voyages of the Adventure and Beagle*, t. III, págs. 479—490.

individual y expresivo el cuadro de una naturaleza extraña. No es solo en su pintoresca relacion del segundo viaje de Cook, sino quizá mas aún en sus *Obras diversas*, donde se halla el gérmen de las grandes cualidades que el tiempo maduró despues (1). Mas aquella vida tan noble, tan rica de emociones, abierta siempre á la esperanza, no estaba destinada á la dicha.

Si de ordinario se ha aplicado en mala parte el término de «poesía descriptiva» á las reproducciones de la Naturaleza que tanta boga alcanzan en los tiempos modernos, especialmente entre los alemanes, los franceses, los ingleses y los norte-americanos, semejante censura no puede recaer sino sobre el abuso que se ha hecho del género creyendo de buena fé ensanchar el dominio del arte. A pesar del mérito de la versificacion y del estilo, las descripciones de los productos naturales á que consagró Delille el término de su larga carrera, y que tantos aplausos obtuvieron, no pueden confundirse con la poesía de la Naturaleza, á poco que se tome esta expresion en un sentido elevado. En ellas falta de todo punto la inspiracion, y falta tambien, por consiguiente, la poesía: son secas y frias como todo lo que brilla con prestados resplandores. Vitupérese, pues, cuanto se quiera esta poesía descriptiva que tiende á aislarse y á constituir por sí sola un género distinto; mas no se confunda con ella el noble esfuerzo intentado en nuestros dias por los observadores de la Naturaleza para hacer comprensible por medio del lenguaje, es decir, por la fuerza de las voces pintorescas, los resultados de su fecunda contemplacion. ¿Por qué desechar un medio que pone á nuestra vista la imágen animada de remotas regiones exploradas por otros, haciéndonos sentir una parte del goce que causa al viajero la vista inmediata de la Naturaleza? El dicho figurado de los árabes, de que «la mejor descripcion es aquella que

(1) Sobre el mérito de Jorge Forster como hombre y como escritor, véase Gervinus, *Geschichte der deutschen Litteratur*, t. V, págs. 390—392.

convierte en ojos los oidos (1), envuelve un sentido tan profundo como verdadero. Uno de los achaques de nuestra época es que viajeros é historiadores de la Naturaleza, por otra parte muy recomendables, se hayan dejado llevar al mismo tiempo en diferentes paises de la malhadada aficion á una prosa poética sin consistencia y á vanas declamaciones; extravios mas lamentables aún, cuando por falta de cultura literaria, y sobre todo de verdadera emocion, se encuentra el narrador reducido al énfasis oratorio y á un vago sentimentalismo.

He dicho antes, y lo repito aquí á drede, que pueden darse contornos bien determinados y todo el rigorismo científico á las descripciones de la Naturaleza, sin despojarlas del vivificante soplo de la imaginacion. Adivine el observador el lazo que une el mundo intelectual al mundo sensible: abarque la vida universal de la Naturaleza y su vasta unidad por encima de los objetos que mútuamente se limitan, y habrá hallado la fuente de la poesia. Mientras mas elevado es el asunto, mas cuidado debe ponerse en desechar los adornos exteriores del lenguaje; el efecto que producen los cuadros de la Naturaleza dimana de los mismos elementos que los componen; y todo esfuerzo, toda aplicacion de parte del que los traza, tiene que desvirtuar necesariamente la impresion que deberían producir. Mas si el pintor está familiarizado con las grandes obras de la antigüedad; si posee bien su lengua y sabe expresar bien y sencillamente los sentimientos que él mismo ha experimentado en presencia de las escenas de la Naturaleza, en tal caso es seguro que no dejará de producir gran efecto; y aún podrá estar mas seguro del éxito, si describiendo la Naturaleza exterior sin meterse á analizar sus propias predisposiciones de ánimo, deja á los demás la plena libertad de sus sentimientos.

Los afortunados paises de la zona equinoccial, que deben la rapidez y la fuerza del desarrollo de todos los

(1) Freytag, *Darstellung der arabischen Verskunst*, 1830, pág. 402.

gérmenes orgánicos á la intensidad de la luz y al calor húmedo del aire, no son los únicos cuyas animadas descripciones hayan prestado en nuestros dias un encanto irresistible al estudio de la Naturaleza; pues el atractivo que penetra y anima á cuantos contemplan profundamente la vida orgánica, no se limita á las regiones tropicales. Muy al contrario, cada region de la tierra ofrece el maravilloso espectáculo de organizaciones que se desarrollan con arreglo á tipos uniformes ó separados tan solo por ligeros matices. Por todas partes se extiende el temible imperio de las fuerzas naturales que apaciguaron la antigua discordia de los elementos, y los obligan á unirse en las tormentosas regiones del cielo, como se unen para formar el delicado tejido de la sustancia animada. La Naturaleza puede por lo tanto glorificarse de ejercer sobre nuestro espíritu su mágico poder en todos los puntos perdidos en el inmenso círculo de la creacion: desde el ecuador hasta las zonas glaciales; donde quiera que la primavera hace brotar una yema. En el suelo de Alemania es donde principalmente podemos tener por legítima esta confianza. ¿Qué pueblo meridional no debe envidiarle el gran maestro de la poesía, cuyas obras todas respiran tan profundo sentimiento de la Naturaleza, lo mismo los *Padecimientos del jóven Werther*, que los *Recuerdos de Italia*, la *Metamórfosis de las plantas* y las *Poesias varias*? ¿Quién ha invitado con mas elocuencia á sus conciudadanos «á resolver el sagrado enigma del universo», á renovar la alianza que en la infancia de la humanidad reunia para una obra comun á la Filosofía, la Física y la Poesía?

CAPITULO II.

INFLUENCIA DE LA PINTURA DE PAISES EN EL ESTUDIO DE LA NATURALEZA.

DEL ARTE DE DIBUJAR APLICADO Á LA FISONOMÍA DE LAS PLANTAS. —FORMAS VARIADAS DE LOS VEGETALES EN LAS DIFERENTES LATITUDES.

La pintura de paises no contribuye menos que las descripciones vivas y animadas á difundir el estudio de la Naturaleza; porque, como ellas, nos pone tambien de manifiesto el mundo exterior en la rica variedad de sus formas, y puede ligar lo visible á lo invisible, segun sea mas ó menos feliz al abarcar el objeto que reproduce. Esta union de lo visible á lo invisible es el último esfuerzo y el fin supremo de las artes de imitacion; mas para conservar á este libro su carácter científico, debo concretarme á otro punto de vista diferente. Aquí no puede tratarse de la pintura de paises sino en cuanto por ella nos es fácil contemplar la fisonomía de las plantas en los diferentes lugares de la tierra, adquirir la aficion á viajes lejanos, y alimentar en nosotros, de una manera tan instructiva como agradable, el deseo de ponernos en comunicacion con la naturaleza libre.

En la antigüedad llamada clásica por excelencia, la predisposicion de ánimo propia de los griegos y de los romanos no permitia que la pintura de paises, como ni tampoco la poesía descriptiva, fuesen para el arte un objeto distinto; y de aqui el que tratasen á la una y la otra como meros accesorios. La pintura de paises, subordinada á otros fines, no fué durante mucho tiempo mas que el fondo sobre el cual se destacaban las composiciones históricas, ó un adorno accidental en las pinturas murales. No de otro modo el poeta épico hacia visible, por medio de una descripcion pintoresca, la escena en que se realizaban los acontecimientos, ó, por decirlo así, el foro delante del cual se movian sus personajes. La historia del arte nos enseña cómo lo accesorio se fué convirtiendo poco á poco y progresivamente en objeto principal de la representacion; cómo la pintura de paises, separándose del elemento histórico, ha formado por sí sola un género aparte; y cómo las figuras humanas no han servido desde entonces sino para animar un pais cubierto de montañas ó de bosques, las calles de un jardin ó la orilla del mar. Asi se preparó paulatinamente la separacion de los cuadros históricos y de paises, la cual ha contribuido al progreso general del arte en las diferentes épocas de su desarrollo. No sin razon se ha observado, por lo que respecta á los antiguos, que si la pintura no pudo rivalizar entre ellos con el arte plástica, fueron sobre todo completamente extraños al encanto particular que dimana de la reproduccion de las escenas de la Naturaleza por medio del pincel: semejante goce estaba reservado á los modernos.

Es indudable, que en las mas antiguas pinturas de los griegos debió haber algunos rasgos destinados á caracterizar los lugares, si es cierto que Mandrocles de Samos, segun refiere Herodoto, mandó pintar para el gran rey el paso de los persas por el Bósforo (1), y que Polygnoto pintó la ruina de Troya sobre los muros del templo de Delfos (2).

(1) Herodoto, lib. IV, c. 88.

(2) Segun el testimonio de Himerio, parte de las obras de Polygnoto y de Micon, al menos las pinturas que representaban la batalla de Maraton en el Pecilo de Atenas, existian aun á fines del siglo IV de nuestra era, en cuya época tenian estas obras cerca de 850 años. V. Letronne, *Lettres sur la Peinture historique murale*, 1835, págs. 202 y 453.

Filostrato el mayor cita, entre los cuadros que describe, un pais en el cual se veia salir el humo de la cima de un volcan, y torrentes de lava que iban á caer en el mar vecino. Segun las conjeturas de los mas recientes comentadores, llegó realmente á pintarse al natural otra composicion complicadísima que abrazaba siete islas, y representaba el grupo volcánico de las islas Eólicas ó de Lipari al norte de la Sicilia (1). Las decoraciones escénicas destinadas á añadir un nuevo prestigio á las obras maestras de Esquilo y de Sófocles, debieron contribuir al paulatino ensanchamiento de los límites del arte (2), haciendo sentir mas vivamente la necesidad de imitar, teniendo en cuenta la perspectiva y de una manera propia para producir ilusion, ya un palacio, ya un bosque, rocas ú otros objetos de esta especie.

Perfeccionada así la pintura de paises, merced á las exigencias del arte dramática, pasó del teatro á las habitaciones de los particulares, y los romanos tomaron mas adelante este lujo de los griegos. Las pinturas alternaban con las columnas en la decoracion de los pórticos: anchos lienzos de pared se vieron cubiertos de paisajes cuyo horizonte, limitado al principio, se ensanchó rápidamente (3), hasta el punto de poder seguir en él las orillas del mar, abarcar

(1) *Philostratorum Imagines*, edic. de Jacobs y Welcker, 1825, páginas 79 y 485. Estos dos sábios editores defienden la descripcion de los cuadros que adornaban la antigua Pinacoteca de Nápoles, de las sospechas contra ella suscitadas. V. Jacobs, págs. XVII y XLVI, y Welcker, págs. LV y LXVI. Ofredo Müller supone que los cuadros de las Islas (II, 17), de los Pantanos (I, 9), del Bósforo y de los Pescadores (I, 12 y 13), tenian mucha semejanza con el mosáico de Palestrina. Tambien Platon en la introduccion del *Critias*, pág. 107, hace mencion de la pintura aplicada á la reproduccion de las montañas y de los rios y bosques.

(2) Esta mejora fué introducida por Agatarco principalmente, ó al menos con arreglo á sus instrucciones. V. Aristóteles, *Poética*, c. 4, §. 16; Vitruvio, lib. V, c. 7, y el prefacio del libro VII, (t. I, pág. 292 y II, 56, edicion de Alois. Marini, 1836). Cf. Letronne, *Lettres sur la Peinture murale*, págs. 271—280.

(3) Acerca de los objetos de la *Rhopographia*, V. Welcker, *Philostr. Imag.*, pág. 397.

ciudades enteras ó vastas llanuras cubiertas de rebaños (1). Ludio, pintor que floreció en tiempo de Augusto, fué el que, no diré inventó, sino el que puso en moda estas pinturas murales (2), prestándoles nuevo interés con las figuras que en ellas introdujo (3). Casi por el mismo tiempo y aun quizás medio siglo antes, en la época brillante en que florecia Vikramaditya, un poeta indio alude á la pintura de paises como á un arte muy cultivado. En el magnífico drama de la *Sakuntala* muestran al rey Duschmanta el retrato de su adorada, y no satisfecho de él el monarca quiere que el pintor reproduzca los parajes predilectos de su amante: el rio Malini con un banco de arena donde van á posarse los purpúreos flamencos; una série de colinas que se unen al Himalaya, y sobre esta colina varias gacelas. No era esto á la verdad poco pedir; y semejantes exigencias demuestran que se tenia gran confianza en los medios de que el arte podia ya por entonces disponer.

Desde el tiempo de César, la pintura de paises llegó á ser en Roma un arte distinto; pero á juzgar por las muestras desenterradas de las ruinas de Herculano, de Pompeya y de Stabies, las obras de este género casi no ofrecian otra cosa mas que planos topográficos de la comarca. El pintor se proponia mas bien representar los puertos de mar, las casas de recreo ó los jardines artificiales, que no pintar la libre naturaleza. Los griegos y los romanos apenas si buscaban en el campo mas que habitaciones cómodas, sin parar la consideracion en las bellezas románticas y silvestres. La imitacion podia ser fiel, tanto como lo permitia una indiferencia por lo comun llevada á su mas

(1) Vitrubio, lib. VII, c. 5 (t. II, pág. 91).

(2) Hirt., *Geschichte der bildenden Künste bei den Alten*, 1833, página 332, y Letronne, *Lettres sur la Peinture murale*, págs. 262 y 468.

(3) Ludius qui primus (¿) instituit amœnissimam parietum picturam. (Plinio, *Historia natural*, lib. XXXV, c. 37.) Las *topiaria ópera* de Plinio y las *varietates topiorum* de Vitrubio eran paisillos que servian de decoraciones.—El pasaje de Kalidasa citado en el texto está tomado del *reconocimiento de Sacuntala*, acto 6.° (pág. 90 de la traduccion de Chézy, 1830).

alto punto hácia las reglas de la perspectiva, y el empeño de ordenarlo todo de una manera convencional. Las composiciones en forma de arabescos, contra las cuales protestaba el gusto severo de Vitrubio, contenian plantas y animales armónicamente colocados y con cierta originalidad; mas, por valerme de las espresiones de Ofredo Müller, «no imaginaron los antiguos que el arte pudiese nunca producir la predisposicion melancólica ó la especie de presentimiento que despierta en nosotros la vista de un paisaje; pues lo que se proponian al pintar la Naturaleza era mas bien alegrar el ánimo, que no inspirar sentimientos graves (1).»

Ya hemos hecho ver por qué progresos análogos llegaron á conquistar en la antigüedad clásica una existencia independiente los dos medios que el hombre posee de hacer revivir la Naturaleza: quiero decir, la palabra inspirada y el dibujo. Las muestras de paises al estilo de Ludio descubiertas en las excavaciones de Herculano, tan felizmente proseguidas en estos últimos tiempos, son todas verosímilmente de la misma época, y pertenecen al corto espacio de tiempo que media entre Neron y Tito (2). En efecto, la ciudad habia sido ya completamente destruida por un temblor de tierra diez y seis años antes de la famosa erupcion del Vesubio.

Si consideramos el mecanismo del arte, la pintura cris-

(1) Ofredo Müller, *Archeologie der Kunst*, 1830, pág. 609. Habiendo hecho mencion en el texto de las pinturas descubiertas en Pompeya y Herculano, como de las producciones de un arte poco natural, debo advertir aquí que existen algunas excepciones, aunque raras, las cuales son *paises* en el sentido moderno de esta palabra. V. *Pitture d' Ercolano*, t. II, tab. 45, y t. III, tab. 53. V. tambien en el t. IV, tab. 61, 62 y 63, varios paises que sirven como de fondo á bellísimas composiciones históricas. Y no hablo aquí de un cuadro muy notable reproducido en los *Monumenti dell' Instituto di corrispondenza archeologica*, t. III, tab. 9, cuya antigüedad ha sido puesta en duda por el hábil arqueólogo Raul Rochette.

(2) Ad. de Hoff, *Geschichte der Veränderungen der Erdoberfläche*, 1824, 2.ª parte, págs. 195—199, refuta la opinion de Du Theil, de que la ciudad de Pompeya brillaba aun con todo su esplendor en tiempo de Adriano y que no fué completamente destruida sino á fines del siglo V.

tiana no cambió de carácter desde Constantino hasta principios de la edad media, y permaneció durante todo este período muy próxima al antiguo arte de los griegos y romanos. Las miniaturas que sirven de adorno á los manuscritos suntuosos, muchas de las cuales se conservan aun sin alteracion, son para nosotros un tesoro de antiguos recuerdos, lo mismo que los mosáicos, algo mas raros, de la misma época (1). Rumohr cita un manuscrito de los Salmos, conservado en el palacio Barberini de Roma, en cuyo manuscrito hay una miniatura que representa á David tocando el arpa en medio de un delicioso bosquecillo, y á varias ninfas que salen de la espesura para escucharle. Semejante personificacion, añade Rumohr, demuestra que el pintor seguia aun las antiguas tradiciones. Desde mediados del siglo VI, cuando la Italia cayó en la anarquía y el empobrecimiento, el arte bizantino fué principalmente el que conservó un reflejo de la pintura antigua y los tipos persistentes de una época mejor; las producciones de la escuela bizantina nos conducen por una transicion natural á la creacion de la segunda mitad de la edad media, cuando la aficion á los manuscritos ilustrados se extendió del Bajo Imperio á las comarcas del Occidente y del Norte, á la monarquía de los francos, á los anglo-sajones y á los habitantes de los Paises Bajos. No es, en efecto, indiferente pa-

(1) V. Waagen, *Kunstwerke und Künstler in England und Paris* 1839, 3.ª parte, págs. 195—201, y sobre todo págs. 217—224, donde se halla descrito el célebre salterio del siglo X conservado en la biblioteca nacional de París; este libro prueba cuán largo tiempo subsistió el gusto antiguo en Constantinopla. Cuando explicaba yo cursos públicos en 1828, debí á las amistosas comunicaciones del profesor Waagen, director de la galería de cuadros de Berlin y profundamente versado en todas las cuestiones de esta especie, noticias muy interesantes sobre la historia del arte despues del período del Imperio Romano. Las indicaciones que tuve ocasion de notar despues sobre el desarrollo sucesivo de la pintura de paises, fueron sometidas en el invierno de 1835 al célebre autor de las *Italienische Forschungen*, es decir, al baron de Rumohr, tan prematuramente arrebatado á la ciencia, el cual me suministró un gran número de explicaciones históricas, autorizándome para que las publicase íntegras si la forma de mi libro lo permitia.

ra la historia del arte moderno el observar, como dice Waagen, que los célebres hermanos Hubert y Juan Van-Eyck se formaron principalmente en la escuela de los pintores de miniatura establecida en Flandes, y que tan alto grado de perfeccion alcanzó desde la segunda mitad del siglo XIV (1).

En los cuadros históricos de los hermanos Van Eyck es donde por primera vez llama la atencion el cuidado puesto en los pormenores del paisaje. Ninguno de los dos hermanos estuvo en Italia; pero el mas jóven, Juan, pudo contemplar la vegetacion del Mediodia de Europa, cuando en 1428 acompañó al embajador enviado á Lisboa por Felipe el Bueno, duque de Borgoña, en ocasion de su matrimonio con la hija del rey Juan I de Portugal. El Museo de Berlin posee los dos tableros de un magnífico cuadro que los mismos artistas, verdaderos fundadores de la gran escuela Neerlandesa, pintaron para la catedral de Gante, y que representan anacoretas y peregrinos. Juan Van Eyck adornó el cuadro con naranjos, palmeras y cipreses de maravillosa semejanza, que destacándose de masas mas sombrías prestan al conjunto de la composicion un caracter grave y elevado. A la vista de estos cuadros se conoce que el pintor habia recibido por sí mismo la impresion de la vigorosa vegetacion acariciada por los cálidos vientos del Mediodia.

Esta obra maestra de los hermanos Van Eyck data de la primera mitad del siglo XV, en cuya época la pintura al óleo era todavía un descubrimiento reciente, y comenzaba apenas á prevalecer sobre la pintura al temple, por mas que sus procedimientos hubiesen adquirido desde luego gran perfeccion. Habíase despertado una necesidad nueva: la de prestar vida y animacion á las formas de la Naturaleza. Para seguir los progresos de este sentimiento debemos recordar que un discípulo de los Van Eyck, Antonello

(1) Waagen, *Kunswerke und Künstler*, etc., 1.ª parte, 1837, pág. 59, y 3.ª parte, 1839, págs. 352—359.

de Mesina, introdujo en Venecia la aficion á la pintura de paises, y que diferentes cuadros de la misma escuela ejercieron gran influencia hasta sobre Domingo Ghirlandajo y otros maestros de Florencia (1). Por aquella época, los esfuerzos se dirigian aún hácia una imitacion minuciosa y demasiadamente servil. En las obras maestras de Ticiano es donde por primera vez aparece la Naturaleza ámpliamente comprendida y representada á grandes rasgos, si bien es cierto que este pintor pudo ya tomar por modelo á Giorgione. Yo he tenido la fortuna de contemplar en París, durante varios años, el cuadro de Ticiano que representa la muerte de Pedro mártir, asesinado en el bosque por un albigense, en presencia de otro religioso de la órden de los dominicos (2). La forma y la fronda de los árboles, el *lejos* azulado de las montañas, la general armonía de la luz y la sombra, todo revela en esta composicion perfectamente sencilla la profunda emocion del pintor, causando

(1) «Pinturicchio pintaba ya en el Belvedere del Vaticano paises que formaban por sí solos todo el cuadro, y en los cuales competia la riqueza con la habilidad de la composicion. Pinturicchio influyó sobre Rafael, en cuyos paises se notan muchas particularidades que ciertamente proceden del Perugino. En Pinturicchio y sus amigos se encuentran ya aquellas notables montañas terminadas en picos, que Vd. en sus lecciones se inclinaba á mirar como un recuerdo del Tirol, y los conos de dolomita que habian podido causar impresion á los artistas viajeros en el camino de Alemania y de Italia, y que tanta celebridad han adquirido, merced á Leopoldo de Buch. Yo creo mas bien que estas montañas de los antiguos *paises* italianos son imitaciones convencionales de algunos relieves antiguos, y estudios de fantasía, ó una reproduccion truncada del Soracte y de alguna otra montaña aislada en la campiña de Roma.» (Extracto de una carta dirigida á A. de Humboldt por Federico de Rumohr en octubre de 1832). Para formarse idea de las montañas cónicas y de los picos agudos de que aquí se trata, basta recordar el pais de fantasía que sirve de fondo al admirable retrato de la Mona Lisa, mujer de Francisco del Giocondo, pintado por Leonardo de Vincci.—Entre los pintores de la escuela Holandesa que cultivaron especialmente y con éxito el paisaje, debemos citar tambien á Herry de Bles, llamado Civetta, sucesor de Patenier, y mas tarde á los hermanos Matthæus y Pablo Bril, que durante su permanencia en Roma despertaron una aficion vivísima hácia este ramo del arte. Albrecht Altdorfe, discípulo de Durero, cultivó en Alemania el paisaje un poco antes que Patenier y con mayor éxito.

(2) Pintado para la iglesia de San Juan y San Pablo de Venecia.

una impresion solemne de severidad y grandeza. Era tan vivo en Ticiano el sentimiento de la Naturaleza, que no ya solo en sus mas graciosas composiciones, tales como la voluptuosa Venus que adorna la Galería de Dresde, sino hasta en los cuadros de un género mas severo, como por ejemplo, en el retrato de Pedro Aretino, parece que al pintar el cielo ó el pais que forma el fondo de los cuadros, tenia á la vista los objetos que reprodujo. Annibal Carrache y el Dominiquino en la escuela bolonesa han dado á sus obras el mismo carácter de elevacion.

Aunque el siglo XV fué la época mas brillante de la pintura histórica, los grandes pintores de paises no florecieron hasta el XVII. El dominio del arte iba ensanchándose poco á poco, á proporcion que mejor se conocian y mas atentamente se observaban las riquezas de la Naturaleza; y por otra parte, los procedimientos materiales se perfeccionaban mas y mas cada dia. Poníase entonces mas empeño en que apareciesen al exterior las disposiciones del alma; lo cual condujo á los pintores á dar una expresion mas dulce y mas tierna á las bellezas naturales, segun iban aquellos adquiriendo mayor seguridad del influjo que ejerce el mundo exterior sobre nuestros sentimientos. El efecto de semejante excitacion es producir lo que constituye el fin de todas las artes, conviene á saber, la transformacion de los objetos reales en imágenes ideales; es causar en nuestro interior una armoniosa calma que no carece de cierta melancolía. Nuestra alma no puede librarse de estas emociones, siempre que nuestras miradas se pierden en las profundidades de la Naturaleza y de la humanidad (1). Merced á una conciencia mas elevada del sentimiento de la Naturaleza, el mismo siglo pudo reunir á Claudio Lorenés, el pintor de los efectos de luz y de los lejos vaporosos; á

(1) Guillermo de Humboldt, *Gesammelte Werke*, t. IV, pág. 37. Sobre las diferentes fases de la vida de la naturaleza y sobre las disposiciones del alma producidas por la vista del paisaje, véanse tambien las ingeniosas cartas de Carus, *Ueber die Landschaftmalerei*, 1831, pág. 45.

Ruysdael con sus sombríos bosques y sus nubes amenazadoras; á Gaspard y Nicolás Pusino que dieron á los árboles un carácter tan imponente y gallardo; á Everdingen, Hobbema y á Cuyp, cuyos paises parecen la misma Naturaleza (1).

En este periodo, tan feliz para el arte, se imitaban hábilmente los modelos que ofrecia la vegetacion del Norte de Europa, de la Italia meridional y de la península Ibérica; los *paises* se adornaban con naranjos, laureles, pinos y palmeras. Las palmeras de dátiles, única especie de esta noble familia que hasta entonces se conocia, además de la llamada *chamœrops*, especie de palmera enana originaria de las costas de la Europa meridional, se representaban por lo comun, de una manera convencional, con un tronco cubierto de escamas semejantes á las de las serpientes (2). Estos fueron durante mucho tiempo los únicos tipos de la vegetacion tropical, bien así como el *pinus pinea*, segun una creencia muy válida aún en nuestros dias, es el único encargado de representar la vegetacion de la Italia. Los pintores estudiaban poco los contornos de las altas cadenas de montañas, pues se reputaban como inaccesibles las cimas coronadas da nieve que se elevan por encima de las verdes praderas de los Alpes. Para que un pintor pensase en reproducir exactamente la fisonomía de las rocas, era necesario que un torrente espumoso se abriese camino por ellas. Hay, sin embargo, un

(1) El gran siglo de la pintura de paises reunió los siguientes pintores: Juan Breughel, 1569—1625; Rubens, 1577—1640; el Dominiquino, 1581—1641; Felipe de Champaña, 1602—1674; Nicolás Pusino, 1594—1655; Gaspar Pusino (Dughet), 1613—1675; Claudio Lorenés, 1600—1682; Alberto Cuyp, 1606—1672; Juan Both, 1610—1650; Salvador Rosa, 1615—1673; Everdingen, 1621—1675; Nicolás Berghem, 1624—1683; Swanevelt, 1620—1690; Ruysdael, 1635—1681; Minderhoot Hobbema, Juan Winants, Adriano Van de Velde, 1639—1672; Carlos Dujardin, 1644—1687.

(2) Un cuadro antiguo de Cima Dá Conegliano, pintor de la escuela de Bellino, representa, bajo una forma singularmente caprichosa, palmeras que tienen un brote en medio de su corona de hojas. V. Galería de Dresde, 1835, número 40.

artista que merece ser distinguido de todos los demás, por la variedad de sus facultades y la libertad de su ingenio: hablo de Rubens, que sumido en el seno mismo de la Naturaleza, la abarca bajo todos sus aspectos. Pintor histórico ante todo, Rubens representa en sus grandes cazas, con inimitable exactitud, la naturaleza montaráz de los animales del bosque, al propio tiempo que haciéndose paisista, pinta con singular acierto la conformacion de la tierra en la meseta árida y absolutamente desierta de donde se destaca el Escorial en medio de las rocas (1).

Para que la representacion de las formas individuales de la Naturaleza pudiese adquirir, por lo tocante al ramo del arte que nos ocupa, mas variedad y exactitud, era preciso que se agrandase el círculo de los conocimientos geográficos; que fuesen mas fáciles los viajes á paises lejanos, y que la sensibilidad se ejercitase en comprender las diferentes bellezas de los vegetales y los caractéres comunes que sirven para su clasificacion y agrupamiento en familias naturales. Los descubrimientos de Colon, de Vasco de Gama y de Alvarez Cabral en el centro de América, en el Asia meridional y en el Brasil; la extension dada al comercio de especias y de sustancias medicinales, que con las Indias hacian los españoles, portugueses, italianos y neerlandeses; la fundacion de jardines botánicos en Pisa, Pádua y Bolonia por los años de 1544 á 1568, bien que sin el utilísimo accesorio de los invernáculos: tales son en conjunto las causas que familiarizaron á los pintores con las maravillosas formas de un gran número de producciones exóticas, y aun les dieron alguna idea del mundo tropical. Juan Breughel, cuya celebridad comienza á fines del siglo XVI, ha representado con encantadora exactitud ramas de árboles, flores y frutos extraños en Europa. Empero, hasta mediados del siglo XVII, no hay paises que reproduzcan el carácter propio de la zona tórrida, pintados al natural por los artistas. El mérito de esta innovacion pertenece, segun sa-

(1) Galería de Dresde, 1835, núm. 917.

bemos por Waagen, á Francisco Post, de Harlem, que acompañó hasta el Brasil á Mauricio de Nassau, cuando este príncipe, curiosísimo por lo tocante á las producciones tropicales, fué nombrado gobernador por la Holanda de las provincias conquistadas á los portugueses (1637—1644). Post estuvo varios años estudiando al natural en el promontorio de San Agustin, en la bahía de Todos Santos, á orillas del rio San Francisco y en los paises regados en su curso inferior por el Amazonas (1). De estos estudios,

(1) Francisco Post ó Poost, nació en Harlem en 1620 y murió en 1680. Su hermano acompañaba tambien como arquitecto al príncipe Mauricio de Nassau. En la galería Schleisheim podian verse algunos de sus cuadros que representaban las orillas del rio de las Amazonas; y en Berlin, Hannover y Praga existen algunos otros. Los grabados que ilustran el *Viaje del principe Mauricio de Nassau*, por Barlæus, y los que se encuentran en la coleccion de Berlin, revelan un sentimiento verdadero de la naturaleza exótica. La forma de las costas, el aspecto del sol y el de la vegetacion estan en ellos perfectamente comprendidos: vénse allí musáceas, cactos, palmeras é higueras con aquellas escrecencias que guarnecen el pié del árbol chapeadas á manera de láminas. El *Viaje al Brasil* (lám. 55) termina asaz caprichosamente con un bosque de pinos que rodea el palacio de Dillenburgo.—La observacion hecha poco antes en el texto (pág. 95) respecto á la influencia que la fundacion de jardines botánicos en el norte de Italia puede haber ejercido á mediados del siglo XVI en el conocimiento de las plantas tropicales y de su fisonomía característica, me suministra ocasion de recordar aquí un hecho averiguado, y es, que Alberto el Grande, no menos apasionado por la filosofía de Aristóteles que por la ciencia de la Naturaleza, poseía en el siglo XIII un invernáculo caliente en el convento de Dominicos de Colonia. Este hombre célebre, sobre el cual pesaban ya sospechas de mágia á causa de su autómata parlante, dió el 6 de enero do 1249 una fiesta en honor de Guillermo de Holanda, que acertó á pasar por Colonia. Verificóse ésta en el vasto jardin del convento, donde Alberto el Grande conservaba durante el invierno, por medio de un agradable calor, árboles frutales y plantas floridas. La relacion, sin duda exajerada, de este banquete, se halla en la *Crónica* de Juan de Beka, cuya data es de mediados del siglo XVI. V. Beka y Heda, *de Episcopis Ultrajectinis*, recogn. ab Arn. Buchelio, 1643, pág. 79; Jourdain, *Recherches critiques sur les tradutions d'Aristote*, 2.ª edic., 1843, pág. 301; Buhle, *Geschichte der Philosophie*, t. V., pág. 296. Aunque los antiguos conociesen como lo demuestran algunos descubrimientos hechos en las excavaciones de Pompeya, las vidrieras, nada prueba hasta hoy que los invernáculos calientes y los de cristal se empleasen en la antigua horticultura. La distribucion del calor en los baños por medio de las *caldaria* hubiera podido darles idea de ellos; pero lo corto de los inviernos en Grecia é Italia impidió que pensasen en tal cosa. Los jardines de Adonis (κῆποι

unos llegaron á formar paisajes acabados, y los otros fueron grabados de una manera bastante original por el mismo Post. A esta época pertenece tambien el gran cuadro al óleo de Eckhout, composicion muy notable que se conserva en Dinamarca en la galeria del magnífico palacio de Frederiksborg. Eckhout estuvo tambien por los años de 1641 en las cortes del Brasil con el príncipe Mauricio de Nassau. Las palmeras, los papayos, los bananos, los plátanos y las heliconias, se encuentran representadas en este paisaje con sus rasgos característicos, así como varios pájaros de brillante plumage, y pequeños cuadrúpedos propios de aquellas regiones.

Ἀδώνιδος), que tan perfectamente indican el sentido de las fiestas celebradas en honor de este héroe, se componian, segun Bæckh, de plantas contenidas en pequeños tiestos que representaban el jardin en que Venus se unió á Adonis, símbolo de la juventud prematuramente marchita, del crecimiento fecundo y de la destruccion. Las *Adonias* eran por lo tanto una especie de fiesta fúnebre para uso de las mujeres; una de esas fiestas en las cuales deploraba la antigüedad el luto de la naturaleza. A la manera que nosotros oponemos las plantas criadas en invernáculos calientes, á las producciones libres de la Naturaleza, así tambien los antiguos se servian por lo comun, proverbialmente, de la espresion *Jardin de Adónis*, para designar un desarrollo muy precoz que no habia alcanzado su madurez, ni tenia probabilidades de vida. Los antiguos no mandaban traer rápidamente y á fuerza de cuidados, flores de colores varios, sino lechugas, hinojos, cebada y trigo; y no escogian el invierno sino el estío, durando todo escasamente ocho dias. Creuzer en su *Symbolik und Mythologie*, t. II, 1840, págs. 427, 430, 479 y 484, cree, sin embargo, que á mas del calor natural, se apresuraba tambien el desarrollo de las plantas que componian los jardines de Adónis, en piezas calentadas artificialmente. El jardin del convento de Dominicos de Colonia, nos recuerda un convento de Santo Tomás, situado en Groenlandía ó en la Islandia, cuyo jardin, libre siempre de nieve, se mantenia constantemente caliente, por medio de fuentes naturales de agua hirviendo, segun refieren los hermanos Zeni en la relacion de los viajes que hicieron de 1388 á 1404, si bien no es posible determinar por ella las localidades que recorrieron. V. Zurla, *Viaggiatori veneziani*, t. II, pág. 63—69, y Humboldt *Examen crit. de l' Hist. de la Geographie*, tom. II, pág. 127. El establecimiento de los invernáculos, propiamente dichos, en nuestros jardines botánicos, es á lo que parece mucho mas reciente de lo que ordinariamente se cree. Hasta fines del siglo XVII, no se obtuvieron por primera vez las piñas de india maduras. V. Beckmann, *Geschichte der Erfindungen*, t. IV, pág. 287. Linneo afirma en la *Musa Cliffortiana florens Hartecampi*, que se vió en Europa florecer por primera vez un plátano en el jardin del príncipe Eugenio en Viena, el año de 1731.

Solo algunos artistas felizmente inspirados siguieron estos ejemplos hasta el segundo viaje de Cook. Lo que hizo Hodges respecto de las islas occidentales del mar del Sur, y Fernando Baner respecto de la Nueva Holanda y la tierra de Diemen, lo han hecho recientemente con superior talento y en estilo mucho mas ámplio, respecto de las regiones tropicales de América, Mauricio Rugendas, el conde de Clarac, Fernando Bellermann y Eduardo Hildebrandt. Enrique de Kittlitz, que acompañó al almirante ruso Lutke en su expedicion al rededor del mundo, ha prestado igual servicio describiendo varias otras partes de la tierra (1).

El hombre sensible á las bellezas naturales de las comarcas cortadas por montañas, rios y bosques, que haya recorrido por sí mismo la zona tórrida y contemplado la riqueza é infinita variedad de la vegetacion, no ya solo en las costas habitadas sino hasta en los nevados Andes, en las pendientes del Himalaya y de los montes Nilgherry del reino de Mysore; el que haya recorrido las selvas vírgenes que se extienden por la cuenca comprendida entre el Orinoco y el rio de las Amazonas: ese solo puede comprender cuan ilimitado campo está aun abierto á la pintura de paises entre los trópicos de ambos continentes, en los archipiélagos de Sumatra, Borneo y las Filipinas, y cómo las admirables obras ejecutadas hasta hoy no pueden ni con mucho compararse á los tesoros que la Naturaleza tiene reservados para los que quieran conquistarlos. ¿Y por qué ha de ser vana nuestra es-

(1) Estas imágenes de la vegetacion tropical, que dan una idea de lo que se entiende por *fisonomía* de las plantas, forman en la seccion de miniaturas, dibujos y grabados del museo de Berlin, un tesoro al cual ninguna otra coleccion puede compararse hasta ahora. Las hojas publicadas por el baron de Kittlitz, llevan el siguiente título: *Vegetations-Ausichten der Kustenländer und Insen dis Stillen Oceans aufyenommen* 1827—1829 *auf dér Entdeckunsreise der kais, russ. Corvette Senjäwin*, Siegen, 1844. Tambien se nota gran fidelidad y exactitud en los primorosos grabados de Carlos Bodmer que adornan el viaje del príncipe Maximiliano de Wied á lo interior de la América septentrional.

peranza? Nosotros creemos que la pintura de paises debe brillar con un resplandor desconocido hasta hoy, cuando ingeniosos artistas salven con mas frecuencia los estrechos límites del Mediterráneo alejándose de las costas, y cuando les sea dado abarcar la inmensa variedad de la Naturaleza en los húmedos valles de los trópicos, con la nativa pureza y frescura de la juventud.

Estas magníficas regiones apenas han sido hasta ahora visitadas mas que por algunos viajeros no muy experimentados de antemano en las artes, y á los cuales no dejaban espacio ni vagar sus ocupaciones científicas para perfeccionar su talento de paisistas. Solo un corto número de ellos, comprendiendo el interés que ofrecen para la botánica aquellas nuevas formas de frutos y de flores, podian expresar la impresion general producida por el aspecto de los trópicos. Los artistas encargados de acompañar á las grandes expediciones enviadas por cuenta del Estado á aquellos paises, eran por lo comun escogidos al acaso, y no se tardaba en reconocer su insuficiencia. Al aproximarse el término de su viaje era cuando los mas habiles de entre ellos comenzaban á adquirir cierto talento de ejecucion, á fuerza de contemplar las grandes escenas de la Naturaleza y de intentar reproducirlas. Los viajes llamados de circunnavegacion, preciso es tambien decirlo, ofrecen á los artistas pocas ocasiones de penetrar en las selvas, de subir el curso de los grandes rios y de elevarse hasta las cimas de las cadenas interiores de montañas.

Sacar bosquejos en presencia de las escenas de la Naturaleza, es el único medio de poder pintar, de vuelta de un viaje, en *paises* acabados, el carácter de las regiones lejanas; y aun serán mas felices los esfuerzos del artista si ha hecho en los mismos lugares, enteramente entregado á sus emociones, estudios parciales, ya dibujando ó ya pintando al aire libre copas de árboles, frondosas ramas cargadas de frutos y de flores, troncos tendidos por el suelo cubiertos de pothos ó de orquídeas, rocas, una ribera escarpada ó parte de algun bosque. Cuidando de llevar así imágenes exactas de las cosas, podrá el pintor, de vuelta á su patria, dispensarse de apelar al triste recurso que suministran las plantas conservadas en los invernáculos y las figuras reproducidas en las obras de botánica.

La emancipacion de las posesiones españolas y portuguesas de América, como tambien el progreso de la civilizacion en las Indias, en la Nueva-Holanda, en las islas Sandwich y en las colonias meridionales de Africa, deben indudablemente, no solo facilitar la descripcion de la Naturaleza y los progresos de la meteorología, sino dar tambien á la pintura de paises un carácter mas elevado y un vuelo que no hubiera podido tomar sin los cambios sobrevenidos en aquellas regiones. En la América del Sur hay ciudades populosas situadas á cerca de 13,000 piés sobre el nivel del mar, desde cuya altura descubre la vista todas las variedades vegetales debidas á la diversidad de los climas. ¡Cuánto no podremos esperar de los esfuerzos del arte aplicados á la Naturaleza, luego que, terminadas las discordias, se despierte al cabo el sentimiento del arte en aquellas elevadas regiones, bajo el benéfico influjo de las instituciones liberales!

Todo cuanto en el arte se refiere á la expresion de las pasiones y a la belleza de las formas humanas, pudo recibir su última expresion en los paises mas próximos al Norte, donde reina un clima templado, bajo el cielo de Grecia é Italia. Bebiendo en las profundidades de su sér y contemplando en sus semejantes los rasgos comunes de la especie humana, es como el artista, creador é imitador al mismo tiempo, evoca los tipos de sus composiciones históricas. La pintura de *paises* no es tampoco puramente imitativa, pero su fundamento es mas material y hay en ella alguna cosa mas terrestre, por cuanto exige de parte de los sentidos una infinita variedad de observaciones inmediatas que el espíritu debe asimilarse para fecundarlas con su poder y volverlas á presentar á los sentidos bajo la forma de una obra de arte. El gran estilo de la pintura de paises es el fruto de una contemplacion profunda de la Naturaleza y de la transformacion que se opera en el interior del pensamiento.

Cada rincon del globo es, á no dudarlo, un reflejo de la Naturaleza entera. Las mismas formas orgánicas se reproducen sin cesar, combinándose de mil diferentes maneras. Las heladas regiones del Norte se reaniman tambien durante meses enteros, cubriéndose la tierra de yerbas y descogiéndose las plantas como en los Alpes bajo un cielo puro y sereno. Merced á la profundidad de los sentimientos y á la fuerza de imaginacion que animaba á los artistas, la pintura de paises, aunque familiarizada tan solamente con las sencillas formas de la flora europea y con un corto número de plantas exóticas aclimatadas en nuestras regiones, ha podido desempeñar su papel embelesador. Pintores eminentes, tales como los Carrachios, Gaspar Pusino, Claudio Lorenés y Ruysdael, han encontrado en tan limitada carrera lugar bastante para producir las mas variadas y encantadoras creaciones, combinando hábilmente todas las formas conocidas de árboles y los efectos de la luz. Si algo puede todavía esperar el arte, y si he creido conveniente indicar una via nueva para reanudar, con el pensamiento al menos, la antigua alianza de la ciencia, del arte y de la poesía, no por ello se menoscaba ni en un ápice la gloria de aquellos grandes maestros. En la pintura de paises, lo mismo que en todos los demás ramos del arte, hay que distinguir entre el elemento limitado que suministra la percepcion sensible, y la mies sin límites fecundada por la profunda sensibilidad y la poderosa imaginacion del artista. Merced á esta fuerza creadora, la pintura de paises ha tomado un carácter que la convierte tambien en una especie de poesía de la Naturaleza. Estudiando el desarrollo sucesivo de los árboles, desde Aníbal Carrachio y Pusino hasta Everdingen y Ruysdael, pasando por Claudio Lorenés, se conoce desde luego que este arte, á pesar de su objeto, no se halla encadenado al suelo. En aquellos grandes maestros no se echan de ver los estrechos límites en que estaban encerrados: y sin embargo, forzoso es reconocerlo, el ensanchamiento del horizonte, el conocimiento de formas naturales mas grandes y mas nobles, y el sentimiento de la fecunda y voluptuosa vida que anima al mundo tropical, ofrecen la doble ventaja de suministrar á la pintura de paises mas ricos materiales, y de excitar mas activamente la sensibilidad y la imaginacion aun de los artistas menos felizmente dotados.

Séame lícito recordar aquí, por la estrecha relacion que tienen con el asunto de que trato en este momento, las consideraciones que desenvolví hace cerca de medio siglo en mi obra intitulada *Cuadros de la Naturaleza* (1). El hombre que puede abarcar el mundo de una mirada haciendo abstraccion de los fenómenos parciales, reconoce los progresos que siguen en su desarrollo la vida y la fuerza orgánica de la Naturaleza, á proporcion que aumenta el calor desde los polos hácia el ecuador. Este progreso es menos sensible aun desde el Norte de Europa hasta las costas del Mediterráneo, que desde la Península Ibérica, la Italia meridional y la Grecia al mundo de los trópicos. Flora ha tejido desigualmente su tapiz sobre la tierra, haciéndolo mas tupido en los puntos en que el sol domina á la tierra desde mayor altura y brilla puro ó rodeado de vapores transparentes en las cerúleas profundidades del cielo, y mas claro en las sombrías regiones del Norte, donde la vuelta precipitada de los hielos no deja tiempo á las yemas para brotar, y sorprende á los frutos antes que lleguen á su completa madurez. En el pais de las palmeras y de los helechos arborescentes, en lugar de los

(1) V. Humboldt, *Tableaux de la nature*, 1828, t. II, págs. 1—55, y dos obras muy instructivas, la una de Fr. de Martius, *Physiognomie des Pflanzeureiches in Brasilien*, 1824, y la otra de M. de Olfers, *Allgemeine Uebersicht von Brasilien*, en los viajes de Feldner, 1828, primera parte, págs. 18—23.

tristes líquenes ó de los musgos que cubren la corteza de los árboles hácia las regiones glaciales, el cimbidio y la olorosa vainilla se suspenden al tronco de los anacardios y de higueras colosales. El fresco verdor del draconcio y las hojas profundamente recortadas del pothos contrastan con las brillantes flores de las orquídeas. Las bauhinia de enredadera, las pasifloras y los banisteros de doradas flores enlazan á los árboles del bosque y se lanzan á lo lejos por los aires, al paso que brotan tiernas flores de las raices del theobroma y de la ruda corteza de los crescentia y de los gustavia. Es tal la confusion de estas plantas enredaderas en medio de semejante lujo de vegetacion, que con frecuencia cuesta mucho trabajo al observador reconocer á qué tronco pertenecen las hojas y las flores. A las veces un solo árbol entrelazado de paulinia y de dendrobio ofrece reunidas innumerables plantas, que, separadas unas de otras, bastarían para cubrir un espacio considerable de terreno.

Cada parte de la tierra tiene, no obstante, sus bellezas propias. En los trópicos, la diversidad y la elevacion de las formas vegetales; en el Norte, el aspecto de las praderas y el tardío renacimiento de la Naturaleza al primer soplo de las auras primaverales. Tanto como la fronda se descoge y desarrolla en los plátanos (Musáceas), otro tanto se contrae y aprieta en las casuarinas y en los árboles de hoja acicular. El pino, el tuya ó árbol de la vida, y el ciprés, forman una familia propia de los climas del Norte, no encontrándose sino muy rara vez formas análogas en los llanos de los trópicos. El ramaje eternamente verde de estos árboles reanima las glaciales y desiertas regiones, recordando á los pueblos del Norte que si la nieve y los hielos cubren la superficie de la tierra, la vida interior de la vegetacion, cual otro fuego de Prometeo, no puede extinguirse en nuestro planeta.

Si consideramos el aspecto de las zonas vegetales, aun prescindiendo de las riquezas propias de tal ó cual region, cada una de ellas presenta distinto carácter y da origen á impresiones diferentes. Sin salir de las producciones que nos son mas familiares, ¿quién no se siente diversamente conmovido bajo la sombría espesura de las hayas, sobre una colina coronada de claros pinos, y en aquellas vastas praderas en que el viento murmura entre las trémulas hojas de los abedules? Á la manera que cada familia de seres organizados ofrece caractéres especiales que sirven de fundamento á las divisiones de la Botánica y de la Zoología, así hay tambien una fisonomía de la Naturaleza diversificada bajo todos los diferentes grados de latitud. La distincion que el artista expresa vagamente con las palabras de *la naturaleza de Suiza*, *el cielo de Italia*, ú otras parecidas, se funda en un sentimiento confuso del carácter de la Naturaleza en los diferentes paises. El color del cielo, la figura de las nubes, los vapores que se forman en derredor de los objetos lejanos, el brillo del frondoso ramaje de los árboles y el contorno de las montañas, son los elementos de que se compone el aspecto general de una comarca. Abarcar este aspecto y reproducirle de una manera expresiva, tal es el objeto de la pintura de paises. Al artista le es lícito dividir los grupos; y bajo su pincel, la encantadora magnificencia de la Naturaleza se descompone en rasgos mas sencillos y en páginas sueltas, como las obras escritas por la mano del hombre.

A pesar del estado poco satisfactorio en que han permanecido hasta ahora los grabados que acompañan á nuestras relaciones de viajes, afeándolas por lo comun, no han dejado, sin embargo, de contribuir al mejor conocimiento de las zonas apartadas, á extender la aficion á viajar por las regiones tropicales y á estimular activamente el estudio de la Naturaleza. Las decoraciones de teatro, los panoramas, los dioramas, los neoramas y todo este género de pintura de grandes dimensiones, tan perfeccionado en nuestros dias, han hecho mas general y mas fuerte la impresion producida por el paisaje. Vitruvio y el gramático Julio Pólux nos han descrito las decoraciones campestres que servian para la representacion de las piezas *satiricas*. Mucho tiempo después, como á mediados del siglo XVI, el establecimiento de los coliseos, debido á Serlio, favoreció en gran manera la ilusion; mas hoy dia, desde que Prévost y Daguerre han dado tan admirable perfeccion á la pintura circular de Parker, casi puede uno dispensarse de viajar por remotos climas. Los cuadros circulares prestan mas servicios que las decoraciones de teatro; porque encantado el espectador en medio de un círculo mágico, y libre de importunas distracciones, se cree realmente rodeado por todas partes de una naturaleza extraña, y conserva recuerdos que al cabo de algunos años se confunden con la impresion de las escenas naturales que haya podido ver en realidad. Los panoramas, que para causar ilusion necesitan tener un gran diámetro, mas han servido hasta ahora para representar ciudades y lugares habitados, que no las grandes escenas en que ostenta la Naturaleza su feraz abundancia y toda la plenitud de la vida. Estudios característicos hechos en las escarpadas laderas del Himalaya y de las Cordilleras, ó en mitad de los rios que surcan las comarcas interiores de la India y de la América meridional, producirian un efecto mágico si se cuidase sobre todo de rectificarlos con arreglo á imágenes sacadas al daguerreotipo, mecanismo excelente para reproducir, no los espesillos del ramaje, sino los colosales troncos de los árboles y la direccion de sus ramos. Todos estos medios, de cuya enumeracion no podiamos dispensarnos en un libro tal como el *Cosmos*, son bastante propios para propagar el estudio de la Naturaleza; é indudablemente se comprenderia y conoceria mejor la sublime grandeza de la creacion, si en las grandes ciudades se abriesen libremente á la poblacion, junto á los museos, panoramas con cuadros circulares que representasen sucesivamente paisajes sacados en diferentes grados de longitud y latitud. Multiplicando los medios con los cuales se reproduce bajo imágenes sorprendentes el conjunto de los fenómenos naturales, es como puede conseguirse familiarizar á los hombres con la unidad del mundo y hacerles sentir mas vivamente el armonioso concierto de la Naturaleza.

CAPITULO III.

DE LAS COLECCIONES DE VEGETALES EN LOS JARDINES Y EN LOS INVERNACULOS.

CULTIVO DE LAS PLANTAS TROPICALES.—EFECTO DE CONTRASTE PRODUCIDO POR LA FISONOMÍA CARACTERÍSTICA DE LOS VEGETALES, SEGUN LA IDEA QUE DE SEMEJANTE CARACTER PUEDEN DARNOS LAS PLANTACIONES ARTIFICIALES.

La pintura de paises, no obstante la facilidad con que el grabado reproduce sus obras, y aun á pesar de lo mucho que se ha perfeccionado la litografía, es mas limitada en sus efectos y conmueve menos á los espiritus sensibles á las bellezas naturales que la vista inmediata de las colecciones de plantas reunidas en los invernáculos y en los jardines. Sobre este punto he apelado ya á la experiencia de mi juventud, recordando cómo el aspecto de un drago colosal y de una palmera de abanico que ví en una antigua torre del jardin botánico de Berlin, depositó en mi alma el primer gérmen del inquieto ardor que me ha arrastrado irresistiblemente á emprender viajes á remotas tierras. Todo el que pueda remontarse en sus recuerdos hasta el primer accidente que decidió de la direccion de toda su vida, comprenderá fácilmente el poder de semejantes impresiones.

Al hablar de las formas vegetales, pienso únicamente en la emocion que su aspecto puede producir, y de ninguna manera en lo mucho que pueden servir para el estudio de la Botánica. Debe ponerse especial cuidado en no confundir los grupos naturales de vegetales que sorprenden por su altura ó extension, tales como los plátanos y los helicones, con los cuales se mezclan las palmeras coripha, las araucaria y las mimosáceas, ó bien los troncos cubiertos de musgo de donde salen las dragonteas, los helechos de leves hojas y las floridas orquideas, con esas otras ringleras de plantas sin vigor que se distribuyen por familias para facilitar las descripciones ó las clasificaciones de la Botánica. Lo que principalmente debe fijar nuestras miradas en medio de aquella naturaleza exuberante, es la vigorosa vegetacion de los cécropes, de los carolíneos y de los bambúes; la pintoresca reunion de las grandes y nobles formas vegetales que adornan la parte occidental del curso del Orinoco y las silvestres riberas del rio de las Amazonas y del Huallaga, tan fielmente descritas por Marcio y por Eduardo Pœppig; y por último, la impresion general de aquel espectáculo, que nos hace suspirar por las regiones en que el manantial de la vida corre, por decirlo así, con mas abundancia, y de las cuales nuestros invernáculos, que en otro tiempo casi no eran mas que hospitales para las plantas enfermas, nos ofrecen hoy dia un reflejo brillante aun, puesto que debilitado.

La pintura de paises puede indudablemente representarnos una imágen mas rica y mas completa de la Naturaleza, que no la mas selecta coleccion de plantas cultivadas. La pintura de paises dispone soberanamente de la extension y de la forma de los objetos; para ella el espacio carece en cierto modo de límites, y así vemos que sigue los linderos de los bosques hasta desvanecerlos entre el vapor de los *lejos;* que precipita de roca en roca el torrente que *cae de lo alto de la montaña*, y que hace pesar el puro azul del cielo de los trópicos lo mismo sobre la copa de las palmeras que sobre la pradera que ondea en el confin del horizonte. La claridad y el color que el cielo puro ó ligeramente velado del ecuador esparce sobre todos los objetos situados en la superficie de la tierra, presta al paisaje cierta especie de poder misterioso que tan solo la pintura puede reproducir cuando consigue imitar aquellos dulcisimos cambiantes de luz. Desde que se ha comprendido mas á fondo la esencia de la tragedia griega, no falta quien haya comparado ingeniosamente el papel misterioso del Coro y la parte de accion que se le deja, al efecto del cielo en el paisaje (1).

Ni los invernáculos, ni ningun género de plantacion artificial pueden reunir la diversidad de medios de que dispone la pintura para excitar nuestra imaginacion y concentrar en un corto espacio los mas vastos fenómenos de la tierra y del Océano; mas esta inferioridad en cuanto á los efectos generales de la impresion se halla suficientemente compensada por el predominio que la realidad ejerce en todas partes sobre nuestros sentidos. Si en el invernáculo en que se conservan las palmeras de Loddiges, ó en el que mandó construir, como testimonio de su amor á la sencilla naturaleza, el ilustre monarca arrebatado no ha muchos años á la Prusia; si en cualquiera de estos invernáculos, digo, dirigimos nuestras miradas en un dia claro y sereno desde lo alto de la plataforma á aquella multitud de palmeras que unen la flexibilidad de las cañas á la elevacion de los árboles, nos sentimos por algunos momentos completamente trasladados al clima de los trópicos, y creemos contemplar en él desde lo alto de una colina un chaparral de palmeras. Nada puede, en verdad, reemplazar el puro azul del cielo ni el resplandor de una luz mas intensa; y sin embargo, la imaginacion se conmueve mas vivamente, y es mucho mayor nuestra ilusion que ante el cuadro mas perfecto y acabado. Cada planta nos trae á la memoria las maravillas de lejanas regiones; oimos el susurro de las hojas colocadas en forma de abanico, y las vemos cambiar de aspecto siguiendo los reflejos de la luz

(1) Guillermo de Humboldt, *Briefwechsel mit Schiller*, 1830, pagina 470.

cuando se inclinan y se tocan entre sí las copas de las palmeras agitadas por la leve brisa: ¡tan poderoso es el encanto que conserva la realidad sobre nuestros sentidos, por mas que el recuerdo del invernáculo y del cultivo artificial perturben á cada momento nuestra contemplacion! Las ideas de vigor y de libertad son tambien inseparables en las producciones de la Naturaleza; y de aquí el que los celosos botánicos que han recorrido el mundo, aprecian mas las plantas cogidas en las Cordilleras ó en las llanuras de la India y secadas en los herbarios, que no las mismas especies vivientes creadas en cualquiera de nuestros invernáculos europeos. El cultivo borra en cierto modo parte del carácter natural y originario de las plantas, destruyendo en aquellas oprimidas organizaciones el libre desarrollo de sus elementos componentes.

La forma y la fisonomía de los vegetales, y los contrastes que nacen de su aproximacion, no son solo un tema de observacion para el botánico, y un medio de propagar el estudio de la Naturaleza, sino que pueden emplearse tambien utilísimamente para el arreglo de los jardines, quiero decir, para el arte de proporcionarse en ellos paisajes pintorescos. No haré una excursion por este nuevo campo, aunque se me presenta cuasi en mi camino; pero me contentaré con recordar que así como al principio de este libro he indicado las innumerables y profundas huellas que el amor á la Naturaleza ha dejado en la poesía de las razas semíticas, entre los pueblos de la India y del Iran, así tambien la historia nos muestra, desde la mas remota antigüedad, parques y jardines que revelan el mismo sentimiento en las regiones centrales y meridionales del Asia. Semíramis habia hecho plantar, al pié del monte Bagistano, jardines que ha descrito Diodoro (1), y

(1) Diodoro, lib. II, c. 13. Este historiador no da al célebre jardin de Semíramis mas que doce estadios de circuito. Los desfiladeros del Bagistano se llaman aun el *arco ó la circunferencia del jardin* (Tauki-bostan). V. Droysen, *Geschichte Alexanders des Grossen*, 1833, página 533.

cuyo renombre era tal, que yendo Alejandro de marcha desde la ciudad de Celonæ á los prados de Nysa, no vaciló en desviarse de su camino para visitarlos. Los parques de los reyes persas estaban adornados de cipreses, cuya forma piramidal traia á la memoria la de la llama, y por lo mismo fueron plantados después del advenimiento de Zerduscht (Zoroastro) al rededor del santuario de los templos consagrados al fuego. Quizás esta misma forma fué tambien la que dió orígen á la leyenda que suponia al ciprés originario del paraiso (1). Los paraisos terrenales (παράδεισοι) del Asia fueron célebres de muy antiguo en las regiones del Occidente (2), y aun puede decirse que el culto de los árboles

(1) En el *Schahnameh* de Firdusi se lee lo siguiente: «Zerduscht plantó en Kischmer, en el Khorasan, delante del templo del Fuego, un esbelto ciprés nacido en el Paraiso, y escribió en él estas palabras: Guschtasp (Hystaspe) se ha convertido á la verdadera doctrina, tomando por testigo al árbol esbelto; así distribuye Dios la justicia. Pasados algunos años, el alto ciprés se desarrolló y adquirió tal corpulencia, que no bastaba á abarcarle el lazo de un guerrero: cuando llegó á estar coronado de muchas ramas, Guschtasp le cubrió con un palacio de oro puro...... y difundió por todas partes estas palabras: ¿Dónde hay sobre la tierra un ciprés como el de Kischmer? Dios me ha enviado del Paraiso este árbol, diciéndome: Parte de aquí hácia el Paraiso. Cuando el Califa Motewekkil mandó cortar el ciprés venerado de los Magos, se atribuian á este árbol mil cuatrocientos cincuenta años de existencia.» V. Vullers, *Fragm. ueber die Religion des Zoroaster*, 1831, págs. 71 y 114 (obra traducida de los fragmentos publicados por J. Mohl en 1829); Ritter, *Erdkunde von Asien*, tomo VI, seccion 1.ª, 1831, pág. 242. Hasta ahora ha publicado Mohl tres volúmenes de la edicion y de la traduccion del *Schahnameh*, 1836-1846. Parece que el ciprés (en arábigo Arar, y en persa Serwkohi), es originario de las montañas de Busih al Oeste de Herat. V. la *Geografía* de Edrisi, traducida por Jaubert, 1836, t. I, pág. 464. Tambien se leerá con interés una memoria de Lajard sobre el *culto del ciprés piramidal*, inserta en los *Annales de l'Institut Archéologique*, Paris, 1847.

(2) Aquiles Tatius, lib. I, c. 25; Longus, *Pastoralia*, lib. IV, pág. 63, edic. de Seiler. «Gesenio, dice Buschmann, establece muy bien en su *Thes. linguæ hebraicæ*, t. II, pág. 1,124, que la voz *Paraiso* pertenece primitivamente á la antigua lengua persa. Ya hoy se ha perdido su uso en la lengua moderna. Firdusi no se sirve habitualmente sino de la palabra *Behischt*, por mas que su propio nombre sea un derivado de aquella voz primitiva; pero Pólux, *Onomast.*, lib. IX, c. 3; Jenofonte, *Œconom.*, c. 4, §§. 13 y 21, *Anabas.*, lib. I, c. 2, §. 7, y I, 4, 10, y *Cyrop.*, I, 4, 5, afirman expresamente que *Paraiso* pertenece a la antigua lengua persa. De ella pa-

entre los habitantes del Iran data desde los preceptos de Hom, invocado en el Zend-Avesta como el profeta de la ley antigua. Por Herodoto sabemos el placer que experimentaba Jerjes á la vista del gran plátano que encontró en la Lydia, hasta el punto de mandar que le adornasen de collares y brazaletes de oro, y que le custodiase uno de sus diez mil inmortales (1). La veneracion que los pueblos antiguos tributaban á los árboles tenia relacion con el culto de las fuentes sagradas, porque iban tambien á buscar bajo su sombra el reposo y la frescura.

A este culto originario de la Naturaleza se refiere igualmente la celebridad de la colosal palmera de Delos y de un antiguo plátano de la Arcadia. Los budhistas reverencian en Ceylan la descomunal higuera de Anurahdepura, á la cual tienen por una hijuela del tronco primitivo á cuya sombra se sumergia Budha, durante su permanencia en el antiguo Magudha, en el nihilismo, que era el último grado de la beatitud (nirwâna) (2). Así como los árboles aislados se convertian, por la belleza de su forma, en objeto de un sentimiento religioso, así tambien los grupos de árboles eran venerados cual bosquecillos de las divinidades. Pausanias elogia el sacro bosque que rodeaba al templo de Apolo de Grynium en Eolide (3); y Sófocles cele-

saría verosímilmente al hebreo en la acepcion de jardin de recreo ó simplemente de jardin, *Pardes* (*Cant.*, 4, 13; *Nehem.*, 2, 8, y *Eccles.*, 2, 5), al árabe *Firdaus*, en plural *faradis* (*Alcoran*, sur. 23, 11, y *Luc.* 23, 43), al siriaco *fardaiso* (Castelli, *Lexicon syriacum*, 1788, pág. 725), al armenio *Partês*, (Ciakciak, *Dizionario armeno*, 1837, pág. 1,194, y Schrœder, *Thes ling. armen.*, 1,711, præf., pág. 56). No falta quien haya derivado la voz persa de la sanscrita *pradesa* ó *paradesa*, círculo, comarca, region extranjera; mas si bien esta etimología, indicada ya por Benfey en su *Griecht. Wurzellexikon*, t. I, 1839, pág. 138, por Bohlen y por Gesenio, puede parecer satisfactoria en cuanto á la forma de las palabras, dista mucho de serlo en cuanto á su significacion.»

(1) Herodoto, lib. VII, c. 31. Este plátano se hallaba situado entre Kallatebos y Sardes.

(2) Ritter, *Erdkunde von Asien*, t. IV, sec. 2, 1836, págs. 237, 251 y 681; Lassen, *Indische Alterthumskunde*, t. I, pág. 260.

(3) Pausanias, lib. I, c. 21, §. 9. V. tambien *Arboretum sacrum*, en

bra el bosque de Colona en uno de sus admirables coros.

El amor de los pueblos antiguos á la Naturaleza no se revelaba solo por el religioso respeto que profesaban á algunos objetos del reino vegetal y por el especial cuidado que ponian en su cultivo; antes bien se manifestaba aquel sentimiento con mayor fuerza y variedad en los jardines de los pueblos del Asia oriental. Hácia la extremidad del antiguo Continente, los jardines chinos parece que tenian mucha semejanza con lo que hoy llamamos parques ingleses. Bajo la gloriosa dinastía de los Han habian invadido tal extension de terreno los jardines pintorescos, que llegaron á ser un mal para la agricultura y un motivo de sedicion (1). «¿Qué goce, dice Lieu-tscheu, antiguo escritor chino, es el que principalmente se busca en los jardines de recreo? Todos los siglos convienen en que las plantaciones están destinadas á indemnizar al hombre de la deliciosa vida que hubiera podido pasar en el seno de la Naturaleza libre, que es su verdadera morada. El arte de arreglar los jardines consiste, pues, en reunir hasta donde sea posible el encanto de las perspectivas, la riqueza de la vegetacion, la sombra, la soledad y el reposo, de tal manera que queden engañados los sentidos. La variedad es el mayor atractivo del paisaje libre; de donde se infiere que debe elegirse con preferencia un terreno quebrado en el cual alternen las colinas y los valles, y que esté cortado por arroyos y lagos cubiertos de plantas acuáticas. Toda simetría cansa; la saciedad y el tédio nacen muy luego en aquellos jardines que revelan por do quiera el arte y la compresion (2).» La descripcion que nos hace sir Jorge Staunton del gran jardin imperial de Zhe-hol, situado al Norte de la muralla de la China, corresponde á estas prescripciones de Lieu-

Meursii *Opera*, ex recens. Joann. Lami, Florencia, 1753, t. X, págs. 787—784.

(1) *Notice historique sur les jardins des Chinois*, en las *Mémoires concernant les Chinois*, t. VIII, pág. 309.

(2) *Ibid.*, pág. 318—320.

tscheu (1), que indudablemente obtendrian tambien el voto del ingenioso príncipe contemporáneo nuestro que ha dirigido en persona la plantacion del gracioso parque de Muskau (2).

El poema descriptivo en que el emperador Kien-long se propuso celebrar á mediados del último siglo la ciudad de Mukden, antigua residencia de la dinastia de los Mandchues y los sepulcros de sus antepasados, respira el mas profundo amor á la Naturaleza libre, sin que el arte haya alterado casi nada su sencillez. El monarca poeta representa con fidelidad y acierto la frescura de las praderas, las colinas coronadas de bosques y la pacífica morada de los hombres, intercalando entre estas serenas imágenes, sin que por ello se altere nunca la armonía del cuadro, la sombría imágen de las tumbas. El sacrificio que ofrece á sus antepasados, con arreglo á los ritos instituidos por Confucio, y el piadoso recuerdo que consagra á aquellos reyes y aquellos guerreros ya muertos, forman el verdadero asunto de tan notable composicion. La extensa enumeracion de las plantas silvestres y de los animales que pueblan la comarca, cansa como todo lo que es didáctico; mas la mezcla de la impresion sensible del paisaje, que cuasi no aparece sino como el fondo del cuadro, con los sublimes objetos tomados del mundo ideal, así como el cumplimiento de las devociones y la mencion de los grandes acontecimientos históricos, prestan originalidad á toda la composicion. El respeto religioso á las montañas, tan profundamente arraigado en el corazon de los chinos, conduce á Kien-long á pintar circunstanciadamente la naturaleza inanimada, de cuyo sentimiento carecieron completamente los griegos y

(1) Sir George Staunton, *Account of the Embassy of the Earl of Macartney to China*, t. II, pág. 245.

(2) El príncipe de Pueckler Muskau, *Andeutungen ueber Landschaftsgärtnerei*, 1834. V. tambien la descripcion pintoresca de los parques ingleses antiguos y modernos y de los jardines egipcios de Schubra.

los romanos. La figura de los árboles, la direccion y la altura de las ramas, y la forma del ramaje, están descritas tambien con particular predileccion (1).

No participando yo, como está á la vista, de esas preocupaciones persistentes contra la literatura china, y habiéndome detenido, demasiado tiempo quizás, en estas imágenes de la Naturaleza trazadas por un contemporáneo del gran Federico, debo con mayor razon remontarme á una época anterior para citar el *Poema de los jardines*, compuesto siete siglos y medio ha por el célebre estadista See-ma-Kuang. La mayor parte de los sitios que describe el autor están, á la verdad, sobrecargados de edificios á la manera de las casas de campo de la antigua Italia; pero igualmente describe, elogiándole, un sitio solitario en medio de rocas y rodeado de altos pinabetes. Tambien admira la perspectiva que se extiende libremente por el ancho rio del Kiang, cubierto de innumerables embarcaciones, conviniendo al mismo tiempo en que no teme las visitas de sus amigos, porque si estos vienen para leerle versos, en cambio escucharan tambien los suyos (2). See-ma-Kuang escribia por los años de 1086, cuando en Alemania se hallaba aun la poesía en manos de un clero bárbaro, sin haber tomado todavía posesion de la lengua nacional.

Por aquella misma época, y aun quizás cinco siglos antes, los chinos, los indios de allende el Ganges y los japoneses estaban ya familiarizados con un gran número de vegetales. No dejarian, sin duda, de influir en estos conocimientos precoces las estrechas relaciones que mantuvieron entre sí los monasterios de los budhistas. En derredor de los templos, de los claustros y de los cementerios se extendian jardines adornados de árboles exóticos

(1) *Elogio de la ciudad de Mukden*, poema compuesto por el emperador Kien-long, y traducido por el Padre Amiot, 1,770, págs. 18, 22—25, 37, 63—68, 73—87, 104 y 120.

(2) *Mémoires concernant les Chinois*, t. II, págs. 643—650.

y alfombras de flores que encantaban la vista por la variedad de colores y de formas. Las plantas de la India se esparcieron muy luego por la China, por el reino de Corea y por la isla de Nifon. El señor Siebold, cuyos escritos comprenden todas las relaciones de los habitantes del Japon con los pueblos extranjeros, ha indicado antes que nadie las causas que facilitaron la reunion de los vegetales en los paises consagrados al culto de Budha (1). Es muy notable que en época posterior los monasterios cristianos debian reunir tambien en torno suyo las primeras plantas exóticas introducidas en nuestros climas.

La riqueza de las formas vegetales ofrecidas en nuestros dias como objeto de estudio á los sabios y como modelo á los artistas, debe excitarnos vivamente á investigar las causas que han contribuido á darnos á conocer mejor la Naturaleza y sus goces. La enumeracion de estas causas se encontrará en la segunda parte de este tomo, cuyo objeto es la historia de la contemplacion del mundo. Hasta aquí hemos debido limitarnos, bosquejando el reflejo de los objetos exteriores en lo interior del hombre, é investigando el efecto producido en su sensibilidad y en su razon por el aspecto del mundo, á indicar los medios que en proporcion al progreso de la cultura han contribuido á difundir y animar el estudio de la Naturaleza. No obstante la libertad permitida al desarrollo de las partes, la fuerza originaria de la organizacion amolda necesariamente la conformacion de los animales y de las plantas á tipos determinados que se

(1) Ph. Fr. de Siebold, *Kruidkundige Naamlijst van japansche en chineesche Planten*, 1844, pág. 4. ¡Qué diferencia entre la variedad de estas plantas, cultivadas tantos siglos há en la parte oriental del Asia, y la coleccion enumerada por Columela en su mezquino poema *De cultu hortorum* (vs. 95—100, 174—176, 255—271, 295—306), la cual constituia, sin embargo, todos los recursos de las mas célebres tejedoras de coronas en Atenas! En tiempo de los Tolomeos fué cuando se buscó por primera vez la variedad de plantas en los jardines del Egipto, y principalmente en Alejandría, y cuando se intentaron los primeros esfuerzos para cultivarlas durante el invierno. V. *Atenea*, lib. V, pág. 196.

reproducen sin interrupcion, é imprime á cada zona de la tierra un sello peculiar, un carácter propio que podemos denominar *fisonomía de la Naturaleza.* Uno de los mejores frutos de la civilizacion europea es haber hecho posible, aun en las regiones menos favorecidas, merced á las colecciones de plantas exóticas, á la magia de la pintura de paises y al poder de las expresiones pintorescas, el goce de una parte de las delicias que corriendo por lo comun muchos y graves riesgos, va á buscar el viajero en la contemplacion inmediata de la Naturaleza.

FIN DE LA PARTE PRIMERA.

PARTE SEGUNDA.

ENSAYO HISTORICO

SOBRE EL

DESARROLLO PROGRESIVO

DE LA IDEA DEL UNIVERSO.

INTRODUCCION.

La historia de la contemplacion física del mundo es la historia del conocimiento de la Naturaleza tomada en su conjunto; ó de otro modo: es el cuadro del trabajo que realiza la humanidad para abarcar la accion simultánea de las fuerzas que obran en la tierra y en los espacios celestes. El objeto de esta historia es, por lo tanto, la descripcion de los progresos sucesivos mediante los cuales van tendiendo á generalizarse mas y mas cada dia las observaciones: y asimismo ocupa un lugar en la historia del mundo inteligible, atento que la inteligencia se aplica á los objetos sensibles, al desarrollo orgánico de la materia aglomerada y á las fuerzas que encierra en su seno.

En la primera parte de esta obra, en el capítulo sobre los *Límites y la exposicion metódica de la Descripcion física del Mundo*, creo haber hecho ver claramente la relacion que existe entre las ciencias naturales, concretadas á la descripcion del Universo, es decir, á la doctrina del *Cosmos*; y como esta doctrina no tiene que tomar otra cosa de los conocimientos especiales sino los materiales en que reposa su existencia científica (1). La historia del conocimiento del mundo, cuyas ideas esenciales expongo aquí, y que denominaré, ya historia del *Cosmos*, ya historia de la contemplacion física del mundo, no debe, pues, confundirse con la historia de las ciencias naturales, tales como nos las presentan algunas de nuestras mejores obras de Física, de Botánica y de Zoologia.

El mejor medio de dar una idea de la naturaleza de las cosas que debe contener este cuadro, es citar algunos ejemplos. Á la historia del mundo pertenecen los descubrimientos del microscopio compuesto, del telescopio y de la polarizacion de la luz, puesto que facilitan los medios de distinguir lo que es comun á todos los organismos, de penetrar en los espacios mas remotos del cielo, y de distinguir la luz propia de la luz refleja, es decir, de reconocer si la luz solar emana de un cuerpo sólido ó de alguna envoltura gaseosa. Por el contrario, la enumeracion de los ensayos que desde Huyghens nos han conducido sucesivamente hasta el descubrimiento de Arago sobre la polarizacion colorida, debe reservarse para la historia de la Óptica. Asimismo debe quedar para la historia de la Fitognosia ó Botánica el desárrollo de los principios en cuya virtud la innumerable masa de los vegetales puede dividirse en familias; al paso que la Geografía de las plantas, es decir, la distribucion local y climatológica de los vegetales que se extienden por todo el globo, comprendiendo las algas que guarnecen la cuenca de los mares, forma una division importante en un ensayo histórico sobre el desarrollo de la idea del Universo.

La observacion razonada de los progresos que han permitido al hombre abarcar la Naturaleza en globo, no es

(1) *Cosmos*, t. I, págs. 56—62.

tampoco la historia general de la civilizacion humana, como no es, segun acabamos de indicarlo, la historia de las ciencias naturales. Semejante ojeada dirigida al conjunto de las fuerzas vivas de la creacion debe ser considerada, á no dudarlo, como el mas noble fruto de la civilizacion humana, como el supremo esfuerzo de la inteligencia hácia el fin mas elevado á que puede aspirar; mas, sin embargo, la ciencia de que aquí procuramos dar idea no ocupa mas que un lugar determinado en la historia de la civilizacion, la cual deberia abarcar simultáneamente á todos los pueblos y cuanto haya podido contribuir, en cualquier direccion que sea, á su mayor moralidad y al ensanche de su inteligencia. Colocados nosotros en el punto de vista menos vasto de la física general, consideramos la historia del conocimiento humano tan solo por una de sus fases, concretándonos principalmente á los esfuerzos mediante los cuales se ha elevado sucesivamente el hombre de los hechos aislados á la idea del conjunto, y curándonos menos del desarrollo de cada ciencia en particular que de los resultados susceptibles de generalizacion, ó de los que en diversas épocas han contribuido á la mayor exactitud de las observaciones suministrando al observador enérgicos instrumentos.

Ante todo, conviene distinguir cuidadosamente los presentimientos que suelen preceder á la ciencia, de la ciencia misma; pues al mismo compás que la raza humana se civiliza, pasan muchas cosas del primer estado al segundo, y esta transformacion oscurece la historia de los descubrimientos. Basta, por lo comun, que se liguen una á otra en la mente las investigaciones anteriores, para sentirse animado, aun sin conocerlo, de una fuerza que guia y fecundiza á la facultad adivinatriz. ¡Cuántas explicaciones no aventuraron los indios, los griegos y los pensadores de la edad media acerca del conjunto de los fenómenos físicos! Explicaciones que presentadas al principio sin pruebas de ningun género y mezcladas con las mas gratuitas hipótesis, han adquirido después el grado de certidumbre que dan la experiencia y la comprobacion científica. Seria injusto acusar á la imaginacion adivinadora, á esa vivificante actividad del espíritu que animaba á Platon, á Colon, á Keplero, de no haber creado nada en los dominios de la ciencia, cual si por la misma ley de la Naturaleza debiese ser siempre extraña á la realidad de las cosas.

Siendo la historia de la contemplacion física del mundo, segun la hemos definido, la historia de la idea de la unidad aplicada á los fenómenos y á las fuerzas simultáneas del Universo, el método de exposicion de esta historia debe consistir en la enumeracion de los medios que han promovido sucesivamente la revelacion de la unidad de los fenómenos. Bajo este punto de vista conviene distinguir: 1.° el esfuerzo libre de la razon para elevarse al conocimiento de las leyes de la Naturaleza, esto es, la observacion razonada de los fenómenos naturales; 2.° los acontecimientos que han ensanchado sucesivamente el campo de la observacion; 3.° el descubrimiento de instrumentos propios para facilitar la percepcion sensible, es decir, el descubrimiento de órganos nuevos que poniendo al hombre en relacion directa con las fuerzas terrestres y con los espacios mas remotos, multiplican las formas de la observacion y la hacen mas penetrante. Las fases esenciales de la historia del *Cosmos* deben determinarse segun estos tres órdenes de consideraciones. Á fin de que se nos comprenda mejor, vamos á caracterizar nuevamente, valiéndonos de algunos ejemplos, la diversidad de los medios por los cuales ha llegado progresivamente la humanidad á la posesion intelectual de una gran parte del Universo. Citarémos ejemplos correspondientes á cada una de las tres clases que acabamos de distinguir.

Remontándonos á la mas antigua física de los helenos, vemos que el conocimiento de la Naturaleza estaba sacado de las profundidades de la inteligencia, y era mas bien el resultado de contemplaciones internas que no de la percepcion de los fenómenos. La filosofía natural de la escuela jónica tenia por fundamento la investigacion del orígen de las cosas y la transformacion de una sola sustancia. En el símbolo matemático de Pitágoras y de sus discípulos, así como en sus consideraciones sobre el número y la forma, se descubre, por el contrario, una filosofía de la mensura y de la armonía. Dedicada a buscar por todas partes el elemento numérico, esta escuela, por una especie de prediteccion hácia las relaciones matemáticas que pudo comprender en el espacio y en el tiempo, echó, por decirlo así, los cimientos sobre que debian levantarse después nuestras ciencias experimentales. La historia de la contemplacion del mundo, tal como yo la comprendo, no tanto se aplica á pintar las frecuentes oscilaciones entre la verdad y el error, cuanto los pasos decisivos adelantados en la via de la verdad, y los acertados esfuerzos hechos para considerar bajo su verdadera luz las fuerzas terrestres y el sistema planetario. Ella nos muestra que si Platon y Aristóteles se representaban la Tierra sin rotacion ni revolucion, y como suspendida en su inmovilidad en medio del mundo, la escuela de Pitágoras, segun Filolao de Crotona, bien que no sospechase la rotacion de la tierra, enseñaba al menos el movimiento circular que describe en torno del *foco del mundo* ó fuego central (Hestia). Hicetas de Siracusa, anterior por lo menos á Teofrasto, Heráclides de Ponto y Ecfanto conocian la rotacion de la Tierra; empero Aristarco de Samos, y principalmente Seleuco el babilonio, fueron los primeros que siglo y medio después de Alejandro combinaron el movimiento de la tierra sobre sí misma, con su órbita al rededor del Sol, considerado como centro de todo el sistema planetario. Si la creencia en la inmovilidad del globo reapareció posteriormente en la tenebrosa época de la edad media, merced al fanatismo cristiano y á la influencia predominante del sistema de Tolomeo; y si ya en el siglo VI de nuestra era habia recurrido Cosmas Indopleustes al disco de Tales para dar una idea de la forma de la Tierra, justo es tambien decir que casi cien años antes de Copérnico tuvo bastante independencia y valor el cardenal aleman Nicolás de Cusa para proclamar de nuevo el doble movimiento de nuestro planeta. Después de Copérnico, el sistema de Tycho fué indudablemente un paso retrógado, que, sin embargo, no detuvo por mucho tiempo la marcha; pues luego que se reunió una gran masa de observaciones exactas, á lo cual contribuyó en gran manera el mismo Tycho, no pudo tardar mucho la verdad en abrirse camino. Por lo dicho se vé que el periodo de las oscilaciones en el conocimiento del mundo fué principalmente el período de la adivinacion y de los delirios filosóficos sobre la Naturaleza.

Después de la observacion directa y del trabajo de la inteligencia, cuyo efecto inmediato no podia ser otro que un conocimiento mas exacto de la Naturaleza, hemos indicado, como segundo miembro de la division, los grandes acontecimientos que abrieron mas espacioso horizonte á la vista de los observadores. Entre estos acontecimientos contamos las emigraciones de los pueblos, la navegacion y las expediciones de los ejércitos. Tales viajes pusieron á los hombres en disposicion de explorar la superficie de la Tierra, de reconocer la forma y ordenamiento de los continentes, la direccion de las cadenas de montañas, la elevacion relativa de las mesetas, y abriéndoles vastísimas regiones les suministraron los elementos necesarios para proceder á la investigacion de las leyes generales de la Naturaleza. En estas consideraciones históricas no es necesario presentar el encadenamiento de todos los hechos; basta para la historia del *Cosmos* recordar en cada época los acontecimientos que mas han influido en el trabajo intelectual de la humanidad y han permitido abarcar mejor la Naturaleza. Los mas considerables, bajo este punto de vista, para los pueblos situados en derredor de la cuenca del Mediterráneo, son: el viaje de Colæus de Samos allende las columnas de Hércules; la expedicion de Alejandro á la península índica de la parte acá del Ganges; la dominacion de los romanos; los progresos de la civilizacion arábiga, y el descubrimiento del Nuevo Mundo. Lo que mas importa en todos estos hechos, no tanto es conocerlos en sus pormenores, como notar la influencia que han tenido en el desarrollo de la idea del *Cosmos*, ora se trate de un viaje á la descubierta, ora de los progresos de una lengua que llega á predominar por una gran cultura y por las muchas obras maestras que produzca, ora del conocimiento repentinamente difundido de los monzones de Africa y de la India.

Ya que al enumerar estas diferentes causas impulsivas he citado el ejemplo de las lenguas, haré que resalte de una manera general su importancia bajo dos puntos de vista enteramente distintos. Consideradas aisladamente, las lenguas esparcidas por vastas regiones obran como medios de comunicacion entre razas separadas por largas distancias. Si, por el contrario, comparamos las lenguas unas con otras, observando su organizacion íntima y los diferentes grados de afinidad que entre sí tienen, entonces nos hacen penetrar mas profundamente en la historia de la humanidad. La lengua de los griegos, á la cual se hallaba tan íntimamente ligada su nacionalidad, ha ejercido un prestigio mágico sobre todos los pueblos con quienes estuvieron en contacto (1). La lengua griega, protegida por el imperio de Bactriana, aparece en el Asia central como un vehículo de la ciencia helénica, que, confundida con la índica, habian de traer diez siglos despues los árabes á las regiones mas occidentales de Europa. Merced á la antigua lengua de los indios y á la malaya, hanse establecido relaciones comerciales entre los pueblos desparra-

(1) Niebuhr, *Historia romana*, traducida al francés por Golbéry, t. I, págs. 87 y 88; Droysen, *Geschichte der Bildung des hellenistischen Staatensystems*, 1843, págs. 31—34, 567—573; Fr. Cramer, *De studiis quæ veteres ad aliarum gentium contulerunt linguas*, 1844, págs. 2—13.

mados por el archipiélago del S. E. del Asia, por las costas orientales del Africa y por la isla de Madagascar; y aun podria decirse, con no pocos visos de verosimilitud, que revelando aquellas lenguas la existencia de las factorías establecidas por los Banianos de la India, fueron la causa ocasional de la atrevida expedicion de Vasco de Gama. Las lenguas predominantes han influido favorablemente en la aproximacion de la familia humana, de la misma manera que la extension del cristianismo y del budhismo; mas, por desgracia, ahogaban prematuramente otras lenguas á cuyas expensas se establecian.

Comparadas entre si y consideradas como objetos de aquella *Ciencia de la Naturaleza* que puede aplicarse tambien á las cosas del espíritu, las lenguas agrupadas en familias con arreglo á la analogía de su extructura interna han llegado á ser una fuente preciosa de conocimientos históricos, y aun una de las conquistas científicas mas brillantes de los sesenta ó setenta últimos años. Siendo las lenguas producto espontáneo de la inteligencia humana, nos vemos conducidos, al investigar los principales rasgos de su organismo, á una época oscura y remotísima, anterior a toda tradicion. Su estudio comparativo nos muestra cómo razas separadas por vastos paises se hallan, sin embargo, unidas entre si, y traen su orígen de un mismo territorio, descubriéndonos tambien la direccion y el camino de las antiguas emigraciones. Siguiendo la huella que dejan las épocas críticas de la historia de las lenguas, el filólogo reconoce, por la fisonomía mas ó menos alterada de los diferentes idiomas, por la permanencia de formas particulares ó por la descomposicion y la disolucion del sistema general de las formas, qué raza se ha apartado menos de la lengua usada antes en la patria comun. Estas investigaciones acerca de los primeros caractéres del lenguaje en épocas remotas, investigaciones en que se considera la especie humana como un organismo viviente, encuentran ancho campo en la larga cadena de las lenguas indo-germánicas, que se extiende desde el Ganges hasta la Península Ibérica, y desde la Sicilia hasta el Cabo del Norte. El estudio de las lenguas comparadas históricamente nos sirve tambien para averiguar de qué regiones traen su orígen ciertos productos que desde la mas remota antigüedad han sido artículos importantes de comercio. Así descubrimos, por ejemplo, que los nombres sanscritos de mercancías exclusivamente indias, tales como el arroz, el algodon, el nardo y el azúcar, han pasado á la lengua griega, y en parte tambien á las semíticas (1).

Por las precedentes consideraciones, ilustradas con ejemplos, se ve que el estudio comparativo de las lenguas y las investigaciones meramente filológicas prestan poderoso auxilio á los que quieren comprender desde un punto de vista general el parentesco de la especie humana y los radios que esta ha seguido en su marcha, partiendo verosimilmente de varios centros distintos. Los medios racionales que han contribuido al desarrollo sucesivo de la idea del *Cosmos* son, pues, de muy diverso carácter, á saber:

(1) En sanscrito se llama el arroz vrîhi; el algodon, karpasa; el azúcar, 'sarkara, y el nardo, nanartha. V. Lassen, *Indische Alterthumskunde*, tomo I, 1843, págs. 245, 250, 270, 289 y 538. Sobre las voces 'sarkara y kanda, de donde viene nuestra *azúcar candi* (en aleman *Zuckerkand*), V. Humboldt, *Prolegomena de distributione geographica plantarum*, 1817, página 211: «Confundisse videntur veteres saccharum verum cum Tebaschiro Bambusæ, tum quia utraque in arundinibus inveniuntur, tum etiam quia vox sanscradana *scharkara*, quæ hodie (ut pers. *schakar* et hindost. *schukur*) pro saccharo nostro adhibetur, observante Boppio, ex auctoritate Amarasinhæ, proprie nihil dulce (*madu*) significat, sed quidquid lapidorum et arenaceum est, ac vel calculum vesicæ. Verisimile igitur, vocem *scharkara* initio dumtaxat tebaschirum (*saccar mombu*) indicasse, posterius in saccharum nostrum humilioris arundinis (*ikschu*, *kandekschu*, *kanda*) ex similitudine aspectu trans-latam esse. Vox Bambusæ ex *mambu* derivatur; ex *kanda* vox germanica *Zuckerkand*, gallica *sucre candi*. In *tebaschiro* agnoscitur Persarum *schir*, h. e. lac. sanscr. *kschiram*.» El nombre sanscrito del tabaschiro es tvakkschîrâ, leche sacada de la corteza de los árboles (twatsch). V. Lassen, *ibid.*, págs. 271—274; Pott. *Kurdische Studien*, en el *Zeitschrift für die Kunde des Morgenlandes*, t. VII, páginas 163—166, y la excelente disertacion de Carlos Ritter, en *Erdkunde von Asien*, t. VI, sec. 2, 1840, págs. 232—237.

las investigaciones sobre la extructura de las lenguas; la explicacion de los documentos históricos ocultos bajo los geroglíficos y los caractéres cuneiformes; los adelantos de las matemáticas, y sobre todo, del cálculo analítico, tan poderoso para la resolucion de los problemas relativos á la forma de la Tierra, al flujo del Océano y á los espacios celestes. Á estos medios auxiliares se allegan, por último, los inventos materiales que nos crean en cierto modo nuevos órganos, dan mas penetracion á nuestros sentidos, y nos ponen en relacion directa con las fuerzas terrestres y con los puntos mas remotos del espacio. Á fin de no mencionar aquí mas instrumentos que los que forman época en la historia de la civilizacion, nos limitarémos á citar los siguientes: el telescopio y la combinacion, harto tardía por desgracia, que de él se ha hecho, con los instrumentos métricos; el microscopio compuesto, que nos suministra el medio de seguir el desarrollo de la materia orgánica y de observar en los cuerpos aquella actividad eficaz, como dice Aristóteles, que es el principio de sus transformaciones; el compás, y los diferentes mecanismos aplicados á la investigacion del magnetismo terrestre; el péndulo empleado como medida del tiempo; el barómetro, el termómetro, los aparatos higrométricos y los electrométricos; y por último, el polariscopio, destinado á la observacion de los fenómenos de la polarizacion colorada, ora verse el experimento sobre la luz que irradian los astros, ora se aplique á la difundida por la atmósfera.

La historia de la contemplacion del mundo, fundada, cual acabo de explicar, en la observacion reflexiva de los fenómenos naturales, en un encadenamiento de hechos considerables y en los inventos que han ensanchado el círculo de la percepcion sensible, no puede presentarse aquí, aun limitándose de antemano á los rasgos principales, sino de una manera rápida é incompleta. Con todo, me lisongea la esperanza de que este pequeño bosquejo pondrá al lector en estado de comprender mas fácilmente el espíritu con que podrá llenarse algun dia un cuadro tan difícil de trazar. En este, como en el cuadro de la Naturaleza que ocupa todo el primer tomo del *Cosmos*, no me empeñaré en apurar los pormenores, sino en desenvolver con claridad las ideas generales propias para iluminar alguna de las vias que debe recorrer el observador de la Naturaleza, convertido en historiador. Supondré conocida la série de los acontecimientos y de sus causas, pues no hay para qué entrar en la narracion de aquellos, bastando citarlos é indicar la influencia que han tenido en el conocimiento progresivo del mundo. En semejante materia, no me cansaré de repetirlo, es imposible ser completo; ni es este, por otra parte, el fin de tal empresa. Conozco que al hacer esta declaracion para conservar á mi libro del *Cosmos* su carácter de posibilidad, me expongo de nuevo á la censura de los críticos, acostumbrados á juzgar de los libros, no tanto por lo que contienen, cuanto por lo que en su concepto y bajo su punto de vista individual deberian contener. Respecto de las épocas remotas, he entrado adrede en muchos mas pormenores que al tratar de acontecimientos mas recientes. Allí donde las fuentes son menos abundantes es mas difícil generalizar las consideraciones, y de aquí la necesidad de citar, para justificarlas, testimonios que no todas las personas pueden conocer. Tambien me he permitido distribuir los desarrollos con alguna desigualdad, cuando el descender á ciertas particularidades podia, á mi juicio, prestar mayor interés á la exposicion.

Á la manera que el conocimiento del mundo ha comenzado por una especie de intuicion adivinatriz y por algunas observaciones positivas sobre partes aisladas de la Naturaleza, así tambien hemos creido conveniente tomar como punto de partida, en esta narracion, un espacio limitado de la Tierra; y darémos la preferencia á la cuenca en cuyo derredor se han agitado los pueblos que con sus conocimientos pusieron la primera y mas sólida piedra de nuestra civilizacion occidental, única acaso que ha progresado sin experimentar jamás interrupcion. No es difícil seguir las grandes corrientes que han traido al Oeste de Europa los elementos de la civilizacion y de un conocimiento mas general de la Naturaleza; mas en la multiplicidad de estas corrientes es imposible reconocer una fuente primitiva. El tener miras profundas sobre el conjunto de las fuerzas naturales y el sentimiento de su unidad no es privilegio de lo que se llama pueblo primitivo; denominacion dada, segun los sistemas históricos que alternativamente han predominado, ya á una raza semítica establecida en la parte septentrional de Caldea, en el pais de Arpaxad (la Arrapachitis de Tolomeo) (1), ya á la raza de los indios y de los iranios encerrada en el pais del Zend, entre el Oxo y el Iaxarte (2). La historia, á lo menos en cuanto se apoya en testimonios humanos, no reconoce pueblos primitivos ni asiento primordial de la civilizacion, como tampoco admite esa física primitiva, ni esa ciencia revelada de la Naturaleza que se supone fué sofocada mas tarde por las tinieblas de la barbarie y del pecado. El historiador atraviesa las capas nebulosas amontonadas por los mitos simbólicos, para llegar á la tierra firme en que se han desarrollado con arreglo á leyes naturales los primeros gérmenes de la civilizacion humana. En la mas remota antigüedad, tocando á los límites del horizonte que puede descubrir la verdadera ciencia histórica, se ven ya brillar si-

(1) Ewald, *Geschichte des Volkes Israel*, t. I, 1843, págs. 332—334; Lassen, *Indische Alterthumskunde*, t. I, pág. 528. Sobre los Caldeos, y sobre los Kurdos, ó Kircios, segun Estrabon, V. tambien Rœdiger, *Zeitschrift für die Kunde des Morgenlandes*, t. III, pág. 4.

(2) El antiguo pais del Zend, llamado Bordj, (*Ombligo de las aguas dadas por Ormuzd*), se halla situado hácia el paraje en que la extremidad occidental de las montañas Celestes (Thian-Chan) corta casi en ángulo recto el *sistema* del Bolor (Belurtagh), con el nombre de cadena de Asferah, al Norte de la meseta de Pamer (Upa-meru, pais situado mas arriba del Meru). Conf. Burnouf, *Commentaire sur le Yaçna*, t. I, página 239, y *Addit.*, pág. CLXXXV, con Humboldt, *Asie Centrale*, t. I, pág. 163; t. II, págs. 16, 377 y 390.

multáneamente, cual puntos luminosos, grandes centros de civilizacion, irradiando los unos sobre los otros: el Egipto, cuyos resplandores datan por lo menos desde una época anterior en cien siglos á nuestra era (1); Babilonia, Ninive,

(1) Indicaciones cronológicas relativas á la historia de Egipto: 3,900 años antes de J. C., Manés (esta fecha no es ciertamente muy remota, antes bien parece bastante exacta); 3,430, advenimiento de la IV dinastía, que comprende á los constructores de las pirámides, Chephren-Schafra, Cheops-Chufu, y Mycerinos ó Menkera; 2,200, invasion de los Hicsos en tiempo de la XII dinastía, á la cual pertenece Amenemha III, fundador del primer laberinto. Antes de Manés (3,900 años antes de J. C.) es preciso suponer aun mil años, ó quizás mas, para el progresivo desarrollo de aquella civilizacion que habia llegado á su madurez 3,430 años por lo menos antes de nuestra era, y que desde aquella época se inmovilizó quizás en parte. (Copiado de varias cartas dirigidas al autor por el profesor Lepsius en el mes de marzo de 1846, es decir, de vuelta de su brillante expedicion á Egipto). V. tambien la erudita é ingeniosa obra de Bunsen, *Ægyptens Stelle in der Weltgeschichte*, 1835, lib. I, págs. 11—13, que al distinguir los orígenes de la *humanidad*, los orígenes de los *pueblos*, y lo que ordinariamente se llama *historia universal*, concluye de esta manera: «Rigurosamente hablando, la sobredicha historia no puede ser otra cosa mas que la historia de la humanidad *nueva*, ó la historia *nueva* de nuestra especie, suponiendo que pueda haber otra historia de aquellos misteriosos orígenes.»—La conciencia histórica y la cronología regular de los chinos se remonta á 2,400, y aun á 2,700 años antes de nuestra era, es decir, á una época muy anterior á la de Ju y aun á la de Hoang-ti. Existen muchos monumentos literarios del siglo XIII antes de nuestra era; y en el siglo XII fué cuando Tschen-Kung, segun refiere el libro del Tscheu-li, midió con tal exactitud la longitud de la sombra del sol en el solsticio, en la ciudad de Lo-Yang, edificada al Sur del rio Amarillo, que Laplace la encontró arreglada á la teoría del cambio de oblicuidad de la ecliptica, que se estableció por primera vez á fines del último siglo. Ante un testimonio de esta especie, no es ya permitido ni aun sospechar que se hayan antidatado hechos posteriores. V. Eduardo Biot, *Constitution politique de la Chine au XII siècle avant notre ère*, 1845, págs. 3 y 9. La fundacion de Tiro y del antiguo templo de Melkarth (el Hércules tirio), segun el cálculo presentado á Herodoto por los sacerdotes (lib. II, cap. 44), debe subir á 1,760 años antes de nuestra era. V. Heeren, *De la politique et du commerce des peuples de l'antiquité*, t. II, pág. 12 de la traduccion francesa. Refiriéndose á un testimonio de Porfirio, calcula Simplicio que las observaciones astronómicas de los babilonios, ya conocidas de Aristóteles, datan del año 1,903 antes de Alejandro el Grande; conjetura que el penetrante y profundo cronologista Ideler no cree en manera ninguna inverosímil. V. su *Handbuch der Chronologie*, t. I, pág. 207; las *Memorias de la Academia de Berlin*, año de 1814,

Cachemira, el Iran y la China, desde la primera colonia que se transportó de la vertiente N. E. del Kuen-lun al valle que riega en su curso inferior el Hoangho. Estos puntos centrales nos recuerdan involuntariamente las grandes estrellas que resplandecen en el firmamento, soles eternos de los espacios celestes, cuya fuerza luminosa conocemos, pero sin poder medir, salvo respecto de un corto número, la distancia relativa que las separa de nuestro planeta (1).

La hipótesis de una física primitiva revelada á la primera raza humana, de una ciencia de la Naturaleza entre los pueblos salvajes, oscurecida después por la civilizacion, entra en una esfera de ideas, ó, mejor dicho, de creencias, que debe ser completamente extraña al objeto de este libro. Sin embargo, semejante creencia se encuentra ya profundamente arraigada en los mas antiguos dogmas de la India, en la doctrina de Crischna: «Es probable que la verdad existiese originariamente entre los hombres; mas poco á poco se adormeció y fué relegada al olvido. El co-

pág. 217; y Boeckh, *Metrologische Untersuchungen ueber die Masse des Alterthums*, 1838, pág. 36.—Aun no ha podido resolverse la cuestion de si la certidumbre histórica comienza en la India mas de 1,200 años antes de nuestra era. La crónica de Kachmir *(Radjatarangini)*, vertida al francés por Troyer, París, (1840) deja subsistentes las dudas, al paso que Megastenes en sus *Indica* (edic. de Schwanbeck, 1846, pág. 151), cuenta 60 y aun 64 siglos para 153 reyes de la dinastía de Magadha, desde Manú hasta Tchandragupta, y que el astrónomo Aryabhatta hace subir la era indiana hasta el año 3,102 antes de J. C. V. Lassen, *Indische Alterthumskunde*, t. I, páginas 473, 505, 507 y 510.—A fin de que se conozca mejor cuan importantes son para la historia de la civilizacion humana las cifras reunidas en esta nota, recordarémos que entre los griegos se coloca ordinariamente la ruina de Troya en el año de 1184; Homero, por los años de 1,000 ó 950; y el historiador Cadmo de Mileto, 524 años antes de nuestra era. Por esta comparacion se ve á cuan largos intervalos y con cuanta irregularidad fué naciendo entre los pueblos mas susceptibles de cultura la necesidad de anotar con exactitud los hechos y las grandes empresas, y se nos vienen involuntariamente á la memoria las palabras que Platon en el *Timeo* (p. 22 B) pone en boca de los sacerdotes de Sais: «¡Oh Solon, Solon! vosotros los helenos sois siempre niños; en Grecia no hay ningun viejo; vuestras almas son siempre jóvenes; no teneis nocion ninguna de la antigüedad; ninguna creencia rancia, ninguna ciencia que haya encanecido con el tiempo.»

(1) V. *Cosmos*, t. I, págs. 94 y 174.

nocimiento reaparece como un recuerdo (1).» Dejamos de buen grado indecisa la cuestion de si todas las razas que denominamos salvajes se hallan realmente en el estado de rudeza natural y originaria, ó si, por el contrario, no son en su mayor parte, como muchas veces se ha podido conjeturar por la extructura de su lenguaje, razas convertidas en salvajes, y como restos dispersos que se libraron del naufragio en que acaso pereció prematuramente la primera civilizacion. Observando de mas cerca á los hombres que solemos llamar de la Naturaleza, no se descubre en ellos esa supuesta superioridad en el conocimiento de las fuerzas terrestres que por amor á lo maravilloso se atribuye á los pueblos no civilizados. El sentimiento confuso de la unidad que liga á todos los poderes de la Naturaleza entre sí, puede indudablemente poner espanto en la imaginacion del hombre salvaje, mas nada tiene que ver semejante sentimiento con los esfuerzos hechos para llegar á una concepcion clara del conjunto de los fenómenos. Las miras verdaderamente generales sobre el mundo no pueden resultar sino de la observacion y de combinaciones intelectuales, y exigen además como preparacion un largo contacto de la humanidad con el mundo exterior. Tampoco son obra de una sola raza, sino antes bien el fruto de comunicaciones recíprocas y del comercio que se establece entre todos los pueblos, ó á lo menos entre la mayor parte.

Pintando al principio de este volúmen el reflejo del mundo exterior sobre la imaginacion del hombre, hemos buscado en la historia general de la literatura los rasgos que mas vivamente expresan el sentimiento de la Naturaleza. Otro tanto harémos respecto de la historia de la contemplacion del mundo, entresacando de la historia de la civilizacion los progresos que ha hecho el conocimiento del Universo. Parangonadas estas dos partes, no al acaso, sino con conocimiento de causa, tienen entre sí las mismas relaciones que las ciencias de donde están tomadas. La histo-

(1) Guillermo de Humboldt, *Verke*, t. I, pág. 73.

ria de la cultura humana envuelve en si la historia de las fuerzas fundamentales del espíritu humano, y juntamente la de las obras literarias ó artísticas en que aquellas fuerzas se han manifestado siguiendo diversas direcciones. En el sentimiento vivo y profundo de la Naturaleza, tal como le hemos descrito, segun la diferencia de épocas y de razas, debemos igualmente reconocer un eficaz estímulo para la observacion atenta de los fenómenos y del mundo formado por su conjunto.

Ya hemos notado que atendida la multiplicidad de las corrientes por cuyo medio han sido transportados los elementos de la ciencia de la Naturaleza y desigualmente repartidos por la superficie del globo en la série de los siglos, conviene tomar por punto de partida en la historia de la contemplacion del mundo un solo grupo de pueblos, escogiendo aquel que contiene el gérmen de toda nuestra civilizacion occidental. La cultura intelectual de los griegos y de los romanos parecerá sin duda alguna muy reciente comparada con la del Egipto, la China y la India; mas los elementos extraños que ha recibido del Oriente y del Mediodia se han reproducido sin interrupcion en el suelo europeo, juntamente con los resultados de su civilizacion indígena, á despecho de las revoluciones y del cruzamiento de las razas invasoras. En aquellos paises en que se habian difundido los conocimientos con varios siglos de antelacion, ó bien la barbarie lo sumergió todo en las tinieblas, ó bien, conservando las naciones sus antiguos usos é instituciones políticas, complejas é invariables como en la China, se inmovilizaron de todo punto en la via de las ciencias y de las artes industriales, llegando á ser extrañas á las comunicaciones de pueblo á pueblo, absolutamente necesarias para que puedan formarse ideas generales. Los pueblos europeos, y los que siendo oriundos de Europa han pasado á otros continentes, se hallan presentes, por decirlo así, en todas partes, merced al inmenso desarrollo de su navegacion, mostrándose á la par en los mares y en las costas mas apartadas, y pudiendo amenazar las comarcas que no poseen. En su ciencia, que se ha trasmitido casi sin interrupcion, y hasta en su nomenclatura científica, que se ha conservado por espacio de mucho tiempo, encontramos las huellas de los numerosos caminos por donde penetraron en los mismos pueblos inventos importantes, ó á lo menos sus gérmenes; las cuales huellas son en cierto modo miras ó piquetes en la historia de la humanidad. Así recibieron de la extremidad oriental del Asia el conocimiento de la direccion y declinacion de la aguja móvil imanada; del Egipto y de la Fenicia preparaciones químicas, tales como el vidrio, materias colorantes animales ó vegetales, y óxidos metálicos; de la India el uso de un corto número de cifras, con la facilidad de darles un valor superior en virtud del principio de *posicion*.

Luego que la civilizacion abandonó su primera mansion situada entre los trópicos ó en las zonas subtropicales, se fijó en esta parte del mundo cuyas regiones septentrionales no son tan frias como las de Asia ó América, á iguales latitudes. El continente de Europa es una peninsula occidental del Asia, y ya queda explicado cómo la templanza civilizadora de su clima es debida á esta circunstancia, á su forma dividida y articulada, que ya celebró Estrabon, á su situacion frente por frente del África que se extiende á lo lejos bajo el ecuador, y finalmente, á los vientos del Oeste, que por razon de hallarse en contacto con una vasta extension del Océano, son mas calientes en invierno (1). Las condiciones físicas de Europa han opuesto á los progresos de la civilizacion menos obstáculos que las de Asia y África, en donde vastas cadenas de montañas paralelas, mesetas y bancos de arena yustapuestos, forman límites difíciles de traspasar. Por lo tanto, para exponer las principales fases de la historia de la contemplacion del mundo, partirémos del rincon de la tierra que por su

(1) *Cosmos*, t. I, pág. 308 y 348. *Asie centrale*, t. III, págs. 24 y 143.

situacion en el globo y por sus relaciones topográficas ha favorecido mas las comunicaciones entre los pueblos y el engrandecimiento de las miras cósmicas que ellas han producido.

CAPITULO I.

CUENCA DEL MAR MEDITERRANEO.

EL MAR MEDITERRÂNEO CONSIDERADO COMO PUNTO DE PARTIDA DE LAS RELACIONES QUE HAN PRODUCIDO EL SUCESIVO ENGRANDECIMIENTO DE LA IDEA DEL COSMOS.—LAZO QUE LIGA ESTE MOVIMIENTO CON LA PRIMITIVA CULTURA DE LOS HELENOS.—ENSAYOS DE NAVEGACION LEJANA HÁCIA EL NORDESTE (EXPEDICION DE LOS ARGONAUTAS), HÁCIA EL SUR (VIAJE A OFIR), Y HÁCIA EL OESTE (DESCUBRIMIENTO DE COLŒO DE SAMOS).

PLATON revela un profundo sentimiento de la grandeza del mundo cuando indica en el *Phedon* los estrechos límites del Mediterráneo de esta manera (1): «Nosotros todos, los que llenamos el espacio comprendido entre el Phaso y las columnas de Hércules, no poseemos sino una pequeña parte de la tierra, agrupados en derredor del mar Mediterráneo como hormigas ó ranas en derredor de un charco.» La estrecha cuenca en cuyas orillas hicieron florecer una brillante civilizacion los egipcios, los fenicios y los griegos, ha sido el punto de partida de los mas considerables acontecimientos. De allí salieron las colonias que po-

(1) Platon, *Phedon*, c. 58 (pág. 109 B). Cf. Herodoto, lib. II, c. 21. Cleomedes suponia tambien excavada la superficie de la tierra en la parte central, para dar cabida al mar Mediterráneo. V. Voss, *Kritische Blätter*, 1828, t. II, págs. 144 y 150.

blaron vastísimos territorios en África y Asia, y las expediciones marítimas por cuyo medio se descubrió todo un nuevo continente occidental.

El mar Mediterráneo ha conservado en su forma actual los vestigios de una division anterior en tres cuencas cerradas que se limitaban entre sí (1). La cuenca del mar Egeo se halla limitada al Sur por el arco de círculo que forman, como salimos de las costas de la Caria, las islas de Rodas, de Creta y de Citeres (Cerigo), y que viene á terminar en el Peloponeso, no lejos del promontorio de Malea. Mas hácia el Oeste está el mar Jónico ó la cuenca de las Sirtes, que contiene la isla de Malta. La punta occidental de la Sicilia no dista de las costas de África mas que 89 miriámetros; y la súbita aparicion, aunque rápidamente desvanecida, de la isla volcánica Ferdinandea, que salió del fondo del mar en 1831, al S. O. de las rocas calcáreas de Sciacca, revela un esfuerzo de la Naturaleza para cerrar nuevamente la cuenca de las Sirtes entre el cabo de Grantola, el banco de Aventura reconocido por el capitan Smith, la isla Pantellaria y el cabo de Bon, y para separar esta cuenca de la tercera, formada por el mar Tirreno (2). La cuenca de este último mar recibe las olas del Océano que penetra por el estrecho de Gibraltar, y comprende la Cerdeña, las islas Baleares y el grupito volcánico de las Columbradas españolas.

(1) Esta idea se halla desenvuelta por primera vez en mi *Relation historique du voyage aux régions équinoxiales*, t. III, pág. 236, y en el *Examen critique de l'histoire de la Géographie*, t. I, págs. 36—38. V. tambien Otfredo Muller en los *Götingische gelehrte Anzeigen*, 1838, t. I, pág. 375. La cuenca mas occidental, llamada generalmente cuenca del mar Tirreno, se compone, segun Estrabon, de los mares de Iberia, de Liguria y de Cerdeña. La cuenca de las Sirtes, al Este de la Sicilia, comprende el mar de Ausonia ó de Sicilia, el mar de Libia y el mar Jónico. La parte del mar Egeo, situada al Oeste y al Sur, se denominaba mar de Creta, mar Sarónico y mar de Myrtos. El notable pasaje del Seudo-Aristóteles, *De Mundo*, c. 3 (página 393 de la edic. de Bekker), se refiere únicamente á la forma semicircular de las costas del Mediterráneo, cortadas en golfos, y á los efectos producidos por ellas en el Océano que penetra en aquellas sinuosidades.

(2) *Cosmos*, t. I, pág. 256.

Esta division del mar Mediterráneo en tres cuencas debió al principio contener el vuelo de los viajes emprendidos con ánimo de descubrir nuevas tierras por los fenicios y los griegos; mas posteriormente produjo un efecto contrario. Los griegos permanecieron largo tiempo encerrados en el mar Egeo y en el de las Sirtes. En los tiempos homéricos, el continente de Italia era aun *una tierra desconocida*. Los focenses fueron los primeros que penetraron en el mar Tirreno, al O. de la Sicilia; unos navegantes que iban á Tarteso tocaron en las columnas de Hércules. Conviene tener presente que Cartago se hallaba situado en el límite del mar Tirreno y de la cuenca de las Sirtes. La disposicion física de las costas influyó sobre la marcha de los acontecimientos, sobre la direccion de los viajes y sobre la supremacía marítima. A su turno, el desarrollo del poder marítimo contribuyó á agrandar el círculo de las ideas.

La ribera septentrional del Mediterráneo tiene la ventaja, ya indicada por Eratóstenes, segun refiere Estrabon, de estar mas dividida y mas profundamente articulada que la costa de Africa. De ella se desprenden tres penínsulas: España, Italia y Grecia, las cuales, cortadas por gran número de golfos, forman angostas lenguas de mar y tierra con las islas y costas vecinas (1). Esta disposicion del continente y de las islas separadas de él con violencia ó solevantadas por la fuerza de los volcanes, á lo largo de las grietas que surcan el globo, dió orígen desde luego á con-

(1) Humboldt, *Asie centrale*, t. I, pág. 67. Hé aquí los dos pasajes notables de Estrabon: 1.° (lib. II, pág. 109): «Polibio distingue cinco promontorios que forman otras tantas prolongaciones de Europa; Eratóstenes no cuenta mas que tres, uno de los cuales va á terminar hácia las columnas de Hércules y comprende á la Iberia; el otro se extiende hácia el estrecho de Sicilia y forma la Italia, y el tercero, terminado por el Cabo de Malea, abraza todos los paises situados entre el mar Adriático, el Ponto Euxino y el Tanais.» 2.° (lib. II, pàg 126): «Comenzarémos por Europa, tanto por ser esta parte de la tierra la de forma mas variada, cuanto por ser su clima el mas favorable á la civilizacion y á la dignidad moral de los ciudadanos. La Europa está habitada por todas partes, excepto por algunas comarcas situadas á orillas del Tanais, y desiertas á causa del frio excesivo que en ellas reina.»

sideraciones geognósticas sobre el agrietamiento de los terrenos, los temblores de tierra y el trasvasamiento de las aguas mas elevadas del Océano á cuencas de nivel inferior. El Ponto, los Dardanelos, el estrecho de Gades y el Mediterráneo con sus innumerables islas, debian de suyo llamar la atencion hácia este sistema de exclusas naturales. El poeta que bajo el nombre de Orfeo ha referido el viaje de los Argonautas, y que verosímilmente es posterior á la era cristiana, habia recogido antiguas leyendas. Así es que habla de la division de la antigua Lyctonia en islas separadas, y refiere como «Neptuno, el de la negra cabellera, irritado contra su padre Saturno, hirió á la Lyctonia con su tridente de oro.» Esta clase de imaginaciones, puesto que hijas por lo comun de un conocimiento imperfecto de las relaciones geográficas, las adoptó y perfeccionó la eruditísima escuela de Alejandria, que con tanta complacencia investigaba los orígenes de las cosas. Que la desmembracion de la Atlántide haya sido en Occidente un reflejo lejano del mito de la Lyctonia (opinion que creo haber expuesto con alguna verosimilitud en otra obra); ó que, segun Ofredo Müller, la desaparicion de la Lyctonia (Leuconia) designe en las fábulas de la Samotracia una gran innundacion ocurrida en aquella comarca, es cuestion que no creo necesario resolver en este lugar (1).

(1) V. Ukert, *Geographie der Griechen und Römer*, 1.ª part. secc. 2, págs. 345—348, y 2.ª parte, seccion 1, pag. 194; Juan de Müller, *Werke*, t. I, pág. 38; Humboldt, *Examen critique*, etc., t. I, págs. 112 y 171; Otfried Müller, *Minyer*, pág. 64, y en los *Göttingische gelehrte Anzeingen*, 1838, t. I, págs. 372 y 383, en donde criticando mis ideas sobre la geografía mítica de los griegos con excesiva benevolencia, se manifiesta no obstante en desacuerdo con ellas. Hé aquí los términos en que yo me habia expresado: «Al suscitar cuestiones de cierta importancia é interés para los estudios filológicos, no he podido resignarme á pasar enteramente en silencio cosas que no tanto pertenecen á la descripcion del mundo real como al cielo de la geografía mítica. Sucede con el espacio lo mismo que con el tiempo; que no puede tratarse la historia bajo un punto de vista filosófico dejando sepultados en completo olvido los tiempos heróicos. Los mitos de los pueblos, como mezclados con la historia y la geografía, no pertenecen por entero al

Lo mas eficaz, en el influjo que ha ejercido la situacion geográfica del Mediterráneo sobre las relaciones de los pueblos, y sobre el sentimiento ó la conciencia de sí propio á que sucesivamente se ha elevado el mundo, es la proximidad del continente oriental saliendo hácia delante por la península del Asia Menor; es el gran número de islas del mar Egeo que han servido como de puente al paso de la civilizacion (1); es, en fin, el largo surco excavado entre la Arabia, el Egipto y la Abisinia, en el cual bajo el nombre de golfo Arábigo ó de mar Rojo, penetra el Océano Indico. tan solo separado por un angosto itsmo del Delta del Nilo

dominio del mundo ideal; pues por mas que la vaguedad sea uno de sus rasgos característicos, y que el símbolo cubra á la realidad con un velo mas ó menos tupido, no por ello dejan de revelar los mitos, íntimamente ligados entre sí, el antiguo tronco de las primeras ideas de cosmografía y de física. Los hechos de la historia y de la geografía primitivas no son meras ficciones ingeniosas, sino un reflejo de las opiniones adoptadas acerca del mundo real.» Aquel gran anticuario amigo mio, cuya prematura muerte causó tan profundo dolor en toda la extension del territorio de la Grecia, excavado por él á grandes profundidades y en direcciones diversas, cree por el contrario que las narraciones sobre la configuracion de la tierra, tal como nos la representa la poesía griega, no deben en su mayor parte referirse, como nos lo figuramos principalmente respecto de las leyendas marítimas de los fenicios, á experiencias reales revestidas de fabulosas formas por la credulidad y el amor á lo maravilloso. En su opinion, estas imágenes traen su verdadero orígen de hipótesis que el sentimiento sugirió á la inteligencia y que no recibieron sino mas adelante y paulatinamente la influencia de los conocimientos positivos; de donde resulta que creaciones meramente subjetivas, sujeridas á la imaginacion por ciertas ideas, se enlazaron casi insensiblemente á comarcas reales y á objetos de la geografía científica claramente conocidos. Dedúcese de estas consideraciones, que todas las imágenes míticas, ó que se presentan á lo menos bajo formas míticas, pertenecen al mundo ideal y fueron completamente extrañas en su orígen al ensanche del conocimiento de la tierra y al progreso de la navegacion mas allá de las columnas de Hércules. Las primeras miras de Ofredo Müller eran mas conformes á mi sentir; pues en sus *Prolegomenen zu einer wissenschaftlichen Mythologie*, págs. 68 y 109, decia aquel expresamente que en las leyendas míticas hay de ordinario un estrecho enlace entre la ciencia y la imaginacion, entre lo real y lo imaginario.—Respecto á la Atlántide y la Lyctonia puede consultarse tambien á T. H. Martin, *Etudes sur le Timée de Platon*, t. I, páginas 293—326.

(1) *Naxos*, por Ernesto Curcio, 1846, pág. 11; Droysen, *Geschichte der Bildung des hellenistischen Staatensystems*, 1843, págs. 4—9.

y de las costas que limitan al Mediterráneo por la parte del Sudeste. Estas relaciones topográficas facilitaron el desarrollo del poder fenicio y posteriormente del helénico; aceleraron *el vuelo de las ideas*, y *demostraron cuán* importante puede ser el mar como elemento de aproximacion de los pueblos. En Egipto, en las orillas del Eufrates y del Tígris, en la Pentapotamia india y en la China, en todas las regiones donde la civilizacion tuvo su primitivo asiento, la vemos seguir el curso de los grandes rios que las atravesaban; mas no sucedió así en Fenicia ni en Grecia. La actividad de los griegos y el instinto que los arrastraba á todos ellos y muy especialmente á la raza jónica, á las empresas marítimas, pudo encontrar ancho y extendido campo en que satisfacerse, merced á la maravillosa distribucion de la cuenca del Mediterráneo y á las comunicaciones de este mar con el Océano por el Sur y el Oeste.

El orígen del golfo arábigo formado por la irrupcion del Océano Índico sobre el estrecho de Bab-el-Mandeb, pertenece á la clase de los grandes fenómenos físicos descubiertos por la geognosia moderna. El eje principal del continente europeo se dirige del N. E. al S. O; mas esta línea corta cuasi en ángulo recto otro sistema de hondonadas, algunas de las cuales han sido cubiertas por las aguas del mar, al paso que otras están señaladas por el solevantamiento de cadenas de montañas paralelas. La línea que va del S. E. al N. O. en sentido inverso de la primera, hasta la embocadura del Elba, arranca desde el mar Rojo, rodeado por una y otra parte de montañas volcánicas, y se prolonga por el golfo Pérsico, el valle comprendido entre el Eufrates y el Tigris, la cadena de los montes Zagros en el Luristan, las montañas de Grecia, las hileras de islas que guarnecen el Archipiélago, el mar Adriático y los Alpes calcáreos de la Dalmacia. El cruzamiento de estos dos sistemas de líneas geodésicas, hijo sin duda de las violentas sacudidas que han conmovido el interior del globo en la misma direccion, y de cuyas líneas me parece de origen mas reciente la que va del S. E. al N. O., ha influido eficacísimamente en la suerte del linaje humano y en las comunicaciones de los pueblos (1). La situacion relativa del África oriental, de la Arabia y de la Peninsula Indica, y la temperatura de aquellas regiones, tan variable segun la distancia del sol en las diferentes estaciones del año, producen una alternativa regular de corrientes aéreas, conocidas con el nombre de *monzones*, que facilitan los viajes hácia el pais de los Adramitas (regio Myrrhifera), situado en la Arabia meridional, hácia el golfo Pérsico, la India y la isla de Ceilan (2). En efecto, desde abril ó marzo hasta octubre, tiempo en que el mar Rojo se halla agitado por los vientos del Norte, reina el monzon del Sudoeste en el espacio comprendido entre el Este de África y las costas del Malabar; al paso que durante el resto del año, el monzon del Nordeste, favorable para el regreso, sopla simultáneamente con los vientos del Sur, desde el estrecho de Bab-el-Mandeb hasta el istmo de Suez.

Despues de haber descrito el lugar de la escena, de tal manera dispuesta que naturalmente debian afluir allí de todas partes los elementos de que se formó la civilizacion de los griegos y su ciencia geográfica, debemos caracterizar sin demora á los pueblos de mas antigua y brillante cultura situados en las costas del Mediterráneo, es decir, á los egipcios, á los fenicios con sus colonias del Norte y del Oeste de África, y á los etruscos. Las emigraciones y el comercio son las causas que mas poderosamente influyeron en el desarrollo de aquellos pueblos. Á proporcion que el descubrimiento de los monumentos é inscripciones, unido á un estudio mas filosófico de las lenguas, ha ensanchado en estos últimos tiempos nuestro horizonte político, se han ido comprendiendo mejor las múltiples y complejas influencias que ejercieron sobre los griegos los

(1) Leopoldo de Buch, *Ueber die geognostischen Systeme von Deutschland*, pág. XI; Humboldt, *Asie Centrale*, t. I, págs. 284—286.

(2) *Cosmos*, t. I, págs. 336 y 337.

pueblos del Asia hasta el Eufrates, y especialmente los licios y los frigios, ligados por comunidad de origen con los habitantes de la Tracia.

Segun Lepsius, cuyos últimos descubrimientos, debidos á la importante expedicion que tanta luz ha derramado sobre toda la ciencia de la antigüedad (1), sigo y estudio con especial ahinco, «el valle del Nilo, tan famoso en los fastos de la historia de la humanidad, contiene figuras auténticas de reyes correspondientes al principio de la cuarta dinastía de Maneton. Esta dinastía, que comprende á los constructores de las grandes pirámides de Giseh, Chephren ó Schafra, Cheops-Chufu, y Menkera ó Mencheres, comienza mas de 3,400 años antes de la era cristiana, y 23 siglos antes de la invasion dórica de los Heráclidas en el Peloponeso (2).» Las pirámides de piedra de Dahschur, situadas un poco al Sur de Giseh y de Sakara, son obra, segun opina el mismo Lepsius, de la tercera dinastía. «Los trozos de estas pirámides, dice, contienen inscripciones talladas en la piedra, pero sin nombres de reyes. La última dinastía del *Antiguo Imperio*, que concluyó con la invasion de los hycsos, 1,200 años á lo menos antes de Homero, era la duodécima segun Manethon, y á ella perteció Amenemha III, el que construyó el laberinto, excavó el lago Mœris y le rodeó de fuertísimos diques al Norte y al Oeste. Después de la expulsion de los hycsos, comenzó el *Nuevo Imperio* con la décima octava dinastía. El gran Ramsés Meiamun (Ramsés II) fué el segundo soberano de la décima nona. Sus victorias, inmortalizadas por la representacion que de ellas se hizo en mármoles, fueron re-

(1) Todo lo relativo á la cronología ó á la historia de Egipto, comprendido entre comillas en el texto desde la pág. 144 hasta la 148, está sacado de comunicaciones manuscritas que me ha dirigido mi amigo el profesor Lepsius en marzo de 1846.

(2) Siguiendo la opinion de Ofredo Muller (*Dorier*, 2.ª parte, pág. 436), coloco la invasion dórica en el Peloponeso 328 años antes de la primera Olimpiada.

feridas á Germánico por los sacerdotes de Tebas (1). Herodoto habla de él bajo el nombre de Sesostris, verosímilmente por haberlo confundido con su padre Seti (Setos), conquistador casi tan belicoso y fuerte como Ramsés.»

Hanos parecido conveniente descender á estos pormenores cronológicos, á fin de poder establecer aproximadamente, luego que entremos en el verdadero terreno de la historia, los correspondientes sincronismos entre los grandes acontecimientos del Egipto, la Fenicia y la Grecia. Así como hemos bosquejado á grandes rasgos la posicion relativa del Mediterráneo, así tambien hemos debido retroceder en la série de los siglos y recordar la delantera de algunos miles de años que tomó el Egipto sobre la Grecia en las vias de la civilizacion. Sin estas dobles relaciones del espacio y del tiempo, no es dado á la inteligencia formarse una idea clara y satisfactoria de los acontecimientos históricos.

Despertada muy de antemano la civilizacion á orillas del Nilo por las necesidades del espíritu, por la configuracion particular del pais y por las instituciones sacerdotales y políticas, bien que comprimida al mismo tiempo en su desarrollo, impulsó á los pueblos, allí como en todas partes, á ponerse en contacto con las naciones extranjeras, á emprender lejanas expediciones y á fundar ciudades. Con todo, las indicaciones que nos suministran la historia y los monumentos revelan tan solo conquistas pasajeras en el Continente y una marina bien poco considerable, si nos atenemos á la que propiamente pertenecia al Egipto. Esta antigua y poderosa nacion no ha ejercido, al parecer, en el exterior una influencia tan durable como la de otras razas menos numerosas, pero mas activas. El largo trabajo de su civilizacion nacional, mas provechoso á las ma-

(1) Tácito, *Annales*, lib. II, c. 59. Champollion ha encontrado en el *Papyrus* de Sallier, donde se refieren las campañas de Sesostris, el nombre de los javanos ó yunios, y el de los luki (quizá los jonios y los lycios). Véase Bunsen, *Ægyptens Stelle*, etc., lib. I, pag. 60.

sas que á los individuos, se circunscribió á determinados límites, y debió, por lo tanto, contribuir muy poco al engrandecimiento de las miras generales sobre el mundo. Ramsés-Meiamun, que reinó por los años de 1388 á 1322 antes de Jesucristo, seis siglos antes de la primera Olimpiada, emprendió lejanas expediciones: segun Herodoto, recorrió la Etiopía, dejando allí monumentos, entre los cuales, los mas apartados hácia el Mediodia se hallan, al decir de Lepsius, en el monte Barkal; atravesó la Palestina de Siria, y pasando después desde el Asia Menor á Europa, visitó á los escitas, á los tracios, y llegó hasta la Cólquida y las orillas del Phaso, en donde se detuvo anonadada por la fatiga una parte de los soldados que le habian acompañado en su marcha. Si hemos de creer á los sacerdotes, antes de esta campaña habia ya Ramsés costeado en largos bajeles las riberas del mar Eritreo y subyugado á los pueblos que en ellas habitan, hasta que avanzando mas se encontró con un mar innavegable á causa de los bajíos (1). Diodoro afirma que Sesoosis (Ramsés el

(1) Herodoto, lib. II, c. 102 y 103; Diodoro de Sicilia, lib. I, c. 55 y 56. Herodoto (II, 106) cita expresamente tres obeliscos de los que estableció Ramsés-Meiamun para perpetuar el recuerdo de sus victorias en los paises que habia recorrido: «Uno en la Palestina de Siria y dos en la Jonia, en el camino de Efeso á Phocea, y en el de Sardes á Esmirna.» Ahora bien, en una roca situada á orillas del Lyco en Siria, no lejos de Beirut (Berytus), se ha encontrado un bajo relieve con el nombre de Ramsés varias veces repetido, y otro mas grosero en el valle de Karabel, junto al Nymphio, en el camino que, segun Lepsius, conducia de Efeso á Phocea. V. Lepsius, en los *Annali dell' Instituto archeologico*, t. X, 1838, pág. 12, y una carta del mismo autor escrita en Esmirna el mes de diciembre de 1845, é inserta en la *Archäologische Zeitung*, 1846, número 41, págs. 271—280, y Kiepert, *Ibid.*, 1843, núm. 3, pág. 35. Por lo tocante á saber si el conquistador penetró hasta la Persia y la India de la parte acá del Ganges, como se inclina á creerlo Heeren (*Manuel de l'histoire ancienne*, traduccion francesa de Thurot, 1836, pág. 72), «atento que en aquella época no habia ningun imperio poderoso en la parte occidental de Asia (la fundacion de Nínive no sube, en efecto, de los años 1230 antes de J. C.), es cuestion que no dejarán de resolver algun dia los arqueólogos y los lingüistas, cuyos descubrimientos se suceden con tanta rapidez.» Estrabon (lib. 16, pág. 769) cita un monumento de Sesostris situado cerca del

Grande) penetró en la India hasta mas allá del Ganges, y trajo prisioneros de Babilonia. «El único hecho averiguado, añade Lepsius, por lo tocante a la antigua navegacion de los egipcios, es que estos no se limitaron al Nilo, y recorrieron el golfo Arábigo. Las célebres minas de cobre situadas cerca de Uadi Magara, en la Península de Sinai, se laboreaban ya en tiempo de Cheops-Chufu de la cuarta dinastía. Hasta la sexta se encuentran inscripciones en el pais comprendido entre Hamamet y el camino de Cosseir, que une al valle del Nilo con la costa occidental del mar Rojo. En tiempo de Ramsés II se trató de construir el canal de Suez (1), sin duda para facilitar las comunicaciones con la parte de la Arabia de donde provenia el cobre.» Empresas mas vastas, tales como el viaje de circunnavegacion hecho por Neko II en derredor del África (611—595 antes de J. C.), viaje que en ninguna manera tengo por inverosimil, por mas que generalmente se le ponga en duda (2), fueron confiadas á buques fenicios. Por la

estrecho de Deira, hoy de Bab-el-Mandeb. Es muy verosímil, por otra parte, que ya en el *Antiguo Imperio*, mas de 900 años antes de Ramsés-Meiamun, los reyes egipcios habian llevado á cabo iguales expediciones al Asia. La salida de Moisés de Egipto tuvo efecto en tiempo de Setos II, de la XIX dinastía, segundo sucesor de Ramsés-Meiamun; hecho que, segun las investigaciones de Lepsius, ocurrió cerca de 1,300 años antes de nuestra era.

(1) Segun Aristóteles, Estrabon y Plinio, mas no segun Herodoto. Véase Letronne, en la *Revue des deux Mondes*, 1841, t. XXVII, pág. 219, y Droysen, *Bildung des hellenist. Staatensystems*, pág. 735.

(2) A las graves opiniones de Rennell, de Heeren y de Sprengel, los cuales admiten la circunnavegacion de la Libia, hay que añadir la del consumado filólogo Esteban Quatremère. Véase *Mémoires de l'Academie des Inscriptions*, t. XV, 2.ª parte, 1845, págs. 380—388. En mi concepto, el argumento mas sólido en apoyo de la narracion de Herodoto es la siguiente observacion que el mismo Herodoto (lib. IV, c. 42) cree falsa: «que al dar la vuelta a la Libia, en direccion de Este á Oeste, los navegantes tenian el sol á su derecha;» en el Mediterráneo, yendo asimismo de Este á Oeste, es decir, de Tire á Gadeira, el sol al punto de Mediodia caia siempre á la izquierda. No puedo dejar de admitirse, por lo demás, que aun antes de Neko se conocia en Egipto la posibilidad de dar sin obstaculo la vuelta al Africa, pues que en Herodoto dice Neko clara y terminantemente á los fenicios, «que debian volver á Egipto pasando por entre las columnas de Hércules.» Es raro, sin embargo, que Estrabon, después de haber discutido extensamente la tentativa de circunnave-

misma época, algunos años antes, en tiempo de Psammitico (Psemetek), padre de Neko, y posteriormente, concluida ya la guerra civil que perturbó el reinado de Amasis (Aahmes), algunos mercenarios griegos, estableciéndose en Naucratis, echaron los cimientos de un comercio durable. Desde aquel momento pudieron introducirse en el pais productos extranjeros, y el helenismo penetró poco á poco en el Bajo Egipto. Disminuida así la preponderancia de las influencias locales, tendió el espíritu á emanciparse, y aquel venturoso gérmen se desarrolló rápida y vigorosamente en el período durante el cual la conquista macedónica cambió la faz del mundo. La abertura de los puertos egipcios en tiempo de Psammitico señala una era tanto mas importante, cuanto que el pais, á lo menos por el lado de las costas septentrionales, habia permanecido largo tiempo cerrado de todo punto á los extranjeros, como lo está aun el Japon (1).

gacion hecha en tiempo de Cleopatra por Eudoxio de Cyzica, y mencionado los restos del bajel equipado en Gadeira que se encontraron en las costas de la Etiopia, no vea en las empresas anteriores sino fábulas *Bergianas* (lib. II, págs. 98 y 100; lo cual no impide, sin embargo, que reconozca la posibilidad de la circunnavegacion, y aun que afirme que así al Este como al Oeste no quedaba por costear del litoral sino una parte pequeñísima (lib. I, pág. 5). Estrabon no era partidario de la peregrina hipótesis de Hipparco y Marin de Tiro, los cuales creian que las costas orientales del Africa se unian á la extremidad Sudeste del Asia, de suerte que el Océano Indico venia a ser en esta suposicion un mar Mediterraneo. V. Humboldt, *Examen critique*, etc., tomo I, págs. 139—142, 145, 161 y 229; t. II, págs. 370—373. Estrabon cita á Herodoto, mas sin nombrar a Neko, cuya expedicion confunde con aquella otra en que los buques de Darío dieron la vuelta á la Persia meridional y á toda la Arabia (Herodoto, lib. IV, c. 44); y tanto es así, que sin mas ni mas se ha creido autorizado Gosselin para sustituir en el texto el nombre de Neko al de Darío. Como caso análogo al de la cabeza de caballo que adornaba al bajel de Gadeira, y que Eudoxio enseñó, segun se dice, en una plaza pública de Egipto, puede citarse el de los restos de otro buque que navegando por el mar Rojo fue impelido por corrientes occidentales á las costas de la isla de Creta, segun refiere en el *Morudj-al-dzeheb* el fidedigno historiador árabigo Masoudi. V. Quatremère, pág. 389 de la antes indicada Memoria, y Reinaud, *Relation des voyages dans l'Inde*, 1845, t. I, pág. XVI; t. II, pág. 46.

(1) Diodoro, lib. I, c. 67, §. 10; Herodoto, lib. II, c. 154, 178 y 182. Acerca de la verosimilitud de un comercio entre el Egipto y la Grecia,

En esta enumeracion de los pueblos civilizados, no helénicos, que habitaron la cuenca del Mediterráneo, antiquísimo asiento y punto de partida de la ciencia cosmológica, los fenicios subsiguen inmediatamente á los egipcios, y fueron los mas activos intermediarios de las relaciones que se establecieron entre los pueblos, desde el Océano Indico hasta las costas occidentales y septentriones del antiguo Continente. Limitados bajo cierto aspecto en su cultura intelectual, y menos familiarizados con las bellas artes que con las artes mecánicas, los fenicios no prestaron á sus creaciones la misma grandeza que los habitantes del valle del Nilo, dotados de una organizacion mas sensible; mas con todo eso, merced á la actividad y osadía que desplegaron en sus empresas comerciales, y principalmente al establecimiento de multitud de colonias, una de las cuales excedió con mucho en poderío a la metrópoli, contribuyeron en mayor escala que todas las demás razas de las orillas del Mediterráneo á la circulacion de las ideas, y a la riqueza y variedad de miras de que fué objeto el mundo. Los fenicios se servian de las pesas y medidas usadas en Babilonia (1), y conocian además, para facilitar las transacciones, el uso de la moneda acuñada, que los egipcios ignoraban, por mas que parezca extraño atendiendo al alto punto de perfeccion que habia alcanzado su educacion artística. Empero lo que mas contribuyó quizás á extender la influencia de los fenicios sobre la civilizacion de los pueblos con quienes estuvieron en contacto, fué el celo con que comunicaban y extendian por todas partes la escritura alfabética de que ellos se ser-

anterior a Psammitico, véanse las ingeniosas observaciones de Luis Ross, *Hellenica*, t. I, 1846, págs. V y X: «Los tiempos, dice, que preceden inmediatamente á Psammitico, fueron para ambos paises una época de convulsiones intestinas que necesariamente debieron de amortiguar é interrumpir parcialmente las relaciones comerciales.»

(1) Bockh, *Metrologische Untersuchungen ueber Gewichte, Munzfüsse und Masse des Alterthums in ihrem Zusammenhang*, 1838, paginas 12 y 273.

vian hacia ya mucho tiempo. Si la leyenda de una colonia llevada por Cadmo á Beocia aparece aun en su conjunto envuelta en las nubes de la fábula, no por ello es menos cierto que los helenos debieron el conocimiento del alfabeto, llamado por ellos durante largo tiempo *caractéres fenicios*, á las relaciones comerciales de los fenicios y de los jonios (1). Segun consideraciones muy recientes sobre el desarrollo de los signos alfabéticos en la antigüedad, las cuales consideraciones se van generalizando mas cada dia desde el gran descubrimiento de Champollion, tanto los caractéres usados por los fenicios, como los que empleaban todos los pueblos semíticos, deben considerarse como un alfabeto vocal que traia su orígen de la escritura figurada, es decir, que habiendo perdido las figuras su significacion intelectual, se usaban solo de una manera meramente fonética y como signos de sonidos. Este alfabeto vocal, que atendiendo á su naturaleza y á su forma esencial puede llamarse alfabeto silábico, se hallaba de tal manera dispuesto que podia satisfacer todas las necesidades de la escritura y representar gráficamente todo el sistema vocal de una lengua. «Cuando la escritura semítica, dice Lepsius en su disertacion sobre los alfabetos, pasó á Europa entre los pueblos indo-germánicos, que revelan una tendencia mucho mas marcada á distinguir claramente las vocales y las consonantes, como así debió de suceder en efecto por la preponderancia del vocalismo en sus lenguas, aquellos alfabetos silábicos experimentaron considerables modificaciones que tuvieron después muy graves consecuencias (2).» El esfuerzo para descomponer las sílabas fué coronado del mas completo éxito entre los griegos. Así, pues, la im-

(1) V. los pasajes recopilados por Otfredo Müller, *Minyer*, pág. 115, *Dorier*, 1.ª parte, pág. 129, y por J. Franz, *Elementa Epigrafices Græcæ*, 1840, págs 13, 32 y 34.

(2) Lepsius en su disertacion, *Ueber die Anordnung und Verwandschaft des Semitischen, Indischen, Alt-Persischen, Alt-Ægyptischen und Æthiopischen Alphabets*, 1836, págs. 23, 28 y 57; Gesenius, *Scripturæ Phœniciæ monumenta*, 1837, pág. 17.

portacion de los caractéres fenicios en casi todas las costas del Mediterráneo, y hasta en la costa N. E. del África, no debia servir solo para facilitar las transacciones comerciales y establecer un lazo comun entre varios pueblos civilizados. Esparciéndose y generalizándose rápidamente la escritura alfabética, merced á su flexibilidad gráfica, estaba destinada á producir mayores resultados: ella fué el vehículo de las mas nobles conquistas á que pudieron elevarse los griegos en la doble esfera de la inteligencia y del sentimiento, de la reflexion y de la imaginacion creadora, conquistas que legaron, cual imperecedero beneficio, á la posteridad mas remota.

Mas no tan solo por su mediacion y por el impulso que comunicaron á los pueblos suministraron los fenicios nuevos elementos á la contemplacion del mundo, sino que tambien ensancharon en ciertas direcciones particulares el círculo de la ciencia con sus propios descubrimientos. Su prosperidad industrial, fundada en el desarrollo de su marina y en la actividad con que los habitantes de Sidon fabricaban objetos de cristal blanco ó de colores, tejian telas y las teñian de púrpura, les condujo, como siempre sucede en tales casos, al progreso y adelanto de las ciencias matemáticas y químicas, y muy particularmente de las artes de aplicacion. «Represéntannos á los sidonios, dice Estrabon, como laboriosísimos investigadores, así en Astronomía como en la ciencia de los números. Sirviéronles de preparacion para estas ciencias el arte de la numeracion y las navegaciones nocturnas; pues ambas á dos son necesarias para el comercio y los viajes marítimos (1).» Para medir la extension del pais que los buques y las caravanas de los fenicios abrieron por primera vez, basta citar las colonias establecidas cerca del Ponto Euxino, en las costas de Bitinia (Pronectus y Bithynium), colonias verosímilmente antiquísimas; las Cycladas y varias islas del mar Egeo, reconocidas en tiempo de Homero; la parte meridio-

(1) Estrabon, lib. XVI, pag. 757.

nal de España, rica en minas de plata (Tarteso y Gades); el Norte de África, al Oeste de la pequeña Syrte (Utica, Hadrumeto y Cartago); las regiones septentrionales de Europa que producian el estaño y el ámbar (1); y por último, dos factorías establecidas en el golfo Pérsico (Tylos y Aradus, que hoy llamamos islas de Bahareín) (2).

(1) Mas facil es determinar la situacion del *País del Estaño* (la Bretaña y las islas de Scilly) que no la de las *costas del Ambar*. Tengo á lo menos por muy inverosímil que la antigua voz griega κασσίτερος, muy usada ya en tiempo de Homero, se derive de cierto monte Casio, abundante en estaño y situado en la parte Sudoeste de España, entre Gaddir y la embocadura de un riachuelo meridional llamado Ibero, segun afirma Avieno, que conocia muy bien toda aquella comarca. V. Ukert, *Geographie der Griechen und Römer*, 2.ª parte, sec. 1.ª, pág. 479. Kassiteros es el antiguo vocablo sanscrito Kastira. El estaño (en islandés, danés é inglés, *tin*, en aleman, *zinn*, y en sueco, *tenn*), se llama en malayo y javanés *timah*; concordancia de sonido que nos recuerda la de la antigua voz germana *glessum*, nombre del succino trasparente, con la voz alemana moderna *glas* (vidrio). Las denominaciones de mercancías y artículos de comercio (véase mas arriba, pag 127, nota 1), pasan de pueblo á pueblo hasta en las familias de lenguas mas diferentes entre sí. La palabra sanscrita *kastîra*, que designaba un producto tan util de la Península oriental de la India, y aun subsiste hoy en uno de los antiguos idiomas arameos, en el árabe, bajo la forma *kasdir*, pudo muy bien llegar a conocimiento de los griegos aun antes de que tocasen en Albion y en las Casiterides británicas, por el comercio que enlazaba á las factorias de los fenicios en el golfo Persico con la costa oriental de la India. V. Guillermo de Schlegel, *Indische Bibliothek*, t. II, pág. 393; Benfey, *Indien*, pág. 307; Pott, *Etymologische Forschungen*, 2.ª parte, pag. 414; Lassen, *Indische Alterthumskunde*, t. I. pág. 239. Sucede con frecuencia que un nombre llega á ser un monumento histórico; y por mas que los ignorantes se burlen de las investigaciones etimológicas, no por ello deja la análisis filológica de producir sus frutos. Los antiguos conocian tambien el estano laboreado por los Artabros y los Caláicos en la parte Noroeste de la Iberia, comarca mas próxima que las Casiterides (las OEstrymnides de Avieno) para los navegantes que se aventuraban á salir del Mediterráneo. V. Estrabon, lib. III, pág. 147; Plinio, lib. XXXIV, c. 47. Todavía en 1799, cuando me hallaba yo en Galicia antes de mi partida á las islas Canarias, se beneficiaba allí en montañas de granito una mina de estaño muy pobre. V. mi *Relation historique*, t. I, págs. 51 y 53. La existencia en aque la comarca de uno de los metales mas raros en nuestro globo, cual lo es el estano, no deja de tener cierta importancia geognóstica, á causa de la conexion que originariamente existió entre Galicia, la península de la Bretaña y el condado de Cornouailles.

(2) Esteban Quatremere, *Memoires de l'Academie des Inscriptions*, t. XV, 2.ª parte, 1845, pags. 363—370.

El comercio del ámbar, dirigido probablemente en un principio hácia el Quersoneso Címbrico, y mas adelante hácia las orillas del mar Báltico habitadas por los estios, debe su primer ensanche á la osadía y perseverancia de los navegantes fenicios que viajaban á lo largo de las costas (1),

(1) La opinion, emitida mucho tiempo ha (V. *Heinzens neues Kielisches Magazin*, 1817, 2.ª parte, pág 339; Sprengel, *Geschichte der geographischen Entdeckungen*, 1792, pág. 51; Voss, *Kritische Blätter*, t. II, pags. 392—403), de que el ámbar que llegaba por mar, y especialmente por la via del comercio interior, á las costas del Mediterráneo, provenia exclusivamente de las costas occidentales del Quersoneso Címbrico, se va acreditando mas y mas cada dia. Una disertacion de Ukert, inserta en la *Zeitschrift für die Allerthumswissenschaft*, 1838, núms. 52—55, pags. 425—452, es lo mas concluyente y lo mas ingenioso que puede leerse sobre este asunto. V. tambien la *Geographie der Griechen und Romer*, del mismo autor, 1832, 2.ª parte, sec. 2.ª, págs. 26—36; 1843, 3.ª parte, sec. 1.ª, págs. 86, 175, 182, 320 y 349. Los masilianos, que, segun opina Heeren, penetraron después de los fenicios hasta el mar Báltico, apenas pasaron de la embocadura del Wesser y del Elba. Plinio (lib. IV, c. 27) coloca terminantemente la isla de Glesaria, por otro nombre Austrania, al Oeste del promontorio de los Cimbrios en el Océano Germanico; y el recuerdo de la expedicion de Germanico indica harto bien que no puede tratarse de una isla del mar Baltico. Los grandes efectos del flujo y del reflujo que depositan el succino en aquellos *æstuaria*, ó segun la expresion de Festo, «mare vicissim tum accedit, tum recedit,» no pueden tampoco referirse mas que al litoral comprendido entre el Helder y el Quersoneso Cimbrico, y de ninguna manera al mar Baltico, en el cual, por otra parte, podia hallarse situada la isla Baltia de Timeo. Véase Plinio, lib. XXXVII, c. 11. Abalo, situada á una jornada de un *æstuarium*, no puede ser, por lo tanto, la Kurischa Nehrung. Sobre el viaje de Pytheas hacia las costas occidentales de la Jutlandia, y sobre el comercio del ámbar a lo largo de las costas que se extienden desde Skagen hasta los Paises Bajos, véase tambien a Werlauff, *Bidrag til den nordiske Ravhandels Historie*, Copenhague, 1835. No fué Plinio, sino Tacito, el que primero tuvo conocimiento del *glessum* recogido en las costas del mar Baltico en el pais de los estios y de los venedos, los cuales no se atreve á decidir el gran filólogo Schaffarik (*Slawische Alterthümer*, 1.ª parte, págs. 151—165) si pertenecen á una raza eslava ó germanica. Hasta un periodo mas avanzado del Imperio romano no se establecieron relaciones directas y frecuentes con las costas del Samland en el mar Baltico y con los estios, merced á la ruta que un caballero romano del tiempo de Neron mandó trazar atravesando la Panonia, hasta mas alla de Carnuntum. V. Voigt, *Geschichte Preussens*, t. I, pág. 85. Algunas monedas acuñadas verosímilmente antes de la Olimpiada LXXXV, que acaban de encontrarse en el distrito del Netze, revelan la existencia de comunicaciones entre las costas de Prusia

No carece de interés para la historia de la contemplacion del mundo el desarrollo ulterior de aquel comercio; hecho muy digno de ser notado, y que demuestra cuánto puede influir la preferencia dada á un solo producto de remotas tierras para establecer frecuentes comunicaciones entre los pueblos y dar á conocer vastísimas regiones. Á la manera que los focios de Marsella trasportaban el estaño de la Bretaña, atravesando la Galia hasta elRódano, asi tambien el ámbar amarillo (electrum) pasaba de pueblo á pueblo atravesando la Germania y el pais de los celtas hasta una y otra vertiente de los Alpes, sobre las márgenes del Pó, ó hasta el Borystenes, pasando por la Panonia. Á este comercio se deben las primeras relaciones establecidas entre las costas del mar del Norte, el Ponto Euxino y el Adriático.

Partiendo de Cartago, y probablemente tambien de Tarteso y de Gades, fundadas dos siglos antes, los fenicios exploraron gran parte de las costas del Noroeste del África, y llegaron bastante mas allá del Cabo Bojador, puesto que el rio Cretes de Hannon no tenga que ver con el Cre-

y las colonias griegas esparcidas por el mar Negro. V. Levezow, *Memorias de la Academia de Berlin*, 1833, págs. 181—224. En diferentes épocas, el electro depositado en las costas o desenterrado (Plinio, lib. XXXVII, caps. 11 y 67), la *piedra del sol* (nombre con que se designa el ámbar en el antiguo mito del Eridano) ha afluido por mar y tierra hacia el Mediodia, partiendo tambien de diversas regiones. El ámbar que se extraia de la tierra en dos parajes de la Escitia, tenia, en parte á lo menos, un color muy subido. Actualmente se recoje ambar todavía en el Ural, cerca de Kaltschedansk, á poca distancia de Kamensk. V. Rose, *Reise nach dem Ural*, t. I, pág. 481, y sir Roderick Murchison, *Geology of Rusia*, t. I, pág. 366. La madera fósil en que de ordinario se balla contenido el ámbar habia llamado desde luego la atencion de los antiguos, los cuales atribuian esta resina, tan preciosa á la sazon, ya al álamo negro, segun Escimno de Chio (v. 396, pág. 367, edicion de Letronne), ya á un árbol de la familia de los cedros ó de los pinos, segun Mitrídates en Plinio, lib. XXXVII, c. 11. El profesor Gœppert de Breslau ha demostrado con sus nuevas y excelentes investigaciones que la conjetura del naturalista romano era la mas exacta. Sobre el árbol fósil del succino (pinites succinifer), resto de un mundo vegetal que ya no existe, V. *Cosmos*, t. I, pág. 301, y Berendt, *Organische Reste in Bernstein*, 1845, t. I, sec. 1.ª, pág. 89.

metes mencionado en la *Meteorologia* de Aristóteles, ni con el Gambia moderno (1). Allí se hallaban situadas las numerosas ciudades de los sirios, que ascendian á 300, segun Estrabon, y fueron destruidas por los farusios y los nigricianos (2). Entre ellas estaba Cerné (la Gaulea de Dicuil, segun Letronne), que era el apostadero principal de los buques y el depósito mas provisto de toda la costa. Al Oeste, las islas Canarias y las Azores, que D. Fernando el hijo de Colon tomó por las Casitérides descubiertas por los cartagineses; y al Norte, las Orcadas, las islas de Feroe y la Islandia han llegado á ser como apostaderos de escala para los buques que se dirigen al Nuevo Continente, al mismo tiempo que marcan los dos caminos por cuyo medio se puso en comunicacion la raza europea con la que puebla el Norte y el Centro de América. Esta consideracion presta gran interés á la controversia sobre si los fenicios de la metrópoli ó los de las colonias esparcidas por las costas de la Iberia y del África (Gadeira, Cartago, Cerné) conocieron á Porto-Santo, Madera y las Canarias, y en qué época. Cuestion es esta interesante en cierto modo hasta para la historia del mundo; que en una larga cadena de sucesos nos complace remontarnos hasta el primer eslabon. Vero-

(1) Sobre el Cremetes, V. Aristóteles, *Meteorologica*, lib. I, pág. 350, edic. de Bekker; y sobre los lugares mas meridionales que menciona Hannon en su *Diario de viaje*, V. Humboldt, *Relation historique*, etc., tomo I, pág. 172, y *Examen critique*, etc., t. I, págs. 39, 180 y 288; t. III, pág. 135. Cf. Gossellin, *Recherches sur la geographie sistematique des anciens*, t. I, págs. 94 y 98; *Ukert*, 1.ª parte, seccion 1.ª, páginas 61—66.

(2) Estrabon, lib. XVII, pág. 826. La destruccion de las colonias fenicias por los nigritas indica al parecer una situacion muy cercana al Mediodia; y es indicio mas seguro que el de los cocodrilos y elefantes mencionados por Hannon, atento que estos animales se hallaban en otro tiempo al Norte del Sahara, en la Mauritania y en toda la parte occidental del Atlas, como lo prueban algunos pasajes de Estrabon, lib. XVII, pág. 827; de Eliano, *De nat. anim.*, lib. VII, c. 2; de Plinio, V, 1, y varias circunstancias de las guerras entre Roma y Cartago. Sobre este importante punto de la geografía de los animales, V. Cuvier, *Ossements fossiles*, 2.ª edic., t. I, pág. 74, y Quatremère, *Mémoires de l'Acad. des Inscript.*, t. XV, 2.ª parte, págs. 391—394.

similmente pasarian á lo menos dos mil años desde la fundacion de Tarteso y de Utica por los fenicios hasta el descubrimiento de América por la via del Norte, es decir, hasta el paso de Erich Rauda a la Groenlandia, al cual siguieron muy luego diferentes viajes marítimos prolongados hasta la Carolina del Norte. Debemos contar 2,500 años hasta la expedicion de Colon, el cual pasó á América por la via del Sudoeste, partiendo de un puerto cercano al de la antigua ciudad fenicia de Gadeira.

Si deseando presentar las ideas con el grado de generalidad que semejante asunto reclama, he indicado el descubrimiento de un grupo de islas á 31 miriámetros de la costa de África como primer término de una larga série de esfuerzos regulares, no se crea por ello que aqui se trata de una ficcion imaginada por los pueblos para satisfacer una de las intimas necesidades de su naturaleza. No hablo del Elíseo ó de las islas de los Bienaventurados situadas en el Océano á la extremidad de la tierra y calentadas por los últimos rayos del sol. La imaginacion se complacia en colocar todos los goces de la vida y los mas preciosos productos de la tierra allá en remotísimas regiones situadas á distancias indefinidas (1). Esta region ideal, este mito geográfico del Elíseo, fué retrocediendo hácia el Oeste mas allá de las columnas de Hércules, á proporcion que se generalizó entre los griegos el conocimiento del Mediterráneo. No es verosímil que diesen origen á esta leyenda nociones exactas sobre el globo, ni tampoco los descubrimientos de los fenicios, cuya época fija no podemos determinar; antes bien no se hizo mas que aplicar posteriormente este mito á una region real; de suerte que el descubrimiento geográfico sirvió tan solo para prestar un cuerpo á las imágenes de la fantasia, suministrándoles, por decirlo así, el *substratum*.

Á propósito de las islas deliciosas, que sin duda serian las Canarias, escritores posteriores, tales como el desco-

(1) Herodoto, lib. III, cap. 106.

nocido compilador que compuso la *Coleccion de Cuentos Maravillosos* atribuida á Aristóteles y se aprovechó del Timeo, ó Diodoro de Sicilia, que es aun mas explícito sobre este punto, hablan de la tempestad que accidentalmente dió orígen á aquel fortuito descubrimiento. «Buques fenicios y cartagineses, dice Diodoro, que se dirigian hácia los establecimientos fundados ya por aquella época en la costa de la Libia,» fueron arrastrados á alta mar. Este accidente debió de acontecer en el primer período del poderío marítimo de los tirrenos, á los principios de la lucha entre los pelasgos de la Tirrenia y los fenicios. Los primeros que pusieron nombres á todas aquellas islas fueron Estacio Seboso y el rey Juba de Numidia. Desgraciadamente estos nombres, puesto que fundados en noticias tomadas de libros cartagineses, no eran cartagineses. En vista de que Sertorio, lanzado de España despues de la ruina de su flota, quiso refugiarse con los suyos «en un grupo compuesto solamente de dos islas y situado en el Atlántico 10,000 estadios al Oeste de la embocadura del Bétis,» hase conjeturado que Plutarco alude en su narracion á las dos islas de Porto-Santo y Madera, designadas claramente por Plinio con el nombre de *Purpurariæ* (1). La

(1) En otra obra (*Examen critique*, t. I, págs. 130—139; t. II, páginas 158 y 169; t. III, pags. 137—140) he tratado muy circunstanciadamente de este controvertido asunto, así como tambien de los pasajes de Diodoro (lib. V, c. 19 y 20) y del Pseudo-Aristóteles (*Mirab. auscult.*, cap. 85, pagina 172, edic. de Bekker). La compilacion de las *Mirab. auscult.* parece ser anterior al fin de la primera guerra púnica, atento que el autor, hablando de la isla de Cerdeña (c. 105, pág. 211), la supone sometida al poder de los cartagineses. Es de notar tambien que la isla de espesos bosques de que se trata en aquel libro, nos la representa el autor como inhabitada. Ahora bien: los guanchos poblaban todo el grupo de las islas Canarias; pero en realidad no habitaban en la de Madera, pues ni Juan Gonzalves y Tristan Vaz en 1519, ni anteriormente Roberto Masham y Anna Dorset, suponiendo que su robinsonada sea histórica, encontraron habitantes en aquella isla. Heeren refiere la descripcion de Diodoro á la isla de Madera exclusivamente, creyendo no obstante reconocer en Festo Avieno (v. 164), que tan familiarizado estaba con los escritos cartagineses, la huella de los muchos temblores de tierra producidos por el Pico de Tenerife. V. *De la politique et du commerce des*

violenta corriente que va del N. O. al S. E. mas allá del Estrecho de Gibraltar, pudo impedir á los navegantes que costeaban el litoral el descubrimiento de estas islas, las mas apartadas del continente, y entre las cuales la mas pequeña, Porto-Santo, no se encontró poblada hasta el siglo XV. La cima del gran volcan de Tenerife no podia ser vista, ni aun mediante una fuerte refraccion, por los buques fenicios costeños, á causa de la redondez de la tierra; pero sí podia serlo, segun mis propias observaciones, desde las alturas medias que rodean al cabo Bojador, principalmente durante las erupciones y merced al reflejo de las nubes que se forman por encima del volcan (1). No falta quien asegure en Grecia, que en épocas

peuples de l'antiquité, t. IV, pág. 114 de la traduccion francesa. Ateniéndose al conjunto de las relaciones geográficas, parece que la descripcion de Avieno puede referirse á una isla mas septentrional, y aun quizás situada en el mar Croniano (mar Glacial). V. *Examen critique*, etc., t. III, pág. 138. Amiano Marcelino (lib. XXII, c. 15) habla tambien de las fuentes púnicas en que Juba bebió sus noticias. Respecto á la cuestion de saber hasta qué punto sea verosímil que el nombre de *islas Canarias* (*islas de los Perros*, segun Plinio, que se empeñaba en no ver por todas partes mas que etimologías latinas) tenga un orígen semítico, V. Credner, *Die biblische Vorstellung vom Paradiese*, en *Illgen's Zeitschrift für die historische Theologie*, t. VI, 1836, págs. 166—186. La coleccion mas importante y mas completa, bajo el punto de vista literario, de cuanto sobre las Canarias se ha escrito desde los tiempos mas remotos hasta la edad media, es un trabajo de Joaquin José da Costa de Macedo, intitulado: *Memoria em que se pretende provar que os Arabes não conhecerão as Canarias antes dos Portuguezes*, 1844. Cuando al lado de la leyenda calla la historia, quiero decir, la historia basada en documentos ciertos y positivos, nos vemos reducidos á un grado mayor ó menor de verosimilitud, pero negarlo todo sistemáticamente, so pretexto de que los testimonios no son muy exactos, paréceme que no es tampoco una aplicacion muy feliz de la crítica filológica é histórica. La multitud de noticias que nos han suministrado los antiguos, y los datos exactos de la geografía comparada, especialmente la proximidad de las antiguas é incontestables colonias establecidas en las costas de Africa, me inclinan á creer que el grupo de las Canarias fué conocido de los fenicios, de los cartagineses, de los griegos, de los romanos, y aun quizás de los etruscos.

(1) Véanse los cálculos en mi *Relation historique*, t. I, págs. 140 y 287. El Pico de Tenerife dista 2° 49' del punto mas cercano de la costa de Africa; tomando 0,08 por término medio de la refraccion de los rayos, puede divisarse la cima del Pico desde una altura de 202 toesas, y por consiguiente desde

mas cercanas á la nuestra se han divisado las erupciones del Etna desde las alturas del monte Taygetes (1).

Al enumerar los elementos que contribuyeron á ensanchar el conocimiento del mundo y afluyeron muy luego á Grecia de los diferentes puntos del mar Mediterráneo, hemos seguido á los fenicios y cartagineses en sus relaciones con los paises del Norte adonde iban á buscar el estaño y el ámbar, y en los establecimientos que fundaron cerca de las regiones tropicales en las costas occidentales de África. Réstanos ahora hablar del viaje marítimo que los fenicios hicieron hácia el Sur, y que les llevó mas allá del trópico de Cáncer, en el mar Prasódico y el mar Índico, á 742 miriámetros de Cerné y del Cuerno occidental de Hannon. Pueden conservarse dudas acerca de la situacion de los paises que producian el oro, de aquellas remotas regiones designadas con los nombres de Ophir y de Supara; puédese con igual razon suponerles situados en la costa occidental de la Península Índica ó en la costa oriental de África; pero á lo menos es incontestable que la raza

las Montañas Negras situadas cerca del cabo Bojador. Hemos obtenido este resultado suponiendo que la elevacion del Pico sea de 1,904 toesas. El capitan Vidal acaba de hallar por el cálculo trigonométrico, 1,940 toesas; y solo 1,900 los señores Coupvent y Dumoulin por medio del barómetro. V. d'Urville, *Voyage au Pôle Sud, Hist.*, t. I, 1842, págs. 31 y 32. Empero la isla de Lancerote, con su volcan de la Corona, de 300 toesas de elevacion, y la de Fortaventura, distan menos de las costas que Tenerife; pues la primera está á 1.° 15′ y la segunda á 1° 2′.

(1) Ross refiere este hecho en sus *Helenica*, t. I, pág. XI, pero solo como cosa de oidas. ¿No podria ser efecto de una ilusion? Fijando en 1,704 toesas la altura del Etna sobre el nivel del mar (lat. 37° 45′, long. 12° 41′ de París); en 1,236 la del lugar en que esté colocado el observador en el monte Taygetes, cerca del monte Elías, y calculando en 65 miriámetros la distancia de estos dos puntos, resulta que para distinguir desde el monte Taygetes un rayo luminoso partido del Etna, seria preciso que esta última montaña tuviese de altura 7,612 toesas, es decir, cuatro tantos y medio mas de la que realmente tiene. Si por el contrario, segun la observacion de mi amigo el profesor Encke, se supone entre el Etna y el Taygetes la existencia de una superficie reflectante, es decir, el reflejo de una nube colocada á 34 miriámetros del Etna y á 31 del Taygetes, entonces bastaria que la superficie reflectante se hallase á 286 toesas sobre el nivel del mar.

semítica, raza activa, esencialmente apta para el papel de intermediaria, y conocedora desde luego del alfabeto, iba á buscar las producciones de los mas diversos climas, desde las islas Casitérides hasta el Sur del Estrecho de Bab-el-Mandeb, penetrando muy adentro en las regiones tropicales. El pabellon tirio ondeaba al mismo tiempo cerca de las costas de la Bretaña y en el Océano Índico. Los fenicios tenian factorias en la parte mas septentrional del golfo Arábigo, en los puertos de Elath y de Aziongaber, lo mismo que en el golfo Pérsico en Aradus y en Tylos, donde, segun Estrabon, existian templos cuya arquitectura semejaba la de los edificados á orillas del Mediterráneo (1). Tampoco debe echarse en olvido el comercio de las caravanas que los fenicios enviaban para traer las especias y los perfumes, y que llegaban hasta mas allá de Palmira, á la Arabia Feliz y á la ciudad caldea ó nabatea de Gerrha, en la costa occidental del golfo Pérsico, lindante con la Arabia.

De Aziongaber fué de donde partieron las expediciones emprendidas de consuno por israelistas y tirios al mando de Salomon y de Hiram, los cuales pasaron, atravesando el estrecho de Bab-el-Mandeb, al pais de Ofir (Opheir, Sophir, Sophara, Supara, segun la forma sanscrita que le dió Tolomeo) (2). Salomon, muy amigo del fausto, mandó construir una flota en las orillas del Mar Rojo, para la cual le dió Hiram diestros marineros fenicios y buques ti-

(1) Estrabon, lib. XVI, pág. 766. Segun Polybio, desde el monte Hemo podia verse el Ponto Euxino y el mar Adriático, cosa que á Estrabon le parecia ya ridícula (lib. VII, pág. 313). Cf. *Scymnus de Chio*, página 93, edic. de Letronne.

(2) Sobre la sinonimia de Ophir, V. Humboldt, *Examen critique*, etc., t. II, pág. 42. Tolomeo (lib. VI, c. 7, pág. 156) cita una ciudad llamada Sapphara como metrópoli de la Arabia; y en el lib. VII, c. 1, pag. 168, una region aurífera con el nombre de Supara en el golfo de Camboya (Barigazenus sinus, segun Hesychius). *Supara* significa en indio *deliciosa ribera*. V. Lassen, *Dissert. de Taprobane*, pág. 18, é *indische Alterthumskunde*, t. I, pag. 107; Keil, *ueber die Hiram-Salomonische Schiffahrt nach Ophir und Tarsis*, págs. 40—45.

rios, que hacian ordinariamente el viaje de Tarschich (1). Las mercancías que trajo de Ofir consistian en oro, plata, madera de sándalo (algummin), piedras preciosas, marfil, monos (kophim) y pavos reales (thukkiim). Los nombres de estas mercancias no son hebreos, sino indios (2). Segun las

(1) Respecto á si los buques de Tarsis eran los que hacian el viaje del Océano, ó si, contra el parecer de Michaelis, tomaban su nombre de la ciudad fenicia de Tarso en Cilicia; V. Keil, *ibid* págs. 7, 15—22 y 71—84.

(2) Gesenio, *Thesaurus linguæ hebr.*, t. I, pág. 141, y en la *Encycloped. de Ersch et Gruber*, 4.ª parte, secc. 3.ª, pág. 401; Lassen, *indische Alterthumskunde*, t. I, pág. 538; Reinaud, *Relation des voyages faits par les arabes dans l'Inde et en Chine*, t. I, 1845, pág. XXVIII. El docto Quatremère, que en una disertacion ya citada (*Memoires de l'Acad. des Inscript.* t. XV, 2.ª parte, 1845, págs. 349—402) vuelve á colocar la tierra de Ofir en la costa oriental de Africa, como antes lo habia hecho Heeren, no traduce la voz thukkiim (thukkiyyim) por *pavo real*, sino por *papagayo ó pintada* (pág. 375). Sobre la isla de Sokotora, cf. Bohlen, *das alte Indien* 2.ª parte, pág. 139, con Benfey, *Indien*, pág. 30—32. La costa de Sofala ha sido descrita por Edrisi (V. la traduccion de Amadeo Jaubert, t. I, pág. 67) y posteriormente, después del viaje de Gama, por los portugueses, como una region abundante en oro (V. Barros, Dec. I, lib. X, c. 1, pág. 375, y Kulb, *Geschichte der Endeckungsreisen*, 1.ª parte, 1841, pág. 236). Ya hice notar en otra parte, que á mediados del siglo XII habla Edrisi del uso de la plata viva en los lavados de oro de los negros, como de un método de amalgama introducido de muy antiguo en aquella comarca. Si atendemos à la frecuente confusion de las letras *r* y *l*, hallarémos exactamente la costa africana de *Sofala* en la forma *Sophara*, que es una de las denominaciones con que se halla designada la tierra de Ophir, de Salomon y de Hiram en la version de los Setenta. Tolomeo conocia tambien, como queda dicho en la nota de la pág. 160, una region de la Arabia llamada *Saphara* (Ritter, *Erdkunde von Asien*, t. VIII, secc. 1.ª 1846, pág. 252), y otra de la India denominada *Supara*; lo cual puede atribuirse, cual se nota aun hoy dia en los parajes de América en que se habla el inglés y el español, á que las costas opuestas ó próximas á la India recibieron las expresivas denominaciones del sanscrito como un reflejo de la madre patria. Así, lo que se llamaba comercio de Ophir podia en mi concepto comprender tanto espacio como el recorrido por los buques que hacian el viaje de Tarteso, tocando en Cirene, Cartago, Gadeira y Cerne, ó por los que tomando la vuelta de las Casiterides bajaban las costas de los ártabros, de la Bretaña y del Quersoneso Cimbrico al Este. Sorprende, sin embargo, no hallar comprendido el incienso, las especias, la seda y las telas de algodon entre los nombres de las mercancías de Ofir, tales como el marfil, los monos y los pavos reales. El orígen de estos últimos es exclusivamente indio, pues si bien es verdad que los griegos les llamaban de ordinario aves de Persia ó de la Media, esto depende de que insensiblemente se fueron propagando hácia el

ingeniosas investigaciones de Gesenio, de Benfey y de Lassen, es sumamente verosímil que los fenicios, familiarizados desde luego con los monzones periódicos, merced á las Colonias que establecieron en el Golfo Pérsico y á sus relaciones con los habitantes de Gerrha, visitaron la costa occidental de la Península de la India. Cristóbal Colon estaba muy persuadido de que la tierra de Ophir (el Eldorado de Salomon) y el monte Sopora formaban parte del Asia oriental, del *Chersonesus aurea* de Tolomeo (1). Si parece dificilísimo, como lo es en efecto, representarse la Península India de la parte acá del Ganges como un manantial fecundo de oro, ningun caso debemos hacer de las hormigas *buscadoras de oro*, ni de la fragua descrita por Ctesias, en la cual dice terminantemente que se fundia á un mismo tiempo el oro y el hierro (2). Ni es tampoco de

Oeste. Los samios, que veian en los templos de Juno pavos reales criados por los sacerdotes, les creian sin mas razon originarios de Samos. De un pasaje de Eustates (*Comment. in Iliad.* t. IV, pág. 225, edic. de Leipsick, 1827) sobre el culto tributado en la Libia á los pavos reales, ha querido tambien deducirse que estas aves pertenecian al Africa.

(1) Sobre Ophir y el monte Sopora «á donde la flota de Salomon no podia llegar en menos de tres años», V. Colon, en Navarrete, *Viajes y descubrimientos que hicieron los españoles*, t. I, pág. 103. En otra parte dice el gran navegante, siempre con la esperanza de llegar á la tierra de Ophir: «El oro de Ofir tiene una virtud soberana de la cual no es posible dar idea. Con él puede hacerse cuanto se quiera en este mundo; y llega a que echa las animas al paraiso.» *Carta del Almirante escrita en la Jamaica* en 1503, Navarrete, t. I, pág. 309. Cf. Humboldt, *Examen critique*, t. I, págs. 70 y 109; t. II, págs. 38—44; y sobre la duracion del viaje de Tarschich, Keil, *ueber die Hiram-Salamonische Schiffahrt*, etc. pág. 106.

(2) Ctesias de Gnido, *Opérum reliquiæ*, edic. de F. Bœhr, 1824, c. 4 y 12, págs. 248, 271 y 300. Por lo que respecta á las indicaciones que el médico de Persia recogió en las fuentes locales y que por lo mismo son dignas de consideracion, todas ellas se refieren á las regiones septentrionales de la India, de donde salia el oro de los daradas para llegar después de muchos rodeos á Abhira, á la embocadura del Indo y á la costa del Malabar. V. Humboldt, *Asie centrale*, t. I, pág. 157, y Lassen, *indische Alterthumskunde*, t. I, pág. 5. La maravillosa narracion de Ctesias acerca de una fuente India, en cuyo fondo se encontraba hierro muy maleable después que acababa de correr el oro líquido, no se refiere probablemente mas que á una fundicion: el brillo del hierro fundido haria que se le tomase por oro, y que

grande importancia determinar exactamente á qué comarca deben referirse aquellas observaciones. Para explicar la confusion de Ctesias, basta tener en cuenta la cortísima distancia que hay entre la parte meridional de la Arabia y la isla de Dioscorides, habitada por colonos indios (los modernos la llaman Diu Zokotora, alteracion del nombre sancrito Dvipa Sukhatara), considerando asimismo que no lejos de allí, en la ribera oriental del Africa, está la costa de Sofala de auríferas olas. La Arabia y la isla de Zokotora, al S. E. del estrecho de Bab-el-Mandeb, eran para el comercio reunido de los fenicios y de los judíos, apostaderos intermediarios entre la India y el Este de Africa. Algunos indios, viendo esta comarca tan próxima á las costas de su patria, se habian establecido en ella desde la mas remota antigüedad: y por eso los navegantes que hacian el viaje á Ofir hallaban en la cuenca del Mar Rojo y del Mar Indico otros mercados de oro, además de la India.

La raza sombría y severa de los etruscos, menos apta que los fenicios para desempeñar el papel de mediadora entre los pueblos, contribuyó tambien menos á ensanchar la esfera de los conocimientos geográficos, manifestándose desde luego sometida á la influencia griega de los pelasgos de Tirrenia, que á la manera de un torrente salido de madre se habian derramado por todas las costas. Para el considerable comercio que los etruscos hacian con los paises productores del ámbar, atravesaban la Italia septentrional, pasaban los Alpes por el camino *Sagrado*, que se hallaba bajo la proteccion comun de todas las tribus circunvecinas, y llegaban de este modo hasta aquellas apartadas regiones (1). Los rasenas de Retia, tronco originario de los etruscos, descendieron tambien casi por el mismo camino hasta las márgenes del Pó, y aun mucho mas

se creyese volver á encontrar la masa de hierro luego que por efecto del enfriamiento desaparecia el color amarillo.

(1) Pseudo-Aristóteles, *Mirab. auscult.* c. 86 y 111, págs. 175 y 225 de la edic. de Bekker.

lejos hácia el Sur. Lo mas importante para nosotros, bajo el punto de vista en que debemos colocarnos para abrazar los resultados mas generales y durables, es la influencia que ejerció la vida pública de los etruscos sobre las mas antiguas instituciones de Roma, y por ellas, sobre toda la vida romana; influencia que en cierto modo no ha dejado de obrar políticamente hasta ahora, y que se trasluce aun en algunas manifestaciones secundarias y remotas. La Etruria ha acelerado, en efecto, por medio de la civilizacion romana, la civilizacion de toda la humanidad, ó por lo menos le ha impreso durante una larga série de siglos el sello de su carácter (1).

Hay un rasgo propio de la raza etrusca, digno de especial mencion; y es su predisposicion á familiarizarse íntimamente con ciertos fenómenos naturales. La adivinacion, encargo confiado á la casta sacerdotal que reclutaba sus individuos entre los caballeros, daba márgen á que se estudiasen diariamente las variaciones meteorológicas de la atmósfera. Los *Observadores de los relámpagos* (fulguratores) se ocupaban en investigar su direccion, juntamente con los medios de atraerlos ó alejarlos (2); y distinguian es-

(1) Otfried Muller, *die Etrusker*, sec. 2, pág. 350.

(2) Si antiguamente se decia en Alemania, siguiendo al Padre Angelo Cortenovis, que la tumba del héroe de Clusio Lars Porsena, adornada, segun refiere Varron, con un chapitel de bronce y con cadenas colgantes del mismo metal, era un condensador de electricidad atmosférica, ó una especie de para-rayos, cual lo eran tambien en opinion de Michaelis las agujas metálicas colocadas sobre el templo de Salomon, debemos tener en cuenta que esta idea se esparció por el tiempo en que se creia á los antiguos pueblos depositarios de los restos de una física primitiva revelada, que no tardó en oscurecerse del todo. La indicacion mas importante acerca de la relacion que existe entre el rayo y los metales conductores, relacion por otra parte muy fácil de descubrir, es, en mi concepto, la que nos suministra Ctesias en sus *Indica*, c. 4, pág. 248 de la edic. de Bæhr, cuando dice: «Que tuvo en su poder dos espadas de hierro, presentes del rey Artaxerxes Mnemon y de su madre Parisatides, las cuales espadas, clavándolas en la tierra, alejaban las nubes, el granizo y las tormentas, como tuvo ocasion de verlo él mismo asistiendo á dos experimentos hechos por el rey en su presencia». La religiosa atencion que prestaban los toscanos á los fenómenos meteorológicos y á cuanto se separaba del curso natural ordinario,

crupulosamente los desprendidos de la elevada region de las nubes, de los que Saturno, divinidad de la tierra, lanzaba de abajo arriba, llamados *Relámpugos terrestres de Saturno* (1); distincion que la física moderna no ha creido indigna de su atento y particular exámen (2). Merced á estas observaciones, poseian los etruscos datos oficiales y cuotidianos acerca de las tormentas. El arte de hacer llover (aquælicium) ó de hacer brotar manantiales ocultos, arte ejercida tambien por los etruscos, indica que los *Aquileges* habian profundizado mucho el estudio de todas las señales naturales que sirven para reconocer la estratificacion de las rocas y las desigualdades del terreno. Asi, Diodoro alaba en los etruscos la curiosidad con que se consagraban á la investigacion de las leyes naturales; á cuyo elogio añadirémos, que la poderosa casta sacerdotal de los Tarquinios dió el raro ejemplo de favorecer y protejer el estudio de las ciencias físicas.

Antes de llegar á los helenos, á esa raza tan maravillosamente dotada, cuya civilizacion ha servido de profun-

hace en extremo sensible la pérdida de todos los libros *fulgurales*; pues en ellos estarian sin duda notadas la aparicion de los grandes cometas, la caida de las piedras meteóricas y las lluvias de estrellas vagas, como lo estaban en los anales chinos de época mas remota, tan bien utilizados por Eduardo Biot (*Catalogue des étoiles filantes et des autres météores observés en Chine*, 1846). Creuzer (*Religions de l'antiquité*, t. II, págs. 480 y siguientes de la traduccion de M. Guigniaut) ha intentado demostrar de qué manera podian influir las condiciones naturales en que se encontraba la Etruria sobre la direccion de ánimo peculiar á sus habitantes. La tradicion de Prometeo robando el fuego del cielo nos trae á la memoria los supuestos esfuerzos de los fulguradores para atraer el trueno; operacion que se limitaba á una especie de conjuro, no mas eficaz verosímilmente que la calavera de burro tenida en los ritos de la Etruria por un preservativo contra las tormentas.

(1) Otfried Muller, *Etrusker*, sec. 2, págs. 162—178. Segun la complicadísima teoría augural de los etruscos, una cosa eran los relámpagos, benignas amonestaciones enviadas exclusivamente por Júpiter mediante un acto de su omnipotencia, y otra muy diferente los castigos eléctricos mas violentos, que solo podia imponer, con arreglo á la constitucion del Olimpo, despues de haber deliberado sobre ello con los doce dioses. V. Séneca, *Quæst. natur.*, lib. II, c. 41.

(2) Joh. Lydus, *De Ostentis*, edid. Hase, pág. 18 in præfat.

dísima raiz á la civilizacion moderna, y cuyas tradiciones influyen mucho en la idea que podemos formarnos de las *primeras nociones esparcidas acerca de los pueblos y del mundo*, hemos designado, como asientos originarios de la civilizacion, el Egipto, la Fenicia y la Etruria. Tambien hemos considerado la cuenca del Mediterráneo en su configuracion propia y en su situacion relativa, inquiriendo el influjo de tales accidentes y relaciones en el comercio que se estableció entre las costas occidentales de Africa, las regiones del Norte, el golfo Arábigo y el océano Indico. En ningun otro lugar de la tierra se ha visto sometido el poder á mas alternativas, ni han producido mas cambios en la vida real los progresos de la inteligencia. El movimiento fué propagado y mantenido por los griegos y por los romanos, principalmente cuando estos últimos aniquilaron en los cartagineses los postreros restos del poder fenicio. Lo que llamamos el principio de la historia no es mas que la conciencia de sí propias, que comienza á tomar cuerpo en ulteriores generaciones; siendo una ventaja de nuestra época que el horizonte del historiador se ha ensanchado de dia en dia, merced á los brillantes progresos de la filología comparada, al estudio mas curioso y á la interpretacion mas segura de los monumentos, y á que las capas sobrepuestas de los primeros siglos comienzan a presentársenos al descubierto. Varios otros pueblos, además de los que habitaban á orillas del Mediterráneo, dejan entrever vestigios de muy antigua civilizacion. Tales son, en el Asia Menor, los frigios y los licios; y en la extremidad occidental del globo, los túrdulos y los turdetanos (1), de quienes dice Estrabon: «Son los mas civilizados entre todos los iberos, como que les es muy familiar la escritura, y po-

(1) Estrabon, lib. III, pág. 139. Cf. Guillermo de Humboldt, *ueber die Urbewohner Hispaniens*, 1821, págs. 123 y 131—136. El Sr. de Saulcy se ha ocupado recientemente con buen éxito en descifrar el alfabeto ibérico, de la misma manera que Grotefend, el ingenioso intérprete de la escritura cuneiforme, se ha aplicado á los caractéres frigios, y sir Cárlos Felow á los licios. Cf. Ross, *Helenica*, 1846, t. I, pág. XVI.

seen libros antiquisimos. Tambien tienen poesías y leyes redactadas en verso, cuya antigüedad se remonta, segun *ellos*, á seis mil años.» Cito adrede este ejemplo para indicar qué parte de la antigua civilizacion, aun entre las naciones europeas, se ha perdido completamente sin dejar huella ni vestigio; y cuan estrecho es el círculo á que queda limitada para nosotros la historia de la contemplacion del mundo en los antiguos tiempos.

Mas allá de los 48° de latitud, al Norte del mar de Azof y del mar Caspio, entre el Don, el Volga, que corre por cerca de él, y el Jaik, en el sitio en que este rio sale de la parte meridional del Ural, fecundo en minas de oro, la Europa y el Asia se confunden, por decirlo así, la una en la otra, por medio de vastas landas. Herodoto, lo mismo que Fuérides de Syros, considera la Escitia, es decir, todo el Norte del Asia que forma hoy la Siberia, como dependiente de la Sarmacia europea, y aun como parte de la Europa misma (1). Verdad es que al Sur, nuestro continente está separado del asiático por límites distintamente señalados; pero la península del Asia Menor, gracias á su situacion avanzada, y el archipiélago del Mar Egeo, arrojado con sus mil articulaciones á la manera de un puente de pueblos entre dos partes del mundo, han abierto un paso fácil á las razas, á las lenguas y á la civilizacion. El Asia Menor ha sido en todos tiempos el gran camino militar de los pueblos que han emigrado del Oriente al Occidente; así como la parte N. O. de la Grecia era el de las razas invasoras de la Iliria. Las islas del mar Egeo, cuya soberanía se repartian los fenicios, los persas y los griegos, fueron el lazo que sirvió para la union del mundo griego con las lejanas regiones del Oriente.

Cuando el imperio frigio se incorporó en el reino de Lidia, y la Lidia en la Persia, las ideas de las pobla-

(1) V. Herodoto, lib. IV, c. 42, y las notas de Schweighaüser, t. III, pág. 398, edic. de Londres, 1830. Cf. Humboldt, *Asie centrale*, t. I, páginas 54 y 577.

ciones griegas de Asia y de Europa se engrandecieron con la amalgama. A consecuencia de las expediciones de Cambises y de Darío, hijo de Hystaspes, la dominacion de los persas se extendió desde Cirene y el Nilo hasta las fértiles orillas del Eufrates y del Indo. Un griego, Scylax de Caryanda, se encargó de explorar el curso del Indo, partiendo de la ciudad de Caspapyra, en el antiguo reino de Cachemira, y siguiendo aquel rio hasta su embocadura (1). Las comunicaciones de los griegos con algunos puntos de Egipto, tales como Naucratis y el brazo Pelusiaco del Nilo, eran ya activas antes de la conquista de los persas, en los reinados de Psammitico y de Amasis (2). Estas diversas relaciones arrancaron un gran número de griegos de su pais natal, no tan solo por el deseo de fundar colonias lejanas, sino tambien para ir como mercenarios á formar el núcleo de ejércitos extranjeros en Cartago, Egipto, Babilonia, Persia y Bactriana (3).

Considerando mas profundamente el carácter individual y nacional de las diferentes razas griegas (4), se ha visto que si entre los dorios, y hasta cierto punto entre los eolios, predomina un natural severo que tiene algo de exclusivismo y de contradiccion, en la raza mas espansiva de los jonios se agitaba interior y exteriormente una vida movible, mantenida en constante actividad por la necesidad de obrar y el deseo de saber. Abandonada á las impresiones de su sensibilidad, apacentando su imaginacion con el encanto de la poesia y de las bellas artes, la raza jónica sembró el gérmen bienhechor de un indefinido perfeccionamiento en todas las colonias donde llegó á difundirse.

(1) Sobre la verdadera etimología del Caspapyrus de Hecatea (*Fragmenta*, edid. Klausen, núm. 179, pág. 94), y del Caspatyrus de Herodoto, (lib. III, c. 102, y lib. IV, c. 44) V. Humboldt, *Asie centrale*, t. I, págs. 101—104.

(2) Psemetek y Aahmes. V. mas arriba *Cosmos*, t. II, pág. 148.

(3) Droysen, *Geschichte der Bildung des hellenitischen Staatensystems*, 1843, pág 23.

(4) *Cosmos*, t. II. pág. 10.

Si el aspecto físico de la Grecia ofrece el atractivo particular de una region continental y marítima á la par, la riqueza de contornos en que se funda este doble beneficio debió fomentar muy temprano en los griegos la aficion á la navegacion, al comercio activo y á las comunicaciones frecuentes con los pueblos extranjeros. La preponderancia marítima de los cretenses y de los rodios fué seguida de espediciones emprendidas ante todo con miras de rapiña y de pirateria, por los samios, focios, tafios y thesprotas, La aversion de que dan testimonio los poemas de Hesiodo, á la vida marítima, ó nace solo de una disposicion personal, ó se explica por la timidez y la inexperiencia náutica, que debia retener á los pueblos de la Grecia continental al comenzar la obra de su civilizacion. Por el contrario, las leyendas primitivas y los mitos mas antiguos siempre hacen referencia á viajes lejanos ó á alguna expedicion marítima, como si la imaginacion todavía juvenil de la raza humana se complaciese en el contraste de las creaciones ideales con una realidad mezquina. De aquí han nacido las expediciones de Baco y de Hércules, el mismo á quien bajo el nombre de Melkarth se adoraba en el templo de Gades, las correrías de Io (1), las peregrinaciones de Aristeas además de sus resurrecciones sucesivas, y las de Arbaris, el taumaturgo de las regiones hiperbóreas, que atravesaba el aire en una flecha, figura simbólica bajo la cual se ha creido reconocer una brújula (2). En los viajes de este género,

(1) Volker, *mythische Geographie des Griechen und Romer*, 1832, primera parte, págs. 1—10; Klausen, *ueber die Wanderungen der Io und des Herakles*, en el *rheinisches Museum* de Niebuhr y Brandis, 1829, páginas 293—323.

(2) En el mito de Abaris (Herodoto, lib. IV, c. 36), el taumaturgo no atraviesa los aires sobre una flecha, sino lleva una flecha «que Pitágoras le dió para que le ayudase á vencer los obstáculos de un largo viaje.» (Jamblico, *de vita Pythag.* c. 28, pág. 194, edic. de Kiessling). V. tambien Creuzer, *Religions de l'antiquité*, t. II, págs. 266 y sig. de la traduccion de M. Guigniaut, con su nota correspondiente en las Aclaraciones.—Sobre el cantor de los Arimaspes, Aristeas de Proconeso, que desaparecia y reaparecia muchas veces, v. Herodoto, lib. IV, c. 13—15.

los acontecimientos y las observaciones sobre la naturaleza del mundo son un reflejo los unos de los otros. La historia mítica de aquellos tiempos se amolda al progreso de las ideas. Si hemos de creer á Aristónico, Menelao dió la vuelta al Africa regresando de Troya, unos 500 años antes de Neko, y navegó desde Gades hasta las Indias (1).

En el período que nos ocupa, es decir, en la historia de Grecia anterior á la conquista macedónica, contribuyeron principalmente á agrandar la idea que los griegos se formaban del mundo tres acontecimientos; á saber: las tentativas hechas para penetrar hácia el Este y hácia el Oeste, partiendo del Mediterráneo, y el establecimiento de numerosas colonias desde el estrecho de Gades hasta las costas norte-orientales del Ponto Euxino; colonias que por los variados resortes de su consitucion política se hallaban mas predispuestas al desarrollo de la cultura intelectual que las de los fenicios y cartagineses, esparcidas por el mar Egeo, la Sicilia, la Iberia, y por el Norte y el Oeste del Africa.

La tentativa para penetrar hácia el Este, hecha cerca de doce siglos antes de nuestra era, ó 150 años después de Ramsés-Meiamun (Sesostris), se designa, históricamente hablando, con el nombre de *Expedicion de los argonautas á Cólquida*; acontecimiento real, pero lleno de ficciones, es decir, de circunstancias ideales hijas de la imaginacion de los pueblos, y que reducido á su significacion mas sencilla, no pasa de ser la realizacion de una empresa nacional, destinada á abrirse paso en el inhospitalario Ponto-Euxino, como lo indican la fábula de Prometeo y la libertad del Titan inventor del fuego, predicha para la época de la marcha de Hércules hácia el Oriente, la ascension del Cáucaso por la ninfa Io, partiendo del valle del Hybristes (2), los mitos de Frixo y de Helle, y todos los demás

(1) Estrabon, lib. I, pág. 38.

(2) Este valle es probablemente el del Don ó el del Kuban. V. Humboldt, *Asie centrale*, t. II, pág. 164. Ferécidas dice terminantemente (fragm. 37

hechos que revelan el deseo de penetrar en el Ponto-Euxino, adonde muy de antemano se habian aventurado ya algunos navegantes fenicios.

Antes de las emigraciones dórica y eólica, los minyos, potencia marítima, tenian ya una rica metrópoli en la ciudad beótica de Orcomeno, situada cerca de la extremidad septentrional del lago Copais. Los argonautas, no obstante, partieron para su expedicion de la ciudad de Iolcos, capital de los minyos de la Tesalia en el golfo Pagasético. El objeto ó el término de esta empresa se halla descrito con mucha diversidad, segun las épocas: cuando no se quiso ya pensar en la remota é indeterminada comarca de Æa, hásela referido á la embocadura del Faso, ó del Rion, como hoy le llamamos, y á la Cólquida, asiento de una antigua civilizacion (1). Los viajes de los Milesios, y sus mu-

ex schol. Apollon., lib. II, v. 1214) que el Caucaso habia ardido, y que por ello Tifon se habia refugiado á Italia; de cuya tradicion deduce Klausen, en su disertacion poco antes citada, cierta relacion alegórica entre Prometeo, *encendedor del fuego* (πυρκαυζ), y el nombre de la montaña, cuyas dos primeras sílabas despiertan cada una de por sí la idea del fuego. Por mas que la condicion geognóstica del Caucaso, recientemente estudiada por Abich con exquisita diligencia, y la relacion, que creo haber demostrado en otro lugar, entre esta montaña y el Thian-Schan volcanico del Asia central (los montes Celestes), nos autoricen á creer que pudieron conservarse recuerdos de grandes fenómenos volcanicos en las tradiciones mas antiguas de la especie humana, vale mas, sin embargo, suponer que los griegos llegaron á la hipótesis del Cáucaso ardiendo guiados por casuales coincidencias etimológicas. Sobre el orígen sanscrito de la voz *Graucasus* (montaña resplandeciente), véanse las opiniones de Bohlen y de Burnouf, expuestas en el *Asie centrale*, t. I, pág. 109.

(1) Otfried Muller, *Minyer*, págs. 247, 254 y 274. Homero no tenia noticia del Faso, ni de la Cólquida, ni de las columnas de Hercules; pero en Hesiodo encontramos ya nombrado el Faso. Las fabulosas leyendas sobre la vuelta de los argonautas por el Faso, el Océano oriental y la supuesta bifurcacion del Ister, ó bien por el doble lago Triton formado á consecuencia de sacudidas volcánicas, son de suma y singular importancia para el conocimiento de las primeras opiniones sobre la configuracion de los continentes. V. *Examen critique*, t. I, pag. 179; t. III, págs. 135—137, y Otfried Muller, *Minyer*, pág. 357. Por otra parte, los delirios geográficos de Pisandro, de Timagetes y de Apolonio de Rodas se han propagado hasta fines de la edad media, sirviendo a las veces de motivos de confusion y de

chas colonias esparcidas por las costas del Ponto-Euxino, hicieron mas exacto el conocimiento de las riberas oriental y septentrional de dicho mar; pues á sus exploraciones se debió que la parte geográfica de aquellos mitos adquiriese contornos mas determinados y fijos, dando á la par ocasion á una série importante de nuevos descubrimientos. Durante mucho tiempo, no se habia conocido del mar Caspio mas que la costa occidental, considerada por Hecatea como la costa del gran mar que rodea al mundo por la parte del Oriente (1). Herodoto, el venerable padre de la historia, fué el que primero enseñó que el mar Caspio era un lago cerrado por todas partes; verdad que aun se puso en duda por espacio de 600 años después de su muerte, hasta el advenimiento de Tolomeo.

Ancho campo se abrió tambien á la etnografía luego que se penetró en la parte Norte-oriental del mar Negro. Entonces causó gran sorpresa la diversidad de las lenguas (2), y se comenzó á sentir vivamente la necesidad de

obstáculos formidables, y á las veces de estímulo para nuevos descubrimientos. Por desgracia, la historia de la geografía no habia tomado hasta ahora en cuenta esta reaccion de la antigüedad sobre los tiempos posteriores, durante los cuales dejábanse guiar los escritores mas bien por simples conjeturas que no por la observacion de la realidad. Bueno será advertir, con este motivo, que al escribir las notas del *Cosmos* no me propongo unicamente indicar las fuentes bibliográficas sacadas de las diferentes literaturas, como medio de esclarecer las opiniones expresadas en el texto; sino que me he aprovechado de la mayor libertad que permiten las notas, para someter á la reflexion materiales tan abundantes como los que debo á mi experiencia y á mis largos estudios literarios.

(1) Hecatæi, *fragm.*, edid. Klausen, págs. 39, 92, 98 y 119. V. tambien en el *Asie centrale* mis investigaciones sobre la historia de la geografía del mar Caspio, desde Herodoto hasta los árabes El-Istachri, Edrisi é Ibn-el-Vardi, como tambien sobre el mar de Aral y la bifurcacion del Oxo y del Araxes.

(2) Cramer, *de studiis quæ veteres ad aliarum gentes contulerint linguas*, 1844, págs. 8 y 17. Parece que los antiguos habitantes de la Cólquida eran la misma raza de los lazos (*Lazi, gentes Colchorum*, Plinio, lib VI, c. 4; Λαϑοί entre los escritores bizantinos). V. Vater, *der Argonautenzug aus den Quellen dargestellt*, 1845, sec. 1.ª, pág. 24; sec. 2.ª, págs. 45, 57 y 103. En la actualidad se oyen aun resonar en el Cáucaso los nombres de los alanos (*Alanethi*, pais de los alanos), de los osios y de los asas. Segun los

tener hábiles intérpretes, primer recurso de la ignorancia, y medio todavía grosero de llegar al conocimiento de las lenguas comparadas. Entonces tambien partieron del Palus Meotides, cuya extension se exajeraba mucho, mercaderes *que hacian el comercio reciproco*, y se *aventuraron al azar* en las estepas habitadas hoy por los kirguisos *de la Horda Media*, atravesando una série de aduares de escitas escolotos (raza en mi concepto indo-germánica (1), desde los argipeos y los isedones hasta los aripasmes, poseedores de *ricas minas de oro en la vertiente septentrional del Altai* (2). Allí se hallaba situado el antiguo imperio de los grifones, en el cual tuvo orígen el mito meteorológico de los Hiperbó-

estudios de Jorge Rosen, comenzados en los valles del Cáucaso con grande inteligencia filosófica de las lenguas, la de los lazos contiene restos del antiguo idioma de la Cólquida. La familia de las lenguas ibérica y grúsica comprende el lazo, el georgiano, el suano y el mingreliano, idiomas todos pertenecientes á la familia de las lenguas indo-germánicas. La lengua de los osetas tiene con el gótico mas afinidad que el lituano.

(1) Sobre la afinidad de los escitas (scolotes ó sacos), de los alanos, godos, masagetas y pueblos llamados yuncti por los escritores chinos, véase á Klaproth en su comentario sobre el *Voyage du comte Potocki*, tom. I, pág. 129, y *l'Asie centrale*, t. I, pág 400. Procopio dice terminantemente (*de bello Gothico*, lib. IV, c. 5, t. II, pág. 476, de la edic. de Boun). que los godos se habian llamado antes escitas. J. Grimm ha demostrado la identidad de los getas y de los godos en su reciente disertacion sobre Jornandès, 1846, pág. 21; la opinion emitida en términos afirmativos por Niebuhr, en sus investigaciones sobre los getas y los sarmatas (*kleine histor. und philolog. Schriften*, coleccion 1.ª, 1828, p. 362, 364 y 395), de que los escitas de Herodoto pertenecen á la familia de las tribus mogólicas, es tanto menos verosímil, cuanto que estas tribus, parte sometidas á los chinos, parte á los hakas ó á los kirguizos (χερχίς de Menandro), habitaban todavía á principios del siglo XIII, muy adentro de las comarcas orientales del Asia en derredor del lago Baikal. Herodoto distingue, por otra parte, de los escitas, á los argipeos de calva cabeza (l. IV, c. 23). Los últimos, si bien es verdad que tienen la nariz chata, tienen tambien la barba larga, lo cual, no es en manera ninguna un signo característico de los kalmucos ó de las demás razas mogólicas, segun he tenido ocasion de comprobar, sino mas bien un distintivo de los usunos y de los tuiglingos de rubia cabellera, que parecen tener cierta afinidad con los germanos, y á quienes los escritores chinos atribuyen «cabezas largas de caballo».

(2) Sobre el asiento de los Arimaspes y el comercio de oro de la parte Norte-occidental del Asia por el tiempo de Herodoto, v. *Asie centrale*, t. I, págs. 389-407.

reos, que se extendió luego muy lejos hácia el Occidente, siguiendo las huellas de Hércules (1).

Es de creer que la parte del Ásia septentrional antes indicada, y nuevamente célebre en nuestros dias por los lavaderos de oro de la Siberia, llegó á ser para los griegos, lo mismo que en tiempo de Herodoto el oro reunido por las razas góticas de los mesagetas, un manantial importante de riqueza y de lujo, debido á las relaciones establecidas con el Ponto Euxino. Yo coloco estas minas entre los grados 53 y 55 de latitud. Por lo tocante á la region de las arenas de oro, cuya existencia revelaron á los viajeros los daranas, dardos ó derdos mencionados en el *Mahabharata* y en los fragmentos de Megastenes, y á la cual se ha referido la vulgarísima fábula de las hormigas giganteas, por la casualidad de ofrecer doble sentido el nombre de estos animales (2), debemos colocarla mas al Mediodia hácia el

(1) «Los Hiperbóreos son un *mito meteorológico*. El viento de las montañas (*B'Oreas*) sale de los montes Ripeos, mas allá de los cuales debe reinar una calma apacible y un clima afortunado, cual sobre *las cimas alpinas* en la parte á donde no alcanzan las nubes. Tales son las primeras ideas de una física que explica la distribucion del calor y la diferencia de los climas por las causas locales, por la direccion de los vientos dominantes, por la proximidad del sol, y por la accion de un principio húmedo ó salino; y de aquí, como consecuencia de estas ideas sistemáticas, cierta supuesta independencia entre los climas y la latitud geográfica de los lugares. Así, el mito de los Hiperbóreos, enlazado por su orígen al culto dórico y primitivamente boreal de Apolo, ha podido trasladarse del Norte hácia el Oeste, siguiendo á Hércules en sus correrias á las fuentes del Ister, á la isla de Eritia y á los jardines de las Hespérides. Los *Ripas* ó montes *Ripeos* son tambien un nombre significativo *meteorológico*, que vale tanto como montañas de la *impulsion* ó del *aliento glacial* (ῥιπή), montañas desde donde se desencadenan las tempestades boreales.» *Asie centrale*, t. I, págs. 392 y 403.

(2) Hay dos voces en la lengua del Indostan, segun ha observado ya Wilford, que pueden confundirse fácilmente: la una, *tschiunta*, designa una especie de hormiga gruesa y negra, de donde la hormiga pequeña ordinaria tomó el nombre diminutivo *tschiunti* ó *tschinti*; la otra, *tschitá* designa una pantera manchada, el leopardillo cazador (*felis jubata* de Schreb.) La voz *tschitá* es la misma que la sanscrita *tschitra*, abigarrado, manchado, como lo prueba el nombre bengalés *tschitâbâgh* y *tschitibâgh*, de *bâgh*, en sanscrito *wyâghra*, tigre (Buschmann). Recientemente se ha descubierto en el *Mahabharata* (lib. II, v. 1860) un pasaje en que se habla de *hormigas que*

grado 35 ó 37 de latitud. Segun dos combinaciones igualmente posibles, aquella region coincide ó con la parte montañosa del Tibet, al E. de la cadena de Bolor, entre el Himalaya y el Kuen-lun, al O. de Iskardo, ó bien con la comarca que se extiende al N. del Kuen-lun, enfrente del desierto de Gobi, en donde el viajero chino Hiuen-thsang, que vivia á principios del siglo VII de nuestra era, sin que hasta ahora se haya desmentido ninguna de sus observaciones, afirma que existian tambien considerables minas de oro. ¡Cuánto mas accesible no debia ser á las colonias milesias de la costa Norte-oriental del Ponto Euxino el pais, igualmente fecundo bajo este aspecto, de los arimaspes y de los mesagetas! Al trazar la historia de la contemplacion del mundo, no me ha parecido fuera de propósito indicar todos los resultados importantes y durables que pudieron producir la abertura del mar Negro y las primeras tentativas de los griegos para penetrar en las regiones orientales.

La emigracion dórica y la vuelta de los heráclidas al Peloponeso, *grandes acontecimientos que renovaron la faz* de la Grecia, caen, poco mas ó menos, siglo y medio despues de la expedicion, semi-verdadera semi-fabulosa, de los argonautas, es decir, despues que el Ponto Euxino quedó accesible al comercio y á la navegacion de los griegos. Esta emigracion, junta con el establecimiento de nuevos Estados y de nuevas constituciones, dió ocasion y punto de partida al sistema colonial que forma uno de los períodos importantes de la vida helénica, á la par que estimulando la cultura intelectual, contribuyó mas que ninguna otra causa á agrandar la idea del mundo. Las colonias fueron,

buscan el oro: «Wilso invenit mentionem fieri etiam in Indicis litteris bestiarum aurum effodientium quas, quum terram effodiant, eodem nomine pipilica) atque formicas Indi nuncupant.» V. *Journal of the Asiat. Soc.* 1843, t. VII, pág. 143, y compárese con Schwanbeck, edic. de los *Indica* de Megastenes, 1846, pág. 73. Yo he visto con sorpresa en las elevadas comarcas de Mejico donde abunda el basalto, hormigas que arrastraban partículas de cuarzo hyalino, del cual pude proporcionarme muestra cogiendo un gran numero de dichas hormigas.

propiamente hablando, las que mas íntimamente enlazaron el Asia y la Europa; y las griegas formaban una cadena, prolongada desde Sinope, Dioscurias, y Panticapea, en el Quersoneso Táurico, hasta Sagunto y Cyrene, en cuya metrópoli, Thera, jamás la lluvia refrescaba la tierra.

Ningun otro pueblo de la antigüedad presenta una reunion de tantas y por lo general tan poderosas colonias; bien es verdad que desde la fundacion de las primeras colonias eólicas, entre las cuales brillaron Mitilena y Esmirna, hasta las de Siracusa, Crotona y Cyrene, no trascurrieron menos de cuatro á cinco siglos. Los indios y los malayos apenas hicieron mas que ensayos para fundar algunos establecimientos en la costa oriental de Africa, en Zokotora (Dioscorides), y en el archipiélago del Sur del Asia. Cierto que los fenicios extendieron sus colonias sobre mas vasto espacio aun que los griegos, pues se hallaban esparcidas, aun con grandes intérvalos, desde el golfo Arábigo hasta Cerné, en la costa occidental de Africa, y cierto, además, que su sistema de colonizacion se hallaba muy perfeccionado, hasta el punto de que jamás metrópoli ninguna dió nacimiento á una colonia que haya aplicado mayor poderio y actividad que Cartago al comercio ó á la conquista; pero bajo el punto de vista de la cultura intelectual y del númen artístico, Cartago quedó siempre, no obstante su grandeza, muy por bajo de las brillantes colonias griegas, que por tan largo tiempo hicieron florecer las mas nobles formas del arte.

Ni debe olvidarse que un gran número de ciudades griegas prosperaban simultáneamente en el Asia Menor, en el mar Egeo, en la Italia meridional y en la isla de Sicilia; que las colonias de Mileto y de Marsella fundaban, á la manera que Cartago, otras nuevas colonias á su turno; que Siracusa, exaltada hasta la cumbre del poder, peleaba contra Atenas y contra los ejércitos de Annibal y de Amilcar; en fin, que después de Tiro y Cartago, Mileto fué durante mucho tiempo la ciudad comercial mas importante del mundo. Así, un pueblo agitado por frecuentes revueltas intestinas, derramaba no obstante la vida, á fuerza de actividad, fuera de su propio seno, é iba á depositar por do quiera, merced á su prosperidad siempre creciente, el fecundo gérmen que habia de producir el renacimiento de la civilizacion nacional. La comunidad de lengua y de religion era el lazo que mantenia unidos los distantes miembros de aquel cuerpo, los cuales eran otros tantos órganos por donde la pequeña metrópoli helénica penetraba en los vastos círculos en que se agitaba la vida de los demás pueblos. El helenismo admitió así en su seno elementos extraños, sin sacrificar jamás la grandeza y la originalidad de su carácter, por mas que no pueda dudarse que el contacto directo con el Oriente y con el Egipto, mas de cien años antes de caer este imperio bajo la denominacion de los persas, debió ejercer en la Grecia una influencia mas durable que las tan controvertidas y misteriosas colonias llevadas de Sais por Cecrops, de la Fenicia por Cadmo y de Chemmis por Danao.

Lo que distingue á las colonías griegas de todas las demás, especialmente de las inmóviles colonias de la Fenicia, y lo que imprime á su organizacion un sello peculiar y característico, es la individualidad y las diferencias originarias entre las razas de que se componia la nacion. Habia en las colonias griegas, como en todo el mundo helénico, una mezcla de fuerzas contrarias, de las cuales tendian unas á la separacion y otras á la union. La oposicion de estas fuerzas produjo la diversidad en las ideas y en los sentimientos, y dió origen á diferencias en la poesía y en el arte rítmica; pero mantuvo en cambio aquella plenitud de vida destinada á la paz y reconciliacion de los principios al parecer mas contrarios, en virtud de una síntesis armónica mas general y elevada.

Por mas que las ciudades de Mileto, de Efeso y de Colofon fuesen jónicas, dóricas las de Cos, Rodas y Halicarnaso, y aquéas las de Crotona y Libaris, en medio de aquella cultura tan varia, y aun en la Gran Grecia donde vivian reunidas colonias de tribus diferentes, el poder de los poemas homéricos, de aquella palabra que respira tan profundo y verdadero entusiasmo, imprimia cierta homogeneidad á todos los ánimos por el encanto que sobre ellos ejercia. Por eso el helenismo se mantuvo constantemente en toda su integridad, á pesar de los fuertes contrastes que ofrecian las costumbres y las constituciones de los diferentes Estados, y no obstante la movilidad propia del espíritu griego. Así es que puede considerarse como propiedad de toda la nacion aquel vasto imperio de ideas y de tipos artísticos, en cuya creacion habian tenido parte todas las razas.

Réstame hacer mencion del tercer acontecimiento ya antes indicado, como uno de los que, juntamente con la abertura del Ponto Euxino y con el establecimiento de las colonias en las costas del Mediterráneo, influyeron muy particularmente en el progreso de la contemplacion del mundo: hablo del paso por el Estrecho de Gades. La fundacion de Tarteso y la de Gades. donde habia un templo consagrado al dios viajero Melkarth, hijo de Baal, así como la colonia de Utica, mas antigua que Cartago, prueban que los fenicios llevaban ya varios siglos de navegar por el Océano cuando se abrió por primera vez á los griegos el camino que Píndaro llama *puerta de Gadeira* (1). Á la manera que al Este, penetrando en el Ponto Euxino (2), ha-

(1) V. Estrabon, lib. III, pag. 172; Bœckh, *Pindari fragmenta*. v. 155.—La travesía de Coleo de Samos viene á caer, segun Otfried Müller (*Prolegomenen zu einer wissenschaftlichen Mythologie*), en la XXXI olimpiada, y en la XXXV, 1, segun las investigaciones de Letronne (*Essai sur les idees cosmographiques qui se rattachent au nom d'Atlas*, pag. 9). Esta época es independiente de la fundacion de Cirene, colocada por Ot. Müller (*Minyer*, pág. 344, y *Prolegomenen*, etc., pag. 63) entre las Olimp. XXXV y XXXVII, porque en tiempo de Coleo no se conocia aun el camino de Thera hácia la Libia. Segun Zumpt, la fundacion de Cartago data del año 878, y la de Gades del 1100 antes de J. C.

(2) Siguiendo el uso de los antiguos (V. Estrabon, lib. II, pág. 126), comprendo todo el Ponto Euxino con el Palus Meotides en la cuenca del mar Interior; cosa que permite, por otra parte, diferentes consideraciones geognósticas y físicas.

bian establecido los milesios comunicaciones que activaron el comercio terrestre con el Norte de Europa y de Asia, y mucho después con las comarcas regadas por el Oxo y el Indo, así tambien entre los griegos fueron los samios (1) y los focios (2) los primeros que partiendo del Mediterraneo se abrieron paso al Occidente.

Coleo de Samos queria darse á la vela para Egipto en el momento en que comenzaban bajo el reinado de Psammitico, ó quizás solo en que se renovaban las relaciones de este pais con la Grecia. Los vientos del Este le echaron a la isla Platea, y de allí fué empujado al Océano atravesando el Estrecho de Gades. Al referir este hecho, Herodoto añade con intencion que una mano divina guiaba á Coleo de Samos. No fué solo la importancia de los beneficios imprevistos que de aqui resultaron para la ciudad ibérica de Tarteso, sino tambien el descubrimiento de espacios desconocidos y el acceso á un mundo nuevo, apenas entrevisto hasta entonces por entre las nubes de la fábula, lo que dió celebridad y esplendor á aquel acontecimiento por donde quiera que se hablaba la lengua griega en el Mediterráneo. Presentábanse por primera vez á la vista, del otro lado de las columnas de Hércules (llamadas antes columnas de Briareo, de Egeon y de Cronos), á la extremidad occidental de la tierra, en el camino del Elíseo y de las Hespérides, aquellas aguas primitivas del Océano que circundaban la tierra (3), y de las cuales ya desde aquella época se suponian oriundos todos los rios.

Los navegantes habian encontrado en las márgenes del

(1) Herodoto, lib. IV, c. 152.

(2) Herodoto, lib. I, c. 163. En este pasaje se atribuye el descubrimiento de Tarteso a los focios; mas la empresa comercial de estos fué 70 años posterior á Coleo de Samos, segun el cómputo de Ukert (*Geographie der Griechen und Römer*, 1.ª parte, sec. 1.ª, pág. 40).

(3) Segun un fragmento de Favorino, las voces ὠκεανος, y por consiguiente ὠγῆν, no son griegas, sino tomadas de los bárbaros. V. Spohn, *De Nicephori Blemmidæ duobus opusculis*, 1818, pag. 23. Mi hermano creia que dichas voces se refieren á las raices sanscritas *ogha* y *ogh*. Véase *Examen critique*, etc., t. I, págs. 33 y 182.

Faso una ribera que cerraba el Ponto Euxino, mas allá de la cual no imaginaban que existiese otra cosa mas que el *Estanque del Sol*. Al Sur de Gades y de Tarteso, la vista se perdia libremente en lo infinito; circunstancia que por espacio de 1,500 años ha dado una importancia particular á la *puerta* del mar Mediterráneo. Inclinados siempre á ir *mas allá*, los pueblos navegantes, tales como los fenicios, los griegos, los árabes, los catalanes, los mallorquines, los franceses de Dieppe y de la Rochela, los genoveses, los venecianos, los portugueses y los españoles, intentaron sucesivamente penetrar en el Océano Atlántico, durante mucho tiempo considerado como un mar tenebroso (mare tenebrosum) lleno de limo y de bancos de arena, hasta que partiendo de las islas Canarias ó de las Azores, llegaron al cabo, de uno en otro apostadero, al nuevo continente que ya los normandos habian visitado por otro camino.

Cuando Alejandro penetraba en las apartadas regiones del Oriente, el filósofo de Estagira habia ya adivinado por ciertas consideraciones sobre la figura de la tierra, la proximidad del Estrecho de Gades y de las Indias (1). Estrabon llegó hasta suponer que en el hemisferio boreal, acaso bajo el paralelo que pasa por el Estrecho de Gades, la isla de Rodas y el pais de Tina, podian existir, entre las costas occidentales de Europa y las orientales de Asia, *otros varios continentes habitables* (2). La hipótesis de que el eje prolongado del mar Mediterráneo debia ir á parar á nuevas regiones, convenia con la gran idea de Eratóstenes, muy generalizada entre los antiguos, de que el suelo del antiguo continente, considerado en su mas vasta extension

(1) Aristóteles, *De Cœlo*, lib. II, c. 14, pág. 298, edic. de Bekker; *Meteorol.*, lib. II, c. 5, pág. 362; cf. *Examen critique*, t. I, págs. 125—130. Séneca (*Natur. Quæst. in præfat.*, §. 11) no vacila en decir: «Contemnet curiosus spectator domicilii (terræ) angustias. ¿Quantum enim est quod ab ultimis littoribus Hispaniæ usque ad Indos jacet? Paucissimorum dierum spatium, si navem suus ventus implevit.» V. *Examen critique*, t. I, pág. 58.

(2) Estrabon, lib. I, pág. 65, y lib. II, pág. 118. Cf. *Examen critique*, t. I, pág. 152.

de Oriente á Occidente, es decir, hácia el grado 36 de latitud poco mas ó menos, presenta una línea de *solevantamiento* sin ninguna interrupcion considerable (1).

Mas la expedicion de Coleo de Samos no sirvió tan solo para marcar la época en que se abrieron nuevos mercados á las razas griegas, ávidas de largos viajes marítimos, y á los pueblos herederos de su civilizacion, sino que inmediatamente ensanchó tambien la esfera de las ideas. Hasta entonces no llegó á ser objeto de profundo y sostenido estudio el gran fenómeno del flujo periódico del Mar que patentiza las relaciones de la Tierra con el Sol y con la Luna, y que antes no se habia manifestado á los griegos en las sirtes africanas sino de una manera irregular y no exenta de riesgos. Posidonio estudió en Ilipa y en Gades el flujo y reflujo, comparando sus observaciones con lo que en aquellos mismos parajes podian enseñarle los fenicios mas expertos acerca de los influjos lunares (2).

(1) En el *Diafragma* de Dicearco, que formaba una especie de línea ecuatorial, el solevantamiento sigue el monte Tauro, las cadenas del Demavend y del Indo-kho, el Kuen-lun, que limita al Tibet por la parte del Norte, y las montañas de las Nubes, cubiertas siempre de nieve, en las provincias chinas de Sse-Tschuan y de Kuang-Si. V. mis investigaciones orográficas sobre esta línea de solevantamiento, en el *Asie centrale*, t. I, págs. 104—114, 118—164; t. II, págs. 413 y 438.

(2) Estrabon, lib. III, pág. 173. Cf. *Examen critique*, t. III, pág. 98.

CAPITULO II.

EXPEDICION DE ALEJANDRO MAGNO AL ASIA.

NUEVAS RELACIONES ENTRE LAS DIVERSAS PARTES DEL MUNDO.—FUSION DEL ORIENTE Y DEL OCCIDENTE.—MEZCLA DE LOS PUEBLOS DESDE EL NILO HASTA EL EUFRATES, EL IAXARTE Y EL INDO, BAJO LA INFLUENCIA DEL PRINCIPIO HELÉNICO.—SÚBITO ENGRANDECIMIENTO DE LA IDEA DEL COSMOS.

Si estudiando la historia del género humano nos detenemos á considerar la union progresiva que se estableció entre las poblaciones de la Europa occidental y las del Sudoeste del Asia, del valle del Nilo y de la Libia, no hay duda que la expedicion de los macedonios dirigida por Alejandro, la caida de la monarquía persa, las primeras relaciones con la península de la India y la influencia ejercida durante 116 años por el imperio griego de Bactriana, forman una de las épocas mas importantes de la vida comun de los pueblos. Á la inmensa esfera en que se realizó este movimiento, hay que añadir la grandeza moral que imprimió el conquistador á la empresa por sus infatigables esfuerzos para conseguir la mezcla de todas las razas, y crear la unidad del mundo bajo la influencia civilizadora del helenismo (1). La fundacion de multitud de ciudades en parajes

(1) Droysen, *Geschichte Alexanders des Grossen*, pág. 544, y *Geschichte der Bildung des hellenistischen Staatensystems*, págs. 23—34, 588—592, 748—755.

cuya eleccion indica un pensamiento mas general y elevado; el celo con que cuidaba el conquistador de establecer en ellas una administracion independiente, sin chocar con los usos y costumbres nacionales, ni con el culto indígena; todo, en fin, nos revela que Alejandro llevaba puesta la mira en la realizacion de un plan fijo y bien determinado. Las consecuencias que en un principio se escaparon quizás á su prevision, fueron desarrollándose por sí mismas en virtud de las nuevas relaciones, como acontece siempre en la complicacion de los grandes sucesos históricos. Cuando recordamos que no trascurrieron mas que cincuenta y dos olimpiadas desde la batalla del Granico hasta la invasion destructora de los sacios y de los tocaros en Bactriana, nos admira la mágica seduccion que ejerció la civilizacion griega importada del Occidente, y las hondas raices que echó en tan corto espacio de tiempo. Confundida esta civilizacion con la ciencia de los árabes, de los neopersas y de los indios, prolongó de tal suerte su influencia hasta la edad media, que muchas veces es imposible distinguir ciertamente lo que pertenece á la literatura griega, de lo que, puro de toda mezcla, debe referirse en particular al espíritu inventivo de los pueblos asiáticos.

El principio de centralizacion y de unidad, ó, por mejor decir, el sentimiento de las saludables consecuencias que debia producir la aplicacion de este principio al órden político, se hallaba profundamente impreso en el ánimo del osado conquistador, como lo prueban todas sus instituciones gubernamentales. Su maestro le habia ya persuadido de antemano de la excelencia de aquel régimen, aun para la Grecia, como lo prueba el siguiente pasaje de la *Política* de Aristóteles: «Los pueblos asiáticos, sin carecer de actividad intelectual ni de habilidad artística, viven no obstante sumidos cobardemente en la dependencia y en la esclavitud, al paso que los griegos, vivos y robustos, libres, y por lo mismo bien gobernados, serian capaces de someter á todos los bárbaros, con solo que se reuniesen en un solo Estado (1).» El estagirita escribia estas palabras antes del paso del Granico por Alejandro (2). Los preceptos del maestro, aunque mal interpretados por los que los aplicaban á la monarquia absoluta (παμϐασιλεία), que aquel creia contraria á la naturaleza, causaron sin duda al conquistador una impresion mas viva que las narraciones fantásticas de Ctesias sobre la India, cuya importancia exajeró tanto Sainte-Croix, y tras él Guillermo de Schlegel (3).

En el capítulo precedente hemos considerado el mar como un elemento de aproximacion y enlace entre los pueblos, y descrito en algunos rasgos el ensanche dado á la navegacion por los fenicios y los cartagineses, los tirrenos y los toscanos (Tusci). Después hemos manifestado cómo los griegos, fortificados en su poder marítimo por numerosas colonias, intentaron extenderse mas allá de la cuenca del Mediterráneo, penetrando hácia el Oriente y hácia el Occidente por el intermedio de los Argonautas y de Coleo de Samos; y cómo por la parte del Mediodia atravesaron el mar Rojo las flotas reunidas de Salomon é Hiram para llegar á la tierra de Ofir, y visitaron las apartadas regiones conocidas con el nombre de *pais del oro*. Ahora este segundo capítulo va á internarnos en un vasto continente, por caminos cerrados hasta entonces al comercio y á la navegacion. En el corto espacio de doce años se realizan sucesivamente los siguientes acontecimientos: la bajada de los macedonios al Asia Menor y á la Siria, con la batalla del Granico y la de los desfiladeros de Iso; la toma de Tiro y la fácil ocupacion del Egipto; la campaña contra babilonios y persas, en la cual quedó destruida cerca de Arbeles, en la llanura de Gaugamela, la omnipotencia de los

(1) Aristóteles, *Politica*, lib. VII, c. 7, pág. 1,327, edic. de Bekker. V. tambien lib. III, c. 16, y el notable pasaje de Eratóstenes en Estrabon, lib. I, pág. 66, y II, 97.

(2) Sthar, *Aristotelia*, 2.ª parte, pág. 114.

(3) Sainte-Croix, *Examen critique des historiens d'Alexandre*, página 731; Schlegel, *Indische Bibliotek*, t. I, pág. 150.

Aqueménides; la expedicion á Bactriana y á Sogdiana entre los montes Indo-kho y el Iaxarte ó Syr; y últimamente, la arriesgada invasion del pais de los Cinco Rios (la Pentapotamia), en la India septentrional. Alejandro fundó casi por todas partes establecimientos griegos, y extendió los usos y costumbres del Occidente por la inmensa region que se extiende desde el templo de Ammon, construido en medio de un oasis de la Libia, y desde la ciudad de Alejandría, situada á la parte occidental del delta formado por el Nilo, hasta la Alejandría del Norte, hoy ciudad de Khodjend, á orillas del Iaxarte, en la provincia de Fergana.

Dos son las causas que principalmente contribuyeron á ensanchar el círculo de las ideas, pues bajo este punto de vista debemos, sobre todo, considerar la empresa de Alejandro y el mas duradero imperio de Bactriana; á saber: la extension del pais, y la diversidad de los climas comprendidos entre Ciropolis, situada en la márgen del Iaxarte á la misma latitud que Tiflis y Roma, y el delta oriental del Indo, cerca de Tira, bajo el trópico de Cáncer. Á estas dos causas principales pueden añadirse las siguientes: la maravillosa variedad del suelo, entrecortado por fértiles comarcas, áridos desiertos y nevadas montañas; las nuevas formas y el tamaño colosal de vegetales y animales; el aspecto de las razas humanas que con su diversidad de color indican la distribucion geográfica; el contacto con los pueblos orientales, dotados por lo comun de cualidades brillantes y de una civilizacion que se perdia en el orígen de los tiempos; el conocimiento, en fin, de los mitos religiosos de aquellos pueblos, de sus delirios filosóficos, de sus observaciones astronómicas y de las supersticiones á ellas anexas. Exceptuando la época del descubrimiento de la América tropical, ocurrido diez y ocho siglos y medio después, jamás porcion ninguna del género humano reunió á la par mas rica cosecha de ideas nuevas acerca de la Naturaleza, ni jamás se vieron fundados sobre mayor copia de materiales el conocimiento físico del globo y el estudio de la etnología comparada. Toda la literatura occidental nos revela la viva impresion que produjo este acrecentamiento de riquezas intelectuales. Buena prueba de ello es tambien la desconfianza con que los escritores griegos, y después los latinos, miraban las narraciones de Megastenes, de Nearco, de Aristóbulo y de los demás compañeros de Alejandro; desconfianza á que se hallan expuestos cuantos observadores mezclan su imaginacion á la descripcion de las grandes escenas de la Naturaleza. Sometidos aquellos narradores al gusto y al influjo de su época, y confundiendo de ordinario los hechos con las hipótesis, han experimentado las vicisitudes comunes á todos los viajeros, y las oscilaciones de la crítica, que suele comenzar vituperando severamente y concluye al cabo limitándose á moderar y rectificar; partido al cual hay tanta mayor inclinacion en nuestros dias, cuanto que el estudio profundo del sanscrito, el conocimiento de los nombres geográficos indígenas, las monedas descubiertas en los *topes* de la Bactriana, y mas que todo, el aspecto animado del pais y de sus producciones orgánicas, han suministrado á la crítica elementos que fueron extraños á la ciencia incompleta del escéptico Eratóstenes, de Estrabon y de Plinio (1).

(1) Cf. Schwanbeck, *De fide Meghastenis et pretio*, en la edicion que ha publicado de este historiador, pags. 59—77 Megastenes estuvo diferentes veces en Palibothra, mansion del rey de Maghada: era hombre profundamente versado en la cronología de los indios, y refiere «que en épocas anteriores, el Universo habia recuperado tres veces la libertad; que se habian ya cumplido tres edades del mundo, y que en su tiempo comenzaba la cuarta.» V. Lassen, *Indische Allerthumskunde*, t. I, página 510. Las ideas de Hesiodo acerca de las cuatro edades del mundo, correlativas de cuatro grandes revoluciones de los elementos, durante un espacio de 18,028 años, se encuentran tambien entre los mejicanos. Véase Humboldt, *Vues des Cordillères et Monuments des peuples indigènes de l'Amérique*, t. II, págs. 119—129. El estudio del *Rigveda* y del *Mahabharata* ha suministrado recientemente una prueba muy notable de la exactitud de Megastenes. Basta para convencerse de ello comparar lo que este dice acerca del Utara-Kuru ó pais de los Bienaventurados, y de la longevidad de este pueblo, situado en la extremidad septentrional de la India (verosímilmente al Norte de Kaschmir, en las inmediaciones de los montes

Si, tomando por medida los grados de longitud, comparamos la mayor extension del mar Mediterráneo con el espacio que se extiende del Este al Oeste desde el Asia Menor hasta las orillas del Hyphaso (Beas) y las *Aras del Regreso*, reconocerémos que el mundo conocido de los griegos se duplicó en pocos años. Para fijar mas el sentido que doy á estos materiales de la geografía física y de la ciencia de la Naturaleza, aumentados de tan notable manera á consecuencia de las marchas y de las fundaciones de Alejandro, haré aqui *mencion*, ante todo, de las observaciones reunidas por primera vez en aquella época, acerca de la configuracion particular de la superficie terrestre. En las regiones recorridas por el ejército de los macedonios, la tierras bajas, es decir, desiertos sin vejetacion ó estepas salíferas, tales como las situadas al Norte de la cadena de Asferah (una de las prolongaciones del Thian-Schan) y las cuatro grandes cuencas cultivadas del Eufrates, del Indo, del Oxo y del Iaxarte, forman contraste con montañas de 19,000 piés de elevacion, cubiertas de nieve. El Indokho ó Cáucaso índico de los macedonios, situado al O. de la cadena meridiana de Bolor que le corta perpendicularmente, sirviendo como de prolongacion á los montes Kuenlun, se divide hácia Herat en dos grandes cadenas que sirven de límite al Kafiristan, y de las cuales es mas elevada

Belurtagh), refiriendo esta narracion, como era natural en un griego, al mito de los Hiperbóreos que no vivian menos de mil años. V. Lassen, *Zeitschrift für die Kunde des Morgenlandes*, t. II, pág. 62. Ctesias, durante mucho tiempo desdeñado, trae una leyenda que concuerda con la narracion de Megastenes (*Indica*, c. 8, págs. 249 y 285, edic. de Bœhr). Ctesias hace mencion, como de animales realmente existentes, del marticoras citado por Aristóteles (*Hist. de Animal.*, lib. II, c. 3, §. 10, t. I, pág. 51, edic. de Schneider), de los grifos con medio cuerpo de águila y medio de leon, del kartazonon de Eliano, y por último, de un asno salvaje con un cuerno en la frente. No por ello debemos acusarle de haberlos inventado; pues segun observan Heeren y Cuvier, Ctesias habia visto representadas en monumentos persas algunas formas de animales simbólicos, y tomó aquellas imágenes como reproduccion fiel de mónstruos existentes en el fondo de la India. Sin embargo, la identificacion del marticoras con los símbolos persepolitanos no deja de ofrecer grandes dificultades, segun ha obserla mas cercana al Sur (1). Alejandro, después de haber subido á la meseta de Bamian, es decir, á unos 8,000 piés de altura, donde se ha creido ver la roca de Prometeo (2), se elevó aun hasta la cresta del Kohibaba, á fin de seguir á lo largo el Choes y pasar por la ciudad de Kabura, para ir á atravesar el Indo un poco al Norte de la moderna ciudad de Attok. Comparando los griegos la elevacion menos considerable del Tauro, á la cual se hallaba su vista habituada, con las nieves perpetuas que coronan el Indo-kho, y que junto á Bamian no comienzan, segun Burnes, á menos de 12,200 piés de altura, tuvieron ocasion de reconocer en mayor escala la superposicion de los climas y de las zonas vejetales. El espectáculo de la Naturaleza inanimada, cuando se despliega libremente ante las miradas del hombre, deja en los ánimos ardientes una impresion profunda é indeleble. Estrabon nos ha trasmitido una narracion pintoresca del paso del ejército por la montañosa region de las Paropanisadas, en el punto donde no se encuentran ya árboles, y donde los soldados no tuvieron otro recurso que abrirse trabajosamente paso por medio de la nieve (3).

Las producciones indias, asi naturales como industriales, solo se conocian imperfectamente por antiguas rela-

vado con su penetracion habitual M. Guigniaut en sus *Notas y Aclaraciones* á la obra de Creuzer sobre las *Religiones de la antigüedad*, t. I, 2.ª parte, pág. 720.

(1) En mi *Asie centrale*, t. II, pág. 429, he puesto en claro estas relaciones orográficas.

(2) Lassen, *Zeitschrift für die Kunde des Morgenlandes*, tomo I, pág. 230.

(3) El pais entre Bamian y Ghori. V. el excelente mapa del Afghanistan, por Carlos Zimmermann, 1842; y cf. Estrabon, lib. XV, pág. 725; Diodoro Sículo, lib. XVII, c. 82; Menn, *Meletem. histor.*, 1839, páginas 25 y 31; Ritter, *Uber Alexanders Feldzug am Indischen Kaukasus*, en las *Memorias de la Academia de Berlin*, 1829, pág. 150; Droysen, *Bildung des hellenist. Staatensystems*, pág. 614. Escribo *Paropaniso*, y no *Paropamiso*, siguiendo todos los buenos manuscritos de Ptolomeo: en mi *Asie centrale*, t. I, págs. 114—118, he expuesto las razones de esta preferencia. V. tambien Lassen, *Zur Geschichte der Griechischen und Indoskythischen Konige*, pág. 128.

ciones de comercio ó por las narraciones de Ctesias, el cual vivió diez y siete años en la corte de Persia, como médico de Artajerjes Mnemon; y aun la mayor parte de aquellas producciones no eran conocidas mas que de nombre, hasta que por medio de los establecimientos macedonios llegaron á Occidente noticias mas exactas. De este modo se conocieron los arrozales surcados por arroyos, de que ha hecho especial mencion Aristóbulo; los plantíos de algodon, con las finas telas y el papel que de él se fabricaban (1); las especias y el opio; el vino de arroz y de jugo de palmeras, cuyo nombre sanscrito, *tala*, nos ha conservado Arriano (2); el azúcar de caña (3), que muchos han confundido con el *tabaschir* sacado del jugo de bambú; la lana que crian los grandes árboles de bombax (4); los chales tejidos con la lana de las cabras del Tibet; las telas de seda de la Serica (5); el aceite de sésamo blanco (en sanscrito *tila*); el aceite de rosa y de otros perfumes; la goma laca (en sanscrito *lâkschâ*, y en lenguaje vulgar del pais lak-

(1) Estrabon, lib. XV, pág. 717.

(2) Arriano, en sus *Indica*, lib. VII, c. 3, designa bajo el nombre de *Tala* la palmera llamada *Borassus flabelliformis*, caracterizada de una manera muy expresiva por Amarasinha, con el nombre de *Rey de las yerbas*.

(3) La voz *tabaschir* se deriva de la sanscrita *tvak-kschira*, leche de corteza. Véase mas arriba la nota de la pág. 127. Ya desde 1817, en las adiciones históricas á la obra titulada *De distributione geographica plantarum secundum cœli temperiem et altitudinem montium*, pág. 215, hice notar que además del tabaschir, sacado del bambú, los compañeros de Alejandro habian conocido tambien la verdadera caña de azúcar de los Indios. V. Estrabon, lib. XV, pág. 693; y *Periplus maris Erythræi*, pág. 9. Moisés de Corena, que vivia á mediados del siglo V, fué el primero que describió circunstanciadamente la preparacion del azúcar sacado de la médula del *saccharum officinarum*, en la provincia de Corazan. V. su *Geografía*, página 364, edic. de Whiston, 1736.

(4) Estrabon, lib. XV, pág. 694.

(5) Ritter, *Erdkunde von Asien*, t. IV, sec. 1.ª, 1835, pág. 437; tomo VI, sec. 1.ª, pag. 698; Lassen, *Indische Alterthumskunde*, t. I, págs. 317—323. El pasaje de Aristóteles (*Hist. de Animal.*, lib. V, c. 17, edic. de Schneider, t. I, pág. 209) sobre el hilado de una especie de oruga grande y con cuernos, se refiere á la isla de Cos.

kha) (1); y por último, el acero templado, conocido por acero de Woutz.

Además del conocimiento material, por decirlo así, de estos productos, que se convirtieron bien pronto en objeto de un comercio extenso, y varios de los cuales fueron connaturalizados en Arabia por los Seleucidas, los griegos sacaron del magnífico aspecto de la naturaleza tropical goces mas elevados (2). Aquellas grandes formas de plantas y de animales desconocidos llenaban de imágenes su mente, manteniéndola en continua excitacion. Escritores agenos á toda inspiracion, y cuyo estilo se resiente por lo comun de la aridez didáctica, llegan á ser verdaderos poetas cuando describen las costumbres de los elefantes; «la altura de aquellos árboles á cuya copa no alcanzan las flechas, y que tienen hojas mas anchas que los escudos de los soldados de caballería;» los bambúes, colosal gramínea de livianas hojas, «que de un nudo á otro pueden formar una barca capaz de contener varios remeros;» la higuera india, cuyo tronco no tiene menos de 28 piés de diámetro, y que arraigándose de nuevo por la extremidad de sus ramas, presenta á la vista, segun la fiel descripcion de Onesicrito, un pabellon de verdura adornado de multitud de columnas. Sin embargo, los compañeros de Alejandro no hacen mencion de los grandes helechos arborescentes, que forman, en mi sentir, el mas bello ornamento de las regiones tropicales (3); pero en cambio citan con admiracion las elevadas palmeras de hojas en forma de abanico, y el tierno ramaje, perpétuamente verde, de los plantios de plátanos (4).

(1) Tambien se halla λάχχος χρωμάτινος en el *Periplus maris Erythræi*, pág. 5. Cf. Lassen, *Indische Alterthumskunde*, t. II, pág. 316.

(2) Plinio, *Hist. natur.*, lib. XVI, c. 59. Tocante á la introduccion que hicieron los Lágidas en Egipto de plantas raras originarias de Asia, V. tambien Plinio, lib. XII, c. 31 y 37.

(3) Humboldt, *De distributione geographica plantarum*, pág. 178

(4) Desde el año de 1827 he seguido con Lassen frecuente correspondencia acerca de este importante pasaje de Plinio (lib. XII, c. 12): «Ma

Solo desde entonces pudo el hombre lisonjearse con fundamento de conocer una gran parte de la tierra. El mundo exterior entró en competencia con el mundo subjetivo de la imaginacion, y tardó poco en vencerle. Mientras que la lengua y la literatura griegas, siguiendo la via abierta por las conquistas de Alejandro, iban por todas partes derramando sus frutos, la observacion científica y la combinacion sistemática de los materiales de la ciencia llegaron á ser operaciones claras para el entendimiento, merced á los preceptos y al ejemplo de Aristóteles (1). Aquí se nos presenta un concurso feliz de circunstancias: cabalmente en la época en que se ofrecia aquel rico tesoro al conocimiento humano, los trabajos de Aristóteles hacian mas fácil y variada la reunion y clasificacion de materiales, fijando las leyes de la experimentacion física, guiando á la inteligencia en todas las vias de la especulacion, y suministrando el modelo de una lengua verdaderamente cien-

jor alia (arbor) pomo et suavitate præcellentior, quo *sapientes* Indorum vivunt. Folium alas avium imitatur, longitudine trium cubitorum, latitudine duum. Fructum cortice mittit, admirabilem succi dulcedine ut uno quaternos satiet. Arbori nomen *palæ*, pomo *arienæ*.» Hé aquí el resultado de las investigaciones de mi sabio amigo: «Amarasinha coloca el árbol llamado *Musa* (plátano) al frente de todas las plantas alimenticias; y cita, entre otros muchos nombres sanscritos, los de *varanabuscha*, *bhanuphala* (el fruto del sol), y *moko*, de donde procede la voz arábiga *moza*. *Phala* (pala) significa fruto en general, y solo por equivocacion se le ha tomado por el nombre de la planta. Nunca se encuentra en sanscrito *varana*, como nombre del plátano, sin la adicion de *buscha*; aquella forma, no obstante, puede ser una abreviacion popular, en cuyo caso *varana* haria en griego οὐαρενα, que ciertamente no dista mucho de *ariena*.» Cf. Lassen, *Indische Alterthumskunde*, t. I, pag. 262; Humboldt, *Essai politique sur la Nouvelle-Espagne*, 1827, t. II, pág. 382, y *Relation historique*, etc., t. I, pág. 491. Próspero Alpino y Abd-Allatif adivinaron poco mas ó menos la afinidad química que existe entre la fécula alimenticia y la sustancia sacarina, tratando de explicar el orígen del musa por la caña de azúcar y la palmera datilífera injertadas en las raices del colocasia. V. Abd-Allatif, *Relation de l'Egypte*, traducida por Silvestre de Sacy, págs. 28 y 105.

(1) Sobre esta época, V. Guillermo de Humboldt, *Ueber die Kawi-Sprache und die Verschiedenheit des menschlichen Sprachbanes*, t. I, páginas CCL y CCLIV; Droysen, *Geschichte Alexanders des Grossen*, pág. 547, y *Hellenistisches Staatensystems*, pàg. 24.

tífica, cuya exactitud la hacia propia para expresar todas las gradaciones del pensamiento. Por eso Aristóteles, tras tantos siglos trascurridos, sigue siendo todavía, segun la magnífica expresion del Dante, *il maestro di color che sanno* (1).

Con todo, graves y recientes investigaciones han logrado, si no destruir completamente la opinion de que sirvió de mucho á Aristóteles para sus estudios zoológicos la conquista macedónica, á lo menos hacerla muy dudosa y problemática. La despreciable composicion, durante mucho tiempo atribuida á Ammonio, hijo de Hermias, en que se cuenta la vida del filósofo de Estagira, habia difundido, entre otros muchos errores (2), el de que el maestro acompañó al discípulo, por lo menos hasta las orillas del Nilo (3). La grande obra de Aristóteles sobre los *Animales* fué escrita, á lo que parece, muy poco tiempo después de la *Meteorología*, la cual, segun los indicios que suministra el mismo libro, no es posterior á la Olimpiada CVI, ó á la CXI cuando mas, y por consiguiente estaba escrita catorce años antes de la llegada de Aristóteles á la corte de Filipo, ó por lo menos tres años antes del paso del Granico (4). Á la ver-

(1) Dante, *Inferno*, canto IV, v. 131.

(2) V. en la *Biographie universelle*, 1811, t. II, pág. 458, los asertos de Cuvier, que es sensible se encuentren en la edicion de 1843, t. II, página 249; y cf. los *Aristotelia* de Stahr, 1.ª parte, págs. 15 y 108.

(3) Cuando Cuvier escribia su *Vida de Aristóteles*, prestó asenso á este viaje á Egipto en compañía de Alejandro: «*Voyage, dice, d'où le Stagirite aurait rapporté à Athènes tous les matériaux de sou* Histoire des Animaux, *au plus tôt dans la seconde année de la CXII Olymp.*»—Posteriormente, en 1830, abandonó esta opinion el gran naturalista, porque reflexionándolo mas, vió «*que les descriptions des animaux égyptiens avaient été faites non d'après nature, mais d'après les indications d'Herodote.*» Véase Cuvier, *Histoire des sciences naturelles*, publicada por Magdeleine de Saint-Agy, t. I, 1841, pág. 136.

(4) A estas pruebas, que podemos llamar intrínsecas, pertenecen: el completo aislamiento del mar Caspio, del cual habla Aristóteles como de un mar cerrado: la mencion del gran cometa que apareció en tiempo del arconte Nicomaco, Olimp. CIX, 4, segun Corsini, y que no debe confundirse con el apellidado recientemente por Bogouslawski cometa de Aristóteles, que apa-

dad, no dejan de haberse suscitado objeciones contra la opinion de que los nueve libros de Aristóteles sobre los *Animales* fueron escritos antes de esa época, objeciones fundadas principalmente en el conocimiento exacto que parece haber tenido el filósofo del elefante, del caballo-cerval de larga barba (hippelaphos), del camello de dos gibas de la Bactriana, del hippardion ó tigre cazador, que se cree sea el lobo-tigre, y del búfalo de la India, introducido por primera vez en Europa en tiempo de las Cruzadas. Empero la region que designa Aristóteles, como patria de aquella especie de ciervo crinado que Diard y Duvaucel han enviado en nuestros dias á Cuvier de las Indias orientales, y á que este dió el nombre de *Cervus Aristotelis*, no es la Pentapotamia indica que atravesó Alejandro, sino la Aracosia, pais situado al Este del Candahar, que formaba con la Gedrosia una de las antiguas satrapias persas (1). Dejando á

reció siendo arconte Asteyo, Olimp. CI, 4, y es quizás el mismo cometa de los años 1695 y 1843 (V. Aristóteles, *Meteorol.*, lib. I, c. 6, §. 10, edic. de Ideler, t. I, pág. 395); la mencion del incendio del templo de Efeso, y la de un arco iris formado por la luna, que se observó dos veces en el espacio de cincuenta años. Cf. Schneider, *Ad Aristot.*, *Hist. de Animalibus*, tomo I, págs. XL, XLII, CIII y CXX; Ideler, *Ad Aristot.*, *Meteorol.*, t. I, pág. X; y Humboldt, *Asie centrale*, t. II, pág. 168. Tambien se echa de ver fácilmente que la *Historia de Animalibus* es posterior á los *Meteorologica*; atento que en esta última obra se alude á aquella *Historia* como á un asunto que la subseguiría próximamente. V. *Meteorologica*, lib. I, c. 1, §. 3, y lib. IV, 12, 13.

(1) Cuvier cita las cinco especies de animales mencionadas en el texto, principalmente el hippelaphos, el hippardion, el camello de la Bactriana y el búfalo, como otras tantas pruebas de que la *Historia de los Animales* se escribió después de la Meteorología. V. *Histoire des sciences naturelles*, t. I, pág. 154. El mismo Cuvier, en el tomo IV de sus admirables *Recherches sur les Ossements fossiles*, 1823, págs. 40—43 y 502, distingue dos ciervos crinados de Asia, á los cuales llama *Cervus hippelaphus* y *Cervus Aristotelis*; al principio creyó que el primero, de cuya especie vió un ejemplar vivo en Londres y varias pieles y cornamentas fósiles que Diart le habia remitino de Sumatra, era el mismo hippelaphos de Aristóteles, originario de Aracosia. V. *Hist. de Animal.*, lib. II, c. 2, §§. 3 y 4 (t. I, páginas 43 y 44, edic. de Schneider). Posteriormente, habiendo visto una cabeza de ciervo que Duvaucel remitió de Bengala, le pareció que la dicha cabeza, con todo el organismo que de ella dedujo, convenia mas con la descripcion de Aristóteles, y desde entonces aquel animal, que habita en Bengala en la mon-

un lado la expedicion macedónica, ¿quién negará la posibilidad de que Aristóteles tomase de la Persia y de la ciudad de Babilonia, relacionada á la sazon con el mundo entero, los escasos datos y noticias que trae acerca de la figura y costumbres de aquellos animales? Demás de que, siendo entonces completamente desconocida la preparacion del alcohol, podian muy bien llegar á Grecia pieles y huesos procedentes de las apartadas regiones del Asia, mas no partes blandas susceptibles de disecacion (1). Aristó-

taña de Gilhet, en el reino de Nepaul y al Este del Indo, recibió el nombre de Cervus Aristotelis. Siendo natural creer que Aristóteles, en el capítulo en que trata de los animales crinados en general, ha debido citar el lobo-tigre indio ó tigre cazador (*felis jubata*) al lado del caballo-cerval (*equicervus*), debe preferirse la leccion πάρδιον á la de τὸ ἱππάρδιον, como lo ha propuesto Schneider (t. III, pág. 66). Esta ultima denominacion convendria mejor á la girafa, segun ha opinado ya Pallas (*Spicileg. Zoolog.*, fasc. I, pág. 4).—Si Aristóteles hubiese visto por sus propios ojos el lobo-tigre sin atenerse a meras noticias de referencia, ¿cómo no habia de haber hecho mencion de las uñas no retráctiles en un animal del género de los gatos? Ni es menos sorprendente que Aristóteles, tan exacto siempre, en el caso de haber tenido junto á su morada de Atenas una casa de fieras, como asegura G. de Schlegel, y de haber disecado por sí mismo uno de los elefantes cogidos en Arbela, no haya descrito la pequeña abertura que tiene este animal junto a las sienes, y que especialmente en el tiempo de la brama segrega un humor de olor muy fuerte, al cual aluden con frecuencia los poetas indios en sus composiciones. V. Schlegel, *Indische Bibliothek*, t I, págs. 163—166. Si insisto en estos pormenores, al parecer tan frívolos, es porque la abertura de que acabo de hablar fué conocida la primera vez por las narraciones de Megastenes, al cual nadie puede ciertamente atribuir conocimientos anatómicos. En ninguno de los diferentes escritos zoológicos de Aristóteles que han llegado hasta nosotros, encuentro nada de donde pueda inferirse que llegase á ver elefantes, ni mucho menos que los disecase. Nadie negará, sin embargo, la posibilidad de que la *Historia de los Animales*, bien que terminada verosímilmente antes de la expedicion de Alejandro al Asia Menor, recibiese de dia en dia, segun opina Stahr (*Aristotelia*, 2.ª parte, pag. 98), nuevos aumentos y adiciones hasta la muerte del autor, ocurrida el año 3.º de la Olimpiada CXIV, y por lo tanto tres años después de la muerte del conquistador; pero la verdad es que sobre este punto carecemos de pruebas positivas, por ser apócrifa toda la correspondencia que poseemos de Aristóteles. V. Stahr, 1.ª parte, páginas 194—208; 2.ª parte, págs. 169—234. Schneider dice tambien con mucha seguridad, en su edicion de la *Historia de los Animales*, t. I, pág. XL: «Hoc enim tempore certissimum sumere mihi licebit, scriptas comitum Alexandri notitias post mortem demum regis fuisse vulgatas.»

(1) Ya he manifestado en otra parte que aunque Dioscórides (*Materia

les debió recibir sin duda generosos auxilios de Filipo y de Alejandro para todo cuanto exigian sus estudios sobre la Naturaleza, para su vasta coleccion zoológica, recogida en el continente y en los mares de Grecia, y para su biblioteca, única en aquel tiempo, que luego pasó de sus manos á las de Teofrasto y Neleo de Scepsis. Mas por lo tocante á los supuestos regalos de mil ochocientos talentos, ó á los gastos que deberian haber ocasionado tantos miles de proveedores y de hombres encargados de la conservacion de los estanques y de las pajareras, no pasan de ser meras exageraciones y errores en que incurrieron después Plinio, Ateneo y Eliano (1).

medica, lib. V, 110, pag. 667, edid. Saracenus) habla de la descomposicion del sulfuro de mercurio por la destilacion, la primera descripcion de la destilacion de un líquido (el agua del mar) se encuentra en el comentario de Alejandro de Afrodisias á los *Meteorologica* de Aristóteles. V. Humboldt, *Examen critique*, etc., t. II, págs. 308—316; Joannis (Philoponi), *Gramatici in libr. de Generat. Animal., et Alexandri Aphrodisiæ in Meteorolog. Commentarius*, Venet., 1527, pág. 97, 6. Alejandro de Afrodisias (ciudad de la Caria), erudito comentador de los *Meteorologica* de Aristóteles, florecia en tiempo de Septimio Severo y Caracalla; y aunque en sus obras llama χυμικὰ ὄργανα á los aparatos químicos, un pasaje de Plutarco (*De Oside et Osiride*, c. 33) prueba que la voz *química*, aplicada por los griegos al arte de los egipcios, no se deriva de χέω. V. Hœfer, *Histoire de la Chimie*, t. I, páginas 91, 195 y 219; t. II, pág. 109.

(1) Cf. Sainte-Croix, *Examen des historiens d'Alexandre*, 1810, página 207, y Cuvier, *Histoire des sciences naturelles*, t. I, pág. 137, con Schneider, *Ad Aristot., Hist. de Animal.*, t. I, págs. XLII—XLVI, y Stahr, *Aristotelia*, 1.ª parte, págs. 116—118. Si en su vista son inverosímiles las supuestas remesas del Egipto y del Asia Menor, en cambio los últimos trabajos del gran anatómico Juan de Müller prueban la portentosa delicadeza con que disecaba Aristóteles los peces que le suministraban los mares de Grecia. Sobre la adherencia de los huevos al utero en una de las dos especies del género mustelus del Mediterráneo, la cual posee en estado de feto una placenta amniótica unida á la placenta uterina de la madre, V. la erudita disertacion de Juan Müller y sus investigaciones sobre el γαλεὸς λεῖος de Aristóteles, en las *Memorias de la Academia de Berlin*, 1840, págs. 192—197; y cf. Aristóteles, *Hist. de Animal.*, lib. VI, c. 10, y *De Generatione Animal.*, lib. III, c. 3. Aun pueden citarse, como pruebas del esmero que ponia Aristóteles en sus trabajos anatómicos, la distincion que estableció entre las diferentes especies de jibias y la diseccion minuciosa de estos animales, la descripcion de los dientes de las limazas y de los órganos de otros gasterópodos. Cf. *Historia*

La expedicion macedónica, que abrió una parte tan grande y tan hermosa de la tierra á la influencia de un pueblo llegado al mas alto grado de civilizacion, puede considerarse con razon como una expedicion científica; debiendo notarse que fué la primera para la cual un conquistador se hizo acompañar de hombres versados en todos los conocimientos humanos: naturalistas, geómetras, historiadores, filósofos y artistas. La accion ejercida por Aristóteles no se limitó solamente á sus propios trabajos, sino que se dejó sentir tambien por la intervencion de hombres eminentes formados en su escuela que iban en la expedicion. El que mas se distinguió entre todos fué uno de sus parientes cercanos, Calistenes de Olinto, el cual habia ya compuesto, antes de salir de Grecia, varias obras de botánica y un precioso estudio anatómico sobre el órgano de la vista. La severidad de sus costumbres y la desmedida libertad de su lenguaje le acarrearon el ódio del príncipe, cuyos primeros sentimientos habian ya degenerado, y el de toda la turba de los aduladores. Calistenes sacrificó con entereza su vida á su independencia: y cuando en Bactres le complicaron injustamente en la conjuracion de Hermolao y de la juventud macedónica, fué causa, puesto que inocente, de la acritud con que Alejandro trató después á su antiguo maestro. Teofrasto, condiscípulo y amigo leal de Calistenes, tuvo el valor de defenderle después de su muerte. En cuanto á Aristóteles, solo sabemos que habia recomendado la prudencia á su discípulo, pues conociendo bien la vida cortesana por su larga mansion cerca de Filipo, habia aconsejado á Calistenes «que hablase al rey lo menos posible, y cuando no pudiese excusarlo, que procurase siempre complacerle (1).»

de Animal., lib. IV, c. 1 y 4, con Lebert, en la coleccion intitulada *Muller's*, *Archiv. der Physiologie*, 1846, págs. 463 y 467. Desde 1797 habia yo mismo llamado la atencion de los naturalistas sobre la forma de los dientes de las limazas. V. *Versuche ueber die gereizte Muskel und Nervenfaser*, t. I, pág. 261.

(1) Valerio Máximo, lib. VII, c. 2, §. 11: «Ut cum rege aut rarissime aut quam jucundissime loqueretur.»

Cuando, familiarizado ya por sus especulaciones filósoficas con el estudio de la Naturaleza, vió Calistenes abrirse ante él aquellas vastas regiones, señaló un fin mas elevado á las investigaciones de los que le auxiliaban con sus esfuerzos, y eran todos, como él, discípulos del Estagirita. La abundancia de las plantas, las vigorosas organizaciones de animales desconocidos, la conformacion del suelo y el desbordamiento periódico de los grandes rios no eran las únicas cosas que podian fijar su atencion; porque la raza humana con todas sus variedades, con todos sus matices de civilizacion y de color, debia presentarse á su vista, segun la expresion del mismo Aristóteles, como el centro y el fin de toda la creacion; «pues solo en el hombre, añade este filósofo, llega el sentimiento del pensamiento divino al estado de conciencia (1). Por lo poco que nos queda de las narraciones de Onesicrito, tan maltratado en la antigüedad, vemos el asombro que experimentaron los macedonios cuando al internarse en el Oriente encontraron las razas indias de color subido, «semejantes á los etiopes,» segun la expresion de Herodoto, mas no los negros de rizado cabello del África (2). Entonces se observó cuidadosamente el influjo de la atmósfera sobre la coloracion, y los diversos efectos del calor seco y del calor húmedo. En los tiempos homéricos, y aun mucho tiempo después de las Homéridas, se habian desconocido completamente las relaciones del calor atmosférico con los grados de latitud y la distancia á los polos. Como medio de valuar la temperatura, toda la ciencia de los helenos se reducia á la distincion entre el Oeste y el Este. Las regiones situadas hácia el Oriente eran consideradas como mas próximas al Sol, y de aquí el nombre que se les daba de *Paises del Sol.* «Este Dios, decian, colora en su carrera la

(1) Aristóteles, *Politica*, lib. I, c. 8, y *Ethica ad Eudemum*, libro VII, c. 14.

(2) Estrabon, lib. XV, págs. 690 y 695.

cabeza de los hombres con el negro brillo del hollin, y encrespa sus cabellos con su calor desecante (1).»

La expedicion de Alejandro suministró por primera vez ocasion de comparar en vasta escala las razas africanas, que de todas partes afluian á Egipto, con las poblaciones del Aria de la parte allá del Tigris, y con las razas de color muy subido originarias de la India, pero sin cabellos crespos como los de los negros. La division de la especie humana en variedades; el lugar que estas han ocupado sobre la tierra, mas bien por consecuencia de los acontecimientos históricos que no por el influjo perseverante de los climas, á lo menos desde que quedaron los tipos bien delineados y fijos; la aparente contradiccion que existia entre el color de las razas y el lugar de su asiento, todo esto debió excitar vivamente la curiosidad de los observadores reflexivos. Hoy todavía encontramos en lo interior de la India una vasta extension de territorio habitada por poblaciones primitivas de color muy subido, negro cuasi, enteramente distintas de las razas arianas de tez mas clara, que penetraron después en aquellas regiones: tales son la raza gonda, confundida con las tribus que habitan las cercanías de los montes Vindhya; la raza bhilla, en las frondosas montañas de Malava y de Guzerate, y la raza kola de Orisa. Un crítico sumamente profundo, el Sr. Lassen, tiene por muy verosímil que la raza negra asiática, «los etiopes de Levante,» parecidos á los pueblos de la Libia en el color de la piel, mas no en su cabellera, se ha-

(1) Así se expresa Teodecto de Phaselis. V. *Cosmos*, t. I, págs. 377 y 577. Todo lo que caia hácia el Norte se consideraba como mas cercano al Occidente, y lo que caia hácia el Sur como mas cercano al Oriente. V. Vœlcker, *Ueber Homerische Geographie und Weltkunde*, págs. 43 y 87. La acepcion vaga de la voz *Indias*, que se aplicaba entonces arbitrariamente á ciertas condiciones de situacion geográfica, de color y de producciones preciosas, contribuyó á la difusion de estas hipótesis meteorológicas; porque se daba igualmente el nombre de Indias á la Arabia occidental, al pais comprendido entre Ceylan y la embocadura del Indo, á la Etiopía de los trogloditas, y en Africa, al pais de la mirra y de la canela, al Sur del Cabo de Aromata. V. Humboldt, *Examen critique*, etc., t. II, pág. 35.

llaba en tiempo de Herodoto mucho mas extendida que hoy hácia las comarcas del Noroeste (1). Tambien en el *Antiguo Imperio* egipcio, las razas negras, por lo comun vencidas, los verdaderos negros de cabellos avedijados, se extendian muy adentro de la Nubia septentrional (2).

Á esta cosecha de ideas que habian brotado al aspecto de un gran número de fenómenos nuevos; al contacto con diferentes razas de hombres y á los contrastes de su civilizacion, faltaron, por desgracia, los frutos del estudio comparativo de las lenguas; quiero decir, de un estudio histórico ó filosófico, basado sobre las relaciones esenciales del entendimiento humano (3). Las investigaciones de este género eran enteramente extrañas á la antigüedad clásica; pero en cambio las conquistas de Alejandro suministraron á los griegos gran copia de materiales científicos, sacados de los tesoros que acumulaban, hacia ya largo tiempo, los

(1) Lassen, *Indische Alterthumskunde*, t. I, págs. 369, 362—375, 379 y 389; Ritter, *Erdkunde von Asien*, t. IV, sec. 1.ª, 1835, pág. 446.

(2) Tan imposible es determinar exactamente, segun los grados de latitud, la propagacion geográfica de las razas humanas en continentes enteros, como la de las plantas y la de los animales. El hecho asentado como axioma por Tolomeo (lib. I, c. 9), de que al Norte del paralelo de Agisymba no hay elefantes, ni rinocerontes, ni negros, carece de todo fundamento. V. *Examen critique*, t. I, pág. 38. La doctrina de la influencia general ejercida por el suelo y el clima en las facultades intelectuales y en la moralidad de las razas humanas, fué propia y peculiar de la escuela alejandrina de Ammonio Sacsas, representada principalmente por Longino. (Proclus, *Comment. in Timæum*, pág. 50). Cf., sin embargo, en época muy anterior, á Hipócrates, *De Aeris, Locis et Aquis*, c. 12, t. II, pág. 53, edic. de Littré, París, 1840.

(3) V. Gorge Curtius, *Die Sprachvergleichung in ihrem Verhältniss zur classischen Philologie*, 1845, págs. 5—7, y *Bildung der Tempora und Modi*, 1846, págs. 3—9. Véase tambien un artículo de Pott sobre la familia de las lenguas indo-germánicas, en la *Enciclopedia* de Ersch y Gruber, sec. 2.ª, parte 18.ª, págs. 1—112. En Aristóteles se encuentran ya algunas investigaciones acerca del lenguaje en general, como tocante al fundamento de la inteligencia, en los pasajes en que desarrolla el lazo que existe entre las categorías y las relaciones gramaticales. V. un luminoso tratado de esta comparacion en A. Trendelenburg, *Histor. Beitrage zur Philosophie*, 1846, 1.ª parte, págs. 23—32. V. tambien Seguier, *La Philosophie du langage d'après Aristote*, París 1836.

pueblos que les habian precedido en la via de la civilizacion. Para formarse idea de ello, basta considerar que, segun invéstigaciones recientes muy fundadas, las relaciones establecidas con Babilonia, además del conocimiento de la tierra y de sus producciones, ensancharon tambien considerablemente el del cielo. Desde la conquista de Ciro, el colegio astronómico de los sacerdotes establecido en aquella capital del mundo oriental, habia perdido mucho de su esplendor. La pirámide con gradas, de Belo, templo, tumba y observatorio á la par, que servia para señalar las horas de la noche, habia sido abandonada por Jerjes á la destruccion, y se encontraba ya ruinosa en la época de la invasion macedónica. Pero cabalmente porque la casta de los sacerdotes se hallaba disuelta, y porque en su lugar se habia formado un gran número de escuelas astronómicas (1), le fué posible á Calistenes, siguiendo en este punto los consejos de Aristóteles, segun observa Simplicio, enviar á Grecia observaciones sobre el curso de los astros durante una larga série de siglos. Si hemos de creer á Porfirio, estas observaciones se remontaban á 1,903 años antes de la entrada de Alejandro en Babilonia (Olimp. 112, 2). Las mas antiguas observaciones de los caldeos mencionadas en el *Almagesto*, es decir, las mas antiguas en que Tolomeo, segun todas las apariencias, creyó poder apoyarse, no se extienden mas allá del año 721 antes de nuestra era, es decir, de la primera guerra de Mesenia. Lo cierto es que los caldeos conocian de una manera tan exacta los movimientos medios de la luna, que los astrónomos griegos pudieron tomar sus cálculos por base, cuando establecieron la

(1) Las escuelas de los Orquenios y de los Borsipenios. V. Estrabon, libro XVI, pág. 739. En este pasaje, al lado de los astrónomos caldeos se encuentran tambien citados por sus nombres cuatro matemáticos de la Caldea; circunstancia tanto mas importante para la historia, cuanto que Tolomeo designa á todos los astrónomos bajo la denominacion genérica de χαλδαῖοι, cual si las observaciones se hubiesen hecho siempre colectivamente en Babilonia. V. Ideler, *Handbuch der Chronologie*, t. I, 1825, pág. 198.

teoría de aquel satélite (1). Tambien parece que los griegos se aprovecharon, para la construccion de sus tablas astronómicas, de las observaciones á que se vieron conducidos los caldeos, acerca de los planetas, por su innata aficion á la astrología.

Por lo que respecta á la mayor ó menor parte que pudieran tener los caldeos en las primeras nociones de la escuela pitagórica sobre la extructura de la bóveda celeste, sobre el movimiento de los planetas y la larga carrera que recorren con regularidad los cometas, segun la opinion de Apolonio el Mindio, no son cuestiones para tratadas en este lugar (2). Estrabon dice que el matemático Seleuco habia nacido en Babilonia, con lo cual parece que lo distingue de Seleuco de Eritrea, el que midió las alturas de las mareas (3). Basta tener presente que los griegos tomaron verosímilmente su zodiaco de las dodecatemorias de los caldeos, y que, segun las importantes investigaciones de M. Letronne, no asciende mas allá del siglo VI antes de nuestra era (4).

(1) Ideler, *Ibid.*, t. I, págs. 202, 206 y 218. Cuando para poner en duda las observaciones astronómicas enviadas de Babilonia á Grecia por Calistenes, se emplea, como lo ha hecho Delambre (*Histoire de l'Astronomie ancienne*, t. I, pág. 308), el argumento de que «no se encuentra en los escritos de Aristóteles vestigio ninguno de las observaciones hechas por la casta sacerdotal de la Caldea,» se olvida que Aristóteles (*De Cœlo*, lib. II, c. 12), en el lugar en que habla de una ocultacion de Marte por la Luna, observada por él mismo, añade expresamente estas palabras: «Los egipcios y los babilonios han hecho de muy antiguo observaciones semejantes sobre los demás planetas, muchas de las cuales han llegado á nuestro conocimiento.» Sobre la verosimilitud del uso de tablas astronómicas entre los caldeos, V. á Chasles en los *Comptes rendus de l'Academie des sciences*, t. XXIII, 1846, páginas 852—854.

(2) Séneca, *Natur. quœst.*, lib. VII, c. 17.

(3) V. Estrabon, lib. XVI, pág. 739, y lib. III, pág. 174.

(4) Estas investigaciones son del año de 1824. V. Guigniaut, en sus *Notas y Aclaraciones sobre las Religiones de la Antigüedad*, de Creuzer, tomo I, 2.ª parte, pág. 928. Por lo que respecta á las adiciones mas recientes de Letronne, V. *Journal des savants*, 1839, págs. 338 y 492, así como *L'Analyse critique des représentations zodiacales en Egypte*, 1846, páginas 15 y 34. Cf. Ideler, *Ueber den Ursprung des Thierkreises*, en las *Memorias de la Acad. de Ciencias de Berlin*, año de 1838, pág. 21.

Es imposible discernir, en medio de las tinieblas de que se encuentran rodeadas, las consecuencias inmediatas del contacto de los griegos con los pueblos de orígen indio en la época de la conquista macedónica. Verosimilmente, la ciencia no ganó mucho en ello; porque Alejandro, después de haber atravesado el reino de Porus entre el Hydaspes (Jelum), guarnecido por bosques de cedros (1), y el Acesines (Tschinab), no se internó en la Pentapotamia (Pantschanada) mas allá del Hyphaso, si bien pasó del punto en que este rio recibe las aguas del Satadru, llamado Hesidro por Plinio. El descontento de sus soldados y el temor de una rebelion general en las provincias de Persia y de Syria, redujeron al guerrero, que queria avanzar por el Este hasta el Ganges, á la gran catástrofe de la retirada. Las comarcas que atravesaron los macedonios se hallaban habitadas por pueblos poco civilizados. En el pais comprendido entre el Satadru y el Yamuna, en la cuenca del Indo y del Ganges, hay un riachuelo poco considerable, pero sagrado para los habitantes, al cual llaman Sarasvati, y es el que desde la mas remota antigüedad ha formado la línea de demarcacion tradicional entre los piadosos y puros adoradores de Brahma al Este, y las razas impuras del Oeste, que no se hallan divididas en castas ni tienen reyes (2).

(1) Los magníficos bosques de cedros Deodwara (V. *Cosmos*, t. I, p. 24, nota 2), situados en el curso superior del Hydaspes (Behout), que atraviesa el lago de Waller en el valle alpestre de Kaschmir, de 8 á 11,000 piés por lo comun sobre el nivel del mar, fueron los que suministraron maderas de construccion para la flota de Nearco V. Burnes, *Travels*, t. I, pág. 59. Segun las obsérvaciones del doctor Hoffmeister, compañero del príncipe Waldemar de Prusia, y arrebatado desgraciadamente á la ciencia en un campo de batalla, el tronco de aquellos árboles tiene por lo comun hasta 40 piés de circunferencia.

(2) Lassen, *Pentapotamia Indica*, págs. 25, 29, 57—62 y 77, é *Indische Alterthumskunde*, t. I, pág. 91. Entre el Sarasvati al Noroeste de Delhi y el pedregoso Drischadvati, está, segun el libro de la ley de Manu, Brahmavarta, es decir, una comarca consagrada á Brahma por los mismos dioses. Al otro lado, el Aryavarta (pais de los nobles, de los arianos, dando aquí á la voz *varta* mas lata acepcion), ocupaba toda la comarca situada al

Alejandro no llegó hasta el asiento de la verdadera civilizacion india. Seleuco Nicator, fundador del gran imperio de los Seleucidas, fué el primero que se adelantó desde Babilonia hacia el Ganges, y el que, merced á las repetidas embajadas de Megastenes á Pataliputra, logró establecer relaciones políticas con el poderoso Sandracotto (Tschandragouptas) (1).

Así fué cómo la Grecia empezó á sostener relaciones frecuentes y durables con la parte mas civilizada de la India, el Madhya-Desa ó comarca del centro. Á no dudarlo, habia en la Pentapotamia sabios brahmanes que hacian vida de anacoretas; pero ¿conocian estos brahmanes y gimnosofistas el admirable sistema de numeracion de los indios, en el cual un corto número de cifras van cambiando indefinidamente de valor por el mero hecho de su diferente posicion? Esto es lo que no sabemos; y hasta nos es lícito dudar que semejante sistema se hubiese ya inventado en las comarcas mas civilizadas de la India. ¡Qué revolucion no se habria realizado en las ciencias matemáticas, y cuánto mas rápido no habria sido su desarrollo y mas fácil su aplicacion, si el brahman Sphines, que acompañaba al ejército de Alejandro y era apellidado Calano por los soldados, ó si mas tarde, en tiempo de Augusto, el brahman Syramanatscharja, antes de subir á la hoguera como víctimas voluntarias, en Susa y en Atenas, hubiesen podido revelar á los griegos el sistema de la numeracion india, de tal manera que su uso se hubiese hecho universal! Las vastas é ingeniosas investigaciones de

Este del Indo, entre el Himalaya y la cadena de Vindhya, al Sur de la cual comenzaba la poblacion primitiva no ariana. El Madhya-Desa, ó pais del centro, de que ya he hablado (*Cosmos*, t. I, pág. 30), no era mas que una parte del Aryavarta. V. *Asie centrale*, t. I, pág. 204, y Lassen, *Indische Alterthumskunde*, t. I, págs. 5, 10 y 93. Los antiguos Estados libres de la India, *los paises de los pueblos sin reyes*, anatematizados por los poetas ortodoxos, se hallaban situados entre el Hidraote y el Hyphaso, es decir, entre el Beas y el Ravi modernos.

(1) Megastenes, *Indica*, edid. Schwanbeck, 1846, pág. 17.

Chasles nos han dado á conocer de una manera indudable que el método del *abaco* pitagórico, ó el *algorismo*, segun la designacion empleada en la *Geometría* de Boecio, es casi idéntico al sistema llamado de *posicion*; pero este método fué estéril entre las manos de los griegos y de los romanos, no habiendo comenzado á tener una aplicacion general hasta la edad media, principalmente desde que se llenó con un cero el espacio que hasta entonces se habia dejado en blanco. Los mas felices descubrimientos exigen por lo comun, para completarse y ser bien comprendidos, el trascurso de varios siglos.

CAPITULO III.

ESCUELA DE ALEJANDRIA.

ENGRANDECIMIENTO DE LA IDEA DEL MUNDO EN TIEMPO DE LOS PTOLOMEOS.—MUSEO DE SERAPIO.—CARÁCTER ENCICLOPÉDICO DE LA CIENCIA ALEJANDRINA.—LAS NOCIONES ADQUIRIDAS SOBRE LOS ESPACIOS DEL CIELO Y DE LA TIERRA ALCANZAN MAS ALTO GRADO DE GENERALIDAD.

Despues de la disolucion del mundo macedónico, que abrazaba partes considerables de los tres continentes, los gérmenes que el númen de Alejandro habia depositado en un terreno fértil, se desarrollaron bajo formas sumamente diversas á la verdad, pero aproximando y uniendo á los pueblos. Al mismo compás que desaparecia la parte de exclusivismo del carácter y de la nacionalidad de los griegos, y que iba perdiendo la imaginacion creadora su profundidad y su brillo, tomaban nuevo vuelo las relaciones entre los pueblos, adquirian mayor grado de generalidad las miras sobre la Naturaleza, y llegaban á ser de este modo mas fructíferos los esfuerzos hechos para comprender el conjunto de los fenómenos. En el imperio de Siria, entre los Atalos de Pérgamo, entre los Seleucidas y los Ptolomeos, por todas partes y casi simultáneamente surgieron soberanos de gran mérito que favorecieron aquellos progresos. El Egipto griego tuvo sobre los demás Estados la ventaja de la unidad política, habiéndole servido tambien de mucho su situacion geográfica. En efecto, merced á la larga hondonada, llena por el golfo Arábigo desde el estrecho de Bab-el-Mandeb hasta Suez y Akaba, en direccion de la gran línea de *solevantamiento* que surca al globo del S. S. E. al N. N. O., el movimiento de los buques que navegan en el Océano Índico no está separado mas que por algunas leguas de tierra del que se agita en las costas del Mediterráneo (1).

El imperio de los Seleucidas, sobre no gozar de las ventajas comerciales que ofrecian á los Lágidas la forma y la articulacion de las costas circunvecinas, se hallaba expuesto por su situacion á mayores peligros, y amenazado de desmembracion, como compuesto de satrapías en que se conservaban nacionalidades diferentes. El comercio en el imperio de los Seleucidas era principalmente interior, no teniendo otra salida mas que los rios y los caminos de las caravanas que seguian libremente su curso, á pesar de los obstáculos naturales que pudiesen oponerles las cadenas de montañas cubiertas de nieve, las mesetas y los desiertos. Los grandes convoyes de mercancías, de las cuales la mas preciosa era la seda, partian de la meseta de Seres, en lo interior del Asia, al Norte de Uttara-Kurú, pasaban por delante de la *Torre de piedra*, que era probablemente algun parador fortificado situado al Sur de las fuentes del Iaxarte (2), y después de atravesar el valle del Oxo, se dirigian al mar Caspio y al mar Negro. Por el contrario, el comercio de Egipto, por muy activas que fuesen la navegacion del Nilo y las comunicaciones entre las márgenes de este rio y los caminos construidos á lo largo del mar Rojo, era un comercio esencialmente marítimo. Segun las grandes miras de Alejandro, la ciudad nueva de Alejandría y la antigua Babilonia debian de ser, al Oeste y al Este, las dos capitales del imperio macedónico. Pero Babilonia

(1) V. mas arriba, *Cosmos*, t. II, pág. 141.

(2) V. Humboldt, *Asie centrale*, t. I, págs. 145 y 151—157; t. II, página 179.

no correspondió á estas esperanzas, y la prosperidad de la ciudad de Seleucia, fabricada por Seleuco Nicator sobre el curso inferior del Tigris, y puesta en comunicacion con el Eufrates por medio de canales, contribuyó tambien á apresurar su completa decadencia (1).

Tres grandes monarcas amigos de las ciencias, los tres primeros Ptolomeos, cuyo reinado no comprende menos de un siglo, fundando magníficos establecimientos para favorecer los adelantos de la inteligencia, y haciendo grandes y no interrumpidos esfuerzos para extender el comercio marítimo, comunicaron al conocimiento de los paises, y al conocimiento mas general de la Naturaleza, un impulso á que hasta entonces no habia llegado ningun otro pueblo. De manos de los griegos establecidos en Egipto, aquel tesoro científico pasó á las de los romanos. Bajo Ptolomeo Filadelfo, medio siglo apenas después de la muerte de Alejandro, y aun antes que la primera guerra púnica hubiese quebrantado la república aristocrática de Cartago, Alejandría era ya la mejor plaza mercantil del mundo. Por ella pasaba el camino mas corto y mas cómodo para ir desde la cuenca del Mediterráneo á la parte S. E. de África, á Arabia y á las Indias. Los Lágidas se aprovecharon, con un éxito sin ejemplo, del camino que la Naturaleza misma parecia haber señalado al comercio del Mundo por la direccion del golfo arábigo (2); camino que no recobrará enteramente su importancia, sino cuando la civilizacion haya dulcificado las costumbres de los pueblos orientales, y cuando á la par las naciones de Occidente hayan abjurado sus recelosas rivalidades. Al convertirse el Egipto en provincia romana, no por eso perdió su opulencia: el lujo que crecia en Roma en tiempo de los Césares llegaba por reaccion á las comarcas del Nilo, siendo Alejandría el punto donde aquel lujo iba á buscar los medios de satisfacerse, como al depósito general del mundo.

(1) Plinio, lib. VI, c. 30.

(2) Droyssen, *Geschichte des hellenistischen Staatensystems*, pág. 747.

Las causas del acrecentamiento considerable que recibieron el conocimiento de la Geografía y el de la Naturaleza en tiempo de los Lágidas, son: el comercio de las caravanas en lo interior de África, por Cirene y los oasis; las conquistas hechas en Etiopía y en la Arabia Feliz bajo el reinado de Ptolomeo Evergetes; y en fin, las relaciones que el Egipto mantenia por mar con casi toda la península occidental de la India, á lo largo de las costas de Canara y del Malabar (Malayavara, territorio de Malaya) desde el golfo de Barygaza (Guzerate y Cambay) hasta los templos brahmánicos del Cabo Comorino (Kumari) (1), y hasta la isla de Ceylan, llamada Lanka en el *Ramayana*, y Trapobana por los compañeros de Alejandro, por corrupcion del nombre indígena (2). La penosa travesía de Nearco, el cual no echó menos de cinco meses en costear las riberas de la Gedrosia y de la Caramania, desde Pattala, cerca de la embocadura del Indo, hasta la embocadura del Eufrates, habian ya contribuido de un modo eficaz á los progresos de la navegacion.

Los compañeros de Alejandro tenian conocimiento de los monzones que tanto favorecen las travesías entre las costas orientales de África por una parte, y por otra entre las costas septentrionales y occidentales de la India. Después de haber pasado diez meses, con el fin de asegurar al comercio la libre navegacion del Indo, en reconocer la parte de este rio que se extiende desde Nicea, sobre el Hydaspes, hasta Pattala, se apresuró Nearco, á principios de octubre (Olimp. 113, 3), á darse á la vela hácia Stura, porque sabia que el monzon del N. E. y del E., que so-

(1) Cf. Lassen, *Indische Alterthumskunde*, t. I, págs. 107, 153 y 158.

(2) Taprobana es una corrupcion de Tâmbapannî, forma pali correspondiente á la sanscrita Tâmraparnî; el nombre griego se halla compuesto de la forma sanscrita (tâmbra, tapro) y de la forma pali. V. Lassen, *Indische Alterthumskunde*, t. I, pág. 201, y *Dissert. de Taprobane insula*, pág. 19. Las Lakedivas (de *lakke* en vez de *lakscha*, y de *dive* por *dwîpa*, esto es, grupo de cien mil islas) eran tan conocidas de los marineros de Alejandría como las Maledivas (Malayadiva, es decir, islas de Malabar).

pla á lo largo de las costas que se extienden bajo el mismo paralelo, le llevaria hácia el golfo Pérsico. Cuando mas tarde se conoció mejor la ley á que están sujetos los vientos particulares de aquellos parajes, los pilotos llevaron su osadía hasta el punto de trasladarse por alta mar desde Ocelis, en el estrecho de Bab-el-Mandeb, hasta Muziris, gran depósito de la costa del Malabar, situado al Sur de Mangalor. De este modo, las comunicaciones establecidas en lo interior de las tierras hacian que afluyesen á Muziris las mercancías de las costas orientales de la península Índica, y aun el oro de la apartada Chryse (tal vez la isla de Borneo). La gloria de haber descubierto este camino para la India se atribuye á un marino, por otra parte desconocido, que se llamaba Hippalo, sin que hasta ahora haya podido fijarse exactamente ni aun la época en que florecia (1).

La historia de la contemplacion del mundo debe enumerar todos los medios que han facilitado la aproximacion de los pueblos, hecho accesibles partes considerables de la tierra, y engrandecido la esfera de los conocimientos humanos. Uno de los mas considerables, entre todos estos medios, fué la apertura material de una via fluvial que puso en comunicacion al mar Rojo con el Mediterráneo por medio del Nilo. Ya Neko habia intentado abrir un canal en el punto en que los dos continentes, profundamente escotados, se tocan solo por un angosto istmo; mas asustado con las respuestas de los sacerdotes, hubo de abandonar su proyecto. Aristóteles y Estrabon se remontan mas, y atribuyen el honor de aquella empresa á Sesostris (Ramsés-Meiamun). Herodoto vió y describe un canal construido por Darío, hijo de Hystaspes, que terminaba en el Nilo

(1) Dícese que Hippalo no es anterior al reinado de Claudio; opinion inverosímil, si es cierto que gran parte de los productos de la India no se compraban, aun en tiempo de los primeros Lágidas, sino en los mercados árabes. Bueno seria advertir tambien que el monzon del Sudeste era designado con el nombre de Hippalo, y que una parte del mar Eritreo ó del Océano Indico se llamaba asimismo mar de Hippalo. V. Letronne, *Journal des savants*, 1818, pág. 405; Reinaud, *Relation des voyages dans l'Inde*, t. I, pág. XXX.

un poco mas arriba de Bubasto; canal obstruido mucho despućs por las arenas, y definitivamente restablecido por Ptolomeo Filadelfo, hasta el punto de que, sin ser navegable todo el año, cosa que jamás pudo obtenerse á pesar del ingenioso sistema de exclusas establecido, activó el comercio de la Etiopía, la Arabia y la India hasta la época de la dominacion romana, por los tiempos de Marco Aurelio y aun quizás de Septimio Severo, es decir, por espacio de cuatro siglos y medio. Con el objeto tambien de multiplicar las relaciones de los pueblos por medio del mar Rojo, se abrieron puertos con exquisita diligencia en Myos-Hormos y en Berenice, y se puso este último en comunicacion con Coptos por medio de una magnífica calzada (1).

Todas estas empresas y fundaciones de los Lágidas, sea que tuviesen por objeto el desarrollo del comercio ó el progreso de las ciencias, estribaban en un gran pensamiento, en una aspiracion incesante hácia lo remoto y lo universal, en el deseo de reunir y entrelazar todos los elementos esparcidos, agrupando en grandes masas las miras acerca del mundo y las relaciones que ofrecen las diferentes partes de la Naturaleza. Esta fecundísima tendencia del espíritu griego, muy de antemano preparada en silencio, habíase manifestado de una manera imponente por la expedicion de Alejandro y por sus esfuerzos para fundir en uno el Oriente y el Occidente: el nuevo desarrollo que recibió despues en tiempo de los Lágidas, es tambien el rasgo mas característico de la época que trato de bosquejar; pues aquella tendencia debe considerarse efectivamente como un gran paso dado hácia el conocimiento del Universo.

La riqueza y la abundancia de las observaciones eran necesarias, á no dudarlo, para llegar á abarcar el conjun-

(1) V. las investigaciones de Letronne sobre los trabajos del canal que une el Nilo al mar Rojo desde Neko hasta el Califa Omar, durante un lapso de tiempo de mas de 1,300 años, en la *Révue des Deux-Mondes*, t. XXVII, 1841, páginas 215—235. V. tambien el artículo del mismo autor: *De la Civilisation égyptienne depuis Psammitichus jusqu'à la conquête d'Alexandre*, 1845, págs. 16—19.

to del mundo. Las relaciones del Egipto con regiones muy lejanas; las excursiones á la Etiopía emprendidas á expensas del Estado (1); la caza seguida á largas distancias en persecucion de los avestruces y elefantes (2); y en fin, las casas de fieras de los palacios reales del Bruchium, llenas de animales raros, debieron ser, bajo este punto de vista consideradas, estímulos eficaces para el estudio de la Historia Natural, al paso que satisfacian tambien las exigencias de la ciencia experimental (3). No fué este, sin embargo, el carácter propio de la época de los Ptolomeos, ni tampoco el de la escuela alejandrina en masa, que siguió fielmente hasta los siglos III y IV la direccion entonces adoptada; porque no tanto se proponian los sabios de aquel tiempo observar directamente los fenómenos aislados, como reunir á fuerza de trabajo los materiales existentes, ordenarlos, compararlos, y dar una aplicacion inteligente á los elementos por tanto tiempo acumulados. Durante muchos siglos, y hasta la memorable aparicion de Aristóteles, los fenómenos no habian sido objeto de una observacion penetran-

(1) Parte de estos viajes fué debida á algunas observaciones meteorológicas sobre las causas remotas del crecimiento del Nilo; porque Filadelfo, segun afirma Estrabon (lib. XVII, pág. 789), buscaba siempre en nuevas distracciones la satisfaccion de su curiosidad y el olvido de su endeblez física.

(2) Lepsius ha descubierto y copiado en los colosos de Abusimbel (Ibsambul) dos inscripciones relativas à la caza, una de las cuales, sobre todo, nos recuerda las cacerías de elefantes de Ptolomeo Filadelfo. V. Estrabon, lib. XVI, págs. 669 y 670; Eliano, *De natura animal.*, lib. III, c. 34, y XVII, 3; Ateneo, lib. V, pág. 196. Aun cuando el marfil de la India se halla citado en el *Períplus maris Erythræi* como un artículo de exportacion de Barygaza, con todo, la Etiopía, segun refiere Cosmas, enviaba tambien marfil á la península occidental Indica. Los elefantes se han ido retirando en todo tiempo, aun en el Africa oriental, cada vez mas hácia el Mediodia. Segun el testimonio de Polibio (lib. V, c. 84), cuando en una batalla se encontraban de frente elefantes africanos y elefantes indios, el aspecto, el olor y la batahola de estos últimos, superiores en fuerza y corpulencia, bastaba para poner en derrota á los primeros. Nunca llegaron estos á reunirse en tanto número como en las expediciones al Asia, á las cuales llevó 9,000 Tchandragupta, 6,000 el poderoso rey de los prasios, y Akbar otros 6,000. V. Lassen, *Indische Alterthumskunde*, t. I, págs. 305—307.

(3) Ateneo, lib. XIV, pág. 654. Cf. Parthey, *Das Alexandrinische Museum*, págs. 55 y 171.

le, y continuaban sometidos á la arbitrariedad de las ideas, no menos que al capricho de confusas adivinaciones y de hipótesis contradictorias; mas desde entonces comenzóse á dar mas importancia á las investigaciones experimentales, examinando de cerca y aquilatando los conocimientos adquiridos. La filosofía natural, menos atrevida ya en sus especulaciones, y menos fantástica en las imágenes que se formaba de las cosas, aproximóse al cabo á la experiencia, y siguió con ella por la via de la induccion. Los laboriosos esfuerzos hechos para aumentar el caudal de la ciencia, exigian necesariamente, por otra parte, cierta universalidad de conocimientos; y aunque esta instruccion variada haya dado á las veces ópimos frutos en las obras de pensadores eminentes, por lo general la erudicion se mostró fria é ininteligente en una época en que la imaginacion agotada no le prestaba auxilio. La negligencia en las formas, juntamente con la falta de vivacidad y de gracia en el lenguaje, no han dejado de influir algun tanto en el severo juicio de la posteridad acerca de la ciencia alejandrina.

Mi principal propósito, al escribir estas páginas, es poner de manifiesto los progresos que han hecho célebre el período de los Ptolomeos, y los resultados producidos, así por el concurso de todas las relaciones extranjeras como por la fundacion y conservacion de grandes establecimientos, cuales fueron el museo de Alejandría y las dos bibliotecas del Bruchium y de Rhakotis, y por la reunion colegiada de tantos hombres eminentes, animados todos de amor práctico á la ciencia (1). Su erudicion enciclopédica les hacia aptos para la comparacion de las observaciones y para la generalizacion de las miras acerca de la Naturaleza. El gran instituto científico, fundado por los dos primeros

(1) La biblioteca mas antigua era la del Bruchium, que fué destruida cuando el incendio de la armada en tiempo de Julio César. La de Rhakotis ocupaba parte del Serapeum, en donde se hallaba reunida con el museo; y posteriormente se enriqueció con la coleccion de libros de Pérgamo, merced á la liberalidad de Antonio.

Lágidas, conservó, entre otras muchas, la ventaja de que sus miembros trabajaban libremente en direcciones opuestas. Establecidos en pais extranjero y rodeados de razas diferentes, conservaron siempre la originalidad del espíritu griego, y la penetracion que es uno de sus rasgos característicos (1).

Atendidos el espíritu y la forma de esta exposicion histórica, bastará citar un corto número de ejemplos para mostrar cómo la experiencia y la observacion llegaron á ser, bajo la proteccion de los Ptolomeos, las verdaderas fuentes de la ciencia aplicada á la tierra y á los espacios celestes; y cómo la escuela alejandrina, sin dejar de aplicarse á la reunion de materiales, no debió renunciar sin embargo, por efecto de sus tendencias particulares, á generalizar hasta cierto punto las ideas. Si las escuelas filosóficas de la Grecia se penetraron mucho del espíritu oriental después de trasladadas al Egipto Inferior, y acreditaron un gran número de interpretaciones simbólicas sobre la naturaleza de las cosas, en el *Museo*, á lo menos, las ciencias matemáticas continuaron siendo siempre el mas firme apoyo de las doctrinas platónicas (2). Las matemáticas puras, la mecánica y la astronomía marchaban casi al mismo paso. En la gran im-

(1) Vacherot, *Histoire critique de l'Ecole d'Alexandrie*, 1846, t. I, págs. V y 103. Que el Instituto de Alejandría, lo mismo que todas las corporaciones científicas, haya tenido, aparte de los excelentes efectos producidos por el concurso de los esfuerzos y por la reunion de todos los materiales, el inconveniente de ejercer sobre los ánimos una influencia harto predominante y aun exclusiva, es un hecho reconocido diferentes veces por la antigüedad misma. Antes que aquella ciudad, tan brillante en otro tiempo, llegase á convertirse en teatro de estériles disputas sobre la teología cristiana, Adriano confirió á su preceptor Vestino la doble dignidad de gran sacerdote de Alejandría (ministro de los cultos, como si dijéramos) y de director del Museo ó presidente de la Academia. V. Letronne, *Recherches pour servir à l'Histoire de l'Egypte pendant la domination des Grecs et des Romains*, 1823, pág. 251.

(2) Fries, *Geschichte der Philosophie*, t. II, pág. 5, y *Lehrbuch der Naturlehre*, 1.ª parte, pág. 42. Respecto de la influencia que ha ejercido Platon en las ciencias experimentales por la aplicacion de las matemáticas, V. tambien Brandis, *Geschichte der griechisch-römischen Philosophie*, segunda parte, sec. 1.ª, pág. 276.

portancia que daba Platon al desarrollo matemático del pensamiento, así como en las miras fisiológicas que el filósofo de Estagira extendia á todos los organismos, se hallaban contenidos, por decirlo así, los gérmenes de todos los progresos que mas adelante hizo la ciencia de la Naturaleza. Ambos á dos fueron la estrella conductora que sirvió de segura guia al espíritu humano entre las desatinadas imaginaciones de los siglos de tinieblas; y á ellos se debe que subsistan imperecederos los principios de la ciencia y las fuerzas sanas del espíritu.

El matemático-astrónomo Eratóstenes de Cyrene, el mas célebre en la lista de los bibliotecarios de Alejandría, se aprovechó de los tesoros que tenia á su disposicion, introduciéndolos en el plan sistemático de una Geografía universal. Él fué el primero que descartó de la descripcion de la tierra todas las leyendas fabulosas; y aunque muy versado tambien en la cronología y en la historia, no se permitió apelar á la mezcla de sucesos históricos que hasta su tiempo habian prestado animacion é interés á la Geografía. Bien es verdad que esta desventaja quedó perfectamente compensada con observaciones matemáticas acerca de la forma articulada y extension de los continentes, y con varias conjeturas geognósticas acerca de la trabazon de las cadenas de montañas, del efecto de las corrientes y de las regiones cubiertas de agua en lo antiguo, que aun en el dia presentan el aspecto de un lecho de mar seco. Participando de las opiniones de Estraton de Lampsaco sobre la teoría de las exclusas aplicada al Océano, y firmemente convencido de que el crecimiento del Ponto Euxino habia producido en otro tiempo la abertura de los Dardanelos, y como consecuencia de ella la del estrecho de Gades, el bibliotecario de Alejandría se vió conducido por esta creencia á la investigacion del importante problema sobre la igualdad de nivel de todos *los mares exteriores que circundan los continentes* (1): y para

(1) Sobre las opiniones físicas y geognósticas de Eratóstenes, V. Estrabon, lib. I, págs. 49—56, y lib. II, pág. 108.

juzgar del éxito que tuvo su intento de generalizar las ideas, basta observar que en el *Diafragma* de Dicearco se halla atravesada toda el Asia, bajo el paralelo de Rodas, por una cadena de montañas que forma una línea de demarcacion no interrumpida desde el Occidente hasta el Oriente (1).

Tambien debe referirse á la necesidad de generalizar las miras sobre la Naturaleza, como consecuencia de la agitacion intelectual de aquella época, la primera medida de grado geográfico ejecutada por un griego: hablo del ensayo de Eratóstenes para medir el espacio comprendido entre Syena y Alejandría, á fin de calcular aproximadamente la circunferencia de la tierra. No tanto debe excitar nuestro interés en esta empresa el resultado obtenido segun los datos imperfectos de las *bematistas*, cuanto el esfuerzo hecho por un sabio para llegar á conocer, partiendo del estrecho espacio de su pais natal, la magnitud de la esfera terrestre.

Puede reconocerse la misma tendencia á la generalizacion en los brillantes progresos que hizo en el siglo de los Ptolomeos el conocimiento científico de los espacios celestes. Citaré á este propósito los primeros astrónomos de Alejandría, Arístiles y Timocaris, que determinaron el puesto de las estrellas fijas; Aristarco de Samos, contemporáneo de Cleanto, que, familiarizado con las antiguas teorías de los Pitagóricos, intentó descorrer el velo de la estructura de todo el Universo, y fué el primero que reconoció la inmensa distancia á que se hallan las estrellas fijas de nuestro pequeño sistema planetario, y el que presintió el doble movimien-

(1) Estrabon, lib. XI, pág. 519; Agatemero, en los *Geogr. græci minor.* de Hudson, t. II, pág. 4. Sobre la exactitud de las grandes miras orográficas de Eratóstenes, V. Humboldt, *Asie centrale*, t. I, págs. 104—150, 198, 208—227, 413—415, y t. II, págs. 367 y 414—435; *Examen critique*, etc., t. I, págs. 152—154. Al hablar de la medida del grado de Eratóstenes, la he llamado á drede primera medida helénica, porque no es inverosímil que los caldeos hubiesen determinado primitivamente la longitud del grado, tomando por término de comparacion pasos de camello. V. Chasles, *Recherches sur l'Astronomie indienne et chaldéenne*, en los *Comptes rendus de l'Acad. des sciences*, t. XXIII, 1846, pág. 851.

to que efectúa la Tierra sobre sí misma y en torno del Sol, centro del mundo. Citaré tambien á Seleuco de Eritrea ó de Babilonia (1), esforzándose un siglo después en apoyar sobre nuevas pruebas la opinion de Aristarco, precursor de Copérnico, poco acreditada hasta entonces, y á Hiparco, creador de la astronomía científica, que es entre toda la antigüedad el hombre á quien debe la ciencia mayor número de observaciones personales. Propiamente hablando, Hiparco fué entre los griegos el primer autor de las tablas astronómicas, y el que comprobó la precesion de los equinoccios (2); descubrimiento importantísimo á que le condujo la comparacion de sus propias observaciones sobre las estrellas fijas (observaciones hechas en Rodas, y no en Alejandría, como algunos han creido), con las de Timocharis y de Aristilo, sin que probablemente sea necesario suponer para ello la aparicion de una estrella nueva (3). No cabe duda en que los egipcios pudieron llegar al mismo resultado, á fuerza de considerar el nacimiento matinal de la estrella Sirio (4).

Los trabajos de Hiparco ofrecen á mayor abundamiento el carácter particular de haber utilizado los fenómenos observados en las regiones celestes, para determinar la situacion de los lugares geográficos. Este enlace del conocimien-

(1) La última denominacion es, en mi sentir, la exacta. En efecto, Estrabon (lib. XVI, pág. 739) cita, entre otros varios personajes de consideracion, á un tal Seleuco de Seleucia, versado en la ciencia de los astros; siendo muy probable que se trate aquí de Seleucia del Tigris, ciudad comercial floreciente. Verdad es que después de haber citado Estrabon (lib. I, pág. 6) á un Seleuco de Babilonia, que observó exactamente el flujo y reflujo, habla después, tal vez por descuido y á propósito del mismo asunto, de Seleuco de Eritrea. V. lib. III, pág: 174. Cf. Estobeo, *Eclogæ physicæ*, pág. 440.

(2) Ideler, *Handbuch der Chronologie*, t. I, págs. 212 y 329.

(3) Delambre, *Histoire de l'Astronomie ancienne*, t. I, pág. 290.

(4) Bœckh examina en su *Philolaus*, pág. 118, si los Pitagóricos pudieron conocer desde luego por las fuentes egipcias la precesion de los equinoccios, bajo el nombre de movimiento de las fijas. Letronne (*Observations sur les représentations zodiacales qui nous restent de l'Antiquité*, 1824, pagina 63), é Ideler (*Hanbuch der Chronologie*, t. I, pág. 192, reivindican exclusivamente para Hiparco este descubrimiento.

to del Cielo con el de la Tierra, este mútuo reflejo de ambas esencias, presta mas unidad y mas vida á la grande idea del Universo. El nuevo mapa del Mundo, trazado por Hiparco con arreglo al de Eratóstenes, descansa siempre que es posible en observaciones astronómicas: las longitudes y latitudes geográficas se hallan determinadas en él segun los eclipses de Luna y la medida de las sombras. El reloj hidráulico de Ctesibio, perfeccionamiento del clepsidro, podia proporcionar una division mas exacta del tiempo. Esto por una parte; y por otra, los instrumentos que usaban los astrónomos de Alejandría eran reemplazados por otros mas perfectos, desde el antiguo *gnomon* y los *escafos*, hasta la invencion de los *astrolabios*, de los *armillos solsticiales* y de los *lineales dióptricos*. Servido asi el hombre en cierto modo por nuevos órganos, llegó por grados á adquirir nociones mas exactas acerca de todos los movimientos que se realizan en el sistema planetario. El conocimiento de la magnitud absoluta de los cuerpos celestes, de su forma, densidad y constitucion física, fué lo que únicamente permaneció estacionario por espacio de algunos miles de años.

El número de los matemáticos eminentes no se limita tan solo á algunos astrónomos observadores del museo de Alejandría; antes bien la época de los Ptolomeos fué principalmente el periodo mas brillante de las ciencias matemáticas. En un solo siglo aparecieron Euclides, el primero que hizo de las matemáticas una verdadera ciencia, Apolonio de Perga y Arquimedes, que recorrió el Egipto, y se enlaza por medio de Conon á la escuela de Alejandría. El largo camino que conduce desde la análisis geométrica, tal como la entendia Platon, y desde los triángulos de Menechmo (1), hasta la época de Keplero y de Tycho, de Euler y de Clairaut, de d'Alembert y de Laplace, está señalado por una série de descubrimientos matemáticos, sin los cuales hubieran sido eternamente un secreto para

(1) Ideler, *Ueber Eudoxus*, pág. 23.

el linaje humano las leyes que rigen los movimientos de los grandes cuerpos del mundo, y sus recíprocas relaciones con los espacios celestes. Ante todo, un instrumento material, el telescopio, ha suprimido las distancias, penetrando la inmensidad del espacio, llevando las matemáticas por medio de la combinacion de las ideas á las remotísimas regiones del cielo, y tomando segura posesion de una parte de aquellos vastos dominios; y hé aquí que hoy, en esta época tan fecunda en descubrimientos científicos, la vista del espíritu, con el auxilio de todos los elementos de que permite disponer el estado actual de la Astronomía, ha podido descubrir un planeta, determinar su lugar celeste, su órbita y su masa, aun antes de que se hubiese dirigido sobre él el telescopio (1).

(1) El planeta descubierto por Le Verrier. (V. *Cosmos*, t. I, pág. 93, nota del traductor).

CAPITULO IV.

PERIODO DE LA DOMINACION ROMANA.

INFLUENCIA DE UNA VASTA REUNION DE ESTADOS EN LOS PROGRESOS DE LA IDEA DEL MUNDO.—LAS RELACIONES COMERCIALES FACILITAN EL CONOCIMIENTO DE LA TIERRA.—ESTRABON Y PTOLOMEO.—PRINCIPIO DE LA ÓPTICA MATEMÁTICA Y DE LA QUÍMICA.—ENSAYO DE UNA DESCRIPCION DEL MUNDO POR PLINIO.—EL CRISTIANISMO DA ORÍGEN Y DESARROLLO AL SENTIMIENTO DE LA UNIDAD DE LA ESPECIE HUMANA.

Al examinar los progresos intelectuales de la humanidad y el desarrollo sucesivo de la idea del Universo, el período de la dominacion romana se nos presenta como uno de los momentos mas importantes de esta historia, viéndose reunidas por primera vez en estrecha alianza todas las fértiles regiones que circundan la cuenca del mar Mediterráneo, sin contar los vastos paises que se unieron después á aquel inmenso imperio, con particularidad en el Oriente.

Esta es la ocasion de repetir cómo el cuadro de la historia del mundo, que voy tratando de bosquejar á grandes pinceladas, adquiere un interés nuevo, la unidad de composicion, mediante la aparicion de este concurso de Estados tan íntimamente ligados entre sí (1). Nuestra civilizacion, es decir, el desarrollo intelectual de todos los pueblos del continente europeo, puede considerarse

(1) V. *Cosmos*, t. II, págs. 123, 129, 134 y 166.

que ha echado sus raices en la civilizacion de los pueblos diseminados en las costas del Mediterráneo, viniendo por consiguiente á ser un vástago directo de la de los griegos y de los romanos. La denominacion, demasiado exclusiva tal vez, de literatura clásica, dada á las literaturas griega y latina, debe su orígen á la conciencia que tenemos de nuestros mas antiguos conocimientos, á saber nosotros de dónde viene el primer impulso que nos ha hecho entrar en un círculo de ideas y de sentimientos íntimamente enlazados con la dignidad moral y la elevacion intelectual de una raza privilegiada (1). Considerando las cosas bajo este punto de vista, de seguro no carecerá de interés el investigar los elementos que partiendo del valle del Nilo y de la Fenicia, del Eufrates ó del Indo, han venido por caminos diversos, harto poco explorados hasta ahora, á refluir en el ancho rio de la civilizacion griega y latina; pero estos mismos elementos no los debemos sino á los griegos y á los romanos, colocados estos últimos entre los primeros y los etruscos. En efecto, ¿cuánto tiempo no ha trascurrido, antes de que los grandes monumentos de los pueblos que les habian precedido en la carrera de la civilizacion, hayan podido ser directamente observados, interpretados y clasificados segun sus épocas; antes de que se haya llegado á leer esos geroglíficos y esos caractéres cuneiformes, por delante de los cuales han estado pasando tantos siglos los ejércitos y las caravanas, sin sospechar siquiera lo que significaban?

Sin duda las dos peninsulas cuyas ricas articulaciones se desunen en la parte septentrional del Mediterráneo, han sido el punto de partida de la cultura intelectual y de la educacion política para los pueblos que poseen al presente y acrecerán cada dia el tesoro imperecedero de la ciencia y de las artes creadoras; para los pueblos que á su vez han ido á esparcir la civilizacion á otro hemisfe-

(1) Guillermo de Humboldt, *Ueber die Kawi-Sprache*, t. I, página XXXVII.

rio, y que vanagloriándose de haberle llevado la esclavitud, han acabado á pesar suyo por implantar en él la libertad. Este orígen comun de la ciencia y de las ideas no impide, sin embargo, que, como por un favor de la suerte, la unidad y la diversidad resalten al mismo tiempo en nuestra civilizacion. Los elementos que concurrieron á formar esta amalgama no diferian menos por su propia esencia, que por la aproximacion y la trasformacion que mas tarde sufrieron al acomodarse á los caractéres opuestos y á las predisposiciones particulares de todas las razas europeas. El reflejo de estos contrastes se ha conservado, aun mas allá del Océano, en colonias y establecimientos que han llegado á ser grandes Estados libres, ó que trabajan por perfeccionar su organizacion con la mira de conseguir el mismo objeto.

El imperio romano, si se considera la extension del territorio que ocupaba en su forma monárquica bajo los Césares, es sin duda, absolutamente hablando, menos vasto que el imperio chino bajo la dinastia de los Thsin y de los Han del Oriente (desde el año 30 antes de J. C. al año 166 de nuestra era), que la dominacion de los Mogoles bajo Dschingischan, ó que las comarcas de todo el actual imperio ruso en Europa y en Asia (1). Pero á excepcion de la monarquía española, antes de la pérdida de sus posesiones en el nuevo Continente, jamás se reunieron bajo un mismo cetro, tomando en cuenta á la par los beneficios del clima, la fecundidad del suelo y la situacion relativa del imperio romano, paises mas vastos ni mas favorecidos del cielo que aquellos por donde se extendia la dominacion romana desde Octavio hasta Constantino.

Desde la extremidad occidental de Europa hasta el

(1) Berghaus ha calculado en poco mas de cien mil millas geográficas cuadradas la superficie del Imperio romano en tiempo de Augusto, segun la circunscripcion adoptada por Heeren (*Manual de Historia antigua*, págs. 456—465; es decir, cerca de una cuarta parte mas de la medida propuesta, como muy incierta á la verdad, por Gibbon, *Histoire de la chute de l'Empire romain*, t. 1, c. 1, pág. 86 y sig. de la edic. de Guizot.

Eufrates, desde la Bretaña y una parte de la Caledonia hasta la Getulia y el límite en que comienzan los desiertos de la Libia, no era solamente la variedad infinita de los aspectos que presentan la conformacion del suelo, las producciones orgánicas y los fenómenos naturales, lo que habia llamado la atencion de los sabios: la especie humana ofrecia tambien todos los matices de la civilizacion y de la barbarie. Aquí se la veia en posesion de las artes y de las ciencias desde la mas remota antigüedad: mas allá permanecia sumida en ese primer crepúsculo en que fluctua la inteligencia cuando se despierta. Las expediciones lejanas dirigidas al Norte y al Mediodia, hácia las costas que producen el ámbar, y las que condujeron Elio Galio y Balbo á la Arabia y al pais de los garamantas, tuvieron desigual éxito. Ya en tiempo de César y de Augusto se comenzó á medir la superficie del Imperio; y á esta operacion, de que se encargaron tres geómetras griegos, Teodoto, Zenodoto y Polícletes, se unieron itinerarios y topografías especiales que debian distribuirse á todos los gobernadores de provincia (1). Justo es decir que una cosa parecida se habia hecho en la China muchos siglos antes; mas por lo tocante á Europa, son los primeros trabajos estadísticos de que puede hacerse mencion. Los caminos romanos, divididos en millas, atravesaban vastas prefecturas. Adriano recorrió todo su Imperio en un viaje que no duró menos de once años, si bien con interrupciones, visitando todo el espacio comprendido desde la península Ibérica hasta la Judea, el Egipto y la Mauritania. De esta manera se hizo practicable una parte considerable del mundo sometido á la dominacion romana; *pervius orbis*, como dice el coro de la *Medea* de Séneca hablando, con un poco menos de razon, de la tierra entera (2).

(1) Vegecio, *De re militari*, lib. III, c. 6. Cf. Fabricio, *Notatio temporum Augusti*, 1727, pág. 208, y Egger, *Examen critique des Historiens anciens de la vie et du règne d'Auguste*, Paris, 1844, pág. 54 y siguientes.

(2) Acto II, v. 371, en la célebre prediccion que desde el tiempo del hijo de Colon comenzó á aplicarse al descubrimiento de las Américas.

Parecia natural que la reunion en una sola monarquía de regiones tan vastas y de climas tan diversos, así como la facilidad con que atravesaban las provincias funcionarios públicos escoltados por numeroso séquito de hombres de variada instruccion, hubiesen contribuido mucho, merced á los beneficios de una larga paz, no tan solo á los adelantos de la descripcion de la tierra, sino á los de la ciencia misma de la Naturaleza, dando orígen á miras mas elevadas acerca del conjunto de los fenómenos. Empero semejantes esperanzas debian de ser sobrado ambiciosas, y no se vieron realizadas. En el largo período que duró la integridad del Imperio romano, es decir, en el espacio de cuatro siglos, no vemos aparecer como observadores de la Naturaleza mas que á Dioscórides de Cilicia y á Galeno de Pérgamo. El primero aumentó considerablemente el número de las especies vegetales ya descritas, si bien nos parece muy inferior á Teofrasto, que supo dejar impreso por dó quiera el sello de su espíritu filosófico. Galeno extendió sus observaciones á un gran número de especies animales; y por sus delicadas análisis, no menos que por la importancia de sus descubrimientos anatómicos, mereció ocupar un lugar al lado de Aristóteles, y aun de ordinario mas elevado, segun la opinion de Cuvier (1).

Otro nombre hay, además de los de Dioscórides y Galeno, que no carece de brillo; pero único, solo, y es el de Ptolomeo. Téngase en cuenta que no le citamos aquí como geógrafo, ó como inventor de un sistema nuevo de Astronomía, sino solamente como físico que consiguió, á fuerza de experimentos, medir la refraccion de la luz, y puede ser considerado como fundador de una parte considerable de la Óptica, por mas que sus derechos, ya hoy incontrovertibles, no se hayan reconocido sino muy tarde (2). En cuanto á nosotros, por muy importantes que

(1) Cuvier, *Histoire des sciences naturelles*, t. I, 1841, págs. 312—328.

(2) V. *Liber Ptholomei de opticis sive aspectibus*, precioso manus-

hayan sido los progresos realizados en la esfera de la vida orgánica y en las consideraciciones generales propias de la Anatomía comparada, no podemos dispensarnos, al estudiar un periodo 500 años mas antiguo que el de los árabes, de conceder particular atencion á los experimentos físicos que revelaron la marcha de los rayos luminosos, y son en cierto modo el primer paso dado en una carrera que comenzaba entonces, y cuyo término es la física matemática.

Todos los hombres eminentes que imprimieron al período imperial el lustre de la ciencia, eran de orígen griego. No hablo de Diofanto, algebrista profundo, puesto que encerrado por falta de fórmulas suficientes en los procedimientos aritméticos; porque este matemático pertenece á una época posterior (1). Entre los discordes elementos de que se componia la civilizacion en tiempo del Imperio romano, la victoria quedó de parte de la raza mas antigua y mejor organizada, es decir, de la raza griega. Mas después de la sucesiva decadencia de la escuela de Alejandría, las luces de la ciencia y de la filosofía se debilitaron y dispersaron, para renacer mas tarde en Grecia y en el Asia Menor. El gobierno, cual acontece en todas las monarquías

crito de la *Biblioteca Nacional de Paris*, núm. 7,310, compulsado por mí con motivo de un pasaje muy notable acerca de la refraccion de la luz, descubierto en Sexto Empírico (*Adversus Astrologos*, lib. V, pág. 351, edid. Fabricius). Varios pasajes de este manuscrito, publicados por mí en 1811 antes que lo hiciesen Delambre y Venturi, se encuentran en la introduccion de mi *Recueil d'observations astronomiques*, t. I, págs. LXV —LXX. El original griego no ha llegado hasta nosotros. Todo lo que contiene el manuscrito se reduce á una traduccion latina de la *Optica* de Ptolomeo, hecha de dos manuscritos arábigos. El nombre del traductor latino es Amiraco Eugenio, Sículo. Cf. Venturi, *Comment. sopra la storia e le teorie dell' Ottica*, Bolonia, 1814, pág. 227; Delambre, *Histoire de l'Astronomie ancienne*, 1817, t. I, pág. LI, y t. II, págs. 410 —432.

(1) Por la trágica muerte de la hija de Theon de Alejandría, víctima del fanatismo cristiano, prueba Letronne que no puede ser posterior al año de 389 la tan controvertida época de la vida de Diofanto (*Sur l'origine grecque des Zodiaques prétendus égyptiens*, 1837, pág. 26).

absolutas que ocupando inmensos espacios presentan la reunion de las partes mas heterogéneas, ponia principalmente la mira en conjurar, por medio de la disciplina militar y de la emulacion que introducia en la administracion subdividiéndola, la ruptura siempre inminente de aquella alianza facticia; en ocultar las discordias intestinas de la familia imperial por alternativas de severidad y de dulzura, y en asegurar á los pueblos, valiéndose para ello de gobernadores ilustres, aquella especie de reposo que puede proporcionar temporalmente el despotismo, cuando es aceptado sin resistencia.

El establecimiento de la dominacion romana fué sin duda efecto de la grandeza inherente al carácter de los romanos, de la severidad que por largo tiempo conservaron en sus costumbres, y de un patriotismo exclnsivo unido al elevado sentimiento que tenian de su personalidad. Una vez obtenido ya este resultado, las nobles calidades que le habian producido fueron poco á poco debilitándose y desnaturalizándose bajo la influencia inevitable de nuevas relaciones. Con el carácter nacional se extinguió el ardor comun á todos los ciudadanos, desapareciendo al mismo tiempo la publicidad y el principio de individualismo, que son los dos mas firmes sostenes de los Estados libres. La *ciudad eterna* llegó á convertirse en centro de una circunferencia vasta en demasia, y le faltó el espíritu que sin agotarse hubiera podido animar á aquella inmensa corporacion de Estados. La religion cristiana llegó á serlo del Imperio cuando este se hallaba ya profundamente conmovido, y cuando las disputas dogmáticas de las sectas enemigas tornaban impotentes los beneficiosos efectos de la nueva doctrina. Así se vió comenzar muy lnego el doloroso combate de la ciencia y de la fé, combate que, renovándose incesantemente bajo diversas formas, se prolongó por todos los siglos, sirviendo siempre de obstáculo á la investigacion de la verdad.

Si el Imperio romano, muy al contrario de lo que habia sucedido en las pequeñas repúblicas griegas independientes y aisladas, fué impotente para mantener y vivificar las fuerzas intelectuales y creadoras de la humanidad, á causa de su mucha extension y de la constitucion política á ella consiguiente, tuvo en cambio algunas ventajas que no deben darse al olvido. La experiencia y la multiplicidad de las observaciones produjeron abundante cosecha de ideas; ensanchóse considerablemente el mundo de los objetos exteriores, facilitando así á los siglos subsiguientes la contemplacion reflexiva de los fenómenos naturales; y la dominacion romana vivificó las relaciones entre los pueblos, por medio de la lengua latina difundida en todo el Occidente y en una parte del África septentrional. Por lo que hace al Oriente, el helenismo continuó naturalizado mucho tiempo después de la ruina del imperio de Bactriana, acaecida en tiempo de Mitrídates I, 13 años antes de la invasion de los sacios ó escitas.

Considerando la extension de los paises en que habian penetrado las lenguas griega y latina, esta última llevó ventaja á la primera aun antes de que se trasladase á Bizancio la Sede imperial. Los progresos de estos dos idiomas tan perfeccionados y tan ricos en monumentos literarios, contribuyeron tambien á mezclar y á fundir últimamente tanta diversidad de razas, á hacerlas mas civilizadas, ó como dice Plinio, «á hacer á los hombres mas *humanos*, y á formarles una patria comun (1).» Por grande que fuese, sin embargo, el desprecio con que se miraban por lo general las lenguas bárbaras, á las cuales no se temia llamar lenguas mudas (ἄγλωσσοι), segun el testimonio de Póllux,

(1) Plinio ha caracterizado muy bien en su elogio de Italia (lib. III, c. 6) esta influencia benéfica de una lengua que moraliza á los pueblos al propagarse, inspirándoles sentimientos mas humanos. Hé aquí sus palabras: «Omnium terrarum alumna eadem et parens, numine Deum electa, quæ sparsa congregaret imperia ritusque molliret et tot populorum discordes ferasque linguas sermonis commercio contraheret, colloquia et humanitatem homini daret, breviterque una cunctarum gentium in toto orbe patria fieret.»

no faltan ejemplos de haberse traducido en Roma, á imitacion de los Lágidas, alguna obra literaria del cartaginés al latin; pues es notorio que el libro de Agricultura de Magon se tradujo por órden del Senado.

La dominacion romana, que por el lado del Oeste llegaba hasta el promontorio Sagrado, es decir, hasta la extremidad mas remota del continente europeo, siguiendo la costa septentrional del Mediterráneo, no se extendia por el lado del Este, ni aun en tiempo de Trajano, que navegó por el Tigris, mas que hasta el meridiano del golfo Pérsico. Por este lado fué por donde hicieron progresos mas considerables en el período cuyo cuadro vamos trazando, las relaciones de los pueblos, y el comercio terrestre que de tanta importancia es para la Geografía. Después de la caida del Imperio griego de Bactriana, estableciéronse además comunicaciones con los seros bajo la poderosa proteccion de los Arsácidas. Pero todas estas no eran mas que relaciones indirectas, insuficientes para compensar el perjuicio causado á las relaciones inmediatas de los romanos con los pueblos del Asia interior por la actividad que desplegaron los partos en su comercio de revendedores. El efecto de los movimientos realizados en la extremidad de la China produjo una revolucion rápida y completa, si bien poco duradera, en el estado político de las inmensas regiones comprendidas entre la cadena volcánica de los montes Celestes ó Thian-Schan y la del Kuen-lun que atraviesa el Tibet septentrional. Un ejército chino arrolló á los Hiung-nu, hizo tributarios á los pequeños reinos de Khotan y de Kaschgar, y llevó sus armas victoriosas hasta las costas orientales del mar Caspio: hablo de la gran expedicion del gefe Pantschab, realizada en tiempo del emperador Mingti, de la dinastía de los Han, es decir, hácia el reinado de Vespasiano y Domiciano. Mas vasto aun es el plan que los historiadores chinos atribuyen á este feliz y osado conquistador, pues aseguran que su propósito era invadir el Imperio romano (Thathsin), pero que los persas les separaron de él (1). De este modo se establecieron relaciones entre las costas del mar Pacífico, el Chensi y la cuenca del Oxo, en que desde muy largo tiempo se mantenia activo comercio con el mar Negro.

Las grandes invasiones se efectuaron en Asia del Este al Oeste, y del Norte al Sur en el nuevo Continente. Siglo y medio antes de nuestra era, en la época poco mas ó menos de la destruccion de Corinto y de Cartago, la raza turca de los Hiungnu, que De Guignes y Juan Müller han confuudido con los hunos, de raza finlandesa, invadiendo cerca de la muralla de la China el pais de los yuetas (probablemente los getas) y de los usunos, pueblos notables por su blonda cabellera y ojos azules, acaso de raza indo-germánica, dieron el primer impulso á aquellas emigraciones de pueblos que no debian llegar sino 500 años mas tarde á las fronteras europeas (2). De esta suerte, oleadas de poblaciones atraidas hácia Occidente pasaron poco á poco desde el valle superior del Huangho hasta el Don y el Danubio, mientras que, por movimientos en sentido inverso, se mezclaba una parte de la raza humana con la otra en el lado septentrional del antiguo continente, dando lugar á hostilidades que se trocaban despnés en relaciones de paz y de comercio. Estas grandes corrientes de pueblos, que á semejanza de las del Océano prosiguen su marcha entre

(1) Klaproth, *Tableaux histor. de l'Asie*, pág. 65.

(2) A estas razas indo-germánicas, góticas ó arianas del Asia oriental, notables por sus blondos cabellos y ojos azules, pertenecen los usunos, los tinglingos, los hutis y los yuetas. Estos últimos se hallan designados por los escritores chinos como una raza nómada del Tibet que 300 años antes de nuestra era habia ya penetrado entre el curso superior del Huangho y el nevado Nauschan. Si hago mencion de este orígen es porque tambien los seros se hallan caracterizados de «rutilis comis et cæruleis oculis» (Plinio, lib. VI, c. 24). Cf. Ukert, *Geographie der Griechen und Römer*, 3.ª parte, sec. 2.ª, 1845, página 275. El conocimiento de estas razas blondas, que se encuentran hácia el E. en las partes mas remotas del Asia, y dieron el primer impulso á la grande emigracion de los pueblos, se debe á las investigaciones de Abel Remusat y de Klaproth, y es uno de los mas brillantes descubrimientos históricos de nuestra época.

masas inmóviles, son acontecimientos de suma importancia y trascendencia en la historia de la contemplacion del mundo.

En tiempo del emperador Claudio llegó á Roma, atravesando el Egipto, una embajada del rachia de la isla de Ceilan; y en el reinado de Marco Aurelio Antonino, á quien los historiadores de la dinastía de los Han llamaban Antun, se presentaron embajadores en la corte de China, después de haber llegado por mar hasta mas allá del Tunkin. Si indicamos desde ahora los primeros vestigios de las relaciones que mantuvo el Imperio romano con la China y con la India, es porque á estas relaciones se debe verosímilmente que se difundiese por ambas regiones en los primeros siglos de nuestra era el conocimiento de la esfera griega, del zodiaco griego y de la semana planetaria de los astrólogos (1). Los grandes matemáticos indios Warahamihira, Brahmagupta, y quizás tambien Aryabhatta, son posteriores á la época que ahora nos ocupa (2); mas es muy posible que algunos de los descubrimientos hechos antes de esa época por los indios al explorar caminos solitarios y extraviados, y fruto primitivo quizás de su antigua civilizacion, hubiesen penetrado en el Occidente antes del nacimiento de Diofanto, á consecuencia de las relaciones comerciales que tanto vuelo tomaron en tiempo de los Lágidas y de los Césares. Aquí no se trata de averiguar lo que propia y peculiarmente pertenece á cada raza y á cada período, sino solo de indicar en globo los caminos que se hallaban abiertos á la circulacion de las ideas.

Hasta qué punto se multiplicasen aquellos caminos, y cuán vasto desarrollo recibiesen por todas partes las comu-

(1) Letronne, *Observations critiques et archéologiques sur les représentations zodiacales de l'Antiquité*, 1824, pág. 99, y *sur l'origine grecque des Zodiaques prétendus égyptiens*, 1837, pág. 27.

(2) El docto Colebrooke coloca á Warahamira en el siglo V de nuestra era; á Brahmagupta á fines del VI, y deja incierto el puesto de Aryabhatta entre los años 200 y 400. Cf. Holtzmann, *Ueber den griechischen Ursprung des indischen Thierkreises*, 1841, pág. 23.

nicaciones de unos pueblos con otros, es cosa que prueban de la manera mas palpable las colosales obras de Estrabon y de Ptolomeo. El ingenioso geógrafo de Amasea no es tan exacto como Hiparco en sus medidas, ni sabe aplicar como Ptolomeo los principios matemáticos al conocimiento de la tierra; mas su obra es muy superior, por la variedad de los materiales y por la grandeza del plan, á todos los trabajos geográficos de la antigüedad. Estrabon habia visto por sí mismo, y de ello se lisongea, una parte muy considerable del Imperio romano, «desde la Armenia hasta las costas del mar Tirreno, y desde el Ponto-Euxino hasta las fronteras de la Etiopía.» Después de haber escrito cuarenta y tres libros de historia para servir de continuacion á Polibio, tuvo valor, á los 83 años de edad, de comenzar la redaccion de su grande obra geográfica (1). Segun hace notar él mismo, la dominacion de los romanos y la de los partos contribuyeron en su tiempo á asegurar el libre tránsito por el mundo, mas que las conquistas de Alejandro en que pudo apoyarse Eratóstenes. El comercio de la India no se hallaba ya en mano de los árabes; y Estrabon se admiraba en Egipto de ver como se habia aumentado el número de buques que partiendo de Myjos Hormos navegaban directamente hácia los puertos de la India; y su imaginacion le arrastraba mucho mas allá de aquellas regiones, hácia las costas orientales del Asia (2). Así es que, bajo la misma latitud del estrecho de Gades ó de la isla de Rodas, en el punto en que una cadena no interrumpida de montañas, prolongacion del monte Tauro, divide, segun él, al antiguo Continente en su mas considerable anchura, sospechaba la existencia de *otro Continente*, situado entre la Europa occidental y el Asia: «Es muy posible, dice, que

(1) Las razones que prueban, conforme al testimonio del mismo Estrabon, que comenzó su grande obra de Geografía ya en edad muy avanzada, pueden verse en la traduccion alemana de Groskurd, 1.ª parte, 1831, pág. XVII.

(2) Estrabon, lib. I, pág. 14; II, pág. 118; XVI, pág. 781; y XVII, págs. 798 y 815.

siguiendo por el océano Atlántico el paralelo de Thinæ (ó de *Atenas*, segun la correccion propuesta por el último editor), se encuentren uno ó varios mundos, poblados por razas humanas diferentes de la nuestra (1).» Sorprende ciertamente que semejante aserto no haya llamado la atencion de los escritores españoles, que á principios del siglo XVI creian hallar por todas partes en los autores clásicos la prueba de que el Nuevo Mundo no era desde aquella época completamente desconocido.

Dice muy bien Estrabon: en todas las obras artísticas

(1) Cf. los dos pasajes de Estrabon, lib. I, pág. 65, y lib. II, pág. 118; y V. Humboldt, *Examen critique*, etc., t. I, págs. 152—154. En la última edicion de Estrabon, publicada en 1844 por G. Kramer, se lee (primera parte, pág. 100) lo siguiente: «El *círculo de Atenas*, en vez del *círculo de Thinæ*; pues Thinæ, dice el editor, se halla nombrada la primera vez por el Pseudo-Arriano en el *Periplus maris Erythræi*; obra que Dodwell coloca en el reinado de los emperadores Marco Aurelio y Lucio Vero, mientras que en concepto de Letronne corresponde al de Septimio Severo y Caracalla. Aunque todos los manuscritos de Estrabon dicen *Thinæ* en cinco pasajes diferentes, parece, no obstante, atendiendo á lo que resulta de cuatro pasajes del libro II (págs. 79, 82, 86 y 87), especialmente del segundo de los pasajes citados en que se hace mencion de Eratóstenes, que debe leerse el *círculo paralelo de Atenas* y *de Rodas*. La costumbre de los antiguos geógrafos de colocar la península Atica muy retirada hácia el Sur, dió márgen á que se confundiesen estas dos latitudes. En el caso de ser θινῶν κυκλος la leccion verdadera, es muy extraño que se determinase un círculo paralelo distinto, el *Diafragma de Dicearco*, refiriéndole á un lugar tan poco conocido del pais de los sinos (tsin). Sin embargo, Cosmas Indicopleustes coloca tambien la ciudad de Tzinitza (Thinæ) en la cadena de montañas que divide en dos partes á la Persia y á los paises Románicos, así como á toda la tierra habitada, y añade luego estas notables palabras: «segun creen los filósofos indios y los brahmanes.» V. Cosmas en Montfaucon, *Collectio nova patrum*, t. II, pàg. 137, y Humboldt, *Asie centrale*, t. I, págs. XXIII, 120—129, y 194—203; tomo II, pág. 413. El Pseudo-Arriano, Agatemero, segun las eruditas investigaciones del profesor J. Franz, y Cosmas, atribuyen á la metrópoli de los sinos una latitud muy septentrional, que viene á caer, con corta diferencia, en el paralelo de Rodas y de Atenas; al paso que Ptolomeo, engañado por falsas relaciones de los navegantes, no conoce mas que una sola ciudad de Thinæ, situada tres grados al Sur del ecuador. En mi concepto, Thinæ no era mas que una denominacion general con la cual se designaba un depósito de comercio ó un puerto del pais de los tsin, no siendo extraño por lo tanto que puedan citarse Thinæ ó Tzinitza al Norte y al Sur del ecuador.

cuyo objeto es representar cosas grandes, no se da la preferencia al acabamiento y perfeccion de los pormenores; por eso él mismo, en el colosal monumento que trataba de levantar, quiere ante todo llamar la atencion hácia la forma del conjunto, sin que semejante predisposicion á generalizar las ideas le impida admitir un gran número de observaciones físicas, y especialmente geognósticas, todas de sumo interés (1). De la misma manera que Posidonio y Polibio, hace mencion sucesivamente del influjo que en las regiones de los trópicos ó del ecuador ejerce el paso mas rápido ó mas lento del Sol por el zenit, en el máximum del calor atmosférico; de las diversas causas que han producido los cambios experimentados por la superficie de la Tierra; de la abertura de los lagos que primitivamente no tenian salida; de las corrientes de los mares y de su igualdad de nivel, ya reconocida por Arquímedes; de la erupcion de los volcanes submarinos, petrificacion de las conchas y señales ó incrustaciones de pescados; y por último, indica un hecho que es el que mas debe sorprendernos, por haber llegado á ser el gérmen de la geognosia moderna: las oscilaciones periódicas de la corteza terrestre. Estrabon dice expresamente que los cambios sobrevenidos en los límites de la Tierra y del Mar, no tanto dependen de aluviones, poco sensibles á la verdad, cuanto de la eleva-

(1) Estrabon, lib. I, págs. 49—60; II, págs. 95 y 97; VI, pág. 277; XVII, pág. 830. Acerca de la elevacion de las islas y de la tierra firme, véase especialmente el lib. I, págs. 51, 54 y 59. Sorprendido ya Jenofanes; antiguo filósofo de la escuela Eleática, de la abundancia de prodncciones marinas que se encontraban en estado fósil lejos de las costas, enseñaba que el suelo de la tierra, seco á la sazon, habia salido del fondo de los mares. V. Orígenes, *Philosophumena*, c. 4. En tiempo de los Antoninos, Apuleyo recogia petrificaciones en las montañas de la Getulia, y las atribuia al diluvio de Deucalien, que en su sentir, con arreglo á este indicio, debió de ser tan general como el diluvio de Noé para los hebreos, y como el de Coxcox para los aztecas de Méjico. El profesor Franz, después de profundísimas investigaciones, contradice el hecho afirmado por Beckmann y por Cuvier (*Geschichte der Erfindugen*, t. II, pág. 370, é *Histoire des sciences naturelles*, t. I, pág. 351), de haber poseido Apuleyo una coleccion de objetos naturales.

cion ó depresion del suelo; «y que pueden surgir del fondo de los mares, no tan solo masas aisladas de rocas, sino continentes enteros.» Á la manera que Herodoto, Estrabon examina atentamente la descendencia de los pueblos y la variedad de las razas. La definicion que da del hombre es muy notable, pues le llama «animal terrestre y aéreo que ha menester de mucha luz (1).» Con todo, los historiadores que han demostrado mas sagacidad por lo tocante á la distincion de las razas humanas, son Julio César en sus *Comentarios*, y Tácito en el magnífico monumento que levantó á la gloria de Agrícola.

Desgraciadamente, la vasta y rica obra de Estrabon, cuyas miras sobre el conjunto del mundo acabo de compendiar, fué casi desconocida hasta el siglo V para la antigüedad romana, sin que el mismo Plinio, á pesar de su mucha erudicion, se aprovechase de su contenido. Tan solo á fines de la edad media fué cuando este libro comenzó á influir en la direccion de los ánimos, no tanto, sin embargo, como la Geografía de Ptolomeo, obra mas especialmente matemática, extraña casi de todo punto á las ideas de física general, y que sin usar apenas otra cosa mas que una árida nomenclatura, sirvió no obstante de guia á todos los viajeros hasta muy entrado el siglo XVI. Á cada descubrimiento de nuevas regiones se creia encontrarlas en aquel libro, aunque designadas con nombres diferentes. De la misma manera que los naturalistas se obstinaron durante mucho tiempo en ajustar de por fuerza á las clasificaciones de Linneo todas las especies de plantas y animales nuevamente descubiertas, así tambien los primeros mapas del nuevo Continente aparecieron incluidos en el atlas de Ptolomeo, que formó Agatodemon, cabalmente cuando ya en el fondo del Asia, entre los chinos tan bien civilizados, las provincias occidentales del Imperio se hallaban figuradas en cuarenta y cuatro divisiones (2). La

(1) Estrabon, lib. XVII, pág. 810.

(2) Ritter, *Erdkunde von Asien*, t. IV, sec. 1.ª, 1835, pág. 560.

Geografía universal de Ptolomeo tiene sin duda la ventaja de presentar á nuestra vista todo el antiguo mundo, no tan solo gráficamente, es decir, trazando los contornos, sino tambien numéricamente, ó sea determinando las posiciones por las distancias, por la altura de polo y por la duracion de los dias; pero aunque Ptolomeo haya preferido por lo comun las observaciones astronómicas para la enunciacion de las distancias por tierra ó por mar, desgraciadamente no es posible reconocer sobre qué base establece las determinaciones de lugares cuando pasan del número 2,500, ni qué verosimilitud relativa pueda atribuírseles refiriéndolas á los itinerarios que á la sazon se usaban. Los griegos y los romanos, por mucho que de ello cuidasen, no podian sacar exactos sus itinerarios, porque ignoraban completamente la direccion de la aguja imanada, y carecian, por lo tanto, del recurso de la brújula, que 1,250 años antes de Ptolomeo se usaba ya, con otro instrumento destinado á medir los caminos, en la construccion del carro magnético del emperador chino Tsching-wang. De aquí el que ofrezcan tan poca certidumbre las direcciones de las líneas, ó sea el ángulo que estas mismas líneas formaban con el meridiano (1).

Al mismo compás que se han ido conociendo mejor en nuestros dias las lenguas de la India y el zend de la antigua Persia, se ha visto con creciente sorpresa que la mayor parte de la nomenclatura geográfica de Ptolomeo es un monumento histórico de las relaciones comerciales antiguamente establecidas entre el Occidente y las regiones mas remotas del Sur y del centro del Asia (2). Entre los resul-

(1) En la introduccion del *Asie centrale*, t. I, págs. XXXVII—XL, he reunido los ejemplos mas notables de direcciones falsas dadas á las cadenas de montañas por los griegos y por los romanos. Las investigaciones especiales mas satisfactorias acerca de la incertidumbre de las bases numéricas adoptadas por Ptolomeo para la determinacion de los lugares, se encuentran en una disertacion de Ukert, inserta en el *Rheinisches Museum fur Philologie*, 1838, págs. 314—324.

(2) V. algunos ejemplos de voces del zend y del sanscrito, que nos ha

tados mas importantes de estas relaciones puede contarse el de haber dado al cabo una idea exacta del mar Caspio, demostrando que se halla cerrado por todas partes. Restableciendo esta verdad Ptolomeo, echó por tierra un error que habia durado cinco siglos y medio. De este hecho habian tenido conocimiento Herodoto y Aristóteles, el cual, como afortunadamente sabemos, escribia sus *Meteorologica* antes de la expedicion de Alejandro. Los habitantes de Olbia, de cuyos labios recogia el padre de la historia sus narraciones, se hallaban familiarizados con la costa septentrional del mar Caspio, entre el Kuma, el Wolga ó Rha, y el Jaik, ó el Ural que hoy decimos, sin que por ningun motivo pudiesen presumir la existencia de una salida hácia el mar Glacial; habíalos, por el contrario, de error, y muy graves, para el ejército de Alejandro, que al bajar por los húmedos bosques de la provincia de Mazenderan, á la otra parte de Hecatompylos (Damaghan), encontraba nuevamente el mar Caspio cerca de Zadrakarta, un poco al Oeste de la moderna ciudad de Asterabad, y le veia perderse hácia el Norte en lo infinito. Esto hizo que los macedonios, segun refiere Plutarco en la *Vida de Alejandro*, conjeturasen que el mar que se les presentaba á la vista podria ser un golfo del Palus Meotides (1). La expedicion macedónica, que tanto contribuyó á ensanchar

conservado la Geografía de Ptolomeo, en Lassen, *Dissertatio de Taprobane insula*, págs. 6, 9 y 17; Burnouf, *Commentaire sur le Yaçna*, tomo I, páginas XCIII—CXX, y CLXXXI—CLXXXV; Humboldt, *Examen critique*, etc., t. I, págs. 45—49. Tal cual vez, aunque muy rara, da Ptolomeo el nombre sanscrito con la traduccion, como, por ejemplo, respecto de la isla de Java ó isla de la Cebada, Ἰαβαδίου ὃ *σημαίνει κριθῆς νῆσος* (lib. VII, c. 2). *Cf.* Guillermo de Humboldt, *Ueber die Kawi-Sprache*, t. I, páginas 60—63. Todavía en la actualidad, si hemos de creer á Buschmann, la cebada ladilla, *hordeum distichon*, se llama en los principales dialectos indios, tales como el indostánico, el bengalés y el nepalés, en las lenguas de Mahrah, de Guzerate y de los Cingaleses, y por último, en persa y *malayo*, *yava*, *dschav* ó *dschau*, y *yaa* en Orisa. V. en las traducciones indias de la Biblia el Evang. de San Juan, VI, 9 y 13, y Ainslie, *Materia medica of Hindoostan*, Madras, 1813, pág. 217.

(1) Humboldt, *Examen critique*, t. II, págs. 147—188.

el conocimiento de la Tierra, dió ocasion tambien á algunos errores que subsistieron por largo espacio de tiempo. El Tanais se confundió con el Iaxarte (el Araxes de Herodoto), y el Cáucaso con el Paropaniso (el Indo-Kho). Durante su permanencia en Alejandría, habia podido Ptolomeo proporcionarse noticias exactas acerca de las comarcas limítrofes al mar Caspio, tales como la Albania, la Atropatena y la Hircania, y de las expediciones comerciales de los Aorsos, los cuales conducian en camellos las mercancías de la India y de Babilonia á orillas del Don y del mar Negro (1). Acaso el error cometido por Ptolomeo, al representarse el gran eje del mar Caspio en la direccion de Occidente á Oriente, al contrario de la imágen mas exacta que de este eje se habia formado Herodoto, dependa de una idea vaga que tuviese acerca de la considerable extension que ocupaba en otro tiempo el antiguo golfo de la Escitia llamado Karabogas, y de la proximidad del lago de Aral, mencionado la primera vez con exactitud por Menandro, escritor bizantino continuador de Agatias (2).

Lástima es que Ptolomeo, después de haber comprobado nuevamente la verdadera forma del mar Caspio, considerado durante mucho tiempo como mar abierto, segun la hipótesis de los *cuatro golfos*, y con arreglo tambien á los reflejos imaginados en la Luna para explicar las manchas que se notan en su disco (3), no renunciase tambien á la fábula de aquella *ignota region del Mediodia* que de-

(1) Estrabon, lib. XI, pág. 506.

(2) Menandro, *De legationibus Barbarorum ad Romanos et Romanorum ad gentes, e recens. Bekkeri et Niebuhrii*, 1829, págs. 300, 619, 623 y 62 .

(3) Plutarco, *De facie in orbe Lunæ*, pág. 921. Cf. *Examen critique*, etc, t. I, págs. 145 y 191. Conversando en Persia con hombres muy instruidos, tuve ocasion de ver reproducida la hipótesis de Agesianax, segun la cual las man has de la Luna, que Plutarco consideraba como montañas *luminosas* (volcánicas probablemente), no eran mas que el reflejo producido por los continentes y los mares del globo que habitamos. «Lo que vemos en la superficie de la Luna, me decian, por medio del telescopio, es solo el reflejo de la imágen de nuestro propio pais.»

bia unir el promontorio Praso con Cattigara y Thinæ (Sinarum Metrópolis), y juntar, por consiguiente, el África oriental con el pais de los tsin (la China). Esta fábula, que supone al Océano Índico un mar interior, debe su orígen á opiniones que se remontan, por medio de Marin de Tiro, á Hiparco, á Seleuco de Babilonia, y hasta á Aristóteles (1). En un ensayo histórico sobre el desarrollo de la idea del Universo, basta haber recordado con algunos ejemplos cómo á fuerza de largas oscilaciones en los descubrimientos y en las ciencias, han solido volver á oscurecerse de nuevo puntos ya antes medio esclarecidos. Al compás que los crecientes progresos de la navegacion y del comercio terrestre dejaban entrever la posibilidad de abarcar toda la extension del globo, la movible imaginacion de los griegos se empeñaba mas y mas, particularmente en la época alejandrina, en tiempo de los *Lágidas* y bajo la dominacion romana, en fundir por medio de combinaciones ingeniosas las antiguas adivinaciones con los resultados positivos de la ciencia, y en completar á toda prisa el mapa del mundo cuando apenas estaban echados sus primeros cimientos.

Ya antes hemos indicado, puesto que incidentalmente, de qué manera Claudio Ptolomeo llegó á ser, por medio de su Óptica, que los árabes nos han trasmitido muy incompletamente á la verdad, el fundador de una parte de la física matemática; bien es cierto, si hemos de dar crédito á Theon de Alejandría (2), que esta parte habia sido ya tratada, por lo respectivo á la refraccion de la luz, en la Catóptrica de Arquimedes. La ciencia dió un paso considerable luego que, en vez de observar y comparar simplemente entre sí los fenómenos físicos, de lo cual nos ofre-

(1) Ptolomeo, lib. IV, c. 9; VII, 3 y 5. Cf. Letronne, *Journal des savants*, 1831, págs. 476—480, y 545—555; Humboldt, *Examen critique*, etc. t. I, págs. 144, 161 y 329; t. II, págs. 370—373.

(2) Delambre, *Hist. de l'Astronomie ancienne*, t. I, pág. LIV; tomo II, pág. 551. Theon no cita jamás la Optica de Ptolomeo, aunque florecia dos siglos después de él.

cen memorables ejemplos entre los griegos los numerosos é interesantes Problemas del Pseudo-Aristóteles, y los libros de Séneca entre los latinos, los provocaba adrede y los valuaba numéricamente en condiciones susceptibles de ser modificadas por el mismo observador (1). Este género de experimentacion caracteriza las investigaciones de Ptolomeo sobre la refraccion de los rayos luminosos cuando atraviesan medios de desigual densidad. Ptolomeo hacia pasar los rayos, del aire al agua y al cristal, ó solo del agua al cristal, bajo ángulos de incidencia de grados diferentes, y reunia luego en cuadros los resultados de sus experimentos. Semejante valuacion numérica, aplicada á hechos que el observador suscita á su arbitrio, á fenómenos naturales independientes del movimiento de las ondas luminosas, es un acontecimiento de la época que examinamos, único y singular en su especie. Aristóteles habia supuesto, para explicar los efectos de la luz, que el medio se mueve entre la vista del observador y el objeto sobre que la fija (2). El período de la dominacion romana no nos ofrece en el estudio de la natnraleza elemental, aparte de lo ya expuesto, mas que algunas experiencias químicas de Dioscórides, y, como he explicado en otro lugar, el arte de recojer en verdaderos aparatos destilatorios los vapores exhalados que vuelven á caer gota á gota (3). Como la química

(1) En la física de los antiguos suele ser de ordinario muy difícil decidir si los resultados obtenidos se deben á experimentos hechos adrede, ó á observaciones casuales y fortuitas. En el pasaje en que Aristóteles trata de la pesantez del aire (*De Cœlo*, lib. IV, c. 4), bien que en concepto de Ideler hable de otra cosa (*Meteorologia veterum Græcorum et Romanorum*, pág. 23), dice expresamente: «Un odre pesa mas inflado que vacío.» En el caso de que se hubiese hecho realmente este experimento, debemos suponer que seria con aire condensado. Cf. B. Jullien, *De Physica Aristotelis*, París, 1836, páginas 13 y 45.

(2) Aristóteles, *De Anima*, lib. II, c. 7; Biese, *Die Philosophie des Aristoteles*, t. II, pág. 147.

(3) Joannis (Philoponi), *Grammatici in lib. de generat.*, y Alexandri Aphrodis., *In meteorol. comment.* Venet., 1527, pág. 97. Cf. *Examen critique*, etc., t. II, págs. 306—312.

no pudo existir sino desde el momento en que el hombre se proporcionó ácidos capaces de producir la fusion y la disolucion de las sustancias, debe mirarse como un hecho considerable la destilacion del agua del mar efectuada en tiempo de Caracalla, que nos describe Alejandro de Afrodisias; pues ella indica el camino por donde se llegó sucesivamente al conocimiento de la hetereogeneidad de las sustancias, de su composicion química y de su atraccion recíproca.

Por lo que respecta al conocimiento de la naturaleza orgánica, despues del anatómico Marin, de Rufo de Efeso que se dedicó á disecar monos y distinguió los nervios sensitivos y los nervios motores, y de Galeno de Pérgamo, en fin, que eclipsó á todos sus rivales, no hallamos ningun otro nombre digno de ser citado. La *Historia de los Animales* de Eliano de Prenesto, y el poema de Opiano sobre los peces, contienen noticias salteadas, mas no resultados que se funden en observaciones personales. Difícil seria explicar cómo el número incalculable de animales raros, elefantes, rinocerontes, hipopótamos, ántes, leones, tigres, panteras, cocodrilos y avestruces que por espacio de cuatro siglos pereció en los circos romanos, fué completamente perdido para la Astronomía comparada (1). Ya hemos hablado de los adelantos que hizo Dioscórides en el conocimiento general de los vegetales; y ahora añadimos que ejerció una influencia grande y permanente en la Botánica y en la Química farmacéutica de los árabes. El jardin botánico que poseia en Roma Antonio Castor, médico que vivió mas de 100 años, y que se hallaba dispuesto quizás á imitacion de los jardines botánicos de Teofrasto y de Mitrídates, fué probablemente de tan poca utilidad al

(1) Metelo Numídico hizo degollar 142 elefantes en medio del Circo. Pompeyo presentó en sus juegos 600 leones y 406 panteras. Augusto habia consagrado 3,500 fieras para las fiestas populares; y Plinio el Menor habla en una de sus cartas (lib. VI, ep. 34) de un marido sensible que se lamenta de no haber podido dar un combate de gladiadores en Verona para celebrar las exequias de su mujer, «porque contrarios vientos detuvieron en el puerto las panteras que habia comprado en Africa.»

progreso de las ciencias como la coleccion de esqueletos fósiles del emperador Augusto y las de objetos naturales atribuidas con poco fundamento al ingenioso Apuleyo de Madaura (1).

Para completar el cuadro de los progresos realizados en la ciencia del Universo durante la dominacion romana, réstanos hacer mencion de la gran empresa de Cayo Plinio Segundo, el cual se propuso abarcar la descripcion general del Mundo en los treinta y siete libros de su Historia. No hay en toda la antigüedad otro ejemplo de una tentativa semejante. La obra llegó al cabo á convertirse en una especie de enciclopedia de la Naturaleza y del arte. Al dedicarla á Tito, no vacila el autor en emplear la expresion, mas noble entonces que hoy, de ἐγκυκλοπαιδεία, que vale tanto como decir la sustancia y el círculo de todas las ciencias que sirven para formar la inteligencia humana. No puede negarse, sin embargo, aunque falta el debido enlace entre las diferentes partes de la obra, que su conjunto presenta el verdadero bosquejo de una descripcion física del mundo.

La Historia Natural de Plinio, llamada *Historiæ Mundi* en la tabla de materias que forma hoy el primer libro, y mas propiamente *Naturæ Historia* en una carta de Plinio el Menor á su amigo Macer, comprende á la par el Cielo y la Tierra, la posicion y el curso de los planetas, los fenómenos meteorológicos de la atmósfera, la configuracion de la superficie terrestre con todo lo demás que á esta se refiere, desde la capa de vegetales que la cubre y los moluscos del Océano, hasta la especie humana. Plinio considera las diversidades que entre las diferentes razas crean las facultades de la inteligencia, y prosigue la glorificacion de la humanidad hasta en el des-

(1) V. mas arriba la nota de la pág. 231. Sin embargo, Apuleyo fué el primero que describió con exactitud, segun indica Cuvier (*Histoire des sciences naturelles*, t. I, pág. 287), las especies de huesos en forma de colmillos que guarnecen el segundo y el tercer estómago de las Aplysias ú Ortigas de mar.

arrollo de las artes plásticas. Yo trato de indicar aquí los elementos de esta ciencia general de la Naturaleza, que se hallan esparcidos casi sin órden en la grande obra de Plinio: «El camino que voy á recorrer, dice con noble confianza en sí mismo, no ha sido hasta ahora hollado por los autores (non trita auctoribus via); ni entre nosotros ni entre los griegos ha acometido nadie la empresa de tratar por sí solo de la universalidad del mundo (nemo apud Græcos *qui unus omnia tractaverit*). Si fracaso en mi empresa, no por ello dejará de ser cosa bella y magnífica (pulchrum atque magnificum) el haber osado intentarla.»

Este hombre de agudo ingenio veia flotar delante de él una grande imágen; empero, distraido por las particularidades, no supo mantenerla siempre fija ante su vista, por no haber observado y vivificado por sí mismo la Naturaleza. La ejecucion de su obra es incompleta, no solo porque tenia *un conocimiento muy superficial* de los objetos de que se proponia tratar, y aun de ordinario los desconocia completamente, sino tambien por falta de plan y de método, como lo prueban diferentes obras extractadas por él que han llegado hasta nosotros. Plinio el Mayor era un hombre eminente y lleno de grandes ocupaciones, que se complacia en hablar de sus largas vigilias y trabajos nocturnos, pero que, como gobernador de España, ó como encargado del mando de la flota en la Italia inferior, abandonó con demasiada frecuencia á manos subalternas y poco instruidas la tarea de llenar el cuadro de aquella interminable compilacion. No queremos decir con esto que sea cosa en sí vituperable semejante trabajo de compilacion ó de coleccion laboriosa y pesada de observaciones y hechos aislados, tales como podia suministrarlos la ciencia en aquella época; que si el éxito no fué mas completo, débese á la impotencia en que se encontró Plinio de dominar los materiales reunidos, de subordinar el elemento descriptivo á concepciones mas generales y elevadas, y de mantenerse firmemente en el punto de vista de una ciencia comparada de la Naturaleza. Este género de miras mas elevadas, no ya solo orográficas, sino verdaderamente geognósticas, se encuentra en gérmen en Eratóstenes y Estrabon. La obra del primero ha servido una sola vez; pero nadie se ha aprovechado nunca de la del segundo. Plinio no supo tomar de la historia anatómica de Aristóteles sobre los animales, ni la division en grandes clases, fundada en las diferencias esenciales del organismo interno, ni la inteligencia del método inductivo, único que con seguridad puede aplicarse á la generalizacion de los resultados obtenidos.

Comienza Plinio con algunas consideraciones panteísticas, y en seguida desciende del Cielo á la Tierra. Asi como reconoce la necesidad de presentar la fuerza y magestad de la Naturaleza (naturæ vis atque majestas) como un todo obrando simultáneamente, asi tambien distingue, al comenzar el libro III, un conocimiento general y otro especial de la Tierra; mas bien pronto echa en olvido esta distincion, perdiéndose en la árida nomenclatura de regiones, montañas y rios. La mayor parte de los libros VIII—XXVII, XXXIII y XXXIV, XXXVI y XXXVII está llena de descripciones tomadas de los tres reinos de la Naturaleza. Plinio el Menor caracteriza en sus cartas con mucha exactitud el libro de su tio, llamándole obra difusa y erudita, no menos variada que la Naturaleza misma (opus diffusum, eruditum nec minus varium quam ipsa natura). Critícase en Plinio el haber introducido en su historia muchas cosas inútiles y extrañas, que yo, por mi parte, lejos de censurar, alabo. Lo que me encanta, sobre todo, es que vuelve de continuo, y siempre con predileccion, al influjo que la Naturaleza ejerce en la moralidad y en el desarrollo intelectual de la especie humana. Confieso, sin embargo, que rara vez es feliz en sus transiciones, como puede verse recorriendo los siguientes pasajes: VII, 24—47; XXV, 2; XXVI, 1; XXXV, 2; XXXVI, 2—4; XXXVII, 1. Por ejemplo, después de haber analizado las sustancias minerales y vegetales, pasa el autor á un fragmento histórico sobre las artes plásticas; verdad es que este fragmento, atendido el estado actual de nuestros conocimientos, ha llegado á ser mas importante para nosotros que cuanto puede ofrecernos la obra de Plinio en punto á descripciones naturales.

En el estilo de Plinio hay mas vida y animacion que verdadera grandeza; casi nunca es pintoresco. Échase de ver desde luego que el autor ha bebido sus impresiones en los libros, y no en la fuente de la Naturaleza libre, por mas que tuviese ocasion de contemplarla en climas muy diversos. En toda su obra reina un colorido sombrío y monótono, mezclándose á esta predisposicion sentimental cierto tinte de amargura, cuando habla del estado y del destino de la especie humana. Cuasi igual entonces á Ciceron, puesto que no con tanta sencillez de estilo, presenta como una esperanza y un consuelo el espectáculo ofrecido por el gran todo de la Naturaleza á los que sondean sus profundidades (1).

Á la conclusion de la Historia Natural de Plinio, del monumento mas grandioso que legó la literatura latina á la literatura de la edad media, preside el espíritu que conviene á una descripcion del mundo. Segun podemos juzgar por el manuscrito descubierto en 1831 (2), esta parte de su obra contiene una ojeada comparativa sobre la historia natural de las regiones situadas en diferentes zonas; el elogio de la Europa meridional, comprendida entre los límites naturales del Mediterráneo y de la cadena de los

(1) Est enim animorum ingeniorumque naturale quoddam quasi pabulum consideratio contemplatioque naturæ. Erigimur, elatiores fieri videmur, humana despicimus cogitantesque supera atque cœlestia, hæc nostra ut exigua et minima contemnimus.» (Ciceron, *Academica*, lib. II, cap. 41).

(2) V. Plinio, lib. XXXVII, c. 77 (t. V, pág. 320 de la edic. de Sillig). Todas las ediciones anteriores concluian con estas palabras: Hispaniam quacumque ambitur mari. Luis de Jan, profesor de Schweinfurt, descubrió el fin de la obra en un manuscrito de Bamberga el año de 1831.

Alpes; y por último, el elogio del cielo de la Hesperia, en donde, segun un dogma de los primeros Pitagóricos, la benignidad de su templado clima debió ayudar á la raza humana á despojarse muy luego de la rudeza del estado salvaje.

Obrando incesantemente la influencia de la dominacion romana como elemento de aproximacion y de fusion de los pueblos, ha debido trazarse con tanta mas fuerza é insistencia en la historia de la contemplacion del Mundo, cuanto que en la época siguiente, en que todos los lazos se relajan y quedan bien pronto completamente rotos por la invasion de los bárbaros, se la puede seguir y reconocer en sus remotas consecuencias. Claudiano, á cuyo nombre se liga el recuerdo de un nuevo renacimiento poético, en un siglo harto desheredado de todo goce literario, cual el siglo de Teodosio el Grande y de sus hijos, habla de la dominacion de los romanos en los siguientes términos, lisonjeros á la verdad en demasia (1):

Hæc est, in gremium victos quæ sola recepit,
Humanumque genus communi nomine fovit,
Matris, non dominæ, ritu; civesque vocavit
Quos domuit, nexuque pio longinqua revinxit.
Hujus pacificis debemus moribus omnes
Quod veluti patriis regionibus utitur hospes.....

Medios materiales de compresion; formas de gobierno hábilmente combinadas, y un prolongado hábito de servilismo, podian indudablemente reunir á los pueblos y sacarles de su existencia aislada; pero el sentimiento del parentesco y de la unidad de la especie humana, la conciencia de los derechos comunes á todas las familias que la componen, reconocen mas noble orígen, pues se fundan en las relaciones intimas del corazon y en las convicciones religiosas. Al cristianismo pertenece principalmente la gloria de ha-

(1) Claudiano, *In secundum consulatum Stilichonis*, vs. 150—155.

ber patentizado la unidad del género humano, y de haber hecho penetrar por este medio el sentimiento de la dignidad humana en las costumbres y en las instituciones de los pueblos. Aunque profundamente mezclada con los primeros dogmas cristianos, la idea de la humanidad tardó mucho en prevalecer; porque cabalmente cuando la nueva creencia llegó á ser en Bizancio, por motivos políticos, la religion del Estado, sus adeptos estaban ya envueltos en miserables luchas de partido, las comunicaciones con los pueblos lejanos suspendidas, y conmovido el Imperio hasta en sus cimientos por los ataques exteriores. Demás de que la libertad personal de clases numerosas no ha encontrado en los Estados cristianos apoyo ninguno durante mucho tiempo, ni por parte de los poseedores de bienes eclesiásticos ni por parte de las corporaciones religiosas.

Estos obstáculos extraños, y muchos otros que se oponen al progreso intelectual de la humanidad y al ennoblecimiento de la vida social, vanse desvaneciendo poco á poco. El principio de la libertad individual y de la libertad política tiene su raiz en la indestructible conviccion de una legitimidad igual por parte de todos los séres que componen la especie humana. La humanidad, segun he dicho ya en otra parte (1), aparece como un vasto tronco fraternal, como un todo constituido para alcanzar un solo é idéntico fin, que es el libre desarrollo de su fuerza interior. Esta consideracion del destino de la especie humana y de los esfuerzos, ya sofocados, ya triunfantes, por cuyo medio camina el hombre á realizarle; consideracion que en manera ninguna puede mirarse como descubrimiento propio de los tiempos modernos, es una de las cosas que mas contribuyen á elevar y á espiritualizar *la vida del Universo*. Al bosquejar una época considerable de la historia del Mundo, cual lo es el periodo en que el Imperio romano extendió su

(1) *Cosmos*, t. I, pág. 382 y 383; t. II, pág. 28. Cf. Guillermo de Humboldt, *Ueber die Kawi-Sprache*, t. I, pág. XXXVIII.

ley sobre la Tierra, y en que tuvo nacimiento el cristianismo, convenia sobre todo recordar cómo se engrandecieron las miras acerca del mundo, y á qué influjo suave y perseverante, aunque lento en sus efectos, estuvieron sometidas la inteligencia humana y las costumbres.

CAPITULO V.

PERIODO DE LA DOMINACION ARABIGA.

INVASION DE LOS ÁRABES.—CULTURA INTELECTUAL DE ESTA PORCION DE LA RAZA SEMÍTICA.—INFLUENCIA DE UN ELEMENTO EXTRAÑO EN EL DESARROLLO DE LA CIVILIZACION EUROPEA.—CARÁCTER NACIONAL DE LOS ÁRABES Y SU PROPENSION Á FAMILIARIZARSE CON LAS FUERZAS DE LA NATURALEZA.—ESTUDIO DE LA QUÍMICA Y DE LAS SUSTANCIAS MEDICINALES.—PROGRESO DE LA GEOGRAFÍA FÍSICA EN EL INTERIOR DE LOS CONTINENTES, DE LA ASTRONOMÍA Y DE LAS CIENCIAS MATEMÁTICAS.

Al bosquejar la historia de la contemplacion del Mundo, ó sea al exponer el desarrollo sucesivo de la idea del Universo, hemos indicado hasta ahora cuatro fases principales: en primer lugar, los esfuerzos hechos partiendo de la cuenca del Mediterráneo hácia el Ponto y el Phaso por el lado del Este, hácia la tierra de Ophir y los paises del oro situados dentro de los trópicos, por el Mediodia, y por el lado del Oeste, atravesando las columnas de Hércules, en el Océano que circunda la tierra; vienen despues la expedicion macedónica de Alejandro Magno, el período de los Lágidas y el de la dominacion romana. Ahora pasamos á la poderosa influencia que los árabes, elemento extraño mezclado felizmente á la civilizacion europea, han ejercido en la ciencia de la Naturaleza, bajo el punto de vista físico y matemático, en el conocimiento de la Tierra y del Cielo, de su conformacion y extension, de las sustancias heterogéneas que los componen y de las fuerzas que estas abrigan en su seno. Después nos proponemos estudiar el impulso que dieron en igual sentido, seis ó siete siglos mas tarde, los descubrimientos marítimos de portugueses y españoles. El descubrimiento y la exploracion del Nuevo Continente, que permitió contemplar aquellas Cordilleras en que hierven tantos volcanes, aquellas mesetas en las cuales parece que se encuentran todos los climas sobrepuestos unos á otros, y aquella capa vegetal que se extiende por un espacio de 120 grados de latitud, indican sin disputa el período en que el espíritu humano adquirió, en el menor espacio de tiempo posible, el mas rico tesoro de observaciones nuevas acerca de la Naturaleza.

Vano seria desde entonces el intento de enlazar los progresos de la ciencia del Mundo á ciertos hechos políticos, cuya influencia reconoce necesariamente por límite un círculo determinado. Solo en virtud de su propia fuerza producirá de hoy mas la inteligencia grandes cosas, no habiendo menester del estímulo de los hechos exteriores para obrar al mismo tiempo en muy diversas direcciones. Guiada por una nueva asociacion de ideas, créase nuevos órganos para analizar el delicado tejido de la sustancia animal y vegetal, así como para penetrar en las vastas regiones del Cielo. Tal es el aspecto bajo el cual se nos presenta el siglo XVII. Dignamente inaugurado por la invencion del telescopio y por sus consecuencias inmediatas, desde el descubrimiento de los satélites de Júpiter, de las fases de Vénus y de las manchas del Sol por Galileo, hasta la teoría de Isaac Newton sobre la gravitacion universal, preséntase como el período mas brillante de una ciencia que sin embargo acababa de nacer, la Astronomía física. Esta comunidad de esfuerzos, y la conformidad entre la observacion de los espacios celestes y los cálculos matemáticos, indican además una faz muy señalada en la historia del desarrollo intelectual, que desde aquella época ha continuado sin interrupcion su curso.

Mientras mas nos acercamos á los tiempos presentes, mas difícil es dilucidar los hechos aislados; porque la actividad humana se mueve en muchas mas direcciones que anteriormente, y todos los ramos de la ciencia se hallan entre sí mas intimamente enlazados, al mismo tiempo que se va estableciendo *un órden nuevo en las relaciones sociales y políticas*. Si se tratase únicamente de exponer aquí lo que podemos llamar la historia de las ciencias físicas y naturales; si nos fijásemos, por ejemplo, en la Botánica y en la Química, seria posible proceder de la misma manera hasta nuestros dias, entresacando los períodos en que han sido mayores los progresos, y en que han aparecido de pronto nuevos puntos de vista. Pero en la historia de la contemplacion del Mundo, que por su propia índole no puede tomar de las ciencias aisladas sino lo que directamente interesa á la idea del *Cosmos*, es peligroso y aun casi impracticable encerrarse en épocas determinadas; porque el desarrollo intelectual de que hablábamos hace poco, supone un progreso constante y simultáneo en todas las esferas de la ciencia del Mundo.

Llegados al período subsiguiente á la caida del Imperio romano, á aquel momento solemne en que nuestro continente recibe *en derechura, por primera vez, de las regiones tropicales* un nuevo elemento de civilizacion, hame parecido útil echar una ojeada general y rápida sobre el camino que nos queda todavía por recorrer.

Los árabes, pueblo de raza semítica, hacen retroceder en parte la barbarie que desde dos siglos antes habia inundado á Europa, conmovida por las invasiones de los pueblos; y remontándose á las fuentes eternas de la filosofía griega, no se contentan con salvar el tesoro de los conocimientos adquiridos, sino que lo enriquecen, y abren nuevos caminos al estudio de la Naturaleza. El estremecimiento no se dejó sentir en nuestro continente sino á fines del siglo IV, en tiempo de Valentiniano I, cuando los hunos, finlandeses de orígen, que no mogoles, pasaron el Tanais y rechazaron primero á los alanos, y posteriormente á los alanos y á los godos orientales. En las comarcas del E. del Asia, la oleada de la emigracion habia empezado á removerse muchos siglos antes de nuestra era. El primer impulso, segun hemos observado mas arriba, fué el de la invasion de los hiungnu, pueblo de orígen turco, en los paises de los usunos, de cabellera rubia y ojos azules, que pertenecian acaso á la raza indo-germánica, y habitaban el valle superior del Huangho, contíguos á los yuetas, que se cree sean los mismos getas. Aquel torrente, que viniendo de la gran muralla levantada contra los hiungnu el año 214 antes de J. C., debia extender sus estragos hasta la extremidad occidental de Europa, se dirigió por el Asia central al Norte de la cadena de los montes Celestes. Ningun celo religioso inflamaba á aquellas hordas asiáticas antes de su llegada á Europa; antes bien consta de un modo positivo que los mogoles no eran ni aun budhistas, cuando avanzaron vencedores hasta la Polonia y la Silesia (1). La invasion de un pueblo meridional, de los árabes, tuvo bajo este punto de vista otro carácter muy diferente.

En el continente asiático, poco articulado á la ver-

(1) Si, como se ha dicho repetidas veces, Carlos Martel libró por la victoria de Tours al centro de Europa de la invasion del islamismo, no puede decirse con igual razon que la retirada de los mogoles, después de la batalla dada cerca de Liegnitz, en la llanura de Wahlstatt, impidiese al budhismo penetrar hasta el Elba y el Rhin. Este combate, en el cual murió como un héroe el duque Enrique el Piadoso, se dió el 9 de abril de 1241, cuatro años después de haber subyugado al Kaptschak y á la Rusia las hordas asiáticas mandadas por Batú, nieto de Dschingischan. Mas el budhismo no se introdujo entre los mogoles hasta el año de 1247, cuando sintiéndose enfermo el príncipe mogol Godan en Leang-Tscheu, ciudad muy apartada hácia el Oriente en la provincia china de Schensi, mandó llamar á un gran sacerdote tibetano, á Sakya Pandita, para que le curase y le convirtiese. (Nota sacada de un fragmento manuscrito de Klaproth sobre la propagacion del budhismo en el Este y en el Norte de Asia). Conviene advertir tambien que los mogoles no se curaron jamás de convertir á sus creencias los pueblos por ellos sometidos.

dad (1), llama desde luego la atencion, por su aislamiento y configuracion particular, la península de la Arabia, comprendida entre el mar Rojo y el golfo Pérsico, y entre el Eufrates y la parte del Mediterráneo que baña las costas de la Siria. Esta península es la mas occidental de las tres del Asia meridional; y cercana así al Egipto á la par que á las orillas de un mar europeo, encuentra seguramente en semejante situacion grandes ventajas políticas y comerciales. En la parte central de la península Arábiga vivia el pueblo del Hedschaz, raza noble y robusta, ignorante, pero no grosera, dotada de gran viveza de imaginacion, y muy dada, sin embargo, á la atenta observacion de todos los fenómenos naturales, así de los que se realizan en la superficie de la Tierra, como de los que presenta la bóveda siempre serena de su cielo. Estas poblaciones que habian permanecido millares de años cuasi sin relacion con el resto del mundo, y que en su mayor parte llevaban una vida nómada, salieron repentinamente de su oscuridad, civilizaron sus costumbres por el comercio intelectual con los pueblos que habitaban en los primitivos paises cultos, y convirtieron y dominaron á todas las naciones comprendidas entre las columnas de Hércules y la parte de la India en que el Indo-Kho atraviesa el monte de Bolor. Á mediados del siglo IX sostenian ya relaciones comerciales con el Norte de Europa, con la isla de Madagascar, con las costas orientales de África, con la India y la China; y difundiendo por todas partes su lengua, sus monedas y las cifras de la numeracion india, formaban una aglomeracion de Estados poderosos, asegurada para mucho tiempo é íntimamente unida por las creencias religiosas. En sus arriesgadas correrías, contentábanse á las veces con atravesar rápidamente las provincias; y cuando se veian amenazados por los indígenas, sus enjambres vagabundos, como dice su poesía nacional, «acampaban cual nublados que el

(1) *Cosmos*, t. I, págs. 308 y 309, nota 1.ª

viento en breve disipa.» En ninguna otra época han ofrecido mas animado espectáculo los grandes movimientos de los pueblos; pues hasta aquella opresion de los ánimos, que parece ser consecuencia necesaria del islamismo, se dejaba por lo general sentir menos bajo la dominacion de los árabes que bajo la dominacion de las razas turcas. Aquí como en todas partes, sin exceptuar ni aun á los pueblos cristianos, las persecuciones provenian mas bien del exceso del despotismo, extraviándose en disputas dogmáticas, que no del dogma mismo y de los sentimientos religiosos de la nacion (1). Las severidades del Coran se dirigen principalmente contra las supersticiones y la idolatría de las tribus arameas.

Atendiendo á que la vida de los pueblos, aparte de las predisposiciones de su inteligencia, se encuentra determinada por un gran número de condiciones exteriores, hijas de la naturaleza del terreno, del clima, y de la mayor ó menor proximidad al mar, conviene que indiquemos ante todo la irregular configuracion de la península Arábiga. Por mas que el primer impulso para los grandes cambios á que se debe la diseminacion de los árabes en tres Continentes, partiese de la comarca ismaelita del Hedschaz; y aunque la fuerza principal que aseguró el éxito de la invasion la constituyese una raza aislada de pastores, no por ello debe entenderse que las costas del resto de la península habian permanecido extrañas, durante miles de años, al movimiento comercial que aproximaba á todos los pueblos. Mas para comprender la conexion y la posi-

(1) De aquí el contraste entre las medidas tiránicas de Motewekkil, décimo califa de la familia de los Abbásidas, contra los judíos y los cristianos (José de Hammer, *Ueber die Landerverwaltung unter dem Kalifate*, 1835, pág. 27), y la tolerancia de que, mas prudentes, dieron muestras los dominadores de España. (Ant. Conde, *Historia de la dominacion de los árabes en España*, t. I, 1820, pág. 67). Conviene recordar asimismo que después de la toma de Jerusalem, Omar no prohibió á los vencidos la práctica de su religion, y celebró con el Patriarca un convenio favorable á los cristianos. (V. *Fundgruben des Orients*, t. V, pág. 68).

bilidad de tan extraordinarios acontecimientos, preciso es remontarnos á las causas que paulatinamente los fueron preparando.

El bello pais de los yoctanides, el Yemen, comarca fértil y bien cultivada, en la cual florecia en otro tiempo el antiguo reino de Sabá (1), se halla situado hácia el S. E., á lo largo del mar Eritreo. Sus principales producciones son el incienso (el *lebonah* de los hebreos, y quizás el *boswellia thurifera* de Colebrooke) (2), la mirra (una de las

(1) «Segun la leyenda, un vigoroso vástago de la raza hebrea se habia retirado bajo el nombre de Yokthan (Oachthan) á la Arabia meridional mucho antes del tiempo de Abraham, fundando allí imperios florecientes.» (Ewald, *Geschichte des Volkes Israel*, t. I, págs. 337 y 450).

(2) El árbol que desde los tiempos mas remotos suministra á los árabes el célebre incienso de Hadhramaut, y del cual se carece completamente en Sokotora, no ha sido aun clasificado ni descubierto por ningun botánico, incluso el infatigable Ehrenberg. En las Indias orientales, principalmente en el distrito de Bundelkund, se encuentra un producto análogo que constituye un artículo importante de comercio entre Bombay y la China. Segun Colebrooke (*Asiatic Researches*, t. IX, pág. 377), este incienso indio se extrae de una planta que Roxburgh ha dado á conocer, llamada *boswellia thurifera*, perteneciente á la familia de las burseráceas de Kunth. Antes podia dudarse, á causa de las antiquísimas relaciones comerciales entre las costas de la Arabia meridional y las de la India occidental (Gildemeister, *Scriptorum Arabum loci de rebus Indicis*, pág. 35), si el λίβανος de Teofrasto, ó el *thus* de los romanos, pertenecia originariamente á la península Arábiga; pero ya hoy sabemos, merced á la importante observacion de Lassen (*Indische Alterthumskunde*, t. I, pág. 286), que en el mismo *Amara-Koscha* se llama al incienso *yâwana*, javanés, es decir, árabe, y que por consiguiente esta produccion se exportaba de la Arabia á la India: «*Turuschka' pindaka' sihlô yawanô*» se lee en el *Amara-Koscha*; y las tres primeras palabras son denominaciones diversas del incienso. V. *Amarakocha*, publicado por Loiseleur Deslonchamps, 1.ª parte, 1839, pág 156. Dioscórides distingue tambien el incienso de la Arabia del de la India. Carlos Ritter observa con mucha razon, en su monografía de las diferentes especies de incienso (*Erdkunde von Asien*, t. VIII, sec. I, 1846, págs. 356—372), que la misma planta (*boswellia thurifera*), á causa de la semejanza del clima, pudo extenderse muy bien desde la Arabia á la India atravesando la Persia meridional. El incienso americano, conocido en la farmacología con el nombre de *Olibanum americanum*, proviene del *Icica gujanensis* de Aublet, y del *Icica tacamahaca* que Bonpland y yo encontramos abundantemente en los grandes y feraces llanos de Calabozo, en la América del Sur. La icica pertenece, lo mismo que la boswellia, á la familia de las burseráceas. El incienso comun que se quema en los templos se saca

especies del género amyris, descrito exactamente la primera vez por Ehrenberg), y el bálsamo de la Meca (*bálsamodendron gileadense* de Kunth); sustancias que formaban para los pueblos vecinos un objeto importante de comercio con los egipcios, los persas y los indios, lo mismo que con los griegos y los romanos. En estas producciones está fundada la denominacion de *Arabia Feliz*, que Diodoro y Estrabon emplearon los primeros. Al S. E. de la península, en el golfo Pérsico, frente por frente de las factorías fenicias de Arados y de Tylos, se hallaba situada la ciudad de Gerrha, que era un gran depósito de mercancías indias. Aunque puede decirse, hablando en general, que todo el interior de la Arabia es un arenal desierto y sin árboles, encuéntrase no obstante en el Oman, entre los paises de Jailan y de Batna, toda una série de oasis bien cultivados y regados por canales subterráneos. Gracias á la actividad del señor Wellsted (1), viajero distinguidísimo, conocemos tambien en la actualidad tres cadenas de montañas, cuya mas alta cima, situada cerca de Maskat, y llamada Dschebel Akhdar, se eleva seis ó siete mil piés sobre el nivel del mar, hallándose no obstante coronada de bosques. Tambien en la region montañosa del Yemen, al E. de Loheya, y en la cadena que orla la costa del Hedschaz en el pais de Asyr, así como junto á Tayef, al E. de la Meca, se encuentran mesetas cuya temperatura fria é invariable era ya conocida del geógrafo Edrisi (2).

El variado aspecto que ofrecen las comarcas montañosas caracteriza tambien á la península de Sinaí, llamada

del *pinus abies* de Linneo. La planta que produce la mirra, y que Bruce cree haber visto (Ainslie, *Materia medica of Hindostan*, Madrás, 1813, pág. 29), ha sido descubierta por Ehrenberg cerca de El-Gisan en Arabia, y descrita por Nees de Esenbeck bajo el nombre de *Balsamodendron myrrha*, teniendo á la vista algunas especies recogidas por Ehrenberg. Durante mucho tiempo se ha tomado con frecuencia el *Balsamodendron Kotaf* de Kunth, una de las *Amyris* de Forskal, por el árbol de la verdadera mirra.

(1) Wellsted, *Travels in Arabia*, 1838, t. I, págs. 272—289.

(2) Jomard, *Etudes géogr. et hist. sur l'Arabie*, 1839, págs. 14 y 32.

por los egipcios del *Antiguo Imperio* el *pais del cobre*, y á los pedregosos valles de Petra. Ya antes he hecho mencion de los apostaderos comerciales establecidos por los fenicios á la extremidad septentrional del mar Rojo, y de la travesía hecha desde Azion Gaber á Ophir por los bajeles de Hiram y de Salomon (1). La Arabia y la isla de Sokotora (Dioscórides), habitada por colonos indios, servian de apostaderos al comercio general, que desde allí se dirigia á las Indias y á las costas orientales de África. Por eso las producciones de la India y del África oriental se confundian habitualmente con las del Hadhramaut y del Yemen; «vendrán de Saba, dice Isaias hablando de los dromedarios de Midian, y nos traerán oro é incienso (2).» Petra era el depósito de las mercancías preciosas destinadas á Tiro y á Sidon, y el asiento principal de los nabateos, pueblo dedicado al comercio, y en otro tiempo muy pujante, á quien el docto filólogo Quatremère asigna como primitiva morada las montañas de Gerrha, en el curso inferior del Eufrates. Esta parte septentrional de la Arabia mantuvo relaciones activas con otros Estados civilizados, debidas principalmente á la proximidad del Egipto, á la intervencion de las razas árabes diseminadas por las montañas que se extienden á lo largo de la Siria y de la Palestina, y por los paises que riega el Eufrates, y en fin, el célebre camino por donde iban las caravanas de Damasco á Babilonia, pasando por Emesa y por Tadmor (Palmira). Mahoma mismo, descendiente de una familia noble, aunque pobre, de la tribu de los Koreischitas, habia ejercido el comercio antes de aparecer como reformador y como profeta, y frecuentado la feria de Bosra en la frontera de Siria, la de Hadhramaut (el pais del incienso), y especialmente la de Okadh, junto á la Meca, que no duraba menos de veinte dias, y á la cual acudian todos los años muchos poetas, beduinos por la mayor parte, para entre-

(1) *Cosmos*, t. II, pág. 160.
(2) Isaias, 60, 6.

garse á competencias y justas líricas. Si entramos en estos pormenores sobre las comunicaciones de los pueblos y sobre las ocasiones que á ellas dieron lugar, es para presentar bajo una imágen mas viva las causas que produjeron este cambio en las relaciones del mundo.

El desbordamiento de las poblaciones árabes hácia el Norte nos despierta inmediatamente el recuerdo de otros dos sucesos, cuyas secretas relaciones no es fácil distinguir hoy, pero que á lo menos demuestran que algunos miles de años antes de Mahoma, los habitantes de la península habian ya tenido parte en los grandes negocios del mundo, por medio de sus correrías al Oeste y al Este, hácia el Egipto y hácia el Eufrates. La descendencia semítica ó aramea de los Hycsos, que en tiempo de la duodécima dinastía pusieron fin al *Antiguo Imperio* de los egipcios, 2,200 años antes de nuestra era, es ya hoy un hecho casi universalmente reconocido. El mismo Manethon dice: «Algunos opinan que aquellos pastores eran árabes.» En otras fuentes se les llama fenicios, denominacion que los antiguos extendian á los habitantes del valle del Jordan y á todas las razas arábigas; y Ewald, crítico profundo, propone los Amalecitas, que originariamente habitaban en el pais del Yemen, se extendieron después hácia la tierra de Canaan y la Siria, por la Meca y Medina, y se hallan mencionados en los documentos originales de los árabes, como dueños del Egipto en tiempo de José (1). En todo caso, no es dado pensar sin asombro que la raza nómada de los Hycsos lograse subyugar un imperio tan

(1) Ewald, *Geschichte des Volkes Israel*, t. I, págs. 300—450; Bunsen, *Ægyptens Stelle*, etc., lib. III, págs. 10 y 32. Algunas narraciones que hablan de la presencia de los persas y de los medos en el Norte de Africa, vienen en apoyo de las antiguas emigraciones hácia el Oeste; y no falta quien haya referido estas leyendas al mito complejo de Hércules y del Melkarth fenicio. V. en Salustio (*Bellum Jugurthinum*) el capítulo 18 sacado de los escritos cartagineses de Hiempsal, y cf. Plinio, lib. V, c. 8. Estrabon llama á los morusios (habitantes de la Mauritania) *indios* traidos por Hércules.

poderoso y tan bien organizado como el *Antiguo Imperio* de los egipcios. Verdad es que hombres animados de pensamientos mas libres entraban en lucha con pueblos avezados de muy antiguo á la esclavitud; pero no es menos cierto que los conquistadores no sentian en aquel entonces, como lo sintieron después, el aguijon del entusiasmo religioso. Los Hycsos fundaron la plaza de armas y la fortaleza de Avaris en el brazo oriental del Nilo, por temor á los asirios (las tribus de Arpachschad); de donde puede inferirse que marchaban hostigados por poblaciones guerreras, y que un gran movimiento de emigracion se dirigia entonces hácia el Occidente. El segundo hecho antes enunciado, que aconteció mil años después cuando menos, se encuentra referido por Diodoro bajo la autoridad de Ctesias (1). Ariæo, monarca poderoso de los himyaritas, se asocia á la expedicion de Nino sobre el Tigris, derrota con él á los babilonios, y regresa cargado de rico botin á la Arabia meridional, su patria (2).

Aunque la vida libre de los pastores dominaba por lo general en el Hedschaz, y aunque este régimen era el de una poblacion fuerte y numerosa, citábanse sin embargo las ciudades de Medina y de la Meca como lugares considerables que iban á visitar los extranjeros. El antiguo y misterioso templo de la Kaaba prestaba nuevo interés al que de suyo inspiraba ya la Meca. En ningun otro punto de los parajes inmediatos á las costas ó á los caminos de las caravanas, no menos útiles á los paises por ellos atravesados que los rios que riegan los valles, se encuentra aquel estado absoluto de barbarie, efecto natural del aislamiento. Ya Gibbon, habituado á representar con tanta claridad el estado de las sociedades humanas (3), observa

(1) Diodoro de Sicilia, lib. II, c. 2 y 3.

(2) Ctesiæ Cnidii, *Operum reliquiæ*, edid. Bæhr. *Fragmenta assyriaca*, pág. 421, y Carlos Müller en la edicion de Ctesias publicada á continuacion de la de Herodoto por Dindorf, París, 1844, págs. 13—15.

(3) Gibbon, *Histoire de la chute de l'Empire romain*, c. 50, t. X, pag. 11, edic. de Guizot.

que la vida nómada de la península de la Arabia es esencialmente diversa de la que llevaban los habitantes de las regiones designadas bajo el nombre de Escitia, segun las descripciones de Herodoto y de Hipócrates; porque en la Escitia ninguna parte de la poblacion pastoril se ha establecido en ciudades, al paso que en la Arabia el pueblo de la campiña mantiene hoy todavia relaciones con los habitantes de las ciudades, considerándoles como hermanos de orígen comun. En el desierto de los Kirguisos, que forma parte de los llanos poblados por los antiguos escitas (los escolotos y los sacios), no ha habido jamás ciudad ninguna, de muchos miles de años á esta parte, en un espacio mayor que toda la Alemania (1); y sin embargo, en la época de mi viaje á Siberia, habia aun mas de cuatrocientas mil tiendas llamadas yurtas ó kibitkas, en las tres hordas nómadas, lo cual supone una poblacion errante de dos millones de hombres. Estas diferencias son bastante sensibles para que haya necesidad de desarrollar ámpliamente el efecto que debió producir en la cultura intelectual de cada uno de estos pueblos la manera mas ó menos exclusiva con que habian abrazado la vida pastoril, aun admitiendo que fuesen idénticas sus predisposiciones interiores.

Si queremos investigar cómo la invasion de los árabes en Siria y Palestina, y posteriormente la toma de posesion del Egipto, despertaron tan pronto en aquella noble raza la aficion á la ciencia y el deseo de acelerar ellos mismos sus progresos, debemos tener en cuenta sus predisposiciones naturales para los goces de la inteligencia, la configuracion particular del terreno y las antiguas relaciones comerciales que unian las costas del África á los Estados vecinos, llegados á un alto punto de civilizacion. Sin duda entraba en los maravillosos designios de la armonía del Mundo, que la secta cristiana de los nestorianos, que tan útilmente contribuyó á propagar á

(1) Humboldt, *Asie centrale*, t. II, pág. 128.

lo lejos los conocimientos adquiridos, ilustrase tambien á los árabes antes de su entrada en la sabia y sofística Alejandría, y que el nestorianismo cristiano pudiese penetrar en las comarcas orientales del Asia, bajo la proteccion armada del islamismo. Los sirios, raza tambien semítica como la de los árabes (1), fueron los que iniciaron á estos últimos en la literatura griega, cuyo conocimiento habian recibido aquellos de los nestorianos, perseguidos por el crímen de heregía. Mahoma y Abubekr tenian ya en la Meca relaciones de amistad con médicos formados por las lecciones de los griegos en la célebre escuela de Edeso que los nestorianos habian fundado en Mesopotamia.

En esta escuela, que parece haber servido de modelo á las de los Benedictinos del Monte Casino y de Salerno, fué donde tuvo principio el estudio científico de las *sustancias medicinales sacadas de los reinos mineral y vegetal*. Destruido este instituto por el fanatismo cristiano en tiempo de Zenon de Isauria, esparciéronse los nestorianos por la Persia, en donde adquirieron muy luego cierta importancia política, y fundaron en Dschondisapur, ciudad del Khusistan, un nuevo instituto médico que fué muy frecuentado. Á mediados del siglo VII, bajo la dinastía de los Thang, consiguieron propagar en la China su creencia y su fé, 572 años antes que el budhismo indio penetrase en aquel imperio.

Las semillas de la civilizacion occidental, esparcidas en Persia por monjes instruidos y por filósofos que habian desertado de la última escuela platónica de Atenas á consecuencia de las persecuciones de Justiniano, fueron recogidas y aprovechadas por los árabes durante sus primeras incursiones al Asia. Por incompletos que fuesen los conocimientos de los sacerdotes nestorianos, su aptitud particular para los estudios médicos y farmacéuticos les permitia ejercer grande influjo en hombres que habian vivido

(1) Jourdain, *Recherches critiques sur les traductions d'Aristote*, 1843, págs. 81 y 86.

largo tiempo gozando plenamente de la naturaleza libre y que conservaban respecto de la contemplacion del mundo exterior, bajo cualquier forma que se presentase, un sentimiento mas vivo y verdadero que los habitantes de las ciudades griegas é itálicas. Estos rasgos característicos de los árabes son los que dan principalmente importancia al período de su dominacion, respecto á la historia del *Cosmos*. Los árabes, vuelvo á repetirlo, deben ser considerados como los verdaderos fundadores de las *ciencias físicas*, tomadas estas palabras en la acepcion habitual que hoy tienen.

El encadenamiento íntimo de todas las ideas hace, á no dudarlo, que sea difícil en el dominio de la inteligencia determinar la época exacta de su nacimiento. Desde luego se ven brillar prematuramente algunos puntos luminosos en la historia de la ciencia y de los procedimientos que á ella pueden conducir. ¡Cuánto tiempo no trascurrió desde Dioscórides, que extraia el mercurio del cinabrio, hasta el químico árabe Dscheber, y desde los descubrimientos ópticos de Ptolomeo hasta los de Alhazenl Empero no deben considerarse como fundadas las ciencias físicas, ó, mas genéricamente hablando, las ciencias naturales, sino desde el momento en que un gran número de hombres marchan de consuno por las nuevas vias, si bien no siempre con igual éxito. Después de la mera *contemplacion de la Naturaleza*, después de la observacion de los fenómenos que se efectuan accidentalmente en los espacios del Cielo y de la Tierra, vienen la investigacion y la análisis de estos mismos fenómenos, la medida del movimiento y del espacio en que este se realiza. Semejante manera de investigacion no comenzó á ponerse en práctica hasta la época de Aristóteles, y aun de ordinario quedó limitada á la naturaleza orgánica. En el conocimiento progresivo de los hechos físicos hay, á mas de los grados anteriores, otro mas elevado, que consiste en el estudio profundo de las fuerzas naturales, de la trasformacion que estas van operando.

y de las sustancias primeras que la ciencia descompone para hacerlas figurar en combinaciones nuevas. La manera de efectuar esta disolucion es provocar uno mismo á su arbitrio los fenómenos; ó, para decirlo en una sola palabra, es la *experimentacion*.

Los árabes se elevaron á este tercer grado, casi enteramente desconocido de los antiguos, fijándose principalmente en los hechos generales. Vivian en un pais en donde reina por todas partes el clima de las palmeras, y en casi toda su superficie el de los trópicos, atento que el de Cáncer atraviesa, en efecto, la península Arábiga, desde Maskat hasta la Meca. Además, al mismo tiempo que los órganos están dotados en aquella region de una fuerza vital mas intensa, el reino vegetal suministra con profusion aromas, jugos balsámicos y sustancias salutíferas ó nocivas para el hombre: de donde resultó que la atencion de aquellos pueblos debió de ser precozmente excitada por las producciones de su suelo y por las de las costas del Malabar, de Ceylan y del África oriental, con cuyas comarcas sostenian relaciones comerciales. Las formas orgánicas presentan en aquellas partes de la zona tórrida caractéres singulares que se diversifican casi á cada paso, no habiendo apenas un solo rincon de tierra que deje de ofrecer producciones especiales, y que manteniendo contínuamente despierta la atencion, no haga mas activo y variado el comercio del hombre con la Naturaleza. Era preciso distinguir cuidadosamente entre sí producciones tan preciosas para la medicina, la industria y el lujo de los templos y de los palacios, tratando de investigar al mismo tiempo el pais de donde provenian, que hombres ávidos y astutos ocultaban de ordinario. Numerosas caravanas, que partian del depósito de Gerrha, en el golfo Pérsico, y del distrito del Yemen, que produce el incienso, atravesaban toda la parte interior de la península Arábiga hasta la Fenicia y la Siria, y esparciendo por todas partes aquellos enérgicos agentes, tornábanles de dia en dia mas preciosos y estimados.

El conocimiento de las sustancias medicinales fundado por Dioscórides en la escuela de Alejandría, es, en su forma científica, una creacion de los árabes, bien que estos hubiesen podido adquirirle en la fuente abundante y antiquísima de los médicos indios (1). Los árabes constituyeron la Farmacia química, y á ellos debemos las primeras prescripciones magistrales, actualmente llamadas *dispensatorios*, que posteriormente pasaron de la escuela de Salerno á la Europa meridional. La Farmacia y la Materia médica, primeras necesidades del arte de curar, condujeron á un tiempo, por dos caminos diferentes, al estudio de la Botánica y al de la Química. Saliendo del estrecho círculo de la utilidad práctica y de las aplicaciones limitadas, el conocimiento de las plantas se extendió poco á poco por un campo mas vasto y mas libre. Los botánicos observaron la estructura del tejido orgánico, la relacion de esta estructura con las fuerzas que en él se desarrollan, y las leyes de clasificacion en familia y de distribucion geográfica de las formas vegetales, segun la diversidad de climas y la elevacion relativa del terreno.

Después de las conquistas que los árabes hicieron en Asia, y que conservaron fundando posteriormente en Bagdad un centro de civilizacion y poderío, se extendieron en el corto espacio de setenta años por toda la parte septentrional de África, por Egipto, Cirene y Cartago, hasta la península Ibérica, situada á una extremidad de Europa. Las costumbres, salvajes aun, del pueblo y de sus jefes, daban márgen sin duda á temer de su parte todo linaje de excesos y brutalidades. Parece, no obstante, que la violencia atribuida á Amrú, ó sea el incendio de la biblioteca de Alejandría, bastante, segun cuentan, para haber

(1) Acerca de los conocimientos que los árabes tomaron de la farmacologia de los indios, véanse las importantes investigaciones de Wilson, *Oriental Magazine of Calcutta*, febrero y marzo de 1823, y Royle, *Essay on the antiquity of Hindoo Medicine*, 1837, págs. 56—59, 64—66, 73 y 92. Cf. un catálogo de escritos farmacéuticos, vertido del indio al árabe, en Ainslie, *Materia médica*, etc., 1838, pág. 106.

calentado por espacio de seis meses cuatro mil salas de baños, es meramente un mito, sin mas fundamento que el testimonio de dos escritores nacidos 580 años después de la época en que se supone realizado aquel suceso (1). No es necesario entrar en pormenores de cómo en tiempos mas tranquilos, en la brillante época de Almanzor, de Haron-al-Raschid, de Mamon y de Motazem, bien que aun no hubiese tomado libre vuelo la cultura intelectual de las masas, las cortes de los soberanos y los establecimientos públicos consagrados á las ciencias pudieron reunir, sin embargo, un número considerable de hombres eminentes; que aquí no se trata de formar un cuadro de la literatura de los árabes, tan vasta y tan desigual en su diversidad, ni tampoco de distinguir lo que ha nacido en las secretas profundidades de su organizacion ó en el desarrollo regular de sus facultades naturales, y lo que debe referirse á las solicitaciones exteriores ó á circunstancias fortuitas. La resolucion de este problema importante pertenece á otra esfera de ideas; y en las consideraciones que aquí presento, debo limitarme á una narracion parcial de los progresos que la contemplacion general del Mundo debe á los árabes, por sus descubrimientos en Matemáticas, Astronomía y ciencias naturales.

Á la verdad, la Alquimia, la Mágia, y todas las fantasías místicas, despojadas por la dialéctica del encanto de la poesia, alteraron en aquella ocasion, como aconteció constantemente en la edad media, los resultados positivos de la ciencia; empero no es menos cierto que los árabes engrandecieron las miras sobre la Naturaleza y dotaron la ciencia de un gran número de creaciones nuevas, tanto por las infatigables investigaciones á que ellos mismos se entregarón, cuanto por la diligencia con que se apropia-

(1) Gibbon, t. X, pág. 262; Heeren, *Geschichte des Studiums der classischen Litteratur*, t. I, 1797, págs. 44 y 72; Abd-Allatif, *Relation de l'Egypte* traducida por Sacy, pág. 240; Parthey, *Das Alexandrinische Museum*, 1838, pág. 106.

ron, valiéndose de traducciones, todos los frutos acumulados por las generaciones anteriores. Con razon se ha notado la gran diferencia que relativamente á la historia de la cultura de los pueblos presentan las razas invasoras de la Germania y las razas árabes (1). Los germanos no comenzaron á civilizarse sino después de su emigracion; al paso que los árabes llevaban consigo de su patria, no solo la religion, sino tambien una lengua perfeccionada y las delicadas flores de una poesía que no fué perdida para los trovadores provenzales ni para los *minnesinger*.

Los árabes eran portentosamente aptos para desempeñar el papel de mediadores é influir sobre los pueblos comprendidos desde el Eufrates hasta el Guadalquivir y hasta el Mediodia del África central, llevando á una parte lo que habian adquirido en otra. Poseian una actividad sin ejemplo, que forma época en la historia del Mundo, y una tendencia opuesta al espíritu intolerante de los israelitas, que les inclinaba á fundirse con los pueblos vencidos, sin abjurar empero, no obstante el perpetuo cambio de regiones, de su carácter nacional ni de los recuerdos tradicionales de su patria originaria. Ninguna otra raza puede citar ejemplos de mas largos viajes, emprendidos por individuos aislados, no siempre con la mira del interés comercial, sino con la de instruirse y adquirir conocimientos; porque ni los sacerdotes budhistas del Tibet y de la China, ni el mismo Marco Polo, ni los misioneros cristianos enviados á los príncipes mogoles hicieron mas vastas correrías. Las numerosas relaciones de los árabes con la India y con la China introdujeron en Europa una parte considerable de la ciencia de los pueblos asiáticos. Sabido es que ya á fines del siglo VII, bajo el califado de los Ommiades, sus conquistas se extendian hasta el reino de Cabul, hasta las provincias de

(1) Enrique Ritter, *Geschichte der christlichen Philosophie*, 3.ª parte, 1844, págs. 669—676.

Kaschgar y de Pendjab (1). Las profundas investigaciones de Reinaud nos han demostrado cuánto hay que sacar todavía de las fuentes árabes para el conocimiento de la India. La invasion de los mogoles en China suspendió á la verdad las comunicaciones con los paises situados á la parte de allá del Oxo (2); mas los mismos mogoles se convirtieron bien pronto en intermediarios de los árabes, que con sus exploraciones personales y laboriosas investigaciones habian ya arrojado vivísima luz sobre la Geografía, desde las costas del océano Pacífico hasta las del África occidental, y desde los Pirineos hasta la pantanosa region del Wangarah, situada en lo interior de África y descrita por el cherif Edrisi. Segun afirma Fraehn, la Geografía de Ptolomeo fué vertida al árabe en los años de 813 á 830 por órden del califa Mamon, no siendo inverosímil que se aprovechasen para aquella traduccion algunos fragmentos, hoy perdidos, de Marin de Tiro (3).

En la larga série de geógrafos eminentes que nos ofrece la literatura arábiga, bastará hacer mencion de El-Ista-

(1) V. tres escritos recientes de Reinaud que prueban cuánto puede sacarse todavía, aparte de las fuentes chinas, de las fuentes arábigas y persas. Estos tres escritos se intitulan: 1.° *Fragments arabes et persans inédits relatifs à l'Inde, antérieurement au XI siècle de l'ère chrètienne*, 1845, páginas XX—XXXIII; 2.° *Relation des voyages faits par les arabes et les persans dans l'Inde et à la Chine dans le IX siècle de notre ère*, 1845, tomo I, pág. XLVI; 3.° *Mémoire géographique et historique sur l'Inde d'après les écrivains arabes, persans et chinois, antérieurement au milieu du XI siécle de l'ère chrétienne*, 1846, pág. 6. El segundo escrito de este docto orientalista no es mas que una refundicion de la obra intitulada: *Anciennes relations des Indes et de la Chine de deux voyageurs mahometans*, y publicada muy incompletamente por el abate Renaudot en 1718. El manuscrito árabe no contiene mas que una relacion de viaje escrita por un mercader llamado Soleiman, que se embarcó en el golfo Pérsico el año de 851; mas á esta relacion se ha añadido lo que Abu-Zeyd-Hasan, natural de Syraf en Farsistan, y que nunca estuvo en la India ni en la China, oyó decir á algunos comerciantes instruidos.

(2) Reinaud y Favé, *Du Feu grégeois*, 1845, pág. 200.

(3) Ukert, *Ueber Marinus Tyrius und Ptolomæus, die Geographen*, en el *Rheinisches Museum*, 1839, págs. 329—332; Gildemeister, *De rebus Indicis*, 1.ª parte, 1838, pág. 120; Humboldt, *Asie centrale*, t. II, pág. 191.

chri (1), que abre la lista de ellos, y de Albasan (Juan Leon el Africano), que la cierra. Jamás, hasta los descubrimientos que hicieron los portugueses y los españoles, recibió de una sola vez el conocimiento de la Tierra mas brillante acrecentamiento. Cincuenta años antes de la muerte del Profeta, habian ya llegado los árabes hasta la extremidad occidental de la costa africana, hasta el puerto de Asfi. Recientemente ha vuelto á ponerse en duda un hecho que durante mucho tiempo me habia parecido verosímil, cual es el de que posteriormente, hácia la época en que los aventureros conocidos bajo el nombre de Almagrurinos navegaban por el *mar Tenebroso* (el Océano), las islas de los Guanchos fueron visitadas por bajeles árabes (2). La gran cantidad de monedas árabes, desenterradas á orillas del mar Báltico y en los parajes de la Escandinavia mas próximos al polo, provenian sin duda, no de viajes marítimos de los árabes, sino de sus relaciones comerciales extendidas á gran distancia por el interior de las tierras (3).

La Geografía no se limitó meramente á fijar la situacion relativa de los lugares, á suministrar indicaciones de longitud y latitud, cual hace de ordinario Abul-Hasan, ó á

(1) La *Geografía oriental*, atribuida á Ebn-Haukal, y publicada en Londres el año de 1800 por el Sr. Guillermo Ouseley, es en realidad la que escribió Abu-Ishak-el-Istachri, medio siglo despućs de Ebn Haukal, como lo ha demostrado Fraehn (Ibu-Fozlan, págs. IX, XXII, y 256—263). Los mapas que acompañan al libro *De los Climas*, publicado el año de 920, y del cual posee un precioso manuscrito la biblioteca de Gotha, me han sido de grande utilidad para mis trabajos sobre el mar Caspio y el lago de Aral. V. *Asie centrale*, tomo II, págs. 192—196. Recientemente se ha publicado una edicion y una traduccion alemana de Istachri, bajo los títulos de *Liber climatum ad similitudinem codicis gothani delineandum cur*. J. H. Moeller, Gotha, 1839, y *Das Buch der Länder*, traducido del árabe por A. D. Mordtmann, Hamb., 1845.

(2) Cf. Joaquin José da Costa de Macedo, *Memoria en que se pretende provar que os arabes nao conhecerao as Canarias antes dos Portuguezes*, Lisboa, 1844, págs. 86—99, 205—227, con Humboldt, *Examen critique*, etc., t. II, págs. 137—141.

(3) Leopoldo de Ledebur, *Ueber die in den Baltischen Ländern gefundenen Zeugnisse eines Handelsverkehrs mit dem Orient zur Zeit der Arabischen Weltherrschaft*, 1840, págs. 8 y 75.

describir las cuencas de los rios y las cadenas de montañas (1); sino que condujo tambien á aquel pueblo, apasionado de la Naturaleza, á estudiar las prodncciones orgánicas del suelo, especialmente las sustancias vegetales. El horror que los estudios anatómicos inspiraban á los sectarios del islamismo, les impidió hacer progreso ninguno en la historia natural de los animales, contentándose respecto de este punto con lo que pudieron sacar de las traducciones de Aristóteles y de Galeno (2). Con todo, la

(1) Las determinaciones de longitud que hizo Abul-Hasan, astrónomo marroquí del siglo XIII, en su obra sobre los instrumentos astronómicos de los árabes, están todas calculadas tomando por primer meridiano el de Arin, sobre el cual ha llamado por primera vez la atencion de los geógrafos Sedillot, hijo. Yo tambien, por mi parte, tuve que hacerle objeto de profundas investigaciones; porque guiándose Colon, como siempre, por la *Imago Mundi* del cardenal de Ailly, hace mencion en sus conjeturas hipotéticas sobre la desigual configuracion de los dos hemisferios del Este y del Oeste, de una «isla de Arin, centro de el hemispherio del cual habla Toloméo y quès debaxo la línea equinoxial entre el Sino Arábico y aquel de Persia.» Cf. J. J. Sédillot, *Traité des instruments astronomiques des arabes*, publicado por L. Am. Sédillot, t. I, 1834, págs. 312—318; t. II, 1835, prefacio, con Humboldt, *Examen critique*, etc., t. II, pág. 64, y *Asie centrale*, t. III, págs. 593—596, donde se encuentran reunidas las indicaciones sacadas por mí del *Mappa Mundi* de Pedro de Ailly (1410), de las *Tablas Alfonsinas* (1483), y del *Itinerarium Portugallensium* de Madrignano (1508). Es cosa singular que nada, al parecer, supiese Edrisi acerca de Kobbet Arin (Cancadora, propiamente Kankder). Sédillot hijo (*Sur les systèmes géographiques des grecs et des arabes*, 1842, págs. 20—25) coloca el meridiano de Arin en el grupo de las Azores, al paso que Reinaud, el erudito comentador de Abulfeda, en el escrito intitulado *Mémoire sur l'Inde antérieurement au XI siècle de l'ère chrétienne, d'après les écrivains arabes et persans*, págs. 20—24, supone que «Arin se formó por corrupcion de las voces *azyn*, *ozein* y *odjein*, nombre de un antiguo centro de civilizacion, situado en el Malva, el Ὀζήνη de Ptolomeo y el mismo que Udjijayani, segun la opinion de Burnouf; que este Ozena se hallaba situado en el meridiano de Lanka, y que posteriormente se tomó á Arin por una isla situada en la costa de Zanguebar, acaso la Ἐσσινον de Ptolomeo.» V. tambien Am. Sédillot, *Mémoire sur les Instruments astronomiques des arabes*, 1841, pág. 75.

(2) El califa Al-Mamon mandó comprar en Constantinopla, en Armenia, Siria y Egiptó gran copia de manuscritos preciosos, que de su órden fueron inmediatamente traducidos al árabe, cuando hasta entonces las traducciones á esta lengua se habian venido haciendo de otras traducciones siriacas. V. Jourdain, *Recherches sur les traductions d'Aristote*, 1843,

Historia de los Animales de Avicena, que posee la Biblioteca Nacional de París, difiere bastante de la de Aristóteles (1). Ibn-Baithar el malagueño merece especial men-

págs. 84, 86 y 209. Así salvaron los árabes, merced á los esfuerzos de Al-Mamon, una multitud de obras que de otra suerte habrian quedado perdidas. El mismo servicio han prestado las traducciones armenias, segun lo demuestra Heuman. Desgraciadamente, un pasaje del historiador Genzi, de Bagdad, que nos ha conservado el célebre geógrafo Leon el Africano en un escrito intitulado: *De Viris inter arabes illustribus*, da márgen á creer que en el mismo Bagdad se quemaron un gran número de originales griegos en concepto de inútiles; mas este pasaje, susceptible de diversas interpretaciones, segun lo ha demostrado Bernhardy (*Grundriss der griechischen Litteratur*, 1.ª parte, pág. 489) contradiciendo la opinion de Heeren (*Geschichte der classischen Litteratur*, t. I, pág. 135), no se refiere probablemente á los manuscritos importantes que estaban ya traducidos. Las traducciones árabes de Aristóteles han servido á las veces para las traducciones latinas, como lo prueban, por ejemplo, los ocho libros de la *Física* y de la *Historia de los Animales;* empero, la mayor y mejor parte de las traducciones latinas está, sin embargo, hecha directamente del griego. V. Jourdain, *Recherches sur les traductions d'Aristote*, págs. 212—217. Echase de ver esta doble fuente en la memorable carta que dirigió el emperador Federico II de Hohenstaufen á sus Universidades, y muy particularmente á la de Bolonia, al remitirles y recomendarles varias traducciones de Aristóteles; carta que expresa sentimientos elevados, y demuestra que no por mera aficion á la Historia Natural apreciaba Federico II las obras filosoficas, las «compilationes varias quæ ab Aristotele aliisque philosophis sub græcis arabicisque vocabulis antiquitus editæ sunt.» Siempre hemos llevado puesta la mira en la ciencia, añade, desde nuestra mas tierna juventud, por mas que los cuidados del imperio nos hayan separado de ella. El tiempo de que podemos disponer lo empleamos con severa al par que festiva aplicacion en la lectura de obras excelentes, á fin de purificar y fortificar nuestro espíritu con adquisiciones científicas, sin las cuales la vida humana no se rige liberalmente (ut animæ clarius vigeat instrumentum in acquisitione scientiæ sine qua mortalium vita non regitur liberaliter). «Libros ipsos tanquam præmium amici Cæsaris gratulantes accipite, et ipsos antiquis philosophorum operibus, qui vocis vestræ ministerio revivíscunt, aggregantes in auditorio vestro...» Cf. Jourdain, *Des traductions d'Aristote*, etc., págs. 152—165, y la excelente obra de Federico de Raumer, *Geschichte der Hohenstaufen*, t. III, 1841, pág. 413). Los árabes se presentan como intermediarios entre la ciencia antigua y la moderna. Sin ellos y sin su aficion á traducir, los siglos subsiguientes se habrian visto privados de una gran parte de los descubrimientos que hizo ó se apropió la Grecia. Bajo este punto de vista, las relaciones de que acabamos de hablar no interesan, como pudiera creerse al pronto, tan solo á la filología comparada, sino que son tambien de importancia para la historia general del Mundo.

(1) Sobre la traduccion de la *Historia de los Animales* de Aristóteles por

cion como botánico (1): sus viajes por Grecia, Persia, la India y Egipto permiten que se le cite como ejemplo de los esfuerzos hechos para comparar por medio de observaciones personales las producciones de las opuestas zonas del Norte y del Mediodia. El punto de partida de estos esfuerzos fué siempre el conocimiento de las sustancias medicinales, mediante el cual dominaron largo tiempo los árabes en las escuelas cristianas, y que fué perfeccionado por Ibn-Sina (Avicena), natural de Afschena, junto á Bokhara, por Ibn-Roschd de Córdoba (Averroes), por Serapion el Menor, de Siria, y por Mesua, de Maridin del Eufrates, los cuales se aprovecharon de todos los materiales que el comercio marítimo y terrestre de los árabes les suministraba. Cito adrede estos sabios, nacidos en paises muy distantes entre sí, porque bastan los nombres de estos paises para patentizar cómo se esparció la ciencia de la Naturaleza sobre una parte considerable de la tierra, por efecto de las tendencias intelectuales propias de la raza árabe, y cómo la actividad de estos pueblos, ejerciéndose simultáneamente, ensanchó la esfera de las ideas.

Á esta esfera vino á parar tambien la ciencia de otro pueblo, anterior en civilizacion á los árabes: hablo de los indios. Durante el califado de Haron-al-Raschid se tradujeron del sanscrito al árabe varias obras importantes, entre ellas, verosimilmente, las que se conocen con los nombres casi fabulosos de *Tscharaka* y de *Susruta* (2). Avice-

Miguel Scot, y sobre un trabajo semejante de Avicena (Manuscrito de la Biblioteca Nacional de París, núm. 6,493), V. Jourdain, *Des traductions d'Aristote*, págs. 129—132, y Schneider, *Adnotat. ad Aristot. de Animal. Hist.*, lib. IX, c. 15.

(1) Acerca de Ibn-Baithar, V. á Sprengel, *Geschichte der Arzneykunde*, 2.ª parte, 1823, pág. 468; y Royle, *On the Antiquity of Hindoo medicine*, pág. 28. Desde el año de 1840 poseemos una traduccion alemana de Ibn-Baithar, con este título: *Grosse Zusammenstellung ueber die Kräfte der bekannten einfachen Heil und Nahrungsmittel*, traduc. del árabe por J. de Sontheimer.

(2) Royle, *Ibid.*, págs. 35—65. Susruta, hijo de Visvamitra, pasa, segun Wilson, por contemporáneo de Rama. De su obra poseemos una edi-

na, hombre de vasta inteligencia, y á quien se ha comparado á veces con Alberto Magno, suministra en su *Materia médica* una prueba palpable de esta influencia ejercida por la literatura india; pues conoce por su verdadero nombre sanscrito, segun observa el docto Royle, el cedro llamado deodvara (1) que crece en los nevados montes del Himalaya, adonde con certeza puede decirse que no se habia atrevido á subir ningun árabe en el siglo XI, y considera este árbol como una especie del género junípero que entra en la composicion del aceite de trementina. Los hijos de Averroes vivian en la corte del gran Hohenstaufen Federico II, el cual debia sus nociones de historia natural sobre los animales y las plantas de la India á sus relaciones con árabes eruditos y con judíos españoles versados en el conocimiento de las lenguas (2). El califa Abdurrahman I llevó su celo hasta el punto de fundar un jardin botánico en las inmediaciones de Córdoba, y de enviar á Siria y otras regiones del Asia viajeros encargados de recoger semillas raras (3). Él fué tambien el que plantó cerca

cion sanscrita: *The Sus'ruta, or system of medicine, taught by Dhanwantari, and composed by his disciple Sus'ruta.* Ed. by Sri Madhusúdana Gupta, tomos I y II, Calcuta, 1835—1836, y una traduccion latina: *Sus'rutas Ayurvédas, id est medicinæ systema a venerabili D'hanvantare demonstratum, a Susruta discipulo compositum, nunc pr. ex sanskrita in latinum sermonem vertit. Frank. Hessler.* Erlangæ, 1844—1847, 2 volúmenes.

(1) Hé aquí lo que dice Avicena: «El *Deiudar* (deodar) de la familia del abhel (junípero) es igual al pinabete de la India que produce una resina particular: *syr deiudar* (trementina líquida).»

(2) Judíos españoles de Córdoba fueron los que llevaron á Montpeller la ciencia de Avicena, y los que principalmente contribuyeron á la fundacion de aquella célebre escuela de Medicina, formada por el modelo de las escuelas árabes, que data desde el siglo XII. V. Cuvier, *Hist. des sciences naturelles*, t. I, pág. 387.

(3) Acerca de los jardines que Abdurrahman Ibn-Moawijeh mandó plantar en su palacio de Risafah, V. *History of the Mohammedan Dynasties in Spain*, extracted from Ahmed Ibn-Mohammed Al-Makkari by Pascual de Gayangos, t. I, 1840, págs. 209—211. «En su Huerta plantó el rey Abdurrahman una palma que era entonces (756) única, y de ella procedieron todas las que hay en España. La vista del árbol acrecentaba mas que templaba su me-

del palacio de la Risafah la primera palmera, componiéndole un canto poético con recuerdos llenos de melancolía dirigidos á la ciudad de Damasco, su pais natal.

La Química fué principalmente la que mas se aprovechó de los servicios prestados por los árabes á la ciencia general de la Naturaleza; tanto, que con los árabes comenzó para la Química una era nueva, por mas que indudablemente se mezclase con esta ciencia la alquimia y los delirios neoplatónicos, como se mezcló la astrologia con el conocimiento de los astros. Las necesidades de la farmacia, y las no menos apremiantes de las artes de aplicacion, condujeron á descubrimientos favorecidos además por operaciones herméticas sobre los metales, ya sea que se hubiesen hecho con ese designio, ya que sus resultados fuesen casuales. Los trabajos de Geber, ó, mejor dicho, de Djaber (Abu-Musah Dschafar-al-Kufi), y los muy posteriores de Rasis (Abu-Bekr-Arrasi), fueron importantísimos por sus consecuencias. Distinguen á esta época la composicion del ácido sulfúrico, del ácido nítrico (1) y del agua régia, la preparacion del mercurio y de otros óxidos metálicos, y finalmente, el conocimiento de la fermentacion alcohólica (2). La primera organizacion científica de la Química y

lancolía.» V. Antonio Conde, *Historia de la dominacion de los árabes en España*, t. I, pág. 169.

(1) La preparacion del ácido nítrico y del agua régia por Djabar (Abu-Musah Dschafar propiamente), es anterior 500 años lo menos á Alberto Magno y á Raimundo Lulio, y 700 años al monje de Erfurdt Basilio Valentino; lo cual no impide que durante mucho tiempo se haya atribuido á estos tres personajes el descubrimiento de aquellos dos disolventes, que forma época en la historia de la Química.

(2) Sobre el método indicado por Rasis para la fermentacion del amylo y del azúcar y para la destilacion del alcohol, V. Hoefer, *Hist. de la chimie*, t. I, pág. 325. Alejandro de Afrodisias, si bien no describe circunstanciadamente mas que la destilacion del agua del mar (Joannis Philoponi Gramatici, *In lib. de generatione et interitu Comment.*, Venet., 1527, página 97), añade á este propósito que puede destilarse tambien el vino; afirmacion tanto mas notable, cuanto que Aristóteles opinaba erróneamente que la evaporacion natural del vino, así como la del agua del mar daba por resultado agua dulce (*Meteorologica*, lib. II, c. 3, pág. 358, edic. de Bekker).

sus progresos son de tanta mayor importancia para la historia de la contemplacion del Mundo, cuanto que entonces se comprobó por primera vez la heterogeneidad de las sustancias y la naturaleza de las fuerzas que no se manifiestan por medio del movimiento, y que al lado de la excelencia de la *forma*, tal como la entendian Pitágoras y Platon, introdujeron tambien el principio de la *composicion* y de la *mezcla*. Todo cuanto sabemos en la materia estriba en estas diferencias de forma y de mezcla, que son las abstracciones bajo las cuales creemos poder abarcar el conjunto y el movimiento del Mundo, por medio de la medida y de la análisis.

Hoy es ya muy difícil discernir hasta qué punto pudo ser útil á los químicos árabes el conocimiento de la literatura india, especialmente de los escritos sobre el Rasayana (1); qué fué lo que tomaron de las artes profesionanales de los antiguos egipcios; de las nuevas prescripciones del pseudo-Demócrito ó del sofista Synesio sobre los procedimientos de la alquimia; y finalmente, de las fuentes chinas por el intermedio de los mogoles. Segun las nuevas y concienzudas investigaciones del eminente orientalista Reinaud, puede afirmarse, por lo menos, que ni la invencion de la pólvora, ni el uso que de ella se hizo para

(1) La Química de los indios, que comprende tambien la Alquimia, se llama *rasayana* (de *rasa*, jugo, líquido y mercurio, y *ayana*, marcha); y forma, segun Wilson, la sétima parte del *ayur-Veda*, *ciencia de la vida*, ó *arte de prolongar la vida*. V. Royle, *Hindoo medicine*, páginas 39—48. Los indios conocian desde los mas remotos tiempos (Royle, *Ibid.*, pág. 131) la aplicacion del agua régia á las estampaciones en indianas y otras telas de algodon, arte familiar á los egipcios, y que Plinio el Mayor describe con gran claridad en el libro XXXV, capítulo 42. La voz *química*, en el sentido de *descomposicion*, significa literalmente *arte egipcio*, *arte de la tierra negra*, porque ya Plutarco sabia (*De Iside et Osiride*, c. 33) que los egipcios llamaban χημία á su pais por la negrura de su suelo. En la inscripcion de Roseta se lee *chmi*. No tengo noticia de que se haya usado la voz *química*, como significando el *arte de descomponer*, antes de que lo hiciera Diocleciano en un decreto contra los antiguos escritos de los egipcios que tratan de la *química* del oro y de la plata (περὶ χημίας ἀργύρου καὶ χρυσοῦ). Cf. *Examen critique*, etc., t. II, pág. 314.

lanzar proyectiles huecos, pertenecen á los árabes (1). Hasan-al-Rammah, que escribia por los años de 1285 á 1295, no conocia semejante aplicacion; al paso que ya en el siglo XIII, es decir, cerca de 200 años antes de Berthold Schwarz, se empleaba una especie de pólvora para volar las rocas del Rammelsberg, montaña que forma con otras varias el grupo del Harz. Es tambien muy dudoso el descubrimiento de un termómetro atmosférico atribuido á Avicena, segun refiere Sanctorio; lo cierto en este punto es que pasaron todavía seis siglos completos antes que Galileo, Cornelio Drebbel y la Academia del Cimento consiguiesen valuar exactamente la temperatura, proporcionando así un medio poderoso de penetrar en un mundo de fenómenos desconocidos que nos asombran por su regularidad y su periodicidad, y de comprender el encadenamiento universal de los efectos y de las causas que obran en la atmósfera, en las capas sobrepuestas del mar y en lo interior del globo. Entre los progresos que la física debe á los árabes, habrémos de limitarnos á citar los trabajos de Alhazen sobre la refraccion de los rayos, tomados quizás en parte de la *Optica* de Ptolomeo, y el descubrimiento y la aplicacion del péndulo como medida del tiempo por el gran astrónomo Ebn-Jonis (2).

(1) Reinaud y Favé, *Du feu grégeois, des feux de guerre et des origines de la poudre à canon*, en su *Histoire de l'artillerie*, t. I, 1845, págs. 89—97, 201 y 211; Piobert, *Traité d'artillerie*, 1836, página 25; Beckmann, *Technologie*, pág. 342.

(2) V. Laplace, *Precis de l'histoire de l'Astronomie*, 1821, pág. 60, y Am. Sédillot, *Mémoire sur les instruments astronomiques des arabes*, 1841, pág. 44. Tomás Young (*Lecture on Natural Philosophy and the Mechanical Arts*, 1807, t. I, pág. 191) tampoco duda que á fines del siglo X aplicase Ebn-Jonis el péndulo á la medida del tiempo; pero atribuye á Sanctorio (1612, y por consiguiente 44 años antes de Huyghens) el honor de haber sido el primero que sometió el péndulo al juego de una rueda. Por lo tocante al maravilloso reloj que formaba parte de los presentes enviados de Persia á Carlo Magno, en Aquisgran, el año de 807, dos siglos antes de Ebn-Jonis, por Haron-al-Raschid, ó mas bien por Abdallah, Eginhard dice positivamente que era movido por el agua (Horologium ex aurichalco arte mechanica mirifice compositum, in quo duodecim

La pureza y la trasparencia, rarísima vez empañadas, del cielo de la Arabia, habian llamado la atencion de sus habitantes, aun en el tiempo de su primitiva rudeza,

horarum cursus ad clepsidram vertebatur). V. Einhardi, *Annales*, en Pertz, *Monumenta Germaniæ historica Scriptorum*, t. I, 1826, página 194; H. Mutius, *De Germanorum origine*, *gestis*, etc.; *Chronicon*; lib. VIII, pág. 57, en Pistorius, *Germanicorum Scriptorum*, etc., tomo II, Francof, 1584, y Bouquet, *Recueil des historiens des Gaules*, t. V, págs. 333 y 354. Las horas se hallaban marcadas en aquel reloj por el sonido que hacian al caer unas bolitas, y por el paso de varios ginetes por otras tantas puertas diferentes que se abrian á su aproximacion. La manera de emplear el agua en estos relojes era quizás muy diferente entre los caldeos, «los cuales pesaban la hora» (es decir, la determinaban por el peso de un líquido en movimiento), y en los clepsydros de los griegos y de los indios; porque el reloj hidráulico de Ctesibio, contemporáneo de Ptolomeo Evergetes II, que daba por espacio de un año la hora civil de Alejandría, no se encuentra nunca citado bajo el nombre general de clepsydro. V. Ideler, *Handbuch der Chronologie*, 1828, t. I, pág. 231. Segun la descripcion de Vitrubio, esta máquina era un verdadero reloj astronómico, un *horologium ex aqua*, una *machina hydraulica* muy compleja que funcionaba por medio de ruedas dentadas (versatilis tympani denticuli æquales alius alium impellentes). No es, por lo tanto, inverosímil que los árabes, conociendo como conocian los adelantos hechos durante el Imperio romano en la construccion de las máquinas, llegasen al cabo á construir un reloj de ruedas (tympana quæ nonnulli rotas appellant, Græci autem περίτροχα, Vitrubio, lib. X, c. 4). Con todo, Leibnitz (*Annales Imperii occidentis Brunsvicenses*, edid. Pertz, t. I, 1843, pág. 247) expresa la admiracion que le causa el reloj de Haron-al-Raschid. V. Abd-Allatif, *Relation de l'Egipte*, traduc. de Sacy, pág. 578. Mas notable aun es una obra que el sultan de Egipto envió por los años de 1232 al emperador Federico II; pues la formaba un gran pabellon en donde el Sol y la Luna, puestos en movimiento por medio de hábiles mecanismos, aparecian y desaparecian señalando con exactitud y regularidad las horas del dia y de la noche. Así se lee en los *Annales Godefridi monachi S. Pantaleonis apud Coloniam Agrippinam*: «tentorium, in quo imagines Solis et Lunæ artificialiter motæ cursum suum certis et debitis spatiis peragrant et horas diei et noctis infallibiliter indicant.» (Freheri, *Rerum germanie script.*, t. I, Argentor., 1717, pág. 398). El monje Godofredo, ó el autor, cualquiera que sea, que ha redactado los hechos del año de 1232 en esta crónica, escrita acaso por mas de una pluma para uso del convento de San Pantaleon de Colonia, vivia cabalmente en tiempo de Federico II. V. Böhmer, *Fontes rerum germanic.*, t. II, 1845, págs. XXXIV—XXXVII. El emperador dejó esta obra maestra, apreciada en 20,000 marcos, en el tesoro de Venusa, con otros varios objetos preciosos. V. Federico de Raumer, *Geschichte der Hohenstaufen*, t. III, pág. 430. Que el pabellon de este reloj se moviese al compás de la bóveda del Cielo, cosa es que me parece harto inverosímil, por mas que muchos así lo hácia el movimiento de los astros. Por eso al lado del culto astronómico de Júpiter, profesado por los Lachmitas, encontramos tambien entre los Aseditas la consagracion de un planeta mas próximo al Sol y casi nunca visible, cual Mercurio. Sin embargo, esto no quita que la actividad científica desplegada por los árabes civilizados en todos los ramos de la astronomía práctica, deba atribuirse en gran parte á las influencias de Caldea y de la India. Las condiciones atmosféricas, tratándose de razas dotadas de prodigiosas facultades, no pueden menos de favorecer las predisposiciones naturales ya desarrolladas por el contacto con pueblos mas adelantados en la carrera de la civilizacion. ¡Cuántas comarcas no hay en la América tropical, tales como

hayan afirmado. La *Chronica monasterii Hirsangiensis*, publicada por Tritemio, reproduce casi textualmente el pasaje de los anales de Godofredo, sin enseñarnos nada nuevo acerca del mecanismo del instrumento (Joh. Trithemii, *Opera historica*, 2.ª parte, Francfort, 1701, pág. 180). Reinaud dice que el movimiento se efectuaba por «medio de resortes secretos» (*Extraits des historiens arabes relatifs aux guerres des Croisades*, 1829, pág. 435).

[No creemos fuera de propósito hacer aquí mencion de un texto que no ha citado el ilustre autor del *Cosmos*, acaso por no haber llegado á su noticia, ó quizás porque dudase de la verdad de la descripcion que contiene, atento el carácter sofístico del autor. En el siglo VI, y por lo tanto mas de 200 años antes que Abdallah enviase á Carlo Magno el reloj hidráulico de que habla Eginhardo, ya Choricio de Gaza habia descrito extensamente un reloj que era una de las maravillas de su ciudad natal: tantas águilas de bronce como horas se hallaban colocadas en una misma línea, teniendo cada cual de ellas en sus garras una corona, dispuesta de manera que cayese sobre la cabeza del Hércules correspondiente á su estacion, en el momento mismo de presentarse el Dios. El Sol daba la señal; revestido de insignias reales y llevando un globo celeste en la mano izquierda, extendia en el momento oportuno la derecha hácia las puertas, y al punto aparecia Hércules para recibir la recompensa de uno de sus doce trabajos. El Sr. Galusky, á quien debemos esta noticia, observa con razon que no obstante la sutileza y la afectacion características de Choricio, es difícil creer que inventa lo que describe, por ser mas inexplicable aun semejante esfuerzo de imaginacion, que el mismo mecanismo descrito por el sofista. Por desgracia no dice el texto ni una sola palabra sobre la fuerza que ponia en movimiento todos aquellos resortes. V. Choricii Gazæi, *Orationes*, *declamationes*, *fragmenta*, edid. J. F. Boissonade, Paris, 1846, págs. 148—155.]

(Nota del traductor).

Payta y las provincias de Cumaná y de Coro, en donde la lluvia es desconocida, y el aire mas trasparente aun que en Egipto, en Arabia y en Bokhara! El clima de los trópicos, la eterna serenidad de la bóveda celeste tachonada de estrellas y sembrada de nebulosas, influyen por do quiera en las predisposiciones del alma; mas para que semejantes impresiones sean eficaces, para que exciten al espíritu y le conduzcan á ciertas ideas y al desarrollo de principios matemáticos, es indispensable que tanto en el interior como en el exterior obren otras influencias, de todo punto independientes del clima; que, por valernos de este ejemplo, la satisfaccion de ciertas necesidades religiosas ó agronómicas conviertan la division del tiempo en una condicion imprescindible del estado social. En naciones consagradas al comercio y al cálculo, como los fenicios; en pueblos constructores y agrimensores, como los caldeos y los egipcios, se descubrieron bien pronto las reglas prácticas de la aritmética y de la geometría; mas esto no podia ser aun mas que la preparacion para el desarrollo de la astronomía y de las matemáticas consideradas como ciencias. Necesítase un grado mas elevado de cultura para que los fenómenos terrestres puedan aparecer como un reflejo de los cambios operados en el Cielo con arreglo á una ley invariable, y que en medio de estos fenómenos sea dado al hombre dirigirse hácia el *polo fijo*, segun la expresion de un gran poeta aleman. La conviccion de la regularidad que preside al movimiento de los planetas, es lo que mas ha contribuido en todos los climas á la investigacion del órden y de la ley en las olas del mar atmosférico, en las oscilaciones del Océano, en la marcha periódica de la aguja imanada y en la distribucion de los séres organizados sobre la superficie de la Tierra.

Desde fines del siglo VIII habian pasado ya á la Arabia diferentes tablas planetarias procedentes de la India (1).

(1) Acerca de las tablas indias que Alphazari y Alkoresmi tradujeron al arabe, V. Chasles, *Recherches sur l'Astronomie indienne*, en los *Comp-*

Hemos dicho antes que el *Susruta*, antiguo depósito de todos los conocimientos médicos de los indios, fué traducido por doctos cortesanos del califa Haron-al-Raschid; prueba palpable del buen acogimiento que encontró desde luego la literatura sanscrita. El matemático árabe Albyruni se trasladó á la India para estudiar allí la Astronomía. Sus escritos, no conocidos hasta hace poco, revelan cuán familiarizado estaba con el pais, las tradiciones y la ciencia compleja de los indios (1).

Cualesquiera que sean, por otra parte, las obligaciones de los árabes para con los pueblos que les precedieron en la carrera de la civilizacion, y especialmente para con las escuelas de la India y de Alejandría, no puede negarse que ellos ensancharon considerablemente los dominios de la Astronomía, merced á su espíritu práctico, á sus numerosas y bien dirigidas observaciones, á la perfeccion de sus instrumentos métricos, y finalmente, al celo con que corrigieron las antiguas tablas comparándolas cuidadosamente con el estado del Cielo. Sédillot ha reconocido en el libro VII del *Almagesto* de Abul-Wefa, la importante perturbacion á que se halla sometida la longitud de la Luna; perturbacion que desaparece en las sizigias y en los cuartos, y llega á su máximum en los octantes. Este fenómeno es idéntico al que con el nombre de *variacion* se habia considerado hasta ahora como un descubrimiento de Tycho-Brahe (2). Las obser-

tes rendus des séances de l'Academie des Sciences, t. XXIII, 1846, páginas 846—850. La sustitucion de los senos á los arcos, atribuida de ordinario á Albategnio, que florecia á principios del siglo X, pertenece primitivamente á los indios; pues se encuentran ya tablas de senos en el *Surya-Siddhanta*.

(1) Reinaud, *Fragments arabes relatifs à l'Inde*, págs. XII—XVII, 96—126, y principalmente 135—160. El verdadero nombre de Albyruni era Abul-Ryhan. Fué natural de Byrun en el valle del Indo, y amigo de Avicena, con el cual vivió en la Academia arábiga formada en Charezm. Su permanencia en la India y la historia que escribió de este pais, el *Tarikhi-Hind*, cuyos fragmentos mas notables nos ha dado á conocer Reinaud, caen por los años de 1030 á 1032.

(2) Sédillot, *Matériaux pour servir à l'histoire comparée des scien-*

vaciones de Ebn-Junis en el Cairo han adquirido principalmente importancia por las perturbaciones y las variaciones seculares comprobadas en las órbitas de los dos planetas de mayor tamaño, Júpiter y Saturno (1). El empeño del califa Al-Mamon de hacer medir un grado terrestre en la gran llanura de Sindschar, entre Tadmor y Rakka, por observadores cuyos nombres nos ha conservado Ebn-Junis, no tanto debe su importancia á los resultados obtenidos, cuanto á ser, como lo es en efecto, un testimonio del punto á que la cultura científica habia llegado entre los árabes.

Esta brillante cultura tuvo ciertos reflejos que debemos indicar: tales son, al Oeste, en la España cristiana, el congreso astronómico que se celebró en Toledo en tiempo de Alfonso de Castilla, y en el cual desempeñó el principal papel el rabino Isaac Ebn-Sid-Hazan; y en el fondo del Oriente, el observatorio abundantemente provisto de instrumentos que estableció Ilschan Holagu, nieto del gran conquistador Dschingischan, en una montaña cerca de Meragha, y que sirvió de teatro á las observaciones de Nasir-Eddin, natural de Tous en el reino de Khorasan. El motivo de merecer mencion en la historia de la contemplacion del Mundo estos hechos particulares, es porque indican palpablemente cómo la aparicion de los árabes, que sirvieron de intermediarios en tan vastos territorios, ha podido contribuir á propagar la ciencia y á acumular los resultados numéricos, que en la grande época de Keplero y de Tycho llegaron á ser el fundamento de la astronomía teórica, y sirvieron para rectificar las ideas sobre los mo-

ces mathématiques chez les grecs et les orientaux, t. I, págs. 59—89; el mismo autor, en los *Comptes rendus de l'Academie des Sciences*, tomo II, 1836, pág. 202; t. XVII, 1843, págs. 163—173; t. XX, 1845, página 1,308. Biot afirma, contradiciendo esta opinion, que el magnífico descubrimiento de Tycho no pertenece en manera ninguna á Abul-Wefa, y que este no conocia la *variacion*, sino tan solo la segunda parte de la *evection*. V. *Journal des Savants*, 1843, págs. 513—532, 609—626, 719—737; 1845, págs. 146—166, y *Comptes rendus de l'Acad.*, t. XX, 1845, págs. 1,319—1,323.

(1) Laplace, *Exposition du Système du Monde*, nota 5.ª, pág. 407.

vimientos de los cuerpos celestes. La antorcha encendida en la parte del Asia habitada por los pueblos tártaros, irradió al Occidente hasta Samarcanda, en donde Ulugh Beig, descendiente de Timurlengk, estableció cerca del observatorio un gimnasio, á imitacion del museo de Alejandría, y mandó arreglar un catálogo de las estrellas, basado únicamente en observaciones recientes y personales (1).

Pagado ya el tributo de alabanzas que merecen los servicios hechos por los árabes á la ciencia de la Naturaleza en las dos esferas del Cielo y de la Tierra, réstanos ahora hacer mencion de lo añadido por los mismos árabes al tesoro de las matemáticas puras, explorando las solitarias vias del pensamiento. Segun los últimos trabajos emprendidos en Inglaterra, Francia y Alemania sobre la historia de las matemáticas, el Álgebra de los árabes trae al parecer su primitivo origen de «dos rios, indio el uno y griego el otro, que proseguian separadamente su curso (2).» El *Compendio de Algebra* compuesto por el matemático Mohammed-Ben-Muza, de Chowarezm, de órden del califa Al-Mamon, no se funda en los trabajos de Diofanto, como lo ha demostrado mi docto amigo Federico Rosen, tan prematuramente arrebatado á la ciencia, sino en los descubrimientos de los indios (3). Ya en tiempo de Almanzor, á fi-

(1) Sobre el observatorio de Meragha, V. Delambre, *Histoire de l'Astronomie du moyen âge*, págs. 198—203, y Am. Sédillot, *Mémoire sur les Instr. arabes*, 1841, págs. 201—205, en donde se halla descrito el gnomon de abertura circular. Acerca del carácter particular del catálogo de estrellas de Ulugh Beig, V. J. Sédillot, *Traité des Instr. astronomiques des arabes*, 1834, pág. 4.

(2) Colebrooke, *Algebra with Arithmetic and Mensuration, from the sanscrit of Brahmegupta and Bhascara*. Londres, 1817; Chasles, *Aperçu historique sur l'origine et le développement des méthodes en Geometrie*, 1837, págs. 416—502; Nesselmann, *Versuch einer kritischen Geschichte der Algebra*, t. I, págs. 30—61, 273—276, 302—306.

(3) *Algebra of Mohammed ben Musa*, edited and traslated by F. Rosen, 1831, págs. VIII, 72, y 196—199. Los conocimientos matemáticos de los indios se difundieron tambien por la China hácia el año de 720, época en que muchos árabes se habian establecido ya en Canton y en otras ciudades chinas. V. Reinaud, *Relation des Voyages faits par les arabes dans l'Inde et à la Chine*, t. I, pág. CIX; t. II, pág. 36.

nes del siglo VIII, fueron llamados varios astrónomos indios á la brillante corte de los Abásidas. Segun Casiri y Colebrooke, la obra de Diofanto no se habia traducido al árabe hasta fines del siglo X en que lo hizo Abul-Wefa-Buzjani. Por lo tocante al método que consiste en ir gradualmente y con prudencia de lo conocido á lo desconocido, método de que al parecer carecian los antiguos algebristas indios, los árabes le habian tomado de las escuelas de Alejandría. Esta preciosa herencia, aumentada con nuevas adquisiciones, pasó á la literatura europea de la edad media por el intermedio de Juan de Sevilla y de Gerardo de Cremona (1). «Los tratados de Álgebra de los indios contienen la resolucion general de las ecuaciones indeterminadas de primer grado, y una discusion de las de segundo grado mucho mas completa que la que contienen los escritos de los alejandrinos conservados hasta nuestros dias. Es indudable, por lo tanto, que si estos trabajos de los indios se hubiesen conocido en Europa dos siglos antes, y no, cual ha sucedido, en nuestra época, habrian contribuido á acelerar el desarrollo de la Análisis moderna.»

Por las mismas vias, y ayudados de las relaciones que ya debian al Álgebra, aprendieron los árabes á conocer las cifras indias en Persia y en las orillas del Eufrates. Este nuevo adelanto data del siglo IX, época en que muchos persas se habian establecido como aduaneros á lo largo de las orillas del Indo, y en que era ya general el uso de las cifras indias en las oficinas de aduana fundadas por los árabes en las costas septentrionales de África, frente á las playas de Sicilia. Con todo, las importantes y sólidas investigaciones á que se ha visto conducido el eminente matemático Chasles por su juiciosa interpretacion de la tabla llamada de Pitágoras en la Geometría de Boecio (2), hacen mas

(1) Chasles, *Histoire de l'Algèbre*, en los *Comptes rendus de l'Academie*, t. XIII, 1841, págs. 497—524, 601—626. V. tambien Libri, *Ibid.*, páginas 559—563.

(2) Chasles, *Aperçu historique des méthodes en Geometrie*, 1837, pági-

que verosímil la opinion de que aun antes de los árabes se hallaban familiarizados los cristianos de Occidente con las cifras indias, y que con el nombre de *sistema del Abaco* conocian el uso de las nueve cifras cambiando de valor segun su posicion relativa.

No es esta la ocasion de entrar en mas ámplios pormenores sobre la materia, tratada ya por mi en dos memorias leidas en 1819 y 1829 á la Academia de las Inscripciones de París y á la Academia de Ciencias de Berlin (1).

nas 464—472; el mismo autor, en los *Comptes rendus de l'Academie*, t. VIII, 1839, pág. 78; t. IX, 1839, pág. 449; t. XVI, 1843, págs. 156—173, y 218—246; t. XVII, 1843, págs. 143—154.

(1) Humboldt, *Ueber die bei verschiedenen Völkern üblichen Systeme von Zahlzeichen und ueber den Ursprung des Stellenwerthes in den indischen Zahlen*, en Crelle's *Journal fur die reine und angewandte Mathematik*, t. IV, 1829, págs. 205—231. V. tambien *Examen critique*, etc., tomo IV, pág. 275. «La sola enumeracion de los diversos métodos empleados para expresar los múltiplos de los grupos fundamentales por los pueblos que desconocian la aritmética india, explica, en mi concepto, la formacion sucesiva del sistema indiano. Si para expresar el número 3,568 le escribimos, ya vertical, ya horizontalmente, valiéndonos de los índices que corresponden á las diferentes divisiones del *Abaco*, en esta forma $\overset{3}{M}\;\overset{5}{C}\;\overset{6}{X}\;\overset{8}{I}$, al punto reconoceremos que pueden omitirse sin inconveniente los signos de los grupos M, C...., etc. Pues bien: nuestras cifras indias no son mas que esos mismos índices, es decir, los multiplicadores de los diferentes grupos. La idea de estos índices se encuentra tambien en el *Suanpan* (máquina antiquísima para contar, de invencion asiática, que los mogoles introdujeron en Rusia), en el cual se hallan representados los millares, las centenas, las decenas y las unidades por medio de cordones poco distantes entre sí. En el número antes citado, por ejemplo, estos cordones presentarian: el primero, 3 bolitas; el segundo, 5; el tercero, 6, y el cuarto, 8. En el *Suanpan* no hay signo ninguno escrito de grupos, á no ser los cordones mismos, que vienen á representar colnmnas vacías, en las cuales las unidades (3, 5, 6 y 8) figuran los multiplicadores ó índices. Por estas dos vias (la de la aritmética figurada, ó de signos escritos, y la de la aritmética palpable) se llega al valor relativo ó al sistema llamado de *posicion*, y queda la numeracion reducida á nueve cifras. Cuando hay un cordon sin bolitas, su puesto en la escritura queda en blanco; cuando falta un grupo, es decir, un término de la progresion, se llena el hueco por medio de un procedimiento gráfico, por el geroglífico del vacío (sûnya, sifron, tzüphra). En el Método de Eutocio encuentro para los grupos de las decenas de millar el primer vestigio del sistema griego de los *exponentes*, ó, mejor dicho, de los *índices*, que tanta importancia alcanzó entre los orientales. M^{α} M^{β} M^{γ}

Empero á propósito de este problema histórico, en el cual queda mucho todavía que descubrir, suscítase la cuestion siguiente: el ingenioso sistema de *posicion* que se pre-

designan respectivamente 10,000, 20,000, 30,000. Lo aplicado aquí á las decenas de millar únicamente, lo usaban para todos los múltiplos de los grupos los chinos y los japoneses, que no recibieron la civilizacion china sino doscientos años antes de nuestra era. En el *Gobar* (¿*escritura* sobre arena?), descubierto por mi difunto amigo y maestro Silvestre de Sacy, en un manuscrito de la antigua biblioteca de Saint-Germain-des-Prés, los signos de los grupos son puntos, ó digamos ceros; pues para los indios, los tibetanos y los persas, puntos y ceros son cosas idénticas. En el *Gobar* se escribe 3· para representar 30; 4·· para 400; 6.·. para 6,000. El *uso de las cifras* indias debe de ser posterior á la separacion de la raza india y de la ariana, atento que el pueblo zend, descendiente en línea recta de los arianos, se valia del sistema engorrosísimo de las cifras pehlwis. Las cifras de los tamules nos suministran otra prueba en corroboracion del perfeccionamiento sucesivo del método indio. En la escritura de este pueblo, 9 signos de unidades y otros varios para los grupos particulares de 10, 100 y 1,000, expresan todos los números por medio de multiplicadores colocados á su izquierda. Tambien podemos citar los singulares ἀριθμοί ἰνδικοί que se encuentran en un escolio del monje Neophytos, descubierto en la biblioteca de París por el profesor Brandis, que me ha hecho el obsequio de comunicármele, autorizándome para que le publique. Las nueve cifras de Neophytos, exceptuando la cuarta, son de todo punto semejantes á las cifras persas actuales; mas las unidades que representan estas cifras pueden convertirse en decenas, centenas y millares, con solo escribir encima uno, dos ó tres ceros: así, $\overset{0}{2}$ representa 20, $\overset{0}{24}$, 24; y yuxtaponiendo los ceros: $\overset{00}{5}$, equivale á 500, y $\overset{00}{36}$ á 306. Supongamos ahora que en lugar de ceros se escriban puntos, y nos encontrarémos con el *Gobar* de los árabes. A la manera que el sanscrito, segun ha observado repetidamente mi hermano Guillermo de Humboldt, queda muy vagamente designado por las expresiones de *lengua india*, ó *antigua lengua india*, por existir en la península de la India diferentes lenguas muy antiguas y muy extrañas al sanscrito; así tambien la expresion de *cifras indias*, *antiguas cifras indias*, es de una generalidad extremadamente vaga. Igual incertidumbre reina en las ideas acerca de la *configuracion de los signos numéricos* y del *espíritu de los métodos*, que tan pronto eran expresados por la mera *yuxtaposicion*, como por *los coeficientes* y los *índices*, ó por *el valor de posicion propiamente dicha*. En realidad, la existencia misma del cero no es condicion necesaria en las cifras indias para el sistema del valor relativo, segun ha podido verse en la precedente cita de Neophytos. Los indios que hablan el tamul tienen para la numeracion signos diferentes al parecer por su forma de los del alfabeto tamul, y entre los cuales las cifras 2 y 8 presentan una ligera semejanza con los signos devanagaris del 2 y del 5 (V. Roberto Anderson, *Rudiments of Tamul Grammar*, 1821, pág. 135); mas por medio de una comparacion detenida se ve que las cifras tamules traen su derivacion de la escritura alfabética de senta ya en el abaco etrusco y en el Suanpan del Asia central ¿ha sido inventado dos veces distintas, en Oriente y en Occidente; ó fué trasportado de la peninsula aquende el Ganges á Alejandría, por el camino abierto al comercio en tiempo de los Lágidas, y considerado luego, en la renovacion de los desvarios pitagóricos, como invencion del fundador del Instituto? Por lo tocante á la posibilidad de que existiesen antiguas comunicaciones completamente desconocidas, anteriores á la sexagésima Olimpiada, no es cosa que valga el trabajo de pensar en ella. ¿Por qué el sentimiento de necesidades análogas no ha de haber podido producir separadamente las mismas combinaciones de ideas en dos pueblos que, aunque de distinta raza, se hallaban dotados uno y otro de brillantes facultades?

Doble fué de este modo el servicio que los árabes prestaron á las ciencias matemáticas: su Algebra, bien que insuficiente en punto á signos y notaciones, habia influido felizmente, así por lo que tomaron de griegos é indios, como por sus propios descubrimientos, en la brillante época de los matemáticos italianos de la edad media; y ellos fueron tambien los que por medio de sus escritos y por la extension de su comercio, difundieron el sistema de numeracion india desde Bagdad hasta Córdoba. Estos dos progresos, la propagacion simultánea de la ciencia y de

la misma lengua. Segun Carey, las cifras cingalesas difieren mas aun de las cifras devanagaris. Ahora bien, en los signos cingaleses, lo mismo que en los tamules, no hay ni valor relativo, ni cero, ni nada mas que geroglíficos para los grupos ú órdenes de decenas, centenas y millares. Los cingaleses proceden por yuxtaposicion, à la manera de los romanos; los tamules por coeficiente. Ptolomeo usa el verdadero signo del cero para designar la falta de cantidad, tanto en su *Almagesto,* como en la escala descendente de su *Geografía*, para expresar la falta de grados y minutos. Luego este signo se introdujo en Occidente mucho antes de la invasion de los árabes. Véase la precitada *Memoria*, en el *Diario matemático* de Crelle, págs. 215, 219, 223 y 227. Tambien puede consultarse con interés una *Memoria* de A. J. H. Vincent, sobre *l'Origine de nos chiffres et sur l'Abacus des Pythagoriciens*, en el *Journal de mathématiques*, publicado por Liouville, t. IV, junio de 1839, página 261; y una *Noticia,* del mismo autor, intitulada: *Des Notations scientifiques à l'Ecole d'Alexandrie*, en la *Revue archéologique*, 15 de enero de 1846.

los signos numéricos con su doble valor absoluto y relativo, influyeron de una manera diversa, pero igualmente eficaz, en el desarrollo matemático de la ciencia de la Naturaleza. Así se llegó en los dominios de la Astronomía, de la Optica y de la Geografía física, no menos que en la teoría del calor y en la del magnetismo, á regiones que parecian colocadas fuera del alcance de los hombres, y que sin este útil socorro habrian permanecido inaccesibles.

Hase agitado con frecuencia en la historia de los pueblos la cuestion de saber qué habria resultado si Cartago hubiese triunfado de Roma y sometido á la Europa occidental: tambien puede preguntarse, dice Guillermo de Humboldt (1), cuál seria hoy el estado de nuestra civilizacion, si los árabes hubiesen conservado el monopolio de la ciencia que tuvieron largo tiempo en sus manos, y conservado la posesion del Occidente. Paréceme fuera de duda que nada hubiera ganado la civilizacion ni en uno ni en otro caso. A la misma causa que produjo la dominacion romana, es decir, al espíritu y al carácter romanos, antes que á acontecimientos exteriores y fortuitos, somos deudores de la influencia ejercida por los romanos en nuestras instituciones civiles, en nuestras leyes, en nuestra lengua y en nuestra cultura intelectual. A consecuencia de este benéfico influjo y de cierta especie de afinidad íntima, hemos podido comprender el espíritu y la lengua de los griegos, al paso que los árabes casi no se aplicaron mas que á los resultados científicos de la erudicion griega, es decir, á los descubrimientos interesantes para las ciencias naturales y físicas, á la Astronomia y á las Matemáticas puras. Conservando cuidadosamente los árabes la pureza de su idioma nacional y la agudeza de sus pensamientos metafóricos, supieron dar á la expresion de sus sentimien-

(1) G. de Humboldt, *ueber die Kawi-Sprache*, tomo I, pág. CCLXIV. V. tambien el habilísimo retrato de los árabes trazado por Herder en sus *Idées sur la philosophie de l'hist. de l'humanité*, lib. XIX, c. 4 y 5, págs. 391—423 de la traduc. francesa.

tos y á la forma de sus sentencias la gracia y los colores de la poesía. Empero á juzgar por lo que eran los árabes en tiempo de los Abásidas, por mas que hubiesen trabajado sobre la antigüedad con la que desde luego les encontramos en comercio, parece que no hubieran podido producir jamás esas obras literarias y artísticas de una poesía tan elevada y de un arte tan consumado que se glorifica de haber producido en su desarrollo nuestra civilizacion europea, justamente envanecida de la perfecta armonía que ha sabido establecer entre tan varios y diversos elementos.

CAPITULO VI.

DESARROLLO DE LA IDEA DEL COSMOS EN LOS SIGLOS XV Y XVI.

ÉPOCA DE LOS DESCUBRIMIENTOS EN EL OCÉANO.—ACONTECIMIENTOS QUE LOS HAN PRODUCIDO.—DESCUBRIMIENTO DEL HEMISFERIO OCCIDENTAL.—COLON, SEBASTIAN CABOT Y GAMA.—LA AMÉRICA Y EL OCÉANO PACÍFICO.—CABRILLO, SEBASTIAN VIZCAINO, MENDAÑA Y QUIXOS.—RICOS MATERIALES PUESTOS A DISPOSICION DE LAS NACIONES OCCIDENTALES DE EUROPA.

El siglo XV pertenece á una de esas épocas raras en que todos los esfuerzos intelectuales presentan por carácter comun la tendencia invariable hácia un fin determinado. La unidad de los esfuerzos hechos, el éxito que los ha coronado, la activa energía de que dieron muestras pueblos enteros, prestan á la edad de Colon, de Sebastian Gabot y de Gama un esplendor brillante y duradero. Colocado el siglo XV entre dos grados de la civilizacion diferentes, preséntasenos como una época intermediaria que pone fin á la edad media y da principio á los tiempos modernos; como la época de los mas considerables descubrimientos realizados en el espacio, y en la cual no quedaron alturas ni grados de latitud que no fuesen explorados. Duplicando para los habitantes de Europa la obra de la creacion, el siglo XV *suministraba á la inteligencia nuevos* y poderosos estímulos, que debian acelerar los progresos de las ciencias bajo el punto de vista físico y matemático (1).

Cual habia ya sucedido en tiempo de la expedicion macedónica, el mundo exterior se imponia al espíritu con mayor autoridad aun, ya bajo formas individuales, ya como agregado de fuerzas vivas y simultáneas en su accion. Las imágenes que herian aisladamente los sentidos, puesto que multiplicadas y diversas, fundiéronse no obstante poco á poco en una gran síntesis; y la naturaleza terrestre pudo ser abarcada en su universalidad, no ya solo por efecto de adivinaciones vagas, aparecidas á la imaginacion bajo formas movibles y cambiantes, sino como resultado de observaciones positivas. La bóveda del cielo presentó á la vista, sin el auxilio de instrumentos todavía, espacios nuevos, estrellas hasta entonces jamás vistas, y nebulosas describiendo aisladamente su órbita. En ninguna otra época, como he dicho ya anteriormente, se vió una parte del género humano en posesion de mayor número de hechos, ni en estado de fundar sobre la comparacion de mas considerables materiales la descripcion física de la tierra. Tampoco los descubrimientos realizados en el espacio y en el mundo material produjeron nunca en el órden moral cambios mas extraordinarios. El horizonte se dilató; multiplicáronse las producciones á la par que los medios del comercio; fundáronse colonias de tal extension cual jamás hasta entonces se habia visto, y por todas estas causas se efectuó tambien una revolucion en las costumbres. Aunque estos acontecimientos dieron por primer resultado la esclavitud de una parte del género humano, no por ello dejaron de influir en su tardía emancipacion.

Todos aquellos hechos que, considerados aisladamente en la vida de los pueblos, revelan un progreso considerable de la inteligencia, tienen hondas raices en la série de los siglos precedentes. En el destino de la especie humana

(1) Cf. Humboldt, *Examen critique*, etc. t. I, págs. VIII y XIX.

no cabe que esta experimente un eclipse que la envuelva por completo de una manera uniforme; porque hay un principio conservador que mantiene incesantemente la fuerza vital y progresiva de la razon humana. La época de Colon no habria llegado tan pronto al objeto de sus tendencias. sin los fecundos gérmenes sembrados de antemano por una sucesion de grandes hombres que atraviesa cual rastro de luz los tenebrosos siglos de la edad media. Uno solo de estos siglos, el XIII, nos presenta reunidos á Rogerio Bacon, Nicolás Escoto, Alberto Magno y Vicente de Beauvais. La actividad intelectual, puesta ya en movimiento, produjo sus frutos, ensanchando la Fisica del globo. Cuando en 1525 volvió Diego Ribero del congreso geográfico-astronómico celebrado en la Puente de Caya, junto á Yelves, con el objeto de poner término á las diferencias y marcar los límites fronterizos de las dos monarquías española y portuguesa, se habia ya delineado el Nuevo Continente desde la tierra del Fuego hasta el Labrador. Los progresos fueron naturalmente menos rápidos por el lado de la costa Occidental que mira al Asia. Sin embargo, en 1543 Rodriguez Cabrillo habia avanzado hácia el Norte hasta mas allá de Monterey; y si es verdad que este grande y osado navegante halló la muerte en el canal de Santa Bárbara, cerca de la Nueva California, tambien lo es que el piloto Bartolomé Ferreto llevó su exploracion hasta los 43° de latitud, cerca del Cabo de Orford, de Vancouver. Tal era entonces la emulacion con que los pueblos comerciantes, españoles, ingleses y portugueses, tendian hácia un solo é idéntico fin, que bastó medio siglo para que quedase determinada la configuracion exterior de los paises comprendidos en el hemisferio occidental, ó sea la direccion principal de las costas.

El conocimiento que las naciones europeas adquirieron de la parte occidental del Globo, forma el objeto principal del presente capítulo: fué, en efecto, un acontecimiento de inmensa importancia, cuyos fecundos resultados han contribuido de mil maneras á rectificar y engrandecer las miras acerca del Mundo. Debemos, sin embargo, establecer ante todo la debida distincion entre el primero é indisputable descubrimiento de las costas septentrionales de América, hecho por los normandos, y las expediciones que mas tarde nos dieron á conocer las regiones tropicales del mismo Continente. Por el tiempo en que florecia aun en Bagdad el califado de los Abásidas, y en que la Persia se encontraba todavía bajo la dominacion de los Samánidas, tan favorable al cultivo de la poesía, Leif, el hijo de Erico el Rojo, reconoció la América, allá por los años de 1,000, desde la extremidad del Norte hasta los 41° ½ de latitud septentrional (1). El impulso á que se debió este acontecimiento, si bien de una manera casual, partió de la Noruega. Queriendo Naddod, en la segunda mitad del siglo IX, navegar hácia las islas de Færoer, que habian sido ya visitadas por los irlandeses, le arrojó una tempestad sobre las costas de Islandia. Ingolf fundó en esta isla, el año de 875, el primer establecimiento normando. La Groenlandia, peninsula oriental de una masa de tierra que parece estar del todo separada por las olas, de la América propiamente dicha, fué desde luego conocida (2); pero hasta cien años después, es decir, hasta el de 983, no se establecieron allí co-

(1) Catorce años antes de Leif Erikson, en la expedicion que Bjarne Herjulfsson emprendió hácia el Sur saliendo de la Groenlandia (año de 986), habíanse visto ya algunos puntos de América, aunque sin haber tocado nunca en tierra. Este navegante vió tierra la primera vez en la isla de Nantucket, un grado al Sur de Boston, despues en Nueva Schottlandia, y últimamente en Nueva Fundlandia (Terranova), apellidada mas tarde Litla Helulandia, pero jamás Vinlandia. El golfo que separa á este pais de la embocadura del gran rio San Lorenzo, era llamado *Golfo del Markland* por los colonos groenlandeses é islandeses. V. C. Cr. Rafn, *Antiquitates americanæ*, 1845, páginas 4, 421, 423 y 463.

(2) Gunnbjörn naufragó por los años de 876 ú 877 en los escollos que aun hoy dia llevan su nombre, y que ha descubierto recientemente por segunda vez el capitan Graah. Gunnbjörn fué el primero que vió la costa oriental de la Groenlandia, aunque sin saltar en tierra. V. Rafn, *Antiquit. Americ.*, paginas 11, 93 y 304.

lonos de la Islandia, llamada por Naddod al principio Snjoland ó pais de la Nieve. Á consecuencia de esta colonizacion islandesa se llegó hasta el nuevo Continente, siguiendo por la Groenlandia en direccion al Sudoeste. Podemos, pues, considerar á las islas de Færoer y á la Islandia como apostaderos intermedios y puntos de partida de las expediciones que conducian á los normandos hácia la Escandinavia Americana. No de otra suerte el establecimiento de Cartago habia suministrado á los tirios el medio de llegar hasta el estrecho de Gadeira y puerto de Tarteso, desde el cual pasó de escala en escala aquel pueblo emprendedor hasta Cerné, llamada por los cartagineses Gaulea ó isla de los Bajeles (1).

No obstante la proximidad de las costas del Labrador (Helluland it Mikla) situadas en frente de la Groenlandia, trascurrieron 125 años entre el primer establecimiento de los normandos en la Islandia y el gran descubrimiento de la América hecho por Leif; ¡tan insuficientes eran para las necesidades de la navegacion los recursos que ofrecia á una raza noble y vigorosa, pero pobre, aquel rincon de tierra aislado y desierto! Las costas de la Vinlandia, así llamada por el aleman Tyrker á causa de las muchas viñas silvestres que allí se encontraron, podian tener cierto atractivo por su clima fecundo y benigno, comparado con el de la Islandia y la Groenlandia. Leif daba el nombre de *el buen pais del vino* (Vinland it goda) á las citadas costas, que comprendian toda la extension del litoral situado entre Boston y Nueva York, y por lo tanto partes de los tres Estados modernos de Masachusetts, de Rhode-Island y de Connecticut, que caen bajo los mismos paralelos de Civita Vechia y de Terracina, si bien sus temperaturas medias varian entre 8 grados $^{8}/_{10}$ y 11 grados $^{2}/_{10}$ (2). Allí tenian los normandos su

(1) *Cosmos*, t. II, pág. 155.

(2) Estas temperaturas medias de la costa oriental de América bajo los paralelos de 42° 25′ y de 41° 15′ corresponden en Europa á las latitudes de Berlin y de París, es decir, á regiones que están de 8° á 10° mas al Norte. A

principal establecimiento. Los colonos se vieron obligados á pelear frecuentemente con la raza aguerrida de los esquimales, que á la sazon llevaban el nombre de Skrœlingues, y se hallaban mas extendidos que hoy hácia el Sur. Erik-Upsi, oriundo de Islandia, y primer obispo de la Groenlandia, acometió en 1121 la empresa de ir á propagar el cristianismo en la Vinlandia, de cuya colonia hacen mencion las antiguas poesias nacionales, cantadas por los indigenas de las islas de Færoer (1).

Cuáles fuesen la actividad y el carácter emprendedor de los aventureros islandeses y groenlandeses, demuéstralo la circunstancia de haber erigido, aparte de los establecimientos que fundaron hácia el Sur hasta los 41° ½ de latitud, tres monumentos ó tres mojones de término en la costa oriental de la bahía de Baffin, á los 72° 55′ de latitud, en una de las islas de las Mujeres, al N. O. de Upernavick, que es en el dia la mas septentrional de las colonias danesas (2). La piedra rúnica descubierta en el otoño de 1824 por un groenlandés, llamado Pelinut, lleva la fe-

mayor abundamiento, es tan rápido en la costa occidental de la América septentrional el descenso de la temperatura media del Sur al Norte, que en el espacio de 2° 41′ que separa á Boston de Filadelfia, la diferencia de *un* grado de latitud corresponde á un descenso de *dos* grados del termómetro centígrado en la temperatura media del año, al paso que en el sistema de las líneas isotermas de Europa, segun he observado por mí mismo, la misma distancia corresponde apenas á un descenso de *medio* grado en la temperatura media. V. *Asie centrale,* t. III, pág. 227.

(1) V. *Carmen Faeroicum in quo Vinlandiæ mentio fit.* (Rafn, *Antiquit. Americ.*, págs. 320 y 322.)

(2) La piedra rúnica se colocaba en el punto mas elevado de la isla de Kingiktorsoak «el sábado anterior al dia del triunfo,» es decir, antes del 21 de abril, gran festividad del paganismo escandinavo, que despues de la introduccion del cristianismo se ha convertido en festividad cristiana (Rafn, *Antiquit. Americ.*, págs. 347—355). Sobre las dudas suscitadas por Brynjulfsen, Mohnike y Klaproth respecto á las cifras rúnicas, V. *Examen critique*, etc., t. II, págs. 97—101; bien que Brynjulfsen y Graah, teniendo en cuenta otros indicios, reconocen como propio indudablemente de los siglos XI y XII el precioso monumento de *Woman's Islands*; fecha que es tambien la de las inscripciones rúnicas descubiertas en Igalikko y Egegeit, á los 60° 51′ y 60° 0′ de latitud, y la de las ruinas encontradas en Upernavick á los 72° 50′.

cha de 1135, segun afirman Rask y Finn Magnusen. Atraidos los colonos de la costa oriental de la bahía de Baffin por el cebo de la pesca, visitaron periódicamente el estrecho de Lancáster, y en parte tambien el de Barrow, mas de seis siglos antes de las atrevidas empresas de Parry y de Ross. Los parajes en que se efectuaba la pesca están clarísimamente descritos en los Sagas, donde se dice que la primera expedicion fué dirigida en 1266 por sacerdotes groenlandeses del obispado de Gardar. Á este apostadero de verano, situado al N. O., daban el nombre de *la landa de Kroksfjardar*. Tambien se hacia ya mencion de la madera flotante, que bajaba seguramente de la Siberia y se recogia en aquellos parajes, asi como de los cachalotes, morsas y osos marinos de que hay alli grande abundancia (1).

Desde mediados del siglo XIV en adelante no encontramos ya noticias ciertas acerca de las relaciones que existian entre los paises situados en la extremidad septentrional de Europa, ni de las que groenlandeses é islandeses mantuvieron con la América propiamente dicha. Sábese, si, que en 1347 partió un buque para Markland (Nueva Escocia) en busca de madera de construccion y otros objetos; y que á la vuelta le hizo arribar una tempestad á Estraumfjœrd, en la costa occidental de Islandia. Tal es la última mencion de la América normanda que encontramos en las antiguas fuentes históricas de la Escandinavia (2).

(1) Rafn, *Antiquit. Americ.*, págs. 20, 274, y 415—418, (Vilhelmi, *Ueber Island*, *Hvitramannaland*, *Grœnland und Vinland*, pags. 117—121). Segun un antiquisimo saga, varios navegantes buscaron en 1194 la extremidad septentrional de la costa oriental de Groenlandia, bajo el nombre de Svalbard, en un pais que corresponde al Coresby Land, cerca del punto en que hizo sus observaciones sobre el péndulo mi amigo el capitan Sabine, y donde yo poseo un Cabo harto inhospitalario, á los 73° 16' de latitud. Véase Rafn, *Antiquit. Americ.*, pág. 303, y mi *Aperçu de l'ancienne Géographie des regions arctiques de l'Amerique*, 1847. pág. 6.

(2) Wilhelmi, *Ueber Island*, etc., pág. 226; Rafn, *Antiquit. Americ.*, páginas 264 y 453. Las colonias de la costa occidental de la Groenlandia, sumamente prósperas hasta mediados del siglo XIV, se arruinaron sucesivamente

Hasta aquí nos hemos mantenido escrupulosamente en el terreno de la historia, merced á las investigaciones críticas publicadas por Cristian Rafn y por la Real Sociedad de Anticuarios del Norte, de Copenhague. Los Sagas, y otros documentos relativos á los viajes de los normandos á la Hallylandia (Neufundland), á la Marklandia, que comprende la embocadura del rio San Lorenzo y la Nueva Escocia, y á la Vinlandia (Masachusetts), se han impreso separadamente y comentado de una manera satisfactoria (1); encontrándose indicaciones exactas acerca de la longitud del derrotero, de la direccion seguida por los navegantes y del momento del orto y del ocaso del Sol.

Mas inciertas son aun las huellas que creen algunos haber encontrado de un descubrimiento de la América

por la funesta influencia del monopolio comercial, por las invasiones de los esquimales (Skrælingues), por la peste del vómito negro, que, segun Hecker, despobló al Norte, especialmente en los años de 1347 á 1351, y finalmente, por el ataque de una flota enemiga, que, sin saberse de dónde, llegó á aquellas regiones. Hoy no se da ya crédito á las fabulas meteorológicas de un cambio súbito de clima, y formacion de una mole de hielo que se suponia haber separado completamente de su metrópoli á las colonias fundadas en la Groenlandia. Como estas colonias no existen mas que en la parte templada de la costa occidental, no es posible que un obispo de Skalholt hubiese visto en 1540, del otro lado del muro de hielo, «pastores apacentando sus rebaños.» La acumulacion de los hielos en la costa oriental de Islandia que mira á la Groenlandia, se debe á la constitucion del terreno, á la proximidad de una cadena de montañas paralela á la costa y coronada de ventisqueros, y por último, á la corriente que llevan las aguas del mar en aquellos parajes. Semejante estado de cosas no pertenece únicamente al fin del siglo XI ó al principio del XV; y ha estado sometido, como lo demuestra ámpliamente sir John Barrow, á una multitud de cambios accidentales, principalmente en los años de 1815 á 1817. Véase Barrow, *Voyages of discovery within the Arctic Regions*, 1846, páginas 2—6. El papa Nicolás V nombró todavía en 1448 un obispo para la Groenlandia.

(1) Las fuentes principales son las narraciones históricas de Erico el Rojo, Thorfinn Karlsefne y Snorre Thorbrandsson, parte de las cuales fué probablemente escrita en la misma Groenlandia, desde el siglo XII, por descendientes de colonos naturales de la Vinlandia. V. Rafn, *Antiquit. Americ.*, páginas VII, XIV y XVI. Era tal el cuidado con que se llevaban las tablas genealógicas de estas familias, que ha podido seguirse desde el año de 1007 hasta el de 1811 la de Thorfinn Karlsefne, cuyo hijo Thorbrandsson habia nacido en América.

hecho por los irlandeses antes del año de 1000. Los Skrœlingues refirieron á los normandos establecidos en la Vinlandia, que á lo lejos hácia el Sur, mas allá de la bahía de Chesapeak, «habitaban hombres blancos, que marchaban vestidos con largos trajes blancos, llevando por delante ciertas insignias de tela pendientes de largas varas, y hablando en alta voz;» narracion que los normandos cristianos entendieron se referiria á procesiones con banderas ó insignias y cánticos. En los Sagas mas antiguos, en las relaciones históricas de Thorfinn Karlsefne, y en el *Landnamabok* islandés se da el nombre de *pais de los hombres blancos* á las costas meridionales comprendidas entre la Virginia y la Florida, que otras veces son llamadas en las mismas fuentes Grande Irlanda (Irland it Mikla), asegurándose que las poblaron los iros. Segun testimonios que se remontan al año de 1064, parece que Ari Marsson, de la poderosa familia islandesa de Ulf el Bizco, navegando hácia el Sur aun antes del descubrimiento de la Vinlandia por Leif, por los años de 982 verosímilmente, fué lanzado por la tempestad á la costa del pais de los hombres blancos, y recibió allí el bautismo; y que no habiendo podido obtener permiso para su regreso, fué reconocido mas adelante por algunos isleños de Orkney y por varios islandeses (1).

Algunos sabios, á quienes son familiares las antigüedades del Norte, opinan que si los primeros pobladores de la Islandia son llamados en los documentos mas antiguos de esta isla *hombres del Oeste llegados por mar*, es forzoso inferir que no la poblaron colonias llegadas directamente de Europa, sino iros que habrian pasado en lo antiguo á América y que volvieron de la Virginia y de la Carolina; es decir, hombres que después de haber morado en la Grande Irlanda, en la parte de América llamada *pais de los hombres blancos*, llegaron á establecerse en la costa de Islandia

(1) *Hvitramannaland*, pais de los hombres sabios. Cf. los documentos originales en Rafn, *Antiquit. Americ.*, págs. 203—206, 211, 446—451, y Wilhelmi, *Ueber Island, Hvitramannaland*, etc., págs. 75—81.

que mira al S. E., en Papyli y en la pequeña isla de Papar, cercana á aquella costa. Empero la preciosa obra del monje irlandés Dicuil, titulada *De mensura orbis terræ*, y compuesta en 825, es decir, 38 años antes que Naddod hubiese dado á conocer la Islandia á los normandos, no confirma la precitada opinion.

Anacoretas cristianos en el Norte de Europa, y piadosos monjes budhistas en lo interior del Asia, han explorado y abierto á la civilizacion parajes que se creian inaccesibles. El ardor de la propaganda religiosa ha preparado el camino, ya á empresas militares, ya á ideas pacíficas y á relaciones mercantiles. El fervor caracteristico de las religiones de la India, de la Palestina y de la Arabia, que contrasta con la indiferencia del politeismo griego y romano, aceleró en gran manera los progresos de la ciencia geográfica en la primera mitad de la edad media. Letronne, el comentador de Dicuil, demuestra ingeniosamente que arrojados los misioneros irlandeses de las islas de Færoer por los normandos, comenzaron hácia el año de 795 á visitar la Islandia. Cuando los normandos llegaron á esta isla encontraron en ella libros irlandeses, campanas y otros objetos dejados allí por los antiguos colonos llamados *Papar* (papæ, padres), que no son otros que los *clerici* de Dicuil. (1). Si aquellos objetos pertenecian á monjes irlandeses procedentes de las islas de Færoer, segun puede conjeturarse por el testimonio de este escritor, ¿cómo se explica ahora que los tales monjes (Papar) se llamasen, con arreglo á las tradiciones del pais, *hombres del Oeste* (Vestmenn), «llegados del Oeste por mar» (komnir til vestan um haf)? Por lo que respecta al viaje hecho el año de 1170 por el príncipe galés Madoc, hijo de Owen Guinet, hácia un gran pais situado al Occidente, y á la relacion que este hecho pueda tener con la Grande Irlanda de los Sagas

(1) Letronne, *Recherches géographiques et critiques sur le livre* DE MENSURA ORBIS TERRÆ, compuesto en Irlanda por Dicuil, 1814, págs. 129 y 146. Cf. *Examen critique*, etc., t. II, págs. 87—91.

islandeses, todo se presenta hasta ahora sumamente oscuro. Tambien se ha desvanecido poco á poco la supuesta raza de los celta-americanos, que viajeros harto crédulos creian haber encontrado en varios paises de los Estados Unidos. Ya nadie cree en semejante quimera, desde que se ha introducido el estudio comparativo de las lenguas basado en su estructura orgánica, y no en meras y accidentales semejanzas de sonidos (1).

(1) En un apéndice al lib. IX de mi viaje (*Relation historique*, t. III, 1825, pág. 159) he reunido todas las fábulas imaginadas desde Raleigh hasta ahora, sobre el supuesto uso de la lengua céltica entre los indígenas de la Virginia; cómo se creia haber oido allí la fórmula de salutacion gaélica, *hao*, *hui*, *iach;* y cómo diz que se salvó el capellan Owen en 1669 de manos de los Tuscaroras que querian *desollarle*, porque le habian oido hablar en su lengua materna, el gaélico.» Estos Tuscaroras de la Carolina del Norte son, muy por el contrario, una raza iroquesa, como lo han probado, de una manera que no deja lugar á duda, las investigaciones filológicas acerca de las lenguas americanas. V. Albert Gallatin, *On Indian tribes*, en la *Archæologia Americana*, t. II, 1836, páginas 23 y 57. Catlin, uno de los mejores observadores de las tribus indígenas de América, ha publicado una coleccion considerable de voces tuscaroras, si bien atendiendo al gran número de individuos de color claro y ojos azules que allí habia visto, se inclina á creer que los Tuscaroras son una mezcla de antiguos galeses (habitantes del pais de Gales) y de indígenas americanos. Véase su obra intitulada: *Letters and Notes on the manners, customs and condition of the North-American Indians*, 1841, t. I, pág. 207; t. II, págs, 259 y 262—265. En los manuscritos filológicos de mi hermano, existentes hoy en la Biblioteca Real de Berlin, se encuentra otra coleccion de voces tuscaroras. Como la estructura de los idiomas americanos parece singularmente rara á los diferentes pueblos que hablan las lenguas modernas de la Europa occidental, y suelen dejarse llevar con frecuencia de analogías casuales entre algunos sonidos, los teólogos han creido por lo general encontrar allí el hebreo, los colonos españoles el vascuence, y los colonos ingleses ó franceses el galés, el irlandés ó el bajo breton. Yo tropecé cierto dia en las costas del Perú con un oficial de la marina española y un ballenero inglés, el primero de los cuales sostenia que habia oido hablar el vascuence en Tahiti, mientras el otro aseguraba lo mismo del galo irlandés en las islas Sandwich.» (Humboldt, *Voyage aux Régions equinoxiales*, *Relat. historique*, tomo III, 1825, pág. 160. Bien que hasta ahora no se haya demostrado la existencia de ninguna correlacion entre aquellas lenguas, no por eso negaré yo que los vascongados y los pueblos de orígen céltico del país de Galles y de Irlanda, dados de muy antiguo á la pesca en lejanas costas, hayan sido en la parte septentrional del Océano Atlántico perpétuos rivales de los

Por lo demás, si este primer dscubrimiento de la América, hecho en el siglo XI, ó antes acaso, no tuvo la grande y duradera influencia que ejerció posteriormente en los progresos de la ciencia del mundo el mismo descubrimiento, renovado por Cristóbal Colon á fines del siglo XV, es cosa fácilmente explicable por la poca cultura de los pueblos que descubrieron primero aquel Continente, y por la naturaleza de los lugares á que limitaron sus exploraciones. En efecto, los escandinavos carecian de la educacion científica conveniente para haber extendido sus investigaciones en los paises que ocupaban, mas allá de lo que pudiese exigir la satisfaccion de las necesidades mas apremiantes. Propiamente hablando, podemos considerar como patria de aquellos primeros colonos la Groenlandia y la Islandia, regiones en las cuales tenia el hombre que luchar contra las inclemencias de un clima inhospitalario. La república islandesa, tan maravillosamente organizada, conservó su independencia y su carácter propio por espacio de 450 años, hasta que con la ruina de sus libertades municipales quedó sometido el pais al rey de Noruega Hakon VI. El desarrollo de la literatura islandesa, la redac-

escandinavos, ni que los irlandeses ocupasen antes que estos últimos las islas de Færoer y la Islandia. Hoy, que reina una crítica severa, sin ser por ello desdeñosa, convendria mucho volver á emprender en el suelo mismo de Inglaterra y de Irlanda las antiguas investigaciones de Powel y de Ricardo Hackluyt (*Voyages and Navigations*, t. III, pág. 4). ¿Será cierto que el atrevido viaje de Madoc fué celebrado en el poema del bardo galés Mereditho, quince años antes del descubrimiento de Colon? Lejos de participar yo del espíritu de exclusivismo que relega por lo comun al olvido las tradiciones populares, estoy por el contrario en el íntimo convencimiento de que con algun tanto mas de aplicacion y de perseverancia llegará el dia en que, descubriéndose hechos hasta ahora completamente desconocidos, se resuelvan no pocos problemas históricos relativos á los viajes marítimos efectuados desde los primeros siglos de la edad media, á la maravillosa semejanza que presentan las tradiciones religiosas, las divisiones del tiempo y las obras del arte en América y en el Asia oriental, á las emigraciones de las tribus mejicanas y á aquellos centros primitivos de civilizacion que brillaron en Aztlan, en Quivira, en la Luisiana, no menos que en las mesetas de Cundinamarca y del Perú. V. *Examen critique*, etc., t. II, págs. 142—149.

cion de los anales del pais, la coleccion de los Sagas y de los cantos del Edda datan de los siglos XII y XIII.

Es verdaderamente un espectáculo singular en la historia de la civilizacion de los pueblos, ver que el tesoro de las mas antiguas tradiciones de la Europa septentrional, comprometido por luchas intestinas en el suelo mismo en que aquellas nacieron, pasa de allí á Islandia, que lo ha conservado con exquisito celo para la posteridad. Esta conservacion, consecuencia remota del primer establecimiento de Ingolf en Islandia, fué un acontecimiento grave en la esfera de la poesía y de la imaginacion, en el mundo vaporoso bosquejado por los mitos y por las cosmogonías emblemáticas de las razas escandinavas. Nada ganó en ello, sin embargo, la ciencia de la Naturaleza; porque si bien es cierto que algunos viajeros islandeses visitaban las escuelas de Alemania y de Italia, tambien lo es que los descubrimientos de los groenlandeses en el Sur, el escaso comercio que se estableció en la Vinlandia, cuya vegetacion no presentaba ningun carácter particularmente notable, atrajeron tan poco á los colonos y á los navegantes fuera del circulo de sus intereses meramente europeos, que no llegó á los pueblos civilizados de la Europa meridional noticia alguna de aquellos paises recientemente poblados, ni aun hay motivos para creer que en la misma Islandia llegase á oidos del gran navegante genovés el menor dato sobre la existencia de aquellas regiones. En efecto, la Islandia y la Groenlandia estaban separadas hacia mas de dos siglos; porque esta última habia perdido en 1261 su Constitucion republicana, y, como á propiedad de la corona de Noruega, le fué prohibido todo comercio con los extranjeros, y aun con los mismos islandeses. En su rarísima obra sobre *las cinco zonas habitables de la Tierra*, Cristóbal Colon dice que en el mes de febrero de 1477 visitó la Islandia, en donde á la sazon se hallaba el mar deshelado y habia gran concurrencia de comerciantes de Bristol (1). Si allí hubie-

(1) Mientras que por una parte se citaba la circunstancia del deshielo

se oido hablar de la antigua colonizacion de un gran pais situado en frente de la Islandia, del Helluland it Mikla, de la Marklandia y de la *buena Vinlandia*; si hubiera enlazado esta nocion de un Continente poco distante, á los proyectos que ocupaban ya su mente por los años de 1470 y 1473, es indudable que no habria dejado de hacerse mencion de su viaje á Thyle, es decir, á Islandia, en el célebre proceso no terminado hasta el año de 1517, sobre la novedad de su descubrimiento; tanto mas si se considera que el suspicacísimo fiscal encargado de la instruccion del asunto hace mencion hasta de una carta de marear (mappa mundo) que Martin Alonso Pinzon habia visto en Roma, y en la cual se supone que estaba figurado el Nuevo Continente. Demás de que, al buscar Colon un pais del cual hubiese oido hablar en Islandia, de seguro no habria caminado en su primer viaje de descubierta con direccion al Sudoeste, partiendo de las islas Canarias. De todos modos, no admite duda que entre Bergen y la Groenlandia existieron relaciones hasta 1484, es decir, seis años después del viaje de Colon á Islandia.

La expedicion en que Colon halló por segunda vez el Nuevo Continente y descubrió las regiones tropicales de la América, tuvo graves cosecuencias para la historia del

del mar en febrero de 1477, como una prueba de que la isla *Thyle* de Colon no podia ser la Islandia, Finn Magnusen demostraba, apoyado en antiguos documentos, que el invierno de 1477 fué sumamente benigno en Islandia, tanto que en el mes de marzo no habia ya nieve en la parte septentrional de la isla, y que, por consiguiente, los puertos del Mediodía debian de estar libres de hielo en febrero. Cf. *Examen critique*, etc, tomo II, pág. 105; t. V, pág. 213. Es sumamente notable que en el mismo *Tratado de las cinco zonas habitables* hable Colon de una isla llamada *Frislanda*, nombre que desempeña un gran papel en el viaje, reputado generalmente como fabuloso, de los hermanos Zeni (1388—1404), pero que no se encuentra ni en los mapas de Andrés Bianco (1436) ni en los de Fra Mauro (1457—1470). Cf. *Examen critique*, etc., t. II, págs. 114—126. Colon no pudo tener noticia de los viajes de los hermanos Zeni, porque eran ignorados de los mismos venecianos, hasta que los publicó Marcolini en 1558, ó sea cincuenta y dos años después de la muerte del gran Almirante. ¿Cómo, pues, conoció este la isla Frislanda?

Mundo, y ensanchó considerablemente la contemplacion física del Universo, muy diferente en esto del primer descubrimiento hecho en el siglo XI. Aunque el navegante que á fines del siglo XV dirigia tan vasta empresa, no tuviese absolutamente la intencion de descubrir una nueva parte del Mundo; y aunque sea cierto, como lo es, que Colon y Amérigo Vespucci murieron en la persuasion de haber tocado solamente á una parte del Asia oriental, no por ello deja de ofrecer la expedicion todos los caractéres de un plan científicamente concebido y realizado (1). Navegóse resueltamente hácia el Oeste por las puertas que los tirios y Coleo de Samos habian abierto, por el *mar inmenso y tenebroso* (mare tenebrosum) de los geógrafos árabes; y conocíase la distancia del término adonde se caminaba. Los navegantes no llegaron á él lanzados al acaso por los

(1) Véanse las pruebas que he sacado de documentos ciertos, en el *Examen critique*, etc., t. IV, pág. 233, 250 y 261, respecto de Colon; y respecto de Vespucci, *Ibid.*, t. V, págs. 182—185. Tan persuadido estaba Colon de que Cuba formaba parte del continente asiatico, y era el Khatay meridional (la provincia de Mango), que el 12 de junio de 1494 hizo jurar á todo el equipaje de su escuadrilla, compuesto de cerca de 80 marineros, que estaban convencidos de la posibilidad de ir por tierra desde Cuba á España (que esta tierra de Cuba fuese la tierra firme al comienzo de las Indias, y fin á quien en estas partes quisiere venir de España por tierra); añadiendo que cualquiera que después de haber prestado este juramento, osase algun dia afirmar lo contrario, recibiria cien azotes y se le arrancaria la lengua en castigo de su perjurio. V. *Informacion del escribano público Fernando Perez de Luna*, en la coleccion de Navarrete: *Viajes y descubrimientos de los españoles*, t. II, págs. 143—149. Al acercarse Colon á Cuba en su primera expedicion, creia hallarse frente á frente de las ciudades comerciales de la China llamadas Zaitun y Quinsay: «Y es cierto, dice el Almirante, questa es la tierra firme y que estoy ante Zaito y Guinsay.» Queria entregar las cartas de los monarcas católicos al gran kan de los mogoles en Catay, y evacuada así su comision, regresar en seguida á España por mar. Después mandó que saltase en tierra el judío bautizado Luis de Torres, que sabia el hebreo, el caldeo y el árabe, lenguas usadas entre los comerciantes del Asia. V. el *Diario* de Colon, en Navarrete, *Ibid.*, t. I, págs. 37, 44 y 46. Todavía, en 1533, el astrónomo Schoner afirmaba que todo el supuesto Nuevo Mundo no era mas que una parte del Asia, *superioris Indiæ*, y que la ciudad de Méjico (Temistitlan), tomada por Cortés, era pura y simplemente Quinsay, ciudad comercial de la China, muy celebrada por Marco Polo. Véase Joannis Schoneri Carlostadii, *Opusculum geographicum*, Norimbergæ, 1533, 2.ª parte, c. 1—20.

vientos, como Naddod y Gardar á Islandia, ó como Gunnbjörn, el hijo de Ulf Kraka, á la Groenlandia. Colon no tenia tampoco apostaderos intermedios que pudiesen servirle de direccion. Verdad es que el gran cosmógrafo de Nuremberga Martin Behem, compañero del portugués Diego Cam en su importante expedicion á las costas occidentales de África, pasó en las islas Azores los cuatro años de 1486 á 1490; mas el descubrimiento del continente americano no se hizo partiendo de estas islas, *situadas á tres quintas* partes de la distancia entre las costas de España y las de Pensilvania. La premeditacion de esta gran empresa se encuentra ya poéticamente celebrada en las estancias del Tasso, donde el poeta habla de lo que no habia osado intentar Hércules con todo su valor:

> Non osò di tentar l'alto Oceano:
> *Segnò le mete, e'n troppo brevi chiostri*
> L'ardir ristrinse dell' ingegno umano...
> *Tempo verrà che fian d'Ercole i segni*
> Favola vile ai naviganti industri...
> *Un uom della Liguria avrà ardimento*
> All'incognito corso esporsi in prima...
>
> (*Gierusalemme liberata*, XV, estrofas 25, 30 y 31).

Y sin embargo, el gran historiador portugués Juan Barros (1), cuya primera Década vió la luz pública en 1552, no encuentra cosa mejor que decirnos de aquel «*uom della Liguria*,» sino que era un charlatan frívolo y extravagante (homen fallador, e glorioso em mostrar suas habilidades, e mais fantastico, e de imaginaçôes com sua Ilha Cypango). ¡Tan cierto es que en todas épocas, y en cualquier grado de civilizacion, los ódios nacionales han pugnado siempre por oscurecer el brillo de los nombres ilustres!

El descubrimiento de las regiones tropicales de la Amé-

(1) Joao de Barros e Diogo de Couto, *da Asia*, Década 1.ª, lib. III, c. 11 (parte 1.ª, Lisboa, 1778, pág. 250).

rica, hecho por Cristóbal Colon, Alonso de Ojeda y Álvarez Cabral, no puede considerarse como un acontecimiento aislado en la historia de la contemplacion del Mundo; porque no es posible comprender bien su influencia sobre el desarrollo de los conocimientos físicos y sobre el progreso de las ideas en general, sin dirigir una rápida ojeada á los siglos que separan la época de las grandes empresas marítimas, de aquella en que florecia la cultura científica de los árabes. La tendencia constante, y siempre coronada por el éxito, á extender los descubrimientos en el espacio y á ensanchar el conocimiento del Globo, tendencia que constituye el carácter propio y peculiar de la época de Colon, es debida á tres antiguas y diversas causas, que son: el corto número de hombres atrevidos que fueron sus precursores y desarrollaron á la par en los ánimos la libertad de pensar en general, y el deseo de penetrar los fenómenos particulares de la Naturaleza; la influencia que en las fuentes mas profundas de la vida intelectual ejercieron el renacimiento de la filologia griega en Italia y la invencion del arte que dió al pensamiento alas asegurándole una existencia indefinida; y por último, un conocimiento mas ámplio del Asia oriental, difundido por los monjes que fueron con embajadas á los monarcas mogoles, ó por mercaderes ambulantes de las naciones del Sudoeste de Europa que mantenian relaciones comerciales con el mundo entero y no abrigaban deseo mas vehemente que el de hallar un camino mas corto para trasladarse al pais de las especias. Además de estos poderosos móviles, debemos hacer aqui mencion de lo que á fines del siglo XV facilitó principalmente la realizacion de aquellos votos, quiero decir, los progresos del arte náutica, los adelantos hechos en los instrumentos de navegacion, magnéticos ó astrónomicos, la aplicacion de métodos seguros á la determinacion del lugar ocupado por los buques en el mar, y el uso mas general de las efemérides solares y lunares de Regiomontano.

Sin referir aquí circunstanciadamente la historia de las ciencias, lo cual nos apartaria mucho de nuestro asunto, nos contentarémos con escoger, entre los hombres que prepararon la época de Colon y de Gama, los nombres de los tres mas ilustres: Alberto Magno, Rogerio Bacon y Vicente de Beauvais. Los hemos colocado siguiendo el órden cronológico; pues el mas considerable de los tres, el primero en cuanto á elevacion de facultades y á vastísima inteligencia, es el franciscano Rogerio Bacon, natural de Ilchester, que recibió su educacion científica en Oxford y en París. Todos tres, por lo demás, se adelantaron á su siglo é influyeron poderosamente en sus contemporáneos. En las largas, y, por lo comun, estériles luchas de la dialéctica, que llenan el reinado de aquella filosofía designada bajo la denominacion compleja y vaga de *escolástica*, no es posible desconocer la accion beneficiosa, ó, si se me permite decirlo así, el influjo póstumo de los árabes. Las particularidades de su carácter nacional, que hemos ya bosquejado en el capítulo precedente, y su predisposicion á estar siempre en contacto con la Naturaleza, habian preparado la via á los libros de Aristóteles, á la sazon recientemente traducidos, y á cuya propagacion debian contribuir tambien el establecimiento de las ciencias experimentales y el favor que las mismas alcanzaban. Hasta fines del siglo XII y principios del XIII habian dominado en las escuelas los principios mal comprendidos de la filosofía platónica, en los cuales creian los Padres de la Iglesia haber encontrado el gérmen de sus dogmas religiosos (1). Así fué que se adoptaron con entusiasmo muchos de los delirios simbólicos del Timeo, y la autoridad cristiana resucitó una multitud de ideas erróneas acerca del mundo, ya rebatidas mucho tiempo antes por la escuela matemática de los Alejandrinos.

(1) Jourdain, *Recherches critiques sur les traductions d'Aristote*, 1843, págs. 212—216, y 377—380; Letronne, *Des opinions cosmographiques des Pères de l'Eglise, rapprochées des doctrines philosophiques de la Grèce*, en la *Revue des Deux-Mondes*, 1834, t. I, pág. 632.

De este modo el platonismo, ó mejor dicho, el neoplatonismo, revistiendo formas nuevas desde San Agustin hasta Alcuino, Juan Escoto y Bernardo de Chartres, echaba en la edad media raices cada vez mas profundas (1).

Cuando mas adelante la filosofía aristotélica destronó al neoplatonismo, y decidió soberanamente del movimiento de las inteligencias, su influjo se dejó sentir en dos direcciones diferentes, aplicándose al mismo tiempo á las investigaciones de la filosofía especulativa y á la práctica de la ciencia experimental. Aunque parezca que las meditaciones especulativas se apartan mucho del objeto que me propongo en este libro, no me es dado pasarlas completamente en silencio, porque à ellas se debe que en medio de la escolástica, algunos hombres de noble y elevada inteligencia hiciesen triunfar en todos los ramos de la ciencia la independencia del pensamiento. La contemplacion del Mundo y la generalizacion de las ideas no han menester solo de una gran copia de observaciones en que apoyarse, sino tambien de algunos pensadores enérgicos y apercibidos de antemano para no retroceder en la eterna lucha de la ciencia y de la fé, ante las imágenes amenazadoras que pueblan ciertas regiones de la ciencia experimental y parecen como guardianes puestos para que el espíritu humano no se acerque á ellas. No es posible separar dos cosas que han contribuido poderosamente al desarrollo de la humanidad: la conciencia de la libertad intelectual, y los esfuerzos incesantemente realizados para llegar á descubrimientos nuevos en los lejanos espacios. Los pensadores libres forman una série que comienza en la edad media con Duns Scott, Guillermo de Occam y Nicolás de Cusa, y se con-

(1) Federico de Raumer, *Ueber die Philosophie des dreizehnten Jahrhunderts*, en sus *Historisches Taschenbuch*, 1840, pág. 468. Sobre la propension de los ánimos al platonismo en la edad media, y sobre la lucha de las escuelas, V. H. Ritter, *Geschichte der christlichen Philosophie*, 2.ª parte, pág. 159; 3.ª parte, págs. 131—160, y 381—417.

tinúa por Ramus, Campanella y Jordano Bruno hasta Descartes (1).

Este intervalo, al parecer insalvable, entre el pensamiento y el sér, ó sean las relaciones entre el alma que conoce y el objeto conocido, dividieron á los dialécticos en dos escuelas célebres, los *Realistas* y los *Nominalistas*. Las luchas entre unos y otros se hallan en el dia casi olvidadas; mas, sin embargo, no me es dado pasarlas en silencio, porque influyeron indisputablemente en la instalacion definitiva de las ciencias experimentales. Los Nominalistas, que no atribuian á las ideas generales mas que una existencia subjetiva, sin ninguna realidad fuera de la inteligencia humana, concluyeron por alcanzar el triunfo sobre sus contrarios en los siglos XIV y XV, después de muchas alternativas. Profundamente antipáticos á la vaguedad de la abstraccion, insistieron ante todo en la necesidad de recurrir á la experiencia y de multiplicar los fundamentos sensibles del conocimiento. Semejante predisposicion debió influir, indirectamente al menos, en la cultura de la ciencia experimental; mas aun en la época misma en que reinaban solos los principios realistas, ya la literatura árabe, extendiéndose por los pueblos occidentales, habia despertado en ellos una aficion vivísima á la ciencia de la Naturaleza, planteándola acertadamente como antagonista de la teología, que amenazaba invadirlo todo. Así vemos en los diversos periodos de la edad media, á la cual se atribuye de ordinario mayor carácter de unidad del que acaso en realidad tenia, prepararse poco á poco por vias tan contrarias como las del idealismo puro y las de la experimentacion, la grande obra de los descubrimientos en el espacio, y su aplicacion al engrandecimiento de las miras sobre el Mundo.

(1) Cousin, *Cours d'histoire de la Philosophie*, t. I, 1829, págs. 360 y 389—436; *Fragments de Philosophie Cartésienne*, págs. 8—12 y 403. V. tambien el reciente é ingenioso escrito de Cristiano Bartolomèss, *Jordano Bruno*, 1847, t. I, pág. 368; t. II, págs. 409—416.

Entre los árabes instruidos, la ciencia de la Naturaleza se hallaba estrechamente enlazada con la Farmacologia y la Filosofía, al paso que en la edad media cristiana se encontraba ligada, lo mismo que esta última, al dogmatismo teológico. Propendiendo la Teologia por su propio carácter á una dominacion exclusiva, encerraba las investigaciones experimentales en los dominios de la Física, de la Morfología orgánica y de la Astronomía, hermanada á la sazon con la Astrología. El estudio de los libros enciclopédicos de Aristóteles, importado por los árabes y por los rabinos judíos, predispuso los ánimos á una fusion filosófica de todas las ciencias (1), y por eso Ibn Sina (Avicena), Ibn-Roschd (Averroes), Alberto Magno y Rogerio Bacon, pudieron ser considerados como los representantes de toda la ciencia de su tiempo, naciendo de esta creencia, generalmente esparcida, la aureola de gloria que rodeaba sus nombres en la edad media.

Alberto Magno, descendiente de los condes de Bollstaed, merece ser citado tambien por sus observaciones personales relativas á la Química analítica. Verdad es que llevaba puesta la mira en la trasformacion de los metales; mas para conseguir su objeto no se dedicaba únicamente á manipular sobre las sustancias metálicas, sino que profundizaba tambien los procedimientos generales á que se atemperan en su ejercicio las fuerzas químicas de la Naturaleza. Sus escritos contienen algunas observaciones sobre la estructura orgánica y sobre la fisiologia de los vejetales, que revelan su extremada penetracion. Conocia el sueño de las plantas, la regularidad con que se abren y se cierran, la disminucion de la savia por las emanaciones que exhala la superficie de las hojas, y la relacion que existe entre las ramificaciones de las nervosidades de las mismas y las recortaduras del limbo. Comentaba todas las

(1) Jourdain, *Recherches sur les traductions d'Aristote*; pág. 236; Miguel Sachs, *die religiöse Poesie der Juden in Spanien*, 1845, págs. 180—200.

obras físicas del filósofo de Estagira, si bien para la Historia de los Animales se hallaba reducido á una traduccion latina hecha del árabe por Miguel Scott (1). El escrito de Alberto Magno, intitulado *Liber cosmographicus de natura locorum*, es una especie de Geografía física, en la cual he encontrado algunas consideraciones acerca de la doble dependencia en que se hallan los climas con relacion á la latitud y á la altura del suelo, y de las consecuencias que en el calentamiento de la tierra tienen los diversos ángulos de incidencia formados por los rayos luminosos. Con todo, el honor de haber sido celebrado por Dante, débelo Alberto Magno no tanto quizás á sí mismo, como á su querido discípulo Santo Tomás de Aquino, á quien llevó en el año de 1245 de Colonia á París, volviendo con él á Alemania en el de 1248:

> Questi, che m'è a destra più vicino,
> Frate e maestro fummi; ed esso Alberto
> E di Cologna, ed io Thomas d'Aquino.
>
> *Il Paradiso*, X, 97—99.

Rogerio Bacon, contemporáneo de Alberto Magno, puede ser considerado como la aparicion mas importante de

(1) La mayor parte de los progresos hechos en la Zoologia se debe al emperador Federico II, juntamente con importantes observaciones personales acerca de la estructura interna de las aves. V. Schneider, en el prefacio de la coleccion intitulada: *Reliqua librorum Friderici II imperatoris de arte venandi cum avibus*, t. I, 1788. Cuvier llama tambien á este emperador «el primer zoólogo de la edad media escolástica que trabajó por sí mismo.»—Sobre las juiciosas ideas de Alberto Magno acerca de la distribucion del calor en la superficie del globo segun las latitudes y las estaciones, véase su obra intitulada: *Liber cosmographicus de natura locorum*, Argentorati, 1515, 14 b y 23 a, y compárese con mi *Examen critique*, etc. t. I, págs. 54—58. Por desgracia, al lado de las observaciones personales del autor, se tropieza de ordinario con la falta de crítica que caracteriza á toda su época. Creia saber, por ejemplo, que el centeno sembrado en buena tierra se convierte en trigo; que de un hayal escamondado nace por la putrefaccion una alameda, y que las ramas de encina plantadas en tierra

la edad media, en el sentido de que mas que ninguno otro contribuyó á engrandecer las ciencias naturales, á fundarlas sobre las matemáticas y á provocar los fenómenos por los procedimientos de la experimentacion. Estos dos personajes llenan casi completamente el siglo XIII; mas Rogerio Bacon ofrece la particularidad de haber ejercido, por el método que aplicó al estudio de la Naturaleza, una influencia mas beneficiosa y duradera que la que con mas ó menos razon se le ha atribuido en virtud de sus propios descubrimientos. Apóstol de la libertad del pensamiento, atacó la fé ciega en la autoridad de la escuela; pero muy distante tambien de desdeñar las cuestiones suscitadas por la antigüedad griega, miraba con igual aprecio el estudio profundo de las lenguas (1), la aplicacion de las matemáticas y la *scientia experimentalis*, á la cual consagra un capítulo especial en su *Opus majus* (2). Protegido y favorecido por el papa Clemente IV, y acusado después de mágia y encarcelado por Nicolás III y Nicolás IV, experimentó las vicisitudes á que se han visto expuestos en todo tiempo los

producen vides. Cf. tambien Ernesto Meyer, *ueber die Botanik des dreizehnten Jahrhunderts*, en la coleccion intitulada Linnœa, t. X, 1836, página 719.

(1) Son tantos los pasajes del *Opus majus* en que se revela el respeto de Rogerio Bacon á la antigüedad griega, que no es posible atribuir sino á las malas traducciones hechas del árabe, como lo ha notado ya Jourdain (*des traductions d'Aristote*, pág. 326), el deseo manifestado por aquel en una carta dirigida al papa Clemente IV, «de quemar los libros de Aristóteles, para impedir la propagacion de errores entre los estudiantes.»

(2) Scientia experimentalis á vulgo studentium penitus ignorata; duo tamen sunt modi cognoscendi, scilicet per argumentun et experientiam (el método teórico y el método experimental). Sine experientia nihil sufficienter sciri potest. Argumentum concludit, sed non certificat, neque removet dubitationem, ut quiescat animus in intuitu veritatis, nisi eam inveniat via experientiæ.» (*Opus majus*, pars VI, c. I). Todos los pasajes relativos á los conocimientos físicos de Rogerio Bacon y á sus proyectos de invenciones, se encuentran reunidos en mi *Examen critique*, etc., t. II, págs. 295—299. V. tambien Whewell, *The Philosophy of the inductive Sciences*, t. II, págs. 323—337, y los artículos de Cousin sobre el manuscrito del *Opus tertium*, recientemente descubierto por él en la biblioteca de Donai, publicados en el *Journal des Savants*, números de Marzo de 1848 y siguientes.

grandes hombres. No le eran desconocidos la Optica de Ptolomeo y el Almagesto (1); mas como designa siempre á Hiparco por su nombre arábigo *Abraxis*, es presumible que solo se valdría de alguna traduccion latina hecha del árabe. Sus mas importantes trabajos son los que hizo sobre la teoría de la Optica, sobre la perspectiva y sobre la posicion del foco en los espejos cóncavos, juntamente con sus experimentos químicos acerca de las mezclas inflamables y explosibles. Su *Opus majus* es un libro lleno de pensamientos, en el cual se encuentran proposiciones y proyectos susceptibles de realizacion, pero no vestigio alguno manifiesto de descubrimientos definitivos en Optica. Tampoco parece que tuviese Bacon profundos conocimientos en Matemáticas. Su rasgo mas característico es cierta viveza de imaginacion, con los extravíos comunes á todos los monjes de la edad media versados en las cuestiones de la Filosofía Natural, y cuya fantasía se hallaba febrilmente escitada por la impresion de tantos grandes fenómenos no esplicados, y por la inquieta impaciencia con que buscaban la résolucion de problemas misteriosos.

El obstáculo que antes de la invencion de la imprenta oponia el excesivo coste de las copias al deseo de reunir gran número de manuscritos de obras sueltas, despertó en la edad media la aficion á las obras enciclopédicas, luego que comenzó á ensancharse el círculo de las ideas, es decir, á principios del siglo XIII. Debo hacer aquí mencion de estas obras, por lo mucho que contribuyeron á la generalizacion de las ideas. Así aparecieron sucesivamente, refiriéndose por lo comun los unos á los otros, los veinte libros *De rerum*

(1) V. *Cosmos*, t. II, pág. 237. La *Optica* de Ptolomeo se encuentra citada en el *Opus majus*, págs. 79, 288 y 404 (edic. de Jebb, Londres 1733); pero con razon se ha negado que el conocimiento de la virtud aumentativa de los segmentos de esfera, tomado en las obras de Alhazen, indujese realmente á Rogerio Bacon á construir anteojos ó binóculos (V. Wilde, *Geschichte der Optik*, t. I, págs. 92—96). Este invento debe de ser del año de 1299, ó pertenecer al florentino Salvino degli Armati, enterrado el año de 1316 en la iglesia de Santa María la Mayor, de Florencia.

natura de Tomás de Canrbridge, profesor en Lovaina (1230); el *Espejo de la Naturaleza* (Speculum naturale), que Vicente de Beauvais (Bellovacensis) escribió para San Luis y su mujer Margarita de Provenza (1250); el *Libro de la Naturaleza* de Conrado de Meygenberg, cerca de Ratisbona, y la *Imágen del Mundo* (Imago Mundi) del cardenal Pedro de Ailly (Petrus de Alliaco), obispo de Cambray (1410). Estas enciclopedias no eran aun mas que las precursoras de la grande *Margarita philosophica* del Padre Reisch, que vió por primera vez la luz pública en 1486, y contribuyó prodigiosamente por espacio de medio siglo á la propagacion de la ciencia. Aquí es necesario detenernos algun tanto en la descripcion del Mundo de Pedro de Ailly. En otro lugar he demostrado que el libro de la *Imago mundi* influyó mas en el descubrimiento de América, que la correspondencia de Colon con el docto florentino Toscanelli (1). Todo lo que sabia Colon de la antigüedad griega y latina; todos los pasajes de Aristóteles, de Estrabon y de Séneca sobre la proximidad del Asia oriental y de las columnas de Hércules, que, segun refiere D. Fernando, fueron los que sobre todo despertaron en su padre el deseo de ir en busca de las Indias (autoridad de los escritores para mover al Almirante á descubrir las Indias), los habia tomado de los escritos del cardenal de Ailly, que llevaba consigo en sus viajes, como lo prueba la carta que desde la isla de Haiti escribió al rey de España en octubre de 1498, en la cual tradujo literalmente un pasaje del tratado *De quantitate terræ habitabilis*, que habia causado profundísima impresion en su ánimo, ignorando verosímilmente que Ailly no habia hecho mas que trascribir él mismo palabra por palabra un libro mas antiguo, el *Opus majus* de Rogerio Bacon (2). ¡Epoca singular aquella, en

(1) V. Humboldt, *Examen critique*, etc., t. I, págs. 61, 64—70, 96—108; t. II, pág. 349: «Existen tambien de Pedro de Ailly, á quien D. Fernando Colon llama siempre Pedro de Helico, cinco libros *de Concordantia astronomiæ cum theologia*, que se parecen no poco á ciertos modernísimos ensayos de *Geologia hebraizante*, publicados 400 años después del cardenal.»

(2) Cf. la *Carta* de Colon, en Navarrete, *Viajes y descubrimientos*, t. I,

que testimonios sacados indistintamente de Aristóteles y de Averroes (Avenryz), de Esra y de Séneca, acerca de la inferioridad de la superficie del mar comparada con la extension de las masas continentales, podian convencer á los reyes del éxito feliz y seguro de empresas dispendiosas!

Ya hemos indicado cómo se manifestaron á fines del siglo XIII una predileccion decidida por el estudio de las fuerzas de la Naturaleza, y una tendencia mas filosófica en la forma dada al mismo estudio, basado de entonces mas, de una manera científica, en la experimentacion. Réstanos bosquejar en algunos rasgos el influjo que desde fines del siglo XVI ejerció el renacimiento de la literatura clásica en las fuentes mas profundas de la vida intelectual de los pueblos, y consiguientemente en la contemplacion general del Mundo. Algunos hombres de talento habian aumentado tambien con sus esfuerzos individuales la riqueza del campo de las ideas; y todo se hallaba dispuesto para un desarrollo mas libre del espíritu, cuando á favor de circunstancias, fortuitas al parecer, encontró la literatura griega, muerta ya en los paises donde en otro tiempo habia florecido, un asilo mas seguro en Occidente. Al estudiar los árabes la antigüedad, habian permanecido siempre extraños á cuanto decia relacion con los brillantes efectos del lenguaje, hallandose tan solo familiarizados con un cortísimo número de escritores antiguos, y habiendo debido elegir, en virtud de su predileccion decidida por el estudio de la Naturaleza, los escritos físicos de Aristóteles, el *Almagesto* de Ptolomeo, la *Botánica* y la *Química* de Dioscórides, y los delirios cosmológicos de Platon. La dialéctica aristotélica se unió fraternalmente á la Física entre los árabes, como ya en la edad media cristiana se habia asociado con la Teología. Tomábase de los antiguos todo cuanto era susceptible de aplicaciones particulares; mas distábase mucho de abarcar en su conjunto el helenismo, de penetrar en

pag. 244, con la *Imago mundi* del cardenal de Ailly, c. 8, y con el *Opus majus* de Rogerio Bocon, pag. 183.

la estructura orgánica de la lengua griega, de sentir las creaciones poéticas y de gozar los maravillosos tesoros acumulados en el campo de la elocuencia y de la historia.

A la verdad, Juan de Salisbury y el platónico Abelardo habian facilitado el conocimiento de las obras de la antigüedad, cerca de dos siglos antes del Petrarca y de Bocacio; pero si bien sabian los dos apreciar el mérito de escritos que reunian en armónico consorcio la libertad y la regla, la naturaleza y el arte, apagóse con ellos este sentimiento estético, sin dejar vestigio alguno. La gloria de haber preparado en Italia un asilo seguro á las musas desterradas de Grecia, y acelerado con sus esfuerzos el renacimiento de la literatura clásica, pertenece á dos poetas ligados por la amistad mas intima, á Bocacio y al Petrarca. Barlaam, monge calabrés que habia vivido largo tiempo en Grecia como privado del emperador Andrónico, fué el maestro de los dos (1); y asi el uno como el otro dieron ejemplo de esquisito celo en reunir manuscritos griegos y latinos. Petrarca llegó á tener hasta el sentimiento de la ciencia histórica y comparativa de las lenguas (2), siendo muy verosímil que su penetracion filológica tendiese á hacer mas general la contemplacion del Universo. Entre los promovedores de los estudios griegos debemos citar tambien á Manuel Chrysoloras, enviado en 1391 como embajador de Grecia á Italia y á Inglaterra; al cardenal Besarion, de Trebizonda; á Gemisto Plethon, y al ateniense Demetrio Chalcondylo, á quien se debe la primera edicion impresa de Homero (3). Todas estas emigraciones acacieron antes de la deplorable toma de Constantinopla (29 de mayo de 1453). Constantino Lascaris, cuyos antepasados habian ocupado el sólio, fué el único que llegó á Italia después de aquella catástrofe, trayendo consigo una preciosa colec-

(1) Heeren, *Geschichte der classischen Litteratur*, t. I, págs. 284—290.

(2) Klaproth, *Mémoires relatifs à l'Asie*, t. III, pág. 113.

(3) La edicion florentina de 1488. El primer libro griego impreso fué la Gramática de Constantino Lascaris del año de 1476.

cion de manuscritos griegos, que se conserva amontonada inutilmente en la biblioteca del Escorial (1). El primer libro griego se imprimió catorce años tan solamente antes del descubrimiento de América, si bien la invencion de la imprenta, hecha simultáneamente por Guttemberg en Estrasburgo y en Maguncia, y por Lorenzo Jansson Koster en Harlen, sin que mediase comunicacion ninguna entre ellos, cae entre los años de 1436 y 1439, y por consiguiente en la privilgiada época en que llegaron á Italia los primeros sabios griegos (2).

Dos siglos antes que las naciones de Occidente pudiesen beber en todas las fuentes de la literatura griega, y con 25 años de antelacion al nacimiento del Dante, que forma uno de los períodos mas considerables de la historia literaria de la Europa meridional, se realizaron en el centro del Asia y en la parte oriental del Africa, acontecimientos que, ensanchando las relaciones comerciales, apresuraron la circunnavegacion del Africa y la expedicion de Colon. En el espacio de 26 años, las hordas de mogoles salidas de Pekin y de la muralla de la China, avanzaron hasta Cracovia y Liegnitz, llenando de espanto á la cristiandad, que les envió como misioneros y embajadores monjes osados y activos, tales como Juan de Plano Carpini y Nicolás Ascelin para Batu Khan, y Ruysbroeck (Rubruquis) para

(1) Villemain, *Mélanges historiques et littéraires*, t. II, pág. 135.

(2) Estas noticias, debidas á las investigaciones de Luis Wachler, bibliotecario de Breslau, se hallan consignadas en su *Geschichte der Litteratur*, 1833, 1.ª parte, págs. 12—23. La impresion sin caractéres movibles no sube tampoco en China mas allá del siglo X de nuestra era. Los cuatro primeros libros de Confucio se imprimieron, segun Klaproth, en la provincia de Szutschuen, por los años de 890 á 925; y ya desde 1310 habian podido leer los occidentales en la historia de los soberanos de Catay, escrita en persa por Raschid-Eddin, los pormenores técnicos relativos al mecanismo de la imprenta china. Segun los últimos resultados debidos á las importantes investigaciones de Estanislao Juliano, un herrero chino se habia valido en 1041 y 1042, es decir, cerca de 400 años antes de Guttemberg, de tipos movibles de arcilla cocida. El autor de este invento, que no tuvo á la verdad aplicacion ulterior, fué Pi-sching.

Magu Khan en Karakorum. Ruysbroeck nos ha dejado observaciones ingeniosas é importantes acerca de la distribucion geográfica de las lenguas y de las razas á mediados del siglo XIII. El fué quien primero reconoció que los hunos, los baschkires (los habitantes de la ciudad de Paskatir, llamada Baschgird por Ibn-Tozlan) y los húngaros son razas filandesas, originarias de los montes Urales; y él tambien encontró en los castillos fortificados de la Crimea hombres de raza gótica, que habian conservado su lengua primitiva (1). Rubruquis despertó en el corazon de las dos grandes potencias marítimas de Italia, los venecianos y los genoveses, el deseo de apropiarse las antiguas riquezas del Asia oriental. Sin nombrar el rico depósito comercial de Quinsay (Hangtscheufu), que tanta celebridad alcanzó 25 años despues, gracias á las narraciones del mas ilustre entre todos los viajeros por tierra, quiero decir, de Marco Polo (2), tenia no obstante noticia de los muros de plata y

(1) V. las pruebas de estos hechos en el *Examen critique*, t. II, páginas 316—320. Josafat Barbaro en 1436, y Ghislin de Bousbeck en 1555, encontraron todavía entre Tana (Azow), Caffa y el Erdil (el Volga) alanos y pueblos de raza goda que hablaban el aleman. V. Ramusio, *delle Navigationi et Viaggi*, t. II, págs. 92 b y 98 a. Rogerio Bacon designa siempre á Rubruquis por estas palabras: «Frater Willielmus quem dominus rex Franciæ misit ad Tartaros.»

(2) La grande y magnífica obra de Marco Polo (*il Milione di Messer Marco Polo*), tal como la poseemos en la correcta edicion del conde Baldelli, no debia llamarse en realidad un *Viaje*; porque es mas bien una obra descriptiva, y aun pudiera decirse, una obra de estadística, en la cual es difícil distinguir lo que el viajero ha visto por sus propios ojos, de lo que ha aprendido de otros, ó de lo que sabe por las descripciones topográficas que en tan gran número posee la literatura china, y que pudo haber llegado á entender por medio de los intérpretes persas. Desde luego habia llamado mi atencion la singular semejanza que se nota entre la relacion del viaje de Hiuan-Thsang, peregrino budhista del siglo VII, y lo que Marco Polo habia sabido en 1277 de la meseta de Pamir. Jacquet, prematuramente arrebatado al estudio de las lenguas asiáticas, que, así como Klaproth y yo, se habia ocupado mucho del viajero veneciano, me escribia poco antes de morir: «Extraño como V. la forma de redaccion literaria del *Milione*. El fondo proviene sin duda de la observacion directa y personal del viajero; pero este se ha servido probablemente de documentos que le han sido comunicados, ya oficial, ya particularmente. Muchas cosas parecen tomadas de los libros chinos y mogoles, bien que estas fuentes de

de las torres de oro que formaban uno de los adornos de aquella ciudad. En las relaciones de Rubruquis, que nos ha conservado Rogerio Bacon, hay una mezcla singular de observaciones verdaderas y de pueriles engaños. Dice que cerca del Catay, limitado por el mar Oriental, hay un pais afortunado, «en el cual los extranjeros, ya sean hombres ó mujeres, se conservan siempre en la misma edad que tenian á su llegada (1).» El inglés Juan Mandeville, mas crédulo aun que el monje del Brabante, encontró por esa misma razon mayor número de lectores para sus descripciones de la India y de la China, de las islas de Ceylan y de Sumatra. La extension y la forma original de sus narraciones no contribuyeron poco, así como los itinerarios de Balducci Pegoletti y los viajes de Ruy Gonzalez de Clavijo, á aumentar la aficion de los pueblos al comercio y á las grandes expediciones.

Muchos han afirmado, y por cierto con notable seguridad, que la excelente obra del verídico Marco Polo, especialmente las nociones que difundió acerca de los puertos y del archipiélago de la India, habian hecho vivísima impresion en el ánimo de Cristóbal Colon, y que este llevaba consigo en su primer viaje de descubierta un ejemplar de la citada obra (2). Yo he patentizado que el gran navegante y su hijo D. Fernando citan la *Geografía del Asia*

la composicion del *Milione* no se echen de ver fácilmente en las traducciones sucesivas de donde sacó Marco Polo sus extractos.» Marco Polo cuidaba tanto de confundir sus propias observaciones con los numerosos datos oficiales que sin duda le era fácil tener como gobernador de la ciudad de Yangui, que de aquí ha nacido lo mucho que los viajeros han tenido que ocuparse después de su persona. V. *Asie centrale*, t. II, pág. 395. El método de compilacion seguido por el célebre viajero nos muestra cómo estando preso en Génova el año de 1295, pudo sin embargo dictar su libro á su compañero de cautiverio messer Rustigielo de Pisa, cual si tuviese á la vista los documentos. V. Marsden, *Travels of Marco Polo*, pág. XXXIII.

(1) Purchas, *Pilgrimes*, 3.ª parte, caps. 28 y 56, págs. 23 y 34.

(2) Navarrete, *Viajes y descubrimientos*, etc., t. I, pág. 260; Washington Irving, *History of the life and voyages of Christopher Colombus*, 1828, t. IV, pág. 297.

de Eneas Silvio (el papa Pio II), pero nunca á Marco Polo ni á Mandeville. Todo cuanto sabian padre é hijo acerca de las comarcas de Quinsay, de Zaitun, de Mango y de Cipango, pudieron muy bien haberlo aprendido, sin necesidad de conocer directamente los capítulos 68 y 77 del libro II de Marco Polo, en la célebre carta que escribió Toscanelli el año de 1474 sobre la posibilidad de llegar al Asia oriental partiendo de España, ó en las narraciones de Nicolo de Conti, el cual recorrió por espacio de 25 años las Indias y la parte meridional de la China. La mas antigua edicion impresa de la relacion de Marco Polo es una traduccion alemana de 1477, igualmente incomprensible para Colon y para Toscanelli. No es imposible, á la verdad, que por los años de 1477 á 1492, cuando Colon proseguia su proyecto de buscar el Oriente por el Occidente (buscar el Levante por el Poniente, pasar adonde nacen las especerías, navegando al Occidente), hubiese visto un manuscrito del viajero veneciano (1); mas en este caso, ¿por qué no menciona el Cipango de Marco Polo con preferencia al del Papa Pio II, en la carta que dirigió desde la Jamaica á los soberanos españoles el 7 de junio de 1503, cuando representa á la costa de Veragua como formando parte de la Ciguara de Asia, y expresa su esperanza de encontrar allí caballos con arneses de oro?

En una época en que la dominacion de los mogoles, extendida desde el Océano Pacífico hasta el Volga, hacia accesible el centro del Asia, las misiones diplomáticas de los monjes y algunas expediciones comerciales hábilmente dirigidas, habian dado á conocer los imperios de Catay y de Cipango (la China y el Japon) á las grandes naciones marí-

(1) Humboldt, *Examen critique*, t. I, págs. 63 y 215; t. II, pág. 350; Marsden, *Travels of Marco Polo*, págs. LVII, LXX y LXXV. En vida de Colon aparecieron impresas la primera traduccion alemana de Marco Polo (*Das puch des edeln Ritters unñ landtfarers Marcho Polo*, Nuremberg. 1477), la primera traduccion latina (1490), y las primeras versiones italiana y portuguesa (1496 y 1502).

timas; siendo asimismo la embajada de Pedro de Covilham y de Alonso de Payva, enviada por el rey Juan II en 1487 para buscar al sacerdote Juan de África, la que mostró el camino á Vasco de Gama, por lo menos, si ya no á Bartolomé Diaz. Confiando Covilham en las narraciones que habia oido á los pilotos indios y árabes en Calicut, Goa y Aden, así como en el pais de Sofala de la costa oriental de África, envió al rey Juan II dos judíos del Cairo, para participarle que si los portugueses avanzaban mas hácia el Mediodía por la costa occidental, llegarian hasta la punta extrema del África, desde donde les seria fácil navegar hácia la isla de la Luna (la Magastar de Polo), la de Zanzibar y la costa de Sofala, abundante en oro. Por lo demás, mucho tiempo antes de llegar este aviso á Lisboa, sabíase allí ya que Bartolomé Diaz habia descubierto y aun doblado el Cabo de Buena Esperanza (Cabo Tormentoso) sin seguir empero mas adelante (1). Los venecianos pudieron adquirir desde luego, por medio del Egipto, la Abisinia y la Arabia, noticias circunstanciadas acerca de los establecimientos comerciales fundados por los indios y los árabes á lo largo de la costa oriental de África, y acerca tambien de la configuracion de la extremidad meridional del Continente. La configuracion triangular del África se halla á la verdad claramente indicada en el planisferio de Sanuto, publicado el año de 1306 (2), en el *Portulano della Mediceo-Lau-*

(1) Barros (década I, lib. III, c. 4, pág. 190) dice terminantemente: «Bartholomeu Diaz, e os de sua companhia per causa dos perigos, e tormentas, que em o dobrar delle passáram lhe puzeram nome Tormentoso.» No pertenece por lo tanto á Vasco de Gama el mérito que generalmente se le atribuye de haber sido el primero en doblar el Cabo de las Tempestades. Diaz estaba en la extremidad meridional del Africa por el mes de mayo de 1487, tiempo, con corta diferencia, en que Pedro de Covilham y Alonso de Payva partian de Barcelona para su expedicion. En diciembre del mismo año llevaba Diaz en persona á Portugal la noticia de su importante viaje.

(2) El planisferio de Sanuto, ó como él mismo se apellida, de Marinus Sanuto dictus Torxellus de Veneciis, forma parte de la obra intitulada: *Secreta fidelium crucis.* «Marino predicó hábilmente una cruzada en te-

renziana, que data del año de 1351 y ha sido descubierto por el conde de Baldelli, y en el Mapamundi de Fra Mauro. Á la historia de la contemplacion del Mundo no le es dado mas que indicar rápidamente, sin insistir sobre el particular, las épocas en que el hombre comenzó á formarse una idea aproximada de la configuracion de las grandes masas continentales.

Al compás que se fué conociendo mejor la situacion relativa de las diferentes partes del espacio, y se buscaron en consecuencia los medios de abreviar los viajes marítimos, el arte de la navegacion se fué tambien perfeccionando rápidamente por la aplicacion de las Matemáticas y de la Astronomía, por la invencion de nuevos instrumentos métricos y por un empleo mas hábil de las fuerzas magnéticas. Es sumamente verosímil que Europa debe el uso de la brújula á los árabes, los cuales á su turno le habian tomado de los chinos. En el *Szuki* de Szumathsian, libro chino de la primera mitad del siglo II antes de nuestra era, se hace mencion del carro magnético que el emperador Tsçhingwang, de la antigua dinastía de Tscheu, habia dado novecientos años atrás á los embajadores de Tunkin y de la Cochinchina, á fin de que no pudiesen extraviarse al regresar á su pais. El diccionario *Schuewen*, de Hiutschin, publicado en el siglo III de nuestra era, indica un procedimiento para comunicar á una lámina de hierro, por medio del roce regularizado, la propiedad de dirigir hácia el

neficio del comercio, con ánimo de destruir la prosperidad del Egipto y hacer que todas las mercancías de la India se dirigiesen por Bagdad, Bassora y Tauris (Tebriz), á Kaffa, á Tana (Azow) y á las costas asiáticas del Mediterráneo. Fué contemporáneo y compatriota de Polo, y aunque no tuvo noticia del *Milione*, rayaron muy alto sus miras en política comercial. Aparte la incredulidad propia de un clérigo filósofo del siglo XVIII, podria decirse que Sanuto fué el Raynal de la edad media.» (*Examen critique*, etc, t. I, págs. 231 y 333—348). En el mapa de Fra Mauro, compuesto por los años de 1457 á 1459, se da el nombre de Capo di Diab al Cabo de Buena Esperanza. V. el erudito opúsculo del cardenal Zurla: *Il Mappamondo di Fra Mauro Camaldolese*, 1806, §. 54.

Sur una de sus extremidades. Prefiérese siempre citar la direccion hácia el Sur, porque era la que ordinariamente seguian todos los navegantes. Cien años despues, en tiempo de la dinastía de los Tsin, los buques chinos se servian de la brújula para navegar sin cuidado en alta mar. Estos buques difundieron el conocimiento de la brújula entre los indios, de quienes pasó luego á la costa oriental de África. Los nombres árabes Zohron y Aphron (el Norte y el Sur), que da Vicente de Beauvais en su *Espejo de la Naturaleza* á las dos extremidades de la aguja imanada (1), así como un gran número de palabras tomadas de la misma lengua, de las cuales nos servimos todavia para designar las estrellas, demuestran de qué lado y por qué camino llegaron las luces á iluminar el Occidente. Entre los pueblos cristianos de Europa se hace mencion por primera vez de la aguja imanada, como de una cosa muy conocida, en la *Biblia* satírica de Guyot de Provins (1190), y en la descripcion de la Palestina por el obispo de Ptolemaida, Santiago de Vitry (de 1204 á 1205). Dante se vale tambien para una comparacion, en el libro XII del *Paraiso*, de la aguja (ago) «que se dirige hácia el polo.»

(1) *Avron* ó *avr* (*aur*) es una voz que se usaba rarísimas veces en lugar de *schemal* para designar el Norte. La palabra arábiga *zohron* ó *zohr*, de donde cree sin razon Klaproth que se deriva la castellana *sur* y la portuguesa *sul*, las cuales, así como la voz *sud*, son probablemente una sola palabra de puro origen germánico, no sirve propiamente para designar la situacion de los paises, pues solo expresa el momento del dia en que pasa el Sol por el meridiano. El verdadero nombre del Sur es *dschenub*. Acerca del conocimiento que desde muy antiguo tuvieron los chinos de la direccion de la aguja imanada hácia el Sur, véanse las importantes investigaciones de Klaproth, en su carta á A. de Humboldt, sobre la Invencion de la Brújula, 1834, págs. 41, 45, 50, 66, 79 y 90, y el escrito de Azuni de Niza, publicado desde 1805, *Dissertation sur l'origine de la Boussole*, págs. 35 y 65—68. Navarrete cita en su *Discurso histórico sobre los progresos del Arte de Navegar en España*, 1802, pág. 28, un pasaje notable de las *Leyes de Partida* (P. II, tít. IX, ley 28), escritas á mediados del siglo XIII: «E bien assi como los marineros se guian en la noche escura por el aguja, que les es medianera entre la piedra y la estrella, e les muestra por do vayan, tambien en los malos tiempos, como en los buenos...» V. *Las Siete Partidas del sabio rey D. Alonso el XI* (Alfonso X segun los cálculos ordinarios), Madrid, 1829, t. I, pág. 473.

Flavio Gioja, natural de Positano junto á Amalfi, ciudad célebre por su situacion y por sus reglamentos marítimos que se extendieron á lo lejos, ha pasado durante mucho tiempo por inventor de la brújula. No es inverosimil que hácia el año de 1302 perfeccionase en alguna manera la forma de este instrumento; pero que la brújula se usaba en los mares de Europa mucho antes de comenzar el siglo XIV, es cosa que resulta evidentemente de un tratado sobre la Navegacion, escrito por el mallorquin Raimundo Lulio, hombre ingeniosisimo y excéntrico hasta lo sumo, cuyas doctrinas entusiasmaban á Jordano Bruno desde su mas tierna juventud (1), y que á la par era filósofo sistemático, químico, misionero cristiano y hábil navegante. En su libro intitulado *Fénix de las Maravillas del Orbe*, escrito en 1286, dice Lulio que los navegantes de su tiempo «tenian instrumento, carta, compás y aguja (2).» Los primeros viajes de los catalanes hácia las costas septentrionales de Escocia y hácia las occidentales del África tropical, tales, por ejemplo, como el de D. Jaime Ferrer, que arribó en agosto de 1346 al rio de Ouro, y el descubrimiento hecho por los normandos de las Azores, llamadas islas Bracir en el mapamundi de Picigano de 1367, no permiten dar al olvido que mucho tiempo antes de Colon se navegaba libremente por el océano Occidental. Las travesías entre Ocelis y la costa del Malabar, que en la época de la dominacion romana se hacian á merced de los vientos reinantes con regularidad en aquellos parajes, efectuábanse en la época de que tratamos con el auxilio de la brújula (3).

La aplicacion de la Astronomía á la navegacion habia sido preparada por la influencia que desde el siglo XIII

(1) Cristiano Bartholomèss, *Jordano Bruno*, 1847, t. II, páginas 181—187.

(2) Salazar, *Discurso sobre los progresos de la hidrografía en España*, 1809, pág.

(3) *Cosmos*, t. II, pág. 209.

al XV ejercieron en Italia Andelone del Nero y el corrector de las *Tablas Alfonsinas*, Juan Bianchini; y Nicolás de Cusa (1), Jorge de Peuerbach y Regiomontano en Alemania. Los astrolabios, destinados á indicar la medida del tiempo y la latitud geográfica por medio de la altura del meridiano, fueron perfeccionándose sucesivamente desde el astrolabio de los pilotos de Mallorca, descrito por Raimundo Lulio en su *Arte de Navegar* (2), el año de 1295, hasta el que Martin Behem estableció en Lisboa en 1484, que acaso seria el mismo meteoróscopo de su amigo Regiomontano, algun tanto simplificado en su composicion. Cuando el infante D. Enrique, duque de Viseo, fundó en Sagres una academia de pilotaje, nombró director del Establecimiento al maestro Santiago de Mallorca. Martin Behem recibió del rey D. Juan II de Portugal la órden de calcular una tabla de las inclinaciones del Sol y de enseñar á los pilotos el modo de guiarse «por la altura del Sol y de las estrellas.» No se sabe fijamente si á principios del siglo XV estaba ya en uso la guíndola para calcular la velocidad del buque, á la par que por medio de la brújula se conocia su direccion; pero si puede asegurarse que Pigafetta, compañero de Magallanes, habla de la guíndola ó corredera (la catena a

(1) Sobre Nicolás de Cusa, ó de Cuss, ó mas propiamente de Cues del Mosela, véase mas arriba, *Cosmos*, t. II, pág. 124, y Clemens, *Ueber Giordano Bruno und Nicol. von Cusa*, pág. 97, en donde se halla citado un pasaje importante, descubierto tres años há y escrito de puño y letra de Nicolás de Cuss, en el cual se habla de tres movimientos de la tierra diferentes. V. tambien Chasles, *Aperçus sur l'origine des méthodes en Géométrie*, 1827, pág. 529.

(2) Navarrete, *Disertacion histórica sobre la parte que tuvieron los españoles en las guerras de Ultramar ó de las Cruzadas*, 1816, página 100; y *Examen critique*, etc., t. I, págs. 274—277. Atribúyese á Jorge de Peuerbach, maestro de Regiomontano, una mejora importante en los medios de observacion, obtenida por el empleo de la plomada; mas esta especie de nivel se hallaba en uso de mucho tiempo atrás entre los árabes, como lo prueba la descripcion de los instrumentos astronómicos compuesta en el siglo XIII por Abul-Hassan-Ali. V. Sédillot, *Traité des instruments astronomiques des arabes*, 1835, pág. 379; 1841, pág. 205.

poppa), como de un medio, conocido hacia ya largo tiempo, para medir la longitud del camino recorrido (1).

(1) En todos los escritos que he consultado relativos al arte de la navegacion, he visto reproducido el error de que la corredera no pudo aplicarse para calcular la velocidad antes del fin del siglo XVI ó principios del XVII. Léese asimismo en la *Encyclopedia britanica*, 7.ª edicion, 1842, t. XIII, pág. 416: «The author of the device for measuring the ship's way is not known and no mention of it occurs till the year 1607 in an East India voyage published by Purchas.» En todos los diccionarios, anteriores ó posteriores (V. Gebler, t. VI, 1831, pág. 450), se indica tambien esta fecha como la mas remota. Navarrete es el único que en su *Disertacion sobre los progresos del Arte de Navegar* hace subir hasta el año de 1577 el uso de la corredera en los buques ingleses. V. Duflot de Mofras, *Notice biographique sur Mendoza et Navarrete*, 1845, pág. 64. Posteriormente, el mismo Navarrete dice en otra obra (*Viajes y descubrimientos*, t. IV, 1837, pág. 97) lo que sigue: «...porque la corredera no se usó hasta el siglo siguiente (el XVI), y el camino de la nave (en tiempo de Magallanes) se estimaba á ojo.» Por mas que la corredera, absolutamente hablando, sea un medio imperfecto para medir la distancia recorrida por el buque, ha influido sin embargo de tal manera en el conocimiento de la rapidez y de la direccion de las corrientes oceánicas, que me ha sido preciso entregarme sobre el particular á profundas investigaciones, cuyos resultados expondré aquí en resúmen, tomándolos del tomo VI, no publicado aun, de mi *Examen critique de l'histoire de la Géographie et du progrès de l'Astronomie nautique au XV et au XVI siècle*. Los romanos del tiempo de la República tenian en sus buques instrumentos para medir la distancia recorrida, consistentes en ruedas de cuatro piés de altura provistas de paletas, que se adaptaban al costado exterior del buque, absolutamente lo mismo que en nuestros vapores, y en las máquinas que Blasco de Garay presentó en 1543 al emperader Carlos V para dar movimiento á los vehículos. V. Arago, *Annuaire du bureau des longitudes*, 1829, pág. 152. El antiguo hodrómetro de los romanos (ratio a majoribus tradita, qua in rheda sedentes vel mari navegantes scire possumus quot millia numero itineris fecerimus) ha sido descrito minuciosamente por Vitrubio (lib. X, c. 14), si bien parece que debemos renunciar á tener á este autor por contemporáneo de Augusto, en vista de las convincentes razones que han alegado recientemente Schultz y Osann. El número de vueltas dadas por las ruedas exteriores sumergidas en el mar, y el de las millas recorridas en un dia, lo indicaban tres ruedas dentadas que engranaban una en otra, y la caida de chinas redondas que dejaba escapar una cajita (loculamentum) por una sola abertura. Estos hodómetros, que segun la expresion de Vitrubio llenaban á la par un objeto de utilidad y de recreo, estuvieron muy en uso en el Mediterráneo, aunque sobre este particular nada dice Vitrubio. En la biografía del emperador Pertinax, escrita por Julio Capitolino (V. *Historiæ Augustæ scriptores*, c. 8, t. I, pág. 554, edicion de Leyde, 1671), se habla de una venta de bienes pertenecientes á la sucesion del emperador Cómodo, entre los cuales se hallaba comprendido un carruaje provisto de aquel aparato, mediante el cual las ruedas daban á la par

No debemos pasar en silencio lo mucho que influyeron la civilizacion árabe y las escuelas astronómicas de Córdoba, Sevilla y Granada sobre el desarrollo de la ma-

la medida del espacio recorrido y del tiempo que hubiese durado el viaje. Heron de Alejandría, discípulo de Ctesibio, ha descrito en su obra sobre la dióptrica, no publicada aun en griego, un hodómetro mucho mas perfeccionado, igualmente aplicable á los viajes por tierra y por mar. V. Venturi, *Comment. sopra la Storia dell' Ottica*, Bolonia, 1814, t. I, páginas 134—139. En la literatura de la edad media no encontramos nada que tenga relacion con el asunto de que se trata, hasta la época en que aparecieron, á corta distancia unas de otras, muchas obras técnicas sobre la navegacion. Pertenecen á este número: el *Trattato di Navigazione*, anterior probablemente al año de 1500, por Antonio Pigafetta; otro de 1535, por Francisco Falero (hermano del astrónomo Ruy Falero, que acompañó, segun se dice, á Magallanes en su viaje de circunnavegacion, y dejó escrito un *Regimiento para observar la longitud en la mar*); el *Arte de navegar* (1545), por Pedro de Medina, sevillano; el *Breve Compendio de la Esfera y de la Arte de Navegar* (1551), por Martin Cortés, de Bujaraloz, y en fin, el *Regimiento de navegacion y hydrografia* (1606), por Andrés García de Céspedes. En todas estas obras, varias de ellas rarísimas en el dia, así como en la *Suma de Geografia* publicada en 1519 por Martin Fernandez de Enciso, reconócese que el espacio recorrido por los buques españoles y portugueses no se media directamente, sino se calculaba á ojo, con arreglo á ciertos principios numéricos. Medina (lib. III, c. 11 y 12) dice: «Para conocer la velocidad del buque segun el espacio que recorre, el piloto debe anotar de hora en hora en su libro, por medio de la ampolleta, la distancia que haya salvado el bastimento. Para ello debe saber que lo mas que la nave puede andar en una hora son 4 millas, y si el viento es flojo tres no mas, y aun á las veces solo dos.» Céspedes (*Regimiento*, etc., págs. 99 y 156), lo mismo que Medina, llama á este procedimiento «echar punto por fantasía.» Segun observa Enciso, es indispensable que esta *fantasia* se funde en un conocimiento exacto de la fuerza del buque; pero generalmente hablando, cualquiera que haya viajado mucho por mar no habrá podido menos de notar con asombro cuán levísima diferencia hay, salvo el caso de tempestad ó de grande oleaje, entre el resultado que da el cálculo hecho á ojo y el que se obtiene después por medio de la corredera. Algunos pilotos españoles, hablando de este antiguo método de valuacion á ojo, cuya incertidumbre no puede negarse, pero que no merece ser tratado con tanto desprecio, le llaman «corredera de los holandeses,» ó «corredera de los perezosos.» En el *Diario* de Cristóbal Colon se habla de varias disputas habidas con Alonso Pinzon sobre la distancia recorrida desde que partió la expedicion de Palos. Las ampolletas que llevaba Colon eran de á media hora, de suerte que el espacio de un dia entero, inclusa la noche, se hallaba divido en 48 ampolletas. En el mismo *Diario* de Colon, lleno de observaciones importantes, se lee con fecha 22 de enero de 1493: «Andaba 8 millas por hora hasta pasadas 5 ampolletas, y 3 antes que comenzase la guardia, que eran 8 ampolletas.» V. Navarrete, t. I, pág. 143. Jamás habla de la corrina en España y Portugal. Imitábanse en pequeño los grandes instrumentos de las escuelas de Bagdad y del Cairo, conservándoles sus antiguos nombres. El del astrolabio que Martin Behem colocaba en el palo mayor del buque, pertenece originariamente á Hiparco. Cuando Vasco de Gama tocó en la costa oriental de África, encontró en Melinda pilotos indios que conocian el uso de los astrolabios y de las balestrillas (1). Así, pues, ya sea que á consecuencia de relaciones mas extensas se comunicasen los pueblos sus inventos, ó ya que los aumentasen con otros nuevos, merced tambien á la alianza de las Matemáticas y la Astronomía que se fecundaban mútuamente, todo se hallaba preparado para el descubrimiento de la

redera. ¿Deberémos creer, sin embargo, que Colon la conocia, que se valió de ella, y que no se cuida de nombrarla por ser cosa demasiado vulgar, á la manera que Marco Polo no hace mencion del té ni de la muralla de la China? Semejante suposicion me parece en extremo inverosímil, siquiera se tenga solo en cuenta que en los proyectos presentados por el piloto D. Jaime Ferrer en 1495, para fijar la línea de demarcacion papal, se trata de medir la distancia recorrida, partiendo de un punto dado; y se apela únicamente al juicio de veinte marinos consumados (que apunten en su carta de 6 en 6 horas el camino que la nao fará segun su juicio). A estar la corredera entonces en uso, no hubiera Ferrer dejado de decir cuántas veces era preciso echarla. La primera aplicacion de este instrumento se halla mencionada en un pasaje del *Diario de Viaje* que llevaba Pigafetta durante la circunnavegacion de Magallanes, y que con otros manuscritos ha permanecido largo tiempo sepultado en la biblioteca Ambrosiana de Milan. Léese en él, con fecha de enero de 1521, cuando ya Magallanes habia entrado en el mar del Sur; «Secondo la misura che facevamo del viaggio colla catena a poppa, noi percorrevamo da 60 in 70 leghe al giorno.» V. Amoretti, *Primo Viaggio intorno al Globo terracqueo, ossia Navigazione fatta dal Cavaliere Antonio Pigafetta sulla squadra del Cap. Magaglianes*, 1800. pág. 46. ¿Qué otra cosa podia ser esa cadena atada á la popa («de la cual nos servimos durante todo el viaje, dice Pigafetta, para medir el camino),» sino un aparato semejante á nuestra corredera? Verdad es que no habla de la cadena enroscada y dividida en nudos, ni de la guíndola ó barquilla, ni tampoco de la ampolleta ó relojillo de arena de la corredera que marca los medios minutos; mas este silencio no debe causarnos extrañeza, admitiendo que se tratase de un objeto ya de mucho tiempo conocido. En la parte del *Trattato di Navigazione* del caballero Pigafetta, citada por Amoretti, no vuelve á hacerse mencion de la «catena della poppa;» verdad es que el trozo citado no excede de diez páginas.

(1) Barros, *Da Asia*, déc. I, lib. IV, pág. 320.

América tropical y para que los viajeros pudiesen determinar rápidamente la configuracion de aquellas nuevas regiones, así como para facilitar la travesía á las Indias por el Cabo de Buena Esperanza, y el primer viaje de circunnavegacion; es decir, todo lo grande y memorable que en el espacio de 30 años, desde 1492 á 1522, se llevó á cabo, con relacion al conocimiento del Globo. El entendimiento humano era entonces tambien mas penetrante y mas apto para recibir la infinita variedad de los nuevos fenómenos, para elaborarlos y aplicarlos por medio de la comparacion á una contemplacion mas general y elevada de la Naturaleza.

Entre las causas que concurrieron á esta elevacion de miras y permitieron al hombre comprender el conjunto de los fenómenos terrestres, solo pueden tener aquí cabida las mas considerables. Cuando estudiamos detenidamente las obras originales de los primeros historiadores de la *Conquista*, sorpréndenos hallar en los escritores españoles del siglo XVI el gérmen de un gran número de verdades importantes en el órden físico. Á la vista de un Continente que aparecia de pronto en medio de las vastas soledades del Océano, aislado del resto de la creacion, la curiosidad impaciente de los primeros viajeros y de los que escuchaban sus narraciones suscitó desde luego la mayor parte de las gravísimas cuestiones que aun se agitan en el dia, tales como la de la unidad de la especie humana y alteraciones que ha experimentado el tipo primitivo comun; la de las emigraciones de los pueblos y afinidad de las lenguas, mas desemejantes de ordinario por sus radicales que por las inflexiones y formas gramaticales; la de la emigracion de las especies animales y vejetales; la de la causa de los vientos alisios y de las corrientes pelágicas; la del decrecimiento progresivo del calor, tanto en la subida de las Cordilleras, como hácia abajo en las capas de agua sobrepuestas en las profundidades del Océano; y por último, la de la accion recíproca de los volcanes encadenados entre sí, é influjo que ejercen en los temblores de tierra y en las líneas de solevantamiento que surcan la superficie del Globo. El fundamento de lo que hoy llamamos Física del Globo, prescindiendo de las consideraciones matemáticas, se halla en la *Historia natural y moral de las Indias* del jesuita José Acosta, y asimismo en la obra que publicó Gonzalo Hernandez de Oviedo veinte años después de la muerte de Colon. Desde la fundacion de las sociedades no ha habido ninguna otra época de mas repentino y maravilloso ensanche para el círculo de las ideas, en lo relativo al mundo exterior y á las relaciones del espacio. Nunca tampoco se habia sentido mas vivamente la necesidad de observar la Naturaleza en diferentes latitudes y en diversos grados de altura sobre el nivel del mar, ni de multiplicar los medios de obligarla á revelar sus secretos.

Acaso podríamos inclinarnos á suponer, segun he observado ya en otro lugar (1), que la importancia y trascencendencia de estos grandes descubrimientos, hijos los unos de los otros, ó de esta doble conquista en el mundo físico y en el mundo intelectual, no se han comprendido bien hasta nuestros dias, cuando la historia de la civilizacion se ha tratado de una manera filosófica; pero semejante conjetura se halla desmentida por los contemporáneos de Colon, todos los cuales, ó al menos los mas eminentes, entrevian la influencia que en el desarrollo de la humanidad habian de tener los hechos que llenan los últimos años del siglo XV. «Cada dia que pasa, escribia Pedro Mártir de Anghiera en sus cartas de 1493 y 1494 (2), nos trae

(1) *Examen critique*, etc., t. I, págs. 3—6 y 290.

(2) V. *Opus Epistolarum*, Petri Martyris Anglerii Mediolanensis, 1670, epist. CXXX y CLII: «Præ lætitia prosiliisse te, vixque a lacrymis præ gaudio temperasse, quando literas adspexisti meas, quibus de Antipodum Orbe, latenti hactenus, te certiorem feci, mi suavissime Pomponi, insinuasti. Ex tuis ipse literis colligo, quid senseris. Sensisti autem, tantique rem fecisti, quanti virum summa doctrina insignitum decuit. Quis namque cibus sublimibus præstari potest ingeniis isto suavior? quod condimentum gratius? A me facio conjecturam. Beari sentio spiritus meos quando accitos alloquor prudentes aliquos ex his qui ab ea redeunt provincia

nuevas maravillas de un Mundo nuevo, de esos antípodas del Oeste que ha descubierto un *tal* Cristóbal, genovés (Christophorus quidam, vir Ligur), enviado á aquellos parajes por nuestros monarcas Fernando é Isabel. Costóle gran trabajo obtener tres buques, atento que sus promesas se consideraban como quimeras. Nuestro amigo Pomponio Leto (uno de los mas ilustres propagadores de la literatura clásica, perseguido en Roma por sus opiniones religiosas) pudo apenas contener sus lágrimas de gozo, cuando le comuniqué la primera nueva de tan inesperado acontecimiento.» Anghiera era un hábil estadista que vivió en la corte de Fernando el Católico y de Carlos V, fué como embajador á Egipto y tuvo amistad con Colon, Amérigo Vespuccio, Sebastian Cabot y Cortés. Su larga carrera abraza el descubrimiento de la isla mas occidental de las Azores, de Corvo, y las expediciones de Diaz, Colon, Gama y Magallanes. El papa Leon X, «muy entrada la noche,» leia los *Oceanica* de Anghiera á su hermana y á los cardenales. El mismo Anghiera escribia tambien lo siguiente: «Me seria muy sensible salir hoy de España, porque estoy en la fuente de las noticias que nos llegan de los paises recien descubiertos, y constituyéndome historiador de tan grandes sucesos, puedo esperar que mi nombre alcance fama póstuma (1).» Tal era la idea que se formaba ya en

(Hispaniola insula).» La expresion *Christophorus quidam Colonus* puede compararse, no diré al tan manoseado *nescio quis Plutarcus* de Auló Gelio (*Nocles atticæ*, lib. XI, c. 16), sino al *quodam Cornelio scribente* de la carta que el rey Teodórico escribió, contestando al monarca de los æstios, é indicándole, segun el capítulo 45 de la *Germania* de Tácito, el verdadero orígen del succino.

(1) *Opus Epistolarum*, epíst. CDXXXVII y DLXII. El iluminado Gerónimo Cardano, especie de taumaturgo á la par que profundo matemático, llama tambien la atencion en sus *Problemata physica* hácia los progresos que debe el conocimiento de la tierra á los hechos suministrados á la observacion por un solo hombre. Dice Cardano, t. II, 1663, págs. 630 y 639: «At nunc quibus te laudibus efferam, Christophore Columbi, non familiæ tantum, non Genuensis urbis, non Italiæ provinciæ, non Europæ partis orbis solum, sed humani generis decus!» Comparando los Proble-

tiempo de Colon de aquellas grandes cosas que se conservarán siempre brillantes en la memoria de las mas remotas generaciones.

Cuando Colon se dirigia hácia el Oeste partiendo del meridiano de las Azores, y provisto del astrolabio recien perfeccionádo á la sazon, recorria un mar por nadie explorado hasta entonces, no iba en guisa de aventurero á buscar por el Poniente la costa oriental de África, sino que obraba en virtud de un plan fijo y determinado. Es indudable que llevaba á bordo la Carta de marear que le habia dado en 1477 el médico y astrónomo florentino Paolo Toscanelli, y que cincuenta y tres años después de su muerte conservaba aun Bartolomé de Las Casas. Por la historia manuscrita de Las Casas he podido convencerme de que aquella Carta era la misma *Carta de marear* que el Almirante enseñaba á Martin Alonso Pinzon el 25 de setiembre de 1492, y en la cual se hallaban figuradas diferentes islas (1). Sin embargo, si Colon se hu-

mas de Cardano con los derivados de la escuela póstuma de Aristóteles, me he convencido de que si bien la debilidad y la confusion de las demostraciones físicas son iguales por una y otra parte, las cuestiones de Cardano ofrecen la particularidad característica, respecto á la época en que floreció, de referirse todas ellas á la meteorología comparada. Citaré, como prueba de este aserto, sus consideraciones sobre el clima de las islas, á propósito de la contraposicion que establece entre la elevada temperatura de Inglaterra y el invierno de Milan; sobre la relacion del granizo con las explosiones eléctricas; sobre las aguas y la direccion de las corrientes pelágicas; sobre el máximum de calor y de frio atmosférico que producen los dos solsticios; sobre la altura de la region de las nieves en los trópicos; sobre la temperatura dependiente del calor radioso que emana del Sol y de todos los astros á la par; sobre la mayor intensidad de la luz austral, etc. El frio, dice Cardano, no es mas que la ausencia del calor. La luz y el calor se diferencian tan solo en el nombre, pues son en sí mismos inseparables. V. Cardani, *Opera*, t. I, *de vita propria*, pág. 407; t. II, *Problem.*, págs. 621, 630—632, 653 y 713; t. III, *de subtilitate*, pág. 417.

(1) V. *Examen critique*, etc., t. I, págs. 210—249. Segun la *Historia general de las Indias*, obra hasta ahora inédita (lib. I, c. 12), «la carta de marear que maestre Paulo Físico (Toscanelli) envió á Colon» estaba en poder de Bartolome de Las Casas cuando escribió su obra. El *Diario de bordo* de Colon, del cual nos ha conservado copia Navarrete (t. I, pág. 13), no concuerda exactamente con la narracion del manuscrito de Las Casas, cuyo cono-

biera guiado únicamente por la Carta de su consejero Toscanelli, habríase dirigido mas al Norte manteniéndose en el paralelo de Lisboa, y *no* que, con la esperanza de llegar mas pronto á Cipango (el Japon), recorrió la mitad de su camino á la altura de la isla de la Gomera, una de las Azores, é inclinándose en seguida hácia el Sur, se encontró el 7 de octubre de 1492 á los 25° $\frac{1}{2}$ de latitud. Inquieto entonces porque no descubria las costas de Cipango, que segun sus cálculos hubiera debido hallarlas 216 leguas marinas mas hácia el Este, cedió después de una larga resistencia á las instancias de Martin Alonso (el comandante de la carabela *Pinta*, y uno de los tres hermanos Pinzones, hombres ricos, considerados, y no muy adictos á Colon), y navegó hácia el Sudoeste. Á este cambio de direccion se debió el descubrimiento hecho el 12 de octubre de la isla de Guanahani.

Detengámonos aquí un momento á considerar el prodigioso encadenamiento de ciertos sucesos menudos, y la indisputable influencia que ejerció este concurso de circunstancias en el destino del mundo. Washington Irwing ha dicho con sobra de razon, que si hubiese Colon continuado navegando hácia el Oeste, sin hacer caso de los

cimiento debo á la cortesía del señor Ternaux-Compans. Dice el *Diario* de Colon: «Iba hablando el Almirante (martes 25 de setiembre de 1492) con Martin Alonso Pinzon, capitan de la otra carabela *Pinta*, sobre una carta que le habia enviado tres dias hacia á la carabela, donde, segun parece, *tenia pintadas el Almirante* ciertas islas por aquella mar...» Léese, por el contrario, en el manuscrito de Las Casas, lib. I, c. 12: «La carta de marear que embió (Toscanelli al Almirante), yo que esta historia escrivo la tengo en mi poder. Creo que todo su viaje sobre esta carta fundó;» y lib. I, cap. 38: «Así fué que el martes 25 de setiembre llegase Martin Alonso Pinzon con su caravela *Pinta* á hablar con Christobal Colon sobre una carta de marear que Christobal Colon le avia embiado... *Esta carta es la que le embió Paulo Físico el Florentin, la qual yo tengo en mi poder* con otras cosas del Almirante y escrituras de su misma mano que traxéron á mi poder. En ella le pintó muchas islas...» ¿Será que el Almirante hubiese trazado en la carta de Toscanelli las islas que esperaba descubrir; ó por el contrario, la expresion *tenia pintadas* no querrá decir mas sino que el Almirante tenia un mapa en que se hallaban pintadas aquellas islas?

consejos de Martin Alonso Pinzon, hubiera entrado en la corriente de agua caliente ó *Gulf Stream*, y se habria visto conducido á la Florida, y de allí quizás al Cabo de Hatteras y á la Virginia; circunstancia cuya trascendencia es incalculable, porque la region que hoy designamos con el nombre de Estados Unidos habria podido tener una poblacion española y católica, en lugar de la poblacion inglesa y protestante que la ocupó mucho tiempo después. «Siento una inspiracion que me ilumina, decia Pinzon al Almirante, y me muestra el rumbo que debemos seguir.» Por eso sostenia, en el célebre proceso contra los herederos de Colon (1513—1515), que solo á él pertenecia la gloria del descubrimiento de la América. Aquella revelacion, «aquella voz del corazon,» debíala Martin Alonso á una nube de papagayos que á la caida de la tarde habia visto volar hácia el Sudoeste, y que él creyó irian a pasar la noche en los matorrales de la costa. Jamás un simple vuelo de pájaros tuvo mas graves consecuencias; pues de este bien puede decirse que decidió de las primeras colonias del Nuevo Continente y de la primitiva distribucion en él, de las razas latinas y germánicas (1).

La marcha de los grandes acontecimientos, así como la sucesion de los fenómenos naturales, se rige por leyes eternas que no conocemos claramente sino en parte. La flota que envió el rey Manuel de Portugal á las Indias orientales por el camino descubierto por Gama, y que capitaneaba Pedro Álvarez Cabral, fué lanzada el 22 de abril del año de 1500 á las costas del Brasil, sin que nadie hubiera podido ni aun sospecharlo. Si recordamos el celo que mostraban los por-

(1) Navarrete, *Documentos*, núm. 69, en el t. III de los *Viajes y descubrimientos*, págs. 565—571; *Examen critique*, etc., t. I, págs. 234—249 y 252; t. III, págs. 158—165 y 224. Acerca de la cuestion sobre el primer punto descubierto en las Indias occidentales, véase tambien el t. III, págs. 186—222. El mapamundi de Juan de la Cosa (seis años anterior á la muerte de Colon), que Walckenaer y yo reconocimos en 1832 durante la epidemia del cólera, y que tanta celebridad alcanzó después, ha contribuido mucho al esclarecimiento de estas controvertidas cuestiones.

tugueses por doblar el Cabo de Buena Esperanza, desde la empresa de Diaz (1487), echarémos de ver que no podian menos de reproducirse accidentes análogos á los que hicieron experimentar las corrientes del Océano á las naves de Cabral, y que los descubrimientos hechos en África hubieran, producido por lo tanto, el de las regiones de la América situadas al Sur del ecuador. Con razon, pues, ha podido decir Robertson, que era destino de la humanidad el que antes de finalizar el siglo XV fuese conocido el Nuevo Continente por los navegantes europeos.

Entre los rasgos característicos de Cristóbal Colon, debemos citar principalmente la penetracion y la seguridad de ojeada con que abarca y combina los fenómenos del mundo exterior, por mas que careciese de instruccion y le fuesen extrañas la Física y las ciencias naturales. Á su arribo «á un nuevo cielo y mundo (1),» observa atentamente la *configuracion de los paises*, la *fisonomía de las formas vegetales*, las *costumbres de los animales*, la *distribucion del calórico* y las *variaciones del magnetismo terrestre*. Sin abandonar su pensamiento de descubrir las especias de la India, y el ruibarbo (ruibarba), al que tanta celebridad habian dado los médicos árabes y judíos, Rubruquis y los viajeros italianos, observaba con escrupulosa diligencia las raices, los frutos y las hojas de las plantas. Llamados á indicar de qué manera contribuyó la grande época de las expediciones marítimas á ensanchar las miras sobre la Naturaleza, nos complacemos en poder enlazar nuestra narracion á la individualidad de un grande hombre, haciéndola asi mas animada. En el *Diario marítimo* de Colon y en sus relaciones de viaje, publicadas por primera vez de 1825 á 1829, se encuentran ya suscitadas todas las cuestiones hácia las cuales se dirigió la actividad científica en la última mitad del siglo XV y durante todo el siglo XVI.

Bastarános recordar en general lo que ganó la geogra-

(1) Acerca del talento con que describe Colon la Naturaleza, elevándose de ordinario hasta lo mas sublime de la poesía, V. *Cosmos*, t. II, págs. 61—64.

fia del hemisferio occidental con las conquistas hechas en el espacio, desde el momento en que el infante D. Enrique el Navegante, retirado á sus dominios de Terça naval en la bahía de Sagres, formaba sus primeros planes de descubrimientos, hasta las expediciones de Gaetano y de Cabrillo en el Mar del Sur. Las arriesgadas empresas de los portugueses, de los españoles y de los ingleses patentizan que se habia despertado de improviso en la humanidad un sentido nuevo: el sentido de las grandes cosas y de lo infinito. Los progresos del arte náutica, y la aplicacion de los métodos astronómicos á la correccion de los cálculos marítimos, contribuyeron al buen éxito de las tentativas que caracterizaron especialmente á aquella época, completaron la imágen de la tierra y descorrieron el velo que ocultaba á la vista del hombre la armonía del Universo. El descubrimiento de la America tropical (1.° de agosto de 1498) tuvo efecto diez y siete meses después de la expedicion de Cabot á las costas del Labrador, en la América septentrional. Colon vió por primera vez la *Tierra firme* de la América del Sur, no en la costa montuosa de Paria, como hasta ahora se habia creido, sino en el Delta del Orinoco, al Este del Caño Macareo (1). El 24 de junio de 1497 llegaba Sebastian Cabot á las costas del Labrador entre los 56° y los 58° de latitud (2). Ya he referido cómo el islandés Leif Ericson habia descubierto cinco siglos antes aquella region inhospitalaria.

Firmemente persuadido Colon hasta su muerte, de que ya en noviembre de 1492, al llegar á Cuba en su primer viaje, habia entrado en una parte del Continente asiático, daba mas importancia en su tercer viaje á las perlas de las islas Margarita y Cubagua, que no al des-

(1) Véanse los resultados de mis investigaciones en la *Relation historique du voyage aux Régions équinoxiales*, t. II, pág. 702, y *Examen critique*, etc., t. I, pág. 309.

(2) Biddle, *Memoir of Sebastian Cabot*, 1831, págs. 52—61; *Examen critique*, t. IV, pág. 231.

cubrimiento de la *Tierra firme* (1). Segun la narracion de su hijo D. Fernando y de su amigo el cura de Los Palacios, á permitirselo sus provisiones hubiera querido continuar su camino hácia el Poniente, partiendo de la isla de Cuba, y volverse á España por mar, tocando en la isla de Ceilan (Trapobana), y *rodeando toda la tierra de los Negros*, ó por tierra, atravesando á Jerusalem y Jaffa (2). El Almirante alimentaba estos proyectos desde 1494, cuatro años, por lo tanto, antes que Vasco de Gama; y pensaba en un viaje al rededor del mundo veinte y siete años antes que Magallanes y Sebastian de Elcano. Los preparativos del segundo viaje de Cabot, en el cual llegó este navegante por entre los hielos hasta los 67° $\frac{2}{1}$ de latitud septentrional, y buscó paso para trasladarse al reino de Catai (la China), en direccion al Noroeste, despertaron en Colon la idea de hacer mas adelante un viaje hácia el polo ártico (á lo del polo arctico) (3). Cuando los navegantes se fueron convenciendo poco á poco de que tanto el territorio descubierto desde El Labrador hasta

(1) Léese en un pasaje del *Diario* de Colon, con fecha 1.° de noviembre de 1492: «Y es cierto questa es la tierra firme y que estoy ante Zaito y Guinsay del Gran Can (Zaitun y Quinsay de Marco Polo, II, 77).» Colon escribia estas palabras en Cuba. V. Navarrete, *Viajes y descubrimientos*, t. I, página 46, y *Cosmos*, t. II, nota de la pág. 300. La curvatura en direccion al Sur que notó Colon en la costa occidental de la isla de Cuba, á su segundo viaje, tuvo una importancia decisiva en el descubrimiento de la América meridional, del Delta del Orinoco y del Cabo Paria, segun he manifestado en otra parte. V. *Examen critique*, t. IV, págs. 246—250. «Putat Colombus, dice Anguiera (*Epist.* CLXVIII, edic. de Amsterd., 1670, pág. 96), regiones has (Pariæ), esse Cubæ contiguas et adhærentes: ita quod utræque sint Indiæ Gangetidis continens ipsum...»

(2) V. el importante manuscrito de Andrés Bernaldez, cura de la villa de Los Palacios, en la *Historia de los Reyes Catholicos*, c. 123, la cual comprende los años de 1488 á 1513. Bernaldez habia hospedado en su casa á Colon, de vuelta de su segundo viaje. El señor Ternaux-Compans, á quien tanto debe la historia de la *Conquista*, me permitió el año de 1838 consultar libremente en París este manuscrito, que ha tenido en su poder mi célebre amigo el historiador D. Juan Bautista Muñoz. Cf. Fernando Colon, *Vida del Almirante*, c. 56.

(3) *Examen critique*, etc., t. III, págs. 244—248.

Paria, como la region que se extiende muy adentro en la Península meridional hasta mucho mas allá del ecuador, son partes de un mismo Continente, segun lo prueba el mapa, largo tiempo ignorado, de Juan de la Cosa, sintieron un deseo vehementísimo de encontrar paso al Norte ó al Mediodia. Si exceptuamos el segundo descubrimiento de la América, y la certidumbre adquirida de que el Nuevo Mundo se prolonga en direccion al Mediodia desde la bahía de Hudson hasta el Cabo de Hornos, visitado la primer vez por García Jofre de Loaysa, el conocimiento del mar del Sur que baña las costas occidentales de América, es sin duda alguna, en la época que nos ocupa, el acontecimiento de mas importancia para la historia del Mundo (1).

Diez años antes que Balboa divisase el mar del Sur desde las alturas de la tierra de Quarequa, en el itsmo de Panamá (25 de setiembre de 1513), ya Colon se habia cerciorado positivamente, navegando á lo largo de la costa oriental de Veragua, de que al Oeste de aquel pais habia un mar «que en menos de nueve dias podia conducir hácia el *Chersonesus aurea* de Ptolomeo y á la embocadura del Ganges.» En esta misma *Carta rarísima*, que contiene la narracion poética y curiosa de un sueño, dice el Almirante que las opuestas costas de Veragua están cerca del rio de Belén, en la misma situacion relativa que Tortosa

(1) El Cabo de Hornos fué descubierto en febrero de 1526 por Francisco de Hoces, en la expedicion del comendador García de Loaysa, destinada á las Molucas, que subsiguió á la de Magallanes. Mientras que Loaysa navegaba por el estrecho de Magallanes, Hoces se habia separado de la flotilla con la carabela *San Lesmes*, y fué llevado hasta los 55° de latitud meridional. «Dijeron los del buque que les parecia que era allí acabamiento de tierra.» Navarrete, *Viajes y descubrimientos*, t. V, págs. 28 y 404—488. Fleurieu afirma que Hoces vió solamente el Cabo del Buen Suceso al Oeste de la isla de los Estados. Las nociones acerca de la forma de las costas eran ya tan inciertas á fines del siglo XVI, que á los ojos del autor de la *Araucana*, el estrecho de Magallanes lo habian formado un temblor de tierra y la elevacion del lecho del mar (véase el Canto I, octava 9.ª), al paso que Acosta (*Historia natural y moral de las Indias*, lib. III, c. 10) consideraba la Tierra del Fuego como el principio de la gran region que en su concepto se extendia hácia el polo antártico. Cf. *Cosmos*, t. II, págs. 69 y 70.

en el Mediterráneo y Fuenterrabía en Vizcaya, ó bien que Venecia y Pisa. El grande Océano (el mar del Sur) no se consideraba entonces, á lo que parece, sino como una continuacion del Sinus magnus (μέγας κόλπος) de Ptolomeo, que tocaba por un lado al *Chersonesus aurea*, mientras que por el Oriente debia bañar á Cattigara y al pais de los sinos (los thinos). La hipótesis imaginaria de Hiparco, de que las costas orientales del Gran Golfo estaban unidas á aquella parte del Continente africano que se creia muy extendido á lo lejos hácia el Este, y de que, por lo tanto, el océano Índico era un mar interior sin salida, no halló eco afortunadamente en la edad media, á pesar del crédito que alcanzaba el Sistema de Ptolomeo (1); y digo afortunadamente, porque de seguro hubiera ejercido una influencia funesta en la direccion de las grandes empresas marítimas.

Si el descubrimiento y la travesía del mar del Sur abrieron una época considerable para el conocimiento de las relaciones existentes entre las diferentes partes del Globo, no es tan solo porque en virtud de aquellos acontecimientos pudiesen determinarse las costas occidentales del Nuevo Continente y las orientales del antiguo, sino tambien, cosa mucho mas importante bajo el punto de vista meteorológico, porque la comparacion numérica entre el área de la tierra firme y la del elemento líquido comenzó por primera vez, hará como unos 350 años, á purgarse de las falsas hipótesis en que antes se fundaba. La magnitud de una y otra superficie, y la distribucion relativa de la tierra y del agua, ejercen un influjo determinante en la humedad de la atmósfera, en la densidad de las diversas capas del aire, en la fuerza vegetativa de las plantas, en la

(1) Sobre la cuestion relativa á si la *hipótesis de los istmos*, segun la cual el promontorio Prasum de la costa oriental de Africa debia de hallarse unido á la península de Thinæ, pertenece á Marin de Tiro, á Hiparco ó á Seleuco de Babilonia, ó si antes bien puede atribuirse con mas razon á Aristóteles (*De Cælo*, lib. II, c. 14), véase una discusion circunstanciada en mi *Examen critique*, etc., t. I, págs. 144, 161 y 329; t. II, págs. 370—372.

mayor ó menor extension de ciertas especies de animales, y en otros muchos fenómenos naturales. La parte atribuida al elemento líquido, que se halla con el terrestre en la proporcion de 2 $^4/_5$ á 1, acorta sin duda el terreno propio para los establecimientos de la especie humana, y el campo donde se cria el alimento de la mayor parte de los mamíferos, de las aves y de los reptiles; pero eso mismo es cabalmente una condicion necesaria de conservacion, segun las leyes del organismo general, y un beneficio dispensado por la próvida Naturaleza á todos los séres animados que pueblan el Continente.

Cuando á fines del siglo XV se procuraba ardientemente descubrir el camino mas corto para llegar al pais de las especias; cuando casi á un mismo tiempo germinaba en la inteligencia de dos italianos eminentes, Cristóbal Colon y Pablo Toscanelli, el pensamiento de llegar al Oriente navegando hácia el Occidente (1), predominaba la opinion emitida por Ptolomeo en el *Almagesto*, segun a cual el antiguo continente, contando desde la costa occidental de la península Ibérica hasta el meridiano de los sinos, situado en la extremidad oriental del Mundo, comprendia un espacio de 180° ecuatoriales, ó sea la mitad de la esfera terrestre. Engañado Colon por una série de falsas deducciones, elevó este espacio hasta 240°. La costa oriental del Asia, tras la cual suspiraba, se extendia en su concepto hasta la Nueva California, bajo el meridiano de San Diego; y esperaba por lo tanto no tener que andar mas que 120° de longitud, en vez de los 231° que hay realmente entre el rico depósito chino de Quinsay, por ejemplo, y la extremidad de la península Ibérica. Toscanelli acorta-

(1) Pablo Toscanelli se distinguia tanto como astrónomo, que Regiomontano, maestro de Bebem, le dedicó en 1523 su obra *De Quadratura Circuli*, dirigida contra el cardenal Nicolás de Cusa. El fué tambien el constructor del gran gnomon de la iglesia de Santa María de Novella en Florencia, y murió en 1482 á la edad de 85 años, sin haber tenido el gusto de ver el descubrimiento del Cabo de Buena Esperanza por Diaz, ni el de la parte tropical del Nuevo Continente por Colon.

ba de una manera mas sorprendente aun, en su correspondencia con Colon, la extension del elemento líquido, arreglando así las cosas á la medida de sus proyectos. Segun él, el Océano no llenaba desde Portugal hasta la China mas que un intervalo de 52° de longitud; de suerte que, segun las palabras de Esdras, estaban en seco las seis sétimas partes de la Tierra. Á esta misma opinion se inclinaba Colon en sus últimos tiempos; segun se deduce de la carta que escribió desde Haiti á la reina Isabel, inmediatamente despues de haber dado cima á su tercer viaje; y tanto mas se inclinaba á esta opinion, cuanto que participaba tambien de ella en su *Cuadro del Mundo* (*Imago Mundi*) el cardenal de Ailly (1), cuya autoridad respetaba sobre todas las demás.

(1) Contándose en el antiguo Continente de 129 á 130° grados de longitud desde la extremidad occidental de la península Ibérica hasta las costas de la China, quedábanle á Colon 230°, poco mas ó menos, que recorrer, suponiendo que quisiese ir hasta el Catai (la China), y menos aun si solo se proponia llegar á Cipango (el Japon). El intervalo de 230° que acabo de indicar está calculado segun la situacion del Cabo de San Vicente, y la de las costas de la China á la altura del puerto de Quinsay, tan celebre en otro tiempo y nombrado muy frecuentemente por Colon y Toscanelli. Los otros nombres de Quinsay son Kanfú, Hangtscheufu, Kingszu. El gran comercio del Asia oriental se hallaba repartido en el siglo XIII entre Quinsay y Zaitun (Pingai ó Tseuthung), situado á los 25° 5' de latitud septentrional, en contraposicion á la isla Formosa (Tungfan). V. Klaproth, *Tableaux historiques de l'Asie*, pág. 227. Zipango dista del Cabo de San Vicente 22° de longitud menos que Quinsay, ó sean solo cerca de 209°, en vez de los 230° 53'. Es muy digno de notarse que, merced á ciertas compensaciones accidentales, los datos mas antiguos, es decir, los de Eratóstenes y de Estrabon (lib. I, pág. 64), se aproximan, con solo 10° de diferencia, al resultado de que poco antes hablábamos, ó sea á los 129° para la extension meridiana de lo que los antiguos llamaban *οικουμένη*. Estrabon dice expresamente, hablando de la existencia posible de dos grandes continentes habitables en el hemisferio boreal, que la tierra habitada forma, bajo el paralelo de Thinæ (ó de Atenas, véase *Cosmos*, t. II, página 231), mas de la tercera parte de toda la circunferencia terrestre. Marin de Tiro, engañado por la duracion de la travesía de Myos Hormos á las Indias, como tambien por las falsas ideas acerca del mar Caspio, cuyo eje se creia dirigido de Occidente á Oriente, y por la longitud del camino que conducia por tierra al pais de los seros, no calculaba para el antiguo continente menos de 225°, en lugar de los 129°, retirando así las

Seis años después que Balboa, metiéndose en el agua hasta las rodillas con espada en mano, creia tomar posesion del mar del Sur para Castilla, y dos años después de haber caido su cabeza bajo el hacha del verdugo en la sublevacion contra el déspota Pedrarias Dávila (1),

costas de la China hasta las islas Sand-wich. Colon, como es natural, prefiere este resultado al de Ptolomeo, segun el cual Quinsay venia á caer en la parte oriental del archipiélago de las Carolinas. En efecto, Ptolomeo en el *Almagesto* (lib. II, c. 1), coloca las costas de los sinos á 180°, y en la *Geografía* (lib. I, c. 12) á 177° $\frac{1}{4}$. Como Colon estimaba en 120°, y Toscanelli en 52° tan solamente, la travesía desde la Iberia al pais de los sinos, así el uno como el otro, rebajando cerca de 40° por la longitud del Mediterráneo, podian llamar «brevísimo camino» al de una empresa que parecia tan arriesgada. Martin Behem, en su *Manzana del mundo*, globo célebre que concluyó en 1492, y que se conserva todavía en la casa de los Behem de Nuremberga, coloca tambien las costas de la China, ó como el dice, el trono del rey de Mango, de Cambalú y de Catay, 100° tan solamente al O. de las Azores, ó por mejor decir, 119° 40′ al O. del Cabo de San Vicente, atento que Martin Behem se hallaba establecido hacia cuatro años en Fayal y tomaba sin duda á esta ciudad por punto de partida. Es probable que Colon conociese á Martin Behem en Lisboa, donde estuvieron ambos á dos de 1480 á 1484. V. *Examen critique*, etc., t. II, págs. 357—369. La inexactitud numérica de todas las obras sobre el descubrimiento de América y sobre la presunta extension del Asia oriental, me ha obligado á comparar aquí exactamente las opiniones de la edad media con las de la antigüedad clásica.

(1) La parte mas oriental del océano Pacífico fué atravesada la primera vez por hombres blancos subidos en un bote, cuando Alonso Martin de Don Benito, que el 25 de setiembre de 1513 habia abarcado el horizonte del mar con Vasco Nuñez de Balboa desde las alturas de la Quarequa, descendió algunos dias después al istmo ó golfo de San Miguel, antes de que Balboa llevase á cabo la extraña ceremonia de la toma de posesion. Siete meses antes, en enero de 1513, daba ya parte á su corte de que oia la voz de los indígenas del mar del Sur, y que la navegacion de este mar era facilísima: «Mar muy mansa y que nunca anda brava como la mar de nuestra banda (de las Antillas).» Segun refiere Pigafetta, Magallanes fué el primero que denominó *Océano Pacífico* á la mar del Sur de Balboa. Antes de la expedicion de Magallanes (10 de agosto de 1519), ya el gobierno español, que no carecia de actividad ni de prudencia, habia enviado en noviembre de 1514 órdenes secretas á Pedrarias Dávila, gobernador de la provincia de Castilla del Oro, situada á la extremidad norte-occidental de la América del Sur, y tambien al gran navegante Juan Diaz de Solis: el primero debia mandar construir cuatro carabelas en el golfo de San Miguel, para ir á explorar el mar del Sur, á la sazon recientemente descubierto; y el segundo debia buscar, partiendo de la costa oriental de América, un paso (abertura de la tierra) para llegar «á espaldas» del nuevo pais, ó sea á

apareció Magallanes en el mismo mar (27 de noviembre de 1520), atravesó el Gran Océano del Sudeste al Noroeste, recorriendo un espacio de mas de 1,850 miriámetros, y por una rara casualidad, antes de descubrir las islas Marianas, llamadas por él *Islas de los Ladrones*, ó *de las Velas Latinas*, y las Filipinas, no vió mas que dos islas desiertas, de corta extension, las islas Desventuradas, una de las cuales, si hemos de dar crédito á su *Diario*, se hallaba situada al Este de las islas Bajas (Low Islands), y la otra á corta distancia hácia el Sudoeste del archipiélago de Mendaña (1). Después del asesinato de Magallanes en la isla de Zebú, Sebastian de Elcano llevó á cabo el primer viaje alrededor del Mundo en el navío *Victoria*, y tomó por emblema un globo terráqueo con esta magnífica leyenda: PRIMUS CIRCUMDEDISTI ME. Su regreso al puerto de San Lúcar no tuvo efecto hasta setiem-

las riberas de Castilla del Oro. La expedicion de Solís, que duró desde octubre de 1515 hasta agosto de 1516, se adelantó mucho hácia el Sur, y dió por resultado el descubrimiento del Rio de la Plata, que durante mucho tiempo llevó la denominacion de Rio de Solís. Sobre este primer descubrimiento, poco conocido, del océano Pacífico, compárese la epíst. DXL, pág. 296, de Pedro Mártir, con los documentos de los años 1513—1515 que trae Navarrete en el t. III, págs. 134 y 357. V. tambien *Examen critique*, t. I, págs. 320 y 350.

(1) Acerca de la situacion geográfica de las dos islas Desventuradas (San Pablo, 16° $\frac{1}{4}$ de latitud meridional, 128° longitud occidental, é isla de los Tiburones, 10° $\frac{3}{4}$ latitud meridional, 138 longitud). V. *Examen critique*, tomo I, pág. 286, y Navarrete, t. IV, págs. LIX, 52, 218 y 267. La gran época de los descubrimientos en el espacio prestó abundante materia á una multitud de emblemas heráldicos, tales como el de Sebastian Elcano, ya citado en el texto, que representaba el globo terráqueo con esta leyenda: PRIMUS CIRCUMDEDISTI ME. Las armas otorgadas á Colon en el mes de mayo de 1493, para sublimarlo á los ojos de la posteridad, se componian del primer mapa de América y de una hilera de islas en un golfo. V. Oviedo, *Historia general de las Indias*, edic. de 1547, lib. II, c. 7, pág. 10 a; Navarrete, tomo II, pág. 37; *Examen critique*, t. IV, pág. 236. Carlos V concedió á Diego de Ordaz, por haber subido al volcan de Orizaba, un escudo de armas con la imágen de este pico; y al historiador Oviedo, que permanecio 34 anos seguidos (1513—1547) en la América tropical, otro escudo con las cuatro magníficas estrellas de la Cruz del Sur. V. Oviedo, lib. II, c. 11, pág. 16 b.

bre de 1522; y antes de cumplirse el año, ya Carlos V, instruido por las lecciones de los cosmógrafos, insistia, escribiendo á Hernan Cortés, en la posibilidad de descubrir un paso «que acortase en dos terceras partes el viaje al pais de las especias.» La expedicion de Álvaro de Saavedra parte de un puerto de la provincia de Zacatula, en la costa occidental de Méjico, y se dirige hácia las Molucas. Por último, Hernan Cortés sigue correspondencia en 1527 desde Tenochtitlan, capital recien conquistada del imperio mejicano, con los reyes de Zebú y de Tídor, en el archipiélago asiático. Tales eran la rapidez con que se habia ensanchado el horizonte del Mundo y la actividad de las relaciones que unian á sus diferentes partes.

Hernan Cortés tomó posteriormente la Nueva España como punto de partida para hacer nuevos descubrimientos en el mar del Sur, y, atravesándolo, buscar un pasaje al Nordeste; porque á todos se les resistia entonces la idea de que el Continente se extendiese sin interrupcion, desde unas latitudes tan próximas al polo antártico, hasta la extremidad del hemisferio septentrional. Cuando llegó á las costas de la California la nueva de haber perecido la expedicion de Cortés, su mujer, la bella Juana de Zúñiga, hija del conde de Aguilar, mandó equipar dos buques para ir á buscar noticias mas seguras del suceso (1). Desde el año de 1541, por mas que en el siglo XVII se diese al olvido este hecho, pasaba ya la California por una península árida y despoblada de árboles. Por lo demás, las hoy conocidas relaciones de viaje de Balboa, Pedrarias Dávila y Hernan Cortés, revelan que se consideraba el mar del Sur como una parte del Océano Indico, y se esperaba encontrar tambien en él grupos de islas abundantes en oro, pedrerías, perlas y especias. Excitada fuertemente la imagina-

(1) V. Humboldt, *Essai politique sur le royaume de la Nouvelle-Espagne*, t. II, 1827, pág. 259, y Prescott, *History of the Conquest of Mejico*, Nueva York, 1843, t. III, págs. 271 y 336.

cion, llevaba al hombre á las grandes empresas; y recíprocamente, la osadía que en ellas se desplegaba, así en la próspera como en la adversa fortuna, influia á su turno sobre la imaginacion, inflamándola mas vivamente. Así, pues, en aquella portentosa época de la *conquista*, época de esfuerzos y de violencia en que todos los ánimos se hallaban poseidos del vértigo de los descubrimientos por tierra y por mar, reuníanse muchas circunstancias que, á pesar de la absoluta falta de libertad política, favorecian el desarrollo de los caractéres individuales y contribuian á que algunos hombres superiores realizasen los grandes pensamientos que emanan de las profundidades del alma. Seria un error creer que los únicos móviles de los *conquistadores* eran el amor al oro ó el fanatismo religioso: los peligros enaltecen siempre la poesía de la vida, y, á mayor abundamiento, la vigorosa época cuyo influjo en el desarrollo de la idea del Mundo vamos estudiando, prestaba á todas las empresas y á las impresiones de los viajes lejanos un encanto que comienza á disiparse en nuestra época erudita por el facilísimo acceso á todas las regiones: hablo del encanto de la novedad y de la sorpresa. No se trataba ya de un solo hemisferio, sino de dos terceras partes del Globo que eran todavía un mundo nuevo y no explorado, un mundo oculto hasta entonces, como aquella faz de la Luna eternamente velada á los habitantes de la Tierra en virtud de las leyes de la gravitacion. Mas investigador nuestro siglo, y dueño de mas rico caudal de ideas, ha sabido hallar compensacion á la pérdida de los goces que proporcionaba en otro tiempo á los espectadores sorprendidos la imponente masa de los fenómenos de la Naturaleza; compensacion vana á la verdad para la muchedumbre, y de la cual solo podrá aprovecharse, durante mucho tiempo todavía, el corto número de hombres que se mantiene á la altura de los recientes descubrimientos físicos. Esta conquista de los tiempos modernos estriba en la observacion mas penetrante cada dia del órden regular de las fuerzas de la

Naturaleza, ora se trate del electro-magnetismo, de la polarizacion de la luz, de los efectos producidos por las sustancias diatermanas, ora de los fenómenos fisiológicos que presentan los organismos vivientes. ¡Vasto conjunto de prodigios que se descogen á nuestra vista cual otro nuevo mundo cuyas orillas pisamos apenas!

Tambien pertenecen á la primera mitad del siglo XVI lòs descubrimientos de las islas Sand-wich, del pais de los papúes y de algunas partes de la Nueva Holanda (1). Estos descubrimientos sirvieron como de preparacion á los de Cabrillo, Sebastian Vizcaino, Mendaña (2) y Quirós, el cual llama isla Sagitaria á Tahiti, y archipiélago del Espíritu Santo á las nuevas Hébridas del capitan Cook. Quirós llevaba por compañero al osado navegante que mas tarde dió su nombre al éstrecho de Torres. El mar del Sur, único teatro durante mucho tiempo de las expediciones emprendidas por los portugueses y los españoles, no era ya aquel desierto que habia creido contemplar Magallanes; antes bien se presentaba animado por diferentes islas, que, por falta de exactitud en las determinaciones astronómicas, flotaban á la verdad de uno á otro lado en los mapas, cual si hubiesen estado mal arraigadas. El gran archipiéla-

(1) Gaetano descubrió una de las islas Sand-wich en 1542. Sobre los viajes de D. Jorge de Meneses y de Alvaro de Saavedra á las islas de los papúes (1526 y 1528), V. Barros, *Da Asia*, déc. IV, lib. I, c. 16, y Navarrete, t. V, pág. 125. La Nueva Holanda se encuentra delineada en la *Hidrografía* de Juan Rotz (1542), conservada en el Museo británico, y estudiada por el sabio Dalrymple, así como tambien en la coleccion de mapas, de Juan Balard de Dieppe (1552), sobre la cual ha llamado antes que nadie la atencion el Sr. Coquebert-Mombret.

(2) Después de la muerte de Mendaña, su mujer Doña Isabel Baretos, no menos célebre por su valor que por las facultades de su inteligencia, tomó el mando de la expedicion, que se prolongó hasta el año de 1596. V. Humboldt, *Essai politique sur la Nouvelle-Espagne*, t. IV, pág. 111. Quirós efectuó á bordo la conversion del agua del mar en agua dulce; otros varios navegantes imitaron después su ejemplo. V. Navarrete, t. I, pág. LIII. Segun he demostrado antes con el testimonio de Alejandro de Afrodisias, el procedimiento para aquella operacion era ya conocido desde el siglo III de nuestra era, si bien no se usaba en los buques.

go de la Malasia, situado al Sur de la India, y confusamente descrito por Ptolomeo, Cosmas y Marco Polo, aparecia con contornos mas determinados desde el establecimiento de Alburquerque en Malacca (1511), y desde la travesía de Antonio Abreu. El mérito particular del historiador portugués Barros consiste en haber distinguido con tanta claridad el carácter físico y etnológico de las islas, que él fué quien primero propuso colocar por separado la Polynesia austral, como quinta parte del Mundo. La Australia no comenzó á salir de las tinieblas y á tomar una forma clara y distinta á los ojos de los geógrafos, hasta que el poder holandés llegó á dominar en las Molucas (1) Entónces dió principio la grande época, ilustrada por Abel-Tasman. No siendo nuestro propósito escribir circunstanciadamente la historia de todos los descubrimientos geográficos, nos limitamos á indicar los principales hechos, debidos á la súbita aspiracion que se despertó en el hombre hácia todo lo vasto, desconocido y lejano, y que por su estrecho encadenamiento produjo en muy corto espacio la revelacion de dos terceras partes de la superficie terrestre.

Á este ensanche en el conocimiento de los espacios de la tierra y del mar, correspondieron tambien miras mas vastas acerca de la existencia y leyes de las fuerzas de la Naturaleza, de la distribucion del calórico en la superficie terrestre, de la variedad de los organismos y de los límites de su propagacion. Los progresos hechos por cada ciencia en particular á fines de la edad media, con harta severidad juzgada bajo el punto de vista científico, apresuraron el momento en que los sentidos pudieron comparar, y la inteligencia abarcar en su conjunto, una infinidad de fenómenos físicos, ofrecidos de repente á la observacion. Las impresiones fueron tan mas profundas, y provocaron tanto mejor la investigacion de las leyes del Universo, cuanto que los pueblos occidentales habian ya explorado

(1) V. la excelente obra del profesor Meinicke, *Das Festland Australien*, 1837, 1.ª parte, págs. 2—10.

el Nuevo Continente, antes de mediados del siglo XVI, á lo menos en las partes mas próximas á las costas, bajo las mas diversas latitudes de ambos hemisferios; que desde su arribo habian tomado posesion de la region ecuatorial propiamente dicha; y que merced á la configuracion particular de las montañas que caracterizan á aquellas comarcas, se habian desplegado ante su vista en espacios muy reducidos las oposiciones mas marcadas de climas y de formas vegetales. Si insisto de nuevo en hacer resaltar el atractivo que tienen para la imaginacion los paises montañosos de la zona equinoccial, sírvame de excusa la observacion ya hecha repetidas veces de que los habitantes de aquellas regiones son los únicos á quienes es dado contemplar todos los astros del firmamento, y casi todas las familias del reino vegetal. Una cosa, empero, es contemplar, y otra observar, es decir, comparar y combinar.

No porque en Colon, á pesar de su falta absoluta de conocimientos en Historia Natural, se desarrollase el sentido observador en muy distintas direcciones al simple contacto de los grandes fenómenos de la Naturaleza, segun creo haber demostrado en otra parte, debemos suponer igual desarrollo en la turba guerrera y poco civilizada de los *conquistadores*. Ni pertenece á ellos la gloria de los progresos científicos que tuvieron sin duda principio con el descubrimiento del Nuevo Continente, y han aumentado los conocimientos de los europeos relativos á la composicion de la atmósfera y á sus relaciones con la organizacion humana; á la distribucion de los climas en la pendiente de las Cordilleras; á las nieves perpetuas, cuya altura varía en ambos hemisferios segun los diferentes grados de latitud; al enlace de los volcanes entre sí; á la circunscripcion de las zonas de conmocion en los temblores de la tierra; á las leyes del magnetismo, direccion de las corrientes pelágicas, y gradacion de nuevas formas animales y vegetales. Estos progresos se deben á viajeros mas pacíficos; á un corto número de empleados municipales, eclesiásticos y médicos distinguidos, que morando largo tiempo en antiguas ciudades indias, algunas de ellas situadas á mas de 12,000 piés sobre el nivel del mar, podian observar por sus propios ojos el paisaje que les rodeaba, comprobar y combinar las cosas que otros habian visto, coleccionar las producciones de la Naturaleza, describirlas y remitírselas á sus amigos de Europa. Baste citar aqui los nombres de Gomara, Oviedo, Acosta y Hernandez. Ya Colon, de vuelta de su primer viaje, habia traido algunos objetos naturales, como frutos y y pieles de animales. En una carta que la reina Isabel escribia desde Sevilla al Almirante, en agosto de 1494, le rogaba que continuase sus colecciones, pidiéndole sobre todo «aves de las que pueblan los bosques y las riberas en aquellos paises en que reinan otro clima y otras estaciones.» Hasta ahora se ha parado poco la atencion en el hecho de que Cadamosto, amigo de Martin Behem, recogió para el infante D. Enrique el Navegador varios pelos de elefante, de palmo y medio de largo, en la misma costa occidental de África de donde 2,000 años antes llevaba Hannon «pieles curtidas de mujeres salvajes,» ó, en realidad, de los grandes monos Gorillos, para colgarlas en un templo. Hernandez, médico de Felipe II, y enviado á Méjico por este monarca para reproducir en magníficos dibujos todas las curiosidades vegetales y zoológicas del pais, enriqueció sus colecciones copiando varias pinturas que representaban objetos de Historia Natural y habian sido escrupulosamente ejecutadas por órden de Nezahualcoyotl, rey de Tezcuco, medio siglo antes de la llegada de los españoles (1). Tam-

(1) Este rey poeta murió reinando en Méjico Axayacatl (1464—1477). El docto historiador Fernando de Alva Ixtlilxochitl, cuya crónica manuscrita de los Chichimecas, tan bien aprovechada por Prescott (*Conquest of Mexico*, t. I, págs. 61, 173 y 206; t. III, pág. 112), ví el año de 1802 en el palacio del virey de Méjico, era descendiente de Nezahualcoyotl. El nombre azteca de Fernando de Alva significa *cara de vainilla*. El señor Ternaux-Compans ha publicado (1840) en París una traduccion francesa de aquel manuscrito. La mencion de los largos pelos de elefante recogidos por Cadamosto, puede verse en Ramusio, t. I, pág. 109, y en Grynæo, c. 43, pág. 33.

bien se aprovechó Hernandez de una coleccion de plantas medicinales que habia encontrado vivientes aun en el antiguo jardin mejicano de Huartepec, no asolado por los conquistadores en gracia de un hospital español que acababa de fundarse allí cerca (1). Por el mismo tiempo, con corta diferencia, se reunian y describian los esqueletos fósiles de los mastodontes encontrados en las mesetas de Méjico, de la Nueva Granada y del Perú, que de tanta importancia fueron mas adelante para la teoría de la elevacion sucesiva de las cadenas de montañas. Las denominaciones de *osamentas de gigantes* y *campos de gigantes*, revelan la parte que tenia la imaginacion en las primeras interpretaciones aventuradas sobre esta materia.

El contacto inmediato de un gran número de europeos con la naturaleza exótica que desplegaba libremente sus magnificencias en los llanos y en las regiones montañosas de América, contribuyó tambien de una manera muy notable, en aquella época de agitacion, al progreso de las miras sobre el Mundo. Á consecuencia de la expedicion de Vasco de Gama, pudo contemplarse el mismo espectáculo en las costas orientales de Africa y en la India meridional. Desde principios del siglo XVI, Garcia de Orta, médico portugués, auxiliado por el noble Martin Alfonso de Sousa, habia establecido en aquella region, cabalmente sobre el terreno que hoy ocupa la ciudad de Bombay, un jarlin botánico en el cual cultivaba las plantas medicinales de as cercanías. La musa de Camöens le ha tributado por este

(1) Clavijero, *Storia antica del Messico*, Cesena, 1780, t. II, pági-á 153. Es indudable, segun los testimonios unánimes de Hernan Cortés n sus relaciones á Carlos V, de Bernal Diaz, de Gomara, de Oviedo y e Hernandez, que cuando se conquistó el Imperio de Motezuma no haia en ningun pueblo de Europa casas de fieras y jardines botánicos comarables á los de Huartepec, Chapoltepec, Iztapalapan y Tezcuco. Véase rescott, *Conquest of Mexico*, t. I, pág. 178; t. II, págs. 66 y 117—21; t. III, pág. 42. Sobre los esqueletos fósiles hallados y observados muchos siglos há en los Campos de los Gigantes, V. Garcilaso, libro IX, . 9; Acosta, lib. IV, c. 30, y Hernandez, t. I, c. 32, pág. 105, edi-ion de 1556.

hecho un elogio patriótico. El impulso estaba ya dado, y todos experimentaban el deseo de observar por sí mismos; al paso que las obras cosmográficas de la edad media, mas que producto de una contemplacion inmediata, son compilaciones en las cuales reaparecen uniformemente las opiniones de los escritores clásicos de la antigüedad. Dos hombres de los mas eminentes del siglo XVI, Conrado Gesner y Andrés Cesalpino, prepararon gloriosamente una nueva via á la Zoologia y á la Botánica.

Para trazar de una manera mas comprensible los progresos, así físicos como astronómicos, que á consecuencia de los descubrimientos hechos en el Océano ensancharon la ciencia de la navegacion, no debo terminar este cuadro sin llamar la atencion hácia algunos destellos luminosos que comienzan ya á brillar en las narraciones de Colon, y que, si bien débiles todavia, merecen tanto mas ser notados, cuanto que en ellos se encuentra el gérmen de las miras generales sobre la Naturaleza. Omito aquí las pruebas de los resultados que indico, porque las he suministrado abundantemente en mi obra intitulada: *Examen critique de l'histoire de la Géographie du nouveau continent et des progrès de l'astronomie nautique aux XV et XVI siècles*. Sin embargo, para que no pueda ni aun sospecharse que altero el órden de los tiempos, y que apoyo las observaciones de Colon sobre los principios de la Física moderna, comenzaré por traducir literalmente algunos renglones de una carta que escribia el Almirante desde Haiti en el mes de octubre de 1498: «Cuando yo navego de España á las Indias, fallo luego en pasando cien leguas á Poniente de los Azores grandísimo mutamiento en el Cielo é en las Estrellas, y en la temperancia del aire, y en las aguas de la mar; y en esto he tenido mucha diligencia en la experiencia. Fallo que de Septentrion en Austro, pasando las dichas cien leguas de las dichas islas, que luego en las agujas de marear, que fasta entonces nordesteaban, noruestean una cuarta de viento todo entero, y esto es en allegando allí á aquella línea, como quien traspone una cuesta, y asimesmo fallo la mar toda llena de yerba de una calidad que parece ramitos de pino, y muy cargada de fruta como de lantisco, y es tan espesa que al primer viaje pensé que era bajo, y que daria en seco con los navíos, y hasta llegar con esta raya no se falla un solo ramito. Fallo tambien en llegando allí la mar muy suave y llana, y bien que ventée recio nunca se levanta..... Allegado á estar en derecho con el paralelo que pasa por la Sierra Leoa en Guinea, fallo tan grande ardor y los rayos del Sol tan calientes, que pensaba de quemar..... Después que yo emparejé á estar en derecho de esta raya, luego fallé la temperancia del Cielo muy suave, y cuanto mas andaba adelante mas multiplicaba.....»

Esta carta, aclarada por otros varios pasajes de los escritos de Colon, contiene consideraciones sobre el conocimiento físico de la tierra, observaciones sobre la declinacion de la aguja de marear subordinada á la longitud geográfica, sobre la flexion de las fajas isotermas desde las costas occidentales del antiguo continente hasta las orientales del nuevo, sobre la situacion del gran banco de Sargaso en el fondo del mar Atlántico; y por último, sobre las relaciones existentes entre aquella zona marítima y la parte correspondiente de la atmósfera. Poco familiarizado Colon con las matemáticas, llegó á creer desde su primer viaje, en vista de algunas falsas observaciones sobre el movimiento de la estrella polar hechas junto á las Azores (1), que la esfera terrestre era irregular. Segun él, está el Globo mas elevado en el hemisferio occidental, y al acercarse los buques á la línea marítima en que la aguja se dirige exactamente hácia el Norte, «van alzándose hácia

(1) Véanse las observaciones de Cristóbal Colon sobre el paso de la estrella polar por el meridiano, en mi *Relation historique*, etc., tomo I, pág. 506, y *Examen critique*, t. III, págs. 17—20, 44—51, y 56—61. V. tambien Navarrete, en el *Diario de Viaje* de Colon (16—30 de setiembre de 1492), págs. 9, 15 y 254.

el Cielo suavemente, y entonces se goza de mas suave temperancia.» El solemne recibimiento del Almirante en Barcelona tuvo efecto en el mes de abril de 1493, y en mayo del mismo año firmó el papa Alejandro VI la célebre bula fijando para siempre jamás la línea de demarcacion entre las posesiones españolas y portuguesas á cien leguas de distancia al Oeste de las Azores (1). Si consideramos, por otra parte, que al volver de su primer viaje habia formado ya Colon el proyecto de ir á Roma, á fin de presentar al papa, como él mismo dice, un estado de sus descubrimientos; si atendemos á la importancia que daban sus contemporáneos al descubrimiento de *la linea magnética sin declinacion*, no parecerá infundada la asercion histórica, aventurada por mí en otra obra, de que el Almirante pugnó en el apogeo de su privanza por convertir una division *natural* en una division *política*.

El mejor medio de comprender la rápida influencia

(1) Acerca de las diferencias singulares que existen entre la «bula de concesion á los reyes Cathólicos de las Indias descubiertas y que se descubrieren,» de fecha 3 de mayo de 1493, y la «bula de Alejandro VI sobre la particion del Océano,» de 4 del mismo mes y año, aclarada en la «bula de extension» de 25 de setiembre siguiente, V. *Examen critique*, t. III, págs. 52—54. Muy diferente de esta línea de demarcacion es la línea de separacion fijada en la «capitulacion de la particion del mar Océano entre los reyes Cathólicos y D. Juan, rey de Portugal,» de 7 de junio de 1494, á 370 leguas (de 17 $\frac{1}{2}$ al grado ecuatorial) al Oeste de las islas de Cabo Verde. Cf. Navarrete, *Viajes y descubrimientos*, t. II, págs. 28—35, 116—143 y 404; t. IV, págs. 52 y 252. Esta última reparticion, que produjo la venta hecha á Portugal de las Molucas por la suma de 350,000 ducados de oro, no tenia relacion de ninguna especie con las hipótesis magnéticas ó meteorológicas. He creido conveniente hacer mencion exacta de las líneas papales de demarcacion, porque influyeron considerablemente, segun digo en el texto, en los esfuerzos hechos para perfeccionar la astronomía náutica y los métodos de longitud. Debe notarse tambien que la *Capitulacion* de 7 de junio de 1494 suministró el primer ejemplar de la determinacion exacta de un meridiano por medio de torres elevadas, ó de señales grabadas en las rocas. «Que se haga alcuna señal ó torre» donde quiera que el meridiano que va de uno á otro polo atraviese una isla ó un continente en los dos hemisferios oriental y occidental. La línea debia señalarse en los Continentes por medio de una hilera de torres ó de señales colocadas de trecho en trecho; cosa que, á la verdad, no hubiera sido pequeña empresa.

que el descubrimiento de América y las expediciones subsiguientes ejercieron en el conjunto de los conocimientos físicos y astronómicos, es recordar las primeras impresiones de los contemporáneos de aquellos sucesos, y el vasto círculo de esfuerzos científicos hechos por la mayor parte en la primera mitad del siglo XVI. Además de la indisputable gloria de haber sido el primero que descubrió una *línea sin declinacion magnética*, pertenece tambien á Colon la de haber propagado en Europa el estudio del magnetismo terrestre, por sus consideraciones sobre el aumento progresivo de la declinacion hácia el Oeste, segun se iba alejando de aquella línea. El hecho general de que casi en todas partes no se dirigen exactamente hácia los polos geográficos las extremidades de una aguja móvil magnetizada, hubiera podido comprobarse fácilmente en el Mediterráneo, á pesar de la imperfeccion de los instrumentos, y en todos aquellos parajes en que la declinacion no bajaba de 8° á 10° en el siglo XII. Empero no es inverosímil que los árabes ó los cruzados, puestos en contacto con el Oriente por los años de 1096 á 1270, llamasen tambien la atencion, al extender el uso de las brújulas china é india, hácia la declinacion que experimenta la aguja al Nordeste ó al Noroeste segun los diferentes paises, como hácia un fenómeno ya de muy antiguo conocido. Sabemos, en efecto, de una manera indudable, por el *Penthsaoyan* chino, compuesto de 1111 á 1117 bajo la dinastía de los Song, que mucho antes de aquella época se calculaba ya exactamente la declinacion occidental (1). El mérito de Colon no está en haber des-

(1) Es un hecho notabilísimo en mi concepto, que el primer escritor clásico que habla del magnetismo, Guillermo Gilbert, en quien no debemos suponer conocimiento ninguno de la literatura china, considere, sin embargo, la brújula como una invencion de los chinos, traida á Europa por Marco Polo: «Illa quidem pyxide nihil unquam humanis excogitatum artibus humano generi profuisse magis constat. Scientia nauticæ pyxidulæ traducta videtur in Italiam per Paulum Venetum, qui circa annum MCCLX apud Chinas artem pyxidis didicit» (Gullielmi Gilberti Colcestrensis, *De*

cubierto la existencia de esta declinacion que se encuentra ya indicada en el mapa de Andrés Bianco, por ejemplo, delineado en 1436, sino en haber observado el 13 de setiembre de 1492, que á 2° $\frac{1}{2}$ al Este de la isla de Corvo se muda la declinacion magnética y pasa del Nordeste al Noroeste.

Este descubrimiento de una *línea magnética sin declinacion*, justamente celebrado por Oviedo, Las Casas y Herrera, señala un punto memorable en la historia de la Astronomía náutica. Los que, siguiendo á Livio Sanuto, atribuyen este descubrimiento á Sebastian Cabot, olvidan que el primer viaje de este célebre navegante, hecho á expensas de los comerciantes de Bristol, y coronado por la toma de posesion del continente americano, es cinco años posterior á la primera expedicion del Almirante. Además de haber descubierto Colon en el océano Atlántico una region en que el meridiano magnético coincide con el meridiano geográfico, observó tambien ingeniosamente que la declinacion magnética puede servir para determinar el lugar en que se halla el buque relativamente á la longitud. En el *Diario* de su segundo viaje (abril de 1496) vemos en efecto orientarse al Almirante por medio de la declinacion de la aguja de marear. Á la verdad, nadie sospechaba entonces las dificultados que ofrece la determinacion de la longitud por este método, principalmente en aquellos parajes en que se desvian hasta tal punto las líneas magnéticas de declinacion, que, lejos de seguir la direccion del meridiano, siguen en espacios muy conside-

Magnete Physiologia nova, Lond., 1600, pág. 4). No debemos, empero, dar crédito á la supuesta importacion de la brújula por Marco Polo, quien efectuó sus viajes entre los años de 1271 y 1295, y volvia por lo tanto á Italia cuando Guyot de Provins habia hablado ya de este instrumento en su poema de la *Brújula*, como de cosa muy conocida, y asimismo Jaime de Vitry y el Dante. Los catalanes y los vascongados se servian de la aguja de marear desde mediados del siglo XIII, antes que emprendiese sus viajes Marco Polo. V. el tratado de *Contemplatione* de Raimundo Lulio, escrito el año de 1272.

rables la de los paralelos. Buscáronse, por lo tanto, con ardorosa inquietud métodos magnéticos y astronómicos, para determinar por mar y por tierra los puntos de pasada de la línea de demarcacion imaginaria; pero el estado de la ciencia y la imperfeccion de los instrumentos destinados á medir en el mar el tiempo ó el espacio, no permitian aun, en 1493, llegar á la resolucion práctica de tan complicado problema. En tal estado las cosas, el papa Alejandro VI, arrogándose el derecho de repartir un hemisferio entre dos naciones poderosas, prestó, sin saberlo, señalados servicios á la Astronomía náutica y á la teoría física del magnetismo terrestre. Desde este momento tambien viéronse asediadas las potencias marítimas por una multitud de proyectos irrealizables. Sebastian Cabot se lisonjeaba aun en su lecho mortuorio, segun refiere su amigo Ricardo Eden, de poseer un método infalible para determinar la longitud geográfica, que le habia sido inspirado por una revelacion divina; método basado en la firme creencia de que la declinacion magnética variaba regular y rápidamente con los meridianos. El cosmógrafo Alonso de Santa Cruz, que fué uno de los maestros de Carlos V, acometió en 1530, es decir, siglo y medio antes que Halley, la empresa de trazar el primer mapa general de las variaciones magnéticas (1), si bien es cierto que no podia apoyarse todavía sino en observaciones muy incompletas.

(1) Este testimonio acerca de los últimos momentos de Sebastian Cabot se halla consignado en un escrito de Biddle, compuesto con muy sana crítica, é intitulado *Memoir of Seb. Cabot*, pág. 222: «No se sabe fijamente, dice Biddle, ni el año en que murió este gran navegante, ni el lugar de su sepultura; á él debe, sin embargo, la Gran Bretaña casi todo un Continente, porque sin él, así como sin Walter Raleigh, acaso no hablarian el inglés millones de americanos.» Sobre los materiales que sirvieron para el mapa de las variaciones de Alonso de Santa Cruz, y sobre la brújula de variacion, dispuesta ya de manera que permitia medir la altura del Sol, V. Navarrete, *Noticia biográfica del cosmógrafo Alonso de Santa Cruz*, págs. 3—8. La primera brújula de variacion fué construida por un boticario de Sevilla, llamado Felipe Guillen, hombre muy industrioso. Era tan ardiente el deseo de conocer exactamente la direccion de las curvas de declinacion magnética, que Juan Jaime emprendió

La desviacion de las líneas magnéticas, cuyo descubrimiento se atribuye á Gasendo, era un secreto todavía para el mismo Guillermo Gilbert, mientras que Acosta, instruido por marinos portugueses, habia ya reconocido en toda la superficie de la Tierra cuatro líneas sin declinacion (1). Inventada apenas en Inglaterra la brújula de inclinacion por Roberto Norman (1576), lisonjeábase Gilbert de poder determinar con este instrumento el lugar del buque en medio de la noche mas oscura (aere caliginoso) (2). Á mi regreso á Europa demostré, fundado en observaciones hechas por mí personalmente en el mar del Sur, que en ciertas localidades particulares, como, por ejemplo, en las costas del Perú durante la estacion de las nieblas contínuas (garua), es posible determinar la latitud por medio de la inclinacion, con la exactitud suficiente para las necesidades de la navegacion. Me he detenido adrede en estos pormenores, á fin de que se vea, al profundizar una materia importante para la historia del *Cosmos*, que ya en el siglo XVI se agitaban todas las cuestiones que aun hoy dia ocupan la atencion de los físicos, salvo la intensidad de la fuerza magnética y las variaciones horarias de la declinacion que entonces no se pensaba todavía en calcular. En el notable mapa de América que corre unido á la edicion de la *Geografía* de Ptolomeo, publicada en Roma el año de 1508, el polo magnético está figurado por una isla volcánica situada al Norte del Gruenland (la Groenlandia), que aparece como una dependencia del Asia. Martin Cortés, en el *Breve Compendio de la Sphera* (1545), y Livio Sanuto en la *Geographia di Tolomeo* (1588), colocan el polo magné-

el año de 1585, en union con Francisco Gali, la travesía de Manila á Acapulco, sin mas objeto que probar en el mar del Sur el instrumento que acababa de inventar para aquel uso. V. *Essai politique sur la Nouvelle-Espagne*, tomo IV, pág. 110.

(1) Acosta, *Hist. natural de las Indias*, lib. I, c. 17. De estas cuatro líneas de declinacion dedujo Halley, con motivo de las controversias entre Enrique Bond y Beckborrow, la teoría de los cuatro polos magnéticos.

(2) Gilbert, *De Magnete Physiologia nova*, lib. V, c. 8, pág. 200.

tico mas hácia el Sur. Livio Sanuto alimentaba ya la idea de que «si tuviésemos la suerte de poder llegar hasta el mismo polo magnético (il calamitico), experimentaríamos sin duda algun efecto milagroso (alcun miracoloso stupendo effetto).

Por lo tocante á la distribucion del calor y á la meteorologia, fijábase ya la atencion á fines del siglo XV y principios del XVI, en el decrecimiento del calor con el de la longitud occidental, es decir, en las sinuosidades de las líneas isotermas (1); en la ley de rotacion de los vientos, generalizada por Bacon de Verulamio (2); en la disminucion que là falta de arbolado produce en la humedad atmosférica y en la cantidad anual de lluvia (3); en la depresion de la temperatura á proporcion que se sube sobre el nivel del mar; y finalmente, en el límite inferior de las nieves perpétuas. Pedro Mártir Anghiera fué el primero que notó, en 1510, que este límite es una funcion de la latitud geográfica. Alonso de Hojeda y Américo Vespucio habian visto desde el año de 1500 las nevadas montañas de Santa María

(1) A la verdad, esta flexion de las fajas isotermas es un hecho general entre las costas occidentales de Europa y las orientales de la América del Norte, comprendidas en la zona glacial y en la zona templada; pero en los trópicos llega hasta tal punto, que las fajas isotermas son casi paralelas al ecuador. Colon no atendió, en las conclusiones precipitadas á que se vió conducido, á la diferencia de climas en la tierra y en el mar, á la distincion de las costas orientales y de las occidentales, como ni tampoco al influjo de la latitud y de los vientos que soplan en Africa. V. las notables consideraciones sobre los climas, reunidas en la *Vida del Almirante*, c. 66. La precoz conjetura de Colon sobre la flexion de las fajas isotermas en el Océano era verdadera, si la limitamos á la zona fria y á la zona templada, es decir, si exceptuamos las regiones tropicales.

(2) Colon habia observado este hecho. V. *Vida del Almirante*, c. 55; *Examen critique*, t. IV, pág. 253, y *Cosmos*, t. I, pág. 336, nota 4.

(3) El Almirante, segun dice Fernando Colon (*Vida del Almirante*, c. 58), atribuia á la extension y al espesor de los bosques que cubrian las faldas de las montañas, la abundancia de lluvias refrigerantes que experimentó mientras costeaba la Jamaica. Con este motivo observa en su *Diario de Viaje*, «que en otro tiempo no eran menos abundantes las lluvias en Madera, las Canarias y las Azores; pero que, después de cortados los árboles que hacian sombra, fueron mucho mas raras las lluvias en aquellas regiones.» Por espacio de tres siglos y medio no se ha parado cuasi la atencion en esta advertencia.

(Tierras nevadas de Citarma); Rodrigo Bastidas y Juan de la Cosa las observaron de mas cerca en 1501; pero hasta que el piloto Juan Vespucio, sobrino de Américo, escribió á su protector y amigo Anghiera sobre la expedicion de Colmenares, no adquirió la region de las nieves tropicales una importancia que podremos llamar cósmica. Entonces se relacionó el límite inferior de las nieves con el influjo general de la temperatura y de los climas. Procurando explicar Herodoto, en el capítulo vigésimo segundo de su libro II, las inundaciones del Nilo, niega absolutamente que pueda haber nieve en las montañas situadas al Sur del trópico de Cáncer. Verdad es que la expedicion de Alejandro condujo á los griegos hasta los nevados picos del Indo-Kho (ὄρη ἀγάννιφα); mas estos picos se hallan situados de los 34° á los 36° de latitud septentrional. Solo una vez, que yo sepa, se habla de la existencia de nieves en la zona ecuatorial, antes del descubrimiento de América y del año de 1500; y es en la célebre inscripcion de Adulis, que Niebuhr cree anterior á la época de Juba y de Augusto, y en la cual no han parado su atencion los físicos. La certidumbre adquirida de que el límite inferior de las nieves depende de la distancia del lugar polar (1); la primera nocion de la ley en virtud de la cual decrece el calor en la direccion vertical, de donde puede inferirse la existencia de una capa de aire igualmente fria, con corta diferencia en todas partes, que va bajando del ecuador hácia los polos, señalan en la historia de nuestros conocimientos físicos una fase que no deja de ser considerable.

Si de una parte el vuelo de estos conocimientos fué ayudado por experimentos fortuitos que nada tuvieron originariamente de científicos, de otra, á consecuencia

(1) *Cosmos*, t. I, pág. 353; *Examen critique*, etc., t. IV, pág. 294; *Asie centrale*, t. III, pág. 235. La inscripcion de Adulis, 1,500 años anterior á Anghiera, habla de las nieves de la Abisinia, en las cuales se hundian los caminantes hasta las rodillas.

de accidentes particulares, vióse privado el siglo cuyo cuadro trazamos de un auxilio mas legítimo y de un impulso mas racional. El mayor físico del siglo XV, un hombre que á conocimientos muy raros en matemáticas reunia en grado sorprendente la facultad de penetrar con sus miradas en las profundidades de la Naturaleza, Leonardo de Vinci, en fin, fué contemporáneo de Colon, y murió tres años después que él. El artista coronado de gloria se entregaba al estudio de la Meteorología, no menos que al de la Hidráulica y la Optica. Mientras vivió fué hombre de influencia por sus creaciones artísticas y por el prestigio de su elocuencia, mas no por sus escritos. Si las ideas de Leonardo de Vinci sobre la Física no hubiesen quedado sepultadas en sus manuscritos, el campo de observacion abierto por el Nuevo Mundo se hubiera explorado científicamente en muchas de sus partes antes de la grande época de Galileo, de Pascal y de Huyghens. Lo mismo que Francisco Bacon, y un siglo antes que él por lo menos, Leonardo de Vinci consideraba la induccion como el único método legítimo en la ciencia de la Naturaleza: «Dobbiamo cominciare dall' esperienza, e per mezzo di questa scoprirne la ragione (1).»

Á la manera que, sin conocer todavía el uso de los instrumentos métricos, se procuraba de ordinario, en las relaciones de los primeros viajes terrestres, avaluar las condiciones climatéricas de los paises montañosos situados en la zona tropical, guiándose por la distribucion del calor, por los grados extremos de sequedad atmosférica y por la frecuencia de las explosiones eléctricas, así tambien los

(1) Leonardo de Vinci dice con mucha razon, hablando de este método: «Questo è il methodo da osservarsi nella ricerca de fenomeni della natura.» V. Venturi, *Essai sur les ouvrages physico-mathématiques de Leonard de Vinci*, 1797, pág. 31; Amoretti, *Memorie storiche su la vita di Leonardo da Vinci*, Milan, 1804, pág. 143 (en su edicion del *Trattato della Pittura*, tomo XXXIII de los Clásicos Italianos); Whewell, *Philos. of the inductive sciences*, 1840, t. II, págs. 368—370; Brewster, *Life of Newton*, pág. 332. La mayor parte de los trabajos físicos de Leonardo de Vinci data del año de 1498.

navegantes se formaron desde luego nociones exactas acerca de la direccion y rapidez de las corrientes que, cual rios de muy irregular anchura, atraviesan el océano Atlántico. Por lo que respecta á la corriente ecuatorial, propiamente dicha, esto es, al movimiento de las aguas entre los trópicos, Colon es el primero que le ha descrito, explicándose sobre este punto de una manera tan positiva como general en la relacion de su tercer viaje: «Las aguas, dice, van con los Cielos, del Levante al Poniente.» La direccion de algunas masas flotantes de yerbas marinas prestaba nueva fuerza á esta creencia (1). Encontrando Colon una vasija pequeña de barro en manos de los habitantes de la Guadalupe, supuso que podia ser de origen eu-

(1) En las mas antiguas relaciones de los españoles se echa de ver cuánto llamaron desde luego la atencion de los marinos los fenómenos naturales. Diego de Lepe, por ejemplo, segun resulta de una de las declaraciones prestadas en el proceso del fiscal contra los herederos de Colon, reconoció en 1499, por medio de un vaso de válbula que no se abria hasta llegar al fondo del mar, que á mucha distancia de la embocadura del Orinoco se halla el agua del mar cubierta por una capa de agua dulce de seis brazas de espesor. V. Navarrete, *Viajes y descubrimientos*, t. III, pág. 549. Colon sacó al Sur de la isla de Cuba agua blanca como la leche, «blanca como si le hubiesen echado harina,» á fin de llevarla á España en botellas (*Vida del Almirante*, página 56). Yo he estado en los mismos parajes calculando medidas de longitud, y me ha sorprendido que el anciano Almirante, con toda su experiencia, considerase como un fenómeno nuevo el color blanco del agua del mar, de ordinario agitada en los bajíos. Por lo que hace al *gulf-stream*, ó corriente de agua caliente, que debemos mirar como un fenómeno considerable en la contemplacion del Mundo, habia ya habido repetidas veces ocasion de observar en las Canarias y en las Azores sus diferentes efectos, aun antes del descubrimiento de la América, al ver los bambúes, los troncos de pinos y los cadáveres, diferentes de los europeos en fisonomía y aspecto, que el mar arrojaba á las costas, y al ver tambien arribar canoas llenas de extranjeros que se sentian arrastrados á su pesar, «y no podian zozobrar nunca.» Empero estos efectos se atribuian entonces á la violencia de los huracanes que soplaban del Oeste, sin observar que el movimiento de las aguas era independiente de la direccion de los vientos, y sin reconocer la flexion de la corriente pelágica hácia el Este y el Nordeste, es decir, el impulso que lleva todos los años los frutos de las Antillas á las costas de Irlanda y de la Noruega. V. *Vida del Almirante*, c. 8; Herrera, déc. I, lib. I, c. 2; lib. IX, c. 12; la Memoria de sir Humphrey Gilbert sobre la posibilidad de hallar un paso al Catay por el Noroeste, en Hakluyt, *Navigations and voyages*, t. III, pág. 14, y *Examen critique*, etc., t. II, págs. 247—257, t. III, págs. 99—108.

ropeo, y haber sido recogida de los restos de algun buque arrebatado por la corriente ecuatorial desde las costas de Iberia á las de América. En sus hipótesis geognósticas consideraba Colon la fila transversal de las pequeñas Antillas y la forma de las grandes Antillas, es decir, la direccion particular de sus costas paralelas á los grados de latitud, como un efecto del movimiento de las olas que corren del Este al Oeste bajo los trópicos.

Cuando en su cuarto y último viaje reconoció el Almirante la direccion de las costas, yendo directamente del Norte al Sur, desde el promontorio de Gracias á Dios hasta la laguna de Chiriqui, experimentó los efectos de una corriente violenta dirigida hácia el Norte y el Noroeste, y producida por el choque del rio ecuatorial que corre de Levante á Poniente, y se estrella en la otra costa. Anghiera sobrevivió á Colon lo bastante para abarcar en su conjunto el movimiento de las aguas del Océano, para reconocer el remolino del golfo de Méjico, y la agitacion que se prolonga hasta la Tierra de los Bacallaos (Terra Nova) y hasta la embocadura del rio San Lorenzo. Exponiendo circunstanciadamente en otro lugar lo mucho que contribuyó la expedicion de Ponce de Leon del año de 1512, á fijar y determinar las ideas sobre este punto, he dicho que el movimiento de las aguas del mar Atlántico, desde el Cabo de Buena Esperanza hasta el Banco de Terranova, se halla tratado en un escrito de sir Humphrey Gilbert, de los años 1567 á 1576, con arreglo á miras cuasi enteramente conformes á las de mi difunto amigo el mayor Rennell.

Á la par que el conocimiento de las corrientes, se difundió tambien el de los grandes bancos de yerbas marinas (fucus natans), especie de praderas oceánicas que ofrecen el maravilloso espectáculo de una infinidad de plantas entrelazadas, con una extension que equivale, poco mas ó menos, á siete veces la superficie de la Francia. El gran banco de fucus, propiamente dicho mar de

Sargaso, se extiende entre el décimo nono y trigésimo cuarto grado de latitud septentrional, pasando su eje principal cerca de siete grados al Oeste de la isla de Corvo. El banco pequeño, mas próximo al Continente, se halla situado en el espacio comprendido entre las islas Bermudas y las de Bahama. Los vientos y las corrientes parciales influyen irregularmente, segun los años, en la posicion y en la figura de estas praderas atlánticas. Ningun otro mar de ambos hemisferios presenta en extension tan vasta esos grupos de plantas estrechamente entrelazadas (1).

El período de los descubrimientos en los espacios terrestres, y la repentina aparicion de un continente desconocido, además de ensanchar el conocimiento del Globo, han agrandado el horizonte del Mundo, ó, para hablar con mas exactitud, los espacios visibles de la bóveda celeste. Supuesto que al atravesar el hombre latitudes diferentes, ve cambiar al mismo tiempo «la tierra y los astros,» segun la bellísima expresion del poeta elegíaco Garcilaso de la Vega (2), los viajeros debian contemplar admirados el magnífico espectáculo de las constelaciones meridionales, al caminar hácia el ecuador, á lo largo de las costas de África y hasta mas allá de la punta meridional del Nuevo Mundo. Érales dado observar aquel espectáculo mas cómoda y frecuentemente que en tiempo de Hiram ó de los Ptolomeos, bajo la dominacion romana ó bajo la de los árabes, cuando tenian que limitarse al mar Rojo ó al océano Indico, es decir, al espacio comprendido entre el estrecho de Babelmandeb y la península occidental de la India. Américo Vespucio en sus cartas, Vicente Yañez Pinzon, y Pigafetta, compañero de Magallanes y de Elca-

(1) *Examen critique*, t. III, págs. 26 y 66—99; *Cosmos*, t. I, páginas 327—330.

(2) Alonso de Ercilla imitó el pensamiento de Garcilaso en este pasaje de la *Araucana*: «Climas pasé, mudé constelaciones.» V. *Cosmos*, t. II, página 70.

no, fueron los primeros que á principios del siglo XVI describian con vivísimo colorido, cual lo habia hecho Andrés Corsali en su viaje á Cochin en las Indias orientales, el aspecto del cielo del Mediodia, del otro lado de los piés del Centauro, y de la brillante constelacion del Navío Argos. Américo, mas literato que los otros, pero en cambio menos verídico, celebra con gracia la brillante luz, disposicion pintoresca y extraño aspecto de las estrellas que giran en torno del polo antártico; polo, á la verdad, muy desprovisto de ellas. En su carta á Pedro Francisco de Médicis, afirma que durante su tercer viaje ha observado cuidadosamente las constelaciones meridionales, calculado la distancia de las principales de ellas al polo, y reproducido su colocacion. Los pormenores en que entra con este motivo hacen que sea poco sensible la pérdida de los tales cálculos.

Las manchas enigmáticas, vulgarmente llamadas *sacos de carbon* (coalbags, kohlensäcke), han sido, á lo que parece, descritas la primer vez por Anghiera el año de 1510, si bien las habian ya observado los compañeros de Vicente Yañez Pinzon en la expedicion que salió de Palos y tomó posesion del Cabo de San Agustin en el reino del Brasil (1). El Canopo fosco (Canopus niger) de Américo Vespucio es probablemente uno de aquellos coalbags. El ingenioso Acosta los compara con la parte oscura del disco de la Luna en los eclipses parciales, y los atribuye, por lo visto, á la ausencia de las estrellas y al vacío que dejan en la bóveda del Cielo. Rigaud ha demostrado que estas manchas, de las cuales dice Acosta terminantemente que son visibles en el Perú y no en Europa, y que se mueven como estrellas en torno del polo antártico, las ha considerado un célebre astrónomo como el primer bosquejo de las manchas del Sol (2).

(1) Petri Martyris, *Oceanica*, déc. I, lib. IX, pág. 96; *Examen critique*, t. IV, págs. 221 y 317.

(2) Acosta, *Hist. natural de las Indias*, lib. I, c. 2; Rigaud, *Account of Harriot's astron. papers*, 1833, pág. 37.

El descubrimiento de las dos *Nubes Magallánicas* se ha atribuido falsamente á Pigafetta; porque encuentro que Anghiera, fundándose en las observaciones de algunos navegantes portugueses, habia hecho ya mencion de estas nubes, ocho años antes de terminar Magallanes su viaje de circunnavegacion, comparando su dulce resplandor al de la via láctea. Es verosímil, por lo demás, que la Nube mayor (Nubecula major) no se habia escapado á la penetrante observacion de los árabes, siendo probablemente el *Bakar* ó Buey Blanco, visible en la parte meridional de su cielo, es decir, la *Mancha blanca*, que, segun el astrónomo Abdurraman Sofí, no podia divisarse en Bagdad ni en el Norte de la Arabia, sino en Tehama y en el paralelo del estrecho de Babelmandeb. Los griegos y los romanos habian recorrido el mismo camino en tiempo de los Lágidas, y en épocas posteriores; pero, ó no observaron nada, ó á lo menos no han dejado en sus obras conocidas ningun vestigio de esa nube luminosa que, situada entre el 11° y 12° grado de latitud septentrional, se elevaba, sin embargo, en tiempo de Ptolomeo á 3°, y en el año de 1000, en tiempo de Abdurraman, á mas de 4° sobre el horizonte (1). La altura meridiana de la *Nubecula major*, tomada desde el medio, puede tener en la actualidad 5° cerca de Aden. Si los navegantes no comienzan de ordinario á divisar claramente las nubes magallánicas sino en latitudes muy próximas al Mediodia, en el ecuador, ó aun algo mas lejos, hácia el Sur,

(1) Pigafetta, *Primo viaggio intorno al Globo terracqueo*, pubbl. da C. Amoretti, 1800, pág. 46; Ramusio, t. I, pág. 345 c; Petri Martyris, *Oceanica*, déc. III, lib. I, pág. 217. Segun los sucesos mencionados por Anghiera (década II, lib. X, pág. 204, y déc. III, lib. X, pág. 232), el pasaje de los *Oceanica* en que babla de las nubes de Magallanes debió ser escrito por los años de 1514 á 1516. Andrés Corsali (V. Ramusio, t. I, pág. 177) describe tambien, en una carta dirigida á Julian de Médicis, el movimiento de traslacion circular «de due nugolette di ragionevol grandezza.» La estrella colocada entre la *nubecula major* y la *nubecula minor*, diseñada por Corsali, es, en mi concepto, ζ de la Hidra. V. *Examen critique*, t. V, págs. 234—238. Sobre Pedro Teodoro de Emden y Houtmann, discípulo del matemático Planeso, véase tambien un ensayo histórico de Olbers, en el *Schumacker's Jahrbuch*, 1840, pág. 249.

esto se explica por el estado de la atmósfera y por los vapores que reflejan una luz blanca en el horizonte. Penetrando en lo interior de las tierras de la Arabia meridional, el puro azul de la bóveda celeste y la gran sequedad del aire deben contribuir á que se vean las nubes magallánicas. La facilidad con que en los dias serenos se puede seguir, bajo los trópicos y en latitudes muy meridionales, el movimiento de los cometas, es un argumenlo en pró de esta conjetura.

El agrupamiento en constelaciones nuevas de las estrellas situadas cerca del polo antártico, pertenece al siglo XVII. Los navegantes holandeses Pedro Theodoro de Emdem y Federico Houtmann, el cual vivió en Java y en Sumatra de 1596 á 1599, como prisionero del rey de Bantam y de Atschin, hicieron con instrumentos imperfectos varias observaciones, cuyo resultado puede verse en los mapas celestes de Hondius Bleaw (Jansonio Cesio) y de Bayer.

La zona celeste, situada entre los 50° y 80° de latitud meridional, tan cuajada de nebulosas y de grupos estrellados, debe á la distribucion desigual de las masas luminosas un carácter particular, un aspecto que podemos llamar pintoresco, un encanto indecible debido al agrupamiento de las estrellas de primera y segunda magnitud y á su separacion por medio de regiones que á la simple vista parecen oscuras y desiertas. Estos contrastes singulares, el resplandor mas vivo con que brilla la via láctea en varios puntos de su desarrollo, las nubes luminosas y redondeadas de Magallanes que describen aisladamente su órbita; y por último, aquellas manchas oscuras, la mayor de las cuales está muy próxima á una constelacion magnífica, aumentan la variedad del cuadro de la Naturaleza, y fijan la atencion del observador conmovido en las regiones extremas que sirven de límite al hemisferio meridional de la bóveda celeste. Circunstancias particulares, hijas en parte de las creencias religiosas, hacen que una de aquellas regiones haya adquirido importancia á los ojos de los navegantes cristianos que recorren los mares situados entre los trópicos, ó mas allá, y de los misioneros que predican el cristianismo en las dos penínsulas de la India: hablo de la region de la *Cruz del Sur*. Las cuatro estrellas principales de esta constelacion se hallan confundidas en el *Almagesto*, y por consiguiente en la época de Adriano y de Antonino Pio, con los piés traseros del Centauro (1). Es un hecho cuasi inexplicable, atendiendo á la forma distinta de la Cruz que se aisla en su individualidad, como el grande y el pequeño Carro, Escorpion, Casiopea, el Águila y el Delfin, que las susodichas cuatro estrellas no hayan sido antes clasificadas aparte de la antigua y poderosa constelacion del Centauro; confusion tanto mas extraña, cuanto que el persa Kazwini y otros astrónomos mahometanos se habian compuesto trabajosamente una *Cruz* particular con el Delfin y el Dragon. Algunos han dicho, aunque sin demostrarlo, que así como la lisonja cortesana de los sábios alejandrinos convirtió la estrella Canopo en un *Ptolomœon*, así tambien, por honrar á Augusto, hicieron de las estrellas de que se compone la Cruz del Sur un *Cœsaris Thronon*, constantemente invisible en Italia (2). En tiempo de Claudio Tolomeo, la magnífica estrella situada al pié de la Cruz se elevaba aun en Alejandría, á su paso por el meridiano, hasta 6° 10′ de altura, al paso que hoy; en el mismo lugar, su punto culminante se queda siempre algunos grados por bajo del horizonte. Para que *alpha* de la Cruz se nos presente en la actualidad á 6° 10′ de altura, seria preciso, contando con la refraccion de los rayos, colocarnos 10° al Sur de Alejandría, ó sea á los 21° 43′ de latitud septentrional. Los anacoretas cristianos del siglo IV podian ver todavía la *Cruz* á 10° de altura en los desiertos

(1) Cf. las investigaciones de Delambre y de Encke con las de Ideler, *Ursprung der Sternnamen*, págs. LXIX, 263 y 277. V. tambien *Examen critique*, etc., t. IV, págs. 319—324; t. V, págs. 17—19, 30 y 230—234.

(2) Plinio, lib. II, c. 71; Ideler, *Sternnamen*, págs. 260 y 295.

de la Tebaida. No supongo, sin embargo, que aquellos pusiesen á esta constelacion el nombre que hoy lleva, pues Dante no le cita en el célebre pasaje del *Purgatorio*,

> Io mi volsi a man destra, e posi mente
> All'altro polo, e vidi quattro stelle
> Non viste mai fuor ch'alla prima gente;

ni Américo Vespucio, que en su tercer viaje alude á estos versos contemplando el cielo estrellado de las regiones del Sur, lisonjeándose de haber visto «las cuatro estrellas que solo la primera pareja humana pudo divisar,» conocia tampoco la denominacion de *Cruz del Sur*. Américo no dice mas sino que las cuatro estrellas forman una figura romboidal (una mandorla); y esto lo escribia el año de 1501. Luego que se multiplicaron los viajes marítimos en derredor del Cabo de Buena Esperanza y por el mar del Sur, atravesando las vias abiertas por Gama y Magallanes; y luego que los misioneros cristianos pudieron ir penetrando, á consecuencia de nuevos descubrimientos, en las regiones tropicales de América, aquella constelacion fué adquiriendo de dia en dia mayor celebridad. El primero que hace mencion de ella como de una cruz maravillosa (croce maravigliosa), «mas bella que cuantas constelaciones brillan en la bóveda celeste,» es el florentino Andrés Corsali, en 1517, y poco después, en 1520, Pigafetta. Corsali, que era mas erudito que este último, admira el espíritu profético del Dante, ignorando que este gran poeta no tenia menos erudicion que imaginacion, que habia visto los globos celestes de los árabes, y que mantenia relaciones con un gran número de pisanos de los que habian estado en las regiones orientales (1). Ya Acosta, en su *Historia natural y moral*

(1) En otro lugar he procurado desvanecer las dudas que acerca de las «quatro stelle» han suscitado en nuestros dias algunos célebres comentadores del Dante. Para comprender bien todos los términos de la cuestion, es preciso comparar los versos «Io mi volsi, etc.» (*Purgatorio*, canto I, vs. 22—24), con los pasajes siguientes: *Purgat.*, I, 37; VIII, 85—93; XXIX, 121; XXX, 97; XXXI, 106, é *Inferno*, XXVI, 117 y 127. El as-

de las Indias, observa que los primeros colonos españoles establecidos en la América tropical se valian de la Cruz del Sur, cual se hace hoy todavía, como de una especie de reloj celeste, segun su situacion vertical ó su grado de inclinacion (1).

En virtud de la retrogradacion de los puntos equinocciales, el aspecto del cielo estrellado varía en todos y cada

trónomo milanés de Cesaris creia que las tres *facelle*, «di che'l polo di quà *tutto quanto arde*,» y que se ponen cuando salen las cuatro estrellas de la Cruz, eran Canopo, Achernar y Fomalhaut. Yo he procurado esclarecer el problema por medio de las siguientes consideraciones: «El misticismo filosófico y religioso que penetra y vivifica la inmensa composicion del Dante, asigna á cada objeto una existencia ideal al lado de su existencia real ó material, viniendo así á representar dos mundos, de los cuales el uno es el reflejo del otro. En el órden moral, el grupo de las cuatro estrellas representa las *virtudes cardinales*, Prudencia, Justicia, Fortaleza y Templanza, y merecen por lo mismo el nombre de luces santas (*luci sante*). Las tres estrellas «que iluminan el polo» representan las tres *virtudes teologales*, Fé, Esperanza y Caridad. Los primeros de estos seres nos revelan la dualidad de su naturaleza, cantando: «Aquí somos ninfas, y en el cielo estrellas, *noi sem qui ninfe, é nel ciel semo stelle*.» En la *Tierra de la verdad* (el Paraiso terrenal), se encuentran reunidas siete ninfas, «In cerchio le facevan di se claustro le sette Ninfe,» que presentan la reunion de las virtudes cardinales y teologales. Apenas podemos reconocer bajo estas formas místicas los objetos reales del firmamento, separados entre sí á largas distancias con arreglo á las leyes eternas de la *Mecánica* celeste. El mundo ideal es una creacion libre del alma, un producto de la inspiracion poética.» *Examen critique*, etc., t. IV, págs. 324—332.

(1) Acosta, lib. I, c. 5. Cf. mi *Relation historique*, etc., t. I, pág. 209. Como las estrellas α é γ de la Cruz del Sur tienen un movimiento de ascension recta cuasi uniforme, la Cruz parece vertical cuando pasa por el meridiano; pero los naturales suelen olvidar con harta frecuencia que este reloj celeste adelanta cada dia 3' 56''. Todos los cálculos relativos á la aparicion de las estrellas australes en las latitudes del Norte, los debo á las atentas comunicaciones del doctor Galle, que fué quien primero descubrió en el cielo el planeta de Leverrier. «La incertidumbre de los cálculos, dice el doctor Galle, segun los cuales α de la Cruz del Sur comenzó á ser invisible hácia el año 2900 antes de nuestra era, á los 52° 25' de latitud septentrional, puede estribar en mas de 100 años, y por muy exactamente que se hagan las operaciones, nunca será posible librarse completamente de este error, atendiendo á que el movimiento no es uniforme en espacios de tiempo tan dilatados. El movimiento de α de la Cruz llega á un tercio de segundo por año, principalmente en el sentido de la ascension recta. La incertidumbre producida por esta causa de error no excede probablemente del límite que he indicado mas arriba.»

uno de los lugares de la Tierra. La antigua raza humana pudo ver salir desde las elevadas regiones del Norte las magníficas constelaciones del Mediodia, que, invisibles por largo espacio de tiempo, volverán á aparecer al cabo de muchos miles de años. Ya en tiempo de Colon, Canopo se hallaba á 1° 20′ por bajo del horizonte de Toledo, ciudad situada á los 39° 54′ de latitud; y en la actualidad se eleva casi otro tanto por encima del horizonte de Cádiz. Para Berlin, y en general para los habitantes de las regiones septentrionales, las estrellas de la Cruz del Sur, lo mismo que *α* y *b* del Centauro, se van alejando cada vez mas, al paso que las nubes magallánicas se acercan poco á poco á nuestras latitudes. Canopo ha estado en los últimos diez siglos lo mas cerca posible del Norte, y en la actualidad se aleja hácia el Mediodia, puesto que con extremada lentitud, á causa de la poca distancia que le separa del polo meridional de la ecliptica. Á los 52° $\frac{1}{2}$ de latitud septentrional, la Cruz comenzó á ser invisible 2,900 años antes de nuestra era, siendo así que habia podido elevarse en época anterior, segun Galle, á mas de 10° sobre el horizonte. Cuando desapareció para los observadores situados en las cercanías del mar Báltico, habia ya 500 años que se hallaba construida en Egipto la gran pirámide de Cheops. La invasion de los hycsos acaeció 700 años después. Parece como que la Antigüedad se aproxima á nosotros cuando le aplicamos la medida de los grandes acontecimientos.

Á la par que se ensanchaba el conocimiento, mas contemplativo que científico, de los espacios celestes, progresaba tambien la Astronomía náutica, es decir, se perfeccionaban los métodos por medio de los cuales se determina el lugar de un buque, ó, en otros términos, su latitud y longitud geográficas. Todo cuanto pudo contribuir mas adelante al desarrollo de la navegacion, como la invencion de la brújula y un estudio mas formal de la declinacion magnética; la estimacion de la velocidad en virtud de la mejor construccion de la corredera, del uso de los cronómetros y de la medida de las distancias lunares; las mejoras introducidas en la construccion de los buques; la fuerza del viento reemplazada por una fuerza nueva; y especialmente la acertada aplicacion de la Astronomía al arte náutica: todo esto, repito, ha influido eficazmente en el descubrimiento de los espacios terrestres, en la rapidez de las comunicaciones entre los pueblos, y en el conocimiento de las relaciones que ligan á las diferentes partes del Mundo. Debemos recordar á este propósito, repitiendo lo dicho anteriormente, que los marineros catalanes y mallorquines se valian de instrumentos náuticos para medir el tiempo por la altura de las estrellas, y que el astrolabio descrito por Raimundo Lulio en su *Arte de Navegar* es muy cerca de dos siglos mas antiguo que el de Behem. Tan reconocida se hallaba en Portugal la importancia de los métodos astronómicos, que por los años de 1484 fué nombrado Martin Behem presidente de una *Junta de Mathematicos* que debia calcular las tablas de la declinacion del Sol, y enseñar á los pilotos, segun la expresion de Barros, «la maneira de navegar por altura do sol (1).» Esta manera de navegar por la altura meridiana del Sol, se distinguió desde entonces muy claramente de la navegacion «por la altura del Este-Oeste,» es decir, por la determinacion de las longitudes (2).

Segun hemos indicado antes, la necesidad de encontrar la posicion real de la línea de demarcacion indicada por el papa Alejandro VI, y de marcar en el Brasil, nuevamente descubierto, y en las islas situadas al Sur de las Indias, el límite legítimo entre las posesiones de las Coronas española y portuguesa, dió ocasion á que se buscasen con mas ardor métodos prácticos para determinar la longitud, pues nadie desconocia cuán raros eran los casos á que podia aplicarse el antiguo é imperfecto método de los eclíp-

(1) Barros, *Da Asia*, 1778, déc. I, t. IV, c. 2, pág. 282.

(2) V. *Noticia biográfica de Fernando de Magallanes*, en Navarrete, *Viajes y descubrimientos*, etc., t. IV, pág. XXXII.

ses de Luna, inventado por Hiparco. El uso de las distancias lunares fué recomendado desde el año de 1514 por Juan Werner, astrónomo nurembergués, y en seguida por Oroncio Fineo y Gemma Frisio; mas, por desgracia, semejante método debia ser estéril por largo espacio de tiempo, hasta que, después de innumerables tentativas inútiles hechas con los instrumentos de Bienewitz (Pedro Apiano) y de Alonso de Santa Cruz, inventó Newton en 1700 el sextante de reflexion, y generalizó Hadley su uso entre los navegantes por los años de 1731.

La influencia de los astrónomos árabes contribuia tambien desde el centro de España á los progresos de la Astronomía náutica, si bien es cierto que para llegar á determinar las longitudes se hicieron muchos ensayos infructuósos; y mas que á erratas en la impresion de las *Efemérides astronómicas* de Regiomontano, á la sazon en uso, se atribuyó de ordinario el mal éxito á inexactitud en las observaciones. Los portugueses miraban como sospechosos los resultados suministrados por los españoles, á quienes acusaban de haber alterado las Tablas por motivos políticos (1). La necesidad nuevamente sentida del auxilio que, teóricamente á lo menos, prometia la Astronomía náutica, se halla expresada con particular vehemencia en las relaciones de Colon, de Américo Vespucio, de Pigafetta y de Andrés de San Martin, célebre piloto que dirigió la expedicion de Magallanes y poseia los métodos de longitud de Ruy Falero. Estudiáronse con resultados mas ó menos ventajosos las oposiciones de los planetas, la ocultacion de las estrellas, las diferencias de altura entre la Luna y Júpiter, y las variaciones de la declinacion de la Luna; y nosotros poseemos diferentes observaciones de conjuncion hechas en Haiti por el Almirante, en la noche del 13 de enero de 1493. Era tan generalmente conocida la necesidad de agregar á todas las gran-

(1) Barros, *Da Asia*, déc. III, 2.ª parte, 1777, págs. 650 y 658—662.

des expediciones un hombre especialmente versado en la Astronomía, que la reina Isabel escribia á Colon lo siguiente, el 5 de setiembre de 1493, después de elogiarle por haber sabido acerca de la expedicion *mas que nunca se pensó que pudiera saber ninguno de los nacidos*: «Nos parece que seria bien que llevásedes con vos un buen Estrólogo, y nos parescia que seria bueno para esto Fray Antonio de Marchena, porque es buen Estrólogo y siempre nos pareció que se conformaba con vuestro parecer (1).» Colon di-

(1) La reina escribia á Colon: «Nosotros mismos, y *no otro alguno*, habemos visto algo del libro que nos dejástes (un *Diario de Viaje* en el cual habia suprimido el desconfiado marino todas las indicaciones numéricas de latitud y de distancia): quanto mas en esto platícamos y vemos, conocemos *cuan gran casa ha seido este negocio vuestro y que habeis sabido en ello mas que nunca se pensó que pudiera saber ninguno de los nacidos. Nos parece que seria bien* que llevásedes con vos *un buen Estrologo*, y nos parescia que seria bueno para esto *Fray Antonio de Marchena*, porque es buen Estrologo y siempre nos pareció *que se conformaba con vuestro* parecer.» Acerca de este Marchena, que es el mismo Fray Juan Perez, guardian del convento de la Rábida, adonde llegó Colon hecho un miserable en 1484, y suplicó á los frailes le diesen pan y agua para sus hijos, véase Navarrete, tomo II, pág. 110; t. III, págs. 597 y 603; Muñoz, *Historia del Nuevo Mundo*, lib. IV, §. 24. En su carta á los Christianíssimos Monarcas, fecha en la Jamáica el 7 de julio de 1503, llama Colon á las *Efemérides astronómicas* una «vision profética.» V. Navarrete, t. I, pág. 306. El astrónomo portugués Ruy Falero, natural de Cubilla, tomó una parte considerable en los preparativos de la circunnavegacion de Magallanes, con el cual habia sido nombrado por Carlos V caballero de la Orden de Santiago (1519), y habia compuesto para Magallanes un tratado especial acerca de las determinaciones de longitud, de cuyo tratado poseia algunos capítulos manuscritos el gran historiador Barros, y es probablemente el mismo que imprimió Juan Cromberger en Sevilla el año de 1535. V. *Examen critique*, etc., t. I, págs. 276 y 302; t. IV, pág. 315. Navarrete (*Obra póstuma sobre la historia de la Náutica y de las ciencias matemáticas*, 1846, pág. 147) no ha podido encontrar este libro ni aun en España. Acerca de los cuatro métodos para determinar las longitudes, que debia Falero á las inspiraciones de su demonio familiar, V. Herrera, déc. II, libro II, c. 19, y Navarrete, t. V, pág. LXXVII. Posteriormente, Alonso de Santa Cruz, el mismo que intentó determinar las longitudes por la variacion de la aguja magnetizada, como lo consiguió en 1525 el boticario sevillano Felipe Guillen, hizo proposiciones irrealizables para alcanzar el mismo resultado por la *transposicion del tiempo*. Sus cronómetros eran ampolletas y clepsidros, ruedas movidas por pesos colgantes, y hasta mechas empapadas en aceite que se consumian en el mismo lapso de tiempo. Pigafetta (*Transunto del trattato di Navigazione*, pág. 219) recomienda

ce en la relacion de su cuarto viaje: «De mi viaje digo: que fueron ciento y cincuenta personas conmigo, en que hay hartos suficientes para pilotos y grandes marineros: ninguno puede dar razon cierta por donde fuy yo ni vine: la razon es muy presta. Yo parti de sobre el puerto del Brasil: en la Española no me dejó la tormenta ir al camino que yo queria: fué por fuerza correr adonde el viento quiso. En ese dia cai yo muy enfermo: ninguno habia navegado hácia aquella parte: cesó el viento y mar dende á ciertos dias, y se mudó la tormenta en calmería y grandes corrientes. Fuí á apertar á una isla que se dijo de las *Bocas*, y de allí á Tierra firme. Ninguno puede dar cuenta verdadera de esto, porque no hay razon que abaste; porque fué ir con corriente sin ver tierra tanto número de dias. Seguí la costa de la Tierra firme: esta se asentó con compás y arte. Ninguno hay que diga debajo cuál parte del cielo ó cuándo yo parti de ella para venir á la Española. Los pilotos creian venir á parar á la isla de *Sanct-Joan*; y fué en tierra de *Mango*, cuatrocientas leguas mas al Poniente de adonde decian. Respondan, si saben, adónde es el sitio de *Veragua*. Digo que no pueden dar otra razon ni cuenta, salvo que fueron á unas tierras adónde hay mucho oro, y certificarle; mas para volver á ella el camino tienen ignoto: seria necesario para ir á ella descubrirla como de primero. Una cuenta hay y razon de astrologia, y cierta: quien la entiende esto le abasta. Á vision profética se asemeja esto. Las naos de las Indias, sino navegan, salvo á popa, no es por la mala fechura, ni por ser fuertes; las grandes corrientes que allí vienen, juntamente con el viento hacen que nadie porfíe con bolina, porque en un dia perderian lo que hubiesen ganado en siete; ni saco carabela aunque sea latina portuguesa. Esta razon hace que no

las alturas de la Luna en el meridiano. Américo Vespucio dice con tanta candidez como verdad, hablando de estos metodos lunares para determinar las longitudes: «La ventaja que ofrecen provienen del *corso più leggier* de la luna.» V. Canovai, *Viaggi*, pág 57.

naveguen, salvo con colla, y por esperarle se detienen á las veces seis y ocho meses en puerto; ni es maravilla, pues, que en España muchas veces acaece otro tanto (1).

Entro en estos pormenores característicos, porque ellos patentizan cómo la Astronomía náutica, que ha facilitado el acceso á todas las partes de la Tierra ocurriendo á los riesgos de la navegacion, recibió su primer desarrollo en el período cuyo cuadro voy trazando; cómo en el movimiento general de las inteligencias se echó de ver desde luego la posibilidad de unos métodos cuya aplicacion no podia ser general sino despues de perfeccionados los cronómetros, los instrumentos propios para medir los ángulos y las tablas solares y lunares. Si es cierto, como se ha dicho, que el carácter de un siglo lo constituye el progreso mas ó menos rápido del espíritu humano en un lapso de tiempo determinado, el siglo de Colon y de los grandes descubrimientos marítimos, al aumentar de una manera inesperada los objetos de la ciencia y de la contemplacion, dió un impulso nuevo y mas eficaz á los siglos subsiguientes; que propia cosa es de los descubrimientos considerables ensanchar á la par el círculo de las conquistas y el horizonte del campo que aun queda por conquistar. No faltan, empero, en cada época espíritus débiles que se complacen en creer llegada á la humanidad al apogeo de su desarrollo intelectual, olvidando que, por efecto del íntimo enlace que existe entre todos los fenómenos de la Naturaleza, el terreno se va ensanchando al mismo compás que por él se adelanta, y su límite de circunscricion al horizonte se aleja incesantemente á la vista del observador.

¿Qué otra época puede mostrarnos la historia de los pueblos comparable á aquella en que sucesos tan preñados de consecuencias como el descubrimiento y la pri-

(1) Carta de Colon á los Cristianísimos Monarcas, fecha en la Jamaica el 7 de julio de 1503.—*Navarrete, t. I, pág. 306.*

mera colonizacion de América, la travesía á las Indias orientales por el Cabo de Buena Esperanza, y el primer viaje de circunnavegacion de Magallanes, se encuentran asociados al desarrollo del arte, al triunfo de la libertad intelectual y religiosa, y á los progresos imprevistos del conocimiento del Cielo y de la Tierra? Para que su grandeza nos colme de admiracion, semejante época no necesita el prestigio de la lejanía á que aparece de nosotros; pues debe muy poco á la circunstancia de presentarse á nosotros enlazada con recuerdos históricos y libre de la importuna realidad del tiempo presente. En ella, empero, como en todo lo perteneciente á la tierra, se halla por desgracia empañado el esplendor del triunfo con deplorables desastres. Los progresos de la ciencia del Mundo se han comprado á precio de cuantas violencias y crueldades han llevado de un cabo á otro de la Tierra conquistadores que se llamaban civilizados; pero seria una pretension harto temeraria la de querer establecer de una manera dogmática, al seguir paso á paso el desarrollo de la humanidad, la balanza del bien y del mal; ni está bien al hombre ponerse á juzgar los acontecimientos que interesan al mundo entero, y que, preparados con mucha anticipacion en el seno fecundo del tiempo, no pertenecen sino en parte al siglo en que arbitrariamente los colocamos.

El primer descubrimiento de la parte central y meridional de los Estados Unidos, hecho por los escandinavos, viene cuasi á coincidir con la misteriosa aparicion de Manco Capac en la meseta del Perú, y ocurrió doscientos años después de la llegada de los aztecas al valle de Méjico. Tenochtitlan, capital de este reino, fué fundada trescientos veinticinco años después. Si las colonizaciones normandas hubiesen tenido consecuencias mas durables; si las hubiese sostenido y protegido una metrópoli poderosa dotada de unidad política, las razas germánicas hubieran encontrado aún, al penetrar en aquellas regiones, hordas errantes de cazadores nómadas, en los mismos lugares en que los conquistadores españoles encontraron labradores apegados al suelo que cultivaban (1).

Los tiempos de la conquista, ó sea el fin del siglo XV y el principio del XVI, se distinguen por una acumulacion prodigiosa de grandes sucesos realizados en la vida política y moral de las naciones europeas. El mismo mes en que Hernan Cortés se dirijia á Méjico para sitiarla, después de la batalla de Otumba, quemaba Martin Lutero en Wittemberga la bula del papa, y fundaba aquella Reforma que prometia independencia al espíritu y un nuevo vuelo por

(1) La raza americana, que, idéntica por todas partes, se extiende desde los 65° de latitud septentrional hásta los 55° de latitud meridional, pasa directamente de la vida de cazador á la vida agrícola, sin atravesar la vida pastoril; lo cual es tanto mas notable, cuanto que hay innumerables rebaños de bisontes fácilmente domesticables, que dan leche abundantísima. Gomara trae en su *Historia general de las Indias*, c. 214, una particularidad en que hasta ahora no se ha parado la atencion; y es que al Noroeste de Méjico, á los 40° de latitud, existia aun en el siglo XVI una poblacion, cuya principal riqueza consistia en rebaños de bisontes domésticos (bueyes con giba). Estos animales suministraban á los naturales vestido, alimento, y una bebida que sin duda debia de ser la sangre, porque parece rasgo comun á todos los habitantes del Nuevo Mundo antes de la llegada de los europeos, así como á los de la China y de la Cochinchina, el haber tenido siempre grande antipatía á la leche, ó, por lo menos, el no haber hecho uso de ella para nada. V. Prescott, *Conquest of Mexico*, t. III, pág. 416. Verdad es tambien que en toda la parte montañosa de Quito, del Perú y de Chile hubo en todo tiempo rebaños de llamas domesticados; pero estos animales constituian la riqueza de pueblos establecidos sobre el terreno, y que vivian de su cultivo. En las Cordilleras de la América meridional no se ha encontrado rastro alguno de la vida pastoril. ¿Qué pueden ser los ciervos domesticados que se criaban cerca de la Punta de Santa Elena, cuya mencion encuentro en Herrera, déc. II, lib. X, c. 6, donde dice: «ciervos que dan leche y queso y se crian en casa?» ¿De dónde ha sacado esta noticia? No puede provenir de haberlos confundido con los llamas sin astas ni cornamenta de la fria region de las montañas, que, segun afirma Garcilaso en sus *Commentarii reales*, 1.ª parte, libro V, c. 2, pág. 133, uncian al arado los habitantes del Perú, y particularmente los de la meseta de Collao. Cf. Pedro de Cieça de Leon, *Chronica del Perú*, Sevilla, 1553, c. 110, pág. 264. Parece que esta aplicacion de los animales á la labranza era una excepcion rarísima, un uso puramente local; pues generalmente hablando, uno de los rasgos característicos de la raza americana es la carencia de animales domésticos, carencia que influye profundamente en la vida de la familia.

vias cuasi enteramente ignotas (1). Ya en aquel momentó habian salido de sus tumbas las mas brillantes obras maestras del arte entre los griegos: el Laocoon, el Tronco, el Apolo de Belvedere y la Vénus de Médicis. En Italia florecian Miguel Ángel, Leonardo de Vinci, el Ticiano y Rafael, y en Alemania Holbein y Alberto Durero. El sistema del Mundo, bien que no se divulgase sino algun tiempo después, habia sido descubierto por Copérnico el año mismo en que murió Cristóbal Colon, catorce años después del descubrimiento del Nuevo Mundo.

La importancia de este descubrimiento y de los primeros establecimientos fundados por los europeos, no se refiere únicamente á las cuestiones que constituyen el asunto de este libro, sino tambien á las influencias intelectuales y morales que el súbito ensanche de la masa de las ideas adquiridas ha ejercido en el mejoramiento del estado social. Á contar desde esta época crítica, el espíritu y el corazon han vivido con una vida nueva mas activa, y osados votos y tenaces esperanzas han penetrada poco á poco en todas las clases de la sociedad civil. Á consecuencia tambien de este acontecimiento, la escasez de la poblacion esparcida sobre una mitad de la Tierra, especialmente en las costas contrapuestas á Europa, ha podido facilitar el establecimiento de colonias que por su situacion y extension han llegado á transformarse en Estados independientes, exentos de toda traba en la libre eleccion de su constitucion política. Á lo que se allega, por último, la reforma religiosa, preludio de las grandes revoluciones políticas; reforma que debia recorrer todas las fases de su desarrollo en una region convertida en asilo de todas las creencias y de los sentimientos mas diversos acerca de las cosas divinas. La osadía del navegante genovés es el pri-

(1) V. en una carta fecha en junio de 1518 (Neander, *De Vicelio*, pág. 7) testimonios muy notables de la confianza con que esperaba Lutero que la nueva generacion, la juventud de Alemania, le sostendria y apoyaria en su obra de emancipacion.

mer eslabon de la cadena sin fin de estos misteriosos acontecimientos. La casualidad, que no el fraude ni la intriga, ha hecho que no lleve el nombre de Colon el continente americano (1). Aproximado de medio siglo á esta parte á la

(1) En otro lugar he referido cómo el conocimiento de la época en que Vespucio fué nombrado piloto de la Real Armada contradice ya suficientemente la calumnia inventada por el astronomo Schoner de Nuremberga, á saber: que Vespucio introdujo fraudulentamente las palabras «terra di Amerigo» en los mapas hidrográficos que estuvo encargado de corregir. Las instrucciones que recibió Vespucio (real título con extensas facultades) al ser nombrado piloto mayor el 22 de marzo de 1508, revelan el grande aprecio que hacia la corte de España de sus conocimientos hidrográficos y astronómicos. V. Navarrete, t. III, págs 297—302. Púsosele al frente de un verdadero depósito hidrográfico, con el encargo de trazar, para la Casa de contratacion de Sevilla, punto céntrico de todas las empresas marítimas, un cuadro general de las costas y un registro (*Padron general*) de las situaciones geográficas, al cual debia ir añadiendo cada año los nuevos descubrimientos. El nombre de *Americi terra* lo aplicó en 1507 al nuevo Continente un hombre á quien de seguro no conocia Vespucio, un geógrafo llamado Waldseemüller (Martino Hylacomylo) de Friburgo en Brisgau), el cual habia establecido una imprenta en San-Deo-Dato, al pié de los Vosges, y publicó una breve descripcion del Mundo, intitulada: *Cosmographiæ Introductio, insuper quatuor Americi Vespucii Navigationes* (impr. in oppido S. Deodati, 1507). Entre este Hylacomylo, Ringmann, profesor de Cosmografía en Basilea, mas conocido bajo el nombre de Filesio, y el padre Gregorio Reisch, autor de la *Margarita philosophica*, reinaba la amistad mas estrecha. En esta enciclopedia del padre Reisch hay un tratado de Hylacomylo sobre la arquitectura y la perspectiva, del año de 1509. (V. *Examen critique*, etc., t. IV, pág. 112). Lorenzo Frisio, vecino de Metz, amigo de Hylacomylo, y protegido como él de Renato, duque de Lorena, *que seguia correspondencia con Vespucio*, habla de *Hylacomylo*, en la edicion de Ptolomeo que publicó el año de 1522 en Estrasburgo, como de un hombre que ya no existia. El mapa del nuevo Continente trazado por Hylacomylo, que corre unido á aquella edicion, introdujo por primera vez el nombre de *América* en las obras de Ptolomeo. Yo he descubierto, empero, que dos años antes habia ya aparecido un mapamundi de Pedro Apiano, unido primero a una edicion de Solino publicada por Camer, y luego á la edicion de Mela por Vadiano, mapa que, á la manera de los trazados últimamente en la China, representa cortado el itsmo de Panamá. V. *Examen critique*, etc., tomo IV, págs. 99—124; t. V, pags. 168—176. Yerran, pues, completamente los que han mirado el mapa de 1527, que después de haber formado parte de la biblioteca de Ebner en Nuremberga, se halla hoy reunido á la coleccion de Weimar, y el de Diego Ribero de 1529, grabado por Gustefeld, como los mapas mas antiguos del nuevo Continente (*Ibid.*, t. II, pág. 184; t. III, pág. 191). En la expedicion de Alonso de Hojeda, un año después del tercer viaje de Colon (1497), Vespucio habia recorrido las costas de la América meridional con

Europa, merced á las relaciones comerciales y á los progresos de la navegacion, el Nuevo Mundo ha influido con-

Juan de la Cosa, autor de otro mapa descubierto por mí, y dibujado el año de 1500 en el Puerto de Santa María, seis años cumplidos antes de la muerte del gran Almirante genovés. Vespucio no tenia ningun motivo para suponer un viaje hecho en 1497, atento que murió, como Colon, firmemente persuadido de que solo habia tocado á las costas del Asia oriental. (Véase la carta de Colon al pontífice Alejandro VI, escrita en el mes de febrero de 1502, y otra á la reina Isabel en julio de 1503, en Navarrete, t. I, pág. 304; y asimismo una carta de Vespucio á Pier Francesco de' Medici, en Bandini, *Vita e Lettere di Amerigo Vespucci*, págs. 66 y 83). Pedro de Ledesma, piloto de Colon durante su tercer viaje, dice tambien en 1513, en el proceso contra los herederos del Almirante, que se considera la costa de Paria como una parte del Asia. V. Navarrete, t. III, pág. 539. Las perífrasis frecuentemente usadas de *mondo nuovo, alter orbis*, *Colonus novi orbis repertor*, no contradicen esta creencia, pues por ellas se designaban simplemente regiones desconocidas, y Estrabon, Melas, Tertuliano, Isidoro de Sevilla y Cadamosto, se valen tambien de aquellas expresiones en el mismo sentido. V. *Examen critique*, t. I, pág. 118; tomo V, págs. 182—184. Mas de 20 años despues del fallecimiento de Vespucio, ocurrido en 1512, y hasta las calumnias de Schoner en el *Opusculum geographicum* de 1533, y las de Serveto en la edicion de Ptolomeo publicada en Lyon el año de 1535, no se encuentra reclamacion ninguna contra el navegante florentino. Un año antes de su muerte, decia Colon hablando de él: «El siempre tuvo deseo de me hacer placer: es mucho hombre de bien.... El va por mie y en mucho deseo de hacer cosa que redonde á mí bien, si á sus manos está.» V. *Carta á mi muy caro fijo D. Diego Colon*, en Navarrete, tomo I, pág. 351. Fernando Colon, que escribió en Sevilla la vida de su padre el año de 1535, cuatro antes de morir, y que en 1524 asistió con Juan Vespucio, sobrino de Américo, á la junta astronómica de Badajoz y á las negociaciones abiertas acerca de las Molucas; Pedro Mártir de Anglería, amigo personal del almirante Oviedo, cuya correspondencia alcanza hasta el año de 1525, y que procura siempre disminuir la gloria de Colon; Ramusio y Guicciardini, todos, todos se manifiestan igualmente benévolos respecto de Américo. Si este hubiese falsificado adrede las fechas de sus viajes, la habria hecho á lo menos concordar entre sí, y no hubiera calculado el fin del primero cinco meses despues del principio del segundo. No habiendo publicado él por sí mismo ninguna de las muchas traducciones de sus viajes, no debemos imputarle las erratas y confusion de cifras que se deslizaron en aquellas relaciones, y que son, por otra parte, tan comunes en las obras impresas el siglo XVI. En su calidad de paje de la reina, Oviedo habia asistido en Barcelona (1403) á la audiencia en que tan brillante recibimiento hicieron á Colon, de vuelta de su primer viaje, los reyes católicos Fernando é Isabel; y ha cometido *tres* veces el error de escribir que la audiencia tuvo efecto en 1496, y, lo que es mas extraño, que la América se descubrió en 1491. Gomara dice lo mismo, no ya en cifras, sino con todas sus letras, y coloca el descubrimiento de la *tierra firme* de América en 1497, cabalmente en el año cuya errónea indicacion ha perjudicado tanto á la memoria

siderablemente en las instituciones políticas, en las ideas y

y buen nombre de Vespucio. V. *Examen critique*, etc., t. V, págs. 192—202. Además, el proceso sostenido por el fiscal, desde 1508 á 1527, contra los herederos de Colon, para quitarles sus privilegios y los derechos otorgados al Almirante desde el año de 1492, demuestra que es irreprochable la conducta del navegante florentino, el cual no pretendió jamás dar su nombre al nuevo Continente, si bien por la jactancia de que se dejó llevar en los informes que dirigió al gonfaloniero Piero Soderini, á Pier Francesco de' Médici y al duque Renato II de Lorena, atrajo desgraciadamente sobre su persona, mas de lo que en realidad merecia, la atencion de la posteridad. Américo entró á servir al Estado, como piloto mayor, el año mismo en que se comenzó el proceso para averiguar qué partes del nuevo Continente eran las que real y verdaderamente habia descubierto Colon antes que otro alguno; y vivió cuatro años todavía en Sevilla durante la instruccion del mismo proceso. El fiscal prestó oidos á los rumores y murmuraciones mas despreciables, que en sus manos llegaron á ser un arma. Buscáronse testigos en Santo Domingo y en todos los puertos españoles, en Moguer, Palos y Sevilla, cuasi á la vista de Américo Vespucio y de su sobrino. El *Mundus Novus*, impreso en Augsburgo por Juan Otmar el año de 1504, habia ya visto la luz pública, así como la Coleccion de los Viajes de Vicencio (*Mondo Novo et paesi novamente retrovati da Alberico Vespuzio Fiorentino*, 1507), escrita en realidad por Alejandro Zorzi, aunque muchos se la atribuyan á Fracanzio Montalboddo, y las *Quatuor Navigationes* de Martin Waldseemüller (Hylacomylo); desde 1520 habia mapamundis en los cuales se hallaba inscrito el nombre de *América*, usado la primera vez por Hylacomylo en 1507, y aprobado por Joaquin Vadiano en una carta escrita desde Viena á Rodolfo Agrícola el año de 1512; y sin embargo, ese mismo Américo, á quien diferentes obras esparcidas por Alemania, Francia é Italia atribuian una arribada á Paria en 1497, ni fué citado por el fiscal para que compareciese en el proceso comenzado desde 1492, y seguido por espacio de diez y nueve años, ni aun se halla nombrado como precursor ó contradictor de Colon. Y después que Américo Vespucio murió en Sevilla el 22 de febrero de 1512, ¿por qué no se llamó á su sobrino Juan Vespucio, cual se hizo con Martin Alonso y Vicente Yañez Pinzon, Juan de la Cosa y Alonso de Hojeda, para que declarase que ya antes de Colon, es decir, antes del 1.° de agosto de 1498, Américo habia tocado en las costas de Paria, las cuales eran de grandísima importancia, no como «tierra firme del Asia,» sino por la abundante y productiva pesca de perlas que se hacia allí cerca? Semejante descuido, tratándose del testimonio mas importante, es de todo punto incomprensible, si Américo Vespucio se hubiese vanagloriado de haber hecho en 1497 un viaje de descubierta, y si se hubiese dado algun valor á las fechas equivocadas y á las erratas de las *Quatuor Navigationes*. Me consta, por otra parte, que la gran obra, inédita aun, de Fray Bartolomé de las Casas, amigo de Colon, intitulada *Historia general de las Indias*, se compone de partes distintas, escritas en muy diversas épocas, como que la comenzó en 1527, quince años después de la muerte de Américo, y la concluyó en 1559, siete años antes de cumplir los 92 de su edad, á que falleció. Hállanse mezclados en esta obra, e una manera en las tendencias de los pueblos situados en el límite orien-

extraña, los elogios y los mas amargos vituperios, echándose de ver que el odio y las sospechas fueron ganando terreno al mismo compás que crecia el renombre del navegante florentino. En el prólogo, que fué la parte del libro compuesta primero, se lee lo siguiente: «Americo da testimonio de lo que vidó en los dos viajes que á estas nuestras Indias hizo: aunque circunstancias parece háber callado á sabiendas ó por que no miró en ellas: por las cuales algunos le aplican lo que á otros se deve: y defraudarlos dello no se devria.» No es menos mesurado este otro juicio emitido por el autor en el capítulo CXL del libro I: «Y es bien aquí de considerar la injusticia y agravio que aquel Américo Vespucio parece haber hecho al Almirante, ó los que imprimieron sus *Cuatro Navegaciones*: atribuyendo á sí, ó no nombrando sino á sí solo, el descubrimiento desta tierra firme. Y por esto todos los extrangeros que destas Indias en latin ó en su lenguaje materno escriben y pintan ó hacen cartas ó mapas, llámanla *América*, como descubierta y primero hallada por Américo. Porque como Américo era latino y elocuente supo encarecer el primer viaje que hizo y aplicarlo á sí mismo: como si fuera él por principal y Capitan dél: habiendo ido por uno de los que fueron con el Capitan Alonso de Ojeda, ó por marinero ó porque puso como mercader alguna parte de dineros en el armada: mayormente cobró autoridad y nombre por haber dirigido las Navegaciones que hizó al rey Renato de Loreña. Trujo tambien Ojeda al dicho Américo no sé si por piloto ó como hombre entendido en las cosas de la mar y docto en Cosmografía... Aqui es agora mucho de notar y ver claro el error que cerca de Américo por el mundo hay... ¿Cómo con la verdad se compadece que Américo diga en su primera navegacion que partió de Cádiz á 20 de mayo año de nuestra salud de 1497? Clara parece la falsedad: y si fué de industria hecha, maldad grande fué; y ya que no lo fuese, al menos parécelo... Américo finje que partió para su primera navegacion el año de 7 (1497); verdad es que parece haber habido yerro y no malicia en esto: porque dice Américo que tardó en aquella su primera navegacion diez y ocho meses... De esta falsedad ó yerro de péndola ó lo que haya sido... han tomado, etc... Pertenecia mas que se llamara la dicha tierra firme *Columba*, de Colon... que no de Américo denominarla América.» Este pasaje demuestra bien que hasta entonces Bartolomé de las Casas no acusaba á Américo de haber puesto en circulacion por sí mismo el nombre de América; pues dice: «han tomado los *escriptores extrangeros* de nombrar la nuestra Tierra firme América, como si Américo solo y no otro con él y antes que todos la oviera descubierto.» En el lib. I, caps. CLXIV-CLXIX, y lib. II, cap. II, es donde estalla repentinamente su odio: ya no atribuye las cosas á una equivocacion en el cómputo de los años, ó á la predileccion con que los extrangeros miraban á Américo, sino á una mentira premeditada de este (de industria lo hizo... persistió en el engaño... de falsedad está claramente convencido). Las Casas anda á vueltas con Américo en otros dos pasajes mas, y se empeña en demostrarle que en las relaciones de sus dos primeros viajes trastorna y confunde la série de los sucesos, refiriendo al primer viaje varios hechos que pertenecen al segundo, y recíprocamente. E acusador no ha echado de ver, cosa tal de aquel valle del océano Atlántico, que parece irse estrechando de dia en dia (1).

bastante notable, que disminuia él mismo el peso de sus acusaciones en el mero hecho de mencionar la opinion contraria y la indiferencia del hombre que hubiera tenido mas interés en atacar á Américo, caso de creerle culpable de hostilidad y mala fé para con su padre. Dice, en efecto, Bartolomé de Las Casas en el citado manuscrito, cap. 164: «Y maravillome yo de D. Hernando Colon, hijo del mismo Almirante, que siendo persona de muy buen ingenio y prudencia, y teniendo en su poder las mismas Navegaciones de Américo, como lo sé yo, no advirtió en este hurto y usurpacion que Américo Vespucio hizo á su muy ilustre padre.» Aprovechando la ocasion que tuve, algunos meses há, de consultar nuevamente el raro manuscrito de Bartolomé de Las Casas, he creido conveniente intercalar en esta larga nota, tratándose de un asunto poco dilucidado, todo lo que no pudo tener cabida en mi *Examen critique* (t. V, págs. 178—217). Insisto en la conviccion que entonces manifesté (págs. 217 y 224): Quand la dénomination d'un grand continent, généralement adoptée et consacrée par l'usage de plusieurs siècles, se présente comme un monument de l'*injustice* des hommes, il est naturel d'attribuer d'abord la cause de cette injustice à celui qui semblait le plus intéressé à la commettre. L'étude des documents a prouvé qu'aucun fait certain n'appuie cette supposition, et que le nom d'*Amerique* a pris naissance dans un pays éloigné, en France et Allemagne, par un concours d'incidents qui paraissent écarter jusqu'au soupçon d'une influence de la part de Vespuce: c'est là que s'arrête la critique historique. Le champ sans bornes des causes *inconnues* ou des combinaisons morales *possibles* n'est pas du domaine de l'histoire positive. Un homme qui, pendant une longue carrière, a joui de l'estime des plus illustres de ses contemporains, s'est élevé, par ses connaissances en astronomie nautique, distinguées pour le temps où il vivait, à un emploi honorable. Ce concours de circonstances fortuites lui a donné une célébrité dont le poids, pendant trois siècles, a pesé sur sa mémoire, en fournissant des motifs pour avilir son caractère. Une telle position est bien rare dans l'histoire des infortunes humaines: c'est l'exemple d'une fletrissure morale croissant avec l'illustration du nom. Il valait la peine de scruter ce qui, dans ce mélange de succès et d'adversités, appartient au navigateur même, aux hasards de la rédaction précipitée de ses écrits ou à de maladroits et dangereux amis.» Hasta el mismo Copérnico ha contribuido á esta malhadada celebridad, atribuyendo tambien á Vespucio el descubrimiento del Nuevo Continente, cuando después de una discusion acerca del *centrum gravitatis y del centrum magnitudinis*, añade lo siguiente: «Magis id erit clarum, si addentur insulæ ætate nostra sub Hispaniarum Lusitaniæque principibus repertæ et presertim America ab inventore denominata navium præfecto, quem, ob incompertam ejus magnitudinem, alterum orbem terrarum putant.» (Nicolai Copernici, *De Revolutionibus orbium cœlestium*, libri sex, 1543, página 2 a).

(1) V. *Examen critique*, t. III, págs. 154—158 y 225—227.

CAPITULO VII.

INFLUENCIA DEL PROGRESO DE LAS CIENCIAS EN EL DESARROLLO DE LA IDEA DEL COSMOS DURANTE LOS SIGLOS XVII Y XVIII

GRANDES DESCUBRIMIENTOS EN LOS ESPACIOS CELESTES POR MEDIO DEL TELESCOPIO.—ÉPOCA BRILLANTE DE LA ASTRONOMÍA Y LAS MATEMÁTICAS DESDE GALILEO Y KEPLERO HASTA NEWTON Y LEIBNITZ.—LEYES DEL MOVIMIENTO DE LOS PLANETAS Y TEORÍA DE LA GRAVITACION UNIVERSAL.—FÍSICA Y QUÍMICA.

Al enumerar los períodos mas distintos y las principales fases en que se divide la historia de la contemplacion del Universo, hemos bosquejado en último lugar la época en que los pueblos civilizados del antiguo mundo aprendieron á conocer el nuevo. Al siglo de los grandes descubrimientos realizados en el espacio sobre la superficie de nuestro planeta, subsigue inmediatamente la toma de posesion de una muy considerable parte de los espacios celestes por medio del telescopio. La aplicacion de un instrumento que tiene el poder de penetrar el espacio (y bien podríamos decir la creacion de un órgano nuevo), trae consigo un mundo entero de ideas desconocidas. Desde este momento se abre una era brillante para la Astronomía y las Matemáticas, y comienza esa série de matemáticos profundos que se extiende hasta Leonardo Eulero, quien, como algunos han dicho, lo transformó todo, *y cuyo nacimiento, ocurrido en 1707, viene cuasi á coincidir* con la muerte de Jacobo Bernoulli.

Un corto número de nombres basta para traer á la memoria los gigantescos pasos que el espíritu humano, sin ninguna excitacion exterior, y solo por su propia fuerza, dió en el siglo XVII, sobre todo en el desarrollo y progreso del pensamiento matemático. Proclámanse las leyes que presiden á la caida de los cuerpos y al movimiento de los planetas; la presion atmosférica, la propagacion, refraccion y polarizacion de la luz se convierten en objeto de profundas investigaciones; el estudio matemático de la Naturaleza se funda y cimenta en bases sólidas; y finalmente, la invencion del cálculo infinitesimal ilustra los últimos años del siglo. Provista de esta nueva fuerza, la inteligencia humana puede ensayarse con fruto, durante los ciento cincuenta años siguientes, en la resolucion de los problemas que ofrecen las perturbaciones de los cuerpos celestes, la polarizacion y la interferencia de las ondas luminosas, el calor radiante, la accion circular de las corrientes electro-magnéticas, la vibracion de las cuerdas y del vidrio, la atraccion capilar en los tubos estrechos, y tantos otros fenómenos naturales.

Desde este instante se continúa sin interrupcion el trabajo en el mundo del pensamiento, prestándose todas las cosas mútua ayuda. Ninguno de los gérmenes nacidos anteriormente se seca ni marchita. El aumento continuo de los materiales y elementos científicos, el rigor de los métodos, y la perfeccion de los instrumentos, todo marcha á la par y en exacta correspondencia. Nos referimos en esto al siglo XVII, tan armonioso en su conjunto: al siglo de Keplero, de Galileo y de Bacon, de Tycho, de Descartes y de Huyghens, de Fermat, de Newton y de Leibnitz. Son tan conocidos los servicios de estos hombres insignes, que bastarán ligeras indicaciones para hacer resaltar la parte brillante que han tenido en el engrandecimiento de las miras acerca del Mundo.

Hemos demostrado anteriormente (1) cómo el ojo, órgano de la contemplacion física, habia tomado de esa segunda vista del telescopio un poder cuyo límite distamos mucho de

(1) Véase el t. I, pág. 85.

haber alcanzado, y que desde su principio, cuando el instrumento débil aun apenas podia aumentar los objetos treinta y dos veces (1), penetraba, sin embargo, en el espacio hasta profundidades antes no sondeadas. El conocimiento exacto de un gran número de cuerpos celestes, pertenecientes á nuestro sistema solar; la observacion de las leyes eternas, segun las cuales describen sus órbitas aquellos cuerpos; todos los secretos de la estructura del Mundo descubiertos: hé aquí las conquistas mas brillantes de la época cuyos rasgos principales queremos bosquejar en este momento; conquistas que forman, como si dijéramos, los contornos principales del gran cuadro de la Naturaleza, á la par que añaden á los objetos recientemente explorados en los espacios de la Tierra, el contenido ignorado hasta entonces de los espacios celestes, donde se ostenta una tan prodigiosa coordinacion, al menos en nuestro sistema planetario. Por lo que hace á nosotros, dedicados siempre á la investigacion de las ideas generales, nos limitarémos á fijar los mas importantes resultados de la observacion astronómica en el siglo XVII, cuidando de indicar de qué manera estos trabajos han conducido inopinadamente á descubrimientos matemáticos de grande trascendencia, y cómo han extendido y elevado la contemplacion del Mundo.

Ya hemos notado anteriormente por qué dichosa fortuna tantos grandes sucesos, tales como el renacimiento de la libertad religiosa, el desarrollo de un sentimiento mas digno y noble del arte, y la propagacion del sistema de Copérnico acerca del Mundo, han distinguido, al mismo tiempo que las empresas marítimas, al siglo de Colon, de Gama y de Magallanes. Nicolás Copérnico ó Koppernik, como se firma él mismo en dos cartas, que aún se conservan, tenia

(1) Los anteojos construidos por Galileo, y que le sirvieron para descubrir los satélites de Júpiter, las fases de Venus, y para observar las manchas del Sol, aumentaron sucesivamente cuatro, siete y treinta y dos veces las dimensiones lineares de los astros. El ilustre astrónomo de Florencia no pasó nunca del último número. Arago, *Annuaire du Bur. des longitud.*, 1842, pág. 268.

ya veintiun años, y habia observaciones en Cracovia con el astrónomo Alberto Brudzewski, cuando Colon descubrió la América. En el año que siguió á la muerte del gran marino le encontramos en Cracovia ocupado en trastornar todas las ideas admitidas en Astronomia, después de haber permanecido durante seis años en las ciudades de Pádua, Bolonia y Roma. Nombrado en 1510 canónigo de Frauenburgo por la proteccion de su tio Lucas Waisselrode de Allen, obispo de Emerland (1), trabajó allí todavía treinta y tres años para dar cima á su obra *De revolutionibus orbium cœlestium*. El primer ejemplar impreso se le trajeron cuando, debilitado de cuerpo y de espiritu, se disponia á bien morir. Le vió, y hasta pudo tocarle; pero su pensamiento no se fijaba ya en las cosas temporales. Murió, no como refiere su biógrafo Gassendo, algunas horas, sino algunos dias mas adelante, el 24 de mayo de 1543 (2).

(1) Westphal, en la biografía de Copérnico, dedicada al gran astrónomo de Koenigsberga, Bessel, lo mismo que Gassendo, llama al obispo de Emerland Lucas Watzelrodt de Allen. Segun comunicaciones que me acaba de hacer el sabio historiador Voigt, director de los archivos de Koenigsberga, la familia de Copérnico es nombrada en las actas Weiselrodt, Weisselrot, Weisebrodt, y las mas veces Waisselrode. Su madre era, á no dudarlo, de orígen aleman, y la familia de los Weisselrode, distinta *en un principio de la familia* de los Allen, la cual florecia en Thorn desde principios del siglo XV, ha tomado verosímilmente el nombre de Allen á consecuencia de una adopcion, ó de otras relaciones de parentesco. Smadecki y Czynski (*Kopernik et ses travaux*, 1847, pág. 26) nombran á la madre de Copérnico Bárbara Wasselrode; y segun ellos se casó en Thorn en 1464 con un hombre originario de la Bohemia. Westphal y Czynski llaman Kocpernik al astrónomo que Gassendo designa con el nombre de Torneus Borussus. Krzyzanowski escribe Kopirnig. En una carta escrita en Keilsberga el 21 de noviembre de 1850 por el obispo de Emerland Martin Cromer, *se dice*: «Cum Jo. (Nicolaus) Copernicus vivens ornamentum fuerit atque etiam nunc post fata sit, non solum huic ecclesiæ, verum etiam toti Prussiæ patriæ suæ iniquum esse puto eum post obitum carere honore sepulchri sive monumenti.»

(2) Se lee en la vida de Nicolás Copérnico por Gassendo, aneja á su biografía de Ticho (*Tychonis Brahey vita*, 1655, Hagæ-Comitum, pág. 320) «eodem die et horis non multis priusquam animan efflarct.» Schubert en su *Astronomia*, 1.ª parte, pág. 115, y Roberto Small en la erudita obra titulada *Account of the astron. discoveries of Kepler*, 1804, pág. 92, son los únicos que afirman haber muerto Copérnico algunos dias después de la publicacion de su obra. Esta es tambien la opinion del director de los ar-

Dos años antes, habíase ya difundido en el público una parte importante de su doctrina, merced á la carta impresa que uno de sus mas ardientes discípulos, Joaquin Rhœtico, dirigió al profesor de Nuremberga Juan Schoner. No fueron, sin embargo, el triunfo del sistema de Copérnico, ni la renovada teoría del Sol central y de los dos movimientos de la Tierra, las circunstancias que abrieron el camino, poco mas de cincuenta años después, á los brillantes descubrimientos de principios del siglo XVII; antes bien la verdadera causa de estos descubrimientos, que completaron y engrandecieron el sistema de Copérnico, fué la invencion casual del telescopio. Los principios de Copérnico, confirmados y ampliados por los adelantos de la Astronomía física, tales como las observaciones hechas en el sistema de los satélites de Júpiter y acerca de las fases de Venus, abrieron á la Astronomía teórica un camino que debia conducirla á puerto mas seguro, y provocar la investi-

chivos de Koenigsberga, Voigt, porque en una carta escrita al duque de Prusia después de la muerte de Copérnico, por el canónigo de Ermeland Jorge Donner, se dice «que el digno y respetable doctor Nicolás Koppernick ha dejado escapar su obra algunos dias antes de abandonar este mundo, así como el cisne canta antes de morir.» Segun la tradicion comun (véase Westphal, *Nicolaus Kopernicus*, 1822, págs. 73 y 82), el libro se comenzó en 1507, y estaba tan adelantado en 1530, que el autor se contentó después con hacer en él poquísimas mejoras. El cardenal Schonberg insta vivamente por la publicacion en una carta escrita desde Roma en noviembre de 1536, queriendo que sacase una copia de él Teodoro de Reden, y se la enviasen. Copérnico mismo dice en su dedicatoria al papa Paulo III, que la entera conclusion de la obra ha ocupado un espacio de cuatro veces nueve años (quartum novennium). Si, por otra parte, se tiene en cuenta el tiempo necesario para imprimir un escrito de 400 páginas, es muy verosímil que la dedicatoria no fué escrita el año de su fallecimiento, acaecido en 1543; de donde se puede concluir, rebajando de esta fecha treinta y seis años, que Copérnico comenzó su trabajo, no después, sino antes de 1507. Voigt duda que el acueducto que existe en Frauenburgo, atribuido por la voz pública á Copérnico, haya sido ejecutado segun planos suyos; pues ha averiguado que solamente en 1571 medió un contrato entre el cabildo y maese Valentin Zendel de Breslau para conducir el agua desde los fosos de Frauenburgo al edificio ocupado por los canónigos. En ninguna parte se trata de un acueducto anterior al que existe hoy todavía, y que fué construido, segun acabamos de ver, veintiocho años después de la muerte de Copérnico.

gacion de problemas cuya resolucion exigia el perfeccionamiento del cálculo analitico. Á la manera que Jorge Peurbach y Regiomontano (Juan Müller, natural de Kœnisberga en Franconia) influyeron ventajosamente sobre Copĕrnico y sus discípulos Rhœtico, Reinhold y Mœstlin, así tambien estos influyeron á su turno en los trabajos de Keplero, de Galileo y de Newton, por mas que entre unos y otros medie mayor espacio de tiempo. Hay, pues, cierto lazo intelectual que liga el siglo XVII al XVI; de suerte que no puede describirse el ensanche que la Astronomía dió en el siglo XVII á la contemplacion del Mundo, sin remontarse á investigar el impulso que este periodo habia recibido del precedente.

Es un error, comunísimo por desgracia aun en nuestros dias, creer que Copérnico, por debilidad, y para sustraerse á la persecucion del clero, presentó el movimiento planetario de la Tierra y la posicion del Sol en el centro del sistema como una mera hipótesis destinada á facilitar la aplicacion del cálculo al movimiento de los cuerpos celestes, pero que «no habia precision de que fuese verdadera, ni aun verosímil (1).» Cierto que tan extrañas palabras se leen en el prefacio anónimo colocado al frente de la obra de Copérnico, bajo este epígrafe: *De hypothesibus hujus operis* (2); pero no es menos cierto que ninguna

(1) Delambre, *Hist. de l'Astron. mod.*, t. I, pág. 140.

(2) «Neque enim necesse est, eas hypotheses esse veras, imo ne verisimiles quidem, sed sufficit hoc unum, si calculum observationibus congruentem exhibeant,» dice Osiander en su introduccion. Léese, por otra parte, en Gasendo (*Vita Copernici*, pág. 319): «Tidemann Gise, obispo de Culm, natural de Dantzick, que durante varios años estuvo insistiendo con Copérnico para que apresurase la publicacion de su obra, obtuvo al cabo el manuscrito, con encargo de mandarle imprimir en la forma que le pareciese mas conveniente. Primero se lo encomendó á Rhœtico, profesor en Witemberga, que se habia separado poco antes de su maestro, después de una larga permanencia en Frauenburgo. Rhœtico supuso que la publicacion podria hacerse en Nuremberga con condiciones mas ventajosas, y trasladó el encargo y el cuidado de la impresion al profesor Schoner y á Andrés Osiander, residentes en aquella ciudad.» De los elogios tributados á la obra de Copérnico al final de la Introduccion, hubiera podido ya de-

parte tuvo Copérnico en semejante declaracion, diametralmente opuesta á la dedicatoria que dirigió al papa Paulo III. El autor del prefacio, segun lo afirma positivamente Gasendo en la *Vida de Copérnico*, fué Andrés Osiander, matemático residente á la sazon en Nuremberga, que estaba encargado juntamente con Schoner de dirigir la impresion del libro *De revolutionibus*, y que, sin manifestar expresamente escrúpulos religiosos, juzgó prudente presentar las ideas nuevas como una hipótesis, y no, cual lo habia hecho Copérnico, como una verdad demostrada.

El hombre á quien podemos llamar fundador del nuevo sistema del Mundo, porque á él pertenecen indisputablemente las partes esenciales de este sistema y los rasgos mas

deducirse, aun sin el testimonio expreso de Gasendo, que aquella Introduccion es de una mano extraña. En el título de la primera edicion (Nuremberga, 1543) se vale Osiander de las siguientes expresiones, cuidadosamente evitadas en todo cuanto ha escrito Copérnico: «Motus stellarum novis insuper ac admirabilibus hypothesibus ornati,» y añade esta exhortacion algun tanto libre y desenvuelta: «Igitur, studiose lector, eme, lege, fruere.» En la segunda edicion (Basilea, 1566), que he cotejado escrupulosamente con la primera, no se dice ya ni una sola palabra sobre el título de las *admirables hipótesis*; mas se ha conservado en ella la *Præfatiuncula de hypothesibus hujus operis*, que son los términos con que designa Gasendo la Introduccion puesta por Osiander al frente del libro. Resulta además claramente de la dedicatoria á Paulo III, intitulada por Osiander *Præfatio autoris*, que este editor, bien que sin dar su nombre, quiso no obstante indicar que la *Præfatiuncula* era de mano extraña. La primera edicion no tiene mas que 196 páginas; pero la segunda tiene 213, por causa de la *narratio prima*, larga carta dirigida á Schoner por el astrónomo Jorge Joaquin Rhœtico, que dió por primera vez á los sabios un conocimiento exacto del sistema de Copérnico, y que fué impresa en Basilea el año de 1541 por la diligencia del matemático Gassaro. Rhœtico habia dimitido en 1539 su catedra de Witemberga, para ir á escuchar en Frauenburgo las lecciones de Copérnico. V. Gassendi, páginas 310—319. Gasendo explica las restricciones á que sus tímidos escrúpulos condujeron á Osiander: «Andreas porro Osiander fuit, qui non modo operarum inspector fuit, sed præfatiunculam quoque ad lectorem (tacito licet nomine) de Hypothesibus operis adhibuit. Ejus in ea consilium fuit, ut, tametsi Copernicus Motum Terræ habuisset, non solum pro Hypothesi, sed pro vero etiam placito; ipse tamen ad rem, ob illos qui hinc offenderentur, leniendam, excusabum eum faceret, quasi talem Motum non pro dogmate, sed pro Hypothesi mera assumpsisset.»

grandiosos del cuadro del Universo, excita nuestra admiracion, menos quizás por su ciencia, que por su valor y su confianza. Bien merecia el elogio que le tributa Keplero, cuando en su introduccion á las *Tablas Rudolfinas* dice hablando de él: «Vir fuit maximo ingenio et quod in hoc exercitio (es decir, en la lucha contra las preocupaciones) magni momenti est, animo liber.» Al referir Copérnico en su dedicatoria al papa la historia de su obra, no vacila en calificar de cuento absurdo la creencia en la inmovilidad y en la posicion central de la Tierra, creencia muy generalizada entre los teólogos, y ataca sin temor la estupidez de los que prestan asenso á opiniones tan falsas. Tambien dice expresamente «que si, por acaso, algunos charlatanes insignificantes, enteramente extraños á los conocimientos matemáticos, tuviesen la pretension de juzgar su obra, torturando de propósito algun pasaje de la Sagrada Escritura (propter aliquem locum Scripturæ male ad suum propositum detortum), miraria con el mas profundo desprecio sus vanos ataques. Todo el mundo sabe, añade, que el célebre Lactancio, á quien en verdad no puede tomarse por matemático, ha disertado de una manera pueril acerca de la figura de la Tierra, burlándose de los que la creian esferoidal; mas cuando se tratan asuntos matemáticos, debe escribirse en lenguaje matemático. Á fin de probar que, por su parte, y desde el rincon en que se hallaba relegado, no teme á la crítica, como hombre profundamente convencido de la exactitud de sus resultados, apela en todo caso al jefe de la Iglesia, demandándole proteccion contra las injurias de los calumniadores; y esto con tanta mas confianza, cuanto que la Iglesia misma puede aprovecharse de sus investigaciones sobre la duracion del año y sobre los movimientos de la Luna.» La Astrología y la reforma del calendario fueron durante largo tiempo las únicas protectoras de la Astronomía para con las Potencias temporales y espirituales, de la misma manera que la Química y la Botánica estuvieron en un principio enteramente al servicio de la Farmacología.

El estilo libre y vigoroso de Copérnico, estilo propio de los hombres de convicciones profundas, contradice por sí solo lo bastante la añeja asercion de que presentó el sistema á que va unido su nombre inmortal como una hipótesis propia para facilitar los cálculos de la Astronomía matemática, pero que podria muy bien carecer de fundamento. «En ninguna otra combinacion, exclama lleno de entusiasmo, he podido encontrar tan admirable simetría en las diversas partes del gran todo, tan armoniosa concordancia entre los movimientos de los cuerpos celestes, como colocando á esa antorcha del Mundo (lucernam mundi), á ese sol que rige y gobierna á toda la familia de los astros en sus evoluciones circulares (circumagentem gubernat astrorum familiam) sobre un trono régio, en medio del templo de la Naturaleza (1).» La idea de la gravitacion universal ó

(1) Quis enim in hoc pulcherrimo templo lampadem hanc in alio vel meliori loco poneret, quam unde totum simul possit illuminare? Si quidem non inepte quidam lucernam mundi, alii mentem, alii rectorem vocant, Trismegistus visibilem Deum, Sophoclis Electra intuentem omnia. Ita profecto tanquam in solio regali Sol residens circumagentem gubernat astrorum familiam: Tellus quoque minime fraudatur lunari ministerio, sed ut Aristoteles de animalibus ait, maximam Luna cum terra cognationem habet. Concipit interea a Sole terra et impregnatur annuo partu. Invenimus igitur sub hac ordinatione admirandam mundi symmetriam ac certum harmoniæ nexum motus et magnitudinis orbium, qualis alio modo reperiri non potest (Nicol. Copernicus, *De revolutionibus orbium cœlestium*, libro I, c. 10, página 9 b). En este pasaje, que ciertamente no carece de gracia ni de elevacion poética, échanse de ver, como en todos los astrónomos del siglo XVII, señales de un largo comercio con la antigüedad clásica. Copérnico tenia á la vista los pasajes siguientes: Ciceron, *Somnium Scipionis*, c. 4; Plinio, lib. II, c. 3, y Mercurio Trismegisto, lib. V (págs. 195 y 201, edic. de Cracovia, 1586). La alusion á la *Electra* de Sófocles es oscura; pues nó es en esta trajedia donde se llama al Sol «omnia intuens,» sino en la *Iliada* y en la *Odisea*, así como tambien en los *Choéphoros* de Esquilo (verso 980), que de seguro no hubiera Copérnico confundido con la *Electra*. Segun ha conjeturado Bœckh, esta alusion proviene de una falta de memoria. Copérnico, en concepto de aquel escritor, recordaria confusamente el v. 869 del *Edipo en Colona* de Sófocles. Es verdaderamente singular que en un libro recien publicado (Czynski, *Kopernik et ses travaux*, 1847, pág. 102), libro por otra parte muy instructivo, haya confundido el autor la *Electra* del trágico griego con las *corrientes eléctricas*. Hé aquí como ha traducido el pasaje de Copérnico antes citado: «Si on prend le soleil pour le flambeau de

de la atraccion (appetentia quædam naturalis partibus indita) que ejerce el Sol como centro del Mundo (centrum mundi), parece haberse presentado tambien al ingenio de aquel grande hombre, induciéndola de los efectos de la pesantez en los cuerpos esféricos, como lo prueba un pasaje muy notable del tratado *De revolutionibus*, capítulo IX del libro I (1).

Si recorremos las diversas fases de la contemplacion del Mundo, echarémos de ver que la atraccion de las grandes masas y la fuerza centrífuga han sido presentidas desde los tiempos mas remotos. Jacobi, en sus investigaciones acerca de los conocimientos matemáticos de los griegos, obra que, por desgracia, no pasó del estado de manuscrito, hace resaltar con justa razon «las miras profundas de Anaxágoras, en quien no podemos ver sin asombro que la Luna, si perdiese la velocidad adquirida, se precipitaria sobre la Tierra como la piedra lanzada por la honda (2).» Ya en otro lugar, hablando de la caida de los

l'univers, pour son âme, pour son guide; si Trismegiste le nomme un Dieu, si Sophocle le croit une puissance electrique qui anime et contemple l'ensemble de la création....» etc.

(1) «Pluribus ergo existentibus centris, de centro quoque mundi non temere quis dubitabit, an videlicet fuerit istud gravitatis terrenæ, an aliud. Equidem existimo *gravitatem* non aliud esse quam appetentiam quandam naturalem partibus inditam a divina providentia opificis universorum, ut in unitatem integritatemque suam sese conferant in formam globi coeuntes. Quam affectionem credibile est etiam Soli, Lunæ ceterisque errantium fulgoribus inesse, ut ejus efficacia in ea qua se repræsentant rotunditate permaneant, quæ nihilominus multis modis suos efficiunt circuitus.... Si igitur et terra faciat alios, ut pote secundum centrum (mundi), necesse erit eos esse qui similiter extrinsecus in multis apparent, in quibus invenimus annuum circuitum. Ipse denique Sol medium mundi putabitur possidere, quæ omnía ratio ordinis, quo illa sibi invicem succedunt, et mundi totius harmonia nos docet, si modo rem ipsam ambobus (ut aiunt) oculis inspiciamus.» Copernicus, *De revolutionibus orbium cœlest.*, lib. I, c. 9, pág. 76).

(2) Plutarco, *De facie in orbe Lunæ*, pág. 923 c. Cf. Ideler, *Meteorologia veterum græcorum et romanorum*, 1832, pág. 6. Plutarco no nombra á Anáxagoras en el pasaje citado; mas no puede dudarse que este filósofo aplicaba á todos los aerólitos la misma teoria de la caida de los cuerpos por la cesacion del movimiento giratorio, en vista de lo que dice Diógenes Laercio, lib. II, c. 12, y de la multitud de citas que he recopilado en el *Cosmos*, t. I,

aerólitos, he hecho mencion de conjeturas análogas á la anterior por parte del filósofo de Clazomeno y de Diógenes de Apolonia, acerca de la repentina interrupcion del movimiento circular (1). La atraccion que ejerce el centro de la Tierra sobre todas las masas graves separadas de ella, ofrecia ciertamente al talento de Platon una nocion mas clara que al de Aristóteles, si bien este filósofo conocia, lo mismo que Hiparco, la fuerza aceleratriz que rige á la caida de los cuerpos, aunque ni el uno ni el otro comprendian bien su principio. Con todo, así Platon como Demócrito reducian la atraccion á la afinidad, es decir, al esfuerzo que hacen por reunirse las sustancias moleculares análogas (2). El alejandrino Juan Philopon, discípulo de Ammonio, hijo de Hermeas, y que verosímilmente no floreció antes del siglo VI, es el único que explica el movimiento de las esferas celestes por un impulso primitivo, ligando esta idea con la de la caida de los cuerpos y con el esfuerzo por el cual todas las sustancias, leves ó graves, tienden á aproximarse á la Tierra (3). Las verdades entrevistas por Copérnico, y expresadas con mas claridad por Keplero en su admirable obra *De Stella Martis*, aplicándolas hasta al flujo y reflujo del Océano, recibieron nue-

págs. 123, en la nota, 129 id., 140, en la nota 2, y 141. V. tambien Aristóteles, *De Cælo*, lib. II, c. 1, pág. 224, y un pasaje notable de los escolios de Simplicio (pág. 491, edic. de Brandis), donde se trata «del equilibrio de los cuerpos celestes cuando el movimiento de rotacion supera á la pesantez ó á la atraccion que impulsa su caida.» El ejemplo citado por Simplicio en aquel pasaje, «de que no puede derramarse el agua de una botella sometida al movimiento de rotacion, mientras este movimiento sea mas rápido que el del agua de alto á bajo, τῆς ἐπὶ τὸ κάτω τοῦ ὕδατος φορᾶς,» se refiere á aquellas mismas ideas, que en parte pertenecen tambien á Empédocles y á Demócrito, no menos que Anáxagoras.

(1) *Cosmos*, t. I, págs. 127 y 140. Cf. Letronne, *Des opinions cosmographiques des Pères de l'Eglise*, en la *Révue des Deux-Mondes*, 1834, t. I, pág. 621.

(2) Los pasajes de alguna importancia, acerca de cuanto en la antigüedad se refiere á la atraccion, á la pesantez y á la caida de los cuerpos, han sido compilados con exquisita diligencia y sagacidad por T. H. Martin, *Etudes sur le Timée de Platon*, 1841, t. II, págs. 272—280 y 341.

(3) Juan Philopon, *De creatione Mundi*, lib. I, c. 12.

va vida y fecundidad en los años de 1666 y 1674, merced á la penetracion del ingenioso Roberto Hooke (1). Tras estos preliminares fué cuando vino la gran teoría de Newton sobre la gravitacion universal á suministrar el medio de convertir toda la Astronomía física en una verdadera Mecánica celeste (2).

Copérnico conocia asaz completamente, segun lo demuestra su dedicatoria al papa y otros varios pasajes de su libro, las imágenes bajo las cuales se representaban los antiguos la estructura del Universo. Empero, respecto á los tiempos anteriores á Hiparco, no cita mas que á Hicetas de Siracusa, al cual llama siempre Nicetas, á Filolaó el Pitagórico, á Timeo (el de Platon), á Ecfanto, á Heráclides de Ponto, y al gran geómetra Apolonio de Perga. De los dos matemáticos que mas se aproximan á su sistema, Aristarco de Samos y Seleuco de Babilonia, al primero le nombra sin caracterizarle de manera ninguna, y al segundo ni tan siquiera le cita (3). Hase

(1) Posteriormente abandonó la opinion verdadera. V. Brewster, *Martyrs of science*, 1846, pág. 211. En cuanto al hecho de existir en el Sol, centro del sistema planetario, una fuerza que rije los movimientos de los planetas, y que disminuye, ya sea directamente á proporcion que se aumenta la lejanía, ya segun el cuadrado de las distancias, le habia expresado ya Keplero en su *Harmonia mundi*, obra acabada en el año de 1618.

(2) *Cosmos*, t. I, págs. 44 y 64.

(3) *Cosmos*, t. II, págs. 123 y 215—216. Los pasajes de la obra de Copérnico relativos á los sistemas del mundo anteriores á Hiparco, se hallan esparcidos fuera de la dedicatoria en los lugares siguientes: lib. I, c. 5 y 10; lib. V, c. 1 y 3 (págs. 3 b, 7 b, 8 b, 133 b, 141 y 141 b, 179 y 181 b, edic. princ.) Copérnico manifiesta una predileccion constante en favor de los Pitagóricos y un conocimiento exacto de sus doctrinas, ó para decirlo con más circunspeccion, de las ideas atribuidas á los mas antiguos de entre ellos. Conocia, por ejemplo, segun lo prueba el principio de la dedicatoria, la carta de Lysis á Hiparco, en la que se revela la aficion al misterio que tenia la antigua escuela itálica, y el cuidado con que procuraba ocultar sus opiniones á todos los extraños, que fué tambien en un principio el proyecto de Copérnico. Sobre la edad de Lysis reina gran incertidumbre, pues á las veces se le cita como discípulo inmediato de Pitágoras, y á las veces, mas verosímilmente, como maestro de Epaminondas. V. Bœckh, *Philolaos*, págs. 8—15. La carta de Lysis á Hiparco, antiguo pitagórico que habia divulgado los secretos de la asociacion, fué escrita posteriormente por un falsario, como muchos otros escritos del mismo

afirmado repetidas veces que Copérnico no conocia la opinion de Aristarco de Samos sobre la posicion central del Sol y sobre el movimiento de la Tierra, porque el *Arenarius* y todas las obras de Arquimedes no vieron la luz pública sino un año después de su fallecimiento, es decir, un siglo entero después de la invencion de la imprenta; pero los que tal cosa afirman no han tenido presente que Copérnico cita, en su dedicatoria al papa Paulo III, un largo pasaje tomado del tratado de Plutarco *De placitis philosophorum* (lib. III, cap. 13) sobre Filolao, Ecfanto y Heráclides de Ponto, y que en el libro II, capítulo 24 de la misma obra, pudo muy bien haber leido que Aristarco de Samos colocaba al Sol entre las estrellas fijas. De todos

género. Copérnico tomó sin duda conocimiento de ella en la coleccion de Alde Manucio, *Epistolæ diversorum philosophorum*, Roma, 1494, ó en la traduccion latina del cardenal Bessarion (Venecia, 1516). El célebre decreto de la «Congregazione dell'Indice» de 5 de marzo de 1616, que fulmina el entredicho contra el libro de Copérnico, *De Revolutionibus*, designa el nuevo sistema en estos términos: «Falsa illa doctrina Pythagorica divinæ scripturæ omnino adversans.» El pasaje importante sobre Aristarco de Samos, de que hablo en el texto, forma parte del *Arenarius* (pág. 449 de la edicion de Arquímedes, publicada en París por David Rivaltus en 1615), La primera edicion del mismo autor se publicó el año de 1544 en Basilea, en la imprenta de J. Hervagio. Dícese expresamente en el *Arenarius* que «Aristarco contradice á los filósofos que se representan la Tierra como inmóvil en medio del Mundo, sosteniendo, por el contrario, que el Sol es el que ocupa el punto céntrico y permanece inmóvil como las demás estrellas, mientras que la Tierra gira en torno suyo.» Copérnico nombra dos veces á Aristarco en su obra (págs. 69 b y 79), pero sin decir nada que se refiera á su sistema. Ideler se pregunta si Copérnico conoció el tratado *De docta ignorantia* de Nicolás de Cusa. V. el *Museum der Alterthumswissenschaft*, publicado por Wolf y Buttmann, t. II, 1808, página 452. A la verdad, la primera edicion del *De docta ignorantia* se publicó en 1514; y las palabras «jam nobis manifestum est terram in veritate moveri,» en boca de un cardenal platónico, hubieran debido hacer alguna impresion en el canónigo de Frauemberga. V. Whewell, *Philosophy of the inductive sciences*, t. II, pág. 343. Mas un fragmento de puño y letra de Cusa, descubierto por Clemens el año de 1843 en la biblioteca del Hospital de Cues, prueba claramente, así como el capítulo XXVIII del tratado *De Venatione sapientiæ*, que Cusa se representaba á la Tierra, no como girando en torno del Sol, sino como girando con él, puesto que mas lentamente, en derredor del polo incesantemente variable del Mundo. V. Clemens, *Giordano Bruno et Nicol. von Cusa*, 1817, págs. 97—101.

los testimonios de la antigüedad, los que, segun Gasendo, parecen haber influido mas en la direccion y en el desarrollo progresivo de las ideas de Copérnico, son: un pasaje de la Enciclopedia semi-bárbara de Marciano Mineo Capella, natural de Madaura, y el sistema del Mundo de Apolonio de Perga. En sentir de Marciano Mineo, sentir que se ha atribuido con sobrada seguridad tan pronto á los egipcios como á los caldeos, la Tierra permanece inmóvil en el centro del Mundo (1); pero el Sol describe su órbi-

(1) V. sobre esta materia una discusion profunda en T. H. Martin, *Etudes sur le Timée*, t. II, pág. 111 (*Cosmographie des Egyptiens*), y páginas 129—133 (*Antécédents du système de Copernic*). La opinion emitida por este erudito filólogo, de que el verdadero sistema de Pitágoras diferia del de Filolao y representaba á la Tierra como inmóvil en medio del Mundo, no me parece en verdad muy convincente (v. t. II, págs. 103 y 107). Permítaseme dar explicaciones mas claras sobre la singular afirmacion de Gasendo acerca de la supuesta semejanza entre el sistema de Apolonio de Perga y el de Tycho Brahe, de que he dicho algo ya en el texto. Gasendo se expresa de este modo en sus biografías: «Magnam imprimis rationem habuit Copernicus duarum opinionum affinium, quarum unam Martiano Capellæ, alteram Apollonio Pergæo attribuit.—Apollonius Solem delegit, circa quem, ut centrum, non modo Mercurius et Venus, verum etiam Mars, Jupiter, Saturnus suas obirent periodos, dum Sol interim uti et Luna, circa terram, ut circa centrum, quod foret Affixarum mundique centrum, moverentur; quæ deinceps quoque Tychonis propemodum fuit. Rationem autem magnam harum opinionum Copernicus habuit, quod utraque eximie Mercurii ac Veneris circuitiones repræsentaret, eximieque causam retrogradationum, directionum, stationum in iis apparentium exprimeret et posterior (Pergæi) quoque in tribus Planetis superioribus præstaret.» Mi amigo el astrónomo Galle, á quien he consultado sobre este punto, no encuentra, como yo, nada que justifique esta afirmacion tan categórica de Gasendo. «Los pasajes, me dice, que me ha señalado usted en el *Almagesto*, al final del libro XII, y en la obra de Copérnico, lib. V, c. 3, pág. 141 a; c. 35, págs. 179 a y b; c. 36, pág. 181 b, no tienen mas objeto que explicar las estaciones y las retrogradaciones de los planetas; de donde puede inferirse que Apolonio admitia el movimiento de estos en derredor del Sol. Por lo que hace á saber en qué fuente tomaria Copérnico sus conjeturas sobre Apolonio, es cosa que no puede determinarse. La suposicion de un sistema de Apolonio de Perga análogo al de Tycho, paréceme tambien que no se apoya sino en una autoridad de corta fecha, por mas que, á decir verdad, ni en Copérnico ni en ninguna otra parte encuentro una exposicion clara de este sistema, ni tan siquiera citas hechas con referencia á textos mas antiguos. Si el libro XII del *Almagesto* es la única fuente en virtud de la cual se atribuyen á Apolonio todas las miras de Tycho, tengo por muy verosímil que Gasendo ha ido demasiado lejos en sus conjeturas, y que ha obrado en esta ocasion como respecto

ta, acompañado de dos satélites, Mercurio y Vénus. Esta consideracion sobre la estructura del Mundo parece, en efecto, como que abre el camino á la idea de la fuerza centrípeta del Sol; mas ni en el *Almagesto* ni en los escritos de los antiguos, generalmente hablando, ni en el tratado *De revolutionibus* de Copérnico, se halla pasaje alguno que autorice á Gasendo para afirmar, tan positivamente como lo hace, la semejanza absoluta entre el sistema de Tycho y el que se atribuye á Apolonio de Perga. Por lo tocante á la confusion que ha querido establecerse entre el sistema de Copérnico y el del Pitagórico Filolao, segun el cual la Tierra (pues lo que Filolao llama ἀντίχθων no es un planeta distinto, sino tan solo un hemisferio del que habitamos), segun el cual, repito, la Tierra, privada de su movimiento de rotacion, gira, lo mismo que el Sol, en torno del foco del Mundo ó fuego central, es decir, en torno de la llama que da vida á todo nuestro sistema planetario, es una conjetura que no merece ya exámen desde que Bœckh ha publicado sus concluyentes investigaciones sobre este asunto.

La revolucion científica debida á Nicolás Copérnico tiene el singular privilegio, si exceptuamos la corta suspension producida por la hipótesis retrógrada de Tycho, de haber propendido constantemente hácia el objeto, es decir, hácia el descubrimiento de la verdadera estructura del Mundo. El rico caudal de observaciones exactas que suministró el mismo Tycho, ardiente adversario de Copér-

de las fases de Mercurio y de Venus, de las cuales ha hablado Copérnico (lib. I, c. 10, págs. 7 b y 8 a), sin ponerlas exactamente en relacion con su sistema. Asimismo es posible que Apolonio haya tratado matemáticamente de las retrogradaciones de los planetas en la suposicion de un movimiento descrito por ellos en torno del Sol, sin añadir cosa alguna general y determinada acerca de la verdad de esta suposicion. Por lo demás, la diferencia entre el sistema de Apolonio, tal como le describe Gasendo, y el de Tycho, me parece estribar únicamente en que Tycho explica tambien las *desigualdades* en los movimientos. En mi concepto, es fundada la observacion de Roberto Small de que la idea que forma la base de la doctrina de Tycho no fué extraña á Copérnico, antes bien le sirvió como de transicion para llegar á su propio sistema.»

nico, ha contribuido tambien al descubrimiento de las eternas leyes del sistema planetario que mas tarde prestaron imperecedero lustre al nombre de Keplero, y que, interpretadas y demostradas por Newton teóricamente, y como un resultado necesario, han pasado á la esfera luminosa de la inteligencia, fundando el conocimiento racional de la Naturaleza. Hé aquí un dicho ingenioso, pero que acaso no hace aún toda la justicia debida al pensador libre que ha creado por sus propias fuerzas la teoría de la gravitacion: «Keplero escribió un *Código*, y Newton *El Espíritu de las Leyes* (2).»

Las alegorías poéticas de que Pitágoras y Platon sembraron sus cuadros del Mundo, alegorías variables como la fantasía que les dió nacimiento (3), se reflejan todavía parcialmente en los escritos de Keplero, dando mas calor y mas serenidad á su alma, de ordinario tétrica y sombría, pero sin desviarle del fin á que aspiraba y que alcanzó doce años antes de su muerte, en la memorable noche del 15 de mayo de 1618 (1). Copérnico, por me-

(1) Schubert, *Astronomie*, 1.ª parte, pag. 124. Whewell ha publicado en su *Philosophy of the inductive sciences*, t. II, pág. 282, un cuadro completo y muy bien ordenado de todos los aspectos bajo los cuales han considerado los astrónomos la estructura del Mundo, desde los primeros tiempos de la humanidad hasta el sistema de la gravitacion de Newton.

(2) Platon se manifiesta en el *Phedro* discípulo de Filolao; pero en el *Timeo* aparece ya convertido al sistema de la inmovilidad de la Tierra en el centro del Mundo, sistema designado después con los nombres de Hiparco y de Ptolomeo. V. Bœckh, *De Platonico systemate cœlestium globorum et de vera indole astronomiæ Philolaicæ*, págs. XXVI—XXXII; *Philolaos*, págs. 104—108; y cf. Fries, *Geschichte der philosophie*, t. I, págs. 325—347, con H. Martín, *Etudes sur le Timée*, t. II, págs. 64—92. La especie de sueño astronómico bajo el cual se halla velada la estructura del Mundo al final de la *República*, nos recuerda el sistema de las esferas entrelazadas de los planetas y el concierto de los tonos considerados como las voces de otras tantas sirenas que acompañan en su movimiento á cada una de aquellas esferas. Sobre el descubrimiento del verdadero sistema del Mundo, véase la preciosa obra de Apelt, *Epochen der Geschichte der Menschheit*, t. I, 1845, págs. 205—305 y 379—445.

(3) Keplero, *Harmonices mundi libri quinque*, 1619, pág. 189. El 8 de marzo de 1618, después de muchas tentativas inútiles, se le ocurrió á Keplero

dio de la rotacion diurna de la Tierra, habia dado una explicacion satisfactoria del movimiento aparente de las estrellas fijas; por medio de la revolucion anual de la Tierra al rededor del Sol, habia asimismo resuelto el problema de los movimientos aparentes mas notables de los planetas (*estaciones* y *retrogradaciones*), hallando de este modo el verdadero fundamento de lo que se conoce con el nombre de *segunda desigualdad* de los planetas. Por lo tocante á la *primera desigualdad*, es decir, al movimiento no uniforme con que los planetas describen su órbita, Copérnico dejó por aclarar este punto. Fiel al antiguo principio pitagórico de la perfeccion inherente á los movimientos circulares, comprendia tambien la necesidad de hacer entrar en la composicion del Mundo círculos *excéntricos*, cuyo centro no fuese ocupado por ningun cuerpo, y algunos de los *epiciclos* de Apolonio de Perga. Por grande que fue-

la idea de comparar los cuadrados de los tiempos invertidos por los planetas en completar su revolucion, con los cubos de las distancias medias; mas habiéndose equivocado en sus cálculos, abandonó esta idea. El 15 de mayo de 1618 emprendió de nuevo su tarea, y halló que su cálculo era exacto: la *tercera ley de Keplerò* estaba descubierta.» Este descubrimiento, y los que á él se refieren, caen precisamente en la deplorable época en que aquel grande hombre, expuesto desde la infancia á los mas rudos ataques de la suerte, trabaja por espacio de seis años para salvar de la tortura y de la hoguera á su madre septuagenaria, acusada de envenenamiento y de sortilegio, con la particularidad de hallarse fortificadas las sospechas que existian contra aquella infeliz mujer por las circunstancias de tener por acusador á su propio hijo el alfaharero Cristóbal Keplero, y de haber sido educada en casa de una tia suya que habia muerto quemada por hechicera. Véase acerca de este punto un escrito del baron de Breitschwert, poco conocido fuera de Alemania, aunque muy interesante, y compuesto en vista de algunos manuscritos recientemente descubiertos: *Johann Keppler's Leben und Wirken*, 1831, págs. 12, 97—147 y 196. Segun esta obra, Keplero, que se firma siempre *Keppler* cuando escribe en aleman, no habia nacido el 21 de diciembre de 1571, como vulgarmente se cree, en la ciudad imperial de Weil, sino en un lugar del Wurtemberg, llamado Magstatt, el 27 de diciembre de dicho año. Respecto a Copernico, no se sabe si nació el 19 de enero de 1472, ó el 19 de febrero de 1473, como quiere Mœstlin, ó, por último, el 12 de febrero del mismo año, segun cree Czynski. La fecha del nacimiento de Colon ha oscilado largo tiempo en un intervalo de 19 años. Ramusio le coloca en 1430; Bernaldez, que fué amigo de Colon, en 1436; y el célebre historiador Muñoz en 1446.

se la osadía con que se marchaba por el nuevo camino, no era posible desprenderse de una sola vez de todos los antiguos errores.

La distancia siempre igual que unas respecto de otras conservan las estrellas, al paso que toda la bóveda celeste se mueve de Oriente á Occidente, habia dado origen á la hipótesis de un firmamento, de una esfera trasparente y sólida, en la cual, segun Anaximenes, no muy posterior á Pitágoras, se hallaban como enclavadas las estrellas (1). Gemino de Rodas, contemporáneo de Ciceron, suponia fijos á los astros en una superficie plana, unos mas altos y otros mas bajos. Lo que se habia imaginado para las estrellas fijas se extendió tambien á los planetas, y de aquí la teoría de las esferas excéntricas enlazadas entre sí, teoría defendida por Eudoxio, Menechmo y Aristóteles, que inventó las esferas *resistentes*. Merced á la penetracion de Apolonio, la teoría de los epiciclos, cuyo mecanismo se aplicaba mas fácilmente á la representacion y al cálculo de los movimientos planetarios, dió al traste un siglo después con la hipótesis de las esferas sólidas. Por lo tocante á saber si es cierto, como creia Ideler, que no se comenzó á admitir la posibilidad del libre movimiento de los planetas en el espacio sino desde la fundacion del Museo de Alejandría; ó, si ya antes de esta época, se consideraban en general las esferas trasparentes y entrelazadas, que Eudoxio admitia en número de veintisiete y Aristóteles de cincuenta y cinco, así como los epiciclos trasmitidos á la edad media por Hiparco y Ptolomeo, no como esferas sólidas y materialmente existentes, sino mas bien como concepciones imaginarias, es cuestion que no me

(1) Plutarco, *De placitis Philosoph.*, lib. II, c. 14; Aristóteles, *Meteorol.*, lib. XI, c. 8; *De Cœlo*, lib. II, c. 8. Acerca de la teoría de las esferas en general, y en particular de las esferas resistentes de Aristóteles, V. *Ideler's Vorlesung ueber Eudoxus*, 1828, págs. 49—60, y la análisis que de esta obra ha publicado Letronne en el *Journal des Savants*, diciembre de 1840, y febrero y setiembre de 1841.

atrevo á decidir por mí mismo, si bien me inclino á esta última opinion. Lo cierto es que á mediados del siglo XVI, cuando se admitió la teoría de las setenta y siete esferas homocéntricas, propuesta por el sabio polígrafo Girolamo Fracastor, y cuando, posteriormente, los adversarios de Copérnico lo revolvieron todo para defender el sistema de Ptolomeo, se hallaba aún muy extendida la creencia, particularmente favorecida por los Padres de la Iglesia, en la realidad de las esferas, de los círculos y de los epiciclos sólidos. Tycho Brahe se lisonjea expresamente de haber demostrado antes que nadie, por medio de sus consideraciones sobre las órbitas de los cometas, la imposibilidad de que existan semejantes esferas sólidas, y de haber echado así por tierra toda aquella armazon ingeniosa. Para él, los espacios del Cielo estaban llenos de aire, el cual, agitado por el movimiento de los cuerpos celestes, oponia cierta resistencia que daba orígen á sonidos armónicos. Rothman, hombre de organizacion no muy poética, se creyó obligado á refutar esta renovacion del mito pitagórico de la armonía.

Keplero, con su gran descubrimiento de que todos los planetas describen elipses en torno del Sol, el cual ocupa uno de los focos de aquellas elipses, desembarazó por fin al sistema de Copérnico de los círculos excéntricos y de toda la balumba de epiciclos que tenia en su orígen (1). La estructura del mundo planetario apareció entonces en su realidad objetiva y en su magestuosa sencillez, cual una obra de admirable arquitectura. Estábale, empero, reservada á Newton la gloria de descubrir el mecanismo y la

(1) Miras mas exactas acerca del movimiento de los cuerpos y de la falta absoluta de relacion entre la direccion dada una vez al eje de la Tierra y la rotacion y la revolucion del Globo, desembarazaron tambien al sistema de Copérnico de la hipótesis de un movimiento de declinacion ó del supuesto tercer movimiento de la Tierra. V. *De revolut. orbium cœlest.*, lib. I, c. 11. El paralelismo del eje se conserva en la revolucion anual alrededor del Sol, mediante la ley de la inercia, sin que haya necesidad de un epiciclo para restablecerle.

conexion de las fuerzas interiores que animan y conservan el sistema del Mundo. Los hombres que estudian el desarrollo progresivo del conocimiento humano, pueden notar repetidas veces que los grandes descubrimientos, casuales al parecer, se estrechan en un corto espacio de tiempo, y que los grandes hombres se complacen, por decirlo así, en presentarse de frente. Este fenómeno se reproduce de la manera mas sorprendente en los diez primeros años del siglo XVII. Tycho, fundador de la Astronomía matemática, Keplero, Galileo y Bacon de Verulamio, son contemporáneos; y, excepto el primero, todos los demás pudieron conocer en sus últimos años los trabajos de Descartes y de Fermat. Los principios de Bacon, consignados en la *Instauratio magna*, aparecieron en inglés desde 1605, quince años antes de la publicacion del *Novum Organum*. La invencion del telescopio y los descubrimientos mas importantes de la Astronomía física, tales como el de los satélites de Júpiter, el de las manchas del Sol, el de las fases de Vénus y el de la singular configuracion de Saturno, se efectuaron entre los años de 1609 á 1612. Las especulaciones de Keplero sobre la órbita elíptica de Marte comenzaron en 1601, y llegaron á formar el asunto de la *Astronomia nova seu Physica cœlestis*, obra concluida ocho años después (1). «Estudiando la órbita de Marte, escribia Keplero, es como debemos penetrar los misterios de la Astronomía, so pena, en otro caso, de no saber nunca nada acerca de ellos. Á fuerza de trabajo he podido al cabo someter á una ley natural las irregularidades que se observan en el movimiento de aquel planeta.» Sin mas que generalizar el mismo pensamiento, consiguió este hombre, dotado de tan brillante imaginacion, adivinar las grandes verdades que diez años después expuso en los cinco libros de su *Armonia del Mundo*. En una carta dirigida al astrónomo dinamarqués Longomontano, decia tam-

(1) Delambre, *Histoire de l'Astronomie ancienne*, t. II, pág. 381.

bien con harta razon: «Hállanse tan intimamente unidas entre sí la Astronomía y la Física, que, en mi concepto, no puede la una ser perfecta sin la otra.» Los resultados de sus investigaciones sobre la estructura del ojo y sobre la teoría de la vision vieron tambien la luz pública el año de 1604 en los *Paralipómenos á Vitelio*; y aun la *Dióptrica* quedó ya publicada el año de 1611 (1). De este modo se difundia el conocimiento de los fenómenos mas importantes que se realizan en los espacios celestes, á la par que el arte de comprender mejor aquellos fenómenos mediante la creacion de nuevos órganos; y todo ello ocurría en los diez ó doce años primeros de un siglo que comienza con Galileo y Keplero y concluye con Newton y Leibnitz.

Es verosímil que el descubrimiento accidental del telescopio se conoció por primera vez en Holanda á fines de 1608. Segun las últimas investigaciones hechas en los archivos de la ciencia (2), los hombres que pueden dispu-

(1) V. la opinion de sir David Brewster en los *Martyrs of science*, 1840, págs. 179—182, y cf. Wilde, *Geschichte der Optik*, 1838, primera parte, págs. 182—210. Por mas que la ley de la refraccion de los rayos pertenezca al profesor de Leiden, Willebrord Snellio, que la dejó sepultada entre sus papeles, la gloria de haberla generalizado bajo formas trigonométricas corresponde sin duda á Descartes. V. Brewster, en la *North-British Review*, t. VII, pág. 207; Wilde, *Geschichte der Optik*, 1.ª parte, pág. 227.

(2) V. dos excelentes disertaciones acerca de la invencion del telescopio, escrita la una por el profesor Moll, de Utrech, en el *Journal of the Royal Institution*, 1831, t. I, pág. 319, y la otra por Wilde, *Geschichte der Optik*, 1838, 1.ª parte, págs. 138—172. La obra de Moll, escrita en holandés, lleva por título: *Geschied-Kundig Onderzoek naar de eerste Uitfinders der Vernkykers*, uit de Aantekeningen van wyle den Hoogl. van Swinden zamengesteld door G. Moll (Amsterdam, 1831). Olbers ha publicado un extracto de esta interesante Memoria en el *Schumacher's Jahrbuch*, 1843, págs. 56—65. Los instrumentos de óptica entregados por Jansen al príncipe Moritz de Nasau y al gran duque Alberto (este último regaló el suyo á Cornelio Drebbel), segun resulta de la carta del enviado Boreel que habia frecuentado de niño la casa del anteojero Jansen y vió despues los instrumentos en su tienda, eran microscopios de diez y ocho pulgadas de longitud, por medio de los cuales se aumentaban los objetos pequeños de una manera sorprendente, mirándolos de alto á bajo. La con-

tarse la gloria de este invento son: Hans Lippershey, natural de Wessel, y anteojero de Middleburgo; Jacob Adriaansz, apellidado Mecio, á quien se atribuye tambien el intento de sustituir el metal por el cristal en la composicion de los espejos ustorios; y últimamente, Zacarías Jansen. El primero se halla siempre designado bajo el nombre de Laprey en la interesante carta que el enviado

fusion del microscopio con el telescopio contribuye á aumentar la oscuridad que reina acerca de la invencion de estos dos instrumentos. La citada carta de Boreel hace inverosímil, á pesar de la autoridad de Tiraboschi, la opinion que atribuye á Galileo el descubrimiento del microscopio compuesto. Acerca de esta difícil historia de las invenciones ópticas, véase Vincenzio Antinori, en los *Saggi di Naturali Esperienze fatte nell' Accademia del Cimento*, 1841, págs. 22—26. Huyghens, que nació veinticinco años después de la época generalmente asignada al descubrimiento del telescopio, vacilaba ya acerca del nombre del primer inventor. (Véase *Opera reliqua*, 1728, t. II, pág. 125). Segun las investigaciones hechas en los archivos por Sivenden y por Moll, no era Lippershey el único que en 2 de octubre de 1608 poseia telescopios de propia construccion. El presidente Jeannin, enviado francés, escribia á Sully con fecha 28 de diciembre «que andaba en tratos con el anteojero de Middleburgo para comprarle un telescopio destinado al rey Enrique IV.» Simon Mario (Mayer de Gunzenhausen), que tambien tuvo parte en el descubrimiento de los satélites de Júpiter, cuenta que, por el otoño de 1608, un belga ofreció en Francfort del Mein un telescopio á su amigo Fuchs de Beinbach, consejero privado del margrave de Ansbach. En Londres se fabricaban telescopios en el mes de febrero de 1610, es decir, un año después de haber acabado el suyo Galileo. V. Rigaud, *On Harriot's papers*, 1833, págs. 23, 26 y 46. Estos instrumentos se llamaron al principio *cilindros*. Porta, el inventor de la *camera obscura*, habla (y antes que él ya lo habian hecho Fracastor el contemporáneo de Colon, Copérnico y Cardano) de la posibilidad de aumentar y aproximar los objetos por medio de lentes convexos y cóncavos colocados unos sobre otros: «Duo specilla ocularia alterum alteri superposita;» mas no hay razon para atribuirle el descubrimiento del telescopio. V. Tiraboschi, *Storia della Letter. ital.*, t. XI, pág. 467; Wilde, *Geschichte der Optik*, primera parte, pág. 121. Las antiparras eran ya conocidas en Harlem á principios del siglo XIV; y una inscripcion sepulcral del templo de María Maggiore de Florencia, nombra como inventor de estos instrumentos (inventore degli occhiali) á Salvino degli Armati, que falleció en 1317. Algunas noticias que parecen ciertas dan márgen á creer que estaban ya en uso las antiparras para los viejos por los años de 1305 y aun de 1299. Los pasajes de Rogerio Bacon se refieren á la virtud amplificante de los segmentos tallados en globos de cristal. V. Wilde, *Geschichte der Optik*, 1.ª parte, págs. 93—96, y *Cosmos*, t. II, nota de la pág. 309.

holandés Boreel dirigió al médico Borelli, autor de la Memoria *De vero telescopii inventore*, publicada el año de 1655. Si para resolver la cuestion de prioridad nos atenemos á las fechas con que se hicieron las proposiciones á los Estados Generales, Hans Lippershey es sin disputa el primero, pues el dia 2 de octubre de 1608 presentó á los magistrados tres instrumentos «con los cuales podia verse á lo lejos.» Mecio no hizo valer sus derechos hasta el 17 de octubre del mismo año, si bien dice terminantemente en su súplica «que sus combinaciones y su constante trabajo le habian conducido, dos años hacia, á construir instrumentos semejantes.» Zacarías Jansen, anteojero de Middleburgo, como Lippershey, inventó verosímilmente hácia el año de 1590, en compañía con su padre Hans Jansen, el microscopio compuesto que tiene por ocular un lente divergente; mas hasta el año de 1610 no descubrió el telescopio, segun el testimonio del enviado Boreel; y aun parece que tanto él como sus amigos dirigian el instrumento hácia puntos terrestres y lejanos, y no hácia el Cielo. La ayuda que prestó el microscopio para penetrar la naturaleza de todos los cuerpos orgánicos, facilitando el estudio de su forma y del movimiento de sus partes, y la influencia ejercida por el telescopio en la súbita abertura de los espacios del Mundo, exceden de tal manera á cuanto pudiera imaginarse, que he creido conveniente entrar en algunos pormenores al trazar la historia de estos inventos.

Cuando en mayo de 1609 llegó á Venecia el anuncio del descubrimiento hecho en Holanda de una nueva vista por medio del telescopio, Galileo, que se encontraba casualmente en aquella ciudad, adivinó al instante todo lo que debia entrar esencialmente en la composicion de este instrumento, y estableció por sí mismo uno en Pádua (1). Al

(1) Parece que, en vista de la descripcion hecha por Fuchs de Beinbach de los efectos de un telescopio holandés, el médico y matemático Simon Mario, de quien ya antes hemos hablado, logró tambien construir uno por si mismo. Con respecto á la primera observacion de las montañas de la Luna

principio examinó con él las montañas de la Luna, enseñó el medio de medir la altura de sus cimas, y explicó el color ceniciento de aquel astro, como ya lo habian hecho Leonardo de Vinci y Mœstlin, por el reflejo de la luz solar que envia la Tierra á su satélite. Tambien observó, aunque con instrumentos de menos alcance, el grupo de las pleyadas, el conjunto de estrellas que forma el Pesebre en Cáncer, la via láctea y el grupo estrellado de la cabeza de Orion. Desde entonces se sucedieron rápidamente los grandes descubrimientos de los cuatro satélites de Júpiter, de *las dos asas de Saturno, ó, en otros términos, de su anillo*, que hasta entonces se habia visto confusamente y sin comprender bien su naturaleza, de las manchas del Sol y de las fases de Vénus.

Las lunas de Júpiter, primeros planetas secundarios descubiertos con el telescopio, fueron reconocidas cuasi simultáneamente y sin que mediase comunicacion ninguna entre los observadores, por Simon Mario en Ansbach el 29 de diciembre de 1609, y por Galileo en Padua el 7 de enero de 1610. Galileo se anticipó al *Mundus Jovialis* de

por Galileo, V. Nelli, *Vita di Galilei*, t. I, págs. 200—206; Galilei, *Opere* 1744, t. II, págs. 60 y 403, y *Lettera al Padre Cristoforo Grienberger*, *in materia delle Montuosità della Luna*, págs. 409—424. Galileo observó algunos paisajes de forma circular y rodeados por todas partes de montañas, parecidos á los de la Bohemia: «Eundem facit aspectum Lunæ locus quidam, *ac faceret in terris regio consimilis Bohemiæ, si montibus altissimis, inque* peripheriam perfecti circuli dispositis occluderetur undique» (t. II, pág. 8) Las montañas se midieron por el método trigonométrico. Galileo calculó la distancia de las cimas al borde luminoso en el momento en que comenzaban á herirlas los rayos solares, como lo hizo después Hevelio; mas no encuentro observacion ninguna que se refiera á la longitud de las sombras proyectadas por las montañas. Galileo calculó que la altura de las montañas de la Luna es de cerca de «quattro miglia,» y que muchas de ellas son mas altas que las de la Tierra. Esta comparacion es muy notable, atento que Riccioli habia divulgado por aquel tiempo ideas muy exageradas acerca de la elevacion de nuestras cimas montañosas, y que hasta el año de 1724 no midió Feuillée con alguna exactitud el Pico de Tenerife, es decir, uno de los principales y de los que mas celebridad alcanzaron desde luego. Galileo creia tambien en la existencia de varios mares y de una atmósfera en la Luna; opinion que, á la verdad, fué la de todos los observadores hasta fines del siglo XVIII.

Simon Mario, publicando el *Nuncius Sidereus* (1610), en donde consignó aquel descubrimiento (1). Mario habia pro-

(1) Aprovecho esta ocasion de citar aquí otra vez el principio establecido por Arago. «No hay mas que una manera racional y exacta de escribir la historia de las ciencias, y es apoyándose exclusivamente en publicaciones de fecha cierta; de lo contrario, todo es confusion y oscuridad.» El singular retraso que experimentó la publicacion del *Calendario franconiano* ó de la *Practica* (1612), y la del «*Mundus Jovialis*, anno 1619 detectus ope perspicilli Belgici,» que no apareció hasta el mes de febrero de 1614, podia seguramente dar margen á sospechar que Mario hubiese tomado muchas cosas del *Nuncius sidereus* de Galileo, cuya dedicatoria lleva la fecha de marzo de 1610, ó á lo menos, que se hubiese aprovechado de noticias y datos adquiridos por medio de comunicaciones epistolares. Galileo, que no habia olvidado el proceso intentado con motivo del círculo proporcional contra Baltasar Capra, discípulo de Mario, llama á este último: «usurpatore del sistema del Giove,» y aun echa en cara al astrónomo protestante de Gunzenhausen, que su observacion anterior estriba en una confusion de calendario: «Tace il Mario di far cautó il lettore, come essendo egli separato della Chiesa nostra, ne avendo acettato l'emendatione gregoriana, il giorno 7 di gennaio del 1610 di noi cattólici (dia en que Galileo descubrió los satélites), è l'istesso, che il dí 28 di decembre de 1609 di loro eretici, e questa è tutta la precedenza delle sue finte osservationi.» V. Venturi, *Memorie e Lettere di Galileo Galilei*, 1818, 1.ª parte, pág. 279, y Delambre, *Histoire de l'Astronomie moderne*, t. I, pág. 696. En una carta que escribió Galileo en 1614 á la *Accademia dei Lincei*, manifiesta el deseo poco filosófico de producir su querella contra Mario ante el marqués de Brandeburgo; pero en general se manifiesta siempre muy benévolo para con los astrónomos alemanes. En el mes de marzo de 1611 escribia lo siguiente: «Gli ingegni singolari, che in gran numero fioriscono nell'Alemagna, mi hanno lungo tempo tenuto in desiderio di vederla» (*Opere*, t. II. pág. 44). Siempre me ha causado estrañeza que Keplero, citado en un Diálogo con Mario como apadrinador de las denominaciones mitológicas de Io y de Calisto, no haga mencion de su compatriota Mario, ni en su Comentario al *Nuncius sidereus* nuper ad mortales a Galilæo missus, impreso en Praga en abril de 1610, ni en las cartas que escribió á Galileo y al emperador Rodolfo en el otoño del mismo año, y que antes bien hable en todas partes del glorioso descubrimiento de los *Sidera Medicea* hecho por Galileo. A consecuencia de las observaciones que el mismo Keplero hizo sobre estos satélites desde el 4 al 9 de setiembre de 1610, dió á la estampa en Francfort el año siguiente un opúsculo intitulado: *Kepleri narratio de observatis a se quatuor Jovis satellitibus erronibus quos Galilæus Mathematicus Florentinus jure inventionis Medicea sidera nuncupavit.* Al final de una carta fechada en Praga el 25 de octubre de 1610, le dice á Galileo; «Neminem habes quem metuas æmulum.». V. Venturi, *Memorie e Lettere*, etc., 1.ª parte, págs. 100, 117, 139, 144 y 149. El baron de Zach, engañado por un exámen muy superficial de los preciosos manuscritos con-

puesto para los satélites de Júpiter el nombre de *Sidera Brandenburgica*; y Galileo prefirió las denominaciones de *Sidera Cosmica* ó *Medicea*, la última de las cuales, como era natural, tuvo mejor acogida en la corte de Florencia. Empero este nombre colectivo pareció poco todavia á la servil adulacion cortesana; y en vez de designar con números á los satélites, como hoy se hace, Mario los bautizó con los nombres de Io, Europa, Ganimedes y Calisto, y Galileo reemplazó en su nomenclatura estos seres mitológicos con los diferentes miembros de la familia de los Médicis, Catalina, María, Cosme el Mayor y Cosme el Menor.

El conocimiento de los satélites de Júpiter y de las fases de Venus influyó poderosamente en el establecimiento y propagacion del sistema de Copérnico. El pequeño *Mundo de Júpiter* (Mundus Jovialis) ofrecia á los ojos de la inteligencia una imágen completa del gran sistema planetario y solar. Advirtióse que los satélites obedecian á las leyes descubiertas por Keplero, y ante todo, que los cuadrados de los tiempos empleados en su revolucion son proporcionales á los cubos de sus distancias medias al planeta principal. Por eso Keplero, en su *Armonia del Mundo*, exclama con aquella seguridad y firme confianza que inspiran á los alemanes las libres especulaciones de la Filosofía: «*Ochenta años han transcurrido, durante los cuales ha sido* lícito leer la doctrina de Copérnico sobre el movimiento de la Tierra y la inmovilidad del Sol (1), porque al cabo se

servados en Petworth, en las posesiones del lord Egremont, afirma que el célebre astrónomo Tomás Harriot, el cual habia viajado por la Virginia, descubrió los satélites de Júpiter al mismo tiempo que Galileo y aun antes quizás; pero un exámen mas atento de los manuscritos de Harriot, hecho por Rigaud, demuestra que aquel astrónomo no comenzó sus observaciones el 16 de enero, sino el 17 de octubre de 1610, ó sea nueve meses despnés que Galileo y Mario. V. Zach, *Corresp. astronom.*, t. VII, pág. 105; Rigaud, *Account of Harriot's astron. papers*, Oxford, 1833, pág. 37; Brewster, *Martyrs of Science*, 1846, pág. 32. Hasta hace dos años no se conocian las primeras observaciones originales hechas por Galileo y por su discípulo Renieri en los satélites de Júpiter.

(1) Setenta y tres años hubiera debido decir; porque la prohibicion ful-

habia creido que no era malo disputar acerca de las cosas naturales y esclarecer las obras de Dios; y ahora que *nuevos documentos*, desconocidos á los jueces eclesiásticos, *vienen en apoyo de esta doctrina* ¡se os prohibe propagar el verdadero sistema del Mundo!» Ya hacia tiempo que aun en las comarcas protestantes de Alemania habia podido observar Keplero semejante prohibicion, hija de la antigua lucha entre la Iglesia y las Ciencias naturales (1).

El descubrimiento de los satélites de Júpiter es para la historia y las vicisitudes de la Astronomía el principio de una época eternamente memorable (2). Los eclipses de los satélites, su inmersion en la sombra de Júpiter, nos han conducido á calcular la velocidad de la luz (1675), y á explicar por lo tanto la elipse de aberracion de las estrellas fijas (1727), mediante la cual se refleja, por decirlo así, en la bóveda celeste el movimiento anual de la Tierra alrededor del Sol. Estos descubrimientos de Rœmer y de Bradley han sido llamados con razon la piedra angular del sistema de Copérnico, la demostracion material del movimiento de traslacion de la Tierra.

Muy luego, desde el mes de setiembre de 1612, reconoció tambien Galileo cuán importantes podian ser los eclipses de los satélites de Júpiter para determinar las longitudes en la tierra firme. Primero presentó este método á la corte de España, en 1616, y después á los Estados Generales de Holanda, aplicándole ya entonces á la navegacion (3), pero sin curarse mucho de las insuperables difi-

minada contra el sistema de Copérnico por la Congregacion del Indice es del 5 de marzo de 1616.

(1) V. *Kepler's Leben*, por el conde de Breitschwert, pág. 36.

(2) Sir John Herschel, *Traité de Astronomie*, §. 465, traduccion francesa de Cournot, pág. 352, 2.ª edic. 1836.

(3) Galilei, *Opere*, t. II, (*Longitudine per via de 'Pianeti Medicei*), páginas. 435—506; Nelli, *Vita di Galilei*, t. II, págs. 656—688; Venturi, *Memorie e Lettere di G. Galilei*, 1.ª parte, pág. 177. Desde 1612, dos años apenas después del descubrimiento de los satélites de Júpiter, se lisonjeaba ya Galileo, algo prematuramente quizás, de haber determinado las tablas de aquellos satélites con un minuto á lo mas de diferencia. En 1616 entabló

cultades que ofrece la práctica de semejante método en un elemento tan movible. Proponíase construir por sí mismo cien telescopios y llevarlos á España ó enviar con ellos á su hijo Vicenzio; exigiendo como recompensa «una croce di S. Jago,» con el sueldo de 4,000 escudos; suma módica, segun él, atento que primero le habian prometido una renta de 6,000 ducados en la casa del cardenal Borgia.

Poco después del descubrimiento de los planetas secundarios de Júpiter, se observó la supuesta triplicidad de Saturno (planeta tergeminus). Ya en el mes de noviembre de 1610, Galileo participaba á Keplero que «Saturno se compone de tres estrellas que se tocan respectivamente;» observacion que llevaba en sí el gérmen del descubrimiento del anillo de Saturno. Hevelio describió en 1656 las variaciones de forma que experimenta aquel planeta, la desigual abertura de las asas y su completa desaparicion en ciertas épocas. Con todo, el mérito de haber explicado científicamente todas las apariencias del anillo de Saturno, pertenece á Huyghens (1655), el cual, dejándose llevar de la desconfianza propia de su época, encubrió su descubri-

una larga correspondencia diplomática con los enviados españoles, y en 1636 con los de Holanda. Los telescopios, se decia, aumentan el tamaño de los objetos hasta cuarenta y cincuenta veces. A fin de encontrar mas fácilmente los satélites, á pesar de las oscilaciones de los buques, y de retenerlos con mas seguridad, así á lo menos lo creia, en el campo del anteojo, Galileo inventó en 1617 el telescopio binocular que ordinariamente se atribuye al capuchino Schyrleus de Rheita, hombre versadísimo en la Optica, y que aspiraba á construir telescopios capaces de aumentar hasta cuatro mil veces los objetos. V. Nelli, t. II, pág. 663. Galileo hizo algunos experimentos en el puerto de Liorna con su *binoculo*, al cual llama tambien *celatone* ó *testiera*, reinando un viento violento que imprimia al buque fuertísimas sacudidas. Tambien mandó construir en el arsenal de Pisa un vasto aparato, por medio del cual, sentado el observador en una especie de barca que flotaba libremente dentro de otra barca llena de agua y de aceite, se hallaba al abrigo de todos los movimientos violentos. V. *Lettera al Picchena de* 22 *de marzo* 1617, en Nelli, t. I, pág. 281, y Galilei, *Opere*, t. II, pág. 473, *Lettera a Lorenzo Realio del* 5 *giugno* 1637. Es muy curiosa la lectura del pasaje en que Galileo encarece las ventajas de su método de observaciones marítimas sobre el método de las distancias lunares de Morin. V. *Opere*, t. II, pág 454.

miento bajo un anagrama compuesto de 88 letras. Domingo Cassini fué el que primero vió la línea negra que divide el anillo, y el que reconoció la division de éste á lo menos en dos anillos concéntricos (1684). Hé reunido aqui todas las observaciones á que dió materia, por espacio de un siglo, aquel de entre todos los cuerpos celestes que presenta la forma mas singular é inesperada, y cuyo conocimiento ha dado márgen á ingeniosas conjeturas acerca de la formacion originaria de los planetas y de sus satélites.

Los primeros que observaron las manchas del Sol con el telescopio fueron Juan Fabricio, habitante de la Frisia oriental, y Galileo, que hizo sus observaciones en Padua ó en Venecia, segun la narracion mas fidedigna. Fabricio dejó consignado su descubrimiento en el mes de junio de 1611, anticipándose indudablemente un año á Galileo, el cual no dió á conocer el suyo hasta el 4 de mayo de 1612, en una carta dirigida al burgomaestre Marcos Welser. Las primeras observaciones de Fabricio, si nos atenemos al minucioso exámen que de ellas ha hecho el señor Arago, son del mes de marzo de 1611 (1); mas si hemos de creer á sir David Brewster, que se apoya en que Cristobal Scheiner hace remontar las suyas propias al mes de abril de 1611, por mas que verosímilmente no se consagrase de una manera formal á estas investigaciones hasta octubre del mismo año, debieron de comenzar á fines de 1610. Las noti-

(1) V. Arago, *Annuaire du Bureau des longitudes*, 1842, págs 460—476, en la Memoria intitulada: *Decouvertes des taches Solaires et de la rotation du Soleil.* Brewster (*Martyrs of science*, págs. 36 y 39) coloca la primera observacion de Galileo en el mes de octubre ó noviembre de 1610. Cf. Nelli, *Vita di Galilei*, t. I, págs. 324—384; Galilei, *Opere*, t. I, página LIX; t. II, págs. 85—200; t. IV, pág. 53. Acerca de las observaciones de Harriot, V. Rigaud, págs. 32 y 38. Háse echado en cara al jesuita Scheiner, que fué llamado de Gratz á Roma, el haber insinuado al pontífice Urbano VIII por medio de Grasi, jesuita tambien, y con el fin de vengarse de Galileo por sus debates con él acerca del descubrimiento de las manchas del Sol, que Su Santidad figuraba en los célebres «Dialoghi delle Scienze Nuove» bajo el nombre del necio é ignorante Simplicio. V. Nelli, t. II, página 515.

cias que poseemos con respecto á Galileo son muy oscuras y discordes entre si. Parece probable que descubrió las manchas del Sol en el mes de abril de 1611, atento que las hizo ver públicamente en el jardin del cardenal Bandini, sito en el monte Quirinal, en los meses de abril y mayo del mismo año. Harriot, á quien el baron de Zach atribuye el descubrimiento de las manchas del Sol el dia 16 de enero de 1610, observó á la verdad tres de aquellas manchas el 23 de diciembre de dicho año, é indicó su lugar en un cuaderno de observaciones, pero sin imaginar siquiera que fuesen manchas del Sol las que habia visto, á la manera que Flamstead y Tobias Mayer, el uno en 23 de diciembre de 1690, y el otro en 25 de setiembre de 1756, tampoco imaginaron que habian visto un planeta, cuando Urano pasó por el campo de sus telescopios. Hasta el dia 1.º de diciembre de 1611 no reconoció Harriot verdaderamente las manchas del Sol, cinco meses, por consiguiente, despues de haber publicado Fabricio su descubrimiento. Galileo observó ya que las manchas del Sol, «mayores algunas de ellas que el Mediterráneo y aun que el África y el Ásia,» aparecen en una zona determinada del disco de aquel astro; tambien observó que reaparecian á las veces unas mismas manchas, y estaba *convencido* de que pertenecian al cuerpo mismo del Sol. Lo que llamó particularmente su atencion fué la diferente dimension de las manchas en el centro de este astro y cerca del borde donde desaparecen. Empero no hallo indicacion ninguna en la notable carta que escribió Galileo á Marcos Welser el 14 de agosto de 1612, por donde pueda suponerse que habia observado la desigualdad de la penumbra en los dos lados del núcleo oscuro. Esta preciosa observacion estaba reservada á Alejandro Wilson, y data solo desde el año de 1773. El canónigo Tarde, en 1620, y Maupertuis, en 1633, atribuian todas las manchas del Sol á diferentes corpúsculos celestes que, girando en torno suyo, interceptaban su luz, y á los cuales llamaron astros de Borbon y de Austria (Borbonia et Austriaca sidera) (1). Fabricio creia, como Galileo, que las manchas pertenecian al cuerpo mismo del Sol (2); y habia observado tambien que desaparecian y reaparecian al cabo de cierto tiempo las que vió primero. Estas alternativas le condujeron á reconocer la rotacion del Sol, que ya habia sospechado Keplero antes del descubrimiento de las manchas; pero las determinaciones mas exactas acerca de la duracion de la rotacion pertenecen en realidad al laborioso Scheiner. Si el cuerpo á que hasta ahora se ha conseguido dar el estado de ignicion mas intensa (la cal viva en ignicion en la lámpara de Drummond) se nos presenta negro como una mancha de tinta cuando se le proyecta sobre el disco del Sol, no debemos extrañar que Galileo, quien sin disputa ha descrito antes que nadie las grandes *fáculas* de este astro, tuviese por mas intensa la luz del núcleo formado en el centro de las manchas solares, que la de la Luna llena, ó la del aire cercano al disco del Sol (3). En los escritos del cardenal Nicolás de Cusa, á mediados del siglo XV, encontramos ya hipótesis acerca de las atmósferas sucesivas de aire, de nubes y de luz que rodean el núcleo sólido ó terrestre, por decirlo así, del Sol (4).

Para completar el ciclo de estos descubrimientos admirables, ciclo que apenas llega á dos años y en cuyo centro brilla el nombre inmortal del gran astrónomo de Florencia, réstame hacer mencion de las fases de Venus. Des-

(1) Delambre, *Histoire de l'Astronomie moderne*, t. I, pág. 690.

(2) Galileo expresa la misma opinion en su carta de 25 de mayo de 1612 al príncipe de Cesi. V. Venturi, *Memorie e Lettere*, etc., 1.ª parte, página 172.

(3) Véanse sobre este punto las ingeniosas observaciones de Arago en el *Annuaire du Bureau des longitudes*, 1842, págs. 481—488. Sir John Herschel, en su *Tratado de Astronomía* (§. 334, pág. 250 de la traduccion francesa), habla del experimento hecho con la cal viva en ignicion en la lámpara de Drummond, proyectada sobre el disco del Sol.

(4) J. Clemens, *Giordano Bruno und Nicol. von Cusa*, 1847, pág. 101. —Acerca de las fases de Venus, v. Galilei, *Opere*, t. II, pág. 53, y Nelli, *Vita di Galilei*, t. I, págs. 213—215.

de el mes de febrero de 1610 habia ya visto Galileo á este planeta bajo la forma de media luna; y siguiendo la moda de que antes hemos hablado, ocultó el 11 de diciembre de 1610 tan importante descubrimiento, valiéndose de un anagrama mencionado por Keplero al frente de su Dióptrica. Tambien creia haber entrevisto, no obstante la insuficiencia de su telescopio, alguna cosa parecida á fases en Marte, y así se lo escribió á Benedetto Castelli el 30 de diciembre de 1610. El fenómeno de la aparicion de Venus con fases como la Luna, vino á coronar el triunfo del sistema de Copérnico. La necesidad de las fases no se habia ocultado ciertamente á la penetracion de este gran astrónomo, que en el capítulo X del libro I de su obra discute circunstanciadamente las dudas suscitadas respecto á las fases por los modernos partidarios de las opiniones platónicas, contra los principios de Tolomeo acerca de la estructura del Mundo; pero en el desarrollo de su propio sistema no se explica Copérnico en particular acerca de las fases de Venus, segun lo afirma Tomás Smith en su Optica.

Los progresos hechos en la ciencia del Mundo, cuyo cuadro emborronan por desgracia deplorables reyertas acerca de la prioridad de los descubrimientos, y en particular las conquistas de la Astronomía física, hallaron tanto mas favorable acogida, cuanto que antes de la invencion del telescopio (1608) acababan de realizarse en el cielo fenómenos gravísimos, que habian escitado universalmente la curiosidad y el asombro, tales como la aparicion y extincion repentina de tres astros nuevos en Casiopea (1572), en el Cisne (1600) y en el pié del Serpentario (1604), ó sean respectivamente, 36, 8 y 4 años antes de aquel invento. Todos tres eran mas brillantes que las estrellas de primera magnitud, y el observado en el Cisne por Keplero resplandeció 21 años en la bóveda celeste, durante todo el periodo de los descubrimientos de Galileo. Cerca de tres siglos van transcurridos desde entonces, sin que haya vuelto á aparecer ninguna estrella nueva de primera ó de segunda magnitud; porque el notable fenómeno observado por sir John Herschell el año de 1837 en el hemisferio meridional, no es mas que un desarrollo excesivo de la intensidad luminosa de la estrella de segunda magnitud » de Argos, que habia sido observada largo tiempo sin reconocer en ella ninguna variacion (1). Hasta qué punto escitó la curiosidad, aumentó el interés de los descubrimientos astronómicos, y hasta provocó combinaciones imaginarias el aspecto de los astros nuevos, es cosa que puede verse en los escritos de Keplero, y de la cual podemos además formar juicio por los innumerables rumores á que da origen la aparicion de los cometas visibles á la simple vista. Sucede en este punto lo que con los fenómenos que se operan en la superficie del Globo, como los terremotos en las regiones donde se sienten rarisima vez sus efectos, la erupcion de un volcan despues de muchos años de reposo, y el estruendo de los aerolitos que se inflaman al surcar nuestra atmósfera: todos estos accidentes y otros análogos vienen de tiempo en tiempo á renovar el interés que inspiran problemas mas inexplicables naturalmente para la muchedumbre, que para los físicos sistemáticos.

Si en estas consideraciones sobre los efectos de la contemplacion por medio de los sentidos, cito con preferencia a Keplero, es para hacer notar cuán unida se hallaba en este grande hombre, dotado de tan prodigiosas facultades, la tendencia hácia las combinaciones fantásticas, con un talento notabilísimo de observacion, con un método de induccion severa, con un vigor de cálculo cuasi sin par, y finalmente, con una profundidad matemática cual la que se nota en la *Stereometria doliorum*, que influyó ventajosamente sobre Fermat, y por medio de él, en el descubrimiento del cálculo infinitesimal (2). Por la riqueza y la rapidez de sus ideas,

(1) V. *Cosmos*, t. I, pág. 162.

(2) Acerca de la teoría de Keplero relativa al aforo de los toneles (*Stereometria doliorum*, 1615), la cual, «lo mismo que el cálculo de la arena

así como por el atrevimiento de sus adivinaciones cosmológicas, un talento como el suyo estaba destinado principalmente á difundir la vida en su derredor, y á acelerar el movimiento que empujaba incesantemente al siglo XVI hácia el noble fin de la contemplacion del Universo engrandecida (1).

Los ocho cometas que aparecieron desde 1577 hasta el de Halley en 1607, así como la repentina aparicion y la extincion de tres estrellas nuevas, acaecida cuasi en el mismo período, llamaron la atencion de los sábios hácia el origen de aquellos cuerpos, compuestos de materia vaporosa y de la nebulosidad cósmica universalmente esparcida por el espacio. Keplero creia, como Tycho, que las estrellas nuevas se habian formado por la condensacion de esta nebulosidad, y que llegarían á resolverse algun dia en la misma sustancia (2). En su *Neuen und seltsamen Discurse ueber die Haarsterne* (1608), dice que se componen de aire celeste los cometas; los cuales, en su concepto y antes de la demostracion positiva del curso elíptico de los planetas, se movian en línea recta sin volver sobre sí mis-

de Arquímedes, desarrolla ideas elevadísimas con ocasion de un objeto poco importante en sí mismo,» dice Laplace en su *Précis de l'histoire de l'Astronomie*, 1821, pág. 95: «Kepler présente dans cette ouvrage des vues sur l'infini qui ont influé sur la révolution que la géométrie a éprouvée à la fin du XVII siècle; et Fermat, que l'on doit regarder comme le véritable inventeur du calcul différentiel, a fondé sur elles sa belle méthode *De maximis et minimis*.» Sobre la penetracion de que da muestra Keplero en los cinco libros de su *Armonía del Mundo*, v. Chasles, *Aperçu histor. des Méthodes en Géométrie*, 1837, págs. 482—487.

(1) Sir David Brewster dice muy bien en su obra intitulada: *Account of Kepler's Method of investigating Truth*: «The influence of imaginations as an instrument of research has been much overlooked by those who have ventured to give laws to philosophy. This faculty is of greatest value in physical inquiries. If we use it as a guide and confide in its indications, it will infallibly deceive us; but if we employ it as an auxiliary, it will afford us the mos invaluable aid.» (*Martyrs of Science*, p. 215).

(2) Arago, *Annuaire* de 1842, pág. 434 (*de la transformation des Nébuleuses et de la matière diffuse des étoiles*). Cf. *Cosmos*. t. I, páginas 151 y 160.

mos ni describir una órbita cerrada; y remontándose en seguida á las antiguas hipótesis sobre la produccion *sin madre*, añade que los cometas nacen «como crece la yerba en cada terron de tierra, sin semilla ninguna, y como se producen los peces en el agua salada, en virtud de una generacion espontánea.

Más feliz Keplero en otras conjeturas, se aventuraba á establecer los principios siguientes: todas las estrellas fijas son soles como el nuestro, y están rodeadas de sistemas planetarios; nuestro sol tiene una atmósfera que en los eclipses totales aparece como una corona blanca luminosa; nuestro sol viene á ser como una isla en medio del Océano de los mundos, situada en el centro de la zona de estrellas agrupadas que llamamos via láctea (6). Keplero habia tambien conjeturado que el Sol, cuyas manchas no se habian aun descubierto, y asimismo los planetas y todas las estrellas fijas, efectúan un movimiento de rotacion al rededor de su eje. Llegarán á descubrirse, decia, en torno de Saturno, (¿por qué no añadiria tambien de Marte?) satélites como los que Galileo ha encontrado en derredor de Júpiter. En el intervalo considerabilísimo que separa á Marte de Júpiter, y en cuyo intervalo se han descubierto hasta hoy siete asteroides (7). habia presentido

(1) Véanse las ideas de sir John Herschel sobre la situacion de nuestro sistema planetario, en el *Cosmos*, t. I, págs. 158 y 159, y Cf. Struve, *Études d'astronomie stellaire*, 1847, pág. 4.

(2) Léese en Apelt, *Epochen der Geschichte der Menschheit*, t. I, 1845, pág. 223: «La notabilísima ley de las distancias planetarias que lleva ordinariamente el nombre de Bode (ó de Ticio) fué descubierta por Keplero, el cual, después de muchos años de experiencia, la dedujo de las observaciones de Tycho Brahe. V. *Harmonices mundi libri quinque*, c. 3; Cournot, en sus adiciones al *Tratado de Astronomía* de sir John Herschel, 1836, § 434, pág. 328, y Fries, *Vorlesungen ueber die Sternkunde*, 1813, pág. 325. El mismo Fries, *Geschichte der Philosophie*, t. I, 1837, páginas 146—150, ha recopilado diligentemente los pasajes de Platon, de Plinio, de Censorino y de Aquiles Tacio en sus prolegómenos sobre Arato. V. tambien T. H. Martin, *Études sur le Timée de Platon*, t. II, pág. 38, y Brandis, *Geschichte der griechisch-römischen Philosophie*, 2.ª parte, seccion 1.ª, 1844, pág. 364.

[A los siete asteroides, ó pequeños planetas, conocidos cuando se publicó

Keplero que debian moverse planetas invisibles, por su extremada pequeñez, para nosotros; verdad es que tambien dijo lo mismo de la distancia comprendida entre Venus y Mercurio. Estas adivinaciones, confirmadas después en gran parte, excitaron universal interés, mientras que, por el contrario, ninguno de los contemporáneos de Keplero, incluso el mismo Galileo, rinden al descubrimiento de las tres leyes que han inmortalizado su nombre, desde que Newton estableció la teoría de la gravitacion, el tributo de elogios que merece (1); y es que entonces, como hoy, sucede frecuentemente que meras opiniones acerca del Mundo, siquiera no se funden en la observacion sino en aventuradas analogías, llaman mas vivamente la atencion que los resultados mas considerables de la astronomía matemática.

Trazado ya el cuadro de los importantes descubrimientos que en tan corto número de años engrandecieron el conocimiento de los espacios celestes, no debo olvidar tampoco los progresos con que ilustró la Astronomía física la segunda mitad del gran siglo. Las mejoras hechas en el telescopio produjeron el descubrimiento de los satélites de Saturno, el sexto de los cuales fué descubierto por Huygens el 25 de marzo de 1655, con el auxilio de un objetivo que él mismo preparó, á los cuarenta y cinco años de hallarse reconocida la existencia de los satélites de Júpiter. Imbuido, como otros varios astrónomos de su época,

este tomo en Alemania, hay que añadir otros quince, descubiertos hasta la fecha (fin de noviembre de 1852); de modo que ya hoy asciende su número á 22. Hé aqui sus nombres:

Flora.	Astrea.	Melpomene.
Victoria.	Egeria.	Masalia.
Vesta.	Irene.	Fortuna.
Iris.	Juno.	Tetis.
Metis.	Ceres.	Eunomia.
Hebe.	Palas.	Psiquis.
Partenope.	Higea.	Lutecia.

El descubierto últimamente por Hind no ha recibido nombre todavia, que yo sepa]. *(N. del traductor.)*.

(1) Delambre, *Histoire de l'Astronomie moderne*, t. I, pág. 360.

en la preocupacion de que el número de los satélites no podia exceder al de los planetas, se contentó con este descubrimento, sin llevar mas adelante sus investigaciones (1). Las cuatro lunas de Saturno, que recibieron el nombre de Sidera Ludovicea, fueron descubiertas por Domingo Cassini en el órden siguiente: en 1671, la 7.ª, es decir, la mas remota, que ofrece grandes variaciones en la intensidad de su luz; en 1672, la 5.ª; y la 4.ª y la 3.ª en 1684, con objetivos de Campani de 100 á 136 piés de foco. Las dos mas interiores, es decir, la 1.ª y la 2.ª, fueron descubiertas mas de un siglo después, en 1788 y 1789, por Guillermo Herschell, con el auxilio de su enorme telescopio. Esta 2.ª luna de Saturno ofrece el fenómeno singularísimo de describir su revolucion al rededor del planeta principal en menos de un dia.

A poco de haber descubierto Huyghens uno de los satélites de Saturno, observó Childrey la luz zodiacal, por los años de 1658 á 1661; mas el primero que determinó su lugar y su extension fué Domingo Cassini, el cual no creia que esta luz formase parte de la atmósfera solar, antes bien la consideraba, cual lo han hecho después Schubert, Laplace y Poisson, como un anillo nebuloso que gira aisladamente en torno del Sol (2). Después del descubrimiento de los planetas secundarios y del anillo concéntricamente dividido que rodea á Saturno sin tocarle, las conjeturas sobre la existencia probable del anillo nebuloso del zodiaco merecen figurar entre las causas que mas han contribuido á engrandecer las miras sobre el sistema planetario, tan sencillo hasta entonces en la apariencia. Las órbitas entrelazadas de los pequeños planetas situados entre Marte y Júpiter; los cometas interiores, cuya propiedad característica ha indicado Encke antes que nadie; y los en-

(1) Arago, *Annuaire* de 1842, págs. 560—564; *Cosmos*, t. I, págs. 99 y *siguientes*.

(2) V. *Cosmos*, t. I, págs. 144—151.

jambres de estrellas vagas que aparecen en dias determinados, si es que queremos considerarlos como corpúsculos celestes dotados en sus movimientos de una velocidad igual á la de los planetas, han añadido en nuestros dias nuevos objetos á la observacion, prestando á estas miras cósmicas el encanto de una diversidad prodigiosa.

Las ideas sobre la naturaleza de los espacios del Mundo situados mas allá del círculo extremo de los planetas y de las órbitas de los cometas mas lejanos, y sobre la distribucion de la materia ó de la *Creacion*, (nombre con que designamos de ordinario lo que existe y se desarrolla), se ensancharon tambien considerablemente en el siglo de Keplero y de Galileo. En el periodo que se extiende de 1572 á 1604, durante el cual aparecieron súbitamente tres estrellas nuevas de primera magnitud en Casiopea, en el Cisne y en el Serpentario, *David Fabricio*, pastor de Ostell en la Frisia oriental y padre del que descubrió las manchas del Sol, y Juan Bayer de Augsburgo, observaron en el cuello de la Ballena, el primero en 1596, y el segundo en 1603, una estrella que desapareció después, y cuyas variaciones observó por primera vez en 1638 y 1639 Juan Phocylides Holwarda, profesor de Franeker, segun lo ha demostrado Arago en una memoria importantísima, bajo mas de un concepto, para la historia de los descubrimientos astronómicos (1). No fué este el único

(1) *Annuaire* de 1842, págs. 312—353 (*Étoiles changeantes ou periodiques*). En el siglo XVII se reconocieron tambien como estrellas variables, además de Mira Ceti (Holwarda, 1638), α de la Hidra (Montanari 1672), β de Perseo ó de Algol y χ del Cisne (*Kirch, 1686*).—Acerca de lo que Galeo entiende por nebulosas, véanse sus *Opere*, t. II, pág. 15, y Nelli, *Vita di Galilei*, t. II, pág. 208: Huyghens designa patentemente en su *Systema Saturninum* la nube que se observa en la Espada de Orion, cuando dice en general de la nebulosa lo siguiente: «Cui certe simile aliud nusquam apud reliquas fixas potui enim advertere. Nam ceteræ nebulosæ olim existimatæ atque ipsa via lactea, perspicillis inspectæ, nullas nebulas habere comperiuntur, neque aliud esse quam plurium stellarum congeries et frequentia.» De este pasaje resulta que la nube de Andrómeda, descrita la primer vez por Mario, no habia sido atentamente observada por Huyghens, á la manera que tampoco lo fué por Galileo.

fenómeno de la misma especie, pues en la segunda mitad del siglo XVII se descubrieron en la Cabeza de Medusa, en el Serpentario y en el Cisne otras estrellas sujetas tambien á variaciones periódicas. Arago ha hecho ver asimismo, de una manera sumamente ingeniosa, que por medio de observaciones exactas acerca de las fases de Algol podríase determinar directamente la velocidad con que se mueve la luz de esta estrella.

El uso del telescopio indujo tambien á los astrónomos á observar mas atentamente otra clase de fenómenos, que en parte se descubrian á la simple vista. Simon Mario describió en 1612 la nebulosa de Andrómeda; y Huyghens trazó en 1656 la imágen de la nebulosa de la Espada de Orion. Estas dos nubes pueden considerarse como ejemplos de una condensacion mas ó menos adelantada de la materia vaporosa y de la nebulosidad cósmica. Por el mero hecho de comparar Mario la nebulosa de Andrómeda con la luz de una bugía vista por entre un cuerpo semitransparente, indica harto bien la diferencia que existe entre las nebulosas propiamente dichas y los grupos de estrellas mas ó menos distintas que observó Galileo, tales como las Pléyadas y el Pesebre en el signo de Cancer. Algunos mareantes españoles y portugueses habian visto ya con admiracion á principios del siglo XVI, y sin el auxilio del telescopio, las nubes Magallánicas que giran en torno del polo antártico, una de las cuales, como ya he dicho, no es mas que la *Mancha blanca* ó el *Buey* del astrónomo Abdurrhaman Sofí, que florecia en Persia á mediados del siglo X. En el *Nuncius sidereus* aplica Galileo particularmente las denominaciones de Stellæ nebulosæ y de nebulosæ á los grupos estrellados que, por valerme de sus mismas espresiones, *ut areolæ sparsim per æthera subfulgent*. No creyendo á la nebulosa de Andrómeda, que se distingue en verdad á la simple vista, pero en la cual no se ha logrado hasta hoy descubrir ninguna estrella ni aun con los instrumentos de mayor alcance, digna de llamar particularmente la atencion, considera todo cuanto tiene apariencia de nube, todas sus Nebulosæ y aun la misma via láctea, como acervos luminósos de estrellas apiñadas unas con otras, sin distinguir, como lo ha hecho Huyghens en la nebulosa de Orion, lo que es nube de lo que es estrellas. Tales son los débiles principios de los grandes trabajos sobre las nebulosas, que han ocupado gloriosamente *en uno y otro hemisferio* á los principales astrónomos de nuestra época.

Aunque el siglo XVII deba en primer lugar la mayor parte de su gloria al súbito engrandecimiento que recibió de Keplero y de Galileo el conocimiento de los espacios celestes, y en segundo lugar á los progresos que Newton y Leibnitz realizaron después en las matemáticas puras, no por ello se descuidó el estudio de la mayor parte de los problemas físicos que en el dia nos ocupan. Para no quitar á la historia de la contemplacion del Mundo su carácter propio y peculiar, me limito aquí á hacer mencion de aquellos trabajos solamente que han influido en la idea del *Cosmos* de una manera general y directa. Las teorías del calórico, de la luz y del magnetismo nos traen desde luego á la memoria los nombres de Huyghens, de Galileo y de Gilbert. Estudiando Huyghens en un cristal de Islandia la doble refraccion, ó sea la bifurcacion de los rayos luminosos, descubrió tambien en 1678 la manera de polarizacion de la luz que lleva hoy su nombre. Este descubrimiento, que tan solo recaia sobre un fenómeno aislado, no se hizo público hasta 1690, cinco años antes de morir el autor; y después trascurrió mas de un siglo hasta los grandes descubrimientos de Malus, de Arago y de Fresnel, de Brewster y Biot (1). Malus descubrió en 1808 la polarizacion por reflexion; y Arago en 1811 la polarizacion cromática. Desde este punto, la teoría de las ondas luminosas modificadas de mil maneras y enriquecidas con nuevas propieda-

(1) Sobre la ley descubierta por Brewster de la relacion que existe entre el ángulo de polarizacion y el índice de refraccion, v. *Philosophical Transactions of the Royal Society, for the year* 1815, págs. 125—159.

des, descubrió á las miradas de los físicos un mundo entero de portentosas maravillas. El rayo de luz que, partiendo de las regiones mas rémotas del cielo, viene á herir nuestra retina después de atravesar muchos millones de leguas, anuncia como por sí mismo en el polariscopio de Arago si es reflejo ó refracto, si emana de un cuerpo sólido, líquido ó gaseoso, y cuál es su grado de intensidad (1). Siguiendo esta via, que por medio de Huyghens nos lleva hasta el siglo XVII, aprendemos á conocer la constitucion del sol y de su envoltura, á distinguir en las colas de los cometas y en la luz zodiacal la luz refleja de la luz propia, á determinar en fin las propiedades ópticas de nuestra atmósfera y los cuatro puntos neutros de polarizacion descubiertos por Arago, Babinet y Brewster (2). De este modo el hombre se dota á sí mismo de órganos que, aplicados con penetracion é inteligencia, abren á sus miradas nuevos horizontes en el Universo.

A seguida de la polarizacion de la luz debo hacer mencion del fenómeno mas sorprendente que presenta la óptica, es decir, de las *interferencias* ya débilmente indicadas en el siglo XVII por Grimaldi y Hooke, quienes, sin embargo, no comprendieron las condiciones en que aquellas se producian (3). El descubrimiento de estas condiciones, la clara inteligencia de las leyes en virtud de las cuales se destruyen los rayos de luz no polarizada y producen la oscuridad, cuando partiendo de una misma fuente recorren distancias desiguales, es una conquista de los tiempos modernos, debida á la penetracion de Tomás Young. Arago y Fresnel reconocieron en 1816 las leyes de la interferencia aplicadas á la luz polarizada; y á consecuencia de estos

(1) V. *Cosmos*, t. I, pág. 49.

(2) V. Brewster, en Berghaus y Johnson, *Physical Atlas*, 1847 parte 7.ª, pag. 5 (*Polarization of the Atmosphere*).

(3) Acerca de Grimaldi y de la tentativa de Hooke para explicar la polarizacion de las burbujas de jabon por la interferencia de los rayos luminosos, v. Arago, en el *Annuaire* de 1831, pág. 164, y Brewster, *The life of Sir Isaac Newton*, pág. 53.

descubrimientos se estableció al fin sobre basas estables la teoría de las ondulaciones formulada por Huyghens y Hooke y defendida por Eulero.

Si la segunda mitad del siglo XVII fué de grande importancia para los progresos de la óptica por haberse descubierto el secreto de la doble refaccion de la luz, mayor importancia debe aun á las investigaciones experimentales de Newton y al descubrimiento de Olans Rœmer sobre la velocidad mensurable de la luz (1675). Medio siglo después permitió á Bradley este descubrimiento considerar las variaciones que habia comprobado en las posiciones aparentes de las estrellas, como efecto del movimiento de la tierra combinado con la propagacion sucesiva de la luz. La obra capital de Newton, es decir, su *Optica*, no llegó á publicarse en inglés, por circunstancias particulares, hasta 1704, dos años después de la muerte de Hooke; mas se asegura que desde los años de 1666 y 1667 poseia ya aquel grande hombre su principio mas importante de óptica, juntamente con las teorías de la gravitacion y del cálculo diferencial (*Method of fluxions*) (1).

(1) Brewster, *life of Newton*, pag. 17. Hase adoptado generalmente el ano de 1665, como fecha del descubrimiento del «method of fluxions», que segun la declaracion oficial de 24 de abril de 1712 hecha por la Comision de la Sociedad Real de Londres, es «one and the same with tho differential method, excepting the name and mode of not tion.» Acerra de todas las fases de la lucha que Newton sostuvo abiertamente contra Leibnitz respecto á la primacía de este descubrimiento, lucha en la cual no podemos ver sin asombro mezcladas algunas sospechas contra la lealtad del inventor de la gravitacion, v. Brewster, pags. 189—218. De la Chambre, en su *Traité de la lumière* (París, 1657), é Isaac Vossio, que luego fué canonigo de Windsor, en un notable escrito intitulado *De Lucis natura et proprietate* (Amsterdam 1662) que pude leer hace dos anos en París, merced á la amable condescendencia del señor Arago, afirman ya que en la luz blanca están contenidos todos los colores. El juicio de Brandes sobre esta obra de Isaac Vossio, puede verse en la nueva edicion del *Physikalisches Wörterbuch* de Gehler., IV, 1827, pág. 43: y una minuciosa analisis del mismo escrito, en Wildet. *Geschichte der Optik*, 7.ª parte, 1838, págs. 223—228 y 317. Isaac Vossio, sin embargo, considera como base de todos los colores el azufre que se halla, segun el, mezclado con todos los cuerpos. Leése en Vossio (*Responsum ad objecta Joh. de Bruyn professoris Trajectini et*

A fin de no romper el lazo comun que une á todas las manifestaciones generales y primitivas de la materia, entraremos, después de haber hecho esta mencion sucinta de los descubrimientos ópticos de Huyghens, de Grimaldi y de Newton, en algunas consideraciones acerca del magnetismo terrestre y del calor atmosférico. Los primeros cimientos de estas dos partes de la ciencia se echaron efectivamente en el trascurso del siglo cuyo cuadro vamos trazando. Ya he tenido ocasion de hablar diferentes veces (1) de la ingeniosa é importante obra de Guillermo Gilbert sobre las fuerzas magnéticas y eléctricas, dada á la estampa el año de 1600 con el título de *Phisiologia nova de magnete*. El autor, cuya penetracion asombraba á Galileo, adivinó muchas de las cosas que hoy ya sabemos (2). El magnetismo y la electricidad son para él manifestaciones de una sola fuerza inherente á la materia, y por eso trata á un mismo tiempo del uno y de la otra. Verdad es que estos pensamientos confusos de los efectos que produce el iman sobre el hierro y de la atraccion que el ámbar, *animado*, como dice Plinio, por el calor y el rozamiento, ejerce sobre la paja seca, pertenecen á todas las épocas y á todas las razas, y que á ellos fueron conducidos por analogía, lo mismo los filósofos de la escuela jónica que los físicos chinos (3); pero lo que indudablemente corresponde á Gilbert es el haber considerado á la Tierra misma

Petri Petiti, 1663, pág. 69), lo siguiente: «Nec lumen ullum est absque calore, nec calor ullus absque lumine. Lux, sonus, anima (!), odor, vis magnetica, quamvis incorporea, sunt tamen aliquid.» V. *de Lucis natura* capítulo 13, pág. 29.

(1) *Cosmos*, t. I, págs. 189, nota 1 y 190, nota 2; t. II, pág. 350 en la nota.

(2) Es por lo mismo inexplicable la injusticia con que trata á Gilbert Bacon de Verulamio, á cuyas extensas y metódicas ideas no acompañaban por desgracia sino conocimientos muy medianos, aun para su época, en Física y Matemáticas: «Bacon showed his inferior aptitude for physical research in rejecting the Copernican doctrine, which William Gilbert adopted.» (Whewell, *Philos. of the inductive Sciences*, t. II, p. 378).

(3) *Cosmos*, t. I, pág. 200, al final y en la nota 2, y pág. 201, nota 1.

como un iman, y explicado las curvaturas de las líneas de igual inclinacion y de igual declinacion por la distribucion y configuracion de los continentes y por la forma y extension de los mares que los separan. Las variaciones periódicas que experimentan los tres sistemas de líneas por cuyo medio pueden representarse gráficamente los efectos magnéticos, es decir, las líneas isoclínicas, isogónicas é isodinámicas, son difíciles de conciliar con una teoría que establece una relacion rigurosa entre la distribucion de la fuerza magnética y la de las masas de tierra y agua, á no representarse la atraccion de la materia como modificada tambien por variaciones, igualmente periódicas, en la temperatura del globo terrestre.

Gilbert en su teoría, lo mismo que sucede en la ley de la gravitacion, tuvo solamente en cuenta la cantidad *de las partes materiales, sin consideracion á la heterogeneidad* especifica de la sustancia: á lo cual debe su obra el carácter grandioso que le hizo formar época en la historia del *Cosmos*, aun en los tiempos mismos de Galileo y de Keplero. El inesperado descubrimiento que hizo Arago en 1825 del magnetismo de rotacion, ha demostrado de hecho que toda especie de materia puede desarrollar fuerza magnética: importante resultado que han venido á confirmar los últimos trabajos de Faraday sobre las sustancias diamagnéticas, subordinándole empero á ciertas condiciones, relativas ya á la direccion meridiana ó ecuatorial, ya al estado sólido, líquido ó gaseoso de los cuerpos. Gilbert habia llegado á formarse una idea tan clara y distinta de la distribucion del magnetismo en nuestro globo, que atribuia ya á este influjo el estado magnético de las veletas de hierro colocadas á manera de cruz en las antiguas torres de los templos (1).

(1) Las primeras observaciones de esta especie se hicieron el año de 1590 en la torre de la iglesia de San Agustin de Mántua. Grimaldi y Gasendo conocian ya ejemplos análogos, ocurridos todos en latitudes donde es muy considerable la inclinacion de la aguja magnetizada. Por lo tocante a las

A pesar de la creciente actividad de la navegacion hasta en las mas remotas latitudes, y no obstante haberse perfeccionado los instrumentos magnéticos y aumentado su número desde el año de 1576 con la aguja de inclinacion (*inclinatorium*) construida por Roberto Norman de Ratcliffe, hasta el siglo XVII no comenzó á generalizarse el conocimiento de la desviacion regular de una parte de las curvas magnéticas, ó sea de las *líneas sin declinacion*. La situacion del ecuador magnético, confundido durante mucho tiempo con el ecuador geográfico, no sirvió de objeto á ningun género de investigaciones; ni se hicieron tampoco observaciones sobre la declinacion, sino en algunas ciudades europeas del Oeste y del Mediodia. Por lo tocante á la intensidad del magnetismo terrestre, igualmente variable segun los tiempos y los lugares, aunque es cierto que Graham intentó medirla en Londres el año de 1723 por medio de las oscilaciones de la aguja magnetizada, no lo es menos que su experimento quedó incompleto y fué tan estéril como el que posteriormente hizo Borda el año 1776, en su último viaje á las islas Canarias. En resumidas cuentas, Lamanon fué el primero que en 1765, yendo en la expedicion de La Perouse, comparó la intensidad del magnetismo terrestre en diferentes zonas.

Fundado en la gran copia de observaciones sobre la declinacion, hechas por Baffin, Hudson, James Hall y Schonten, si bien distan mucho todas ellas de tener el mismo valor, echó Edmundo Halley en 1683 los primeros cimientos de su teoría de los cuatro polos magnéticos ó puntos de convergencia, y de la desviacion periódica de la *linea magnética sin declinacion*. A fin de comprobar esta teoría y de facilitar al autor los medios de completarla con nuevas y mas exactas observaciones, el gobierno inglés le mandó hacer tres viajes en el Océano Atlántico, de 1698 á 1702, en

primeras medidas de la intensidad magnética por medio de la oscilacion de una aguja, v. mi *Relation historique*, t. I, págs. 260 y 264, y *Cosmos*, t. I, págs. 197—199, nota 3.

un navío puesto á sus órdenes. En una de estas expediciones llegó Halley hasta el grado 52° de latitud meridional. Semejante empresa formó época en la historia del magnetismo terrestre, dando por resultado un mapa general de las variaciones, en el cual se hallaban entrelazados por medio de líneas curvas los puntos en que los navegantes habian reconocido iguales declinaciones. Hasta ahora no tengo noticia de que ningun gobierno haya ordenado una expedicion marítima semejante; que si bien importaba á la navegacion, tenia además otro objeto y podia ser principalmente considerada como un medio de acelerar los adelantos en Matemáticas y en Física.

De vuelta de su viaje, Halley, fundándose en el principio de que un observador atento no puede estudiar ningun fenómeno sin considerarle en sus relaciones con algun otro, estableció la hipótesis de que la luz boreal es un efecto magnético; cuya hipótesis, emitida en 1714, ha recibido una comprobacion experimental con el brillante descubrimiento de Faraday sobre el desarrollo de la luz por la accion de las fuerzas magnéticas, segun he advertido ya en el Cuadro general de la Naturaleza.

Para estudiar las leyes del magnetismo terrestre con cierta profundidad, es decir, abarcando el vasto conjunto de las variaciones periódicas que se efectúan en las tres clases de curvas magnéticas, no basta observar el giro diario y regular de la aguja magnetizada, ó las perturbaciones que puede experimentar en los observatorios magnéticos construidos, desde 1828 hasta el dia, en una parte considerable de la superficie del globo, en latitudes septentrionales y meridionales (1); sino que además sería preciso enviar cuatro veces en cada siglo una division compuesta de tres navíos, con el encargo de investigar el estado del magnetismo terrestre hasta donde fuese posible medirlo en las partes del globo cubiertas por los mares, y dejando entre los experi-

(1) *Cosmos*, t. I, pags. 203—205, nota 2.

mentos el menor intervalo de tiempo posible. Para determinar el ecuador magnético, quiero decir, la línea curva en que la inclinacion llega á ser nula, no deberia atenderse solamente á la longitud geográfica de los *nodos*, ó por decirlo de otra manera, de los puntos en que el ecuador magnético corta al ecuador geográfico; sino que sería preciso variar incesantemente el rumbo del buque y no abandonar nunca el ecuador magnético, tal como á la sazon existiese. Seria necesario tambien, por otra parte, combinar con semejante empresa varias excursiones terrestres; y en el caso de no ser posible atravesar por completo un continente, determinar con exactitud por qué puntos del litoral pasan las curvas magnéticas y especialmente las líneas sin declinacion. Deberian estudiarse con particular atencion los dos sistemas aislados, de forma oval, cerrados por todas partes y compuestos de líneas de declinacion casi concéntricas, que se han observado en el Asia oriental y en el mar del Sur bajo el meridiano de las islas Marquesas; y así podrian llegar á conocerse bien las variaciones de aquellos dos sistemas y su disolucion progresiva (1). Desde la célebre expedicion de Sir James Clark Ross (1839-1843) hácia las regiones antárticas, en la cual este viajero, provisto de excelentes instrumentos, nos ilustró tanto acerca del hemisferio meridional hasta muy corta distancia del polo, y determinó esperimentalmente el polo meridional magnético; y desde los felices esfuerzos intentados por mi digno amigo Federico Gauss, ilustre entre los mas ilustres matemáticos de nuestro siglo, para establecer al cabo una teoría general del magnetismo terrestre, nos es ya lícito esperar que se prestarán los gobiernos á satisfacer las numerosísimas necesidades de la navegacion y de la ciencia, y que llegará algun dia á ponerse por obra el plan que tantas veces les hemos propuesto. ¡Plegue al cielo que el año de 1850 sirva de punto de partida á la

(1) *Cosmos*, t. I, págs. 194 y 195.

coleccion de todos los materiales necesarios para formar un mapa magnético del mundo; y que los institutos científicos de existencia estable consideren como un deber recordar cada veinticinco años á los gobiernos que se interesan por los adelantos de la navegacion, la importancia de una empresa que no podrá producir felices resultados para el conocimiento del mundo, sino á condicion de repetirse en una larga série de años!

La invencion de los instrumentos propios para medir el calor dió origen á la idea de estudiar las modificaciones atmosféricas, por medio de una série de observaciones metódicas y sucesivas. No hablo aquí de los termoscopios construidos por Galileo en los años de 1593 y 1602, los cuales se hallaban á un mismo tiempo subordinados á los cambios de temperatura y á la presion exterior del aire (1). Por el Diario de la *Accademia del Cimento*, que tanto contribuyó en el corto período de su influencia á aumentar la aficion á los experimentos regulares, sabemos que desde el año de 1641 se hacian observaciones cinco veces al dia, en un gran número de establecimientos, acerca de la temperatura (2), empleando para ello termómetros de alcohol, muy parecidos á los que hoy usamos. Estos experimentos se hacian en el convento *degli Angeli* de Florencia, en las llanuras de la Lombardía y en las montañas que rodean á Pistoja, y últimamente en la meseta de Innspruck. El gran duque Fernando II encomendó este trabajo á los frailes de varios conventos esparcidos por sus Estados (3). Por el mismo

(1) Acerca de los termómetros mas antiguos, v. Nelli, *Vita e commercio letterario di Galilei* (Lausana, 1793), t. I, págs. 68—94; *Opere di Galilei* (Padua, 1774), t. I, pág. LV; Libri, *Histoire des Sciences mathém. en Italie*, t. IV, 1831, págs. 185—197. Con respecto á las primeras observaciones comparadas acerca de la temperatura, pueden consultarse las cartas de Gianfrancesco Sagredo y de Benedetto Castelli (1613, 1615 y 1633), en Venturi, *Memorie e Lettere inedite di Galilei*, 1.ª parte, 1818, pág. 20.

(2) Vincenzio Antinori, en los *Saggi di Naturali Esperienze fatte nell. Accademia del Cimento*, 1841, págs. 30—44.

(3) Sobre la determinacion de la escala del termómetro de la Accademia del Cimento, y sobre las observaciones metereológicas continuadas diez

tiempo se determinó tambien la temperatura de las fuentes minerales, de donde nacieron innumerables cuestiones acerca de la temperatura de la tierra. Como todos los fenómenos de la Naturaleza y todas las alteraciones de la materia terrestre se hallan en relacion con las variaciones del calor, de la luz y de la electricidad estática ó dinámica; y como, por otra parte, los fenómenos del calor pueden someterse facilísimamente á la estimacion de los sentidos, por lo mismo que obran sobre las dimensiones de los cuerpos, resulta de aqui que los instrumentos destinados á medir el calor debian constituir, segun he dicho ya en otro lugar, una época importante en el desarrollo de la ciencia general de la Naturaleza. La aplicacion del termómetro y las consecuencias racionales que pueden deducirse de sus indicaciones, han abierto horizontes no menos vastos que el campo mismo de las fuerzas naturales, por cuanto se refieren al mar atmosférico, á la tierra firme y á las capas sobrepuestas del Océano, á la materia inorgánica y á los órganos vitales de los séres orgánicos.

Los miembros florentinos de la *Accademia del Cimento* observaron tambien los efectos del calórico radiante con mas de un siglo de anterioridad a los grandes trabajos de Scheele, valiéndose para estos experimentos de espejos esféricos, á cuyo foco se adaptaban cuerpos calientes, aunque no inflamados, y témpanos de hielo hasta de 500 libras de peso (1). A fines del siglo XVII, Mariotte investigó las proporciones del calórico radiante á su paso por entre láminas de cristal. No hemos debido pasar en silencio estos experimentos aislados, porque la teoria de la irradiacion del calórico contribuyó posteriormente á esclarecer en gran manera las cuestiones relativas al enfriamiento del globo,

y seis años por el Padre Raineri, discípulo de Galileo, V. Libri, en los *Annales de Chimie et de Physique*, t. XLV, 1830, pág. 354, y un trabajo análogo compuesto posteriormente por Schouw, *Tableau du Climat et de la Végétation de l' Italie*, págs. 99—106.

(1) Antinori, en los *Saggi dell' Accademia del Cimento*, 1841, pág. 114, y en el apéndice colocado al fin del tomo, pág. LXXVI.

á la formacion del rocío y á otros muchos fenómenos generales que modifican los climas; y tambien porque aquella teoría, merced á la prodigiosa penetracion de Melloni, sirvió para reconocer el contraste que existe entre la diatermaneidad de la sal mineral y la del alumbre.

A las investigaciones sobre el calor del aire, variable segun las estaciones, la latitud geográfica y la elevacion del suelo, subsiguieron bien pronto otras sobre las variaciones de la presion atmosférica, sobre los vapores contenidos en el aire, y sobre la sucesion periódica ó ley de rotacion de los vientos, ya á la sazon tantas veces observada. Las juiciosas observaciones de Galileo sobre la presion del aire sugirieron á Torricelli la idea de construir un barómetro, un año después de la muerte de su maestro. El hecho de que el mercurio bajaba menos en el tubo de Torricelli al pié de una montaña, ó de una torre, que en lo alto, fué observado la primera vez en Pisa por Claudio Beriguardi (1), y cinco años después en Francia, á invitacion de Pascal, por su cuñado Perier, el cual subió al efecto hasta la cima del Puy-de-Dôme, que excede en 840 piés de altura á la del Vesubio. Desde entonces se presentó como por si misma la idea de aplicar el barómetro á la medida de las alturas, idea que despertó acaso en la mente de Pascal la lectura de una carta de Descartes (2). Hasta qué punto contribuyese el barómetro al progreso del conocimiento físico de la tierra y de la meteorologia, ora se le considere como un instrumento hipsométrico propio para determinar parcialmente la configuracion de la superficie terrestre, ora se le emplee en la investigacion del influjo de las corrientes atmosfericas, no es cuestion para discutida en este lugar. La teoría de las corrientes atmosféricas quedó asi mismo constituida en sus principios fundamentales antes del fin del siglo XVII. Bacon, en su célebre obra intitulada *Historia naturalis experimentalis de ventis* (1664), tiene el mérito

(1) Antinori, *Saggi*, etc., 1841, pág. 29.

(2) Ren. Cartesii *Epistolæ*, Amstel, 1682, tercera parte, ep. 67.

de haber considerado la direccion de los vientos en sus relaciones con la temperatura y los hidrometeoros (1); empero negando la legitimidad del sistema de Copérnico con argumentos poco matemáticos, tuvo la ocurrencia de decir que «nuestra atmósfera podia muy bien moverse diariamente, como el cielo, en torno de la Tierra, y producir así los vientos del Este que soplan en los trópicos.»

El talento universal de Hooke fué el que introdujo tambien en esta materia el órden y la luz (2), reconociendo la influencia de la rotacion del globo y distinguiendo las corrientes de aire caliente y de aire frio, superior la una y dirigida del ecuador hácia los polos, é inferior la otra y dirigida de los polos hácia el ecuador. Verdad es que Galileo, en su último *Diálogo*, habia ya considerado los vientos alisios como un efecto de la rotacion de la tierra; pero no es menos cierto que explicaba la inmovilidad de las partes de la atmósfera que en el ecuador resisten el movimiento del globo, por la pureza del aire, no alterada por vapores de ninguna especie en las regiones tropicales (3). Hasta el

(1) *Bacon's Works by Shaw*, 1733 t. III, pág. 441. Cf. *Cosmos*. t. I. páginas 336 y 337.

(2) *Hooke'sû Posthumous works*, pág. 364. Cf. mi *Relation historique* t. I, pág. 199. Desgraciadamente Hooke admite, como Galileo, una diferencia de velocidad entre la rotacion de la tierra y la de la atmósfera. V. *Posthum. works*, págs. 38 y 363.

(3) Aunque en la explicacion que da de los vientos alisios habla Galileo de las partes de la atmósfera que resisten al movimiento del globo, no deben confundirse sus ideas sobre este punto, como algunos lo han hecho recientemente, con las de Hooke y Hadley. Galileo hace decir á Salviati en su Dialogo IV (*Opere*, t. IV, pág. 311): «Dicevamo pur' ora che l'aria, come corpo tenue, e fluido, e non saldamente congiunto alla terra, pareva che non avesse necessità d' obbedire al suo moto, se non in quanto l'asprezza della supercie terrestre ne rapisce, e seco porta una parte a se contigua, che di non molto intervallo sopravanza le maggiori altezze delle montagne; la cual porzion d'aria tanto meno dovrà esser renitente alla conversion terrestre, quanto che ella è ripiena di vapori, fumi, ed esalazioni, materie tutte participanti delle qualità terrene: e per consegnenza atte nate per lor natura (?) a i medesimi movimenti. Ma dove mancassero le cause del moto, cioè dove la superficie del globo avesse grandi spazii piani, e meno vi fusse della mistione de i vapori terreni, quivi cesserebbe in parte la causa, per la quale l'aria ambiente dovesse totalmente obbedire al rapimento della con-

siglo XVIII no reprodujo Halley las consideraciones mas acertadas de Hooke, presentándolas de una manera mas circunstanciada y satisfactoria, como que las enlazó con los efectos producidos por la velocidad de rotacion propia de cada zona paralela. La larga permanencia de Halley en la zona tórrida le indujo á tratar de estas cuestiones; y ya por los años de 1686 habia publicado un excelente trabajo experimental acerca de la propagacion de los vientos alisios tradewinds, monsoons). Es muy raro que en sus expediciones magnéticas no haya hecho nunca mencion de la ley de rotacion de los vientos, tan importante para el conjunto de la ciencia meteorológica, cuando ya la habian formulado exactamente, en sus tratados generales, Bacon y Juan Cristiano Stouren, natural de Hippolstein, á quien considera Brewster como el verdadero inventor del termómetro diferencial (1).

En la brillante época en que la Filosofía Natural se fundó sobre la base de las Matemáticas, no dejaron tampoco de hacerse tentativas para estudiar la humedad del aire, en sus relaciones con los cambios de temperatura y con la direccion de los vientos. La *Accademia del Cimento* habia tenido la feliz idea de determinar, por medio de la evaporacion y de la precipitacion, la cantidad de vapor contenida

version terrestre; sì che in tali luoghi, mentre che la terra si volge verso Oriente, si dovrebbe sentir continuamente un vento, che ci ferisse, spirando da Levante verso Ponente; e tale spiramento dovrebbe farsi più sensibile, dove la vertigine del globo fusse piú veloce: il che sarebbe ne i luoghi piú remoti da i Poli, e vicini al cerchio massimo della diurna conversione. L'esperienza applaude molto a questo filosofico discorso, poiche ne gli ampi mari sottoposti alla Zona torrida, dove anco l'evaporazioni terrestri mancano (?), si sente una perpetua aura muovere da Oriente...»

(1) Brewster, en el *Edinburgh Journal of Science*, t. 11, 1825, página 145. Sturm describe el termómetro diferencial en un opúsculo intitulado *Collegium experimentale curiosum*, Nuremberga, 1676, pág. 49. La ley de la rotacion de los vientos, que Dove ha extendido á las dos zonas investigando al mismo tiempo sus relaciones con las causas generales de todas las corrientes aéreas, puede verse con todos los pormenores necesarios en la disertacion de Manke, *Gehler's Physical. Wörterbuch* (última edicion,, t. X, págs. 2003—2019 y 2030—2035.

en el aire. El mas antiguo higrómetro florentino fué tambien un higrómetro condensador, en el cual se media la cantidad de agua depositada en las paredes á consecuencia del enfriamiento (1). Además de este higrómetro condensador que, modificado por Le Roy, nos ha conducido insensiblemente á los métodos psicrométricos de Dalton, de Daniel y de Augusto, existian ya higrómetros de absorcion, compuestos de sustancias animales y vegetales, y construidos por Santori en 1625, por Torricelli en 1646, y por Molineux, á semejanza del que habia usado ya Leonardo de Vinci (2), empleándose en su construccion, casi al mismo tiempo, cuerdas de tripa y briznas de yerba. Estos instrumentos, cuyo principio consistia en la absorcion de los vapores contenidos en el aire por sustancias orgánicas, se hallaban provistos de agujas y de pesitas en equilibrio, y por lo tocante á la construccion, se parecian mucho al higrómetro de cabellos de Saussure y al higrómetro de ballena de Deluc; pero todos estos instrumentos del siglo XVIII carecian de los puntos fijos de sequedad y humedad, tan necesarios para la comparacion é inteligencia de los resultados, y que Regnault ha logrado al cabo determinar. Otro inconveniente, puesto que menos grave, tenian tambien aquellos instrumentos, y era el riesgo de que las sustancias higrométricas perdiesen con el tiempo su sensibilidad; digo menos grave, porque Pictet ha reconocido que un cabello de una mómia guancha de Tenerife, acaso de mil años de antigüedad, era aun bastante sensible para funcionar en un higrómetro de Saussure (3).

Guillermo Gilbert fué el primero que reconoció el fenómeno de la electricidad como efecto de una fuerza particular, bien que muy análoga á la fuerza magnética. El libro que contiene este pensamiento, y en el cual encontra-

(1) Antinori, pág. 45, y tambien en los *Saggi*, págs. 17—19.

(2) Venturi, *Essai sur les ouvrages physico-mathématiques de Léonard de Vinci*, 1797, pág. 28.

(3) *Bibliothèque universelle de Génève*, t. XXVII, 1824, pág. 120.

mos usadas por primera vez las palabras de fuerza electrica, fluido eléctrico y atraccion eléctrica, es la *Fisiologia del iman y del globo terrestre considerado como un gran iman* (De magno magnete tellure) de que ya hemos hablado diferentes veces, y que vió la luz pública el año de 1600 (1). «La propiedad de atraer toda especie de sustancias ligeras y pulverizadas, dice Gilbert, no es peculiar del ámbar, el cual no es mas que un jugo mineral solidificado que arrastran las olas del mar, y que encierra, como en sepulcros eternos (æternis sepulcris), insectos alados, hormigas y gusanos; sino que es comun á una clase entera de sustancias muy diversas, tales como el vidrio, el azufre,»

(1) Gilbert, *de Magnete*, lib. II. caps. 2—4, pags. 46—71. Explicando Gilbert la nomenclatura de que se vale, dice ya lo siguiente: «*Electrica* quæ attrahit eadem ratione ut electrum; versorium non magneticum ex quovis metallo, inserviens electricis experimentis.» En el mismo texto (pág. 52), se lee: «Magnetice, ut ita dicam vel electrice attrahere (vim illam electricam novis placet appellare.....); effluvia electrica, attractiones electricæ.» Gilbert no emplea la expresion abstracta *electricitas*, ni tampoco la voz bárbara *magnetismus*, que no encontramos usada hasta el siglo XVIII. Sobre la etimología de la voz ἤλεκτρον, derivada de ἕλξις y ἑλκειν segun indica ya Platon en el *Timeo* (pág. 80, c.), después de haber pasado verosímilmente por la forma mas dura ἑλκυσον, . Butthmann, *Mythologus*, t. II, 1829, pág. 357. Entre los principios consignados por Gilbert, no siempre expresados con la debida claridad, escojo los siguientes: «Cum duo sint corporum genera, quæ manifestis sensibus nostris motionibus corpora allicere videntur, Electrica et Magnetica; Electrica naturalibus ab humore effluviis; Magnetica formalibus efficientiis, seu potius primariis vigoribus, incitationes faciunt.—Facile est hominibus ingenio acutis absque experimentis et usu rerum labi et errare. Substantiæ proprietates aut familiaritates, sunt generales nimis, nec tamen veræ designatæ causæ, atque ut ita dicam, verba quædam sonant, re ipsa nihil in specie ostendunt. Neque ita succini credita atractio, a singulari aliqua proprietate substantiæ aut familiaritate assurgit: cum in pluribus aliis corporibus eumdem effectum majori industria invenimus et omnia etiam corpora cujusmodicumque proprietatis, ab omnibus illis alliciuntur.» (*De Magnete*, págs. 50, 51, 60 y 65). Los mas preciosos trabajos de Gilbert son, á lo que parece, de los años 1590 á 1600. Whewell le concede con razon un puesto preferente entre lo que él llama «practical Reformers» de las ciencias positivas. Gilbert médico de la reina Isabel y de Jacobo I, murió el año de 1602; y poco después vió la luz publica su segunda obra intitulada: *De Mundo nostro Sublunari Philosophia nova.*

el lacre y todas las resinas, el cristal de roca y todas las piedras preciosas, el alumbre y la sal fósil.» Gilbert estimaba la fuerza de la electricidad obtenida, por medio de una agujita de diferente materia que el hierro, que giraba libremente sobre un eje (versorium electricum), y era del todo semejante al aparato de que se han valido Hauy y Brewster para experimentar la fuerza eléctrica en los minerales frotados y calentados. «El ludimiento, dice tambien Gilbert, produce efectos mas sensibles estando el aire seco, que no húmedo. En ninguna sustancia de las reconocidas hasta ahora es mas eficaz el rozamiento que en las telas de seda. El globo terrestre forma un todo cuyas partes se hallan unidas en virtud de la fuerza eléctrica (globus telluris per se electrice congregatur et cohæret); pues la electricidad tiende á coacervar y reunir la materia (motus electricus est motus coacervationis materiæ).» Estos oscuros axiomas revelan la concepcion de una electricidad terrestre, de una fuerza que, cual el magnetismo, es propia de la materia como tal. Por lo tocante á la fuerza repulsiva y á la diferencia entre los cuerpos conductores y no conductores, nada se decia aun por entonces.

Otto de Guericke, ingenioso inventor de la máquina neumática, no se limitó á observar meros fenómenos de atraccion, antes bien, haciendo experimentos con una barra de azufre frotada, reconoció los efectos de la repulsion y y varios otros que sirvieron después para determinar las leyes en virtud de las cuales obra y se distribuye la electricidad. El fué el que oyó la primera descarga y vió la primera chispa de una detonacion eléctrica, provocada por él mismo. Las primeras señales de la carga eléctrica en una superficie de vidrio frotada, se manifestaron en un experimento hecho por Newton el año de 1675 (1). Hemos debido contentarnos con investigar los gérmenes de donde nació la ciencia de la electricidad, que, en su vasto y tardio desarrollo, no tan solo ha llegado á ser uno de los ra-

(1) Brewster, *Life of Newton*, pág. 307.

mos mas importantes de la meteorologia, sino que nos ha revelado tambien los resortes interiores de la fuerza de la tierra, desde el momento que se ha reconocido que el magnetismo es meramente una de las formas múltiples bajo las cuales se manifiesta la electricidad.

Aunque Wall en 1708, Esteban Gray en 1734 y Nollet hubiesen ya sospechado la identidad entre el relámpago y la electricidad producida por el ludimiento, hasta mediados del siglo XVIII no se logró obtener sobre este punto la certidumbre experimental, merced á los acertados esfuerzos del ilustre Benjamin Franklin; pero desde entonces los fenómenos eléctricos pasaron del dominio de la física especulativa al dominio del universo, entrando á formar parte de los objetos de contemplacion universal, y dejando el gabinete del sabio para producirse al aire libre. Á la teoría de la electricidad le ha sucedido lo mismo que á la de la óptica y á la del magnetismo: han trascurrido largas épocas sin notarse en ellas desarrollo sensible, hasta que los trabajos de Franklin y de Volta, de Tomás Young, de Malus, de Œrsted y de Faraday despertaron en el ánimo de sus contemporáneos una prodigiosa actividad para aquellas tres ciencias; que á tales alternativas de letargo y de súbito despertar están sujetos los progresos de la ciencia humana.

Si segun dejo explicado, las condiciones relativas de la temperatura, las variaciones de la presion atmosférica y los vapores contenidos en el aire llegaron á ser objetos especiales de investigaciones directas, merced á la invencion de instrumentos adecuados, aunque imperfectos todavía, y á la penetracion de Galileo, de Torricelli y de los miembros de la *Accademia del Cimento*, todo lo relativo á la composicion química de la atmóstera permaneció, por el contrario, envuelto en las mas densas tinieblas. Verdad es que los principios de la química neumática habian sido ya establecidos por Juan Bautista Van-Helmont y Juan Rey, en los años de 1600 á 1657; y por Hooke, Mayow, Boyle y el sistemático Becher, en la segunda mitad del siglo XVII, todos los cuales se habian formado una idea exacta de fenómenos aislados y de suyo importantes, cosa que no dejaba ya de ser un gran paso; mas les faltaba elevarse á consideraciones sintéticas, para lo cual oponia un obstáculo, dificil de vencer, la antigua creencia en la simplicidad elemental del aire, obrando á la par sobre la combustion, la oxidacion de los metales y la respiracion.

Los gases inflamables ó los que apagan las materias que arden en las grutas y en las excavaciones de las montañas (*spiritus letales* de Plinio), asi como la exhalacion de estos gases bajo forma de burbujas, en los pantanos y en las fuentes minerales (Grubenwetter y Brunengeister), habian ya fijado la atencion de Basilio Valentin, monge Benedictino de Erfurdt, que florecia verosímilmente á fines del siglo XV, y de Liberio, admirador de Paracelso, que vivia á principios del siglo XVII. Las observaciones que habian podido hacerse por casualidad en los laboratorios de alquimia, se comparaban con las mezclas que se veian ya preparadas en los grandes talleres de la Naturaleza y, sobre todo, en el interior de la tierra. El laboreo de las minas, principalmente de las de hierro sulfurado, calentadas por la oxidacion y la electricidad directa, hizo presentir la afinidad química que se manifiesta al contacto del aire exterior entre los metales y el oxígeno. Paracelso, cuyos delirios coinciden con la primera conquista de América, habia observado ya el desprendimiento de gases que acompaña á la disolucion del hierro por el ácido sulfúrico. Van-Helmont, el primero que usó la voz *gas*, distingue los gases del aire atmosférico, y aun de los vapores, en razon de su no compresibilidad. Para él las nubes son vapores que pasan al estado de gas «por efecto del enfriamiento y del influjo de los astros» cuando el cielo está muy sereno; y los gases no podian liquidarse en agua sino á condicion de haber sido préviamente transformados en vapor. Tal era el estado de los conocimientos sobre los fenómenos meteorológicos, en la primera mitad del siglo XVII. Van-Helmont no conocia aun el medio, bien sencillo por cierto, de recoger y poner aparte su *gas sylvestre*; denominacion bajo la cual comprendia todos los gases no inflamables que no pueden mantener la llama ni la respiracion, y son diferentes del aire atmosférico puro. Sin embargo, habiendo hecho arder una luz dentro de un vaso sumergido en agua, observó que, al apagarse la luz, subia el agua en el vaso y disminuia el *volúmen del aire*. Tambien trató de probar, determinando la densidad, á la manera qne ya lo habia hecho Gerónimo Cardano, que el agua forma todas las partes sólidas de las sustancias vegetales.

Las conjeturas propuestas por los alquimistas de la edad media acerca de la composicion de los metales y de la alteracion producida en su brillo por la combustion al contacto del aire, es decir, por la transformacion en *ceniza*, en *tierra* ó en *cales*, sugirieron la idea de investigar las circunstancias que acompañan á este fenómeno y las alteraciones experimentadas en tal caso por los metales y por el aire que con ellos se combina. Gerónimo Cardano habia observado ya en 1553 el aumento de peso que adquiere el plomo al oxidarse; y penetrado como se hallaba de la fabulosa teoría del *flogístico*, le atribuyó al desprendimiento de una materia ígnea y celeste, dotada, en su concepto, de la propiedad de hacer mas leves los cuerpos. Ochenta años después fué cuando Juan Rey de Berguerac, experimentador habilísimo y autor de observaciones muy exactas acerca del aumento de peso que adquieren por la oxidacion el plomo, el estaño y el antimonio metálicos, dió á conocer el importante resultado de que este aumento de peso era debido á la combinacion del aire con el metal que se oxida. «Je responds et soustiens glorieusement, decia, que ce surcroît de poids vient de l'air qui dans le vase a esté espessi (1).

(1) A decir verdad, Rey no habla mas que del contacto del aire con los óxidos, sin haber reconoci lo que los oxidos mismos (lo que á la sazon se

Habíase entrado al cabo en el camino que debia conducir á la química moderna y, por ella, al descubrimiento de un fenómeno importante para el conocimiento del mundo, es decir, al descubrimiento de la relacion que existe entre el oxígeno contenido en el aire y la vida de las plantas. Empero los términos con que al principio se presentó este problema á la inteligencia de los hombres eminentes, eran en extremo complicados. A fines del siglo XVII comenzó á difundirse una opinion, confusamente expresada aun en la *Micrographia* de Hooke (1665); pero que después formularon con mas claridad Mayow (1669) y Willis (1671); y era, que en el aire existian partículas salitrosas (spiritus nitro-aëreus, pabulum nitrosum) idénticas á las que forman la base del salitre, y que debian entrar como elemento esencial en el fenómeno de la combustion. Entonces tambien comenzó á afirmarse que la extincion de la llama en un espacio cerrado no depende de la saturacion del aire por los vapores que emanan del cuerpo inflamado, sino que resulta de la completa absorcion del *spiritus nitro-aereus* ó principio salitroso contenido originariamente en el aire. La repentina inflamacion que se produce cuando se echa salitre derretido en las áscuas, por razon del oxígeno que de él se desprende, y tambien lo que se conoce con el nombre de descomposicion del salitre en el crisol arcilloso en contacto con la atmósfera, contribuyeron á propagar aquella opinion. Segun Mayow, las partículas salitrosas del

conocia con el nombre de cal metálica) son meramente una combinacion de metal y de aire. Segun él, el aire hace mas pesada á la cal metálica, á la manera que la arena adquiere mas peso cuando está empapada en agua; considerando en este caso a la sal metálica como saturada de aire: L'air espaissi, dice Rey, s' attache á la chaux; ainsi le poids augmente du commencement jusqu' á la fin; mais quand tout en est affublé, elle n'en scaurait prendre d'avantage; ne continuez plus vostre calcination soubs cet espoir, vous perdriez vostre peine.» Vése, pues, que la obra de Rey es el primer paso dado hacia la explicacion verdadera de un fenómeno cuyo conocimiento ha producido después una reforma completa en la química. V. Koop, *Geschichte der Chemie*, 3.ª parte, págs 131—133. Cf. en la misma obra 1.ª parte, páginas 116—127; 3.ª parte, págs. 119—138 y 175—195.

aire son el principio de la respiracion de los animales, y producen el calor animal y la purificacion de la sangre, que de negra se convierte en roja. Por ellas son tambien posibles la combustion de todos los cuerpos y la calcinacion de los metales; y por último, puede decirse que desempeñan el papel del oxígeno en la química antiflogística. El circunspecto Roberto Boyle confesaba, á la verdad, que la combustion no puede efectuarse sin la presencia de uno de los elementos que concurren á la formacion del aire atmosférico; pero no se atrevia á determinar si aquel elemento participaba ó no de la naturaleza del salitre.

En concepto de Hooke y de Mayow, el oxígeno era un objeto imaginario, una ficcion del espíritu. Hales, químico profundo y muy versado al mismo tiempo en la fisiología de las plantas, fué el primero que en el año de 1727 vió al oxígeno desprenderse en gran cantidad bajo la forma gaseosa, de una masa de plomo que habia calentado hasta una temperatura elevadísima para convertirla en minio; pero se contentó con ver el desprendimiento del gas, sin tratar de investigar la naturaleza de este, y sin observar su influjo sobre la llama; ni aun sospechó siquiera la importancia de la sustancia que habia preparado. Priestley, por los años de 1772 á 1774, Scheele, por los de 1774 á 1775, y Lavoisier y Trudaine en este último año, fueron los primeros que observaron la mayor intensidad de la llama en el gas oxígeno y las demás propiedades de este fluido. Es opinion de muchos, que estos descubrimientos simultáneos se efectuaron con entera independencia unos de otros (1).

Si nos hemos detenido á bosquejar históricamente los comienzos de la química neumática, es porque sirvieron de preparacion, asi como los de la teoría de la electricidad, á las grandes consideraciones emitidas en el siglo siguiente acerca de la constitucion de la atmósfera y de los

(2) Las últimas quejas de Priestley acerca de los supuestos plagios de Lavoisier, se hallan consignadas en su opúsculo *The doctrine of Phlogiston established*, 1800, pág. 43.

fenómenos meteorológicos. La idea de gases específicamente distintos no se presentó jamás claramente en el sigló XVII ni aun á los mismos químicos que los producian. Comenzóse de nuevo á atribuir á la acumulacion de ciertos vapores la diferencia que existe entre el aire atmosférico y el aire respirable é inflamable. Black y Cavendish demostraron por primera vez, en 1776, que el ácido carbónico, ó aire fijo, y el hidrógeno, ó aire inflamable, son fluidos aeriformes específicamente distintos; pues todo ese tiempo fué preciso para vencer el obstáculo que oponia á los progresos de la ciencia la antiquísima creencia en la simplicidad de la atmósfera. Boussingault y Dumas, al comprobar de una manera definitiva la composicion química del aire, determinando con exactitud las relaciones de cada una de sus partes, han enlazado su nombre á uno de los mas brillantes descubrimientos de la meteorologia moderna.

Estos progresos de la Fisica y de la Química, que hemos bosquejado parcialmente, no podian dejar de influir en el primer desarrollo de la Geognosia. El gran anatómico dinamarqués Stenson (Nic. Steno), hombre dotado de vastísimos conocimientos, y á quien llamó á su servicio el gran duque de Toscana Fernando II; el médico inglés Martin Lister; y el «digno rival de Newton» Roberto Hooke (1), suscitaron un gran número de cuestiones geognósticas, que se hallan aún pendientes de resolucion. En otra obra he tratado ya circunstanciadamente de los servicios prestados por Stenson á la *geonosia de posicion ó de asiento* (2). Verdad es que ya á fines del siglo XV, Leonardo de Vinci, probablemente por el mismo tiempo en que mandaba construir en Lombardía canales que atravesaban terrenos de transporte y capas terciarías; que Fracastor en 1517, con

(1) John Herschell, *Discourse on the study of Natural Philosophy*, pág. 116.

(2) Humboldt, *Essai géognostique sur le Gisement des roches dans les deux hémisphères*, 1823, pág. 38.

motivo del descubrimiento casual hecho en el monte Bolca, junto á Verona, de rocas que contenian gran número de peces: y que Bernardo Palissy, por último, en sus investigaciones de 1563 acerca de las aguas vivas, reconocieron los vestigios, subsistentes á la sazon, de un mundo oceánico que habia dejado de existir. Leonardo de Vinci, que presentía una division mas filosófica de las formas animales, llama á los que tienen concha, «animali che hanno l'ossa di fuori.» En la obra que publicó Stenson el año de 1669 acerca de las sustancias contenidas en las rocas (*De solido intra solidum naturaliter contento*), distingue las capas rocáceas primitivas que se solidificaron antes del nacimiento de los animales y de las plantas, y que por lo tanto no contienen jamás restos orgánicos, de las capas sedimentosas sobrepuestas unas á otras (turbidi maris sedimenta sibí invicem imposita), que cubren los despojos de organizaciones destruidas. En un principio, todas las capas que contenian fósiles estaban colocadas horizontalmente; su inclinacion tuvo efecto con posterioridad, parte por la erupcion de los vapores subterráneos que produce el fuego central de la tierra (ignis in medio terræ), parte por el hundimiento de las capas inferiores, harto débiles para soportar tamaño peso (1). Los valles son el resultado de este trastorno.

La teoría de Stenson sobre la formacion de los valles, es la de Deluc; Leonardo de Vinci, por el contrario, concorde en esto con Cuvier, cree que los valles han sido escavados poco á poco por los torrentes (2). Stenson reconocia en la constitucion geognóstica del suelo de la Toscana, la huella de revoluciones que deben referirse á seis grandes épocas de la Naturaleza (sex sunt distinctæ Etruriæ facies, ex præsenti facie Etruriæ collectæ), es decir, que el

(1) Steno, *de Solido intra Solidum naturaliter contento*, 1669, págs. 2, 17, 28, 63 y 69 (figs. 20—25).

(2) Venturi, *Essai sur les ouvrages physico-mathématiques de Leonard de Vinci*, 1797, §. 5, núm. 124.

mar ha hecho invasion seis veces en épocas periódicas, y no se ha retirado á su antiguo lecho sino después de una larga permanencia en el interior de las tierras. No todas las petrificaciones pertenecen, sin embargo, al mar; y Stenson distingue las petrificaciones pelágicas, de las producidas por el agua dulce. Scilla describió en 1670 los fósiles de la Calabria y de la isla de Malta. El gran anatómico y zoólogo Juan Müller, ha reconocido entre estos últimos la mas antigua representacion de los dientes del colosal Hidrarchus de Alabama (Zeuglodon cetoides de Owen), mamífero de la gran familia de los cetáceos. La conformacion de la corona de estos dientes es idéntica á la de las focas (1).

Lister hizo desde 1678 la importante observacion de que cada clase de rocas se halla caracterizada por fósiles diferentes, y que las especies de los géneros Murex, Tellina, y Trochus, existentes en las canteras de Northampton, si bien es verdad que se parecen á las que viven ahora en los mares, no dejan de presentar ciertas diferencias específicas, si se las examina con mas cuidado (2). El imperfecto estado en que á la sazon se encontraba la morfologia descriptiva, no permitia suministrar pruebas rigororosas en apoyo de aquellas admirables adivinaciones. De este modo comenzaba á rayar prematuramente el alba de la ciencia que se oscureció poco después, para resplandecer de nuevo en los grandes trabajos paleontológicos de

(1) Agustin Scilla, *la vana Speculazione disingannata dal senso*, Nápoles, 1670, tab. XII, fig. 1.ª Cf. una Memoria de Juan Müller leida á la Real Academia de Ciencias de Berlin en los meses de abril y junio de 1847, é intitulada: *Bericht ueber die von Herrn Koch in Alabama gesammelten fossilen Knochenreste seines Hydrarchus* (Basilosauro de Harlan, 1835; Zeuglodon de Owen, 1839; Squalodon de Grateloup, 1840; y Dorudon de Gibbes, 1845). Los preciosos restos de este animal antidiluviano, recogidos en el Estado de Alabama, no lejos de Clarksville (condado de Washington), han pasado, por la munificencia del rey de Prusia, á la propiedad del Museo zoológico de Berlin. Prescindiendo de la Alabama y de la Carolina del Sur, tambien en Europa se han encontrado restos del Hidrarco, en Leognan junto á Burdeos, en las cercanías de Linz del Danubio, y en Malta el año de 1670.

(2) Martin Lister, en las *Philos. Transact.*, t. VI, pág. 2,283.

Cuvier y de Alejandro Brongniart que renovaron la parte de la geognosia relativa á la formacion de los sedimentos (1). Atento Lister á la superposicion regular de las capas, fué el primero que echó de ver la necesidad de mapas geognósticos. Empero si estos fenómenos y su enlace con una ó varias inundaciones despertaban vivamente el interés de los sabios; si la ciencia y la fé, auxiliándose mútuamente, producian en Inglaterra los sistemas de Ray, de Woodward, de Burnet y de Whiston; en cambio, la absoluta imposibilidad de distinguir mineralógicamente las partes esenciales que entran en la formacion de las rocas compuestas, hizo que se descuidase todo lo relativo á las materias cristalizadas y compactas lanzadas por las erupciones, y á su manera de transformacion. Aunque se admitia un foco de calor en el centro del globo, no se consideraron, sin embargo, los temblores de tierra, los manantiales de agua caliente ni las erupciones volcánicas, como efectos de la reaccion del planeta contra su corteza exterior, sino como accidentes locales debidos por ejemplo, á capas de hierro sulfurado que se inflamaron tal vez por sí mismas. Las pueriles tentativas hechas por Lemery el año de 1700, han influido por desgracia mucho tiempo en las teorías volcánicas, á pesar de que estas habrian ya podido elevarse á mas alto grado de generalidad, merced á la *Protogœa* de Leibnitz, obra publicada en 1680 y en la cual no es la imaginacion la que menos campea.

La *Protogœa*, mas poética de ordinario que las innumerables composiciones en verso del mismo filósofo recientemente publicadas (2), enseña: «la escorificacion de la cor-

(1) V. una luminosa exposicion de los primeros progresos de la ciencia paleontológica, en Whewell, *Historr of the inductive Sciences*, 1837, t. III, págs. 507—545.

(2) *Leibnizens Geschichtliche Aufsätze und Gedichte*, publicados por Perz, 1847, (t. IV de las *Obras históricas)*. Acerca del primer bosquejo de la *Protogœa*, y de las modificaciones que necesariamente hubo de recibir esta obra, v. Tellkamf, *Jahresbericht der Bürgerschule zu Hannover*, 1847, págs. 1—32.

teza terrestre, cavernosa, ardiente y brillante en otro tiempo con luz propia; el enfriamiento sucesivo de la superficie del globo, cuyo calórico se dispersa en medio de los vapores que le rodean; el depósito y reduccion á agua de los vapores atmosféricos, en virtud de su enfriamiento progresivo; el descenso del nivel del mar á consecuencia de la invasion de las aguas en las cavidades interiores del globo; y últimamente, el hundimiento de estas mismas cavidades, que ha traido consigo la caida de las capas de la tierra ó, en otros términos, su inclinacion al horizonte.» La parte física de este cuadro fantástico y desordenado presenta algunos rasgos muy dignos de llamar la atencion de los partidarios de las nuevas ideas sobre geognosia, no obstante los progresos que esta ciencia ha hecho desde entonces acá en todas direcciones. Tales son, entre otros: el movimiento del calórico en el interior del globo y el enfriamiento de la tierra á consecuencia de la pérdida del calórico irradiado por entre su superficie; la existencia de una atmósfera vaporosa; la presion que los vapores de esta atmósfera ejercen sobre la superficie de la tierra mientras se opera la solidificacion de las capas, y por último, el doble origen de las masas fundidas y solidificadas, ó depositadas por las aguas. Por lo tocante al carácter típico y á la distincion mineralógica de las diversas especies de rocas, ó sea á la agregacion de ciertas sustancias y particularmente de las sustancias cristalinas que reaparecen en las regiones mas remotas, no hay que buscar nada de esto en la *Protogœa*, como ni tampoco en el sistema geognóstico de Hooke Lo que predomina en las obras de este geólogo son tambien las especulaciones físicas sobre la accion de las fuerzas subterráneas en los terremotos, sobre la repentina elevacion del lecho y de las orillas del mar, y sobre la formacion de las islas y las montañas. Observando Hooke los despojos orgánicos de un mundo desvanecido, llegó á suponer que la zona templada debió de disfrutar en tiempos remotos del clima de los trópicos.

Réstame hacer mencion del mayor entre todos los fenómenos geognósticos, es decir, de la forma matemática de la tierra, en la cual se reflejan patentemente el estado primitivo del globo, ó sea la fluidez de su masa que giraba ya sobre sí misma, y su solidificacion como esferoide terrestre. A fines del siglo XVII se dibujó la imágen de la Tierra en sus rasgos principales, pero sin determinar de un modo exacto la relacion numérica del eje de los polos con el del ecuador. La medida de un grado terrestre que efectuó Picard en 1670 con instrumentos perfeccionados por él mismo, fué tanto mas importante, cuanto que á la par que suministraba á Newton el medio de probar como la atraccion de la Tierra retiene en su órbita á la Luna arrebatada por la fuerza centrífuga, daba ocasion a este profundo y feliz investigador de volver con nuevo ardor á la teoría de la gravitacion, descubierta en 1666 y despues abandonada. Créese que el aplanamiento de Júpiter, ya de muy antiguo conocido, indujo tambien á Newton á reflexionar sobre las causas de esta derogacion de la forma esférica (1). A las tentativas hechas por Richer en Cayena el año de 1673, y por Varin en las costas occidentales de África, para medir la verdadera longitud del péndulo de segundos, habian precedido otros ensayos menos concluyentes, hechos en las ciudades de Lóndres, de Lyon y de Bolonia, ó sea á 7° de intervalo (2); y entonces se admitió generalmente el decrecimiento de la pesantez desde el polo al ecuador, que Picard se obstinó en negar por largo tiempo. Newton comprobó el aplanamiento de los polos de la Tierra, vió en su forma esferoidal una consecuencia de la rotacion, y aun se atrevió a determinar numéricamente la depresion polar, en el supuesto de ser la Tierra una masa homogénea. Para determinar con exactitud el valor del aplanamiento, y por lo tanto la verdadera figura de la Tierra,

(1) *Cosmos*, t. I, pags. 175—176.
(2) Delambre, *Histoire de l'Astronomie moderne* t. II, pag. 601.

faltaba aun ver el resultado de la comparacion entre las diferentes medidas de grados terrestres, ejecutadas en los siglos XVIII y XIX en el ecuador, cerca de los polos y en las zonas templadas de ambos hemisferios. La mera existencia del aplanamiento, segun he dicho ya en el primer tomo de esta obra (1), nos revela el dato geognóstico mas antiguo, quiero decir, la primitiva fluidez y progresiva solidificacion de nuestro planeta.

Comenzamos el cuadro del gran siglo que ilustraron Galileo y Keplero, Newton y Leibnitz, por la historia de los descubrimientos realizados en los espacios celestes, merced á la reciente invencion del telescopio; y vamos á terminarle poniendo de manifiesto cómo ha salido el conocimiento de la forma de la Tierra, por via de deduccion, de razonamientos teóricos. «Newton, dice Bessel, pudo levantar el veló que ocultaba el sistema del Mundo, porque logró descubrir la fuerza de que son consecuencia necesaria las leyes de Keplero, y que debia estar en relacion con los fenómenos como lo están estas mismas leyes, las cuales, suministrando la fórmula de los hechos, anunciaban de antemano el principio universal de donde se derivan (2).» El descubrimiento de la fuerza cuya esencia ha desarrollado Newton en su inmortal libro de los *Principios*, construyendo una teoria general de la Naturaleza, vino cuasi á coincidir con el nuevo vuelo que el cálculo infinitesimal imprimió á las investigaciones matemáticas. El trabajo del espíritu humano

(1) *Cosmos*, t. I, pág. 174. Delambre, en su *Hist. de l'Astron. mod.*, es el primero que ha puesto en claro todos los pormenores de la lucha de prioridad á que dió orígen el descubrimiento del aplanamiento terrestre, con motivo de una Memoria leida por Huyghens en 1669 á la Academia de Ciencias de París. Richer volvió de seguro á Europa el año de 1673, á lo mas tarde, y no imprimió su obra hasta el de 1679; mas como por otra parte Huyghens se retiró de Paris en 1682, puede inferirse de aquí que escribió el *Additamentum* á su Memoria, leido en 1669 y no impreso hasta mucho despues, teniendo á la vista los resultados de las observaciones de Richer sobre el péndulo y la gran obra de Newton, *Philosophiæ Naturalis Principia Mathematica*.

(2) Bessel, en el *Jahrbuch de Schumacher*, 1843, pág. 32.

se ostenta en toda su grandeza y elevacion, cuando sin tener necesidad de medios exteriores y materiales, toma todo su brillo del desarrollo matemático del pensamiento, de la abstraccion pura; porque hay cierto encanto que cautiva el ánimo y ha sido celebrado por toda la antigüedad, en la contemplacion de las verdades matemáticas, en las eternas relaciones del tiempo y del espacio, que se manifiestan en los sonidos, en los números, en las líneas (1). La perfeccion de un instrumento intelectnal, del Análisis, ha desarrollado en las ideas cierta fecundidad recíproca, *no menos* preciosa por si misma que por las riquezas que produce. Merced á este instrumento, la contemplacion física del Mundo ha podido descorrer el velo que ocultaba las causas de las fluctuaciones periódicas á que se halla sujeta la superficie de los mares, así como las de las perturbaciones planetarias, y descubrir en las esferas del cielo y de la tierra nuevos horizontes sin límite ni medida.

(5) Guillermo de Humboldt, *gesammelte Werke*, t. I, pág. 11.

CAPITULO VIII.

RESÚMEN.

Ojeada retrospectiva sobre la série de los períodos recorridos.—Influencia de los acontecimientos exteriores en el desarrollo de la idea del Cosmos.—Diversidad y encadenamiento de los esfuerzos científicos en los tiempos modernos.—Paulatina confusion de la historia de las ciencias físicas con la historia del Cosmos.

Toco por fin al término de una empresa aventurada y que ofrecia grandes dificultades. Mas de dos mil años han pasado por delante de nosotros, desde los primeros desarrollos de la civilizacion entre los pueblos que habitaban al rededor de la cuenca del Mediterráneo y en las regiones occidentales del Ásia fecundadas por el curso de los rios, hasta principios del último siglo, época en que ya los sentimientos y las ideas se confunden con los nuestros. Paréceme que he bosquejado en siete capítulos, que forman una série de cuadros distintos, la *Historia de la Contemplacion física del Mundo*, ó sea el desarrollo progresivo de la idea del *Cosmos*. Que haya ó no conseguido dominar tan vasto conjunto de materiales, comprender el carácter de las principales fases y señalar las vias por donde han recibido los pueblos nuevas ideas y con ellas mayor elevacion en sus sentimientos morales, es cosa que no me atrevo á decidir, poseido, como lo estoy, de una justa desconfianza en las fuerzas que me restan. Más confesaré todavia, y es que en medio del plan vasto que me habia propuesto seguir, los rasgos generales son los únicos que se presentaban con claridad á mi mente.

En la introduccion al periodo de la dominacion arábiga, al comenzar á describir la poderosa influencia que ejerció este elemento extraño, mezclado á la civilizacion europea, procuré fijar los límites mas allá de los cuales la historia del *Cosmos* se confunde con la de las ciencias físicas. Los engrandecimientos sucesivos que ha recibido la ciencia de la Naturaleza, en las dos esferas terrestre y celeste, se dividen, á mi juicio, en periodos distintos. El conocimiento histórico de estos progresos se enlaza con ciertos y determinados acontecimientos, los cuales, por las consecuencias que han producido en el espacio á la par que en la inteligencia humana, prestan á cada época un carácter propio y un colorido especial. Tales fueron las empresas que llevaron á los bajeles fenicios al Ponto Euxino y dieron márgen á sospechar la existencia de otra orilla mas allá del Faso; las expediciones á los paises tropicales de donde se sacaba el oro y el incienso, y el paso del estrecho occidental ó la abertura de aquel gran camino marítimo por el cual se descubrieron, con largos intervalos de tiempo, Cerné y las Hespérides, las islas septentrionales que producian el estaño y el ámbar, los volcánicos Azores, y el Nuevo Continente de Colon, al Sur de los antiguos establecimientos escandinavos. A los movimientos que partieron de la cuenca del Mediterráneo y de la extremidad septentrional del Golfo Arabigo, ó sea á los viajes al Ponto Euxino y á la tierra de Ophir, subsiguen en este cuadro histórico la narracion de la expedicion macedónica y la tentativa de Alejandro para fundir en uno el Oriente y el Occidente; los beneficiosos efectos del comercio marítimo de los indios y de los institutos científicos que florecieron en Alejandria en tiempo de los Lagidas; la dominacion romana en la época de los Césares; la fecunda tendencia de los Árabes á ponerse en comunicacion con las fuerzas de la Naturaleza, y sus felices disposiciones para la Astronomía, las Matemáticas y las aplicaciones de la Química. Con la toma de posesion de un continente entero, hasta entonces ignorado, y con los mayores descubrimientos que ha podido el hombre realizar en el espacio, se cierra en mi concepto la série de los acontecimientos que han ensanchado como por sacudidas el horizonte de las ideas, incitando al espíritu humano á la investigacion de las leyes físicas, y sosteniendo los esfuerzos intentados para abarcar definitivamente el mundo en su conjunto. Como ya queda dicho, la inteligencia no habrá menester de hoy mas, para hacer cosas grandes, de la excitacion de los acontecimientos, sino que se desarrollará en todas direcciones tan solo por efecto de la fuerza interior que la anima.

Entre los instrumentos ú órganos nuevos, por decirlo asi, que el hombre se ha creado y que han multiplicado su fuerza y poderío de percepcion sensible, hay uno, sin embargo, que ha producido todas las consecuencias de un acontecimiento repentino. Merced á la propiedad que tiene el telescopio de penetrar en el espacio, háse explorado una parte considerable del cielo, descubriéndose en ella nuevos cuerpos, cuya forma y órbitas se ha intentado determinar, todo ello casi á un mismo tiempo. Entonces entró por primera vez la humanidad en posesion de la esfera celeste del *Cosmos*; y por ello no me ha parecido fuera de propósito, á fin de mostrar la importancia de estos descubrimientos y la unidad de los esfuerzos provocados por el uso del telescopio, establecer una séptima division en la *Historia de la Contemplacion del Mundo*. Empero si al presente nos proponemos comparar con aquel descubrimiento otro mas moderno, el de la pila de Volta; si tratamos de investigar la influencia que esta ha ejercido en la ingeniosa teoría de la electro-química, en el conocimiento de los metales alcalinos y de los que se sacan de la tierra, y por último, en el descubrimiento, por largo tiempo esperado, del electro-magnetismo, nos vemos conducidos á un encadenamiento de fenómenos que nos es dado evocar á nuestro gusto, y que se ligan por muchos lados al desplegamiento general de las fuerzas de la Naturaleza, pero que sin embargo reclaman un lugar mas bien en la historia de las ciencias físicas, que no en la de la contemplacion del Mundo. La diversidad de la ciencia moderna y el enlace de sus diferentes ramos, hacen por otra parte muy difícil la distincion y limitacion de los hechos particulares. Recientemente hemos visto al electro-magnetismo obrar sobre la direccion de los rayos polarizados, y producir modificaciones análogas á las de las mezclas químicas. Cuando todo marcha en via de progreso, merced á la actividad intelectual característica de nuestro siglo, tan arriesgado seria plantarse delante de este *movimiento científico* y representarse cual cosas definitivamente realizadas las que tienden aun hácia un progreso incesante, como fallar, con pleno conocimiento de nuestra insuficiencia personal, acerca de la importancia relativa de los gloriosos esfuerzos intentados por hombres que viven aun, ó que han fallecido hace muy poco tiempo.

En las consideraciones históricas que presento en este libro, he indicado casi siempre, al investigar el gérmen de la ciencia de la Naturaleza, el grado de desarrollo á que ha llegado hoy esta ciencia en cada uno de sus ramos. La tercera y última parte de mi obra contribuirá á esclarecer el cuadro general de la Naturaleza, suministrando los datos de observacion en que se funda principalmente el estado actual de las opiniones científicas; y en dicho tercer tomo tendrán cabida muchas cosas, que extrañarán no haber encontrado aquí los que profesen ideas diferentes de las mias acerca de la composicion de un *Libro de la Naturaleza*. Deslumbrado por el brillo de los nuevos descubrimientos, y alimentando esperanzas á que no se renuncia de ordinario sino muy tarde, cada siglo se lisonjea de haber llevado el conocimiento y la inteligencia de la Naturaleza cuasi hasta su último término; creencia no muy propia, si bien se considera, para hacernos gustar mejor el tiempo presente, atento que es mas fecunda, y mas adecuada al destino de la especie humana, la conviccion de que el terreno conquistado no es mas que una pequeña parte del que debe conquistar la humanidad libre en los siglos venideros, mediante el progreso de su actividad y los beneficios, mas extendidos cada dia, de la civilizacion. Cada descubrimiento no es en realidad sino un paso dado hácia otros mas elevados en el misterioso curso de las cosas.

Lo que de ordinario ha apresurado en el siglo XIX el progreso de la ciencia, é impreso á esta época su carácter mas notable, es el celo con que todos procuramos someter á una prueba rigurosa las ideas anteriormente emitidas, estimándolas en su justo precio y valor, sin concretarnos al círculo de las conquistas recientes, y la esquisita diligencia con que separamos los resultados ciertos de los que tan solo se fundan en dudosas analogias, sometiendo á una crítica uniforme y severa todas las partes de la ciencia, la Astronomía física, el estudio de las fuerzas terrestres de la Naturaleza, la Geologia y el conocimiento del mundo antiguo. Estos procedimientos críticos, aplicados generalmente, han contribuido con especialidad á la fijacion de los límites respectivos de las diferentes ciencias, y á revelarnos la debilidad de algunas de ellas en que opiniones sin fundamento han ocupado el lugar de los hechos, ó en que añejos mitos simbólicos pasan por teorías fundamentales. La vaguedad del lenguaje, y la confusion de la nomenclatura trasladada de una á otra ciencia, han dado origen á erróneas consideraciones y falaces analogías. El progreso de la zoologia ha sido largo tiempo cosa problemática, porque se creia que tanto en las clases inferiores del reino animal, como en las clases mas elevadas, idénticas funciones vitales reclamaban conformacion análoga en los órganos. La Botánica es la que principalmente ha tenido que luchar contra tales preocupaciones. La historia del desarrollo de los vegetales en la clase de los *Cosmofitos Criptógamos*, que comprende los musgos, las hepáticas, los helechos y las licopodiáceas, ó en la clase mas inferior aun de los *Talofitos*, es decir, en las algas, los liquenes y las setas, ha estado oscurecida por causa de la ilusion que hacia ver por dó quiera analogías con la generacion de los animales (1).

Si el arte reside en medio del círculo mágico trazado por la imaginacion, y si tiene su fuente en lo mas íntimo de nuestra alma; en la ciencia, por el contrario, el principio del progreso está en el contacto con el mundo exterior. Al compás que se extienden las relaciones de los pueblos, la ciencia va ganando en variedad y en profundidad á un mismo tiempo. La creacion de nuevos órganos, que este nombre podemos dar á los instrumentos de observacion, aumenta la potencia intelectual del hombre, y á las veces tambien sus fuerzas físicas. Mas rápida que la luz, la corriente eléctrica encerrada en un circuito sin salida lleva el pensamiento y la voluntad á las regiones mas remotas. Dia llegará en que fuerzas que obran tranquilamente en la naturaleza elemental, así como en las delicadas celdillas del tejido orgánico, sin que hasta ahora hayan podido descubrirlas nuestros sentidos; reconocidas al cabo, utilizadas y elevadas á mayor grado de actividad, ocuparán su puesto en la série indefinida de los agentes por cuyo medio, enseñoreándonos de cada uno de los dominios particulares del vasto Imperio de la Naturaleza, nos vamos elevando á un conocimiento mas inteligente y animado del conjunto del Universo.

(1) Schleiden, *Grundzüge der wissenschaftlichen Botanik*, 1.ª parte, 1845, pág. 152; 2.ª parte, pág. 76; Kunth, *Lehrbuch der Botanik*, 1.ª parte, 1847, págs. 91—100 y 505.

FIN DEL TOMO II.

CUADRO ANALÍTICO

DE LAS MATERIAS CONTENIDAS EN LOS TOMOS PRIMERO Y SEGUNDO

DEL

COSMOS.

TOMO I.

PREFACIO DEL AUTOR, págs. IX—XV.

INTRODUCCION.

I. CONSIDERACIONES SOBRE LOS DIFERENTES GRADOS DE GOCE QUE OFRECEN EL ASPECTO DE LA NATURALEZA Y EL ESTUDIO DE SUS LEYES.—El conjunto de los fenómenos es el fin mas elevado de la observacion de la Naturaleza.—Racionalmente considerada, la Naturaleza es la unidad en la diversidad.—Diferentes grados de goces que ofrece la contemplacion de la Naturaleza.—Influencia del *aire libre*, prescindiendo del carácter propio de cada pais.—Efectos producidos por la configuracion individual del suelo y por el aspecto de los vegetales. Recuerdo de las Cordilleras y del volcan de Tenerife Atractivo particular de las regiones montañosas del ecuador, en las cuales le es dado al hombre contemplar á un mismo tiempo todos los astros del cielo y todas las formas vegetales, págs. 17—30.—Sentimiento que nos conduce á *investigar las causas de los fenómenos físicos*.—Miras *erróneas sobre* la esencia de las fuerzas naturales, debidas á la insuficiencia de las observaciones y al poco rigor de la induccion.—Preocupaciones físicas legadas por cada siglo al subsiguiente.—Temor de que la Naturaleza pierda en parte su misterioso encanto á los ojos de los que penetran en el mecanismo de sus fuerzas. Superioridad de las miras generales que imprimen á la ciencia un carácter mas elevado é imponente. Distincion de lo general y lo particular. Ejemplos tomados de la Astronomia, de los recientes descubrimientos ópticos, de la Física terrestre y de la Geografía de las plantas. La descripcion física del Universo es un estudio accesible para todos, págs. 30—43.—Abuso de la ciencia popular, y distincion entre una descripcion del Mundo y una Enciclopedia de las ciencias naturales. Influencia de este estudio en la riqueza nacional y en el bienestar de los pueblos, si bien su principal objeto es engrandecer y fecundar la inteligencia. Método de exposicion propio de la descripcion del Mundo; íntima alianza entre el pensamiento y el lenguaje, págs. 48—53.

II. Límites y método de exposicion de la descripcion física del Mundo. —Cuestiones comprendidas en la ciencia del *Cosmos*, ó en la descripcion física del Mundo, págs. 55—62.—La parte sideral del *Cosmos*, menos compleja que la parte terrestre; la imposibilidad de percibir la heterogeneidad de los cuerpos celestes simplifica el mecanismo de los cielos.—Significacion primitiva de la voz *Cosmos* (*Ornamento y órden del mundo*). Para comprender la Naturaleza no puede separarse el estado actual de las cosas de sus fases sucesivas. *Historia del Mundo* y *descripcion del Mundo*, págs. 62—72.—Esfuerzos hechos para reducir la infinita variedad de los fenómenos á la unidad de un principio y á la evidencia de las verdades racionales.—A la observacion exacta de los hechos ha precedido en todo tiempo la filosofía de la Naturaleza, es decir, un esfuerzo natural de la razon, puesto que á las veces mal dirigido.—En el conjunto de nuestros conocimientos dominan dos formas de abstraccion, á saber: relaciones de cantidad correspondientes á las ideas de número ó de magnitud, y relaciones de cualidad que abrazan las propiedades específicas de la materia.—Manera de someter al cálculo los fenómenos. Construcciones mecánicas de la materia: átomos y moléculas; hipótesis de las materias imponderables y de las fuerzas vitales propias de cada organismo.—Los resultados de la observacion y de la experimentacion, fecundados por la induccion y por la analogía, conducen al descubrimiento de las *leyes empíricas*. Simplificacion y generalizacion progresiva de estas leyes. —Necesidad de coordinar los materiales por medio de combinaciones racionales. El Mundo ideal no es un vano fantasma; la Filosofía no puede querer la destruccion de las riquezas acumuladas al cabo de un gran número de siglos por tantas observaciones laboriosas, págs. 72—78.

CUADRO DE LA NATURALEZA.

Introduccion. Un cuadro de la Naturaleza debe abarcar la universalidad de las cosas en las dos esferas del cielo y de la tierra.—Método de ejecucion adecuado á un asunto de este género.—Orden que debe seguirse en la exposicion.—Mútuo enlace de los fenómenos.—El resultado final que debemos proponernos, respecto de todos los cambios producidos en el espacio, es la *determinacion numérica de los valores medios*.—Desempeñando el principal papel en la creacion los espacios celestes, son el punto natural de partida de una descripcion del Mundo, en la cual no deben tomarse por guia los intereses humanos ni las consideraciones de proximidad. Distribucion de la materia en el espacio, ora condensada en globos de muy diversa densidad y magnitud, animados de un movimiento de rotacion y de otro de traslacion, ora diseminada en forma de nebulosidades fosforescentes. Trabazon y enlace de los diversos fenómenos naturales, págs. 79—86.

I. PARTE CELESTE DEL COSMOS.

Contenido de los espacios celestes.—Formas varias de las nebulosas; nebulosas planetarias y estrellas nebulosas.—*Pintoresco aspecto del cielo austral.*—Conjeturas acerca de la estructura general de los cielos. Comparacion del conjunto parcial de estrellas á que pertenece la Tierra, con una isla lanzada en medio del Océano de los mundos. Mensura del cielo.—Estrellas dobles que describen su órbita en torno de un centro comun de gravedad.—Diferentes sistemas de atraccion, pags. 86—93. Complicacion de nuestro sistema solar, mucho mayor de lo que se creia á fines del siglo último; compónenle treinta planetas principales, contando entre ellos á Neptuno y á los 22 planetas telescópicos descubiertos hasta ahora entre Marte y Júpiter; 23 lunas ó satelites, y una multitud de cometas, entre los cuales hay varios interiores, es decir, que no traspasan nunca los límites del mundo planetario; por último, de un anillo que efectua sobre sí mismo un movimiento de rotacion (la luz zodiacal), y probablemente de un gran numero de asteroides ó piedras meteóricas.—Los 22 planetas telescópicos forman un grupo intermedio, cuyas órbitas, sumamente inclinadas, muy excéntricas, y estrechamente enlazadas entre si, separan á los planetas interiores, Mercurio, Venus, la Tierra y Marte, de los planetas exteriores, Júpiter, Saturno, Urano y Neptuno. *Contrastes entre estas dos regiones.*—*Distancias relativas entre estos* grupos de planetas y el Sol; diferencias en la magnitud absoluta de los planetas, en su densidad, duracion de su rotacion, excentricidad é inclinacion de sus órbitas. Infracciones de la supuesta ley relativa á las distancias de los planetas al Sol. Los mas distantes de este astro son los que tienen mayor numero de satélites, págs. 93—100.—Relaciones de situacion de los satélites en el espacio. Límites extremos de magnitud y de pequeñez. Punto hasta donde puede llegar la aproximacion de los satélites á su planeta principal.—Movimiento inverso de los satelites de Urano. Libracion de la Luna, páginas 100—103.—Cometas; nucleo y cola de los mismos. Diversa configuracion y direccion de las emanaciones gaseosas, alternativamente densas y raras, que los cometas proyectan bajo forma conoidal. Colas multiples opuestas al Sol. Movimientos de rotacion que efectuan verosimilmente el cono luminoso y el cuerpo del cometa. Naturaleza de la luz cometaria. Ocultaciones de estrellas fijas por el núcleo de los cometas. Excentricidad de las órbitas y duracion de las revoluciones de los cometas. Puntos extremos de proximidad y lejania de los cometas con relacion al astro central. Paso de ciertos *cometas por el sistema de los satelites de Júpiter.*—Cometas llamados de corto periodo, ó mas propiamente cometas interiores (cometas de Encke, de Biela y de Faye), págs. 103—117.—Aerólitos que giran en torno del Sol (piedras meteóricas, bólides, estrellas vagas); velocidad planetaria de estos aerólitos; magnitud, forma y elevacion de los mismos; lluvias periódicas de estrellas vagas; lluvias del mes de noviembre y del dia de San Lorenzo. Composicion química de las piedras meteóricas, págs. 117-144.—Luz zodiacal.—Limitada extension de la atmósfera actual del Sol.—Movimiento de traslacion de todo el sistema solar, págs. 144—155.—Universalidad de las leyes de la gravitacion aun mas allá de nuestro sistema.—Via láctea compuesta de estrellas, y ruptura probable de esta via. Via láctea compuesta de nebulosas, que corta á la anterior en ángulo recto.—Período de las estrellas dobles de dos colores.—Alfombrado de estrellas; aberturas en el cielo ó regiones desprovistas de estrellas.—Fenómenos observados en los espacios celestes; aparicion de estrellas nuevas.—Propagacion de la luz; simultaneidad meramente aparente de los fenómenos celestes, págs. 151—163.

II. PARTE TERRESTRE DEL COSMOS.

1. Figura de la Tierra, densidad, temperatura y tension electro-magnética del globo. Investigaciones sobre el aplanamiento y la curvatura de la Tierra, hechas por medio de la mensura de grados geográficos, de las oscilaciones del péndulo y de las desigualdades lunares.—Densidad media de la Tierra.—Corteza del globo y profundidad de ella que conocemos, páginas 165—183.—Propagacion del calórico en el globo terrestre; aumento contínuo de la temperatura desde la superficie hasta el centro, págs. 183—189.—Magnetismo, electricidad dinámica, variaciones periódicas del magnetismo terrestre. Perturbacion en el giro de la aguja magnetizada. Tempestades magnéticas. Manifestacion de la fuerza magnética en la superficie de nuestro planeta *por medio de tres clases de fenómenos: líneas de igual fuerza* (isodinámicas), de igual inclinacion (isoclínicas), y de igual declinacion (isogónicas).—Situacion de los polos magnéticos; pueden considerarse como polos de frio.—Movilidad de los fenómenos del magnetismo terrestre.—Vasta red de observatorios magnéticos establecidos desde el año de 1828, págs. 189—205.—Produccion de la luz en los polos magnéticos; fenómenos luminosos debidos á la actividad electro magnética de nuestro planeta. Altura de las auroras boreales. ¿Las tempestades magnéticas van siempre acompañadas de ruido?—Otros ejemplos de luz terrestre, págs. 205—215.

2. Actividad vital de nuestro planeta considerada como fuente principal de los fenómenos geognósticos. Enlace entre el solevantamiento de los continentes ó de las cadenas de montañas y la erupcion de los gases y de los vapores, del lodo caliente, de las rocas ígneas o de la lava en fusion que se transforma en rocas cristalizadas. La vulcanicidad, generalmente considerada, es la reaccion que el interior de un planeta ejerce contra sus capas exteriores. Circunscripcion y sucesivo ensanche de los círculos de conmocion.—¿Están en relacion las sacudidas volcánicas con las variaciones del magnetismo terrestre y con los fenómenos atmosféricos? Ruido que acompaña á los temblores de tierra. Truenos subterráneos sin conmocion sensible.—Influencia de la estructura de las rocas en la propagacion de las ondas de conmocion.-Solevantamientos, erupciones de agua, de vapores ígneos, de fango, de vahos, de humo y de llamas en los temblores de tierra. págs. 215—229.

3. Exámen mas detenido de las materias producidas por la actividad interior de nuestro planeta, que se escapan del seno de la tierra por las fisuras y por los cráteres de erupcion.—Los volcanes considerados como una especie de manantiales intermitentes. Temperatura, constancia y variaciones de las aguas termales, págs. 229—236.—Salsas ó volcanes de lodo. A la manera que los volcanes dan orígen á las rocas volcanicas, asi tambien *las*

fuentes termales producen por via de depósito capas de travertino. Produccion continua de cuarzo ó rocas sedimentarias, págs. 236—238.

4. Diversidad de los solevantamientos volcánicos. Cúpulas redondeadas de trachyto.—Volcanes propiamente dichos que se elevan en el centro de un cráter de solevantamiento ó entre los restos que formaban primitivamente el mismo cráter.—Comunicacion permanente del interior del globo con la *atmósfera.* Relacion entre la altura de los volcanes y la frecuencia de las erupciones. Altura del cono de ceniza. Particularidades de los volcanes que se elevan sobre el límite de las nieves.—Columnas de humo y de ceniza. Tempestad volcánica mientras dura la erupcion. Composicion mineralógica de la lava, págs. 238—252.—Distribucion de los volcanes sobre la superficie de la Tierra; volcanes centrales y cadenas volcánicas; volcanes situados en islas ó en costas. Distancia de los volcanes á las orillas del mar. Disminucion de la fuerza volcánica, pags. 252—261.

5. Relacion entre la vulcanicidad y la naturaleza de las rocas; formacion de rocas nuevas y modificacion de las preexistentes, por las fuerzas volcánicas. De este modo el estudio de los volcanes conduce por dos caminos distintos á la parte mineralógica de la geognosia (estructura y sucesion de las capas terrestres) y á la formacion de los archipiélagos y de los continentes elevados sobre el nivel del mar (disposicion geográfica y contornos de las diferentes partes de la tierra).—Clasificacion de las rocas con arreglo á los fenómenos de formacion y de modificacion que pasan todavía á nuestra vista: *rocas endógenas* ó de *erupcion* (granito, sienita, pórfido, grunstein, hiperstenfels, eufótide, melafiro, basalto y fonolito); *rocas de sedimento* (esquisto arcilloso, lechos de carbon mineral, calcáreos, travertino y bancos de infusorios; *rocas transformadas* ó *metamórficas*, que con algunos restos de rocas de erupcion, ó de sedimento, contienen pedazos de gneis, de micasquisto y de otras masas metarmórficas mas antiguas; *conglomerados* y *asperones* (rocas detríticas), págs. 261—270.—Fenómenos de contacto esclarecidos por la formacion artificial de los minerales. Efectos de la presion y de la mayor ó menor rapidez del enfriamiento. Formacion del calcáreo granulado ó mármol zacaroides; transformacion del esquisto en jaspe rayado por la silificacion; la marga calcárea convertida por el granito en micasquisto; conversion del calcáreo en dolomia, y formacion de los granates ó rubíes en el esquisto arcilloso mediante el contacto con el basalto ó con la dolerita.—Filones empujados de abajo arriba. Fenómenos de la cimentacion en la formacion de los conglomerados. Conglomerados producidos por el ludimiento, págs. 270—286.—Edad relativa de las rocas ó cronología del globo. Capas fosilíferas.—Edad relativa de los diferentes organismos.—Gradacion fisiológica de las especies segun la superposicion de los terrenos.—Horizonte geológico, mediante el cual podemos llegar á deducciones ciertas acerca de la identidad ó de la antigüedad relativa de las formaciones, de la repeticion de ciertas capas y de su paralelismo ó supresion completa.—Tipo de capas sedimentarias consideradas en sus rasgos mas simples y generales; capas silúricas y devonianas, llamadas antiguamente terrenos de transicion. Trias inferior (calcáreo de montaña), terreno hulloso, nuevo asperon rojo inferior y calcáreo magnésico; trias superior (asperon abigarrado, calcáreo conchífero y keuper); calcáreo jurasico (lias y oolito); asperon macizo (creta inferior y su-

perior, como tambien las últimas capas que comienzan en el calcáreo de montaña); formacion terciaria compuesta de tres subdivisiones caracterizadas por el calcáreo basto, el carbon moreno, y los casquijos subapeninos.—Faunos y Floras de los tiempos primitivos; sus relaciones con las especies que viven en la actualidad. Colosales osamentas de los mamíferos del mundo antiguo en los terrenos de transporte.—Reino vegetal de los antiguos tiempos. Terrenos en que ciertos grupos de plantas llegan al máximum de su desarrollo (las cicádeas en el keuper y en el lias, y las coníferas en los asperones abigarrados). Lignitas ó capas de carbon moreno.—Asiento y moles erráticas. Dudas sobre el orígen de estas moles, págs. 286—302.

6. La determinacion de las *épocas geológicas* nos lleva á estudiar la distribucion de las *masas sólidas y líquidas* y la configuracion de la superficie terrestre. Relacion de extension entre el elemento líquido y el elemento sólido. Altura de los continentes, debida á la erupcion del pórfido cuarzoso.—Configuracion particular de cada gran masa en sentido *horizontal* (forma articulada de los continentes), y en sentido *vertical* (hipsometría de las cadenas de montañas).—Influencia de la extension relativa del mar y de la tierra firme en la temperatura, en la direccion de los vientos, en la abundancia ó escasez de las producciones orgánicas, y en el conjunto de todos los fenómenos meteorológicos.—Direccion de los ejes mayores en el antiguo y en el nuevo continente. Articulacion de las costas. Forma piramidal de las extremidades meridionales. Valle del Océano Atlántico. Formas análogas en diferentes regiones, págs. 302—317.—Cadenas de montañas discontínuas. Sistemas de las cadenas de montañas y manera de estimar su edad relativa. Tentativa para determinar el centro de gravedad de las regiones elevadas actualmente sobre el nivel de los mares. Lento progreso que aun hoy continúa haciendo el solevantamiento de las masas continentales; compensacion que en ciertos puntos tiene este progreso por medio de depresiones considerables. Alternativas periódicas de actividad y de reposo, reveladas por todos los fenómenos geognósticos. Es verosimil que se produzcan todavía nuevas rugosidades en la superficie de la tierra, págs. 317—320.

7. Envoltura líquida y envoltura gaseosa de nuestro planeta; contrastes y analogías entre una y otra (el mar y la atmósfera) con relacion á la elasticidad y á la manera de agregacion de sus moléculas, á las corrientes y á la propagacion del calórico. Profundidad del mar y del Océano aéreo, cuyos bajíos son las mesetas y las cadenas de montañas.—Temperatura del mar en la superficie y en las capas inferiores, bajo latitudes diferentes. Tendencia del mar á conservar el calor de su superficie en las capas mas próximas al aire, en razon de la movilidad de sus moléculas y de las variaciones de densidad. Máximum de densidad del agua salada. Zonas en que las aguas llegan al máximum de calor y de salumbre. Influencia térmica de las corrientes polares inferiores y de las contra-corrientes que existen en los estrechos, páginas. 320—323.—Nivel general de los mares, y perturbaciones permanentes que las influencias locales causan en este equilibrio; perturbaciones periódicas, tales como el flujo y el reflujo.—Corrientes pelágicas, corriente ecuatorial ó corriente de rotacion. Corriente de aguas calientes en el Océano Atlántico (Gulfstream), corriente de aguas frias en la parte oriental del Océano Pacífico.—Temperatura de los bajíos. Vida y movimiento universalmen-

te esparcidos en el Océano; influencia de los bosques submarinos formados por las largas yerbas que crecen en los bajíos ó por bancos flotantes de fucus, págs. 323—330.

8. Envoltura gaseosa de nuestro planeta (Oceano aéreo).—Composicion química, diafanidad, polarizacion, presion, temperatura, humedad y tension eléctrica de la atmósfera.—Relacion del oxígeno con el ázoe; ácido carbónico; gas hidrógeno; vapores amoniacales; miasmas.—Variaciones regulares ú horarias de la presion atmosférica y altura media del barómetro en la superficie del mar, en las diferentes zonas del globo. Curvas isobarométricas. Rosas barométricas de los vientos. Ley de rotacion de los vientos é importancia de esta ley para el conocimiento de un gran número de fenómenos meteorológicos. Brisas de tierra y de mar; vientos alisios y monzones, paginas 330—338.—Distribucion del calor atmosférico en sus relaciones con la disposicion relativa de las masas trasparentes y opacas, de la tierra firme y de las aguas del mar, y con la configuracion hipsométrica de los continentes. —Flexion de las líneas isotermas, paralela ó perpendicularmente al ecuador. Vértice convexo y cóncavo de las líneas isotermas.—Temperatura media de los años, de las estaciones, de los meses y de los dias. Enumeracion de las causas que modifican la direccion de las líneas isotermas.—Líneas isoquimenas é isoteras (es decir, de iguales temperaturas de invierno y de verano). Causas que tienden á subir la temperatura y causas que tienden a bajarla. Irradiacion que emana del suelo; la figura de las nubes anuncia lo que pasa en las regiones elevadas de la atmósfera, y dibuja en el cielo, en los dias calurosos del estío, la imágen proyectada del suelo, que irradia el calórico. Contraste entre el clima de las islas ó de las costas, propio de los continentes muy articulados, cortados por golfos y divididos en peninsulas, y el clima interior de las grandes masas de tierra. Costas orientales y occidentales. Diferencia entre el hemisferio del Norte y el del Mediodia.—Escala térmica de las diferentes especies de cultivo, desde la vainilla, el cacao, y el pisang, hasta el limonero, el olivo y la viña de vino potable. La madurez de los frutos, explicada en gran parte por la diferencia entre la luz difusa y la luz directa, y entre el cielo sereno y el cielo anublado.—Cuadro general de las causas que proporcionan á la mayor parte de Europa un clima mas benigno que el de la Península occidental del Asia, págs. 338—349.—¿A qué fraccion del calor termometrico medio del ano ó del estio corresponde una variacion de 1° de latitud? Relacion entre la temperatura media de un Observatorio situado sobre una montaña, y la distancia al polo de un punto situado al nivel del mar.—Disminucion del calor en proporcion al aumento de altura. Límite de las nieves perpetuas y oscilacion del mismo. Causas de perturbacion en la regularidad de este fenómeno; cadena septentrional y meridional del Himalaya, pags. 349—355.—Vapores atmosféricos variables segun las horas, las estaciones, los grados de latitud y la elevacion de las aguas. Extrema sequedad observada en el Asia septentrional entre las cuencas del Irtysch y del Obi.—Rocio producido por la irradiacion. Cantidad annual de lluvia, págs. 355—358.—Electricidad de la atmósfera y perturbacion del equilibrio de las fuerzas eléctricas. Distribucion geográfica de las tormentas. Prevision de las variaciones atmosféricas; las perturbaciones climatológicas mas importantes no dependen de causas locales existentes en el pa-

raje mismo en que se hacen las observaciones; antes bien son hijas de fenómenos que perturban el equilibrio de las corrientes aéreas en apartadas regiones, págs. 358—363.

9. La descripcion física de la Tierra no se limita á la vida elemental é inorgánica del globo; sino que abraza tambien la esfera de la vida orgánica y las innumerables fases de su desarrollo.—Vida animal y vegetal. Actividad vital de la Naturaleza en el mar y en la tierra; vida microscópica en los hielos de las regiones polares y en las profundidades del Océano tropical. Los descubrimientos de Erenberg han ensanchado el horizonte de la vida.—Avalúo de las masas de los animales y de los vegetales, págs. 363—371.—Geografía de las plantas y de los animales. Emigracion de gérmenes de plantas dotados de órganos propios para vagar por la atmósfera. Círculo de emigracion, atendiendo á las relaciones climatológicas. Plantas ó animales que viven en compañía ó aislados. El carácter de las Floras ó de los Faunos no tanto depende de la superioridad numérica de ciertas especies en determinadas latitudes, cuanto de la coexistencia de un gran número de familias y de la cantidad relativa de sus especies, págs. 371—375.—La especie humana considerada en sus matices físicos y en la distribucion geográfica de sus tipos contemporáneos. Razas y variedades. Unidad de la especie humana.—Las lenguas, creaciones intelectuales de la humanidad y partes integrantes de la historia natural del espíritu humano, tienen un sello nacional; pero en virtud de acontecimientos diversos, hállanse entre pueblos de muy diferente origen idiomas pertenecientes á una misma familia, páginas. 375—381.

TOMO II.

I.

REFLEJO DEL MUNDO EXTERIOR EN LA IMAGINACION DEL HOMBRE.

1. MEDIOS PROPIOS PARA DIFUNDIR EL ESTUDIO DE LA NATURALEZA.—En el tomo primero quedan expuestos, bajo la forma de un cuadro de la Naturaleza, los principales resultados de la observacion científica; aquí en el segundo nos proponemos considerar el reflejo de aquel espectáculo en el sentimiento y en la imaginacion del hombre.—Del sentimiento de la Naturaleza entre los griegos y entre los romanos; sin ser extraños á este sentimiento, le han expresado, no obstante, muy rara vez. La poesía descriptiva no podia ser mas que un accesorio en las grandes formas de la oda y de la epopeya. El arte se mueve siempre entre los griegos dentro del círculo de la humanidad.—Himnos á la Primavera; Homero; Hesiodo; los trágicos; poesía bucólica; Nonno, Antologia. Carácter propio del paisaje griego, págs. III.—17.—Poetas latinos: Lucrecio, Virgilio, Ovidio, Lucano, Lucilio el Menor. Epoca posterior, en la

cual la Poesía no es para el pensamiento mas que un adorno de prestado: el *Mosela* de Ausonio. Prosistas latinos: Ciceron, Tácito, Plinio. Descripciones de casas de recreo romanas, págs. 17—28.—Cambio que el cristianismo y la vida del desierto introdujeron en la naturaleza y expresion de los sentimientos. *Octavius* de Minucio Felix; pasajes de los Santos Padres. San Basilio en *las soledades de Armenia, Gregorio de Niza, el Crisóstomo; predis*posicion general á la melancolía, págs. 28—35.—Contrastes producidos por la diversidad de razas en el colorido poético de las descripciones, entre los griegos, las razas itálicas, los germanos del Norte, los pueblos semíticos, los persas y los indios. La riquísima poesía de estas razas orientales demuestra que el sentimiento de la Naturaleza entre los germanos del Norte no reconoce por única causa la privacion de los goces naturales durante un largo invierno.—Poesía caballeresca de los Minnesinger. Epopeya Esópica de los alemanes, segun Jacobo y Guillermo Grimm. Poesías célticas y persas, páginas 35—41.—Pueblos del Aria oriental y occidental (indios y persas); el *Ramayana, el Mahabarata*, el *Sacuntala* y la *Nube Mensagera* de Kalidasa. Literatura persa; no sube mas allá del tiempo de los Sanasidas, págs. 41—50. Epopeya y poesías finlandesas recogidas de boca de los carelianos, págs. 50. —51.—Naciones arameas; poesía de la Naturaleza entrè los hebreos; reflejo del monoteismo, págs. 51.—55.—Literatura antigua de los árabes. Descripcion de la vida de los beduinos en el desierto, en el poema de Antar; Amru'l-Kais, págs. 55—57.—Renacimiento de las Bellas Letras en Italia. Dante Alighieri. El Petrarca, Bojardo y Vittoria-Colonna.—Diálogo del Etna de Bembo, y descripcion pintoresca de la vida vegetal en el Nuevo-Mundo (Historiæ Venetæ). Cristobal Colon, págs. 58—65.—Las *Lusiadas* de Camoens, págs. 65.—69.—Poesía española: la *Araucana*, de D. Alonso de Ercilla; Fray Luis de Leon y Calderon, segun Luis Tiek.—Shakespeare, Milton, Thompson, págs. 69—73.—Prosistas franceses: Rousseau, Buffon, Bernardino de Saint-Pierre y Chateaubriand, págs. 73—77.—Ojeada retrospectiva sobre los viajeros de la edad media Juan Mandeville, Hans Sciltberger y Bernardo de Breitenbach. Contraste entre estos viajeros y los modernos. Jorge Forster, compañero de Cook, págs. 77—81.—Objeto legítimo de la poesía descriptiva. Atractivo de todas las regiones de la tierra, desde el ecuador hasta las zonas glaciales, págs. 81—83.

II. Influencia de la pintura de paises en el estudio de la Naturaleza.—La pintura de paises no podia constituir en la antigüedad clasica, como ni tampoco la poesía descriptiva, un ramo distinto del arte. Filostrato el mayor. Escenografía; Ludio.—Vestigios de la pintura de paises entre los indios, en la brillante época de Vikramaditya.—Herculano y Pompeya.—Pintura cristiana desde Constantino hasta principios de la edad media.—Miniaturas de los manuscritos, págs. 84—90.—Importancia dada al paisaje en los cuadros históricos de los hermanos Van Eyck. El siglo XVII considerado como la época mas brillante de la pintura de paises (Claudio Lorenés, Ruysdael, Gaspar y Nicolás Pusino, Everdingen, Hobbema y Cuyp).—Esfuerzos hechos para reproducir fielmente las formas vegetales; empeño de imitar especialmente la vegetacion de los trópicos. Francisco Post, compañero del príncipe de Nasau. Eckhout. Necesidad de individualizar la Naturaleza.—La emancipacion de las colonias españolas y portuguesas de América, el progreso de la civilizacion en las Indias, en la Nueva Holanda, en las islas Sandwich y en el Africa meridional, deben dar nuevo impulso y mas grandioso carácter, no solo á la meteorología y á la descripcion de la Naturaleza en general, sino tambien á la pintura de paises y á la expresion gráfica de la fisonomía de la Naturaleza; utilidad de los panoramas circulares de Parker.—El sentimiento de la unidad del *Cosmos* irá siendo tanto mas intenso, cuanto mas se multipliquen los medios de reproducir bajo imágenes sorprendentes los fenómenos naturales, págs. 90—106.

III. Cultivo de las plantas exóticas.—Influencia producida por la fisonomía de los vegetales, en cuanto de ella pueden dar idea los plantíos artificiales.—Jardines pintorescos. Primeros parques plantados en las regiones centrales y meridionales de Asia; árboles y bosquecillos consagrados á los Dioses, págs. 106—112.—De los jardines entre los pueblos del Asia oriental. Jardines chinos en tiempo de la dinastía de los Ham. Poema de los *Jardines*, compuesto por See-ma-kuang á fines del siglo undécimo. Prescripciones de Lieu-tscheu. Poema descriptivo del emperador Kien-Long.—Influencia que ejercieron los monasterios budhistas en la propagacion de las formas vegetales mas bellas, págs. 112—116.

II.

ENSAYO HISTÓRICO SOBRE EL DESARROLLO PROGRESIVO DE LA IDEA DEL UNIVERSO.

Introduccion.—Diferencia entre el conocimiento general de la Naturaleza y la historia de las ciencias naturales. La historia de la descripcion del Mundo es la historia de la idea de la unidad aplicada á los fenómenos y á las fuerzas simultáneas del Universo.—Método de exposicion que conviene á la historia del *Cosmos*: 1.° esfuerzos de la razon para descubrir las leyes de la Naturaleza; 2.° acontecimientos que han ensanchado de repente el campo de la observacion; 3.° invencion de instrumentos nuevos, propios para facilitar la percepcion sensible.—Impulso debido al progreso de las lenguas; irradiacion de la civilizacion. Opinion que debe formarse acerca de la física primitiva y de la supuesta sabiduría natural de los pueblos salvajes, oscurecida por la civilizacion, págs. 119—136.

FASES PRINCIPALES DE LA HISTORIA DE LA CONTEMPLACION FÍSICA DEL MUNDO.

I. El mar Mediterráneo considerado como punto de partida de los esfuerzos hechos para engrandecer la idea del Cosmos.—Configuracion y divisiones de la cuenca del Mediterráneo. Importancia del Golfo Arábigo. Cruzamiento de las dos grandes líneas de solevantamiento del Nordeste al Sudoeste y del Sudsudeste al Nornoroeste). Influencia de este último sistema en el comercio del orbe.—Antigua civilizacion de los pueblos esparcidos por las costas del Mediterráneo.—Valle del Nilo, imperio antiguo y moderno de los egipcios.—Los fenicios, aptos para desempeñar el papel de intermediarios, difunden la escritura y el uso de la moneda, así como las pesas y medidas de orígen babilónico Numeracion, aritmética, navegacion nocturna. Colonias establecidas en la costa occidental de Africa, págs. 137—160.—Expedicion de Salomon y de Hiram hácia los paises auríferos de Ofir y de Supara, págs. 160—163.—Tirrenios y etruscos (rasenas); predisposicion especial de la raza etrusca para el comercio con la Naturaleza; *fulguratores* y *aquileges*, págs. 163—165.—Otros varios pueblos situados á orillas del Mediterráneo y de civilizacion antiquísima. Vestigios de civilizacion por la parte del Este entre los frigios y los licios; y entre los túrdulos y los turdetanos por la parte del Oeste.—Principios del poder helénico; el Asia Menor considerada como el gran camino militar de las emigraciones del Oriente al Occidente. El archipiélago del mar Egeo, especie de lazo ó puente entre el mundo griego y las apartadas regiones del Oriente. Vastos eriales en donde se confunden los límites de Europa y Asia, mas allá del grado 48 de latitud. Herodoto y Ferécides de Siros consideran el Norte del Asia, que forma la Escitia, como una dependencia de la Sarmacia europea.—Caracteres de las razas jónicas y dóricas en las colonias á donde se trasladaron estos pueblos.—Tentativas hechas para penetrar por el lado del Este hácia el Ponto y la Cólquida; primera nocion de la costa occidental del mar Caspio, confundido hasta entonces con el Océano que rodea á la tierra por el lado del Este.—Comercio con los Argipeos, los Isedones y los Arimaspes, atravesando la cadena de los escitas escolotos. Mito meteorologico de los hiperbóreos.—Abertura de la puerta de Gadeira. Navegacion de Coleo de Samos. Aspiracion incesante hácia lo desconocido y lo infinito. Conocimiento exacto del flujo periódico del mar, págs. 165—181.

II. EXPEDICION MACEDÓNICA DE ALEJANDRO MAGNO É INFLUENCIA DEL IMPERIO DE BACTRIANA.—Rica mies de miras nuevas acerca de la Naturaleza, de que no hay ejemplo en ninguna otra época, si exceptuamos la del descubrimiento de la America tropical.—Aristoteles facilita la reunion y comparacion de aquellos materiales, por la direccion que imprime á las investigaciones de la filosofia especulativa, y por la exactitud que introduce en el lenguaje.—Carácter científico de la expedicion macedónica. Calistenes de Olinto, discípulo de Aristóteles y amigo de Teofrasto.—Considerables progresos hechos en la ciencia de los cuerpos celestes por las relaciones establecidas con Babilonia y por el conocimiento de las observaciones debidas á la casta sacerdotal de la Caldea, págs. 182—204.

III. ENGRANDECIMIENTO DE LA IDEA DEL MUNDO EN TIEMPO DE LOS PTOLOMEOS.—Unidad política del Egipto bajo la dominacion de los griegos. Ventajas que debe este pais á su situacion geográfica.—Inferioridad, bajo uno y otro concepto, del imperio de los Seleucidas, formado por la agregacion de nacionalidades diferentes. Los rios y los caminos de las caravanas, unica salida abierta al comercio en aquel pais.—Conocimiento de los monzones. Restablecimiento del canal que une el Nilo al Mar Rojo.—Institutos científicos protegidos por las Lagidas. Museo de Alejandria. Biblioteca del Bruchium y de Rhakotis. Direccion de los estudios; al lado de la aplicacion que reune los materiales, manifiéstase una tendencia feliz á la generalizacion.—Eratóstenes de Cirene. Primera medida de un grado geografico ejecutada por un griego entre Siena y Alejandría, con arreglo á los datos incompletos de los bematistas. Progreso simultáneo de la ciencia en las Matemáticas puras, en la Mecánica y en la Astronomía. Aristilo y Timocaris. Ideas de Aristarco de Samos y de Seleuco de Babilonia ó de Eritrea sobre la estructura del Mundo. Hiparco, creador de la Astronomía científica y astrónomo observador el mas grande de la antigüedad. Euclides, Apolonio de Perga y Arquímedes, páginas 205—218.

IV. Influencia de la dominacion romana.—Servicios prestados á la ciencia del *Cosmos* por un vasto conjunto de Estados. Si la variedad del suelo y de las producciones orgánicas que se ven con sorpresa en las expediciones lejanas, debió, por una parte, comunicar nuevo impulso al estudio de la Naturaleza; por otra, el espíritu de la nacionalidad romana sofocó la actividad propia de cada pueblo, haciendo desaparecer á un mismo tiempo la publicidad y el principio del individualismo, que son los dos apoyos mas firmes de los Estados libres. Dioscórides de Cilicia y Galeno de Pergamo, únicos observadadores de la Naturaleza durante este período. Claudio Ptolomeo, fundador de la óptica experimental.—Ventajas materiales de la extension dada al comercio terrestre con el centro del Asia, y de la navegacion de Myos Hormos hácia la India.—En tiempo de Vespasiano y Domiciano llega un ejército chino hasta las costas orientales del mar Caspio. Emigraciones de los pueblos, dirigidas en el Oriente del Este al Oeste, y del Norte al Sur en el Nuevo Continente. Las emigraciones de los pueblos asiáticos comienzan con la irrupcion de una raza turca, los Hiungnúes, que caen sobre los Yuetas y los Usunos, cerca de la muralla de la China, siglo y medio antes de nuestra era.—Embajada que el rajah de Ceilan envió al emperador Claudio. Embajador romano enviado por Marco Aurelio á la corte china. Los grandes matemáticos indios Warahamihira, Brahmagupta, y quizás tambien Aryabhatta, son posteriores á esta época; pero los descubrimientos hechos anteriormente en la India á consecuencia de investigaciones aisladas, habian podido penetrar en el Occidente antes de Diofanto, à lo menos en parte, merced á la extension que adquirió el comercio en tiempo de los Lágidas y de los Césares.—Podemos formar idea de estas relaciones comerciales por las grandes obras geográficas de Estrabon y de Ptolomeo. Importancia histórica de la nomenclatura de Ptolomeo, reconocida en los tiempos modernos.—Ensayo de una descripcion de la Naturaleza por Plinio. Carácter de esta enciclopedia del arte y de la Naturaleza.—Unidad del género humano proclamada por el cristianismo, págs. 219—246.

V. Invasion de los arabes.—Influencia de un elemento extraño mezclado al desarrollo de la civilizacion europea.—Los árabes, raza semítica dotada de vivísima imaginacion, disipan la barbarie conservando la antigua civilizacion y abriendo nuevas vias al estudio de la Naturaleza.—Configuracion de la península Arábiga; producciones del Hadhramaut, del Yemen y del Oman; cadenas de montañas de Djebel, de Akkbar y de Asyr. Gerrha, antiguo depósito de las mercancías indias, situado frente por frente de los establecimienlos fenicios de Arados y de Tylos.—Relaciones activas entre la Arabia, principalmente por el lado del Septentrion, y otrás regiones civilizadas.—Civilizacion primitiva de los árabes; principian estos á tomar parte en el comercio del mundo; expediciones al Oeste y al Este. Los Hicsos; Arico, rey de los Himyaritas, aliado de Nino.—Carácter particular de la vida nómada entre los árabes, págs. 247—258.—Influencia de los nestorianos, de los sirios, y de la escuela médico-farmacéutica de Edeso.—Los árabes, fundadores de las ciencias físicas y químicas. Farmacología.—Institutos científicos en la brillante época de Almanzor, de Haron-al-Raschid, de Mamon y de Motasem. Conocimientos que los árabes tomaron de la India y del Egipto. Jardin botánico fundado junto á Córdova en tiempo del califa Abdurrhaman, págs. 258—272.—Observaciones astronómicas y perfeccion dada á los instrumentos. Aplicacion del péndulo á la medida del tiempo por Ebn-Junis. Trabajos de Alhazen sobre la refraccion. Tablas planetarias de los indios. Perturbacion reconocida por Abul Wefa en la longitud de la Luna. Congreso astronómico reunido en Toledo. Observatorios de Meragha. Medida de grado geográfico en la llanura que se extiende entre Tadmor y Bakka.—Los árabes deben su ciencia algebráica á los indios y á los griegos. Mohammed Ben-Muza, de Chowarezm. Abul-Wefa Busjani, traduce por primera vez al árabe, á principios del siglo X, las obras de Diofanto.—Las cifras indias y el sistema numérico de *posicion* llegaron á conocimiento de los árabes por las mismas vias que el álgebra. Los árabes introdujeron estas invenciones en el Africa septentrional. Es verosímil que los cristianos de Occidente conociesen antes que los árabes las nueve cifras y su valor relativo con el nombre de sistema del *Abaco*.—¿Qué sería de la civilizacion si se hubiese prolongado indefinidamente la dominacion de los árabes? págs. 273—285.

VI. Epoca de los grandes descubrimientos en el Océano.—Causas preparatorias de estos descubrimientos. Necesidad de distinguir el primer descubrimiento de las zonas septentrionales y templadas de América, hecha por Leif, hijo de Erico el Rojo, del segundo descubrimiento de la América tropical á fines del siglo XV. Las islas de Færoer y la Islandia, descubiertas casualmente por Naddod, son los apostaderos y los puntos de partida de las expediciones hácia la Escandinavia *americana*. Viajes á las costas orientales de la Groenlandia en el pais de Scoresby, á las de la bahía de Baffin hasta los 72° 55′ y á la entrada de los estrechos de Lancaster y de Barrow.—Descubrimientos, anteriores quizás, de los iros. El pais de los Hombres Blancos entre la Virginia y la Florida. Antes de la colonizacion de Naddod y de Ingolf ¿habia sido poblada la Islandia por iros (hombres de Poniente de la gran Irlanda americana), ó por misioneros irlandeses (*papar*, los *clerici* de Dicuil) echados por los normandos de las islas de Færoer?—Las antiguas leyendas de la Europa septentrional, á punto ya de quedar sepultadas en el suelo donde nacieron, son trasportadas á la Islandia. Vestigios de relaciones comerciales entre la Groenlandia y la Nueva Escocia, hasta el año de 1347. La Groenlandia pierde en 1461 su constitucion liberal, y queda privada, como propiedad de la Corona de Noruega, de toda comunicacion con los extranjeros, inclusos los islandeses. Así se explica que Colon, en su viaje á la Islandia (febrero de 1477), *no recogiese noticia ninguna acerca de un nuevo* Continente situado al Oeste. Continuacion de las relaciones comerciales entre el puerto de Bergen y la Groenlandia, hasta el año de 1484, págs. 286—299.—Consecuencias harto diferentes que tuvo el segundo descubrimiento de la América, hecho por Cristóbal Colon. El único pensamiento de este navegante era, sin embargo, buscar un camino mas corto para llegar al Asia oriental; y tanto él, como Américo Vespucio, murieron en la inteligencia de que habian llegado á las costas orientales del Continente asiático.—Necesidad de echar una ojeada al tiempo que separa la época de Colon, de aquella en que florecian los árabes, para comprender la influencia que en los siglos XV y XVI ejercieron los descubrimientos marítimos en el progreso de las ideas.—Causas que contribuyeron á imprimir un carácter particular á la era de Colon: aparicion de un corto número de pensadores libres (Alberto Magno, Rogerio Bacon, Duns Scot, Guillermo de Ocam); nueva aficion á los monumentos de la literatura griega; invencion de la imprenta; monjes enviados como embajadores á los príncipes mogoles; viajes comerciales al Asia oriental y á las Indias meridionales (Marco Polo, Mandeville, Nicolo de' Conti); progresos del arte náutica; uso de la brújula ó de las propiedades del iman, tomado de los chinos por el intermedio de los árabes, págs. 299—319.—Viajes emprendidos muy de antemano por los catalanes hácia las costas occidentales del Africa tropical, descubrimiento de las islas Azores, mapamundi de Picigano del año de 1367. Relaciones de Colon con Toscanelli y con Martin Alonso Pinzon. Mapa, recientemente descubierto, de Juan de la Cosa.—Mar del Sur, págs. 320—347.—Descubrimiento de la línea magnética sin declinacion en el Océano Atlántico. Observaciones sobre la flexion de las fajas isotermas á 100 millas al Poniente de los Azores. Línea de demarcacion fijada por el papa Alejandro VI, el 4 de mayo de 1493; la division natural convertida en division política.—Conocimiento de la distribucion del calorico; échase de ver que el límite de las nieves perpetuas es una funcion, matemáticamente hablando, de la latitud geográfica. Movimiento de las aguas en el valle del Océano Atlántico. Praderas oceánicas de ovas, págs. 347—354.—Ensanche del horizonte del Mundo; constelaciones del cielo austral; conocimiento, mas bien contemplativo que no científico, de los espacios celestes.—Nuevos esfuerzos para perfeccionar los medios prácticos relativos á la determinacion de la longitud, con la mira de fijar la línea de demarcacion papal.—El descubrimiento y la primera colonizacion de la América, así como el viaje á las Indias orientales por el Cabo de Buena Esperanza, coinciden con el desarrollo del arte y con la reforma religiosa, que sirve de principio á la emancipacion de los pueblos y de preparacion á las grandes revoluciones políticas. La osadia de Colon es el primer eslabon de la interminable cadena que forman estos misteriosos acontecimientos. La casualidad, que no el fraude, ha hecho que el continente descubierto por Colon no lleve su nombre, y sí el de Américo. Influencia del Nuevo Mundo en las instituciones políticas, y en las ideas y tendencias de los pueblos del antiguo continente, págs. 359—379.

VII. Epocas de los grandes descubrimientos en los espacios celestes por medio del telescopio.—Consideraciones sobre la estructura del Mundo, que sirvieron de preparacion á estos descubrimientos.—Observaciones hechas por Copernico en Cracovia, juntamente con el astrónomo Brudzewski, por el tiempo mismo en que Colon descubria la América. El siglo XVII se enlaza con el XVI por medio de Peurbach y de Regiomontano. Copérnico presenta su sistema, no como una hipótesis, sino como una verdad incontrastable, pags. 380—394.—Keplero y sus leyes experimentales sobre el curso de los planetas, págs. 394—400.—Invencion del telescopio; Hans Lippershey, Jacob Adriaansz (Mecio), Zacarías Jansen. Primeros resultados de la observacion telescopica: montañas de la Luna, grupos estrellados, via láctea, los cuatro satélites de Júpiter; supuesta triplicidad de Saturno; fases de Vénus, manchas del Sol y duracion de su rotacion.—Importancia del *pequeño mundo* de Júpiter (mundis jovialis). Las lunas de Júpiter dan ocasion al descubrimiento de la velocidad de la luz y á que se explique, por lo tanto, la elipse de aberracion de las estrellas fijas, de donde resulta una demostracion material del movimiento de traslacion de la Tierra.—A los descubrimientos de Galileo, de Simon Mario y de Fabricio, subsiguen: el de los satélites de Saturno, por Huyghens y Cassini; el de la luz zodiacal, considerada como un anillo nebuloso que gira aisladamente en torno del Sol, por Childrey, el de la luz variable de las estrellas fijas, por David Fabricio, Juan Bayer y Holwarda. Nebulosa sin estrellas en la constelacion de Andrómeda, págs. 400—419—Las observaciones físicas sobre los fenómenos de la luz, del calórico y del magnetismo, contribuyen tambien, en union con los grandes descubrimientos de Galileo y de Keplero, de Newton y de Leibnitz, á ilustrar mas y mas el siglo XVII. Doble refraccion y polarizacion; indicios de haber conocido Grimaldi y Hooke las interferencias. Guillermo Gilbert distingue el magnetismo de la electricidad. Conocimiento de la desviacion periódica de las líneas sin declinacion. Conjetura de Halley de que la luz polar es un efecto magnético. Termoscopio de Galileo, y aplicacion de este instrumento á una serie de observaciones cuotidianas, hechas en parajes situados á diferente altura. Investigaciones sobre el calórico radiante. Tubo de Torricelli y medidas de altura por la elevacion del mercurio. Conocimiento de las corrientes aéreas y del influjo que sobre ellas ejerce la rotacion de la Tierra. Ley de rotacion de los vientos entrevista por Bacon. Influencia beneficiosa, aunque corta, de la *Accademia del Cimento* en la ciencia experimental y matemática de la Naturaleza.—Tentativas hechas para medir la humedad atmosférica; higrometro condensador.—Fenómenos eléctricos; electricidad terrestre; Otto de Guericke fué el que vió la primera chispa eléctrica en una detonacion provocada por el mismo.—Comienzos de la Química neumática; aumento de peso observado en la oxidacion de los metales; Gerónimo Cardano y Juan Rey, Hooke y Mayow. Hipótesis acerca de la existencia de partículas salitrosas (spiritus nitro-aëreus) en el aire, necesarias para los fenómenos de la combustion y de la respiracion de los animales.—Influencia ejercida por los progresos de la Física y de la Química en el desarrollo de la Geografiia (Nicolas Stenson, Scilla, Lister); solevantamiento del lecho y de las orillas del mar. La primitiva fluidez y la solidificacion progresiva de nuestro planeta se reflejan en la forma matematica de la Tierra. Mensura de grados geográficos, y experimentos hechos con el péndulo en latitudes diferentes. Aplanamiento polar. La figura de la Tierra, teóricamente reconocida por Newton, le conduce al descubrimiento de la fuerza de que son consecuencia necesaria las leyes de Keplero. El descubrimiento de la gravitacion, desarrollado por Newton en el libro de los *Principios*, viene á coincidir con el vuelo que el cálculo infinitesimal imprimio á las investigaciones matematicas, págs.

VII. Diversidad y encadenamiento de los esfuerzos científicos de nuestra época.—Ojeada retrospectiva por la série de los períodos recorridos.—Dificultad de distinguir y de limitar cada una de las ciencias particulares, por lo mucho que comprende la ciencia moderna en general.—De hoy mas, la inteligencia lleva á cabo grandes obras en virtud de su propia fuerza, sin necesidad de excitaciones exteriores. La historia de las ciencias físicas se va confundiendo paulatinamente con la historia del *Cosmos*, págs.

Fin de la tabla.

INDICE

DE LOS CAPÍTULOS DE ESTE SEGUNDO TOMO.

PRIMERA PARTE.

Reflejo del mundo exterior en la imaginacion del hombre.

Pág.

INTRODUCCION.—Medios propios para difundir el estudio de la Naturaleza. III
CAPITULO I.—LITERATURA DESCRIPTIVA.—Del sentimiento de la Naturaleza segun la diferencia de razas y de tiempos. . 7
CAP. II........—INFLUENCIA DE LA PINTURA DE PAISES EN EL ESTUDIO DE LA NATURALEZA.—Del arte de dibujar aplicado á la fisonomía de las plantas.—Formas variadas de los vegetales en las diferentes latitudes. 84
CAP. III.......—DE LAS COLECCIONES DE VEGETALES EN LOS JARDINES Y EN LOS INVERNACULOS.—Cultivo de las plantas tropicales.—Efectos de contraste producidos por la fisonomía característica de los vegetales, segun la idea que de semejante carácter pueden darnos las plantaciones artificiales. 106

SEGUNDA PARTE.

Ensayo histórico sobre el desarrollo progresivo de la idea del Universo.

INTRODUCCION..—. 116
CAPITULO I.—CUENCA DEL MEDITERRANEO.—El Mar Mediterráneo considerado como punto de partida de las relaciones que han producido el sucesivo engrandecimiento de

Pags

la idea del *Cosmos*.—Lazo que liga este movimiento con la primitiva cultura de los helenos.—Ensayos de navegacion lejana hacia el Nordeste (expedicion de los Argonautas), hácia el Sur (viaje á Ofir) y hácia el Oeste (descubrimiento de Coleo de Samos). . . . 137

CAP. II........—EXPEDICION DE ALEJANDRO MAGNO AL ASIA.—Nuevas relaciones entre las diversas partes del mundo.—Fusion del Oriente y del Occidente.—Mezcla de los pueblos desde el Nilo hasta el Eufrates, el Jaxarte y el Indo, bajo la influencia del principio helénico.—Súbito engrandecimiento de la idea del *Cosmos*. . . 182

CAP. III.......—ESCUELA DE ALEJANDRIA.—Engrandecimiento de la idea del mundo en tiempo de los Ptolomeos.—Museo de Serapio.—Carácter enciclopédico de la ciencia alejandrina.—Las nociones adquiridas sobre los espacios del cielo y de la tierra alcanzan mas alto grado de generalidad. 205

CAP. IV...... —PERIODO DE LA DOMINACION ROMANA.—Influencia de una vasta reunion de Estados en los progresos de la idea del Mundo.—Las relaciones comerciales facilitan el conocimiento de la tierra.—Estrabon y Ptolomèo.—Principios de la óptica matemática y de la Química. —Ensayo de una descripcion del Mundo por Plinio. —El cristianismo da orígen y desarrollo al sentimiento de la unidad de la especie humana. 219

CAP. V.......—PERIODO DE LA DOMINACION ARABIGA.—Invasion de los árabes.—Cultura intelectual de esta porcion de la raza semítica.—Influencia de un elemento extraño en el desarrollo de la civilizacion europea.—Carácter nacional de los árabes y su propension á familiarizarse con las fuerzas de la Naturaleza.—Estudio de la Química y de las sustancias medicinales.—Progreso de la Geografía física en el interior de los continentes, de la Astronomía y de las ciencias matemáticas. 247

CAP. VI.......—DESARROLLO DE LA IDEA DEL COSMOS EN LOS SIGLOS XV y XVI.—Epoca de los descubrimientos en el Océano.—Acontecimientos que los han producido.—Descubrimiento del hemisferio occidental.—Colon, Sebastian Cabot y Gama.—La America y el Océano Pacífico.—Carrillo, Sebastian Vizcaino, Mendaña y Quirós.—Ricos materiales puestos á disposicion de las naciones occidentales de Europa. 286

CAP. VII......—INFLUENCIA DEL PROGRESO DE LAS CIENCIAS EN EL DESARROLLO DE LA IDEA DEL COSMOS DURANTE LOS SIGLOS XVII y XVIII.—Grandes descubrimientos en los espacios celestes por medio del telescopio.—Epoca brillante de la Astronomía y las Matématicas desde Galileo y Keplero hasta Newton y Leibnitz.—Leyes del movimiento de los planetas y teoría de la gravitacion universal.—Física y Química. 380

CAP. VIII.....—RESUMEN.—Ojeada retrospectiva por la serie de los periodos recorridos.—Influencia de los acontecimientos exteriores en el desarrollo de la idea del *Cosmos*.—Diversidad y encadenamiento de los esfuerzos científicos en los tiempos modernos.—La historia de las ciencias físicas se confunde paulatinamente con la historia del *Cosmos*. 448

CUADRO ANALITICO DE LAS MATERIAS CONTENIDAS EN LOS TOMOS I Y II DEL COSMOS. 455